U0171108

2024 年中国天文年历

中国科学院紫金山天文台　编

科 学 出 版 社
北 京

内 容 简 介

本天文年历的主要内容包括太阳表、月亮表、大行星表、天象及日月食等，可供一般天文和测量人员使用，大地测量、航海、航空等工作部门用的历书可以采用基本数据编算。

图书在版编目（CIP）数据

2024年中国天文年历 / 中国科学院紫金山天文台编．—北京：科学出版社，2023.12

ISBN 978-7-03-077058-5

Ⅰ.①2… Ⅱ.①中… Ⅲ.①天文年历-中国-2024 Ⅳ.①P197.1

中国国家版本馆CIP数据核字（2023）第224201号

责任编辑：刘凤娟　责任校对：邹慧卿
责任印制：张　伟　封面设计：无极书装

科学出版社 出版
北京东黄城根北街16号
邮政编码：100717
http://www.sciencep.com
北京虎彩文化传播有限公司印刷
科学出版发行　各地新华书店经销
*
2023年12月第　一　版　开本：787×1092　1/16
2023年12月第一次印刷　印张：37 1/2
字数：900 000

定价：399.00元

（如有印装质量问题，我社负责调换）

序　　言

《中国天文年历》主要包括太阳、月亮和大行星历表、恒星视位置表和天象预告等内容，供天文工作者和有关科研人员使用。天文年历从1969年起由本台历算研究室编算。此外，该室还编算《航海天文历》供航海部门使用。

迄今为止，天文年历的编算经历了两次较大的改进，第一次是1984年，第二次是2005年。请参看书后的“说明”部分。

在1984年以前，天文年历采用IAU 1964天文常数系统，天文参考系由FK4基本星的位置和自行定义，太阳系历表主要依据纽康(S. Newcomb)、布朗(E. W. Brown)和埃克特(W. J. Eckert)等人的理论计算。

从1984年起，天文年历采用IAU 1976天文常数系统，并遵循IAU 1976，IAU 1979，IAU 1982的各项决议。太阳系历表根据美国喷气推进实验室(JPL)的DE200/LE200数值历表计算。恒星视位置表本应采用FK5系统，但是当时FK5星表尚未完成，因此只能根据IAU决议对基本历元、时间单位、分点改正、分点运动、岁差常数和光行差E项等因素给予改正，但没有包含星表系统差改正和个别改正。

在FK5星表完成以后，从1993年起，天文年历恒星视位置表完全采用FK5系统，其中1125颗原FK4星的平位置和自行取自FK5星表，92颗FK3，GC，N30星则应用海德堡天文计算研究所提供的计算系统差程序归算到FK5系统。我们还另行计算了1984～1992年《中国天文年历》的恒星视位置改正表，刊登在《紫金山天文台台刊》第11卷第3和4期(1992)上，供读者使用，以使1984～1992年间出版的《中国天文年历》中的恒星视位置和1993年以后出版的保持系统一致。

根据IAU 2000年第24届大会的有关决议，从2005年起，天文参考系采用由河外射电源实现的国际天球参考系(ICRS)，太阳系大天体基本历表采用DE405/LE405数值历表，天文常数采用IERS规范(2003)和DE405/LE405中的数值，岁差章动模型采用IAU 2000B，天球参考系和地球参考系之间采用基于春分点的系统进行变换，世界时(UT1)采用新的基于无旋转原点(NRO)的定义，恒星星表数据主要取自依巴谷星表，部分自行取自第谷2星表，部分视向速度取自依巴谷输入星表。

天文年历在2005年之后历年的变动如下：

自2009年起，岁差模型采用IAU 2006年第26届大会决议推荐的P03模型；

自2010年起，天文年历增加了大行星的主要天然卫星历表；

自2012年起，太阳球面位置依据IAU工作组WGCCRE 2006年工作报告推荐的模型计算；

自2013年起，天文年历刊登的天文常数取自IAU 2009天文常数系统；

自2014年起，太阳系大天体历表根据IERS规范(2010)推荐的DE421/LE421数值历表计算。天文单位采用IAU 2012决议推荐的新定义。

中国科学院紫金山天文台
2023年5月

目　　录

序言

天文常数

日历

太阳

月亮

行星

恒星

天象

天然卫星

日月食

附表

天 文 常 数

定 义 常 数

光速 …… c=299 792.458 ×10³米/秒

一天文单位的长度* …… au=1.495 978 707 00 ×10¹¹米

1−d(TT)/d(TCG) …… $L_G=6.969\ 290\ 134\times10^{-10}$

1−d(TDB)/d(TCB) …… $L_B=1.550\ 519\ 768\times10^{-8}$

TDB−TCB(T_0=244 3144.5003 752) …… $TDB_0=-6.55\times10^{-5}$秒

地球自转角(J2000.0UT1) …… $\theta_0=2\pi\times0.779\ 057\ 273\ 2640$ 弧度

地球自转角变化率 …… $d\theta/dUT1=2\pi\times1.002\ 737\ 811\ 911\ 355\ 48$ 弧度/UT1日

自然可测常数

引力常数 …… $G=6.674\ 28\times10^{-11}$ 米³/(千克·秒²)

天 体 常 数

日心引力常数 …… $GS=1.327\ 124\ 400\ 41\times10^{20}$ 米³/秒²(TDB)

地球赤道半径 …… $a_e=6\ 378\ 136.6$ 米

地球形状力学因子 …… $J_2=0.001\ 082\ 635\ 9$

地球扁率 …… $f=0.003\ 352\ 8197=1/298.256\ 42$

地心引力常数 …… $GE=3.986\ 004\ 356\times10^{14}$ 米³/秒²(TDB)

地球平均自转角速度 …… $\omega=7.292\ 115\times10^{-5}$ 弧度/秒

月亮与地球质量比 …… $\mu=0.012\ 300\ 037\ 1$

其 他 常 数

1−d(TCG)/d(TCB)(平均值) …… $L_C=1.480\ 826\ 867\ 41\times10^{-8}$

一天文单位的光行时间 …… $\tau_A=499.004\ 783\ 84$ 秒

黄经总岁差(标准历元J2000.0) …… $p=5028''.796\ 195$/儒略世纪

平黄赤交角(标准历元J2000.0) …… $\varepsilon=23°26'\ 21''.406$

章动常数(标准历元J2000.0) …… $N=9''.205\ 233\ 1$

太阳视差 …… $\pi=8''.794\ 143$

光行差常数(标准历元J2000.0) …… $\kappa=20''.495\ 51$

太阳质量 …… $S=GS/G=1.988\ 4\times10^{30}$ 千克

太阳与行星质量比

水　星	6 023 600	木　星	1 047.348 644
金　星	408 523.719	土　星	3 497.901 8
地　球	332 946.048 7	天王星	22 902.98
地球+月亮	328 900.559 6	海王星	19 412.26
火　星	3 098 703.59	冥王星**	136 566 000

* 根据 IAU 2012 年第 28 届大会的有关决议，天文单位为定义常数。

** 根据 IAU 2006 年第 26 届大会的有关决议，冥王星被定义为矮行星。

行星轨道根数

历元:2024 年 3 月 31 日力学时 0^h(儒略日 2460400.5)

	升交点黄经 Ω	轨道倾角 i	近日点黄经 ϖ	轨道偏心率 e	轨道半长轴 a	平近点角 M	每日平均运动 n
水　星	48°.61847	7°.005443	77°.83394	0.20564246	0.3870979	54°.45901	4°.09235180
金　星	76.89776	3.394850	132.21424	0.00675240	0.7233257	197.77155	1.60215225
地 球*	—	—	103.36044	0.01668144	0.9999968	85.50430	0.98561383
火　星	49.74793	1.849697	336.50132	0.09327790	1.5236285	339.85714	0.52406545
木　星	100.72277	1.302723	14.31812	0.04827890	5.2021854	36.19132	0.08310604
土　星	113.88790	2.485831	89.92351	0.05480958	9.5666303	256.90748	0.03331407
天王星	74.14912	0.772436	165.07826	0.04473078	19.3026673	252.33853	0.01162218
海王星	132.02393	1.766974	33.57242	0.01388091	30.2426291	324.82084	0.00592633
冥王星**	110.65235	17.154862	224.63548	0.24668051	39.4528146	50.10874	0.00397729

历元:2024 年 10 月 17 日力学时 0^h(儒略日 2460600.5)

	升交点黄经 Ω	轨道倾角 i	近日点黄经 ϖ	轨道偏心率 e	轨道半长轴 a	平近点角 M	每日平均运动 n
水　星	48°.62529	7°.005459	77°.84190	0.20564474	0.3870980	152°.92903	4°.09234925
金　星	76.90401	3.394868	132.19594	0.00673966	0.7233275	158.22375	1.60214605
地 球*	—	—	103.38079	0.01671122	1.0000009	282.61299	0.98560787
火　星	49.75403	1.849572	336.55939	0.09337413	1.5237883	84.61148	0.52398300
木　星	100.72753	1.302693	14.34222	0.04828477	5.2022563	52.79649	0.08310434
土　星	113.90137	2.486058	90.54520	0.05514163	9.5605744	262.98039	0.03334573
天王星	74.14189	0.772797	164.87658	0.04535308	19.3023348	254.94676	0.01162248
海王星	132.04303	1.767309	38.04162	0.01316689	30.2058916	321.59151	0.00593715
冥王星**	110.66564	17.164070	224.32741	0.24653451	39.3991260	51.17726	0.00398542

* 地球的吻切根数是关于地-月质心的值。

** 根据 IAU 2006 年第 26 届大会的有关决议,冥王星被定义为矮行星。

年和月的长度

	公式 (d)	d h m s	
回归年	365.242 189 68－0.000 000 0616(t－2000)	365 05 48 45.1	2024.0
恒星年	365.256 363 06＋0.000 000 0010(t－2000)	365 06 09 09.8	
近点年	365.259 635 86＋0.000 000 0317(t－2000)	365 06 13 52.6	
食　年	346.620 075 98＋0.000 000 3240(t－2000)	346 14 52 55.2	

	公式 (d)	d h m s	
朔望月	29.530 588 85＋0.000 000 0022(t－2000)	29 12 44 02.9	2024.0
回归月	27.321 582 24＋0.000 000 0015(t－2000)	27 07 43 04.7	
恒星月	27.321 661 55＋0.000 000 0019(t－2000)	27 07 43 11.6	
近点月	27.554 549 88－0.000 000 0104(t－2000)	27 13 18 33.1	
交点月	27.212 220 82＋0.000 000 0038(t－2000)	27 05 05 35.9	

日　历

2024 年

日期	1　月			2　月			3　月			4　月		
	农　历	星期	积日	农　历	星期	积日	农　历	星期	积日	农　历	星期	积日
日	癸卯年			癸卯年			甲辰年			甲辰年		
1	十一月　二十	一	1	十二月　廿二	四	32	正　月　廿一	五	61	二　月　廿三	一	92
2	廿一	二	2	廿三	五	33	廿二	六	62	廿四	二	93
3	廿二	三	3	廿四	六	34	廿三	日	63	廿五	三	94
4	廿三	四	4	廿五	日	35	廿四	一	64	廿六	四	95
5	廿四	五	5	廿六	一	36	廿五	二	65	廿七	五	96
6	廿五	六	6	廿七	二	37	廿六	三	66	廿八	六	97
7	廿六	日	7	廿八	三	38	廿七	四	67	廿九	日	98
8	廿七	一	8	廿九	四	39	廿八	五	68	三十	一	99
9	廿八	二	9	甲辰年　三十	五	40	廿九	六	69	三　月　初一	二	100
10	廿九	三	10	正　月　初一	六	41	二　月　初一	日	70	初二	三	101
11	十二月　初一	四	11	初二	日	42	初二	一	71	初三	四	102
12	初二	五	12	初三	一	43	初三	二	72	初四	五	103
13	初三	六	13	初四	二	44	初四	三	73	初五	六	104
14	初四	日	14	初五	三	45	初五	四	74	初六	日	105
15	初五	一	15	初六	四	46	初六	五	75	初七	一	106
16	初六	二	16	初七	五	47	初七	六	76	初八	二	107
17	初七	三	17	初八	六	48	初八	日	77	初九	三	108
18	初八	四	18	初九	日	49	初九	一	78	初十	四	109
19	初九	五	19	初十	一	50	初十	二	79	十一	五	110
20	初十	六	20	十一	二	51	十一	三	80	十二	六	111
21	十一	日	21	十二	三	52	十二	四	81	十三	日	112
22	十二	一	22	十三	四	53	十三	五	82	十四	一	113
23	十三	二	23	十四	五	54	十四	六	83	十五	二	114
24	十四	三	24	十五	六	55	十五	日	84	十六	三	115
25	十五	四	25	十六	日	56	十六	一	85	十七	四	116
26	十六	五	26	十七	一	57	十七	二	86	十八	五	117
27	十七	六	27	十八	二	58	十八	三	87	十九	六	118
28	十八	日	28	十九	三	59	十九	四	88	二十	日	119
29	十九	一	29	二十	四	60	二十	五	89	廿一	一	120
30	二十	二	30				廿一	六	90	廿二	二	121
31	廿一	三	31				廿二	日	91			

节　气

	月	日	时	分		月	日	时	分		月	日	时	分		月	日	时	分
小寒	1	6	4	49	立春	2	4	16	27	惊蛰	3	5	10	23	清明	4	4	15	02
大寒	1	20	22	07	雨水	2	19	12	13	春分	3	20	11	06	谷雨	4	19	22	00

日　　历

2024 年

日期	5月 农历	星期	积日	6月 农历	星期	积日	7月 农历	星期	积日	8月 农历	星期	积日
日	甲辰年			甲辰年			甲辰年			甲辰年		
1	三月 廿三	三	122	四月 廿五	六	153	五月 廿六	一	183	六月 廿七	四	214
2	廿四	四	123	廿六	日	154	廿七	二	184	廿八	五	215
3	廿五	五	124	廿七	一	155	廿八	三	185	廿九	六	216
4	廿六	六	125	廿八	二	156	廿九	四	186	七月 初一	日	217
5	廿七	日	126	廿九	三	157	三十	五	187	初二	一	218
6	廿八	一	127	五月 初一	四	158	六月 初一	六	188	初三	二	219
7	廿九	二	128	初二	五	159	初二	日	189	初四	三	220
8	四月 初一	三	129	初三	六	160	初三	一	190	初五	四	221
9	初二	四	130	初四	日	161	初四	二	191	初六	五	222
10	初三	五	131	初五	一	162	初五	三	192	初七	六	223
11	初四	六	132	初六	二	163	初六	四	193	初八	日	224
12	初五	日	133	初七	三	164	初七	五	194	初九	一	225
13	初六	一	134	初八	四	165	初八	六	195	初十	二	226
14	初七	二	135	初九	五	166	初九	日	196	十一	三	227
15	初八	三	136	初十	六	167	初十	一	197	十二	四	228
16	初九	四	137	十一	日	168	十一	二	198	十三	五	229
17	初十	五	138	十二	一	169	十二	三	199	十四	六	230
18	十一	六	139	十三	二	170	十三	四	200	十五	日	231
19	十二	日	140	十四	三	171	十四	五	201	十六	一	232
20	十三	一	141	十五	四	172	十五	六	202	十七	二	233
21	十四	二	142	十六	五	173	十六	日	203	十八	三	234
22	十五	三	143	十七	六	174	十七	一	204	十九	四	235
23	十六	四	144	十八	日	175	十八	二	205	二十	五	236
24	十七	五	145	十九	一	176	十九	三	206	廿一	六	237
25	十八	六	146	二十	二	177	二十	四	207	廿二	日	238
26	十九	日	147	廿一	三	178	廿一	五	208	廿三	一	239
27	二十	一	148	廿二	四	179	廿二	六	209	廿四	二	240
28	廿一	二	149	廿三	五	180	廿三	日	210	廿五	三	241
29	廿二	三	150	廿四	六	181	廿四	一	211	廿六	四	242
30	廿三	四	151	廿五	日	182	廿五	二	212	廿七	五	243
31	廿四	五	152				廿六	三	213	廿八	六	244

节　　气

	月	日	时	分		月	日	时	分		月	日	时	分		月	日	时	分
立夏	5	5	8	10	芒种	6	5	12	10	小暑	7	6	22	20	立秋	8	7	8	09
小满	5	20	21	00	夏至	6	21	4	51	大暑	7	22	15	44	处暑	8	22	22	55

日　　历

2024 年

日期	9月 农历	星期	积日	10月 农历	星期	积日	11月 农历	星期	积日	12月 农历	星期	积日
日	甲辰年			甲辰年			甲辰年			甲辰年		
1	七　月　廿九	日	245	八　月　廿九	二	275	十　月　初一	五	306	十一月　初一	日	336
2	三十	一	246	三十	三	276	初二	六	307	初二	一	337
3	八　月　初一	二	247	九　月　初一	四	277	初三	日	308	初三	二	338
4	初二	三	248	初二	五	278	初四	一	309	初四	三	339
5	初三	四	249	初三	六	279	初五	二	310	初五	四	340
6	初四	五	250	初四	日	280	初六	三	311	初六	五	341
7	初五	六	251	初五	一	281	初七	四	312	初七	六	342
8	初六	日	252	初六	二	282	初八	五	313	初八	日	343
9	初七	一	253	初七	三	283	初九	六	314	初九	一	344
10	初八	二	254	初八	四	284	初十	日	315	初十	二	345
11	初九	三	255	初九	五	285	十一	一	316	十一	三	346
12	初十	四	256	初十	六	286	十二	二	317	十二	四	347
13	十一	五	257	十一	日	287	十三	三	318	十三	五	348
14	十二	六	258	十二	一	288	十四	四	319	十四	六	349
15	十三	日	259	十三	二	289	十五	五	320	十五	日	350
16	十四	一	260	十四	三	290	十六	六	321	十六	一	351
17	十五	二	261	十五	四	291	十七	日	322	十七	二	352
18	十六	三	262	十六	五	292	十八	一	323	十八	三	353
19	十七	四	263	十七	六	293	十九	二	324	十九	四	354
20	十八	五	264	十八	日	294	二十	三	325	二十	五	355
21	十九	六	265	十九	一	295	廿一	四	326	廿一	六	356
22	二十	日	266	二十	二	296	廿二	五	327	廿二	日	357
23	廿一	一	267	廿一	三	297	廿三	六	328	廿三	一	358
24	廿二	二	268	廿二	四	298	廿四	日	329	廿四	二	359
25	廿三	三	269	廿三	五	299	廿五	一	330	廿五	三	360
26	廿四	四	270	廿四	六	300	廿六	二	331	廿六	四	361
27	廿五	五	271	廿五	日	301	廿七	三	332	廿七	五	362
28	廿六	六	272	廿六	一	302	廿八	四	333	廿八	六	363
29	廿七	日	273	廿七	二	303	廿九	五	334	廿九	日	364
30	廿八	一	274	廿八	三	304	三十	六	335	三十	一	365
31				廿九	四	305				十二月　初一	二	366

节　　气

	月	日	时	分		月	日	时	分		月	日	时	分		月	日	时	分
白露	9	7	11	11	寒露	10	8	3	00	立冬	11	7	6	20	大雪	12	6	23	17
秋分	9	22	20	44	霜降	10	23	6	15	小雪	11	22	3	56	冬至	12	21	17	21

太　　阳

以力学时 0ʰ 为准

2024 年

日期		视赤经		视赤纬		视半径	地平视差	时差（视时减平时）	上中天	
	日	h m s	s	° ′ ″	″	′ ″	″	m s	h m s	s
1月	0	18 39 15.65	265.17	−23 07 53.1	+ 262.4	16 17.46	8.94	− 2 35.90	12 02 50.30	+ 28.49
	1	18 43 40.82	264.89	23 03 30.7	290.1	16 17.48	8.94	3 04.52	12 03 18.79	28.20
	2	18 48 05.71	264.58	22 58 40.6	317.5	16 17.48	8.94	3 32.86	12 03 46.99	27.87
	3	18 52 30.29	264.25	22 53 23.1	345.0	16 17.49	8.94	4 00.89	12 04 14.86	27.52
	4	18 56 54.54	263.88	22 47 38.1	372.1	16 17.48	8.94	4 28.58	12 04 42.38	27.14
	5	19 01 18.42	263.49	−22 41 26.0	+ 399.2	16 17.48	8.94	− 4 55.91	12 05 09.52	+ 26.74
	6	19 05 41.91	263.07	22 34 46.8	426.1	16 17.46	8.94	5 22.84	12 05 36.26	26.29
	7	19 10 04.98	262.61	22 27 40.7	452.6	16 17.45	8.94	5 49.35	12 06 02.55	25.83
	8	19 14 27.59	262.14	22 20 08.1	479.1	16 17.43	8.94	6 15.41	12 06 28.38	25.33
	9	19 18 49.73	261.64	22 12 09.0	505.3	16 17.40	8.94	6 40.99	12 06 53.71	24.80
	10	19 23 11.37	261.09	−22 03 43.7	+ 531.2	16 17.37	8.94	− 7 06.05	12 07 18.51	+ 24.25
	11	19 27 32.46	260.52	21 54 52.5	556.9	16 17.34	8.94	7 30.58	12 07 42.76	23.66
	12	19 31 52.98	259.93	21 45 35.6	582.3	16 17.30	8.94	7 54.54	12 08 06.42	23.06
	13	19 36 12.91	259.29	21 35 53.3	607.4	16 17.26	8.94	8 17.90	12 08 29.48	22.41
	14	19 40 32.20	258.63	21 25 45.9	632.1	16 17.22	8.94	8 40.63	12 08 51.89	21.75
	15	19 44 50.83	257.96	−21 15 13.8	+ 656.7	16 17.17	8.94	− 9 02.71	12 09 13.64	+ 21.06
	16	19 49 08.79	257.26	21 04 17.1	680.9	16 17.12	8.94	9 24.12	12 09 34.70	20.35
	17	19 53 26.05	256.55	20 52 56.2	704.7	16 17.06	8.94	9 44.83	12 09 55.05	19.64
	18	19 57 42.60	255.82	20 41 11.5	728.3	16 17.00	8.94	10 04.82	12 10 14.69	18.89
	19	20 01 58.42	255.09	20 29 03.2	751.4	16 16.94	8.94	10 24.09	12 10 33.58	18.15
	20	20 06 13.51	254.32	−20 16 31.8	+ 774.2	16 16.87	8.94	− 10 42.61	12 10 51.73	+ 17.38
	21	20 10 27.83	253.57	20 03 37.6	796.7	16 16.79	8.94	11 00.38	12 11 09.11	16.61
	22	20 14 41.40	252.79	19 50 20.9	818.8	16 16.71	8.94	11 17.38	12 11 25.72	15.84
	23	20 18 54.19	252.01	19 36 42.1	840.5	16 16.63	8.94	11 33.61	12 11 41.56	15.05
	24	20 23 06.20	251.22	19 22 41.6	861.9	16 16.53	8.93	11 49.06	12 11 56.61	14.26
	25	20 27 17.42	250.43	−19 08 19.7	+ 882.9	16 16.43	8.93	− 12 03.72	12 12 10.87	+ 13.46
	26	20 31 27.85	249.63	18 53 36.8	903.5	16 16.33	8.93	12 17.59	12 12 24.33	12.67
	27	20 35 37.48	248.83	18 38 33.3	923.9	16 16.22	8.93	12 30.66	12 12 37.00	11.87
	28	20 39 46.31	248.03	18 23 09.4	943.8	16 16.10	8.93	12 42.93	12 12 48.87	11.07
	29	20 43 54.34	247.22	18 07 25.6	963.3	16 15.98	8.93	12 54.41	12 12 59.94	10.27
	30	20 48 01.56	246.43	−17 51 22.3	+ 982.6	16 15.85	8.93	− 13 05.09	12 13 10.21	+ 9.47
	31	20 52 07.99	245.62	17 34 59.7	1001.4	16 15.72	8.93	13 14.96	12 13 19.68	8.67
2月	1	20 56 13.61	244.83	17 18 18.3	1019.8	16 15.58	8.93	13 24.03	12 13 28.35	7.87
	2	21 00 18.44	244.03	17 01 18.5	1037.8	16 15.44	8.92	13 32.31	12 13 36.22	7.07
	3	21 04 22.47	243.23	16 44 00.7	1055.6	16 15.29	8.92	13 39.79	12 13 43.29	6.27
	4	21 08 25.70	242.45	−16 26 25.1	+ 1072.7	16 15.14	8.92	− 13 46.47	12 13 49.56	+ 5.49
	5	21 12 28.15	241.66	16 08 32.4	1089.7	16 14.99	8.92	13 52.35	12 13 55.05	4.69
	6	21 16 29.81	240.87	15 50 22.7	1106.0	16 14.83	8.92	13 57.45	12 13 59.74	3.90
	7	21 20 30.68	240.08	15 31 56.7	1122.0	16 14.67	8.92	14 01.75	12 14 03.64	3.12
	8	21 24 30.76	239.29	15 13 14.7	1137.6	16 14.50	8.92	14 05.27	12 14 06.76	2.33
	9	21 28 30.05	238.51	−14 54 17.1	+ 1152.6	16 14.33	8.91	− 14 08.00	12 14 09.09	+ 1.55
	10	21 32 28.56	237.72	14 35 04.5	1167.4	16 14.16	8.91	14 09.95	12 14 10.64	+ 0.77
	11	21 36 26.28	236.94	14 15 37.1	1181.5	16 13.99	8.91	14 11.11	12 14 11.41	− 0.01
	12	21 40 23.22	236.16	13 55 55.6	1195.4	16 13.81	8.91	14 11.50	12 14 11.40	0.78
	13	21 44 19.38	235.39	13 36 00.2	1208.7	16 13.64	8.91	14 11.11	12 14 10.62	1.55
	14	21 48 14.77	234.63	−13 15 51.5	+ 1221.7	16 13.46	8.91	− 14 09.95	12 14 09.07	− 2.30
	15	21 52 09.40	233.88	−12 55 29.8	+ 1234.1	16 13.27	8.90	− 14 08.03	12 14 06.77	− 3.05

太　　阳

以力学时 0^h 为准

2024 年

日期		黄经 (2024.0平春分点)		黄纬 当天	黄纬 2024.0	黄纬 2000.0	地球向径		黄经岁差	黄经章动 长期项	黄经章动 短期项	真黄赤交角
	日	° ′ ″	″	″	″	″			″	″	″	23°26′ ″
1月	0	279 01 35.7	3668.0	+0.67	+0.66	+11.61	0.983 3326	−143	− 0.207	− 5.606	+ 0.248	18.184
	1	280 02 43.7	3668.4	0.58	0.58	11.48	0.983 3183	84	− 0.069	5.544	0.185	18.233
	2	281 03 52.1	3668.7	0.48	0.48	11.33	0.983 3099	−29	+ 0.069	5.483	+ 0.089	18.271
	3	282 05 00.8	3669.0	0.36	0.36	11.15	0.983 3070	+25	0.207	5.422	− 0.027	18.293
	4	283 06 09.8	3669.3	0.24	0.24	10.97	0.983 3095	77	0.344	5.362	0.144	18.297
	5	284 07 19.1	3669.5	+0.10	+0.11	+10.77	0.983 3172	+125	+ 0.482	− 5.303	− 0.247	18.283
	6	285 08 28.6	3669.8	−0.03	−0.02	10.58	0.983 3297	172	0.620	5.245	0.318	18.254
	7	286 09 38.4	3669.9	0.15	0.14	10.38	0.983 3469	216	0.757	5.187	0.340	18.216
	8	287 10 48.3	3669.9	0.26	0.25	10.20	0.983 3685	257	0.895	5.131	0.307	18.178
	9	288 11 58.2	3669.9	0.35	0.34	10.04	0.983 3942	296	1.033	5.075	0.216	18.151
	10	289 13 08.1	3669.9	−0.41	−0.40	+ 9.89	0.983 4238	+333	+ 1.170	− 5.020	− 0.082	18.145
	11	290 14 18.0	3669.6	0.45	0.44	9.78	0.983 4571	368	1.308	4.967	+ 0.067	18.170
	12	291 15 27.6	3669.2	0.45	0.43	9.69	0.983 4939	404	1.446	4.914	0.195	18.223
	13	292 16 36.8	3668.9	0.41	0.40	9.64	0.983 5343	439	1.583	4.863	0.269	18.298
	14	293 17 45.7	3668.2	0.35	0.33	9.61	0.983 5782	476	1.721	4.813	0.271	18.379
	15	294 18 53.9	3667.6	−0.26	−0.24	+ 9.61	0.983 6258	+517	+ 1.859	− 4.764	+ 0.204	18.447
	16	295 20 01.5	3666.9	0.15	0.13	9.62	0.983 6775	559	1.997	4.716	+ 0.092	18.490
	17	296 21 08.4	3666.1	−0.02	−0.00	9.64	0.983 7334	604	2.134	4.670	− 0.030	18.503
	18	297 22 14.5	3665.2	+0.11	+0.13	9.67	0.983 7938	654	2.272	4.625	0.129	18.489
	19	298 23 19.7	3664.4	0.24	0.25	9.69	0.983 8592	706	2.410	4.581	0.182	18.457
	20	299 24 24.1	3663.5	+0.35	+0.37	+ 9.69	0.983 9298	+760	+ 2.547	− 4.539	− 0.180	18.421
	21	300 25 27.6	3662.6	0.45	0.47	9.68	0.984 0058	817	2.685	4.498	0.128	18.392
	22	301 26 30.2	3661.8	0.53	0.55	9.64	0.984 0875	875	2.823	4.459	− 0.040	18.378
	23	302 27 32.0	3661.0	0.58	0.60	9.57	0.984 1750	935	2.960	4.421	+ 0.064	18.386
	24	303 28 33.0	3660.1	0.61	0.63	9.48	0.984 2685	995	3.098	4.385	0.163	18.417
	25	304 29 33.1	3659.3	+0.60	+0.63	+ 9.35	0.984 3680	+1054	+ 3.236	− 4.350	+ 0.237	18.466
	26	305 30 32.4	3658.5	0.57	0.59	9.19	0.984 4734	1114	3.374	4.317	0.273	18.528
	27	306 31 30.9	3657.7	0.51	0.54	9.00	0.984 5848	1174	3.511	4.285	0.264	18.594
	28	307 32 28.6	3657.0	0.43	0.46	8.79	0.984 7022	1230	3.649	4.256	0.212	18.658
	29	308 33 25.6	3656.2	0.33	0.36	8.55	0.984 8252	1287	3.787	4.227	0.124	18.712
	30	309 34 21.8	3655.5	+0.21	+0.24	+ 8.29	0.984 9539	+1341	+ 3.924	− 4.201	+ 0.012	18.751
	31	310 35 17.3	3654.7	+0.09	+0.11	8.03	0.985 0880	1392	4.062	4.176	− 0.108	18.771
2月	1	311 36 12.0	3654.0	−0.04	−0.02	7.75	0.985 2272	1443	4.200	4.152	0.217	18.773
	2	312 37 06.0	3653.1	0.17	0.15	7.48	0.985 3715	1489	4.337	4.131	0.301	18.759
	3	313 37 59.1	3652.4	0.30	0.27	7.21	0.985 5204	1533	4.475	4.111	0.343	18.734
	4	314 38 51.5	3651.6	−0.41	−0.38	+ 6.95	0.985 6737	+1573	+ 4.613	− 4.092	− 0.334	18.705
	5	315 39 43.1	3650.7	0.50	0.47	6.70	0.985 8310	1612	4.750	4.076	0.271	18.682
	6	316 40 33.8	3649.8	0.57	0.54	6.48	0.985 9922	1645	4.888	4.061	0.159	18.675
	7	317 41 23.6	3648.8	0.60	0.57	6.29	0.986 1567	1675	5.026	4.048	− 0.017	18.693
	8	318 42 12.4	3647.7	0.61	0.58	6.12	0.986 3242	1704	5.164	4.036	+ 0.124	18.741
	9	319 43 00.1	3646.6	−0.58	−0.55	+ 5.99	0.986 4946	+1729	+ 5.301	− 4.026	+ 0.227	18.815
	10	320 43 46.7	3645.2	0.52	0.49	5.89	0.986 6675	1753	5.439	4.018	0.265	18.902
	11	321 44 31.9	3643.9	0.43	0.40	5.81	0.986 8428	1777	5.577	4.011	0.227	18.984
	12	322 45 15.8	3642.3	0.31	0.28	5.76	0.987 0205	1802	5.714	4.006	0.129	19.044
	13	323 45 58.1	3640.8	0.18	0.15	5.72	0.987 2007	1829	5.852	4.003	+ 0.005	19.071
	14	324 46 38.9	3639.0	−0.05	−0.02	+ 5.68	0.987 3836	+1859	+ 5.990	− 4.001	− 0.104	19.065
	15	325 47 17.9	3637.4	+0.08	+0.11	+ 5.64	0.987 5695	+1891	+ 6.127	− 4.001	− 0.170	19.037

太　　阳

以力学时 0ʰ 为准

2024 年

日期		视赤经		视赤纬		视半径	地平视差	时差（视时减平时）	上中天	
	日	h m s	s	° ′ ″	″	′ ″	″	m s	h m s	s
2月	15	21 52 09.40	233.88	−12 55 29.8	+1234.1	16 13.27	8.90	−14 08.03	12 14 06.77	−3.05
	16	21 56 03.28	233.15	12 34 55.7	1246.2	16 13.09	8.90	14 05.37	12 14 03.72	3.78
	17	21 59 56.43	232.43	12 14 09.5	1257.8	16 12.90	8.90	14 01.96	12 13 59.94	4.50
	18	22 03 48.86	231.72	11 53 11.7	1268.9	16 12.71	8.90	13 57.82	12 13 55.44	5.20
	19	22 07 40.58	231.02	11 32 02.8	1279.8	16 12.51	8.90	13 52.98	12 13 50.24	5.89
	20	22 11 31.60	230.33	−11 10 43.0	+1290.1	16 12.31	8.90	−13 47.44	12 13 44.35	−6.56
	21	22 15 21.93	229.68	10 49 12.9	1300.1	16 12.10	8.89	13 41.22	12 13 37.79	7.21
	22	22 19 11.61	229.03	10 27 32.8	1309.7	16 11.89	8.89	13 34.33	12 13 30.58	7.85
	23	22 23 00.64	228.40	10 05 43.1	1318.9	16 11.68	8.89	13 26.81	12 13 22.73	8.46
	24	22 26 49.04	227.79	9 43 44.2	1327.7	16 11.46	8.89	13 18.65	12 13 14.27	9.06
	25	22 30 36.83	227.20	−9 21 36.5	+1336.1	16 11.24	8.89	−13 09.90	12 13 05.21	−9.64
	26	22 34 24.03	226.63	8 59 20.4	1344.2	16 11.02	8.88	13 00.55	12 12 55.57	10.19
	27	22 38 10.66	226.09	8 36 56.2	1351.9	16 10.79	8.88	12 50.64	12 12 45.38	10.73
	28	22 41 56.75	225.56	8 14 24.3	1359.2	16 10.55	8.88	12 40.17	12 12 34.65	11.25
	29	22 45 42.31	225.05	7 51 45.1	1366.2	16 10.32	8.88	12 29.18	12 12 23.40	11.75
3月	1	22 49 27.36	224.57	−7 28 58.9	+1372.7	16 10.08	8.88	−12 17.69	12 12 11.65	−12.22
	2	22 53 11.93	224.11	7 06 06.2	1378.9	16 09.83	8.87	12 05.70	12 11 59.43	12.68
	3	22 56 56.04	223.65	6 43 07.3	1384.7	16 09.59	8.87	11 53.25	12 11 46.75	13.12
	4	23 00 39.69	223.24	6 20 02.6	1390.1	16 09.34	8.87	11 40.35	12 11 33.63	13.54
	5	23 04 22.93	222.82	5 56 52.5	1395.2	16 09.08	8.87	11 27.02	12 11 20.09	13.93
	6	23 08 05.75	222.43	−5 33 37.3	+1399.7	16 08.83	8.86	−11 13.28	12 11 06.16	−14.32
	7	23 11 48.18	222.05	5 10 17.6	1404.0	16 08.58	8.86	10 59.15	12 10 51.84	14.69
	8	23 15 30.23	221.69	4 46 53.6	1407.8	16 08.32	8.86	10 44.65	12 10 37.15	15.04
	9	23 19 11.92	221.35	4 23 25.8	1411.2	16 08.07	8.86	10 29.78	12 10 22.11	15.37
	10	23 22 53.27	221.01	3 59 54.6	1414.1	16 07.81	8.85	10 14.58	12 10 06.74	15.69
	11	23 26 34.28	220.70	−3 36 20.5	+1416.8	16 07.55	8.85	−9 59.04	12 09 51.05	−15.99
	12	23 30 14.98	220.41	3 12 43.7	1418.9	16 07.29	8.85	9 43.20	12 09 35.06	16.29
	13	23 33 55.39	220.12	2 49 04.8	1420.7	16 07.04	8.85	9 27.05	12 09 18.77	16.55
	14	23 37 35.51	219.87	2 25 24.1	1422.0	16 06.78	8.85	9 10.63	12 09 02.22	16.81
	15	23 41 15.38	219.63	2 01 42.1	1423.0	16 06.52	8.84	8 53.95	12 08 45.41	17.05
	16	23 44 55.01	219.41	−1 37 59.1	+1423.6	16 06.26	8.84	−8 37.01	12 08 28.36	−17.25
	17	23 48 34.42	219.20	1 14 15.5	1423.8	16 06.00	8.84	8 19.86	12 08 11.11	17.45
	18	23 52 13.62	219.02	0 50 31.7	1423.6	16 05.74	8.84	8 02.50	12 07 53.66	17.62
	19	23 55 52.64	218.86	0 26 48.1	1423.1	16 05.48	8.83	7 44.96	12 07 36.04	17.77
	20	23 59 31.50	218.71	−0 03 05.0	1422.3	16 05.22	8.83	7 27.26	12 07 18.27	17.90
	21	0 03 10.21	218.60	+0 20 37.3	+1421.0	16 04.95	8.83	−7 09.42	12 07 00.37	−18.00
	22	0 06 48.81	218.50	0 44 18.3	1419.4	16 04.68	8.83	6 51.47	12 06 42.37	18.08
	23	0 10 27.31	218.43	1 07 57.7	1417.5	16 04.41	8.82	6 33.42	12 06 24.29	18.15
	24	0 14 05.74	218.38	1 31 35.2	1415.3	16 04.14	8.82	6 15.30	12 06 06.14	18.18
	25	0 17 44.12	218.35	1 55 10.5	1412.7	16 03.87	8.82	5 57.13	12 05 47.96	18.19
	26	0 21 22.47	218.35	+2 18 43.2	+1409.9	16 03.60	8.82	−5 38.94	12 05 29.77	−18.18
	27	0 25 00.82	218.38	2 42 13.1	1406.6	16 03.32	8.81	5 20.75	12 05 11.59	18.15
	28	0 28 39.20	218.43	3 05 39.7	1403.1	16 03.04	8.81	5 02.58	12 04 53.44	18.09
	29	0 32 17.63	218.49	3 29 02.8	1399.3	16 02.76	8.81	4 44.45	12 04 35.35	18.02
	30	0 35 56.12	218.58	3 52 22.1	1395.1	16 02.48	8.81	4 26.39	12 04 17.33	17.92
	31	0 39 34.70	218.70	+4 15 37.2	+1390.5	16 02.20	8.80	−4 08.41	12 03 59.41	−17.79
4月	1	0 43 13.40	218.83	+4 38 47.7	+1385.7	16 01.92	8.80	−3 50.55	12 03 41.62	−17.66

太　阳

以力学时 0^h 为准

2024 年

日期		黄经（2024.0 平春分点）		黄纬 当天	黄纬 2024.0	黄纬 2000.0	地球向径		黄经岁差	黄经章动 长期项	黄经章动 短期项	真黄赤交角
	日	° ′ ″	″	″	″	″			″	″	″	23°26′ ″
2月	15	325 47 17.9	3637.4	+0.08	+0.11	+ 5.64	0.987 5695	+1891	+ 6.127	− 4.001	− 0.170	19.037
	16	326 47 55.3	3635.6	0.21	0.24	5.59	0.987 7586	1926	6.265	4.002	0.178	18.999
	17	327 48 30.9	3633.8	0.31	0.34	5.52	0.987 9512	1963	6.403	4.005	0.132	18.966
	18	328 49 04.7	3632.0	0.40	0.42	5.43	0.988 1475	2002	6.541	4.009	− 0.047	18.948
	19	329 49 36.7	3630.2	0.45	0.48	5.30	0.988 3477	2044	6.678	4.015	+ 0.057	18.950
	20	330 50 06.9	3628.5	+0.48	+0.51	+ 5.15	0.988 5521	+2086	+ 6.816	− 4.022	+ 0.159	18.974
	21	331 50 35.4	3626.7	0.48	0.51	4.97	0.988 7607	2130	6.954	4.030	0.239	19.017
	22	332 51 02.1	3625.1	0.45	0.48	4.76	0.988 9737	2173	7.091	4.040	0.283	19.073
	23	333 51 27.2	3623.3	0.40	0.42	4.52	0.989 1910	2217	7.229	4.052	0.285	19.136
	24	334 51 50.5	3621.6	0.32	0.34	4.25	0.989 4127	2261	7.367	4.064	0.242	19.197
	25	335 52 12.1	3620.0	+0.22	+0.24	+ 3.97	0.989 6388	+2304	+ 7.504	− 4.078	+ 0.162	19.249
	26	336 52 32.1	3618.4	+0.10	+0.13	3.66	0.989 8692	2345	7.642	4.093	+ 0.055	19.287
	27	337 52 50.5	3616.8	−0.02	−0.00	3.35	0.990 1037	2386	7.780	4.109	− 0.065	19.306
	28	338 53 07.3	3615.3	0.15	0.13	3.03	0.990 3423	2424	7.917	4.127	0.179	19.306
	29	339 53 22.6	3613.6	0.28	0.27	2.70	0.990 5847	2461	8.055	4.145	0.272	19.289
3月	1	340 53 36.2	3612.2	−0.41	−0.39	+ 2.39	0.990 8308	+2493	+ 8.193	− 4.165	− 0.328	19.258
	2	341 53 48.4	3610.6	0.52	0.50	2.08	0.991 0801	2525	8.331	4.185	0.337	19.222
	3	342 53 59.0	3609.2	0.62	0.60	1.79	0.991 3326	2552	8.468	4.207	0.296	19.189
	4	343 54 08.2	3607.5	0.69	0.67	1.53	0.991 5878	2575	8.606	4.229	0.207	19.167
	5	344 54 15.7	3606.1	0.73	0.72	1.29	0.991 8453	2596	8.744	4.252	− 0.084	19.165
	6	345 54 21.8	3604.5	−0.74	−0.73	+ 1.08	0.992 1049	+2611	+ 8.881	− 4.276	+ 0.051	19.190
	7	346 54 26.3	3602.8	0.72	0.71	0.91	0.992 3660	2623	9.019	4.301	0.167	19.241
	8	347 54 29.1	3601.2	0.67	0.66	0.76	0.992 6283	2632	9.157	4.327	0.232	19.311
	9	348 54 30.3	3599.3	0.58	0.57	0.65	0.992 8915	2637	9.294	4.353	0.228	19.385
	10	349 54 29.6	3597.5	0.47	0.46	0.57	0.993 1552	2642	9.432	4.380	0.154	19.444
	11	350 54 27.1	3595.6	−0.34	−0.33	+ 0.50	0.993 4194	+2644	+ 9.570	− 4.407	+ 0.037	19.474
	12	351 54 22.7	3593.4	0.20	0.19	0.45	0.993 6838	2647	9.708	4.435	− 0.084	19.468
	13	352 54 16.1	3591.4	−0.06	−0.05	0.39	0.993 9485	2653	9.845	4.463	0.170	19.431
	14	353 54 07.5	3589.1	+0.08	+0.08	0.32	0.994 2138	2659	9.983	4.492	0.196	19.377
	15	354 53 56.6	3586.8	0.19	0.19	0.24	0.994 4797	2669	10.121	4.521	0.159	19.323
	16	355 53 43.4	3584.7	+0.29	+0.29	+ 0.14	0.994 7466	+2680	+ 10.258	− 4.550	− 0.074	19.283
	17	356 53 28.1	3582.3	0.36	0.35	+ 0.01	0.995 0146	2695	10.396	4.580	+ 0.036	19.263
	18	357 53 10.4	3580.1	0.39	0.39	− 0.15	0.995 2841	2710	10.534	4.609	0.146	19.265
	19	358 52 50.5	3577.8	0.40	0.40	0.34	0.995 5551	2727	10.671	4.639	0.237	19.288
	20	359 52 28.3	3575.6	0.38	0.37	0.55	0.995 8278	2745	10.809	4.669	0.293	19.326
	21	0 52 03.9	3573.4	+0.34	+0.32	− 0.80	0.996 1023	+2765	+ 10.947	− 4.699	+ 0.306	19.372
	22	1 51 37.3	3571.2	0.26	0.25	1.07	0.996 3788	2785	11.084	4.729	0.274	19.417
	23	2 51 08.5	3569.1	0.17	0.15	1.36	0.996 6573	2805	11.222	4.758	0.201	19.455
	24	3 50 37.6	3567.0	+0.06	+0.04	1.66	0.996 9378	2825	11.360	4.788	+ 0.099	19.480
	25	4 50 04.6	3564.9	−0.07	−0.09	1.98	0.997 2203	2846	11.498	4.817	− 0.020	19.486
	26	5 49 29.5	3563.0	−0.20	−0.22	− 2.31	0.997 5049	+2863	+ 11.635	− 4.846	− 0.137	19.473
	27	6 48 52.5	3561.0	0.33	0.35	2.63	0.997 7912	2882	11.773	4.875	0.237	19.441
	28	7 48 13.5	3559.1	0.46	0.48	2.95	0.998 0794	2897	11.911	4.903	0.303	19.396
	29	8 47 32.6	3557.3	0.57	0.60	3.26	0.998 3691	2912	12.048	4.931	0.325	19.342
	30	9 46 49.9	3555.4	0.67	0.70	3.55	0.998 6603	2922	12.186	4.959	0.298	19.290
	31	10 46 05.3	3553.6	−0.75	−0.78	− 3.81	0.998 9525	+2931	+ 12.324	− 4.986	− 0.224	19.247
4月	1	11 45 18.9	3551.9	−0.80	−0.83	− 4.05	0.999 2456	+2936	+ 12.461	− 5.012	− 0.116	19.222

太　　阳

以力学时 0^h 为准

2024 年

日期		视赤经		视赤纬		视半径	地平视差	时差（视时减平时）	上中天	
	日	h m s	s	° ′ ″	″	′ ″	″	m s	h m s	s
4月	1	0 43 13.40	218.83	+4 38 47.7	+1385.7	16 01.92	8.80	−3 50.55	12 03 41.62	−17.66
	2	0 46 52.23	218.97	5 01 53.4	1380.4	16 01.64	8.80	3 32.81	12 03 23.96	17.50
	3	0 50 31.20	219.15	5 24 53.8	1374.9	16 01.36	8.80	3 15.23	12 03 06.46	17.32
	4	0 54 10.35	219.32	5 47 48.7	1369.0	16 01.07	8.79	2 57.81	12 02 49.14	17.12
	5	0 57 49.67	219.53	6 10 37.7	1362.7	16 00.79	8.79	2 40.58	12 02 32.02	16.92
	6	1 01 29.20	219.74	+6 33 20.4	+1356.0	16 00.51	8.79	−2 23.56	12 02 15.10	−16.68
	7	1 05 08.94	219.98	6 55 56.4	1348.9	16 00.24	8.79	2 06.76	12 01 58.42	16.45
	8	1 08 48.92	220.22	7 18 25.3	1341.6	15 59.96	8.78	1 50.19	12 01 41.97	16.19
	9	1 12 29.14	220.49	7 40 46.9	1333.7	15 59.69	8.78	1 33.86	12 01 25.78	15.93
	10	1 16 09.63	220.76	8 03 00.6	1325.6	15 59.41	8.78	1 17.80	12 01 09.85	15.65
	11	1 19 50.39	221.05	+8 25 06.2	+1317.2	15 59.15	8.78	−1 02.00	12 00 54.20	−15.36
	12	1 23 31.44	221.35	8 47 03.4	1308.2	15 58.88	8.77	0 46.50	12 00 38.84	15.05
	13	1 27 12.79	221.66	9 08 51.6	1299.0	15 58.61	8.77	0 31.28	12 00 23.79	14.74
	14	1 30 54.45	221.98	9 30 30.6	1289.4	15 58.35	8.77	0 16.38	12 00 09.05	14.41
	15	1 34 36.43	222.33	9 52 00.0	1279.4	15 58.09	8.77	−0 01.80	11 59 54.64	14.06
	16	1 38 18.76	222.67	+10 13 19.4	+1269.2	15 57.83	8.76	+0 12.43	11 59 40.58	−13.69
	17	1 42 01.43	223.04	10 34 28.6	1258.5	15 57.57	8.76	0 26.31	11 59 26.89	13.32
	18	1 45 44.47	223.43	10 55 27.1	1247.7	15 57.31	8.76	0 39.83	11 59 13.57	12.93
	19	1 49 27.90	223.82	11 16 14.8	1236.4	15 57.05	8.76	0 52.95	11 59 00.64	12.51
	20	1 53 11.72	224.24	11 36 51.2	1224.8	15 56.79	8.75	1 05.68	11 58 48.13	12.10
	21	1 56 55.96	224.67	+11 57 16.0	+1212.9	15 56.54	8.75	+1 17.98	11 58 36.03	−11.65
	22	2 00 40.63	225.12	12 17 28.9	1200.8	15 56.28	8.75	1 29.86	11 58 24.38	11.21
	23	2 04 25.75	225.58	12 37 29.7	1188.4	15 56.02	8.75	1 41.29	11 58 13.17	10.73
	24	2 08 11.33	226.06	12 57 18.1	1175.5	15 55.77	8.74	1 52.27	11 58 02.44	10.25
	25	2 11 57.39	226.54	13 16 53.6	1162.5	15 55.51	8.74	2 02.76	11 57 52.19	9.76
	26	2 15 43.93	227.06	+13 36 16.1	+1149.2	15 55.26	8.74	+2 12.77	11 57 42.43	−9.25
	27	2 19 30.99	227.57	13 55 25.3	1135.4	15 55.01	8.74	2 22.28	11 57 33.18	8.73
	28	2 23 18.56	228.10	14 14 20.7	1121.5	15 54.76	8.74	2 31.27	11 57 24.45	8.19
	29	2 27 06.66	228.64	14 33 02.2	1107.2	15 54.51	8.73	2 39.73	11 57 16.26	7.65
	30	2 30 55.30	229.18	14 51 29.4	1092.6	15 54.26	8.73	2 47.65	11 57 08.61	7.10
5月	1	2 34 44.48	229.74	+15 09 42.0	+1077.7	15 54.01	8.73	+2 55.03	11 57 01.51	−6.54
	2	2 38 34.22	230.30	15 27 39.7	1062.4	15 53.76	8.73	3 01.85	11 56 54.97	5.97
	3	2 42 24.52	230.87	15 45 22.1	1046.9	15 53.52	8.72	3 08.10	11 56 49.00	5.40
	4	2 46 15.39	231.44	16 02 49.0	1030.9	15 53.28	8.72	3 13.78	11 56 43.60	4.82
	5	2 50 06.83	232.02	16 19 59.9	1014.6	15 53.04	8.72	3 18.89	11 56 38.78	4.24
	6	2 53 58.85	232.59	+16 36 54.5	+998.1	15 52.81	8.72	+3 23.42	11 56 34.54	−3.67
	7	2 57 51.44	233.18	16 53 32.6	981.2	15 52.58	8.72	3 27.38	11 56 30.87	3.10
	8	3 01 44.62	233.75	17 09 53.8	963.9	15 52.35	8.71	3 30.76	11 56 27.77	2.53
	9	3 05 38.37	234.32	17 25 57.7	946.5	15 52.13	8.71	3 33.57	11 56 25.24	1.96
	10	3 09 32.69	234.89	17 41 44.2	928.6	15 51.92	8.71	3 35.81	11 56 23.28	1.39
	11	3 13 27.58	235.45	+17 57 12.8	+910.4	15 51.70	8.71	+3 37.49	11 56 21.89	−0.84
	12	3 17 23.03	236.00	18 12 23.2	891.9	15 51.49	8.71	3 38.60	11 56 21.05	−0.28
	13	3 21 19.03	236.56	18 27 15.1	873.2	15 51.29	8.70	3 39.16	11 56 20.77	+0.27
	14	3 25 15.59	237.10	18 41 48.3	854.1	15 51.09	8.70	3 39.16	11 56 21.04	0.82
	15	3 29 12.69	237.65	18 56 02.4	834.8	15 50.89	8.70	3 38.62	11 56 21.86	1.37
	16	3 33 10.34	238.19	+19 09 57.2	+815.2	15 50.69	8.70	+3 37.52	11 56 23.23	+1.90
	17	3 37 08.53	238.73	+19 23 32.4	+795.4	15 50.50	8.70	+3 35.88	11 56 25.13	+2.45

太　　阳

以力学时 0^h 为准

2024 年

日期		黄经(2024.0平春分点)		黄纬 当天	黄纬 2024.0	黄纬 2000.0	地球向径		黄经岁差	黄经章动 长期项	黄经章动 短期项	真黄赤交角
	日	° ′ ″	″	″	″	″			″	″	″	23°26′ ″
4月	1	11 45 18.9	3551.9	−0.80	−0.83	− 4.05	0.999 2456	+2936	+ 12.461	− 5.012	− 0.116	19.222
	2	12 44 30.8	3550.1	0.82	0.85	4.26	0.999 5392	2936	12.599	5.038	+ 0.007	19.219
	3	13 43 40.9	3548.4	0.80	0.84	4.43	0.999 8328	2934	12.737	5.063	0.121	19.242
	4	14 42 49.3	3546.7	0.76	0.80	4.57	1.000 1262	2927	12.875	5.087	0.199	19.286
	5	15 41 56.0	3544.9	0.68	0.72	4.68	1.000 4189	2915	13.012	5.111	0.217	19.340
	6	16 41 00.9	3543.1	−0.58	−0.62	− 4.76	1.000 7104	+2900	+ 13.150	− 5.134	+ 0.169	19.387
	7	17 40 04.0	3541.2	0.45	0.50	4.82	1.001 0004	2882	13.288	5.156	+ 0.066	19.413
	8	18 39 05.2	3539.2	0.31	0.36	4.86	1.001 2886	2861	13.425	5.177	− 0.058	19.405
	9	19 38 04.4	3537.2	0.16	0.22	4.89	1.001 5747	2840	13.563	5.197	0.164	19.363
	10	20 37 01.6	3535.1	−0.02	−0.08	4.93	1.001 8587	2819	13.701	5.216	0.217	19.296
	11	21 35 56.7	3532.9	+0.10	+0.05	− 4.98	1.002 1406	+2798	+ 13.838	− 5.235	− 0.203	19.221
	12	22 34 49.6	3530.7	0.21	0.15	5.04	1.002 4204	2780	13.976	5.252	0.128	19.155
	13	23 33 40.3	3528.5	0.29	0.23	5.14	1.002 6984	2764	14.114	5.268	− 0.015	19.108
	14	24 32 28.8	3526.2	0.35	0.28	5.25	1.002 9748	2750	14.251	5.283	+ 0.108	19.087
	15	25 31 15.0	3523.9	0.37	0.30	5.40	1.003 2498	2737	14.389	5.297	0.214	19.088
	16	26 29 58.9	3521.8	+0.36	+0.29	− 5.58	1.003 5235	+2726	+ 14.527	− 5.309	+ 0.287	19.107
	17	27 28 40.7	3519.5	0.32	0.25	5.78	1.003 7961	2718	14.665	5.321	0.315	19.137
	18	28 27 20.2	3517.3	0.26	0.18	6.01	1.004 0679	2710	14.802	5.331	0.297	19.168
	19	29 25 57.5	3515.2	0.17	+0.09	6.26	1.004 3389	2704	14.940	5.340	0.236	19.195
	20	30 24 32.7	3513.1	+0.07	−0.01	6.52	1.004 6093	2699	15.078	5.348	0.140	19.209
	21	31 23 05.8	3511.1	−0.05	−0.13	− 6.80	1.004 8792	+2694	+ 15.215	− 5.355	+ 0.024	19.206
	22	32 21 36.9	3509.0	0.17	0.26	7.08	1.005 1486	2690	15.353	5.360	− 0.095	19.184
	23	33 20 05.9	3507.1	0.30	0.39	7.36	1.005 4176	2685	15.491	5.364	0.201	19.144
	24	34 18 33.0	3505.3	0.43	0.52	7.64	1.005 6861	2681	15.628	5.366	0.277	19.088
	25	35 16 58.3	3503.4	0.54	0.64	7.91	1.005 9542	2676	15.766	5.367	0.310	19.023
	26	36 15 21.7	3501.7	−0.64	−0.74	− 8.16	1.006 2218	+2669	+ 15.904	− 5.367	− 0.293	18.957
	27	37 13 43.4	3500.0	0.72	0.82	8.38	1.006 4887	2660	16.042	5.365	0.229	18.899
	28	38 12 03.4	3498.5	0.78	0.88	8.58	1.006 7547	2650	16.179	5.362	0.128	18.858
	29	39 10 21.9	3496.9	0.80	0.91	8.75	1.007 0197	2635	16.317	5.357	− 0.009	18.840
	30	40 08 38.8	3495.4	0.80	0.91	8.88	1.007 2832	2619	16.455	5.352	+ 0.104	18.846
5月	1	41 06 54.2	3493.9	−0.76	−0.87	− 8.98	1.007 5451	+2597	+ 16.592	− 5.344	+ 0.185	18.874
	2	42 05 08.1	3492.5	0.69	0.81	9.05	1.007 8048	2573	16.730	5.335	0.215	18.914
	3	43 03 20.6	3491.0	0.60	0.72	9.08	1.008 0621	2543	16.868	5.325	0.184	18.953
	4	44 01 31.6	3489.7	0.48	0.60	9.10	1.008 3164	2510	17.005	5.313	+ 0.096	18.978
	5	44 59 41.3	3488.1	0.35	0.47	9.09	1.008 5674	2473	17.143	5.300	− 0.024	18.974
	6	45 57 49.4	3486.7	−0.20	−0.33	− 9.07	1.008 8147	+2434	+ 17.281	− 5.286	− 0.141	18.938
	7	46 55 56.1	3485.1	−0.06	0.19	9.05	1.009 0581	2391	17.418	5.269	0.220	18.875
	8	47 54 01.2	3483.4	+0.07	−0.06	9.04	1.009 2972	2349	17.556	5.252	0.237	18.796
	9	48 52 04.6	3481.8	0.18	+0.05	9.04	1.009 5321	2305	17.694	5.233	0.185	18.718
	10	49 50 06.4	3480.1	0.27	0.14	9.06	1.009 7626	2263	17.832	5.213	− 0.082	18.657
	11	50 48 06.5	3478.3	+0.34	+0.20	− 9.11	1.009 9889	+2223	+ 17.969	− 5.191	+ 0.046	18.620
	12	51 46 04.8	3476.5	0.37	0.23	9.19	1.010 2112	2184	18.107	5.168	0.168	18.610
	13	52 44 01.3	3474.8	0.37	0.23	9.29	1.010 4296	2147	18.245	5.143	0.260	18.621
	14	53 41 56.1	3473.0	0.35	0.20	9.42	1.010 6443	2112	18.382	5.117	0.308	18.646
	15	54 39 49.1	3471.2	0.30	0.15	9.57	1.010 8555	2079	18.520	5.090	0.307	18.677
	16	55 37 40.3	3469.6	+0.22	+0.07	− 9.75	1.011 0634	+2048	+ 18.658	− 5.062	+ 0.260	18.704
	17	56 35 29.9	3467.8	+0.12	−0.03	− 9.94	1.011 2682	+2019	+ 18.795	− 5.032	+ 0.174	18.722

太　　阳

以力学时 0^h 为准

2024 年

日期		视赤经		视赤纬		视半径	地平视差	时差（视时减平时）	上中天	
	日	h m s	s	° ′ ″	″	′ ″	″	m s	h m s	s
5月	17	3 37 08.53	238.73	+19 23 32.4	+795.4	15 50.50	8.70	+ 3 35.88	11 56 25.13	+2.45
	18	3 41 07.26	239.26	19 36 47.8	775.3	15 50.31	8.69	3 33.71	11 56 27.58	2.98
	19	3 45 06.52	239.80	19 49 43.1	754.9	15 50.13	8.69	3 30.99	11 56 30.56	3.50
	20	3 49 06.32	240.32	20 02 18.0	734.3	15 49.94	8.69	3 27.75	11 56 34.06	4.03
	21	3 53 06.64	240.85	20 14 32.3	713.6	15 49.76	8.69	3 23.98	11 56 38.09	4.55
	22	3 57 07.49	241.36	+20 26 25.9	+692.5	15 49.58	8.69	+ 3 19.69	11 56 42.64	+5.06
	23	4 01 08.85	241.88	20 37 58.4	671.3	15 49.40	8.69	3 14.88	11 56 47.70	5.57
	24	4 05 10.73	242.38	20 49 09.7	649.9	15 49.23	8.68	3 09.57	11 56 53.27	6.07
	25	4 09 13.11	242.88	20 59 59.6	628.2	15 49.06	8.68	3 03.75	11 56 59.34	6.55
	26	4 13 15.99	243.37	21 10 27.8	606.4	15 48.89	8.68	2 57.43	11 57 05.89	7.05
	27	4 17 19.36	243.84	+21 20 34.2	+584.3	15 48.72	8.68	+ 2 50.63	11 57 12.94	+7.51
	28	4 21 23.20	244.31	21 30 18.5	562.0	15 48.55	8.68	2 43.35	11 57 20.45	7.98
	29	4 25 27.51	244.76	21 39 40.5	539.5	15 48.39	8.68	2 35.60	11 57 28.43	8.43
	30	4 29 32.27	245.21	21 48 40.0	516.9	15 48.23	8.68	2 27.39	11 57 36.86	8.87
	31	4 33 37.48	245.63	21 57 16.9	493.9	15 48.07	8.67	2 18.74	11 57 45.73	9.30
6月	1	4 37 43.11	246.05	+22 05 30.8	+470.8	15 47.92	8.67	+ 2 09.66	11 57 55.03	+9.69
	2	4 41 49.16	246.45	22 13 21.6	447.6	15 47.78	8.67	2 00.16	11 58 04.72	10.09
	3	4 45 55.61	246.82	22 20 49.2	424.0	15 47.63	8.67	1 50.27	11 58 14.81	10.44
	4	4 50 02.43	247.18	22 27 53.2	400.5	15 47.49	8.67	1 40.00	11 58 25.25	10.79
	5	4 54 09.61	247.51	22 34 33.7	376.8	15 47.36	8.67	1 29.38	11 58 36.04	11.10
	6	4 58 17.12	247.82	+22 40 50.5	+352.8	15 47.23	8.67	+ 1 18.44	11 58 47.14	+11.40
	7	5 02 24.94	248.10	22 46 43.3	328.8	15 47.11	8.67	1 07.18	11 58 58.54	11.66
	8	5 06 33.04	248.35	22 52 12.1	304.7	15 46.99	8.66	0 55.65	11 59 10.20	11.91
	9	5 10 41.39	248.57	22 57 16.8	280.3	15 46.88	8.66	0 43.87	11 59 22.11	12.12
	10	5 14 49.96	248.78	23 01 57.1	256.0	15 46.78	8.66	0 31.85	11 59 34.23	12.31
	11	5 18 58.74	248.95	+23 06 13.1	+231.5	15 46.67	8.66	+ 0 19.64	11 59 46.54	+12.48
	12	5 23 07.69	249.11	23 10 04.6	206.9	15 46.58	8.66	+ 0 07.24	11 59 59.02	12.62
	13	5 27 16.80	249.24	23 13 31.5	182.3	15 46.49	8.66	− 0 05.31	12 00 11.64	12.75
	14	5 31 26.04	249.34	23 16 33.8	157.7	15 46.40	8.66	0 18.00	12 00 24.39	12.84
	15	5 35 35.38	249.44	23 19 11.5	132.9	15 46.32	8.66	0 30.79	12 00 37.23	12.92
	16	5 39 44.82	249.50	+23 21 24.4	+108.1	15 46.24	8.66	− 0 43.68	12 00 50.15	+12.97
	17	5 43 54.32	249.54	23 23 12.5	83.4	15 46.16	8.66	0 56.62	12 01 03.12	13.01
	18	5 48 03.86	249.57	23 24 35.9	58.6	15 46.09	8.66	1 09.61	12 01 16.13	13.01
	19	5 52 13.43	249.57	23 25 34.5	33.8	15 46.02	8.66	1 22.62	12 01 29.14	13.00
	20	5 56 23.00	249.55	23 26 08.3	+9.1	15 45.96	8.65	1 35.63	12 01 42.14	12.98
	21	6 00 32.55	249.52	+23 26 17.4	−15.7	15 45.89	8.65	− 1 48.62	12 01 55.12	+12.92
	22	6 04 42.07	249.45	23 26 01.7	40.4	15 45.83	8.65	2 01.57	12 02 08.04	12.85
	23	6 08 51.52	249.38	23 25 21.3	65.0	15 45.78	8.65	2 14.46	12 02 20.89	12.77
	24	6 13 00.90	249.27	23 24 16.3	89.8	15 45.73	8.65	2 27.27	12 02 33.66	12.66
	25	6 17 10.17	249.16	23 22 46.5	114.4	15 45.68	8.65	2 39.98	12 02 46.32	12.53
	26	6 21 19.33	249.01	+23 20 52.1	−138.9	15 45.63	8.65	− 2 52.58	12 02 58.85	+12.39
	27	6 25 28.34	248.86	23 18 33.2	163.6	15 45.59	8.65	3 05.03	12 03 11.24	12.21
	28	6 29 37.20	248.68	23 15 49.6	188.1	15 45.55	8.65	3 17.34	12 03 23.45	12.04
	29	6 33 45.88	248.48	23 12 41.5	212.5	15 45.51	8.65	3 29.47	12 03 35.49	11.82
	30	6 37 54.36	248.26	23 09 09.0	236.9	15 45.48	8.65	3 41.40	12 03 47.31	11.59
7月	1	6 42 02.62	248.03	+23 05 12.1	−261.2	15 45.46	8.65	− 3 53.11	12 03 58.90	+11.34
	2	6 46 10.65	247.76	+23 00 50.9	−285.3	15 45.44	8.65	− 4 04.57	12 04 10.24	+11.05

太　　阳

以力学时 0^h 为准

2024 年

日期		黄经（2024.0 平春分点）		黄纬 当天	黄纬 2024.0	黄纬 2000.0	地球向径		黄经岁差	黄经章动 长期项	黄经章动 短期项	真黄赤交角
	日	° ′ ″	″	″	″	″			″	″	″	23°26′ ″
5月	17	56 35 29.9	3467.8	+0.12	−0.03	− 9.94	1.011 2682	+2019	+ 18.795	− 5.032	+ 0.174	18.722
	18	57 33 17.7	3466.2	+0.01	0.14	10.14	1.011 4701	1991	18.933	5.000	+ 0.063	18.725
	19	58 31 03.9	3464.6	−0.11	0.26	10.35	1.011 6692	1964	19.071	4.968	− 0.057	18.709
	20	59 28 48.5	3463.1	0.23	0.39	10.55	1.011 8656	1939	19.209	4.934	0.168	18.674
	21	60 26 31.6	3461.5	0.35	0.51	10.76	1.012 0595	1915	19.346	4.899	0.254	18.624
	22	61 24 13.1	3460.2	−0.46	−0.63	−10.95	1.012 2510	+1892	+ 19.484	− 4.863	− 0.300	18.562
	23	62 21 53.3	3458.9	0.56	0.73	11.13	1.012 4402	1869	19.622	4.826	0.296	18.497
	24	63 19 32.2	3457.6	0.64	0.82	11.28	1.012 6271	1845	19.759	4.787	0.242	18.439
	25	64 17 09.8	3456.5	0.70	0.87	11.41	1.012 8116	1821	19.897	4.748	0.145	18.396
	26	65 14 46.3	3455.4	0.73	0.91	11.51	1.012 9937	1796	20.035	4.707	− 0.024	18.376
	27	66 12 21.7	3454.4	−0.73	−0.91	−11.57	1.013 1733	+1768	+ 20.172	− 4.665	+ 0.095	18.381
	28	67 09 56.1	3453.5	0.70	0.88	11.61	1.013 3501	1738	20.310	4.622	0.186	18.410
	29	68 07 29.6	3452.7	0.64	0.82	11.60	1.013 5239	1705	20.448	4.579	0.227	18.453
	30	69 05 02.3	3451.9	0.55	0.73	11.57	1.013 6944	1667	20.585	4.534	0.208	18.499
	31	70 02 34.2	3451.1	0.44	0.62	11.51	1.013 8611	1627	20.723	4.488	0.131	18.533
6月	1	71 00 05.3	3450.3	−0.31	−0.50	−11.44	1.014 0238	+1581	+ 20.861	− 4.442	+ 0.017	18.544
	2	71 57 35.6	3449.6	0.17	0.37	11.35	1.014 1819	1533	20.999	4.394	− 0.104	18.525
	3	72 55 05.2	3448.9	−0.04	0.23	11.25	1.014 3352	1480	21.136	4.346	0.200	18.479
	4	73 52 34.1	3448.1	+0.09	−0.10	11.16	1.014 4832	1427	21.274	4.297	0.242	18.414
	5	74 50 02.2	3447.2	0.21	+0.01	11.08	1.014 6259	1369	21.412	4.247	0.218	18.345
	6	75 47 29.4	3446.4	+0.30	+0.10	−11.02	1.014 7628	+1313	+ 21.549	− 4.197	− 0.136	18.287
	7	76 44 55.8	3445.4	0.37	0.17	10.98	1.014 8941	1256	21.687	4.146	− 0.017	18.250
	8	77 42 21.2	3444.6	0.41	0.21	10.97	1.015 0197	1199	21.825	4.094	+ 0.111	18.240
	9	78 39 45.8	3443.5	0.42	0.22	10.99	1.015 1396	1144	21.962	4.042	0.219	18.255
	10	79 37 09.3	3442.6	0.41	0.20	11.03	1.015 2540	1090	22.100	3.989	0.287	18.288
	11	80 34 31.9	3441.6	+0.36	+0.15	−11.09	1.015 3630	+1039	+ 22.238	− 3.936	+ 0.306	18.330
	12	81 31 53.5	3440.6	0.29	+0.08	11.17	1.015 4669	989	22.376	3.883	0.274	18.372
	13	82 29 14.1	3439.7	0.20	−0.01	11.27	1.015 5658	941	22.513	3.829	0.200	18.406
	14	83 26 33.8	3438.8	+0.10	0.11	11.39	1.015 6599	896	22.651	3.774	+ 0.096	18.427
	15	84 23 52.6	3437.8	−0.02	0.23	11.51	1.015 7495	853	22.789	3.719	− 0.022	18.430
	16	85 21 10.4	3437.1	−0.13	−0.35	−11.63	1.015 8348	+ 811	+ 22.926	− 3.665	− 0.138	18.414
	17	86 18 27.5	3436.2	0.25	0.47	11.74	1.015 9159	772	23.064	3.609	0.234	18.382
	18	87 15 43.7	3435.4	0.36	0.58	11.85	1.015 9931	735	23.202	3.554	0.294	18.337
	19	88 12 59.1	3434.8	0.46	0.68	11.94	1.016 0666	699	23.339	3.499	0.306	18.287
	20	89 10 13.9	3434.2	0.54	0.76	12.01	1.016 1365	665	23.477	3.443	0.267	18.239
	21	90 07 28.1	3433.7	−0.60	−0.82	−12.06	1.016 2030	+ 632	+ 23.615	− 3.388	− 0.180	18.205
	22	91 04 41.8	3433.2	0.63	0.85	12.07	1.016 2662	599	23.752	3.332	− 0.060	18.191
	23	92 01 55.0	3433.0	0.63	0.86	12.05	1.016 3261	568	23.890	3.277	+ 0.069	18.205
	24	92 59 08.0	3432.7	0.61	0.83	12.00	1.016 3829	533	24.028	3.222	0.177	18.244
	25	93 56 20.7	3432.6	0.55	0.77	11.92	1.016 4362	498	24.166	3.167	0.237	18.302
	26	94 53 33.3	3432.5	−0.46	−0.69	−11.80	1.016 4860	+ 461	+ 24.303	− 3.112	+ 0.234	18.365
	27	95 50 45.8	3432.6	0.35	0.58	11.66	1.016 5321	419	24.441	3.057	0.169	18.419
	28	96 47 58.4	3432.7	0.23	0.45	11.50	1.016 5740	376	24.579	3.003	+ 0.061	18.451
	29	97 45 11.1	3432.7	−0.10	0.32	11.33	1.016 6116	327	24.716	2.949	− 0.062	18.454
	30	98 42 23.8	3433.0	+0.04	0.19	11.15	1.016 6443	276	24.854	2.895	0.165	18.430
7月	1	99 39 36.8	3433.0	+0.17	−0.06	−10.98	1.016 6719	+ 222	+ 24.992	− 2.842	− 0.224	18.386
	2	100 36 49.8	3433.2	+0.28	+0.06	−10.81	1.016 6941	+ 164	+ 25.129	− 2.789	− 0.222	18.335

太　　阳

2024 年　　　以力学时 0^h 为准

日期		视赤经		视赤纬		视半径	地平视差	时差(视时减平时)	上中天	
	日	h m s	s	° ′ ″	″	′ ″	″	m s	h m s	s
7月	1	6 42 02.62	248.03	+23 05 12.1 −	261.2	15 45.46	8.65	− 3 53.11	12 03 58.90 +	11.34
	2	6 46 10.65	247.76	23 00 50.9	285.3	15 45.44	8.65	4 04.57	12 04 10.24	11.05
	3	6 50 18.41	247.46	22 56 05.6	309.3	15 45.42	8.65	4 15.77	12 04 21.29	10.75
	4	6 54 25.87	247.16	22 50 56.3	333.2	15 45.41	8.65	4 26.67	12 04 32.04	10.42
	5	6 58 33.03	246.80	22 45 23.1	357.0	15 45.41	8.65	4 37.26	12 04 42.46	10.06
	6	7 02 39.83	246.44	+22 39 26.1 −	380.5	15 45.41	8.65	− 4 47.50	12 04 52.52 +	9.68
	7	7 06 46.27	246.05	22 33 05.6	404.0	15 45.42	8.65	4 57.38	12 05 02.20	9.29
	8	7 10 52.32	245.64	22 26 21.6	427.3	15 45.43	8.65	5 06.86	12 05 11.49	8.86
	9	7 14 57.96	245.20	22 19 14.3	450.3	15 45.45	8.65	5 15.94	12 05 20.35	8.42
	10	7 19 03.16	244.74	22 11 44.0	473.3	15 45.47	8.65	5 24.58	12 05 28.77	7.96
	11	7 23 07.90	244.28	+22 03 50.7 −	496.0	15 45.50	8.65	− 5 32.78	12 05 36.73 +	7.49
	12	7 27 12.18	243.79	21 55 34.7	518.5	15 45.54	8.65	5 40.51	12 05 44.22	6.99
	13	7 31 15.97	243.30	21 46 56.2	540.9	15 45.58	8.65	5 47.75	12 05 51.21	6.49
	14	7 35 19.27	242.78	21 37 55.3	562.9	15 45.62	8.65	5 54.49	12 05 57.70	5.96
	15	7 39 22.05	242.26	21 28 32.4	584.8	15 45.67	8.65	6 00.72	12 06 03.66	5.44
	16	7 43 24.31	241.72	+21 18 47.6 −	606.4	15 45.72	8.65	− 6 06.42	12 06 09.10 +	4.89
	17	7 47 26.03	241.18	21 08 41.2	627.9	15 45.78	8.65	6 11.59	12 06 13.99	4.34
	18	7 51 27.21	240.63	20 58 13.3	649.0	15 45.84	8.65	6 16.21	12 06 18.33	3.78
	19	7 55 27.84	240.07	20 47 24.3	669.9	15 45.90	8.65	6 20.27	12 06 22.11	3.21
	20	7 59 27.91	239.50	20 36 14.4	690.6	15 45.96	8.65	6 23.77	12 06 25.32	2.65
	21	8 03 27.41	238.92	+20 24 43.8 −	711.1	15 46.03	8.66	− 6 26.70	12 06 27.97 +	2.07
	22	8 07 26.33	238.35	20 12 52.7	731.3	15 46.11	8.66	6 29.07	12 06 30.04	1.50
	23	8 11 24.68	237.77	20 00 41.4	751.2	15 46.18	8.66	6 30.86	12 06 31.54	0.92
	24	8 15 22.45	237.19	19 48 10.2	771.1	15 46.26	8.66	6 32.07	12 06 32.46 +	0.35
	25	8 19 19.64	236.60	19 35 19.1	790.5	15 46.34	8.66	6 32.71	12 06 32.81 −	0.24
	26	8 23 16.24	236.03	+19 22 08.6 −	809.9	15 46.43	8.66	− 6 32.76	12 06 32.57 −	0.81
	27	8 27 12.27	235.45	19 08 38.7	829.0	15 46.51	8.66	6 32.24	12 06 31.76	1.40
	28	8 31 07.72	234.87	18 54 49.7	847.7	15 46.61	8.66	6 31.14	12 06 30.36	1.98
	29	8 35 02.59	234.29	18 40 42.0	866.2	15 46.70	8.66	6 29.45	12 06 28.38	2.57
	30	8 38 56.88	233.70	18 26 15.8	884.5	15 46.80	8.66	6 27.18	12 06 25.81	3.16
	31	8 42 50.58	233.11	+18 11 31.3 −	902.3	15 46.91	8.66	− 6 24.32	12 06 22.65 −	3.76
8月	1	8 46 43.69	232.51	17 56 29.0	920.0	15 47.02	8.66	6 20.86	12 06 18.89	4.35
	2	8 50 36.20	231.91	17 41 09.0	937.3	15 47.13	8.67	6 16.81	12 06 14.54	4.95
	3	8 54 28.11	231.31	17 25 31.7	954.2	15 47.25	8.67	6 12.16	12 06 09.59	5.56
	4	8 58 19.42	230.70	17 09 37.5	971.0	15 47.38	8.67	6 06.91	12 06 04.03	6.15
	5	9 02 10.12	230.10	+16 53 26.5 −	987.3	15 47.51	8.67	− 6 01.06	12 05 57.88 −	6.76
	6	9 06 00.22	229.49	16 36 59.2	1003.4	15 47.64	8.67	5 54.60	12 05 51.12	7.36
	7	9 09 49.71	228.90	16 20 15.8	1019.1	15 47.78	8.67	5 47.54	12 05 43.76	7.96
	8	9 13 38.61	228.29	16 03 16.7	1034.6	15 47.93	8.67	5 39.89	12 05 35.80	8.55
	9	9 17 26.90	227.70	15 46 02.1	1049.7	15 48.08	8.67	5 31.63	12 05 27.25	9.14
	10	9 21 14.60	227.12	+15 28 32.4 −	1064.4	15 48.23	8.68	− 5 22.79	12 05 18.11 −	9.73
	11	9 25 01.72	226.54	15 10 48.0	1078.9	15 48.39	8.68	5 13.35	12 05 08.38	10.30
	12	9 28 48.26	225.97	14 52 49.1	1093.1	15 48.56	8.68	5 03.34	12 04 58.08	10.88
	13	9 32 34.23	225.40	14 34 36.0	1106.9	15 48.72	8.68	4 52.75	12 04 47.20	11.43
	14	9 36 19.63	224.85	14 16 09.1	1120.4	15 48.89	8.68	4 41.59	12 04 35.77	11.98
	15	9 40 04.48	224.31	+13 57 28.7 −	1133.5	15 49.07	8.68	− 4 29.88	12 04 23.79 −	12.52
	16	9 43 48.79	223.78	+13 38 35.2 −	1146.4	15 49.24	8.68	− 4 17.63	12 04 11.27 −	13.05

太　　阳

以力学时 0^h 为准

2024 年

日期		黄经（2024.0 平春分点）		黄纬 当天	黄纬 2024.0	黄纬 2000.0	地球向径		黄经岁差	黄经章动 长期项	黄经章动 短期项	真黄赤交角
	日	° ′ ″	″	″	″	″			″	″	″	23°26′ ″
7月	1	99 39 36.8	3433.0	+0.17	−0.06	−10.98	1.016 6719	+222	+24.992	−2.842	−0.224	18.386
	2	100 36 49.8	3433.2	0.28	+0.06	10.81	1.016 6941	164	25.129	2.789	0.222	18.335
	3	101 34 03.0	3433.4	0.38	0.15	10.67	1.016 7105	105	25.267	2.737	0.161	18.289
	4	102 31 16.4	3433.4	0.45	0.22	10.54	1.016 7210	+43	25.405	2.686	−0.056	18.262
	5	103 28 29.8	3433.5	0.49	0.27	10.44	1.016 7253	−17	25.543	2.635	+0.067	18.260
	6	104 25 43.3	3433.5	+0.51	+0.28	−10.36	1.016 7236	−79	+25.680	−2.584	+0.181	18.283
	7	105 22 56.8	3433.5	0.49	0.27	10.31	1.016 7157	140	25.818	2.534	0.264	18.327
	8	106 20 10.3	3433.5	0.45	0.23	10.29	1.016 7017	200	25.956	2.485	0.299	18.383
	9	107 17 23.8	3433.4	0.39	0.16	10.28	1.016 6817	258	26.093	2.437	0.284	18.442
	10	108 14 37.2	3433.5	0.30	+0.08	10.30	1.016 6559	314	26.231	2.390	0.223	18.496
	11	109 11 50.7	3433.4	+0.20	−0.02	−10.32	1.016 6245	−369	+26.369	−2.343	+0.127	18.537
	12	110 09 04.1	3433.4	+0.09	0.14	10.36	1.016 5876	420	26.506	2.298	+0.011	18.561
	13	111 06 17.5	3433.4	−0.03	0.25	10.39	1.016 5456	470	26.644	2.253	−0.108	18.567
	14	112 03 30.9	3433.4	0.15	0.37	10.43	1.016 4986	518	26.782	2.209	0.212	18.556
	15	113 00 44.3	3433.5	0.26	0.48	10.45	1.016 4468	562	26.919	2.166	0.285	18.530
	16	113 57 57.8	3433.6	−0.36	−0.58	−10.46	1.016 3906	−604	+27.057	−2.124	−0.315	18.496
	17	114 55 11.4	3433.7	0.44	0.66	10.45	1.016 3302	643	27.195	2.083	0.296	18.462
	18	115 52 25.1	3434.0	0.50	0.72	10.41	1.016 2659	681	27.333	2.044	0.226	18.436
	19	116 49 39.1	3434.3	0.53	0.75	10.35	1.016 1978	714	27.470	2.005	−0.116	18.429
	20	117 46 53.4	3434.6	0.54	0.76	10.26	1.016 1264	748	27.608	1.967	+0.016	18.446
	21	118 44 08.0	3435.1	−0.52	−0.73	−10.13	1.016 0516	−778	+27.746	−1.931	+0.139	18.491
	22	119 41 23.1	3435.7	0.46	0.67	9.96	1.015 9738	809	27.883	1.896	0.224	18.559
	23	120 38 38.8	3436.4	0.38	0.59	9.77	1.015 8929	841	28.021	1.862	0.247	18.638
	24	121 35 55.2	3437.2	0.27	0.48	9.55	1.015 8088	873	28.159	1.829	0.202	18.711
	25	122 33 12.4	3438.1	0.14	0.35	9.31	1.015 7215	908	28.296	1.798	+0.103	18.764
	26	123 30 30.5	3439.0	−0.01	−0.22	−9.06	1.015 6307	−946	+28.434	−1.768	−0.020	18.787
	27	124 27 49.5	3440.0	+0.13	−0.08	8.80	1.015 5361	986	28.572	1.739	0.131	18.780
	28	125 25 09.5	3441.1	0.26	+0.06	8.55	1.015 4375	1031	28.710	1.711	0.201	18.750
	29	126 22 30.6	3442.1	0.38	0.18	8.31	1.015 3344	1078	28.847	1.685	0.212	18.710
	30	127 19 52.7	3443.2	0.48	0.28	8.08	1.015 2266	1127	28.985	1.660	0.164	18.673
	31	128 17 15.9	3444.2	+0.55	+0.35	−7.88	1.015 1139	−1180	+29.123	−1.636	−0.071	18.652
8月	1	129 14 40.1	3445.3	0.60	0.40	7.70	1.014 9959	1233	29.260	1.614	+0.045	18.653
	2	130 12 05.4	3446.3	0.61	0.42	7.55	1.014 8726	1289	29.398	1.593	0.160	18.679
	3	131 09 31.7	3447.3	0.60	0.41	7.42	1.014 7437	1343	29.536	1.574	0.249	18.727
	4	132 06 59.0	3448.2	0.56	0.37	7.32	1.014 6094	1399	29.673	1.556	0.297	18.789
	5	133 04 27.2	3449.2	+0.50	+0.31	−7.25	1.014 4695	−1453	+29.811	−1.539	+0.296	18.856
	6	134 01 56.4	3450.1	0.41	0.23	7.19	1.014 3242	1507	29.949	1.524	0.247	18.920
	7	134 59 26.5	3451.0	0.31	0.13	7.15	1.014 1735	1559	30.086	1.510	0.159	18.973
	8	135 56 57.5	3451.9	0.19	+0.02	7.11	1.014 0176	1609	30.224	1.497	+0.047	19.009
	9	136 54 29.4	3452.7	+0.07	−0.10	7.08	1.013 8567	1657	30.362	1.486	−0.073	19.027
	10	137 52 02.1	3453.7	−0.05	−0.22	−7.05	1.013 6910	−1703	+30.500	−1.477	−0.184	19.027
	11	138 49 35.8	3454.5	0.16	0.33	7.01	1.013 5207	1746	30.637	1.469	0.269	19.010
	12	139 47 10.3	3455.4	0.27	0.43	6.96	1.013 3461	1787	30.775	1.462	0.315	18.984
	13	140 44 45.7	3456.3	0.35	0.52	6.89	1.013 1674	1824	30.913	1.456	0.315	18.954
	14	141 42 22.0	3457.3	0.42	0.58	6.80	1.012 9850	1859	31.050	1.452	0.266	18.929
	15	142 39 59.3	3458.3	−0.46	−0.62	−6.68	1.012 7991	−1889	+31.188	−1.450	−0.174	18.918
	16	143 37 37.6	3459.3	−0.48	−0.63	−6.53	1.012 6102	−1917	+31.326	−1.449	−0.052	18.928

太　　阳

以力学时 0^h 为准

2024 年

日期		视赤经		视赤纬		视半径	地平视差	时差（视时减平时）	上中天	
	日	h m s	s	° ′ ″	″	′ ″	″	m s	h m s	s
8月	16	9 43 48.79	223.78	+13 38 35.2	1146.4	15 49.24	8.68	− 4 17.63	12 04 11.27	13.05
	17	9 47 32.57	223.25	13 19 28.8	1158.9	15 49.42	8.69	4 04.84	12 03 58.22	13.56
	18	9 51 15.82	222.75	13 00 09.9	1171.2	15 49.61	8.69	3 51.54	12 03 44.66	14.06
	19	9 54 58.57	222.25	12 40 38.7	1183.1	15 49.79	8.69	3 37.73	12 03 30.60	14.54
	20	9 58 40.82	221.78	12 20 55.6	1194.8	15 49.98	8.69	3 23.43	12 03 16.06	15.00
	21	10 02 22.60	221.32	+12 01 00.8	1206.2	15 50.16	8.69	− 3 08.65	12 03 01.06	15.44
	22	10 06 03.92	220.89	11 40 54.6	1217.4	15 50.35	8.69	2 53.43	12 02 45.62	15.87
	23	10 09 44.81	220.47	11 20 37.2	1228.2	15 50.54	8.70	2 37.77	12 02 29.75	16.28
	24	10 13 25.28	220.07	11 00 09.0	1238.8	15 50.74	8.70	2 21.69	12 02 13.47	16.67
	25	10 17 05.35	219.69	10 39 30.2	1249.1	15 50.93	8.70	2 05.21	12 01 56.80	17.06
	26	10 20 45.04	219.32	+10 18 41.1	1258.9	15 51.13	8.70	− 1 48.34	12 01 39.74	17.41
	27	10 24 24.36	218.97	9 57 42.2	1268.7	15 51.33	8.70	1 31.10	12 01 22.33	17.77
	28	10 28 03.33	218.62	9 36 33.5	1277.9	15 51.54	8.71	1 13.50	12 01 04.56	18.10
	29	10 31 41.95	218.29	9 15 15.6	1286.8	15 51.75	8.71	0 55.56	12 00 46.46	18.43
	30	10 35 20.24	217.97	8 53 48.8	1295.4	15 51.96	8.71	0 37.29	12 00 28.03	18.73
	31	10 38 58.21	217.67	+ 8 32 13.4	1303.8	15 52.17	8.71	− 0 18.71	12 00 09.30	19.03
9月	1	10 42 35.88	217.38	8 10 29.6	1311.6	15 52.39	8.71	+ 0 00.18	11 59 50.27	19.30
	2	10 46 13.26	217.10	7 48 38.0	1319.2	15 52.62	8.72	0 19.35	11 59 30.97	19.58
	3	10 49 50.36	216.84	7 26 38.8	1326.5	15 52.84	8.72	0 38.80	11 59 11.39	19.83
	4	10 53 27.20	216.60	7 04 32.3	1333.3	15 53.07	8.72	0 58.51	11 58 51.56	20.06
	5	10 57 03.80	216.36	+ 6 42 19.0	1339.9	15 53.31	8.72	+ 1 18.46	11 58 31.50	20.29
	6	11 00 40.16	216.16	6 19 59.1	1346.1	15 53.54	8.72	1 38.64	11 58 11.21	20.49
	7	11 04 16.32	215.95	5 57 33.0	1352.0	15 53.79	8.73	1 59.03	11 57 50.72	20.68
	8	11 07 52.27	215.78	5 35 01.0	1357.6	15 54.03	8.73	2 19.63	11 57 30.04	20.85
	9	11 11 28.05	215.62	5 12 23.4	1362.7	15 54.28	8.73	2 40.40	11 57 09.19	21.00
	10	11 15 03.67	215.48	+ 4 49 40.7	1367.5	15 54.53	8.73	+ 3 01.34	11 56 48.19	21.15
	11	11 18 39.15	215.35	4 26 53.2	1372.1	15 54.78	8.74	3 22.42	11 56 27.04	21.26
	12	11 22 14.50	215.24	4 04 01.1	1376.2	15 55.03	8.74	3 43.63	11 56 05.78	21.35
	13	11 25 49.74	215.16	3 41 04.9	1380.0	15 55.29	8.74	4 04.94	11 55 44.43	21.44
	14	11 29 24.90	215.09	3 18 04.9	1383.6	15 55.55	8.74	4 26.35	11 55 22.99	21.49
	15	11 32 59.99	215.03	+ 2 55 01.3	1386.7	15 55.81	8.74	+ 4 47.82	11 55 01.50	21.53
	16	11 36 35.02	215.02	2 31 54.6	1389.5	15 56.07	8.75	5 09.34	11 54 39.97	21.53
	17	11 40 10.04	215.01	2 08 45.1	1392.1	15 56.33	8.75	5 30.88	11 54 18.44	21.52
	18	11 43 45.05	215.03	1 45 33.0	1394.4	15 56.59	8.75	5 52.41	11 53 56.92	21.48
	19	11 47 20.08	215.10	1 22 18.6	1396.5	15 56.85	8.75	6 13.92	11 53 35.44	21.42
	20	11 50 55.18	215.17	+ 0 59 02.1	1398.1	15 57.11	8.76	+ 6 35.38	11 53 14.02	21.32
	21	11 54 30.35	215.28	0 35 44.0	1399.6	15 57.37	8.76	6 56.75	11 52 52.70	21.21
	22	11 58 05.63	215.40	+ 0 12 24.4	1400.7	15 57.63	8.76	7 18.03	11 52 31.49	21.08
	23	12 01 41.03	215.56	− 0 10 56.3	1401.5	15 57.89	8.76	7 39.18	11 52 10.41	20.92
	24	12 05 16.59	215.72	0 34 17.8	1401.9	15 58.15	8.77	8 00.19	11 51 49.49	20.74
	25	12 08 52.31	215.91	− 0 57 39.7	1402.0	15 58.41	8.77	+ 8 21.03	11 51 28.75	20.55
	26	12 12 28.22	216.12	1 21 01.7	1401.7	15 58.68	8.77	8 41.68	11 51 08.20	20.33
	27	12 16 04.34	216.33	1 44 23.4	1401.0	15 58.94	8.77	9 02.12	11 50 47.87	20.09
	28	12 19 40.67	216.58	2 07 44.4	1400.0	15 59.21	8.78	9 22.34	11 50 27.78	19.84
	29	12 23 17.25	216.84	2 31 04.4	1398.7	15 59.48	8.78	9 42.31	11 50 07.94	19.57
	30	12 26 54.09	217.12	− 2 54 23.1	1396.9	15 59.74	8.78	+ 10 02.02	11 49 48.37	19.28
10月	1	12 30 31.21	217.42	− 3 17 40.0	1394.8	16 00.02	8.78	+ 10 21.45	11 49 29.09	18.97

太　　阳

以力学时 0^h 为准

2024 年

日期		黄经（2024.0 平春分点）		黄纬 当天	黄纬 2024.0	黄纬 2000.0	地球向径		黄经岁差	黄经章动 长期项	黄经章动 短期项	真黄赤交角
	日	° ′ ″	″	″	″	″			″	″	″	23°26′ ″
8月	16	143 37 37.6	3459.3	−0.48	−0.63	− 6.53	1.012 6102	−1917	+ 31.326	− 1.449	− 0.052	18.928
	17	144 35 16.9	3460.4	0.46	0.61	6.34	1.012 4185	1942	31.463	1.449	+ 0.076	18.964
	18	145 32 57.3	3461.6	0.41	0.56	6.13	1.012 2243	1964	31.601	1.450	0.180	19.025
	19	146 30 38.9	3462.9	0.33	0.47	5.88	1.012 0279	1984	31.739	1.453	0.233	19.104
	20	147 28 21.8	3464.2	0.22	0.36	5.60	1.011 8295	2003	31.877	1.457	0.216	19.183
	21	148 26 06.0	3465.8	−0.10	−0.23	− 5.30	1.011 6292	−2021	+ 32.014	− 1.462	+ 0.136	19.247
	22	149 23 51.8	3467.3	+0.04	−0.09	4.99	1.011 4271	2041	32.152	1.469	+ 0.016	19.282
	23	150 21 39.1	3469.1	0.18	+0.06	4.67	1.011 2230	2063	32.290	1.477	− 0.103	19.282
	24	151 19 28.2	3470.7	0.32	0.20	4.36	1.011 0167	2088	32.427	1.486	0.186	19.254
	25	152 17 18.9	3472.6	0.45	0.33	4.05	1.010 8079	2114	32.565	1.496	0.210	19.210
	26	153 15 11.5	3474.3	+0.55	+0.44	− 3.77	1.010 5965	−2145	+ 32.703	− 1.508	− 0.170	19.167
	27	154 13 05.8	3476.2	0.63	0.52	3.51	1.010 3820	2178	32.840	1.521	− 0.082	19.138
	28	155 11 02.0	3478.0	0.68	0.58	3.28	1.010 1642	2212	32.978	1.534	+ 0.034	19.130
	29	156 09 00.0	3479.9	0.70	0.60	3.07	1.009 9430	2249	33.116	1.549	0.150	19.147
	30	157 06 59.9	3481.6	0.69	0.60	2.90	1.009 7181	2287	33.254	1.565	0.246	19.185
	31	158 05 01.5	3483.4	+0.65	+0.56	− 2.75	1.009 4894	−2326	+ 33.391	− 1.582	+ 0.303	19.238
9月	1	159 03 04.9	3485.1	0.59	0.50	2.63	1.009 2568	2365	33.529	1.600	0.313	19.299
	2	160 01 10.0	3486.9	0.50	0.42	2.52	1.009 0203	2404	33.667	1.619	0.275	19.358
	3	160 59 16.9	3488.5	0.40	0.32	2.44	1.008 7799	2443	33.804	1.639	0.195	19.407
	4	161 57 25.4	3490.2	0.28	0.21	2.37	1.008 5356	2481	33.942	1.660	+ 0.088	19.441
	5	162 55 35.6	3491.8	+0.16	+0.09	− 2.30	1.008 2875	−2517	+ 34.080	− 1.682	− 0.032	19.456
	6	163 53 47.4	3493.4	+0.03	−0.03	2.23	1.008 0358	2551	34.217	1.704	0.147	19.452
	7	164 52 00.8	3495.0	−0.09	0.15	2.16	1.007 7807	2584	34.355	1.727	0.241	19.431
	8	165 50 15.8	3496.5	0.20	0.26	2.08	1.007 5223	2614	34.493	1.751	0.301	19.398
	9	166 48 32.3	3498.1	0.30	0.35	1.98	1.007 2609	2642	34.630	1.776	0.317	19.359
	10	167 46 50.4	3499.7	−0.38	−0.42	− 1.87	1.006 9967	−2666	+ 34.768	− 1.801	− 0.287	19.322
	11	168 45 10.1	3501.1	0.43	0.47	1.72	1.006 7301	2687	34.906	1.827	0.213	19.296
	12	169 43 31.2	3502.7	0.45	0.48	1.55	1.006 4614	2705	35.044	1.854	− 0.108	19.287
	13	170 41 53.9	3504.3	0.45	0.47	1.35	1.006 1909	2718	35.181	1.880	+ 0.013	19.302
	14	171 40 18.2	3505.9	0.41	0.43	1.11	1.005 9191	2729	35.319	1.908	0.123	19.340
	15	172 38 44.1	3507.5	−0.34	−0.35	− 0.85	1.005 6462	−2735	+ 35.457	− 1.936	+ 0.196	19.399
	16	173 37 11.6	3509.3	0.24	0.25	0.55	1.005 3727	2738	35.594	1.964	0.209	19.467
	17	174 35 40.9	3511.1	−0.12	−0.12	− 0.23	1.005 0989	2738	35.732	1.993	0.155	19.527
	18	175 34 12.0	3512.9	+0.02	+0.02	+ 0.10	1.004 8251	2737	35.870	2.021	+ 0.048	19.562
	19	176 32 44.9	3515.0	0.16	0.17	0.44	1.004 5514	2736	36.007	2.050	− 0.077	19.563
	20	177 31 19.9	3517.1	+0.31	+0.32	+ 0.79	1.004 2778	−2734	+ 36.145	− 2.080	− 0.179	19.529
	21	178 29 57.0	3519.2	0.44	0.46	1.12	1.004 0044	2735	36.283	2.109	0.223	19.472
	22	179 28 36.2	3521.4	0.55	0.58	1.43	1.003 7309	2738	36.421	2.138	0.198	19.409
	23	180 27 17.6	3523.8	0.64	0.67	1.72	1.003 4571	2744	36.558	2.168	− 0.113	19.356
	24	181 26 01.4	3525.9	0.70	0.74	1.97	1.003 1827	2751	36.696	2.197	+ 0.008	19.325
	25	182 24 47.3	3528.3	+0.73	+0.77	+ 2.20	1.002 9076	−2761	+ 36.834	− 2.226	+ 0.134	19.320
	26	183 23 35.6	3530.5	0.73	0.78	2.39	1.002 6315	2774	36.971	2.256	0.241	19.338
	27	184 22 26.1	3532.8	0.69	0.75	2.56	1.002 3541	2787	37.109	2.285	0.310	19.373
	28	185 21 18.9	3535.0	0.63	0.70	2.69	1.002 0754	2802	37.247	2.313	0.332	19.417
	29	186 20 13.9	3537.2	0.55	0.62	2.80	1.001 7952	2818	37.384	2.342	0.305	19.460
	30	187 19 11.1	3539.3	+0.45	+0.52	+ 2.90	1.001 5134	−2834	+ 37.522	− 2.370	+ 0.234	19.496
10月	1	188 18 10.4	3541.4	+0.33	+0.41	+ 2.97	1.001 2300	−2850	+ 37.660	− 2.397	+ 0.132	19.517

太　　阳

2024 年

以力学时 0^h 为准

日期		视赤经		视赤纬		视半径	地平视差	时差（视时减平时）	上中天	
	日	h m s	s	° ′ ″	″	′ ″	″	m s	h m s	s
10月	1	12 30 31.21	217.42	− 3 17 40.0	− 1394.8	16 00.02	8.78	+ 10 21.45	11 49 29.09	− 18.97
	2	12 34 08.63	217.73	3 40 54.8	1392.3	16 00.29	8.79	10 40.58	11 49 10.12	18.65
	3	12 37 46.36	218.07	4 04 07.1	1389.4	16 00.56	8.79	10 59.39	11 48 51.47	18.31
	4	12 41 24.43	218.42	4 27 16.5	1386.1	16 00.84	8.79	11 17.87	11 48 33.16	17.94
	5	12 45 02.85	218.79	4 50 22.6	1382.6	16 01.12	8.79	11 36.00	11 48 15.22	17.57
	6	12 48 41.64	219.18	− 5 13 25.2	− 1378.5	16 01.40	8.80	+ 11 53.76	11 47 57.65	− 17.18
	7	12 52 20.82	219.58	5 36 23.7	1374.1	16 01.68	8.80	12 11.14	11 47 40.47	16.77
	8	12 56 00.40	220.01	5 59 17.8	1369.4	16 01.96	8.80	12 28.11	11 47 23.70	16.33
	9	12 59 40.41	220.44	6 22 07.2	1364.2	16 02.24	8.80	12 44.66	11 47 07.37	15.90
	10	13 03 20.85	220.90	6 44 51.4	1358.7	16 02.52	8.81	13 00.78	11 46 51.47	15.43
	11	13 07 01.75	221.37	− 7 07 30.1	− 1352.7	16 02.80	8.81	+ 13 16.44	11 46 36.04	− 14.95
	12	13 10 43.12	221.86	7 30 02.8	1346.4	16 03.09	8.81	13 31.63	11 46 21.09	14.44
	13	13 14 24.98	222.36	7 52 29.2	1339.7	16 03.37	8.81	13 46.33	11 46 06.65	13.93
	14	13 18 07.34	222.90	8 14 48.9	1332.7	16 03.65	8.82	14 00.52	11 45 52.72	13.39
	15	13 21 50.24	223.44	8 37 01.6	1325.3	16 03.93	8.82	14 14.18	11 45 39.33	12.83
	16	13 25 33.68	224.01	− 8 59 06.9	− 1317.5	16 04.20	8.82	+ 14 27.28	11 45 26.50	− 12.24
	17	13 29 17.69	224.61	9 21 04.4	1309.5	16 04.48	8.82	14 39.82	11 45 14.26	11.64
	18	13 33 02.30	225.24	9 42 53.9	1301.1	16 04.75	8.83	14 51.75	11 45 02.62	11.00
	19	13 36 47.54	225.87	10 04 35.0	1292.4	16 05.02	8.83	15 03.08	11 44 51.62	10.37
	20	13 40 33.41	226.54	10 26 07.4	1283.3	16 05.29	8.83	15 13.76	11 44 41.25	9.69
	21	13 44 19.95	227.22	−10 47 30.7	− 1273.8	16 05.55	8.83	+ 15 23.78	11 44 31.56	− 9.01
	22	13 48 07.17	227.91	11 08 44.5	1263.9	16 05.82	8.84	15 33.13	11 44 22.55	8.30
	23	13 51 55.08	228.62	11 29 48.4	1253.6	16 06.08	8.84	15 41.78	11 44 14.25	7.59
	24	13 55 43.70	229.34	11 50 42.0	1242.9	16 06.34	8.84	15 49.72	11 44 06.66	6.86
	25	13 59 33.04	230.07	12 11 24.9	1231.9	16 06.60	8.84	15 56.94	11 43 59.80	6.11
	26	14 03 23.11	230.82	−12 31 56.8	− 1220.3	16 06.86	8.85	+ 16 03.42	11 43 53.69	− 5.36
	27	14 07 13.93	231.59	12 52 17.1	1208.4	16 07.11	8.85	16 09.15	11 43 48.33	4.59
	28	14 11 05.52	232.35	13 12 25.5	1196.1	16 07.37	8.85	16 14.12	11 43 43.74	3.82
	29	14 14 57.87	233.13	13 32 21.6	1183.3	16 07.62	8.85	16 18.31	11 43 39.92	3.03
	30	14 18 51.00	233.93	13 52 04.9	1170.1	16 07.88	8.86	16 21.72	11 43 36.89	2.23
	31	14 22 44.93	234.72	−14 11 35.0	− 1156.5	16 08.13	8.86	+ 16 24.35	11 43 34.66	− 1.43
11月	1	14 26 39.65	235.53	14 30 51.5	1142.4	16 08.38	8.86	16 26.17	11 43 33.23	− 0.63
	2	14 30 35.18	236.35	14 49 53.9	1128.1	16 08.63	8.86	16 27.20	11 43 32.60	+ 0.18
	3	14 34 31.53	237.16	15 08 42.0	1113.1	16 08.88	8.86	16 27.41	11 43 32.78	1.00
	4	14 38 28.69	237.98	15 27 15.1	1097.9	16 09.13	8.87	16 26.81	11 43 33.78	1.82
	5	14 42 26.67	238.80	−15 45 33.0	− 1082.1	16 09.38	8.87	+ 16 25.39	11 43 35.60	+ 2.64
	6	14 46 25.47	239.62	16 03 35.1	1066.0	16 09.63	8.87	16 23.16	11 43 38.24	3.46
	7	14 50 25.09	240.44	16 21 21.1	1049.5	16 09.87	8.87	16 20.10	11 43 41.70	4.29
	8	14 54 25.53	241.27	16 38 50.6	1032.5	16 10.12	8.88	16 16.21	11 43 45.99	5.11
	9	14 58 26.80	242.10	16 56 03.1	1015.1	16 10.36	8.88	16 11.50	11 43 51.10	5.94
	10	15 02 28.90	242.91	−17 12 58.2	− 997.3	16 10.60	8.88	+ 16 05.97	11 43 57.04	+ 6.77
	11	15 06 31.81	243.75	17 29 35.5	979.1	16 10.84	8.88	15 59.60	11 44 03.81	7.61
	12	15 10 35.56	244.57	17 45 54.6	960.6	16 11.07	8.88	15 52.41	11 44 11.42	8.43
	13	15 14 40.13	245.42	18 01 55.2	941.7	16 11.30	8.89	15 44.38	11 44 19.85	9.27
	14	15 18 45.55	246.25	18 17 36.9	922.4	16 11.52	8.89	15 35.52	11 44 29.12	10.11
	15	15 22 51.80	247.09	−18 32 59.3	− 902.9	16 11.74	8.89	+ 15 25.82	11 44 39.23	+ 10.95
	16	15 26 58.89	247.94	−18 48 02.2	− 882.9	16 11.96	8.89	+ 15 15.29	11 44 50.18	+ 11.78

太　　阳

以力学时 0^h 为准

2024 年

日期		黄经（2024.0 平春分点）		黄纬 当天	黄纬 2024.0	黄纬 2000.0	地球向径		黄经岁差	黄经章动 长期项	黄经章动 短期项	真黄赤交角
	日	° ′ ″	″	″	″	″			″	″	″	23°26′ ″
10月	1	188 18 10.4	3541.4	+0.33	+0.41	+ 2.97	1.001 2300	−2850	+ 37.660	− 2.397	+ 0.132	19.517
	2	189 17 11.8	3543.5	0.20	0.29	3.04	1.000 9450	2865	37.797	2.425	+ 0.013	19.520
	3	190 16 15.3	3545.6	+0.07	0.16	3.10	1.000 6585	2881	37.935	2.451	− 0.105	19.503
	4	191 15 20.9	3547.5	−0.06	+0.04	3.17	1.000 3704	2895	38.073	2.478	0.206	19.469
	5	192 14 28.4	3549.5	0.18	−0.07	3.24	1.000 0809	2907	38.211	2.503	0.275	19.421
	6	193 13 37.9	3551.3	−0.28	−0.17	+ 3.33	0.999 7902	−2917	+ 38.348	− 2.528	− 0.304	19.366
	7	194 12 49.2	3553.2	0.37	0.25	3.43	0.999 4985	2926	38.486	2.552	0.287	19.311
	8	195 12 02.4	3555.0	0.43	0.30	3.56	0.999 2059	2931	38.624	2.576	0.228	19.264
	9	196 11 17.4	3556.8	0.46	0.33	3.71	0.998 9128	2933	38.761	2.598	0.136	19.233
	10	197 10 34.2	3558.6	0.47	0.33	3.90	0.998 6195	2933	38.899	2.620	− 0.026	19.223
	11	198 09 52.8	3560.3	−0.44	−0.30	+ 4.11	0.998 3262	−2928	+ 39.037	− 2.641	+ 0.080	19.236
	12	199 09 13.1	3562.0	0.39	0.24	4.35	0.998 0334	2920	39.174	2.661	0.160	19.269
	13	200 08 35.1	3563.8	0.30	0.15	4.62	0.997 7414	2906	39.312	2.680	0.191	19.314
	14	201 07 58.9	3565.6	0.19	−0.03	4.91	0.997 4508	2890	39.450	2.698	0.161	19.360
	15	202 07 24.5	3567.5	−0.06	+0.10	5.22	0.997 1618	2869	39.588	2.715	+ 0.074	19.390
	16	203 06 52.0	3569.3	+0.08	+0.25	+ 5.54	0.996 8749	−2846	+ 39.725	− 2.731	− 0.048	19.389
	17	204 06 21.3	3571.4	0.22	0.40	5.86	0.996 5903	2820	39.863	2.746	0.165	19.354
	18	205 05 52.7	3573.4	0.36	0.55	6.18	0.996 3083	2794	40.001	2.759	0.238	19.288
	19	206 05 26.1	3575.5	0.48	0.68	6.47	0.996 0289	2768	40.138	2.771	0.241	19.207
	20	207 05 01.6	3577.8	0.58	0.78	6.75	0.995 7521	2744	40.276	2.782	0.171	19.129
	21	208 04 39.4	3579.9	+0.65	+0.86	+ 6.99	0.995 4777	−2721	+ 40.414	− 2.792	− 0.051	19.072
	22	209 04 19.3	3582.3	0.69	0.90	7.19	0.995 2056	2701	40.551	2.800	+ 0.089	19.041
	23	210 04 01.6	3584.5	0.69	0.91	7.37	0.994 9355	2683	40.689	2.807	0.215	19.038
	24	211 03 46.1	3586.7	0.67	0.89	7.51	0.994 6672	2667	40.827	2.813	0.303	19.055
	25	212 03 32.8	3589.1	0.61	0.84	7.62	0.994 4005	2653	40.964	2.817	0.342	19.084
	26	213 03 21.9	3591.2	+0.53	+0.77	+ 7.70	0.994 1352	−2640	+ 41.102	− 2.820	+ 0.329	19.114
	27	214 03 13.1	3593.4	0.43	0.68	7.76	0.993 8712	2628	41.240	2.821	0.270	19.139
	28	215 03 06.5	3595.5	0.32	0.57	7.80	0.993 6084	2619	41.378	2.821	0.174	19.151
	29	216 03 02.0	3597.6	0.19	0.44	7.83	0.993 3465	2609	41.515	2.819	+ 0.058	19.145
	30	217 02 59.6	3599.7	+0.06	0.32	7.85	0.993 0856	2599	41.653	2.815	− 0.061	19.121
	31	218 02 59.3	3601.6	−0.07	+0.20	+ 7.87	0.992 8257	−2591	+ 41.791	− 2.810	− 0.168	19.078
11月	1	219 03 00.9	3603.5	0.19	+0.08	7.90	0.992 5666	2580	41.928	2.804	0.246	19.021
	2	220 03 04.4	3605.4	0.30	−0.02	7.94	0.992 3086	2571	42.066	2.796	0.285	18.955
	3	221 03 09.8	3607.1	0.39	0.11	7.99	0.992 0515	2560	42.204	2.786	0.278	18.889
	4	222 03 16.9	3608.9	0.46	0.17	8.06	0.991 7955	2547	42.341	2.774	0.228	18.829
	5	223 03 25.8	3610.5	−0.51	−0.21	+ 8.16	0.991 5408	−2532	+ 42.479	− 2.761	− 0.143	18.784
	6	224 03 36.3	3612.1	0.52	0.22	8.28	0.991 2876	2514	42.617	2.747	− 0.039	18.759
	7	225 03 48.4	3613.6	0.51	0.20	8.43	0.991 0362	2495	42.755	2.730	+ 0.065	18.757
	8	226 04 02.0	3615.1	0.46	0.15	8.60	0.990 7867	2471	42.892	2.712	0.146	18.775
	9	227 04 17.1	3616.6	0.39	−0.07	8.81	0.990 5396	2444	43.030	2.693	0.185	18.808
	10	228 04 33.7	3617.9	−0.29	+0.03	+ 9.03	0.990 2952	−2413	+ 43.168	− 2.672	+ 0.170	18.845
	11	229 04 51.6	3619.4	0.17	0.16	9.27	0.990 0539	2378	43.305	2.649	+ 0.098	18.872
	12	230 05 11.0	3620.8	−0.04	0.29	9.53	0.989 8161	2338	43.443	2.624	− 0.014	18.877
	13	231 05 31.8	3622.2	+0.10	0.44	9.78	0.989 5823	2296	43.581	2.598	0.137	18.850
	14	232 05 54.0	3623.8	0.24	0.58	10.03	0.989 3527	2249	43.718	2.570	0.234	18.792
	15	233 06 17.8	3625.2	+0.36	+0.71	+10.27	0.989 1278	−2201	+ 43.856	− 2.540	− 0.271	18.712
	16	234 06 43.0	3626.9	+0.46	+0.82	+10.48	0.988 9077	−2153	+ 43.994	− 2.509	− 0.233	18.627

太　　阳

2024 年　　以力学时 0^h 为准

日期		视赤经		视赤纬		视半径	地平视差	时差（视时减平时）	上中天	
	日	h m s	s	° ′ ″	″	′ ″	″	m s	h m s	s
11月	16	15 26 58.89	247.94	−18 48 02.2	− 882.9	16 11.96	8.89	+15 15.29	11 44 50.18	+ 11.78
	17	15 31 06.83	248.78	19 02 45.1	862.6	16 12.17	8.89	15 03.91	11 45 01.96	12.63
	18	15 35 15.61	249.61	19 17 07.7	841.9	16 12.38	8.90	14 51.70	11 45 14.59	13.46
	19	15 39 25.22	250.45	19 31 09.6	820.9	16 12.58	8.90	14 38.65	11 45 28.05	14.29
	20	15 43 35.67	251.27	19 44 50.5	799.5	16 12.78	8.90	14 24.77	11 45 42.34	15.11
	21	15 47 46.94	252.09	−19 58 10.0	− 777.8	16 12.97	8.90	+14 10.06	11 45 57.45	+ 15.93
	22	15 51 59.03	252.89	20 11 07.8	755.5	16 13.16	8.90	13 54.53	11 46 13.38	16.73
	23	15 56 11.92	253.68	20 23 43.3	733.1	16 13.34	8.91	13 38.20	11 46 30.11	17.52
	24	16 00 25.60	254.47	20 35 56.4	710.2	16 13.53	8.91	13 21.06	11 46 47.63	18.31
	25	16 04 40.07	255.24	20 47 46.6	687.0	16 13.70	8.91	13 03.15	11 47 05.94	19.06
	26	16 08 55.31	255.99	−20 59 13.6	− 663.4	16 13.88	8.91	+12 44.46	11 47 25.00	+ 19.80
	27	16 13 11.30	256.72	21 10 17.0	639.5	16 14.05	8.91	12 25.02	11 47 44.80	20.53
	28	16 17 28.02	257.45	21 20 56.5	615.3	16 14.22	8.91	12 04.85	11 48 05.33	21.24
	29	16 21 45.47	258.13	21 31 11.8	590.8	16 14.39	8.92	11 43.96	11 48 26.57	21.91
	30	16 26 03.60	258.81	21 41 02.6	565.9	16 14.55	8.92	11 22.39	11 48 48.48	22.57
12月	1	16 30 22.41	259.45	−21 50 28.5	− 540.9	16 14.71	8.92	+11 00.14	11 49 11.05	+ 23.21
	2	16 34 41.86	260.07	21 59 29.4	515.4	16 14.87	8.92	10 37.25	11 49 34.26	23.80
	3	16 39 01.93	260.66	22 08 04.8	489.8	16 15.02	8.92	10 13.74	11 49 58.06	24.39
	4	16 43 22.59	261.23	22 16 14.6	463.8	16 15.17	8.92	9 49.65	11 50 22.45	24.93
	5	16 47 43.82	261.75	22 23 58.4	437.7	16 15.32	8.92	9 24.99	11 50 47.38	25.45
	6	16 52 05.57	262.25	−22 31 16.1	− 411.2	16 15.47	8.92	+8 59.80	11 51 12.83	+ 25.94
	7	16 56 27.82	262.72	22 38 07.3	384.6	16 15.61	8.93	8 34.11	11 51 38.77	26.39
	8	17 00 50.54	263.16	22 44 31.9	357.7	16 15.74	8.93	8 07.94	11 52 05.16	26.83
	9	17 05 13.70	263.58	22 50 29.6	330.6	16 15.88	8.93	7 41.33	11 52 31.99	27.23
	10	17 09 37.28	263.96	22 56 00.2	303.5	16 16.01	8.93	7 14.31	11 52 59.22	27.60
	11	17 14 01.24	264.32	−23 01 03.7	− 276.1	16 16.13	8.93	+6 46.90	11 53 26.82	+ 27.94
	12	17 18 25.56	264.66	23 05 39.8	248.6	16 16.25	8.93	6 19.13	11 53 54.76	28.26
	13	17 22 50.22	264.97	23 09 48.4	221.0	16 16.36	8.93	5 51.03	11 54 23.02	28.56
	14	17 27 15.19	265.24	23 13 29.4	193.4	16 16.47	8.93	5 22.63	11 54 51.58	28.81
	15	17 31 40.43	265.50	23 16 42.8	165.5	16 16.57	8.94	4 53.95	11 55 20.39	29.05
	16	17 36 05.93	265.72	−23 19 28.3	− 137.7	16 16.66	8.94	+4 25.02	11 55 49.44	+ 29.26
	17	17 40 31.65	265.90	23 21 46.0	109.7	16 16.75	8.94	3 55.87	11 56 18.70	29.44
	18	17 44 57.55	266.07	23 23 35.7	81.6	16 16.83	8.94	3 26.53	11 56 48.14	29.58
	19	17 49 23.62	266.19	23 24 57.3	53.4	16 16.91	8.94	2 57.03	11 57 17.72	29.70
	20	17 53 49.81	266.29	23 25 50.7	− 25.3	16 16.98	8.94	2 27.39	11 57 47.42	29.79
	21	17 58 16.10	266.36	−23 26 16.0	+ 2.9	16 17.04	8.94	+1 57.65	11 58 17.21	+ 29.83
	22	18 02 42.46	266.39	23 26 13.1	31.3	16 17.10	8.94	1 27.85	11 58 47.04	29.86
	23	18 07 08.85	266.39	23 25 41.8	59.4	16 17.15	8.94	0 58.01	11 59 16.90	29.83
	24	18 11 35.24	266.36	23 24 42.4	87.8	16 17.20	8.94	+0 28.17	11 59 46.73	29.79
	25	18 16 01.60	266.29	23 23 14.6	116.0	16 17.25	8.94	−0 01.63	12 00 16.52	29.69
	26	18 20 27.89	266.19	−23 21 18.6	+ 144.1	16 17.29	8.94	−0 31.37	12 00 46.21	+ 29.58
	27	18 24 54.08	266.05	23 18 54.5	172.3	16 17.32	8.94	1 01.00	12 01 15.79	29.41
	28	18 29 20.13	265.88	23 16 02.2	200.3	16 17.35	8.94	1 30.49	12 01 45.20	29.22
	29	18 33 46.01	265.66	23 12 41.9	228.3	16 17.38	8.94	1 59.80	12 02 14.42	28.99
	30	18 38 11.67	265.42	23 08 53.6	256.0	16 17.40	8.94	2 28.90	12 02 43.41	28.72
	31	18 42 37.09	265.12	−23 04 37.6	+ 283.8	16 17.42	8.94	−2 57.75	12 03 12.13	+ 28.41
	32	18 47 02.21	264.81	−22 59 53.8	+ 311.3	16 17.44	8.94	−3 26.31	12 03 40.54	+ 28.08

太　阳

以力学时 0^h 为准

2024 年

日期		黄经（2024.0 平春分点）		黄纬 当天	黄纬 2024.0	黄纬 2000.0	地球向径		黄经岁差	黄经章动 长期项	黄经章动 短期项	真黄赤交角
	日	° ′ ″	″	″	″	″			″	″	″	23°26′ ″
11月	16	234 06 43.0	3626.9	+0.46	+0.82	+10.48	0.988 9077	−2153	+43.994	−2.509	−0.233	18.627
	17	235 07 09.9	3628.6	0.54	0.90	10.66	0.988 6924	2104	44.131	2.477	−0.129	18.555
	18	236 07 38.5	3630.2	0.59	0.95	10.81	0.988 4820	2056	44.269	2.442	+0.012	18.510
	19	237 08 08.7	3632.0	0.60	0.97	10.92	0.988 2764	2011	44.407	2.407	0.156	18.494
	20	238 08 40.7	3633.7	0.58	0.95	11.00	0.988 0753	1966	44.545	2.369	0.269	18.504
	21	239 09 14.4	3635.5	+0.53	+0.91	+11.05	0.987 8787	−1925	+44.682	−2.330	+0.333	18.531
	22	240 09 49.9	3637.2	0.46	0.84	11.06	0.987 6862	1885	44.820	2.290	0.340	18.564
	23	241 10 27.1	3638.8	0.36	0.75	11.05	0.987 4977	1848	44.958	2.248	0.296	18.593
	24	242 11 05.9	3640.6	0.25	0.64	11.02	0.987 3129	1812	45.095	2.205	0.211	18.610
	25	243 11 46.5	3642.1	+0.12	0.52	10.98	0.987 1317	1777	45.233	2.160	+0.099	18.612
	26	244 12 28.6	3643.8	−0.00	+0.39	+10.92	0.986 9540	−1745	+45.371	−2.114	−0.021	18.596
	27	245 13 12.4	3645.2	0.13	0.27	10.87	0.986 7795	1712	45.508	2.067	0.132	18.561
	28	246 13 57.6	3646.7	0.26	0.15	10.82	0.986 6083	1683	45.646	2.018	0.219	18.511
	29	247 14 44.3	3648.0	0.37	+0.04	10.77	0.986 4400	1652	45.784	1.968	0.269	18.452
	30	248 15 32.3	3649.3	0.46	−0.05	10.74	0.986 2748	1623	45.922	1.917	0.273	18.390
12月	1	249 16 21.6	3650.6	−0.53	−0.12	+10.73	0.986 1125	−1593	+46.059	−1.865	−0.232	18.333
	2	250 17 12.2	3651.6	0.58	0.16	10.74	0.985 9532	1564	46.197	1.812	0.152	18.290
	3	251 18 03.8	3652.7	0.60	0.18	10.77	0.985 7968	1533	46.335	1.757	−0.048	18.267
	4	252 18 56.5	3653.7	0.59	0.17	10.83	0.985 6435	1501	46.472	1.702	+0.060	18.268
	5	253 19 50.2	3654.5	0.55	0.12	10.92	0.985 4934	1467	46.610	1.645	0.148	18.290
	6	254 20 44.7	3655.2	−0.48	−0.05	+11.03	0.985 3467	−1430	+46.748	−1.588	+0.196	18.329
	7	255 21 39.9	3656.0	0.39	+0.04	11.16	0.985 2037	1390	46.885	1.529	0.190	18.374
	8	256 22 35.9	3656.7	0.28	0.16	11.30	0.985 0647	1346	47.023	1.470	0.130	18.413
	9	257 23 32.6	3657.2	0.15	0.29	11.46	0.984 9301	1300	47.161	1.410	+0.026	18.434
	10	258 24 29.8	3657.9	−0.02	0.42	11.62	0.984 8001	1249	47.298	1.349	−0.097	18.427
	11	259 25 27.7	3658.4	+0.11	+0.56	+11.78	0.984 6752	−1194	+47.436	−1.288	−0.206	18.392
	12	260 26 26.1	3659.1	0.24	0.68	11.92	0.984 5558	1136	47.574	1.225	0.269	18.333
	13	261 27 25.2	3659.6	0.34	0.79	12.04	0.984 4422	1076	47.712	1.163	0.265	18.263
	14	262 28 24.8	3660.3	0.42	0.87	12.13	0.984 3346	1014	47.849	1.100	0.192	18.199
	15	263 29 25.1	3661.0	0.47	0.92	12.19	0.984 2332	950	47.987	1.036	−0.066	18.155
	16	264 30 26.1	3661.7	+0.49	+0.94	+12.22	0.984 1382	−888	+48.125	−0.972	+0.080	18.141
	17	265 31 27.8	3662.5	0.48	0.93	12.21	0.984 0494	825	48.262	0.908	0.212	18.156
	18	266 32 30.3	3663.3	0.43	0.89	12.16	0.983 9669	765	48.400	0.843	0.302	18.193
	19	267 33 33.6	3664.1	0.36	0.82	12.09	0.983 8904	706	48.538	0.778	0.335	18.241
	20	268 34 37.7	3664.9	0.27	0.73	11.98	0.983 8198	650	48.675	0.713	0.310	18.290
	21	269 35 42.6	3665.6	+0.16	+0.62	+11.86	0.983 7548	−596	+48.813	−0.648	+0.239	18.329
	22	270 36 48.2	3666.3	+0.04	0.49	11.72	0.983 6952	543	48.951	0.583	0.134	18.353
	23	271 37 54.5	3667.1	−0.09	0.37	11.57	0.983 6409	494	49.089	0.517	+0.015	18.359
	24	272 39 01.6	3667.7	0.22	0.24	11.42	0.983 5915	446	49.226	0.452	−0.100	18.347
	25	273 40 09.3	3668.3	0.34	0.12	11.27	0.983 5469	400	49.364	0.387	0.196	18.319
	26	274 41 17.6	3668.9	−0.45	+0.01	+11.13	0.983 5069	−356	+49.502	−0.323	−0.258	18.279
	27	275 42 26.5	3669.4	0.54	−0.09	11.00	0.983 4713	315	49.639	0.258	0.277	18.235
	28	276 43 35.9	3669.7	0.61	0.16	10.89	0.983 4398	274	49.777	0.194	0.249	18.193
	29	277 44 45.6	3670.1	0.66	0.21	10.80	0.983 4124	235	49.915	0.130	0.178	18.163
	30	278 45 55.7	3670.3	0.68	0.23	10.73	0.983 3889	197	50.052	0.067	−0.076	18.152
	31	279 47 06.0	3670.4	−0.67	−0.22	+10.69	0.983 3692	−160	+50.190	−0.004	+0.038	18.164
	32	280 48 16.4	3670.4	−0.63	−0.18	+10.68	0.983 3532	−123	+50.328	+0.058	+0.140	18.200

世界时和恒星时

2024年

日期	儒略日	世界时 0^h 的恒星时		二均差	儒略恒星日	真恒星时		平恒星时
		真恒星时	平恒星时			恒星时 0^h 的世界时		
日	2459	h m s	s	s	2466	日	h m s	s
1月 0	309.5	6 36 39.745	40.0724	−0.3277	047.0	1月 0	17 20 29.329	29.003
1	310.5	6 40 36.300	36.6277	0.3277	048.0	1	17 16 33.421	33.093
2	311.5	6 44 32.853	33.1831	0.3299	049.0	2	17 12 37.515	37.184
3	312.5	6 48 29.405	29.7385	0.3332	050.0	3	17 08 41.609	41.274
4	313.5	6 52 25.957	26.2939	0.3368	051.0	4	17 04 45.703	45.365
5	314.5	6 56 22.510	22.8492	−0.3394	052.0	5	17 00 49.795	49.455
6	315.5	7 00 19.064	19.4046	0.3402	053.0	6	16 56 53.884	53.546
7	316.5	7 04 15.622	15.9600	0.3381	054.0	7	16 52 57.970	57.636
8	317.5	7 08 12.183	12.5153	0.3325	055.0	8	16 49 02.053	01.727
9	318.5	7 12 08.747	09.0707	0.3236	056.0	9	16 45 06.132	05.817
10	319.5	7 16 05.314	05.6261	−0.3120	057.0	10	16 41 10.210	09.908
11	320.5	7 20 01.882	02.1814	0.2997	058.0	11	16 37 14.289	13.999
12	321.5	7 23 58.448	58.7368	0.2886	059.0	12	16 33 18.371	18.089
13	322.5	7 27 55.011	55.2922	0.2809	060.0	13	16 29 22.457	22.180
14	323.5	7 31 51.570	51.8476	0.2778	061.0	14	16 25 26.547	26.270
15	324.5	7 35 48.124	48.4029	−0.2789	062.0	15	16 21 30.641	30.361
16	325.5	7 39 44.675	44.9583	0.2828	063.0	16	16 17 34.736	34.451
17	326.5	7 43 41.226	41.5137	0.2874	064.0	17	16 13 38.831	38.542
18	327.5	7 47 37.778	38.0690	0.2907	065.0	18	16 09 42.923	42.632
19	328.5	7 51 34.333	34.6244	0.2913	066.0	19	16 05 47.012	46.723
20	329.5	7 55 30.891	31.1797	−0.2886	067.0	20	16 01 51.098	50.813
21	330.5	7 59 27.452	27.7351	0.2829	068.0	21	15 57 55.181	54.904
22	331.5	8 03 24.015	24.2905	0.2752	069.0	22	15 53 59.263	58.994
23	332.5	8 07 20.579	20.8459	0.2665	070.0	23	15 50 03.345	03.085
24	333.5	8 11 17.143	17.4012	0.2582	071.0	24	15 46 07.428	07.175
25	334.5	8 15 13.705	13.9566	−0.2515	072.0	25	15 42 11.514	11.266
26	335.5	8 19 10.265	10.5120	0.2474	073.0	26	15 38 15.602	15.356
27	336.5	8 23 06.821	07.0673	0.2459	074.0	27	15 34 19.693	19.447
28	337.5	8 27 03.375	03.6227	0.2473	075.0	28	15 30 23.786	23.538
29	338.5	8 30 59.927	60.1781	0.2509	076.0	29	15 26 27.882	27.628
30	339.5	8 34 56.477	56.7334	−0.2562	077.0	30	15 22 31.978	31.719
31	340.5	8 38 53.027	53.2888	0.2620	078.0	31	15 18 36.074	35.809
2月 1	341.5	8 42 49.577	49.8442	0.2672	079.0	2月 1	15 14 40.169	39.900
2	342.5	8 46 46.129	46.3996	0.2710	080.0	2	15 10 44.262	43.990
3	343.5	8 50 42.683	42.9549	0.2723	081.0	3	15 06 48.352	48.081
4	344.5	8 54 39.240	39.5103	−0.2707	082.0	4	15 02 52.438	52.171
5	345.5	8 58 35.800	36.0657	0.2658	083.0	5	14 58 56.522	56.262
6	346.5	9 02 32.363	32.6210	0.2581	084.0	6	14 55 00.604	00.352
7	347.5	9 06 28.928	29.1764	0.2486	085.0	7	14 51 04.685	04.443
8	348.5	9 10 25.493	25.7317	0.2392	086.0	8	14 47 08.767	08.533
9	349.5	9 14 22.055	22.2871	−0.2323	087.0	9	14 43 12.853	12.624
10	350.5	9 18 18.613	18.8425	0.2295	088.0	10	14 39 16.944	16.714
11	351.5	9 22 15.166	15.3979	0.2314	089.0	11	14 35 21.039	20.805
12	352.5	9 26 11.716	11.9533	0.2371	090.0	12	14 31 25.136	24.895
13	353.5	9 30 08.264	08.5086	0.2445	091.0	13	14 27 29.234	28.986
14	354.5	9 34 04.813	05.0640	−0.2511	092.0	14	14 23 33.330	33.077
15	355.5	9 38 01.364	01.6193	−0.2550	093.0	15	14 19 37.422	37.167

世 界 时 和 恒 星 时

2024 年

日期	儒略日	世界时 0h 的恒星时		二均差	儒略恒星日	日期	恒星时 0h 的世界时	
		真恒星时	平恒星时				真恒星时	平恒星时
日	2459	h m s	s	s	2466	日	h m s	s
2月 15	355.5	9 38 01.364	01.6193	−0.2550	093.0	2月 15	14 19 37.422	37.167
16	356.5	9 41 57.919	58.1747	0.2556	094.0	16	14 15 41.511	41.258
17	357.5	9 45 54.477	54.7301	0.2529	095.0	17	14 11 45.598	45.348
18	358.5	9 49 51.037	51.2854	0.2480	096.0	18	14 07 49.683	49.439
19	359.5	9 53 47.599	47.8408	0.2420	097.0	19	14 03 53.767	53.529
20	360.5	9 57 44.160	44.3962	−0.2362	098.0	20	13 59 57.852	57.620
21	361.5	10 01 40.720	40.9516	0.2319	099.0	21	13 56 01.940	01.710
22	362.5	10 05 37.277	37.5069	0.2297	100.0	22	13 52 06.030	05.801
23	363.5	10 09 33.832	34.0623	0.2303	101.0	23	13 48 10.123	09.891
24	364.5	10 13 30.384	30.6176	0.2337	102.0	24	13 44 14.218	13.982
25	365.5	10 17 26.934	27.1730	−0.2395	103.0	25	13 40 18.315	18.072
26	366.5	10 21 23.481	23.7284	0.2470	104.0	26	13 36 22.414	22.163
27	367.5	10 25 20.028	20.2838	0.2553	105.0	27	13 32 26.513	26.253
28	368.5	10 29 16.576	16.8391	0.2634	106.0	28	13 28 30.611	30.344
29	369.5	10 33 13.124	13.3945	0.2701	107.0	29	13 24 34.707	34.435
3月 1	370.5	10 37 09.675	09.9499	−0.2748	108.0	3月 1	13 20 38.800	38.525
2	371.5	10 41 06.229	06.5053	0.2766	109.0	2	13 16 42.891	42.616
3	372.5	10 45 02.785	03.0606	0.2754	110.0	3	13 12 46.979	46.706
4	373.5	10 48 59.345	59.6160	0.2713	111.0	4	13 08 51.064	50.797
5	374.5	10 52 55.906	56.1713	0.2652	112.0	5	13 04 55.148	54.887
6	375.5	10 56 52.468	52.7267	−0.2585	113.0	6	13 00 59.232	58.978
7	376.5	11 00 49.029	49.2821	0.2528	114.0	7	12 57 03.319	03.068
8	377.5	11 04 45.587	45.8374	0.2504	115.0	8	12 53 07.409	07.159
9	378.5	11 08 42.141	42.3928	0.2523	116.0	9	12 49 11.504	11.249
10	379.5	11 12 38.690	38.9482	0.2584	117.0	10	12 45 15.602	15.340
11	380.5	11 16 35.236	35.5036	−0.2673	118.0	11	12 41 19.702	19.430
12	381.5	11 20 31.783	32.0589	0.2764	119.0	12	12 37 23.800	23.521
13	382.5	11 24 28.331	28.6143	0.2834	120.0	13	12 33 27.896	27.611
14	383.5	11 28 24.883	25.1696	0.2867	121.0	14	12 29 31.988	31.702
15	384.5	11 32 21.439	21.7250	0.2862	122.0	15	12 25 36.076	35.793
16	385.5	11 36 17.998	18.2804	−0.2828	123.0	16	12 21 40.163	39.883
17	386.5	11 40 14.558	14.8358	0.2779	124.0	17	12 17 44.248	43.974
18	387.5	11 44 11.118	11.3911	0.2730	125.0	18	12 13 48.334	48.064
19	388.5	11 48 07.677	07.9465	0.2692	126.0	19	12 09 52.422	52.155
20	389.5	11 52 04.234	04.5019	0.2676	127.0	20	12 05 56.512	56.245
21	390.5	11 56 00.789	01.0573	−0.2687	128.0	21	12 02 00.605	00.336
22	391.5	11 59 57.340	57.6126	0.2725	129.0	22	11 58 04.701	04.426
23	392.5	12 03 53.889	54.1680	0.2787	130.0	23	11 54 08.798	08.517
24	393.5	12 07 50.437	50.7233	0.2868	131.0	24	11 50 12.898	12.607
25	394.5	12 11 46.983	47.2787	0.2958	132.0	25	11 46 16.997	16.698
26	395.5	12 15 43.529	43.8341	−0.3048	133.0	26	11 42 21.096	20.788
27	396.5	12 19 40.077	40.3895	0.3126	134.0	27	11 38 25.194	24.879
28	397.5	12 23 36.626	36.9448	0.3184	135.0	28	11 34 29.289	28.969
29	398.5	12 27 33.179	33.5002	0.3215	136.0	29	11 30 33.381	33.060
30	399.5	12 31 29.734	30.0556	0.3215	137.0	30	11 26 37.470	37.150
31	400.5	12 35 26.292	26.6109	−0.3186	138.0	31	11 22 41.556	41.241
4月 1	401.5	12 39 22.853	23.1663	−0.3137	139.0	4月 1	11 18 45.641	45.332

世界时和恒星时

2024 年

日期	儒略日	世界时 0^h 的恒星时 真恒星时	世界时 0^h 的恒星时 平恒星时	二均差	儒略恒星日	日期	真恒星时 恒星时 0^h 的世界时	平恒星时 恒星时 0^h 的世界时
日	2459	h m s	s	s	2466	日	h m s	s
4月 1	401.5	12 39 22.853	23.1663	— 0.3137	139.0	4月 1	11 18 45.641	45.332
2	402.5	12 43 19.414	19.7216	0.3077	140.0	2	11 14 49.726	49.422
3	403.5	12 47 15.975	16.2770	0.3022	141.0	3	11 10 53.812	53.513
4	404.5	12 51 12.533	12.8324	0.2990	142.0	4	11 06 57.901	57.603
5	405.5	12 55 09.088	09.3878	0.2993	143.0	5	11 03 01.994	01.694
6	406.5	12 59 05.640	05.9431	— 0.3036	144.0	6	10 59 06.090	05.784
7	407.5	13 03 02.187	02.4985	0.3112	145.0	7	10 55 10.189	09.875
8	408.5	13 06 58.734	59.0539	0.3202	146.0	8	10 51 14.288	13.965
9	409.5	13 10 55.281	55.6093	0.3279	147.0	9	10 47 18.385	18.056
10	410.5	13 14 51.832	52.1646	0.3323	148.0	10	10 43 22.478	22.146
11	411.5	13 18 48.387	48.7200	— 0.3326	149.0	11	10 39 26.567	26.237
12	412.5	13 22 44.946	45.2753	0.3290	150.0	12	10 35 30.653	30.327
13	413.5	13 26 41.508	41.8307	0.3231	151.0	13	10 31 34.737	34.418
14	414.5	13 30 38.070	38.3861	0.3165	152.0	14	10 27 38.821	38.508
15	415.5	13 34 34.631	34.9415	0.3108	153.0	15	10 23 42.907	42.599
16	416.5	13 38 31.190	31.4968	— 0.3072	154.0	16	10 19 46.995	46.689
17	417.5	13 42 27.746	28.0522	0.3061	155.0	17	10 15 51.086	50.780
18	418.5	13 46 24.300	24.6076	0.3079	156.0	18	10 11 55.179	54.871
19	419.5	13 50 20.851	21.1629	0.3122	157.0	19	10 07 59.275	58.961
20	420.5	13 54 17.400	17.7183	0.3185	158.0	20	10 04 03.372	03.052
21	421.5	13 58 13.948	14.2737	— 0.3260	159.0	21	10 00 07.470	07.142
22	422.5	14 02 10.495	10.8290	0.3336	160.0	22	9 56 11.568	11.233
23	423.5	14 06 07.044	07.3844	0.3403	161.0	23	9 52 15.665	15.323
24	424.5	14 10 03.595	03.9398	0.3451	162.0	24	9 48 19.759	19.414
25	425.5	14 14 00.148	00.4952	0.3472	163.0	25	9 44 23.850	23.504
26	426.5	14 17 56.704	57.0505	— 0.3462	164.0	26	9 40 27.939	27.595
27	427.5	14 21 53.264	53.6059	0.3421	165.0	27	9 36 32.024	31.685
28	428.5	14 25 49.825	50.1613	0.3358	166.0	28	9 32 36.108	35.776
29	429.5	14 29 46.388	46.7166	0.3282	167.0	29	9 28 40.191	39.866
30	430.5	14 33 42.951	43.2720	0.3210	168.0	30	9 24 44.274	43.957
5月 1	431.5	14 37 39.512	39.8273	— 0.3155	169.0	5月 1	9 20 48.361	48.047
2	432.5	14 41 36.070	36.3827	0.3131	170.0	2	9 16 52.450	52.138
3	433.5	14 45 32.624	32.9381	0.3144	171.0	3	9 12 56.543	56.228
4	434.5	14 49 29.174	29.4935	0.3190	172.0	4	9 09 00.640	00.319
5	435.5	14 53 25.723	26.0488	0.3256	173.0	5	9 05 04.737	04.409
6	436.5	14 57 22.272	22.6042	— 0.3319	174.0	6	9 01 08.833	08.500
7	437.5	15 01 18.824	19.1596	0.3358	175.0	7	8 57 12.926	12.591
8	438.5	15 05 15.379	15.7149	0.3357	176.0	8	8 53 17.015	16.681
9	439.5	15 09 11.939	12.2703	0.3314	177.0	9	8 49 21.100	20.772
10	440.5	15 13 08.502	08.8257	0.3238	178.0	10	8 45 25.182	24.862
11	441.5	15 17 05.066	05.3810	— 0.3147	179.0	11	8 41 29.263	28.953
12	442.5	15 21 01.631	01.9364	0.3058	180.0	12	8 37 33.345	33.043
13	443.5	15 24 58.193	58.4918	0.2987	181.0	13	8 33 37.430	37.134
14	444.5	15 28 54.753	55.0472	0.2941	182.0	14	8 29 41.517	41.224
15	445.5	15 32 51.310	51.6025	0.2925	183.0	15	8 25 45.607	45.315
16	446.5	15 36 47.864	48.1579	— 0.2937	184.0	16	8 21 49.699	49.405
17	447.5	15 40 44.416	44.7133	— 0.2971	185.0	17	8 17 53.794	53.496

世界时和恒星时

2024 年

日期		儒略日	世界时 0^h 的恒星时 真恒星时			平恒星时	二均差	儒略恒星日	真恒星时 恒星时 0^h 的世界时					平恒星时
	日	2459	h	m	s	s	s	2466		日	h	m	s	s
5月	17	447.5	15	40	44.416	44.7133	−0.2971	185.0	5月	17	8	17	53.794	53.496
	18	448.5	15	44	40.967	41.2686	0.3019	186.0		18	8	13	57.889	57.586
	19	449.5	15	48	37.517	37.8240	0.3073	187.0		19	8	10	01.985	01.677
	20	450.5	15	52	34.067	34.3793	0.3120	188.0		20	8	06	06.080	05.767
	21	451.5	15	56	30.620	30.9347	0.3152	189.0		21	8	02	10.173	09.858
	22	452.5	16	00	27.174	27.4901	−0.3157	190.0		22	7	58	14.263	13.948
	23	453.5	16	04	23.732	24.0455	0.3133	191.0		23	7	54	18.350	18.039
	24	454.5	16	08	20.293	20.6009	0.3076	192.0		24	7	50	22.434	22.130
	25	455.5	16	12	16.857	17.1562	0.2992	193.0		25	7	46	26.515	26.220
	26	456.5	16	16	13.422	13.7116	0.2894	194.0		26	7	42	30.596	30.311
	27	457.5	16	20	09.987	10.2669	−0.2795	195.0		27	7	38	34.677	34.401
	28	458.5	16	24	06.551	06.8223	0.2713	196.0		28	7	34	38.760	38.492
	29	459.5	16	28	03.112	03.3777	0.2661	197.0		29	7	30	42.847	42.582
	30	460.5	16	31	59.668	59.9330	0.2646	198.0		30	7	26	46.937	46.673
	31	461.5	16	35	56.222	56.4884	0.2665	199.0		31	7	22	51.030	50.763
6月	1	462.5	16	39	52.773	53.0438	−0.2706	200.0	6月	1	7	18	55.125	54.854
	2	463.5	16	43	49.324	49.5992	0.2752	201.0		2	7	14	59.220	58.944
	3	464.5	16	47	45.876	46.1545	0.2780	202.0		3	7	11	03.312	03.035
	4	465.5	16	51	42.432	42.7099	0.2776	203.0		4	7	07	07.401	07.125
	5	466.5	16	55	38.992	39.2653	0.2731	204.0		5	7	03	11.486	11.216
	6	467.5	16	59	35.556	35.8206	−0.2650	205.0		6	6	59	15.568	15.306
	7	468.5	17	03	32.121	32.3760	0.2546	206.0		7	6	55	19.648	19.397
	8	469.5	17	07	28.688	28.9314	0.2436	207.0		8	6	51	23.727	23.488
	9	470.5	17	11	25.253	25.4867	0.2338	208.0		9	6	47	27.809	27.578
	10	471.5	17	15	21.816	22.0421	0.2264	209.0		10	6	43	31.893	31.669
	11	472.5	17	19	18.375	18.5975	−0.2220	210.0		11	6	39	35.980	35.759
	12	473.5	17	23	14.932	15.1529	0.2207	211.0		12	6	35	40.070	39.850
	13	474.5	17	27	11.486	11.7082	0.2219	212.0		13	6	31	44.162	43.940
	14	475.5	17	31	08.039	08.2636	0.2249	213.0		14	6	27	48.256	48.031
	15	476.5	17	35	04.590	04.8189	0.2288	214.0		15	6	23	52.350	52.121
	16	477.5	17	39	01.142	01.3743	−0.2326	215.0		16	6	19	56.445	56.212
	17	478.5	17	42	57.695	57.9297	0.2350	216.0		17	6	16	00.537	00.302
	18	479.5	17	46	54.250	54.4850	0.2353	217.0		18	6	12	04.627	04.393
	19	480.5	17	50	50.808	51.0404	0.2327	218.0		19	6	08	08.714	08.483
	20	481.5	17	54	47.369	47.5958	0.2269	219.0		20	6	04	12.798	12.574
	21	482.5	17	58	43.933	44.1512	−0.2182	220.0		21	6	00	16.879	16.664
	22	483.5	18	02	40.499	40.7065	0.2074	221.0		22	5	56	20.959	20.755
	23	484.5	18	06	37.066	37.2619	0.1962	222.0		23	5	52	25.038	24.845
	24	485.5	18	10	33.631	33.8173	0.1862	223.0		24	5	48	29.120	28.936
	25	486.5	18	14	30.193	30.3726	0.1792	224.0		25	5	44	33.204	33.027
	26	487.5	18	18	26.752	26.9280	−0.1760	225.0		26	5	40	37.292	37.117
	27	488.5	18	22	23.307	23.4834	0.1766	226.0		27	5	36	41.384	41.208
	28	489.5	18	26	19.859	20.0387	0.1799	227.0		28	5	32	45.479	45.298
	29	490.5	18	30	16.410	16.5941	0.1841	228.0		29	5	28	49.573	49.389
	30	491.5	18	34	12.962	13.1495	0.1872	229.0		30	5	24	53.666	53.479
7月	1	492.5	18	38	09.517	09.7049	−0.1875	230.0	7月	1	5	20	57.756	57.570
	2	493.5	18	42	06.076	06.2602	−0.1841	231.0		2	5	17	01.843	01.660

世界时和恒星时

2024 年

日期		儒略日	世界时0^h的恒星时		二均差	儒略恒星日	真恒星时			平恒星时
			真恒星时	平恒星时			恒星时0^h的世界时			
	日	2459	h m s	s	s	2466		日	h m s	s
7月	1	492.5	18 38 09.517	09.7049	−0.1875	230.0	7月	1	5 20 57.756	57.570
	2	493.5	18 42 06.076	06.2602	0.1841	231.0		2	5 17 01.843	01.660
	3	494.5	18 46 02.638	02.8156	0.1772	232.0		3	5 13 05.926	05.751
	4	495.5	18 49 59.203	59.3709	0.1677	233.0		4	5 09 10.006	09.841
	5	496.5	18 53 55.769	55.9263	0.1570	234.0		5	5 05 14.086	13.932
	6	497.5	18 57 52.335	52.4817	−0.1469	235.0		6	5 01 18.167	18.022
	7	498.5	19 01 48.898	49.0371	0.1388	236.0		7	4 57 22.250	22.113
	8	499.5	19 05 45.459	45.5924	0.1337	237.0		8	4 53 26.336	26.203
	9	500.5	19 09 42.016	42.1478	0.1316	238.0		9	4 49 30.425	30.294
	10	501.5	19 13 38.571	38.7032	0.1325	239.0		10	4 45 34.517	34.384
	11	502.5	19 17 35.123	35.2585	−0.1355	240.0		11	4 41 38.611	38.475
	12	503.5	19 21 31.674	31.8139	0.1399	241.0		12	4 37 42.706	42.566
	13	504.5	19 25 28.225	28.3693	0.1444	242.0		13	4 33 46.801	46.656
	14	505.5	19 29 24.777	24.9246	0.1480	243.0		14	4 29 50.895	50.747
	15	506.5	19 33 21.330	21.4800	0.1499	244.0		15	4 25 54.987	54.837
	16	507.5	19 37 17.886	18.0354	−0.1492	245.0		16	4 21 59.076	58.928
	17	508.5	19 41 14.445	14.5907	0.1455	246.0		17	4 18 03.162	03.018
	18	509.5	19 45 11.007	11.1461	0.1388	247.0		18	4 14 07.246	07.109
	19	510.5	19 49 07.572	07.7015	0.1297	248.0		19	4 10 11.327	11.199
	20	511.5	19 53 04.137	04.2569	0.1194	249.0		20	4 06 15.407	15.290
	21	512.5	19 57 00.703	00.8122	−0.1096	250.0		21	4 02 19.488	19.380
	22	513.5	20 00 57.265	57.3676	0.1023	251.0		22	3 58 23.572	23.471
	23	514.5	20 04 53.824	53.9229	0.0988	252.0		23	3 54 27.660	27.561
	24	515.5	20 08 50.379	50.4783	0.0995	253.0		24	3 50 31.752	31.652
	25	516.5	20 12 46.930	47.0337	0.1036	254.0		25	3 46 35.847	35.742
	26	517.5	20 16 43.480	43.5891	−0.1093	255.0		26	3 42 39.943	39.833
	27	518.5	20 20 40.030	40.1444	0.1144	256.0		27	3 38 44.038	43.924
	28	519.5	20 24 36.583	36.6998	0.1169	257.0		28	3 34 48.131	48.014
	29	520.5	20 28 33.139	33.2552	0.1160	258.0		29	3 30 52.220	52.104
	30	521.5	20 32 29.699	29.8105	0.1115	259.0		30	3 26 56.305	56.195
	31	522.5	20 36 26.262	26.3659	−0.1044	260.0		31	3 23 00.389	00.286
8月	1	523.5	20 40 22.825	22.9213	0.0960	261.0	8月	1	3 19 04.471	04.376
	2	524.5	20 44 19.389	19.4766	0.0877	262.0		2	3 15 08.553	08.467
	3	525.5	20 48 15.951	16.0320	0.0810	263.0		3	3 11 12.637	12.557
	4	526.5	20 52 12.510	12.5874	0.0769	264.0		4	3 07 16.724	16.648
	5	527.5	20 56 09.067	09.1428	−0.0760	265.0		5	3 03 20.814	20.738
	6	528.5	21 00 05.620	05.6981	0.0781	266.0		6	2 59 24.907	24.829
	7	529.5	21 04 02.171	02.2535	0.0826	267.0		7	2 55 29.002	28.919
	8	530.5	21 07 58.720	58.8089	0.0887	268.0		8	2 51 33.099	33.010
	9	531.5	21 11 55.269	55.3642	0.0954	269.0		9	2 47 37.196	37.100
	10	532.5	21 15 51.818	51.9196	−0.1015	270.0		10	2 43 41.293	41.191
	11	533.5	21 19 48.369	48.4749	0.1062	271.0		11	2 39 45.388	45.281
	12	534.5	21 23 44.922	45.0303	0.1087	272.0		12	2 35 49.480	49.372
	13	535.5	21 27 41.477	41.5857	0.1083	273.0		13	2 31 53.570	53.462
	14	536.5	21 31 38.036	38.1411	0.1051	274.0		14	2 27 57.657	57.553
	15	537.5	21 35 34.597	34.6964	−0.0993	275.0		15	2 24 01.742	01.643
	16	538.5	21 39 31.160	31.2518	0.0918	276.0		16	2 20 05.825	05.734
	17	539.5	21 43 27.723	27.8072	−0.0840	277.0		17	2 16 09.908	09.825

世界时和恒星时

2024 年

日期	儒略日	世界时0^h的恒星时：真恒星时	世界时0^h的恒星时：平恒星时	二均差	儒略恒星日	日期	恒星时0^h的世界时：真恒星时	恒星时0^h的世界时：平恒星时
日	2459	h m s	s	s	2466	日	h m s	s
8月 16	538.5	21 39 31.160	31.2518	−0.0918	276.0	8月 16	2 20 05.825	05.734
17	539.5	21 43 27.723	27.8072	0.0840	277.0	17	2 16 09.908	09.825
18	540.5	21 47 24.285	24.3625	0.0776	278.0	18	2 12 13.992	13.915
19	541.5	21 51 20.843	20.9179	0.0746	279.0	19	2 08 18.080	18.006
20	542.5	21 55 17.397	17.4733	0.0759	280.0	20	2 04 22.172	22.096
21	543.5	21 59 13.948	14.0286	−0.0811	281.0	21	2 00 26.268	26.187
22	544.5	22 03 10.495	10.5840	0.0888	282.0	22	1 56 30.366	30.277
23	545.5	22 07 07.043	07.1394	0.0966	283.0	23	1 52 34.465	34.368
24	546.5	22 11 03.592	03.6948	0.1023	284.0	24	1 48 38.560	38.458
25	547.5	22 15 00.146	00.2501	0.1043	285.0	25	1 44 42.653	42.549
26	548.5	22 18 56.703	56.8055	−0.1026	286.0	26	1 40 46.741	46.639
27	549.5	22 22 53.263	53.3609	0.0980	287.0	27	1 36 50.827	50.730
28	550.5	22 26 49.824	49.9162	0.0918	288.0	28	1 32 54.912	54.820
29	551.5	22 30 46.386	46.4716	0.0855	289.0	29	1 28 58.996	58.911
30	552.5	22 34 42.946	43.0270	0.0807	290.0	30	1 25 03.082	03.001
31	553.5	22 38 39.504	39.5823	−0.0782	291.0	31	1 21 07.170	07.092
9月 1	554.5	22 42 36.059	36.1377	0.0787	292.0	9月 1	1 17 11.261	11.182
2	555.5	22 46 32.611	32.6931	0.0822	293.0	2	1 13 15.355	15.273
3	556.5	22 50 29.160	29.2485	0.0883	294.0	3	1 09 19.452	19.364
4	557.5	22 54 25.708	25.8038	0.0961	295.0	4	1 05 23.550	23.454
5	558.5	22 58 22.254	22.3592	−0.1048	296.0	5	1 01 27.649	27.545
6	559.5	23 02 18.801	18.9145	0.1132	297.0	6	0 57 31.748	31.635
7	560.5	23 06 15.349	15.4699	0.1204	298.0	7	0 53 35.846	35.726
8	561.5	23 10 11.900	12.0253	0.1255	299.0	8	0 49 39.941	39.816
9	562.5	23 14 08.453	08.5806	0.1280	300.0	9	0 45 44.034	43.907
10	563.5	23 18 05.008	05.1360	−0.1277	301.0	10	0 41 48.125	47.997
11	564.5	23 22 01.567	01.6914	0.1248	302.0	11	0 37 52.212	52.088
12	565.5	23 25 58.127	58.2468	0.1199	303.0	12	0 33 56.298	56.178
13	566.5	23 29 54.688	54.8021	0.1142	304.0	13	0 30 00.383	00.269
14	567.5	23 33 51.248	51.3575	0.1092	305.0	14	0 26 04.468	04.359
15	568.5	23 37 47.806	47.9129	−0.1064	306.0	15	0 22 08.556	08.450
16	569.5	23 41 44.361	44.4682	0.1073	307.0	16	0 18 12.648	12.540
17	570.5	23 45 40.911	41.0236	0.1124	308.0	17	0 14 16.743	16.631
18	571.5	23 49 37.458	37.5790	0.1207	309.0	18	0 10 20.842	20.721
19	572.5	23 53 34.004	34.1343	0.1301	310.0	19	0 06 24.942	24.812
20	573.5	23 57 30.552	30.6897	−0.1381	311.0	20	0 02 29.040	28.903
					312.0	20	23 58 33.135	32.993
21	574.5	0 01 27.102	27.2451	0.1426	313.0	21	23 54 37.226	37.084
22	575.5	0 05 23.658	23.8005	0.1429	314.0	22	23 50 41.313	41.174
23	576.5	0 09 20.216	20.3558	0.1394	315.0	23	23 46 45.398	45.265
24	577.5	0 13 16.777	16.9112	−0.1339	316.0	24	23 42 49.483	49.355
25	578.5	0 17 13.339	13.4665	0.1279	317.0	25	23 38 53.569	53.446
26	579.5	0 21 09.899	10.0219	0.1232	318.0	26	23 34 57.657	57.536
27	580.5	0 25 06.457	06.5773	0.1208	319.0	27	23 31 01.748	01.627
28	581.5	0 29 03.011	03.1326	0.1212	320.0	28	23 27 05.842	05.717
29	582.5	0 32 59.563	59.6880	−0.1246	321.0	29	23 23 09.938	09.808
30	583.5	0 36 56.113	56.2434	0.1306	322.0	30	23 19 14.036	13.898
10月 1	584.5	0 40 52.660	52.7988	−0.1386	323.0	10月 1	23 15 18.136	17.989

世界时和恒星时

2024 年

日期		儒略日	世界时 0^h 的恒星时				二均差	儒略恒星日	真恒星时					平恒星时
			真恒星时			平恒星时			恒星时 0^h 的世界时					
	日	2459	h	m	s	s	s	2466		日	h	m	s	s
10月	1	584.5	0	40	52.660	52.7988	－0.1386	323.0	10月	1	23	15	18.136	17.989
	2	585.5	0	44	49.207	49.3541	0.1475	324.0		2	23	11	22.235	22.079
	3	586.5	0	48	45.753	45.9095	0.1563	325.0		3	23	07	26.333	26.170
	4	587.5	0	52	42.301	42.4649	0.1642	326.0		4	23	03	30.430	30.261
	5	588.5	0	56	38.850	39.0202	0.1699	327.0		5	22	59	34.524	34.351
	6	589.5	1	00	35.402	35.5756	－0.1732	328.0		6	22	55	38.615	38.442
	7	590.5	1	04	31.957	32.1310	0.1737	329.0		7	22	51	42.703	42.532
	8	591.5	1	08	28.515	28.6863	0.1715	330.0		8	22	47	46.790	46.623
	9	592.5	1	12	25.074	25.2417	0.1672	331.0		9	22	43	50.875	50.713
	10	593.5	1	16	21.635	21.7971	0.1619	332.0		10	22	39	54.960	54.804
	11	594.5	1	20	18.196	18.3525	－0.1566	333.0		11	22	35	59.047	58.894
	12	595.5	1	24	14.755	14.9078	0.1530	334.0		12	22	32	03.137	02.985
	13	596.5	1	28	11.311	11.4632	0.1522	335.0		13	22	28	07.230	07.075
	14	597.5	1	32	07.863	08.0185	0.1551	336.0		14	22	24	11.326	11.166
	15	598.5	1	36	04.412	04.5739	0.1616	337.0		15	22	20	15.425	15.256
	16	599.5	1	40	00.959	01.1293	－0.1700	338.0		16	22	16	19.524	19.347
	17	600.5	1	43	57.507	57.6847	0.1780	339.0		17	22	12	23.620	23.437
	18	601.5	1	47	54.057	54.2400	0.1833	340.0		18	22	08	27.712	27.528
	19	602.5	1	51	50.611	50.7954	0.1842	341.0		19	22	04	31.799	31.618
	20	603.5	1	55	47.170	47.3508	0.1806	342.0		20	22	00	35.883	35.709
	21	604.5	1	59	43.732	43.9061	－0.1738	343.0		21	21	56	39.966	39.800
	22	605.5	2	03	40.296	40.4615	0.1658	344.0		22	21	52	44.049	43.890
	23	606.5	2	07	36.858	37.0169	0.1586	345.0		23	21	48	48.134	47.981
	24	607.5	2	11	33.419	33.5722	0.1535	346.0		24	21	44	52.222	52.071
	25	608.5	2	15	29.976	30.1276	0.1514	347.0		25	21	40	56.313	56.162
	26	609.5	2	19	26.531	26.6830	－0.1523	348.0		26	21	37	00.407	00.252
	27	610.5	2	23	23.082	23.2383	0.1560	349.0		27	21	33	04.503	04.343
	28	611.5	2	27	19.632	19.7937	0.1619	350.0		28	21	29	08.601	08.433
	29	612.5	2	31	16.180	16.3491	0.1688	351.0		29	21	25	12.698	12.524
	30	613.5	2	35	12.728	12.9045	0.1760	352.0		30	21	21	16.795	16.614
	31	614.5	2	39	09.278	09.4598	－0.1821	353.0		31	21	17	20.890	20.705
11月	1	615.5	2	43	05.829	06.0152	0.1865	354.0	11月	1	21	13	24.983	24.795
	2	616.5	2	47	02.382	02.5705	0.1884	355.0		2	21	09	29.073	28.886
	3	617.5	2	50	58.939	59.1259	0.1874	356.0		3	21	05	33.160	32.976
	4	618.5	2	54	55.498	55.6813	0.1837	357.0		4	21	01	37.245	37.067
	5	619.5	2	58	52.059	52.2367	－0.1777	358.0		5	20	57	41.328	41.158
	6	620.5	3	02	48.622	48.7920	0.1704	359.0		6	20	53	45.412	45.248
	7	621.5	3	06	45.184	45.3474	0.1630	360.0		7	20	49	49.496	49.338
	8	622.5	3	10	41.746	41.9028	0.1570	361.0		8	20	45	53.582	53.429
	9	623.5	3	14	38.305	38.4581	0.1534	362.0		9	20	41	57.672	57.520
	10	624.5	3	18	34.860	35.0135	－0.1530	363.0		10	20	38	01.765	01.610
	11	625.5	3	22	31.413	31.5689	0.1560	364.0		11	20	34	05.861	05.701
	12	626.5	3	26	27.963	28.1242	0.1613	365.0		12	20	30	09.957	09.791
	13	627.5	3	30	24.512	24.6796	0.1673	366.0		13	20	26	14.052	13.882
	14	628.5	3	34	21.063	21.2350	0.1715	367.0		14	20	22	18.144	17.972
	15	629.5	3	38	17.618	17.7904	－0.1720	368.0		15	20	18	22.231	22.063
	16	630.5	3	42	14.178	14.3457	－0.1678	369.0		16	20	14	26.314	26.153

世界时和恒星时

2024 年

日期		儒略日	世界时 0^h 的恒星时				二均差	儒略恒星日	真恒星时					平恒星时
			真恒星时			平恒星时			恒星时 0^h 的世界时					
	日	2459	h	m	s	s	s	2466		日	h	m	s	s
11月	16	630.5	3	42	14.178	14.3457	−0.1678	369.0	11月	16	20	14	26.314	26.153
	17	631.5	3	46	10.742	10.9011	0.1594	370.0		17	20	10	30.394	30.244
	18	632.5	3	50	07.308	07.4565	0.1487	371.0		18	20	06	34.473	34.334
	19	633.5	3	54	03.874	04.0118	0.1377	372.0		19	20	02	38.554	38.425
	20	634.5	3	58	00.439	00.5672	0.1285	373.0		20	19	58	42.638	42.515
	21	635.5	4	01	57.000	57.1225	−0.1221	374.0		21	19	54	46.725	46.606
	22	636.5	4	05	53.559	53.6779	0.1193	375.0		22	19	50	50.815	50.696
	23	637.5	4	09	50.114	50.2333	0.1195	376.0		23	19	46	54.908	54.787
	24	638.5	4	13	46.667	46.7887	0.1220	377.0		24	19	42	59.003	58.878
	25	639.5	4	17	43.218	43.3440	0.1261	378.0		25	19	39	03.097	02.968
	26	640.5	4	21	39.769	39.8994	−0.1306	379.0		26	19	35	07.192	07.059
	27	641.5	4	25	36.320	36.4548	0.1345	380.0		27	19	31	11.285	11.149
	28	642.5	4	29	32.873	33.0101	0.1368	381.0		28	19	27	15.376	15.240
	29	643.5	4	33	29.429	29.5655	0.1368	382.0		29	19	23	19.465	19.330
	30	644.5	4	37	25.987	26.1209	0.1340	383.0		30	19	19	23.550	23.421
12月	1	645.5	4	41	22.548	22.6762	−0.1283	384.0	12月	1	19	15	27.633	27.511
	2	646.5	4	45	19.111	19.2316	0.1201	385.0		2	19	11	31.714	31.602
	3	647.5	4	49	15.677	15.7870	0.1104	386.0		3	19	07	35.794	35.692
	4	648.5	4	53	12.242	12.3424	0.1004	387.0		4	19	03	39.876	39.783
	5	649.5	4	57	08.806	08.8977	0.0916	388.0		5	18	59	43.959	43.873
	6	650.5	5	01	05.368	05.4531	−0.0851	389.0		6	18	55	48.046	47.964
	7	651.5	5	05	01.927	02.0085	0.0819	390.0		7	18	51	52.136	52.054
	8	652.5	5	08	58.482	58.5638	0.0820	391.0		8	18	47	56.229	56.145
	9	653.5	5	12	55.035	55.1192	0.0847	392.0		9	18	44	00.323	00.235
	10	654.5	5	16	51.586	51.6746	0.0884	393.0		10	18	40	04.417	04.326
	11	655.5	5	20	48.139	48.2299	−0.0913	394.0		11	18	36	08.508	08.417
	12	656.5	5	24	44.694	44.7853	0.0914	395.0		12	18	32	12.596	12.507
	13	657.5	5	28	41.253	41.3407	0.0873	396.0		13	18	28	16.679	16.598
	14	658.5	5	32	37.817	37.8961	0.0790	397.0		14	18	24	20.758	20.688
	15	659.5	5	36	34.384	34.4514	0.0674	398.0		15	18	20	24.836	24.779
	16	660.5	5	40	30.952	31.0068	−0.0546	399.0		16	18	16	28.914	28.869
	17	661.5	5	44	27.520	27.5622	0.0426	400.0		17	18	12	32.995	32.960
	18	662.5	5	48	24.084	24.1175	0.0331	401.0		18	18	08	37.078	37.050
	19	663.5	5	52	20.646	20.6729	0.0271	402.0		19	18	04	41.166	41.141
	20	664.5	5	56	17.204	17.2282	0.0246	403.0		20	18	00	45.256	45.231
	21	665.5	6	00	13.759	13.7836	−0.0250	404.0		21	17	56	49.349	49.322
	22	666.5	6	04	10.312	10.3390	0.0274	405.0		22	17	52	53.442	53.412
	23	667.5	6	08	06.864	06.8944	0.0307	406.0		23	17	48	57.536	57.503
	24	668.5	6	12	03.416	03.4497	0.0338	407.0		24	17	45	01.629	01.593
	25	669.5	6	15	59.969	60.0051	0.0356	408.0		25	17	41	05.720	05.684
	26	670.5	6	19	56.525	56.5605	−0.0355	409.0		26	17	37	09.808	09.775
	27	671.5	6	23	53.083	53.1158	0.0327	410.0		27	17	33	13.894	13.865
	28	672.5	6	27	49.644	49.6712	0.0271	411.0		28	17	29	17.977	17.956
	29	673.5	6	31	46.208	46.2266	0.0188	412.0		29	17	25	22.058	22.046
	30	674.5	6	35	42.773	42.7819	−0.0087	413.0		30	17	21	26.138	26.137
	31	675.5	6	39	39.339	39.3373	+0.0021	414.0		31	17	17	30.218	30.227
	32	676.5	6	43	35.905	35.8927	+0.0121	415.0		32	17	13	34.300	34.318

太 阳 直 角 坐 标

2024 年 J2000.0 平春分点

日 期 力学时 0^h	*X*	*Y*	*Z*	日 期 力学时 0^h	*X*	*Y*	*Z*
日				日			
1月 0	+ 0.1485921	− 0.8918521	− 0.3866047	2月 15	+ 0.8134232	− 0.5138304	− 0.2227432
1	**0.1658513**	**0.8892737**	**0.3854875**	16	0.8233296	0.5006865	0.2170448
2	0.1830602	0.8864191	0.3842506	17	0.8329821	0.4873899	0.2112804
3	0.2002135	0.8832888	0.3828944	18	0.8423782	0.4739451	0.2054519
4	0.2173060	0.8798836	0.3814190	19	0.8515156	0.4603563	0.1995611
5	+ 0.2343324	− 0.8762043	− 0.3798249	**20**	**+ 0.8603918**	**− 0.4466278**	**− 0.1936098**
6	0.2512873	0.8722518	0.3781123	21	0.8690049	0.4327638	0.1876000
7	0.2681652	0.8680269	0.3762816	22	0.8773525	0.4187686	0.1815334
8	0.2849608	0.8635309	0.3743332	23	0.8854325	0.4046464	0.1754120
9	0.3016684	0.8587648	0.3722678	24	0.8932430	0.3904013	0.1692374
10	+ 0.3182827	− 0.8537301	− 0.3700857	25	+ 0.9007818	− 0.3760377	− 0.1630114
11	**0.3347979**	**0.8484282**	**0.3677876**	26	0.9080471	0.3615596	0.1567360
12	0.3512086	0.8428608	0.3653743	27	0.9150367	0.3469714	0.1504129
13	0.3675092	0.8370299	0.3628466	28	0.9217489	0.3322773	0.1440439
14	0.3836943	0.8309374	0.3602053	29	0.9281817	0.3174816	0.1376309
15	+ 0.3997584	− 0.8245856	− 0.3574515	3月 **1**	**+ 0.9343333**	**− 0.3025886**	**− 0.1311757**
16	0.4156965	0.8179770	0.3545862	2	0.9402018	0.2876027	0.1246801
17	0.4315036	0.8111140	0.3516106	3	0.9457855	0.2725282	0.1181460
18	0.4471748	0.8039992	0.3485259	4	0.9510826	0.2573697	0.1115754
19	0.4627054	0.7966352	0.3453331	5	0.9560913	0.2421317	0.1049701
20	+ 0.4780910	− 0.7890247	− 0.3420335	6	+ 0.9608101	− 0.2268187	− 0.0983322
21	**0.4933270**	**0.7811702**	**0.3386282**	7	0.9652373	0.2114355	0.0916637
22	0.5084090	0.7730744	0.3351185	8	0.9693713	0.1959869	0.0849667
23	0.5233329	0.7647400	0.3315054	9	0.9732108	0.1804779	0.0782433
24	0.5380944	0.7561696	0.3277902	10	0.9767545	0.1649134	0.0714957
25	+ 0.5526893	− 0.7473659	− 0.3239740	**11**	**+ 0.9800012**	**− 0.1492987**	**− 0.0647262**
26	0.5671133	0.7383315	0.3200579	12	0.9829503	0.1336389	0.0579372
27	0.5813624	0.7290692	0.3160432	13	0.9856011	0.1179393	0.0511309
28	0.5954324	0.7195816	0.3119309	14	0.9879534	0.1022049	0.0443095
29	0.6093191	0.7098717	0.3077224	15	0.9900068	0.0864408	0.0374754
30	+ 0.6230186	− 0.6999422	− 0.3034187	16	+ 0.9917615	− 0.0706520	− 0.0306307
31	**0.6365265**	**0.6897960**	**0.2990212**	17	0.9932175	0.0548434	0.0237775
2月 1	0.6498389	0.6794362	0.2945311	18	0.9943750	0.0390198	0.0169179
2	0.6629517	0.6688656	0.2899496	19	0.9952342	0.0231858	0.0100540
3	0.6758607	0.6580874	0.2852781	20	0.9957956	− 0.0073461	− 0.0031878
4	+ 0.6885619	− 0.6471049	− 0.2805180	**21**	**+ 0.9960593**	**+ 0.0084947**	**+ 0.0036787**
5	0.7010513	0.6359212	0.2756705	22	0.9960259	0.0243320	0.0105436
6	0.7133247	0.6245397	0.2707372	23	0.9956957	0.0401613	0.0174049
7	0.7253781	0.6129639	0.2657195	24	0.9950693	0.0559781	0.0242607
8	0.7372075	0.6011974	0.2606189	25	0.9941472	0.0717779	0.0311091
9	+ 0.7488089	− 0.5892441	− 0.2554372	26	+ 0.9929299	+ 0.0875564	+ 0.0379482
10	**0.7601785**	**0.5771078**	**0.2501760**	27	0.9914180	0.1033092	0.0447761
11	0.7713123	0.5647926	0.2448371	28	0.9896122	0.1190317	0.0515910
12	0.7822070	0.5523030	0.2394225	29	0.9875131	0.1347196	0.0583909
13	0.7928591	0.5396431	0.2339340	30	0.9851213	0.1503685	0.0651740
14	+ 0.8032654	− 0.5268175	− 0.2283735	**31**	**+ 0.9824376**	**+ 0.1659740**	**+ 0.0719383**
15	+ 0.8134232	− 0.5138304	− 0.2227432	4月 1	+ 0.9794627	+ 0.1815315	+ 0.0786821

太阳直角坐标

J2000.0平春分点

2024 年

日期 力学时 0^h	X	Y	Z	日期 力学时 0^h	X	Y	Z
日				日			
4月 1	+ 0.9794627	+ 0.1815315	+ 0.0786821	5月 17	+ 0.5617372	+ 0.7715311	+ 0.3344464
2	0.9761974	0.1970367	0.0854033	18	0.5476301	0.7802427	0.3382222
3	0.9726425	0.2124849	0.0921000	19	0.5333679	0.7887311	0.3419013
4	0.9687990	0.2278716	0.0987702	**20**	**0.5189547**	**0.7969942**	**0.3454826**
5	0.9646677	0.2431922	0.1054119	21	0.5043947	0.8050301	0.3489655
6	+ 0.9602500	+ 0.2584418	+ 0.1120230	22	+ 0.4896921	+ 0.8128369	+ 0.3523492
7	0.9555470	0.2736157	0.1186014	23	0.4748509	0.8204128	0.3556327
8	0.9505602	0.2887091	0.1251449	24	0.4598752	0.8277559	0.3588155
9	0.9452913	0.3037171	0.1316515	25	0.4447690	0.8348644	0.3618967
10	**0.9397423**	**0.3186351**	**0.1381191**	26	0.4295365	0.8417366	0.3648757
11	+ 0.9339154	+ 0.3334583	+ 0.1445454	27	+ 0.4141815	+ 0.8483706	+ 0.3677515
12	0.9278127	0.3481822	0.1509287	28	0.3987082	0.8547647	0.3705235
13	0.9214368	0.3628024	0.1572668	29	0.3831206	0.8609170	0.3731908
14	0.9147901	0.3773147	0.1635580	**30**	**0.3674229**	**0.8668256**	**0.3757527**
15	0.9078752	0.3917149	0.1698004	31	0.3516192	0.8724888	0.3782083
16	+ 0.9006947	+ 0.4059989	+ 0.1759924	6月 1	+ 0.3357141	+ 0.8779048	+ 0.3805568
17	0.8932512	0.4201629	0.1821321	2	0.3197119	0.8830716	0.3827974
18	0.8855474	0.4342030	0.1882180	3	0.3036173	0.8879876	0.3849292
19	0.8775858	0.4481153	0.1942484	4	0.2874349	0.8926511	0.3869515
20	**0.8693693**	**0.4618962**	**0.2002218**	5	0.2711698	0.8970605	0.3888637
21	+ 0.8609005	+ 0.4755420	+ 0.2061365	6	+ 0.2548268	+ 0.9012146	+ 0.3906650
22	0.8521822	0.4890491	0.2119910	7	0.2384110	0.9051121	0.3923550
23	0.8432170	0.5024140	0.2177839	8	0.2219275	0.9087518	0.3939331
24	0.8340077	0.5156331	0.2235136	**9**	**0.2053813**	**0.9121330**	**0.3953989**
25	0.8245570	0.5287029	0.2291786	10	0.1887777	0.9152548	0.3967522
26	+ 0.8148678	+ 0.5416201	+ 0.2347776	11	+ 0.1721214	+ 0.9181167	+ 0.3979926
27	0.8049426	0.5543812	0.2403089	12	0.1554176	0.9207180	0.3991199
28	0.7947844	0.5669827	0.2457713	13	0.1386712	0.9230584	0.4001341
29	0.7843958	0.5794212	0.2511631	14	0.1218870	0.9251376	0.4010349
30	**0.7737797**	**0.5916932**	**0.2564830**	15	0.1050698	0.9269554	0.4018224
5月 1	+ 0.7629390	+ 0.6037954	+ 0.2617294	16	+ 0.0882245	+ 0.9285114	+ 0.4024963
2	0.7518766	0.6157241	0.2669007	17	0.0713557	0.9298057	0.4030569
3	0.7405956	0.6274758	0.2719955	18	0.0544681	0.9308382	0.4035039
4	0.7290990	0.6390470	0.2770121	**19**	**0.0375664**	**0.9316090**	**0.4038376**
5	0.7173901	0.6504340	0.2819491	20	0.0206551	0.9321180	0.4040579
6	+ 0.7054726	+ 0.6616334	+ 0.2868047	21	+ 0.0037387	+ 0.9323654	+ 0.4041649
7	0.6933499	0.6726416	0.2915774	22	− 0.0131784	0.9323513	0.4041587
8	0.6810260	0.6834553	0.2962657	23	0.0300918	0.9320759	0.4040394
9	0.6685048	0.6940711	0.3008682	24	0.0469971	0.9315392	0.4038070
10	**0.6557904**	**0.7044859**	**0.3053835**	25	0.0638900	0.9307413	0.4034615
11	+ 0.6428871	+ 0.7146968	+ 0.3098102	26	− 0.0807661	+ 0.9296823	+ 0.4030030
12	0.6297991	0.7247009	0.3141471	27	0.0976209	0.9283623	0.4024315
13	0.6165307	0.7344956	0.3183930	28	0.1144498	0.9267813	0.4017468
14	0.6030860	0.7440784	0.3225470	**29**	**0.1312483**	**0.9249393**	**0.4009492**
15	0.5894694	0.7534468	0.3266078	30	0.1480116	0.9228366	0.4000385
16	+ 0.5756851	+ 0.7625984	+ 0.3305746	7月 1	− 0.1647348	+ 0.9204734	+ 0.3990149
17	+ 0.5617372	+ 0.7715311	+ 0.3344464	2	− 0.1814130	+ 0.9178502	+ 0.3978784

太 阳 直 角 坐 标

2024 年　　J2000.0 平春分点

日　期 力学时 0^h		X	Y	Z
	日			
7月	1	− 0.1647348	+ 0.9204734	+ 0.3990149
	2	0.1814130	0.9178502	0.3978784
	3	0.1980413	0.9149672	0.3966293
	4	0.2146146	0.9118253	0.3952678
	5	0.2311277	0.9084253	0.3937943
	6	− 0.2475758	+ 0.9047680	+ 0.3922090
	7	0.2639537	0.9008546	0.3905126
	8	0.2802566	0.8966864	0.3887056
	9	**0.2964796**	**0.8922646**	**0.3867886**
	10	0.3126179	0.8875907	0.3847621
	11	− 0.3286668	+ 0.8826664	+ 0.3826270
	12	0.3446217	0.8774932	0.3803840
	13	0.3604780	0.8720728	0.3780338
	14	0.3762312	0.8664070	0.3755772
	15	0.3918771	0.8604977	0.3730151
	16	− 0.4074114	+ 0.8543466	+ 0.3703482
	17	0.4228297	0.8479557	0.3675775
	18	0.4381280	0.8413271	0.3647038
	19	**0.4533023**	**0.8344626**	**0.3617280**
	20	0.4683487	0.8273643	0.3586511
	21	− 0.4832632	+ 0.8200342	+ 0.3554738
	22	0.4980420	0.8124741	0.3521970
	23	0.5126814	0.8046861	0.3488215
	24	0.5271775	0.7966719	0.3453481
	25	0.5415265	0.7884335	0.3417776
	26	− 0.5557243	+ 0.7799727	+ 0.3381107
	27	0.5697670	0.7712914	0.3343483
	28	0.5836504	0.7623917	0.3304912
	29	**0.5973703**	**0.7532756**	**0.3265402**
	30	0.6109225	0.7439455	0.3224963
	31	− 0.6243028	+ 0.7344037	+ 0.3183605
8月	1	0.6375069	0.7246527	0.3141339
	2	0.6505306	0.7146952	0.3098176
	3	0.6633699	0.7045340	0.3054129
	4	0.6760207	0.6941720	0.3009210
	5	− 0.6884791	+ 0.6836123	+ 0.2963432
	6	0.7007411	0.6728579	0.2916809
	7	0.7128032	0.6619120	0.2869355
	8	**0.7246616**	**0.6507781**	**0.2821086**
	9	0.7363129	0.6394593	0.2772014
	10	− 0.7477536	+ 0.6279591	+ 0.2722157
	11	0.7589805	0.6162810	0.2671528
	12	0.7699903	0.6044284	0.2620144
	13	0.7807801	0.5924048	0.2568019
	14	0.7913469	0.5802137	0.2515169
	15	− 0.8016877	+ 0.5678588	+ 0.2461611
	16	− 0.8118000	+ 0.5553436	+ 0.2407359

日　期 力学时 0^h		X	Y	Z
	日			
8月	16	− 0.8118000	+ 0.5553436	+ 0.2407359
	17	0.8216809	0.5426716	0.2352429
	18	**0.8313281**	**0.5298463**	**0.2296836**
	19	0.8407390	0.5168711	0.2240595
	20	0.8499111	0.5037496	0.2183721
	21	− 0.8588422	+ 0.4904849	+ 0.2126228
	22	0.8675295	0.4770805	0.2068129
	23	0.8759706	0.4635396	0.2009439
	24	0.8841629	0.4498656	0.1950172
	25	0.8921035	0.4360620	0.1890343
	26	− 0.8997898	+ 0.4221324	+ 0.1829966
	27	0.9072191	0.4080805	0.1769057
	28	**0.9143886**	**0.3939101**	**0.1707633**
	29	0.9212958	0.3796251	0.1645712
	30	0.9279381	0.3652298	0.1583309
	31	− 0.9343132	+ 0.3507281	+ 0.1520445
9月	1	0.9404186	0.3361244	0.1457137
	2	0.9462523	0.3214231	0.1393404
	3	0.9518122	0.3066284	0.1329266
	4	0.9570962	0.2917449	0.1264742
	5	− 0.9621028	+ 0.2767771	+ 0.1199852
	6	0.9668301	0.2617294	0.1134616
	7	**0.9712767**	**0.2466065**	**0.1069054**
	8	0.9754411	0.2314129	0.1003186
	9	0.9793222	0.2161532	0.0937033
	10	− 0.9829188	+ 0.2008319	+ 0.0870613
	11	0.9862298	0.1854537	0.0803948
	12	0.9892544	0.1700230	0.0737057
	13	0.9919918	0.1545443	0.0669960
	14	0.9944415	0.1390223	0.0602676
	15	− 0.9966027	+ 0.1234612	+ 0.0535224
	16	0.9984751	0.1078654	0.0467624
	17	**1.0000583**	**0.0922391**	**0.0399893**
	18	1.0013518	0.0765865	0.0332048
	19	1.0023551	0.0609118	0.0264108
	20	− 1.0030676	+ 0.0452190	+ 0.0196090
	21	1.0034889	0.0295124	0.0128011
	22	1.0036182	+ 0.0137960	+ 0.0059889
	23	1.0034549	− 0.0019256	− 0.0008257
	24	1.0029984	0.0176481	0.0076409
	25	− 1.0022482	− 0.0333669	− 0.0144547
	26	1.0012038	0.0490773	0.0212649
	27	**0.9998650**	**0.0647747**	**0.0280697**
	28	0.9982317	0.0804543	0.0348669
	29	0.9963037	0.0961111	0.0416544
	30	− 0.9940813	− 0.1117405	− 0.0484301
10月	1	− 0.9915647	− 0.1273374	− 0.0551918

太 阳 直 角 坐 标

J2000.0 平春分点

2024 年

日期 力学时 0^h	X	Y	Z	日期 力学时 0^h	X	Y	Z
日				日			
10月 1	- 0.9915647	- 0.1273374	- 0.0551918	11月 **16**	**- 0.5843792**	**- 0.7319611**	**- 0.3172890**
2	0.9887543	0.1428971	0.0619374	17	0.5701377	0.7411140	0.3212564
3	0.9856507	0.1584146	0.0686647	18	0.5557224	0.7500416	0.3251262
4	0.9822546	0.1738850	0.0753716	19	0.5411369	0.7587409	0.3288972
5	0.9785668	0.1893035	0.0820559	20	0.5263853	0.7672091	0.3325682
6	- 0.9745882	- 0.2046652	- 0.0887156	21	- 0.5114716	- 0.7754433	- 0.3361380
7	**0.9703201**	**0.2199653**	**0.0953485**	22	0.4964000	0.7834407	0.3396052
8	0.9657637	0.2351991	0.1019524	23	0.4811747	0.7911984	0.3429687
9	0.9609204	0.2503619	0.1085255	24	0.4658003	0.7987137	0.3462271
10	0.9557916	0.2654489	0.1150656	25	0.4502813	0.8059838	0.3493793
11	- 0.9503790	- 0.2804557	- 0.1215707	**26**	**- 0.4346222**	**- 0.8130061**	**- 0.3524241**
12	0.9446844	0.2953777	0.1280389	27	0.4188279	0.8197781	0.3553604
13	0.9387096	0.3102105	0.1344683	28	0.4029031	0.8262971	0.3581871
14	0.9324564	0.3249499	0.1408571	29	0.3868530	0.8325610	0.3609030
15	0.9259267	0.3395916	0.1472034	30	0.3706824	0.8385673	0.3635072
16	- 0.9191226	- 0.3541317	- 0.1535056	12月 1	- 0.3543966	- 0.8443138	- 0.3659987
17	**0.9120458**	**0.3685660**	**0.1597619**	2	0.3380009	0.8497986	0.3683766
18	0.9046981	0.3828906	0.1659708	3	0.3215004	0.8550197	0.3706401
19	0.8970814	0.3971016	0.1721304	4	0.3049007	0.8599753	0.3727883
20	0.8891973	0.4111948	0.1782392	5	0.2882072	0.8646638	0.3748206
21	- 0.8810475	- 0.4251663	- 0.1842953	**6**	**- 0.2714253**	**- 0.8690836**	**- 0.3767362**
22	0.8726339	0.4390117	0.1902969	7	0.2545606	0.8732335	0.3785348
23	0.8639583	0.4527269	0.1962423	8	0.2376184	0.8771123	0.3802157
24	0.8550228	0.4663074	0.2021294	9	0.2206043	0.8807191	0.3817786
25	0.8458294	0.4797490	0.2079565	10	0.2035237	0.8840528	0.3832231
26	- 0.8363805	- 0.4930473	- 0.2137216	11	- 0.1863818	- 0.8871129	- 0.3845490
27	**0.8266785**	**0.5061979**	**0.2194228**	12	0.1691838	0.8898985	0.3857560
28	0.8167260	0.5191966	0.2250582	13	0.1519348	0.8924091	0.3868439
29	0.8065256	0.5320389	0.2306259	14	0.1346399	0.8946442	0.3878124
30	0.7960803	0.5447207	0.2361240	15	0.1173041	0.8966031	0.3886614
31	- 0.7853931	- 0.5572377	- 0.2415507	**16**	**- 0.0999322**	**- 0.8982853**	**- 0.3893906**
11月 1	0.7744669	0.5695857	0.2469041	17	0.0825292	0.8996902	0.3899997
2	0.7633052	0.5817607	0.2521824	18	0.0651001	0.9008171	0.3904886
3	0.7519112	0.5937586	0.2573838	19	0.0476500	0.9016656	0.3908568
4	0.7402885	0.6055753	0.2625066	20	0.0301839	0.9022349	0.3911042
5	- 0.7284408	- 0.6172072	- 0.2675492	21	- 0.0127072	- 0.9025246	- 0.3912305
6	**0.7163717**	**0.6286503**	**0.2725098**	22	+ 0.0047749	0.9025344	0.3912354
7	0.7040851	0.6399011	0.2773868	23	0.0222569	0.9022638	0.3911189
8	0.6915849	0.6509560	0.2821788	24	0.0397336	0.9017127	0.3908807
9	0.6788752	0.6618116	0.2868842	25	0.0571994	0.9008808	0.3905208
10	- 0.6659599	- 0.6724646	- 0.2915017	**26**	**+ 0.0746487**	**- 0.8997682**	**- 0.3900392**
11	0.6528432	0.6829120	0.2960299	27	0.0920760	0.8983749	0.3894358
12	0.6395291	0.6931505	0.3004676	28	0.1094756	0.8967012	0.3887107
13	0.6260217	0.7031775	0.3048135	29	0.1268419	0.8947472	0.3878641
14	0.6123250	0.7129901	0.3090664	30	0.1441691	0.8925136	0.3868960
15	- 0.5984429	- 0.7225855	- 0.3132253	31	+ 0.1614516	- 0.8900008	- 0.3858068
16	**- 0.5843792**	**- 0.7319611**	**- 0.3172890**	32	+ 0.1786835	- 0.8872097	- 0.3845968

太阳球面位置

2024 年

以世界时 0^h 为准

日期	日轴方位角	日面中心的		日期	日轴方位角	日面中心的	
		日面纬度	日面经度			日面纬度	日面经度
日	°	°	°	日	°	°	°
1月 0	+ 2.80	− 2.82	240.58	2月 15	−17.20	− 6.80	354.87
1	2.31	2.94	227.40	16	17.53	6.84	341.70
2	1.83	3.06	214.23	17	17.86	6.88	328.53
3	1.34	3.17	201.06	18	18.19	6.92	315.37
4	0.86	3.29	187.89	19	18.51	6.96	302.20
5	+ 0.37	− 3.40	174.72	20	−18.82	− 7.00	289.03
6	− 0.11	3.52	161.55	21	19.13	7.03	275.86
7	0.59	3.63	148.38	22	19.43	7.06	262.69
8	1.08	3.74	135.22	23	19.72	7.09	249.52
9	1.56	3.85	122.05	24	20.01	7.11	236.35
10	− 2.04	− 3.96	108.88	25	−20.29	− 7.14	223.18
11	2.52	4.06	95.71	26	20.57	7.16	210.01
12	2.99	4.17	82.54	27	20.84	7.18	196.83
13	3.47	4.28	69.37	28	21.11	7.19	183.66
14	3.94	4.38	56.21	29	21.36	7.21	170.49
15	− 4.41	− 4.48	43.04	3月 1	−21.62	− 7.22	157.32
16	4.88	4.58	29.87	2	21.86	7.23	144.14
17	5.35	4.68	16.70	3	22.10	7.24	130.97
18	5.81	4.78	3.54	4	22.34	7.25	117.80
19	6.27	4.87	350.37	5	22.56	7.25	104.62
20	− 6.73	− 4.97	337.20	6	−22.78	− 7.25	91.45
21	7.18	5.06	324.04	7	23.00	7.25	78.27
22	7.63	5.15	310.87	8	23.21	7.25	65.10
23	8.08	5.24	297.70	9	23.41	7.24	51.92
24	8.52	5.33	284.53	10	23.60	7.24	38.75
25	− 8.96	− 5.42	271.37	11	−23.79	− 7.23	25.57
26	9.40	5.50	258.20	12	23.97	7.21	12.39
27	9.83	5.59	245.03	13	24.14	7.20	359.21
28	10.26	5.67	231.87	14	24.31	7.18	346.03
29	10.69	5.75	218.70	15	24.47	7.17	332.85
30	−11.11	− 5.82	205.53	16	−24.63	− 7.15	319.67
31	11.52	5.90	192.37	17	24.78	7.12	306.49
2月 1	11.94	5.97	179.20	18	24.92	7.10	293.31
2	12.34	6.05	166.04	19	25.05	7.07	280.13
3	12.75	6.12	152.87	20	25.18	7.04	266.94
4	−13.15	− 6.18	139.70	21	−25.30	− 7.01	253.76
5	13.54	6.25	126.54	22	25.41	6.98	240.58
6	13.93	6.31	113.37	23	25.52	6.94	227.39
7	14.31	6.38	100.20	24	25.61	6.90	214.20
8	14.69	6.44	87.04	25	25.71	6.87	201.02
9	−15.06	− 6.49	73.87	26	−25.79	− 6.82	187.83
10	15.43	6.55	60.70	27	25.87	6.78	174.64
11	15.80	6.60	47.54	28	25.94	6.73	161.45
12	16.15	6.66	34.37	29	26.01	6.69	148.26
13	16.51	6.71	21.20	30	26.06	6.64	135.07
14	−16.85	− 6.75	8.04	31	−26.11	− 6.59	121.88
15	−17.20	− 6.80	354.87	4月 1	−26.15	− 6.53	108.69

太 阳 球 面 位 置

以世界时 0^h 为准

2024 年

日期		日轴方位角	日面中心的		日期		日轴方位角	日面中心的	
			日面纬度	日面经度				日面纬度	日面经度
	日	°	°	°		日	°	°	°
4月	1	−26.15	− 6.53	108.69	5月	17	−20.27	− 2.41	221.00
	2	26.19	6.48	95.49		18	19.97	2.30	207.78
	3	26.22	6.42	82.30		19	19.67	2.18	194.55
	4	26.24	6.36	69.10		20	19.37	2.07	181.32
	5	26.25	6.30	55.91		21	19.06	1.95	168.09
	6	−26.26	− 6.24	42.71		22	−18.74	− 1.83	154.86
	7	26.26	6.17	29.52		23	18.42	1.72	141.63
	8	26.25	6.11	16.32		24	18.09	1.60	128.40
	9	26.24	6.04	3.12		25	17.75	1.48	115.17
	10	26.21	5.97	349.92		26	17.41	1.36	101.94
	11	−26.18	− 5.90	336.72		27	−17.07	− 1.24	88.71
	12	26.15	5.82	323.52		28	16.72	1.12	75.48
	13	26.10	5.75	310.32		29	16.36	1.00	62.24
	14	26.05	5.67	297.12		30	16.00	0.88	49.01
	15	25.99	5.59	283.92		31	15.63	0.76	35.78
	16	−25.92	− 5.52	270.71	6月	1	−15.26	− 0.64	22.55
	17	25.85	5.43	257.51		2	14.88	0.52	9.31
	18	25.77	5.35	244.30		3	14.50	0.40	356.08
	19	25.68	5.27	231.09		4	14.11	0.28	342.84
	20	25.58	5.18	217.89		5	13.72	0.16	329.61
	21	−25.48	− 5.09	204.68		6	−13.33	− 0.04	316.38
	22	25.37	5.01	191.47		7	12.93	+ 0.08	303.14
	23	25.25	4.92	178.26		8	12.52	0.20	289.91
	24	25.12	4.82	165.05		9	12.12	0.33	276.67
	25	24.99	4.73	151.84		10	11.71	0.45	263.43
	26	−24.85	− 4.64	138.62		11	−11.29	+ 0.57	250.20
	27	24.70	4.54	125.41		12	10.87	0.69	236.96
	28	24.55	4.45	112.20		13	10.45	0.81	223.73
	29	24.39	4.35	98.98		14	10.03	0.93	210.49
	30	24.22	4.25	85.77		15	9.60	1.05	197.25
5月	1	−24.04	− 4.15	72.55		16	− 9.17	+ 1.17	184.02
	2	23.86	4.05	59.33		17	8.74	1.28	170.78
	3	23.67	3.94	46.12		18	8.30	1.40	157.54
	4	23.47	3.84	32.90		19	7.86	1.52	144.31
	5	23.26	3.74	19.68		20	7.43	1.64	131.07
	6	−23.05	− 3.63	6.46		21	− 6.98	+ 1.76	117.83
	7	22.83	3.53	353.24		22	6.54	1.87	104.59
	8	22.61	3.42	340.02		23	6.09	1.99	91.36
	9	22.37	3.31	326.80		24	5.65	2.10	78.12
	10	22.13	3.20	313.58		25	5.20	2.22	64.88
	11	−21.89	− 3.09	300.35		26	− 4.75	+ 2.33	51.65
	12	21.63	2.98	287.13		27	4.30	2.45	38.41
	13	21.37	2.87	273.91		28	3.85	2.56	25.17
	14	21.11	2.76	260.68		29	3.40	2.67	11.94
	15	20.83	2.64	247.46		30	2.94	2.78	358.70
	16	−20.55	− 2.53	234.23	7月	1	− 2.49	+ 2.89	345.46
	17	−20.27	− 2.41	221.00		2	− 2.04	+ 3.00	332.23

太阳球面位置

2024 年

以世界时 0^h 为准

日期		日轴方位角	日面中心的		日期		日轴方位角	日面中心的	
			日面纬度	日面经度				日面纬度	日面经度
	日	°	°	°		日	°	°	°
7月	1	− 2.49	+ 2.89	345.46	8月	16	+16.46	+ 6.70	96.95
	2	2.04	3.00	332.23		17	16.79	6.75	83.73
	3	1.58	3.11	318.99		18	17.12	6.79	70.52
	4	1.13	3.22	305.76		19	17.44	6.83	57.30
	5	0.68	3.33	292.52		20	17.75	6.87	44.08
	6	− 0.22	+ 3.44	279.29		21	+18.07	+ 6.91	30.87
	7	+ 0.23	3.54	266.05		22	18.37	6.95	17.65
	8	0.68	3.65	252.82		23	18.67	6.98	4.44
	9	1.13	3.75	239.58		24	18.97	7.01	351.22
	10	1.58	3.85	226.35		25	19.26	7.04	338.01
	11	+ 2.03	+ 3.95	213.11		26	+19.55	+ 7.07	324.80
	12	2.48	4.06	199.88		27	19.83	7.10	311.59
	13	2.92	4.15	186.65		28	20.10	7.12	298.37
	14	3.37	4.25	173.41		29	20.37	7.14	285.16
	15	3.81	4.35	160.18		30	20.64	7.16	271.95
	16	+ 4.25	+ 4.45	146.95		31	+20.90	+ 7.18	258.74
	17	4.69	4.54	133.72	9月	1	21.15	7.20	245.53
	18	5.13	4.63	120.48		2	21.40	7.21	232.32
	19	5.56	4.73	107.25		3	21.64	7.22	219.12
	20	6.00	4.82	94.02		4	21.88	7.23	205.91
	21	+ 6.43	+ 4.91	80.79		5	+22.11	+ 7.24	192.70
	22	6.86	5.00	67.56		6	22.34	7.25	179.49
	23	7.28	5.08	54.33		7	22.56	7.25	166.29
	24	7.70	5.17	41.10		8	22.77	7.25	153.08
	25	8.12	5.25	27.87		9	22.98	7.25	139.88
	26	+ 8.54	+ 5.33	14.64		10	+23.18	+ 7.25	126.67
	27	8.95	5.42	1.41		11	23.38	7.24	113.47
	28	9.36	5.50	348.18		12	23.57	7.24	100.26
	29	9.77	5.57	334.96		13	23.75	7.23	87.06
	30	10.18	5.65	321.73		14	23.93	7.22	73.86
	31	+10.58	+ 5.72	308.50		15	+24.10	+ 7.20	60.65
8月	1	10.98	5.80	295.28		16	24.27	7.19	47.45
	2	11.37	5.87	282.05		17	24.43	7.17	34.25
	3	11.76	5.94	268.83		18	24.58	7.15	21.05
	4	12.15	6.01	255.60		19	24.72	7.13	7.85
	5	+12.53	+ 6.08	242.38		20	+24.87	+ 7.11	354.65
	6	12.91	6.14	229.16		21	25.00	7.08	341.45
	7	13.28	6.21	215.94		22	25.13	7.05	328.25
	8	13.65	6.27	202.71		23	25.25	7.02	315.05
	9	14.02	6.33	189.49		24	25.36	6.99	301.85
	10	+14.38	+ 6.39	176.27		25	+25.47	+ 6.96	288.65
	11	14.74	6.44	163.05		26	25.57	6.92	275.45
	12	15.09	6.50	149.83		27	25.66	6.88	262.25
	13	15.44	6.55	136.61		28	25.75	6.84	249.06
	14	15.79	6.60	123.39		29	25.83	6.80	235.86
	15	+16.13	+ 6.65	110.17		30	+25.91	+ 6.76	222.67
	16	+16.46	+ 6.70	96.95	10月	1	+25.97	+ 6.71	209.47

太阳球面位置

以世界时 0^h 为准

2024 年

日期		日轴方位角	日面中心的		日期		日轴方位角	日面中心的	
			日面纬度	日面经度				日面纬度	日面经度
	日	°	°	°		日	°	°	°
10月	1	+25.97	+6.71	209.47	11月	16	+20.99	+2.71	322.79
	2	26.03	6.66	196.27		17	20.70	2.59	309.61
	3	26.09	6.61	183.08		18	20.40	2.47	296.43
	4	26.13	6.56	169.89		19	20.10	2.35	283.25
	5	26.17	6.51	156.69		20	19.79	2.23	270.06
	6	+26.20	+6.45	143.50		21	+19.47	+2.11	256.88
	7	26.23	6.39	130.30		22	19.15	1.98	243.70
	8	26.25	6.33	117.11		23	18.81	1.86	230.52
	9	26.26	6.27	103.92		24	18.48	1.74	217.34
	10	26.26	6.21	90.73		25	18.13	1.61	204.16
	11	+26.25	+6.14	77.53		26	+17.78	+1.49	190.98
	12	26.24	6.07	64.34		27	17.42	1.36	177.80
	13	26.22	6.00	51.15		28	17.05	1.24	164.62
	14	26.20	5.93	37.96		29	16.68	1.11	151.44
	15	26.16	5.86	24.77		30	16.31	0.98	138.26
	16	+26.12	+5.78	11.57	12月	1	+15.92	+0.86	125.08
	17	26.07	5.71	358.38		2	15.53	0.73	111.90
	18	26.01	5.63	345.19		3	15.14	0.60	98.73
	19	25.95	5.55	332.00		4	14.74	0.48	85.55
	20	25.88	5.47	318.81		5	14.33	0.35	72.37
	21	+25.80	+5.38	305.62		6	+13.92	+0.22	59.19
	22	25.71	5.30	292.43		7	13.50	+0.09	46.02
	23	25.62	5.21	279.25		8	13.08	−0.04	32.84
	24	25.51	5.12	266.06		9	12.65	0.17	19.66
	25	25.40	5.03	252.87		10	12.22	0.29	6.49
	26	+25.28	+4.94	239.68		11	+11.79	−0.42	353.31
	27	25.16	4.85	226.49		12	11.35	0.55	340.13
	28	25.02	4.75	213.31		13	10.90	0.68	326.96
	29	24.88	4.66	200.12		14	10.45	0.81	313.78
	30	24.73	4.56	186.93		15	10.00	0.93	300.61
	31	+24.57	+4.46	173.75		16	+9.55	−1.06	287.43
11月	1	24.41	4.36	160.56		17	9.09	1.19	274.26
	2	24.23	4.26	147.37		18	8.63	1.31	261.08
	3	24.05	4.16	134.19		19	8.16	1.44	247.91
	4	23.86	4.05	121.00		20	7.70	1.57	234.73
	5	+23.67	+3.95	107.82		21	+7.23	−1.69	221.56
	6	23.46	3.84	94.63		22	6.75	1.82	208.38
	7	23.25	3.73	81.45		23	6.28	1.94	195.21
	8	23.03	3.62	68.26		24	5.80	2.06	182.04
	9	22.80	3.51	55.08		25	5.32	2.19	168.87
	10	+22.56	+3.40	41.89		26	+4.84	−2.31	155.69
	11	22.32	3.29	28.71		27	4.36	2.43	142.52
	12	22.07	3.17	15.53		28	3.88	2.55	129.35
	13	21.81	3.06	2.34		29	3.40	2.67	116.18
	14	21.54	2.94	349.16		30	2.91	2.79	103.01
	15	+21.27	+2.82	335.98		31	+2.43	−2.91	89.84
	16	+20.99	+2.71	322.79		32	+1.94	−3.03	76.67

日　　出

格林尼治子午圈

2024 年

日期	北纬 日	0° h m	10° h m	20° h m	30° h m	35° h m	40° h m	45° h m	50° h m	52° h m	54° h m	56° h m
1月	0	5 59	6 16	6 35	6 56	7 08	7 22	7 38	7 59	8 08	8 19	8 31
	5	6 01	6 18	6 36	6 57	7 09	7 22	7 38	7 58	8 07	8 18	8 30
	10	6 04	6 20	6 37	6 57	7 09	7 22	7 37	7 56	8 05	8 15	8 27
	15	6 06	6 21	6 38	6 57	7 08	7 20	7 35	7 53	8 02	8 11	8 22
	20	6 07	6 22	6 38	6 56	7 06	7 18	7 32	7 49	7 57	8 06	8 16
	25	6 09	6 23	6 37	6 54	7 04	7 15	7 28	7 43	7 51	7 59	8 08
	30	6 10	6 23	6 36	6 52	7 01	7 11	7 23	7 37	7 44	7 51	8 00
2月	4	6 10	6 22	6 35	6 49	6 57	7 06	7 17	7 30	7 36	7 43	7 50
	9	6 11	6 21	6 33	6 45	6 53	7 01	7 10	7 22	7 27	7 33	7 40
	14	6 11	6 20	6 30	6 41	6 48	6 55	7 03	7 13	7 18	7 23	7 29
	19	6 10	6 19	6 27	6 37	6 42	6 48	6 56	7 04	7 08	7 12	7 17
	24	6 10	6 17	6 24	6 32	6 36	6 42	6 47	6 55	6 58	7 01	7 05
	29	6 09	6 15	6 20	6 27	6 30	6 34	6 39	6 45	6 47	6 50	6 53
3月	5	6 08	6 12	6 16	6 21	6 24	6 27	6 30	6 34	6 36	6 38	6 40
	10	6 07	6 10	6 12	6 15	6 17	6 19	6 21	6 24	6 25	6 26	6 27
	15	6 05	6 07	6 08	6 09	6 10	6 11	6 12	6 13	6 13	6 14	6 14
	20	6 04	6 04	6 04	6 03	6 03	6 03	6 02	6 02	6 02	6 01	6 01
	25	6 03	6 01	6 00	5 57	5 56	5 55	5 53	5 51	5 50	5 49	5 48
	30	6 01	5 58	5 55	5 51	5 49	5 47	5 44	5 40	5 39	5 37	5 35
4月	4	6 00	5 55	5 51	5 45	5 42	5 39	5 34	5 29	5 27	5 25	5 22
	9	5 58	5 53	5 47	5 40	5 35	5 31	5 25	5 19	5 16	5 12	5 09
	14	5 57	5 50	5 43	5 34	5 29	5 23	5 16	5 08	5 05	5 01	4 56
	19	5 56	5 48	5 39	5 28	5 23	5 16	5 08	4 58	4 54	4 49	4 44
	24	5 55	5 45	5 35	5 23	5 17	5 09	5 00	4 49	4 43	4 38	4 31
	29	5 54	5 43	5 32	5 19	5 11	5 02	4 52	4 39	4 33	4 27	4 20
5月	4	5 53	5 42	5 29	5 14	5 06	4 56	4 44	4 30	4 24	4 17	4 09
	9	5 53	5 40	5 26	5 10	5 01	4 50	4 38	4 22	4 15	4 07	3 58
	14	5 53	5 39	5 24	5 07	4 57	4 45	4 32	4 15	4 07	3 58	3 48
	19	5 53	5 38	5 23	5 04	4 53	4 41	4 26	4 08	4 00	3 50	3 39
	24	5 53	5 38	5 21	5 02	4 51	4 37	4 22	4 03	3 53	3 43	3 32
	29	5 54	5 38	5 20	5 00	4 48	4 35	4 18	3 58	3 48	3 37	3 25
6月	3	5 55	5 38	5 20	4 59	4 47	4 32	4 15	3 54	3 44	3 33	3 20
	8	5 56	5 38	5 20	4 58	4 46	4 31	4 14	3 52	3 41	3 29	3 16
	13	5 57	5 39	5 20	4 58	4 46	4 31	4 13	3 50	3 40	3 28	3 14
	18	5 58	5 40	5 21	4 59	4 46	4 31	4 13	3 50	3 39	3 27	3 13
	23	5 59	5 41	5 22	5 00	4 47	4 32	4 14	3 51	3 40	3 28	3 14
	28	6 00	5 42	5 23	5 02	4 49	4 34	4 16	3 53	3 43	3 30	3 16
7月	3	6 01	5 44	5 25	5 03	4 51	4 36	4 18	3 57	3 46	3 34	3 20

日　　　没

格林尼治子午圈

2024 年

日期＼北纬		0°	10°	20°	30°	35°	40°	45°	50°	52°	54°	56°
	日	h m	h m	h m	h m	h m	h m	h m	h m	h m	h m	h m
1月	0	18 07	17 49	17 31	17 10	16 58	16 44	16 28	16 07	15 58	15 47	15 34
	5	18 09	17 52	17 34	17 14	17 02	16 48	16 32	16 13	16 03	15 53	15 41
	10	18 11	17 55	17 37	17 18	17 06	16 53	16 38	16 19	16 10	16 00	15 48
	15	18 13	17 57	17 41	17 22	17 11	16 59	16 44	16 26	16 17	16 08	15 57
	20	18 14	18 00	17 44	17 26	17 16	17 04	16 50	16 33	16 25	16 17	16 07
	25	18 16	18 02	17 47	17 31	17 21	17 10	16 57	16 41	16 34	16 26	16 17
	30	18 17	18 04	17 50	17 35	17 26	17 16	17 04	16 50	16 43	16 36	16 28
2月	4	18 17	18 06	17 53	17 39	17 31	17 22	17 11	16 58	16 52	16 46	16 38
	9	18 18	18 07	17 56	17 43	17 36	17 28	17 18	17 07	17 02	16 56	16 49
	14	18 18	18 08	17 58	17 47	17 41	17 34	17 26	17 16	17 11	17 06	17 00
	19	18 17	18 09	18 01	17 51	17 46	17 40	17 33	17 24	17 20	17 16	17 11
	24	18 17	18 10	18 03	17 55	17 51	17 46	17 40	17 33	17 30	17 26	17 22
	29	18 16	18 10	18 05	17 59	17 55	17 51	17 47	17 41	17 39	17 36	17 33
3月	5	18 15	18 11	18 07	18 02	17 59	17 57	17 53	17 49	17 48	17 46	17 44
	10	18 13	18 11	18 08	18 05	18 04	18 02	18 00	17 58	17 56	17 55	17 54
	15	18 12	18 11	18 10	18 09	18 08	18 07	18 06	18 06	18 05	18 05	18 04
	20	18 11	18 11	18 11	18 12	18 12	18 12	18 13	18 14	18 14	18 14	18 15
	25	18 09	18 11	18 13	18 15	18 16	18 18	18 19	18 22	18 23	18 24	18 25
	30	18 08	18 10	18 14	18 18	18 20	18 23	18 26	18 29	18 31	18 33	18 35
4月	4	18 06	18 10	18 15	18 21	18 24	18 28	18 32	18 37	18 40	18 42	18 45
	9	18 05	18 10	18 17	18 24	18 28	18 33	18 38	18 45	18 48	18 52	18 55
	14	18 03	18 10	18 18	18 27	18 32	18 38	18 45	18 53	18 57	19 01	19 06
	19	18 02	18 11	18 20	18 30	18 36	18 43	18 51	19 01	19 05	19 10	19 16
	24	18 01	18 11	18 21	18 33	18 40	18 48	18 57	19 09	19 14	19 20	19 26
	29	18 01	18 11	18 23	18 36	18 44	18 53	19 04	19 16	19 22	19 29	19 36
5月	4	18 00	18 12	18 25	18 40	18 48	18 58	19 10	19 24	19 31	19 38	19 46
	9	18 00	18 13	18 27	18 43	18 52	19 03	19 16	19 31	19 39	19 47	19 56
	14	18 00	18 14	18 29	18 46	18 56	19 08	19 22	19 39	19 47	19 56	20 06
	19	18 00	18 15	18 31	18 49	19 00	19 13	19 27	19 46	19 54	20 04	20 15
	24	18 00	18 16	18 33	18 52	19 04	19 17	19 33	19 52	20 01	20 12	20 23
	29	18 01	18 17	18 35	18 55	19 07	19 21	19 37	19 58	20 07	20 18	20 31
6月	3	18 02	18 19	18 37	18 58	19 10	19 24	19 42	20 03	20 13	20 24	20 38
	8	18 03	18 20	18 38	19 00	19 13	19 28	19 45	20 07	20 18	20 29	20 43
	13	18 04	18 21	18 40	19 02	19 15	19 30	19 48	20 10	20 21	20 33	20 47
	18	18 05	18 23	18 42	19 04	19 17	19 32	19 50	20 12	20 23	20 35	20 50
	23	18 06	18 24	18 43	19 05	19 18	19 33	19 51	20 13	20 24	20 37	20 51
	28	18 07	18 25	18 43	19 05	19 18	19 33	19 51	20 13	20 24	20 36	20 50
7月	3	18 08	18 25	18 44	19 05	19 18	19 32	19 50	20 12	20 22	20 34	20 48

日　　　出

2024 年　　　格林尼治子午圈

日期 \ 北纬		0°	10°	20°	30°	35°	40°	45°	50°	52°	54°	56°
	日	h m	h m	h m	h m	h m	h m	h m	h m	h m	h m	h m
7月	3	6 01	5 44	5 25	5 03	4 51	4 36	4 18	3 57	3 46	3 34	3 20
	8	6 02	5 45	5 27	5 06	4 53	4 39	4 22	4 01	3 51	3 39	3 26
	13	6 02	5 46	5 29	5 08	4 56	4 42	4 26	4 06	3 56	3 45	3 33
	18	6 03	5 47	5 30	5 11	4 59	4 46	4 31	4 11	4 02	3 52	3 40
	23	6 03	5 48	5 32	5 14	5 03	4 51	4 36	4 18	4 09	3 59	3 48
	28	6 03	5 49	5 34	5 17	5 07	4 55	4 41	4 24	4 16	4 07	3 57
8月	2	6 03	5 50	5 36	5 20	5 10	5 00	4 47	4 31	4 24	4 16	4 07
	7	6 02	5 50	5 38	5 23	5 14	5 04	4 53	4 38	4 32	4 24	4 16
	12	6 02	5 51	5 39	5 26	5 18	5 09	4 59	4 46	4 40	4 33	4 26
	17	6 01	5 51	5 41	5 29	5 22	5 14	5 05	4 53	4 48	4 42	4 36
	22	5 59	5 51	5 42	5 32	5 26	5 19	5 10	5 01	4 56	4 51	4 45
	27	5 58	5 51	5 43	5 34	5 29	5 23	5 16	5 08	5 04	5 00	4 55
9月	1	5 57	5 51	5 44	5 37	5 33	5 28	5 22	5 16	5 12	5 09	5 05
	6	5 55	5 50	5 45	5 40	5 37	5 33	5 28	5 23	5 21	5 18	5 15
	11	5 53	5 50	5 46	5 43	5 40	5 37	5 34	5 30	5 29	5 27	5 25
	16	5 51	5 50	5 48	5 45	5 44	5 42	5 40	5 38	5 37	5 36	5 34
	21	5 50	5 49	5 49	5 48	5 47	5 47	5 46	5 45	5 45	5 45	5 44
	26	5 48	5 49	5 50	5 51	5 51	5 52	5 52	5 53	5 53	5 54	5 54
10月	1	5 46	5 49	5 51	5 54	5 55	5 57	5 58	6 01	6 02	6 03	6 04
	6	5 45	5 48	5 52	5 56	5 59	6 02	6 05	6 08	6 10	6 12	6 14
	11	5 43	5 48	5 54	6 00	6 03	6 07	6 11	6 16	6 18	6 21	6 24
	16	5 42	5 48	5 55	6 03	6 07	6 12	6 17	6 24	6 27	6 30	6 34
	21	5 41	5 49	5 57	6 06	6 11	6 17	6 24	6 32	6 36	6 40	6 45
	26	5 41	5 49	5 59	6 10	6 16	6 23	6 31	6 40	6 45	6 50	6 55
	31	5 40	5 50	6 01	6 13	6 20	6 28	6 38	6 49	6 54	6 59	7 06
11月	5	5 40	5 51	6 03	6 17	6 25	6 34	6 44	6 57	7 03	7 09	7 16
	10	5 40	5 53	6 06	6 21	6 30	6 40	6 51	7 05	7 12	7 19	7 27
	15	5 41	5 55	6 09	6 25	6 35	6 46	6 58	7 13	7 21	7 28	7 37
	20	5 42	5 57	6 12	6 29	6 40	6 51	7 05	7 21	7 29	7 38	7 47
	25	5 43	5 59	6 15	6 33	6 44	6 57	7 11	7 29	7 37	7 47	7 57
	30	5 45	6 01	6 18	6 38	6 49	7 02	7 17	7 36	7 45	7 55	8 06
12月	5	5 47	6 04	6 21	6 41	6 53	7 07	7 23	7 42	7 52	8 02	8 14
	10	5 49	6 06	6 24	6 45	6 57	7 11	7 27	7 48	7 57	8 08	8 20
	15	5 52	6 09	6 27	6 48	7 01	7 15	7 32	7 52	8 02	8 13	8 26
	20	5 54	6 12	6 30	6 51	7 04	7 18	7 35	7 56	8 05	8 17	8 29
	25	5 57	6 14	6 32	6 54	7 06	7 20	7 37	7 58	8 08	8 19	8 31
	30	5 59	6 16	6 35	6 55	7 08	7 22	7 38	7 59	8 08	8 19	8 32
	35	6 01	6 18	6 36	6 57	7 09	7 22	7 38	7 58	8 07	8 18	8 30

日　　没

格林尼治子午圈

2024 年

日期 \ 北纬		0°	10°	20°	30°	35°	40°	45°	50°	52°	54°	56°
	日	h m	h m	h m	h m	h m	h m	h m	h m	h m	h m	h m
7月	3	18 08	18 25	18 44	19 05	19 18	19 32	19 50	20 12	20 22	20 34	20 48
	8	18 09	18 26	18 44	19 04	19 17	19 31	19 48	20 09	20 19	20 31	20 44
	13	18 09	18 26	18 43	19 03	19 15	19 29	19 45	20 05	20 15	20 26	20 38
	18	18 10	18 25	18 42	19 01	19 13	19 26	19 41	20 00	20 10	20 20	20 31
	23	18 10	18 25	18 41	18 59	19 10	19 22	19 37	19 55	20 03	20 13	20 23
	28	18 10	18 24	18 39	18 56	19 06	19 17	19 31	19 48	19 56	20 05	20 14
8月	2	18 10	18 23	18 36	18 52	19 02	19 12	19 25	19 40	19 47	19 56	20 05
	7	18 09	18 21	18 34	18 48	18 57	19 06	19 18	19 32	19 39	19 46	19 54
	12	18 08	18 19	18 30	18 44	18 51	19 00	19 11	19 23	19 29	19 35	19 43
	17	18 07	18 17	18 27	18 39	18 46	18 53	19 03	19 14	19 19	19 25	19 31
	22	18 06	18 14	18 23	18 33	18 39	18 46	18 54	19 04	19 08	19 13	19 19
	27	18 05	18 12	18 19	18 28	18 33	18 39	18 45	18 54	18 57	19 02	19 06
9月	1	18 03	18 09	18 15	18 22	18 26	18 31	18 36	18 43	18 46	18 50	18 53
	6	18 01	18 06	18 11	18 16	18 19	18 23	18 27	18 32	18 35	18 37	18 40
	11	18 00	18 03	18 06	18 10	18 12	18 15	18 18	18 21	18 23	18 25	18 27
	16	17 58	18 00	18 01	18 04	18 05	18 06	18 08	18 10	18 11	18 13	18 14
	21	17 56	17 57	17 57	17 57	17 58	17 58	17 59	17 59	18 00	18 00	18 01
	26	17 54	17 53	17 52	17 51	17 51	17 50	17 49	17 48	17 48	17 48	17 47
10月	1	17 53	17 50	17 48	17 45	17 43	17 42	17 40	17 38	17 36	17 35	17 34
	6	17 51	17 48	17 43	17 39	17 37	17 34	17 31	17 27	17 25	17 23	17 21
	11	17 50	17 45	17 39	17 33	17 30	17 26	17 21	17 16	17 14	17 11	17 08
	16	17 49	17 42	17 35	17 28	17 23	17 18	17 13	17 06	17 03	16 59	16 56
	21	17 48	17 40	17 32	17 23	17 17	17 11	17 04	16 56	16 52	16 48	16 44
	26	17 47	17 38	17 29	17 18	17 12	17 05	16 56	16 47	16 42	16 37	16 32
	31	17 47	17 37	17 26	17 13	17 06	16 58	16 49	16 38	16 33	16 27	16 21
11月	5	17 47	17 36	17 23	17 10	17 02	16 53	16 42	16 30	16 24	16 17	16 10
	10	17 47	17 35	17 21	17 06	16 58	16 48	16 36	16 22	16 16	16 08	16 00
	15	17 48	17 35	17 20	17 04	16 54	16 43	16 31	16 15	16 08	16 00	15 51
	20	17 49	17 35	17 19	17 02	16 51	16 40	16 26	16 10	16 02	15 53	15 43
	25	17 51	17 35	17 19	17 00	16 50	16 37	16 23	16 05	15 57	15 47	15 37
	30	17 52	17 36	17 19	17 00	16 48	16 35	16 20	16 01	15 53	15 43	15 31
12月	5	17 55	17 38	17 20	17 00	16 48	16 35	16 19	15 59	15 50	15 39	15 28
	10	17 57	17 40	17 22	17 01	16 49	16 35	16 18	15 58	15 48	15 38	15 25
	15	17 59	17 42	17 23	17 02	16 50	16 36	16 19	15 58	15 49	15 38	15 25
	20	18 02	17 44	17 26	17 04	16 52	16 38	16 21	16 00	15 50	15 39	15 26
	25	18 04	17 47	17 28	17 07	16 55	16 40	16 24	16 03	15 53	15 42	15 29
	30	18 06	17 49	17 31	17 10	16 58	16 44	16 27	16 07	15 57	15 47	15 34
	35	18 09	17 52	17 34	17 14	17 02	16 48	16 32	16 12	16 03	15 52	15 40

民 用 晨 光 始

2024 年

格林尼治子午圈

日期	北纬	0°	10°	20°	30°	35°	40°	45°	50°	52°	54°	56°
	日	h m	h m	h m	h m	h m	h m	h m	h m	h m	h m	h m
1月	0	5 37	5 54	6 11	6 29	6 40	6 51	7 05	7 20	7 28	7 36	7 44
	10	5 41	5 57	6 14	6 31	6 41	6 52	7 04	7 19	7 25	7 33	7 41
	20	5 45	6 00	6 14	6 30	6 39	6 48	6 59	7 12	7 18	7 25	7 32
	30	5 48	6 01	6 13	6 27	6 34	6 42	6 51	7 02	7 07	7 12	7 18
2月	9	5 49	6 00	6 10	6 21	6 26	6 33	6 40	6 48	6 52	6 56	7 00
	19	5 49	5 57	6 05	6 12	6 17	6 21	6 26	6 31	6 34	6 36	6 39
	29	5 48	5 53	5 58	6 03	6 05	6 07	6 09	6 12	6 13	6 14	6 16
3月	10	5 46	5 49	5 50	5 51	5 52	5 52	5 52	5 51	5 51	5 51	5 50
	20	5 43	5 43	5 42	5 40	5 38	5 36	5 33	5 30	5 28	5 26	5 24
	30	5 40	5 37	5 33	5 27	5 24	5 19	5 14	5 08	5 04	5 01	4 57
4月	9	5 37	5 31	5 24	5 15	5 10	5 03	4 55	4 45	4 41	4 35	4 30
	19	5 35	5 26	5 16	5 04	4 56	4 47	4 37	4 24	4 17	4 10	4 02
	29	5 33	5 22	5 09	4 53	4 44	4 33	4 20	4 03	3 55	3 46	3 36
5月	9	5 31	5 18	5 03	4 45	4 33	4 20	4 04	3 44	3 34	3 23	3 10
	19	5 31	5 16	4 59	4 38	4 25	4 10	3 52	3 28	3 16	3 03	2 48
	29	5 32	5 15	4 56	4 33	4 19	4 03	3 42	3 16	3 02	2 47	2 29
6月	8	5 33	5 15	4 55	4 31	4 16	3 59	3 37	3 08	2 54	2 36	2 15
	18	5 35	5 17	4 56	4 31	4 16	3 58	3 35	3 06	2 51	2 33	2 10
	28	5 37	5 19	4 59	4 34	4 19	4 01	3 38	3 09	2 54	2 36	2 14
7月	8	5 39	5 22	5 02	4 39	4 24	4 07	3 45	3 17	3 03	2 47	2 27
	18	5 41	5 25	5 06	4 44	4 31	4 15	3 55	3 30	3 17	3 03	2 46
	28	5 41	5 27	5 10	4 51	4 39	4 24	4 07	3 45	3 34	3 22	3 07
8月	7	5 41	5 28	5 14	4 57	4 47	4 35	4 20	4 01	3 52	3 42	3 30
	17	5 39	5 29	5 18	5 04	4 55	4 45	4 33	4 18	4 10	4 02	3 53
	27	5 37	5 30	5 21	5 10	5 03	4 55	4 46	4 34	4 28	4 22	4 15
9月	6	5 34	5 29	5 23	5 16	5 11	5 05	4 58	4 50	4 46	4 41	4 36
	16	5 31	5 29	5 25	5 21	5 18	5 15	5 11	5 05	5 03	5 00	4 57
	26	5 27	5 28	5 28	5 27	5 26	5 25	5 23	5 21	5 20	5 18	5 17
10月	6	5 24	5 27	5 30	5 33	5 34	5 35	5 35	5 36	5 36	5 36	5 37
	16	5 21	5 27	5 33	5 39	5 42	5 45	5 48	5 51	5 53	5 55	5 56
	26	5 19	5 28	5 36	5 45	5 50	5 55	6 01	6 07	6 10	6 13	6 16
11月	5	5 19	5 30	5 41	5 52	5 59	6 06	6 13	6 23	6 27	6 31	6 36
	15	5 19	5 33	5 46	6 00	6 08	6 16	6 26	6 38	6 43	6 49	6 55
	25	5 21	5 36	5 51	6 08	6 17	6 27	6 38	6 52	6 58	7 05	7 13
12月	5	5 25	5 41	5 57	6 15	6 25	6 36	6 49	7 04	7 11	7 19	7 28
	15	5 29	5 46	6 03	6 22	6 33	6 44	6 58	7 14	7 21	7 29	7 38
	25	5 34	5 51	6 08	6 27	6 38	6 50	7 03	7 19	7 27	7 35	7 44
	35	5 39	5 55	6 12	6 30	6 41	6 52	7 05	7 20	7 27	7 35	7 44

民 用 昏 影 终

格林尼治子午圈

2024 年

日期	日	0°	10°	20°	30°	35°	40°	45°	50°	52°	54°	56°
	日	h m	h m	h m	h m	h m	h m	h m	h m	h m	h m	h m
1月	0	18 29	18 12	17 55	17 36	17 26	17 15	17 01	16 46	16 38	16 30	16 21
	10	18 33	18 17	18 01	17 44	17 34	17 23	17 11	16 56	16 50	16 42	16 34
	20	18 37	18 22	18 08	17 52	17 43	17 34	17 23	17 10	17 04	16 57	16 50
	30	18 38	18 26	18 13	18 00	17 53	17 45	17 36	17 25	17 20	17 15	17 09
2月	9	18 39	18 29	18 19	18 08	18 02	17 56	17 49	17 41	17 37	17 33	17 29
	19	18 38	18 30	18 23	18 16	18 12	18 07	18 03	17 57	17 55	17 52	17 50
	29	18 37	18 31	18 27	18 23	18 21	18 18	18 16	18 14	18 13	18 12	18 10
3月	10	18 34	18 32	18 30	18 29	18 29	18 29	18 29	18 30	18 30	18 31	18 31
	20	18 31	18 32	18 33	18 36	18 37	18 39	18 42	18 46	18 48	18 50	18 52
	30	18 28	18 32	18 36	18 42	18 45	18 50	18 55	19 02	19 05	19 09	19 13
4月	9	18 26	18 32	18 39	18 48	18 54	19 01	19 09	19 19	19 24	19 29	19 35
	19	18 23	18 32	18 42	18 55	19 02	19 11	19 22	19 36	19 42	19 49	19 57
	29	18 22	18 33	18 46	19 02	19 11	19 22	19 36	19 53	20 01	20 10	20 21
5月	9	18 22	18 35	18 50	19 09	19 20	19 33	19 49	20 10	20 20	20 31	20 44
	19	18 22	18 37	18 55	19 16	19 29	19 44	20 02	20 26	20 38	20 51	21 07
	29	18 23	18 40	18 59	19 22	19 36	19 53	20 13	20 40	20 54	21 09	21 28
6月	8	18 25	18 43	19 03	19 27	19 42	20 00	20 22	20 51	21 06	21 23	21 44
	18	18 27	18 46	19 06	19 31	19 46	20 05	20 27	20 57	21 12	21 30	21 52
	28	18 30	18 48	19 08	19 33	19 48	20 06	20 28	20 57	21 12	21 30	21 52
7月	8	18 31	18 48	19 08	19 32	19 46	20 03	20 24	20 52	21 06	21 22	21 42
	18	18 32	18 48	19 06	19 28	19 41	19 57	20 17	20 42	20 54	21 08	21 25
	28	18 32	18 46	19 02	19 22	19 34	19 48	20 05	20 27	20 38	20 50	21 04
8月	7	18 31	18 43	18 57	19 14	19 24	19 36	19 51	20 09	20 18	20 28	20 40
	17	18 29	18 38	18 50	19 04	19 12	19 22	19 34	19 49	19 56	20 04	20 13
	27	18 26	18 33	18 42	18 52	18 59	19 07	19 16	19 28	19 33	19 39	19 46
9月	6	18 22	18 27	18 33	18 40	18 45	18 50	18 57	19 05	19 09	19 14	19 19
	16	18 19	18 21	18 23	18 28	18 30	18 34	18 38	18 43	18 45	18 48	18 51
	26	18 15	18 14	18 14	18 15	18 16	18 17	18 18	18 21	18 22	18 23	18 24
10月	6	18 12	18 09	18 05	18 03	18 02	18 01	18 00	17 59	17 59	17 58	17 58
	16	18 10	18 04	17 58	17 52	17 49	17 46	17 42	17 39	17 37	17 35	17 33
	26	18 08	18 00	17 51	17 42	17 37	17 32	17 27	17 20	17 17	17 14	17 11
11月	5	18 09	17 57	17 46	17 34	17 28	17 21	17 13	17 04	17 00	16 55	16 50
	15	18 10	17 57	17 43	17 29	17 21	17 12	17 03	16 51	16 46	16 40	16 34
	25	18 13	17 58	17 43	17 26	17 17	17 07	16 55	16 42	16 35	16 29	16 21
12月	5	18 17	18 01	17 44	17 26	17 16	17 05	16 52	16 37	16 30	16 22	16 14
	15	18 22	18 05	17 47	17 29	17 18	17 06	16 53	16 37	16 30	16 21	16 12
	25	18 27	18 09	17 52	17 33	17 23	17 11	16 57	16 41	16 34	16 26	16 17
	35	18 31	18 15	17 58	17 40	17 30	17 19	17 06	16 50	16 43	16 35	16 27

天　文　晨　光　始

2024 年　　格林尼治子午圈

日期	北纬	0°	10°	20°	30°	35°	40°	45°	50°	52°	54°	56°
	日	h m	h m	h m	h m	h m	h m	h m	h m	h m	h m	h m
1月	0	4 44	5 01	5 16	5 30	5 37	5 44	5 52	6 00	6 03	6 06	6 10
	10	4 49	5 05	5 19	5 32	5 39	5 45	5 52	5 59	6 02	6 05	6 08
	20	4 54	5 08	5 21	5 32	5 38	5 43	5 48	5 54	5 56	5 59	6 01
	30	4 57	5 10	5 20	5 30	5 34	5 38	5 41	5 45	5 46	5 48	5 49
2月	9	5 00	5 10	5 18	5 24	5 27	5 29	5 31	5 32	5 33	5 33	5 33
	19	5 00	5 08	5 13	5 17	5 18	5 18	5 18	5 16	5 15	5 14	5 13
	29	5 00	5 04	5 07	5 07	5 06	5 04	5 02	4 57	4 55	4 52	4 49
3月	10	4 58	5 00	4 59	4 56	4 53	4 49	4 43	4 36	4 32	4 28	4 23
	20	4 55	4 54	4 51	4 44	4 39	4 32	4 24	4 12	4 07	4 00	3 53
	30	4 52	4 48	4 41	4 31	4 23	4 14	4 03	3 47	3 39	3 31	3 21
4月	9	4 49	4 42	4 32	4 17	4 08	3 56	3 41	3 20	3 10	2 58	2 44
	19	4 46	4 36	4 23	4 04	3 52	3 37	3 18	2 52	2 38	2 22	2 02
	29	4 43	4 30	4 14	3 52	3 38	3 20	2 56	2 22	2 04	1 40	1 05
5月	9	4 41	4 26	4 07	3 41	3 24	3 03	2 34	1 51	1 24	0 38	— —
	19	4 40	4 23	4 02	3 33	3 13	2 48	2 14	1 16	0 19	— —	— —
	29	4 40	4 21	3 58	3 26	3 05	2 37	1 57	0 29	— —	— —	— —
6月	8	4 41	4 21	3 56	3 23	3 00	2 30	1 44	— —	— —	— —	— —
	18	4 42	4 22	3 57	3 22	2 59	2 28	1 40	— —	— —	— —	— —
	28	4 45	4 25	3 59	3 25	3 02	2 31	1 44	— —	— —	— —	— —
7月	8	4 47	4 28	4 04	3 31	3 08	2 39	1 56	— —	— —	— —	— —
	18	4 49	4 31	4 08	3 38	3 17	2 51	2 13	1 01	— —	— —	— —
	28	4 50	4 34	4 14	3 46	3 28	3 04	2 32	1 41	1 04	— —	— —
8月	7	4 51	4 37	4 19	3 55	3 39	3 19	2 52	2 13	1 50	1 18	— —
	17	4 50	4 39	4 24	4 03	3 50	3 33	3 11	2 41	2 24	2 04	1 37
	27	4 48	4 40	4 28	4 11	4 00	3 46	3 29	3 05	2 53	2 38	2 21
9月	6	4 46	4 40	4 31	4 18	4 10	3 59	3 45	3 27	3 17	3 07	2 54
	16	4 43	4 40	4 34	4 25	4 19	4 10	4 00	3 46	3 39	3 31	3 22
	26	4 39	4 39	4 37	4 31	4 27	4 21	4 14	4 04	3 59	3 53	3 47
10月	6	4 36	4 38	4 39	4 37	4 35	4 32	4 27	4 21	4 17	4 14	4 09
	16	4 33	4 38	4 42	4 43	4 43	4 42	4 40	4 36	4 35	4 33	4 30
	26	4 30	4 38	4 45	4 49	4 51	4 52	4 52	4 52	4 51	4 50	4 50
11月	5	4 29	4 39	4 48	4 56	4 59	5 02	5 04	5 06	5 07	5 08	5 08
	15	4 29	4 42	4 53	5 03	5 07	5 12	5 16	5 20	5 22	5 24	5 25
	25	4 30	4 45	4 58	5 10	5 15	5 21	5 27	5 33	5 36	5 38	5 41
12月	5	4 33	4 49	5 03	5 17	5 23	5 30	5 37	5 44	5 47	5 51	5 54
	15	4 37	4 54	5 09	5 23	5 30	5 37	5 45	5 53	5 56	6 00	6 04
	25	4 41	4 59	5 14	5 28	5 35	5 43	5 50	5 58	6 02	6 05	6 09
	35	4 47	5 03	5 18	5 32	5 38	5 45	5 52	6 00	6 03	6 06	6 10

天 文 昏 影 终

格林尼治子午圈

2024 年

日期 月	日	北纬 0°	10°	20°	30°	35°	40°	45°	50°	52°	54°	56°
		h m	h m	h m	h m	h m	h m	h m	h m	h m	h m	h m
1月	0	19 22	19 05	18 50	18 36	18 29	18 21	18 14	18 06	18 03	18 00	17 56
	10	19 25	19 09	18 55	18 42	18 36	18 30	18 23	18 16	18 13	18 10	18 07
	20	19 28	19 13	19 01	18 50	18 44	18 39	18 34	18 28	18 26	18 24	18 21
	30	19 29	19 17	19 06	18 57	18 53	18 49	18 46	18 42	18 41	18 39	18 38
2月	9	19 29	19 19	19 11	19 04	19 02	19 00	18 58	18 57	18 57	18 56	18 56
	19	19 27	19 20	19 15	19 11	19 11	19 10	19 11	19 12	19 13	19 15	19 16
	29	19 25	19 20	19 18	19 18	19 19	19 21	19 24	19 29	19 31	19 34	19 37
3月	10	19 22	19 21	19 21	19 25	19 28	19 32	19 38	19 46	19 50	19 54	19 59
	20	19 19	19 21	19 24	19 32	19 37	19 43	19 52	20 04	20 09	20 16	20 23
	30	19 16	19 21	19 28	19 39	19 46	19 55	20 07	20 23	20 31	20 40	20 50
4月	9	19 14	19 21	19 31	19 46	19 56	20 08	20 24	20 44	20 55	21 07	21 22
	19	19 12	19 22	19 36	19 54	20 06	20 22	20 41	21 08	21 22	21 39	22 00
	29	19 12	19 24	19 41	20 03	20 18	20 36	21 00	21 35	21 54	22 18	22 56
5月	9	19 12	19 27	19 46	20 12	20 29	20 51	21 20	22 05	22 33	23 25	— —
	19	19 13	19 30	19 52	20 21	20 41	21 06	21 41	22 41	— —	— —	— —
	29	19 15	19 34	19 57	20 29	20 51	21 19	22 00	23 34	— —	— —	— —
6月	8	19 18	19 37	20 02	20 36	20 59	21 29	22 15	— —	— —	— —	— —
	18	19 20	19 40	20 06	20 40	21 04	21 35	22 23	— —	— —	— —	— —
	28	19 22	19 42	20 07	20 41	21 05	21 36	22 22	— —	— —	— —	— —
7月	8	19 23	19 43	20 07	20 39	21 02	21 31	22 13	— —	— —	— —	— —
	18	19 24	19 41	20 04	20 34	20 55	21 21	21 58	23 07	— —	— —	— —
	28	19 23	19 39	19 59	20 26	20 44	21 07	21 39	22 29	23 04	— —	— —
8月	7	19 21	19 34	19 52	20 16	20 32	20 51	21 18	21 56	22 18	22 48	— —
	17	19 18	19 29	19 44	20 04	20 17	20 34	20 55	21 25	21 41	22 00	22 26
	27	19 14	19 23	19 35	19 51	20 02	20 15	20 33	20 56	21 08	21 22	21 39
9月	6	19 11	19 16	19 25	19 37	19 46	19 57	20 10	20 28	20 37	20 47	21 00
	16	19 07	19 09	19 15	19 24	19 30	19 38	19 48	20 02	20 08	20 16	20 25
	26	19 03	19 03	19 05	19 11	19 15	19 20	19 27	19 37	19 42	19 47	19 54
10月	6	19 00	18 57	18 57	18 58	19 00	19 04	19 08	19 14	19 17	19 21	19 25
	16	18 58	18 53	18 49	18 47	18 48	18 48	18 50	18 53	18 55	18 57	19 00
	26	18 58	18 49	18 43	18 38	18 37	18 35	18 35	18 35	18 36	18 36	18 37
11月	5	18 59	18 48	18 39	18 31	18 28	18 25	18 22	18 20	18 19	18 19	18 18
	15	19 01	18 48	18 36	18 26	18 22	18 17	18 13	18 08	18 07	18 05	18 03
	25	19 04	18 50	18 36	18 24	18 18	18 13	18 07	18 01	17 58	17 55	17 53
12月	5	19 09	18 53	18 38	18 25	18 18	18 11	18 04	17 57	17 54	17 51	17 47
	15	19 14	18 57	18 42	18 28	18 21	18 13	18 06	17 58	17 54	17 51	17 47
	25	19 19	19 02	18 47	18 32	18 25	18 18	18 10	18 02	17 59	17 55	17 51
	35	19 23	19 07	18 52	18 39	18 32	18 25	18 18	18 11	18 07	18 04	18 01

月　　亮

2024 年　　以力学时 0^h 为准

日期		视黄经			视黄纬			视半径		地平视差		中天		
	日	°	′	″	°	′	″	′	″	′	″		h	h
1月	0.0	144	04	47.47	+4	13	16.83	14	48.34	54	21.300	上	3.34389	12.35438
	0.5	150	02	46.18	3	54	55.65	14	46.68	54	15.210	下	15.69827	12.34391
	1.0	155	58	57.76	3	34	05.31	14	45.58	54	11.162	上	4.04218	12.33557
	1.5	161	53	51.31	3	10	59.50	14	45.08	54	09.320	下	16.37775	12.32951
	2.0	167	47	59.20	2	45	52.15	14	45.22	54	09.826	上	4.70726	12.32584
	2.5	173	41	56.76	+2	18	57.48	14	46.03	54	12.795	下	17.03310	12.32462
	3.0	179	36	21.77	1	50	29.98	14	47.53	54	18.310	上	5.35772	12.32593
	3.5	185	31	54.06	1	20	44.55	14	49.74	54	26.421	下	17.68365	12.32986
	4.0	191	29	14.90	0	49	56.65	14	52.66	54	37.142	上	6.01351	12.33646
	4.5	197	29	06.41	+0	18	22.51	14	56.28	54	50.443	下	18.34997	12.34579
	5.0	203	32	10.90	−0	13	40.64	15	00.58	55	06.248	上	6.69576	12.35792
	5.5	209	39	10.02	0	45	54.29	15	05.54	55	24.432	下	19.05368	12.37280
	6.0	215	50	43.87	1	17	58.46	15	11.09	55	44.810	上	7.42648	12.39033
	6.5	222	07	29.93	1	49	31.43	15	17.17	56	07.141	下	19.81681	12.41022
	7.0	228	30	01.88	2	20	09.66	15	23.70	56	31.118	上	8.22703	12.43193
	7.5	234	58	48.30	−2	49	27.73	15	30.58	56	56.367	下	20.65896	12.45464
	8.0	241	34	11.24	3	16	58.53	15	37.68	57	22.453	上	9.11360	12.47709
	8.5	248	16	24.84	3	42	13.52	15	44.88	57	48.878	下	21.59069	12.49776
	9.0	255	05	33.91	4	04	43.37	15	52.02	58	15.096	上	10.08845	12.51492
	9.5	262	01	32.85	4	23	58.76	15	58.94	58	40.522	下	22.60337	12.52693
	10.0	269	04	04.75	−4	39	31.46	16	05.49	59	04.554	上	11.13030	12.53257
	10.5	276	12	41.10	4	50	55.64	16	11.49	59	26.598	下	23.66287	12.53142
	11.0	283	26	42.09	4	57	49.24	16	16.80	59	46.094	—	— —	— —
	11.5	290	45	17.64	4	59	55.42	16	21.29	60	02.548	上	12.19429	12.52390
	12.0	298	07	29.19	4	57	03.80	16	24.83	60	15.556	下	0.71819	12.51124
	12.5	305	32	12.09	−4	49	11.40	16	27.35	60	24.831	上	13.22943	12.49511
	13.0	312	58	18.54	4	36	23.17	16	28.82	60	30.217	下	1.72454	12.47727
	13.5	320	24	40.71	4	18	52.02	16	29.23	60	31.700	上	14.20181	12.45934
	14.0	327	50	13.78	3	56	58.25	16	28.60	60	29.398	下	2.66115	12.44255
	14.5	335	13	58.63	3	31	08.65	16	27.01	60	23.550	上	15.10370	12.42783
	15.0	342	35	03.96	−3	01	55.15	16	24.54	60	14.499	下	3.53153	12.41572
	15.5	349	52	47.70	2	29	53.36	16	21.32	60	02.657	上	15.94725	12.40655
	16.0	357	06	37.62	1	55	41.04	16	17.45	59	48.483	下	4.35380	12.40045
	16.5	4	16	11.30	1	19	56.73	16	13.09	59	32.453	上	16.75425	12.39738
	17.0	11	21	15.48	0	43	18.53	16	08.34	59	15.031	下	5.15163	12.39726
	17.5	18	21	44.99	−0	06	23.19	16	03.34	58	56.654	上	17.54889	12.39988
	18.0	25	17	41.38	+0	30	14.62	15	58.18	58	37.717	下	5.94877	12.40493
	18.5	32	09	11.52	1	06	02.73	15	52.96	58	18.557	上	18.35370	12.41205
	19.0	38	56	26.02	1	40	31.76	15	47.76	57	59.458	下	6.76575	12.42070
	19.5	45	39	37.93	2	13	15.18	15	42.64	57	40.644	上	19.18645	12.43025
	20.0	52	19	01.47	+2	43	49.42	15	37.64	57	22.283	下	7.61670	12.43991
	20.5	58	54	50.96	3	11	53.75	15	32.79	57	04.498	上	20.05661	12.44881
	21.0	65	27	20.03	3	37	10.33	15	28.13	56	47.367	下	8.50542	12.45600
	21.5	71	56	40.98	3	59	24.05	15	23.65	56	30.936	上	20.96142	12.46064
	22.0	78	23	04.44	4	18	22.60	15	19.37	56	15.227	下	9.42206	12.46206
	22.5	84	46	39.12	+4	33	56.37	15	15.29	56	00.246	上	21.88412	12.45990
	23.0	91	07	31.93	+4	45	58.41	15	11.41	55	45.991	下	10.34402	12.45415

月　　亮

以力学时 0^h 为准

2024 年

日期		视黄经			视黄纬				视半径		地平视差		中天		
	日	°	′	″		°	′	″	′	″	′	″		h	h
1月	23.0	91	07	31.93	+	4	45	58.41	15	11.41	55	45.991	下	10.34402	12.45415
	23.5	97	25	48.06		4	54	24.48	15	07.72	55	32.458	上	22.79817	12.44510
	24.0	103	41	31.41		4	59	12.92	15	04.23	55	19.652	下	11.24327	12.43342
	24.5	109	54	44.97		5	00	24.62	15	00.95	55	07.584	上	23.67669	12.41989
	25.0	116	05	31.38		4	58	02.87	14	57.87	54	56.284	—	——	——
	25.5	122	13	53.46	+	4	52	13.27	14	55.01	54	45.798	下	12.09658	12.40538
	26.0	128	19	54.84		4	43	03.50	14	52.40	54	36.189	上	0.50196	12.39068
	26.5	134	23	40.49		4	30	43.11	14	50.04	54	27.539	下	12.89264	12.37648
	27.0	140	25	17.21		4	15	23.30	14	47.97	54	19.951	上	1.26912	12.36332
	27.5	146	24	54.15		3	57	16.61	14	46.23	54	13.538	下	13.63244	12.35163
	28.0	152	22	43.08	+	3	36	36.74	14	44.84	54	08.432	上	1.98407	12.34171
	28.5	158	18	58.76		3	13	38.22	14	43.84	54	04.769	下	14.32578	12.33374
	29.0	164	13	59.07		2	48	36.28	14	43.27	54	02.696	上	2.65952	12.32788
	29.5	170	08	05.12		2	21	46.61	14	43.18	54	02.360	下	14.98740	12.32425
	30.0	176	01	41.29		1	53	25.27	14	43.60	54	03.904	上	3.31165	12.32290
	30.5	181	55	15.13	+	1	23	48.57	14	44.57	54	07.466	下	15.63455	12.32391
	31.0	187	49	17.21		0	53	13.10	14	46.13	54	13.172	上	3.95846	12.32736
	31.5	193	44	20.91	+	0	21	55.71	14	48.30	54	21.132	下	16.28582	12.33332
2月	1.0	199	41	02.11	−	0	09	46.38	14	51.10	54	31.433	上	4.61914	12.34185
	1.5	205	39	58.78		0	41	35.45	14	54.56	54	44.133	下	16.96099	12.35299
	2.0	211	41	50.48	−	1	13	13.15	14	58.68	54	59.260	上	5.31398	12.36673
	2.5	217	47	17.77		1	44	20.29	15	03.46	55	16.796	下	17.68071	12.38300
	3.0	223	57	01.43		2	14	36.67	15	08.87	55	36.679	上	6.06371	12.40155
	3.5	230	11	41.56		2	43	40.88	15	14.89	55	58.789	下	18.46526	12.42198
	4.0	236	31	56.51		3	11	10.27	15	21.47	56	22.942	上	6.88724	12.44356
	4.5	242	58	21.62	−	3	36	40.83	15	28.54	56	48.885	下	19.33080	12.46533
	5.0	249	31	27.74		3	59	47.37	15	36.00	57	16.285	上	7.79613	12.48591
	5.5	256	11	39.65		4	20	03.75	15	43.75	57	44.728	下	20.28204	12.50382
	6.0	262	59	14.37		4	37	03.39	15	51.64	58	13.719	上	8.78586	12.51751
	6.5	269	54	19.43		4	50	20.03	15	59.53	58	42.684	下	21.30337	12.52572
	7.0	276	56	51.29	−	4	59	28.73	16	07.24	59	10.978	上	9.82909	12.52782
	7.5	284	06	34.11		5	04	07.12	16	14.57	59	37.909	下	22.35691	12.52386
	8.0	291	22	58.93		5	03	56.89	16	21.34	60	02.757	上	10.88077	12.51473
	8.5	298	45	23.61		4	58	45.25	16	27.35	60	24.811	下	23.39550	12.50178
	9.0	306	12	53.58		4	48	26.41	16	32.41	60	43.405	上	11.89728	12.48662
	9.5	313	44	23.46	−	4	33	02.72	16	36.38	60	57.959	—	——	——
	10.0	321	18	39.64		4	12	45.39	16	39.12	61	08.022	下	0.38390	12.47078
	10.5	328	54	23.41		3	47	54.59	16	40.55	61	13.297	上	12.85468	12.45559
	11.0	336	30	14.61		3	18	58.88	16	40.66	61	13.668	下	1.31027	12.44202
	11.5	344	04	55.29		2	46	34.03	16	39.44	61	09.206	上	13.75229	12.43073
	12.0	351	37	13.07	−	2	11	21.24	16	36.98	61	00.159	下	2.18302	12.42212
	12.5	359	06	03.91		1	34	05.18	16	33.37	60	46.932	上	14.60514	12.41637
	13.0	6	30	34.07		0	55	31.85	16	28.78	60	30.051	下	3.02151	12.41349
	13.5	13	50	01.27	−	0	16	26.65	16	23.35	60	10.127	上	15.43500	12.41334
	14.0	21	03	54.88	+	0	22	27.26	16	17.27	59	47.815	下	3.84834	12.41572
	14.5	28	11	55.54	+	1	00	30.23	16	10.72	59	23.774	上	16.26406	12.42027
	15.0	35	13	54.15	+	1	37	06.83	16	03.88	58	58.638	下	4.68433	12.42653

月 亮

2024 年　　以力学时 0^h 为准

日期		视黄经	视黄纬	视半径	地平视差	中天		
	日	° ′ ″	° ′ ″	′ ″	′ ″		h	h
2月	15.0	35 13 54.15	+ 1 37 06.83	16 03.88	58 58.638	下	4.68433	12.42653
	15.5	42 09 50.53	2 11 46.31	15 56.89	58 32.990	上	17.11086	12.43393
	16.0	48 59 51.89	2 44 02.62	15 49.91	58 07.347	下	5.54479	12.44177
	16.5	55 44 11.27	3 13 34.26	15 43.05	57 42.148	上	17.98656	12.44924
	17.0	62 23 05.97	3 40 03.92	15 36.40	57 17.753	下	6.43580	12.45551
	17.5	68 56 56.25	+ 4 03 18.07	15 30.05	56 54.446	上	18.89131	12.45977
	18.0	75 26 04.05	4 23 06.55	15 24.06	56 32.436	下	7.35108	12.46135
	18.5	81 50 51.99	4 39 22.18	15 18.46	56 11.872	上	19.81243	12.45980
	19.0	88 11 42.61	4 52 00.36	15 13.27	55 52.841	下	8.27223	12.45500
	19.5	94 28 57.66	5 00 58.85	15 08.52	55 35.390	上	20.72723	12.44714
	20.0	100 42 57.74	+ 5 06 17.48	15 04.20	55 19.523	下	9.17437	12.43665
	20.5	106 54 01.97	5 07 58.02	15 00.30	55 05.221	上	21.61102	12.42423
	21.0	113 02 27.89	5 06 04.06	14 56.82	54 52.442	下	10.03525	12.41059
	21.5	119 08 31.49	5 00 40.89	14 53.74	54 41.133	上	22.44584	12.39650
	22.0	125 12 27.28	4 51 55.43	14 51.05	54 31.236	下	10.84234	12.38260
	22.5	131 14 28.52	+ 4 39 56.19	14 48.72	54 22.696	上	23.22494	12.36941
	23.0	137 14 47.53	4 24 53.19	14 46.75	54 15.461	下	11.59435	12.35743
	23.5	143 13 35.99	4 06 57.85	14 45.13	54 09.494	上	23.95178	12.34695
	24.0	149 11 05.34	3 46 22.93	14 43.84	54 04.768	—	— —	— —
	24.5	155 07 27.20	3 23 22.39	14 42.89	54 01.276	下	12.29873	12.33821
	25.0	161 02 53.70	+ 2 58 11.27	14 42.27	53 59.026	上	0.63694	12.33134
	25.5	166 57 37.92	2 31 05.53	14 42.01	53 58.047	下	12.96828	12.32645
	26.0	172 51 54.24	2 02 21.94	14 42.10	53 58.383	上	1.29473	12.32365
	26.5	178 45 58.61	1 32 17.91	14 42.57	54 00.096	下	13.61838	12.32297
	27.0	184 40 08.84	1 01 11.35	14 43.43	54 03.262	上	1.94135	12.32448
	27.5	190 34 44.82	+ 0 29 20.58	14 44.71	54 07.966	下	14.26583	12.32820
	28.0	196 30 08.60	− 0 02 55.75	14 46.44	54 14.303	上	2.59403	12.33422
	28.5	202 26 44.50	0 35 18.73	14 48.63	54 22.368	下	14.92825	12.34254
	29.0	208 24 59.07	1 07 29.19	14 51.33	54 32.254	上	3.27079	12.35317
	29.5	214 25 20.98	1 39 07.71	14 54.54	54 44.047	下	15.62396	12.36605
3月	1.0	220 28 20.80	− 2 09 54.56	14 58.29	54 57.817	上	3.99001	12.38109
	1.5	226 34 30.70	2 39 29.64	15 02.59	55 13.611	下	16.37110	12.39799
	2.0	232 44 23.98	3 07 32.40	15 07.45	55 31.449	上	4.76909	12.41636
	2.5	238 58 34.52	3 33 41.84	15 12.86	55 51.311	下	17.18545	12.43554
	3.0	245 17 36.00	3 57 36.42	15 18.80	56 13.131	上	5.62099	12.45467
	3.5	251 42 01.01	− 4 18 54.13	15 25.24	56 36.786	下	18.07566	12.47266
	4.0	258 12 19.94	4 37 12.63	15 32.13	57 02.088	上	6.54832	12.48829
	4.5	264 48 59.73	4 52 09.48	15 39.40	57 28.776	下	19.03661	12.50037
	5.0	271 32 22.45	5 03 22.61	15 46.96	57 56.508	上	7.53698	12.50797
	5.5	278 22 43.75	5 10 30.91	15 54.68	58 24.854	下	20.04495	12.51058
	6.0	285 20 11.31	− 5 13 15.06	16 02.43	58 53.301	上	8.55553	12.50829
	6.5	292 24 43.31	5 11 18.61	16 10.04	59 21.253	下	21.06382	12.50173
	7.0	299 36 07.14	5 04 29.15	16 17.34	59 48.047	上	9.56555	12.49197
	7.5	306 53 58.46	4 52 39.65	16 24.12	60 12.971	下	22.05752	12.48028
	8.0	314 17 40.83	4 35 49.76	16 30.20	60 35.294	上	10.53780	12.46794
	8.5	321 46 25.91	− 4 14 06.92	16 35.38	60 54.303	下	23.00574	12.45608
	9.0	329 19 14.58	− 3 47 47.09	16 39.48	61 09.346	上	11.46182	12.44556

月　　亮

以力学时 0^h 为准　　**2024 年**

日期		视黄经	视黄纬	视半径	地平视差	中天		
	日	° ′ ″	° ′ ″	′ ″	′ ″		h	h
3月	9.0	329 19 14.58	−3 47 47.09	16 39.48	61 09.346	上	11.46182	12.44556
	9.5	336 54 58.71	3 17 15.06	16 42.35	61 19.875	下	23.90738	12.43704
	10.0	344 32 23.72	2 43 03.98	16 43.87	61 25.487	—	— —	— —
	10.5	352 10 11.59	2 05 54.34	16 44.00	61 25.958	上	12.34442	12.43095
	11.0	359 47 04.15	1 26 32.22	16 42.72	61 21.261	下	0.77537	12.42748
	11.5	7 21 46.33	−0 45 47.23	16 40.08	61 11.565	上	13.20285	12.42664
	12.0	14 53 09.08	−0 04 30.07	16 36.18	60 57.227	下	1.62949	12.42834
	12.5	22 20 11.76	+0 36 29.68	16 31.15	60 38.760	上	14.05783	12.43231
	13.0	29 42 03.81	1 16 25.63	16 25.17	60 16.796	下	2.49014	12.43814
	13.5	36 58 05.70	1 54 36.12	16 18.42	59 52.038	上	14.92828	12.44527
	14.0	44 07 49.17	+2 30 25.25	16 11.12	59 25.222	下	3.37355	12.45301
	14.5	51 10 56.89	3 03 23.34	16 03.45	58 57.077	上	15.82656	12.46055
	15.0	58 07 21.65	3 33 06.98	15 55.61	58 28.289	下	4.28711	12.46697
	15.5	64 57 05.20	3 59 18.68	15 47.77	57 59.482	上	16.75408	12.47142
	16.0	71 40 16.95	4 21 46.29	15 40.06	57 31.202	下	5.22550	12.47314
	16.5	78 17 12.57	+4 40 22.29	15 32.63	57 03.911	上	17.69864	12.47161
	17.0	84 48 12.69	4 55 03.04	15 25.57	56 37.982	下	6.17025	12.46666
	17.5	91 13 41.55	5 05 48.12	15 18.96	56 13.707	上	18.63691	12.45844
	18.0	97 34 05.94	5 12 39.65	15 12.85	55 51.300	下	7.09535	12.44742
	18.5	103 49 54.17	5 15 41.83	15 07.30	55 30.908	上	19.54277	12.43429
	19.0	110 01 35.25	+5 15 00.48	15 02.32	55 12.616	下	7.97706	12.41984
	19.5	116 09 38.19	5 10 42.78	14 57.92	54 56.461	上	20.39690	12.40486
	20.0	122 14 31.49	5 02 57.02	14 54.10	54 42.436	下	8.80176	12.39005
	20.5	128 16 42.70	4 51 52.52	14 50.85	54 30.502	上	21.19181	12.37599
	21.0	134 16 38.13	4 37 39.53	14 48.15	54 20.595	下	9.56780	12.36312
	21.5	140 14 42.71	+4 20 29.19	14 45.98	54 12.630	上	21.93092	12.35179
	22.0	146 11 19.81	4 00 33.61	14 44.31	54 06.511	下	10.28271	12.34220
	22.5	152 06 51.33	3 38 05.79	14 43.12	54 02.137	上	22.62491	12.33452
	23.0	158 01 37.67	3 13 19.74	14 42.38	53 59.405	下	10.95943	12.32881
	23.5	163 55 57.89	2 46 30.41	14 42.05	53 58.215	上	23.28824	12.32515
	24.0	169 50 09.89	+2 17 53.74	14 42.12	53 58.474	下	11.61339	12.32355
	24.5	175 44 30.58	1 47 46.62	14 42.57	54 00.104	上	23.93694	12.32409
	25.0	181 39 16.16	1 16 26.82	14 43.37	54 03.036	—	— —	— —
	25.5	187 34 42.33	0 44 12.96	14 44.51	54 07.222	下	12.26103	12.32674
	26.0	193 31 04.63	+0 11 24.36	14 45.98	54 12.627	上	0.58777	12.33154
	26.5	199 28 38.61	−0 21 39.04	14 47.78	54 19.236	下	12.91931	12.33848
	27.0	205 27 40.19	0 54 36.80	14 49.91	54 27.051	上	1.25779	12.34755
	27.5	211 28 25.80	1 27 08.14	14 52.37	54 36.088	下	13.60534	12.35869
	28.0	217 31 12.59	1 58 52.03	14 55.17	54 46.375	上	1.96403	12.37175
	28.5	223 36 18.61	2 29 27.33	14 58.32	54 57.951	下	14.33578	12.38654
	29.0	229 44 02.79	−2 58 32.91	15 01.84	55 10.857	上	2.72232	12.40268
	29.5	235 54 45.04	3 25 47.72	15 05.73	55 25.135	下	15.12500	12.41964
	30.0	242 08 46.06	3 50 50.96	15 10.00	55 40.816	上	3.54464	12.43675
	30.5	248 26 27.18	4 13 22.12	15 14.66	55 57.918	下	15.98139	12.45311
	31.0	254 48 10.07	4 33 01.11	15 19.70	56 16.434	上	4.43450	12.46773
	31.5	261 14 16.20	−4 49 28.47	15 25.12	56 36.325	下	16.90223	12.47963
4月	1.0	267 45 06.39	−5 02 25.51	15 30.89	56 57.510	上	5.38186	12.48795

月　　亮

2024 年　　以力学时 0^h 为准

日期		视黄经	视黄纬	视半径	地平视差	中天		
	日	° ′ ″	° ′ ″	′ ″	′ ″		h	h
4月	1.0	267 45 06.39	−5 02 25.51	15 30.89	56 57.510	上	5.38186	12.48795
	1.5	274 20 59.96	5 11 34.63	15 36.98	57 19.859	下	17.86981	12.49217
	2.0	281 02 13.99	5 16 39.69	15 43.33	57 43.182	上	6.36198	12.49215
	2.5	287 49 02.25	5 17 26.50	15 49.88	58 07.224	下	18.85413	12.48825
	3.0	294 41 34.21	5 13 43.44	15 56.53	58 31.656	上	7.34238	12.48121
	3.5	301 39 53.89	−5 05 22.18	16 03.18	58 56.076	下	19.82359	12.47201
	4.0	308 43 58.75	4 52 18.54	16 09.70	59 20.011	上	8.29560	12.46176
	4.5	315 53 38.71	4 34 33.36	16 15.94	59 42.922	下	20.75736	12.45148
	5.0	323 08 35.30	4 12 13.39	16 21.74	60 04.223	上	9.20884	12.44209
	5.5	330 28 21.15	3 45 32.03	16 26.94	60 23.297	下	21.65093	12.43428
	6.0	337 52 19.84	−3 14 49.89	16 31.36	60 39.528	上	10.08521	12.42860
	6.5	345 19 46.27	2 40 34.87	16 34.85	60 52.336	下	22.51381	12.42536
	7.0	352 49 47.44	2 03 21.94	16 37.26	61 01.211	上	10.93917	12.42476
	7.5	0 21 23.92	1 23 52.26	16 38.50	61 05.752	下	23.36393	12.42680
	8.0	7 53 31.65	0 42 51.84	16 38.49	61 05.699	上	11.79073	12.43138
	8.5	15 25 04.16	−0 01 09.74	16 37.19	61 00.955	—	——	——
	9.0	22 54 55.04	+0 40 23.98	16 34.64	60 51.597	下	0.22211	12.43821
	9.5	30 22 00.37	1 21 00.45	16 30.91	60 37.873	上	12.66032	12.44684
	10.0	37 45 21.01	1 59 53.97	16 26.09	60 20.184	下	1.10716	12.45662
	10.5	45 04 04.62	2 36 23.74	16 20.34	59 59.060	上	13.56378	12.46671
	11.0	52 17 27.16	+3 09 55.01	16 13.81	59 35.118	下	2.03049	12.47613
	11.5	59 24 53.93	3 39 59.80	16 06.71	59 09.033	上	14.50662	12.48377
	12.0	66 26 00.04	4 06 17.05	15 59.21	58 41.494	下	2.99039	12.48861
	12.5	73 20 30.45	4 28 32.34	15 51.50	58 13.176	上	15.47900	12.48981
	13.0	80 08 19.49	4 46 37.33	15 43.74	57 44.712	下	3.96881	12.48687
	13.5	86 49 30.16	+5 00 28.88	15 36.11	57 16.677	上	16.45568	12.47977
	14.0	93 24 13.10	5 10 08.25	15 28.73	56 49.572	下	4.93545	12.46892
	14.5	99 52 45.56	5 15 40.14	15 21.71	56 23.822	上	17.40437	12.45508
	15.0	106 15 30.17	5 17 11.87	15 15.16	55 59.773	下	5.85945	12.43921
	15.5	112 32 53.89	5 14 52.76	15 09.15	55 37.699	上	18.29866	12.42232
	16.0	118 45 26.86	+5 08 53.45	15 03.73	55 17.800	下	6.72098	12.40531
	16.5	124 53 41.51	4 59 25.56	14 58.94	55 00.217	上	19.12629	12.38896
	17.0	130 58 11.66	4 46 41.37	14 54.80	54 45.030	下	7.51525	12.37386
	17.5	136 59 31.79	4 30 53.58	14 51.33	54 32.274	上	19.88911	12.36040
	18.0	142 58 16.40	4 12 15.29	14 48.52	54 21.941	下	8.24951	12.34887
	18.5	148 54 59.49	+3 50 59.96	14 46.35	54 13.985	上	20.59838	12.33940
	19.0	154 50 14.12	3 27 21.46	14 44.81	54 08.334	下	8.93778	12.33213
	19.5	160 44 32.05	3 01 34.12	14 43.87	54 04.888	上	21.26991	12.32706
	20.0	166 38 23.46	2 33 52.88	14 43.50	54 03.532	下	9.59697	12.32423
	20.5	172 32 16.74	2 04 33.37	14 43.67	54 04.132	上	21.92120	12.32366
	21.0	178 26 38.33	+1 33 52.03	14 44.32	54 06.548	下	10.24486	12.32530
	21.5	184 21 52.62	1 02 06.18	14 45.44	54 10.632	上	22.57016	12.32922
	22.0	190 18 21.84	+0 29 34.08	14 46.96	54 16.237	下	10.89938	12.33534
	22.5	196 16 26.12	−0 03 25.07	14 48.86	54 23.216	上	23.23472	12.34366
	23.0	202 16 23.47	0 36 31.15	14 51.10	54 31.429	下	11.57838	12.35410
	23.5	208 18 29.86	−1 09 23.19	14 53.64	54 40.746	上	23.93248	12.36655
	24.0	214 22 59.34	−1 41 39.56	14 56.44	54 51.051	—	——	——

月　　亮

以力学时 0^h 为准

2024 年

日期		视黄经	视黄纬	视半径	地平视差	中天		
	日	° ′ ″	° ′ ″	′ ″	′ ″		h	h
4月	24.0	214 22 59.34	− 1 41 39.56	14 56.44	54 51.051	—	— —	— —
	24.5	220 30 04.19	2 12 58.07	14 59.49	55 02.240	下	12.29903	12.38078
	25.0	226 39 55.10	2 42 56.26	15 02.76	55 14.226	上	0.67981	12.39645
	25.5	232 52 41.36	3 11 11.62	15 06.22	55 26.942	下	13.07626	12.41306
	26.0	239 08 31.13	3 37 21.92	15 09.87	55 40.333	上	1.48932	12.42992
	26.5	245 27 31.62	− 4 01 05.45	15 13.69	55 54.361	下	13.91924	12.44617
	27.0	251 49 49.32	4 22 01.41	15 17.68	56 08.999	上	2.36541	12.46084
	27.5	258 15 30.23	4 39 50.15	15 21.82	56 24.226	下	14.82625	12.47289
	28.0	264 44 39.98	4 54 13.54	15 26.13	56 40.026	上	3.29914	12.48146
	28.5	271 17 23.92	5 04 55.28	15 30.58	56 56.373	下	15.78060	12.48591
	29.0	277 53 47.15	− 5 11 41.15	15 35.17	57 13.233	上	4.26651	12.48608
	29.5	284 33 54.44	5 14 19.40	15 39.89	57 30.550	下	16.75259	12.48222
	30.0	291 17 50.03	5 12 41.03	15 44.70	57 48.240	上	5.23481	12.47501
	30.5	298 05 37.36	5 06 40.13	15 49.59	58 06.184	下	17.70982	12.46542
5月	1.0	304 57 18.60	4 56 14.26	15 54.50	58 24.219	上	6.17524	12.45455
	1.5	311 52 54.21	− 4 41 24.84	15 59.38	58 42.136	下	18.62979	12.44344
	2.0	318 52 22.23	4 22 17.56	16 04.16	58 59.675	上	7.07323	12.43303
	2.5	325 55 37.66	3 59 02.70	16 08.75	59 16.525	下	19.50626	12.42409
	3.0	333 02 31.71	3 31 55.54	16 13.06	59 32.331	上	7.93035	12.41719
	3.5	340 12 51.12	3 01 16.56	16 16.97	59 46.700	下	20.34754	12.41271
	4.0	347 26 17.53	− 2 27 31.57	16 20.38	59 59.215	上	8.76025	12.41094
	4.5	354 42 27.05	1 51 11.52	16 23.17	60 09.454	下	21.17119	12.41199
	5.0	2 00 49.97	1 12 52.15	16 25.23	60 17.014	上	9.58318	12.41587
	5.5	9 20 50.86	− 0 33 13.24	16 26.46	60 21.532	下	21.99905	12.42248
	6.0	16 41 48.95	+ 0 07 02.38	16 26.78	60 22.714	上	10.42153	12.43153
	6.5	24 02 58.91	+ 0 47 10.22	16 26.14	60 20.356	下	22.85306	12.44259
	7.0	31 23 31.96	1 26 25.58	16 24.50	60 14.364	上	11.29565	12.45501
	7.5	38 42 37.38	2 04 05.25	16 21.89	60 04.765	下	23.75066	12.46785
	8.0	45 59 24.19	2 39 29.07	16 18.33	59 51.710	—	— —	— —
	8.5	53 13 03.00	3 12 01.31	16 13.91	59 35.468	上	12.21851	12.48004
	9.0	60 22 47.82	+ 3 41 11.81	16 08.72	59 16.414	下	0.69855	12.49030
	9.5	67 27 57.74	4 06 36.63	16 02.89	58 55.007	上	13.18885	12.49735
	10.0	74 27 58.35	4 27 58.37	15 56.56	58 31.763	下	1.68620	12.50019
	10.5	81 22 22.78	4 45 06.03	15 49.88	58 07.233	上	14.18639	12.49814
	11.0	88 10 52.31	4 57 54.59	15 43.00	57 41.978	下	2.68453	12.49113
	11.5	94 53 16.70	+ 5 06 24.31	15 36.07	57 16.542	上	15.17566	12.47965
	12.0	101 29 33.95	5 10 39.85	15 29.24	56 51.442	下	3.65531	12.46462
	12.5	107 59 49.94	5 10 49.46	15 22.62	56 27.148	上	16.11993	12.44720
	13.0	114 24 17.68	5 07 04.06	15 16.33	56 04.075	下	4.56713	12.42861
	13.5	120 43 16.50	4 59 36.50	15 10.48	55 42.583	上	16.99574	12.40996
	14.0	126 57 11.13	+ 4 48 40.88	15 05.14	55 22.970	下	5.40570	12.39213
	14.5	133 06 30.71	4 34 32.07	15 00.37	55 05.475	上	17.79783	12.37574
	15.0	139 11 47.90	4 17 25.31	14 56.24	54 50.282	下	6.17357	12.36129
	15.5	145 13 37.97	3 57 35.96	14 52.76	54 37.521	上	18.53486	12.34901
	16.0	151 12 38.00	3 35 19.39	14 49.97	54 27.274	下	6.88387	12.33907
	16.5	157 09 26.14	+ 3 10 50.93	14 47.87	54 19.579	上	19.22294	12.33155
	17.0	163 04 40.95	+ 2 44 25.92	14 46.47	54 14.432	下	7.55449	12.32648

月　　亮

2024 年　　以力学时 0^h 为准

日　期		视黄经			视黄纬			视半径		地平视差		中天		
	日	°	′	″	°	′	″	′	″	′	″		h	h
5月	17.0	163	04	40.95	＋2	44	25.92	14	46.47	54	14.432	下	7.55449	12.32648
	17.5	168	59	00.80	2	16	19.81	14	45.75	54	11.793	上	19.88097	12.32386
	18.0	174	53	03.35	1	46	48.30	14	45.70	54	11.590	下	8.20483	12.32367
	18.5	180	47	25.06	1	16	07.51	14	46.28	54	13.719	上	20.52850	12.32592
	19.0	186	42	40.71	0	44	34.14	14	47.46	54	18.050	下	8.85442	12.33061
	19.5	192	39	23.01	＋0	12	25.65	14	49.19	54	24.429	上	21.18503	12.33771
	20.0	198	38	02.18	－0	19	59.64	14	51.44	54	32.680	下	9.52274	12.34718
	20.5	204	39	05.62	0	52	22.41	14	54.15	54	42.610	上	21.86992	12.35892
	21.0	210	42	57.51	1	24	22.35	14	57.25	54	54.012	下	10.22884	12.37282
	21.5	216	49	58.55	1	55	38.16	15	00.70	55	06.669	上	22.60166	12.38857
	22.0	223	00	25.71	－2	25	47.70	15	04.43	55	20.356	下	10.99023	12.40575
	22.5	229	14	32.00	2	54	28.14	15	08.37	55	34.850	上	23.39598	12.42369
	23.0	235	32	26.41	3	21	16.28	15	12.48	55	49.931	下	11.81967	12.44160
	23.5	241	54	13.90	3	45	48.95	15	16.69	56	05.388	—	— —	— —
	24.0	248	19	55.48	4	07	43.42	15	20.95	56	21.026	上	0.26127	12.45840
	24.5	254	49	28.50	－4	26	37.95	15	25.21	56	36.667	下	12.71967	12.47293
	25.0	261	22	46.99	4	42	12.31	15	29.43	56	52.155	上	1.19260	12.48405
	25.5	267	59	42.15	4	54	08.37	15	33.57	57	07.359	下	13.67665	12.49084
	26.0	274	40	02.95	5	02	10.64	15	37.60	57	22.172	上	2.16749	12.49282
	26.5	281	23	36.77	5	06	06.71	15	41.51	57	36.510	下	14.66031	12.48998
	27.0	288	10	10.07	－5	05	47.74	15	45.27	57	50.311	上	3.15029	12.48294
	27.5	294	59	29.07	5	01	08.78	15	48.87	58	03.526	下	15.63323	12.47263
	28.0	301	51	20.32	4	52	08.97	15	52.30	58	16.120	上	4.10586	12.46027
	28.5	308	45	31.19	4	38	51.74	15	55.55	58	28.057	下	16.56613	12.44709
	29.0	315	41	50.13	4	21	24.85	15	58.61	58	39.299	上	5.01322	12.43420
	29.5	322	40	06.81	－4	00	00.36	16	01.47	58	49.796	下	17.44742	12.42251
	30.0	329	40	12.04	3	34	54.53	16	04.11	58	59.481	上	5.86993	12.41270
	30.5	336	41	57.48	3	06	27.70	16	06.50	59	08.264	下	18.28263	12.40529
	31.0	343	45	15.16	2	35	04.06	16	08.62	59	16.029	上	6.68792	12.40059
	31.5	350	49	56.84	2	01	11.37	16	10.41	59	22.635	下	19.08851	12.39879
6月	1.0	357	55	53.34	－1	25	20.61	16	11.85	59	27.919	上	7.48730	12.39999
	1.5	5	02	53.74	0	48	05.53	16	12.88	59	31.700	下	19.88729	12.40416
	2.0	12	10	44.66	－0	10	02.11	16	13.45	59	33.786	上	8.29145	12.41117
	2.5	19	19	09.63	＋0	28	12.13	16	13.51	59	33.992	下	20.70262	12.42081
	3.0	26	27	48.65	1	05	58.94	16	13.01	59	32.146	上	9.12343	12.43261
	3.5	33	36	17.98	＋1	42	40.25	16	11.90	59	28.106	下	21.55604	12.44599
	4.0	40	44	10.21	2	17	39.17	16	10.18	59	21.774	上	10.00203	12.46009
	4.5	47	50	54.73	2	50	21.03	16	07.82	59	13.107	下	22.46212	12.47375
	5.0	54	55	58.43	3	20	14.39	16	04.83	59	02.129	上	10.93587	12.48573
	5.5	61	58	46.73	3	46	51.89	16	01.24	58	48.932	下	23.42160	12.49467
	6.0	68	58	44.88	＋4	09	51.03	15	57.08	58	33.680	上	11.91627	12.49941
	6.5	75	55	19.28	4	28	54.60	15	52.43	58	16.605	—	— —	— —
	7.0	82	47	58.95	4	43	50.91	15	47.36	57	57.996	下	0.41568	12.49911
	7.5	89	36	16.81	4	54	33.76	15	41.97	57	38.195	上	12.91479	12.49357
	8.0	96	19	50.81	5	01	02.09	15	36.35	57	17.576	下	1.40836	12.48312
	8.5	102	58	24.83	＋5	03	19.50	15	30.62	56	56.534	上	13.89148	12.46870
	9.0	109	31	49.25	＋5	01	33.58	15	24.89	56	35.472	下	2.36018	12.45147

月　　亮

以力学时 0^h 为准

2024 年

日　期		视　黄　经	视　黄　纬	视 半 径	地平视差	中	天	
	日	° ′ ″	° ′ ″	′ ″	′ ″		h	h
6月	9.0	109 31 49.25	＋ 5 01 33.58	15 24.89	56 35.472	下	2.36018	12.45147
	9.5	116 00 01.25	4 55 55.19	15 19.25	56 14.788	上	14.81165	12.43273
	10.0	122 23 04.76	4 46 37.68	15 13.82	55 54.861	下	3.24438	12.41369
	10.5	128 41 10.22	4 33 56.23	15 08.70	55 36.045	上	15.65807	12.39531
	11.0	134 54 34.14	4 18 07.18	15 03.96	55 18.662	下	4.05338	12.37834
	11.5	141 03 38.51	＋ 3 59 27.53	14 59.70	55 02.996	上	16.43172	12.36325
	12.0	147 08 50.09	3 38 14.54	14 55.97	54 49.293	下	4.79497	12.35040
	12.5	153 10 39.75	3 14 45.46	14 52.82	54 37.757	上	17.14537	12.33996
	13.0	159 09 41.67	2 49 17.32	14 50.32	54 28.551	下	5.48533	12.33201
	13.5	165 06 32.71	2 22 06.92	14 48.48	54 21.798	上	17.81734	12.32659
	14.0	171 01 51.64	＋ 1 53 30.79	14 47.33	54 17.579	下	6.14393	12.32374
	14.5	176 56 18.55	1 23 45.34	14 46.88	54 15.939	上	18.46767	12.32342
	15.0	182 50 34.19	0 53 06.94	14 47.14	54 16.883	下	6.79109	12.32567
	15.5	188 45 19.35	＋ 0 21 52.15	14 48.09	54 20.380	上	19.11676	12.33048
	16.0	194 41 14.28	－ 0 09 42.12	14 49.72	54 26.360	下	7.44724	12.33785
	16.5	200 38 58.06	－ 0 41 18.41	14 52.00	54 34.719	上	19.78509	12.34776
	17.0	206 39 07.99	1 12 38.50	14 54.88	54 45.314	下	8.13285	12.36014
	17.5	212 42 18.93	1 43 23.31	14 58.33	54 57.968	上	20.49299	12.37485
	18.0	218 49 02.65	2 13 12.78	15 02.28	55 12.468	下	8.86784	12.39163
	18.5	224 59 47.10	2 41 45.86	15 06.66	55 28.568	上	21.25947	12.41000
	19.0	231 14 55.82	－ 3 08 40.60	15 11.41	55 45.989	下	9.66947	12.42929
	19.5	237 34 47.18	3 33 34.32	15 16.43	56 04.429	上	22.09876	12.44861
	20.0	243 59 33.87	3 56 03.98	15 21.64	56 23.560	下	10.54737	12.46676
	20.5	250 29 22.37	4 15 46.60	15 26.95	56 43.040	上	23.01413	12.48241
	21.0	257 04 12.65	4 32 19.85	15 32.25	57 02.522	下	11.49654	12.49427
	21.5	263 43 58.10	－ 4 45 22.76	15 37.47	57 21.661	上	23.99081	12.50129
	22.0	270 28 25.62	4 54 36.50	15 42.49	57 40.125	—	— —	— —
	22.5	277 17 16.16	4 59 45.15	15 47.26	57 57.607	下	12.49210	12.50293
	23.0	284 10 05.39	5 00 36.57	15 51.68	58 13.836	上	0.99503	12.49923
	23.5	291 06 24.78	4 57 03.01	15 55.69	58 28.582	下	13.49426	12.49089
	24.0	298 05 42.87	－ 4 49 01.72	15 59.26	58 41.670	上	1.98515	12.47905
	24.5	305 07 26.57	4 36 35.27	16 02.34	58 52.974	下	14.46420	12.46509
	25.0	312 11 02.69	4 19 51.70	16 04.91	59 02.427	上	2.92929	12.45036
	25.5	319 15 59.18	3 59 04.45	16 06.98	59 10.009	下	15.37965	12.43607
	26.0	326 21 46.37	3 34 31.96	16 08.54	59 15.750	上	3.81572	12.42315
	26.5	333 27 57.78	－ 3 06 37.26	16 09.62	59 19.713	下	16.23887	12.41232
	27.0	340 34 10.75	2 35 47.27	16 10.24	59 21.989	上	4.65119	12.40404
	27.5	347 40 06.58	2 02 32.11	16 10.43	59 22.684	下	17.05523	12.39860
	28.0	354 45 30.45	1 27 24.37	16 10.22	59 21.908	上	5.45383	12.39616
	28.5	1 50 10.95	0 50 58.29	16 09.63	59 19.768	下	17.84999	12.39674
	29.0	8 53 59.45	－ 0 13 49.13	16 08.70	59 16.356	上	6.24673	12.40031
	29.5	15 56 49.21	＋ 0 23 27.57	16 07.45	59 11.749	下	18.64704	12.40672
	30.0	22 58 34.51	1 00 16.59	16 05.88	59 06.003	上	7.05376	12.41570
	30.5	29 59 09.70	1 36 03.66	16 04.02	58 59.156	下	19.46946	12.42683
7月	1.0	36 58 28.38	2 10 15.98	16 01.86	58 51.229	上	7.89629	12.43950
	1.5	43 56 22.69	＋ 2 42 22.82	15 59.41	58 42.229	下	20.33579	12.45289
	2.0	50 52 42.78	＋ 3 11 56.00	15 56.67	58 32.163	上	8.78868	12.46596

月　　亮

2024 年　　　以力学时 0^h 为准

日期		视黄经	视黄纬	视半径	地平视差	中天		
	日	° ′ ″	° ′ ″	′ ″	′ ″		h	h
7月	1.0	36 58 28.38	+ 2 10 15.98	16 01.86	58 51.229	上	7.89629	12.43950
	1.5	43 56 22.69	2 42 22.82	15 59.41	58 42.229	下	20.33579	12.45289
	2.0	50 52 42.78	3 11 56.00	15 56.67	58 32.163	上	8.78868	12.46596
	2.5	57 47 16.59	3 38 30.40	15 53.64	58 21.038	下	21.25464	12.47751
	3.0	64 39 49.85	4 01 44.44	15 50.32	58 08.872	上	9.73215	12.48630
	3.5	71 30 06.31	+ 4 21 20.41	15 46.74	57 55.701	下	22.21845	12.49117
	4.0	78 17 48.29	4 37 04.82	15 42.89	57 41.586	上	10.70962	12.49140
	4.5	85 02 37.35	4 48 48.50	15 38.82	57 26.617	下	23.20102	12.48664
	5.0	91 44 15.21	4 56 26.72	15 34.54	57 10.916	上	11.68766	12.47727
	5.5	98 22 24.63	4 59 59.00	15 30.10	56 54.635	—	— —	— —
	6.0	104 56 50.41	+ 4 59 28.94	15 25.56	56 37.961	下	0.16493	12.46398
	6.5	111 27 20.24	4 55 03.79	15 20.97	56 21.104	上	12.62891	12.44789
	7.0	117 53 45.50	4 46 53.99	15 16.40	56 04.299	下	1.07680	12.43020
	7.5	124 16 01.82	4 35 12.66	15 11.90	55 47.797	上	13.50700	12.41203
	8.0	130 34 09.55	4 20 15.00	15 07.56	55 31.856	下	1.91903	12.39434
	8.5	136 48 13.99	+ 4 02 17.79	15 03.44	55 16.742	上	14.31337	12.37786
	9.0	142 58 25.42	3 41 38.79	14 59.62	55 02.713	下	2.69123	12.36311
	9.5	149 04 59.01	3 18 36.37	14 56.16	54 50.021	上	15.05434	12.35044
	10.0	155 08 14.58	2 53 29.12	14 53.14	54 38.903	下	3.40478	12.34005
	10.5	161 08 36.29	2 26 35.54	14 50.60	54 29.577	上	15.74483	12.33206
	11.0	167 06 32.20	+ 1 58 13.89	14 48.60	54 22.240	下	4.07689	12.32652
	11.5	173 02 33.81	1 28 42.10	14 47.19	54 17.064	上	16.40341	12.32348
	12.0	178 57 15.62	0 58 17.71	14 46.41	54 14.194	下	4.72689	12.32293
	12.5	184 51 14.55	+ 0 27 17.99	14 46.28	54 13.743	上	17.04982	12.32493
	13.0	190 45 09.47	− 0 04 00.03	14 46.84	54 15.795	下	5.37475	12.32945
	13.5	196 39 40.64	− 0 35 19.33	14 48.10	54 20.401	上	17.70420	12.33654
	14.0	202 35 29.09	1 06 22.76	14 50.05	54 27.574	下	6.04074	12.34619
	14.5	208 33 16.07	1 36 52.85	14 52.70	54 37.289	上	18.38693	12.35834
	15.0	214 33 42.36	2 06 31.62	14 56.02	54 49.481	下	6.74527	12.37290
	15.5	220 37 27.55	2 35 00.38	14 59.98	55 04.041	上	19.11817	12.38964
	16.0	226 45 09.23	− 3 01 59.68	15 04.55	55 20.813	下	7.50781	12.40814
	16.5	232 57 22.10	3 27 09.23	15 09.67	55 39.590	上	19.91595	12.42778
	17.0	239 14 37.08	3 50 07.94	15 15.26	56 00.117	下	8.34373	12.44769
	17.5	245 37 20.21	4 10 34.13	15 21.24	56 22.084	上	20.79142	12.46672
	18.0	252 05 51.71	4 28 05.80	15 27.52	56 45.131	下	9.25814	12.48355
	18.5	258 40 24.92	− 4 42 21.18	15 33.98	57 08.851	上	21.74169	12.49678
	19.0	265 21 05.43	4 52 59.33	15 40.50	57 32.796	下	10.23847	12.50531
	19.5	272 07 50.35	4 59 40.96	15 46.95	57 56.486	上	22.74378	12.50837
	20.0	279 00 27.92	5 02 09.41	15 53.20	58 19.424	下	11.25215	12.50603
	20.5	285 58 37.39	5 00 11.64	15 59.11	58 41.112	上	23.75818	12.49871
	21.0	293 01 49.49	− 4 53 39.25	16 04.54	59 01.071	—	— —	— —
	21.5	300 09 27.23	4 42 29.41	16 09.39	59 18.861	下	12.25689	12.48762
	22.0	307 20 47.27	4 26 45.54	16 13.54	59 34.102	上	0.74451	12.47408
	22.5	314 35 01.65	4 06 37.77	16 16.91	59 46.493	下	13.21859	12.45955
	23.0	321 51 19.82	3 42 22.94	16 19.45	59 55.827	上	1.67814	12.44525
	23.5	329 08 50.76	− 3 14 24.32	16 21.14	60 01.998	下	14.12339	12.43223
	24.0	336 26 45.04	− 2 43 10.83	16 21.95	60 05.002	上	2.55562	12.42120

月　　亮

以力学时 0^h 为准

2024 年

日期		视黄经			视黄纬			视半径		地平视差		中天		
	日	°	′	″	°	′	″	′	″	′	″		h	h
7月	24.0	336	26	45.04	−2	43	10.83	16	21.95	60	05.002	上	2.55562	12.42120
	24.5	343	44	16.65	2	09	16.10	16	21.94	60	04.934	下	14.97682	12.41267
	25.0	351	00	44.44	1	33	17.16	16	21.13	60	01.974	上	3.38949	12.40694
	25.5	358	15	33.13	0	55	53.21	16	19.60	59	56.373	下	15.79643	12.40415
	26.0	5	28	13.81	−0	17	44.22	16	17.44	59	48.430	上	4.20058	12.40431
	26.5	12	38	23.95	+0	20	30.16	16	14.73	59	38.473	下	16.60489	12.40735
	27.0	19	45	47.09	0	58	11.70	16	11.56	59	26.840	上	5.01224	12.41305
	27.5	26	50	12.11	1	34	44.36	16	08.02	59	13.860	下	17.42529	12.42109
	28.0	33	51	32.40	2	09	34.94	16	04.21	58	59.840	上	5.84638	12.43103
	28.5	40	49	44.81	2	42	13.42	16	00.18	58	45.055	下	18.27741	12.44218
	29.0	47	44	48.69	+3	12	13.33	15	56.01	58	29.743	上	6.71959	12.45373
	29.5	54	36	44.89	3	39	11.80	15	51.75	58	14.100	下	19.17332	12.46470
	30.0	61	25	34.95	4	02	49.71	15	47.44	57	58.283	上	7.63802	12.47396
	30.5	68	11	20.42	4	22	51.61	15	43.12	57	42.412	下	20.11198	12.48045
	31.0	74	54	02.33	4	39	05.77	15	38.81	57	26.580	上	8.59243	12.48327
	31.5	81	33	40.90	+4	51	24.07	15	34.52	57	10.851	下	21.07570	12.48185
8月	1.0	88	10	15.43	4	59	41.94	15	30.28	56	55.277	上	9.55755	12.47607
	1.5	94	43	44.35	5	03	58.27	15	26.09	56	39.899	下	22.03362	12.46628
	2.0	101	14	05.47	5	04	15.23	15	21.97	56	24.756	上	10.49990	12.45325
	2.5	107	41	16.31	5	00	38.12	15	17.92	56	09.892	下	22.95315	12.43791
	3.0	114	05	14.57	+4	53	15.11	15	13.96	55	55.359	上	11.39106	12.42132
	3.5	120	25	58.60	4	42	16.99	15	10.11	55	41.223	下	23.81238	12.40442
	4.0	126	43	27.95	4	27	56.87	15	06.39	55	27.568	—	— —	— —
	4.5	132	57	43.87	4	10	29.76	15	02.83	55	14.492	上	12.21680	12.38807
	5.0	139	08	49.75	3	50	12.29	14	59.46	55	02.113	下	0.60487	12.37287
	5.5	145	16	51.56	+3	27	22.26	14	56.31	54	50.562	上	12.97774	12.35929
	6.0	151	21	58.09	3	02	18.33	14	53.43	54	39.987	下	1.33703	12.34761
	6.5	157	24	21.24	2	35	19.66	14	50.86	54	30.544	上	13.68464	12.33806
	7.0	163	24	16.13	2	06	45.62	14	48.64	54	22.399	下	2.02270	12.33071
	7.5	169	22	01.15	1	36	55.54	14	46.82	54	15.719	上	14.35341	12.32566
	8.0	175	17	57.90	+1	06	08.56	14	45.45	54	10.673	下	2.67907	12.32291
	8.5	181	12	31.14	0	34	43.49	14	44.56	54	07.424	上	15.00198	12.32252
	9.0	187	06	08.59	+0	02	58.76	14	44.21	54	06.128	下	3.32450	12.32449
	9.5	192	59	20.72	−0	28	47.59	14	44.43	54	06.928	上	15.64899	12.32884
	10.0	198	52	40.47	1	00	17.81	14	45.25	54	09.950	下	3.97783	12.33559
	10.5	204	46	42.95	−1	31	14.42	14	46.71	54	15.300	上	16.31342	12.34473
	11.0	210	42	05.04	2	01	19.99	14	48.82	54	23.062	下	4.65815	12.35622
	11.5	216	39	24.93	2	30	17.05	14	51.61	54	33.286	上	17.01437	12.36998
	12.0	222	39	21.66	2	57	47.92	14	55.07	54	45.992	下	5.38435	12.38577
	12.5	228	42	34.48	3	23	34.59	14	59.20	55	01.160	上	17.77012	12.40325
	13.0	234	49	42.15	−3	47	18.55	15	03.98	55	18.722	下	6.17337	12.42188
	13.5	241	01	22.15	4	08	40.84	15	09.39	55	38.563	上	18.59525	12.44087
	14.0	247	18	09.71	4	27	22.00	15	15.36	56	00.509	下	7.03612	12.45922
	14.5	253	40	36.81	4	43	02.27	15	21.85	56	24.323	上	19.49534	12.47577
	15.0	260	09	10.97	4	55	21.85	15	28.76	56	49.701	下	7.97111	12.48929
	15.5	266	44	14.01	−5	04	01.37	15	36.00	57	16.269	上	20.46040	12.49870
	16.0	273	26	00.84	−5	08	42.51	15	43.44	57	43.582	下	8.95910	12.50329

月　　亮

2024 年　　　以力学时 0^h 为准

日期		视黄经			视黄纬				视半径		地平视差		中天		
	日	°	′	″		°	′	″	′	″	′	″		h	h
8月	16.0	273	26	00.84	−	5	08	42.51	15	43.44	57	43.582	下	8.95910	12.50329
	16.5	280	14	38.16		5	09	08.81	15	50.94	58	11.129	上	21.46239	12.50290
	17.0	287	10	03.45		5	05	06.70	15	58.35	58	38.340	下	9.96529	12.49794
	17.5	294	12	04.15		4	56	26.55	16	05.50	59	04.598	上	22.46323	12.48928
	18.0	301	20	17.22		4	43	03.85	16	12.22	59	29.265	下	10.95251	12.47805
	18.5	308	34	09.26	−	4	25	00.31	16	18.33	59	51.703	上	23.43056	12.46568
	19.0	315	52	57.11		4	02	24.68	16	23.67	60	11.308	下	11.89624	12.45329
	19.5	323	15	49.16		3	35	33.34	16	28.09	60	27.540	—	——	——
	20.0	330	41	47.16		3	04	50.41	16	31.47	60	39.957	上	0.34953	12.44187
	20.5	338	09	48.42		2	30	47.23	16	33.73	60	48.243	下	12.79140	12.43224
	21.0	345	38	48.42	−	1	54	01.49	16	34.82	60	52.227	上	1.22364	12.42488
	21.5	353	07	43.31		1	15	15.73	16	34.73	60	51.894	下	13.64852	12.42015
	22.0	0	35	32.38	−	0	35	15.62	16	33.50	60	47.379	上	2.06867	12.41820
	22.5	8	01	20.10	+	0	05	11.99	16	31.20	60	38.958	下	14.48687	12.41901
	23.0	15	24	17.73		0	45	20.86	16	27.95	60	27.019	上	2.90588	12.42250
	23.5	22	43	44.33	+	1	24	27.11	16	23.87	60	12.038	下	15.32838	12.42836
	24.0	29	59	07.24		2	01	50.50	16	19.10	59	54.542	上	3.75674	12.43623
	24.5	37	10	02.09		2	36	55.39	16	13.80	59	35.079	下	16.19297	12.44550
	25.0	44	16	12.33		3	09	11.28	16	08.11	59	14.189	上	4.63847	12.45544
	25.5	51	17	28.48		3	38	13.06	16	02.17	58	52.381	下	17.09391	12.46515
	26.0	58	13	47.25	+	4	03	40.86	15	56.11	58	30.117	上	5.55906	12.47361
	26.5	65	05	10.42		4	25	19.83	15	50.03	58	07.799	下	18.03267	12.47981
	27.0	71	51	43.84		4	42	59.69	15	44.03	57	45.764	上	6.51248	12.48285
	27.5	78	33	36.43		4	56	34.35	15	38.18	57	24.286	下	18.99533	12.48210
	28.0	85	10	59.24		5	06	01.35	15	32.54	57	03.575	上	7.47743	12.47733
	28.5	91	44	04.67	+	5	11	21.51	15	27.15	56	43.786	下	19.95476	12.46873
	29.0	98	13	05.85		5	12	38.50	15	22.04	56	25.026	上	8.42349	12.45687
	29.5	104	38	16.14		5	09	58.52	15	17.23	56	07.358	下	20.88036	12.44257
	30.0	110	59	48.75		5	03	30.00	15	12.72	55	50.815	上	9.32293	12.42676
	30.5	117	17	56.56		4	53	23.41	15	08.53	55	35.407	下	21.74969	12.41037
	31.0	123	32	51.97	+	4	39	50.96	15	04.64	55	21.127	上	10.16006	12.39423
	31.5	129	44	46.97		4	23	06.50	15	01.05	55	07.961	下	22.55429	12.37895
9月	1.0	135	53	53.20		4	03	25.24	14	57.76	54	55.893	上	10.93324	12.36502
	1.5	142	00	22.12		3	41	03.66	14	54.77	54	44.911	下	23.29826	12.35282
	2.0	148	04	25.25		3	16	19.24	14	52.08	54	35.012	上	11.65108	12.34250
	2.5	154	06	14.41	+	2	49	30.30	14	49.68	54	26.207	下	23.99358	12.33424
	3.0	160	06	02.00		2	20	55.80	14	47.58	54	18.520	—	——	——
	3.5	166	04	01.26		1	50	55.15	14	45.81	54	11.992	上	12.32782	12.32808
	4.0	172	00	26.59		1	19	47.97	14	44.36	54	06.681	下	0.65590	12.32408
	4.5	177	55	33.73		0	47	53.99	14	43.26	54	02.660	上	12.97998	12.32225
	5.0	183	49	40.01	+	0	15	32.83	14	42.55	54	00.018	下	1.30223	12.32259
	5.5	189	43	04.53	−	0	16	56.10	14	42.23	53	58.854	上	13.62482	12.32511
	6.0	195	36	08.26		0	49	13.69	14	42.34	53	59.277	下	1.94993	12.32981
	6.5	201	29	14.17		1	21	01.20	14	42.92	54	01.402	上	14.27974	12.33669
	7.0	207	22	47.24		1	52	00.26	14	44.00	54	05.346	下	2.61643	12.34569
	7.5	213	17	14.40	−	2	21	52.89	14	45.60	54	11.221	上	14.96212	12.35677
	8.0	219	13	04.48	−	2	50	21.42	14	47.75	54	19.134	下	3.31889	12.36977

月　　亮

以力学时 0^h 为准

2024 年

日　期		视黄经			视黄纬				视半径		地平视差		中天		
	日	°	′	″		°	′	″	′	″	′	″		h	h
9月	8.0	219	13	04.48	−	2	50	21.42	14	47.75	54	19.134	下	3.31889	12.36977
	8.5	225	10	48.04		3	17	08.46	14	50.49	54	29.178	上	15.68866	12.38445
	9.0	231	10	57.11		3	41	56.77	14	53.82	54	41.425	下	4.07311	12.40046
	9.5	237	14	04.87		4	04	29.26	14	57.77	54	55.925	上	16.47357	12.41726
	10.0	243	20	45.20		4	24	28.88	15	02.34	55	12.693	下	4.89083	12.43418
	10.5	249	31	32.17	−	4	41	38.62	15	07.52	55	31.706	上	17.32501	12.45030
	11.0	255	46	59.34		4	55	41.55	15	13.29	55	52.893	下	5.77531	12.46472
	11.5	262	07	38.94		5	06	20.97	15	19.62	56	16.127	上	18.24003	12.47642
	12.0	268	34	00.96		5	13	20.62	15	26.45	56	41.216	下	6.71645	12.48463
	12.5	275	06	32.02		5	16	25.07	15	33.72	57	07.896	上	19.20108	12.48882
	13.0	281	45	34.21	−	5	15	20.27	15	41.32	57	35.825	下	7.68990	12.48893
	13.5	288	31	23.76		5	09	54.21	15	49.15	58	04.578	上	20.17883	12.48529
	14.0	295	24	09.76		4	59	57.85	15	57.07	58	33.645	下	8.66412	12.47869
	14.5	302	23	52.87		4	45	26.05	16	04.91	59	02.438	上	21.14281	12.47004
	15.0	309	30	24.23		4	26	18.70	16	12.50	59	30.304	下	9.61285	12.46045
	15.5	316	43	24.64	−	4	02	41.75	16	19.65	59	56.539	上	22.07330	12.45094
	16.0	324	02	24.11		3	34	48.17	16	26.15	60	20.418	下	10.52424	12.44237
	16.5	331	26	41.99		3	02	58.58	16	31.82	60	41.231	上	22.96661	12.43547
	17.0	338	55	27.58		2	27	41.47	16	36.48	60	58.320	下	11.40208	12.43072
	17.5	346	27	41.51		1	49	32.87	16	39.96	61	11.122	上	23.83280	12.42847
	18.0	354	02	17.59	−	1	09	15.44	16	42.17	61	19.211	—	——	——
	18.5	1	38	05.17	−	0	27	36.92	16	43.01	61	22.325	下	12.26127	12.42885
	19.0	9	13	51.86	+	0	14	31.85	16	42.49	61	20.393	上	0.69012	12.43187
	19.5	16	48	26.24		0	56	19.17	16	40.62	61	13.529	下	13.12199	12.43740
	20.0	24	20	40.62		1	36	54.85	16	37.49	61	02.034	上	1.55939	12.44511
	20.5	31	49	33.26	+	2	15	32.27	16	33.22	60	46.359	下	14.00450	12.45445
	21.0	39	14	10.34		2	51	30.09	16	27.97	60	27.078	上	2.45895	12.46474
	21.5	46	33	47.18		3	24	13.45	16	21.91	60	04.844	下	14.92369	12.47505
	22.0	53	47	48.99		3	53	14.56	16	15.24	59	40.347	上	3.39874	12.48429
	22.5	60	55	50.95		4	18	12.80	16	08.14	59	14.278	下	15.88303	12.49136
	23.0	67	57	37.92	+	4	38	54.37	16	00.79	58	47.292	上	4.37439	12.49521
	23.5	74	53	03.65		4	55	11.67	15	53.35	58	19.994	下	16.86960	12.49508
	24.0	81	42	09.85		5	07	02.44	15	45.98	57	52.911	上	5.36468	12.49063
	24.5	88	25	04.98		5	14	28.91	15	38.78	57	26.495	下	17.85531	12.48195
	25.0	95	02	03.06		5	17	36.94	15	31.87	57	01.114	上	6.33726	12.46963
	25.5	101	33	22.47	+	5	16	35.24	15	25.32	56	37.057	下	18.80689	12.45454
	26.0	107	59	24.84		5	11	34.73	15	19.18	56	14.536	上	7.26143	12.43771
	26.5	114	20	34.03		5	02	48.01	15	13.51	55	53.702	下	19.69914	12.42014
	27.0	120	37	15.24		4	50	28.93	15	08.32	55	34.644	上	8.11928	12.40276
	27.5	126	49	54.28		4	34	52.37	15	03.62	55	17.405	下	20.52204	12.38626
	28.0	132	58	56.96	+	4	16	13.95	14	59.42	55	01.989	上	8.90830	12.37116
	28.5	139	04	48.64		3	54	49.96	14	55.71	54	48.368	下	21.27946	12.35782
	29.0	145	07	53.87		3	30	57.28	14	52.48	54	36.493	上	9.63728	12.34647
	29.5	151	08	36.17		3	04	53.29	14	49.70	54	26.302	下	21.98375	12.33721
	30.0	157	07	17.90		2	36	55.86	14	47.37	54	17.721	上	10.32096	12.33012
	30.5	163	04	20.19	+	2	07	23.32	14	45.45	54	10.679	下	22.65108	12.32519
10月	1.0	169	00	03.05	+	1	36	34.39	14	43.93	54	05.106	上	10.97627	12.32243

月　　亮

以力学时 0^h 为准

2024 年

日期		视黄经	视黄纬	视半径	地平视差	中天		
	日	° ′ ″	° ′ ″	′ ″	′ ″		h	h
10月	1.0	169 00 03.05	+ 1 36 34.39	14 43.93	54 05.106	上	10.97627	12.32243
	1.5	174 54 45.39	1 04 48.17	14 42.80	54 00.940	下	23.29870	12.32183
	2.0	180 48 45.21	+ 0 32 23.99	14 42.03	53 58.131	上	11.62053	12.32333
	2.5	186 42 19.81	− 0 00 18.59	14 41.63	53 56.646	下	23.94386	12.32695
	3.0	192 35 45.99	0 32 59.97	14 41.58	53 56.465	—	— —	— —
	3.5	198 29 20.34	− 1 05 20.55	14 41.88	53 57.587	上	12.27081	12.33262
	4.0	204 23 19.44	1 37 00.92	14 42.55	54 00.031	下	0.60343	12.34030
	4.5	210 18 00.20	2 07 41.89	14 43.58	54 03.829	上	12.94373	12.34990
	5.0	216 13 40.01	2 37 04.69	14 45.00	54 09.031	下	1.29363	12.36128
	5.5	222 10 37.05	3 04 50.96	14 46.82	54 15.698	上	13.65491	12.37422
	6.0	228 09 10.41	− 3 30 42.92	14 49.05	54 23.899	下	2.02913	12.38840
	6.5	234 09 40.26	3 54 23.36	14 51.72	54 33.711	上	14.41753	12.40339
	7.0	240 12 27.94	4 15 35.71	14 54.85	54 45.207	下	2.82092	12.41858
	7.5	246 17 55.93	4 34 04.09	14 58.46	54 58.453	上	15.23950	12.43327
	8.0	252 26 27.82	4 49 33.33	15 02.56	55 13.505	下	3.67277	12.44665
	8.5	258 38 28.10	− 5 01 49.05	15 07.16	55 30.395	上	16.11942	12.45793
	9.0	264 54 21.91	5 10 37.71	15 12.26	55 49.129	下	4.57735	12.46636
	9.5	271 14 34.62	5 15 46.77	15 17.86	56 09.671	上	17.04371	12.47146
	10.0	277 39 31.34	5 17 04.89	15 23.92	56 31.944	下	5.51517	12.47304
	10.5	284 09 36.16	5 14 22.20	15 30.42	56 55.810	上	17.98821	12.47127
	11.0	290 45 11.43	− 5 07 30.73	15 37.30	57 21.068	下	6.45948	12.46665
	11.5	297 26 36.73	4 56 24.86	15 44.49	57 47.443	上	18.92613	12.45995
	12.0	304 14 07.84	4 41 01.99	15 51.88	58 14.581	下	7.38608	12.45207
	12.5	311 07 55.48	4 21 23.25	15 59.36	58 42.044	上	19.83815	12.44390
	13.0	318 08 04.13	3 57 34.31	16 06.79	59 09.313	下	8.28205	12.43631
	13.5	325 14 30.79	− 3 29 46.16	16 14.00	59 35.793	上	20.71836	12.43001
	14.0	332 27 03.82	2 58 15.86	16 20.82	60 00.828	下	9.14837	12.42557
	14.5	339 45 22.09	2 23 27.07	16 27.05	60 23.724	上	21.57394	12.42343
	15.0	347 08 54.32	1 45 50.35	16 32.52	60 43.780	下	9.99737	12.42388
	15.5	354 36 59.03	1 06 02.85	16 37.02	61 00.324	上	22.42125	12.42709
	16.0	2 08 44.91	− 0 24 47.73	16 40.41	61 12.756	下	10.84834	12.43300
	16.5	9 43 11.92	+ 0 17 07.21	16 42.54	61 20.591	上	23.28134	12.44153
	17.0	17 19 12.90	0 58 51.24	16 43.33	61 23.494	下	11.72287	12.45233
	17.5	24 55 35.91	1 39 32.90	16 42.74	61 21.311	—	— —	— —
	18.0	32 31 06.81	2 18 22.29	16 40.77	61 14.079	上	0.17520	12.46476
	18.5	40 04 32.26	+ 2 54 33.37	16 37.49	61 02.031	下	12.63996	12.47801
	19.0	47 34 42.58	3 27 25.87	16 33.00	60 45.569	上	1.11797	12.49092
	19.5	55 00 34.41	3 56 26.72	16 27.47	60 25.242	下	13.60889	12.50220
	20.0	62 21 12.95	4 21 10.91	16 21.06	60 01.704	上	2.11109	12.51044
	20.5	69 35 53.54	4 41 21.62	16 13.96	59 35.667	下	14.62153	12.51441
	21.0	76 44 02.60	+ 4 56 49.88	16 06.39	59 07.867	上	3.13594	12.51327
	21.5	83 45 17.89	5 07 33.78	15 58.54	58 39.021	下	15.64921	12.50677
	22.0	90 39 28.23	5 13 37.39	15 50.58	58 09.802	上	4.15598	12.49530
	22.5	97 26 32.64	5 15 09.60	15 42.68	57 40.818	下	16.65128	12.47979
	23.0	104 06 39.28	5 12 22.95	15 35.00	57 12.596	上	5.13107	12.46147
	23.5	110 40 04.06	+ 5 05 32.60	15 27.64	56 45.580	下	17.59254	12.44168
	24.0	117 07 09.30	+ 4 54 55.42	15 20.71	56 20.130	上	6.03422	12.42162

月　　亮

以力学时 0^h 为准

2024 年

日期		视黄经	视黄纬	视半径	地平视差	中天		中天间隔
	日	° ′ ″	° ′ ″	′ ″	′ ″		h	h
10月	24.0	117 07 09.30	＋4 54 55.42	15 20.71	56 20.130	上	6.03422	12.42162
	24.5	123 28 22.30	4 40 49.31	15 14.28	55 56.522	下	18.45584	12.40227
	25.0	129 44 14.01	4 23 32.63	15 08.40	55 34.960	上	6.85811	12.38436
	25.5	135 55 17.92	4 03 23.93	15 03.13	55 15.580	下	19.24247	12.36837
	26.0	142 02 08.94	3 40 41.65	14 58.46	54 58.459	上	7.61084	12.35461
	26.5	148 05 22.55	＋3 15 44.12	14 54.42	54 43.626	下	19.96545	12.34318
	27.0	154 05 34.08	2 48 49.45	14 51.00	54 31.067	上	8.30863	12.33418
	27.5	160 03 18.04	2 20 15.66	14 48.19	54 20.732	下	20.64281	12.32758
	28.0	165 59 07.72	1 50 20.70	14 45.96	54 12.548	上	8.97039	12.32337
	28.5	171 53 34.71	1 19 22.56	14 44.29	54 06.417	下	21.29376	12.32148
	29.0	177 47 08.73	＋0 47 39.37	14 43.15	54 02.230	上	9.61524	12.32188
	29.5	183 40 17.34	＋0 15 29.46	14 42.50	53 59.869	下	21.93712	12.32451
	30.0	189 33 25.88	－0 16 48.59	14 42.32	53 59.210	上	10.26163	12.32932
	30.5	195 26 57.39	0 48 55.98	14 42.58	54 00.131	下	22.59095	12.33623
	31.0	201 21 12.63	1 20 33.66	14 43.23	54 02.517	上	10.92718	12.34516
	31.5	207 16 30.18	－1 51 22.45	14 44.25	54 06.260	下	23.27234	12.35594
11月	1.0	213 13 06.55	2 21 03.12	14 45.61	54 11.266	上	11.62828	12.36839
	1.5	219 11 16.39	2 49 16.57	14 47.29	54 17.455	下	23.99667	12.38215
	2.0	225 11 12.72	3 15 43.97	14 49.29	54 24.765	—	——	——
	2.5	231 13 07.25	3 40 06.98	14 51.57	54 33.150	上	12.37882	12.39683
	3.0	237 17 10.66	－4 02 07.93	14 54.14	54 42.586	下	0.77565	12.41180
	3.5	243 23 32.97	4 21 30.08	14 56.99	54 53.063	上	13.18745	12.42638
	4.0	249 32 23.88	4 37 57.76	15 00.13	55 04.585	下	1.61383	12.43975
	4.5	255 43 53.12	4 51 16.61	15 03.56	55 17.171	上	14.05358	12.45106
	5.0	261 58 10.75	5 01 13.75	15 07.28	55 30.844	下	2.50464	12.45957
	5.5	268 15 27.44	－5 07 37.92	15 11.31	55 45.630	上	14.96421	12.46470
	6.0	274 35 54.62	5 10 19.71	15 15.65	56 01.548	下	3.42891	12.46623
	6.5	280 59 44.63	5 09 11.66	15 20.29	56 18.607	上	15.89514	12.46427
	7.0	287 27 10.66	5 04 08.44	15 25.25	56 36.793	下	4.35941	12.45929
	7.5	293 58 26.60	4 55 07.08	15 30.49	56 56.063	上	16.81870	12.45200
	8.0	300 33 46.77	－4 42 07.18	15 36.02	57 16.335	下	5.27070	12.44333
	8.5	307 13 25.44	4 25 11.18	15 41.77	57 37.479	上	17.71403	12.43417
	9.0	313 57 36.19	4 04 24.70	15 47.72	57 59.310	下	6.14820	12.42539
	9.5	320 46 31.10	3 39 56.92	15 53.79	58 21.579	上	18.57359	12.41775
	10.0	327 40 19.84	3 12 00.93	15 59.88	58 43.972	下	6.99134	12.41186
	10.5	334 39 08.49	－2 40 54.17	16 05.91	59 06.107	上	19.40320	12.40819
	11.0	341 42 58.40	2 06 58.74	16 11.75	59 27.535	下	7.81139	12.40710
	11.5	348 51 44.96	1 30 41.66	16 17.26	59 47.753	上	20.21849	12.40882
	12.0	356 05 16.40	0 52 34.87	16 22.28	60 06.217	下	8.62731	12.41353
	12.5	3 23 12.75	－0 13 15.00	16 26.68	60 22.364	上	21.04084	12.42122
	13.0	10 45 05.17	＋0 26 37.18	16 30.30	60 35.637	下	9.46206	12.43175
	13.5	18 10 15.59	1 06 17.74	16 32.99	60 45.523	上	21.89381	12.44491
	14.0	25 37 56.94	1 45 00.96	16 34.64	60 51.580	下	10.33872	12.46007
	14.5	33 07 14.01	2 22 00.93	16 35.16	60 53.477	上	22.79879	12.47641
	15.0	40 37 04.95	2 56 33.51	16 34.49	60 51.016	下	11.27520	12.49273
	15.5	48 06 23.38	＋3 27 58.14	16 32.62	60 44.152	上	23.76793	12.50753
	16.0	55 34 00.99	＋3 55 39.70	16 29.58	60 33.002	—	——	——

月　　亮

以力学时 0h 为准

2024 年

日　期	视　黄　经	视　黄　纬	视　半　径	地平视差	中	天	
日	° ′ ″	° ′ ″	′ ″	′ ″		h	h
11月 16.0	55 34 00.99	＋3 55 39.70	16 29.58	60 33.002	—	— —	— —
16.5	62 58 50.40	4 19 09.80	16 25.45	60 17.839	下	12.27546	12.51916
17.0	70 19 48.01	4 38 07.78	16 20.34	59 59.074	上	0.79462	12.52604
17.5	77 35 56.70	4 52 21.00	16 14.39	59 37.229	下	13.32066	12.52701
18.0	84 46 28.00	5 01 44.69	16 07.77	59 12.908	上	1.84767	12.52162
18.5	91 50 43.64	＋5 06 21.22	16 00.64	58 46.759	下	14.36929	12.51017
19.0	98 48 16.50	5 06 19.15	15 53.20	58 19.441	上	2.87946	12.49380
19.5	105 38 50.75	5 01 51.96	15 45.62	57 51.597	下	15.37326	12.47393
20.0	112 22 21.56	4 53 16.85	15 38.06	57 23.831	上	3.84719	12.45220
20.5	118 58 54.23	4 40 53.53	15 30.66	56 56.687	下	16.29939	12.43011
21.0	125 28 43.02	＋4 25 03.16	15 23.57	56 30.646	上	4.72950	12.40882
21.5	131 52 09.89	4 06 07.57	15 16.89	56 06.112	下	17.13832	12.38917
22.0	138 09 43.04	3 44 28.58	15 10.71	55 43.419	上	5.52749	12.37174
22.5	144 21 55.58	3 20 27.58	15 05.10	55 22.828	下	17.89923	12.35680
23.0	150 29 24.20	2 54 25.30	15 00.12	55 04.535	上	6.25603	12.34452
23.5	156 32 48.10	＋2 26 41.69	14 55.80	54 48.675	下	18.60055	12.33492
24.0	162 32 47.85	1 57 35.93	14 52.16	54 35.327	上	6.93547	12.32799
24.5	168 30 04.58	1 27 26.52	14 49.22	54 24.522	下	19.26346	12.32367
25.0	174 25 19.18	0 56 31.43	14 46.97	54 16.249	上	7.58713	12.32190
25.5	180 19 11.65	＋0 25 08.24	14 45.39	54 10.459	下	19.90903	12.32261
26.0	186 12 20.51	－0 06 25.64	14 44.47	54 07.071	上	8.23164	12.32574
26.5	192 05 22.34	0 37 52.82	14 44.17	54 05.976	下	20.55738	12.33125
27.0	197 58 51.33	1 08 55.82	14 44.46	54 07.041	上	8.88863	12.33904
27.5	203 53 18.92	1 39 16.92	14 45.30	54 10.117	下	21.22767	12.34898
28.0	209 49 13.50	2 08 38.16	14 46.64	54 15.037	上	9.57665	12.36093
28.5	215 47 00.13	－2 36 41.29	14 48.43	54 21.626	下	21.93758	12.37462
29.0	221 47 00.38	3 03 07.93	14 50.63	54 29.699	上	10.31220	12.38963
29.5	227 49 32.16	3 27 39.62	14 53.18	54 39.074	下	22.70183	12.40547
30.0	233 54 49.72	3 49 58.10	14 56.04	54 49.567	上	11.10730	12.42139
30.5	240 03 03.68	4 09 45.53	14 59.16	55 01.005	下	23.52869	12.43656
12月 1.0	246 14 21.21	－4 26 44.87	15 02.48	55 13.223	上	11.96525	12.45000
1.5	252 28 46.30	4 40 40.18	15 05.98	55 26.073	—	— —	— —
2.0	258 46 20.15	4 51 17.02	15 09.62	55 39.425	下	0.41525	12.46074
2.5	265 07 01.64	4 58 22.87	15 13.36	55 53.169	上	12.87599	12.46797
3.0	271 30 47.91	5 01 47.45	15 17.19	56 07.216	下	1.34396	12.47120
3.5	277 57 35.00	－5 01 23.06	15 21.08	56 21.500	上	13.81516	12.47032
4.0	284 27 18.51	4 57 04.88	15 25.02	56 35.972	下	2.28548	12.46562
4.5	290 59 54.18	4 48 51.14	15 29.01	56 50.598	上	14.75110	12.45784
5.0	297 35 18.55	4 36 43.34	15 33.03	57 05.356	下	3.20894	12.44790
5.5	304 13 29.32	4 20 46.31	15 37.08	57 20.229	上	15.65684	12.43683
6.0	310 54 25.73	－4 01 08.27	15 41.15	57 35.192	下	4.09367	12.42567
6.5	317 38 08.67	3 38 00.82	15 45.24	57 50.215	上	16.51934	12.41528
7.0	324 24 40.59	3 11 38.96	15 49.34	58 05.243	下	4.93462	12.40636
7.5	331 14 05.18	2 42 21.03	15 53.41	58 20.196	上	17.34098	12.39952
8.0	338 06 26.91	2 10 28.65	15 57.43	58 34.958	下	5.74050	12.39515
8.5	345 01 50.20	－1 36 26.65	16 01.36	58 49.375	上	18.13565	12.39353
9.0	352 00 18.55	－1 00 42.97	16 05.13	59 03.248	下	6.52918	12.39489

月　　亮

以力学时 0^h 为准

2024 年

日　期	视　黄　经	视　黄　纬	视 半 径	地平视差	中		天
日	° ′ ″	° ′ ″	′ ″	′ ″		h	h
12月　9.0	352 00 18.55	− 1 00 42.97	16 05.13	59 03.248	下	6.52918	12.39489
9.5	359 01 53.43	− 0 23 48.47	16 08.70	59 16.334	上	18.92407	12.39934
10.0	6 06 33.14	+ 0 13 43.37	16 11.97	59 28.350	下	7.32341	12.40689
10.5	13 14 11.59	0 51 16.80	16 14.87	59 38.981	上	19.73030	12.41748
11.0	20 24 37.23	1 28 14.41	16 17.29	59 47.890	下	8.14778	12.43082
11.5	27 37 32.08	+ 2 03 57.91	16 19.16	59 54.735	上	20.57860	12.44649
12.0	34 52 31.15	2 37 49.04	16 20.37	59 59.186	下	9.02509	12.46372
12.5	42 09 02.23	3 09 10.74	16 20.85	60 00.948	上	21.48881	12.48145
13.0	49 26 26.15	3 37 28.38	16 20.53	59 59.783	下	9.97026	12.49822
13.5	56 43 57.65	4 02 11.02	16 19.37	59 55.525	上	22.46848	12.51238
14.0	64 00 46.72	+ 4 22 52.61	16 17.35	59 48.105	下	10.98086	12.52221
14.5	71 16 00.49	4 39 12.97	16 14.48	59 37.553	上	23.50307	12.52638
15.0	78 28 45.37	4 50 58.50	16 10.79	59 24.006	—	— —	— —
15.5	85 38 09.42	4 58 02.48	16 06.35	59 07.704	下	12.02945	12.52398
16.0	92 43 24.62	5 00 24.98	16 01.25	58 48.977	上	0.55343	12.51511
16.5	99 43 48.95	+ 4 58 12.40	15 55.60	58 28.233	下	13.06854	12.50061
17.0	106 38 47.97	4 51 36.71	15 49.52	58 05.935	上	1.56915	12.48190
17.5	113 27 56.04	4 40 54.41	15 43.16	57 42.578	下	14.05105	12.46065
18.0	120 10 56.89	4 26 25.48	15 36.65	57 18.672	上	2.51170	12.43848
18.5	126 47 43.75	4 08 32.27	15 30.13	56 54.719	下	14.95018	12.41670
19.0	133 18 18.96	+ 3 47 38.47	15 23.72	56 31.198	上	3.36688	12.39635
19.5	139 42 53.39	3 24 08.29	15 17.55	56 08.553	下	15.76323	12.37807
20.0	146 01 45.43	2 58 25.74	15 11.73	55 47.184	上	4.14130	12.36226
20.5	152 15 20.02	2 30 54.16	15 06.36	55 27.440	下	16.50356	12.34913
21.0	158 24 07.52	2 01 55.90	15 01.50	55 09.617	上	4.85269	12.33876
21.5	164 28 42.64	+ 1 31 52.20	14 57.24	54 53.958	下	17.19145	12.33113
22.0	170 29 43.42	1 01 03.10	14 53.61	54 40.654	上	5.52258	12.32622
22.5	176 27 50.28	+ 0 29 47.59	14 50.67	54 29.847	下	17.84880	12.32396
23.0	182 23 45.11	− 0 01 36.29	14 48.43	54 21.632	上	6.17276	12.32430
23.5	188 18 10.55	0 32 51.22	14 46.91	54 16.056	下	18.49706	12.32719
24.0	194 11 49.26	− 1 03 40.41	14 46.12	54 13.129	上	6.82425	12.33258
24.5	200 05 23.20	1 33 47.38	14 46.03	54 12.817	下	19.15683	12.34039
25.0	205 59 33.09	2 02 55.74	14 46.64	54 15.053	上	7.49722	12.35053
25.5	211 54 57.79	2 30 49.05	14 47.91	54 19.731	下	19.84775	12.36284
26.0	217 52 13.69	2 57 10.70	14 49.82	54 26.714	上	8.21059	12.37704
26.5	223 51 54.20	− 3 21 43.83	14 52.30	54 35.832	下	20.58763	12.39278
27.0	229 54 29.20	3 44 11.37	14 55.31	54 46.885	上	8.98041	12.40949
27.5	236 00 24.48	4 04 16.16	14 58.79	54 59.647	下	21.38990	12.42639
28.0	242 10 01.31	4 21 41.12	15 02.66	55 13.866	上	9.81629	12.44259
28.5	248 23 36.03	4 36 09.56	15 06.86	55 29.274	下	22.25888	12.45701
29.0	254 41 19.73	− 4 47 25.56	15 11.30	55 45.586	上	10.71589	12.46856
29.5	261 03 18.11	4 55 14.47	15 15.91	56 02.509	下	23.18445	12.47633
30.0	267 29 31.49	4 59 23.43	15 20.60	56 19.750	上	11.66078	12.47974
30.5	273 59 54.99	4 59 41.93	15 25.31	56 37.024	—	— —	— —
31.0	280 34 18.99	4 56 02.42	15 29.95	56 54.060	下	0.14052	12.47860
31.5	287 12 29.75	− 4 48 20.82	15 34.46	57 10.611	上	12.61912	12.47331
32.0	293 54 10.23	− 4 36 36.97	15 38.77	57 26.461	下	1.09243	12.46462

月　　亮

2024 年

力学时	视赤经	视赤纬	视赤经	视赤纬	视赤经	视赤纬
	1月1日		1月5日		1月9日	
h	h m s	° ′ ″	h m s	° ′ ″	h m s	° ′ ″
0	10 36 26.316	+12 37 53.65	13 26 47.445	−9 21 04.85	16 53 15.396	−26 39 27.83
2	10 40 05.258	12 12 23.28	13 30 28.996	9 48 29.75	16 58 19.481	26 50 27.84
4	10 43 43.398	11 46 42.75	13 34 11.562	10 15 48.60	17 03 25.318	27 00 48.56
6	10 47 20.769	11 20 52.45	13 37 55.185	10 43 00.95	17 08 32.857	27 10 29.21
8	10 50 57.405	10 54 52.73	13 41 39.905	11 10 06.36	17 13 42.046	27 19 29.05
10	10 54 33.339	10 28 43.97	13 45 25.763	11 37 04.38	17 18 52.827	27 27 47.35
12	10 58 08.604	10 02 26.52	13 49 12.801	12 03 54.55	17 24 05.139	27 35 23.42
14	11 01 43.235	9 36 00.72	13 53 01.059	12 30 36.39	17 29 18.916	27 42 16.59
16	11 05 17.265	9 09 26.93	13 56 50.577	12 57 09.41	17 34 34.091	27 48 26.20
18	11 08 50.730	8 42 45.49	14 00 41.395	13 23 33.13	17 39 50.592	27 53 51.65
20	11 12 23.665	8 15 56.73	14 04 33.555	13 49 47.02	17 45 08.342	27 58 32.35
22	11 15 56.104	7 49 01.00	14 08 27.095	14 15 50.56	17 50 27.264	28 02 27.75
24	11 19 28.084	+7 21 58.61	14 12 22.054	−14 41 43.23	17 55 47.277	−28 05 37.34
	1月2日		1月6日		1月10日	
0	11 19 28.084	+7 21 58.61	14 12 22.054	−14 41 43.23	17 55 47.277	−28 05 37.34
2	11 22 59.638	6 54 49.89	14 16 18.472	15 07 24.48	18 01 08.296	28 08 00.65
4	11 26 30.805	6 27 35.17	14 20 16.387	15 32 53.73	18 06 30.234	28 09 37.24
6	11 30 01.619	6 00 14.77	14 24 15.836	15 58 10.42	18 11 53.002	28 10 26.71
8	11 33 32.116	5 32 49.00	14 28 16.858	16 23 13.97	18 17 16.511	28 10 28.72
10	11 37 02.334	5 05 18.17	14 32 19.488	16 48 03.76	18 22 40.665	28 09 42.96
12	11 40 32.308	4 37 42.60	14 36 23.763	17 12 39.19	18 28 05.373	28 08 09.17
14	11 44 02.077	4 10 02.60	14 40 29.718	17 36 59.63	18 33 30.538	28 05 47.13
16	11 47 31.676	3 42 18.48	14 44 37.385	18 01 04.42	18 38 56.064	28 02 36.68
18	11 51 01.143	3 14 30.54	14 48 46.800	18 24 52.93	18 44 21.854	27 58 37.70
20	11 54 30.515	2 46 39.08	14 52 57.992	18 48 24.46	18 49 47.812	27 53 50.12
22	11 57 59.830	2 18 44.42	14 57 10.994	19 11 38.35	18 55 13.841	27 48 13.92
24	12 01 29.126	+1 50 46.86	15 01 25.834	−19 34 33.89	19 00 39.845	−27 41 49.13
	1月3日		1月7日		1月11日	
0	12 01 29.126	+1 50 46.86	15 01 25.834	−19 34 33.89	19 00 39.845	−27 41 49.13
2	12 04 58.440	1 22 46.70	15 05 42.541	19 57 10.36	19 06 05.728	27 34 35.83
4	12 08 27.811	0 54 44.25	15 10 01.141	20 19 27.06	19 11 31.395	27 26 34.15
6	12 11 57.277	+0 26 39.81	15 14 21.659	20 41 23.22	19 16 56.754	27 17 44.28
8	12 15 26.876	−0 01 26.31	15 18 44.117	21 02 58.11	19 22 21.714	27 08 06.43
10	12 18 56.647	0 29 33.80	15 23 08.538	21 24 10.97	19 27 46.184	26 57 40.88
12	12 22 26.629	0 57 42.35	15 27 34.940	21 45 01.01	19 33 10.078	26 46 27.97
14	12 25 56.860	1 25 51.65	15 32 03.340	22 05 27.45	19 38 33.310	26 34 28.06
16	12 29 27.380	1 54 01.38	15 36 33.752	22 25 29.49	19 43 55.800	26 21 41.57
18	12 32 58.228	2 22 11.24	15 41 06.191	22 45 06.33	19 49 17.468	26 08 08.96
20	12 36 29.443	2 50 20.89	15 45 40.664	23 04 17.15	19 54 38.238	25 53 50.73
22	12 40 01.065	3 18 30.02	15 50 17.180	23 23 01.13	19 59 58.037	25 38 47.44
24	12 43 33.133	−3 46 38.30	15 54 55.742	−23 41 17.44	20 05 16.797	−25 22 59.67
	1月4日		1月8日		1月12日	
0	12 43 33.133	−3 46 38.30	15 54 55.742	−23 41 17.44	20 05 16.797	−25 22 59.67
2	12 47 05.689	4 14 45.39	15 59 36.353	23 59 05.23	20 10 34.452	25 06 28.04
4	12 50 38.770	4 42 50.95	16 04 19.010	24 16 23.68	20 15 50.941	24 49 13.22
6	12 54 12.419	5 10 54.66	16 09 03.710	24 33 11.93	20 21 06.206	24 31 15.91
8	12 57 46.674	5 38 56.16	16 13 50.443	24 49 29.13	20 26 20.192	24 12 36.83
10	13 01 21.577	6 06 55.09	16 18 39.198	25 05 14.44	20 31 32.851	23 53 16.75
12	13 04 57.168	6 34 51.10	16 23 29.961	25 20 27.01	20 36 44.135	23 33 16.46
14	13 08 33.487	7 02 43.83	16 28 22.713	25 35 05.99	20 41 54.005	23 12 36.77
16	13 12 10.576	7 30 32.90	16 33 17.432	25 49 10.55	20 47 02.421	22 51 18.54
18	13 15 48.476	7 58 17.92	16 38 14.091	26 02 39.83	20 52 09.350	22 29 22.63
20	13 19 27.226	8 25 58.52	16 43 12.662	26 15 33.01	20 57 14.763	22 06 49.92
22	13 23 06.869	8 53 34.30	16 48 13.109	26 27 49.28	21 02 18.633	21 43 41.32
24	13 26 47.445	−9 21 04.85	16 53 15.396	−26 39 27.83	21 07 20.939	−21 19 57.77

月　　亮

2024 年

力学时	视赤经	视赤纬	视赤经	视赤纬	视赤经	视赤纬
	1月13日		1月17日		1月21日	
h	h m s	° ′ ″	h m s	° ′ ″	h m s	° ′ ″
0	21 07 20.939	− 21 19 57.77	0 42 53.257	+ 3 49 37.49	4 11 19.897	+ 24 46 22.15
2	21 12 21.663	20 55 40.20	0 47 03.569	4 22 45.14	4 15 58.743	25 01 49.10
4	21 17 20.791	20 30 49.57	0 51 13.805	4 55 44.10	4 20 38.329	25 16 42.04
6	21 22 18.312	20 05 26.84	0 55 24.007	5 28 33.72	4 25 18.631	25 31 00.63
8	21 27 14.218	19 39 32.99	0 59 34.217	6 01 13.35	4 29 59.620	25 44 44.54
10	21 32 08.507	19 13 09.01	1 03 44.476	6 33 42.36	4 34 41.268	25 57 53.44
12	21 37 01.178	18 46 15.90	1 07 54.826	7 06 00.12	4 39 23.543	26 10 27.03
14	21 41 52.234	18 18 54.64	1 12 05.306	7 38 06.01	4 44 06.410	26 22 25.04
16	21 46 41.680	17 51 06.24	1 16 15.956	8 09 59.42	4 48 49.836	26 33 47.18
18	21 51 29.526	17 22 51.70	1 20 26.816	8 41 39.73	4 53 33.782	26 44 33.22
20	21 56 15.783	16 54 12.04	1 24 37.923	9 13 06.33	4 58 18.210	26 54 42.91
22	22 01 00.466	16 25 08.26	1 28 49.315	9 44 18.63	5 03 03.078	27 04 16.04
24	22 05 43.591	− 15 55 41.35	1 33 01.030	+ 10 15 16.04	5 07 48.345	+ 27 13 12.41
	1月14日		1月18日		1月22日	
0	22 05 43.591	− 15 55 41.35	1 33 01.030	+ 10 15 16.04	5 07 48.345	+ 27 13 12.41
2	22 10 25.178	15 25 52.33	1 37 13.103	10 45 57.95	5 12 33.966	27 21 31.86
4	22 15 05.248	14 55 42.20	1 41 25.570	11 16 23.79	5 17 19.896	27 29 14.22
6	22 19 43.826	14 25 11.94	1 45 38.466	11 46 32.98	5 22 06.089	27 36 19.36
8	22 24 20.937	13 54 22.54	1 49 51.823	12 16 24.93	5 26 52.497	27 42 47.16
10	22 28 56.608	13 23 15.00	1 54 05.675	12 45 59.08	5 31 39.070	27 48 37.53
12	22 33 30.869	12 51 50.27	1 58 20.054	13 15 14.85	5 36 25.760	27 53 50.41
14	22 38 03.751	12 20 09.34	2 02 34.989	13 44 11.68	5 41 12.515	27 58 25.73
16	22 42 35.286	11 48 13.16	2 06 50.511	14 12 49.01	5 45 59.284	28 02 23.48
18	22 47 05.509	11 16 02.68	2 11 06.649	14 41 06.28	5 50 46.016	28 05 43.64
20	22 51 34.456	10 43 38.84	2 15 23.428	15 09 02.93	5 55 32.656	28 08 26.24
22	22 56 02.161	10 11 02.58	2 19 40.876	15 36 38.42	6 00 19.154	28 10 31.30
24	23 00 28.664	− 9 38 14.82	2 23 59.018	+ 16 03 52.19	6 05 05.455	+ 28 11 58.90
	1月15日		1月19日		1月23日	
0	23 00 28.664	− 9 38 14.82	2 23 59.018	+ 16 03 52.19	6 05 05.455	+ 28 11 58.90
2	23 04 54.003	9 05 16.47	2 28 17.876	16 30 43.71	6 09 51.507	28 12 49.11
4	23 09 18.217	8 32 08.43	2 32 37.473	16 57 12.43	6 14 37.257	28 13 02.04
6	23 13 41.348	7 58 51.58	2 36 57.831	17 23 17.81	6 19 22.653	28 12 37.82
8	23 18 03.435	7 25 26.82	2 41 18.967	17 48 59.33	6 24 07.641	28 11 36.59
10	23 22 24.521	6 51 55.00	2 45 40.899	18 14 16.46	6 28 52.171	28 09 58.52
12	23 26 44.649	6 18 16.98	2 50 03.645	18 39 08.66	6 33 36.191	28 07 43.81
14	23 31 03.861	5 44 33.61	2 54 27.218	19 03 35.43	6 38 19.650	28 04 52.67
16	23 35 22.200	5 10 45.73	2 58 51.632	19 27 36.24	6 43 02.500	28 01 25.32
18	23 39 39.711	4 36 54.14	3 03 16.897	19 51 10.59	6 47 44.691	27 57 22.02
20	23 43 56.438	4 02 59.67	3 07 43.023	20 14 17.97	6 52 26.177	27 52 43.04
22	23 48 12.425	3 29 03.11	3 12 10.018	20 36 57.88	6 57 06.911	27 47 28.67
24	23 52 27.716	− 2 55 05.25	3 16 37.887	+ 20 59 09.83	7 01 46.848	+ 27 41 39.21
	1月16日		1月20日		1月24日	
0	23 52 27.716	− 2 55 05.25	3 16 37.887	+ 20 59 09.83	7 01 46.848	+ 27 41 39.21
2	23 56 42.357	2 21 06.88	3 21 06.634	21 20 53.32	7 06 25.944	27 35 15.00
4	0 00 56.391	1 47 08.75	3 25 36.262	21 42 07.89	7 11 04.159	27 28 16.36
6	0 05 09.865	1 13 11.63	3 30 06.769	22 02 53.04	7 15 41.451	27 20 43.67
8	0 09 22.823	0 39 16.25	3 34 38.154	22 23 08.33	7 20 17.781	27 12 37.29
10	0 13 35.309	− 0 05 23.36	3 39 10.413	22 42 53.29	7 24 53.113	27 03 57.61
12	0 17 47.369	+ 0 28 26.32	3 43 43.539	23 02 07.46	7 29 27.412	26 54 45.04
14	0 21 59.047	1 02 12.07	3 48 17.525	23 20 50.42	7 34 00.643	26 44 59.98
16	0 26 10.387	1 35 53.19	3 52 52.359	23 39 01.72	7 38 32.775	26 34 42.87
18	0 30 21.435	2 09 28.97	3 57 28.029	23 56 40.95	7 43 03.780	26 23 54.15
20	0 34 32.233	2 42 58.74	4 02 04.520	24 13 47.70	7 47 33.628	26 12 34.26
22	0 38 42.826	3 16 21.80	4 06 41.816	24 30 21.56	7 52 02.294	26 00 43.66
24	0 42 53.257	+ 3 49 37.49	4 11 19.897	+ 24 46 22.15	7 56 29.755	+ 25 48 22.84

月　　亮

2024 年

力学时	视赤经	视赤纬	视赤经	视赤纬	视赤经	视赤纬
	1月25日		1月29日		2月2日	
h	h m s	° ′ ″	h m s	° ′ ″	h m s	° ′ ″
0	7 56 29.755	+25 48 22.84	11 06 17.107	+8 47 48.94	13 56 24.438	−13 12 29.70
2	8 00 55.989	25 35 32.25	11 09 50.238	8 20 54.50	14 00 10.912	13 38 22.86
4	8 05 20.975	25 22 12.40	11 13 22.819	7 53 53.33	14 03 58.581	14 04 05.66
6	8 09 44.696	25 08 23.77	11 16 54.881	7 26 45.78	14 07 47.484	14 29 37.65
8	8 14 07.136	24 54 06.86	11 20 26.457	6 59 32.23	14 11 37.660	14 54 58.34
10	8 18 28.282	24 39 22.18	11 23 57.579	6 32 13.01	14 15 29.144	15 20 07.25
12	8 22 48.120	24 24 10.24	11 27 28.282	6 04 48.48	14 19 21.974	15 45 03.90
14	8 27 06.642	24 08 31.55	11 30 58.598	5 37 19.00	14 23 16.188	16 09 47.76
16	8 31 23.839	23 52 26.63	11 34 28.560	5 09 44.90	14 27 11.821	16 34 18.33
18	8 35 39.705	23 35 55.99	11 37 58.203	4 42 06.53	14 31 08.909	16 58 35.08
20	8 39 54.235	23 19 00.17	11 41 27.561	4 14 24.22	14 35 07.487	17 22 37.46
22	8 44 07.426	23 01 39.69	11 44 56.666	3 46 38.31	14 39 07.591	17 46 24.94
24	8 48 19.278	+22 43 55.06	11 48 25.555	+3 18 49.14	14 43 09.253	−18 09 56.94
	1月26日		1月30日		2月3日	
0	8 48 19.278	+22 43 55.06	11 48 25.555	+3 18 49.14	14 43 09.253	−18 09 56.94
2	8 52 29.792	22 25 46.82	11 51 54.261	2 50 57.04	14 47 12.509	18 33 12.89
4	8 56 38.969	22 07 15.49	11 55 22.819	2 23 02.32	14 51 17.389	18 56 12.22
6	9 00 46.813	21 48 21.59	11 58 51.264	1 55 05.33	14 55 23.926	19 18 54.31
8	9 04 53.331	21 29 05.66	12 02 19.631	1 27 06.39	14 59 32.150	19 41 18.57
10	9 08 58.530	21 09 28.20	12 05 47.955	0 59 05.82	15 03 42.091	20 03 24.37
12	9 13 02.417	20 49 29.75	12 09 16.272	0 31 03.95	15 07 53.778	20 25 11.09
14	9 17 05.003	20 29 10.81	12 12 44.617	+0 03 01.10	15 12 07.236	20 46 38.06
16	9 21 06.299	20 08 31.90	12 16 13.026	−0 25 02.41	15 16 22.494	21 07 44.65
18	9 25 06.317	19 47 33.54	12 19 41.534	0 53 06.25	15 20 39.573	21 28 30.18
20	9 29 05.071	19 26 16.23	12 23 10.179	1 21 10.10	15 24 58.499	21 48 53.97
22	9 33 02.577	19 04 40.48	12 26 38.996	1 49 13.64	15 29 19.291	22 08 55.33
24	9 36 58.850	+18 42 46.78	12 30 08.021	−2 17 16.55	15 33 41.970	−22 28 33.57
	1月27日		1月31日		2月4日	
0	9 36 58.850	+18 42 46.78	12 30 08.021	−2 17 16.55	15 33 41.970	−22 28 33.57
2	9 40 53.908	18 20 35.64	12 33 37.292	2 45 18.49	15 38 06.553	22 47 47.97
4	9 44 47.769	17 58 07.54	12 37 06.844	3 13 19.15	15 42 33.055	23 06 37.81
6	9 48 40.452	17 35 22.97	12 40 36.715	3 41 18.19	15 47 01.490	23 25 02.36
8	9 52 31.977	17 12 22.41	12 44 06.942	4 09 15.28	15 51 31.870	23 43 00.89
10	9 56 22.366	16 49 06.34	12 47 37.563	4 37 10.10	15 56 04.204	24 00 32.64
12	10 00 11.640	16 25 35.24	12 51 08.613	5 05 02.30	16 00 38.498	24 17 36.87
14	10 03 59.822	16 01 49.56	12 54 40.132	5 32 51.56	16 05 14.755	24 34 12.81
16	10 07 46.936	15 37 49.77	12 58 12.156	6 00 37.52	16 09 52.979	24 50 19.70
18	10 11 33.006	15 13 36.33	13 01 44.723	6 28 19.85	16 14 33.166	25 05 56.76
20	10 15 18.057	14 49 09.68	13 05 17.871	6 55 58.19	16 19 15.313	25 21 03.23
22	10 19 02.114	14 24 30.26	13 08 51.639	7 23 32.20	16 23 59.413	25 35 38.32
24	10 22 45.204	+13 59 38.53	13 12 26.064	−7 51 01.52	16 28 45.455	−25 49 41.26
	1月28日		2月1日		2月5日	
0	10 22 45.204	+13 59 38.53	13 12 26.064	−7 51 01.52	16 28 45.455	−25 49 41.26
2	10 26 27.354	13 34 34.91	13 16 01.185	8 18 25.78	16 33 33.425	26 03 11.26
4	10 30 08.591	13 09 19.83	13 19 37.040	8 45 44.62	16 38 23.307	26 16 07.56
6	10 33 48.943	12 43 53.70	13 23 13.667	9 12 57.66	16 43 15.081	26 28 29.38
8	10 37 28.438	12 18 16.96	13 26 51.105	9 40 04.54	16 48 08.723	26 40 15.94
10	10 41 07.105	11 52 30.01	13 30 29.393	10 07 04.85	16 53 04.206	26 51 26.48
12	10 44 44.974	11 26 33.26	13 34 08.569	10 33 58.22	16 58 01.499	27 02 00.25
14	10 48 22.073	11 00 27.10	13 37 48.672	11 00 44.24	17 03 00.569	27 11 56.49
16	10 51 58.435	10 34 11.93	13 41 29.740	11 27 22.51	17 08 01.378	27 21 14.47
18	10 55 34.087	10 07 48.15	13 45 11.812	11 53 52.62	17 13 03.884	27 29 53.46
20	10 59 09.063	9 41 16.14	13 48 54.927	12 20 14.14	17 18 08.043	27 37 52.74
22	11 02 43.392	9 14 36.28	13 52 39.123	12 46 26.64	17 23 13.807	27 45 11.63
24	11 06 17.107	+8 47 48.94	13 56 24.438	−13 12 29.70	17 28 21.123	−27 51 49.45

月　　亮

2024 年

力学时	视 赤 经	视 赤 纬	视 赤 经	视 赤 纬	视 赤 经	视 赤 纬
	2月6日		2月10日		2月14日	
h	h m s	° ′ ″	h m s	° ′ ″	h m s	° ′ ″
0	17 28 21.123	− 27 51 49.45	21 40 27.595	− 18 22 58.30	1 17 17.023	+ 8 33 59.82
2	17 33 29.937	27 57 45.53	21 45 23.068	17 54 24.28	1 21 36.656	9 06 47.40
4	17 38 40.191	28 02 59.25	21 50 17.124	17 25 21.37	1 25 56.474	9 39 18.96
6	17 43 51.821	28 07 29.98	21 55 09.768	16 55 50.61	1 30 16.511	10 11 33.79
8	17 49 04.763	28 11 17.15	22 00 01.006	16 25 53.04	1 34 36.802	10 43 31.23
10	17 54 18.950	28 14 20.20	22 04 50.847	15 55 29.71	1 38 57.381	11 15 10.61
12	17 59 34.310	28 16 38.58	22 09 39.304	15 24 41.67	1 43 18.278	11 46 31.27
14	18 04 50.770	28 18 11.82	22 14 26.391	14 53 30.00	1 47 39.526	12 17 32.56
16	18 10 08.254	28 18 59.43	22 19 12.124	14 21 55.76	1 52 01.155	12 48 13.84
18	18 15 26.683	28 19 00.98	22 23 56.522	13 50 00.01	1 56 23.194	13 18 34.49
20	18 20 45.977	28 18 16.09	22 28 39.608	13 17 43.83	2 00 45.671	13 48 33.88
22	18 26 06.054	28 16 44.40	22 33 21.402	12 45 08.28	2 05 08.614	14 18 11.41
24	18 31 26.830	− 28 14 25.57	22 38 01.932	− 12 12 14.44	2 09 32.049	+ 14 47 26.47
	2月7日		2月11日		2月15日	
0	18 31 26.830	− 28 14 25.57	22 38 01.932	− 12 12 14.44	2 09 32.049	+ 14 47 26.47
2	18 36 48.218	28 11 19.35	22 42 41.222	11 39 03.36	2 13 55.999	15 16 18.47
4	18 42 10.133	28 07 25.48	22 47 19.302	11 05 36.12	2 18 20.489	15 44 46.84
6	18 47 32.488	28 02 43.78	22 51 56.201	10 31 53.77	2 22 45.540	16 12 51.00
8	18 52 55.194	27 57 14.10	22 56 31.951	9 57 57.37	2 27 11.174	16 40 30.39
10	18 58 18.163	27 50 56.33	23 01 06.584	9 23 47.97	2 31 37.410	17 07 44.45
12	19 03 41.308	27 43 50.40	23 05 40.134	8 49 26.61	2 36 04.265	17 34 32.64
14	19 09 04.540	27 35 56.31	23 10 12.635	8 14 54.33	2 40 31.756	18 00 54.42
16	19 14 27.771	27 27 14.09	23 14 44.124	7 40 12.16	2 44 59.898	18 26 49.27
18	19 19 50.916	27 17 43.81	23 19 14.638	7 05 21.11	2 49 28.705	18 52 16.68
20	19 25 13.888	27 07 25.59	23 23 44.214	6 30 22.21	2 53 58.187	19 17 16.12
22	19 30 36.605	26 56 19.62	23 28 12.891	5 55 16.46	2 58 28.355	19 41 47.12
24	19 35 58.982	− 26 44 26.10	23 32 40.708	− 5 20 04.84	3 02 59.218	+ 20 05 49.17
	2月8日		2月12日		2月16日	
0	19 35 58.982	− 26 44 26.10	23 32 40.708	− 5 20 04.84	3 02 59.218	+ 20 05 49.17
2	19 41 20.941	26 31 45.30	23 37 07.704	4 44 48.35	3 07 30.781	20 29 21.81
4	19 46 42.403	26 18 17.53	23 41 33.919	4 09 27.95	3 12 03.049	20 52 24.56
6	19 52 03.290	26 04 03.14	23 45 59.396	3 34 04.62	3 16 36.026	21 14 56.97
8	19 57 23.531	25 49 02.53	23 50 24.173	2 58 39.30	3 21 09.713	21 36 58.59
10	20 02 43.054	25 33 16.13	23 54 48.294	2 23 12.94	3 25 44.108	21 58 28.99
12	20 08 01.792	25 16 44.44	23 59 11.799	1 47 46.46	3 30 19.209	22 19 27.74
14	20 13 19.679	24 59 27.98	0 03 34.730	1 12 20.79	3 34 55.012	22 39 54.42
16	20 18 36.654	24 41 27.30	0 07 57.130	0 36 56.82	3 39 31.510	22 59 48.64
18	20 23 52.659	24 22 43.03	0 12 19.039	− 0 01 35.47	3 44 08.694	23 19 10.00
20	20 29 07.639	24 03 15.79	0 16 40.501	+ 0 33 42.40	3 48 46.554	23 37 58.14
22	20 34 21.543	23 43 06.26	0 21 01.556	1 08 55.91	3 53 25.078	23 56 12.67
24	20 39 34.322	− 23 22 15.16	0 25 22.248	+ 1 44 04.20	3 58 04.251	+ 24 13 53.26
	2月9日		2月13日		2月17日	
0	20 39 34.322	− 23 22 15.16	0 25 22.248	+ 1 44 04.20	3 58 04.251	+ 24 13 53.26
2	20 44 45.934	23 00 43.22	0 29 42.617	2 19 06.42	4 02 44.056	24 30 59.57
4	20 49 56.336	22 38 31.23	0 34 02.705	2 54 01.74	4 07 24.477	24 47 31.26
6	20 55 05.493	22 15 40.00	0 38 22.553	3 28 49.33	4 12 05.491	25 03 28.03
8	21 00 13.372	21 52 10.35	0 42 42.202	4 03 28.38	4 16 47.078	25 18 49.58
10	21 05 19.943	21 28 03.14	0 47 01.693	4 37 58.09	4 21 29.213	25 33 35.64
12	21 10 25.180	21 03 19.27	0 51 21.067	5 12 17.68	4 26 11.870	25 47 45.93
14	21 15 29.061	20 37 59.64	0 55 40.362	5 46 26.36	4 30 55.021	26 01 20.20
16	21 20 31.568	20 12 05.18	0 59 59.618	6 20 23.37	4 35 38.637	26 14 18.23
18	21 25 32.684	19 45 36.84	1 04 18.874	6 54 07.96	4 40 22.688	26 26 39.79
20	21 30 32.400	19 18 35.59	1 08 38.169	7 27 39.39	4 45 07.138	26 38 24.69
22	21 35 30.705	18 51 02.41	1 12 57.540	8 00 56.91	4 49 51.956	26 49 32.73
24	21 40 27.595	− 18 22 58.30	1 17 17.023	+ 8 33 59.82	4 54 37.103	+ 27 00 03.76

月　　　亮

2024 年

力学时	视赤经	视赤纬	视赤经	视赤纬	视赤经	视赤纬
	2 月 18 日		2 月 22 日		2 月 26 日	
h	h m s	° ′ ″	h m s	° ′ ″	h m s	° ′ ″
0	4 54 37.103	+ 27 00 03.76	8 35 24.006	+ 23 40 52.55	11 37 01.669	+ 4 42 17.86
2	4 59 22.544	27 09 57.62	8 39 36.337	23 23 53.91	11 40 31.111	4 14 24.01
4	5 04 08.239	27 19 14.19	8 43 47.384	23 06 30.81	11 44 00.304	3 46 26.53
6	5 08 54.147	27 27 53.35	8 47 57.148	22 48 43.74	11 47 29.280	3 18 25.78
8	5 13 40.228	27 35 55.00	8 52 05.631	22 30 33.20	11 50 58.070	2 50 22.12
10	5 18 26.440	27 43 19.09	8 56 12.839	22 11 59.68	11 54 26.707	2 22 15.89
12	5 23 12.738	27 50 05.54	9 00 18.776	21 53 03.68	11 57 55.223	1 54 07.47
14	5 27 59.079	27 56 14.32	9 04 23.450	21 33 45.67	12 01 23.650	1 25 57.20
16	5 32 45.418	28 01 45.41	9 08 26.867	21 14 06.16	12 04 52.019	0 57 45.44
18	5 37 31.708	28 06 38.82	9 12 29.038	20 54 05.64	12 08 20.364	0 29 32.54
20	5 42 17.904	28 10 54.57	9 16 29.974	20 33 44.59	12 11 48.717	+ 0 01 18.86
22	5 47 03.959	28 14 32.69	9 20 29.685	20 13 03.51	12 15 17.111	− 0 26 55.26
24	5 51 49.825	+ 28 17 33.25	9 24 28.185	+ 19 52 02.86	12 18 45.578	− 0 55 09.47
	2 月 19 日		2 月 23 日		2 月 27 日	
0	5 51 49.825	+ 28 17 33.25	9 24 28.185	+ 19 52 02.86	12 18 45.578	− 0 55 09.47
2	5 56 35.457	28 19 56.33	9 28 25.487	19 30 43.15	12 22 14.151	1 23 23.40
4	6 01 20.805	28 21 42.02	9 32 21.607	19 09 04.84	12 25 42.864	1 51 36.71
6	6 06 05.823	28 22 50.44	9 36 16.561	18 47 08.41	12 29 11.749	2 19 49.05
8	6 10 50.465	28 23 21.73	9 40 10.365	18 24 54.34	12 32 40.840	2 48 00.06
10	6 15 34.682	28 23 16.04	9 44 03.037	18 02 23.10	12 36 10.171	3 16 09.39
12	6 20 18.430	28 22 33.54	9 47 54.596	17 39 35.15	12 39 39.773	3 44 16.69
14	6 25 01.661	28 21 14.43	9 51 45.061	17 16 30.97	12 43 09.683	4 12 21.59
16	6 29 44.330	28 19 18.92	9 55 34.453	16 53 11.00	12 46 39.932	4 40 23.74
18	6 34 26.394	28 16 47.23	9 59 22.792	16 29 35.71	12 50 10.554	5 08 22.78
20	6 39 07.807	28 13 39.59	10 03 10.100	16 05 45.55	12 53 41.584	5 36 18.35
22	6 43 48.529	28 09 56.29	10 06 56.400	15 41 40.97	12 57 13.056	6 04 10.08
24	6 48 28.515	+ 28 05 37.58	10 10 41.714	+ 15 17 22.41	13 00 45.002	− 6 31 57.61
	2 月 20 日		2 月 24 日		2 月 28 日	
0	6 48 28.515	+ 28 05 37.58	10 10 41.714	+ 15 17 22.41	13 00 45.002	− 6 31 57.61
2	6 53 07.727	28 00 43.76	10 14 26.066	14 52 50.33	13 04 17.459	6 59 40.58
4	6 57 46.125	27 55 15.13	10 18 09.480	14 28 05.15	13 07 50.459	7 27 18.60
6	7 02 23.670	27 49 12.03	10 21 51.982	14 03 07.31	13 11 24.036	7 54 51.31
8	7 07 00.325	27 42 34.77	10 25 33.595	13 37 57.24	13 14 58.226	8 22 18.32
10	7 11 36.056	27 35 23.72	10 29 14.346	13 12 35.36	13 18 33.062	8 49 39.27
12	7 16 10.828	27 27 39.22	10 32 54.261	12 47 02.11	13 22 08.579	9 16 53.75
14	7 20 44.609	27 19 21.66	10 36 33.366	12 21 17.90	13 25 44.811	9 44 01.39
16	7 25 17.368	27 10 31.42	10 40 11.689	11 55 23.14	13 29 21.792	10 11 01.78
18	7 29 49.077	27 01 08.90	10 43 49.256	11 29 18.24	13 32 59.557	10 37 54.54
20	7 34 19.706	26 51 14.49	10 47 26.096	11 03 03.62	13 36 38.139	11 04 39.26
22	7 38 49.232	26 40 48.63	10 51 02.236	10 36 39.68	13 40 17.574	11 31 15.53
24	7 43 17.629	+ 26 29 51.72	10 54 37.705	+ 10 10 06.82	13 43 57.895	− 11 57 42.94
	2 月 21 日		2 月 25 日		2 月 29 日	
0	7 43 17.629	+ 26 29 51.72	10 54 37.705	+ 10 10 06.82	13 43 57.895	− 11 57 42.94
2	7 47 44.876	26 18 24.22	10 58 12.532	9 43 25.43	13 47 39.137	12 24 01.07
4	7 52 10.951	26 06 26.55	11 01 46.745	9 16 35.91	13 51 21.333	12 50 09.50
6	7 56 35.836	25 53 59.16	11 05 20.373	8 49 38.64	13 55 04.517	13 16 07.80
8	8 00 59.514	25 41 02.52	11 08 53.447	8 22 34.03	13 58 48.723	13 41 55.54
10	8 05 21.970	25 27 37.09	11 12 25.995	7 55 22.44	14 02 33.985	14 07 32.27
12	8 09 43.189	25 13 43.32	11 15 58.048	7 28 04.27	14 06 20.335	14 32 57.54
14	8 14 03.161	24 59 21.70	11 19 29.636	7 00 39.88	14 10 07.807	14 58 10.90
16	8 18 21.874	24 44 32.70	11 23 00.789	6 33 09.66	14 13 56.434	15 23 11.89
18	8 22 39.322	24 29 16.80	11 26 31.538	6 05 33.98	14 17 46.248	15 48 00.04
20	8 26 55.496	24 13 34.48	11 30 01.914	5 37 53.21	14 21 37.281	16 12 34.88
22	8 31 10.392	23 57 26.24	11 33 31.947	5 10 07.71	14 25 29.564	16 36 55.91
24	8 35 24.006	+ 23 40 52.55	11 37 01.669	+ 4 42 17.86	14 29 23.130	− 17 01 02.66

月　　亮

2024 年

力学时	视赤经	视赤纬	视赤经	视赤纬	视赤经	视赤纬
	3月1日		3月5日		3月9日	
h	h m s	° ′ ″	h m s	° ′ ″	h m s	° ′ ″
0	14 29 23.130	−17 01 02.66	18 06 58.769	−28 29 08.21	22 11 15.325	−15 15 48.20
2	14 33 18.009	17 24 54.61	18 12 06.662	28 29 29.66	22 16 00.818	14 44 21.19
4	14 37 14.231	17 48 31.27	18 17 15.417	28 29 07.61	22 20 45.267	14 12 30.08
6	14 41 11.825	18 11 52.11	18 22 24.966	28 28 01.71	22 25 28.689	13 40 15.87
8	14 45 10.821	18 34 56.63	18 27 35.243	28 26 11.65	22 30 11.104	13 07 39.56
10	14 49 11.248	18 57 44.28	18 32 46.178	28 23 37.13	22 34 52.533	12 34 42.14
12	14 53 13.131	19 20 14.53	18 37 57.702	28 20 17.88	22 39 32.999	12 01 24.63
14	14 57 16.500	19 42 26.83	18 43 09.745	28 16 13.68	22 44 12.526	11 27 48.06
16	15 01 21.378	20 04 20.62	18 48 22.235	28 11 24.34	22 48 51.140	10 53 53.44
18	15 05 27.791	20 25 55.35	18 53 35.100	28 05 49.68	22 53 28.868	10 19 41.81
20	15 09 35.763	20 47 10.44	18 58 48.268	27 59 29.58	22 58 05.738	9 45 14.19
22	15 13 45.317	21 08 05.31	19 04 01.669	27 52 23.96	23 02 41.781	9 10 31.64
24	15 17 56.474	−21 28 39.37	19 09 15.229	−27 44 32.74	23 07 17.027	− 8 35 35.18
	3月2日		3月6日		3月10日	
0	15 17 56.474	−21 28 39.37	19 09 15.229	−27 44 32.74	23 07 17.027	− 8 35 35.18
2	15 22 09.254	21 48 52.04	19 14 28.877	27 35 55.91	23 11 51.508	8 00 25.86
4	15 26 23.677	22 08 42.70	19 19 42.544	27 26 33.48	23 16 25.257	7 25 04.72
6	15 30 39.759	22 28 10.75	19 24 56.158	27 16 25.51	23 20 58.308	6 49 32.81
8	15 34 57.518	22 47 15.57	19 30 09.652	27 05 32.08	23 25 30.696	6 13 51.16
10	15 39 16.967	23 05 56.54	19 35 22.957	26 53 53.31	23 30 02.455	5 38 00.83
12	15 43 38.120	23 24 13.02	19 40 36.008	26 41 29.38	23 34 33.622	5 02 02.85
14	15 48 00.987	23 42 04.39	19 45 48.739	26 28 20.46	23 39 04.233	4 25 58.26
16	15 52 25.578	23 59 29.99	19 51 01.089	26 14 26.81	23 43 34.325	3 49 48.09
18	15 56 51.900	24 16 29.19	19 56 12.996	25 59 48.69	23 48 03.936	3 13 33.39
20	16 01 19.958	24 33 01.33	20 01 24.401	25 44 26.40	23 52 33.103	2 37 15.17
22	16 05 49.756	24 49 05.75	20 06 35.249	25 28 20.30	23 57 01.865	2 00 54.47
24	16 10 21.294	−25 04 41.80	20 11 45.484	−25 11 30.75	0 01 30.260	− 1 24 32.31
	3月3日		3月7日		3月11日	
0	16 10 21.294	−25 04 41.80	20 11 45.484	−25 11 30.75	0 01 30.260	− 1 24 32.31
2	16 14 54.571	25 19 48.81	20 16 55.056	24 53 58.17	0 05 58.326	0 48 09.70
4	16 19 29.584	25 34 26.12	20 22 03.915	24 35 43.01	0 10 26.103	− 0 11 47.64
6	16 24 06.327	25 48 33.07	20 27 12.015	24 16 45.73	0 14 53.628	+ 0 24 32.84
8	16 28 44.791	26 02 08.99	20 32 19.313	23 57 06.86	0 19 20.942	1 00 50.77
10	16 33 24.966	26 15 13.22	20 37 25.767	23 36 46.94	0 23 48.081	1 37 05.15
12	16 38 06.837	26 27 45.09	20 42 31.339	23 15 46.53	0 28 15.085	2 13 14.99
14	16 42 50.389	26 39 43.94	20 47 35.996	22 54 06.25	0 32 41.992	2 49 19.32
16	16 47 35.602	26 51 09.12	20 52 39.704	22 31 46.72	0 37 08.840	3 25 17.18
18	16 52 22.455	27 01 59.98	20 57 42.435	22 08 48.59	0 41 35.667	4 01 07.60
20	16 57 10.924	27 12 15.85	21 02 44.163	21 45 12.57	0 46 02.511	4 36 49.64
22	17 02 00.980	27 21 56.12	21 07 44.864	21 20 59.36	0 50 29.407	5 12 22.35
24	17 06 52.594	−27 31 00.14	21 12 44.519	−20 56 09.69	0 54 56.394	+ 5 47 44.81
	3月4日		3月8日		3月12日	
0	17 06 52.594	−27 31 00.14	21 12 44.519	−20 56 09.69	0 54 56.394	+ 5 47 44.81
2	17 11 45.734	27 39 27.30	21 17 43.111	20 30 44.33	0 59 23.506	6 22 56.09
4	17 16 40.362	27 47 16.97	21 22 40.625	20 04 44.07	1 03 50.780	6 57 55.28
6	17 21 36.442	27 54 28.57	21 27 37.050	19 38 09.70	1 08 18.250	7 32 41.48
8	17 26 33.931	28 01 01.51	21 32 32.377	19 11 02.06	1 12 45.950	8 07 13.80
10	17 31 32.785	28 06 55.21	21 37 26.601	18 43 21.98	1 17 13.914	8 41 31.37
12	17 36 32.959	28 12 09.12	21 42 19.718	18 15 10.35	1 21 42.175	9 15 33.30
14	17 41 34.402	28 16 42.70	21 47 11.728	17 46 28.03	1 26 10.763	9 49 18.75
16	17 46 37.063	28 20 35.43	21 52 02.632	17 17 15.93	1 30 39.711	10 22 46.86
18	17 51 40.887	28 23 46.81	21 56 52.436	16 47 34.96	1 35 09.047	10 55 56.81
20	17 56 45.819	28 26 16.37	22 01 41.147	16 17 26.05	1 39 38.801	11 28 47.77
22	18 01 51.800	28 28 03.64	22 06 28.772	15 46 50.15	1 44 09.001	12 01 18.92
24	18 06 58.769	−28 29 08.21	22 11 15.325	−15 15 48.20	1 48 39.673	+12 33 29.49

月　亮

2024 年

力学时	视赤经	视赤纬	视赤经	视赤纬	视赤经	视赤纬
	3月13日		3月17日		3月21日	
h	h m s	° ′ ″	h m s	° ′ ″	h m s	° ′ ″
0	1 48 39.673	+12 33 29.49	5 36 28.879	+28 15 00.72	9 12 42.592	+20 58 13.11
2	1 53 10.843	13 05 18.66	5 41 20.777	28 19 26.18	9 16 42.494	20 37 48.98
4	1 57 42.535	13 36 45.68	5 46 12.336	28 23 12.26	9 20 41.151	20 17 05.09
6	2 02 14.772	14 07 49.79	5 51 03.506	28 26 19.11	9 24 38.578	19 56 01.92
8	2 06 47.576	14 38 30.23	5 55 54.238	28 28 46.89	9 28 34.795	19 34 39.94
10	2 11 20.967	15 08 46.28	6 00 44.482	28 30 35.79	9 32 29.819	19 12 59.59
12	2 15 54.964	15 38 37.21	6 05 34.191	28 31 46.01	9 36 23.672	18 51 01.34
14	2 20 29.583	16 08 02.32	6 10 23.316	28 32 17.77	9 40 16.373	18 28 45.64
16	2 25 04.841	16 37 00.91	6 15 11.809	28 32 11.31	9 44 07.943	18 06 12.93
18	2 29 40.752	17 05 32.32	6 19 59.625	28 31 26.88	9 47 58.405	17 43 23.66
20	2 34 17.328	17 33 35.86	6 24 46.718	28 30 04.78	9 51 47.781	17 20 18.28
22	2 38 54.580	18 01 10.91	6 29 33.044	28 28 05.28	9 55 36.095	16 56 57.21
24	2 43 32.517	+18 28 16.82	6 34 18.559	+28 25 28.70	9 59 23.369	+16 33 20.90
	3月14日		3月18日		3月22日	
0	2 43 32.517	+18 28 16.82	6 34 18.559	+28 25 28.70	9 59 23.369	+16 33 20.90
2	2 48 11.145	18 54 52.98	6 39 03.221	28 22 15.36	10 03 09.630	16 09 29.76
4	2 52 50.471	19 20 58.77	6 43 46.989	28 18 25.61	10 06 54.901	15 45 24.23
6	2 57 30.497	19 46 33.63	6 48 29.825	28 13 59.79	10 10 39.209	15 21 04.72
8	3 02 11.224	20 11 36.96	6 53 11.689	28 08 58.28	10 14 22.578	14 56 31.66
10	3 06 52.654	20 36 08.23	6 57 52.547	28 03 21.45	10 18 05.036	14 31 45.45
12	3 11 34.782	21 00 06.89	7 02 32.362	27 57 09.69	10 21 46.609	14 06 46.51
14	3 16 17.604	21 23 32.42	7 07 11.102	27 50 23.42	10 25 27.324	13 41 35.25
16	3 21 01.114	21 46 24.32	7 11 48.736	27 43 03.04	10 29 07.209	13 16 12.06
18	3 25 45.303	22 08 42.09	7 16 25.234	27 35 08.99	10 32 46.292	12 50 37.35
20	3 30 30.160	22 30 25.28	7 21 00.568	27 26 41.69	10 36 24.600	12 24 51.52
22	3 35 15.672	22 51 33.43	7 25 34.712	27 17 41.59	10 40 02.162	11 58 54.95
24	3 40 01.825	+23 12 06.12	7 30 07.642	+27 08 09.13	10 43 39.007	+11 32 48.05
	3月15日		3月19日		3月23日	
0	3 40 01.825	+23 12 06.12	7 30 07.642	+27 08 09.13	10 43 39.007	+11 32 48.05
2	3 44 48.601	23 32 02.92	7 34 39.335	26 58 04.78	10 47 15.164	11 06 31.20
4	3 49 35.982	23 51 23.44	7 39 09.772	26 47 29.00	10 50 50.661	10 40 04.78
6	3 54 23.946	24 10 07.31	7 43 38.934	26 36 22.26	10 54 25.529	10 13 29.19
8	3 59 12.469	24 28 14.18	7 48 06.803	26 24 45.04	10 57 59.796	9 46 44.79
10	4 04 01.528	24 45 43.71	7 52 33.365	26 12 37.81	11 01 33.493	9 19 51.97
12	4 08 51.094	25 02 35.59	7 56 58.607	26 00 01.06	11 05 06.649	8 52 51.10
14	4 13 41.139	25 18 49.51	8 01 22.517	25 46 55.28	11 08 39.295	8 25 42.56
16	4 18 31.631	25 34 25.22	8 05 45.087	25 33 20.95	11 12 11.461	7 58 26.72
18	4 23 22.538	25 49 22.46	8 10 06.308	25 19 18.58	11 15 43.176	7 31 03.96
20	4 28 13.825	26 03 41.00	8 14 26.175	25 04 48.64	11 19 14.473	7 03 34.63
22	4 33 05.456	26 17 20.64	8 18 44.683	24 49 51.65	11 22 45.380	6 35 59.12
24	4 37 57.392	+26 30 21.17	8 23 01.830	+24 34 28.09	11 26 15.930	+ 6 08 17.78
	3月16日		3月20日		3月24日	
0	4 37 57.392	+26 30 21.17	8 23 01.830	+24 34 28.09	11 26 15.930	+ 6 08 17.78
2	4 42 49.596	26 42 42.45	8 27 17.614	24 18 38.46	11 29 46.152	5 40 30.98
4	4 47 42.024	26 54 24.33	8 31 32.038	24 02 23.26	11 33 16.078	5 12 39.08
6	4 52 34.636	27 05 26.69	8 35 45.102	23 45 42.98	11 36 45.739	4 44 42.46
8	4 57 27.387	27 15 49.42	8 39 56.811	23 28 38.12	11 40 15.166	4 16 41.46
10	5 02 20.234	27 25 32.47	8 44 07.169	23 11 09.18	11 43 44.390	3 48 36.47
12	5 07 13.130	27 34 35.77	8 48 16.184	22 53 16.63	11 47 13.442	3 20 27.82
14	5 12 06.028	27 42 59.29	8 52 23.863	22 35 00.98	11 50 42.355	2 52 15.90
16	5 16 58.882	27 50 43.02	8 56 30.216	22 16 22.71	11 54 11.158	2 24 01.06
18	5 21 51.643	27 57 46.99	9 00 35.253	21 57 22.31	11 57 39.884	1 55 43.66
20	5 26 44.262	28 04 11.21	9 04 38.986	21 38 00.25	12 01 08.565	1 27 24.07
22	5 31 36.690	28 09 55.77	9 08 41.427	21 18 17.03	12 04 37.231	0 59 02.65
24	5 36 28.879	+28 15 00.72	9 12 42.592	+20 58 13.11	12 08 05.915	+ 0 30 39.77

月　　亮

2024 年

力学时	视赤经	视赤纬	视赤经	视赤纬	视赤经	视赤纬
	3月25日		3月29日		4月2日	
h	h m s	° ′ ″	h m s	° ′ ″	h m s	° ′ ″
0	12 08 05.915	+ 0 30 39.77	15 05 43.016	− 20 31 57.16	18 49 59.286	− 28 14 19.73
2	12 11 34.649	+ 0 02 15.78	15 09 50.591	20 53 10.46	18 55 02.837	28 08 40.28
4	12 15 03.463	− 0 26 08.95	15 13 59.629	21 14 02.91	19 00 06.515	28 02 18.17
6	12 18 32.391	0 54 34.05	15 18 10.145	21 34 33.93	19 05 10.259	27 55 13.39
8	12 22 01.463	1 22 59.14	15 22 22.153	21 54 42.95	19 10 14.009	27 47 25.94
10	12 25 30.712	1 51 23.87	15 26 35.667	22 14 29.39	19 15 17.708	27 38 55.85
12	12 29 00.169	2 19 47.86	15 30 50.698	22 33 52.67	19 20 21.297	27 29 43.17
14	12 32 29.868	2 48 10.74	15 35 07.255	22 52 52.19	19 25 24.719	27 19 48.00
16	12 35 59.838	3 16 32.14	15 39 25.347	23 11 27.38	19 30 27.919	27 09 10.44
18	12 39 30.114	3 44 51.67	15 43 44.982	23 29 37.63	19 35 30.842	26 57 50.64
20	12 43 00.726	4 13 08.95	15 48 06.163	23 47 22.35	19 40 33.436	26 45 48.77
22	12 46 31.706	4 41 23.61	15 52 28.895	24 04 40.95	19 45 35.649	26 33 05.02
24	12 50 03.088	− 5 09 35.27	15 56 53.179	− 24 21 32.83	19 50 37.434	− 26 19 39.63
	3月26日		3月30日		4月3日	
0	12 50 03.088	− 5 09 35.27	15 56 53.179	− 24 21 32.83	19 50 37.434	− 26 19 39.63
2	12 53 34.902	5 37 43.52	16 01 19.014	24 37 57.39	19 55 38.741	26 05 32.85
4	12 57 07.182	6 05 47.99	16 05 46.398	24 53 54.03	20 00 39.526	25 50 44.94
6	13 00 39.958	6 33 48.28	16 10 15.326	25 09 22.16	20 05 39.746	25 35 16.23
8	13 04 13.263	7 01 44.00	16 14 45.793	25 24 21.17	20 10 39.359	25 19 07.02
10	13 07 47.129	7 29 34.74	16 19 17.790	25 38 50.48	20 15 38.327	25 02 17.69
12	13 11 21.589	7 57 20.11	16 23 51.306	25 52 49.49	20 20 36.613	24 44 48.61
14	13 14 56.673	8 24 59.68	16 28 26.327	26 06 17.61	20 25 34.183	24 26 40.19
16	13 18 32.413	8 52 33.07	16 33 02.840	26 19 14.26	20 30 31.005	24 07 52.85
18	13 22 08.842	9 19 59.84	16 37 40.827	26 31 38.86	20 35 27.050	23 48 27.04
20	13 25 45.991	9 47 19.58	16 42 20.267	26 43 30.84	20 40 22.291	23 28 23.23
22	13 29 23.892	10 14 31.87	16 47 01.139	26 54 49.62	20 45 16.704	23 07 41.92
24	13 33 02.575	− 10 41 36.28	16 51 43.418	− 27 05 34.65	20 50 10.267	− 22 46 23.62
	3月27日		3月31日		4月4日	
0	13 33 02.575	− 10 41 36.28	16 51 43.418	− 27 05 34.65	20 50 10.267	− 22 46 23.62
2	13 36 42.073	11 08 32.37	16 56 27.079	27 15 45.38	20 55 02.961	22 24 28.88
4	13 40 22.417	11 35 19.72	17 01 12.091	27 25 21.27	20 59 54.769	22 01 58.24
6	13 44 03.636	12 01 57.87	17 05 58.425	27 34 21.78	21 04 45.677	21 38 52.28
8	13 47 45.763	12 28 26.39	17 10 46.045	27 42 46.40	21 09 35.673	21 15 11.59
10	13 51 28.828	12 54 44.82	17 15 34.916	27 50 34.61	21 14 24.748	20 50 56.79
12	13 55 12.860	13 20 52.70	17 20 25.001	27 57 45.93	21 19 12.895	20 26 08.50
14	13 58 57.890	13 46 49.57	17 25 16.258	28 04 19.87	21 24 00.110	20 00 47.37
16	14 02 43.947	14 12 34.96	17 30 08.646	28 10 15.96	21 28 46.390	19 34 54.07
18	14 06 31.061	14 38 08.41	17 35 02.121	28 15 33.76	21 33 31.736	19 08 29.27
20	14 10 19.261	15 03 29.42	17 39 56.635	28 20 12.83	21 38 16.149	18 41 33.66
22	14 14 08.575	15 28 37.53	17 44 52.141	28 24 12.77	21 42 59.635	18 14 07.96
24	14 17 59.031	− 15 53 32.23	17 49 48.588	− 28 27 33.16	21 47 42.200	− 17 46 12.88
	3月28日		4月1日		4月5日	
0	14 17 59.031	− 15 53 32.23	17 49 48.588	− 28 27 33.16	21 47 42.200	− 17 46 12.88
2	14 21 50.657	16 18 13.03	17 54 45.926	28 30 13.65	21 52 23.853	17 17 49.17
4	14 25 43.480	16 42 39.44	17 59 44.100	28 32 13.87	21 57 04.605	16 48 57.57
6	14 29 37.526	17 06 50.94	18 04 43.056	28 33 33.50	22 01 44.468	16 19 38.84
8	14 33 32.822	17 30 47.02	18 09 42.738	28 34 12.21	22 06 23.457	15 49 53.76
10	14 37 29.391	17 54 27.16	18 14 43.088	28 34 09.72	22 11 01.588	15 19 43.12
12	14 41 27.260	18 17 50.84	18 19 44.049	28 33 25.77	22 15 38.879	14 49 07.70
14	14 45 26.451	18 40 57.53	18 24 45.562	28 32 00.12	22 20 15.351	14 18 08.34
16	14 49 26.988	19 03 46.69	18 29 47.566	28 29 52.55	22 24 51.023	13 46 45.83
18	14 53 28.892	19 26 17.79	18 34 50.002	28 27 02.88	22 29 25.919	13 15 01.01
20	14 57 32.185	19 48 30.26	18 39 52.807	28 23 30.94	22 34 00.064	12 42 54.72
22	15 01 36.886	20 10 23.57	18 44 55.923	28 19 16.59	22 38 33.482	12 10 27.82
24	15 05 43.016	− 20 31 57.16	18 49 59.286	− 28 14 19.73	22 43 06.200	− 11 37 41.15

月　　亮

2024 年

力学时	视赤经	视赤纬	视赤经	视赤纬	视赤经	视赤纬
	4月6日		4月10日		4月14日	
h	h m s	° ′ ″	h m s	° ′ ″	h m s	° ′ ″
0	22 43 06.200	−11 37 41.15	2 18 53.170	+15 59 08.46	6 15 26.435	+28 33 43.20
2	22 47 38.247	11 04 35.59	2 23 33.969	16 28 54.82	6 20 22.063	28 32 54.10
4	22 52 09.652	10 31 12.00	2 28 15.654	16 58 14.27	6 25 16.794	28 31 25.28
6	22 56 40.445	9 57 31.29	2 32 58.234	17 27 05.99	6 30 10.577	28 29 17.11
8	23 01 10.656	9 23 34.32	2 37 41.717	17 55 29.18	6 35 03.363	28 26 29.99
10	23 05 40.320	8 49 22.02	2 42 26.107	18 23 23.07	6 39 55.103	28 23 04.33
12	23 10 09.468	8 14 55.27	2 47 11.406	18 50 46.88	6 44 45.752	28 19 00.55
14	23 14 38.134	7 40 15.00	2 51 57.616	19 17 39.86	6 49 35.267	28 14 19.11
16	23 19 06.353	7 05 22.12	2 56 44.734	19 44 01.27	6 54 23.605	28 09 00.46
18	23 23 34.161	6 30 17.56	3 01 32.757	20 09 50.41	6 59 10.727	28 03 05.07
20	23 28 01.592	5 55 02.25	3 06 21.677	20 35 06.57	7 03 56.595	27 56 33.43
22	23 32 28.685	5 19 37.13	3 11 11.485	20 59 49.07	7 08 41.174	27 49 26.04
24	23 36 55.476	− 4 44 03.14	3 16 02.170	+21 23 57.25	7 13 24.431	+27 41 43.40
	4月7日		4月11日		4月15日	
0	23 36 55.476	− 4 44 03.14	3 16 02.170	+21 23 57.25	7 13 24.431	+27 41 43.40
2	23 41 22.001	4 08 21.23	3 20 53.719	21 47 30.49	7 18 06.336	27 33 26.05
4	23 45 48.300	3 32 32.35	3 25 46.114	22 10 28.16	7 22 46.859	27 24 34.50
6	23 50 14.410	2 56 37.45	3 30 39.337	22 32 49.67	7 27 25.976	27 15 09.28
8	23 54 40.369	2 20 37.50	3 35 33.366	22 54 34.45	7 32 03.661	27 05 10.95
10	23 59 06.216	1 44 33.46	3 40 28.178	23 15 41.95	7 36 39.894	26 54 40.04
12	0 03 31.990	1 08 26.29	3 45 23.746	23 36 11.66	7 41 14.655	26 43 37.11
14	0 07 57.730	− 0 32 16.97	3 50 20.040	23 56 03.07	7 45 47.928	26 32 02.72
16	0 12 23.474	+ 0 03 53.53	3 55 17.031	24 15 15.71	7 50 19.697	26 19 57.42
18	0 16 49.262	0 40 04.25	4 00 14.683	24 33 49.15	7 54 49.952	26 07 21.78
20	0 21 15.131	1 16 14.19	4 05 12.960	24 51 42.95	7 59 18.681	25 54 16.36
22	0 25 41.122	1 52 22.39	4 10 11.825	25 08 56.73	8 03 45.877	25 40 41.73
24	0 30 07.271	+ 2 28 27.87	4 15 11.236	+25 25 30.12	8 08 11.533	+25 26 38.44
	4月8日		4月12日		4月16日	
0	0 30 07.271	+ 2 28 27.87	4 15 11.236	+25 25 30.12	8 08 11.533	+25 26 38.44
2	0 34 33.618	3 04 29.65	4 20 11.150	25 41 22.80	8 12 35.646	25 12 07.06
4	0 39 00.199	3 40 26.75	4 25 11.523	25 56 34.44	8 16 58.214	24 57 08.16
6	0 43 27.054	4 16 18.19	4 30 12.308	26 11 04.79	8 21 19.238	24 41 42.30
8	0 47 54.218	4 52 03.00	4 35 13.455	26 24 53.57	8 25 38.718	24 25 50.02
10	0 52 21.728	5 27 40.20	4 40 14.915	26 38 00.59	8 29 56.660	24 09 31.89
12	0 56 49.621	6 03 08.81	4 45 16.634	26 50 25.65	8 34 13.069	23 52 48.47
14	1 01 17.931	6 38 27.87	4 50 18.559	27 02 08.58	8 38 27.951	23 35 40.29
16	1 05 46.694	7 13 36.39	4 55 20.635	27 13 09.27	8 42 41.317	23 18 07.90
18	1 10 15.944	7 48 33.43	5 00 22.806	27 23 27.61	8 46 53.176	23 00 11.84
20	1 14 45.713	8 23 18.01	5 05 25.013	27 33 03.53	8 51 03.541	22 41 52.65
22	1 19 16.034	8 57 49.17	5 10 27.200	27 41 56.99	8 55 12.425	22 23 10.85
24	1 23 46.939	+ 9 32 05.97	5 15 29.306	+27 50 07.99	8 59 19.843	+22 04 06.97
	4月9日		4月13日		4月17日	
0	1 23 46.939	+ 9 32 05.97	5 15 29.306	+27 50 07.99	8 59 19.843	+22 04 06.97
2	1 28 18.457	10 06 07.45	5 20 31.271	27 57 36.54	9 03 25.811	21 44 41.53
4	1 32 50.619	10 39 52.68	5 25 33.036	28 04 22.69	9 07 30.346	21 24 55.04
6	1 37 23.452	11 13 20.70	5 30 34.540	28 10 26.53	9 11 33.468	21 04 48.00
8	1 41 56.984	11 46 30.60	5 35 35.723	28 15 48.15	9 15 35.195	20 44 20.92
10	1 46 31.240	12 19 21.46	5 40 36.523	28 20 27.70	9 19 35.549	20 23 34.29
12	1 51 06.245	12 51 52.35	5 45 36.881	28 24 25.32	9 23 34.551	20 02 28.59
14	1 55 42.021	13 24 02.37	5 50 36.737	28 27 41.23	9 27 32.224	19 41 04.32
16	2 00 18.590	13 55 50.63	5 55 36.031	28 30 15.61	9 31 28.592	19 19 21.94
18	2 04 55.972	14 27 16.24	6 00 34.705	28 32 08.73	9 35 23.678	18 57 21.93
20	2 09 34.185	14 58 18.32	6 05 32.702	28 33 20.84	9 39 17.508	18 35 04.75
22	2 14 13.246	15 28 56.01	6 10 29.964	28 33 52.22	9 43 10.108	18 12 30.84
24	2 18 53.170	+15 59 08.46	6 15 26.435	+28 33 43.20	9 47 01.504	+17 49 40.67

月　　亮

2024 年

力学时	视赤经	视赤纬	视赤经	视赤纬	视赤经	视赤纬
	4 月 18 日		4 月 22 日		4 月 26 日	
h	h m s	° ′ ″	h m s	° ′ ″	h m s	° ′ ″
0	9 47 01.504	+17 49 40.67	12 38 39.717	−3 37 38.95	15 44 16.740	−23 30 00.10
2	9 50 51.724	17 26 34.68	12 42 10.827	4 06 00.62	15 48 40.405	23 47 48.60
4	9 54 40.796	17 03 13.30	12 45 42.354	4 34 20.12	15 53 05.595	24 05 10.23
6	9 58 28.747	16 39 36.97	12 49 14.331	5 02 37.08	15 57 32.306	24 22 04.39
8	10 02 15.606	16 15 46.11	12 52 46.791	5 30 51.10	16 02 00.532	24 38 30.44
10	10 06 01.403	15 51 41.14	12 56 19.768	5 59 01.79	16 06 30.264	24 54 27.79
12	10 09 46.168	15 27 22.48	12 59 53.295	6 27 08.76	16 11 01.491	25 09 55.83
14	10 13 29.930	15 02 50.53	13 03 27.404	6 55 11.60	16 15 34.199	25 24 53.95
16	10 17 12.720	14 38 05.71	13 07 02.128	7 23 09.90	16 20 08.374	25 39 21.56
18	10 20 54.570	14 13 08.40	13 10 37.501	7 51 03.25	16 24 43.997	25 53 18.07
20	10 24 35.509	13 47 59.00	13 14 13.554	8 18 51.24	16 29 21.049	26 06 42.91
22	10 28 15.569	13 22 37.91	13 17 50.321	8 46 33.45	16 33 59.508	26 19 35.48
24	10 31 54.782	+12 57 05.50	13 21 27.834	−9 14 09.43	16 38 39.347	−26 31 55.23
	4 月 19 日		4 月 23 日		4 月 27 日	
0	10 31 54.782	+12 57 05.50	13 21 27.834	−9 14 09.43	16 38 39.347	−26 31 55.23
2	10 35 33.180	12 31 22.16	13 25 06.124	9 41 38.77	16 43 20.541	26 43 41.60
4	10 39 10.795	12 05 28.26	13 28 45.224	10 09 01.02	16 48 03.060	26 54 54.04
6	10 42 47.659	11 39 24.18	13 32 25.166	10 36 15.73	16 52 46.872	27 05 32.02
8	10 46 23.805	11 13 10.28	13 36 05.981	11 03 22.45	16 57 31.943	27 15 35.02
10	10 49 59.265	10 46 46.93	13 39 47.701	11 30 20.72	17 02 18.236	27 25 02.54
12	10 53 34.072	10 20 14.48	13 43 30.356	11 57 10.09	17 07 05.714	27 33 54.07
14	10 57 08.259	9 53 33.31	13 47 13.976	12 23 50.07	17 11 54.335	27 42 09.14
16	11 00 41.858	9 26 43.76	13 50 58.593	12 50 20.19	17 16 44.055	27 49 47.30
18	11 04 14.903	8 59 46.19	13 54 44.237	13 16 39.96	17 21 34.831	27 56 48.09
20	11 07 47.427	8 32 40.95	13 58 30.936	13 42 48.90	17 26 26.615	28 03 11.10
22	11 11 19.464	8 05 28.39	14 02 18.720	14 08 46.51	17 31 19.358	28 08 55.91
24	11 14 51.045	+7 38 08.85	14 06 07.617	−14 34 32.28	17 36 13.010	−28 14 02.14
	4 月 20 日		4 月 24 日		4 月 28 日	
0	11 14 51.045	+7 38 08.85	14 06 07.617	−14 34 32.28	17 36 13.010	−28 14 02.14
2	11 18 22.206	7 10 42.68	14 09 57.656	15 00 05.70	17 41 07.518	28 18 29.43
4	11 21 52.978	6 43 10.23	14 13 48.865	15 25 26.26	17 46 02.827	28 22 17.44
6	11 25 23.396	6 15 31.84	14 17 41.269	15 50 33.44	17 50 58.883	28 25 25.84
8	11 28 53.493	5 47 47.85	14 21 34.896	16 15 26.69	17 55 55.629	28 27 54.33
10	11 32 23.303	5 19 58.60	14 25 29.771	16 40 05.50	18 00 53.006	28 29 42.66
12	11 35 52.859	4 52 04.44	14 29 25.919	17 04 29.30	18 05 50.956	28 30 50.55
14	11 39 22.194	4 24 05.70	14 33 23.364	17 28 37.56	18 10 49.418	28 31 17.80
16	11 42 51.342	3 56 02.72	14 37 22.129	17 52 29.71	18 15 48.333	28 31 04.20
18	11 46 20.338	3 27 55.85	14 41 22.237	18 16 05.20	18 20 47.638	28 30 09.59
20	11 49 49.213	2 59 45.43	14 45 23.709	18 39 23.46	18 25 47.272	28 28 33.81
22	11 53 18.003	2 31 31.80	14 49 26.565	19 02 23.92	18 30 47.173	28 26 16.75
24	11 56 46.740	+2 03 15.31	14 53 30.825	−19 25 05.99	18 35 47.280	−28 23 18.31
	4 月 21 日		4 月 25 日		4 月 29 日	
0	11 56 46.740	+2 03 15.31	14 53 30.825	−19 25 05.99	18 35 47.280	−28 23 18.31
2	12 00 15.458	1 34 56.29	14 57 36.508	19 47 29.09	18 40 47.530	28 19 38.44
4	12 03 44.191	1 06 35.09	15 01 43.629	20 09 32.64	18 45 47.861	28 15 17.09
6	12 07 12.972	0 38 12.07	15 05 52.205	20 31 16.04	18 50 48.214	28 10 14.25
8	12 10 41.835	+0 09 47.57	15 10 02.250	20 52 38.68	18 55 48.526	28 04 29.94
10	12 14 10.814	−0 18 38.06	15 14 13.777	21 13 39.98	19 00 48.739	27 58 04.20
12	12 17 39.942	0 47 04.46	15 18 26.799	21 34 19.33	19 05 48.794	27 50 57.10
14	12 21 09.252	1 15 31.27	15 22 41.323	21 54 36.11	19 10 48.632	27 43 08.74
16	12 24 38.779	1 43 58.15	15 26 57.360	22 14 29.71	19 15 48.197	27 34 39.25
18	12 28 08.555	2 12 24.72	15 31 14.916	22 33 59.53	19 20 47.435	27 25 28.77
20	12 31 38.615	2 40 50.62	15 35 33.997	22 53 04.94	19 25 46.292	27 15 37.48
22	12 35 08.991	3 09 15.49	15 39 54.604	23 11 45.34	19 30 44.716	27 05 05.58
24	12 38 39.717	−3 37 38.95	15 44 16.740	−23 30 00.10	19 35 42.656	−26 53 53.30

月　　亮

2024 年

力学时	视赤经	视赤纬	视赤经	视赤纬	视赤经	视赤纬
	4月30日		5月4日		5月8日	
h	h m s	° ′ ″	h m s	° ′ ″	h m s	° ′ ″
0	19 35 42.656	−26 53 53.30	23 17 38.704	−7 13 35.41	2 50 50.997	+19 10 00.97
2	19 40 40.065	26 42 00.87	23 21 57.983	6 39 46.11	2 55 38.044	19 36 23.89
4	19 45 36.896	26 29 28.59	23 26 16.966	6 05 46.05	3 00 26.244	20 02 16.02
6	19 50 33.105	26 16 16.75	23 30 35.692	5 31 36.01	3 05 15.591	20 27 36.56
8	19 55 28.651	26 02 25.65	23 34 54.201	4 57 16.77	3 10 06.076	20 52 24.72
10	20 00 23.493	25 47 55.65	23 39 12.533	4 22 49.14	3 14 57.689	21 16 39.75
12	20 05 17.595	25 32 47.11	23 43 30.729	3 48 13.91	3 19 50.414	21 40 20.90
14	20 10 10.920	25 17 00.40	23 47 48.829	3 13 31.90	3 24 44.236	22 03 27.44
16	20 15 03.438	25 00 35.93	23 52 06.876	2 38 43.90	3 29 39.133	22 25 58.66
18	20 19 55.117	24 43 34.13	23 56 24.910	2 03 50.74	3 34 35.084	22 47 53.88
20	20 24 45.930	24 25 55.42	0 00 42.973	1 28 53.24	3 39 32.062	23 09 12.42
22	20 29 35.852	24 07 40.26	0 05 01.107	0 53 52.23	3 44 30.039	23 29 53.65
24	20 34 24.861	−23 48 49.14	0 09 19.352	−0 18 48.55	3 49 28.983	+23 49 56.95
	5月1日		5月5日		5月9日	
0	20 34 24.861	−23 48 49.14	0 09 19.352	−0 18 48.55	3 49 28.983	+23 49 56.95
2	20 39 12.936	23 29 22.53	0 13 37.752	+0 16 16.98	3 54 28.859	24 09 21.73
4	20 44 00.060	23 09 20.94	0 17 56.347	0 51 23.50	3 59 29.631	24 28 07.41
6	20 48 46.218	22 48 44.89	0 22 15.178	1 26 30.17	4 04 31.256	24 46 13.47
8	20 53 31.397	22 27 34.92	0 26 34.288	2 01 36.13	4 09 33.693	25 03 39.39
10	20 58 15.588	22 05 51.56	0 30 53.717	2 36 40.51	4 14 36.894	25 20 24.68
12	21 02 58.783	21 43 35.38	0 35 13.507	3 11 42.47	4 19 40.813	25 36 28.91
14	21 07 40.977	21 20 46.94	0 39 33.697	3 46 41.11	4 24 45.396	25 51 51.64
16	21 12 22.167	20 57 26.84	0 43 54.329	4 21 35.58	4 29 50.591	26 06 32.50
18	21 17 02.352	20 33 35.65	0 48 15.442	4 56 24.99	4 34 56.342	26 20 31.12
20	21 21 41.535	20 09 13.99	0 52 37.075	5 31 08.46	4 40 02.590	26 33 47.19
22	21 26 19.718	19 44 22.47	0 56 59.267	6 05 45.10	4 45 09.274	26 46 20.41
24	21 30 56.909	−19 19 01.71	1 01 22.057	+6 40 14.02	4 50 16.333	+26 58 10.54
	5月2日		5月6日		5月10日	
0	21 30 56.909	−19 19 01.71	1 01 22.057	+6 40 14.02	4 50 16.333	+26 58 10.54
2	21 35 33.116	18 53 12.33	1 05 45.483	7 14 34.31	4 55 23.703	27 09 17.35
4	21 40 08.348	18 26 54.98	1 10 09.580	7 48 45.10	5 00 31.316	27 19 40.66
6	21 44 42.618	18 00 10.31	1 14 34.386	8 22 45.46	5 05 39.107	27 29 20.33
8	21 49 15.939	17 32 58.96	1 18 59.936	8 56 34.50	5 10 47.007	27 38 16.24
10	21 53 48.328	17 05 21.61	1 23 26.264	9 30 11.31	5 15 54.946	27 46 28.31
12	21 58 19.803	16 37 18.91	1 27 53.404	10 03 34.98	5 21 02.854	27 53 56.51
14	22 02 50.382	16 08 51.55	1 32 21.389	10 36 44.61	5 26 10.659	28 00 40.82
16	22 07 20.087	15 40 00.21	1 36 50.248	11 09 39.27	5 31 18.291	28 06 41.28
18	22 11 48.939	15 10 45.57	1 41 20.013	11 42 18.06	5 36 25.677	28 11 57.96
20	22 16 16.963	14 41 08.32	1 45 50.713	12 14 40.07	5 41 32.747	28 16 30.94
22	22 20 44.185	14 11 09.18	1 50 22.374	12 46 44.38	5 46 39.427	28 20 20.37
24	22 25 10.630	−13 40 48.84	1 54 55.024	+13 18 30.09	5 51 45.647	+28 23 26.40
	5月3日		5月7日		5月11日	
0	22 25 10.630	−13 40 48.84	1 54 55.024	+13 18 30.09	5 51 45.647	+28 23 26.40
2	22 29 36.328	13 10 08.01	1 59 28.685	13 49 56.28	5 56 51.337	28 25 49.25
4	22 34 01.306	12 39 07.41	2 04 03.382	14 21 02.06	6 01 56.426	28 27 29.13
6	22 38 25.596	12 07 47.76	2 08 39.135	14 51 46.52	6 07 00.847	28 28 26.32
8	22 42 49.228	11 36 09.79	2 13 15.965	15 22 08.75	6 12 04.530	28 28 41.10
10	22 47 12.236	11 04 14.23	2 17 53.887	15 52 07.88	6 17 07.411	28 28 13.79
12	22 51 34.652	10 32 01.82	2 22 32.919	16 21 43.01	6 22 09.425	28 27 04.75
14	22 55 56.511	9 59 33.30	2 27 13.072	16 50 53.25	6 27 10.508	28 25 14.34
16	23 00 17.847	9 26 49.42	2 31 54.360	17 19 37.74	6 32 10.600	28 22 42.97
18	23 04 38.698	8 53 50.93	2 36 36.791	17 47 55.61	6 37 09.641	28 19 31.07
20	23 08 59.100	8 20 38.59	2 41 20.371	18 15 46.00	6 42 07.576	28 15 39.08
22	23 13 19.089	7 47 13.16	2 46 05.106	18 43 08.06	6 47 04.348	28 11 07.48
24	23 17 38.704	−7 13 35.41	2 50 50.997	+19 10 00.97	6 51 59.906	+28 05 56.75

月　　　亮

2024 年

力学时	视赤经	视赤纬	视赤经	视赤纬	视赤经	视赤纬
	5月12日		5月16日		5月20日	
h	h m s	° ′ ″	h m s	° ′ ″	h m s	° ′ ″
0	6 51 59.906	+28 05 56.75	10 18 14.209	+14 23 43.86	13 08 15.107	−7 36 35.71
2	6 56 54.201	28 00 07.41	10 21 57.206	13 58 34.37	13 11 50.968	8 04 21.48
4	7 01 47.185	27 53 39.98	10 25 39.205	13 33 13.49	13 15 27.569	8 32 01.97
6	7 06 38.814	27 46 35.00	10 29 20.240	13 07 41.63	13 19 04.944	8 59 36.78
8	7 11 29.045	27 38 53.04	10 33 00.346	12 41 59.17	13 22 43.129	9 27 05.48
10	7 16 17.841	27 30 34.67	10 36 39.559	12 16 06.50	13 26 22.158	9 54 27.65
12	7 21 05.163	27 21 40.47	10 40 17.913	11 50 04.00	13 30 02.066	10 21 42.86
14	7 25 50.980	27 12 11.04	10 43 55.445	11 23 52.03	13 33 42.888	10 48 50.68
16	7 30 35.260	27 02 06.98	10 47 32.190	10 57 30.97	13 37 24.657	11 15 50.64
18	7 35 17.976	26 51 28.91	10 51 08.185	10 31 01.18	13 41 07.408	11 42 42.31
20	7 39 59.101	26 40 17.44	10 54 43.465	10 04 23.02	13 44 51.175	12 09 25.21
22	7 44 38.615	26 28 33.21	10 58 18.067	9 37 36.83	13 48 35.989	12 35 58.87
24	7 49 16.498	+26 16 16.85	11 01 52.027	+9 10 42.96	13 52 21.885	−13 02 22.82
	5月13日		5月17日		5月21日	
0	7 49 16.498	+26 16 16.85	11 01 52.027	+9 10 42.96	13 52 21.885	−13 02 22.82
2	7 53 52.732	26 03 28.98	11 05 25.382	8 43 41.77	13 56 08.894	13 28 36.56
4	7 58 27.304	25 50 10.26	11 08 58.167	8 16 33.58	13 59 57.049	13 54 39.60
6	8 03 00.202	25 36 21.31	11 12 30.419	7 49 18.74	14 03 46.381	14 20 31.43
8	8 07 31.416	25 22 02.77	11 16 02.175	7 21 57.57	14 07 36.921	14 46 11.54
10	8 12 00.942	25 07 15.29	11 19 33.471	6 54 30.42	14 11 28.699	15 11 39.41
12	8 16 28.774	24 51 59.50	11 23 04.344	6 26 57.60	14 15 21.745	15 36 54.50
14	8 20 54.911	24 36 16.03	11 26 34.830	5 59 19.44	14 19 16.088	16 01 56.27
16	8 25 19.354	24 20 05.53	11 30 04.966	5 31 36.26	14 23 11.756	16 26 44.18
18	8 29 42.106	24 03 28.61	11 33 34.789	5 03 48.40	14 27 08.777	16 51 17.66
20	8 34 03.170	23 46 25.90	11 37 04.336	4 35 56.16	14 31 07.177	17 15 36.15
22	8 38 22.556	23 28 58.02	11 40 33.642	4 07 59.86	14 35 06.982	17 39 39.07
24	8 42 40.271	+23 11 05.58	11 44 02.745	+3 39 59.83	14 39 08.217	−18 03 25.84
	5月14日		5月18日		5月22日	
0	8 42 40.271	+23 11 05.58	11 44 02.745	+3 39 59.83	14 39 08.217	−18 03 25.84
2	8 46 56.326	22 52 49.19	11 47 31.680	3 11 56.38	14 43 10.905	18 26 55.87
4	8 51 10.734	22 34 09.46	11 51 00.486	2 43 49.84	14 47 15.070	18 50 08.56
6	8 55 23.510	22 15 06.97	11 54 29.198	2 15 40.51	14 51 20.732	19 13 03.31
8	8 59 34.669	21 55 42.31	11 57 57.853	1 47 28.73	14 55 27.911	19 35 39.49
10	9 03 44.230	21 35 56.06	12 01 26.487	1 19 14.80	14 59 36.627	19 57 56.48
12	9 07 52.210	21 15 48.80	12 04 55.137	0 50 59.05	15 03 46.896	20 19 53.66
14	9 11 58.631	20 55 21.07	12 08 23.840	+0 22 41.80	15 07 58.735	20 41 30.39
16	9 16 03.514	20 34 33.45	12 11 52.632	−0 05 36.63	15 12 12.158	21 02 46.04
18	9 20 06.883	20 13 26.48	12 15 21.549	0 33 55.90	15 16 27.179	21 23 39.95
20	9 24 08.760	19 52 00.69	12 18 50.629	1 02 15.69	15 20 43.807	21 44 11.47
22	9 28 09.173	19 30 16.60	12 22 19.907	1 30 35.68	15 25 02.052	22 04 19.95
24	9 32 08.146	+19 08 14.75	12 25 49.420	−1 58 55.52	15 29 21.921	−22 24 04.72
	5月15日		5月19日		5月23日	
0	9 32 08.146	+19 08 14.75	12 25 49.420	−1 58 55.52	15 29 21.921	−22 24 04.72
2	9 36 05.707	18 45 55.65	12 29 19.205	2 27 14.88	15 33 43.421	22 43 25.13
4	9 40 01.883	18 23 19.78	12 32 49.297	2 55 33.42	15 38 06.554	23 02 20.51
6	9 43 56.705	18 00 27.65	12 36 19.733	3 23 50.79	15 42 31.321	23 20 50.19
8	9 47 50.201	17 37 19.75	12 39 50.549	3 52 06.65	15 46 57.722	23 38 53.50
10	9 51 42.402	17 13 56.54	12 43 21.782	4 20 20.65	15 51 25.753	23 56 29.78
12	9 55 33.338	16 50 18.50	12 46 53.468	4 48 32.42	15 55 55.409	24 13 38.36
14	9 59 23.041	16 26 26.09	12 50 25.643	5 16 41.60	16 00 26.683	24 30 18.56
16	10 03 11.544	16 02 19.74	12 53 58.342	5 44 47.84	16 04 59.562	24 46 29.73
18	10 06 58.879	15 37 59.92	12 57 31.602	6 12 50.75	16 09 34.036	25 02 11.21
20	10 10 45.079	15 13 27.05	13 01 05.459	6 40 49.95	16 14 10.088	25 17 22.34
22	10 14 30.178	14 48 41.55	13 04 39.949	7 08 45.07	16 18 47.700	25 32 02.47
24	10 18 14.209	+14 23 43.86	13 08 15.107	−7 36 35.71	16 23 26.851	−25 46 10.96

月　　　亮

2024 年

力学时	视赤经	视赤纬	视赤经	视赤纬	视赤经	视赤纬
	5月24日		5月28日		6月1日	
h	h m s	° ′ ″	h m s	° ′ ″	h m s	° ′ ″
0	16 23 26.851	−25 46 10.96	20 21 12.001	−24 29 18.54	23 54 40.281	−2 07 39.83
2	16 28 07.519	25 59 47.17	20 26 02.943	24 11 22.62	23 58 51.510	1 33 45.92
4	16 32 49.677	26 12 50.47	20 30 52.798	23 52 51.15	0 03 02.727	0 59 49.16
6	16 37 33.296	26 25 20.25	20 35 41.543	23 33 44.69	0 07 13.976	−0 25 50.28
8	16 42 18.346	26 37 15.90	20 40 29.158	23 14 03.83	0 11 25.300	+0 08 09.99
10	16 47 04.790	26 48 36.83	20 45 15.627	22 53 49.15	0 15 36.744	0 42 10.94
12	16 51 52.594	26 59 22.47	20 50 00.935	22 33 01.26	0 19 48.351	1 16 11.83
14	16 56 41.717	27 09 32.24	20 54 45.071	22 11 40.78	0 24 00.165	1 50 11.94
16	17 01 32.117	27 19 05.59	20 59 28.028	21 49 48.33	0 28 12.231	2 24 10.52
18	17 06 23.749	27 28 02.01	21 04 09.798	21 27 24.54	0 32 24.591	2 58 06.84
20	17 11 16.567	27 36 20.97	21 08 50.379	21 04 30.06	0 36 37.289	3 32 00.16
22	17 16 10.519	27 44 01.98	21 13 29.769	20 41 05.55	0 40 50.368	4 05 49.72
24	17 21 05.555	−27 51 04.58	21 18 07.971	−20 17 11.65	0 45 03.870	+4 39 34.78
	5月25日		5月29日		6月2日	
0	17 21 05.555	−27 51 04.58	21 18 07.971	−20 17 11.65	0 45 03.870	+4 39 34.78
2	17 26 01.620	27 57 28.30	21 22 44.989	19 52 49.04	0 49 17.839	5 13 14.59
4	17 30 58.657	28 03 12.74	21 27 20.829	19 27 58.39	0 53 32.315	5 46 48.38
6	17 35 56.607	28 08 17.48	21 31 55.500	19 02 40.38	0 57 47.341	6 20 15.39
8	17 40 55.412	28 12 42.15	21 36 29.012	18 36 55.68	1 02 02.958	6 53 34.86
10	17 45 55.007	28 16 26.40	21 41 01.380	18 10 44.97	1 06 19.206	7 26 46.00
12	17 50 55.330	28 19 29.90	21 45 32.617	17 44 08.96	1 10 36.125	7 59 48.05
14	17 55 56.315	28 21 52.37	21 50 02.740	17 17 08.32	1 14 53.755	8 32 40.23
16	18 00 57.896	28 23 33.52	21 54 31.770	16 49 43.75	1 19 12.134	9 05 21.75
18	18 06 00.004	28 24 33.14	21 58 59.726	16 21 55.95	1 23 31.299	9 37 51.83
20	18 11 02.573	28 24 51.00	22 03 26.630	15 53 45.61	1 27 51.288	10 10 09.66
22	18 16 05.531	28 24 26.94	22 07 52.507	15 25 13.43	1 32 12.137	10 42 14.45
24	18 21 08.810	−28 23 20.81	22 12 17.381	−14 56 20.11	1 36 33.880	+11 14 05.41
	5月26日		5月30日		6月3日	
0	18 21 08.810	−28 23 20.81	22 12 17.381	−14 56 20.11	1 36 33.880	+11 14 05.41
2	18 26 12.339	28 21 32.48	22 16 41.281	14 27 06.35	1 40 56.553	11 45 41.73
4	18 31 16.049	28 19 01.89	22 21 04.234	13 57 32.85	1 45 20.186	12 17 02.61
6	18 36 19.868	28 15 48.98	22 25 26.270	13 27 40.30	1 49 44.814	12 48 07.23
8	18 41 23.728	28 11 53.73	22 29 47.420	12 57 29.41	1 54 10.465	13 18 54.77
10	18 46 27.558	28 07 16.15	22 34 07.716	12 27 00.89	1 58 37.168	13 49 24.44
12	18 51 31.290	28 01 56.29	22 38 27.192	11 56 15.42	2 03 04.952	14 19 35.41
14	18 56 34.856	27 55 54.22	22 42 45.881	11 25 13.72	2 07 33.843	14 49 26.86
16	19 01 38.189	27 49 10.06	22 47 03.818	10 53 56.47	2 12 03.865	15 18 57.98
18	19 06 41.224	27 41 43.94	22 51 21.040	10 22 24.39	2 16 35.040	15 48 07.94
20	19 11 43.896	27 33 36.02	22 55 37.584	9 50 38.18	2 21 07.391	16 16 55.93
22	19 16 46.144	27 24 46.51	22 59 53.488	9 18 38.53	2 25 40.935	16 45 21.13
24	19 21 47.905	−27 15 15.64	23 04 08.790	−8 46 26.14	2 30 15.690	+17 13 22.73
	5月27日		5月31日		6月4日	
0	19 21 47.905	−27 15 15.64	23 04 08.790	−8 46 26.14	2 30 15.690	+17 13 22.73
2	19 26 49.122	27 05 03.66	23 08 23.530	8 14 01.72	2 34 51.672	17 40 59.90
4	19 31 49.738	26 54 10.86	23 12 37.746	7 41 25.96	2 39 28.893	18 08 11.85
6	19 36 49.697	26 42 37.54	23 16 51.480	7 08 39.58	2 44 07.364	18 34 57.75
8	19 41 48.948	26 30 24.06	23 21 04.773	6 35 43.26	2 48 47.094	19 01 16.82
10	19 46 47.441	26 17 30.76	23 25 17.666	6 02 37.72	2 53 28.088	19 27 08.25
12	19 51 45.127	26 03 58.05	23 29 30.201	5 29 23.65	2 58 10.350	19 52 31.25
14	19 56 41.963	25 49 46.32	23 33 42.420	4 56 01.77	3 02 53.880	20 17 25.04
16	20 01 37.906	25 34 56.03	23 37 54.366	4 22 32.77	3 07 38.679	20 41 48.85
18	20 06 32.916	25 19 27.62	23 42 06.082	3 48 57.37	3 12 24.739	21 05 41.91
20	20 11 26.958	25 03 21.56	23 46 17.611	3 15 16.27	3 17 12.056	21 29 03.46
22	20 16 19.996	24 46 38.37	23 50 28.996	2 41 30.19	3 22 00.618	21 51 52.77
24	20 21 12.001	−24 29 18.54	23 54 40.281	−2 07 39.83	3 26 50.412	+22 14 09.10

月　　亮

2024 年

力学时	视赤经	视赤纬	视赤经	视赤纬	视赤经	视赤纬
	6月5日		6月9日		6月13日	
h	h m s	° ′ ″	h m s	° ′ ″	h m s	° ′ ″
0	3 26 50.412	+22 14 09.10	7 27 46.860	+26 59 19.41	10 47 18.621	+10 44 52.65
2	3 31 41.423	22 35 51.74	7 32 33.673	26 48 44.03	10 50 55.931	10 18 12.26
4	3 36 33.631	22 56 59.99	7 37 18.943	26 37 34.06	10 54 32.444	9 51 24.18
6	3 41 27.014	23 17 33.17	7 42 02.640	26 25 50.15	10 58 08.196	9 24 28.76
8	3 46 21.548	23 37 30.60	7 46 44.736	26 13 32.94	11 01 43.227	8 57 26.39
10	3 51 17.203	23 56 51.66	7 51 25.206	26 00 43.07	11 05 17.572	8 30 17.41
12	3 56 13.949	24 15 35.70	7 56 04.027	25 47 21.22	11 08 51.270	8 03 02.17
14	4 01 11.751	24 33 42.12	8 00 41.182	25 33 28.03	11 12 24.359	7 35 41.03
16	4 06 10.572	24 51 10.34	8 05 16.653	25 19 04.18	11 15 56.876	7 08 14.33
18	4 11 10.370	25 07 59.81	8 09 50.427	25 04 10.34	11 19 28.860	6 40 42.40
20	4 16 11.103	25 24 09.99	8 14 22.493	24 48 47.17	11 23 00.348	6 13 05.58
22	4 21 12.725	25 39 40.38	8 18 52.844	24 32 55.36	11 26 31.378	5 45 24.20
24	4 26 15.184	+25 54 30.49	8 23 21.474	+24 16 35.57	11 30 01.989	+5 17 38.57
	6月6日		6月10日		6月14日	
0	4 26 15.184	+25 54 30.49	8 23 21.474	+24 16 35.57	11 30 01.989	+5 17 38.57
2	4 31 18.431	26 08 39.88	8 27 48.379	23 59 48.48	11 33 32.218	4 49 49.03
4	4 36 22.409	26 22 08.13	8 32 13.560	23 42 34.74	11 37 02.104	4 21 55.89
6	4 41 27.061	26 34 54.85	8 36 37.018	23 24 55.03	11 40 31.684	3 53 59.46
8	4 46 32.328	26 46 59.68	8 40 58.758	23 06 50.01	11 44 00.998	3 26 00.07
10	4 51 38.147	26 58 22.29	8 45 18.785	22 48 20.33	11 47 30.083	2 57 58.02
12	4 56 44.453	27 09 02.40	8 49 37.108	22 29 26.65	11 50 58.977	2 29 53.63
14	5 01 51.182	27 18 59.74	8 53 53.738	22 10 09.61	11 54 27.719	2 01 47.19
16	5 06 58.263	27 28 14.10	8 58 08.687	21 50 29.84	11 57 56.347	1 33 39.03
18	5 12 05.628	27 36 45.28	9 02 21.969	21 30 27.98	12 01 24.900	1 05 29.45
20	5 17 13.205	27 44 33.13	9 06 33.600	21 10 04.66	12 04 53.414	0 37 18.75
22	5 22 20.922	27 51 37.54	9 10 43.598	20 49 20.48	12 08 21.930	+0 09 07.24
24	5 27 28.705	+27 57 58.43	9 14 51.981	+20 28 16.06	12 11 50.485	−0 19 04.77
	6月7日		6月11日		6月15日	
0	5 27 28.705	+27 57 58.43	9 14 51.981	+20 28 16.06	12 11 50.485	−0 19 04.77
2	5 32 36.479	28 03 35.75	9 18 58.771	20 06 51.99	12 15 19.117	0 47 16.98
4	5 37 44.170	28 08 29.49	9 23 03.989	19 45 08.87	12 18 47.865	1 15 29.07
6	5 42 51.702	28 12 39.68	9 27 07.659	19 23 07.27	12 22 16.767	1 43 40.73
8	5 47 58.999	28 16 06.39	9 31 09.806	19 00 47.77	12 25 45.861	2 11 51.65
10	5 53 05.986	28 18 49.72	9 35 10.454	18 38 10.93	12 29 15.186	2 40 01.52
12	5 58 12.589	28 20 49.79	9 39 09.631	18 15 17.29	12 32 44.781	3 08 10.03
14	6 03 18.731	28 22 06.79	9 43 07.365	17 52 07.41	12 36 14.682	3 36 16.84
16	6 08 24.338	28 22 40.91	9 47 03.684	17 28 41.81	12 39 44.929	4 04 21.64
18	6 13 29.339	28 22 32.39	9 50 58.618	17 05 01.02	12 43 15.560	4 32 24.10
20	6 18 33.661	28 21 41.51	9 54 52.198	16 41 05.56	12 46 46.614	5 00 23.89
22	6 23 37.233	28 20 08.55	9 58 44.455	16 16 55.91	12 50 18.128	5 28 20.68
24	6 28 39.987	+28 17 53.86	10 02 35.420	+15 52 32.59	12 53 50.141	−5 56 14.13
	6月8日		6月12日		6月16日	
0	6 28 39.987	+28 17 53.86	10 02 35.420	+15 52 32.59	12 53 50.141	−5 56 14.13
2	6 33 41.854	28 14 57.80	10 06 25.126	15 27 56.07	12 57 22.691	6 24 03.89
4	6 38 42.770	28 11 20.74	10 10 13.607	15 03 06.82	13 00 55.816	6 51 49.62
6	6 43 42.672	28 07 03.12	10 14 00.896	14 38 05.32	13 04 29.555	7 19 30.96
8	6 48 41.497	28 02 05.38	10 17 47.026	14 12 52.02	13 08 03.945	7 47 07.56
10	6 53 39.188	27 56 27.97	10 21 32.034	13 47 27.36	13 11 39.024	8 14 39.04
12	6 58 35.688	27 50 11.40	10 25 15.953	13 21 51.79	13 15 14.831	8 42 05.04
14	7 03 30.944	27 43 16.16	10 28 58.820	12 56 05.74	13 18 51.403	9 09 25.18
16	7 08 24.903	27 35 42.81	10 32 40.669	12 30 09.62	13 22 28.778	9 36 39.07
18	7 13 17.519	27 27 31.87	10 36 21.538	12 04 03.85	13 26 06.993	10 03 46.31
20	7 18 08.745	27 18 43.94	10 40 01.461	11 37 48.83	13 29 46.087	10 30 46.51
22	7 22 58.538	27 09 19.58	10 43 40.477	11 11 24.97	13 33 26.095	10 57 39.27
24	7 27 46.860	+26 59 19.41	10 47 18.621	+10 44 52.65	13 37 07.056	−11 24 24.15

月　　亮

2024 年

力学时	视　赤　经	视　赤　纬	视　赤　经	视　赤　纬	视　赤　经	视　赤　纬
	6 月 17 日		6 月 21 日		6 月 25 日	
h	h m s	° ′ ″	h m s	° ′ ″	h m s	° ′ ″
0	13 37 07.056	−11 24 24.15	17 01 50.124	−27 19 36.93	21 03 46.748	−21 17 45.31
2	13 40 49.005	11 51 00.74	17 06 45.416	27 28 22.63	21 08 32.294	20 54 16.63
4	13 44 31.981	12 17 28.60	17 11 42.039	27 36 30.10	21 13 16.517	20 30 17.46
6	13 48 16.018	12 43 47.30	17 16 39.941	27 43 58.80	21 17 59.413	20 05 48.56
8	13 52 01.153	13 09 56.37	17 21 39.066	27 50 48.17	21 22 40.984	19 40 50.70
10	13 55 47.422	13 35 55.37	17 26 39.358	27 56 57.71	21 27 21.232	19 15 24.65
12	13 59 34.859	14 01 43.81	17 31 40.757	28 02 26.93	21 32 00.163	18 49 31.20
14	14 03 23.500	14 27 21.22	17 36 43.200	28 07 15.37	21 36 37.786	18 23 11.12
16	14 07 13.379	14 52 47.12	17 41 46.621	28 11 22.58	21 41 14.111	17 56 25.20
18	14 11 04.530	15 18 00.99	17 46 50.955	28 14 48.17	21 45 49.151	17 29 14.23
20	14 14 56.986	15 43 02.33	17 51 56.131	28 17 31.74	21 50 22.921	17 01 39.00
22	14 18 50.779	16 07 50.62	17 57 02.080	28 19 32.96	21 54 55.438	16 33 40.30
24	14 22 45.942	−16 32 25.33	18 02 08.728	−28 20 51.51	21 59 26.722	−16 05 18.93
	6 月 18 日		6 月 22 日		6 月 26 日	
0	14 22 45.942	−16 32 25.33	18 02 08.728	−28 20 51.51	21 59 26.722	−16 05 18.93
2	14 26 42.506	16 56 45.92	18 07 16.002	28 21 27.10	22 03 56.794	15 36 35.67
4	14 30 40.501	17 20 51.83	18 12 23.825	28 21 19.49	22 08 25.676	15 07 31.33
6	14 34 39.958	17 44 42.52	18 17 32.123	28 20 28.46	22 12 53.393	14 38 06.69
8	14 38 40.904	18 08 17.39	18 22 40.817	28 18 53.83	22 17 19.972	14 08 22.54
10	14 42 43.367	18 31 35.89	18 27 49.831	28 16 35.45	22 21 45.441	13 38 19.67
12	14 46 47.374	18 54 37.40	18 32 59.085	28 13 33.22	22 26 09.828	13 07 58.86
14	14 50 52.950	19 17 21.33	18 38 08.502	28 09 47.07	22 30 33.165	12 37 20.89
16	14 55 00.120	19 39 47.07	18 43 18.004	28 05 16.95	22 34 55.484	12 06 26.55
18	14 59 08.907	20 01 54.00	18 48 27.512	28 00 02.89	22 39 16.818	11 35 16.61
20	15 03 19.331	20 23 41.48	18 53 36.951	27 54 04.90	22 43 37.201	11 03 51.84
22	15 07 31.414	20 45 08.87	18 58 46.243	27 47 23.08	22 47 56.669	10 32 13.01
24	15 11 45.174	−21 06 15.54	19 03 55.314	−27 39 57.54	22 52 15.258	−10 00 20.89
	6 月 19 日		6 月 23 日		6 月 27 日	
0	15 11 45.174	−21 06 15.54	19 03 55.314	−27 39 57.54	22 52 15.258	−10 00 20.89
2	15 16 00.626	21 27 00.81	19 09 04.089	27 31 48.42	22 56 33.006	9 28 16.23
4	15 20 17.788	21 47 24.03	19 14 12.496	27 22 55.91	23 00 49.951	8 55 59.79
6	15 24 36.671	22 07 24.53	19 19 20.463	27 13 20.23	23 05 06.132	8 23 32.33
8	15 28 57.288	22 27 01.62	19 24 27.923	27 03 01.65	23 09 21.589	7 50 54.59
10	15 33 19.647	22 46 14.62	19 29 34.808	26 52 00.45	23 13 36.362	7 18 07.32
12	15 37 43.755	23 05 02.84	19 34 41.053	26 40 16.96	23 17 50.491	6 45 11.25
14	15 42 09.618	23 23 25.59	19 39 46.596	26 27 51.53	23 22 04.020	6 12 07.13
16	15 46 37.239	23 41 22.16	19 44 51.377	26 14 44.56	23 26 16.989	5 38 55.68
18	15 51 06.617	23 58 51.86	19 49 55.339	26 00 56.46	23 30 29.442	5 05 37.64
20	15 55 37.750	24 15 53.98	19 54 58.428	25 46 27.68	23 34 41.421	4 32 13.73
22	16 00 10.634	24 32 27.81	20 00 00.592	25 31 18.71	23 38 52.969	3 58 44.66
24	16 04 45.261	−24 48 32.64	20 05 01.783	−25 15 30.04	23 43 04.131	−3 25 11.17
	6 月 20 日		6 月 24 日		6 月 28 日	
0	16 04 45.261	−24 48 32.64	20 05 01.783	−25 15 30.04	23 43 04.131	−3 25 11.17
2	16 09 21.620	25 04 07.78	20 10 01.955	24 59 02.21	23 47 14.950	2 51 33.96
4	16 13 59.700	25 19 12.52	20 15 01.066	24 41 55.78	23 51 25.470	2 17 53.75
6	16 18 39.484	25 33 46.16	20 19 59.076	24 24 11.31	23 55 35.735	1 44 11.24
8	16 23 20.952	25 47 48.00	20 24 55.950	24 05 49.42	23 59 45.790	1 10 27.14
10	16 28 04.085	26 01 17.35	20 29 51.654	23 46 50.73	0 03 55.679	0 36 42.15
12	16 32 48.856	26 14 13.53	20 34 46.159	23 27 15.87	0 08 05.447	−0 02 56.98
14	16 37 35.238	26 26 35.86	20 39 39.439	23 07 05.50	0 12 15.139	+0 30 47.67
16	16 42 23.200	26 38 23.68	20 44 31.470	22 46 20.31	0 16 24.799	1 04 31.10
18	16 47 12.708	26 49 36.33	20 49 22.231	22 25 00.98	0 20 34.471	1 38 12.63
20	16 52 03.726	27 00 13.17	20 54 11.707	22 03 08.23	0 24 44.200	2 11 51.55
22	16 56 56.212	27 10 13.58	20 58 59.883	21 40 42.76	0 28 54.031	2 45 27.17
24	17 01 50.124	−27 19 36.93	21 03 46.748	−21 17 45.31	0 33 04.007	+3 18 58.79

月　　　亮

2024 年

力学时	视赤经	视赤纬	视赤经	视赤纬	视赤经	视赤纬
	6月29日		7月3日		7月7日	
h	h m s	° ′ ″	h m s	° ′ ″	h m s	° ′ ″
0	0 33 04.007	+3 18 58.79	4 07 34.448	+25 01 44.88	8 04 08.279	+25 15 52.72
2	0 37 14.173	3 52 25.73	4 12 28.585	25 17 48.02	8 08 42.279	25 00 51.94
4	0 41 24.572	4 25 47.29	4 17 23.677	25 33 13.47	8 13 14.674	24 45 21.44
6	0 45 35.247	4 59 02.77	4 22 19.686	25 48 00.75	8 17 45.452	24 29 21.86
8	0 49 46.243	5 32 11.49	4 27 16.568	26 02 09.41	8 22 14.603	24 12 53.88
10	0 53 57.600	6 05 12.75	4 32 14.279	26 15 39.00	8 26 42.119	23 55 58.14
12	0 58 09.363	6 38 05.86	4 37 12.771	26 28 29.13	8 31 07.993	23 38 35.30
14	1 02 21.573	7 10 50.12	4 42 11.994	26 40 39.40	8 35 32.222	23 20 46.03
16	1 06 34.270	7 43 24.84	4 47 11.896	26 52 09.46	8 39 54.806	23 02 30.97
18	1 10 47.497	8 15 49.33	4 52 12.421	27 02 58.98	8 44 15.746	22 43 50.79
20	1 15 01.294	8 48 02.88	4 57 13.513	27 13 07.65	8 48 35.045	22 24 46.13
22	1 19 15.700	9 20 04.80	5 02 15.111	27 22 35.19	8 52 52.709	22 05 17.65
24	1 23 30.753	+9 51 54.40	5 07 17.155	+27 31 21.37	8 57 08.745	+21 45 25.99
	6月30日		7月4日		7月8日	
0	1 23 30.753	+9 51 54.40	5 07 17.155	+27 31 21.37	8 57 08.745	+21 45 25.99
2	1 27 46.494	10 23 30.96	5 12 19.581	27 39 25.97	9 01 23.162	21 25 11.80
4	1 32 02.958	10 54 53.79	5 17 22.325	27 46 48.80	9 05 35.973	21 04 35.71
6	1 36 20.182	11 26 02.18	5 22 25.321	27 53 29.71	9 09 47.189	20 43 38.35
8	1 40 38.203	11 56 55.43	5 27 28.500	27 59 28.59	9 13 56.825	20 22 20.34
10	1 44 57.055	12 27 32.83	5 32 31.795	28 04 45.33	9 18 04.898	20 00 42.31
12	1 49 16.771	12 57 53.67	5 37 35.136	28 09 19.88	9 22 11.426	19 38 44.86
14	1 53 37.384	13 27 57.25	5 42 38.452	28 13 12.23	9 26 16.427	19 16 28.60
16	1 57 58.926	13 57 42.85	5 47 41.673	28 16 22.38	9 30 19.923	18 53 54.12
18	2 02 21.427	14 27 09.77	5 52 44.727	28 18 50.36	9 34 21.934	18 31 02.01
20	2 06 44.915	14 56 17.28	5 57 47.544	28 20 36.26	9 38 22.484	18 07 52.86
22	2 11 09.418	15 25 04.69	6 02 50.053	28 21 40.18	9 42 21.597	17 44 27.22
24	2 15 34.963	+15 53 31.26	6 07 52.182	+28 22 02.26	9 46 19.299	+17 20 45.67
	7月1日		7月5日		7月9日	
0	2 15 34.963	+15 53 31.26	6 07 52.182	+28 22 02.26	9 46 19.299	+17 20 45.67
2	2 20 01.572	16 21 36.30	6 12 53.861	28 21 42.67	9 50 15.615	16 56 48.75
4	2 24 29.271	16 49 19.09	6 17 55.021	28 20 41.60	9 54 10.573	16 32 37.02
6	2 28 58.078	17 16 38.91	6 22 55.593	28 18 59.30	9 58 04.201	16 08 11.01
8	2 33 28.014	17 43 35.05	6 27 55.510	28 16 36.02	10 01 56.527	15 43 31.24
10	2 37 59.097	18 10 06.81	6 32 54.705	28 13 32.04	10 05 47.582	15 18 38.23
12	2 42 31.342	18 36 13.48	6 37 53.113	28 09 47.71	10 09 37.395	14 53 32.50
14	2 47 04.761	19 01 54.34	6 42 50.671	28 05 23.34	10 13 25.997	14 28 14.53
16	2 51 39.368	19 27 08.71	6 47 47.318	28 00 19.33	10 17 13.420	14 02 44.83
18	2 56 15.170	19 51 55.87	6 52 42.995	27 54 36.07	10 20 59.696	13 37 03.87
20	3 00 52.176	20 16 15.14	6 57 37.643	27 48 13.98	10 24 44.858	13 11 12.12
22	3 05 30.388	20 40 05.83	7 02 31.207	27 41 13.51	10 28 28.938	12 45 10.06
24	3 10 09.811	+21 03 27.25	7 07 23.635	+27 33 35.13	10 32 11.971	+12 18 58.14
	7月2日		7月6日		7月10日	
0	3 10 09.811	+21 03 27.25	7 07 23.635	+27 33 35.13	10 32 11.971	+12 18 58.14
2	3 14 50.442	21 26 18.73	7 12 14.875	27 25 19.32	10 35 53.990	11 52 36.79
4	3 19 32.281	21 48 39.59	7 17 04.880	27 16 26.60	10 39 35.030	11 26 06.47
6	3 24 15.320	22 10 29.19	7 21 53.604	27 06 57.49	10 43 15.125	10 59 27.61
8	3 28 59.552	22 31 46.86	7 26 41.004	26 56 52.54	10 46 54.309	10 32 40.62
10	3 33 44.966	22 52 31.98	7 31 27.040	26 46 12.31	10 50 32.619	10 05 45.92
12	3 38 31.548	23 12 43.90	7 36 11.674	26 34 57.37	10 54 10.090	9 38 43.93
14	3 43 19.282	23 32 22.01	7 40 54.871	26 23 08.32	10 57 46.757	9 11 35.03
16	3 48 08.148	23 51 25.71	7 45 36.599	26 10 45.76	11 01 22.657	8 44 19.63
18	3 52 58.124	24 09 54.42	7 50 16.829	25 57 50.29	11 04 57.825	8 16 58.11
20	3 57 49.186	24 27 47.55	7 54 55.535	25 44 22.54	11 08 32.297	7 49 30.86
22	4 02 41.304	24 45 04.55	7 59 32.692	25 30 23.14	11 12 06.111	7 21 58.23
24	4 07 34.448	+25 01 44.88	8 04 08.279	+25 15 52.72	11 15 39.302	+6 54 20.62

月　　亮

2024 年

力学时	视赤经	视赤纬	视赤经	视赤纬	视赤经	视赤纬
	7 月 11 日		7 月 15 日		7 月 19 日	
h	h m s	° ′ ″	h m s	° ′ ″	h m s	° ′ ″
0	11 15 39.302	＋ 6 54 20.62	14 06 14.418	－ 15 01 33.58	17 38 57.877	－ 28 14 12.42
2	11 19 11.908	6 26 38.36	14 10 03.115	15 26 28.24	17 44 02.379	28 17 45.87
4	11 22 43.965	5 58 51.83	14 13 53.063	15 51 10.35	17 49 07.929	28 20 37.33
6	11 26 15.510	5 31 01.38	14 17 44.297	16 15 39.42	17 54 14.460	28 22 46.38
8	11 29 46.579	5 03 07.34	14 21 36.851	16 39 54.97	17 59 21.902	28 24 12.61
10	11 33 17.211	4 35 10.07	14 25 30.758	17 03 56.50	18 04 30.184	28 24 55.64
12	11 36 47.442	4 07 09.90	14 29 26.051	17 27 43.51	18 09 39.233	28 24 55.14
14	11 40 17.310	3 39 07.16	14 33 22.762	17 51 15.48	18 14 48.975	28 24 10.79
16	11 43 46.851	3 11 02.18	14 37 20.923	18 14 31.88	18 19 59.334	28 22 42.32
18	11 47 16.104	2 42 55.30	14 41 20.564	18 37 32.17	18 25 10.232	28 20 29.48
20	11 50 45.105	2 14 46.83	14 45 21.715	19 00 15.82	18 30 21.592	28 17 32.08
22	11 54 13.892	1 46 37.09	14 49 24.405	19 22 42.26	18 35 33.334	28 13 49.94
24	11 57 42.503	＋ 1 18 26.40	14 53 28.661	－ 19 44 50.92	18 40 45.380	－ 28 09 22.93
	7 月 12 日		7 月 16 日		7 月 20 日	
0	11 57 42.503	＋ 1 18 26.40	14 53 28.661	－ 19 44 50.92	18 40 45.380	－ 28 09 22.93
2	12 01 10.974	0 50 15.09	14 57 34.510	20 06 41.22	18 45 57.650	28 04 10.96
4	12 04 39.345	＋ 0 22 03.45	15 01 41.978	20 28 12.58	18 51 10.065	27 58 13.97
6	12 08 07.652	－ 0 06 08.19	15 05 51.088	20 49 24.40	18 56 22.545	27 51 31.96
8	12 11 35.933	0 34 19.53	15 10 01.865	21 10 16.06	19 01 35.011	27 44 04.94
10	12 15 04.226	1 02 30.24	15 14 14.328	21 30 46.95	19 06 47.387	27 35 52.98
12	12 18 32.569	1 30 40.03	15 18 28.498	21 50 56.44	19 11 59.595	27 26 56.19
14	12 22 00.999	1 58 48.59	15 22 44.393	22 10 43.90	19 17 11.559	27 17 14.69
16	12 25 29.555	2 26 55.60	15 27 02.030	22 30 08.67	19 22 23.205	27 06 48.68
18	12 28 58.274	2 55 00.75	15 31 21.424	22 49 10.10	19 27 34.460	26 55 38.37
20	12 32 27.194	3 23 03.73	15 35 42.586	23 07 47.54	19 32 45.254	26 43 44.02
22	12 35 56.354	3 51 04.23	15 40 05.529	23 26 00.31	19 37 55.518	26 31 05.93
24	12 39 25.791	－ 4 19 01.94	15 44 30.261	－ 23 43 47.73	19 43 05.185	－ 26 17 44.42
	7 月 13 日		7 月 17 日		7 月 21 日	
0	12 39 25.791	－ 4 19 01.94	15 44 30.261	－ 23 43 47.73	19 43 05.185	－ 26 17 44.42
2	12 42 55.543	4 46 56.54	15 48 56.788	24 01 09.12	19 48 14.192	26 03 39.87
4	12 46 25.649	5 14 47.71	15 53 25.115	24 18 03.80	19 53 22.476	25 48 52.68
6	12 49 56.146	5 42 35.13	15 57 55.243	24 34 31.08	19 58 29.979	25 33 23.29
8	12 53 27.074	6 10 18.48	16 02 27.172	24 50 30.25	20 03 36.644	25 17 12.17
10	12 56 58.469	6 37 57.43	16 07 00.899	25 06 00.61	20 08 42.419	25 00 19.81
12	13 00 30.370	7 05 31.66	16 11 36.417	25 21 01.48	20 13 47.252	24 42 46.77
14	13 04 02.815	7 33 00.82	16 16 13.719	25 35 32.14	20 18 51.098	24 24 33.60
16	13 07 35.843	8 00 24.58	16 20 52.792	25 49 31.89	20 23 53.912	24 05 40.89
18	13 11 09.491	8 27 42.61	16 25 33.622	26 03 00.04	20 28 55.654	23 46 09.26
20	13 14 43.798	8 54 54.54	16 30 16.193	26 15 55.88	20 33 56.285	23 25 59.37
22	13 18 18.801	9 22 00.03	16 35 00.484	26 28 18.72	20 38 55.771	23 05 11.88
24	13 21 54.540	－ 9 48 58.73	16 39 46.470	－ 26 40 07.88	20 43 54.083	－ 22 43 47.49
	7 月 14 日		7 月 18 日		7 月 22 日	
0	13 21 54.540	－ 9 48 58.73	16 39 46.470	－ 26 40 07.88	20 43 54.083	－ 22 43 47.49
2	13 25 31.051	10 15 50.26	16 44 34.127	26 51 22.66	20 48 51.191	22 21 46.92
4	13 29 08.372	10 42 34.26	16 49 23.424	27 02 02.40	20 53 47.072	21 59 10.90
6	13 32 46.543	11 09 10.35	16 54 14.329	27 12 06.43	20 58 41.704	21 36 00.18
8	13 36 25.599	11 35 38.15	16 59 06.806	27 21 34.09	21 03 35.070	21 12 15.55
10	13 40 05.579	12 01 57.26	17 04 00.816	27 30 24.74	21 08 27.154	20 47 57.80
12	13 43 46.520	12 28 07.30	17 08 56.316	27 38 37.76	21 13 17.944	20 23 07.73
14	13 47 28.460	12 54 07.85	17 13 53.261	27 46 12.53	21 18 07.433	19 57 46.16
16	13 51 11.434	13 19 58.51	17 18 51.604	27 53 08.45	21 22 55.614	19 31 53.93
18	13 54 55.481	13 45 38.84	17 23 51.292	27 59 24.95	21 27 42.484	19 05 31.88
20	13 58 40.637	14 11 08.42	17 28 52.272	28 05 01.46	21 32 28.044	18 38 40.86
22	14 02 26.937	14 36 26.82	17 33 54.487	28 09 57.46	21 37 12.296	18 11 21.74
24	14 06 14.418	－ 15 01 33.58	17 38 57.877	－ 28 14 12.42	21 41 55.245	－ 17 43 35.40

月　　亮

2024 年

力学时	视赤经	视赤纬	视赤经	视赤纬	视赤经	视赤纬
	7月23日		7月27日		7月31日	
h	h m s	° ′ ″	h m s	° ′ ″	h m s	° ′ ″
0	21 41 55.245	− 17 43 35.40	1 11 29.789	+ 8 37 38.69	4 52 06.360	+ 27 12 17.26
2	21 46 36.899	17 15 22.70	1 15 46.286	9 10 08.93	4 57 03.030	27 22 05.03
4	21 51 17.269	16 46 44.54	1 20 03.245	9 42 25.46	5 02 00.136	27 31 12.70
6	21 55 56.366	16 17 41.80	1 24 20.703	10 14 27.60	5 06 57.626	27 39 40.09
8	22 00 34.207	15 48 15.38	1 28 38.698	10 46 14.64	5 11 55.444	27 47 27.01
10	22 05 10.808	15 18 26.17	1 32 57.264	11 17 45.90	5 16 53.533	27 54 33.30
12	22 09 46.188	14 48 15.07	1 37 16.438	11 49 00.69	5 21 51.835	28 00 58.86
14	22 14 20.368	14 17 42.98	1 41 36.254	12 19 58.31	5 26 50.292	28 06 43.59
16	22 18 53.372	13 46 50.80	1 45 56.745	12 50 38.11	5 31 48.842	28 11 47.41
18	22 23 25.223	13 15 39.42	1 50 17.943	13 20 59.38	5 36 47.424	28 16 10.29
20	22 27 55.948	12 44 09.76	1 54 39.881	13 51 01.46	5 41 45.978	28 19 52.20
22	22 32 25.575	12 12 22.69	1 59 02.587	14 20 43.69	5 46 44.439	28 22 53.17
24	22 36 54.134	− 11 40 19.13	2 03 26.092	+ 14 50 05.37	5 51 42.745	+ 28 25 13.24
	7月24日		7月28日		8月1日	
0	22 36 54.134	− 11 40 19.13	2 03 26.092	+ 14 50 05.37	5 51 42.745	+ 28 25 13.24
2	22 41 21.655	11 07 59.95	2 07 50.422	15 19 05.86	5 56 40.834	28 26 52.48
4	22 45 48.169	10 35 26.05	2 12 15.604	15 47 44.50	6 01 38.643	28 27 50.97
6	22 50 13.712	10 02 38.32	2 16 41.663	16 16 00.61	6 06 36.107	28 28 08.86
8	22 54 38.316	9 29 37.63	2 21 08.623	16 43 53.55	6 11 33.166	28 27 46.28
10	22 59 02.017	8 56 24.86	2 25 36.504	17 11 22.67	6 16 29.756	28 26 43.42
12	23 03 24.852	8 23 00.89	2 30 05.329	17 38 27.31	6 21 25.816	28 25 00.48
14	23 07 46.858	7 49 26.58	2 34 35.114	18 05 06.84	6 26 21.286	28 22 37.70
16	23 12 08.074	7 15 42.79	2 39 05.878	18 31 20.62	6 31 16.107	28 19 35.32
18	23 16 28.537	6 41 50.38	2 43 37.636	18 57 08.01	6 36 10.219	28 15 53.63
20	23 20 48.288	6 07 50.20	2 48 10.400	19 22 28.39	6 41 03.566	28 11 32.93
22	23 25 07.366	5 33 43.09	2 52 44.182	19 47 21.13	6 45 56.091	28 06 33.55
24	23 29 25.814	− 4 59 29.90	2 57 18.991	+ 20 11 45.62	6 50 47.741	+ 28 00 55.85
	7月25日		7月29日		8月2日	
0	23 29 25.814	− 4 59 29.90	2 57 18.991	+ 20 11 45.62	6 50 47.741	+ 28 00 55.85
2	23 33 43.671	4 25 11.45	3 01 54.834	20 35 41.24	6 55 38.463	27 54 40.20
4	23 38 00.980	3 50 48.57	3 06 31.717	20 59 07.40	7 00 28.206	27 47 46.98
6	23 42 17.782	3 16 22.09	3 11 09.643	21 22 03.50	7 05 16.921	27 40 16.63
8	23 46 34.121	2 41 52.81	3 15 48.611	21 44 28.95	7 10 04.562	27 32 09.56
10	23 50 50.038	2 07 21.54	3 20 28.621	22 06 23.17	7 14 51.084	27 23 26.23
12	23 55 05.577	1 32 49.09	3 25 09.668	22 27 45.60	7 19 36.444	27 14 07.11
14	23 59 20.781	0 58 16.25	3 29 51.746	22 48 35.66	7 24 20.602	27 04 12.70
16	0 03 35.694	− 0 23 43.82	3 34 34.845	23 08 52.83	7 29 03.519	26 53 43.48
18	0 07 50.358	+ 0 10 47.44	3 39 18.955	23 28 36.55	7 33 45.160	26 42 39.98
20	0 12 04.817	0 45 16.74	3 44 04.062	23 47 46.30	7 38 25.491	26 31 02.72
22	0 16 19.115	1 19 43.30	3 48 50.149	24 06 21.57	7 43 04.482	26 18 52.25
24	0 20 33.294	+ 1 54 06.36	3 53 37.197	+ 24 24 21.86	7 47 42.102	+ 26 06 09.12
	7月26日		7月30日		8月3日	
0	0 20 33.294	+ 1 54 06.36	3 53 37.197	+ 24 24 21.86	7 47 42.102	+ 26 06 09.12
2	0 24 47.399	2 28 25.17	3 58 25.185	24 41 46.69	7 52 18.327	25 52 53.90
4	0 29 01.472	3 02 38.96	4 03 14.088	24 58 35.58	7 56 53.131	25 39 07.15
6	0 33 15.556	3 36 46.99	4 08 03.879	25 14 48.08	8 01 26.495	25 24 49.46
8	0 37 29.695	4 10 48.51	4 12 54.531	25 30 23.76	8 05 58.397	25 10 01.42
10	0 41 43.930	4 44 42.79	4 17 46.010	25 45 22.19	8 10 28.823	24 54 43.62
12	0 45 58.304	5 18 29.09	4 22 38.282	25 59 42.98	8 14 57.756	24 38 56.67
14	0 50 12.860	5 52 06.67	4 27 31.311	26 13 25.75	8 19 25.186	24 22 41.17
16	0 54 27.637	6 25 34.82	4 32 25.058	26 26 30.12	8 23 51.101	24 05 57.72
18	0 58 42.679	6 58 52.81	4 37 19.481	26 38 55.77	8 28 15.495	23 48 46.95
20	1 02 58.024	7 31 59.93	4 42 14.537	26 50 42.36	8 32 38.362	23 31 09.47
22	1 07 13.715	8 04 55.46	4 47 10.179	27 01 49.62	8 36 59.698	23 13 05.89
24	1 11 29.789	+ 8 37 38.69	4 52 06.360	+ 27 12 17.26	8 41 19.502	+ 22 54 36.83

月　　亮

2024 年

力学时	视赤经	视赤纬	视赤经	视赤纬	视赤经	视赤纬
	8月4日		8月8日		8月12日	
h	h m s	° ′ ″	h m s	° ′ ″	h m s	° ′ ″
0	8 41 19.502	+22 54 36.83	11 44 29.646	+2 52 47.49	14 37 02.450	−18 27 25.66
2	8 45 37.775	22 35 42.90	11 47 58.815	2 24 31.35	14 40 58.694	18 50 04.65
4	8 49 54.518	22 16 24.73	11 51 27.719	1 56 14.12	14 44 56.332	19 12 26.86
6	8 54 09.737	21 56 42.92	11 54 56.393	1 27 56.12	14 48 55.394	19 34 31.77
8	8 58 23.438	21 36 38.10	11 58 24.872	0 59 37.72	14 52 55.905	19 56 18.88
10	9 02 35.627	21 16 10.87	12 01 53.191	0 31 19.24	14 56 57.892	20 17 47.66
12	9 06 46.316	20 55 21.83	12 05 21.386	+0 03 01.02	15 01 01.382	20 38 57.58
14	9 10 55.515	20 34 11.59	12 08 49.490	−0 25 16.60	15 05 06.398	20 59 48.10
16	9 15 03.237	20 12 40.76	12 12 17.540	0 53 33.29	15 09 12.965	21 20 18.67
18	9 19 09.496	19 50 49.92	12 15 45.571	1 21 48.73	15 13 21.103	21 40 28.73
20	9 23 14.307	19 28 39.67	12 19 13.619	1 50 02.57	15 17 30.835	22 00 17.73
22	9 27 17.687	19 06 10.59	12 22 41.718	2 18 14.50	15 21 42.179	22 19 45.08
24	9 31 19.654	+18 43 23.26	12 26 09.903	−2 46 24.19	15 25 55.153	−22 38 50.20
	8月5日		8月9日		8月13日	
0	9 31 19.654	+18 43 23.26	12 26 09.903	−2 46 24.19	15 25 55.153	−22 38 50.20
2	9 35 20.228	18 20 18.25	12 29 38.212	3 14 31.30	15 30 09.776	22 57 32.50
4	9 39 19.429	17 56 56.14	12 33 06.678	3 42 35.52	15 34 26.061	23 15 51.40
6	9 43 17.278	17 33 17.49	12 36 35.338	4 10 36.51	15 38 44.022	23 33 46.27
8	9 47 13.798	17 09 22.84	12 40 04.227	4 38 33.96	15 43 03.670	23 51 16.52
10	9 51 09.013	16 45 12.75	12 43 33.381	5 06 27.53	15 47 25.017	24 08 21.53
12	9 55 02.945	16 20 47.76	12 47 02.835	5 34 16.90	15 51 48.068	24 25 00.67
14	9 58 55.622	15 56 08.41	12 50 32.625	6 02 01.73	15 56 12.832	24 41 13.31
16	10 02 47.068	15 31 15.22	12 54 02.788	6 29 41.70	16 00 39.310	24 56 58.82
18	10 06 37.310	15 06 08.71	12 57 33.358	6 57 16.48	16 05 07.505	25 12 16.57
20	10 10 26.375	14 40 49.39	13 01 04.371	7 24 45.72	16 09 37.416	25 27 05.91
22	10 14 14.292	14 15 17.78	13 04 35.864	7 52 09.11	16 14 09.041	25 41 26.21
24	10 18 01.089	+13 49 34.37	13 08 07.871	−8 19 26.29	16 18 42.374	−25 55 16.81
	8月6日		8月10日		8月14日	
0	10 18 01.089	+13 49 34.37	13 08 07.871	−8 19 26.29	16 18 42.374	−25 55 16.81
2	10 21 46.796	13 23 39.65	13 11 40.430	8 46 36.92	16 23 17.407	26 08 37.07
4	10 25 31.441	12 57 34.11	13 15 13.574	9 13 40.67	16 27 54.130	26 21 26.35
6	10 29 15.055	12 31 18.22	13 18 47.342	9 40 37.18	16 32 32.530	26 33 43.99
8	10 32 57.668	12 04 52.45	13 22 21.767	10 07 26.11	16 37 12.592	26 45 29.36
10	10 36 39.312	11 38 17.27	13 25 56.885	10 34 07.09	16 41 54.296	26 56 41.82
12	10 40 20.018	11 11 33.13	13 29 32.733	11 00 39.77	16 46 37.623	27 07 20.72
14	10 43 59.817	10 44 40.48	13 33 09.346	11 27 03.78	16 51 22.547	27 17 25.44
16	10 47 38.742	10 17 39.76	13 36 46.759	11 53 18.75	16 56 09.044	27 26 55.36
18	10 51 16.824	9 50 31.41	13 40 25.007	12 19 24.32	17 00 57.083	27 35 49.84
20	10 54 54.097	9 23 15.85	13 44 04.127	12 45 20.09	17 05 46.632	27 44 08.30
22	10 58 30.594	8 55 53.52	13 47 44.152	13 11 05.70	17 10 37.656	27 51 50.12
24	11 02 06.346	+8 28 24.82	13 51 25.118	−13 36 40.73	17 15 30.117	−27 58 54.72
	8月7日		8月11日		8月15日	
0	11 02 06.346	+8 28 24.82	13 51 25.118	−13 36 40.73	17 15 30.117	−27 58 54.72
2	11 05 41.388	8 00 50.16	13 55 07.059	14 02 04.81	17 20 23.974	28 05 21.52
4	11 09 15.754	7 33 09.95	13 58 50.011	14 27 17.51	17 25 19.186	28 11 09.97
6	11 12 49.475	7 05 24.59	14 02 34.007	14 52 18.45	17 30 15.704	28 16 19.52
8	11 16 22.588	6 37 34.47	14 06 19.081	15 17 07.19	17 35 13.481	28 20 49.64
10	11 19 55.125	6 09 39.97	14 10 05.267	15 41 43.31	17 40 12.466	28 24 39.82
12	11 23 27.120	5 41 41.48	14 13 52.598	16 06 06.38	17 45 12.605	28 27 49.57
14	11 26 58.608	5 13 39.38	14 17 41.108	16 30 15.97	17 50 13.842	28 30 18.42
16	11 30 29.623	4 45 34.03	14 21 30.828	16 54 11.62	17 55 16.120	28 32 05.93
18	11 34 00.200	4 17 25.81	14 25 21.791	17 17 52.88	18 00 19.377	28 33 11.67
20	11 37 30.373	3 49 15.07	14 29 14.029	17 41 19.29	18 05 23.553	28 33 35.24
22	11 41 00.177	3 21 02.18	14 33 07.571	18 04 30.38	18 10 28.582	28 33 16.28
24	11 44 29.646	+2 52 47.49	14 37 02.450	−18 27 25.66	18 15 34.400	−28 32 14.43

月　　亮

2024 年

力学时	视　赤　经	视　赤　纬	视　赤　经	视　赤　纬	视　赤　经	视　赤　纬
	8月16日		8月20日		8月24日	
h	h m s	° ′ ″	h m s	° ′ ″	h m s	° ′ ″
0	18 15 34.400	− 28 32 14.43	22 15 30.451	− 14 06 19.77	1 48 39.129	+ 13 21 59.96
2	18 20 40.939	28 30 29.38	22 20 08.589	13 34 28.66	1 53 08.084	13 53 02.11
4	18 25 48.132	28 28 00.84	22 24 45.718	13 02 16.65	1 57 37.728	14 23 42.39
6	18 30 55.908	28 24 48.56	22 29 21.859	12 29 44.67	2 02 08.085	14 54 00.06
8	18 36 04.198	28 20 52.32	22 33 57.037	11 56 53.69	2 06 39.181	15 23 54.42
10	18 41 12.930	28 16 11.91	22 38 31.277	11 23 44.68	2 11 11.038	15 53 24.74
12	18 46 22.034	28 10 47.19	22 43 04.607	10 50 18.60	2 15 43.677	16 22 30.32
14	18 51 31.437	28 04 38.03	22 47 37.055	10 16 36.41	2 20 17.118	16 51 10.46
16	18 56 41.068	27 57 44.33	22 52 08.652	9 42 39.09	2 24 51.378	17 19 24.49
18	19 01 50.854	27 50 06.04	22 56 39.427	9 08 27.62	2 29 26.475	17 47 11.73
20	19 07 00.726	27 41 43.15	23 01 09.414	8 34 02.95	2 34 02.423	18 14 31.51
22	19 12 10.611	27 32 35.67	23 05 38.646	7 59 26.06	2 38 39.235	18 41 23.18
24	19 17 20.441	− 27 22 43.64	23 10 07.157	− 7 24 37.92	2 43 16.921	+ 19 07 46.09
	8月17日		8月21日		8月25日	
0	19 17 20.441	− 27 22 43.64	23 10 07.157	− 7 24 37.92	2 43 16.921	+ 19 07 46.09
2	19 22 30.146	27 12 07.17	23 14 34.982	6 49 39.51	2 47 55.491	19 33 39.60
4	19 27 39.658	27 00 46.37	23 19 02.158	6 14 31.78	2 52 34.952	19 59 03.11
6	19 32 48.911	26 48 41.41	23 23 28.720	5 39 15.70	2 57 15.309	20 23 55.99
8	19 37 57.841	26 35 52.48	23 27 54.706	5 03 52.24	3 01 56.564	20 48 17.64
10	19 43 06.384	26 22 19.82	23 32 20.154	4 28 22.35	3 06 38.718	21 12 07.49
12	19 48 14.479	26 08 03.69	23 36 45.103	3 52 46.99	3 11 21.770	21 35 24.95
14	19 53 22.067	25 53 04.39	23 41 09.592	3 17 07.11	3 16 05.717	21 58 09.47
16	19 58 29.091	25 37 22.28	23 45 33.661	2 41 23.66	3 20 50.552	22 20 20.49
18	20 03 35.496	25 20 57.71	23 49 57.348	2 05 37.57	3 25 36.267	22 41 57.50
20	20 08 41.230	25 03 51.10	23 54 20.695	1 29 49.79	3 30 22.851	23 02 59.96
22	20 13 46.244	24 46 02.88	23 58 43.742	0 54 01.26	3 35 10.292	23 23 27.37
24	20 18 50.491	− 24 27 33.53	0 03 06.528	− 0 18 12.89	3 39 58.574	+ 23 43 19.26
	8月18日		8月22日		8月26日	
0	20 18 50.491	− 24 27 33.53	0 03 06.528	− 0 18 12.89	3 39 58.574	+ 23 43 19.26
2	20 23 53.926	24 08 23.54	0 07 29.096	+ 0 17 34.39	3 44 47.679	24 02 35.15
4	20 28 56.508	23 48 33.45	0 11 51.486	0 53 19.67	3 49 37.588	24 21 14.58
6	20 33 58.199	23 28 03.82	0 16 13.738	1 29 02.03	3 54 28.277	24 39 17.12
8	20 38 58.963	23 06 55.24	0 20 35.893	2 04 40.58	3 59 19.723	24 56 42.35
10	20 43 58.767	22 45 08.33	0 24 57.993	2 40 14.41	4 04 11.897	25 13 29.88
12	20 48 57.582	22 22 43.73	0 29 20.077	3 15 42.64	4 09 04.770	25 29 39.31
14	20 53 55.381	21 59 42.10	0 33 42.187	3 51 04.38	4 13 58.311	25 45 10.31
16	20 58 52.139	21 36 04.15	0 38 04.362	4 26 18.76	4 18 52.485	26 00 02.51
18	21 03 47.837	21 11 50.60	0 42 26.642	5 01 24.90	4 23 47.256	26 14 15.61
20	21 08 42.456	20 47 02.17	0 46 49.067	5 36 21.95	4 28 42.585	26 27 49.31
22	21 13 35.982	20 21 39.63	0 51 11.676	6 11 09.04	4 33 38.432	26 40 43.32
24	21 18 28.402	− 19 55 43.76	0 55 34.508	+ 6 45 45.34	4 38 34.754	+ 26 52 57.41
	8月19日		8月23日		8月27日	
0	21 18 28.402	− 19 55 43.76	0 55 34.508	+ 6 45 45.34	4 38 34.754	+ 26 52 57.41
2	21 23 19.707	19 29 15.35	0 59 57.601	7 20 09.99	4 43 31.508	27 04 31.33
4	21 28 09.890	19 02 15.23	1 04 20.992	7 54 22.17	4 48 28.646	27 15 24.89
6	21 32 58.948	18 34 44.23	1 08 44.719	8 28 21.05	4 53 26.121	27 25 37.90
8	21 37 46.880	18 06 43.19	1 13 08.818	9 02 05.81	4 58 23.883	27 35 10.19
10	21 42 33.686	17 38 12.98	1 17 33.326	9 35 35.64	5 03 21.882	27 44 01.64
12	21 47 19.372	17 09 14.47	1 21 58.276	10 08 49.74	5 08 20.064	27 52 12.14
14	21 52 03.942	16 39 48.56	1 26 23.703	10 41 47.31	5 13 18.377	27 59 41.59
16	21 56 47.406	16 09 56.14	1 30 49.641	11 14 27.56	5 18 16.766	28 06 29.95
18	22 01 29.775	15 39 38.13	1 35 16.122	11 46 49.72	5 23 15.175	28 12 37.18
20	22 06 11.062	15 08 55.44	1 39 43.177	12 18 53.02	5 28 13.547	28 18 03.26
22	22 10 51.281	14 37 49.01	1 44 10.836	12 50 36.68	5 33 11.826	28 22 48.21
24	22 15 30.451	− 14 06 19.77	1 48 39.129	+ 13 21 59.96	5 38 09.955	+ 28 26 52.08

月　　亮

2024 年

力学时	视　赤　经	视　赤　纬	视　赤　经	视　赤　纬	视　赤　经	视　赤　纬
	8月28日		9月1日		9月5日	
h	h　m　s	°　′　″	h　m　s	°　′　″	h　m　s	°　′　″
0	5 38 09.955	+28 26 52.08	9 18 33.491	+19 56 24.59	12 14 27.759	−1 17 01.65
2	5 43 07.875	28 30 14.93	9 22 36.119	19 34 19.59	12 17 55.650	1 45 22.95
4	5 48 05.528	28 32 56.86	9 26 37.383	19 11 55.76	12 21 23.584	2 13 42.35
6	5 53 02.856	28 34 57.97	9 30 37.304	18 49 13.66	12 24 51.594	2 41 59.49
8	5 57 59.802	28 36 18.42	9 34 35.899	18 26 13.81	12 28 19.712	3 10 14.03
10	6 02 56.308	28 36 58.36	9 38 33.190	18 02 56.76	12 31 47.971	3 38 25.60
12	6 07 52.317	28 36 57.99	9 42 29.199	17 39 23.03	12 35 16.404	4 06 33.88
14	6 12 47.772	28 36 17.52	9 46 23.947	17 15 33.16	12 38 45.043	4 34 38.49
16	6 17 42.618	28 34 57.19	9 50 17.458	16 51 27.67	12 42 13.921	5 02 39.10
18	6 22 36.799	28 32 57.25	9 54 09.755	16 27 07.06	12 45 43.071	5 30 35.34
20	6 27 30.262	28 30 17.99	9 58 00.864	16 02 31.86	12 49 12.525	5 58 26.88
22	6 32 22.954	28 26 59.70	10 01 50.810	15 37 42.55	12 52 42.316	6 26 13.36
24	6 37 14.824	+28 23 02.72	10 05 39.618	+15 12 39.66	12 56 12.477	−6 53 54.42
	8月29日		9月2日		9月6日	
0	6 37 14.824	+28 23 02.72	10 05 39.618	+15 12 39.66	12 56 12.477	−6 53 54.42
2	6 42 05.821	28 18 27.38	10 09 27.315	14 47 23.66	12 59 43.040	7 21 29.72
4	6 46 55.898	28 13 14.05	10 13 13.928	14 21 55.04	13 03 14.037	7 48 58.89
6	6 51 45.006	28 07 23.10	10 16 59.485	13 56 14.29	13 06 45.502	8 16 21.57
8	6 56 33.102	28 00 54.94	10 20 44.013	13 30 21.88	13 10 17.467	8 43 37.42
10	7 01 20.142	27 53 49.98	10 24 27.541	13 04 18.29	13 13 49.963	9 10 46.07
12	7 06 06.085	27 46 08.66	10 28 10.098	12 38 03.98	13 17 23.024	9 37 47.15
14	7 10 50.890	27 37 51.41	10 31 51.712	12 11 39.41	13 20 56.682	10 04 40.30
16	7 15 34.520	27 28 58.70	10 35 32.414	11 45 05.03	13 24 30.969	10 31 25.15
18	7 20 16.940	27 19 31.01	10 39 12.233	11 18 21.30	13 28 05.916	10 58 01.34
20	7 24 58.117	27 09 28.82	10 42 51.199	10 51 28.65	13 31 41.557	11 24 28.48
22	7 29 38.019	26 58 52.64	10 46 29.343	10 24 27.53	13 35 17.922	11 50 46.19
24	7 34 16.617	+26 47 42.96	10 50 06.695	+9 57 18.38	13 38 55.044	−12 16 54.11
	8月30日		9月3日		9月7日	
0	7 34 16.617	+26 47 42.96	10 50 06.695	+9 57 18.38	13 38 55.044	−12 16 54.11
2	7 38 53.885	26 36 00.32	10 53 43.286	9 30 01.61	13 42 32.953	12 42 51.84
4	7 43 29.797	26 23 45.24	10 57 19.147	9 02 37.66	13 46 11.682	13 08 38.99
6	7 48 04.331	26 10 58.27	11 00 54.309	8 35 06.94	13 49 51.261	13 34 15.17
8	7 52 37.467	25 57 39.94	11 04 28.804	8 07 29.87	13 53 31.722	13 59 40.00
10	7 57 09.187	25 43 50.80	11 08 02.663	7 39 46.85	13 57 13.094	14 24 53.05
12	8 01 39.474	25 29 31.43	11 11 35.917	7 11 58.31	14 00 55.409	14 49 53.94
14	8 06 08.316	25 14 42.37	11 15 08.599	6 44 04.62	14 04 38.697	15 14 42.25
16	8 10 35.699	24 59 24.21	11 18 40.740	6 16 06.20	14 08 22.987	15 39 17.56
18	8 15 01.615	24 43 37.50	11 22 12.373	5 48 03.44	14 12 08.308	16 03 39.46
20	8 19 26.056	24 27 22.82	11 25 43.528	5 19 56.73	14 15 54.691	16 27 47.52
22	8 23 49.016	24 10 40.76	11 29 14.240	4 51 46.44	14 19 42.163	16 51 41.30
24	8 28 10.492	+23 53 31.89	11 32 44.539	+4 23 32.98	14 23 30.753	−17 15 20.39
	8月31日		9月4日		9月8日	
0	8 28 10.492	+23 53 31.89	11 32 44.539	+4 23 32.98	14 23 30.753	−17 15 20.39
2	8 32 30.481	23 35 56.78	11 36 14.458	3 55 16.71	14 27 20.488	17 38 44.32
4	8 36 48.985	23 17 56.03	11 39 44.029	3 26 58.01	14 31 11.396	18 01 52.66
6	8 41 06.003	22 59 30.20	11 43 13.285	2 58 37.26	14 35 03.504	18 24 44.96
8	8 45 21.542	22 40 39.88	11 46 42.258	2 30 14.82	14 38 56.836	18 47 20.75
10	8 49 35.604	22 21 25.65	11 50 10.980	2 01 51.07	14 42 51.419	19 09 39.57
12	8 53 48.198	22 01 48.08	11 53 39.485	1 33 26.36	14 46 47.277	19 31 40.96
14	8 57 59.332	21 41 47.75	11 57 07.804	1 05 01.07	14 50 44.435	19 53 24.43
16	9 02 09.015	21 21 25.23	12 00 35.970	0 36 35.55	14 54 42.915	20 14 49.50
18	9 06 17.259	21 00 41.09	12 04 04.016	+0 08 10.16	14 58 42.739	20 35 55.69
20	9 10 24.077	20 39 35.90	12 07 31.975	−0 20 14.74	15 02 43.930	20 56 42.50
22	9 14 29.483	20 18 10.21	12 10 59.878	0 48 38.79	15 06 46.506	21 17 09.44
24	9 18 33.491	+19 56 24.59	12 14 27.759	−1 17 01.65	15 10 50.489	−21 37 15.99

月　　亮

2024 年

力学时	视赤经	视赤纬	视赤经	视赤纬	视赤经	视赤纬
	9月9日		9月13日		9月17日	
h	h m s	° ′ ″	h m s	° ′ ″	h m s	° ′ ″
0	15 10 50.489	−21 37 15.99	18 53 13.828	−28 09 09.76	22 45 51.836	−10 30 15.71
2	15 14 55.895	21 57 01.65	18 58 15.406	28 02 07.99	22 50 24.811	9 56 06.43
4	15 19 02.742	22 16 25.91	19 03 17.156	27 54 23.76	22 54 57.206	9 21 40.53
6	15 23 11.046	22 35 28.23	19 08 19.020	27 45 57.03	22 59 29.052	8 46 58.96
8	15 27 20.821	22 54 08.09	19 13 20.939	27 36 47.79	23 04 00.379	8 12 02.67
10	15 31 32.082	23 12 24.97	19 18 22.856	27 26 56.05	23 08 31.219	7 36 52.63
12	15 35 44.840	23 30 18.32	19 23 24.714	27 16 21.85	23 13 01.607	7 01 29.80
14	15 39 59.104	23 47 47.60	19 28 26.459	27 05 05.27	23 17 31.576	6 25 55.18
16	15 44 14.886	24 04 52.28	19 33 28.034	26 53 06.42	23 22 01.160	5 50 09.74
18	15 48 32.191	24 21 31.79	19 38 29.389	26 40 25.42	23 26 30.395	5 14 14.46
20	15 52 51.025	24 37 45.59	19 43 30.470	26 27 02.43	23 30 59.317	4 38 10.35
22	15 57 11.392	24 53 33.13	19 48 31.228	26 12 57.64	23 35 27.963	4 01 58.40
24	16 01 33.296	−25 08 53.84	19 53 31.616	−25 58 11.27	23 39 56.369	−3 25 39.61
	9月10日		9月14日		9月18日	
0	16 01 33.296	−25 08 53.84	19 53 31.616	−25 58 11.27	23 39 56.369	−3 25 39.61
2	16 05 56.735	25 23 47.17	19 58 31.585	25 42 43.57	23 44 24.574	2 49 14.98
4	16 10 21.709	25 38 12.55	20 03 31.092	25 26 34.81	23 48 52.615	2 12 45.53
6	16 14 48.214	25 52 09.43	20 08 30.094	25 09 45.29	23 53 20.531	1 36 12.25
8	16 19 16.244	26 05 37.24	20 13 28.551	24 52 15.33	23 57 48.359	0 59 36.17
10	16 23 45.793	26 18 35.42	20 18 26.424	24 34 05.31	0 02 16.139	−0 22 58.29
12	16 28 16.850	26 31 03.40	20 23 23.677	24 15 15.59	0 06 43.909	+0 13 40.37
14	16 32 49.404	26 43 00.64	20 28 20.277	23 55 46.60	0 11 11.709	0 50 18.79
16	16 37 23.441	26 54 26.56	20 33 16.192	23 35 38.76	0 15 39.577	1 26 55.97
18	16 41 58.944	27 05 20.62	20 38 11.394	23 14 52.54	0 20 07.552	2 03 30.88
20	16 46 35.896	27 15 42.26	20 43 05.855	22 53 28.42	0 24 35.673	2 40 02.53
22	16 51 14.276	27 25 30.95	20 47 59.552	22 31 26.91	0 29 03.978	3 16 29.89
24	16 55 54.060	−27 34 46.14	20 52 52.463	−22 08 48.54	0 33 32.506	+3 52 51.95
	9月11日		9月15日		9月19日	
0	16 55 54.060	−27 34 46.14	20 52 52.463	−22 08 48.54	0 33 32.506	+3 52 51.95
2	17 00 35.224	27 43 27.30	20 57 44.569	21 45 33.88	0 38 01.295	4 29 07.71
4	17 05 17.741	27 51 33.89	21 02 35.853	21 21 43.50	0 42 30.383	5 05 16.17
6	17 10 01.580	27 59 05.42	21 07 26.301	20 57 18.00	0 46 59.807	5 41 16.32
8	17 14 46.710	28 06 01.36	21 12 15.902	20 32 18.01	0 51 29.603	6 17 07.17
10	17 19 33.097	28 12 21.22	21 17 04.645	20 06 44.16	0 55 59.809	6 52 47.72
12	17 24 20.704	28 18 04.51	21 21 52.525	19 40 37.13	1 00 30.460	7 28 16.99
14	17 29 09.493	28 23 10.76	21 26 39.536	19 13 57.59	1 05 01.590	8 03 33.98
16	17 33 59.423	28 27 39.51	21 31 25.676	18 46 46.25	1 09 33.235	8 38 37.73
18	17 38 50.453	28 31 30.31	21 36 10.945	18 19 03.82	1 14 05.428	9 13 27.26
20	17 43 42.538	28 34 42.73	21 40 55.346	17 50 51.04	1 18 38.201	9 48 01.60
22	17 48 35.630	28 37 16.35	21 45 38.883	17 22 08.67	1 23 11.587	10 22 19.80
24	17 53 29.683	−28 39 10.78	21 50 21.563	−16 52 57.49	1 27 45.615	+10 56 20.90
	9月12日		9月16日		9月20日	
0	17 53 29.683	−28 39 10.78	21 50 21.563	−16 52 57.49	1 27 45.615	+10 56 20.90
2	17 58 24.647	28 40 25.64	21 55 03.394	16 23 18.26	1 32 20.316	11 30 03.97
4	18 03 20.470	28 41 00.57	21 59 44.386	15 53 11.81	1 36 55.717	12 03 28.06
6	18 08 17.099	28 40 55.23	22 04 24.553	15 22 38.94	1 41 31.846	12 36 32.25
8	18 13 14.481	28 40 09.29	22 09 03.909	14 51 40.48	1 46 08.730	13 09 15.63
10	18 18 12.561	28 38 42.46	22 13 42.469	14 20 17.29	1 50 46.391	13 41 37.28
12	18 23 11.282	28 36 34.47	22 18 20.252	13 48 30.21	1 55 24.855	14 13 36.30
14	18 28 10.587	28 33 45.07	22 22 57.278	13 16 20.12	2 00 04.141	14 45 11.83
16	18 33 10.418	28 30 14.02	22 27 33.568	12 43 47.90	2 04 44.270	15 16 22.97
18	18 38 10.716	28 26 01.13	22 32 09.143	12 10 54.44	2 09 25.260	15 47 08.86
20	18 43 11.424	28 21 06.22	22 36 44.029	11 37 40.64	2 14 07.127	16 17 28.66
22	18 48 12.481	28 15 29.14	22 41 18.251	11 04 07.42	2 18 49.887	16 47 21.53
24	18 53 13.828	−28 09 09.76	22 45 51.836	−10 30 15.71	2 23 33.551	+17 16 46.65

月　　亮

2024 年

力学时	视赤经	视赤纬	视赤经	视赤纬	视赤经	视赤纬
	9月21日		9月25日		9月29日	
h	h m s	° ′ ″	h m s	° ′ ″	h m s	° ′ ″
0	2 23 33.551	+17 16 46.65	6 22 51.177	+28 37 57.05	9 54 32.975	+16 27 12.97
2	2 28 18.131	17 45 43.19	6 27 48.546	28 35 11.13	9 58 22.535	16 02 41.66
4	2 33 03.635	18 14 10.38	6 32 44.918	28 31 45.26	10 02 10.940	15 37 56.50
6	2 37 50.070	18 42 07.42	6 37 40.244	28 27 39.86	10 05 58.220	15 12 57.99
8	2 42 37.439	19 09 33.57	6 42 34.476	28 22 55.36	10 09 44.403	14 47 46.58
10	2 47 25.746	19 36 28.05	6 47 27.565	28 17 32.21	10 13 29.520	14 22 22.73
12	2 52 14.989	20 02 50.16	6 52 19.469	28 11 30.89	10 17 13.600	13 56 46.90
14	2 57 05.166	20 28 39.17	6 57 10.145	28 04 51.88	10 20 56.673	13 30 59.53
16	3 01 56.272	20 53 54.40	7 01 59.553	27 57 35.68	10 24 38.771	13 05 01.06
18	3 06 48.300	21 18 35.15	7 06 47.655	27 49 42.81	10 28 19.924	12 38 51.94
20	3 11 41.240	21 42 40.79	7 11 34.416	27 41 13.78	10 32 00.163	12 12 32.59
22	3 16 35.079	22 06 10.68	7 16 19.802	27 32 09.15	10 35 39.519	11 46 03.44
24	3 21 29.802	+22 29 04.19	7 21 03.784	+27 22 29.45	10 39 18.025	+11 19 24.92
	9月22日		9月26日		9月30日	
0	3 21 29.802	+22 29 04.19	7 21 03.784	+27 22 29.45	10 39 18.025	+11 19 24.92
2	3 26 25.391	22 51 20.75	7 25 46.332	27 12 15.24	10 42 55.712	10 52 37.44
4	3 31 21.826	23 12 59.77	7 30 27.420	27 01 27.08	10 46 32.612	10 25 41.42
6	3 36 19.085	23 34 00.71	7 35 07.026	26 50 05.55	10 50 08.756	9 58 37.27
8	3 41 17.141	23 54 23.05	7 39 45.128	26 38 11.23	10 53 44.177	9 31 25.39
10	3 46 15.966	24 14 06.29	7 44 21.708	26 25 44.70	10 57 18.906	9 04 06.18
12	3 51 15.531	24 33 09.95	7 48 56.748	26 12 46.54	11 00 52.977	8 36 40.04
14	3 56 15.802	24 51 33.59	7 53 30.234	25 59 17.36	11 04 26.421	8 09 07.36
16	4 01 16.743	25 09 16.77	7 58 02.156	25 45 17.74	11 07 59.271	7 41 28.54
18	4 06 18.316	25 26 19.11	8 02 32.503	25 30 48.28	11 11 31.559	7 13 43.96
20	4 11 20.481	25 42 40.24	8 07 01.268	25 15 49.58	11 15 03.317	6 45 54.01
22	4 16 23.195	25 58 19.80	8 11 28.446	25 00 22.24	11 18 34.578	6 17 59.07
24	4 21 26.413	+26 13 17.50	8 15 54.033	+24 44 26.86	11 22 05.374	+5 49 59.51
	9月23日		9月27日		10月1日	
0	4 21 26.413	+26 13 17.50	8 15 54.033	+24 44 26.86	11 22 05.374	+5 49 59.51
2	4 26 30.089	26 27 33.04	8 20 18.029	24 28 04.03	11 25 35.739	5 21 55.72
4	4 31 34.171	26 41 06.16	8 24 40.434	24 11 14.36	11 29 05.703	4 53 48.07
6	4 36 38.611	26 53 56.64	8 29 01.250	23 53 58.43	11 32 35.300	4 25 36.93
8	4 41 43.355	27 06 04.28	8 33 20.484	23 36 16.84	11 36 04.561	3 57 22.66
10	4 46 48.348	27 17 28.91	8 37 38.140	23 18 10.19	11 39 33.520	3 29 05.64
12	4 51 53.535	27 28 10.39	8 41 54.227	22 59 39.05	11 43 02.209	3 00 46.24
14	4 56 58.858	27 38 08.62	8 46 08.754	22 40 44.01	11 46 30.660	2 32 24.82
16	5 02 04.258	27 47 23.51	8 50 21.733	22 21 25.65	11 49 58.905	2 04 01.74
18	5 07 09.676	27 55 55.01	8 54 33.177	22 01 44.55	11 53 26.976	1 35 37.37
20	5 12 15.051	28 03 43.11	8 58 43.099	21 41 41.27	11 56 54.906	1 07 12.06
22	5 17 20.322	28 10 47.82	9 02 51.515	21 21 16.38	12 00 22.727	0 38 46.18
24	5 22 25.427	+28 17 09.17	9 06 58.442	+21 00 30.43	12 03 50.470	+0 10 20.10
	9月24日		9月28日		10月2日	
0	5 22 25.427	+28 17 09.17	9 06 58.442	+21 00 30.43	12 03 50.470	+0 10 20.10
2	5 27 30.303	28 22 47.24	9 11 03.898	20 39 23.99	12 07 18.169	−0 18 05.84
4	5 32 34.889	28 27 42.12	9 15 07.901	20 17 57.60	12 10 45.854	0 46 31.27
6	5 37 39.121	28 31 53.94	9 19 10.473	19 56 11.80	12 14 13.558	1 14 55.82
8	5 42 42.937	28 35 22.86	9 23 11.634	19 34 07.13	12 17 41.314	1 43 19.15
10	5 47 46.274	28 38 09.06	9 27 11.406	19 11 44.13	12 21 09.151	2 11 40.89
12	5 52 49.072	28 40 12.74	9 31 09.813	18 49 03.31	12 24 37.103	2 40 00.67
14	5 57 51.270	28 41 34.15	9 35 06.879	18 26 05.20	12 28 05.201	3 08 18.15
16	6 02 52.806	28 42 13.54	9 39 02.628	18 02 50.31	12 31 33.476	3 36 32.94
18	6 07 53.622	28 42 11.20	9 42 57.085	17 39 19.14	12 35 01.961	4 04 44.71
20	6 12 53.660	28 41 27.45	9 46 50.278	17 15 32.20	12 38 30.686	4 32 53.06
22	6 17 52.864	28 40 02.61	9 50 42.232	16 51 29.98	12 41 59.683	5 00 57.66
24	6 22 51.177	+28 37 57.05	9 54 32.975	+16 27 12.97	12 45 28.983	−5 28 58.11

月　　亮

2024 年

力学时	视赤经	视赤纬	视赤经	视赤纬	视赤经	视赤纬
	10月3日		10月7日		10月11日	
h	h m s	° ′ ″	h m s	° ′ ″	h m s	° ′ ″
0	12 45 28.983	− 5 28 58.11	15 48 12.332	− 24 21 19.13	19 33 15.009	− 26 53 59.50
2	12 48 58.618	5 56 54.07	15 52 29.224	24 37 27.83	19 38 06.743	26 41 44.11
4	12 52 28.619	6 24 45.15	15 56 47.495	24 53 10.16	19 42 58.145	26 28 49.59
6	12 55 59.016	6 52 30.99	16 01 07.143	25 08 25.62	19 47 49.176	26 15 16.12
8	12 59 29.840	7 20 11.21	16 05 28.163	25 23 13.68	19 52 39.798	26 01 03.90
10	13 03 01.122	7 47 45.44	16 09 50.549	25 37 33.85	19 57 29.977	25 46 13.15
12	13 06 32.894	8 15 13.29	16 14 14.294	25 51 25.61	20 02 19.677	25 30 44.14
14	13 10 05.184	8 42 34.39	16 18 39.388	26 04 48.45	20 07 08.868	25 14 37.11
16	13 13 38.025	9 09 48.36	16 23 05.819	26 17 41.88	20 11 57.520	24 57 52.36
18	13 17 11.445	9 36 54.81	16 27 33.573	26 30 05.40	20 16 45.605	24 40 30.19
20	13 20 45.475	10 03 53.34	16 32 02.637	26 41 58.51	20 21 33.096	24 22 30.93
22	13 24 20.144	10 30 43.57	16 36 32.991	26 53 20.72	20 26 19.971	24 03 54.93
24	13 27 55.483	− 10 57 25.11	16 41 04.618	− 27 04 11.56	20 31 06.207	− 23 44 42.53
	10月4日		10月8日		10月12日	
0	13 27 55.483	− 10 57 25.11	16 41 04.618	− 27 04 11.56	20 31 06.207	− 23 44 42.53
2	13 31 31.521	11 23 57.55	16 45 37.496	27 14 30.55	20 35 51.785	23 24 54.13
4	13 35 08.287	11 50 20.50	16 50 11.602	27 24 17.21	20 40 36.688	23 04 30.12
6	13 38 45.809	12 16 33.55	16 54 46.912	27 33 31.09	20 45 20.900	22 43 30.91
8	13 42 24.117	12 42 36.29	16 59 23.398	27 42 11.73	20 50 04.407	22 21 56.95
10	13 46 03.240	13 08 28.31	17 04 01.033	27 50 18.70	20 54 47.200	21 59 48.67
12	13 49 43.204	13 34 09.20	17 08 39.786	27 57 51.55	20 59 29.269	21 37 06.54
14	13 53 24.038	13 59 38.54	17 13 19.624	28 04 49.87	21 04 10.607	21 13 51.05
16	13 57 05.769	14 24 55.90	17 18 00.514	28 11 13.24	21 08 51.209	20 50 02.69
18	14 00 48.425	14 50 00.86	17 22 42.420	28 17 01.27	21 13 31.073	20 25 41.97
20	14 04 32.032	15 14 52.99	17 27 25.305	28 22 13.57	21 18 10.199	20 00 49.42
22	14 08 16.615	15 39 31.85	17 32 09.129	28 26 49.77	21 22 48.587	19 35 25.59
24	14 12 02.202	− 16 03 57.01	17 36 53.853	− 28 30 49.50	21 27 26.241	− 19 09 31.02
	10月5日		10月9日		10月13日	
0	14 12 02.202	− 16 03 57.01	17 36 53.853	− 28 30 49.50	21 27 26.241	− 19 09 31.02
2	14 15 48.817	16 28 08.02	17 41 39.435	28 34 12.42	21 32 03.167	18 43 06.29
4	14 19 36.484	16 52 04.43	17 46 25.830	28 36 58.22	21 36 39.371	18 16 11.98
6	14 23 25.229	17 15 45.80	17 51 12.996	28 39 06.57	21 41 14.863	17 48 48.70
8	14 27 15.074	17 39 11.67	17 56 00.886	28 40 37.17	21 45 49.653	17 20 57.05
10	14 31 06.043	18 02 21.58	18 00 49.453	28 41 29.76	21 50 23.754	16 52 37.65
12	14 34 58.157	18 25 15.07	18 05 38.649	28 41 44.08	21 54 57.180	16 23 51.15
14	14 38 51.439	18 47 51.67	18 10 28.427	28 41 19.87	21 59 29.948	15 54 38.20
16	14 42 45.909	19 10 10.90	18 15 18.737	28 40 16.93	22 04 02.075	15 24 59.46
18	14 46 41.587	19 32 12.30	18 20 09.529	28 38 35.04	22 08 33.579	14 54 55.60
20	14 50 38.492	19 53 55.39	18 25 00.752	28 36 14.02	22 13 04.482	14 24 27.32
22	14 54 36.642	20 15 19.67	18 29 52.357	28 33 13.72	22 17 34.806	13 53 35.31
24	14 58 36.056	− 20 36 24.67	18 34 44.292	− 28 29 33.99	22 22 04.574	− 13 22 20.30
	10月6日		10月10日		10月14日	
0	14 58 36.056	− 20 36 24.67	18 34 44.292	− 28 29 33.99	22 22 04.574	− 13 22 20.30
2	15 02 36.748	20 57 09.90	18 39 36.506	28 25 14.71	22 26 33.811	12 50 42.99
4	15 06 38.735	21 17 34.86	18 44 28.948	28 20 15.78	22 31 02.542	12 18 44.14
6	15 10 42.031	21 37 39.05	18 49 21.567	28 14 37.12	22 35 30.796	11 46 24.48
8	15 14 46.649	21 57 21.98	18 54 14.314	28 08 18.68	22 39 58.600	11 13 44.78
10	15 18 52.600	22 16 43.14	18 59 07.137	28 01 20.43	22 44 25.983	10 40 45.82
12	15 22 59.896	22 35 42.02	19 03 59.988	27 53 42.34	22 48 52.978	10 07 28.37
14	15 27 08.545	22 54 18.13	19 08 52.818	27 45 24.43	22 53 19.614	9 33 53.23
16	15 31 18.556	23 12 30.96	19 13 45.578	27 36 26.74	22 57 45.925	9 00 01.21
18	15 35 29.936	23 30 19.98	19 18 38.223	27 26 49.31	23 02 11.944	8 25 53.12
20	15 39 42.690	23 47 44.69	19 23 30.706	27 16 32.23	23 06 37.705	7 51 29.79
22	15 43 56.821	24 04 44.58	19 28 22.982	27 05 35.58	23 11 03.243	7 16 52.07
24	15 48 12.332	− 24 21 19.13	19 33 15.009	− 26 53 59.50	23 15 28.594	− 6 42 00.80

月　亮

2024 年

力学时	视赤经	视赤纬	视赤经	视赤纬	视赤经	视赤纬
	10月15日		10月19日		10月23日	
h	h m s	° ′ ″	h m s	° ′ ″	h m s	° ′ ″
0	23 15 28.594	− 6 42 00.80	2 56 19.239	+ 20 23 27.66	7 03 45.793	+ 27 52 02.99
2	23 19 53.794	6 06 56.85	3 01 18.370	20 49 28.13	7 08 40.743	27 43 42.43
4	23 24 18.880	5 31 41.09	3 06 18.652	21 14 53.16	7 13 34.105	27 34 44.41
6	23 28 43.890	4 56 14.39	3 11 20.068	21 39 41.91	7 18 25.844	27 25 09.59
8	23 33 08.862	4 20 37.66	3 16 22.597	22 03 53.60	7 23 15.927	27 14 58.62
10	23 37 33.834	3 44 51.80	3 21 26.217	22 27 27.46	7 28 04.326	27 04 12.19
12	23 41 58.846	3 08 57.72	3 26 30.902	22 50 22.74	7 32 51.016	26 52 50.96
14	23 46 23.936	2 32 56.34	3 31 36.621	23 12 38.73	7 37 35.973	26 40 55.62
16	23 50 49.145	1 56 48.60	3 36 43.341	23 34 14.74	7 42 19.178	26 28 26.86
18	23 55 14.512	1 20 35.44	3 41 51.028	23 55 10.11	7 47 00.613	26 15 25.36
20	23 59 40.078	0 44 17.82	3 46 59.641	24 15 24.21	7 51 40.266	26 01 51.82
22	0 04 05.881	− 0 07 56.68	3 52 09.140	24 34 56.44	7 56 18.123	25 47 46.94
24	0 08 31.964	+ 0 28 26.99	3 57 19.477	+ 24 53 46.25	8 00 54.178	+ 25 33 11.39
	10月16日		10月20日		10月24日	
0	0 08 31.964	+ 0 28 26.99	3 57 19.477	+ 24 53 46.25	8 00 54.178	+ 25 33 11.39
2	0 12 58.366	1 04 52.22	4 02 30.605	25 11 53.10	8 05 28.424	25 18 05.89
4	0 17 25.127	1 41 18.02	4 07 42.473	25 29 16.49	8 10 00.857	25 02 31.11
6	0 21 52.288	2 17 43.40	4 12 55.027	25 45 55.97	8 14 31.477	24 46 27.75
8	0 26 19.888	2 54 07.36	4 18 08.210	26 01 51.10	8 19 00.285	24 29 56.48
10	0 30 47.968	3 30 28.90	4 23 21.962	26 17 01.52	8 23 27.286	24 12 57.99
12	0 35 16.567	4 06 46.99	4 28 36.222	26 31 26.85	8 27 52.484	23 55 32.95
14	0 39 45.724	4 43 00.61	4 33 50.926	26 45 06.80	8 32 15.890	23 37 42.03
16	0 44 15.477	5 19 08.74	4 39 06.007	26 58 01.10	8 36 37.512	23 19 25.89
18	0 48 45.866	5 55 10.36	4 44 21.396	27 10 09.50	8 40 57.363	23 00 45.18
20	0 53 16.928	6 31 04.41	4 49 37.025	27 21 31.82	8 45 15.456	22 41 40.55
22	0 57 48.700	7 06 49.87	4 54 52.820	27 32 07.89	8 49 31.809	22 22 12.65
24	1 02 21.218	+ 7 42 25.68	5 00 08.709	+ 27 41 57.62	8 53 46.438	+ 22 02 22.10
	10月17日		10月21日		10月25日	
0	1 02 21.218	+ 7 42 25.68	5 00 08.709	+ 27 41 57.62	8 53 46.438	+ 22 02 22.10
2	1 06 54.519	8 17 50.81	5 05 24.619	27 51 00.91	8 57 59.361	21 42 09.52
4	1 11 28.635	8 53 04.20	5 10 40.472	27 59 17.75	9 02 10.600	21 21 35.54
6	1 16 03.603	9 28 04.80	5 15 56.194	28 06 48.12	9 06 20.177	21 00 40.76
8	1 20 39.454	10 02 51.56	5 21 11.709	28 13 32.08	9 10 28.114	20 39 25.77
10	1 25 16.219	10 37 23.44	5 26 26.938	28 19 29.70	9 14 34.436	20 17 51.17
12	1 29 53.930	11 11 39.37	5 31 41.807	28 24 41.10	9 18 39.168	19 55 57.52
14	1 34 32.615	11 45 38.31	5 36 56.237	28 29 06.45	9 22 42.337	19 33 45.41
16	1 39 12.302	12 19 19.21	5 42 10.154	28 32 45.93	9 26 43.971	19 11 15.38
18	1 43 53.017	12 52 41.03	5 47 23.481	28 35 39.78	9 30 44.097	18 48 28.00
20	1 48 34.785	13 25 42.72	5 52 36.144	28 37 48.25	9 34 42.746	18 25 23.80
22	1 53 17.629	13 58 23.26	5 57 48.070	28 39 11.65	9 38 39.947	18 02 03.31
24	1 58 01.570	+ 14 30 41.60	6 02 59.186	+ 28 39 50.30	9 42 35.730	+ 17 38 27.06
	10月18日		10月22日		10月26日	
0	1 58 01.570	+ 14 30 41.60	6 02 59.186	+ 28 39 50.30	9 42 35.730	+ 17 38 27.06
2	2 02 46.627	15 02 36.72	6 08 09.423	28 39 44.56	9 46 30.128	17 14 35.56
4	2 07 32.818	15 34 07.62	6 13 18.710	28 38 54.84	9 50 23.172	16 50 29.31
6	2 12 20.157	16 05 13.27	6 18 26.981	28 37 21.54	9 54 14.895	16 26 08.81
8	2 17 08.657	16 35 52.69	6 23 34.172	28 35 05.12	9 58 05.329	16 01 34.54
10	2 21 58.330	17 06 04.88	6 28 40.219	28 32 06.05	10 01 54.509	15 36 47.00
12	2 26 49.184	17 35 48.87	6 33 45.063	28 28 24.83	10 05 42.467	15 11 46.63
14	2 31 41.224	18 05 03.69	6 38 48.644	28 24 01.98	10 09 29.239	14 46 33.92
16	2 36 34.453	18 33 48.40	6 43 50.909	28 18 58.05	10 13 14.859	14 21 09.30
18	2 41 28.873	19 02 02.06	6 48 51.805	28 13 13.59	10 16 59.360	13 55 33.23
20	2 46 24.481	19 29 43.75	6 53 51.281	28 06 49.19	10 20 42.779	13 29 46.15
22	2 51 21.272	19 56 52.58	6 58 49.292	27 59 45.45	10 24 25.151	13 03 48.48
24	2 56 19.239	+ 20 23 27.66	7 03 45.793	+ 27 52 02.99	10 28 06.510	+ 12 37 40.66

月　　亮

2024 年

力学时	视赤经	视赤纬	视赤经	视赤纬	视赤经	视赤纬
	10月27日		10月31日		11月4日	
h	h m s	° ′ ″	h m s	° ′ ″	h m s	° ′ ″
0	10 28 06.510	+12 37 40.66	13 16 53.560	−9 34 20.72	16 28 23.205	−26 27 32.80
2	10 31 46.893	12 11 23.09	13 20 28.144	10 01 18.99	16 32 53.486	26 39 17.67
4	10 35 26.334	11 44 56.20	13 24 03.419	10 28 09.28	16 37 24.971	26 50 31.15
6	10 39 04.870	11 18 20.38	13 27 39.413	10 54 51.17	16 41 57.633	27 01 12.75
8	10 42 42.536	10 51 36.04	13 31 16.157	11 21 24.27	16 46 31.445	27 11 22.04
10	10 46 19.368	10 24 43.57	13 34 53.680	11 47 48.16	16 51 06.377	27 20 58.55
12	10 49 55.403	9 57 43.36	13 38 32.011	12 14 02.42	16 55 42.398	27 30 01.87
14	10 53 30.674	9 30 35.79	13 42 11.180	12 40 06.63	17 00 19.475	27 38 31.56
16	10 57 05.220	9 03 21.24	13 45 51.215	13 06 00.36	17 04 57.573	27 46 27.24
18	11 00 39.074	8 36 00.09	13 49 32.143	13 31 43.18	17 09 36.654	27 53 48.49
20	11 04 12.274	8 08 32.70	13 53 13.992	13 57 14.66	17 14 16.681	28 00 34.95
22	11 07 44.855	7 40 59.43	13 56 56.790	14 22 34.35	17 18 57.612	28 06 46.24
24	11 11 16.852	+7 13 20.66	14 00 40.562	−14 47 41.81	17 23 39.408	−28 12 22.03
	10月28日		11月1日		11月5日	
0	11 11 16.852	+7 13 20.66	14 00 40.562	−14 47 41.81	17 23 39.408	−28 12 22.03
2	11 14 48.301	6 45 36.75	14 04 25.335	15 12 36.57	17 28 22.024	28 17 21.97
4	11 18 19.238	6 17 48.03	14 08 11.135	15 37 18.19	17 33 05.415	28 21 45.76
6	11 21 49.698	5 49 54.88	14 11 57.987	16 01 46.21	17 37 49.537	28 25 33.10
8	11 25 19.717	5 21 57.63	14 15 45.914	16 26 00.15	17 42 34.342	28 28 43.70
10	11 28 49.330	4 53 56.64	14 19 34.940	16 49 59.55	17 47 19.782	28 31 17.30
12	11 32 18.572	4 25 52.25	14 23 25.088	17 13 43.92	17 52 05.807	28 33 13.68
14	11 35 47.479	3 57 44.81	14 27 16.381	17 37 12.78	17 56 52.369	28 34 32.59
16	11 39 16.084	3 29 34.66	14 31 08.839	18 00 25.66	18 01 39.416	28 35 13.85
18	11 42 44.424	3 01 22.13	14 35 02.484	18 23 22.05	18 06 26.897	28 35 17.27
20	11 46 12.533	2 33 07.58	14 38 57.334	18 46 01.46	18 11 14.759	28 34 42.68
22	11 49 40.446	2 04 51.33	14 42 53.409	19 08 23.39	18 16 02.952	28 33 29.96
24	11 53 08.197	+1 36 33.73	14 46 50.726	−19 30 27.34	18 20 51.423	−28 31 38.98
	10月29日		11月2日		11月6日	
0	11 53 08.197	+1 36 33.73	14 46 50.726	−19 30 27.34	18 20 51.423	−28 31 38.98
2	11 56 35.821	1 08 15.11	14 50 49.303	19 52 12.80	18 25 40.119	28 29 09.64
4	12 00 03.353	0 39 55.82	14 54 49.154	20 13 39.26	18 30 28.988	28 26 01.87
6	12 03 30.825	+0 11 36.19	14 58 50.294	20 34 46.20	18 35 17.977	28 22 15.62
8	12 06 58.274	−0 16 43.44	15 02 52.737	20 55 33.10	18 40 07.035	28 17 50.85
10	12 10 25.732	0 45 02.73	15 06 56.495	21 15 59.44	18 44 56.111	28 12 47.55
12	12 13 53.234	1 13 21.34	15 11 01.579	21 36 04.71	18 49 45.153	28 07 05.74
14	12 17 20.813	1 41 38.92	15 15 07.997	21 55 48.37	18 54 34.112	28 00 45.45
16	12 20 48.504	2 09 55.14	15 19 15.759	22 15 09.89	18 59 22.939	27 53 46.73
18	12 24 16.338	2 38 09.65	15 23 24.871	22 34 08.75	19 04 11.584	27 46 09.65
20	12 27 44.351	3 06 22.10	15 27 35.339	22 52 44.42	19 09 00.001	27 37 54.32
22	12 31 12.575	3 34 32.14	15 31 47.165	23 10 56.35	19 13 48.144	27 29 00.84
24	12 34 41.043	−4 02 39.43	15 36 00.353	−23 28 44.04	19 18 35.969	−27 19 29.37
	10月30日		11月3日		11月7日	
0	12 34 41.043	−4 02 39.43	15 36 00.353	−23 28 44.04	19 18 35.969	−27 19 29.37
2	12 38 09.789	4 30 43.62	15 40 14.902	23 46 06.93	19 23 23.431	27 09 20.05
4	12 41 38.844	4 58 44.34	15 44 30.812	24 03 04.51	19 28 10.490	26 58 33.06
6	12 45 08.243	5 26 41.23	15 48 48.080	24 19 36.24	19 32 57.106	26 47 08.60
8	12 48 38.016	5 54 33.95	15 53 06.700	24 35 41.59	19 37 43.239	26 35 06.88
10	12 52 08.198	6 22 22.12	15 57 26.667	24 51 20.05	19 42 28.854	26 22 28.14
12	12 55 38.819	6 50 05.38	16 01 47.972	25 06 31.08	19 47 13.915	26 09 12.63
14	12 59 09.912	7 17 43.35	16 06 10.605	25 21 14.18	19 51 58.390	25 55 20.61
16	13 02 41.508	7 45 15.66	16 10 34.555	25 35 28.82	19 56 42.248	25 40 52.37
18	13 06 13.640	8 12 41.94	16 14 59.806	25 49 14.51	20 01 25.460	25 25 48.21
20	13 09 46.339	8 40 01.80	16 19 26.344	26 02 30.73	20 06 08.000	25 10 08.46
22	13 13 19.635	9 07 14.86	16 23 54.150	26 15 16.99	20 10 49.841	24 53 53.44
24	13 16 53.560	−9 34 20.72	16 28 23.205	−26 27 32.80	20 15 30.963	−24 37 03.49

月　　亮

2024 年

力学时	视赤经	视赤纬	视赤经	视赤纬	视赤经	视赤纬
	11月8日		11月12日		11月16日	
h	h m s	° ′ ″	h m s	° ′ ″	h m s	° ′ ″
0	20 15 30.963	−24 37 03.49	23 47 01.917	−2 21 33.81	3 28 52.177	+22 57 48.97
2	20 20 11.344	24 19 38.99	23 51 18.581	1 46 43.61	3 34 00.984	23 19 46.13
4	20 24 50.965	24 01 40.30	23 55 35.526	1 11 47.64	3 39 11.072	23 41 03.55
6	20 29 29.812	23 43 07.82	23 59 52.793	0 36 46.69	3 44 22.402	24 01 40.45
8	20 34 07.869	23 24 01.94	0 04 10.427	−0 01 41.58	3 49 34.931	24 21 36.06
10	20 38 45.125	23 04 23.08	0 08 28.472	+0 33 26.89	3 54 48.610	24 40 49.66
12	20 43 21.570	22 44 11.66	0 12 46.971	1 08 37.87	4 00 03.389	24 59 20.56
14	20 47 57.197	22 23 28.12	0 17 05.968	1 43 50.53	4 05 19.213	25 17 08.09
16	20 52 32.000	22 02 12.91	0 21 25.507	2 19 04.02	4 10 36.023	25 34 11.63
18	20 57 05.975	21 40 26.47	0 25 45.631	2 54 17.48	4 15 53.757	25 50 30.59
20	21 01 39.121	21 18 09.28	0 30 06.384	3 29 30.02	4 21 12.351	26 06 04.44
22	21 06 11.439	20 55 21.81	0 34 27.809	4 04 40.78	4 26 31.735	26 20 52.66
24	21 10 42.932	−20 32 04.55	0 38 49.950	+4 39 48.84	4 31 51.838	+26 34 54.79
	11月9日		11月13日		11月17日	
0	21 10 42.932	−20 32 04.55	0 38 49.950	+4 39 48.84	4 31 51.838	+26 34 54.79
2	21 15 13.604	20 08 17.99	0 43 12.848	5 14 53.31	4 37 12.585	26 48 10.41
4	21 19 43.461	19 44 02.64	0 47 36.546	5 49 53.28	4 42 33.899	27 00 39.14
6	21 24 12.512	19 19 18.99	0 52 01.086	6 24 47.80	4 47 55.701	27 12 20.65
8	21 28 40.767	18 54 07.58	0 56 26.510	6 59 35.96	4 53 17.908	27 23 14.64
10	21 33 08.238	18 28 28.92	1 00 52.858	7 34 16.79	4 58 40.436	27 33 20.88
12	21 37 34.939	18 02 23.56	1 05 20.169	8 08 49.35	5 04 03.199	27 42 39.17
14	21 42 00.885	17 35 52.02	1 09 48.485	8 43 12.66	5 09 26.110	27 51 09.37
16	21 46 26.092	17 08 54.87	1 14 17.842	9 17 25.76	5 14 49.079	27 58 51.36
18	21 50 50.581	16 41 32.64	1 18 48.278	9 51 27.65	5 20 12.018	28 05 45.11
20	21 55 14.369	16 13 45.91	1 23 19.831	10 25 17.35	5 25 34.836	28 11 50.59
22	21 59 37.480	15 45 35.24	1 27 52.535	10 58 53.85	5 30 57.441	28 17 07.86
24	22 03 59.936	−15 17 01.21	1 32 26.424	+11 32 16.16	5 36 19.743	+28 21 37.00
	11月10日		11月14日		11月18日	
0	22 03 59.936	−15 17 01.21	1 32 26.424	+11 32 16.16	5 36 19.743	+28 21 37.00
2	22 08 21.761	14 48 04.40	1 37 01.532	12 05 23.25	5 41 41.651	28 25 18.13
4	22 12 42.980	14 18 45.39	1 41 37.889	12 38 14.11	5 47 03.075	28 28 11.44
6	22 17 03.622	13 49 04.79	1 46 15.527	13 10 47.71	5 52 23.925	28 30 17.14
8	22 21 23.713	13 19 03.19	1 50 54.472	13 43 03.02	5 57 44.113	28 31 35.50
10	22 25 43.283	12 48 41.21	1 55 34.752	14 14 59.01	6 03 03.552	28 32 06.83
12	22 30 02.363	12 17 59.45	2 00 16.392	14 46 34.65	6 08 22.156	28 31 51.47
14	22 34 20.984	11 46 58.55	2 04 59.413	15 17 48.90	6 13 39.842	28 30 49.81
16	22 38 39.177	11 15 39.13	2 09 43.838	15 48 40.72	6 18 56.527	28 29 02.27
18	22 42 56.978	10 44 01.82	2 14 29.683	16 19 09.07	6 24 12.134	28 26 29.31
20	22 47 14.419	10 12 07.28	2 19 16.965	16 49 12.92	6 29 26.584	28 23 11.42
22	22 51 31.536	9 39 56.16	2 24 05.698	17 18 51.24	6 34 39.805	28 19 09.13
24	22 55 48.365	−9 07 29.11	2 28 55.893	+17 48 03.00	6 39 51.724	+28 14 23.01
	11月11日		11月15日		11月19日	
0	22 55 48.365	−9 07 29.11	2 28 55.893	+17 48 03.00	6 39 51.724	+28 14 23.01
2	23 00 04.943	8 34 46.80	2 33 47.557	18 16 47.16	6 45 02.275	28 08 53.62
4	23 04 21.308	8 01 49.91	2 38 40.697	18 45 02.73	6 50 11.392	28 02 41.60
6	23 08 37.497	7 28 39.12	2 43 35.314	19 12 48.68	6 55 19.015	27 55 47.57
8	23 12 53.550	6 55 15.12	2 48 31.409	19 40 04.01	7 00 25.084	27 48 12.21
10	23 17 09.506	6 21 38.63	2 53 28.977	20 06 47.74	7 05 29.546	27 39 56.18
12	23 21 25.406	5 47 50.33	2 58 28.011	20 32 58.90	7 10 32.350	27 31 00.20
14	23 25 41.289	5 13 50.97	3 03 28.501	20 58 36.51	7 15 33.449	27 21 24.98
16	23 29 57.197	4 39 41.25	3 08 30.433	21 23 39.63	7 20 32.799	27 11 11.27
18	23 34 13.172	4 05 21.92	3 13 33.790	21 48 07.34	7 25 30.361	27 00 19.80
20	23 38 29.255	3 30 53.73	3 18 38.550	22 11 58.72	7 30 26.098	26 48 51.34
22	23 42 45.489	2 56 17.44	3 23 44.689	22 35 12.89	7 35 19.978	26 36 46.65
24	23 47 01.917	−2 21 33.81	3 28 52.177	+22 57 48.97	7 40 11.972	+26 24 06.53

月　亮

2024 年

力学时	视赤经	视赤纬	视赤经	视赤纬	视赤经	视赤纬
	11月20日		11月24日		11月28日	
h	h m s	° ′ ″	h m s	° ′ ″	h m s	° ′ ″
0	7 40 11.972	+ 26 24 06.53	10 58 40.018	+ 8 39 44.41	13 47 51.215	− 13 24 50.50
2	7 45 02.055	26 10 51.74	11 02 15.079	8 12 12.31	13 51 33.166	13 50 18.65
4	7 49 50.206	25 57 03.08	11 05 49.404	7 44 34.99	13 55 16.104	14 15 35.40
6	7 54 36.406	25 42 41.33	11 09 23.033	7 16 52.78	13 59 00.059	14 40 40.31
8	7 59 20.640	25 27 47.31	11 12 56.005	6 49 06.06	14 02 45.062	15 05 32.93
10	8 04 02.897	25 12 21.79	11 16 28.360	6 21 15.16	14 06 31.139	15 30 12.81
12	8 08 43.169	24 56 25.57	11 20 00.136	5 53 20.44	14 10 18.319	15 54 39.50
14	8 13 21.450	24 39 59.44	11 23 31.373	5 25 22.23	14 14 06.628	16 18 52.52
16	8 17 57.739	24 23 04.18	11 27 02.109	4 57 20.88	14 17 56.093	16 42 51.40
18	8 22 32.036	24 05 40.59	11 30 32.384	4 29 16.70	14 21 46.740	17 06 35.67
20	8 27 04.345	23 47 49.43	11 34 02.236	4 01 10.04	14 25 38.593	17 30 04.84
22	8 31 34.671	23 29 31.48	11 37 31.704	3 33 01.21	14 29 31.676	17 53 18.41
24	8 36 03.025	+ 23 10 47.49	11 41 00.827	+ 3 04 50.54	14 33 26.013	− 18 16 15.88
	11月21日		11月25日		11月29日	
0	8 36 03.025	+ 23 10 47.49	11 41 00.827	+ 3 04 50.54	14 33 26.013	− 18 16 15.88
2	8 40 29.416	22 51 38.23	11 44 29.642	2 36 38.36	14 37 21.625	18 38 56.76
4	8 44 53.858	22 32 04.43	11 47 58.187	2 08 24.97	14 41 18.533	19 01 20.52
6	8 49 16.367	22 12 06.83	11 51 26.502	1 40 10.69	14 45 16.757	19 23 26.64
8	8 53 36.960	21 51 46.16	11 54 54.623	1 11 55.85	14 49 16.317	19 45 14.61
10	8 57 55.658	21 31 03.13	11 58 22.589	0 43 40.75	14 53 17.230	20 06 43.89
12	9 02 12.482	21 09 58.45	12 01 50.436	+ 0 15 25.71	14 57 19.512	20 27 53.95
14	9 06 27.454	20 48 32.80	12 05 18.204	− 0 12 48.96	15 01 23.178	20 48 44.24
16	9 10 40.600	20 26 46.87	12 08 45.928	0 41 02.94	15 05 28.243	21 09 14.21
18	9 14 51.946	20 04 41.32	12 12 13.646	1 09 15.93	15 09 34.719	21 29 23.33
20	9 19 01.520	19 42 16.81	12 15 41.395	1 37 27.61	15 13 42.616	21 49 11.04
22	9 23 09.350	19 19 33.99	12 19 09.213	2 05 37.66	15 17 51.944	22 08 36.77
24	9 27 15.467	+ 18 56 33.48	12 22 37.135	− 2 33 45.77	15 22 02.711	− 22 27 39.96
	11月22日		11月26日		11月30日	
0	9 27 15.467	+ 18 56 33.48	12 22 37.135	− 2 33 45.77	15 22 02.711	− 22 27 39.96
2	9 31 19.901	18 33 15.91	12 26 05.198	3 01 51.63	15 26 14.922	22 46 20.06
4	9 35 22.687	18 09 41.88	12 29 33.439	3 29 54.91	15 30 28.583	23 04 36.49
6	9 39 23.855	17 45 51.98	12 33 01.894	3 57 55.29	15 34 43.695	23 22 28.69
8	9 43 23.441	17 21 46.79	12 36 30.599	4 25 52.44	15 39 00.260	23 39 56.09
10	9 47 21.480	16 57 26.88	12 39 59.591	4 53 46.06	15 43 18.275	23 56 58.13
12	9 51 18.006	16 32 52.82	12 43 28.904	5 21 35.80	15 47 37.739	24 13 34.22
14	9 55 13.056	16 08 05.13	12 46 58.575	5 49 21.33	15 51 58.645	24 29 43.81
16	9 59 06.667	15 43 04.36	12 50 28.639	6 17 02.32	15 56 20.988	24 45 26.33
18	10 02 58.876	15 17 51.03	12 53 59.131	6 44 38.43	16 00 44.756	25 00 41.22
20	10 06 49.721	14 52 25.64	12 57 30.087	7 12 09.32	16 05 09.939	25 15 27.91
22	10 10 39.239	14 26 48.69	13 01 01.540	7 39 34.64	16 09 36.523	25 29 45.84
24	10 14 27.469	+ 14 01 00.67	13 04 33.527	− 8 06 54.04	16 14 04.493	− 25 43 34.48
	11月23日		11月27日		12月1日	
0	10 14 27.469	+ 14 01 00.67	13 04 33.527	− 8 06 54.04	16 14 04.493	− 25 43 34.48
2	10 18 14.450	13 35 02.06	13 08 06.081	8 34 07.17	16 18 33.829	25 56 53.27
4	10 22 00.220	13 08 53.32	13 11 39.237	9 01 13.66	16 23 04.513	26 09 41.67
6	10 25 44.819	12 42 34.90	13 15 13.028	9 28 13.15	16 27 36.520	26 21 59.16
8	10 29 28.286	12 16 07.26	13 18 47.489	9 55 05.27	16 32 09.827	26 33 45.20
10	10 33 10.660	11 49 30.82	13 22 22.652	10 21 49.64	16 36 44.406	26 44 59.29
12	10 36 51.981	11 22 46.02	13 25 58.551	10 48 25.88	16 41 20.228	26 55 40.92
14	10 40 32.289	10 55 53.27	13 29 35.219	11 14 53.60	16 45 57.260	27 05 49.61
16	10 44 11.624	10 28 52.99	13 33 12.688	11 41 12.42	16 50 35.470	27 15 24.86
18	10 47 50.024	10 01 45.57	13 36 50.991	12 07 21.93	16 55 14.821	27 24 26.23
20	10 51 27.530	9 34 31.41	13 40 30.159	12 33 21.72	16 59 55.275	27 32 53.24
22	10 55 04.181	9 07 10.90	13 44 10.223	12 59 11.38	17 04 36.791	27 40 45.47
24	10 58 40.018	+ 8 39 44.41	13 47 51.215	− 13 24 50.50	17 09 19.328	− 27 48 02.50

月　　亮

2024 年

力学时	视赤经	视赤纬	视赤经	视赤纬	视赤经	视赤纬
	12 月 2 日		12 月 6 日		12 月 10 日	
h	h m s	° ′ ″	h m s	° ′ ″	h m s	° ′ ″
0	17 09 19.328	−27 48 02.50	20 58 09.291	−21 21 26.25	0 22 04.283	+2 38 10.21
2	17 14 02.840	27 54 43.92	21 02 40.316	20 59 03.77	0 26 15.777	3 12 02.68
4	17 18 47.282	28 00 49.34	21 07 10.325	20 36 12.78	0 30 27.835	3 45 53.56
6	17 23 32.606	28 06 18.40	21 11 39.323	20 12 53.84	0 34 40.503	4 19 42.12
8	17 28 18.762	28 11 10.76	21 16 07.316	19 49 07.51	0 38 53.826	4 53 27.62
10	17 33 05.699	28 15 26.07	21 20 34.310	19 24 54.35	0 43 07.849	5 27 09.28
12	17 37 53.364	28 19 04.04	21 25 00.317	19 00 14.94	0 47 22.617	6 00 46.36
14	17 42 41.703	28 22 04.38	21 29 25.348	18 35 09.84	0 51 38.174	6 34 18.08
16	17 47 30.661	28 24 26.83	21 33 49.415	18 09 39.64	0 55 54.565	7 07 43.64
18	17 52 20.182	28 26 11.15	21 38 12.536	17 43 44.92	1 00 11.833	7 41 02.27
20	17 57 10.207	28 27 17.13	21 42 34.726	17 17 26.27	1 04 30.022	8 14 13.16
22	18 02 00.679	28 27 44.56	21 46 56.005	16 50 44.26	1 08 49.174	8 47 15.49
24	18 06 51.539	−28 27 33.30	21 51 16.392	−16 23 39.50	1 13 09.332	+9 20 08.45
	12 月 3 日		12 月 7 日		12 月 11 日	
0	18 06 51.539	−28 27 33.30	21 51 16.392	−16 23 39.50	1 13 09.332	+9 20 08.45
2	18 11 42.728	28 26 43.18	21 55 35.911	15 56 12.58	1 17 30.536	9 52 51.21
4	18 16 34.186	28 25 14.10	21 59 54.583	15 28 24.08	1 21 52.828	10 25 22.93
6	18 21 25.853	28 23 05.97	22 04 12.435	15 00 14.60	1 26 16.246	10 57 42.77
8	18 26 17.669	28 20 18.72	22 08 29.492	14 31 44.75	1 30 40.831	11 29 49.85
10	18 31 09.575	28 16 52.30	22 12 45.781	14 02 55.12	1 35 06.620	12 01 43.33
12	18 36 01.511	28 12 46.72	22 17 01.332	13 33 46.31	1 39 33.650	12 33 22.31
14	18 40 53.418	28 08 01.97	22 21 16.174	13 04 18.94	1 44 01.955	13 04 45.93
16	18 45 45.238	28 02 38.09	22 25 30.339	12 34 33.59	1 48 31.571	13 35 53.29
18	18 50 36.913	27 56 35.16	22 29 43.858	12 04 30.88	1 53 02.530	14 06 43.49
20	18 55 28.387	27 49 53.25	22 33 56.765	11 34 11.41	1 57 34.864	14 37 15.63
22	19 00 19.604	27 42 32.48	22 38 09.093	11 03 35.80	2 02 08.601	15 07 28.79
24	19 05 10.509	−27 34 32.99	22 42 20.879	−10 32 44.65	2 06 43.771	+15 37 22.06
	12 月 4 日		12 月 8 日		12 月 12 日	
0	19 05 10.509	−27 34 32.99	22 42 20.879	−10 32 44.65	2 06 43.771	+15 37 22.06
2	19 10 01.050	27 25 54.95	22 46 32.157	10 01 38.57	2 11 20.399	16 06 54.51
4	19 14 51.175	27 16 38.53	22 50 42.966	9 30 18.19	2 15 58.509	16 36 05.21
6	19 19 40.834	27 06 43.94	22 54 53.342	8 58 44.11	2 20 38.123	17 04 53.24
8	19 24 29.980	26 56 11.43	22 59 03.323	8 26 56.95	2 25 19.261	17 33 17.65
10	19 29 18.564	26 45 01.24	23 03 12.950	7 54 57.35	2 30 01.941	18 01 17.51
12	19 34 06.544	26 33 13.65	23 07 22.261	7 22 45.91	2 34 46.177	18 28 51.87
14	19 38 53.877	26 20 48.96	23 11 31.297	6 50 23.27	2 39 31.982	18 55 59.81
16	19 43 40.522	26 07 47.49	23 15 40.099	6 17 50.05	2 44 19.366	19 22 40.37
18	19 48 26.442	25 54 09.57	23 19 48.709	5 45 06.89	2 49 08.335	19 48 52.63
20	19 53 11.599	25 39 55.55	23 23 57.168	5 12 14.42	2 53 58.893	20 14 35.65
22	19 57 55.961	25 25 05.81	23 28 05.520	4 39 13.29	2 58 51.041	20 39 48.49
24	20 02 39.497	−25 09 40.75	23 32 13.806	−4 06 04.14	3 03 44.777	+21 04 30.25
	12 月 5 日		12 月 9 日		12 月 13 日	
0	20 02 39.497	−25 09 40.75	23 32 13.806	−4 06 04.14	3 03 44.777	+21 04 30.25
2	20 07 22.176	24 53 40.76	23 36 22.071	3 32 47.61	3 08 40.095	21 28 40.00
4	20 12 03.974	24 37 06.27	23 40 30.358	2 59 24.36	3 13 36.984	21 52 16.83
6	20 16 44.864	24 19 57.72	23 44 38.712	2 25 55.05	3 18 35.434	22 15 19.85
8	20 21 24.827	24 02 15.56	23 48 47.176	1 52 20.34	3 23 35.428	22 37 48.18
10	20 26 03.841	23 44 00.24	23 52 55.795	1 18 40.90	3 28 36.944	22 59 40.94
12	20 30 41.892	23 25 12.26	23 57 04.616	0 44 57.40	3 33 39.961	23 20 57.29
14	20 35 18.963	23 05 52.09	0 01 13.681	−0 11 10.52	3 38 44.449	23 41 36.38
16	20 39 55.043	22 46 00.23	0 05 23.038	+0 22 39.04	3 43 50.378	24 01 37.40
18	20 44 30.122	22 25 37.20	0 09 32.731	0 56 30.60	3 48 57.713	24 20 59.55
20	20 49 04.193	22 04 43.50	0 13 42.805	1 30 23.46	3 54 06.413	24 39 42.05
22	20 53 37.250	21 43 19.67	0 17 53.307	2 04 16.90	3 59 16.435	24 57 44.16
24	20 58 09.291	−21 21 26.25	0 22 04.283	+2 38 10.21	4 04 27.733	+25 15 05.15

月　　亮

2024 年

力学时	视赤经	视赤纬	视赤经	视赤纬	视赤经	视赤纬
	12月14日		12月18日		12月22日	
h	h m s	° ′ ″	h m s	° ′ ″	h m s	° ′ ″
0	4 04 27.733	+25 15 05.15	8 13 38.105	+24 26 46.50	11 26 40.415	+4 42 05.29
2	4 09 40.255	25 31 44.33	8 18 19.341	24 09 17.15	11 30 12.950	4 13 43.95
4	4 14 53.947	25 47 41.04	8 22 58.583	23 51 18.37	11 33 44.961	3 45 21.10
6	4 20 08.750	26 02 54.64	8 27 35.827	23 32 50.99	11 37 16.488	3 16 57.08
8	4 25 24.601	26 17 24.53	8 32 11.071	23 13 55.82	11 40 47.572	2 48 32.21
10	4 30 41.434	26 31 10.15	8 36 44.319	22 54 33.69	11 44 18.253	2 20 06.83
12	4 35 59.181	26 44 10.98	8 41 15.575	22 34 45.42	11 47 48.570	1 51 41.26
14	4 41 17.768	26 56 26.52	8 45 44.848	22 14 31.79	11 51 18.564	1 23 15.83
16	4 46 37.121	27 07 56.32	8 50 12.149	21 53 53.63	11 54 48.273	0 54 50.86
18	4 51 57.159	27 18 39.99	8 54 37.488	21 32 51.71	11 58 17.738	+0 26 26.65
20	4 57 17.803	27 28 37.15	8 59 00.883	21 11 26.82	12 01 46.998	−0 01 56.48
22	5 02 38.967	27 37 47.49	9 03 22.351	20 49 39.72	12 05 16.092	0 30 18.22
24	5 08 00.566	+27 46 10.72	9 07 41.909	+20 27 31.18	12 08 45.059	−0 58 38.27
	12月15日		12月19日		12月23日	
0	5 08 00.566	+27 46 10.72	9 07 41.909	+20 27 31.18	12 08 45.059	−0 58 38.27
2	5 13 22.512	27 53 46.63	9 11 59.581	20 05 01.95	12 12 13.939	1 26 56.31
4	5 18 44.714	28 00 35.01	9 16 15.389	19 42 12.77	12 15 42.769	1 55 12.04
6	5 24 07.082	28 06 35.74	9 20 29.358	19 19 04.35	12 19 11.590	2 23 25.15
8	5 29 29.523	28 11 48.72	9 24 41.513	18 55 37.42	12 22 40.440	2 51 35.35
10	5 34 51.944	28 16 13.90	9 28 51.884	18 31 52.67	12 26 09.357	3 19 42.34
12	5 40 14.250	28 19 51.30	9 33 00.499	18 07 50.78	12 29 38.379	3 47 45.80
14	5 45 36.347	28 22 40.96	9 37 07.388	17 43 32.44	12 33 07.546	4 15 45.43
16	5 50 58.142	28 24 42.97	9 41 12.584	17 18 58.31	12 36 36.894	4 43 40.93
18	5 56 19.540	28 25 57.49	9 45 16.119	16 54 09.02	12 40 06.462	5 11 32.00
20	6 01 40.448	28 26 24.69	9 49 18.026	16 29 05.22	12 43 36.288	5 39 18.32
22	6 07 00.774	28 26 04.81	9 53 18.341	16 03 47.52	12 47 06.410	6 06 59.58
24	6 12 20.428	+28 24 58.14	9 57 17.098	+15 38 16.53	12 50 36.865	−6 34 35.48
	12月16日		12月20日		12月24日	
0	6 12 20.428	+28 24 58.14	9 57 17.098	+15 38 16.53	12 50 36.865	−6 34 35.48
2	6 17 39.319	28 23 04.98	10 01 14.333	15 12 32.85	12 54 07.691	7 02 05.70
4	6 22 57.360	28 20 25.71	10 05 10.085	14 46 37.06	12 57 38.924	7 29 29.93
6	6 28 14.466	28 17 00.72	10 09 04.389	14 20 29.71	13 01 10.603	7 56 47.84
8	6 33 30.554	28 12 50.46	10 12 57.284	13 54 11.37	13 04 42.763	8 23 59.11
10	6 38 45.543	28 07 55.40	10 16 48.808	13 27 42.58	13 08 15.442	8 51 03.41
12	6 43 59.354	28 02 16.07	10 20 39.001	13 01 03.86	13 11 48.676	9 18 00.41
14	6 49 11.914	27 55 53.00	10 24 27.901	12 34 15.74	13 15 22.502	9 44 49.79
16	6 54 23.150	27 48 46.78	10 28 15.548	12 07 18.71	13 18 56.956	10 11 31.19
18	6 59 32.993	27 40 58.02	10 32 01.982	11 40 13.28	13 22 32.073	10 38 04.27
20	7 04 41.380	27 32 27.36	10 35 47.242	11 12 59.91	13 26 07.890	11 04 28.68
22	7 09 48.247	27 23 15.46	10 39 31.370	10 45 39.09	13 29 44.441	11 30 44.07
24	7 14 53.538	+27 13 23.01	10 43 14.405	+10 18 11.27	13 33 21.762	−11 56 50.07
	12月17日		12月21日		12月25日	
0	7 14 53.538	+27 13 23.01	10 43 14.405	+10 18 11.27	13 33 21.762	−11 56 50.07
2	7 19 57.198	27 02 50.73	10 46 56.388	9 50 36.90	13 36 59.888	12 22 46.33
4	7 24 59.176	26 51 39.35	10 50 37.359	9 22 56.41	13 40 38.854	12 48 32.46
6	7 29 59.426	26 39 49.62	10 54 17.360	8 55 10.25	13 44 18.693	13 14 08.08
8	7 34 57.906	26 27 22.30	10 57 56.431	8 27 18.81	13 47 59.439	13 39 32.81
10	7 39 54.575	26 14 18.17	11 01 34.613	7 59 22.53	13 51 41.126	14 04 46.26
12	7 44 49.400	26 00 38.03	11 05 11.947	7 31 21.79	13 55 23.786	14 29 48.03
14	7 49 42.348	25 46 22.69	11 08 48.473	7 03 16.99	13 59 07.453	14 54 37.70
16	7 54 33.392	25 31 32.95	11 12 24.233	6 35 08.51	14 02 52.158	15 19 14.87
18	7 59 22.509	25 16 09.63	11 15 59.266	6 06 56.74	14 06 37.933	15 43 39.12
20	8 04 09.677	25 00 13.57	11 19 33.614	5 38 42.04	14 10 24.809	16 07 50.01
22	8 08 54.880	24 43 45.58	11 23 07.317	5 10 24.77	14 14 12.816	16 31 47.10
24	8 13 38.105	+24 26 46.50	11 26 40.415	+4 42 05.29	14 18 01.983	−16 55 29.96

月　　亮

2024 年

力学时	视 赤 经	视 赤 纬	视 赤 经	视 赤 纬	视 赤 经	视 赤 纬
	12 月 26 日		12 月 30 日		12 月 34 日	
h	h m s	° ′ ″	h m s	° ′ ″	h m s	° ′ ″
0	14 18 01.983	− 16 55 29.96	17 48 38.258	− 28 24 12.57	21 38 26.375	− 17 28 25.51
2	14 21 52.341	17 18 58.13	17 53 31.692	28 25 32.04	21 42 52.252	17 01 28.78
4	14 25 43.916	17 42 11.15	17 58 25.737	28 26 12.09	21 47 17.076	16 34 09.05
6	14 29 36.737	18 05 08.56	18 03 20.331	28 26 12.50	21 51 40.865	16 06 26.99
8	14 33 30.831	18 27 49.86	18 08 15.410	28 25 33.06	21 56 03.638	15 38 23.31
10	14 37 26.222	18 50 14.59	18 13 10.911	28 24 13.58	22 00 25.416	15 09 58.69
12	14 41 22.936	19 12 22.25	18 18 06.769	28 22 13.90	22 04 46.222	14 41 13.82
14	14 45 20.996	19 34 12.34	18 23 02.919	28 19 33.91	22 09 06.080	14 12 09.41
16	14 49 20.426	19 55 44.36	18 27 59.295	28 16 13.51	22 13 25.015	13 42 46.14
18	14 53 21.246	20 16 57.78	18 32 55.832	28 12 12.63	22 17 43.054	13 13 04.71
20	14 57 23.478	20 37 52.09	18 37 52.465	28 07 31.23	22 22 00.226	12 43 05.81
22	15 01 27.139	20 58 26.75	18 42 49.128	28 02 09.30	22 26 16.560	12 12 50.14
24	15 05 32.249	− 21 18 41.24	18 47 45.757	− 27 56 06.87	22 30 32.087	− 11 42 18.38
	12 月 27 日		12 月 31 日		12 月 35 日	
0	15 05 32.249	− 21 18 41.24	18 47 45.757	− 27 56 06.87	22 30 32.087	− 11 42 18.38
2	15 09 38.823	21 38 35.01	18 52 42.288	27 49 23.98	22 34 46.839	11 11 31.22
4	15 13 46.877	21 58 07.51	18 57 38.657	27 42 00.72	22 39 00.848	10 40 29.37
6	15 17 56.423	22 17 18.19	19 02 34.803	27 33 57.20	22 43 14.149	10 09 13.49
8	15 22 07.474	22 36 06.49	19 07 30.664	27 25 13.55	22 47 26.776	9 37 44.29
10	15 26 20.039	22 54 31.83	19 12 26.180	27 15 49.95	22 51 38.765	9 06 02.45
12	15 30 34.126	23 12 33.65	19 17 21.294	27 05 46.59	22 55 50.153	8 34 08.64
14	15 34 49.744	23 30 11.39	19 22 15.949	26 55 03.69	23 00 00.978	8 02 03.56
16	15 39 06.895	23 47 24.45	19 27 10.089	26 43 41.51	23 04 11.277	7 29 47.89
18	15 43 25.582	24 04 12.26	19 32 03.662	26 31 40.33	23 08 21.089	6 57 22.30
20	15 47 45.807	24 20 34.24	19 36 56.616	26 19 00.45	23 12 30.453	6 24 47.47
22	15 52 07.567	24 36 29.79	19 41 48.903	26 05 42.20	23 16 39.411	5 52 04.09
24	15 56 30.860	− 24 51 58.35	19 46 40.476	− 25 51 45.94	23 20 48.002	− 5 19 12.82
	12 月 28 日		12 月 32 日		12 月 36 日	
0	15 56 30.860	− 24 51 58.35	19 46 40.476	− 25 51 45.94	23 20 48.002	− 5 19 12.82
2	16 00 55.678	25 06 59.31	19 51 31.290	25 37 12.06	23 24 56.268	4 46 14.35
4	16 05 22.015	25 21 32.10	19 56 21.304	25 22 00.94	23 29 04.250	4 13 09.34
6	16 09 49.859	25 35 36.13	20 01 10.478	25 06 13.02	23 33 11.991	3 39 58.47
8	16 14 19.197	25 49 10.82	20 05 58.774	24 49 48.75	23 37 19.533	3 06 42.41
10	16 18 50.015	26 02 15.59	20 10 46.159	24 32 48.59	23 41 26.919	2 33 21.84
12	16 23 22.295	26 14 49.88	20 15 32.600	24 15 13.02	23 45 34.192	1 59 57.43
14	16 27 56.016	26 26 53.10	20 20 18.068	23 57 02.56	23 49 41.396	1 26 29.85
16	16 32 31.156	26 38 24.70	20 25 02.536	23 38 17.73	23 53 48.576	0 52 59.77
18	16 37 07.689	26 49 24.13	20 29 45.981	23 18 59.06	23 57 55.773	− 0 19 27.87
20	16 41 45.589	26 59 50.83	20 34 28.380	22 59 07.11	0 02 03.034	+ 0 14 05.18
22	16 46 24.823	27 09 44.28	20 39 09.716	22 38 42.45	0 06 10.403	0 47 38.70
24	16 51 05.361	− 27 19 03.94	20 43 49.972	− 22 17 45.67	0 10 17.923	+ 1 21 12.02
	12 月 29 日		12 月 33 日		12 月 37 日	
0	16 51 05.361	− 27 19 03.94	20 43 49.972	− 22 17 45.67	0 10 17.923	+ 1 21 12.02
2	16 55 47.166	27 27 49.30	20 48 29.134	21 56 17.35	0 14 25.640	1 54 44.46
4	17 00 30.201	27 35 59.86	20 53 07.192	21 34 18.12	0 18 33.599	2 28 15.35
6	17 05 14.426	27 43 35.13	20 57 44.137	21 11 48.58	0 22 41.843	3 01 43.99
8	17 09 59.798	27 50 34.64	21 02 19.963	20 48 49.36	0 26 50.419	3 35 09.71
10	17 14 46.273	27 56 57.93	21 06 54.668	20 25 21.11	0 30 59.370	4 08 31.82
12	17 19 33.803	28 02 44.57	21 11 28.249	20 01 24.47	0 35 08.741	4 41 49.63
14	17 24 22.340	28 07 54.14	21 16 00.708	19 37 00.10	0 39 18.577	5 15 02.45
16	17 29 11.831	28 12 26.23	21 20 32.049	19 12 08.65	0 43 28.921	5 48 09.59
18	17 34 02.225	28 16 20.46	21 25 02.277	18 46 50.79	0 47 39.819	6 21 10.34
20	17 38 53.465	28 19 36.49	21 29 31.400	18 21 07.20	0 51 51.313	6 54 04.01
22	17 43 45.495	28 22 13.96	21 33 59.429	17 54 58.54	0 56 03.448	7 26 49.89
24	17 48 38.258	− 28 24 12.57	21 38 26.375	− 17 28 25.51	1 00 16.266	+ 7 59 27.27

月　相

东经 120°标准时　　**2024 年**

月份	下弦			朔			上弦			望			下弦			朔		
月	日	时	分	日	时	分	日	时	分	日	时	分	日	时	分	日	时	分
1	4	11	30	11	19	57	18	11	53	26	1	54	—	—	—	—	—	—
2	3	7	18	10	6	59	16	23	01	24	20	30	—	—	—	—	—	—
3	3	23	23	10	17	00	17	12	11	25	15	00	—	—	—	—	—	—
4	2	11	15	9	2	21	16	3	13	24	7	49	—	—	—	—	—	—
5	1	19	27	8	11	22	15	19	48	23	21	53	31	1	13	—	—	—
6	—	—	—	6	20	38	14	13	18	22	9	08	29	5	53	—	—	—
7	—	—	—	6	6	57	14	6	49	21	18	17	28	10	52	—	—	—
8	—	—	—	4	19	13	12	23	19	20	2	26	26	17	26	—	—	—
9	—	—	—	3	9	56	11	14	06	18	10	34	25	2	50	—	—	—
10	—	—	—	3	2	49	11	2	55	17	19	26	24	16	03	—	—	—
11	—	—	—	1	20	47	9	13	55	16	5	29	23	9	28	—	—	—
12	—	—	—	1	14	21	8	23	27	15	17	02	23	6	18	31	6	27

过远地点						过近地点					
月	日	时	月	日	时	月	日	时	月	日	时
1	1	23	7	12	16	1	13	19	7	24	14
1	29	16	8	9	10	2	11	3	8	21	13
2	25	23	9	5	23	3	10	15	9	18	21
3	23	24	10	3	4	4	8	2	10	17	9
4	20	10	10	30	7	5	6	6	11	14	19
5	18	3	11	26	20	6	2	15	12	12	21
6	14	22	12	24	15	6	27	20			

月亮平均轨道根数①

月亮平黄经　$L = 218°18'59''.96 + 481267°52'52''.833T - 4''.787T^2$

近地点平黄经　$\Gamma' = 83°21'11''.67 + 4069°00'49''.36T - 37''.165T^2$

升交点平黄经　$\Omega = 125°02'40''.40 - 1934°08'10''.266T + 7''.476T^2$

日月平角距　$D = 297°51'00''.74 + 445267°06'41''.469T - 5''.882T^2$

偏心率常数　$e = 0.054879905$

轨道半长轴　$a = 384747.981$ 公里

倾角常数　$\gamma = \sin\frac{I}{2} = 0.044751305$

视差正弦常数　$\sin\pi_{月} = 3422''.448$

地月质量比　$= 81.30$

其中 T 为自 2000 年 1 月 1 日 12^hTT(JD = 2451545.0)算起的儒略世纪数。

① Chaprone-Touze M, ELP 2000—82,1982. 如需更高精度的公式,可查阅 Simon J,Bretagnon P,Chapron J,et al. A&A 1994,282:663 - 683.

月　　出

2024 年　　格林尼治子午圈

日期	北纬 日	0° h m	10° h m	20° h m	30° h m	35° h m	40° h m	45° h m	50° h m	52° h m	54° h m	56° h m
1月	0	21 53	21 43	21 33	21 21	21 14	21 06	20 57	20 46	20 40	20 35	20 28
	1	22 33	22 27	22 21	22 14	22 10	22 06	22 01	21 54	21 51	21 48	21 45
	2	23 12	23 11	23 09	23 07	23 06	23 05	23 04	23 02	23 01	23 01	23 00
	3	23 51	23 54	23 57	— —	— —	— —	— —	— —	— —	— —	— —
	4	— —	— —	— —	0 00	0 02	0 04	0 07	0 10	0 12	0 13	0 15
	5	0 32	0 39	0 46	0 55	1 00	1 05	1 12	1 20	1 24	1 28	1 33
	6	1 15	1 26	1 38	1 52	2 00	2 09	2 20	2 33	2 39	2 46	2 54
	7	2 02	2 17	2 33	2 52	3 03	3 16	3 31	3 50	3 59	4 09	4 21
	8	2 54	3 12	3 33	3 56	4 10	4 26	4 46	5 10	5 22	5 36	5 51
	9	3 51	4 12	4 36	5 03	5 19	5 37	6 00	6 29	6 43	7 00	7 20
	10	4 53	5 15	5 40	6 08	6 25	6 45	7 08	7 39	7 54	8 12	8 34
	11	5 56	6 18	6 42	7 09	7 25	7 43	8 06	8 34	8 48	9 04	9 23
	12	6 59	7 18	7 39	8 02	8 16	8 32	8 50	9 14	9 25	9 37	9 52
	13	7 59	8 14	8 30	8 48	8 58	9 10	9 25	9 42	9 50	9 59	10 09
	14	8 54	9 04	9 15	9 27	9 34	9 42	9 51	10 02	10 08	10 13	10 20
	15	9 45	9 50	9 56	10 02	10 05	10 09	10 14	10 19	10 22	10 24	10 27
	16	10 34	10 34	10 34	10 34	10 34	10 34	10 34	10 34	10 34	10 34	10 34
	17	11 22	11 17	11 11	11 05	11 02	10 58	10 54	10 48	10 46	10 43	10 40
	18	12 10	12 00	11 49	11 38	11 31	11 23	11 14	11 04	10 59	10 54	10 48
	19	12 59	12 45	12 30	12 13	12 03	11 51	11 38	11 22	11 15	11 06	10 57
	20	13 51	13 33	13 13	12 51	12 39	12 24	12 07	11 45	11 35	11 24	11 11
	21	14 45	14 24	14 01	13 36	13 21	13 03	12 42	12 16	12 03	11 49	11 32
	22	15 40	15 17	14 53	14 26	14 09	13 50	13 27	12 57	12 43	12 26	12 06
	23	16 35	16 12	15 48	15 21	15 04	14 45	14 21	13 51	13 37	13 19	12 58
	24	17 28	17 07	16 45	16 19	16 03	15 45	15 24	14 56	14 43	14 27	14 09
	25	18 19	18 00	17 41	17 18	17 05	16 49	16 30	16 07	15 56	15 43	15 29
	26	19 05	18 50	18 35	18 16	18 05	17 53	17 38	17 20	17 12	17 02	16 51
	27	19 49	19 38	19 26	19 12	19 05	18 55	18 45	18 32	18 26	18 19	18 12
	28	20 30	20 23	20 15	20 07	20 02	19 56	19 50	19 42	19 38	19 34	19 29
	29	21 09	21 06	21 03	21 00	20 58	20 56	20 53	20 50	20 48	20 47	20 45
	30	21 48	21 49	21 51	21 52	21 53	21 54	21 56	21 57	21 58	21 59	22 00
	31	22 27	22 33	22 39	22 46	22 50	22 54	22 59	23 06	23 08	23 12	23 15
2月	1	23 09	23 18	23 29	23 41	23 47	23 55	— —	— —	— —	— —	— —
	2	23 53	— —	— —	— —	— —	— —	0 05	0 16	0 21	0 27	0 34
	3	— —	0 06	0 21	0 38	0 48	1 00	1 13	1 30	1 38	1 46	1 56
	4	0 41	0 58	1 17	1 39	1 52	2 07	2 25	2 47	2 57	3 09	3 23
	5	1 34	1 55	2 17	2 43	2 58	3 16	3 37	4 05	4 18	4 33	4 52
	6	2 33	2 55	3 19	3 47	4 04	4 24	4 47	5 18	5 33	5 51	6 13
	7	3 35	3 57	4 22	4 50	5 06	5 26	5 50	6 20	6 35	6 52	7 13
	8	4 38	4 59	5 21	5 47	6 02	6 19	6 40	7 06	7 19	7 34	7 51
	9	5 40	5 57	6 15	6 36	6 49	7 03	7 19	7 40	7 49	8 00	8 12
	10	6 38	6 51	7 04	7 19	7 28	7 38	7 50	8 04	8 11	8 18	8 26
	11	7 33	7 40	7 48	7 57	8 02	8 08	8 15	8 23	8 26	8 30	8 35
	12	8 24	8 27	8 29	8 31	8 33	8 34	8 36	8 39	8 40	8 41	8 42
	13	9 14	9 11	9 08	9 04	9 02	8 59	8 57	8 53	8 52	8 50	8 49
	14	10 04	9 56	9 47	9 37	9 31	9 25	9 18	9 09	9 05	9 00	8 55
	15	10 54	10 41	10 28	10 12	10 03	9 53	9 41	9 26	9 20	9 12	9 04
	16	11 46	11 29	11 11	10 50	10 38	10 24	10 08	9 48	9 39	9 28	9 16

月　　　没

格林尼治子午圈

2024 年

日期	北纬	0°	10°	20°	30°	35°	40°	45°	50°	52°	54°	56°
	日	h m	h m	h m	h m	h m	h m	h m	h m	h m	h m	h m
1月	0	9 31	9 43	9 55	10 09	10 17	10 26	10 37	10 49	10 55	11 02	11 09
	1	10 12	10 20	10 28	10 37	10 42	10 48	10 55	11 03	11 07	11 11	11 16
	2	10 52	10 55	10 59	11 03	11 06	11 08	11 12	11 15	11 17	11 19	11 21
	3	11 31	11 30	11 30	11 29	11 28	11 28	11 27	11 27	11 26	11 26	11 25
	4	12 10	12 06	12 01	11 55	11 51	11 48	11 43	11 38	11 36	11 33	11 30
	5	12 52	12 43	12 33	12 22	12 16	12 09	12 01	11 51	11 47	11 42	11 36
	6	13 37	13 23	13 10	12 54	12 44	12 34	12 22	12 07	12 00	11 52	11 44
	7	14 26	14 09	13 51	13 30	13 18	13 04	12 47	12 27	12 18	12 07	11 55
	8	15 20	15 00	14 38	14 13	13 59	13 42	13 21	12 56	12 44	12 30	12 14
	9	16 20	15 58	15 34	15 06	14 50	14 30	14 07	13 38	13 23	13 06	12 46
	10	17 23	17 01	16 36	16 08	15 51	15 32	15 08	14 37	14 22	14 04	13 43
	11	18 27	18 06	17 44	17 18	17 02	16 44	16 22	15 55	15 41	15 26	15 07
	12	19 28	19 11	18 52	18 31	18 18	18 03	17 45	17 23	17 13	17 01	16 47
	13	20 25	20 13	19 59	19 43	19 34	19 23	19 11	18 55	18 48	18 40	18 31
	14	21 18	21 11	21 02	20 53	20 47	20 41	20 34	20 25	20 20	20 16	20 11
	15	22 08	22 06	22 03	22 00	21 58	21 56	21 54	21 51	21 49	21 48	21 46
	16	22 57	22 59	23 02	23 05	23 07	23 09	23 11	23 14	23 15	23 17	23 18
	17	23 44	23 52	24 00	— —	— —	— —	— —	— —	— —	— —	— —
	18	— —	— —	— —	0 09	0 14	0 21	0 28	0 36	0 40	0 45	0 49
	19	0 33	0 45	0 58	1 13	1 22	1 32	1 44	1 58	2 05	2 12	2 21
	20	1 24	1 40	1 57	2 18	2 29	2 43	2 59	3 20	3 29	3 40	3 52
	21	2 16	2 36	2 57	3 22	3 36	3 53	4 13	4 38	4 51	5 05	5 22
	22	3 11	3 33	3 56	4 24	4 40	4 59	5 21	5 50	6 05	6 22	6 42
	23	4 06	4 29	4 53	5 21	5 38	5 57	6 21	6 51	7 06	7 23	7 44
	24	5 01	5 23	5 46	6 13	6 29	6 47	7 09	7 37	7 51	8 07	8 26
	25	5 53	6 12	6 33	6 58	7 12	7 28	7 47	8 11	8 23	8 36	8 51
	26	6 42	6 58	7 16	7 36	7 48	8 01	8 17	8 36	8 45	8 55	9 07
	27	7 27	7 40	7 53	8 09	8 18	8 28	8 40	8 55	9 01	9 09	9 17
	28	8 09	8 18	8 28	8 38	8 45	8 52	9 00	9 09	9 14	9 19	9 24
	29	8 49	8 54	8 59	9 05	9 08	9 12	9 17	9 22	9 24	9 27	9 30
	30	9 28	9 29	9 30	9 31	9 31	9 32	9 32	9 33	9 34	9 34	9 34
	31	10 07	10 04	10 00	9 56	9 54	9 51	9 48	9 44	9 43	9 41	9 39
2月	1	10 47	10 39	10 31	10 22	10 17	10 11	10 04	9 56	9 53	9 48	9 44
	2	11 29	11 18	11 05	10 51	10 43	10 34	10 23	10 10	10 04	9 58	9 50
	3	12 15	12 00	11 43	11 24	11 13	11 01	10 46	10 28	10 19	10 10	9 59
	4	13 06	12 47	12 26	12 03	11 49	11 34	11 15	10 52	10 40	10 28	10 13
	5	14 02	13 40	13 17	12 50	12 34	12 16	11 54	11 26	11 12	10 56	10 37
	6	15 02	14 39	14 15	13 46	13 29	13 10	12 46	12 15	12 00	11 42	11 20
	7	16 05	15 43	15 19	14 52	14 35	14 16	13 53	13 23	13 08	12 51	12 30
	8	17 08	16 48	16 27	16 03	15 49	15 32	15 12	14 47	14 35	14 21	14 04
	9	18 08	17 53	17 36	17 17	17 06	16 53	16 38	16 19	16 10	16 00	15 49
	10	19 04	18 54	18 43	18 31	18 23	18 15	18 05	17 53	17 47	17 41	17 34
	11	19 58	19 53	19 47	19 41	19 38	19 34	19 29	19 24	19 21	19 18	19 15
	12	20 48	20 49	20 49	20 50	20 50	20 51	20 51	20 52	20 52	20 52	20 53
	13	21 38	21 44	21 50	21 57	22 01	22 06	22 11	22 18	22 21	22 24	22 28
	14	22 28	22 39	22 50	23 03	23 11	23 20	23 30	23 43	23 49	23 55	— —
	15	23 19	23 34	23 51	— —	— —	— —	— —	— —	— —	— —	0 03
	16	— —	— —	— —	0 09	0 21	0 33	0 48	1 07	1 16	1 26	1 37

月　　出

2024 年　　格林尼治子午圈

日期	北纬 0°	10°	20°	30°	35°	40°	45°	50°	52°	54°	56°
日	h m	h m	h m	h m	h m	h m	h m	h m	h m	h m	h m
2月 15	10 54	10 41	10 28	10 12	10 03	9 53	9 41	9 26	9 20	9 12	9 04
16	11 46	11 29	11 11	10 50	10 38	10 24	10 08	9 48	9 39	9 28	9 16
17	12 40	12 20	11 58	11 33	11 19	11 02	10 42	10 16	10 04	9 50	9 34
18	13 35	13 13	12 49	12 22	12 05	11 47	11 24	10 54	10 40	10 24	10 04
19	14 30	14 08	13 43	13 15	12 58	12 39	12 15	11 45	11 30	11 12	10 51
20	15 24	15 03	14 39	14 12	13 56	13 38	13 15	12 46	12 32	12 16	11 56
21	16 15	15 56	15 35	15 11	14 57	14 40	14 21	13 56	13 44	13 30	13 14
22	17 02	16 46	16 29	16 09	15 57	15 44	15 28	15 08	14 59	14 48	14 36
23	17 47	17 34	17 21	17 06	16 57	16 47	16 35	16 20	16 13	16 06	15 57
24	18 29	18 20	18 11	18 01	17 55	17 48	17 40	17 31	17 26	17 21	17 16
25	19 08	19 04	19 00	18 54	18 51	18 48	18 44	18 39	18 37	18 35	18 32
26	19 47	19 47	19 47	19 47	19 47	19 47	19 47	19 47	19 47	19 47	19 47
27	20 26	20 30	20 35	20 40	20 43	20 46	20 50	20 55	20 57	21 00	21 02
28	21 06	21 15	21 24	21 34	21 40	21 47	21 55	22 04	22 09	22 14	22 19
29	21 49	22 01	22 15	22 30	22 39	22 49	23 01	23 16	23 23	23 31	23 40
3月 1	22 35	22 51	23 08	23 29	23 41	23 54	— —	— —	— —	— —	— —
2	23 25	23 44	— —	— —	— —	— —	0 11	0 31	0 41	0 52	1 04
3	— —	— —	0 05	0 30	0 44	1 01	1 22	1 47	2 00	2 14	2 31
4	0 19	0 41	1 05	1 32	1 49	2 08	2 31	3 01	3 16	3 33	3 54
5	1 18	1 41	2 05	2 34	2 51	3 11	3 35	4 06	4 22	4 40	5 02
6	2 19	2 41	3 04	3 32	3 48	4 07	4 29	4 58	5 12	5 29	5 48
7	3 20	3 39	4 00	4 23	4 37	4 53	5 13	5 36	5 48	6 00	6 15
8	4 19	4 34	4 50	5 09	5 20	5 32	5 46	6 04	6 12	6 21	6 31
9	5 15	5 25	5 36	5 49	5 56	6 04	6 13	6 25	6 30	6 36	6 42
10	6 08	6 13	6 19	6 25	6 28	6 32	6 36	6 42	6 44	6 47	6 50
11	7 00	7 00	6 59	6 59	6 58	6 58	6 57	6 57	6 57	6 57	6 56
12	7 51	7 45	7 39	7 32	7 28	7 24	7 18	7 12	7 10	7 06	7 03
13	8 43	8 32	8 20	8 07	8 00	7 51	7 41	7 29	7 24	7 18	7 11
14	9 37	9 21	9 04	8 45	8 34	8 22	8 07	7 49	7 41	7 32	7 21
15	10 32	10 12	9 52	9 28	9 14	8 58	8 39	8 16	8 04	7 52	7 37
16	11 28	11 06	10 43	10 16	10 00	9 41	9 19	8 51	8 37	8 21	8 02
17	12 25	12 02	11 37	11 09	10 52	10 32	10 08	9 38	9 23	9 05	8 43
18	13 20	12 58	12 34	12 06	11 49	11 30	11 07	10 37	10 22	10 05	9 44
19	14 12	13 52	13 30	13 05	12 50	12 32	12 11	11 45	11 32	11 17	11 00
20	15 00	14 43	14 25	14 03	13 50	13 36	13 18	12 57	12 46	12 35	12 21
21	15 45	15 32	15 17	15 00	14 50	14 39	14 26	14 09	14 01	13 53	13 43
22	16 28	16 18	16 07	15 55	15 49	15 41	15 31	15 20	15 15	15 09	15 02
23	17 08	17 02	16 56	16 49	16 45	16 41	16 35	16 29	16 26	16 23	16 19
24	17 47	17 45	17 44	17 42	17 41	17 40	17 39	17 37	17 36	17 36	17 35
25	18 26	18 29	18 32	18 35	18 37	18 39	18 42	18 45	18 47	18 48	18 50
26	19 06	19 13	19 20	19 29	19 34	19 40	19 46	19 55	19 58	20 02	20 07
27	19 47	19 59	20 11	20 25	20 33	20 42	20 53	21 06	21 12	21 19	21 27
28	20 32	20 47	21 04	21 22	21 33	21 46	22 01	22 20	22 29	22 39	22 50
29	21 20	21 39	21 59	22 23	22 36	22 52	23 12	23 36	23 47	— —	— —
30	22 13	22 34	22 57	23 24	23 40	23 59	— —	— —	— —	0 01	0 16
31	23 09	23 32	23 56	— —	— —	— —	0 21	0 50	1 04	1 21	1 40
4月 1	— —	— —	— —	0 25	0 42	1 02	1 26	1 57	2 13	2 31	2 54
2	0 08	0 30	0 55	1 23	1 39	1 59	2 23	2 53	3 08	3 25	3 46

月　　没

格林尼治子午圈

2024 年

日期 \ 北纬		0°	10°	20°	30°	35°	40°	45°	50°	52°	54°	56°
	日	h m	h m	h m	h m	h m	h m	h m	h m	h m	h m	h m
2月	15	23 19	23 34	23 51	— —	— —	— —	— —	— —	— —	— —	0 03
	16	— —	— —	— —	0 09	0 21	0 33	0 48	1 07	1 16	1 26	1 37
	17	0 12	0 31	0 51	1 15	1 29	1 45	2 04	2 29	2 40	2 54	3 09
	18	1 07	1 28	1 51	2 18	2 34	2 53	3 15	3 44	3 58	4 14	4 34
	19	2 02	2 25	2 49	3 17	3 34	3 54	4 17	4 48	5 03	5 21	5 42
	20	2 57	3 19	3 43	4 10	4 27	4 46	5 09	5 38	5 52	6 09	6 29
	21	3 49	4 10	4 31	4 57	5 12	5 29	5 49	6 15	6 27	6 41	6 58
	22	4 38	4 56	5 15	5 36	5 49	6 04	6 21	6 42	6 52	7 03	7 15
	23	5 24	5 39	5 54	6 11	6 21	6 32	6 45	7 01	7 09	7 17	7 27
	24	6 07	6 18	6 29	6 41	6 48	6 56	7 06	7 17	7 22	7 28	7 34
	25	6 48	6 54	7 01	7 08	7 13	7 17	7 23	7 30	7 33	7 36	7 40
	26	7 27	7 29	7 31	7 34	7 35	7 37	7 39	7 41	7 42	7 43	7 44
	27	8 06	8 04	8 02	7 59	7 58	7 56	7 54	7 52	7 51	7 50	7 49
	28	8 45	8 39	8 32	8 25	8 21	8 16	8 10	8 03	8 00	7 57	7 53
	29	9 26	9 16	9 05	8 52	8 45	8 37	8 28	8 16	8 11	8 05	7 59
3月	1	10 10	9 56	9 41	9 23	9 13	9 02	8 48	8 32	8 24	8 16	8 06
	2	10 58	10 40	10 21	9 59	9 46	9 31	9 14	8 52	8 42	8 31	8 18
	3	11 50	11 29	11 07	10 41	10 26	10 08	9 47	9 21	9 08	8 53	8 36
	4	12 47	12 24	12 00	11 32	11 15	10 55	10 32	10 02	9 47	9 29	9 08
	5	13 47	13 24	13 00	12 31	12 14	11 54	11 30	10 59	10 44	10 25	10 03
	6	14 48	14 27	14 04	13 38	13 22	13 04	12 42	12 14	12 00	11 44	11 25
	7	15 48	15 30	15 12	14 50	14 37	14 22	14 04	13 41	13 30	13 18	13 04
	8	16 46	16 33	16 19	16 03	15 53	15 42	15 29	15 14	15 06	14 58	14 48
	9	17 40	17 33	17 24	17 15	17 09	17 03	16 55	16 46	16 42	16 37	16 32
	10	18 33	18 31	18 28	18 25	18 24	18 22	18 20	18 17	18 16	18 14	18 13
	11	19 24	19 27	19 31	19 35	19 37	19 40	19 43	19 46	19 48	19 50	19 52
	12	20 16	20 24	20 33	20 44	20 50	20 57	21 05	21 15	21 20	21 25	21 30
	13	21 08	21 22	21 36	21 53	22 03	22 14	22 27	22 43	22 51	23 00	23 09
	14	22 03	22 20	22 40	23 02	23 15	23 30	23 48	— —	— —	— —	— —
	15	22 59	23 20	23 42	— —	— —	— —	— —	0 10	0 21	0 33	0 47
	16	23 56	— —	— —	0 08	0 24	0 42	1 03	1 31	1 45	2 00	2 19
	17	— —	0 18	0 42	1 11	1 27	1 47	2 11	2 41	2 56	3 14	3 36
	18	0 51	1 14	1 39	2 07	2 24	2 43	3 07	3 37	3 52	4 09	4 30
	19	1 45	2 07	2 29	2 56	3 11	3 29	3 51	4 18	4 31	4 46	5 04
	20	2 36	2 54	3 14	3 37	3 51	4 06	4 25	4 47	4 58	5 10	5 24
	21	3 22	3 38	3 54	4 13	4 24	4 36	4 51	5 09	5 17	5 26	5 37
	22	4 06	4 18	4 30	4 44	4 52	5 02	5 12	5 25	5 31	5 38	5 45
	23	4 47	4 55	5 03	5 12	5 17	5 23	5 30	5 38	5 42	5 46	5 51
	24	5 27	5 30	5 34	5 38	5 41	5 43	5 46	5 50	5 52	5 54	5 56
	25	6 06	6 05	6 04	6 03	6 03	6 02	6 02	6 01	6 01	6 00	6 00
	26	6 45	6 40	6 35	6 29	6 25	6 22	6 17	6 12	6 10	6 07	6 04
	27	7 25	7 16	7 07	6 56	6 49	6 42	6 34	6 24	6 20	6 15	6 09
	28	8 08	7 55	7 41	7 25	7 16	7 06	6 53	6 39	6 32	6 24	6 16
	29	8 55	8 38	8 20	7 59	7 47	7 33	7 17	6 57	6 48	6 37	6 25
	30	9 45	9 25	9 04	8 39	8 24	8 08	7 47	7 22	7 10	6 57	6 41
	31	10 39	10 17	9 53	9 26	9 09	8 50	8 27	7 58	7 43	7 27	7 07
4月	1	11 37	11 14	10 49	10 20	10 03	9 43	9 19	8 48	8 32	8 14	7 52
	2	12 36	12 14	11 50	11 23	11 06	10 47	10 24	9 54	9 40	9 22	9 02

月　　出

格林尼治子午圈

2024 年

日期	北纬	0°	10°	20°	30°	35°	40°	45°	50°	52°	54°	56°
	日	h m	h m	h m	h m	h m	h m	h m	h m	h m	h m	h m
4月	1	— —	— —	— —	0 25	0 42	1 02	1 26	1 57	2 13	2 31	2 54
	2	0 08	0 30	0 55	1 23	1 39	1 59	2 23	2 53	3 08	3 25	3 46
	3	1 07	1 27	1 49	2 15	2 30	2 47	3 08	3 34	3 47	4 01	4 18
	4	2 04	2 22	2 40	3 01	3 13	3 28	3 44	4 05	4 14	4 25	4 37
	5	3 00	3 13	3 26	3 42	3 51	4 01	4 13	4 27	4 34	4 41	4 49
	6	3 53	4 01	4 09	4 18	4 24	4 30	4 37	4 45	4 49	4 53	4 58
	7	4 44	4 47	4 49	4 52	4 54	4 56	4 58	5 01	5 02	5 03	5 05
	8	5 35	5 32	5 29	5 26	5 24	5 21	5 19	5 16	5 14	5 13	5 11
	9	6 27	6 19	6 10	6 00	5 54	5 48	5 40	5 32	5 27	5 23	5 18
	10	7 21	7 07	6 53	6 37	6 28	6 17	6 05	5 50	5 43	5 36	5 27
	11	8 17	7 59	7 40	7 19	7 06	6 52	6 35	6 14	6 04	5 53	5 40
	12	9 15	8 54	8 31	8 05	7 50	7 33	7 12	6 45	6 33	6 18	6 01
	13	10 13	9 51	9 26	8 58	8 41	8 22	7 58	7 28	7 13	6 56	6 35
	14	11 11	10 48	10 24	9 55	9 39	9 19	8 55	8 24	8 09	7 51	7 30
	15	12 05	11 44	11 22	10 55	10 39	10 21	9 59	9 31	9 17	9 01	8 42
	16	12 56	12 38	12 18	11 55	11 41	11 26	11 07	10 43	10 32	10 19	10 04
	17	13 43	13 28	13 12	12 53	12 42	12 30	12 15	11 57	11 48	11 38	11 27
	18	14 26	14 15	14 03	13 49	13 41	13 32	13 21	13 08	13 02	12 55	12 48
	19	15 07	15 00	14 52	14 43	14 38	14 33	14 26	14 18	14 14	14 10	14 06
	20	15 46	15 43	15 40	15 36	15 34	15 32	15 29	15 26	15 25	15 23	15 21
	21	16 25	16 26	16 28	16 29	16 30	16 31	16 33	16 34	16 35	16 36	16 37
	22	17 04	17 10	17 16	17 23	17 27	17 31	17 37	17 43	17 46	17 49	17 53
	23	17 46	17 55	18 06	18 18	18 25	18 33	18 43	18 54	19 00	19 06	19 12
	24	18 30	18 44	18 59	19 16	19 26	19 37	19 51	20 08	20 16	20 25	20 35
	25	19 17	19 35	19 54	20 16	20 29	20 44	21 02	21 24	21 35	21 47	22 01
	26	20 09	20 30	20 52	21 18	21 33	21 51	22 12	22 40	22 53	23 09	23 27
	27	21 04	21 27	21 51	22 19	22 36	22 56	23 20	23 50	— —	— —	— —
	28	22 02	22 25	22 49	23 18	23 35	23 55	— —	— —	0 05	0 23	0 45
	29	23 00	23 22	23 45	— —	— —	— —	0 19	0 49	1 05	1 23	1 44
	30	23 57	— —	— —	0 11	0 27	0 45	1 07	1 34	1 48	2 03	2 22
5月	1	— —	0 16	0 36	0 58	1 12	1 27	1 45	2 07	2 18	2 30	2 44
	2	0 52	1 06	1 22	1 39	1 50	2 01	2 15	2 31	2 39	2 48	2 57
	3	1 44	1 54	2 04	2 16	2 23	2 30	2 39	2 50	2 55	3 00	3 07
	4	2 34	2 39	2 44	2 49	2 53	2 56	3 01	3 06	3 08	3 11	3 14
	5	3 23	3 23	3 22	3 22	3 22	3 21	3 21	3 20	3 20	3 20	3 20
	6	4 13	4 07	4 01	3 55	3 51	3 46	3 41	3 35	3 33	3 30	3 26
	7	5 05	4 54	4 43	4 30	4 22	4 14	4 04	3 52	3 47	3 41	3 34
	8	6 00	5 44	5 27	5 09	4 58	4 45	4 31	4 13	4 05	3 55	3 45
	9	6 57	6 38	6 17	5 53	5 39	5 23	5 04	4 40	4 29	4 16	4 02
	10	7 57	7 35	7 11	6 44	6 28	6 09	5 47	5 18	5 04	4 48	4 29
	11	8 56	8 34	8 09	7 41	7 24	7 04	6 40	6 09	5 54	5 36	5 15
	12	9 54	9 32	9 08	8 41	8 25	8 06	7 43	7 14	6 59	6 42	6 22
	13	10 48	10 28	10 07	9 42	9 28	9 11	8 51	8 26	8 13	7 59	7 43
	14	11 37	11 20	11 03	10 43	10 31	10 17	10 01	9 40	9 31	9 20	9 07
	15	12 22	12 09	11 56	11 40	11 31	11 21	11 09	10 54	10 47	10 39	10 30
	16	13 04	12 55	12 46	12 35	12 29	12 22	12 14	12 05	12 00	11 55	11 49
	17	13 43	13 39	13 34	13 29	13 26	13 22	13 18	13 13	13 11	13 08	13 06
	18	14 22	14 22	14 22	14 22	14 22	14 21	14 21	14 21	14 21	14 21	14 21

月　　没

格林尼治子午圈

2024 年

日期	北纬	0°	10°	20°	30°	35°	40°	45°	50°	52°	54°	56°
	日	h m	h m	h m	h m	h m	h m	h m	h m	h m	h m	h m
4月	1	11 37	11 14	10 49	10 20	10 03	9 43	9 19	8 48	8 32	8 14	7 52
	2	12 36	12 14	11 50	11 23	11 06	10 47	10 24	9 54	9 40	9 22	9 02
	3	13 34	13 15	12 54	12 30	12 16	11 59	11 39	11 14	11 02	10 48	10 32
	4	14 31	14 16	13 59	13 40	13 29	13 16	13 01	12 42	12 33	12 23	12 11
	5	15 25	15 15	15 03	14 50	14 43	14 34	14 24	14 12	14 06	13 59	13 52
	6	16 17	16 12	16 07	16 00	15 56	15 52	15 47	15 41	15 38	15 35	15 32
	7	17 08	17 09	17 09	17 09	17 09	17 10	17 10	17 10	17 10	17 10	17 10
	8	18 00	18 05	18 12	18 19	18 23	18 27	18 33	18 39	18 42	18 45	18 49
	9	18 52	19 03	19 15	19 29	19 37	19 46	19 56	20 09	20 15	20 22	20 29
	10	19 47	20 03	20 20	20 39	20 51	21 04	21 20	21 39	21 48	21 59	22 11
	11	20 44	21 04	21 25	21 49	22 04	22 21	22 41	23 06	23 19	23 33	23 49
	12	21 43	22 05	22 29	22 56	23 13	23 32	23 55	— —	— —	— —	— —
	13	22 41	23 04	23 29	23 57	— —	— —	— —	0 25	0 39	0 57	1 17
	14	23 37	24 00	— —	— —	0 14	0 34	0 58	1 29	1 44	2 02	2 24
	15	— —	— —	0 23	0 51	1 07	1 25	1 48	2 16	2 31	2 47	3 06
	16	0 30	0 50	1 11	1 36	1 50	2 06	2 26	2 50	3 02	3 15	3 31
	17	1 19	1 36	1 53	2 14	2 26	2 39	2 55	3 14	3 24	3 34	3 46
	18	2 04	2 17	2 31	2 46	2 56	3 06	3 18	3 32	3 39	3 47	3 55
	19	2 46	2 55	3 04	3 15	3 22	3 29	3 37	3 47	3 51	3 56	4 02
	20	3 26	3 31	3 36	3 42	3 45	3 49	3 53	3 59	4 01	4 04	4 07
	21	4 05	4 05	4 06	4 07	4 08	4 08	4 09	4 10	4 10	4 10	4 11
	22	4 44	4 40	4 37	4 32	4 30	4 27	4 24	4 21	4 19	4 17	4 15
	23	5 24	5 16	5 08	4 59	4 54	4 48	4 41	4 32	4 29	4 24	4 20
	24	6 06	5 55	5 42	5 28	5 20	5 10	4 59	4 46	4 40	4 33	4 26
	25	6 52	6 36	6 20	6 00	5 49	5 37	5 22	5 03	4 55	4 45	4 34
	26	7 42	7 22	7 02	6 38	6 25	6 09	5 50	5 26	5 15	5 02	4 48
	27	8 35	8 13	7 50	7 23	7 07	6 49	6 27	5 59	5 45	5 29	5 10
	28	9 32	9 09	8 44	8 16	7 59	7 39	7 15	6 44	6 29	6 10	5 49
	29	10 30	10 08	9 44	9 15	8 59	8 39	8 15	7 45	7 30	7 12	6 51
	30	11 28	11 08	10 46	10 20	10 05	9 48	9 27	9 00	8 47	8 32	8 14
5月	1	12 24	12 07	11 49	11 28	11 16	11 01	10 44	10 23	10 13	10 02	9 49
	2	13 17	13 04	12 51	12 36	12 27	12 17	12 05	11 50	11 43	11 35	11 26
	3	14 08	14 00	13 52	13 43	13 38	13 32	13 25	13 16	13 12	13 08	13 03
	4	14 57	14 55	14 53	14 50	14 48	14 47	14 45	14 42	14 41	14 39	14 38
	5	15 47	15 50	15 53	15 57	15 59	16 02	16 05	16 08	16 10	16 11	16 13
	6	16 38	16 46	16 55	17 05	17 11	17 18	17 26	17 36	17 40	17 45	17 51
	7	17 31	17 44	17 58	18 15	18 25	18 36	18 49	19 05	19 13	19 21	19 31
	8	18 27	18 45	19 04	19 26	19 39	19 54	20 12	20 34	20 45	20 57	21 11
	9	19 25	19 47	20 09	20 35	20 51	21 09	21 31	21 59	22 13	22 28	22 47
	10	20 25	20 48	21 13	21 41	21 58	22 17	22 41	23 12	23 27	23 45	— —
	11	21 25	21 47	22 11	22 39	22 56	23 15	23 38	— —	— —	— —	0 06
	12	22 20	22 41	23 03	23 29	23 44	— —	— —	0 08	0 23	0 40	1 00
	13	23 12	23 30	23 49	— —	— —	0 02	0 22	0 49	1 01	1 16	1 33
	14	23 59	— —	— —	0 11	0 24	0 38	0 56	1 17	1 27	1 39	1 51
	15	— —	0 13	0 29	0 46	0 56	1 08	1 21	1 37	1 45	1 54	2 03
	16	0 42	0 53	1 04	1 17	1 24	1 32	1 42	1 53	1 58	2 04	2 11
	17	1 23	1 29	1 36	1 44	1 48	1 53	1 59	2 06	2 09	2 13	2 16
	18	2 02	2 05	2 07	2 10	2 11	2 13	2 15	2 17	2 18	2 20	2 21

月　出

格林尼治子午圈

2024 年

日期＼北纬		0°	10°	20°	30°	35°	40°	45°	50°	52°	54°	56°
	日	h m	h m	h m	h m	h m	h m	h m	h m	h m	h m	h m
5月	17	13 43	13 39	13 34	13 29	13 26	13 22	13 18	13 13	13 11	13 08	13 06
	18	14 22	14 22	14 22	14 22	14 22	14 21	14 21	14 21	14 21	14 21	14 21
	19	15 02	15 06	15 10	15 15	15 18	15 21	15 25	15 29	15 32	15 34	15 37
	20	15 42	15 50	15 59	16 09	16 15	16 22	16 30	16 40	16 44	16 49	16 54
	21	16 25	16 38	16 51	17 06	17 15	17 26	17 38	17 53	18 00	18 07	18 16
	22	17 12	17 28	17 46	18 06	18 18	18 32	18 48	19 09	19 18	19 29	19 42
	23	18 03	18 22	18 44	19 08	19 23	19 40	20 00	20 26	20 38	20 53	21 10
	24	18 58	19 20	19 43	20 11	20 27	20 47	21 10	21 40	21 54	22 12	22 32
	25	19 56	20 19	20 43	21 12	21 29	21 49	22 13	22 44	22 59	23 17	23 39
	26	20 55	21 17	21 40	22 08	22 24	22 42	23 05	23 34	23 48	— —	— —
	27	21 53	22 12	22 33	22 57	23 11	23 27	23 46	— —	— —	0 04	0 23
	28	22 48	23 04	23 20	23 40	23 51	— —	— —	0 10	0 21	0 34	0 49
	29	23 40	23 51	— —	— —	— —	0 03	0 18	0 36	0 45	0 54	1 05
	30	— —	— —	0 03	0 17	0 25	0 34	0 44	0 56	1 02	1 08	1 15
	31	0 30	0 36	0 43	0 50	0 55	1 00	1 06	1 12	1 15	1 19	1 23
6月	1	1 18	1 19	1 21	1 22	1 23	1 24	1 25	1 27	1 27	1 28	1 29
	2	2 06	2 02	1 58	1 54	1 51	1 48	1 45	1 41	1 39	1 37	1 35
	3	2 55	2 47	2 37	2 27	2 21	2 14	2 06	1 56	1 52	1 47	1 42
	4	3 47	3 34	3 19	3 03	2 53	2 43	2 30	2 15	2 08	2 00	1 51
	5	4 43	4 25	4 06	3 44	3 31	3 17	3 00	2 39	2 29	2 17	2 05
	6	5 41	5 20	4 57	4 31	4 16	3 59	3 38	3 11	2 58	2 44	2 27
	7	6 40	6 18	5 54	5 26	5 09	4 50	4 26	3 56	3 41	3 24	3 04
	8	7 40	7 17	6 53	6 25	6 08	5 49	5 26	4 55	4 40	4 23	4 02
	9	8 36	8 15	7 53	7 27	7 12	6 54	6 33	6 06	5 52	5 37	5 19
	10	9 28	9 10	8 51	8 29	8 16	8 01	7 43	7 21	7 10	6 58	6 44
	11	10 15	10 01	9 46	9 29	9 18	9 07	8 53	8 36	8 28	8 19	8 09
	12	10 59	10 49	10 38	10 25	10 18	10 10	10 00	9 49	9 43	9 37	9 31
	13	11 40	11 34	11 27	11 20	11 16	11 11	11 05	10 59	10 56	10 52	10 48
	14	12 19	12 17	12 15	12 13	12 12	12 10	12 09	12 07	12 06	12 05	12 04
	15	12 58	13 00	13 03	13 06	13 07	13 09	13 12	13 15	13 16	13 17	13 19
	16	13 37	13 44	13 51	13 59	14 04	14 10	14 16	14 24	14 27	14 31	14 35
	17	14 19	14 30	14 42	14 55	15 03	15 12	15 22	15 35	15 41	15 48	15 55
	18	15 04	15 19	15 35	15 53	16 04	16 17	16 31	16 50	16 58	17 08	17 19
	19	15 53	16 12	16 32	16 55	17 08	17 24	17 43	18 07	18 18	18 31	18 46
	20	16 47	17 08	17 31	17 58	18 14	18 32	18 54	19 23	19 37	19 53	20 13
	21	17 45	18 08	18 32	19 01	19 18	19 37	20 01	20 32	20 47	21 06	21 27
	22	18 45	19 08	19 32	20 00	20 16	20 35	20 59	21 28	21 43	22 00	22 20
	23	19 45	20 05	20 27	20 52	21 07	21 24	21 44	22 10	22 22	22 36	22 52
	24	20 43	20 59	21 17	21 38	21 50	22 04	22 20	22 40	22 49	23 00	23 11
	25	21 37	21 49	22 02	22 18	22 26	22 36	22 48	23 02	23 08	23 15	23 23
	26	22 27	22 35	22 43	22 52	22 58	23 04	23 11	23 19	23 23	23 27	23 32
	27	23 16	23 19	23 21	23 25	23 26	23 29	23 31	23 34	23 35	23 37	23 38
	28	— —	— —	23 59	23 56	23 54	23 52	23 50	23 48	23 47	23 45	23 44
	29	0 04	0 01	— —	— —	— —	— —	— —	— —	23 59	23 55	23 51
	30	0 52	0 44	0 36	0 28	0 23	0 17	0 10	0 03	— —	— —	23 59
7月	1	1 42	1 29	1 16	1 02	0 53	0 44	0 33	0 19	0 13	0 06	— —
	2	2 34	2 18	2 00	1 40	1 29	1 15	1 00	0 41	0 32	0 22	0 10

月　　没

格林尼治子午圈

2024 年

日期＼北纬		0°	10°	20°	30°	35°	40°	45°	50°	52°	54°	56°
	日	h m	h m	h m	h m	h m	h m	h m	h m	h m	h m	h m
5月	17	1 23	1 29	1 36	1 44	1 48	1 53	1 59	2 06	2 09	2 13	2 16
	18	2 02	2 05	2 07	2 10	2 11	2 13	2 15	2 17	2 18	2 20	2 21
	19	2 41	2 39	2 37	2 35	2 34	2 32	2 30	2 28	2 27	2 26	2 25
	20	3 21	3 15	3 08	3 01	2 57	2 52	2 46	2 40	2 37	2 33	2 30
	21	4 02	3 52	3 41	3 29	3 22	3 14	3 04	2 53	2 48	2 42	2 35
	22	4 47	4 33	4 18	4 00	3 50	3 39	3 25	3 09	3 01	2 53	2 43
	23	5 36	5 18	4 59	4 37	4 24	4 09	3 51	3 30	3 20	3 08	2 55
	24	6 29	6 08	5 45	5 20	5 04	4 47	4 26	3 59	3 46	3 31	3 14
	25	7 25	7 03	6 39	6 10	5 54	5 34	5 11	4 41	4 26	4 08	3 47
	26	8 24	8 02	7 37	7 09	6 52	6 32	6 08	5 38	5 22	5 04	4 42
	27	9 23	9 02	8 39	8 13	7 58	7 40	7 18	6 50	6 36	6 20	6 01
	28	10 20	10 02	9 43	9 21	9 07	8 52	8 34	8 11	8 01	7 48	7 34
	29	11 13	11 00	10 45	10 28	10 18	10 07	9 53	9 37	9 29	9 20	9 10
	30	12 04	11 55	11 46	11 35	11 28	11 21	11 12	11 02	10 57	10 52	10 46
	31	12 53	12 49	12 45	12 40	12 37	12 34	12 30	12 26	12 24	12 21	12 19
6月	1	13 41	13 42	13 43	13 45	13 46	13 47	13 48	13 49	13 50	13 50	13 51
	2	14 29	14 35	14 42	14 50	14 55	15 00	15 06	15 13	15 16	15 20	15 24
	3	15 20	15 31	15 43	15 57	16 05	16 15	16 26	16 39	16 45	16 52	17 00
	4	16 13	16 29	16 46	17 06	17 18	17 31	17 47	18 06	18 16	18 26	18 38
	5	17 10	17 30	17 51	18 15	18 30	18 47	19 07	19 32	19 45	19 59	20 16
	6	18 09	18 31	18 55	19 23	19 39	19 58	20 21	20 51	21 05	21 23	21 43
	7	19 09	19 32	19 56	20 25	20 41	21 01	21 25	21 55	22 10	22 28	22 49
	8	20 07	20 29	20 52	21 19	21 35	21 53	22 15	22 43	22 56	23 12	23 30
	9	21 01	21 21	21 41	22 05	22 18	22 34	22 53	23 16	23 27	23 40	23 55
	10	21 51	22 07	22 24	22 43	22 54	23 07	23 22	23 40	23 49	23 58	— —
	11	22 36	22 49	23 01	23 16	23 24	23 34	23 45	23 58	— —	— —	0 09
	12	23 19	23 27	23 35	23 45	23 50	23 56	— —	— —	0 04	0 11	0 18
	13	23 58	— —	— —	— —	— —	— —	0 03	0 12	0 16	0 20	0 25
	14	— —	0 02	0 06	0 11	0 14	0 16	0 20	0 24	0 26	0 28	0 30
	15	0 37	0 37	0 37	0 36	0 36	0 36	0 35	0 35	0 35	0 35	0 34
	16	1 17	1 12	1 07	1 02	0 59	0 55	0 51	0 46	0 44	0 41	0 39
	17	1 57	1 48	1 39	1 29	1 23	1 16	1 08	0 58	0 54	0 49	0 44
	18	2 40	2 27	2 14	1 58	1 49	1 39	1 27	1 13	1 06	0 59	0 51
	19	3 27	3 11	2 53	2 33	2 21	2 07	1 51	1 32	1 23	1 12	1 01
	20	4 19	3 59	3 38	3 13	2 59	2 42	2 22	1 58	1 46	1 32	1 17
	21	5 15	4 53	4 29	4 01	3 45	3 26	3 03	2 34	2 20	2 04	1 44
	22	6 14	5 51	5 27	4 58	4 41	4 21	3 57	3 26	3 11	2 53	2 31
	23	7 14	6 52	6 29	6 02	5 46	5 27	5 04	4 35	4 21	4 04	3 44
	24	8 13	7 54	7 34	7 10	6 56	6 40	6 21	5 56	5 44	5 31	5 15
	25	9 09	8 54	8 38	8 19	8 08	7 56	7 41	7 23	7 14	7 04	6 53
	26	10 01	9 51	9 40	9 27	9 20	9 11	9 02	8 49	8 44	8 38	8 31
	27	10 51	10 45	10 40	10 33	10 30	10 25	10 20	10 14	10 11	10 08	10 05
	28	11 38	11 38	11 38	11 38	11 38	11 38	11 38	11 37	11 37	11 37	11 37
	29	12 26	12 31	12 36	12 42	12 46	12 50	12 55	13 00	13 03	13 06	13 09
	30	13 15	13 25	13 35	13 48	13 55	14 03	14 12	14 24	14 29	14 35	14 42
7月	1	14 06	14 21	14 36	14 54	15 05	15 17	15 31	15 49	15 57	16 06	16 17
	2	15 01	15 19	15 39	16 02	16 15	16 31	16 50	17 14	17 25	17 38	17 53

月　　出

2024 年　　格林尼治子午圈

日期＼北纬		0°	10°	20°	30°	35°	40°	45°	50°	52°	54°	56°
	日	h m	h m	h m	h m	h m	h m	h m	h m	h m	h m	h m
7月	1	1 42	1 29	1 16	1 02	0 53	0 44	0 33	0 19	0 13	0 06	— —
	2	2 34	2 18	2 00	1 40	1 29	1 15	1 00	0 41	0 32	0 22	0 10
	3	3 30	3 10	2 49	2 24	2 10	1 53	1 34	1 09	0 57	0 44	0 28
	4	4 28	4 06	3 43	3 15	2 59	2 40	2 17	1 48	1 34	1 18	0 58
	5	5 27	5 05	4 40	4 12	3 55	3 36	3 12	2 41	2 26	2 08	1 47
	6	6 24	6 03	5 40	5 13	4 57	4 38	4 16	3 47	3 33	3 17	2 57
	7	7 18	6 59	6 39	6 15	6 01	5 45	5 26	5 01	4 50	4 36	4 21
	8	8 08	7 52	7 35	7 16	7 05	6 52	6 36	6 17	6 08	5 58	5 47
	9	8 53	8 41	8 29	8 15	8 06	7 57	7 45	7 32	7 25	7 18	7 10
	10	9 35	9 27	9 19	9 10	9 05	8 59	8 52	8 43	8 39	8 35	8 30
	11	10 15	10 12	10 08	10 04	10 02	9 59	9 56	9 52	9 51	9 49	9 47
	12	10 54	10 55	10 56	10 57	10 57	10 58	10 59	11 00	11 01	11 01	11 02
	13	11 33	11 38	11 43	11 50	11 53	11 57	12 02	12 08	12 11	12 14	12 17
	14	12 13	12 22	12 32	12 44	12 50	12 58	13 07	13 18	13 23	13 28	13 35
	15	12 56	13 10	13 24	13 40	13 50	14 01	14 14	14 30	14 38	14 46	14 56
	16	13 43	14 00	14 18	14 40	14 52	15 07	15 24	15 46	15 56	16 08	16 21
	17	14 34	14 55	15 16	15 42	15 57	16 14	16 35	17 02	17 15	17 30	17 48
	18	15 30	15 53	16 17	16 45	17 01	17 21	17 44	18 15	18 30	18 48	19 09
	19	16 30	16 53	17 17	17 46	18 03	18 23	18 46	19 17	19 33	19 50	20 12
	20	17 31	17 52	18 15	18 42	18 58	19 16	19 38	20 05	20 19	20 34	20 52
	21	18 31	18 49	19 09	19 32	19 45	20 00	20 18	20 40	20 51	21 02	21 16
	22	19 28	19 42	19 57	20 14	20 24	20 36	20 49	21 05	21 13	21 21	21 30
	23	20 21	20 31	20 40	20 52	20 58	21 06	21 14	21 24	21 29	21 34	21 40
	24	21 12	21 16	21 20	21 26	21 28	21 32	21 36	21 40	21 42	21 44	21 47
	25	22 01	22 00	21 59	21 58	21 57	21 56	21 55	21 55	21 54	21 54	21 53
	26	22 49	22 43	22 37	22 29	22 25	22 21	22 15	22 09	22 06	22 03	21 59
	27	23 39	23 28	23 16	23 03	22 55	22 47	22 37	22 25	22 20	22 14	22 07
	28	— —	— —	23 59	23 40	23 29	23 17	23 02	22 45	22 36	22 27	22 17
	29	0 30	0 15	— —	— —	— —	23 52	23 34	23 10	22 59	22 47	22 32
	30	1 25	1 06	0 45	0 22	0 08	— —	— —	23 45	23 32	23 16	22 57
	31	2 22	2 00	1 37	1 10	0 54	0 35	0 13	— —	— —	— —	23 39
8月	1	3 20	2 57	2 32	2 04	1 47	1 27	1 04	0 33	0 18	0 00	— —
	2	4 17	3 54	3 31	3 03	2 47	2 27	2 04	1 34	1 20	1 02	0 42
	3	5 11	4 51	4 29	4 04	3 50	3 32	3 12	2 46	2 33	2 18	2 01
	4	6 01	5 45	5 26	5 06	4 53	4 39	4 22	4 01	3 51	3 40	3 27
	5	6 48	6 35	6 21	6 05	5 55	5 44	5 32	5 16	5 09	5 01	4 51
	6	7 31	7 22	7 12	7 01	6 55	6 48	6 39	6 29	6 24	6 19	6 13
	7	8 12	8 07	8 02	7 56	7 53	7 49	7 44	7 39	7 36	7 34	7 31
	8	8 51	8 50	8 50	8 49	8 49	8 48	8 48	8 47	8 47	8 46	8 46
	9	9 30	9 33	9 37	9 42	9 44	9 47	9 51	9 55	9 57	9 59	10 01
	10	10 09	10 17	10 25	10 35	10 40	10 47	10 54	11 03	11 08	11 12	11 17
	11	10 50	11 02	11 15	11 30	11 38	11 48	12 00	12 14	12 21	12 28	12 36
	12	11 35	11 51	12 08	12 27	12 39	12 52	13 08	13 27	13 36	13 47	13 59
	13	12 23	12 43	13 03	13 27	13 41	13 58	14 17	14 42	14 54	15 08	15 24
	14	13 16	13 38	14 01	14 29	14 45	15 04	15 26	15 56	16 10	16 27	16 47
	15	14 13	14 36	15 01	15 30	15 47	16 07	16 31	17 02	17 18	17 36	17 59
	16	15 13	15 36	16 00	16 28	16 44	17 04	17 27	17 57	18 11	18 28	18 49
	17	16 14	16 34	16 55	17 20	17 35	17 52	18 12	18 37	18 49	19 03	19 18

月　没

格林尼治子午圈

2024 年

日期 \ 北纬		0°	10°	20°	30°	35°	40°	45°	50°	52°	54°	56°
	日	h m	h m	h m	h m	h m	h m	h m	h m	h m	h m	h m
7月	1	14 06	14 21	14 36	14 54	15 05	15 17	15 31	15 49	15 57	16 06	16 17
	2	15 01	15 19	15 39	16 02	16 15	16 31	16 50	17 14	17 25	17 38	17 53
	3	15 58	16 19	16 42	17 09	17 25	17 43	18 05	18 34	18 48	19 04	19 23
	4	16 57	17 19	17 44	18 12	18 29	18 48	19 12	19 43	19 58	20 15	20 37
	5	17 55	18 17	18 41	19 09	19 25	19 44	20 07	20 36	20 50	21 07	21 27
	6	18 51	19 11	19 33	19 58	20 12	20 29	20 49	21 15	21 27	21 41	21 57
	7	19 43	20 00	20 18	20 39	20 51	21 05	21 22	21 42	21 52	22 02	22 14
	8	20 30	20 43	20 58	21 14	21 23	21 34	21 47	22 02	22 09	22 17	22 26
	9	21 13	21 23	21 33	21 44	21 51	21 58	22 07	22 17	22 22	22 27	22 33
	10	21 54	22 00	22 05	22 12	22 15	22 20	22 24	22 30	22 33	22 35	22 38
	11	22 34	22 35	22 36	22 37	22 38	22 39	22 40	22 41	22 42	22 42	22 43
	12	23 12	23 09	23 06	23 03	23 00	22 58	22 55	22 52	22 51	22 49	22 47
	13	23 52	23 45	23 37	23 29	23 24	23 18	23 12	23 04	23 00	22 56	22 52
	14	— —	— —	— —	23 57	23 49	23 40	23 30	23 17	23 11	23 05	22 58
	15	0 33	0 22	0 10	— —	— —	— —	23 51	23 34	23 26	23 16	23 06
	16	1 18	1 03	0 47	0 28	0 18	0 06	— —	23 56	23 45	23 33	23 19
	17	2 07	1 48	1 29	1 06	0 52	0 37	0 19	— —	— —	23 58	23 40
	18	3 01	2 39	2 17	1 50	1 34	1 16	0 55	0 27	0 14	— —	— —
	19	3 59	3 36	3 12	2 43	2 26	2 07	1 43	1 12	0 57	0 39	0 18
	20	4 59	4 37	4 13	3 45	3 28	3 08	2 45	2 14	1 59	1 41	1 20
	21	6 00	5 40	5 18	4 52	4 37	4 20	3 59	3 32	3 19	3 04	2 46
	22	6 58	6 42	6 24	6 03	5 51	5 37	5 20	4 59	4 49	4 38	4 25
	23	7 53	7 42	7 29	7 14	7 05	6 55	6 43	6 29	6 22	6 15	6 06
	24	8 45	8 38	8 31	8 23	8 18	8 12	8 05	7 57	7 54	7 49	7 45
	25	9 35	9 33	9 32	9 29	9 28	9 27	9 25	9 23	9 22	9 21	9 20
	26	10 24	10 27	10 31	10 35	10 38	10 40	10 44	10 48	10 50	10 52	10 54
	27	11 12	11 21	11 30	11 41	11 47	11 54	12 02	12 12	12 17	12 22	12 27
	28	12 03	12 16	12 31	12 47	12 57	13 08	13 21	13 37	13 45	13 53	14 02
	29	12 56	13 14	13 32	13 54	14 07	14 22	14 40	15 02	15 12	15 24	15 38
	30	13 52	14 13	14 35	15 01	15 16	15 34	15 55	16 23	16 36	16 52	17 10
	31	14 49	15 12	15 36	16 04	16 21	16 41	17 04	17 35	17 50	18 07	18 29
8月	1	15 47	16 10	16 34	17 02	17 19	17 39	18 02	18 32	18 47	19 04	19 25
	2	16 43	17 04	17 27	17 53	18 09	18 26	18 48	19 15	19 28	19 43	20 00
	3	17 36	17 54	18 14	18 36	18 50	19 05	19 23	19 45	19 55	20 07	20 21
	4	18 24	18 39	18 55	19 13	19 24	19 36	19 50	20 07	20 15	20 24	20 34
	5	19 09	19 20	19 32	19 45	19 53	20 01	20 11	20 23	20 29	20 35	20 42
	6	19 51	19 58	20 05	20 13	20 18	20 23	20 29	20 37	20 40	20 44	20 48
	7	20 31	20 33	20 36	20 39	20 41	20 43	20 45	20 48	20 50	20 51	20 52
	8	21 09	21 08	21 06	21 04	21 03	21 02	21 01	20 59	20 58	20 58	20 57
	9	21 48	21 43	21 37	21 30	21 26	21 21	21 16	21 10	21 07	21 04	21 01
	10	22 29	22 19	22 08	21 57	21 50	21 42	21 33	21 22	21 17	21 12	21 06
	11	23 11	22 58	22 43	22 26	22 17	22 06	21 53	21 37	21 30	21 22	21 13
	12	23 58	23 40	23 22	23 00	22 48	22 34	22 17	21 56	21 46	21 35	21 23
	13	— —	— —	— —	23 41	23 26	23 09	22 48	22 22	22 10	21 56	21 39
	14	0 48	0 28	0 06	— —	— —	23 53	23 30	23 00	22 45	22 28	22 08
	15	1 43	1 21	0 57	0 29	0 12	— —	— —	23 53	23 37	23 19	22 57
	16	2 42	2 19	1 54	1 26	1 08	0 49	0 24	— —	— —	— —	— —
	17	3 42	3 21	2 57	2 30	2 14	1 55	1 33	1 03	0 49	0 32	0 12

月　　出

2024 年　　　　格林尼治子午圈

日期	北纬	0°	10°	20°	30°	35°	40°	45°	50°	52°	54°	56°
	日	h　m	h　m	h　m	h　m	h　m	h　m	h　m	h　m	h　m	h　m	h　m
8月	16	15 13	15 36	16 00	16 28	16 44	17 04	17 27	17 57	18 11	18 28	18 49
	17	16 14	16 34	16 55	17 20	17 35	17 52	18 12	18 37	18 49	19 03	19 18
	18	17 12	17 29	17 46	18 06	18 18	18 31	18 47	19 06	19 15	19 25	19 36
	19	18 08	18 20	18 32	18 46	18 55	19 04	19 15	19 28	19 34	19 40	19 47
	20	19 01	19 08	19 15	19 22	19 27	19 32	19 38	19 45	19 48	19 52	19 55
	21	19 52	19 53	19 55	19 56	19 57	19 58	19 59	20 00	20 01	20 01	20 02
	22	20 42	20 38	20 34	20 29	20 26	20 23	20 19	20 15	20 13	20 11	20 08
	23	21 33	21 24	21 14	21 03	20 56	20 49	20 40	20 30	20 26	20 21	20 15
	24	22 26	22 11	21 56	21 39	21 29	21 18	21 05	20 49	20 42	20 33	20 24
	25	23 20	23 02	22 42	22 20	22 07	21 52	21 34	21 13	21 02	20 51	20 38
	26	— —	23 56	23 33	23 07	22 51	22 33	22 12	21 45	21 32	21 17	20 59
	27	0 17	— —	— —	23 59	23 42	23 23	22 59	22 29	22 13	21 56	21 35
	28	1 15	0 52	0 28	— —	— —	— —	23 56	23 26	23 11	22 53	22 31
	29	2 12	1 49	1 25	0 57	0 40	0 20	— —	— —	— —	— —	23 46
	30	3 07	2 46	2 23	1 57	1 42	1 24	1 02	0 34	0 21	0 05	— —
	31	3 58	3 40	3 20	2 58	2 45	2 29	2 11	1 48	1 37	1 25	1 10
9月	1	4 45	4 31	4 15	3 57	3 47	3 35	3 21	3 03	2 55	2 46	2 35
	2	5 29	5 19	5 07	4 55	4 47	4 39	4 29	4 16	4 11	4 04	3 57
	3	6 10	6 04	5 57	5 49	5 45	5 40	5 34	5 27	5 24	5 20	5 16
	4	6 49	6 47	6 45	6 43	6 41	6 40	6 38	6 36	6 35	6 34	6 32
	5	7 28	7 30	7 33	7 36	7 37	7 39	7 41	7 44	7 45	7 46	7 47
	6	8 07	8 14	8 21	8 28	8 33	8 38	8 44	8 52	8 55	8 59	9 03
	7	8 48	8 58	9 09	9 23	9 30	9 39	9 49	10 01	10 07	10 14	10 21
	8	9 31	9 45	10 01	10 18	10 29	10 41	10 55	11 13	11 21	11 31	11 41
	9	10 17	10 35	10 54	11 17	11 30	11 45	12 04	12 27	12 38	12 50	13 05
	10	11 07	11 28	11 50	12 16	12 32	12 50	13 12	13 40	13 54	14 09	14 28
	11	12 01	12 24	12 48	13 16	13 33	13 53	14 17	14 48	15 04	15 22	15 44
	12	12 58	13 21	13 46	14 14	14 31	14 51	15 16	15 47	16 02	16 20	16 42
	13	13 57	14 18	14 41	15 08	15 24	15 42	16 04	16 32	16 45	17 01	17 19
	14	14 55	15 13	15 33	15 56	16 09	16 24	16 42	17 05	17 15	17 27	17 41
	15	15 51	16 06	16 21	16 38	16 48	17 00	17 13	17 29	17 37	17 45	17 54
	16	16 45	16 55	17 05	17 16	17 22	17 30	17 38	17 48	17 53	17 58	18 03
	17	17 38	17 42	17 46	17 51	17 53	17 56	18 00	18 04	18 06	18 08	18 10
	18	18 29	18 28	18 26	18 24	18 23	18 22	18 21	18 19	18 18	18 18	18 17
	19	19 21	19 14	19 07	18 58	18 53	18 48	18 42	18 34	18 31	18 27	18 23
	20	20 14	20 02	19 49	19 35	19 26	19 17	19 05	18 52	18 46	18 39	18 31
	21	21 10	20 53	20 36	20 15	20 03	19 50	19 34	19 14	19 05	18 55	18 43
	22	22 08	21 48	21 26	21 01	20 46	20 29	20 09	19 43	19 31	19 17	19 01
	23	23 08	22 45	22 21	21 53	21 36	21 17	20 54	20 24	20 09	19 52	19 32
	24	— —	23 43	23 19	22 50	22 33	22 13	21 49	21 18	21 02	20 44	20 22
	25	0 06	— —	— —	23 51	23 34	23 16	22 53	22 24	22 10	21 53	21 33
	26	1 03	0 41	0 18	— —	— —	— —	— —	23 37	23 25	23 12	22 56
	27	1 55	1 36	1 16	0 52	0 38	0 21	0 02	— —	— —	— —	— —
	28	2 43	2 28	2 11	1 52	1 40	1 27	1 12	0 52	0 43	0 33	0 21
	29	3 28	3 16	3 04	2 49	2 41	2 31	2 20	2 06	1 59	1 52	1 44
	30	4 09	4 02	3 54	3 44	3 39	3 33	3 26	3 17	3 13	3 08	3 03
10月	1	4 49	4 46	4 42	4 38	4 36	4 33	4 30	4 26	4 24	4 22	4 20
	2	5 28	5 29	5 30	5 31	5 31	5 32	5 33	5 34	5 34	5 35	5 35

月　没

格林尼治子午圈

2024 年

日期＼北纬		0°	10°	20°	30°	35°	40°	45°	50°	52°	54°	56°
	日	h m	h m	h m	h m	h m	h m	h m	h m	h m	h m	h m
8月	16	2 42	2 19	1 54	1 26	1 08	0 49	0 24	— —	— —	— —	— —
	17	3 42	3 21	2 57	2 30	2 14	1 55	1 33	1 03	0 49	0 32	0 12
	18	4 42	4 23	4 03	3 40	3 26	3 10	2 51	2 27	2 16	2 03	1 47
	19	5 39	5 25	5 10	4 52	4 41	4 29	4 15	3 58	3 49	3 40	3 30
	20	6 34	6 24	6 14	6 03	5 56	5 49	5 40	5 29	5 24	5 18	5 12
	21	7 25	7 22	7 17	7 13	7 10	7 07	7 03	6 58	6 56	6 54	6 52
	22	8 16	8 18	8 19	8 21	8 22	8 23	8 25	8 26	8 27	8 28	8 29
	23	9 06	9 13	9 21	9 29	9 34	9 40	9 46	9 54	9 58	10 02	10 06
	24	9 58	10 10	10 23	10 37	10 46	10 56	11 07	11 21	11 28	11 35	11 44
	25	10 51	11 08	11 25	11 46	11 58	12 12	12 28	12 49	12 58	13 09	13 22
	26	11 47	12 07	12 29	12 54	13 09	13 26	13 46	14 13	14 25	14 40	14 57
	27	12 45	13 07	13 31	13 59	14 15	14 35	14 58	15 28	15 43	16 01	16 22
	28	13 42	14 05	14 30	14 59	15 16	15 35	15 59	16 30	16 46	17 03	17 25
	29	14 39	15 01	15 24	15 51	16 07	16 26	16 48	17 16	17 30	17 46	18 05
	30	15 32	15 51	16 12	16 36	16 50	17 06	17 26	17 49	18 01	18 14	18 29
	31	16 21	16 37	16 55	17 14	17 26	17 39	17 54	18 13	18 22	18 32	18 43
9月	1	17 07	17 19	17 32	17 47	17 56	18 06	18 17	18 31	18 37	18 44	18 52
	2	17 49	17 57	18 06	18 16	18 22	18 28	18 36	18 45	18 49	18 53	18 58
	3	18 29	18 33	18 38	18 43	18 45	18 48	18 52	18 56	18 58	19 01	19 03
	4	19 08	19 08	19 08	19 08	19 08	19 08	19 07	19 07	19 07	19 07	19 07
	5	19 47	19 43	19 38	19 33	19 30	19 26	19 23	19 18	19 16	19 14	19 11
	6	20 26	20 18	20 09	19 59	19 53	19 46	19 39	19 30	19 25	19 21	19 16
	7	21 08	20 55	20 42	20 27	20 18	20 09	19 57	19 43	19 37	19 29	19 21
	8	21 52	21 36	21 19	20 59	20 48	20 34	20 19	20 00	19 51	19 41	19 30
	9	22 40	22 21	22 00	21 36	21 22	21 06	20 47	20 23	20 11	19 58	19 43
	10	23 32	23 10	22 47	22 20	22 04	21 45	21 23	20 54	20 40	20 24	20 05
	11	— —	— —	23 40	23 11	22 54	22 34	22 10	21 39	21 23	21 05	20 43
	12	0 28	0 05	— —	— —	23 54	23 35	23 11	22 40	22 25	22 07	21 45
	13	1 26	1 04	0 39	0 11	— —	— —	— —	23 56	23 43	23 28	23 10
	14	2 25	2 04	1 43	1 17	1 02	0 44	0 23	— —	— —	— —	— —
	15	3 22	3 05	2 48	2 27	2 15	2 00	1 44	1 23	1 13	1 01	0 48
	16	4 17	4 05	3 52	3 38	3 29	3 19	3 07	2 53	2 46	2 39	2 30
	17	5 10	5 04	4 56	4 48	4 43	4 38	4 31	4 24	4 20	4 16	4 11
	18	6 02	6 01	6 00	5 58	5 57	5 56	5 55	5 54	5 53	5 52	5 51
	19	6 54	6 58	7 03	7 08	7 11	7 15	7 19	7 24	7 26	7 28	7 31
	20	7 46	7 56	8 06	8 18	8 25	8 33	8 43	8 54	8 59	9 05	9 12
	21	8 41	8 55	9 11	9 30	9 40	9 53	10 07	10 25	10 34	10 43	10 54
	22	9 38	9 57	10 17	10 41	10 54	11 11	11 30	11 54	12 06	12 19	12 35
	23	10 37	10 58	11 22	11 49	12 05	12 24	12 47	13 16	13 31	13 48	14 08
	24	11 36	11 59	12 24	12 53	13 10	13 30	13 54	14 25	14 40	14 59	15 21
	25	12 34	12 56	13 20	13 48	14 05	14 24	14 47	15 17	15 31	15 48	16 08
	26	13 28	13 49	14 11	14 36	14 51	15 08	15 28	15 54	16 06	16 20	16 36
	27	14 19	14 36	14 55	15 16	15 28	15 42	15 59	16 20	16 29	16 40	16 52
	28	15 05	15 19	15 34	15 50	16 00	16 10	16 23	16 38	16 46	16 54	17 02
	29	15 48	15 58	16 08	16 20	16 26	16 34	16 43	16 53	16 58	17 03	17 09
	30	16 29	16 34	16 40	16 47	16 50	16 55	17 00	17 05	17 08	17 11	17 14
10月	1	17 08	17 09	17 11	17 12	17 13	17 14	17 15	17 16	17 17	17 18	17 18
	2	17 47	17 44	17 41	17 37	17 35	17 33	17 30	17 27	17 26	17 24	17 22

月　　出

2024 年　　格林尼治子午圈

日期 \ 北纬	日	0°	10°	20°	30°	35°	40°	45°	50°	52°	54°	56°
		h m	h m	h m	h m	h m	h m	h m	h m	h m	h m	h m
10月	1	4 49	4 46	4 42	4 38	4 36	4 33	4 30	4 26	4 24	4 22	4 20
	2	5 28	5 29	5 30	5 31	5 31	5 32	5 33	5 34	5 34	5 35	5 35
	3	6 07	6 12	6 17	6 23	6 27	6 31	6 36	6 42	6 44	6 47	6 51
	4	6 47	6 56	7 06	7 17	7 24	7 31	7 40	7 51	7 56	8 01	8 08
	5	7 29	7 42	7 56	8 13	8 22	8 33	8 46	9 02	9 10	9 18	9 27
	6	8 14	8 31	8 49	9 10	9 22	9 37	9 54	10 15	10 25	10 37	10 50
	7	9 02	9 22	9 44	10 09	10 24	10 41	11 02	11 28	11 41	11 56	12 13
	8	9 54	10 16	10 40	11 08	11 25	11 44	12 08	12 38	12 53	13 11	13 32
	9	10 49	11 12	11 37	12 06	12 23	12 43	13 07	13 39	13 55	14 13	14 36
	10	11 46	12 08	12 32	13 00	13 16	13 35	13 58	14 27	14 42	14 59	15 19
	11	12 42	13 02	13 23	13 48	14 02	14 19	14 39	15 04	15 16	15 29	15 45
	12	13 37	13 54	14 11	14 31	14 43	14 56	15 11	15 30	15 39	15 49	16 01
	13	14 31	14 43	14 55	15 09	15 18	15 27	15 38	15 51	15 57	16 04	16 11
	14	15 22	15 29	15 36	15 44	15 49	15 54	16 00	16 08	16 11	16 15	16 19
	15	16 13	16 15	16 16	16 18	16 19	16 20	16 21	16 23	16 23	16 24	16 25
	16	17 05	17 00	16 56	16 51	16 49	16 45	16 42	16 38	16 36	16 34	16 31
	17	17 58	17 48	17 38	17 27	17 20	17 13	17 04	16 54	16 49	16 44	16 39
	18	18 53	18 39	18 23	18 06	17 56	17 44	17 30	17 14	17 06	16 58	16 49
	19	19 52	19 33	19 13	18 50	18 37	18 21	18 03	17 40	17 30	17 17	17 04
	20	20 53	20 32	20 08	19 41	19 25	19 07	18 45	18 17	18 03	17 47	17 29
	21	21 55	21 32	21 07	20 38	20 21	20 02	19 37	19 07	18 51	18 33	18 11
	22	22 54	22 32	22 08	21 40	21 23	21 04	20 40	20 10	19 55	19 38	19 17
	23	23 49	23 29	23 08	22 43	22 28	22 11	21 50	21 24	21 11	20 56	20 39
	24	— —	— —	— —	23 44	23 32	23 18	23 01	22 40	22 30	22 18	22 05
	25	0 40	0 23	0 05	— —	— —	— —	— —	23 55	23 47	23 39	23 30
	26	1 26	1 13	0 59	0 43	0 34	0 23	0 10	— —	— —	— —	— —
	27	2 09	2 00	1 50	1 39	1 33	1 25	1 17	1 07	1 02	0 56	0 50
	28	2 49	2 44	2 39	2 33	2 30	2 26	2 21	2 16	2 13	2 11	2 08
	29	3 28	3 27	3 26	3 26	3 25	3 25	3 24	3 24	3 24	3 23	3 23
	30	4 06	4 10	4 14	4 18	4 21	4 24	4 27	4 32	4 34	4 36	4 38
	31	4 46	4 54	5 02	5 12	5 17	5 24	5 31	5 40	5 45	5 49	5 54
11月	1	5 27	5 39	5 52	6 07	6 15	6 25	6 37	6 51	6 58	7 05	7 13
	2	6 12	6 27	6 44	7 04	7 15	7 29	7 44	8 04	8 13	8 24	8 35
	3	6 59	7 18	7 39	8 03	8 17	8 33	8 53	9 18	9 30	9 43	9 59
	4	7 50	8 12	8 35	9 02	9 18	9 37	10 00	10 29	10 43	11 00	11 20
	5	8 45	9 07	9 32	10 01	10 18	10 38	11 02	11 33	11 49	12 07	12 29
	6	9 40	10 03	10 27	10 55	11 12	11 31	11 55	12 25	12 40	12 57	13 18
	7	10 36	10 57	11 19	11 45	12 00	12 17	12 38	13 04	13 17	13 32	13 49
	8	11 30	11 48	12 07	12 28	12 41	12 55	13 12	13 33	13 43	13 54	14 07
	9	12 22	12 36	12 50	13 07	13 16	13 27	13 40	13 55	14 02	14 10	14 19
	10	13 12	13 21	13 31	13 41	13 48	13 55	14 03	14 12	14 17	14 21	14 27
	11	14 02	14 05	14 09	14 14	14 17	14 20	14 23	14 27	14 29	14 31	14 33
	12	14 51	14 49	14 48	14 46	14 45	14 44	14 43	14 42	14 41	14 40	14 39
	13	15 41	15 35	15 27	15 19	15 15	15 10	15 04	14 57	14 53	14 50	14 46
	14	16 35	16 23	16 10	15 56	15 48	15 38	15 27	15 14	15 08	15 02	14 54
	15	17 32	17 15	16 58	16 37	16 26	16 12	15 56	15 37	15 28	15 18	15 07
	16	18 33	18 12	17 51	17 25	17 11	16 54	16 34	16 08	15 56	15 42	15 26
	17	19 36	19 13	18 49	18 21	18 04	17 45	17 22	16 52	16 37	16 20	16 00

月　　没

格林尼治子午圈

2024 年

日期 \ 北纬		0°	10°	20°	30°	35°	40°	45°	50°	52°	54°	56°
	日	h m	h m	h m	h m	h m	h m	h m	h m	h m	h m	h m
10月	1	17 08	17 09	17 11	17 12	17 13	17 14	17 15	17 16	17 17	17 18	17 18
	2	17 47	17 44	17 41	17 37	17 35	17 33	17 30	17 27	17 26	17 24	17 22
	3	18 26	18 19	18 11	18 03	17 58	17 52	17 46	17 38	17 35	17 31	17 27
	4	19 07	18 55	18 44	18 30	18 22	18 14	18 03	17 51	17 45	17 39	17 32
	5	19 50	19 35	19 19	19 01	18 50	18 38	18 24	18 06	17 58	17 49	17 39
	6	20 37	20 18	19 58	19 36	19 22	19 07	18 49	18 27	18 16	18 04	17 50
	7	21 27	21 06	20 43	20 17	20 01	19 43	19 22	18 55	18 41	18 26	18 08
	8	22 20	21 58	21 33	21 05	20 48	20 28	20 04	19 34	19 18	19 01	18 39
	9	23 16	22 53	22 29	22 00	21 43	21 23	20 59	20 27	20 12	19 53	19 31
	10	— —	23 51	23 28	23 02	22 46	22 27	22 05	21 36	21 22	21 05	20 45
	11	0 13	— —	— —	— —	23 54	23 38	23 19	22 56	22 44	22 31	22 16
	12	1 09	0 50	0 31	0 08	— —	— —	— —	— —	— —	— —	23 53
	13	2 03	1 49	1 33	1 16	1 05	0 53	0 39	0 22	0 13	0 04	— —
	14	2 55	2 46	2 36	2 24	2 17	2 10	2 00	1 49	1 44	1 38	1 32
	15	3 46	3 42	3 38	3 33	3 30	3 26	3 22	3 18	3 15	3 13	3 10
	16	4 37	4 39	4 40	4 42	4 43	4 44	4 45	4 46	4 47	4 48	4 49
	17	5 29	5 36	5 44	5 52	5 57	6 02	6 09	6 17	6 20	6 24	6 29
	18	6 24	6 36	6 49	7 04	7 13	7 23	7 35	7 49	7 56	8 04	8 12
	19	7 21	7 38	7 56	8 17	8 30	8 44	9 01	9 22	9 33	9 44	9 57
	20	8 21	8 42	9 04	9 30	9 45	10 03	10 24	10 52	11 05	11 20	11 39
	21	9 23	9 46	10 10	10 38	10 55	11 15	11 39	12 10	12 25	12 43	13 05
	22	10 24	10 47	11 11	11 40	11 56	12 16	12 40	13 10	13 26	13 43	14 04
	23	11 21	11 43	12 05	12 32	12 47	13 05	13 27	13 54	14 07	14 22	14 40
	24	12 14	12 33	12 53	13 15	13 28	13 43	14 01	14 24	14 34	14 46	15 00
	25	13 03	13 18	13 33	13 52	14 02	14 14	14 28	14 45	14 53	15 02	15 12
	26	13 47	13 58	14 10	14 23	14 30	14 39	14 49	15 01	15 07	15 13	15 19
	27	14 28	14 35	14 42	14 51	14 55	15 00	15 07	15 14	15 17	15 21	15 25
	28	15 08	15 10	15 13	15 16	15 18	15 20	15 22	15 25	15 26	15 28	15 29
	29	15 46	15 45	15 43	15 41	15 40	15 39	15 38	15 36	15 35	15 34	15 33
	30	16 25	16 19	16 13	16 07	16 03	15 58	15 53	15 47	15 44	15 41	15 38
	31	17 06	16 56	16 45	16 33	16 27	16 19	16 10	15 59	15 54	15 49	15 43
11月	1	17 48	17 34	17 20	17 03	16 53	16 42	16 29	16 14	16 06	15 58	15 49
	2	18 34	18 17	17 58	17 37	17 24	17 10	16 53	16 33	16 23	16 12	15 59
	3	19 23	19 03	18 41	18 16	18 01	17 44	17 24	16 58	16 46	16 32	16 15
	4	20 16	19 54	19 30	19 02	18 46	18 26	18 03	17 34	17 19	17 02	16 42
	5	21 11	20 48	20 24	19 55	19 38	19 18	18 54	18 22	18 07	17 49	17 26
	6	22 07	21 45	21 22	20 54	20 38	20 19	19 56	19 26	19 11	18 54	18 33
	7	23 02	22 43	22 22	21 58	21 43	21 26	21 06	20 41	20 29	20 14	19 58
	8	23 55	23 40	23 23	23 03	22 51	22 38	22 22	22 03	21 53	21 43	21 31
	9	— —	— —	— —	— —	— —	23 51	23 40	23 27	23 20	23 13	23 05
	10	0 46	0 35	0 23	0 09	0 01	— —	— —	— —	— —	— —	— —
	11	1 36	1 29	1 22	1 15	1 10	1 05	0 58	0 51	0 48	0 44	0 39
	12	2 25	2 23	2 22	2 21	2 20	2 19	2 17	2 16	2 15	2 14	2 14
	13	3 14	3 18	3 23	3 28	3 31	3 34	3 38	3 42	3 45	3 47	3 49
	14	4 06	4 16	4 26	4 37	4 44	4 52	5 01	5 12	5 17	5 22	5 29
	15	5 01	5 16	5 31	5 49	6 00	6 12	6 26	6 44	6 52	7 02	7 12
	16	6 00	6 19	6 40	7 03	7 17	7 33	7 52	8 16	8 28	8 41	8 57
	17	7 03	7 25	7 48	8 15	8 31	8 50	9 13	9 42	9 57	10 14	10 34

月　　出

2024 年　　格林尼治子午圈

日期＼北纬	0°	10°	20°	30°	35°	40°	45°	50°	52°	54°	56°
日	h m	h m	h m	h m	h m	h m	h m	h m	h m	h m	h m
11月 16	18 33	18 12	17 51	17 25	17 11	16 54	16 34	16 08	15 56	15 42	15 26
17	19 36	19 13	18 49	18 21	18 04	17 45	17 22	16 52	16 37	16 20	16 00
18	20 38	20 15	19 51	19 23	19 06	18 46	18 22	17 51	17 36	17 18	16 56
19	21 37	21 16	20 54	20 27	20 11	19 53	19 31	19 03	18 49	18 34	18 15
20	22 32	22 13	21 54	21 31	21 18	21 03	20 44	20 21	20 10	19 57	19 43
21	23 21	23 06	22 51	22 33	22 22	22 10	21 56	21 38	21 30	21 21	21 10
22	— —	23 55	23 44	23 31	23 23	23 15	23 05	22 53	22 47	22 41	22 34
23	0 05	— —	— —	— —	— —	— —	— —	— —	— —	23 57	23 53
24	0 47	0 40	0 34	0 26	0 22	0 17	0 11	0 04	0 01	— —	— —
25	1 26	1 24	1 22	1 19	1 18	1 16	1 15	1 12	1 11	1 10	1 09
26	2 05	2 07	2 09	2 12	2 14	2 15	2 17	2 20	2 21	2 22	2 24
27	2 44	2 50	2 57	3 05	3 09	3 15	3 21	3 28	3 32	3 35	3 39
28	3 24	3 35	3 46	3 59	4 07	4 15	4 26	4 38	4 44	4 50	4 57
29	4 08	4 22	4 38	4 56	5 06	5 18	5 33	5 50	5 59	6 08	6 18
30	4 55	5 13	5 32	5 54	6 08	6 23	6 41	7 04	7 15	7 28	7 42
12月 1	5 45	6 06	6 28	6 55	7 10	7 28	7 50	8 17	8 31	8 47	9 06
2	6 39	7 02	7 26	7 54	8 11	8 31	8 54	9 25	9 40	9 58	10 20
3	7 35	7 58	8 22	8 51	9 08	9 27	9 51	10 22	10 37	10 54	11 16
4	8 32	8 53	9 16	9 42	9 58	10 16	10 37	11 05	11 18	11 33	11 51
5	9 27	9 45	10 05	10 28	10 41	10 56	11 14	11 36	11 47	11 59	12 13
6	10 19	10 34	10 49	11 07	11 17	11 29	11 43	12 00	12 08	12 16	12 26
7	11 09	11 19	11 30	11 42	11 49	11 57	12 07	12 18	12 23	12 29	12 35
8	11 57	12 02	12 08	12 15	12 18	12 23	12 27	12 33	12 36	12 39	12 42
9	12 44	12 45	12 45	12 46	12 46	12 46	12 47	12 47	12 47	12 48	12 48
10	13 32	13 28	13 23	13 17	13 14	13 10	13 06	13 01	12 59	12 57	12 54
11	14 22	14 13	14 02	13 51	13 44	13 36	13 28	13 17	13 12	13 07	13 01
12	15 16	15 01	14 46	14 28	14 18	14 07	13 53	13 37	13 29	13 21	13 11
13	16 14	15 55	15 35	15 12	14 59	14 44	14 25	14 03	13 52	13 40	13 27
14	17 15	16 53	16 30	16 04	15 48	15 29	15 08	14 40	14 26	14 11	13 53
15	18 18	17 55	17 31	17 02	16 45	16 26	16 02	15 31	15 16	14 59	14 37
16	19 20	18 58	18 34	18 07	17 50	17 31	17 08	16 39	16 24	16 07	15 47
17	20 18	19 58	19 37	19 13	18 58	18 41	18 21	17 56	17 44	17 29	17 13
18	21 10	20 54	20 37	20 17	20 05	19 52	19 36	19 16	19 06	18 56	18 44
19	21 58	21 46	21 33	21 18	21 09	20 59	20 48	20 34	20 27	20 19	20 11
20	22 41	22 33	22 25	22 15	22 10	22 04	21 56	21 47	21 43	21 39	21 34
21	23 22	23 18	23 15	23 10	23 08	23 05	23 02	22 58	22 56	22 54	22 52
22	— —	— —	— —	— —	— —	— —	— —	— —	— —	— —	— —
23	0 01	0 02	0 03	0 03	0 04	0 05	0 05	0 06	0 06	0 07	0 07
24	0 40	0 45	0 50	0 56	1 00	1 04	1 08	1 14	1 17	1 20	1 23
25	1 20	1 29	1 39	1 50	1 56	2 04	2 12	2 23	2 28	2 33	2 39
26	2 02	2 15	2 29	2 45	2 55	3 06	3 18	3 34	3 41	3 50	3 59
27	2 47	3 04	3 22	3 43	3 55	4 09	4 26	4 47	4 57	5 09	5 22
28	3 37	3 56	4 18	4 43	4 57	5 15	5 35	6 01	6 14	6 29	6 46
29	4 30	4 52	5 15	5 43	6 00	6 19	6 42	7 12	7 27	7 44	8 05
30	5 26	5 49	6 13	6 42	6 59	7 18	7 42	8 13	8 29	8 47	9 09
31	6 23	6 45	7 09	7 36	7 52	8 11	8 34	9 02	9 16	9 33	9 52
32	7 20	7 40	8 00	8 24	8 39	8 55	9 14	9 38	9 50	10 03	10 18

月　　没

格林尼治子午圈

2024 年

日期	北纬	0°	10°	20°	30°	35°	40°	45°	50°	52°	54°	56°
	日	h m	h m	h m	h m	h m	h m	h m	h m	h m	h m	h m
11 月	16	6 00	6 19	6 40	7 03	7 17	7 33	7 52	8 16	8 28	8 41	8 57
	17	7 03	7 25	7 48	8 15	8 31	8 50	9 13	9 42	9 57	10 14	10 34
	18	8 06	8 29	8 53	9 22	9 39	9 59	10 23	10 54	11 09	11 27	11 49
	19	9 07	9 29	9 53	10 20	10 36	10 55	11 18	11 46	12 00	12 17	12 36
	20	10 04	10 24	10 45	11 09	11 23	11 39	11 59	12 23	12 34	12 47	13 03
	21	10 56	11 12	11 29	11 49	12 01	12 14	12 29	12 48	12 57	13 07	13 18
	22	11 42	11 55	12 08	12 23	12 32	12 41	12 53	13 06	13 13	13 20	13 28
	23	12 25	12 34	12 42	12 52	12 58	13 04	13 12	13 21	13 25	13 29	13 34
	24	13 06	13 10	13 14	13 19	13 22	13 25	13 28	13 33	13 35	13 37	13 39
	25	13 45	13 44	13 44	13 44	13 44	13 44	13 44	13 44	13 44	13 43	13 43
	26	14 23	14 19	14 14	14 09	14 06	14 03	13 59	13 54	13 52	13 50	13 48
	27	15 03	14 55	14 46	14 36	14 30	14 23	14 15	14 06	14 02	13 57	13 52
	28	15 45	15 32	15 19	15 04	14 56	14 46	14 34	14 20	14 14	14 07	13 59
	29	16 30	16 14	15 56	15 37	15 25	15 12	14 57	14 38	14 29	14 19	14 08
	30	17 19	16 59	16 38	16 14	16 00	15 44	15 25	15 01	14 49	14 36	14 21
12 月	1	18 11	17 49	17 26	16 59	16 43	16 24	16 02	15 33	15 20	15 03	14 45
	2	19 06	18 43	18 19	17 50	17 33	17 14	16 50	16 19	16 03	15 45	15 24
	3	20 02	19 40	19 16	18 48	18 32	18 12	17 49	17 19	17 04	16 46	16 25
	4	20 58	20 38	20 16	19 51	19 36	19 19	18 58	18 31	18 18	18 03	17 46
	5	21 52	21 35	21 17	20 56	20 44	20 30	20 13	19 52	19 41	19 30	19 17
	6	22 43	22 31	22 17	22 01	21 52	21 42	21 29	21 14	21 07	20 59	20 50
	7	23 32	23 24	23 15	23 06	23 00	22 54	22 46	22 37	22 32	22 28	22 22
	8	— —	— —	— —	— —	— —	— —	— —	23 59	23 57	23 55	23 53
	9	0 19	0 16	0 13	0 09	0 07	0 05	0 02	— —	— —	— —	— —
	10	1 07	1 09	1 11	1 14	1 15	1 17	1 19	1 21	1 22	1 24	1 25
	11	1 56	2 03	2 11	2 20	2 25	2 31	2 38	2 46	2 50	2 54	2 59
	12	2 47	3 00	3 13	3 28	3 37	3 47	3 59	4 13	4 20	4 28	4 37
	13	3 43	4 00	4 18	4 39	4 51	5 05	5 22	5 43	5 54	6 05	6 18
	14	4 43	5 03	5 25	5 51	6 06	6 24	6 45	7 12	7 25	7 40	7 58
	15	5 45	6 08	6 32	7 00	7 17	7 36	8 00	8 31	8 46	9 03	9 24
	16	6 48	7 11	7 35	8 03	8 20	8 39	9 03	9 33	9 47	10 05	10 25
	17	7 48	8 09	8 31	8 57	9 12	9 30	9 51	10 17	10 30	10 44	11 01
	18	8 43	9 01	9 20	9 42	9 55	10 09	10 26	10 48	10 58	11 09	11 21
	19	9 34	9 48	10 02	10 19	10 29	10 40	10 53	11 09	11 16	11 25	11 34
	20	10 19	10 29	10 39	10 51	10 58	11 06	11 15	11 25	11 30	11 36	11 42
	21	11 01	11 07	11 13	11 19	11 23	11 27	11 32	11 38	11 41	11 44	11 47
	22	11 41	11 42	11 44	11 45	11 46	11 47	11 48	11 50	11 51	11 51	11 52
	23	12 20	12 17	12 14	12 11	12 09	12 06	12 04	12 01	11 59	11 58	11 56
	24	12 59	12 52	12 45	12 36	12 32	12 26	12 20	12 12	12 09	12 05	12 01
	25	13 40	13 29	13 17	13 04	12 56	12 48	12 37	12 25	12 20	12 13	12 07
	26	14 23	14 09	13 53	13 35	13 24	13 12	12 58	12 41	12 33	12 24	12 14
	27	15 11	14 52	14 33	14 10	13 57	13 42	13 24	13 02	12 51	12 40	12 26
	28	16 02	15 41	15 18	14 52	14 37	14 19	13 58	13 31	13 18	13 03	12 45
	29	16 56	16 34	16 10	15 41	15 25	15 05	14 42	14 11	13 56	13 39	13 18
	30	17 53	17 31	17 07	16 38	16 21	16 02	15 38	15 07	14 51	14 34	14 12
	31	18 51	18 30	18 07	17 41	17 25	17 07	16 45	16 17	16 03	15 47	15 28
	32	19 47	19 29	19 09	18 47	18 34	18 18	18 00	17 37	17 26	17 14	16 59

水　　星

2024 年　　以力学时 0^h 为准

日期		视赤经		视赤纬		视半径	地平视差	地心距离		上中天
	日	h m s	s	° ′ ″	″	″	″			h m s
1月	0	17 28 16.84	− 67.98	− 20 07 35.0	− 98.0	4.43	11.59	0.759 000	+18640	10 49 14
	1	17 27 08.86	− 26.30	20 09 13.0	214.8	4.33	11.31	0.777 640	19520	10 44 30
	2	17 26 42.56	+ 12.86	20 12 47.8	317.7	4.22	11.03	0.797 160	20162	10 40 26
	3	17 26 55.42	49.23	20 18 05.5	405.7	4.12	10.76	0.817 322	20596	10 36 59
	4	17 27 44.65	82.66	20 24 51.2	478.5	4.01	10.50	0.837 918	20851	10 34 07
	5	17 29 07.31	+113.17	− 20 32 49.7	− 536.6	3.92	10.24	0.858 769	+20952	10 31 47
	6	17 31 00.48	140.88	20 41 46.3	580.4	3.82	10.00	0.879 721	20926	10 29 56
	7	17 33 21.36	165.94	20 51 26.7	611.3	3.73	9.76	0.900 647	20792	10 28 32
	8	17 36 07.30	188.57	21 01 38.0	629.9	3.65	9.54	0.921 439	20572	10 27 32
	9	17 39 15.87	208.96	21 12 07.9	637.5	3.57	9.34	0.942 011	20280	10 26 53
	10	17 42 44.83	+227.31	− 21 22 45.4	− 635.2	3.50	9.14	0.962 291	+19932	10 26 33
	11	17 46 32.14	243.86	21 33 20.6	624.0	3.42	8.95	0.982 223	19537	10 26 32
	12	17 50 36.00	258.75	21 43 44.6	604.9	3.36	8.78	1.001 760	19109	10 26 45
	13	17 54 54.75	272.18	21 53 49.5	578.5	3.30	8.61	1.020 869	18653	10 27 14
	14	17 59 26.93	284.30	22 03 28.0	546.1	3.24	8.46	1.039 522	18177	10 27 55
	15	18 04 11.23	+295.27	− 22 12 34.1	− 507.9	3.18	8.31	1.057 699	+17687	10 28 47
	16	18 09 06.50	305.19	22 21 02.0	464.8	3.13	8.18	1.075 386	17187	10 29 51
	17	18 14 11.69	314.20	22 28 46.8	417.4	3.08	8.05	1.092 573	16682	10 31 03
	18	18 19 25.89	322.37	22 35 44.2	366.2	3.03	7.93	1.109 255	16173	10 32 25
	19	18 24 48.26	329.81	22 41 50.4	311.4	2.99	7.81	1.125 428	15664	10 33 54
	20	18 30 18.07	+336.59	− 22 47 01.8	− 253.6	2.95	7.71	1.141 092	+15155	10 35 31
	21	18 35 54.66	342.76	22 51 15.4	193.1	2.91	7.61	1.156 247	14650	10 37 13
	22	18 41 37.42	348.41	22 54 28.5	130.2	2.87	7.51	1.170 897	14148	10 39 02
	23	18 47 25.83	353.56	22 56 38.7	− 65.0	2.84	7.42	1.185 045	13651	10 40 57
	24	18 53 19.39	358.27	22 57 43.7	+ 2.0	2.81	7.34	1.198 696	13157	10 42 56
	25	18 59 17.66	+362.59	− 22 57 41.7	+ 70.9	2.78	7.26	1.211 853	+12670	10 45 00
	26	19 05 20.25	366.54	22 56 30.8	141.2	2.75	7.18	1.224 523	12188	10 47 08
	27	19 11 26.79	370.17	22 54 09.6	213.2	2.72	7.11	1.236 711	11710	10 49 20
	28	19 17 36.96	373.50	22 50 36.4	286.2	2.69	7.04	1.248 421	11238	10 51 35
	29	19 23 50.46	376.55	22 45 50.2	360.6	2.67	6.98	1.259 659	10771	10 53 54
	30	19 30 07.01	+379.36	− 22 39 49.6	+ 435.9	2.65	6.92	1.270 430	+10307	10 56 15
	31	19 36 26.37	381.93	22 32 33.7	512.1	2.63	6.87	1.280 737	9848	10 58 40
2月	1	19 42 48.30	384.31	22 24 01.6	589.4	2.61	6.81	1.290 585	9393	11 01 06
	2	19 49 12.61	386.48	22 14 12.2	667.2	2.59	6.76	1.299 978	8940	11 03 35
	3	19 55 39.09	388.49	22 03 05.0	745.9	2.57	6.72	1.308 918	8489	11 06 06
	4	20 02 07.58	+390.34	− 21 50 39.1	+ 825.1	2.55	6.68	1.317 407	+ 8039	11 08 40
	5	20 08 37.92	392.05	21 36 54.0	904.9	2.54	6.63	1.325 446	7591	11 11 14
	6	20 15 09.97	393.61	21 21 49.1	985.3	2.52	6.60	1.333 037	7142	11 13 51
	7	20 21 43.58	395.07	21 05 23.8	1066.0	2.51	6.56	1.340 179	6692	11 16 29
	8	20 28 18.65	396.40	20 47 37.8	1147.2	2.50	6.53	1.346 871	6240	11 19 08
	9	20 34 55.05	+397.66	− 20 28 30.6	+1228.8	2.49	6.50	1.353 111	+ 5784	11 21 49
	10	20 41 32.71	398.81	20 08 01.8	1310.7	2.48	6.47	1.358 895	5325	11 24 31
	11	20 48 11.52	399.91	19 46 11.1	1392.9	2.47	6.45	1.364 220	4861	11 27 14
	12	20 54 51.43	400.94	19 22 58.2	1475.3	2.46	6.42	1.369 081	4389	11 29 58
	13	21 01 32.37	401.92	18 58 22.9	1557.9	2.45	6.40	1.373 470	3910	11 32 44
	14	21 08 14.29	+402.87	− 18 32 25.0	+1640.9	2.44	6.38	1.377 380	+ 3422	11 35 30
	15	21 14 57.16		− 18 05 04.1		2.44	6.37	1.380 802		11 38 17

水　　星

以力学时 0^h 为准

2024 年

日期		视赤经		视赤纬		视半径	地平视差	地心距离		上中天
	日	h m s	s	° ′ ″	″	″	″			h m s
2月	15	21 14 57.16	+403.79	−18 05 04.1	+1723.7	2.44	6.37	1.380 802	+2923	11 38 17
	16	21 21 40.95	404.69	17 36 20.4	1806.9	2.43	6.36	1.383 725	2410	11 41 05
	17	21 28 25.64	405.58	17 06 13.5	1889.9	2.43	6.34	1.386 135	1885	11 43 54
	18	21 35 11.22	406.44	16 34 43.6	1972.9	2.42	6.34	1.388 020	1341	11 46 43
	19	21 41 57.66	407.32	16 01 50.7	2055.9	2.42	6.33	1.389 361	780	11 49 34
	20	21 48 44.98	+408.20	−15 27 34.8	+2138.8	2.42	6.33	1.390 141	+197	11 52 26
	21	21 55 33.18	409.07	14 51 56.0	2221.2	2.42	6.33	1.390 338	−408	11 55 18
	22	22 02 22.25	409.95	14 14 54.8	2303.5	2.42	6.33	1.389 930	1040	11 58 11
	23	22 09 12.20	410.84	13 36 31.3	2385.1	2.42	6.33	1.388 890	1699	12 01 06
	24	22 16 03.04	411.72	12 56 46.2	2466.1	2.42	6.34	1.387 191	2390	12 04 01
	25	22 22 54.76	+412.59	−12 15 40.1	+2546.2	2.43	6.35	1.384 801	−3113	12 06 57
	26	22 29 47.35	413.46	11 33 13.9	2625.2	2.43	6.36	1.381 688	3873	12 09 53
	27	22 36 40.81	414.27	10 49 28.7	2702.9	2.44	6.38	1.377 815	4672	12 12 51
	28	22 43 35.08	415.05	10 04 25.8	2778.8	2.45	6.40	1.373 143	5512	12 15 50
	29	22 50 30.13	415.73	9 18 07.0	2852.6	2.46	6.43	1.367 631	6395	12 18 49
3月	1	22 57 25.86	+416.30	−8 30 34.4	+2923.7	2.47	6.46	1.361 236	−7323	12 21 49
	2	23 04 22.16	416.71	7 41 50.7	2991.7	2.48	6.50	1.353 913	8299	12 24 49
	3	23 11 18.87	416.92	6 51 59.0	3056.0	2.50	6.54	1.345 614	9321	12 27 50
	4	23 18 15.79	416.86	6 01 03.0	3115.6	2.52	6.58	1.336 293	10390	12 30 50
	5	23 25 12.65	416.45	5 09 07.4	3170.0	2.54	6.63	1.325 903	11504	12 33 51
	6	23 32 09.10	+415.63	−4 16 17.4	+3218.0	2.56	6.69	1.314 399	−12661	12 36 51
	7	23 39 04.73	414.28	3 22 39.4	3258.8	2.58	6.76	1.301 738	13855	12 39 50
	8	23 45 59.01	412.32	2 28 20.6	3291.2	2.61	6.83	1.287 883	15080	12 42 47
	9	23 52 51.33	409.63	1 33 29.4	3313.8	2.64	6.91	1.272 803	16327	12 45 42
	10	23 59 40.96	406.08	−0 38 15.6	3325.9	2.68	7.00	1.256 476	17583	12 48 33
	11	0 06 27.04	+401.56	+0 17 10.3	+3325.8	2.72	7.10	1.238 893	−18836	12 51 21
	12	0 13 08.60	395.92	1 12 36.1	3312.7	2.76	7.21	1.220 057	20069	12 54 03
	13	0 19 44.52	389.05	2 07 48.8	3285.3	2.80	7.33	1.199 988	21264	12 56 39
	14	0 26 13.57	380.83	3 02 34.1	3242.8	2.85	7.46	1.178 724	22400	12 59 08
	15	0 32 34.40	371.16	3 56 36.9	3184.4	2.91	7.61	1.156 324	23458	13 01 27
	16	0 38 45.56	+359.96	+4 49 41.3	+3110.0	2.97	7.76	1.132 866	−24419	13 03 36
	17	0 44 45.52	347.16	5 41 31.3	3019.0	3.03	7.93	1.108 447	25262	13 05 33
	18	0 50 32.68	332.77	6 31 50.3	2911.7	3.11	8.12	1.083 185	25973	13 07 16
	19	0 56 05.45	316.74	7 20 22.0	2788.7	3.18	8.32	1.057 212	26535	13 08 44
	20	1 01 22.19	299.14	8 06 50.7	2650.4	3.26	8.53	1.030 677	26939	13 09 55
	21	1 06 21.33	+280.01	+8 51 01.1	+2497.9	3.35	8.76	1.003 738	−27181	13 10 47
	22	1 11 01.34	259.46	9 32 39.0	2331.9	3.44	9.01	0.976 557	27254	13 11 19
	23	1 15 20.80	237.57	10 11 30.9	2153.8	3.54	9.26	0.949 303	27161	13 11 30
	24	1 19 18.37	214.48	10 47 24.7	1964.6	3.65	9.54	0.922 142	26908	13 11 19
	25	1 22 52.85	190.35	11 20 09.3	1765.3	3.76	9.82	0.895 234	26497	13 10 44
	26	1 26 03.20	+165.34	+11 49 34.6	+1557.1	3.87	10.12	0.868 737	−25941	13 09 44
	27	1 28 48.54	139.63	12 15 31.7	1341.1	3.99	10.43	0.842 796	25247	13 08 19
	28	1 31 08.17	113.43	12 37 52.8	1118.4	4.11	10.76	0.817 549	24426	13 06 28
	29	1 33 01.60	86.97	12 56 31.2	889.9	4.24	11.09	0.793 123	23489	13 04 10
	30	1 34 28.57	60.48	13 11 21.1	657.2	4.37	11.43	0.769 634	22446	13 01 27
	31	1 35 29.05	+34.25	+13 22 18.3	+421.2	4.50	11.77	0.747 188	−21308	12 58 17
4月	1	1 36 03.30		+13 29 19.5		4.63	12.12	0.725 880		12 54 41

(表头：日期；视赤经；视赤纬；视半径；地平视差；地心距离；上中天)

水　　星

以力学时 0^h 为准

2024 年

日期		视赤经 (h m s)	(s)	视赤纬 (° ′ ″)	(″)	视半径 (″)	地平视差 (″)	地心距离		上中天 (h m s)
4月	1	1 36 03.30	+8.57	+13 29 19.5	+183.9	4.63	12.12	0.725 880	−20087	12 54 41
	2	1 36 11.87	−16.25	13 32 23.4	−53.0	4.77	12.46	0.705 793	18789	12 50 40
	3	1 35 55.62	39.86	13 31 30.4	287.3	4.90	12.80	0.687 004	17428	12 46 15
	4	1 35 15.76	61.96	13 26 43.1	516.6	5.02	13.13	0.669 576	16012	12 41 28
	5	1 34 13.80	82.16	13 18 06.5	737.8	5.15	13.46	0.653 564	14551	12 36 20
	6	1 32 51.64	−100.18	+13 05 48.7	−947.9	5.26	13.76	0.639 013	−13055	12 30 53
	7	1 31 11.46	115.69	12 50 00.8	1143.7	5.37	14.05	0.625 958	11536	12 25 09
	8	1 29 15.77	128.46	12 30 57.1	1321.6	5.47	14.31	0.614 422	10001	12 19 11
	9	1 27 07.31	138.29	12 08 55.5	1478.7	5.57	14.55	0.604 421	8465	12 13 02
	10	1 24 49.02	145.05	11 44 16.8	1612.1	5.64	14.76	0.595 956	6935	12 06 45
	11	1 22 23.97	−148.69	+11 17 24.7	−1719.2	5.71	14.93	0.589 021	−5422	12 00 23
	12	1 19 55.28	149.25	10 48 45.5	1798.4	5.76	15.07	0.583 599	3939	11 53 59
	13	1 17 26.03	146.82	10 18 47.1	1848.8	5.80	15.17	0.579 660	2491	11 47 36
	14	1 14 59.21	141.57	9 47 58.3	1870.3	5.83	15.24	0.577 169	−1090	11 41 16
	15	1 12 37.64	133.76	9 16 48.0	1863.4	5.84	15.27	0.576 079	+259	11 35 03
	16	1 10 23.88	−123.65	+8 45 44.6	−1829.8	5.84	15.26	0.576 338	+1548	11 28 59
	17	1 08 20.23	111.55	8 15 14.8	1771.2	5.82	15.22	0.577 886	2773	11 23 06
	18	1 06 28.68	97.81	7 45 43.6	1690.7	5.79	15.15	0.580 659	3932	11 17 25
	19	1 04 50.87	82.71	7 17 32.9	1590.7	5.75	15.04	0.584 591	5020	11 11 59
	20	1 03 28.16	66.61	6 51 02.2	1474.4	5.71	14.92	0.589 611	6040	11 06 48
	21	1 02 21.55	−49.78	+6 26 27.8	−1345.0	5.65	14.76	0.595 651	+6991	11 01 54
	22	1 01 31.77	32.48	6 04 02.8	1205.2	5.58	14.59	0.602 642	7873	10 57 16
	23	1 00 59.29	−14.96	5 43 57.6	1057.9	5.51	14.40	0.610 515	8692	10 52 56
	24	1 00 44.33	+2.61	5 26 19.7	905.6	5.43	14.20	0.619 207	9447	10 48 53
	25	1 00 46.94	20.03	5 11 14.1	750.1	5.35	13.99	0.628 654	10144	10 45 08
	26	1 01 06.97	+37.20	+4 58 44.0	−593.8	5.27	13.77	0.638 798	+10786	10 41 39
	27	1 01 44.17	53.99	4 48 50.2	437.9	5.18	13.54	0.649 584	11377	10 38 28
	28	1 02 38.16	70.34	4 41 32.3	283.7	5.09	13.31	0.660 961	11920	10 35 33
	29	1 03 48.50	86.20	4 36 48.6	−132.5	5.00	13.07	0.672 881	12419	10 32 54
	30	1 05 14.70	101.53	4 34 36.1	+15.3	4.91	12.83	0.685 300	12879	10 30 31
5月	1	1 06 56.23	+116.30	+4 34 51.4	+158.7	4.82	12.60	0.698 179	+13303	10 28 22
	2	1 08 52.53	130.53	4 37 30.1	297.7	4.73	12.36	0.711 482	13693	10 26 29
	3	1 11 03.06	144.22	4 42 27.8	431.6	4.64	12.13	0.725 175	14054	10 24 49
	4	1 13 27.28	157.38	4 49 39.4	560.5	4.55	11.90	0.739 229	14387	10 23 22
	5	1 16 04.66	170.05	4 58 59.9	684.2	4.46	11.67	0.753 616	14695	10 22 09
	6	1 18 54.71	+182.25	+5 10 24.1	+802.7	4.38	11.45	0.768 311	+14982	10 21 08
	7	1 21 56.96	194.03	5 23 46.8	915.9	4.29	11.23	0.783 293	15249	10 20 18
	8	1 25 10.99	205.39	5 39 02.7	1024.2	4.21	11.01	0.798 542	15496	10 19 41
	9	1 28 36.38	216.41	5 56 06.9	1127.3	4.13	10.80	0.814 038	15728	10 19 14
	10	1 32 12.79	227.12	6 14 54.2	1225.6	4.05	10.60	0.829 766	15944	10 18 59
	11	1 35 59.91	+237.53	+6 35 19.8	+1318.9	3.98	10.40	0.845 710	+16143	10 18 54
	12	1 39 57.44	247.72	6 57 18.7	1407.7	3.90	10.20	0.861 853	16330	10 18 59
	13	1 44 05.16	257.73	7 20 46.4	1491.8	3.83	10.01	0.878 183	16503	10 19 15
	14	1 48 22.89	267.57	7 45 38.2	1571.3	3.76	9.83	0.894 686	16660	10 19 40
	15	1 52 50.46	277.31	8 11 49.5	1646.6	3.69	9.65	0.911 346	16804	10 20 16
	16	1 57 27.77	+286.98	+8 39 16.1	+1717.3	3.62	9.47	0.928 150	+16932	10 21 00
	17	2 02 14.75		+9 07 53.4		3.56	9.31	0.945 082		10 21 55

水　　星

以力学时 0^h 为准

2024 年

日期		视赤经		视赤纬		视半径	地平视差	地心距离		上中天
	日	h m s	s	° ′ ″	″	″	″			h m s
5月	17	2 02 14.75	+296.62	+ 9 07 53.4	+1783.7	3.56	9.31	0.945 082	+17045	10 21 55
	18	2 07 11.37	306.26	9 37 37.1	1845.8	3.50	9.14	0.962 127	17140	10 22 59
	19	2 12 17.63	315.94	10 08 22.9	1903.5	3.44	8.98	0.979 267	17217	10 24 13
	20	2 17 33.57	325.71	10 40 06.4	1956.7	3.38	8.83	0.996 484	17272	10 25 37
	21	2 22 59.28	335.58	11 12 43.1	2005.4	3.32	8.67	1.013 756	17304	10 27 11
	22	2 28 34.86	+345.58	+ 11 46 08.5	+2049.5	3.26	8.53	1.031 060	+17311	10 28 54
	23	2 34 20.44	355.76	12 20 18.0	2088.8	3.21	8.39	1.048 371	17289	10 30 48
	24	2 40 16.20	366.11	12 55 06.8	2122.9	3.16	8.25	1.065 660	17232	10 32 52
	25	2 46 22.31	376.69	13 30 29.7	2151.8	3.11	8.12	1.082 892	17140	10 35 06
	26	2 52 39.00	387.49	14 06 21.5	2174.9	3.06	7.99	1.100 032	17006	10 37 31
	27	2 59 06.49	+398.52	+ 14 42 36.4	+2192.2	3.01	7.87	1.117 038	+16825	10 40 07
	28	3 05 45.01	409.79	15 19 08.6	2202.8	2.97	7.76	1.133 863	16591	10 42 54
	29	3 12 34.80	421.28	15 55 51.4	2206.5	2.92	7.64	1.150 454	16301	10 45 53
	30	3 19 36.08	433.00	16 32 37.9	2202.8	2.88	7.54	1.166 755	15946	10 49 03
	31	3 26 49.08	444.90	17 09 20.7	2190.9	2.84	7.44	1.182 701	15520	10 52 26
6月	1	3 34 13.98	+456.95	+ 17 45 51.6	+2170.3	2.81	7.34	1.198 221	+15019	10 56 00
	2	3 41 50.93	469.07	18 22 01.9	2140.4	2.77	7.25	1.213 240	14434	10 59 47
	3	3 49 40.00	481.20	18 57 42.3	2100.5	2.74	7.16	1.227 674	13763	11 03 45
	4	3 57 41.20	493.24	19 32 42.8	2049.8	2.71	7.08	1.241 437	13000	11 07 56
	5	4 05 54.44	505.06	20 06 52.6	1988.2	2.68	7.01	1.254 437	12141	11 12 19
	6	4 14 19.50	+516.53	+ 20 40 00.8	+1914.6	2.66	6.94	1.266 578	+11186	11 16 54
	7	4 22 56.03	527.51	21 11 55.4	1829.2	2.63	6.88	1.277 764	10138	11 21 40
	8	4 31 43.54	537.81	21 42 24.6	1731.6	2.61	6.83	1.287 902	8997	11 26 37
	9	4 40 41.35	547.26	22 11 16.2	1621.9	2.59	6.78	1.296 899	7773	11 31 44
	10	4 49 48.61	555.71	22 38 18.1	1500.5	2.58	6.74	1.304 672	6474	11 37 00
	11	4 59 04.32	+562.97	+ 23 03 18.6	+1368.2	2.57	6.71	1.311 146	+ 5113	11 42 24
	12	5 08 27.29	568.88	23 26 06.8	1225.8	2.56	6.68	1.316 259	3705	11 47 55
	13	5 17 56.17	573.36	23 46 32.6	1074.8	2.55	6.66	1.319 964	2268	11 53 31
	14	5 27 29.53	576.28	24 04 27.4	916.4	2.54	6.65	1.322 232	+ 820	11 59 11
	15	5 37 05.81	577.59	24 19 43.8	752.4	2.54	6.65	1.323 052	− 620	12 04 53
	16	5 46 43.40	+577.28	+ 24 32 16.2	+ 585.0	2.54	6.65	1.322 432	− 2034	12 10 35
	17	5 56 20.68	575.40	24 42 01.2	415.5	2.55	6.66	1.320 398	3404	12 16 17
	18	6 05 56.08	571.99	24 48 56.7	246.2	2.55	6.68	1.316 994	4716	12 21 55
	19	6 15 28.07	567.16	24 53 02.9	+ 78.5	2.56	6.70	1.312 278	5959	12 27 30
	20	6 24 55.23	561.02	24 54 21.4	− 86.0	2.58	6.73	1.306 319	7120	12 32 58
	21	6 34 16.25	+553.71	+ 24 52 55.4	− 245.9	2.59	6.77	1.299 199	− 8199	12 38 20
	22	6 43 29.96	545.38	24 48 49.5	400.3	2.61	6.81	1.291 000	9186	12 43 34
	23	6 52 35.34	536.17	24 42 09.2	547.9	2.62	6.86	1.281 814	10085	12 48 39
	24	7 01 31.51	526.22	24 33 01.3	688.6	2.65	6.92	1.271 729	10894	12 53 35
	25	7 10 17.73	515.69	24 21 32.7	821.4	2.67	6.97	1.260 835	11618	12 58 20
	26	7 18 53.42	+504.68	+ 24 07 51.3	− 946.6	2.69	7.04	1.249 217	−12260	13 02 54
	27	7 27 18.10	493.31	23 52 04.7	1063.4	2.72	7.11	1.236 957	12825	13 07 17
	28	7 35 31.41	481.67	23 34 21.3	1172.5	2.75	7.18	1.224 132	13318	13 11 28
	29	7 43 33.08	469.87	23 14 48.8	1273.3	2.78	7.26	1.210 814	13747	13 15 27
	30	7 51 22.95	457.95	22 53 35.5	1366.3	2.81	7.35	1.197 067	14116	13 19 14
7月	1	7 59 00.90	+445.97	+ 22 30 49.2	− 1451.7	2.84	7.43	1.182 951	−14430	13 22 50
	2	8 06 26.87		+ 22 06 37.5		2.88	7.53	1.168 521		13 26 13

水　　星

2024 年　　以力学时 0^h 为准

日期		视赤经		视赤纬		视半径	地平视差	地心距离		上中天
	日	h m s	s	° ′ ″	″	″	″			h m s
7月	1	7 59 00.90	+445.97	+ 22 30 49.2	−1451.7	2.84	7.43	1.182 951	−14430	13 22 50
	2	8 06 26.87	433.99	22 06 37.5	1529.6	2.88	7.53	1.168 521	14695	13 26 13
	3	8 13 40.86	422.02	21 41 07.9	1600.3	2.92	7.62	1.153 826	14918	13 29 24
	4	8 20 42.88	410.11	21 14 27.6	1664.0	2.95	7.72	1.138 908	15101	13 32 23
	5	8 27 32.99	398.26	20 46 43.6	1721.0	2.99	7.83	1.123 807	15249	13 35 10
	6	8 34 11.25	+386.47	+ 20 18 02.6	−1771.6	3.03	7.93	1.108 558	−15366	13 37 45
	7	8 40 37.72	374.78	19 48 31.0	1815.8	3.08	8.04	1.093 192	15457	13 40 09
	8	8 46 52.50	363.16	19 18 15.2	1854.1	3.12	8.16	1.077 735	15522	13 42 21
	9	8 52 55.66	351.61	18 47 21.1	1886.6	3.17	8.28	1.062 213	15567	13 44 21
	10	8 58 47.27	340.12	18 15 54.5	1913.3	3.21	8.40	1.046 646	15593	13 46 10
	11	9 04 27.39	+328.68	+ 17 44 01.2	−1934.7	3.26	8.53	1.031 053	−15600	13 47 47
	12	9 09 56.07	317.26	17 11 46.5	1950.6	3.31	8.66	1.015 453	15593	13 49 12
	13	9 15 13.33	305.87	16 39 15.9	1961.2	3.36	8.80	0.999 860	15571	13 50 26
	14	9 20 19.20	294.44	16 06 34.7	1966.6	3.42	8.93	0.984 289	15536	13 51 29
	15	9 25 13.64	282.99	15 33 48.1	1966.9	3.47	9.08	0.968 753	15490	13 52 21
	16	9 29 56.63	+271.47	+ 15 01 01.2	−1962.0	3.53	9.23	0.953 263	−15431	13 53 00
	17	9 34 28.10	259.84	14 28 19.2	1951.9	3.59	9.38	0.937 832	15362	13 53 29
	18	9 38 47.94	248.09	13 55 47.3	1936.6	3.65	9.53	0.922 470	15280	13 53 45
	19	9 42 56.03	236.18	13 23 30.7	1916.0	3.71	9.69	0.907 190	15188	13 53 50
	20	9 46 52.21	224.07	12 51 34.7	1890.1	3.77	9.86	0.892 002	15084	13 53 42
	21	9 50 36.28	+211.73	+ 12 20 04.6	−1858.6	3.84	10.03	0.876 918	−14966	13 53 23
	22	9 54 08.01	199.12	11 49 06.0	1821.6	3.90	10.20	0.861 952	14837	13 52 51
	23	9 57 27.13	186.21	11 18 44.4	1778.8	3.97	10.38	0.847 115	14691	13 52 06
	24	10 00 33.34	172.96	10 49 05.6	1729.8	4.04	10.56	0.832 424	14531	13 51 08
	25	10 03 26.30	159.35	10 20 15.8	1674.7	4.11	10.75	0.817 893	14352	13 49 57
	26	10 06 05.65	+145.31	+ 9 52 21.1	−1613.1	4.19	10.94	0.803 541	−14155	13 48 31
	27	10 08 30.96	130.85	9 25 28.0	1544.6	4.26	11.14	0.789 386	13936	13 46 52
	28	10 10 41.81	115.90	8 59 43.4	1469.0	4.34	11.34	0.775 450	13692	13 44 58
	29	10 12 37.71	100.47	8 35 14.4	1386.0	4.42	11.54	0.761 758	13421	13 42 49
	30	10 14 18.18	84.50	8 12 08.4	1295.1	4.50	11.75	0.748 337	13120	13 40 24
	31	10 15 42.68	+ 68.03	+ 7 50 33.3	−1196.2	4.58	11.96	0.735 217	−12785	13 37 43
8月	1	10 16 50.71	51.03	7 30 37.1	1089.0	4.66	12.17	0.722 432	12410	13 34 45
	2	10 17 41.74	33.52	7 12 28.1	973.0	4.74	12.39	0.710 022	11995	13 31 30
	3	10 18 15.26	+ 15.55	6 56 15.1	848.5	4.82	12.60	0.698 027	11531	13 27 58
	4	10 18 30.81	− 2.81	6 42 06.6	715.3	4.90	12.81	0.686 496	11014	13 24 07
	5	10 18 28.00	− 21.47	+ 6 30 11.3	− 573.4	4.98	13.02	0.675 482	−10441	13 19 58
	6	10 18 06.53	40.33	6 20 37.9	423.3	5.06	13.22	0.665 041	9805	13 15 30
	7	10 17 26.20	59.19	6 13 34.6	265.7	5.13	13.42	0.655 236	9101	13 10 44
	8	10 16 27.01	77.89	6 09 08.9	− 101.3	5.21	13.61	0.646 135	8322	13 05 39
	9	10 15 09.12	96.15	6 07 27.6	+ 68.4	5.27	13.79	0.637 813	7466	13 00 16
	10	10 13 32.97	−113.71	+ 6 08 36.0	+ 242.0	5.34	13.95	0.630 347	− 6528	12 54 35
	11	10 11 39.26	130.24	6 12 38.0	417.4	5.39	14.10	0.623 819	5503	12 48 37
	12	10 09 29.02	145.37	6 19 35.4	591.9	5.44	14.22	0.618 316	4391	12 42 24
	13	10 07 03.65	158.72	6 29 27.3	762.9	5.48	14.32	0.613 925	3188	12 35 56
	14	10 04 24.93	169.89	6 42 10.2	927.1	5.51	14.40	0.610 737	1897	12 29 17
	15	10 01 35.04	−178.49	+ 6 57 37.3	+1081.1	5.53	14.44	0.608 840	− 521	12 22 27
	16	9 58 36.55		+ 7 15 38.4		5.53	14.46	0.608 319		12 15 31

水　　星

以力学时 0^h 为准　　**2024 年**

日期		视赤经		视赤纬		视半径	地平视差	地心距离		上中天
	日	h m s	s	° ′ ″	″	″	″			h m s
8月	16	9 58 36.55	−184.14	+ 7 15 38.4	+1221.5	5.53	14.46	0.608 319	+ 939	12 15 31
	17	9 55 32.41	186.51	7 35 59.9	1344.8	5.52	14.43	0.609 258	2472	12 08 31
	18	9 52 25.90	185.35	7 58 24.7	1448.0	5.50	14.38	0.611 730	4072	12 01 30
	19	9 49 20.55	180.47	8 22 32.7	1528.3	5.46	14.28	0.615 802	5727	11 54 32
	20	9 46 20.08	171.79	8 48 01.0	1583.8	5.41	14.15	0.621 529	7425	11 47 41
	21	9 43 28.29	−159.34	+ 9 14 24.8	+1613.2	5.35	13.98	0.628 954	+ 9150	11 41 00
	22	9 40 48.95	143.25	9 41 18.0	1615.7	5.27	13.78	0.638 104	10891	11 34 33
	23	9 38 25.70	123.74	10 08 13.7	1591.5	5.18	13.55	0.648 995	12626	11 28 24
	24	9 36 21.96	101.13	10 34 45.2	1541.5	5.08	13.29	0.661 621	14345	11 22 35
	25	9 34 40.83	75.79	11 00 26.7	1466.9	4.98	13.01	0.675 966	16026	11 17 10
	26	9 33 25.04	− 48.17	+ 11 24 53.6	+1369.6	4.86	12.71	0.691 992	+17657	11 12 12
	27	9 32 36.87	− 18.70	11 47 43.2	1251.2	4.74	12.39	0.709 649	19220	11 07 41
	28	9 32 18.17	+ 12.12	12 08 34.4	1114.1	4.62	12.07	0.728 869	20699	11 03 41
	29	9 32 30.29	43.85	12 27 08.5	960.5	4.49	11.73	0.749 568	22079	11 00 12
	30	9 33 14.14	76.02	12 43 09.0	792.1	4.36	11.40	0.771 647	23346	10 57 14
	31	9 34 30.16	+108.21	+ 12 56 21.1	+ 611.5	4.23	11.06	0.794 993	+24483	10 54 48
9月	1	9 36 18.37	140.02	13 06 32.6	420.6	4.10	10.73	0.819 476	25478	10 52 55
	2	9 38 38.39	171.05	13 13 33.2	221.3	3.98	10.41	0.844 954	26319	10 51 32
	3	9 41 29.44	200.98	13 17 14.5	+ 15.7	3.86	10.09	0.871 273	26990	10 50 41
	4	9 44 50.42	229.49	13 17 30.2	− 193.9	3.74	9.79	0.898 263	27487	10 50 18
	5	9 48 39.91	+256.30	+ 13 14 16.3	− 405.7	3.63	9.50	0.925 750	+27800	10 50 23
	6	9 52 56.21	281.20	13 07 30.6	617.3	3.53	9.22	0.953 550	27924	10 50 55
	7	9 57 37.41	303.99	12 57 13.3	826.6	3.43	8.96	0.981 474	27861	10 51 50
	8	10 02 41.40	324.53	12 43 26.7	1031.5	3.33	8.71	1.009 335	27613	10 53 07
	9	10 08 05.93	342.74	12 26 15.2	1229.8	3.24	8.48	1.036 948	27190	10 54 44
	10	10 13 48.67	+358.61	+ 12 05 45.4	−1419.7	3.16	8.26	1.064 138	+26602	10 56 37
	11	10 19 47.28	372.14	11 42 05.7	1599.5	3.08	8.06	1.090 740	25864	10 58 46
	12	10 25 59.42	383.41	11 15 26.2	1767.7	3.01	7.88	1.116 604	24998	11 01 07
	13	10 32 22.83	392.54	10 45 58.5	1923.3	2.95	7.70	1.141 602	24020	11 03 39
	14	10 38 55.37	399.67	10 13 55.2	2065.6	2.89	7.54	1.165 622	22954	11 06 19
	15	10 45 35.04	+404.99	+ 9 39 29.6	−2194.2	2.83	7.40	1.188 576	+21820	11 09 05
	16	10 52 20.03	408.69	9 02 55.4	2308.9	2.78	7.27	1.210 396	20639	11 11 56
	17	10 59 08.72	410.99	8 24 26.5	2410.0	2.73	7.14	1.231 035	19428	11 14 49
	18	11 05 59.71	412.06	7 44 16.5	2498.0	2.69	7.03	1.250 463	18205	11 17 45
	19	11 12 51.77	412.11	7 02 38.5	2573.4	2.65	6.93	1.268 668	16984	11 20 41
	20	11 19 43.88	+411.32	+ 6 19 45.1	−2637.3	2.62	6.84	1.285 652	+15777	11 23 36
	21	11 26 35.20	409.86	5 35 47.8	2689.9	2.58	6.76	1.301 429	14591	11 26 31
	22	11 33 25.06	407.84	4 50 57.9	2732.7	2.56	6.68	1.316 020	13437	11 29 24
	23	11 40 12.90	405.43	4 05 25.2	2766.0	2.53	6.61	1.329 457	12317	11 32 14
	24	11 46 58.33	402.71	3 19 19.2	2791.2	2.51	6.55	1.341 774	11235	11 35 02
	25	11 53 41.04	+399.78	+ 2 32 48.0	−2808.6	2.49	6.50	1.353 009	+10195	11 37 47
	26	12 00 20.82	396.74	1 45 59.4	2819.4	2.47	6.45	1.363 204	9196	11 40 29
	27	12 06 57.56	393.64	0 59 00.0	2823.9	2.45	6.41	1.372 400	8238	11 43 08
	28	12 13 31.20	390.52	+ 0 11 56.1	2823.1	2.44	6.37	1.380 638	7321	11 45 44
	29	12 20 01.72	387.45	− 0 35 07.0	2817.4	2.42	6.34	1.387 959	6444	11 48 17
	30	12 26 29.17	+384.47	− 1 22 04.4	−2807.3	2.41	6.31	1.394 403	+ 5605	11 50 46
10月	1	12 32 53.64		− 2 08 51.7		2.40	6.28	1.400 008		11 53 13

水　　星

2024 年　　以力学时 0^h 为准

日期		视赤经		视赤纬		视半径	地平视差	地心距离		上中天
	日	h m s	s	° ′ ″	″	″	″			h m s
10月	1	12 32 53.64	+381.56	− 2 08 51.7	−2793.4	2.40	6.28	1.400 008	+4801	11 53 13
	2	12 39 15.20	378.80	2 55 25.1	2776.1	2.39	6.26	1.404 809	4031	11 55 37
	3	12 45 34.00	376.16	3 41 41.2	2755.4	2.39	6.24	1.408 840	3293	11 57 58
	4	12 51 50.16	373.68	4 27 36.6	2732.2	2.38	6.23	1.412 133	2583	12 00 17
	5	12 58 03.84	371.35	5 13 08.8	2706.3	2.38	6.22	1.414 716	1901	12 02 33
	6	13 04 15.19	+369.19	− 5 58 15.1	−2678.3	2.37	6.21	1.416 617	+1243	12 04 47
	7	13 10 24.38	367.19	6 42 53.4	2648.0	2.37	6.20	1.417 860	+ 608	12 06 59
	8	13 16 31.57	365.35	7 27 01.4	2615.9	2.37	6.20	1.418 468	− 6	12 09 08
	9	13 22 36.92	363.67	8 10 37.3	2582.0	2.37	6.20	1.418 462	602	12 11 17
	10	13 28 40.59	362.14	8 53 39.3	2546.6	2.37	6.20	1.417 860	1181	12 13 23
	11	13 34 42.73	+360.77	− 9 36 05.9	−2509.4	2.37	6.21	1.416 679	−1746	12 15 28
	12	13 40 43.50	359.54	10 17 55.3	2471.1	2.38	6.22	1.414 933	2297	12 17 32
	13	13 46 43.04	358.45	10 59 06.4	2431.2	2.38	6.23	1.412 636	2836	12 19 34
	14	13 52 41.49	357.50	11 39 37.6	2390.0	2.39	6.24	1.409 800	3365	12 21 36
	15	13 58 38.99	356.67	12 19 27.6	2347.6	2.39	6.25	1.406 435	3886	12 23 37
	16	14 04 35.66	+355.97	−12 58 35.2	−2304.1	2.40	6.27	1.402 549	−4399	12 25 37
	17	14 10 31.63	355.38	13 36 59.3	2259.3	2.41	6.29	1.398 150	4907	12 27 36
	18	14 16 27.01	354.89	14 14 38.6	2213.4	2.41	6.31	1.393 243	5409	12 29 35
	19	14 22 21.90	354.48	14 51 32.0	2166.3	2.42	6.34	1.387 834	5909	12 31 33
	20	14 28 16.38	354.16	15 27 38.3	2118.1	2.43	6.36	1.381 925	6407	12 33 31
	21	14 34 10.54	+353.89	−16 02 56.4	−2068.6	2.45	6.39	1.375 518	−6902	12 35 28
	22	14 40 04.43	353.65	16 37 25.0	2018.0	2.46	6.43	1.368 616	7399	12 37 26
	23	14 45 58.08	353.46	17 11 03.0	1966.1	2.47	6.46	1.361 217	7895	12 39 23
	24	14 51 51.54	353.27	17 43 49.1	1912.9	2.49	6.50	1.353 322	8394	12 41 20
	25	14 57 44.81	353.08	18 15 42.0	1858.5	2.50	6.54	1.344 928	8896	12 43 17
	26	15 03 37.89	+352.85	−18 46 40.5	−1802.6	2.52	6.58	1.336 032	−9399	12 45 13
	27	15 09 30.74	352.58	19 16 43.1	1745.6	2.54	6.63	1.326 633	9907	12 47 10
	28	15 15 23.32	352.23	19 45 48.7	1687.0	2.55	6.68	1.316 726	10420	12 49 06
	29	15 21 15.55	351.78	20 13 55.7	1627.1	2.58	6.73	1.306 306	10937	12 51 01
	30	15 27 07.33	351.19	20 41 02.8	1565.7	2.60	6.79	1.295 369	11461	12 52 56
	31	15 32 58.52	+350.43	−21 07 08.5	−1502.7	2.62	6.85	1.283 908	−11988	12 54 51
11月	1	15 38 48.95	349.48	21 32 11.2	1438.2	2.64	6.91	1.271 920	12523	12 56 44
	2	15 44 38.43	348.27	21 56 09.4	1372.2	2.67	6.98	1.259 397	13065	12 58 37
	3	15 50 26.70	346.76	22 19 01.6	1304.5	2.70	7.06	1.246 332	13611	13 00 28
	4	15 56 13.46	344.91	22 40 46.1	1235.1	2.73	7.13	1.232 721	14164	13 02 17
	5	16 01 58.37	+342.65	−23 01 21.2	−1164.1	2.76	7.22	1.218 557	−14723	13 04 04
	6	16 07 41.02	339.92	23 20 45.3	1091.3	2.79	7.31	1.203 834	15287	13 05 49
	7	16 13 20.94	336.64	23 38 56.6	1016.6	2.83	7.40	1.188 547	15854	13 07 31
	8	16 18 57.58	332.72	23 55 53.2	940.3	2.87	7.50	1.172 693	16426	13 09 09
	9	16 24 30.30	328.10	24 11 33.5	862.0	2.91	7.61	1.156 267	16999	13 10 43
	10	16 29 58.40	+322.64	−24 25 55.5	− 781.9	2.95	7.72	1.139 268	−17570	13 12 12
	11	16 35 21.04	316.25	24 38 57.4	700.0	3.00	7.84	1.121 698	18140	13 13 34
	12	16 40 37.29	308.79	24 50 37.4	616.1	3.05	7.97	1.103 558	18701	13 14 50
	13	16 45 46.08	300.11	25 00 53.5	530.4	3.10	8.11	1.084 857	19253	13 15 58
	14	16 50 46.19	290.06	25 09 43.9	442.8	3.16	8.25	1.065 604	19788	13 16 56
	15	16 55 36.25	+278.45	−25 17 06.7	− 353.1	3.22	8.41	1.045 816	−20302	13 17 43
	16	17 00 14.70		−25 22 59.8		3.28	8.58	1.025 514		13 18 18

水　　星

以力学时 0^h 为准　　　2024 年

日期		视赤经		视赤纬		视半径	地平视差	地心距离		上中天
	日	h m s	s	° ′ ″	″	″	″			h m s
11月	16	17 00 14.70	+265.09	−25 22 59.8	−261.7	3.28	8.58	1.025 514	−20787	13 18 18
	17	17 04 39.79	249.75	25 27 21.5	168.1	3.35	8.75	1.004 727	21232	13 18 38
	18	17 08 49.54	232.21	25 30 09.6	−72.4	3.42	8.94	0.983 495	21627	13 18 42
	19	17 12 41.75	212.20	25 31 22.0	+25.4	3.50	9.14	0.961 868	21960	13 18 27
	20	17 16 13.95	189.50	25 30 56.6	125.8	3.58	9.36	0.939 908	22214	13 17 50
	21	17 19 23.45	+163.85	−25 28 50.8	+228.7	3.67	9.58	0.917 694	−22370	13 16 50
	22	17 22 07.30	135.04	25 25 02.1	334.5	3.76	9.82	0.895 324	22409	13 15 21
	23	17 24 22.34	102.89	25 19 27.6	443.6	3.85	10.07	0.872 915	22304	13 13 23
	24	17 26 05.23	67.34	25 12 04.0	556.2	3.95	10.34	0.850 611	22030	13 10 50
	25	17 27 12.57	+28.40	25 02 47.8	672.7	4.06	10.61	0.828 581	21556	13 07 41
	26	17 27 40.97	−13.65	−24 51 35.1	+793.2	4.17	10.90	0.807 025	−20852	13 03 50
	27	17 27 27.32	58.35	24 38 21.9	917.8	4.28	11.19	0.786 173	19887	12 59 17
	28	17 26 28.97	104.89	24 23 04.1	1045.5	4.39	11.48	0.766 286	18635	12 53 58
	29	17 24 44.08	152.06	24 05 38.6	1174.6	4.50	11.76	0.747 651	17068	12 47 53
	30	17 22 12.02	198.31	23 46 04.0	1302.3	4.60	12.04	0.730 583	15177	12 41 02
12月	1	17 18 53.71	−241.68	−23 24 21.7	+1423.5	4.70	12.29	0.715 406	−12957	12 33 26
	2	17 14 52.03	279.97	23 00 38.2	1532.0	4.79	12.52	0.702 449	10428	12 25 10
	3	17 10 12.06	310.92	22 35 06.2	1619.6	4.86	12.71	0.692 021	7623	12 16 20
	4	17 05 01.14	332.53	22 08 06.6	1677.1	4.92	12.85	0.684 398	4600	12 07 04
	5	16 59 28.61	343.24	21 40 09.5	1696.5	4.95	12.94	0.679 798	−1434	11 57 32
	6	16 53 45.37	−342.34	−21 11 53.0	+1670.9	4.96	12.96	0.678 364	+1787	11 47 55
	7	16 48 03.03	329.93	20 44 02.1	1597.5	4.95	12.93	0.680 151	4968	11 38 24
	8	16 42 33.10	307.06	20 17 24.6	1477.8	4.91	12.84	0.685 119	8019	11 29 11
	9	16 37 26.04	275.38	19 52 46.8	1316.8	4.85	12.69	0.693 138	10863	11 20 25
	10	16 32 50.66	237.04	19 30 50.0	1123.5	4.78	12.49	0.704 001	13435	11 12 13
	11	16 28 53.62	−194.27	−19 12 06.5	+908.4	4.69	12.26	0.717 436	+15695	11 04 41
	12	16 25 39.35	149.15	18 56 58.1	682.5	4.59	12.00	0.733 131	17623	10 57 53
	13	16 23 10.20	103.51	18 45 35.6	455.9	4.48	11.71	0.750 754	19217	10 51 49
	14	16 21 26.69	58.77	18 37 59.7	236.7	4.37	11.42	0.769 971	20485	10 46 31
	15	16 20 27.92	−15.95	18 34 03.0	+31.5	4.26	11.13	0.790 456	21454	10 41 56
	16	16 20 11.97	+24.26	−18 33 31.5	−155.7	4.14	10.83	0.811 910	+22148	10 38 02
	17	16 20 36.23	61.49	18 36 07.2	322.4	4.03	10.54	0.834 058	22601	10 34 47
	18	16 21 37.72	95.59	18 41 29.6	467.3	3.93	10.27	0.856 659	22845	10 32 08
	19	16 23 13.31	126.58	18 49 16.9	590.9	3.82	10.00	0.879 504	22910	10 30 01
	20	16 25 19.89	154.55	18 59 07.8	693.8	3.73	9.75	0.902 414	22824	10 28 24
	21	16 27 54.44	+179.72	−19 10 41.6	−777.1	3.64	9.50	0.925 238	+22616	10 27 13
	22	16 30 54.16	202.31	19 23 38.7	842.5	3.55	9.28	0.947 854	22305	10 26 26
	23	16 34 16.47	222.53	19 37 41.2	891.6	3.47	9.06	0.970 159	21914	10 26 01
	24	16 37 59.00	240.65	19 52 32.8	926.1	3.39	8.86	0.992 073	21458	10 25 55
	25	16 41 59.65	256.88	20 07 58.9	947.4	3.32	8.68	1.013 531	20952	10 26 07
	26	16 46 16.53	+271.42	−20 23 46.3	−956.9	3.25	8.50	1.034 483	+20408	10 26 33
	27	16 50 47.95	284.49	20 39 43.2	956.2	3.19	8.34	1.054 891	19836	10 27 14
	28	16 55 32.44	296.24	20 55 39.4	946.2	3.13	8.18	1.074 727	19244	10 28 07
	29	17 00 28.68	306.82	21 11 25.6	928.3	3.07	8.04	1.093 971	18638	10 29 12
	30	17 05 35.50	316.39	21 26 53.9	903.0	3.02	7.90	1.112 609	18025	10 30 27
	31	17 10 51.89	+325.04	−21 41 56.9	−871.5	2.98	7.78	1.130 634	+17408	10 31 50
	32	17 16 16.93		−21 56 28.4		2.93	7.66	1.148 042		10 33 22

金　　星

2024 年　　以力学时 0^h 为准

日期		视赤经		视赤纬		视半径	地平视差	地心距离		上中天
	日	h m s	s	° ′ ″	″	″	″			h m s
1月	0	15 58 47.70	+300.20	−18 30 04.6	−964.0	7.10	7.48	1.175 717	+6301	9 22 33
	1	16 03 47.90	301.38	18 46 08.6	935.8	7.06	7.44	1.182 018	6272	9 23 37
	2	16 08 49.28	302.56	19 01 44.4	906.8	7.02	7.40	1.188 290	6243	9 24 42
	3	16 13 51.84	303.70	19 16 51.2	877.0	6.99	7.36	1.194 533	6214	9 25 49
	4	16 18 55.54	304.84	19 31 28.2	846.7	6.95	7.32	1.200 747	6184	9 26 56
	5	16 24 00.38	+305.94	−19 45 34.9	−815.6	6.91	7.29	1.206 931	+6155	9 28 05
	6	16 29 06.32	307.03	19 59 10.5	784.0	6.88	7.25	1.213 086	6124	9 29 15
	7	16 34 13.35	308.08	20 12 14.5	751.5	6.84	7.21	1.219 210	6093	9 30 26
	8	16 39 21.43	309.10	20 24 46.0	718.6	6.81	7.18	1.225 303	6063	9 31 38
	9	16 44 30.53	310.09	20 36 44.6	685.0	6.78	7.14	1.231 366	6031	9 32 51
	10	16 49 40.62	+311.03	−20 48 09.6	−650.8	6.74	7.11	1.237 397	+6001	9 34 05
	11	16 54 51.65	311.93	20 59 00.4	616.1	6.71	7.07	1.243 398	5969	9 35 20
	12	17 00 03.58	312.80	21 09 16.5	580.8	6.68	7.04	1.249 367	5938	9 36 36
	13	17 05 16.38	313.62	21 18 57.3	545.1	6.65	7.01	1.255 305	5908	9 37 52
	14	17 10 30.00	314.38	21 28 02.4	508.7	6.62	6.97	1.261 213	5877	9 39 10
	15	17 15 44.38	+315.13	−21 36 31.1	−472.0	6.59	6.94	1.267 090	+5846	9 40 28
	16	17 20 59.51	315.81	21 44 23.1	434.9	6.56	6.91	1.272 936	5817	9 41 47
	17	17 26 15.32	316.46	21 51 38.0	397.3	6.53	6.88	1.278 753	5786	9 43 06
	18	17 31 31.78	317.06	21 58 15.3	359.3	6.50	6.85	1.284 539	5757	9 44 27
	19	17 36 48.84	317.62	22 04 14.6	321.1	6.47	6.82	1.290 296	5727	9 45 47
	20	17 42 06.46	+318.14	−22 09 35.7	−282.5	6.44	6.79	1.296 023	+5698	9 47 09
	21	17 47 24.60	318.59	22 14 18.2	243.7	6.41	6.76	1.301 721	5668	9 48 31
	22	17 52 43.19	319.00	22 18 21.9	204.5	6.38	6.73	1.307 389	5639	9 49 53
	23	17 58 02.19	319.36	22 21 46.4	165.2	6.35	6.70	1.313 028	5609	9 51 16
	24	18 03 21.55	319.66	22 24 31.6	125.6	6.33	6.67	1.318 637	5580	9 52 39
	25	18 08 41.21	+319.91	−22 26 37.2	−85.9	6.30	6.64	1.324 217	+5549	9 54 02
	26	18 14 01.12	320.10	22 28 03.1	46.0	6.27	6.61	1.329 766	5520	9 55 25
	27	18 19 21.22	320.25	22 28 49.1	−5.8	6.25	6.59	1.335 286	5489	9 56 49
	28	18 24 41.47	320.34	22 28 54.9	+34.2	6.22	6.56	1.340 775	5458	9 58 13
	29	18 30 01.81	320.37	22 28 20.7	74.5	6.20	6.53	1.346 233	5428	9 59 37
	30	18 35 22.18	+320.34	−22 27 06.2	+114.7	6.17	6.51	1.351 661	+5396	10 01 01
	31	18 40 42.52	320.27	22 25 11.5	155.0	6.15	6.48	1.357 057	5365	10 02 25
2月	1	18 46 02.79	320.14	22 22 36.5	195.2	6.12	6.45	1.362 422	5333	10 03 48
	2	18 51 22.93	319.95	22 19 21.3	235.3	6.10	6.43	1.367 755	5301	10 05 12
	3	18 56 42.88	319.71	22 15 26.0	275.4	6.08	6.40	1.373 056	5269	10 06 35
	4	19 02 02.59	+319.41	−22 10 50.6	+315.4	6.05	6.38	1.378 325	+5236	10 07 58
	5	19 07 22.00	319.07	22 05 35.2	355.1	6.03	6.36	1.383 561	5204	10 09 21
	6	19 12 41.07	318.66	21 59 40.1	394.6	6.01	6.33	1.388 765	5170	10 10 44
	7	19 17 59.73	318.20	21 53 05.5	434.0	5.99	6.31	1.393 935	5137	10 12 06
	8	19 23 17.93	317.68	21 45 51.5	473.0	5.96	6.29	1.399 072	5103	10 13 27
	9	19 28 35.61	+317.11	−21 37 58.5	+511.8	5.94	6.26	1.404 175	+5070	10 14 48
	10	19 33 52.72	316.49	21 29 26.7	550.3	5.92	6.24	1.409 245	5037	10 16 08
	11	19 39 09.21	315.83	21 20 16.4	588.5	5.90	6.22	1.414 282	5002	10 17 28
	12	19 44 25.04	315.12	21 10 27.9	626.2	5.88	6.20	1.419 284	4970	10 18 47
	13	19 49 40.16	314.38	21 00 01.7	663.6	5.86	6.17	1.424 254	4937	10 20 06
	14	19 54 54.54	+313.60	−20 48 58.1	+700.6	5.84	6.15	1.429 191	+4904	10 21 23
	15	20 00 08.14		−20 37 17.5		5.82	6.13	1.434 095		10 22 40

金　　星

以力学时 0^h 为准　　　2024 年

日期		视赤经		视赤纬		视半径	地平视差	地心距离		上中天
	日	h m s	s	° ′ ″	″	″	″			h m s
2月	15	20 00 08.14	+312.78	−20 37 17.5	+737.1	5.82	6.13	1.434 095	+4872	10 22 40
	16	20 05 20.92	311.93	20 25 00.4	773.2	5.80	6.11	1.438 967	4840	10 23 56
	17	20 10 32.85	311.05	20 12 07.2	808.7	5.78	6.09	1.443 807	4808	10 25 11
	18	20 15 43.90	310.15	19 58 38.5	843.8	5.76	6.07	1.448 615	4776	10 26 25
	19	20 20 54.05	309.22	19 44 34.7	878.4	5.74	6.05	1.453 391	4744	10 27 38
	20	20 26 03.27	+308.26	−19 29 56.3	+912.4	5.72	6.03	1.458 135	+4712	10 28 51
	21	20 31 11.53	307.28	19 14 43.9	945.9	5.70	6.01	1.462 847	4681	10 30 02
	22	20 36 18.81	306.29	18 58 58.0	978.9	5.69	5.99	1.467 528	4648	10 31 12
	23	20 41 25.10	305.27	18 42 39.1	1011.2	5.67	5.97	1.472 176	4616	10 32 22
	24	20 46 30.37	304.26	18 25 47.9	1043.1	5.65	5.95	1.476 792	4584	10 33 30
	25	20 51 34.63	+303.21	−18 08 24.8	+1074.3	5.63	5.94	1.481 376	+4552	10 34 37
	26	20 56 37.84	302.18	17 50 30.5	1104.9	5.62	5.92	1.485 928	4518	10 35 43
	27	21 01 40.02	301.12	17 32 05.6	1135.0	5.60	5.90	1.490 446	4486	10 36 49
	28	21 06 41.14	300.07	17 13 10.6	1164.3	5.58	5.88	1.494 932	4452	10 37 53
	29	21 11 41.21	299.01	16 53 46.3	1193.0	5.57	5.87	1.499 384	4419	10 38 56
3月	1	21 16 40.22	+297.96	−16 33 53.3	+1221.2	5.55	5.85	1.503 803	+4384	10 39 58
	2	21 21 38.18	296.90	16 13 32.1	1248.6	5.53	5.83	1.508 187	4350	10 40 59
	3	21 26 35.08	295.85	15 52 43.5	1275.3	5.52	5.81	1.512 537	4316	10 41 59
	4	21 31 30.93	294.80	15 31 28.2	1301.4	5.50	5.80	1.516 853	4280	10 42 58
	5	21 36 25.73	293.75	15 09 46.8	1326.8	5.49	5.78	1.521 133	4245	10 43 56
	6	21 41 19.48	+292.71	−14 47 40.0	+1351.4	5.47	5.77	1.525 378	+4208	10 44 52
	7	21 46 12.19	291.67	14 25 08.6	1375.3	5.46	5.75	1.529 586	4172	10 45 48
	8	21 51 03.86	290.64	14 02 13.3	1398.6	5.44	5.73	1.533 758	4136	10 46 43
	9	21 55 54.50	289.63	13 38 54.7	1421.0	5.43	5.72	1.537 894	4099	10 47 36
	10	22 00 44.13	288.62	13 15 13.7	1442.9	5.41	5.70	1.541 993	4061	10 48 29
	11	22 05 32.75	+287.63	−12 51 10.8	+1463.9	5.40	5.69	1.546 054	+4025	10 49 21
	12	22 10 20.38	286.67	12 26 46.9	1484.3	5.38	5.67	1.550 079	3988	10 50 11
	13	22 15 07.05	285.72	12 02 02.6	1503.8	5.37	5.66	1.554 067	3951	10 51 01
	14	22 19 52.77	284.79	11 36 58.8	1522.8	5.36	5.64	1.558 018	3914	10 51 50
	15	22 24 37.56	283.90	11 11 36.0	1540.9	5.34	5.63	1.561 932	3878	10 52 38
	16	22 29 21.46	+283.01	−10 45 55.1	+1558.3	5.33	5.62	1.565 810	+3841	10 53 25
	17	22 34 04.47	282.16	10 19 56.8	1575.0	5.32	5.60	1.569 651	3805	10 54 11
	18	22 38 46.63	281.34	9 53 41.8	1591.0	5.30	5.59	1.573 456	3769	10 54 56
	19	22 43 27.97	280.53	9 27 10.8	1606.2	5.29	5.58	1.577 225	3732	10 55 40
	20	22 48 08.50	279.77	9 00 24.6	1620.8	5.28	5.56	1.580 957	3696	10 56 24
	21	22 52 48.27	+279.04	− 8 33 23.8	+1634.7	5.27	5.55	1.584 653	+3659	10 57 07
	22	22 57 27.31	278.33	8 06 09.1	1647.8	5.25	5.54	1.588 312	3622	10 57 49
	23	23 02 05.64	277.67	7 38 41.3	1660.3	5.24	5.52	1.591 934	3586	10 58 31
	24	23 06 43.31	277.03	7 11 01.0	1672.1	5.23	5.51	1.595 520	3548	10 59 11
	25	23 11 20.34	276.44	6 43 08.9	1683.1	5.22	5.50	1.599 068	3511	10 59 52
	26	23 15 56.78	+275.88	− 6 15 05.8	+1693.5	5.21	5.49	1.602 579	+3473	11 00 31
	27	23 20 32.66	275.36	5 46 52.3	1703.2	5.20	5.48	1.606 052	3435	11 01 10
	28	23 25 08.02	274.88	5 18 29.1	1712.2	5.18	5.46	1.609 487	3397	11 01 49
	29	23 29 42.90	274.43	4 49 56.9	1720.4	5.17	5.45	1.612 884	3357	11 02 27
	30	23 34 17.33	274.03	4 21 16.5	1728.1	5.16	5.44	1.616 241	3318	11 03 05
	31	23 38 51.36	+273.66	− 3 52 28.4	+1735.0	5.15	5.43	1.619 559	+3279	11 03 42
4月	1	23 43 25.02		− 3 23 33.4		5.14	5.42	1.622 838		11 04 19

金　　星

2024 年　　　以力学时 0^h 为准

日期		视赤经		视赤纬		视半径	地平视差	地心距离		上中天
	日	h m s	s	° ′ ″	″	″	″			h m s
4月	1	23 43 25.02	+273.33	− 3 23 33.4	+1741.1	5.14	5.42	1.622 838	+3238	11 04 19
	2	23 47 58.35	273.03	2 54 32.3	1746.6	5.13	5.41	1.626 076	3197	11 04 56
	3	23 52 31.38	272.77	2 25 25.7	1751.4	5.12	5.40	1.629 273	3155	11 05 32
	4	23 57 04.15	272.55	1 56 14.3	1755.4	5.11	5.39	1.632 428	3113	11 06 08
	5	0 01 36.70	272.37	1 26 58.9	1758.7	5.10	5.38	1.635 541	3071	11 06 44
	6	0 06 09.07	+272.22	− 0 57 40.2	+1761.2	5.09	5.37	1.638 612	+3027	11 07 20
	7	0 10 41.29	272.11	− 0 28 19.0	1763.2	5.08	5.36	1.641 639	2984	11 07 56
	8	0 15 13.40	272.05	+ 0 01 04.2	1764.3	5.07	5.35	1.644 623	2940	11 08 31
	9	0 19 45.45	272.02	0 30 28.5	1764.8	5.06	5.34	1.647 563	2896	11 09 07
	10	0 24 17.47	272.03	0 59 53.3	1764.5	5.06	5.33	1.650 459	2851	11 09 42
	11	0 28 49.50	+272.07	+ 1 29 17.8	+1763.5	5.05	5.32	1.653 310	+2808	11 10 18
	12	0 33 21.57	272.17	1 58 41.3	1761.8	5.04	5.31	1.656 118	2763	11 10 53
	13	0 37 53.74	272.29	2 28 03.1	1759.4	5.03	5.30	1.658 881	2719	11 11 29
	14	0 42 26.03	272.45	2 57 22.5	1756.2	5.02	5.29	1.661 600	2674	11 12 05
	15	0 46 58.48	272.66	3 26 38.7	1752.4	5.01	5.28	1.664 274	2631	11 12 41
	16	0 51 31.14	+272.89	+ 3 55 51.1	+1747.9	5.01	5.28	1.666 905	+2585	11 13 17
	17	0 56 04.03	273.18	4 24 59.0	1742.6	5.00	5.27	1.669 490	2542	11 13 53
	18	1 00 37.21	273.50	4 54 01.6	1736.7	4.99	5.26	1.672 032	2497	11 14 30
	19	1 05 10.71	273.86	5 22 58.3	1730.0	4.98	5.25	1.674 529	2451	11 15 07
	20	1 09 44.57	274.27	5 51 48.3	1722.7	4.98	5.24	1.676 980	2407	11 15 45
	21	1 14 18.84	+274.71	+ 6 20 31.0	+1714.7	4.97	5.24	1.679 387	+2362	11 16 23
	22	1 18 53.55	275.19	6 49 05.7	1705.9	4.96	5.23	1.681 749	2316	11 17 01
	23	1 23 28.74	275.72	7 17 31.6	1696.5	4.95	5.22	1.684 065	2271	11 17 40
	24	1 28 04.46	276.28	7 45 48.1	1686.4	4.95	5.21	1.686 336	2224	11 18 20
	25	1 32 40.74	276.88	8 13 54.5	1675.7	4.94	5.21	1.688 560	2178	11 19 00
	26	1 37 17.62	+277.53	+ 8 41 50.2	+1664.0	4.94	5.20	1.690 738	+2131	11 19 40
	27	1 41 55.15	278.19	9 09 34.2	1651.9	4.93	5.19	1.692 869	2084	11 20 21
	28	1 46 33.34	278.91	9 37 06.1	1638.9	4.92	5.19	1.694 953	2036	11 21 03
	29	1 51 12.25	279.64	10 04 25.0	1625.2	4.92	5.18	1.696 989	1987	11 21 46
	30	1 55 51.89	280.42	10 31 30.2	1610.9	4.91	5.18	1.698 976	1938	11 22 30
5月	1	2 00 32.31	+281.22	+ 10 58 21.1	+1595.7	4.91	5.17	1.700 914	+1889	11 23 14
	2	2 05 13.53	282.05	11 24 56.8	1579.8	4.90	5.16	1.702 803	1839	11 23 59
	3	2 09 55.58	282.91	11 51 16.6	1563.2	4.89	5.16	1.704 642	1788	11 24 45
	4	2 14 38.49	283.81	12 17 19.8	1545.8	4.89	5.15	1.706 430	1736	11 25 32
	5	2 19 22.30	284.72	12 43 05.6	1527.7	4.88	5.15	1.708 166	1684	11 26 19
	6	2 24 07.02	+285.66	+ 13 08 33.3	+1508.8	4.88	5.14	1.709 850	+1632	11 27 08
	7	2 28 52.68	286.64	13 33 42.1	1489.3	4.88	5.14	1.711 482	1579	11 27 58
	8	2 33 39.32	287.61	13 58 31.4	1468.9	4.87	5.13	1.713 061	1526	11 28 48
	9	2 38 26.93	288.63	14 23 00.3	1447.8	4.87	5.13	1.714 587	1472	11 29 40
	10	2 43 15.56	289.64	14 47 08.1	1426.0	4.86	5.12	1.716 059	1419	11 30 32
	11	2 48 05.20	+290.67	+ 15 10 54.1	+1403.5	4.86	5.12	1.717 478	+1366	11 31 26
	12	2 52 55.87	291.72	15 34 17.6	1380.1	4.85	5.12	1.718 844	1311	11 32 21
	13	2 57 47.59	292.79	15 57 17.7	1356.1	4.85	5.11	1.720 155	1258	11 33 16
	14	3 02 40.38	293.85	16 19 53.8	1331.3	4.85	5.11	1.721 413	1205	11 34 13
	15	3 07 34.23	294.94	16 42 05.1	1305.8	4.84	5.11	1.722 618	1151	11 35 11
	16	3 12 29.17	+296.03	+ 17 03 50.9	+1279.6	4.84	5.10	1.723 769	+1097	11 36 10
	17	3 17 25.20		+ 17 25 10.5		4.84	5.10	1.724 866		11 37 10

金　　星

以力学时 0^h 为准

2024 年

日期		视赤经		视赤纬		视半径	地平视差	地心距离		上中天
	日	h m s	s	° ′ ″	″	″	″			h m s
5月	17	3 17 25.20	+297.13	+17 25 10.5	+1252.7	4.84	5.10	1.724 866	+1043	11 37 10
	18	3 22 22.33	298.25	17 46 03.2	1225.0	4.83	5.10	1.725 909	989	11 38 11
	19	3 27 20.58	299.35	18 06 28.2	1196.8	4.83	5.09	1.726 898	936	11 39 13
	20	3 32 19.93	300.47	18 26 25.0	1167.8	4.83	5.09	1.727 834	881	11 40 17
	21	3 37 20.40	301.59	18 45 52.8	1138.1	4.83	5.09	1.728 715	827	11 41 21
	22	3 42 21.99	+302.70	+19 04 50.9	+1107.7	4.82	5.08	1.729 542	+773	11 42 27
	23	3 47 24.69	303.81	19 23 18.6	1076.8	4.82	5.08	1.730 315	718	11 43 34
	24	3 52 28.50	304.92	19 41 15.4	1045.2	4.82	5.08	1.731 033	664	11 44 42
	25	3 57 33.42	306.00	19 58 40.6	1012.9	4.82	5.08	1.731 697	609	11 45 50
	26	4 02 39.42	307.09	20 15 33.5	979.9	4.82	5.08	1.732 306	553	11 47 00
	27	4 07 46.51	+308.15	+20 31 53.4	+946.4	4.82	5.07	1.732 859	+498	11 48 12
	28	4 12 54.66	309.19	20 47 39.8	912.2	4.81	5.07	1.733 357	442	11 49 24
	29	4 18 03.85	310.22	21 02 52.0	877.4	4.81	5.07	1.733 799	385	11 50 37
	30	4 23 14.07	311.23	21 17 29.4	842.0	4.81	5.07	1.734 184	328	11 51 51
	31	4 28 25.30	312.19	21 31 31.4	806.1	4.81	5.07	1.734 512	270	11 53 06
6月	1	4 33 37.49	+313.15	+21 44 57.5	+769.4	4.81	5.07	1.734 782	+213	11 54 23
	2	4 38 50.64	314.07	21 57 46.9	732.3	4.81	5.07	1.734 995	154	11 55 40
	3	4 44 04.71	314.93	22 09 59.2	694.5	4.81	5.07	1.735 149	95	11 56 58
	4	4 49 19.64	316.00	22 21 33.7	656.6	4.81	5.07	1.735 244	+36	11 58 17
	5	4 54 35.64	316.54	22 32 30.3	618.7	4.81	5.07	1.735 280	−23	11 59 36
	6	4 59 52.18	+317.38	+22 42 49.0	+579.1	4.81	5.07	1.735 257	−84	12 00 57
	7	5 05 09.56	318.10	22 52 28.1	539.6	4.81	5.07	1.735 173	143	12 02 18
	8	5 10 27.66	318.78	23 01 27.7	499.7	4.81	5.07	1.735 030	203	12 03 40
	9	5 15 46.44	319.39	23 09 47.4	459.5	4.81	5.07	1.734 827	263	12 05 03
	10	5 21 05.83	319.97	23 17 26.9	418.8	4.81	5.07	1.734 564	322	12 06 26
	11	5 26 25.80	+320.48	+23 24 25.7	+377.9	4.81	5.07	1.734 242	−382	12 07 50
	12	5 31 46.28	320.95	23 30 43.6	336.6	4.81	5.07	1.733 860	442	12 09 14
	13	5 37 07.23	321.36	23 36 20.2	295.1	4.81	5.07	1.733 418	501	12 10 39
	14	5 42 28.59	321.72	23 41 15.3	253.3	4.82	5.07	1.732 917	560	12 12 04
	15	5 47 50.31	322.03	23 45 28.6	211.3	4.82	5.08	1.732 357	619	12 13 29
	16	5 53 12.34	+322.27	+23 48 59.9	+169.2	4.82	5.08	1.731 738	−678	12 14 55
	17	5 58 34.61	322.47	23 51 49.1	126.9	4.82	5.08	1.731 060	736	12 16 21
	18	6 03 57.08	322.60	23 53 56.0	84.5	4.82	5.08	1.730 324	795	12 17 47
	19	6 09 19.68	322.68	23 55 20.5	+42.0	4.82	5.08	1.729 529	853	12 19 13
	20	6 14 42.36	322.70	23 56 02.5	−0.6	4.83	5.09	1.728 676	911	12 20 39
	21	6 20 05.06	+322.67	+23 56 01.9	−43.1	4.83	5.09	1.727 765	−969	12 22 06
	22	6 25 27.73	322.57	23 55 18.8	85.7	4.83	5.09	1.726 796	1027	12 23 32
	23	6 30 50.30	322.42	23 53 53.1	128.2	4.84	5.10	1.725 769	1085	12 24 58
	24	6 36 12.72	322.20	23 51 44.9	170.6	4.84	5.10	1.724 684	1142	12 26 24
	25	6 41 34.92	321.94	23 48 54.3	213.1	4.84	5.10	1.723 542	1201	12 27 49
	26	6 46 56.86	+321.62	+23 45 21.2	−255.3	4.84	5.11	1.722 341	−1258	12 29 14
	27	6 52 18.48	321.23	23 41 05.9	297.5	4.85	5.11	1.721 083	1316	12 30 39
	28	6 57 39.71	320.81	23 36 08.4	339.4	4.85	5.11	1.719 767	1375	12 32 04
	29	7 03 00.52	320.32	23 30 29.0	381.2	4.86	5.12	1.718 392	1433	12 33 28
	30	7 08 20.84	319.79	23 24 07.8	422.8	4.86	5.12	1.716 959	1492	12 34 52
7月	1	7 13 40.63	+319.20	+23 17 05.0	−464.1	4.86	5.13	1.715 467	−1552	12 36 15
	2	7 18 59.83		+23 09 20.9		4.87	5.13	1.713 915		12 37 37

金　　　星

2024 年　　　　以力学时 0^h 为准

日期		视赤经		视赤纬		视半径	地平视差	地心距离		上中天
	日	h m s	s	° ′ ″	″	″	″			h m s
7月	1	7 13 40.63	+319.20	+ 23 17 05.0	− 464.1	4.86	5.13	1.715 467	− 1552	12 36 15
	2	7 18 59.83	318.57	23 09 20.9	504.9	4.87	5.13	1.713 915	1610	12 37 37
	3	7 24 18.40	317.88	23 00 56.0	545.7	4.87	5.14	1.712 305	1670	12 38 59
	4	7 29 36.28	317.14	22 51 50.3	585.8	4.88	5.14	1.710 635	1729	12 40 20
	5	7 34 53.42	316.35	22 42 04.5	625.7	4.88	5.15	1.708 906	1788	12 41 40
	6	7 40 09.77	+315.51	+ 22 31 38.8	− 665.2	4.89	5.15	1.707 118	− 1848	12 42 59
	7	7 45 25.28	314.64	22 20 33.6	704.2	4.89	5.16	1.705 270	1906	12 44 18
	8	7 50 39.92	313.71	22 08 49.4	742.8	4.90	5.16	1.703 364	1966	12 45 36
	9	7 55 53.63	312.75	21 56 26.6	780.9	4.90	5.17	1.701 398	2023	12 46 52
	10	8 01 06.38	311.76	21 43 25.7	818.5	4.91	5.17	1.699 375	2082	12 48 08
	11	8 06 18.14	+310.74	+ 21 29 47.2	− 855.5	4.92	5.18	1.697 293	− 2140	12 49 23
	12	8 11 28.88	309.68	21 15 31.7	892.1	4.92	5.19	1.695 153	2197	12 50 36
	13	8 16 38.56	308.59	21 00 39.6	928.1	4.93	5.19	1.692 956	2253	12 51 49
	14	8 21 47.15	307.50	20 45 11.5	963.5	4.94	5.20	1.690 703	2311	12 53 01
	15	8 26 54.65	306.37	20 29 08.0	998.3	4.94	5.21	1.688 392	2366	12 54 11
	16	8 32 01.02	+305.23	+ 20 12 29.7	− 1032.5	4.95	5.22	1.686 026	− 2422	12 55 20
	17	8 37 06.25	304.07	19 55 17.2	1066.1	4.96	5.22	1.683 604	2477	12 56 28
	18	8 42 10.32	302.89	19 37 31.1	1099.0	4.96	5.23	1.681 127	2532	12 57 35
	19	8 47 13.21	301.72	19 19 12.1	1131.4	4.97	5.24	1.678 595	2585	12 58 41
	20	8 52 14.93	300.51	19 00 20.7	1163.0	4.98	5.25	1.676 010	2640	12 59 46
	21	8 57 15.44	+299.32	+ 18 40 57.7	− 1194.0	4.99	5.26	1.673 370	− 2692	13 00 49
	22	9 02 14.76	298.12	18 21 03.7	1224.3	4.99	5.26	1.670 678	2745	13 01 51
	23	9 07 12.88	296.91	18 00 39.4	1254.0	5.00	5.27	1.667 933	2797	13 02 52
	24	9 12 09.79	295.71	17 39 45.4	1283.0	5.01	5.28	1.665 136	2850	13 03 52
	25	9 17 05.50	294.52	17 18 22.4	1311.4	5.02	5.29	1.662 286	2901	13 04 50
	26	9 22 00.02	+293.34	+ 16 56 31.0	− 1339.1	5.03	5.30	1.659 385	− 2954	13 05 48
	27	9 26 53.36	292.16	16 34 11.9	1366.1	5.04	5.31	1.656 431	3005	13 06 44
	28	9 31 45.52	291.00	16 11 25.8	1392.4	5.05	5.32	1.653 426	3057	13 07 39
	29	9 36 36.52	289.85	15 48 13.4	1417.9	5.06	5.33	1.650 369	3109	13 08 33
	30	9 41 26.37	288.70	15 24 35.5	1442.9	5.07	5.34	1.647 260	3161	13 09 25
	31	9 46 15.07	+287.59	+ 15 00 32.6	− 1467.0	5.08	5.35	1.644 099	− 3213	13 10 17
8月	1	9 51 02.66	286.46	14 36 05.6	1490.3	5.09	5.36	1.640 886	3264	13 11 07
	2	9 55 49.12	285.37	14 11 15.3	1513.1	5.10	5.37	1.637 622	3316	13 11 57
	3	10 00 34.49	284.28	13 46 02.2	1534.9	5.11	5.38	1.634 306	3367	13 12 45
	4	10 05 18.77	283.22	13 20 27.3	1556.1	5.12	5.39	1.630 939	3418	13 13 32
	5	10 10 01.99	+282.18	+ 12 54 31.2	− 1576.6	5.13	5.40	1.627 521	− 3469	13 14 18
	6	10 14 44.17	281.16	12 28 14.6	1596.3	5.14	5.41	1.624 052	3519	13 15 03
	7	10 19 25.33	280.16	12 01 38.3	1615.3	5.15	5.43	1.620 533	3569	13 15 47
	8	10 24 05.49	279.20	11 34 43.0	1633.5	5.16	5.44	1.616 964	3618	13 16 30
	9	10 28 44.69	278.26	11 07 29.5	1651.0	5.17	5.45	1.613 346	3667	13 17 13
	10	10 33 22.95	+277.34	+ 10 39 58.5	− 1667.8	5.18	5.46	1.609 679	− 3716	13 17 54
	11	10 38 00.29	276.47	10 12 10.7	1683.8	5.20	5.48	1.605 963	3764	13 18 34
	12	10 42 36.76	275.62	9 44 06.9	1699.1	5.21	5.49	1.602 199	3811	13 19 14
	13	10 47 12.38	274.79	9 15 47.8	1713.7	5.22	5.50	1.598 388	3857	13 19 52
	14	10 51 47.17	274.02	8 47 14.1	1727.5	5.23	5.52	1.594 531	3904	13 20 30
	15	10 56 21.19	+273.27	+ 8 18 26.6	− 1740.6	5.25	5.53	1.590 627	− 3949	13 21 07
	16	11 00 54.46		+ 7 49 26.0		5.26	5.54	1.586 678		13 21 43

金　　星

以力学时 0^h 为准　　**2024 年**

日期		视赤经		视赤纬		视半径	地平视差	地心距离		上中天
	日	h m s	s	° ′ ″	″	″	″			h m s
8月	16	11 00 54.46	+272.55	+ 7 49 26.0	−1753.0	5.26	5.54	1.586 678	−3994	13 21 43
	17	11 05 27.01	271.86	7 20 13.0	1764.6	5.27	5.56	1.582 684	4039	13 22 19
	18	11 09 58.87	271.23	6 50 48.4	1775.6	5.29	5.57	1.578 645	4081	13 22 54
	19	11 14 30.10	270.62	6 21 12.8	1785.7	5.30	5.59	1.574 564	4124	13 23 28
	20	11 19 00.72	270.05	5 51 27.1	1795.3	5.31	5.60	1.570 440	4166	13 24 02
	21	11 23 30.77	+269.53	+ 5 21 31.8	−1804.1	5.33	5.61	1.566 274	−4208	13 24 35
	22	11 28 00.30	269.05	4 51 27.7	1812.3	5.34	5.63	1.562 066	4250	13 25 08
	23	11 32 29.35	268.62	4 21 15.4	1819.8	5.36	5.65	1.557 816	4290	13 25 40
	24	11 36 57.97	268.23	3 50 55.6	1826.7	5.37	5.66	1.553 526	4331	13 26 12
	25	11 41 26.20	267.89	3 20 28.9	1832.7	5.39	5.68	1.549 195	4372	13 26 44
	26	11 45 54.09	+267.58	+ 2 49 56.2	−1838.2	5.40	5.69	1.544 823	−4412	13 27 15
	27	11 50 21.67	267.31	2 19 18.0	1842.8	5.42	5.71	1.540 411	4452	13 27 46
	28	11 54 48.98	267.09	1 48 35.2	1846.9	5.43	5.73	1.535 959	4493	13 28 16
	29	11 59 16.07	266.91	1 17 48.3	1850.1	5.45	5.74	1.531 466	4534	13 28 47
	30	12 03 42.98	266.76	0 46 58.2	1852.7	5.46	5.76	1.526 932	4573	13 29 17
	31	12 08 09.74	+266.66	+ 0 16 05.5	−1854.5	5.48	5.78	1.522 359	−4613	13 29 47
9月	1	12 12 36.40	266.60	− 0 14 49.0	1855.6	5.50	5.79	1.517 746	4653	13 30 17
	2	12 17 03.00	266.58	0 45 44.6	1856.1	5.51	5.81	1.513 093	4692	13 30 47
	3	12 21 29.58	266.60	1 16 40.7	1855.7	5.53	5.83	1.508 401	4732	13 31 17
	4	12 25 56.18	266.66	1 47 36.4	1854.6	5.55	5.85	1.503 669	4770	13 31 47
	5	12 30 22.84	+266.76	− 2 18 31.0	−1852.9	5.57	5.87	1.498 899	−4808	13 32 18
	6	12 34 49.60	266.91	2 49 23.9	1850.4	5.58	5.89	1.494 091	4847	13 32 48
	7	12 39 16.51	267.10	3 20 14.3	1847.2	5.60	5.91	1.489 244	4884	13 33 18
	8	12 43 43.61	267.32	3 51 01.5	1843.2	5.62	5.92	1.484 360	4922	13 33 49
	9	12 48 10.93	267.60	4 21 44.7	1838.6	5.64	5.94	1.479 438	4958	13 34 20
	10	12 52 38.53	+267.90	− 4 52 23.3	−1833.2	5.66	5.96	1.474 480	−4995	13 34 51
	11	12 57 06.43	268.24	5 22 56.5	1827.1	5.68	5.98	1.469 485	5030	13 35 23
	12	13 01 34.67	268.63	5 53 23.6	1820.3	5.70	6.01	1.464 455	5066	13 35 55
	13	13 06 03.30	269.05	6 23 43.9	1812.6	5.72	6.03	1.459 389	5100	13 36 27
	14	13 10 32.35	269.51	6 53 56.5	1804.3	5.74	6.05	1.454 289	5133	13 37 00
	15	13 15 01.86	+270.01	− 7 24 00.8	−1795.2	5.76	6.07	1.449 156	−5167	13 37 33
	16	13 19 31.87	270.55	7 53 56.0	1785.5	5.78	6.09	1.443 989	5200	13 38 07
	17	13 24 02.42	271.12	8 23 41.5	1774.9	5.80	6.11	1.438 789	5231	13 38 41
	18	13 28 33.54	271.75	8 53 16.4	1763.7	5.82	6.13	1.433 558	5262	13 39 16
	19	13 33 05.29	272.41	9 22 40.1	1751.8	5.84	6.16	1.428 296	5293	13 39 52
	20	13 37 37.70	+273.11	− 9 51 51.9	−1739.2	5.86	6.18	1.423 003	−5324	13 40 28
	21	13 42 10.81	273.86	10 20 51.1	1725.9	5.89	6.20	1.417 679	5353	13 41 05
	22	13 46 44.67	274.63	10 49 37.0	1711.8	5.91	6.23	1.412 326	5384	13 41 43
	23	13 51 19.30	275.45	11 18 08.8	1697.1	5.93	6.25	1.406 942	5413	13 42 21
	24	13 55 54.75	276.30	11 46 25.9	1681.5	5.95	6.27	1.401 529	5443	13 43 01
	25	14 00 31.05	+277.18	−12 14 27.4	−1665.2	5.98	6.30	1.396 086	−5473	13 43 41
	26	14 05 08.23	278.09	12 42 12.6	1648.2	6.00	6.32	1.390 613	5503	13 44 22
	27	14 09 46.32	279.02	13 09 40.8	1630.4	6.02	6.35	1.385 110	5532	13 45 04
	28	14 14 25.34	279.99	13 36 51.2	1611.8	6.05	6.37	1.379 578	5562	13 45 47
	29	14 19 05.33	280.98	14 03 43.0	1592.5	6.07	6.40	1.374 016	5591	13 46 31
	30	14 23 46.31	+282.00	−14 30 15.5	−1572.3	6.10	6.43	1.368 425	−5621	13 47 16
10月	1	14 28 28.31		−14 56 27.8		6.12	6.45	1.362 804		13 48 02

金　　星

2024 年　　以力学时 0^h 为准

日期		视赤经		视赤纬		视半径	地平视差	地心距离		上中天
	日	h m s	s	° ′ ″	″	″	″			h m s
10月	1	14 28 28.31	+283.04	−14 56 27.8	−1551.5	6.12	6.45	1.362 804	−5650	13 48 02
	2	14 33 11.35	284.10	15 22 19.3	1529.7	6.15	6.48	1.357 154	5679	13 48 49
	3	14 37 55.45	285.18	15 47 49.0	1507.4	6.17	6.51	1.351 475	5708	13 49 38
	4	14 42 40.63	286.28	16 12 56.4	1484.1	6.20	6.53	1.345 767	5738	13 50 27
	5	14 47 26.91	287.39	16 37 40.5	1460.2	6.23	6.56	1.340 029	5765	13 51 17
	6	14 52 14.30	+288.52	−17 02 00.7	−1435.4	6.25	6.59	1.334 264	−5795	13 52 09
	7	14 57 02.82	289.66	17 25 56.1	1409.9	6.28	6.62	1.328 469	5822	13 53 01
	8	15 01 52.48	290.80	17 49 26.0	1383.6	6.31	6.65	1.322 647	5850	13 53 55
	9	15 06 43.28	291.94	18 12 29.6	1356.6	6.34	6.68	1.316 797	5878	13 54 50
	10	15 11 35.22	293.10	18 35 06.2	1328.7	6.37	6.71	1.310 919	5905	13 55 46
	11	15 16 28.32	+294.24	−18 57 14.9	−1300.2	6.39	6.74	1.305 014	−5932	13 56 43
	12	15 21 22.56	295.39	19 18 55.1	1270.9	6.42	6.77	1.299 082	5958	13 57 42
	13	15 26 17.95	296.53	19 40 06.0	1240.8	6.45	6.80	1.293 124	5983	13 58 41
	14	15 31 14.48	297.67	20 00 46.8	1210.0	6.48	6.83	1.287 141	6009	13 59 42
	15	15 36 12.15	298.80	20 20 56.8	1178.5	6.51	6.86	1.281 132	6033	14 00 44
	16	15 41 10.95	+299.92	−20 40 35.3	−1146.3	6.54	6.90	1.275 099	−6057	14 01 47
	17	15 46 10.87	301.05	20 59 41.6	1113.5	6.58	6.93	1.269 042	6081	14 02 51
	18	15 51 11.92	302.16	21 18 15.1	1079.9	6.61	6.96	1.262 961	6103	14 03 56
	19	15 56 14.08	303.25	21 36 15.0	1045.7	6.64	7.00	1.256 858	6127	14 05 02
	20	16 01 17.33	304.33	21 53 40.7	1011.0	6.67	7.03	1.250 731	6148	14 06 10
	21	16 06 21.66	+305.38	−22 10 31.7	−975.5	6.70	7.07	1.244 583	−6171	14 07 18
	22	16 11 27.04	306.42	22 26 47.2	939.5	6.74	7.10	1.238 412	6194	14 08 28
	23	16 16 33.46	307.41	22 42 26.7	902.7	6.77	7.14	1.232 218	6215	14 09 38
	24	16 21 40.87	308.39	22 57 29.4	865.5	6.81	7.17	1.226 003	6238	14 10 50
	25	16 26 49.26	309.33	23 11 54.9	827.6	6.84	7.21	1.219 765	6261	14 12 02
	26	16 31 58.59	+310.22	−23 25 42.5	−789.1	6.88	7.25	1.213 504	−6283	14 13 16
	27	16 37 08.81	311.09	23 38 51.6	750.0	6.91	7.28	1.207 221	6305	14 14 30
	28	16 42 19.90	311.91	23 51 21.6	710.6	6.95	7.32	1.200 916	6328	14 15 45
	29	16 47 31.81	312.67	24 03 12.2	670.5	6.98	7.36	1.194 588	6350	14 17 01
	30	16 52 44.48	313.41	24 14 22.7	630.0	7.02	7.40	1.188 238	6373	14 18 17
	31	16 57 57.89	+314.08	−24 24 52.7	−589.0	7.06	7.44	1.181 865	−6395	14 19 35
11月	1	17 03 11.97	314.69	24 34 41.7	547.6	7.10	7.48	1.175 470	6418	14 20 53
	2	17 08 26.66	315.26	24 43 49.3	505.8	7.14	7.52	1.169 052	6440	14 22 11
	3	17 13 41.92	315.75	24 52 15.1	463.7	7.18	7.56	1.162 612	6463	14 23 30
	4	17 18 57.67	316.18	24 59 58.8	421.2	7.22	7.61	1.156 149	6486	14 24 50
	5	17 24 13.85	+316.55	−25 07 00.0	−378.4	7.26	7.65	1.149 663	−6508	14 26 10
	6	17 29 30.40	316.85	25 13 18.4	335.3	7.30	7.69	1.143 155	6529	14 27 30
	7	17 34 47.25	317.07	25 18 53.7	292.1	7.34	7.74	1.136 626	6552	14 28 51
	8	17 40 04.32	317.22	25 23 45.8	248.5	7.38	7.78	1.130 074	6574	14 30 11
	9	17 45 21.54	317.30	25 27 54.3	204.8	7.43	7.83	1.123 500	6594	14 31 32
	10	17 50 38.84	+317.30	−25 31 19.1	−161.1	7.47	7.87	1.116 906	−6616	14 32 53
	11	17 55 56.14	317.23	25 34 00.2	117.1	7.52	7.92	1.110 290	6636	14 34 14
	12	18 01 13.37	317.08	25 35 57.3	73.1	7.56	7.97	1.103 654	6656	14 35 34
	13	18 06 30.45	316.87	25 37 10.4	−29.1	7.61	8.02	1.096 998	6676	14 36 55
	14	18 11 47.32	316.58	25 37 39.5	+14.9	7.65	8.07	1.090 322	6695	14 38 15
	15	18 17 03.90	+316.23	−25 37 24.6	+58.8	7.70	8.12	1.083 627	−6713	14 39 35
	16	18 22 20.13		−25 36 25.8		7.75	8.17	1.076 914		14 40 54

金　　星

以力学时 0^h 为准

2024 年

日期		视赤经		视赤纬		视半径	地平视差	地心距离		上中天
	日	h m s	s	° ′ ″	″	″	″			h m s
11月	16	18 22 20.13	+315.80	−25 36 25.8	+102.6	7.75	8.17	1.076 914	−6731	14 40 54
	17	18 27 35.93	315.31	25 34 43.2	146.3	7.80	8.22	1.070 183	6749	14 42 13
	18	18 32 51.24	314.73	25 32 16.9	189.9	7.85	8.27	1.063 434	6766	14 43 32
	19	18 38 05.97	314.10	25 29 07.0	233.3	7.90	8.32	1.056 668	6783	14 44 50
	20	18 43 20.07	313.39	25 25 13.7	276.4	7.95	8.38	1.049 885	6801	14 46 07
	21	18 48 33.46	+312.61	−25 20 37.3	+319.4	8.00	8.43	1.043 084	−6817	14 47 23
	22	18 53 46.07	311.77	25 15 17.9	362.1	8.05	8.49	1.036 267	6835	14 48 39
	23	18 58 57.84	310.86	25 09 15.8	404.4	8.11	8.54	1.029 432	6852	14 49 54
	24	19 04 08.70	309.89	25 02 31.4	446.6	8.16	8.60	1.022 580	6870	14 51 08
	25	19 09 18.59	308.86	24 55 04.8	488.2	8.22	8.66	1.015 710	6886	14 52 20
	26	19 14 27.45	+307.75	−24 46 56.6	+529.6	8.27	8.72	1.008 824	−6904	14 53 32
	27	19 19 35.20	306.60	24 38 07.0	570.5	8.33	8.78	1.001 920	6921	14 54 43
	28	19 24 41.80	305.38	24 28 36.5	611.0	8.39	8.84	0.994 999	6938	14 55 52
	29	19 29 47.18	304.09	24 18 25.5	650.8	8.45	8.90	0.988 061	6956	14 57 00
	30	19 34 51.27	302.77	24 07 34.7	690.4	8.50	8.96	0.981 105	6973	14 58 07
12月	1	19 39 54.04	+301.37	−23 56 04.3	+729.2	8.57	9.03	0.974 132	−6990	14 59 12
	2	19 44 55.41	299.92	23 43 55.1	767.6	8.63	9.09	0.967 142	7008	15 00 16
	3	19 49 55.33	298.42	23 31 07.5	805.3	8.69	9.16	0.960 134	7026	15 01 19
	4	19 54 53.75	296.87	23 17 42.2	842.4	8.75	9.23	0.953 108	7042	15 02 19
	5	19 59 50.62	295.25	23 03 39.8	878.9	8.82	9.30	0.946 066	7060	15 03 19
	6	20 04 45.87	+293.60	−22 49 00.9	+914.7	8.89	9.37	0.939 006	−7076	15 04 17
	7	20 09 39.47	291.89	22 33 46.2	949.9	8.95	9.44	0.931 930	7093	15 05 13
	8	20 14 31.36	290.15	22 17 56.3	984.2	9.02	9.51	0.924 837	7109	15 06 07
	9	20 19 21.51	288.37	22 01 32.1	1018.0	9.09	9.58	0.917 728	7125	15 06 59
	10	20 24 09.88	286.54	21 44 34.1	1051.0	9.16	9.66	0.910 603	7140	15 07 50
	11	20 28 56.42	+284.69	−21 27 03.1	+1083.2	9.24	9.73	0.903 463	−7155	15 08 39
	12	20 33 41.11	282.81	21 08 59.9	1114.7	9.31	9.81	0.896 308	7169	15 09 26
	13	20 38 23.92	280.89	20 50 25.2	1145.3	9.38	9.89	0.889 139	7183	15 10 11
	14	20 43 04.81	278.96	20 31 19.9	1175.3	9.46	9.97	0.881 956	7196	15 10 54
	15	20 47 43.77	277.01	20 11 44.6	1204.4	9.54	10.05	0.874 760	7207	15 11 35
	16	20 52 20.78	+275.02	−19 51 40.2	+1232.8	9.62	10.14	0.867 553	−7220	15 12 14
	17	20 56 55.80	273.02	19 31 07.4	1260.3	9.70	10.22	0.860 333	7231	15 12 52
	18	21 01 28.82	271.01	19 10 07.1	1287.1	9.78	10.31	0.853 102	7242	15 13 27
	19	21 05 59.83	268.98	18 48 40.0	1313.1	9.86	10.40	0.845 860	7253	15 14 00
	20	21 10 28.81	266.94	18 26 46.9	1338.4	9.95	10.49	0.838 607	7263	15 14 31
	21	21 14 55.75	+264.89	−18 04 28.5	+1362.8	10.04	10.58	0.831 344	−7273	15 15 00
	22	21 19 20.64	262.83	17 41 45.7	1386.4	10.13	10.67	0.824 071	7284	15 15 27
	23	21 23 43.47	260.75	17 18 39.3	1409.2	10.22	10.77	0.816 787	7293	15 15 52
	24	21 28 04.22	258.68	16 55 10.1	1431.3	10.31	10.86	0.809 494	7303	15 16 15
	25	21 32 22.90	256.59	16 31 18.8	1452.5	10.40	10.96	0.802 191	7312	15 16 36
	26	21 36 39.49	+254.49	−16 07 06.3	+1472.9	10.50	11.06	0.794 879	−7321	15 16 55
	27	21 40 53.98	252.38	15 42 33.4	1492.5	10.60	11.17	0.787 558	7331	15 17 11
	28	21 45 06.36	250.26	15 17 40.9	1511.2	10.69	11.27	0.780 227	7339	15 17 26
	29	21 49 16.62	248.13	14 52 29.7	1529.1	10.80	11.38	0.772 888	7349	15 17 38
	30	21 53 24.75	245.99	14 27 00.6	1546.1	10.90	11.49	0.765 539	7356	15 17 48
	31	21 57 30.74	+243.83	−14 01 14.5	+1562.2	11.01	11.60	0.758 183	−7365	15 17 56
	32	22 01 34.57		−13 35 12.3		11.11	11.71	0.750 818		15 18 02

火　　星

2024 年　　　以力学时 0^h 为准

日期		视赤经		视赤纬		视半径	地平视差	地心距离		上中天
	日	h m s	s	° ′ ″	″	″	″			h m s
1月	0	17 44 58.43	+194.48	−23 56 03.8	−97.1	1.93	3.62	2.426 847	−3026	11 07 59
	1	17 48 12.91	194.75	23 57 40.9	82.2	1.93	3.63	2.423 821	3052	11 07 17
	2	17 51 27.66	195.02	23 59 03.1	67.0	1.93	3.63	2.420 769	3077	11 06 36
	3	17 54 42.68	195.26	24 00 10.1	51.9	1.94	3.64	2.417 692	3102	11 05 54
	4	17 57 57.94	195.50	24 01 02.0	36.7	1.94	3.64	2.414 590	3127	11 05 13
	5	18 01 13.44	+195.72	−24 01 38.7	−21.4	1.94	3.65	2.411 463	−3152	11 04 32
	6	18 04 29.16	195.94	24 02 00.1	−6.1	1.94	3.65	2.408 311	3177	11 03 51
	7	18 07 45.10	196.13	24 02 06.2	+9.2	1.95	3.66	2.405 134	3201	11 03 11
	8	18 11 01.23	196.31	24 01 57.0	24.7	1.95	3.66	2.401 933	3225	11 02 31
	9	18 14 17.54	196.47	24 01 32.3	40.0	1.95	3.67	2.398 708	3249	11 01 50
	10	18 17 34.01	+196.62	−24 00 52.3	+55.5	1.95	3.67	2.395 459	−3273	11 01 10
	11	18 20 50.63	196.74	23 59 56.8	70.9	1.96	3.68	2.392 186	3296	11 00 30
	12	18 24 07.37	196.84	23 58 45.9	86.4	1.96	3.68	2.388 890	3319	10 59 51
	13	18 27 24.21	196.94	23 57 19.5	102.0	1.96	3.69	2.385 571	3340	10 59 11
	14	18 30 41.15	197.00	23 55 37.5	117.4	1.97	3.69	2.382 231	3362	10 58 31
	15	18 33 58.15	+197.06	−23 53 40.1	+133.0	1.97	3.70	2.378 869	−3383	10 57 52
	16	18 37 15.21	197.11	23 51 27.1	148.5	1.97	3.70	2.375 486	3402	10 57 13
	17	18 40 32.32	197.14	23 48 58.6	164.1	1.97	3.71	2.372 084	3421	10 56 33
	18	18 43 49.46	197.16	23 46 14.5	179.5	1.98	3.71	2.368 663	3439	10 55 54
	19	18 47 06.62	197.16	23 43 15.0	195.1	1.98	3.72	2.365 224	3456	10 55 14
	20	18 50 23.78	+197.16	−23 39 59.9	+210.5	1.98	3.72	2.361 768	−3473	10 54 35
	21	18 53 40.94	197.14	23 36 29.4	225.9	1.99	3.73	2.358 295	3489	10 53 56
	22	18 56 58.08	197.11	23 32 43.5	241.3	1.99	3.73	2.354 806	3504	10 53 16
	23	19 00 15.19	197.07	23 28 42.2	256.7	1.99	3.74	2.351 302	3519	10 52 37
	24	19 03 32.26	197.00	23 24 25.5	271.9	1.99	3.75	2.347 783	3534	10 51 57
	25	19 06 49.26	+196.93	−23 19 53.6	+287.3	2.00	3.75	2.344 249	−3548	10 51 18
	26	19 10 06.19	196.85	23 15 06.3	302.5	2.00	3.76	2.340 701	3562	10 50 38
	27	19 13 23.04	196.75	23 10 03.8	317.7	2.00	3.76	2.337 139	3575	10 49 58
	28	19 16 39.79	196.64	23 04 46.1	332.9	2.01	3.77	2.333 564	3589	10 49 18
	29	19 19 56.43	196.53	22 59 13.2	348.0	2.01	3.77	2.329 975	3601	10 48 38
	30	19 23 12.96	+196.39	−22 53 25.2	+363.0	2.01	3.78	2.326 374	−3615	10 47 58
	31	19 26 29.35	196.26	22 47 22.2	378.0	2.02	3.79	2.322 759	3627	10 47 18
2月	1	19 29 45.61	196.10	22 41 04.2	393.0	2.02	3.79	2.319 132	3639	10 46 38
	2	19 33 01.71	195.95	22 34 31.2	407.9	2.02	3.80	2.315 493	3652	10 45 57
	3	19 36 17.66	195.77	22 27 43.3	422.6	2.03	3.80	2.311 841	3664	10 45 17
	4	19 39 33.43	+195.59	−22 20 40.7	+437.3	2.03	3.81	2.308 177	−3676	10 44 36
	5	19 42 49.02	195.39	22 13 23.4	451.8	2.03	3.82	2.304 501	3688	10 43 55
	6	19 46 04.41	195.18	22 05 51.6	466.4	2.04	3.82	2.300 813	3700	10 43 14
	7	19 49 19.59	194.96	21 58 05.2	480.7	2.04	3.83	2.297 113	3712	10 42 32
	8	19 52 34.55	194.72	21 50 04.5	495.0	2.04	3.83	2.293 401	3722	10 41 50
	9	19 55 49.27	+194.47	−21 41 49.5	+509.2	2.05	3.84	2.289 679	−3734	10 41 09
	10	19 59 03.74	194.20	21 33 20.3	523.1	2.05	3.85	2.285 945	3745	10 40 26
	11	20 02 17.94	193.92	21 24 37.2	537.2	2.05	3.85	2.282 200	3754	10 39 44
	12	20 05 31.86	193.63	21 15 40.0	550.9	2.06	3.86	2.278 446	3763	10 39 01
	13	20 08 45.49	193.34	21 06 29.1	564.7	2.06	3.87	2.274 683	3772	10 38 18
	14	20 11 58.83	+193.04	−20 57 04.4	+578.3	2.06	3.87	2.270 911	−3780	10 37 35
	15	20 15 11.87		−20 47 26.1		2.07	3.88	2.267 131		10 36 51

火　　星

以力学时 0^h 为准

2024 年

日期		视赤经				视赤纬				视半径	地平视差	地心距离		上中天		
	日	h	m	s	s	°	′	″	″	″	″			h	m	s
2月	15	20	15	11.87	+192.74	−20	47	26.1	+591.6	2.07	3.88	2.267	131	−3787	10	36	51
	16	20	18	24.61	192.42	20	37	34.5	605.0	2.07	3.89	2.263	344	3793	10	36	07
	17	20	21	37.03	192.11	20	27	29.5	618.1	2.07	3.89	2.259	551	3799	10	35	23
	18	20	24	49.14	191.78	20	17	11.4	631.2	2.08	3.90	2.255	752	3804	10	34	38
	19	20	28	00.92	191.44	20	06	40.2	643.9	2.08	3.91	2.251	948	3809	10	33	53
	20	20	31	12.36	+191.11	−19	55	56.3	+656.8	2.08	3.91	2.248	139	−3813	10	33	08
	21	20	34	23.47	190.76	19	44	59.5	669.3	2.09	3.92	2.244	326	3817	10	32	23
	22	20	37	34.23	190.41	19	33	50.2	681.7	2.09	3.93	2.240	509	3820	10	31	37
	23	20	40	44.64	190.06	19	22	28.5	694.0	2.09	3.93	2.236	689	3824	10	30	50
	24	20	43	54.70	189.71	19	10	54.5	706.3	2.10	3.94	2.232	865	3826	10	30	04
	25	20	47	04.41	+189.35	−18	59	08.2	+718.2	2.10	3.95	2.229	039	−3830	10	29	17
	26	20	50	13.76	189.00	18	47	10.0	730.1	2.10	3.95	2.225	209	3832	10	28	30
	27	20	53	22.76	188.63	18	34	59.9	741.9	2.11	3.96	2.221	377	3834	10	27	42
	28	20	56	31.39	188.27	18	22	38.0	753.5	2.11	3.97	2.217	543	3838	10	26	54
	29	20	59	39.66	187.91	18	10	04.5	764.8	2.12	3.97	2.213	705	3839	10	26	05
3月	1	21	02	47.57	+187.54	−17	57	19.7	+776.2	2.12	3.98	2.209	866	−3842	10	25	17
	2	21	05	55.11	187.17	17	44	23.5	787.2	2.12	3.99	2.206	024	3845	10	24	28
	3	21	09	02.28	186.81	17	31	16.3	798.1	2.13	3.99	2.202	179	3847	10	23	38
	4	21	12	09.09	186.44	17	17	58.2	808.9	2.13	4.00	2.198	332	3849	10	22	48
	5	21	15	15.53	186.06	17	04	29.3	819.5	2.13	4.01	2.194	483	3852	10	21	58
	6	21	18	21.59	+185.68	−16	50	49.8	+829.7	2.14	4.01	2.190	631	−3855	10	21	07
	7	21	21	27.27	185.29	16	37	00.1	840.0	2.14	4.02	2.186	776	3857	10	20	16
	8	21	24	32.56	184.91	16	23	00.1	850.0	2.15	4.03	2.182	919	3860	10	19	25
	9	21	27	37.47	184.51	16	08	50.1	859.7	2.15	4.04	2.179	059	3862	10	18	33
	10	21	30	41.98	184.12	15	54	30.4	869.4	2.15	4.04	2.175	197	3863	10	17	41
	11	21	33	46.10	+183.73	−15	40	01.0	+878.7	2.16	4.05	2.171	334	−3865	10	16	48
	12	21	36	49.83	183.34	15	25	22.3	888.1	2.16	4.06	2.167	469	3866	10	15	55
	13	21	39	53.17	182.95	15	10	34.2	897.1	2.16	4.06	2.163	603	3867	10	15	02
	14	21	42	56.12	182.56	14	55	37.1	905.9	2.17	4.07	2.159	736	3866	10	14	08
	15	21	45	58.68	182.17	14	40	31.2	914.6	2.17	4.08	2.155	870	3866	10	13	14
	16	21	49	00.85	+181.79	−14	25	16.6	+923.0	2.18	4.09	2.152	004	−3864	10	12	20
	17	21	52	02.64	181.41	14	09	53.6	931.2	2.18	4.09	2.148	140	3862	10	11	25
	18	21	55	04.05	181.03	13	54	22.4	939.4	2.18	4.10	2.144	278	3861	10	10	29
	19	21	58	05.08	180.65	13	38	43.0	947.2	2.19	4.11	2.140	417	3858	10	09	34
	20	22	01	05.73	180.27	13	22	55.8	954.9	2.19	4.12	2.136	559	3856	10	08	38
	21	22	04	06.00	+179.91	−13	07	00.9	+962.4	2.20	4.12	2.132	703	−3853	10	07	41
	22	22	07	05.91	179.54	12	50	58.5	969.8	2.20	4.13	2.128	850	3849	10	06	45
	23	22	10	05.45	179.18	12	34	48.7	976.9	2.20	4.14	2.125	001	3847	10	05	47
	24	22	13	04.63	178.83	12	18	31.8	983.9	2.21	4.15	2.121	154	3844	10	04	50
	25	22	16	03.46	178.48	12	02	07.9	990.7	2.21	4.15	2.117	310	3841	10	03	52
	26	22	19	01.94	+178.14	−11	45	37.2	+997.4	2.22	4.16	2.113	469	−3837	10	02	54
	27	22	22	00.08	177.81	11	28	59.8	1003.7	2.22	4.17	2.109	632	3835	10	01	55
	28	22	24	57.89	177.48	11	12	16.1	1010.1	2.22	4.18	2.105	797	3832	10	00	57
	29	22	27	55.37	177.16	10	55	26.0	1016.1	2.23	4.18	2.101	965	3829	9	59	57
	30	22	30	52.53	176.84	10	38	29.9	1022.0	2.23	4.19	2.098	136	3827	9	58	58
	31	22	33	49.37	+176.53	−10	21	27.9	+1027.7	2.24	4.20	2.094	309	−3824	9	57	58
4月	1	22	36	45.90		−10	04	20.2		2.24	4.21	2.090	485		9	56	58

火　　星

2024 年　　以力学时 0^h 为准

日期		视赤经		视赤纬		视半径	地平视差	地心距离		上中天
	日	h m s	s	° ′ ″	″	″	″			h m s
4月	1	22 36 45.90	+176.22	− 10 04 20.2	+1033.1	2.24	4.21	2.090 485	− 3823	9 56 58
	2	22 39 42.12	175.91	9 47 07.1	1038.5	2.24	4.21	2.086 662	3821	9 55 58
	3	22 42 38.03	175.62	9 29 48.6	1043.4	2.25	4.22	2.082 841	3819	9 54 57
	4	22 45 33.65	175.31	9 12 25.2	1048.4	2.25	4.23	2.079 022	3818	9 53 56
	5	22 48 28.96	175.01	8 54 56.8	1053.0	2.26	4.24	2.075 204	3817	9 52 55
	6	22 51 23.97	+174.72	− 8 37 23.8	+1057.4	2.26	4.25	2.071 387	− 3816	9 51 53
	7	22 54 18.69	174.43	8 19 46.4	1061.6	2.26	4.25	2.067 571	3815	9 50 51
	8	22 57 13.12	174.15	8 02 04.8	1065.7	2.27	4.26	2.063 756	3814	9 49 49
	9	23 00 07.27	173.88	7 44 19.1	1069.5	2.27	4.27	2.059 942	3813	9 48 46
	10	23 03 01.15	173.60	7 26 29.6	1073.2	2.28	4.28	2.056 129	3811	9 47 44
	11	23 05 54.75	+173.34	− 7 08 36.4	+1076.5	2.28	4.28	2.052 318	− 3809	9 46 41
	12	23 08 48.09	173.08	6 50 39.9	1079.8	2.29	4.29	2.048 509	3806	9 45 37
	13	23 11 41.17	172.83	6 32 40.1	1082.8	2.29	4.30	2.044 703	3804	9 44 34
	14	23 14 34.00	172.57	6 14 37.3	1085.5	2.29	4.31	2.040 899	3801	9 43 30
	15	23 17 26.57	172.33	5 56 31.8	1088.2	2.30	4.32	2.037 098	3798	9 42 26
	16	23 20 18.90	+172.10	− 5 38 23.6	+1090.6	2.30	4.33	2.033 300	− 3795	9 41 22
	17	23 23 11.00	171.87	5 20 13.0	1092.8	2.31	4.33	2.029 505	3791	9 40 17
	18	23 26 02.87	171.65	5 02 00.2	1094.9	2.31	4.34	2.025 714	3788	9 39 12
	19	23 28 54.52	171.43	4 43 45.3	1096.8	2.32	4.35	2.021 926	3784	9 38 08
	20	23 31 45.95	171.24	4 25 28.5	1098.5	2.32	4.36	2.018 142	3781	9 37 02
	21	23 34 37.19	+171.04	− 4 07 10.0	+1100.0	2.32	4.37	2.014 361	− 3778	9 35 57
	22	23 37 28.23	170.86	3 48 50.0	1101.4	2.33	4.37	2.010 583	3775	9 34 52
	23	23 40 19.09	170.68	3 30 28.6	1102.6	2.33	4.38	2.006 808	3772	9 33 46
	24	23 43 09.77	170.52	3 12 06.0	1103.6	2.34	4.39	2.003 036	3769	9 32 40
	25	23 46 00.29	170.37	2 53 42.4	1104.5	2.34	4.40	1.999 267	3767	9 31 34
	26	23 48 50.66	+170.21	− 2 35 17.9	+1105.1	2.35	4.41	1.995 500	− 3765	9 30 28
	27	23 51 40.87	170.08	2 16 52.8	1105.6	2.35	4.42	1.991 735	3763	9 29 21
	28	23 54 30.95	169.94	1 58 27.2	1105.9	2.36	4.42	1.987 972	3762	9 28 15
	29	23 57 20.89	169.81	1 40 01.3	1106.0	2.36	4.43	1.984 210	3761	9 27 08
	30	0 00 10.70	169.69	1 21 35.3	1105.9	2.36	4.44	1.980 449	3761	9 26 01
5月	1	0 03 00.39	+169.57	− 1 03 09.4	+1105.7	2.37	4.45	1.976 688	− 3761	9 24 55
	2	0 05 49.96	169.45	0 44 43.7	1105.1	2.37	4.46	1.972 927	3762	9 23 48
	3	0 08 39.41	169.34	0 26 18.6	1104.4	2.38	4.47	1.969 165	3764	9 22 41
	4	0 11 28.75	169.25	− 0 07 54.2	1103.5	2.38	4.47	1.965 401	3764	9 21 33
	5	0 14 18.00	169.14	+ 0 10 29.3	1102.5	2.39	4.48	1.961 637	3766	9 20 26
	6	0 17 07.14	+169.06	+ 0 28 51.8	+1101.2	2.39	4.49	1.957 871	− 3769	9 19 19
	7	0 19 56.20	168.97	0 47 13.0	1099.8	2.40	4.50	1.954 102	3770	9 18 11
	8	0 22 45.17	168.90	1 05 32.8	1098.1	2.40	4.51	1.950 332	3772	9 17 04
	9	0 25 34.07	168.82	1 23 50.9	1096.3	2.41	4.52	1.946 560	3773	9 15 56
	10	0 28 22.89	168.74	1 42 07.2	1094.2	2.41	4.53	1.942 787	3776	9 14 48
	11	0 31 11.63	+168.69	+ 2 00 21.4	+1092.0	2.41	4.54	1.939 011	− 3777	9 13 40
	12	0 34 00.32	168.62	2 18 33.4	1089.6	2.42	4.54	1.935 234	3778	9 12 33
	13	0 36 48.94	168.56	2 36 43.0	1087.0	2.42	4.55	1.931 456	3780	9 11 25
	14	0 39 37.50	168.51	2 54 50.0	1084.3	2.43	4.56	1.927 676	3781	9 10 17
	15	0 42 26.01	168.47	3 12 54.3	1081.3	2.43	4.57	1.923 895	3783	9 09 09
	16	0 45 14.48	+168.44	+ 3 30 55.6	+1078.2	2.44	4.58	1.920 112	− 3784	9 08 01
	17	0 48 02.92		+ 3 48 53.8		2.44	4.59	1.916 328		9 06 53

火　星

以力学时 0^h 为准　　2024 年

日期		视赤经		视赤纬		视半径	地平视差	地心距离		上中天
	日	h m s	s	° ′ ″	″	″	″			h m s
5月	17	0 48 02.92	+168.41	+ 3 48 53.8	+1075.0	2.44	4.59	1.916 328	−3785	9 06 53
	18	0 50 51.33	168.39	4 06 48.8	1071.6	2.45	4.60	1.912 543	3788	9 05 45
	19	0 53 39.72	168.39	4 24 40.4	1068.0	2.45	4.61	1.908 755	3789	9 04 36
	20	0 56 28.11	168.38	4 42 28.4	1064.4	2.46	4.62	1.904 966	3792	9 03 28
	21	0 59 16.49	168.38	5 00 12.8	1060.5	2.46	4.63	1.901 174	3794	9 02 20
	22	1 02 04.87	+168.40	+ 5 17 53.3	+1056.5	2.47	4.63	1.897 380	−3797	9 01 12
	23	1 04 53.27	168.42	5 35 29.8	1052.3	2.47	4.64	1.893 583	3800	9 00 04
	24	1 07 41.69	168.45	5 53 02.1	1048.1	2.48	4.65	1.889 783	3804	8 58 56
	25	1 10 30.14	168.48	6 10 30.2	1043.6	2.48	4.66	1.885 979	3808	8 57 48
	26	1 13 18.62	168.51	6 27 53.8	1038.9	2.49	4.67	1.882 171	3814	8 56 40
	27	1 16 07.13	+168.56	+ 6 45 12.7	+1034.2	2.49	4.68	1.878 357	−3818	8 55 32
	28	1 18 55.69	168.59	7 02 26.9	1029.2	2.50	4.69	1.874 539	3825	8 54 24
	29	1 21 44.28	168.65	7 19 36.1	1024.1	2.50	4.70	1.870 714	3832	8 53 16
	30	1 24 32.93	168.69	7 36 40.2	1018.7	2.51	4.71	1.866 882	3839	8 52 08
	31	1 27 21.62	168.75	7 53 38.9	1013.3	2.51	4.72	1.863 043	3847	8 51 00
6月	1	1 30 10.37	+168.80	+ 8 10 32.2	+1007.6	2.52	4.73	1.859 196	−3855	8 49 53
	2	1 32 59.17	168.87	8 27 19.8	1001.8	2.52	4.74	1.855 341	3865	8 48 45
	3	1 35 48.04	168.93	8 44 01.6	995.9	2.53	4.75	1.851 476	3873	8 47 37
	4	1 38 36.97	169.00	9 00 37.5	989.7	2.53	4.76	1.847 603	3884	8 46 30
	5	1 41 25.97	169.06	9 17 07.2	983.4	2.54	4.77	1.843 719	3893	8 45 22
	6	1 44 15.03	+169.13	+ 9 33 30.6	+ 977.0	2.55	4.78	1.839 826	−3902	8 44 15
	7	1 47 04.16	169.19	9 49 47.6	970.4	2.55	4.79	1.835 924	3913	8 43 08
	8	1 49 53.35	169.26	10 05 58.0	963.5	2.56	4.80	1.832 011	3923	8 42 00
	9	1 52 42.61	169.32	10 22 01.5	956.6	2.56	4.81	1.828 088	3932	8 40 53
	10	1 55 31.93	169.39	10 37 58.1	949.6	2.57	4.82	1.824 156	3943	8 39 46
	11	1 58 21.32	+169.46	+10 53 47.7	+ 942.3	2.57	4.83	1.820 213	−3952	8 38 39
	12	2 01 10.78	169.53	11 09 30.0	934.9	2.58	4.84	1.816 261	3963	8 37 32
	13	2 04 00.31	169.61	11 25 04.9	927.5	2.58	4.85	1.812 298	3973	8 36 25
	14	2 06 49.92	169.68	11 40 32.4	919.8	2.59	4.86	1.808 325	3983	8 35 18
	15	2 09 39.60	169.77	11 55 52.2	912.1	2.60	4.87	1.804 342	3994	8 34 11
	16	2 12 29.37	+169.85	+12 11 04.3	+ 904.2	2.60	4.88	1.800 348	−4005	8 33 04
	17	2 15 19.22	169.95	12 26 08.5	896.3	2.61	4.90	1.796 343	4015	8 31 58
	18	2 18 09.17	170.04	12 41 04.8	888.2	2.61	4.91	1.792 328	4028	8 30 51
	19	2 20 59.21	170.13	12 55 53.0	880.0	2.62	4.92	1.788 300	4039	8 29 45
	20	2 23 49.34	170.23	13 10 33.0	871.7	2.62	4.93	1.784 261	4051	8 28 39
	21	2 26 39.57	+170.33	+13 25 04.7	+ 863.4	2.63	4.94	1.780 210	−4064	8 27 32
	22	2 29 29.90	170.42	13 39 28.1	854.8	2.64	4.95	1.776 146	4077	8 26 26
	23	2 32 20.32	170.52	13 53 42.9	846.1	2.64	4.96	1.772 069	4091	8 25 20
	24	2 35 10.84	170.62	14 07 49.0	837.4	2.65	4.97	1.767 978	4106	8 24 14
	25	2 38 01.46	170.71	14 21 46.4	828.5	2.65	4.99	1.763 872	4121	8 23 08
	26	2 40 52.17	+170.81	+14 35 34.9	+ 819.4	2.66	5.00	1.759 751	−4137	8 22 02
	27	2 43 42.98	170.90	14 49 14.3	810.3	2.67	5.01	1.755 614	4154	8 20 57
	28	2 46 33.88	170.99	15 02 44.6	801.0	2.67	5.02	1.751 460	4171	8 19 51
	29	2 49 24.87	171.08	15 16 05.6	791.6	2.68	5.03	1.747 289	4189	8 18 46
	30	2 52 15.95	171.16	15 29 17.2	782.1	2.69	5.05	1.743 100	4208	8 17 40
7月	1	2 55 07.11	+171.25	+15 42 19.3	+ 772.6	2.69	5.06	1.738 892	−4227	8 16 35
	2	2 57 58.36		+15 55 11.9		2.70	5.07	1.734 665		8 15 30

火　　星

以力学时 0^h 为准

2024 年

日期		视赤经		视赤纬		视半径	地平视差	地心距离		上中天
	日	h m s	s	° ′ ″	″	″	″			h m s
7月	1	2 55 07.11	+171.25	+15 42 19.3	+772.6	2.69	5.06	1.738 892	−4227	8 16 35
	2	2 57 58.36	171.32	15 55 11.9	762.8	2.70	5.07	1.734 665	4246	8 15 30
	3	3 00 49.68	171.39	16 07 54.7	752.9	2.71	5.08	1.730 419	4265	8 14 25
	4	3 03 41.07	171.45	16 20 27.6	743.1	2.71	5.09	1.726 154	4286	8 13 20
	5	3 06 32.52	171.50	16 32 50.7	732.9	2.72	5.11	1.721 868	4305	8 12 15
	6	3 09 24.02	+171.55	+16 45 03.6	+722.9	2.73	5.12	1.717 563	−4325	8 11 10
	7	3 12 15.57	171.59	16 57 06.5	712.6	2.73	5.13	1.713 238	4346	8 10 05
	8	3 15 07.16	171.62	17 08 59.1	702.2	2.74	5.15	1.708 892	4365	8 09 00
	9	3 17 58.78	171.65	17 20 41.3	691.9	2.75	5.16	1.704 527	4386	8 07 55
	10	3 20 50.43	171.68	17 32 13.2	681.3	2.75	5.17	1.700 141	4405	8 06 50
	11	3 23 42.11	+171.69	+17 43 34.5	+670.7	2.76	5.19	1.695 736	−4427	8 05 45
	12	3 26 33.80	171.72	17 54 45.2	660.2	2.77	5.20	1.691 309	4446	8 04 40
	13	3 29 25.52	171.73	18 05 45.4	649.4	2.78	5.21	1.686 863	4468	8 03 36
	14	3 32 17.25	171.74	18 16 34.8	638.7	2.78	5.23	1.682 395	4488	8 02 31
	15	3 35 08.99	171.74	18 27 13.5	627.9	2.79	5.24	1.677 907	4509	8 01 26
	16	3 38 00.73	+171.75	+18 37 41.4	+617.1	2.80	5.26	1.673 398	−4530	8 00 21
	17	3 40 52.48	171.74	18 47 58.5	606.1	2.81	5.27	1.668 868	4552	7 59 16
	18	3 43 44.22	171.74	18 58 04.6	595.3	2.81	5.28	1.664 316	4574	7 58 12
	19	3 46 35.96	171.72	19 07 59.9	584.3	2.82	5.30	1.659 742	4596	7 57 07
	20	3 49 27.68	171.71	19 17 44.2	573.3	2.83	5.31	1.655 146	4619	7 56 02
	21	3 52 19.39	+171.67	+19 27 17.5	+562.2	2.84	5.33	1.650 527	−4642	7 54 57
	22	3 55 11.06	171.63	19 36 39.7	551.1	2.85	5.34	1.645 885	4665	7 53 52
	23	3 58 02.69	171.60	19 45 50.8	540.0	2.85	5.36	1.641 220	4691	7 52 48
	24	4 00 54.29	171.54	19 54 50.8	528.7	2.86	5.37	1.636 529	4716	7 51 43
	25	4 03 45.83	171.48	20 03 39.5	517.5	2.87	5.39	1.631 813	4741	7 50 38
	26	4 06 37.31	+171.42	+20 12 17.0	+506.1	2.88	5.40	1.627 072	−4769	7 49 33
	27	4 09 28.73	171.34	20 20 43.1	494.8	2.89	5.42	1.622 303	4795	7 48 27
	28	4 12 20.07	171.25	20 28 57.9	483.5	2.89	5.44	1.617 508	4824	7 47 22
	29	4 15 11.32	171.16	20 37 01.4	472.0	2.90	5.45	1.612 684	4851	7 46 17
	30	4 18 02.48	171.04	20 44 53.4	460.7	2.91	5.47	1.607 833	4880	7 45 12
	31	4 20 53.52	+170.91	+20 52 34.1	+449.3	2.92	5.49	1.602 953	−4909	7 44 06
8月	1	4 23 44.43	170.76	21 00 03.4	437.8	2.93	5.50	1.598 044	4937	7 43 00
	2	4 26 35.19	170.61	21 07 21.2	426.3	2.94	5.52	1.593 107	4967	7 41 55
	3	4 29 25.80	170.43	21 14 27.5	414.9	2.95	5.54	1.588 140	4995	7 40 49
	4	4 32 16.23	170.25	21 21 22.4	403.4	2.96	5.55	1.583 145	5024	7 39 43
	5	4 35 06.48	+170.04	+21 28 05.8	+391.9	2.97	5.57	1.578 121	−5054	7 38 36
	6	4 37 56.52	169.84	21 34 37.7	380.5	2.98	5.59	1.573 067	5082	7 37 30
	7	4 40 46.36	169.61	21 40 58.2	369.0	2.99	5.61	1.567 985	5112	7 36 23
	8	4 43 35.97	169.38	21 47 07.2	357.6	3.00	5.63	1.562 873	5140	7 35 16
	9	4 46 25.35	169.13	21 53 04.8	346.2	3.01	5.65	1.557 733	5169	7 34 09
	10	4 49 14.48	+168.88	+21 58 51.0	+334.8	3.02	5.66	1.552 564	−5198	7 33 01
	11	4 52 03.36	168.62	22 04 25.8	323.5	3.03	5.68	1.547 366	5227	7 31 54
	12	4 54 51.98	168.34	22 09 49.3	312.3	3.04	5.70	1.542 139	5256	7 30 46
	13	4 57 40.32	168.06	22 15 01.6	301.0	3.05	5.72	1.536 883	5285	7 29 37
	14	5 00 28.38	167.75	22 20 02.6	289.8	3.06	5.74	1.531 598	5314	7 28 29
	15	5 03 16.13	+167.46	+22 24 52.4	+278.8	3.07	5.76	1.526 284	−5344	7 27 20
	16	5 06 03.59		+22 29 31.2		3.08	5.78	1.520 940		7 26 11

火　　星

以力学时 0^h 为准

2024 年

日期		视赤经		视赤纬		视半径	地平视差	地心距离			上中天
	日	h m s	s	° ′ ″	″	″	″				h m s
8月	16	5 06 03.59	+167.13	+22 29 31.2	+267.7	3.08	5.78	1.520	940	−5373	7 26 11
	17	5 08 50.72	166.80	22 33 58.9	256.6	3.09	5.80	1.515	567	5402	7 25 01
	18	5 11 37.52	166.45	22 38 15.5	245.7	3.10	5.82	1.510	165	5433	7 23 52
	19	5 14 23.97	166.10	22 42 21.2	234.8	3.11	5.84	1.504	732	5463	7 22 42
	20	5 17 10.07	165.74	22 46 16.0	224.0	3.12	5.87	1.499	269	5494	7 21 31
	21	5 19 55.81	+165.35	+22 50 00.0	+213.1	3.13	5.89	1.493	775	−5525	7 20 20
	22	5 22 41.16	164.97	22 53 33.1	202.3	3.15	5.91	1.488	250	5558	7 19 09
	23	5 25 26.13	164.57	22 56 55.4	191.7	3.16	5.93	1.482	692	5590	7 17 57
	24	5 28 10.70	164.15	23 00 07.1	181.0	3.17	5.95	1.477	102	5624	7 16 45
	25	5 30 54.85	163.72	23 03 08.1	170.5	3.18	5.98	1.471	478	5657	7 15 33
	26	5 33 38.57	+163.26	+23 05 58.6	+160.1	3.19	6.00	1.465	821	−5690	7 14 20
	27	5 36 21.83	162.80	23 08 38.7	149.7	3.21	6.02	1.460	131	5725	7 13 06
	28	5 39 04.63	162.30	23 11 08.4	139.5	3.22	6.05	1.454	406	5758	7 11 53
	29	5 41 46.93	161.79	23 13 27.9	129.3	3.23	6.07	1.448	648	5793	7 10 38
	30	5 44 28.72	161.26	23 15 37.2	119.3	3.25	6.09	1.442	855	5826	7 09 23
	31	5 47 09.98	+160.72	+23 17 36.5	+109.3	3.26	6.12	1.437	029	−5860	7 08 08
9月	1	5 49 50.70	160.14	23 19 25.8	99.4	3.27	6.14	1.431	169	5894	7 06 52
	2	5 52 30.84	159.57	23 21 05.2	89.7	3.29	6.17	1.425	275	5927	7 05 36
	3	5 55 10.41	158.97	23 22 34.9	80.1	3.30	6.20	1.419	348	5961	7 04 18
	4	5 57 49.38	158.35	23 23 55.0	70.5	3.31	6.22	1.413	387	5993	7 03 01
	5	6 00 27.73	+157.73	+23 25 05.5	+61.2	3.33	6.25	1.407	394	−6026	7 01 42
	6	6 03 05.46	157.09	23 26 06.7	52.0	3.34	6.28	1.401	368	6058	7 00 24
	7	6 05 42.55	156.44	23 26 58.7	42.8	3.36	6.30	1.395	310	6091	6 59 04
	8	6 08 18.99	155.77	23 27 41.5	33.9	3.37	6.33	1.389	219	6122	6 57 44
	9	6 10 54.76	155.08	23 28 15.4	25.1	3.39	6.36	1.383	097	6154	6 56 23
	10	6 13 29.84	+154.39	+23 28 40.5	+16.4	3.40	6.39	1.376	943	−6185	6 55 01
	11	6 16 04.23	153.68	23 28 56.9	+8.0	3.42	6.42	1.370	758	6216	6 53 39
	12	6 18 37.91	152.96	23 29 04.9	−0.4	3.43	6.44	1.364	542	6248	6 52 16
	13	6 21 10.87	152.22	23 29 04.5	8.5	3.45	6.47	1.358	294	6278	6 50 52
	14	6 23 43.09	151.47	23 28 56.0	16.6	3.46	6.50	1.352	016	6308	6 49 28
	15	6 26 14.56	+150.70	+23 28 39.4	−24.4	3.48	6.53	1.345	708	−6340	6 48 03
	16	6 28 45.26	149.93	23 28 15.0	32.2	3.50	6.57	1.339	368	6370	6 46 37
	17	6 31 15.19	149.14	23 27 42.8	39.8	3.51	6.60	1.332	998	6401	6 45 10
	18	6 33 44.33	148.33	23 27 03.0	47.3	3.53	6.63	1.326	597	6432	6 43 42
	19	6 36 12.66	147.52	23 26 15.7	54.5	3.55	6.66	1.320	165	6464	6 42 14
	20	6 38 40.18	+146.70	+23 25 21.2	−61.7	3.56	6.69	1.313	701	−6495	6 40 45
	21	6 41 06.88	145.84	23 24 19.5	68.5	3.58	6.73	1.307	206	6527	6 39 15
	22	6 43 32.72	144.98	23 23 11.0	75.4	3.60	6.76	1.300	679	6559	6 37 44
	23	6 45 57.70	144.09	23 21 55.6	81.8	3.62	6.80	1.294	120	6591	6 36 12
	24	6 48 21.79	143.18	23 20 33.8	88.2	3.64	6.83	1.287	529	6622	6 34 40
	25	6 50 44.97	+142.24	+23 19 05.6	−94.3	3.66	6.87	1.280	907	−6654	6 33 06
	26	6 53 07.21	141.28	23 17 31.3	100.2	3.67	6.90	1.274	253	6685	6 31 32
	27	6 55 28.49	140.31	23 15 51.1	106.0	3.69	6.94	1.267	568	6716	6 29 56
	28	6 57 48.80	139.30	23 14 05.1	111.5	3.71	6.97	1.260	852	6745	6 28 20
	29	7 00 08.10	138.29	23 12 13.6	116.9	3.73	7.01	1.254	107	6776	6 26 42
	30	7 02 26.39	+137.24	+23 10 16.7	−121.9	3.75	7.05	1.247	331	−6804	6 25 04
10月	1	7 04 43.63		+23 08 14.8		3.77	7.09	1.240	527		6 23 24

火　　星

2024 年　　以力学时 0^h 为准

日期		视赤经		视赤纬		视半径	地平视差	地心距离		上中天
	日	h m s	s	° ′ ″	″	″	″			h m s
10月	1	7 04 43.63	+136.19	+23 08 14.8	−126.8	3.77	7.09	1.240 527	−6832	6 23 24
	2	7 06 59.82	135.10	23 06 08.0	131.5	3.80	7.13	1.233 695	6861	6 21 44
	3	7 09 14.92	134.01	23 03 56.5	136.0	3.82	7.17	1.226 834	6887	6 20 02
	4	7 11 28.93	132.90	23 01 40.5	140.1	3.84	7.21	1.219 947	6914	6 18 20
	5	7 13 41.83	131.77	22 59 20.4	144.1	3.86	7.25	1.213 033	6938	6 16 36
	6	7 15 53.60	+130.61	+22 56 56.3	−147.8	3.88	7.29	1.206 095	−6964	6 14 51
	7	7 18 04.21	129.45	22 54 28.5	151.3	3.91	7.33	1.199 131	6988	6 13 05
	8	7 20 13.66	128.26	22 51 57.2	154.6	3.93	7.38	1.192 143	7010	6 11 17
	9	7 22 21.92	127.05	22 49 22.6	157.5	3.95	7.42	1.185 133	7033	6 09 29
	10	7 24 28.97	125.83	22 46 45.1	160.2	3.97	7.46	1.178 100	7055	6 07 39
	11	7 26 34.80	+124.59	+22 44 04.9	−162.8	4.00	7.51	1.171 045	−7076	6 05 48
	12	7 28 39.39	123.33	22 41 22.1	165.1	4.02	7.56	1.163 969	7095	6 03 56
	13	7 30 42.72	122.05	22 38 37.0	167.1	4.05	7.60	1.156 874	7116	6 02 03
	14	7 32 44.77	120.75	22 35 49.9	168.9	4.07	7.65	1.149 758	7134	6 00 08
	15	7 34 45.52	119.44	22 33 01.0	170.5	4.10	7.70	1.142 624	7153	5 58 12
	16	7 36 44.96	+118.11	+22 30 10.5	−171.8	4.12	7.74	1.135 471	−7172	5 56 15
	17	7 38 43.07	116.76	22 27 18.7	173.0	4.15	7.79	1.128 299	7189	5 54 16
	18	7 40 39.83	115.39	22 24 25.7	173.8	4.18	7.84	1.121 110	7207	5 52 16
	19	7 42 35.22	114.00	22 21 31.9	174.3	4.20	7.89	1.113 903	7223	5 50 15
	20	7 44 29.22	112.56	22 18 37.6	174.6	4.23	7.95	1.106 680	7240	5 48 12
	21	7 46 21.78	+111.11	+22 15 43.0	−174.6	4.26	8.00	1.099 440	−7256	5 46 08
	22	7 48 12.89	109.63	22 12 48.4	174.2	4.29	8.05	1.092 184	7271	5 44 02
	23	7 50 02.52	108.09	22 09 54.2	173.6	4.32	8.11	1.084 913	7285	5 41 55
	24	7 51 50.61	106.55	22 07 00.6	172.7	4.35	8.16	1.077 628	7298	5 39 47
	25	7 53 37.16	104.95	22 04 07.9	171.5	4.37	8.22	1.070 330	7309	5 37 36
	26	7 55 22.11	+103.34	+22 01 16.4	−169.9	4.41	8.27	1.063 021	−7320	5 35 25
	27	7 57 05.45	101.69	21 58 26.5	168.1	4.44	8.33	1.055 701	7330	5 33 11
	28	7 58 47.14	100.00	21 55 38.4	165.9	4.47	8.39	1.048 371	7337	5 30 56
	29	8 00 27.14	98.30	21 52 52.5	163.6	4.50	8.45	1.041 034	7343	5 28 40
	30	8 02 05.44	96.55	21 50 08.9	160.7	4.53	8.51	1.033 691	7348	5 26 21
	31	8 03 41.99	+ 94.77	+21 47 28.2	−157.7	4.56	8.57	1.026 343	−7351	5 24 01
11月	1	8 05 16.76	92.97	21 44 50.5	154.3	4.60	8.63	1.018 992	7353	5 21 39
	2	8 06 49.73	91.13	21 42 16.2	150.6	4.63	8.69	1.011 639	7352	5 19 15
	3	8 08 20.86	89.25	21 39 45.6	146.5	4.66	8.76	1.004 287	7350	5 16 50
	4	8 09 50.11	87.36	21 37 19.1	142.2	4.70	8.82	0.996 937	7347	5 14 22
	5	8 11 17.47	+ 85.41	+21 34 56.9	−137.5	4.73	8.89	0.989 590	−7341	5 11 53
	6	8 12 42.88	83.44	21 32 39.4	132.5	4.77	8.95	0.982 249	7334	5 09 22
	7	8 14 06.32	81.43	21 30 26.9	127.1	4.80	9.02	0.974 915	7324	5 06 48
	8	8 15 27.75	79.40	21 28 19.8	121.6	4.84	9.09	0.967 591	7313	5 04 13
	9	8 16 47.15	77.32	21 26 18.2	115.7	4.88	9.16	0.960 278	7301	5 01 36
	10	8 18 04.47	+ 75.21	+21 24 22.5	−109.5	4.91	9.23	0.952 977	−7285	4 58 56
	11	8 19 19.68	73.07	21 22 33.0	103.0	4.95	9.30	0.945 692	7270	4 56 15
	12	8 20 32.75	70.90	21 20 50.0	96.3	4.99	9.37	0.938 422	7251	4 53 31
	13	8 21 43.65	68.68	21 19 13.7	89.2	5.03	9.44	0.931 171	7231	4 50 45
	14	8 22 52.33	66.44	21 17 44.5	81.9	5.07	9.52	0.923 940	7210	4 47 57
	15	8 23 58.77	+ 64.16	+21 16 22.6	− 74.2	5.11	9.59	0.916 730	−7187	4 45 07
	16	8 25 02.93		+21 15 08.4		5.15	9.67	0.909 543		4 42 15

火　　星

以力学时 0^h 为准　　2024 年

日期		视赤经		视赤纬		视半径	地平视差	地心距离		上中天
	日	h m s	s	° ′ ″	″	″	″			h m s
11月	16	8 25 02.93	+61.82	+21 15 08.4	−66.1	5.15	9.67	0.909 543	−7162	4 42 15
	17	8 26 04.75	59.43	21 14 02.3	57.9	5.19	9.75	0.902 381	7136	4 39 20
	18	8 27 04.18	57.01	21 13 04.4	49.2	5.23	9.82	0.895 245	7106	4 36 23
	19	8 28 01.19	54.51	21 12 15.2	40.2	5.27	9.90	0.888 139	7075	4 33 23
	20	8 28 55.70	51.98	21 11 35.0	30.8	5.31	9.98	0.881 064	7042	4 30 21
	21	8 29 47.68	+49.38	+21 11 04.2	−21.2	5.36	10.06	0.874 022	−7005	4 27 16
	22	8 30 37.06	46.73	21 10 43.0	11.2	5.40	10.14	0.867 017	6967	4 24 09
	23	8 31 23.79	44.04	21 10 31.8	−1.0	5.44	10.23	0.860 050	6924	4 20 59
	24	8 32 07.83	41.28	21 10 30.8	+9.5	5.49	10.31	0.853 126	6880	4 17 46
	25	8 32 49.11	38.49	21 10 40.3	20.4	5.53	10.39	0.846 246	6832	4 14 31
	26	8 33 27.60	+35.64	+21 11 00.7	+31.5	5.58	10.48	0.839 414	−6781	4 11 13
	27	8 34 03.24	32.73	21 11 32.2	42.8	5.62	10.56	0.832 633	6727	4 07 52
	28	8 34 35.97	29.79	21 12 15.0	54.3	5.67	10.65	0.825 906	6668	4 04 28
	29	8 35 05.76	26.79	21 13 09.3	66.3	5.72	10.73	0.819 238	6607	4 01 01
	30	8 35 32.55	23.75	21 14 15.6	78.2	5.76	10.82	0.812 631	6543	3 57 32
12月	1	8 35 56.30	+20.66	+21 15 33.8	+90.5	5.81	10.91	0.806 088	−6473	3 53 59
	2	8 36 16.96	17.52	21 17 04.3	102.8	5.86	11.00	0.799 615	6401	3 50 23
	3	8 36 34.48	14.35	21 18 47.1	115.4	5.90	11.09	0.793 214	6325	3 46 44
	4	8 36 48.83	11.12	21 20 42.5	128.0	5.95	11.18	0.786 889	6244	3 43 02
	5	8 36 59.95	7.88	21 22 50.5	140.8	6.00	11.27	0.780 645	6161	3 39 17
	6	8 37 07.83	+4.57	+21 25 11.3	+153.5	6.05	11.35	0.774 484	−6073	3 35 28
	7	8 37 12.40	+1.26	21 27 44.8	166.3	6.09	11.44	0.768 411	5982	3 31 36
	8	8 37 13.66	−2.10	21 30 31.1	179.0	6.14	11.53	0.762 429	5886	3 27 41
	9	8 37 11.56	5.48	21 33 30.1	191.7	6.19	11.62	0.756 543	5787	3 23 42
	10	8 37 06.08	8.89	21 36 41.8	204.4	6.24	11.71	0.750 756	5684	3 19 41
	11	8 36 57.19	−12.31	+21 40 06.2	+216.9	6.28	11.80	0.745 072	−5578	3 15 35
	12	8 36 44.88	15.76	21 43 43.1	229.2	6.33	11.89	0.739 494	5467	3 11 27
	13	8 36 29.12	19.23	21 47 32.3	241.6	6.38	11.98	0.734 027	5354	3 07 15
	14	8 36 09.89	22.73	21 51 33.9	253.7	6.43	12.07	0.728 673	5235	3 02 59
	15	8 35 47.16	26.24	21 55 47.6	265.7	6.47	12.16	0.723 438	5113	2 58 40
	16	8 35 20.92	−29.78	+22 00 13.3	+277.4	6.52	12.24	0.718 325	−4987	2 54 18
	17	8 34 51.14	33.31	22 04 50.7	288.8	6.56	12.33	0.713 338	4857	2 49 52
	18	8 34 17.83	36.87	22 09 39.5	300.0	6.61	12.41	0.708 481	4722	2 45 23
	19	8 33 40.96	40.42	22 14 39.5	310.7	6.65	12.50	0.703 759	4583	2 40 50
	20	8 33 00.54	43.96	22 19 50.2	321.1	6.70	12.58	0.699 176	4438	2 36 13
	21	8 32 16.58	−47.49	+22 25 11.3	+331.0	6.74	12.66	0.694 738	−4291	2 31 33
	22	8 31 29.09	51.00	22 30 42.3	340.4	6.78	12.74	0.690 447	4137	2 26 50
	23	8 30 38.09	54.46	22 36 22.7	349.3	6.82	12.81	0.686 310	3979	2 22 03
	24	8 29 43.63	57.88	22 42 12.0	357.4	6.86	12.89	0.682 331	3816	2 17 12
	25	8 28 45.75	61.26	22 48 09.4	365.1	6.90	12.96	0.678 515	3649	2 12 19
	26	8 27 44.49	−64.58	+22 54 14.5	+372.0	6.94	13.03	0.674 866	−3477	2 07 21
	27	8 26 39.91	67.81	23 00 26.5	378.1	6.97	13.10	0.671 389	3301	2 02 21
	28	8 25 32.10	70.97	23 06 44.6	383.5	7.01	13.16	0.668 088	3120	1 57 18
	29	8 24 21.13	74.04	23 13 08.1	388.0	7.04	13.22	0.664 968	2934	1 52 11
	30	8 23 07.09	77.00	23 19 36.1	391.8	7.07	13.28	0.662 034	2746	1 47 01
	31	8 21 50.09	−79.84	+23 26 07.9	+394.6	7.10	13.34	0.659 288	−2551	1 41 48
	32	8 20 30.25		+23 32 42.5		7.13	13.39	0.656 737		1 36 33

木　　　星

2024 年　　　以力学时 0^h 为准

日期		视赤经		视赤纬		视半径	地平视差	地心距离		上中天
	日	h m s	s	° ′ ″	″	″	″			h m s
1月	0	2 14 44.627	− 0.106	+ 12 15 31.27	+ 19.01	22.07	1.97	4.466 953	+14507	19 34 52
	1	2 14 44.521	+ 0.695	12 15 50.28	23.12	22.00	1.96	4.481 460	14627	19 30 56
	2	2 14 45.216	1.497	12 16 13.40	27.24	21.92	1.96	4.496 087	14744	19 27 02
	3	2 14 46.713	2.299	12 16 40.64	31.33	21.85	1.95	4.510 831	14856	19 23 08
	4	2 14 49.012	3.101	12 17 11.97	35.43	21.78	1.94	4.525 687	14963	19 19 15
	5	2 14 52.113	+ 3.904	+ 12 17 47.40	+ 39.52	21.71	1.94	4.540 650	+15065	19 15 23
	6	2 14 56.017	4.705	12 18 26.92	43.61	21.64	1.93	4.555 715	15163	19 11 31
	7	2 15 00.722	5.506	12 19 10.53	47.69	21.57	1.92	4.570 878	15255	19 07 41
	8	2 15 06.228	6.305	12 19 58.22	51.75	21.49	1.92	4.586 133	15344	19 03 51
	9	2 15 12.533	7.100	12 20 49.97	55.79	21.42	1.91	4.601 477	15426	19 00 02
	10	2 15 19.633	+ 7.891	+ 12 21 45.76	+ 59.82	21.35	1.90	4.616 903	+15505	18 56 14
	11	2 15 27.524	8.676	12 22 45.58	63.79	21.28	1.90	4.632 408	15578	18 52 26
	12	2 15 36.200	9.457	12 23 49.37	67.74	21.21	1.89	4.647 986	15646	18 48 40
	13	2 15 45.657	10.232	12 24 57.11	71.61	21.14	1.89	4.663 632	15708	18 44 54
	14	2 15 55.889	11.002	12 26 08.72	75.46	21.07	1.88	4.679 340	15766	18 41 09
	15	2 16 06.891	+11.769	+ 12 27 24.18	+ 79.26	20.99	1.87	4.695 106	+15819	18 37 24
	16	2 16 18.660	12.534	12 28 43.44	83.02	20.92	1.87	4.710 925	15867	18 33 41
	17	2 16 31.194	13.293	12 30 06.46	86.75	20.85	1.86	4.726 792	15909	18 29 58
	18	2 16 44.487	14.048	12 31 33.21	90.45	20.78	1.85	4.742 701	15949	18 26 16
	19	2 16 58.535	14.796	12 33 03.66	94.11	20.71	1.85	4.758 650	15982	18 22 34
	20	2 17 13.331	+15.539	+ 12 34 37.77	+ 97.73	20.65	1.84	4.774 632	+16012	18 18 54
	21	2 17 28.870	16.273	12 36 15.50	101.29	20.58	1.84	4.790 644	16038	18 15 14
	22	2 17 45.143	17.000	12 37 56.79	104.81	20.51	1.83	4.806 682	16059	18 11 35
	23	2 18 02.143	17.719	12 39 41.60	108.28	20.44	1.82	4.822 741	16077	18 07 56
	24	2 18 19.862	18.430	12 41 29.88	111.68	20.37	1.82	4.838 818	16090	18 04 18
	25	2 18 38.292	+19.134	+ 12 43 21.56	+115.03	20.30	1.81	4.854 908	+16100	18 00 41
	26	2 18 57.426	19.831	12 45 16.59	118.33	20.24	1.81	4.871 008	16105	17 57 05
	27	2 19 17.257	20.523	12 47 14.92	121.58	20.17	1.80	4.887 113	16107	17 53 29
	28	2 19 37.780	21.209	12 49 16.50	124.79	20.10	1.79	4.903 220	16106	17 49 54
	29	2 19 58.989	21.890	12 51 21.29	127.94	20.04	1.79	4.919 326	16099	17 46 20
	30	2 20 20.879	+22.566	+ 12 53 29.23	+131.06	19.97	1.78	4.935 425	+16090	17 42 46
	31	2 20 43.445	23.237	12 55 40.29	134.13	19.91	1.78	4.951 515	16077	17 39 13
2月	1	2 21 06.682	23.902	12 57 54.42	137.16	19.84	1.77	4.967 592	16059	17 35 41
	2	2 21 30.584	24.563	13 00 11.58	140.16	19.78	1.76	4.983 651	16039	17 32 09
	3	2 21 55.147	25.219	13 02 31.74	143.12	19.72	1.76	4.999 690	16013	17 28 39
	4	2 22 20.366	+25.868	+ 13 04 54.86	+146.04	19.65	1.75	5.015 703	+15986	17 25 08
	5	2 22 46.234	26.511	13 07 20.90	148.91	19.59	1.75	5.031 689	15952	17 21 38
	6	2 23 12.745	27.147	13 09 49.81	151.74	19.53	1.74	5.047 641	15917	17 18 09
	7	2 23 39.892	27.774	13 12 21.55	154.51	19.47	1.74	5.063 558	15876	17 14 41
	8	2 24 07.666	28.392	13 14 56.06	157.22	19.41	1.73	5.079 434	15832	17 11 13
	9	2 24 36.058	+29.001	+ 13 17 33.28	+159.85	19.35	1.73	5.095 266	+15783	17 07 46
	10	2 25 05.059	29.605	13 20 13.13	162.42	19.29	1.72	5.111 049	15732	17 04 19
	11	2 25 34.664	30.200	13 22 55.55	164.93	19.23	1.72	5.126 781	15675	17 00 53
	12	2 26 04.864	30.792	13 25 40.48	167.37	19.17	1.71	5.142 456	15615	16 57 28
	13	2 26 35.656	31.376	13 28 27.85	169.78	19.11	1.70	5.158 071	15551	16 54 03
	14	2 27 07.032	+31.956	+ 13 31 17.63	+172.14	19.05	1.70	5.173 622	+15484	16 50 39
	15	2 27 38.988		+ 13 34 09.77		19.00	1.69	5.189 106		16 47 15

木　　　星

以力学时 0^h 为准　　　　**2024 年**

日期		视赤经		视赤纬		视半径	地平视差	地心距离		上中天
	日	h m s	s	° ′ ″	″	″	″			h m s
2月	15	2 27 38.988	+32.526	+13 34 09.77	+174.45	19.00	1.69	5.189 106	+15414	16 47 15
	16	2 28 11.514	33.090	13 37 04.22	176.70	18.94	1.69	5.204 520	15340	16 43 52
	17	2 28 44.604	33.644	13 40 00.92	178.90	18.88	1.68	5.219 860	15264	16 40 29
	18	2 29 18.248	34.189	13 42 59.82	181.04	18.83	1.68	5.235 124	15184	16 37 07
	19	2 29 52.437	34.724	13 46 00.86	183.11	18.77	1.67	5.250 308	15101	16 33 45
	20	2 30 27.161	+35.252	+13 49 03.97	+185.13	18.72	1.67	5.265 409	+15017	16 30 24
	21	2 31 02.413	35.771	13 52 09.10	187.08	18.67	1.67	5.280 426	14928	16 27 04
	22	2 31 38.184	36.282	13 55 16.18	188.97	18.61	1.66	5.295 354	14838	16 23 44
	23	2 32 14.466	36.787	13 58 25.15	190.81	18.56	1.66	5.310 192	14745	16 20 25
	24	2 32 51.253	37.285	14 01 35.96	192.59	18.51	1.65	5.324 937	14649	16 17 06
	25	2 33 28.538	+37.779	+14 04 48.55	+194.32	18.46	1.65	5.339 586	+14551	16 13 47
	26	2 34 06.317	38.265	14 08 02.87	196.00	18.41	1.64	5.354 137	14450	16 10 29
	27	2 34 44.582	38.747	14 11 18.87	197.64	18.36	1.64	5.368 587	14346	16 07 12
	28	2 35 23.329	39.225	14 14 36.51	199.25	18.31	1.63	5.382 933	14241	16 03 55
	29	2 36 02.554	39.696	14 17 55.76	200.80	18.26	1.63	5.397 174	14133	16 00 38
3月	1	2 36 42.250	+40.162	+14 21 16.56	+202.32	18.22	1.63	5.411 307	+14022	15 57 22
	2	2 37 22.412	40.622	14 24 38.88	203.80	18.17	1.62	5.425 329	13908	15 54 06
	3	2 38 03.034	41.077	14 28 02.68	205.23	18.12	1.62	5.439 237	13792	15 50 51
	4	2 38 44.111	41.524	14 31 27.91	206.63	18.08	1.61	5.453 029	13674	15 47 36
	5	2 39 25.635	41.963	14 34 54.54	207.97	18.03	1.61	5.466 703	13552	15 44 22
	6	2 40 07.598	+42.396	+14 38 22.51	+209.26	17.99	1.60	5.480 255	+13429	15 41 08
	7	2 40 49.994	42.819	14 41 51.77	210.48	17.94	1.60	5.493 684	13302	15 37 55
	8	2 41 32.813	43.236	14 45 22.25	211.64	17.90	1.60	5.506 986	13173	15 34 42
	9	2 42 16.049	43.645	14 48 53.89	212.74	17.86	1.59	5.520 159	13041	15 31 29
	10	2 42 59.694	44.051	14 52 26.63	213.78	17.81	1.59	5.533 200	12906	15 28 17
	11	2 43 43.745	+44.452	+14 56 00.41	+214.77	17.77	1.59	5.546 106	+12769	15 25 05
	12	2 44 28.197	44.847	14 59 35.18	215.73	17.73	1.58	5.558 875	12629	15 21 54
	13	2 45 13.044	45.238	15 03 10.91	216.65	17.69	1.58	5.571 504	12488	15 18 43
	14	2 45 58.282	45.620	15 06 47.56	217.53	17.65	1.57	5.583 992	12344	15 15 32
	15	2 46 43.902	45.994	15 10 25.09	218.36	17.61	1.57	5.596 336	12198	15 12 22
	16	2 47 29.896	+46.360	+15 14 03.45	+219.13	17.58	1.57	5.608 534	+12051	15 09 12
	17	2 48 16.256	46.718	15 17 42.58	219.85	17.54	1.56	5.620 585	11902	15 06 02
	18	2 49 02.974	47.067	15 21 22.43	220.52	17.50	1.56	5.632 487	11751	15 02 53
	19	2 49 50.041	47.408	15 25 02.95	221.14	17.46	1.56	5.644 238	11600	14 59 44
	20	2 50 37.449	47.745	15 28 44.09	221.69	17.43	1.55	5.655 838	11445	14 56 36
	21	2 51 25.194	+48.073	+15 32 25.78	+222.20	17.39	1.55	5.667 283	+11290	14 53 27
	22	2 52 13.267	48.398	15 36 07.98	222.67	17.36	1.55	5.678 573	11134	14 50 20
	23	2 53 01.665	48.717	15 39 50.65	223.10	17.32	1.55	5.689 707	10976	14 47 12
	24	2 53 50.382	49.031	15 43 33.75	223.47	17.29	1.54	5.700 683	10817	14 44 05
	25	2 54 39.413	49.341	15 47 17.22	223.82	17.26	1.54	5.711 500	10656	14 40 58
	26	2 55 28.754	+49.647	+15 51 01.04	+224.13	17.23	1.54	5.722 156	+10494	14 37 51
	27	2 56 18.401	49.949	15 54 45.17	224.42	17.19	1.53	5.732 650	10331	14 34 45
	28	2 57 08.350	50.246	15 58 29.59	224.67	17.16	1.53	5.742 981	10166	14 31 39
	29	2 57 58.596	50.539	16 02 14.26	224.89	17.13	1.53	5.753 147	10000	14 28 33
	30	2 58 49.135	50.826	16 05 59.15	225.08	17.10	1.53	5.763 147	9832	14 25 28
	31	2 59 39.961	+51.108	+16 09 44.23	+225.23	17.07	1.52	5.772 979	+9663	14 22 23
4月	1	3 00 31.069		+16 13 29.46		17.05	1.52	5.782 642		14 19 18

木 星

2024 年 以力学时 0^h 为准

日期		视赤经		视赤纬		视半径	地平视差	地心距离		上中天
	日	h m s	s	° ′ ″	″	″	″			h m s
4月	1	3 00 31.069	+51.383	+16 13 29.46	+225.36	17.05	1.52	5.782 642	+9493	14 19 18
	2	3 01 22.452	51.653	16 17 14.82	225.44	17.02	1.52	5.792 135	9321	14 16 13
	3	3 02 14.105	51.914	16 21 00.26	225.46	16.99	1.52	5.801 456	9147	14 13 09
	4	3 03 06.019	52.170	16 24 45.72	225.45	16.96	1.51	5.810 603	8972	14 10 05
	5	3 03 58.189	52.420	16 28 31.17	225.37	16.94	1.51	5.819 575	8795	14 07 01
	6	3 04 50.609	+52.666	+16 32 16.54	+225.25	16.91	1.51	5.828 370	+8616	14 03 57
	7	3 05 43.275	52.907	16 36 01.79	225.09	16.89	1.51	5.836 986	8437	14 00 54
	8	3 06 36.182	53.147	16 39 46.88	224.90	16.86	1.50	5.845 423	8256	13 57 51
	9	3 07 29.329	53.381	16 43 31.78	224.68	16.84	1.50	5.853 679	8072	13 54 48
	10	3 08 22.710	53.610	16 47 16.46	224.43	16.82	1.50	5.861 751	7889	13 51 45
	11	3 09 16.320	+53.833	+16 51 00.89	+224.17	16.79	1.50	5.869 640	+7704	13 48 43
	12	3 10 10.153	54.046	16 54 45.06	223.85	16.77	1.50	5.877 344	7518	13 45 41
	13	3 11 04.199	54.253	16 58 28.91	223.50	16.75	1.49	5.884 862	7332	13 42 39
	14	3 11 58.452	54.452	17 02 12.41	223.10	16.73	1.49	5.892 194	7145	13 39 37
	15	3 12 52.904	54.644	17 05 55.51	222.67	16.71	1.49	5.899 339	6958	13 36 35
	16	3 13 47.548	+54.829	+17 09 38.18	+222.18	16.69	1.49	5.906 297	+6769	13 33 34
	17	3 14 42.377	55.011	17 13 20.36	221.66	16.67	1.49	5.913 066	6581	13 30 32
	18	3 15 37.388	55.187	17 17 02.02	221.10	16.65	1.49	5.919 647	6391	13 27 31
	19	3 16 32.575	55.358	17 20 43.12	220.51	16.63	1.48	5.926 038	6202	13 24 30
	20	3 17 27.933	55.526	17 24 23.63	219.90	16.62	1.48	5.932 240	6012	13 21 30
	21	3 18 23.459	+55.690	+17 28 03.53	+219.24	16.60	1.48	5.938 252	+5822	13 18 29
	22	3 19 19.149	55.851	17 31 42.77	218.59	16.58	1.48	5.944 074	5631	13 15 29
	23	3 20 15.000	56.008	17 35 21.36	217.89	16.57	1.48	5.949 705	5440	13 12 29
	24	3 21 11.008	56.162	17 38 59.25	217.19	16.55	1.48	5.955 145	5248	13 09 28
	25	3 22 07.170	56.313	17 42 36.44	216.47	16.54	1.48	5.960 393	5056	13 06 29
	26	3 23 03.483	+56.457	+17 46 12.91	+215.72	16.52	1.47	5.965 449	+4864	13 03 29
	27	3 23 59.940	56.598	17 49 48.63	214.96	16.51	1.47	5.970 313	4670	13 00 29
	28	3 24 56.538	56.732	17 53 23.59	214.17	16.50	1.47	5.974 983	4476	12 57 30
	29	3 25 53.270	56.862	17 56 57.76	213.36	16.49	1.47	5.979 459	4282	12 54 30
	30	3 26 50.132	56.985	18 00 31.12	212.51	16.47	1.47	5.983 741	4087	12 51 31
5月	1	3 27 47.117	+57.101	+18 04 03.63	+211.62	16.46	1.47	5.987 828	+3892	12 48 32
	2	3 28 44.218	57.214	18 07 35.25	210.70	16.45	1.47	5.991 720	3694	12 45 33
	3	3 29 41.432	57.323	18 11 05.95	209.74	16.44	1.47	5.995 414	3498	12 42 34
	4	3 30 38.755	57.426	18 14 35.69	208.75	16.43	1.47	5.998 912	3299	12 39 35
	5	3 31 36.181	57.529	18 18 04.44	207.73	16.42	1.47	6.002 211	3101	12 36 36
	6	3 32 33.710	+57.627	+18 21 32.17	+206.69	16.41	1.46	6.005 312	+2902	12 33 38
	7	3 33 31.337	57.722	18 24 58.86	205.66	16.41	1.46	6.008 214	2702	12 30 39
	8	3 34 29.059	57.810	18 28 24.52	204.59	16.40	1.46	6.010 916	2502	12 27 41
	9	3 35 26.869	57.892	18 31 49.11	203.51	16.39	1.46	6.013 418	2302	12 24 43
	10	3 36 24.761	57.966	18 35 12.62	202.41	16.39	1.46	6.015 720	2101	12 21 44
	11	3 37 22.727	+58.033	+18 38 35.03	+201.28	16.38	1.46	6.017 821	+1902	12 18 46
	12	3 38 20.760	58.092	18 41 56.31	200.10	16.37	1.46	6.019 723	1702	12 15 48
	13	3 39 18.852	58.145	18 45 16.41	198.91	16.37	1.46	6.021 425	1502	12 12 50
	14	3 40 16.997	58.193	18 48 35.32	197.68	16.37	1.46	6.022 927	1303	12 09 52
	15	3 41 15.190	58.237	18 51 53.00	196.41	16.36	1.46	6.024 230	1104	12 06 54
	16	3 42 13.427	+58.278	+18 55 09.41	+195.10	16.36	1.46	6.025 334	+905	12 03 56
	17	3 43 11.705		+18 58 24.51		16.36	1.46	6.026 239		12 00 58

木　　星

以力学时 0^h 为准　　　　**2024 年**

日期		视赤经		视赤纬		视半径	地平视差	地心距离		上中天
	日	h m s	s	° ′ ″	″	″	″			h m s
5月	17	3 43 11.705	+58.313	+ 18 58 24.51	+193.67	16.36	1.46	6.026 239	+ 707	12 00 58
	18	3 44 10.018	58.317	19 01 38.18	192.30	16.36	1.46	6.026 946	508	11 58 00
	19	3 45 08.335	58.353	19 04 50.48	191.47	16.35	1.46	6.027 454	311	11 55 02
	20	3 46 06.688	58.394	19 08 01.95	190.03	16.35	1.46	6.027 765	+ 113	11 52 05
	21	3 47 05.082	58.417	19 11 11.98	188.60	16.35	1.46	6.027 878	− 83	11 49 07
	22	3 48 03.499	+58.433	+ 19 14 20.58	+187.23	16.35	1.46	6.027 795	− 281	11 46 09
	23	3 49 01.932	58.447	19 17 27.81	185.87	16.35	1.46	6.027 514	478	11 43 11
	24	3 50 00.379	58.454	19 20 33.68	184.50	16.36	1.46	6.027 036	673	11 40 13
	25	3 50 58.833	58.458	19 23 38.18	183.13	16.36	1.46	6.026 363	870	11 37 16
	26	3 51 57.291	58.455	19 26 41.31	181.74	16.36	1.46	6.025 493	1066	11 34 18
	27	3 52 55.746	+58.446	+ 19 29 43.05	+180.33	16.36	1.46	6.024 427	− 1262	11 31 20
	28	3 53 54.192	58.432	19 32 43.38	178.91	16.37	1.46	6.023 165	1458	11 28 22
	29	3 54 52.624	58.412	19 35 42.29	177.44	16.37	1.46	6.021 707	1654	11 25 25
	30	3 55 51.036	58.389	19 38 39.73	175.97	16.37	1.46	6.020 053	1850	11 22 27
	31	3 56 49.425	58.361	19 41 35.70	174.46	16.38	1.46	6.018 203	2046	11 19 29
6月	1	3 57 47.786	+58.330	+ 19 44 30.16	+172.94	16.38	1.46	6.016 157	− 2243	11 16 31
	2	3 58 46.116	58.297	19 47 23.10	171.41	16.39	1.46	6.013 914	2438	11 13 33
	3	3 59 44.413	58.259	19 50 14.51	169.89	16.40	1.46	6.011 476	2634	11 10 36
	4	4 00 42.672	58.216	19 53 04.40	168.36	16.40	1.46	6.008 842	2830	11 07 38
	5	4 01 40.888	58.166	19 55 52.76	166.82	16.41	1.46	6.006 012	3025	11 04 40
	6	4 02 39.054	+58.109	+ 19 58 39.58	+165.28	16.42	1.46	6.002 987	− 3219	11 01 42
	7	4 03 37.163	58.044	20 01 24.86	163.72	16.43	1.47	5.999 768	3414	10 58 43
	8	4 04 35.207	57.970	20 04 08.58	162.15	16.44	1.47	5.996 354	3606	10 55 45
	9	4 05 33.177	57.890	20 06 50.73	160.55	16.45	1.47	5.992 748	3799	10 52 47
	10	4 06 31.067	57.804	20 09 31.28	158.93	16.46	1.47	5.988 949	3991	10 49 49
	11	4 07 28.871	+57.711	+ 20 12 10.21	+157.30	16.47	1.47	5.984 958	− 4180	10 46 50
	12	4 08 26.582	57.615	20 14 47.51	155.65	16.48	1.47	5.980 778	4371	10 43 52
	13	4 09 24.197	57.514	20 17 23.16	154.00	16.49	1.47	5.976 407	4559	10 40 53
	14	4 10 21.711	57.408	20 19 57.16	152.34	16.51	1.47	5.971 848	4746	10 37 54
	15	4 11 19.119	57.300	20 22 29.50	150.68	16.52	1.47	5.967 102	4933	10 34 56
	16	4 12 16.419	+57.187	+ 20 25 00.18	+149.00	16.53	1.47	5.962 169	− 5118	10 31 57
	17	4 13 13.606	57.069	20 27 29.18	147.35	16.55	1.48	5.957 051	5303	10 28 58
	18	4 14 10.675	56.950	20 29 56.53	145.69	16.56	1.48	5.951 748	5487	10 25 58
	19	4 15 07.625	56.823	20 32 22.22	144.03	16.58	1.48	5.946 261	5669	10 22 59
	20	4 16 04.448	56.694	20 34 46.25	142.39	16.59	1.48	5.940 592	5850	10 20 00
	21	4 17 01.142	+56.557	+ 20 37 08.64	+140.75	16.61	1.48	5.934 742	− 6032	10 17 00
	22	4 17 57.699	56.415	20 39 29.39	139.10	16.63	1.48	5.928 710	6211	10 14 00
	23	4 18 54.114	56.265	20 41 48.49	137.46	16.64	1.48	5.922 499	6390	10 11 01
	24	4 19 50.379	56.109	20 44 05.95	135.78	16.66	1.49	5.916 109	6569	10 08 01
	25	4 20 46.488	55.947	20 46 21.73	134.11	16.68	1.49	5.909 540	6747	10 05 00
	26	4 21 42.435	+55.780	+ 20 48 35.84	+132.41	16.70	1.49	5.902 793	− 6924	10 02 00
	27	4 22 38.215	55.609	20 50 48.25	130.70	16.72	1.49	5.895 869	7101	9 59 00
	28	4 23 33.824	55.435	20 52 58.95	128.99	16.74	1.49	5.888 768	7276	9 55 59
	29	4 24 29.259	55.255	20 55 07.94	127.28	16.76	1.50	5.881 492	7452	9 52 58
	30	4 25 24.514	55.072	20 57 15.22	125.57	16.78	1.50	5.874 040	7626	9 49 57
7月	1	4 26 19.586	+54.883	+ 20 59 20.79	+123.88	16.80	1.50	5.866 414	− 7800	9 46 56
	2	4 27 14.469		+ 21 01 24.67		16.83	1.50	5.858 614		9 43 55

木　　星

2024 年　　　以力学时 0^h 为准

日期		视赤经		视赤纬		视半径	地平视差	地心距离		上中天
	日	h m s	s	° ′ ″	″	″	″			h m s
7月	1	4 26 19.586	+54.883	+20 59 20.79	+123.88	16.80	1.50	5.866 414	−7800	9 46 56
	2	4 27 14.469	54.686	21 01 24.67	122.19	16.83	1.50	5.858 614	7972	9 43 55
	3	4 28 09.155	54.483	21 03 26.86	120.51	16.85	1.50	5.850 642	8144	9 40 53
	4	4 29 03.638	54.269	21 05 27.37	118.83	16.87	1.51	5.842 498	8313	9 37 51
	5	4 29 57.907	54.047	21 07 26.20	117.15	16.90	1.51	5.834 185	8483	9 34 49
	6	4 30 51.954	+53.818	+21 09 23.35	+115.45	16.92	1.51	5.825 702	−8650	9 31 47
	7	4 31 45.772	53.579	21 11 18.80	113.75	16.95	1.51	5.817 052	8816	9 28 45
	8	4 32 39.351	53.334	21 13 12.55	112.04	16.97	1.51	5.808 236	8979	9 25 42
	9	4 33 32.685	53.084	21 15 04.59	110.32	17.00	1.52	5.799 257	9143	9 22 39
	10	4 34 25.769	52.827	21 16 54.91	108.62	17.02	1.52	5.790 114	9303	9 19 36
	11	4 35 18.596	+52.566	+21 18 43.53	+106.90	17.05	1.52	5.780 811	−9462	9 16 32
	12	4 36 11.162	52.299	21 20 30.43	105.20	17.08	1.52	5.771 349	9620	9 13 29
	13	4 37 03.461	52.028	21 22 15.63	103.50	17.11	1.53	5.761 729	9776	9 10 25
	14	4 37 55.489	51.751	21 23 59.13	101.81	17.14	1.53	5.751 953	9929	9 07 21
	15	4 38 47.240	51.470	21 25 40.94	100.15	17.17	1.53	5.742 024	10082	9 04 16
	16	4 39 38.710	+51.183	+21 27 21.09	+98.49	17.20	1.53	5.731 942	−10232	9 01 11
	17	4 40 29.893	50.890	21 28 59.58	96.85	17.23	1.54	5.721 710	10382	8 58 06
	18	4 41 20.783	50.590	21 30 36.43	95.23	17.26	1.54	5.711 328	10528	8 55 01
	19	4 42 11.373	50.284	21 32 11.66	93.62	17.29	1.54	5.700 800	10674	8 51 55
	20	4 43 01.657	49.970	21 33 45.28	92.01	17.32	1.55	5.690 126	10818	8 48 49
	21	4 43 51.627	+49.648	+21 35 17.29	+90.41	17.36	1.55	5.679 308	−10960	8 45 43
	22	4 44 41.275	49.317	21 36 47.70	88.80	17.39	1.55	5.668 348	11101	8 42 36
	23	4 45 30.592	48.981	21 38 16.50	87.18	17.42	1.55	5.657 247	11241	8 39 29
	24	4 46 19.573	48.640	21 39 43.68	85.56	17.46	1.56	5.646 006	11379	8 36 22
	25	4 47 08.213	48.293	21 41 09.24	83.94	17.49	1.56	5.634 627	11517	8 33 14
	26	4 47 56.506	+47.942	+21 42 33.18	+82.33	17.53	1.56	5.623 110	−11651	8 30 06
	27	4 48 44.448	47.585	21 43 55.51	80.73	17.57	1.57	5.611 459	11786	8 26 58
	28	4 49 32.033	47.222	21 45 16.24	79.16	17.60	1.57	5.599 673	11918	8 23 49
	29	4 50 19.255	46.850	21 46 35.40	77.60	17.64	1.57	5.587 755	12049	8 20 40
	30	4 51 06.105	46.470	21 47 53.00	76.06	17.68	1.58	5.575 706	12178	8 17 31
	31	4 51 52.575	+46.079	+21 49 09.06	+74.54	17.72	1.58	5.563 528	−12304	8 14 21
8月	1	4 52 38.654	45.679	21 50 23.60	73.02	17.76	1.58	5.551 224	12429	8 11 11
	2	4 53 24.333	45.268	21 51 36.62	71.50	17.80	1.59	5.538 795	12551	8 08 00
	3	4 54 09.601	44.848	21 52 48.12	69.99	17.84	1.59	5.526 244	12671	8 04 49
	4	4 54 54.449	44.420	21 53 58.11	68.47	17.88	1.59	5.513 573	12789	8 01 38
	5	4 55 38.869	+43.985	+21 55 06.58	+66.97	17.92	1.60	5.500 784	−12904	7 58 26
	6	4 56 22.854	43.541	21 56 13.55	65.47	17.96	1.60	5.487 880	13016	7 55 14
	7	4 57 06.395	43.092	21 57 19.02	63.97	18.00	1.61	5.474 864	13127	7 52 01
	8	4 57 49.487	42.635	21 58 22.99	62.50	18.05	1.61	5.461 737	13235	7 48 48
	9	4 58 32.122	42.174	21 59 25.49	61.04	18.09	1.61	5.448 502	13339	7 45 34
	10	4 59 14.296	+41.705	+22 00 26.53	+59.58	18.14	1.62	5.435 163	−13441	7 42 20
	11	4 59 56.001	41.230	22 01 26.11	58.17	18.18	1.62	5.421 722	13542	7 39 05
	12	5 00 37.231	40.748	22 02 24.28	56.77	18.23	1.63	5.408 180	13638	7 35 50
	13	5 01 17.979	40.260	22 03 21.05	55.39	18.27	1.63	5.394 542	13732	7 32 35
	14	5 01 58.239	39.764	22 04 16.44	54.04	18.32	1.63	5.380 810	13824	7 29 19
	15	5 02 38.003	+39.260	+22 05 10.48	+52.71	18.37	1.64	5.366 986	−13914	7 26 02
	16	5 03 17.263		+22 06 03.19		18.41	1.64	5.353 072		7 22 45

木 星

以力学时 0^h 为准

2024 年

日期		视赤经		视赤纬		视半径	地平视差	地心距离		上中天
	日	h m s	s	° ′ ″	″	″	″			h m s
8月	16	5 03 17.263	+38.747	+22 06 03.19	+51.39	18.41	1.64	5.353 072	−14000	7 22 45
	17	5 03 56.010	38.226	22 06 54.58	50.09	18.46	1.65	5.339 072	14083	7 19 28
	18	5 04 34.236	37.696	22 07 44.67	48.80	18.51	1.65	5.324 989	14166	7 16 10
	19	5 05 11.932	37.157	22 08 33.47	47.49	18.56	1.66	5.310 823	14244	7 12 51
	20	5 05 49.089	36.611	22 09 20.96	46.20	18.61	1.66	5.296 579	14322	7 09 32
	21	5 06 25.700	+36.060	+22 10 07.16	+44.90	18.66	1.66	5.282 257	−14395	7 06 12
	22	5 07 01.760	35.503	22 10 52.06	43.61	18.71	1.67	5.267 862	14468	7 02 52
	23	5 07 37.263	34.941	22 11 35.67	42.35	18.76	1.67	5.253 394	14538	6 59 32
	24	5 08 12.204	34.371	22 12 18.02	41.10	18.82	1.68	5.238 856	14605	6 56 10
	25	5 08 46.575	33.793	22 12 59.12	39.90	18.87	1.68	5.224 251	14669	6 52 48
	26	5 09 20.368	+33.203	+22 13 39.02	+38.71	18.92	1.69	5.209 582	−14731	6 49 26
	27	5 09 53.571	32.604	22 14 17.73	37.54	18.98	1.69	5.194 851	14789	6 46 03
	28	5 10 26.175	31.993	22 14 55.27	36.39	19.03	1.70	5.180 062	14844	6 42 39
	29	5 10 58.168	31.371	22 15 31.66	35.24	19.08	1.70	5.165 218	14897	6 39 15
	30	5 11 29.539	30.740	22 16 06.90	34.10	19.14	1.71	5.150 321	14946	6 35 50
	31	5 12 00.279	+30.099	+22 16 41.00	+32.97	19.19	1.71	5.135 375	−14991	6 32 25
9月	1	5 12 30.378	29.450	22 17 13.97	31.85	19.25	1.72	5.120 384	15033	6 28 58
	2	5 12 59.828	28.791	22 17 45.82	30.73	19.31	1.72	5.105 351	15071	6 25 32
	3	5 13 28.619	28.127	22 18 16.55	29.63	19.36	1.73	5.090 280	15106	6 22 04
	4	5 13 56.746	27.455	22 18 46.18	28.53	19.42	1.73	5.075 174	15137	6 18 36
	5	5 14 24.201	+26.777	+22 19 14.71	+27.46	19.48	1.74	5.060 037	−15164	6 15 07
	6	5 14 50.978	26.091	22 19 42.17	26.41	19.54	1.74	5.044 873	15188	6 11 38
	7	5 15 17.069	25.401	22 20 08.58	25.38	19.60	1.75	5.029 685	15207	6 08 08
	8	5 15 42.470	24.701	22 20 33.96	24.37	19.66	1.75	5.014 478	15224	6 04 37
	9	5 16 07.171	23.997	22 20 58.33	23.38	19.72	1.76	4.999 254	15235	6 01 05
	10	5 16 31.168	+23.285	+22 21 21.71	+22.43	19.78	1.76	4.984 019	−15244	5 57 33
	11	5 16 54.453	22.564	22 21 44.14	21.48	19.84	1.77	4.968 775	15248	5 54 00
	12	5 17 17.017	21.838	22 22 05.62	20.57	19.90	1.78	4.953 527	15249	5 50 27
	13	5 17 38.855	21.101	22 22 26.19	19.66	19.96	1.78	4.938 278	15246	5 46 52
	14	5 17 59.956	20.357	22 22 45.85	18.77	20.02	1.79	4.923 032	15239	5 43 17
	15	5 18 20.313	+19.606	+22 23 04.62	+17.86	20.08	1.79	4.907 793	−15229	5 39 41
	16	5 18 39.919	18.847	22 23 22.48	16.97	20.15	1.80	4.892 564	15216	5 36 05
	17	5 18 58.766	18.084	22 23 39.45	16.07	20.21	1.80	4.877 348	15198	5 32 27
	18	5 19 16.850	17.316	22 23 55.52	15.16	20.27	1.81	4.862 150	15177	5 28 49
	19	5 19 34.166	16.545	22 24 10.68	14.27	20.34	1.81	4.846 973	15152	5 25 11
	20	5 19 50.711	+15.768	+22 24 24.95	+13.40	20.40	1.82	4.831 821	−15125	5 21 31
	21	5 20 06.479	14.984	22 24 38.35	12.56	20.46	1.83	4.816 696	15093	5 17 51
	22	5 20 21.463	14.193	22 24 50.91	11.75	20.53	1.83	4.801 603	15057	5 14 09
	23	5 20 35.656	13.393	22 25 02.66	10.94	20.59	1.84	4.786 546	15017	5 10 27
	24	5 20 49.049	12.582	22 25 13.60	10.15	20.66	1.84	4.771 529	14973	5 06 45
	25	5 21 01.631	+11.763	+22 25 23.75	+9.36	20.72	1.85	4.756 556	−14925	5 03 01
	26	5 21 13.394	10.937	22 25 33.11	8.57	20.79	1.85	4.741 631	14872	4 59 17
	27	5 21 24.331	10.103	22 25 41.68	7.79	20.85	1.86	4.726 759	14814	4 55 31
	28	5 21 34.434	9.264	22 25 49.47	7.00	20.92	1.87	4.711 945	14752	4 51 45
	29	5 21 43.698	8.420	22 25 56.47	6.22	20.99	1.87	4.697 193	14685	4 47 59
	30	5 21 52.118	+7.571	+22 26 02.69	+5.43	21.05	1.88	4.682 508	−14614	4 44 11
10月	1	5 21 59.689		+22 26 08.12		21.12	1.88	4.667 894		4 40 22

木　　星

2024 年　　以力学时 0^h 为准

日期		视赤经		视赤纬		视半径	地平视差	地心距离		上中天
	日	h m s	s	° ′ ″	″	″	″			h m s
10月	1	5 21 59.689	+6.719	+22 26 08.12	+4.65	21.12	1.88	4.667 894	−14537	4 40 22
	2	5 22 06.408	5.865	22 26 12.77	3.89	21.18	1.89	4.653 357	14457	4 36 33
	3	5 22 12.273	5.009	22 26 16.66	3.12	21.25	1.90	4.638 900	14370	4 32 43
	4	5 22 17.282	4.149	22 26 19.78	2.37	21.32	1.90	4.624 530	14279	4 28 52
	5	5 22 21.431	3.288	22 26 22.15	1.63	21.38	1.91	4.610 251	14184	4 25 00
	6	5 22 24.719	+2.426	+22 26 23.78	+0.91	21.45	1.91	4.596 067	−14083	4 21 07
	7	5 22 27.145	1.562	22 26 24.69	+0.21	21.51	1.92	4.581 984	13978	4 17 13
	8	5 22 28.707	+0.695	22 26 24.90	−0.50	21.58	1.93	4.568 006	13867	4 13 19
	9	5 22 29.402	−0.172	22 26 24.40	1.19	21.64	1.93	4.554 139	13753	4 09 23
	10	5 22 29.230	1.043	22 26 23.21	1.87	21.71	1.94	4.540 386	13633	4 05 27
	11	5 22 28.187	−1.913	+22 26 21.34	−2.56	21.78	1.94	4.526 753	−13510	4 01 30
	12	5 22 26.274	2.785	22 26 18.78	3.25	21.84	1.95	4.513 243	13380	3 57 32
	13	5 22 23.489	3.657	22 26 15.53	3.96	21.91	1.95	4.499 863	13247	3 53 33
	14	5 22 19.832	4.527	22 26 11.57	4.69	21.97	1.96	4.486 616	13110	3 49 34
	15	5 22 15.305	5.393	22 26 06.88	5.42	22.03	1.97	4.473 506	12968	3 45 33
	16	5 22 09.912	−6.257	+22 26 01.46	−6.17	22.10	1.97	4.460 538	−12822	3 41 32
	17	5 22 03.655	7.114	22 25 55.29	6.90	22.16	1.98	4.447 716	12672	3 37 29
	18	5 21 56.541	7.970	22 25 48.39	7.64	22.23	1.98	4.435 044	12517	3 33 26
	19	5 21 48.571	8.824	22 25 40.75	8.35	22.29	1.99	4.422 527	12357	3 29 22
	20	5 21 39.747	9.677	22 25 32.40	9.05	22.35	1.99	4.410 170	12194	3 25 18
	21	5 21 30.070	−10.530	+22 25 23.35	−9.76	22.41	2.00	4.397 976	−12025	3 21 12
	22	5 21 19.540	11.382	22 25 13.59	10.47	22.47	2.01	4.385 951	11853	3 17 05
	23	5 21 08.158	12.233	22 25 03.12	11.19	22.54	2.01	4.374 098	11673	3 12 58
	24	5 20 55.925	13.080	22 24 51.93	11.94	22.60	2.02	4.362 425	11491	3 08 50
	25	5 20 42.845	13.921	22 24 39.99	12.68	22.66	2.02	4.350 934	11303	3 04 41
	26	5 20 28.924	−14.756	+22 24 27.31	−13.44	22.71	2.03	4.339 631	−11110	3 00 31
	27	5 20 14.168	15.582	22 24 13.87	14.21	22.77	2.03	4.328 521	10912	2 56 20
	28	5 19 58.586	16.401	22 23 59.66	14.99	22.83	2.04	4.317 609	10709	2 52 09
	29	5 19 42.185	17.209	22 23 44.67	15.77	22.89	2.04	4.306 900	10502	2 47 56
	30	5 19 24.976	18.006	22 23 28.90	16.54	22.94	2.05	4.296 398	10289	2 43 43
	31	5 19 06.970	−18.792	+22 23 12.36	−17.33	23.00	2.05	4.286 109	−10071	2 39 29
11月	1	5 18 48.178	19.567	22 22 55.03	18.09	23.05	2.06	4.276 038	9850	2 35 15
	2	5 18 28.611	20.328	22 22 36.94	18.86	23.11	2.06	4.266 188	9623	2 30 59
	3	5 18 08.283	21.077	22 22 18.08	19.62	23.16	2.07	4.256 565	9393	2 26 43
	4	5 17 47.206	21.813	22 21 58.46	20.38	23.21	2.07	4.247 172	9157	2 22 26
	5	5 17 25.393	−22.536	+22 21 38.08	−21.12	23.26	2.08	4.238 015	−8917	2 18 09
	6	5 17 02.857	23.245	22 21 16.96	21.86	23.31	2.08	4.229 098	8673	2 13 50
	7	5 16 39.612	23.941	22 20 55.10	22.62	23.36	2.08	4.220 425	8426	2 09 31
	8	5 16 15.671	24.620	22 20 32.48	23.38	23.40	2.09	4.211 999	8175	2 05 11
	9	5 15 51.051	25.284	22 20 09.10	24.15	23.45	2.09	4.203 824	7919	2 00 51
	10	5 15 25.767	−25.931	+22 19 44.95	−24.93	23.49	2.10	4.195 905	−7660	1 56 30
	11	5 14 59.836	26.559	22 19 20.02	25.73	23.54	2.10	4.188 245	7399	1 52 08
	12	5 14 33.277	27.166	22 18 54.29	26.52	23.58	2.10	4.180 846	7133	1 47 46
	13	5 14 06.111	27.753	22 18 27.77	27.33	23.62	2.11	4.173 713	6865	1 43 23
	14	5 13 38.358	28.319	22 18 00.44	28.11	23.66	2.11	4.166 848	6594	1 38 59
	15	5 13 10.039	−28.866	+22 17 32.33	−28.87	23.69	2.11	4.160 254	−6320	1 34 35
	16	5 12 41.173		+22 17 03.46		23.73	2.12	4.153 934		1 30 10

木　　星

以力学时 0^h 为准　　**2024 年**

日期		视赤经		视赤纬		视半径	地平视差	地心距离		上中天
	日	h m s	s	° ′ ″	″	″	″			h m s
11月	16	5 12 41.173	−29.395	+22 17 03.46	−29.62	23.73	2.12	4.153 934	−6042	1 30 10
	17	5 12 11.778	29.907	22 16 33.84	30.34	23.76	2.12	4.147 892	5762	1 25 45
	18	5 11 41.871	30.401	22 16 03.50	31.07	23.80	2.12	4.142 130	5479	1 21 19
	19	5 11 11.470	30.879	22 15 32.43	31.80	23.83	2.13	4.136 651	5193	1 16 53
	20	5 10 40.591	31.335	22 15 00.63	32.51	23.86	2.13	4.131 458	4903	1 12 27
	21	5 10 09.256	−31.770	+22 14 28.12	−33.24	23.89	2.13	4.126 555	−4611	1 08 00
	22	5 09 37.486	32.183	22 13 54.88	33.96	23.91	2.13	4.121 944	4316	1 03 32
	23	5 09 05.303	32.571	22 13 20.92	34.66	23.94	2.14	4.117 628	4018	0 59 04
	24	5 08 32.732	32.934	22 12 46.26	35.36	23.96	2.14	4.113 610	3717	0 54 36
	25	5 07 59.798	33.270	22 12 10.90	36.03	23.98	2.14	4.109 893	3415	0 50 07
	26	5 07 26.528	−33.580	+22 11 34.87	−36.68	24.00	2.14	4.106 478	−3110	0 45 38
	27	5 06 52.948	33.864	22 10 58.19	37.32	24.02	2.14	4.103 368	2802	0 41 09
	28	5 06 19.084	34.119	22 10 20.87	37.90	24.04	2.14	4.100 566	2494	0 36 39
	29	5 05 44.965	34.347	22 09 42.97	38.47	24.05	2.15	4.098 072	2182	0 32 09
	30	5 05 10.618	34.549	22 09 04.50	38.99	24.07	2.15	4.095 890	1870	0 27 39
12月	1	5 04 36.069	−34.722	+22 08 25.51	−39.48	24.08	2.15	4.094 020	−1556	0 23 09
	2	5 04 01.347	34.869	22 07 46.03	39.93	24.09	2.15	4.092 464	1241	0 18 39
	3	5 03 26.478	34.988	22 07 06.10	40.35	24.09	2.15	4.091 223	925	0 14 08
	4	5 02 51.490	35.082	22 06 25.75	40.74	24.10	2.15	4.090 298	609	0 09 37
	5	5 02 16.408	35.147	22 05 45.01	41.10	24.10	2.15	4.089 689	−291	0 05 07
	6	5 01 41.261	−35.186	+22 05 03.91	−41.43	24.10	2.15	4.089 398	+25	0 00 36 *
	7	5 01 06.075	35.196	22 04 22.48	41.76	24.10	2.15	4.089 423	343	23 51 34
	8	5 00 30.879	35.177	22 03 40.72	42.04	24.10	2.15	4.089 766	659	23 47 03
	9	4 59 55.702	35.130	22 02 58.68	42.30	24.10	2.15	4.090 425	976	23 42 32
	10	4 59 20.572	35.051	22 02 16.38	42.52	24.09	2.15	4.091 401	1292	23 38 02
	11	4 58 45.521	−34.946	+22 01 33.86	−42.69	24.09	2.15	4.092 693	+1606	23 33 31
	12	4 58 10.575	34.811	22 00 51.17	42.81	24.08	2.15	4.094 299	1921	23 29 00
	13	4 57 35.764	34.652	22 00 08.36	42.87	24.06	2.15	4.096 220	2234	23 24 30
	14	4 57 01.112	34.469	21 59 25.49	42.88	24.05	2.15	4.098 454	2546	23 20 00
	15	4 56 26.643	34.262	21 58 42.61	42.84	24.04	2.14	4.101 000	2858	23 15 30
	16	4 55 52.381	−34.035	+21 57 59.77	−42.76	24.02	2.14	4.103 858	+3167	23 11 00
	17	4 55 18.346	33.783	21 57 17.01	42.65	24.00	2.14	4.107 025	3477	23 06 31
	18	4 54 44.563	33.509	21 56 34.36	42.50	23.98	2.14	4.110 502	3785	23 02 01
	19	4 54 11.054	33.210	21 55 51.86	42.32	23.96	2.14	4.114 287	4092	22 57 32
	20	4 53 37.844	32.884	21 55 09.54	42.09	23.93	2.14	4.118 379	4397	22 53 04
	21	4 53 04.960	−32.535	+21 54 27.45	−41.82	23.91	2.13	4.122 776	+4701	22 48 35
	22	4 52 32.425	32.158	21 53 45.63	41.50	23.88	2.13	4.127 477	5003	22 44 08
	23	4 52 00.267	31.756	21 53 04.13	41.12	23.85	2.13	4.132 480	5303	22 39 40
	24	4 51 28.511	31.331	21 52 23.01	40.69	23.82	2.13	4.137 783	5601	22 35 13
	25	4 50 57.180	30.879	21 51 42.32	40.19	23.79	2.12	4.143 384	5897	22 30 46
	26	4 50 26.301	−30.405	+21 51 02.13	−39.65	23.76	2.12	4.149 281	+6191	22 26 20
	27	4 49 55.896	29.907	21 50 22.48	39.03	23.72	2.12	4.155 472	6482	22 21 54
	28	4 49 25.989	29.388	21 49 43.45	38.37	23.68	2.11	4.161 954	6770	22 17 29
	29	4 48 56.601	28.847	21 49 05.08	37.63	23.65	2.11	4.168 724	7056	22 13 05
	30	4 48 27.754	28.286	21 48 27.45	36.85	23.61	2.11	4.175 780	7338	22 08 41
	31	4 47 59.468	−27.707	+21 47 50.60	−36.03	23.56	2.10	4.183 118	+7617	22 04 17
	32	4 47 31.761		+21 47 14.57		23.52	2.10	4.190 735		21 59 54

* 第二次上中天 12 月 6 日 23^h 56^m 05^s。

土　星

2024 年　　以力学时 0^h 为准

日期		视赤经		视赤纬		视半径	地平视差	地心距离		上中天
	日	h m s	s	° ′ ″	″	″	″			h m s
1月	0	22 22 46.803	+19.972	−11 52 19.62	+118.82	8.08	0.86	10.281 301	+13347	15 43 45
	1	22 23 06.775	20.227	11 50 20.80	120.28	8.07	0.85	10.294 648	13188	15 40 09
	2	22 23 27.002	20.480	11 48 20.52	121.73	8.06	0.85	10.307 836	13023	15 36 34
	3	22 23 47.482	20.728	11 46 18.79	123.15	8.05	0.85	10.320 859	12857	15 32 58
	4	22 24 08.210	20.975	11 44 15.64	124.57	8.04	0.85	10.333 716	12687	15 29 23
	5	22 24 29.185	+21.218	−11 42 11.07	+125.97	8.03	0.85	10.346 403	+12512	15 25 48
	6	22 24 50.403	21.459	11 40 05.10	127.36	8.02	0.85	10.358 915	12336	15 22 14
	7	22 25 11.862	21.695	11 37 57.74	128.71	8.01	0.85	10.371 251	12156	15 18 39
	8	22 25 33.557	21.929	11 35 49.03	130.05	8.00	0.85	10.383 407	11971	15 15 05
	9	22 25 55.486	22.155	11 33 38.98	131.35	7.99	0.85	10.395 378	11785	15 11 31
	10	22 26 17.641	+22.378	−11 31 27.63	+132.62	7.98	0.85	10.407 163	+11595	15 07 57
	11	22 26 40.019	22.591	11 29 15.01	133.84	7.98	0.84	10.418 758	11402	15 04 24
	12	22 27 02.610	22.799	11 27 01.17	135.04	7.97	0.84	10.430 160	11204	15 00 50
	13	22 27 25.409	23.000	11 24 46.13	136.20	7.96	0.84	10.441 364	11006	14 57 17
	14	22 27 48.409	23.196	11 22 29.93	137.35	7.95	0.84	10.452 370	10804	14 53 44
	15	22 28 11.605	+23.389	−11 20 12.58	+138.48	7.94	0.84	10.463 174	+10599	14 50 12
	16	22 28 34.994	23.578	11 17 54.10	139.60	7.93	0.84	10.473 773	10392	14 46 39
	17	22 28 58.572	23.765	11 15 34.50	140.70	7.93	0.84	10.484 165	10182	14 43 07
	18	22 29 22.337	23.948	11 13 13.80	141.78	7.92	0.84	10.494 347	9972	14 39 35
	19	22 29 46.285	24.128	11 10 52.02	142.83	7.91	0.84	10.504 319	9758	14 36 03
	20	22 30 10.413	+24.302	−11 08 29.19	+143.85	7.90	0.84	10.514 077	+9543	14 32 31
	21	22 30 34.715	24.472	11 06 05.34	144.83	7.90	0.84	10.523 620	9326	14 28 59
	22	22 30 59.187	24.636	11 03 40.51	145.79	7.89	0.83	10.532 946	9108	14 25 28
	23	22 31 23.823	24.794	11 01 14.72	146.71	7.88	0.83	10.542 054	8887	14 21 56
	24	22 31 48.617	24.946	10 58 48.01	147.60	7.88	0.83	10.550 941	8664	14 18 25
	25	22 32 13.563	+25.094	−10 56 20.41	+148.47	7.87	0.83	10.559 605	+8441	14 14 54
	26	22 32 38.657	25.237	10 53 51.94	149.31	7.86	0.83	10.568 046	8215	14 11 23
	27	22 33 03.894	25.376	10 51 22.63	150.14	7.86	0.83	10.576 261	7987	14 07 53
	28	22 33 29.270	25.510	10 48 52.49	150.94	7.85	0.83	10.584 248	7758	14 04 22
	29	22 33 54.780	25.642	10 46 21.55	151.73	7.85	0.83	10.592 006	7528	14 00 52
	30	22 34 20.422	+25.770	−10 43 49.82	+152.50	7.84	0.83	10.599 534	+7294	13 57 21
	31	22 34 46.192	25.896	10 41 17.32	153.26	7.83	0.83	10.606 828	7060	13 53 51
2月	1	22 35 12.088	26.017	10 38 44.06	154.01	7.83	0.83	10.613 888	6824	13 50 21
	2	22 35 38.105	26.136	10 36 10.05	154.72	7.82	0.83	10.620 712	6586	13 46 51
	3	22 36 04.241	26.252	10 33 35.33	155.41	7.82	0.83	10.627 298	6347	13 43 21
	4	22 36 30.493	+26.363	−10 30 59.92	+156.09	7.81	0.83	10.633 645	+6105	13 39 52
	5	22 36 56.856	26.470	10 28 23.83	156.73	7.81	0.83	10.639 750	5863	13 36 22
	6	22 37 23.326	26.570	10 25 47.10	157.33	7.81	0.83	10.645 613	5618	13 32 52
	7	22 37 49.896	26.666	10 23 09.77	157.89	7.80	0.83	10.651 231	5372	13 29 23
	8	22 38 16.562	26.752	10 20 31.88	158.42	7.80	0.83	10.656 603	5124	13 25 54
	9	22 38 43.314	+26.834	−10 17 53.46	+158.91	7.79	0.82	10.661 727	+4876	13 22 24
	10	22 39 10.148	26.909	10 15 14.55	159.37	7.79	0.82	10.666 603	4626	13 18 55
	11	22 39 37.057	26.979	10 12 35.18	159.82	7.79	0.82	10.671 229	4374	13 15 26
	12	22 40 04.036	27.048	10 09 55.36	160.24	7.78	0.82	10.675 603	4123	13 11 57
	13	22 40 31.084	27.113	10 07 15.12	160.66	7.78	0.82	10.679 726	3870	13 08 28
	14	22 40 58.197	+27.176	−10 04 34.46	+161.06	7.78	0.82	10.683 596	+3617	13 04 59
	15	22 41 25.373		−10 01 53.40		7.78	0.82	10.687 213		13 01 30

土　　星

以力学时 0h 为准

2024 年

日期		视赤经		视赤纬		视半径	地平视差	地心距离			上中天
	日	h m s	s	° ′ ″	″	″	″				h m s
2月	15	22 41 25.373	+27.235	−10 01 53.40	+161.42	7.78	0.82	10.687	213	+3364	13 01 30
	16	22 41 52.608	27.289	9 59 11.98	161.75	7.77	0.82	10.690	577	3110	12 58 02
	17	22 42 19.897	27.338	9 56 30.23	162.04	7.77	0.82	10.693	687	2857	12 54 33
	18	22 42 47.235	27.383	9 53 48.19	162.31	7.77	0.82	10.696	544	2602	12 51 04
	19	22 43 14.618	27.420	9 51 05.88	162.53	7.77	0.82	10.699	146	2349	12 47 36
	20	22 43 42.038	+27.453	− 9 48 23.35	+162.73	7.77	0.82	10.701	495	+2094	12 44 07
	21	22 44 09.491	27.482	9 45 40.62	162.89	7.76	0.82	10.703	589	1840	12 40 38
	22	22 44 36.973	27.504	9 42 57.73	163.04	7.76	0.82	10.705	429	1586	12 37 10
	23	22 45 04.477	27.525	9 40 14.69	163.15	7.76	0.82	10.707	015	1331	12 33 41
	24	22 45 32.002	27.540	9 37 31.54	163.25	7.76	0.82	10.708	346	1077	12 30 13
	25	22 45 59.542	+27.552	− 9 34 48.29	+163.32	7.76	0.82	10.709	423	+ 822	12 26 44
	26	22 46 27.094	27.562	9 32 04.97	163.36	7.76	0.82	10.710	245	567	12 23 16
	27	22 46 54.656	27.567	9 29 21.61	163.36	7.76	0.82	10.710	812	313	12 19 47
	28	22 47 22.223	27.564	9 26 38.25	163.39	7.76	0.82	10.711	125	+ 58	12 16 19
	29	22 47 49.787	27.562	9 23 54.86	163.52	7.76	0.82	10.711	183	− 198	12 12 50
3月	1	22 48 17.349	+27.564	− 9 21 11.34	+163.54	7.76	0.82	10.710	985	− 452	12 09 22
	2	22 48 44.913	27.561	9 18 27.80	163.48	7.76	0.82	10.710	533	707	12 05 53
	3	22 49 12.474	27.550	9 15 44.32	163.40	7.76	0.82	10.709	826	963	12 02 25
	4	22 49 40.024	27.535	9 13 00.92	163.28	7.76	0.82	10.708	863	1217	11 58 56
	5	22 50 07.559	27.514	9 10 17.64	163.13	7.76	0.82	10.707	646	1473	11 55 28
	6	22 50 35.073	+27.486	− 9 07 34.51	+162.95	7.76	0.82	10.706	173	−1728	11 51 59
	7	22 51 02.559	27.452	9 04 51.56	162.73	7.76	0.82	10.704	445	1982	11 48 31
	8	22 51 30.011	27.413	9 02 08.83	162.47	7.76	0.82	10.702	463	2237	11 45 02
	9	22 51 57.424	27.367	8 59 26.36	162.20	7.77	0.82	10.700	226	2491	11 41 33
	10	22 52 24.791	27.320	8 56 44.16	161.91	7.77	0.82	10.697	735	2744	11 38 05
	11	22 52 52.111	+27.270	− 8 54 02.25	+161.60	7.77	0.82	10.694	991	−2997	11 34 36
	12	22 53 19.381	27.218	8 51 20.65	161.28	7.77	0.82	10.691	994	3249	11 31 07
	13	22 53 46.599	27.162	8 48 39.37	160.93	7.77	0.82	10.688	745	3499	11 27 38
	14	22 54 13.761	27.104	8 45 58.44	160.55	7.78	0.82	10.685	246	3748	11 24 09
	15	22 54 40.865	27.039	8 43 17.89	160.13	7.78	0.82	10.681	498	3996	11 20 40
	16	22 55 07.904	+26.971	− 8 40 37.76	+159.68	7.78	0.82	10.677	502	−4242	11 17 11
	17	22 55 34.875	26.895	8 37 58.08	159.18	7.79	0.82	10.673	260	4488	11 13 42
	18	22 56 01.770	26.816	8 35 18.90	158.67	7.79	0.82	10.668	772	4730	11 10 13
	19	22 56 28.586	26.731	8 32 40.23	158.11	7.79	0.82	10.664	042	4973	11 06 44
	20	22 56 55.317	26.642	8 30 02.12	157.53	7.80	0.83	10.659	069	5214	11 03 14
	21	22 57 21.959	+26.549	− 8 27 24.59	+156.94	7.80	0.83	10.653	855	−5453	10 59 45
	22	22 57 48.508	26.453	8 24 47.65	156.31	7.80	0.83	10.648	402	5691	10 56 15
	23	22 58 14.961	26.354	8 22 11.34	155.67	7.81	0.83	10.642	711	5928	10 52 46
	24	22 58 41.315	26.251	8 19 35.67	155.02	7.81	0.83	10.636	783	6162	10 49 16
	25	22 59 07.566	26.147	8 17 00.65	154.35	7.82	0.83	10.630	621	6397	10 45 46
	26	22 59 33.713	+26.040	− 8 14 26.30	+153.65	7.82	0.83	10.624	224	−6628	10 42 16
	27	22 59 59.753	25.929	8 11 52.65	152.95	7.83	0.83	10.617	596	6860	10 38 46
	28	23 00 25.682	25.818	8 09 19.70	152.21	7.83	0.83	10.610	736	7089	10 35 16
	29	23 00 51.500	25.701	8 06 47.49	151.46	7.84	0.83	10.603	647	7317	10 31 46
	30	23 01 17.201	25.581	8 04 16.03	150.67	7.84	0.83	10.596	330	7544	10 28 15
	31	23 01 42.782	+25.457	− 8 01 45.36	+149.86	7.85	0.83	10.588	786	−7769	10 24 45
4月	1	23 02 08.239		− 7 59 15.50		7.85	0.83	10.581	017		10 21 14

土　　　星

2024年　　以力学时 0^h 为准

日期		视赤经		视赤纬		视半径	地平视差	地心距离		上中天
	日	h m s	s	° ′ ″	″	″	″			h m s
4月	1	23 02 08.239	+25.327	— 7 59 15.50	+149.00	7.85	0.83	10.581 017	— 7994	10 21 14
	2	23 02 33.566	25.193	7 56 46.50	148.13	7.86	0.83	10.573 023	8215	10 17 43
	3	23 02 58.759	25.052	7 54 18.37	147.19	7.87	0.83	10.564 808	8436	10 14 13
	4	23 03 23.811	24.906	7 51 51.18	146.24	7.87	0.83	10.556 372	8656	10 10 42
	5	23 03 48.717	24.754	7 49 24.94	145.26	7.88	0.83	10.547 716	8873	10 07 10
	6	23 04 13.471	+24.600	— 7 46 59.68	+144.24	7.88	0.83	10.538 843	— 9089	10 03 39
	7	23 04 38.071	24.443	7 44 35.44	143.23	7.89	0.84	10.529 754	9302	10 00 08
	8	23 05 02.514	24.284	7 42 12.21	142.19	7.90	0.84	10.520 452	9513	9 56 36
	9	23 05 26.798	24.122	7 39 50.02	141.14	7.91	0.84	10.510 939	9722	9 53 04
	10	23 05 50.920	23.959	7 37 28.88	140.05	7.91	0.84	10.501 217	9928	9 49 32
	11	23 06 14.879	+23.790	— 7 35 08.83	+138.94	7.92	0.84	10.491 289	—10132	9 46 00
	12	23 06 38.669	23.616	7 32 49.89	137.79	7.93	0.84	10.481 157	10333	9 42 28
	13	23 07 02.285	23.438	7 30 32.10	136.60	7.94	0.84	10.470 824	10531	9 38 55
	14	23 07 25.723	23.253	7 28 15.50	135.38	7.94	0.84	10.460 293	10726	9 35 22
	15	23 07 48.976	23.065	7 26 00.12	134.13	7.95	0.84	10.449 567	10918	9 31 50
	16	23 08 12.041	+22.872	— 7 23 45.99	+132.85	7.96	0.84	10.438 649	—11109	9 28 17
	17	23 08 34.913	22.675	7 21 33.14	131.55	7.97	0.84	10.427 540	11295	9 24 43
	18	23 08 57.588	22.476	7 19 21.59	130.23	7.98	0.84	10.416 245	11480	9 21 10
	19	23 09 20.064	22.273	7 17 11.36	128.90	7.99	0.85	10.404 765	11662	9 17 36
	20	23 09 42.337	22.069	7 15 02.46	127.55	8.00	0.85	10.393 103	11840	9 14 02
	21	23 10 04.406	+21.861	— 7 12 54.91	+126.18	8.00	0.85	10.381 263	—12018	9 10 28
	22	23 10 26.267	21.652	7 10 48.73	124.81	8.01	0.85	10.369 245	12191	9 06 54
	23	23 10 47.919	21.441	7 08 43.92	123.40	8.02	0.85	10.357 054	12362	9 03 20
	24	23 11 09.360	21.227	7 06 40.52	122.00	8.03	0.85	10.344 692	12530	8 59 45
	25	23 11 30.587	21.010	7 04 38.52	120.56	8.04	0.85	10.332 162	12697	8 56 10
	26	23 11 51.597	+20.789	— 7 02 37.96	+119.10	8.05	0.85	10.319 465	—12860	8 52 35
	27	23 12 12.386	20.566	7 00 38.86	117.61	8.06	0.85	10.306 605	13020	8 49 00
	28	23 12 32.952	20.337	6 58 41.25	116.10	8.07	0.85	10.293 585	13179	8 45 24
	29	23 12 53.289	20.104	6 56 45.15	114.54	8.08	0.86	10.280 406	13334	8 41 48
	30	23 13 13.393	19.864	6 54 50.61	112.95	8.09	0.86	10.267 072	13486	8 38 12
5月	1	23 13 33.257	+19.620	— 6 52 57.66	+111.34	8.10	0.86	10.253 586	—13637	8 34 36
	2	23 13 52.877	19.372	6 51 06.32	109.70	8.12	0.86	10.239 949	13784	8 31 00
	3	23 14 12.249	19.120	6 49 16.62	108.03	8.13	0.86	10.226 165	13928	8 27 23
	4	23 14 31.369	18.866	6 47 28.59	106.35	8.14	0.86	10.212 237	14068	8 23 46
	5	23 14 50.235	18.608	6 45 42.24	104.66	8.15	0.86	10.198 169	14207	8 20 09
	6	23 15 08.843	+18.351	— 6 43 57.58	+102.95	8.16	0.86	10.183 962	—14340	8 16 31
	7	23 15 27.194	18.091	6 42 14.63	101.24	8.17	0.86	10.169 622	14471	8 12 54
	8	23 15 45.285	17.828	6 40 33.39	99.48	8.18	0.87	10.155 151	14598	8 09 16
	9	23 16 03.113	17.560	6 38 53.91	97.71	8.19	0.87	10.140 553	14721	8 05 37
	10	23 16 20.673	17.287	6 37 16.20	95.89	8.21	0.87	10.125 832	14840	8 01 59
	11	23 16 37.960	+17.010	— 6 35 40.31	+ 94.04	8.22	0.87	10.110 992	—14955	7 58 20
	12	23 16 54.970	16.728	6 34 06.27	92.17	8.23	0.87	10.096 037	15067	7 54 41
	13	23 17 11.698	16.442	6 32 34.10	90.27	8.24	0.87	10.080 970	15174	7 51 02
	14	23 17 28.140	16.153	6 31 03.83	88.36	8.26	0.87	10.065 796	15279	7 47 22
	15	23 17 44.293	15.861	6 29 35.47	86.42	8.27	0.87	10.050 517	15378	7 43 42
	16	23 18 00.154	+15.567	— 6 28 09.05	+ 84.49	8.28	0.88	10.035 139	—15475	7 40 02
	17	23 18 15.721		— 6 26 44.56		8.29	0.88	10.019 664		7 36 21

土　　星

以力学时 0^h 为准

2024 年

日期		视赤经		视赤纬		视半径	地平视差	地心距离		上中天
	日	h m s	s	° ′ ″	″	″	″			h m s
5月	17	23 18 15.721	+15.272	−6 26 44.56	+82.53	8.29	0.88	10.019 664	−15567	7 36 21
	18	23 18 30.993	14.974	6 25 22.03	80.57	8.31	0.88	10.004 097	15656	7 32 40
	19	23 18 45.967	14.675	6 24 01.46	78.60	8.32	0.88	9.988 441	15742	7 28 59
	20	23 19 00.642	14.375	6 22 42.86	76.62	8.33	0.88	9.972 699	15823	7 25 18
	21	23 19 15.017	14.072	6 21 26.24	74.63	8.35	0.88	9.956 876	15901	7 21 36
	22	23 19 29.089	+13.769	−6 20 11.61	+72.63	8.36	0.88	9.940 975	−15976	7 17 54
	23	23 19 42.858	13.462	6 18 58.98	70.60	8.37	0.89	9.924 999	16046	7 14 12
	24	23 19 56.320	13.153	6 17 48.38	68.57	8.39	0.89	9.908 953	16114	7 10 29
	25	23 20 09.473	12.840	6 16 39.81	66.50	8.40	0.89	9.892 839	16177	7 06 46
	26	23 20 22.313	12.523	6 15 33.31	64.41	8.41	0.89	9.876 662	16238	7 03 03
	27	23 20 34.836	+12.200	−6 14 28.90	+62.28	8.43	0.89	9.860 424	−16294	6 59 20
	28	23 20 47.036	11.875	6 13 26.62	60.15	8.44	0.89	9.844 130	16347	6 55 36
	29	23 20 58.911	11.545	6 12 26.47	57.98	8.46	0.89	9.827 783	16396	6 51 51
	30	23 21 10.456	11.213	6 11 28.49	55.81	8.47	0.90	9.811 387	16441	6 48 07
	31	23 21 21.669	10.879	6 10 32.68	53.62	8.48	0.90	9.794 946	16483	6 44 22
6月	1	23 21 32.548	+10.543	−6 09 39.06	+51.42	8.50	0.90	9.778 463	−16520	6 40 37
	2	23 21 43.091	10.207	6 08 47.64	49.23	8.51	0.90	9.761 943	16553	6 36 51
	3	23 21 53.298	9.871	6 07 58.41	47.03	8.53	0.90	9.745 390	16581	6 33 06
	4	23 22 03.169	9.531	6 07 11.38	44.81	8.54	0.90	9.728 809	16606	6 29 19
	5	23 22 12.700	9.191	6 06 26.57	42.57	8.56	0.91	9.712 203	16624	6 25 33
	6	23 22 21.891	+8.845	−6 05 44.00	+40.32	8.57	0.91	9.695 579	−16640	6 21 46
	7	23 22 30.736	8.497	6 05 03.68	38.03	8.59	0.91	9.678 939	16650	6 17 59
	8	23 22 39.233	8.144	6 04 25.65	35.73	8.60	0.91	9.662 289	16655	6 14 11
	9	23 22 47.377	7.790	6 03 49.92	33.42	8.62	0.91	9.645 634	16657	6 10 23
	10	23 22 55.167	7.432	6 03 16.50	31.09	8.63	0.91	9.628 977	16652	6 06 35
	11	23 23 02.599	+7.074	−6 02 45.41	+28.75	8.64	0.91	9.612 325	−16645	6 02 46
	12	23 23 09.673	6.714	6 02 16.66	26.43	8.66	0.92	9.595 680	16632	5 58 57
	13	23 23 16.387	6.354	6 01 50.23	24.10	8.67	0.92	9.579 048	16614	5 55 08
	14	23 23 22.741	5.994	6 01 26.13	21.77	8.69	0.92	9.562 434	16593	5 51 18
	15	23 23 28.735	5.635	6 01 04.36	19.44	8.71	0.92	9.545 841	16568	5 47 28
	16	23 23 34.370	+5.274	−6 00 44.92	+17.13	8.72	0.92	9.529 273	−16537	5 43 38
	17	23 23 39.644	4.914	6 00 27.79	14.81	8.74	0.92	9.512 736	16503	5 39 47
	18	23 23 44.558	4.555	6 00 12.98	12.50	8.75	0.93	9.496 233	16464	5 35 56
	19	23 23 49.113	4.194	6 00 00.48	10.18	8.77	0.93	9.479 769	16421	5 32 05
	20	23 23 53.307	3.833	5 59 50.30	7.86	8.78	0.93	9.463 348	16374	5 28 13
	21	23 23 57.140	+3.471	−5 59 42.44	+5.54	8.80	0.93	9.446 974	−16324	5 24 21
	22	23 24 00.611	3.106	5 59 36.90	3.20	8.81	0.93	9.430 650	16268	5 20 28
	23	23 24 03.717	2.738	5 59 33.70	+0.84	8.83	0.93	9.414 382	16209	5 16 35
	24	23 24 06.455	2.368	5 59 32.86	−1.52	8.84	0.94	9.398 173	16145	5 12 42
	25	23 24 08.823	1.997	5 59 34.38	3.88	8.86	0.94	9.382 028	16078	5 08 48
	26	23 24 10.820	+1.624	−5 59 38.26	−6.25	8.87	0.94	9.365 950	−16006	5 04 54
	27	23 24 12.444	1.251	5 59 44.51	8.62	8.89	0.94	9.349 944	15930	5 01 00
	28	23 24 13.695	0.881	5 59 53.13	10.96	8.90	0.94	9.334 014	15850	4 57 05
	29	23 24 14.576	0.510	6 00 04.09	13.30	8.92	0.94	9.318 164	15764	4 53 10
	30	23 24 15.086	+0.142	6 00 17.39	15.62	8.93	0.95	9.302 400	15674	4 49 15
7月	1	23 24 15.228	−0.226	−6 00 33.01	−17.94	8.95	0.95	9.286 726	−15580	4 45 19
	2	23 24 15.002		−6 00 50.95		8.96	0.95	9.271 146		4 41 23

土　　星

2024 年　　以力学时 0^h 为准

日期		视赤经		视赤纬		视半径	地平视差	地心距离		上中天
	日	h m s	s	° ′ ″	″	″	″			h m s
7月	1	23 24 15.228	− 0.226	− 6 00 33.01	− 17.94	8.95	0.95	9.286 726	−15580	4 45 19
	2	23 24 15.002	0.593	6 00 50.95	20.27	8.96	0.95	9.271 146	15480	4 41 23
	3	23 24 14.409	0.961	6 01 11.22	22.58	8.98	0.95	9.255 666	15375	4 37 26
	4	23 24 13.448	1.331	6 01 33.80	24.90	8.99	0.95	9.240 291	15266	4 33 29
	5	23 24 12.117	1.701	6 01 58.70	27.23	9.01	0.95	9.225 025	15152	4 29 32
	6	23 24 10.416	− 2.071	− 6 02 25.93	− 29.55	9.02	0.95	9.209 873	−15033	4 25 34
	7	23 24 08.345	2.441	6 02 55.48	31.85	9.04	0.96	9.194 840	14910	4 21 36
	8	23 24 05.904	2.810	6 03 27.33	34.16	9.05	0.96	9.179 930	14780	4 17 38
	9	23 24 03.094	3.177	6 04 01.49	36.42	9.07	0.96	9.165 150	14648	4 13 39
	10	23 23 59.917	3.542	6 04 37.91	38.69	9.08	0.96	9.150 502	14511	4 09 40
	11	23 23 56.375	− 3.904	− 6 05 16.60	− 40.91	9.10	0.96	9.135 991	−14368	4 05 40
	12	23 23 52.471	4.262	6 05 57.51	43.11	9.11	0.96	9.121 623	14222	4 01 40
	13	23 23 48.209	4.617	6 06 40.62	45.29	9.12	0.97	9.107 401	14072	3 57 40
	14	23 23 43.592	4.970	6 07 25.91	47.43	9.14	0.97	9.093 329	13917	3 53 40
	15	23 23 38.622	5.318	6 08 13.34	49.56	9.15	0.97	9.079 412	13758	3 49 39
	16	23 23 33.304	− 5.663	− 6 09 02.90	− 51.65	9.17	0.97	9.065 654	−13595	3 45 37
	17	23 23 27.641	6.007	6 09 54.55	53.73	9.18	0.97	9.052 059	13429	3 41 36
	18	23 23 21.634	6.347	6 10 48.28	55.79	9.19	0.97	9.038 630	13257	3 37 34
	19	23 23 15.287	6.686	6 11 44.07	57.83	9.21	0.97	9.025 373	13083	3 33 32
	20	23 23 08.601	7.024	6 12 41.90	59.86	9.22	0.98	9.012 290	12905	3 29 29
	21	23 23 01.577	− 7.361	− 6 13 41.76	− 61.88	9.23	0.98	8.999 385	−12723	3 25 26
	22	23 22 54.216	7.696	6 14 43.64	63.88	9.25	0.98	8.986 662	12537	3 21 23
	23	23 22 46.520	8.030	6 15 47.52	65.86	9.26	0.98	8.974 125	12348	3 17 19
	24	23 22 38.490	8.359	6 16 53.38	67.80	9.27	0.98	8.961 777	12154	3 13 15
	25	23 22 30.131	8.684	6 18 01.18	69.71	9.28	0.98	8.949 623	11957	3 09 11
	26	23 22 21.447	− 9.003	− 6 19 10.89	− 71.59	9.30	0.98	8.937 666	−11755	3 05 06
	27	23 22 12.444	9.318	6 20 22.48	73.41	9.31	0.99	8.925 911	11550	3 01 02
	28	23 22 03.126	9.626	6 21 35.89	75.21	9.32	0.99	8.914 361	11341	2 56 56
	29	23 21 53.500	9.932	6 22 51.10	76.98	9.33	0.99	8.903 020	11127	2 52 51
	30	23 21 43.568	10.233	6 24 08.08	78.72	9.35	0.99	8.891 893	10910	2 48 45
	31	23 21 33.335	−10.532	− 6 25 26.80	− 80.44	9.36	0.99	8.880 983	−10687	2 44 39
8月	1	23 21 22.803	10.826	6 26 47.24	82.13	9.37	0.99	8.870 296	10462	2 40 32
	2	23 21 11.977	11.118	6 28 09.37	83.79	9.38	0.99	8.859 834	10232	2 36 26
	3	23 21 00.859	11.405	6 29 33.16	85.42	9.39	0.99	8.849 602	9999	2 32 19
	4	23 20 49.454	11.687	6 30 58.58	87.00	9.40	0.99	8.839 603	9761	2 28 11
	5	23 20 37.767	−11.963	− 6 32 25.58	− 88.53	9.41	1.00	8.829 842	− 9521	2 24 04
	6	23 20 25.804	12.232	6 33 54.11	90.03	9.42	1.00	8.820 321	9276	2 19 56
	7	23 20 13.572	12.495	6 35 24.14	91.46	9.43	1.00	8.811 045	9029	2 15 48
	8	23 20 01.077	12.751	6 36 55.60	92.84	9.44	1.00	8.802 016	8778	2 11 40
	9	23 19 48.326	12.998	6 38 28.44	94.18	9.45	1.00	8.793 238	8525	2 07 31
	10	23 19 35.328	−13.238	− 6 40 02.62	− 95.44	9.46	1.00	8.784 713	− 8269	2 03 22
	11	23 19 22.090	13.471	6 41 38.06	96.67	9.47	1.00	8.776 444	8009	1 59 13
	12	23 19 08.619	13.696	6 43 14.73	97.83	9.48	1.00	8.768 435	7747	1 55 04
	13	23 18 54.923	13.913	6 44 52.56	98.96	9.49	1.00	8.760 688	7482	1 50 54
	14	23 18 41.010	14.126	6 46 31.52	100.03	9.49	1.00	8.753 206	7216	1 46 44
	15	23 18 26.884	−14.330	− 6 48 11.55	−101.06	9.50	1.01	8.745 990	− 6946	1 42 34
	16	23 18 12.554		− 6 49 52.61		9.51	1.01	8.739 044		1 38 24

土　　星

以力学时 0^h 为准　　**2024 年**

日期		视赤经		视赤纬		视半径	地平视差	地心距离		上中天
	日	h m s	s	° ′ ″	″	″	″			h m s
8月	16	23 18 12.554	−14.530	− 6 49 52.61	−102.05	9.51	1.01	8.739 044	−6675	1 38 24
	17	23 17 58.024	14.724	6 51 34.66	103.01	9.52	1.01	8.732 369	6402	1 34 14
	18	23 17 43.300	14.913	6 53 17.67	103.92	9.52	1.01	8.725 967	6127	1 30 03
	19	23 17 28.387	15.097	6 55 01.59	104.79	9.53	1.01	8.719 840	5849	1 25 53
	20	23 17 13.290	15.272	6 56 46.38	105.61	9.54	1.01	8.713 991	5570	1 21 42
	21	23 16 58.018	−15.441	− 6 58 31.99	−106.37	9.54	1.01	8.708 421	−5289	1 17 31
	22	23 16 42.577	15.598	7 00 18.36	107.05	9.55	1.01	8.703 132	5005	1 13 19
	23	23 16 26.979	15.747	7 02 05.41	107.69	9.55	1.01	8.698 127	4720	1 09 08
	24	23 16 11.232	15.887	7 03 53.10	108.26	9.56	1.01	8.693 407	4432	1 04 56
	25	23 15 55.345	16.019	7 05 41.36	108.78	9.56	1.01	8.688 975	4143	1 00 45
	26	23 15 39.326	−16.142	− 7 07 30.14	−109.26	9.57	1.01	8.684 832	−3851	0 56 33
	27	23 15 23.184	16.261	7 09 19.40	109.69	9.57	1.01	8.680 981	3558	0 52 21
	28	23 15 06.923	16.370	7 11 09.09	110.07	9.58	1.01	8.677 423	3262	0 48 09
	29	23 14 50.553	16.474	7 12 59.16	110.41	9.58	1.01	8.674 161	2965	0 43 56
	30	23 14 34.079	16.569	7 14 49.57	110.69	9.58	1.01	8.671 196	2667	0 39 44
	31	23 14 17.510	−16.657	− 7 16 40.26	−110.91	9.59	1.01	8.668 529	−2366	0 35 32
9月	1	23 14 00.853	16.734	7 18 31.17	111.07	9.59	1.01	8.666 163	2066	0 31 19
	2	23 13 44.119	16.804	7 20 22.24	111.17	9.59	1.02	8.664 097	1764	0 27 07
	3	23 13 27.315	16.862	7 22 13.41	111.19	9.59	1.02	8.662 333	1460	0 22 54
	4	23 13 10.453	16.910	7 24 04.60	111.16	9.59	1.02	8.660 873	1158	0 18 41
	5	23 12 53.543	−16.948	− 7 25 55.76	−111.05	9.60	1.02	8.659 715	−853	0 14 29
	6	23 12 36.595	16.975	7 27 46.81	110.87	9.60	1.02	8.658 862	549	0 10 16
	7	23 12 19.620	16.993	7 29 37.68	110.63	9.60	1.02	8.658 313	−244	0 06 03
	8	23 12 02.627	17.000	7 31 28.31	110.33	9.60	1.02	8.658 069	+60	0 01 50 *
	9	23 11 45.627	16.998	7 33 18.64	109.97	9.60	1.02	8.658 129	364	23 53 25
	10	23 11 28.629	−16.986	− 7 35 08.61	−109.55	9.60	1.02	8.658 493	+669	23 49 12
	11	23 11 11.643	16.967	7 36 58.16	109.08	9.60	1.02	8.659 162	972	23 44 59
	12	23 10 54.676	16.938	7 38 47.24	108.57	9.60	1.02	8.660 134	1275	23 40 46
	13	23 10 37.738	16.904	7 40 35.81	108.00	9.59	1.02	8.661 409	1578	23 36 34
	14	23 10 20.834	16.860	7 42 23.81	107.39	9.59	1.02	8.662 987	1879	23 32 21
	15	23 10 03.974	−16.811	− 7 44 11.20	−106.73	9.59	1.01	8.664 866	+2179	23 28 08
	16	23 09 47.163	16.753	7 45 57.93	106.03	9.59	1.01	8.667 045	2479	23 23 56
	17	23 09 30.410	16.686	7 47 43.96	105.26	9.58	1.01	8.669 524	2778	23 19 43
	18	23 09 13.724	16.610	7 49 29.22	104.43	9.58	1.01	8.672 302	3076	23 15 31
	19	23 08 57.114	16.522	7 51 13.65	103.54	9.58	1.01	8.675 378	3372	23 11 19
	20	23 08 40.592	−16.423	− 7 52 57.19	−102.58	9.57	1.01	8.678 750	+3669	23 07 06
	21	23 08 24.169	16.316	7 54 39.77	101.57	9.57	1.01	8.682 419	3964	23 02 54
	22	23 08 07.853	16.200	7 56 21.34	100.52	9.57	1.01	8.686 383	4258	22 58 42
	23	23 07 51.653	16.077	7 58 01.86	99.43	9.56	1.01	8.690 641	4551	22 54 30
	24	23 07 35.576	15.947	7 59 41.29	98.30	9.56	1.01	8.695 192	4844	22 50 19
	25	23 07 19.629	−15.811	− 8 01 19.59	−97.14	9.55	1.01	8.700 036	+5135	22 46 07
	26	23 07 03.818	15.666	8 02 56.73	95.91	9.55	1.01	8.705 171	5424	22 41 55
	27	23 06 48.152	15.513	8 04 32.64	94.65	9.54	1.01	8.710 595	5711	22 37 44
	28	23 06 32.639	15.352	8 06 07.29	93.32	9.53	1.01	8.716 306	5998	22 33 33
	29	23 06 17.287	15.182	8 07 40.61	91.96	9.53	1.01	8.722 304	6282	22 29 22
	30	23 06 02.105	−15.002	− 8 09 12.57	−90.52	9.52	1.01	8.728 586	+6563	22 25 11
10月	1	23 05 47.103		− 8 10 43.09		9.51	1.01	8.735 149		22 21 00

* 第二次上中天 9 月 8 日 $23^h\,57^m\,38^s$。

土　　星

2024 年　　以力学时 0^h 为准

日期		视赤经		视赤纬		视半径	地平视差	地心距离		上中天
	日	h m s	s	° ′ ″	″	″	″			h m s
10月	1	23 05 47.103	−14.813	−8 10 43.09	−89.03	9.51	1.01	8.735 149	+6843	22 21 00
	2	23 05 32.290	14.616	8 12 12.12	87.49	9.51	1.01	8.741 992	7121	22 16 50
	3	23 05 17.674	14.407	8 13 39.61	85.90	9.50	1.01	8.749 113	7394	22 12 40
	4	23 05 03.267	14.192	8 15 05.51	84.25	9.49	1.00	8.756 507	7667	22 08 30
	5	23 04 49.075	13.966	8 16 29.76	82.56	9.48	1.00	8.764 174	7935	22 04 20
	6	23 04 35.109	−13.734	−8 17 52.32	−80.82	9.47	1.00	8.772 109	+8201	22 00 10
	7	23 04 21.375	13.493	8 19 13.14	79.05	9.46	1.00	8.780 310	8463	21 56 01
	8	23 04 07.882	13.246	8 20 32.19	77.25	9.45	1.00	8.788 773	8723	21 51 52
	9	23 03 54.636	12.992	8 21 49.44	75.40	9.45	1.00	8.797 496	8979	21 47 43
	10	23 03 41.644	12.735	8 23 04.84	73.54	9.44	1.00	8.806 475	9232	21 43 34
	11	23 03 28.909	−12.470	−8 24 18.38	−71.64	9.43	1.00	8.815 707	+9480	21 39 26
	12	23 03 16.439	12.201	8 25 30.02	69.73	9.42	1.00	8.825 187	9725	21 35 18
	13	23 03 04.238	11.928	8 26 39.75	67.78	9.41	1.00	8.834 912	9967	21 31 10
	14	23 02 52.310	11.649	8 27 47.53	65.81	9.39	0.99	8.844 879	10205	21 27 03
	15	23 02 40.661	11.362	8 28 53.34	63.78	9.38	0.99	8.855 084	10439	21 22 55
	16	23 02 29.299	−11.068	−8 29 57.12	−61.72	9.37	0.99	8.865 523	+10670	21 18 48
	17	23 02 18.231	10.767	8 30 58.84	59.62	9.36	0.99	8.876 193	10897	21 14 42
	18	23 02 07.464	10.459	8 31 58.46	57.50	9.35	0.99	8.887 090	11121	21 10 35
	19	23 01 57.005	10.144	8 32 55.96	55.34	9.34	0.99	8.898 211	11341	21 06 29
	20	23 01 46.861	9.827	8 33 51.30	53.17	9.33	0.99	8.909 552	11559	21 02 24
	21	23 01 37.034	−9.506	−8 34 44.47	−51.01	9.31	0.99	8.921 111	+11771	20 58 18
	22	23 01 27.528	9.181	8 35 35.48	48.81	9.30	0.98	8.932 882	11982	20 54 13
	23	23 01 18.347	8.854	8 36 24.29	46.61	9.29	0.98	8.944 864	12187	20 50 08
	24	23 01 09.493	8.522	8 37 10.90	44.38	9.28	0.98	8.957 051	12390	20 46 04
	25	23 01 00.971	8.186	8 37 55.28	42.12	9.26	0.98	8.969 441	12587	20 42 00
	26	23 00 52.785	−7.844	−8 38 37.40	−39.85	9.25	0.98	8.982 028	+12782	20 37 56
	27	23 00 44.941	7.498	8 39 17.25	37.54	9.24	0.98	8.994 810	12971	20 33 53
	28	23 00 37.443	7.145	8 39 54.79	35.20	9.23	0.98	9.007 781	13156	20 29 50
	29	23 00 30.298	6.789	8 40 29.99	32.83	9.21	0.97	9.020 937	13337	20 25 47
	30	23 00 23.509	6.427	8 41 02.82	30.45	9.20	0.97	9.034 274	13513	20 21 45
	31	23 00 17.082	−6.061	−8 41 33.27	−28.04	9.18	0.97	9.047 787	+13684	20 17 43
11月	1	23 00 11.021	5.689	8 42 01.31	25.61	9.17	0.97	9.061 471	13851	20 13 41
	2	23 00 05.332	5.315	8 42 26.92	23.16	9.16	0.97	9.075 322	14012	20 09 40
	3	23 00 00.017	4.937	8 42 50.08	20.72	9.14	0.97	9.089 334	14170	20 05 39
	4	22 59 55.080	4.557	8 43 10.80	18.25	9.13	0.97	9.103 504	14321	20 01 38
	5	22 59 50.523	−4.175	−8 43 29.05	−15.79	9.11	0.96	9.117 825	+14467	19 57 38
	6	22 59 46.348	3.793	8 43 44.84	13.34	9.10	0.96	9.132 292	14610	19 53 38
	7	22 59 42.555	3.410	8 43 58.18	10.87	9.08	0.96	9.146 902	14745	19 49 39
	8	22 59 39.145	3.026	8 44 09.05	8.42	9.07	0.96	9.161 647	14877	19 45 40
	9	22 59 36.119	2.642	8 44 17.47	5.96	9.06	0.96	9.176 524	15003	19 41 41
	10	22 59 33.477	−2.257	−8 44 23.43	−3.50	9.04	0.96	9.191 527	+15125	19 37 43
	11	22 59 31.220	1.870	8 44 26.93	−1.03	9.03	0.96	9.206 652	15240	19 33 45
	12	22 59 29.350	1.481	8 44 27.96	+1.44	9.01	0.95	9.221 892	15351	19 29 48
	13	22 59 27.869	1.088	8 44 26.52	3.95	9.00	0.95	9.237 243	15458	19 25 51
	14	22 59 26.781	0.693	8 44 22.57	6.44	8.98	0.95	9.252 701	15560	19 21 54
	15	22 59 26.088	−0.297	−8 44 16.13	+8.94	8.97	0.95	9.268 261	+15657	19 17 58
	16	22 59 25.791		−8 44 07.19		8.95	0.95	9.283 918		19 14 02

土　　星

以力学时 0^h 为准　　**2024 年**

日期		视赤经		视赤纬		视半径	地平视差	地心距离		上中天
	日	h m s	s	° ′ ″	″	″	″			h m s
11月	16	22 59 25.791	+0.099	−8 44 07.19	+11.42	8.95	0.95	9.283 918	+15749	19 14 02
	17	22 59 25.890	0.495	8 43 55.77	13.90	8.94	0.95	9.299 667	15838	19 10 07
	18	22 59 26.385	0.889	8 43 41.87	16.36	8.92	0.94	9.315 505	15921	19 06 11
	19	22 59 27.274	1.281	8 43 25.51	18.79	8.91	0.94	9.331 426	16000	19 02 17
	20	22 59 28.555	1.672	8 43 06.72	21.24	8.89	0.94	9.347 426	16074	18 58 22
	21	22 59 30.227	+2.063	−8 42 45.48	+23.66	8.87	0.94	9.363 500	+16144	18 54 28
	22	22 59 32.290	2.455	8 42 21.82	26.11	8.86	0.94	9.379 644	16208	18 50 35
	23	22 59 34.745	2.847	8 41 55.71	28.54	8.84	0.94	9.395 852	16268	18 46 42
	24	22 59 37.592	3.240	8 41 27.17	30.99	8.83	0.93	9.412 120	16322	18 42 49
	25	22 59 40.832	3.635	8 40 56.18	33.44	8.81	0.93	9.428 442	16372	18 38 57
	26	22 59 44.467	+4.028	−8 40 22.74	+35.88	8.80	0.93	9.444 814	+16416	18 35 05
	27	22 59 48.495	4.424	8 39 46.86	38.33	8.78	0.93	9.461 230	16455	18 31 13
	28	22 59 52.919	4.819	8 39 08.53	40.77	8.77	0.93	9.477 685	16490	18 27 22
	29	22 59 57.738	5.214	8 38 27.76	43.21	8.75	0.93	9.494 175	16518	18 23 31
	30	23 00 02.952	5.608	8 37 44.55	45.63	8.74	0.92	9.510 693	16543	18 19 41
12月	1	23 00 08.560	+6.001	−8 36 58.92	+48.05	8.72	0.92	9.527 236	+16560	18 15 51
	2	23 00 14.561	6.391	8 36 10.87	50.43	8.71	0.92	9.543 796	16573	18 12 01
	3	23 00 20.952	6.777	8 35 20.44	52.80	8.69	0.92	9.560 369	16582	18 08 12
	4	23 00 27.729	7.162	8 34 27.64	55.14	8.68	0.92	9.576 951	16584	18 04 23
	5	23 00 34.891	7.542	8 33 32.50	57.47	8.66	0.92	9.593 535	16581	18 00 34
	6	23 00 42.433	+7.920	−8 32 35.03	+59.77	8.65	0.92	9.610 116	+16573	17 56 46
	7	23 00 50.353	8.294	8 31 35.26	62.06	8.63	0.91	9.626 689	16561	17 52 58
	8	23 00 58.647	8.666	8 30 33.20	64.33	8.62	0.91	9.643 250	16543	17 49 11
	9	23 01 07.313	9.038	8 29 28.87	66.60	8.60	0.91	9.659 793	16521	17 45 24
	10	23 01 16.351	9.408	8 28 22.27	68.87	8.59	0.91	9.676 314	16493	17 41 37
	11	23 01 25.759	+9.778	−8 27 13.40	+71.11	8.57	0.91	9.692 807	+16462	17 37 51
	12	23 01 35.537	10.146	8 26 02.29	73.35	8.56	0.91	9.709 269	16426	17 34 05
	13	23 01 45.683	10.511	8 24 48.94	75.56	8.54	0.90	9.725 695	16385	17 30 20
	14	23 01 56.194	10.873	8 23 33.38	77.75	8.53	0.90	9.742 080	16341	17 26 34
	15	23 02 07.067	11.230	8 22 15.63	79.89	8.52	0.90	9.758 421	16292	17 22 49
	16	23 02 18.297	+11.583	−8 20 55.74	+82.02	8.50	0.90	9.774 713	+16239	17 19 05
	17	23 02 29.880	11.930	8 19 33.72	84.10	8.49	0.90	9.790 952	16182	17 15 21
	18	23 02 41.810	12.274	8 18 09.62	86.19	8.47	0.90	9.807 134	16121	17 11 37
	19	23 02 54.084	12.616	8 16 43.43	88.24	8.46	0.90	9.823 255	16055	17 07 54
	20	23 03 06.700	12.955	8 15 15.19	90.29	8.45	0.89	9.839 310	15986	17 04 10
	21	23 03 19.655	+13.292	−8 13 44.90	+92.33	8.43	0.89	9.855 296	+15911	17 00 28
	22	23 03 32.947	13.628	8 12 12.57	94.36	8.42	0.89	9.871 207	15833	16 56 45
	23	23 03 46.575	13.961	8 10 38.21	96.37	8.40	0.89	9.887 040	15749	16 53 03
	24	23 04 00.536	14.294	8 09 01.84	98.38	8.39	0.89	9.902 789	15662	16 49 21
	25	23 04 14.830	14.622	8 07 23.46	100.37	8.38	0.89	9.918 451	15571	16 45 40
	26	23 04 29.452	+14.950	−8 05 43.09	+102.33	8.36	0.89	9.934 022	+15474	16 41 59
	27	23 04 44.402	15.273	8 04 00.76	104.29	8.35	0.88	9.949 496	15373	16 38 18
	28	23 04 59.675	15.593	8 02 16.47	106.21	8.34	0.88	9.964 869	15269	16 34 37
	29	23 05 15.268	15.909	8 00 30.26	108.10	8.33	0.88	9.980 138	15159	16 30 57
	30	23 05 31.177	16.220	7 58 42.16	109.97	8.31	0.88	9.995 297	15046	16 27 17
	31	23 05 47.397	+16.526	−7 56 52.19	+111.79	8.30	0.88	10.010 343	+14927	16 23 38
	32	23 06 03.923		−7 55 00.40		8.29	0.88	10.025 270		16 19 58

天　王　星

2024 年　　以力学时 0^h 为准

日期		视赤经		视赤纬		视半径	地平视差	地心距离		上中天
	日	h m s	s	° ′ ″	″	″	″			h m s
1月	0	3 08 10.150	−5.410	+17 17 06.17	−20.45	1.86	0.46	18.962 247	+13124	20 28 04
	1	3 08 04.740	5.233	17 16 45.72	19.75	1.86	0.46	18.975 371	13321	20 24 03
	2	3 07 59.507	5.053	17 16 25.97	19.03	1.86	0.46	18.988 692	13513	20 20 02
	3	3 07 54.454	4.870	17 16 06.94	18.30	1.85	0.46	19.002 205	13700	20 16 01
	4	3 07 49.584	4.682	17 15 48.64	17.56	1.85	0.46	19.015 905	13885	20 12 01
	5	3 07 44.902	−4.491	+17 15 31.08	−16.80	1.85	0.46	19.029 790	+14063	20 08 00
	6	3 07 40.411	4.299	17 15 14.28	16.03	1.85	0.46	19.043 853	14237	20 04 00
	7	3 07 36.112	4.101	17 14 58.25	15.22	1.85	0.46	19.058 090	14408	20 00 00
	8	3 07 32.011	3.904	17 14 43.03	14.42	1.85	0.46	19.072 498	14572	19 56 00
	9	3 07 28.107	3.705	17 14 28.61	13.58	1.85	0.46	19.087 070	14732	19 52 00
	10	3 07 24.402	−3.507	+17 14 15.03	−12.76	1.84	0.46	19.101 802	+14887	19 48 01
	11	3 07 20.895	3.308	17 14 02.27	11.93	1.84	0.46	19.116 689	15036	19 44 02
	12	3 07 17.587	3.110	17 13 50.34	11.10	1.84	0.46	19.131 725	15181	19 40 03
	13	3 07 14.477	2.912	17 13 39.24	10.29	1.84	0.46	19.146 906	15319	19 36 04
	14	3 07 11.565	2.712	17 13 28.95	9.48	1.84	0.46	19.162 225	15453	19 32 05
	15	3 07 08.853	−2.510	+17 13 19.47	−8.68	1.84	0.46	19.177 678	+15580	19 28 07
	16	3 07 06.343	2.303	17 13 10.79	7.87	1.84	0.46	19.193 258	15702	19 24 09
	17	3 07 04.040	2.093	17 13 02.92	7.03	1.83	0.46	19.208 960	15819	19 20 11
	18	3 07 01.947	1.883	17 12 55.89	6.18	1.83	0.46	19.224 779	15930	19 16 13
	19	3 07 00.064	1.670	17 12 49.71	5.33	1.83	0.46	19.240 709	16036	19 12 15
	20	3 06 58.394	−1.457	+17 12 44.38	−4.45	1.83	0.46	19.256 745	+16138	19 08 18
	21	3 06 56.937	1.246	17 12 39.93	3.58	1.83	0.46	19.272 883	16232	19 04 20
	22	3 06 55.691	1.035	17 12 36.35	2.71	1.83	0.46	19.289 115	16324	19 00 24
	23	3 06 54.656	0.824	17 12 33.64	1.83	1.83	0.46	19.305 439	16409	18 56 27
	24	3 06 53.832	0.616	17 12 31.81	0.97	1.82	0.46	19.321 848	16490	18 52 30
	25	3 06 53.216	−0.408	+17 12 30.84	−0.12	1.82	0.45	19.338 338	+16565	18 48 34
	26	3 06 52.808	−0.198	17 12 30.72	+0.74	1.82	0.45	19.354 903	16636	18 44 38
	27	3 06 52.610	+0.010	17 12 31.46	1.58	1.82	0.45	19.371 539	16701	18 40 42
	28	3 06 52.620	0.220	17 12 33.04	2.43	1.82	0.45	19.388 240	16763	18 36 46
	29	3 06 52.840	0.430	17 12 35.47	3.27	1.82	0.45	19.405 003	16818	18 32 50
	30	3 06 53.270	+0.643	+17 12 38.74	+4.12	1.81	0.45	19.421 821	+16868	18 28 55
	31	3 06 53.913	0.857	17 12 42.86	4.97	1.81	0.45	19.438 689	16914	18 25 00
2月	1	3 06 54.770	1.071	17 12 47.83	5.82	1.81	0.45	19.455 603	16954	18 21 05
	2	3 06 55.841	1.287	17 12 53.65	6.70	1.81	0.45	19.472 557	16990	18 17 10
	3	3 06 57.128	1.503	17 13 00.35	7.57	1.81	0.45	19.489 547	17020	18 13 16
	4	3 06 58.631	+1.720	+17 13 07.92	+8.45	1.81	0.45	19.506 567	+17044	18 09 22
	5	3 07 00.351	1.935	17 13 16.37	9.34	1.81	0.45	19.523 611	17064	18 05 28
	6	3 07 02.286	2.150	17 13 25.71	10.22	1.80	0.45	19.540 675	17078	18 01 34
	7	3 07 04.436	2.361	17 13 35.93	11.11	1.80	0.45	19.557 753	17087	17 57 40
	8	3 07 06.797	2.570	17 13 47.04	11.97	1.80	0.45	19.574 840	17090	17 53 47
	9	3 07 09.367	+2.777	+17 13 59.01	+12.81	1.80	0.45	19.591 930	+17087	17 49 54
	10	3 07 12.144	2.984	17 14 11.82	13.65	1.80	0.45	19.609 017	17079	17 46 01
	11	3 07 15.128	3.189	17 14 25.47	14.45	1.80	0.45	19.626 096	17065	17 42 08
	12	3 07 18.317	3.398	17 14 39.92	15.27	1.79	0.45	19.643 161	17046	17 38 15
	13	3 07 21.715	3.607	17 14 55.19	16.08	1.79	0.45	19.660 207	17021	17 34 23
	14	3 07 25.322	+3.818	+17 15 11.27	+16.91	1.79	0.45	19.677 228	+16990	17 30 31
	15	3 07 29.140		+17 15 28.18		1.79	0.45	19.694 218		17 26 39

天　王　星

以力学时 0^h 为准

2024 年

日期		视赤经		视赤纬		视半径	地平视差	地心距离		上中天
	日	h m s	s	° ′ ″	″	″	″			h m s
2月	15	3 07 29.140	+4.028	+17 15 28.18	+17.74	1.79	0.45	19.694 218	+16955	17 26 39
	16	3 07 33.168	4.235	17 15 45.92	18.57	1.79	0.45	19.711 173	16914	17 22 47
	17	3 07 37.403	4.441	17 16 04.49	19.40	1.79	0.45	19.728 087	16870	17 18 55
	18	3 07 41.844	4.644	17 16 23.89	20.23	1.78	0.45	19.744 957	16818	17 15 04
	19	3 07 46.488	4.844	17 16 44.12	21.03	1.78	0.45	19.761 775	16764	17 11 13
	20	3 07 51.332	+5.042	+17 17 05.15	+21.84	1.78	0.44	19.778 539	+16705	17 07 22
	21	3 07 56.374	5.237	17 17 26.99	22.61	1.78	0.44	19.795 244	16640	17 03 31
	22	3 08 01.611	5.430	17 17 49.60	23.38	1.78	0.44	19.811 884	16572	16 59 41
	23	3 08 07.041	5.622	17 18 12.98	24.14	1.78	0.44	19.828 456	16498	16 55 50
	24	3 08 12.663	5.813	17 18 37.12	24.88	1.78	0.44	19.844 954	16421	16 52 00
	25	3 08 18.476	+6.004	+17 19 02.00	+25.61	1.77	0.44	19.861 375	+16339	16 48 10
	26	3 08 24.480	6.194	17 19 27.61	26.35	1.77	0.44	19.877 714	16252	16 44 20
	27	3 08 30.674	6.383	17 19 53.96	27.07	1.77	0.44	19.893 966	16162	16 40 31
	28	3 08 37.057	6.574	17 20 21.03	27.80	1.77	0.44	19.910 128	16067	16 36 41
	29	3 08 43.631	6.762	17 20 48.83	28.53	1.77	0.44	19.926 195	15967	16 32 52
3月	1	3 08 50.393	+6.951	+17 21 17.36	+29.25	1.77	0.44	19.942 162	+15863	16 29 03
	2	3 08 57.344	7.137	17 21 46.61	29.98	1.77	0.44	19.958 025	15755	16 25 14
	3	3 09 04.481	7.323	17 22 16.59	30.71	1.76	0.44	19.973 780	15643	16 21 25
	4	3 09 11.804	7.504	17 22 47.30	31.42	1.76	0.44	19.989 423	15525	16 17 37
	5	3 09 19.308	7.684	17 23 18.72	32.14	1.76	0.44	20.004 948	15403	16 13 49
	6	3 09 26.992	+7.860	+17 23 50.86	+32.83	1.76	0.44	20.020 351	+15278	16 10 00
	7	3 09 34.852	8.031	17 24 23.69	33.51	1.76	0.44	20.035 629	15147	16 06 12
	8	3 09 42.883	8.199	17 24 57.20	34.15	1.76	0.44	20.050 776	15012	16 02 25
	9	3 09 51.082	8.367	17 25 31.35	34.77	1.76	0.44	20.065 788	14872	15 58 37
	10	3 09 59.449	8.534	17 26 06.12	35.38	1.75	0.44	20.080 660	14728	15 54 50
	11	3 10 07.983	+8.701	+17 26 41.50	+35.98	1.75	0.44	20.095 388	+14579	15 51 02
	12	3 10 16.684	8.869	17 27 17.48	36.59	1.75	0.44	20.109 967	14426	15 47 15
	13	3 10 25.553	9.036	17 27 54.07	37.21	1.75	0.44	20.124 393	14270	15 43 28
	14	3 10 34.589	9.200	17 28 31.28	37.81	1.75	0.44	20.138 663	14109	15 39 41
	15	3 10 43.789	9.360	17 29 09.09	38.42	1.75	0.44	20.152 772	13944	15 35 55
	16	3 10 53.149	+9.518	+17 29 47.51	+39.02	1.75	0.44	20.166 716	+13776	15 32 08
	17	3 11 02.667	9.670	17 30 26.53	39.59	1.75	0.44	20.180 492	13605	15 28 22
	18	3 11 12.337	9.818	17 31 06.12	40.15	1.75	0.44	20.194 097	13431	15 24 36
	19	3 11 22.155	9.964	17 31 46.27	40.69	1.74	0.44	20.207 528	13253	15 20 50
	20	3 11 32.119	10.107	17 32 26.96	41.22	1.74	0.43	20.220 781	13072	15 17 04
	21	3 11 42.226	+10.247	+17 33 08.18	+41.72	1.74	0.43	20.233 853	+12887	15 13 18
	22	3 11 52.473	10.385	17 33 49.90	42.20	1.74	0.43	20.246 740	12701	15 09 32
	23	3 12 02.858	10.523	17 34 32.10	42.69	1.74	0.43	20.259 441	12511	15 05 47
	24	3 12 13.381	10.657	17 35 14.79	43.15	1.74	0.43	20.271 952	12318	15 02 01
	25	3 12 24.038	10.792	17 35 57.94	43.61	1.74	0.43	20.284 270	12122	14 58 16
	26	3 12 34.830	+10.925	+17 36 41.55	+44.07	1.74	0.43	20.296 392	+11924	14 54 31
	27	3 12 45.755	11.057	17 37 25.62	44.51	1.74	0.43	20.308 316	11722	14 50 46
	28	3 12 56.812	11.188	17 38 10.13	44.97	1.73	0.43	20.320 038	11518	14 47 01
	29	3 13 08.000	11.315	17 38 55.10	45.41	1.73	0.43	20.331 556	11312	14 43 17
	30	3 13 19.315	11.442	17 39 40.51	45.86	1.73	0.43	20.342 868	11101	14 39 32
	31	3 13 30.757	+11.564	+17 40 26.37	+46.29	1.73	0.43	20.353 969	+10889	14 35 48
4月	1	3 13 42.321		+17 41 12.66		1.73	0.43	20.364 858		14 32 03

天 王 星

2024 年　　以力学时 0^h 为准

日期		视赤经		视赤纬		视半径	地平视差	地心距离		上中天
	日	h m s	s	° ′ ″	″	″	″			h m s
4月	1	3 13 42.321	+11.682	+17 41 12.66	+46.71	1.73	0.43	20.364 858	+10673	14 32 03
	2	3 13 54.003	11.798	17 41 59.37	47.12	1.73	0.43	20.375 531	10455	14 28 19
	3	3 14 05.801	11.908	17 42 46.49	47.51	1.73	0.43	20.385 986	10234	14 24 35
	4	3 14 17.709	12.015	17 43 34.00	47.86	1.73	0.43	20.396 220	10010	14 20 51
	5	3 14 29.724	12.119	17 44 21.86	48.21	1.73	0.43	20.406 230	9783	14 17 07
	6	3 14 41.843	+12.221	+17 45 10.07	+48.51	1.73	0.43	20.416 013	+9553	14 13 23
	7	3 14 54.064	12.324	17 45 58.58	48.82	1.73	0.43	20.425 566	9321	14 09 40
	8	3 15 06.388	12.426	17 46 47.40	49.12	1.72	0.43	20.434 887	9087	14 05 56
	9	3 15 18.814	12.527	17 47 36.52	49.42	1.72	0.43	20.443 974	8849	14 02 12
	10	3 15 31.341	12.626	17 48 25.94	49.73	1.72	0.43	20.452 823	8609	13 58 29
	11	3 15 43.967	+12.721	+17 49 15.67	+50.03	1.72	0.43	20.461 432	+8368	13 54 46
	12	3 15 56.688	12.813	17 50 05.70	50.32	1.72	0.43	20.469 800	8124	13 51 03
	13	3 16 09.501	12.899	17 50 56.02	50.60	1.72	0.43	20.477 924	7879	13 47 19
	14	3 16 22.400	12.980	17 51 46.62	50.86	1.72	0.43	20.485 803	7633	13 43 36
	15	3 16 35.380	13.057	17 52 37.48	51.09	1.72	0.43	20.493 436	7384	13 39 53
	16	3 16 48.437	+13.132	+17 53 28.57	+51.31	1.72	0.43	20.500 820	+7136	13 36 11
	17	3 17 01.569	13.203	17 54 19.88	51.50	1.72	0.43	20.507 956	6884	13 32 28
	18	3 17 14.772	13.271	17 55 11.38	51.68	1.72	0.43	20.514 840	6632	13 28 45
	19	3 17 28.043	13.339	17 56 03.06	51.85	1.72	0.43	20.521 472	6379	13 25 02
	20	3 17 41.382	13.404	17 56 54.91	52.01	1.72	0.43	20.527 851	6125	13 21 20
	21	3 17 54.786	+13.468	+17 57 46.92	+52.15	1.72	0.43	20.533 976	+5869	13 17 37
	22	3 18 08.254	13.530	17 58 39.07	52.30	1.72	0.43	20.539 845	5613	13 13 55
	23	3 18 21.784	13.591	17 59 31.37	52.43	1.72	0.43	20.545 458	5356	13 10 12
	24	3 18 35.375	13.650	18 00 23.80	52.57	1.71	0.43	20.550 814	5097	13 06 30
	25	3 18 49.025	13.708	18 01 16.37	52.70	1.71	0.43	20.555 911	4837	13 02 48
	26	3 19 02.733	+13.761	+18 02 09.07	+52.83	1.71	0.43	20.560 748	+4577	12 59 05
	27	3 19 16.494	13.812	18 03 01.90	52.96	1.71	0.43	20.565 325	4315	12 55 23
	28	3 19 30.306	13.859	18 03 54.86	53.07	1.71	0.43	20.569 640	4053	12 51 41
	29	3 19 44.165	13.902	18 04 47.93	53.17	1.71	0.43	20.573 693	3790	12 47 59
	30	3 19 58.067	13.940	18 05 41.10	53.25	1.71	0.43	20.577 483	3525	12 44 17
5月	1	3 20 12.007	+13.974	+18 06 34.35	+53.30	1.71	0.43	20.581 008	+3259	12 40 35
	2	3 20 25.981	14.007	18 07 27.65	53.34	1.71	0.43	20.584 267	2992	12 36 53
	3	3 20 39.988	14.035	18 08 20.99	53.34	1.71	0.43	20.587 259	2725	12 33 11
	4	3 20 54.023	14.064	18 09 14.33	53.35	1.71	0.43	20.589 984	2456	12 29 29
	5	3 21 08.087	14.092	18 10 07.68	53.34	1.71	0.43	20.592 440	2187	12 25 47
	6	3 21 22.179	+14.119	+18 11 01.02	+53.33	1.71	0.43	20.594 627	+1917	12 22 05
	7	3 21 36.298	14.145	18 11 54.35	53.32	1.71	0.43	20.596 544	1646	12 18 23
	8	3 21 50.443	14.168	18 12 47.67	53.32	1.71	0.43	20.598 190	1375	12 14 42
	9	3 22 04.611	14.187	18 13 40.99	53.32	1.71	0.43	20.599 565	1105	12 11 00
	10	3 22 18.798	14.202	18 14 34.31	53.29	1.71	0.43	20.600 670	833	12 07 18
	11	3 22 33.000	+14.216	+18 15 27.60	+53.25	1.71	0.43	20.601 503	+562	12 03 36
	12	3 22 47.216	14.252	18 16 20.85	52.79	1.71	0.43	20.602 065	291	11 59 54
	13	3 23 01.468	14.106	18 17 13.64	53.05	1.71	0.43	20.602 356	+22	11 56 13
	14	3 23 15.574	14.227	18 18 06.69	53.35	1.71	0.43	20.602 378	−249	11 52 31
	15	3 23 29.801	14.208	18 19 00.04	52.96	1.71	0.43	20.602 129	517	11 48 49
	16	3 23 44.009	+14.197	+18 19 53.00	+52.81	1.71	0.43	20.601 612	−787	11 45 07
	17	3 23 58.206		+18 20 45.81		1.71	0.43	20.600 825		11 41 25

天　王　星

以力学时 0^h 为准

2024 年

日期		视赤经		视赤纬		视半径	地平视差	地心距离		上中天
	日	h m s	s	° ′ ″	″	″	″			h m s
5月	17	3 23 58.206	+14.187	+18 20 45.81	+52.66	1.71	0.43	20.600 825	−1054	11 41 25
	18	3 24 12.393	14.174	18 21 38.47	52.51	1.71	0.43	20.599 771	1322	11 37 44
	19	3 24 26.567	14.163	18 22 30.98	52.35	1.71	0.43	20.598 449	1588	11 34 02
	20	3 24 40.730	14.148	18 23 23.33	52.21	1.71	0.43	20.596 861	1855	11 30 20
	21	3 24 54.878	14.132	18 24 15.54	52.05	1.71	0.43	20.595 006	2120	11 26 38
	22	3 25 09.010	+14.115	+18 25 07.59	+51.90	1.71	0.43	20.592 886	−2384	11 22 56
	23	3 25 23.125	14.096	18 25 59.49	51.74	1.71	0.43	20.590 502	2648	11 19 14
	24	3 25 37.221	14.071	18 26 51.23	51.59	1.71	0.43	20.587 854	2911	11 15 33
	25	3 25 51.292	14.045	18 27 42.82	51.42	1.71	0.43	20.584 943	3174	11 11 51
	26	3 26 05.337	14.014	18 28 34.24	51.25	1.71	0.43	20.581 769	3435	11 08 09
	27	3 26 19.351	+13.978	+18 29 25.49	+51.05	1.71	0.43	20.578 334	−3697	11 04 27
	28	3 26 33.329	13.938	18 30 16.54	50.84	1.71	0.43	20.574 637	3957	11 00 45
	29	3 26 47.267	13.896	18 31 07.38	50.60	1.71	0.43	20.570 680	4216	10 57 03
	30	3 27 01.163	13.852	18 31 57.98	50.34	1.71	0.43	20.566 464	4476	10 53 20
	31	3 27 15.015	13.805	18 32 48.32	50.08	1.71	0.43	20.561 988	4734	10 49 38
6月	1	3 27 28.820	+13.758	+18 33 38.40	+49.80	1.71	0.43	20.557 254	−4991	10 45 56
	2	3 27 42.578	13.711	18 34 28.20	49.53	1.71	0.43	20.552 263	5248	10 42 14
	3	3 27 56.289	13.663	18 35 17.73	49.25	1.72	0.43	20.547 015	5504	10 38 32
	4	3 28 09.952	13.612	18 36 06.98	48.98	1.72	0.43	20.541 511	5758	10 34 49
	5	3 28 23.564	13.558	18 36 55.96	48.72	1.72	0.43	20.535 753	6010	10 31 07
	6	3 28 37.122	+13.498	+18 37 44.68	+48.44	1.72	0.43	20.529 743	−6262	10 27 24
	7	3 28 50.620	13.435	18 38 33.12	48.16	1.72	0.43	20.523 481	6511	10 23 42
	8	3 29 04.055	13.367	18 39 21.28	47.85	1.72	0.43	20.516 970	6759	10 19 59
	9	3 29 17.422	13.294	18 40 09.13	47.53	1.72	0.43	20.510 211	7004	10 16 17
	10	3 29 30.716	13.218	18 40 56.66	47.18	1.72	0.43	20.503 207	7248	10 12 34
	11	3 29 43.934	+13.139	+18 41 43.84	+46.83	1.72	0.43	20.495 959	−7490	10 08 51
	12	3 29 57.073	13.060	18 42 30.67	46.46	1.72	0.43	20.488 469	7728	10 05 08
	13	3 30 10.133	12.977	18 43 17.13	46.09	1.72	0.43	20.480 741	7966	10 01 25
	14	3 30 23.110	12.894	18 44 03.22	45.69	1.72	0.43	20.472 775	8201	9 57 42
	15	3 30 36.004	12.809	18 44 48.91	45.32	1.72	0.43	20.464 574	8433	9 53 59
	16	3 30 48.813	+12.724	+18 45 34.23	+44.92	1.72	0.43	20.456 141	−8663	9 50 16
	17	3 31 01.537	12.636	18 46 19.15	44.53	1.72	0.43	20.447 478	8892	9 46 33
	18	3 31 14.173	12.547	18 47 03.68	44.14	1.72	0.43	20.438 586	9117	9 42 49
	19	3 31 26.720	12.456	18 47 47.82	43.76	1.72	0.43	20.429 469	9341	9 39 06
	20	3 31 39.176	12.363	18 48 31.58	43.38	1.73	0.43	20.420 128	9561	9 35 22
	21	3 31 51.539	+12.266	+18 49 14.96	+42.98	1.73	0.43	20.410 567	−9781	9 31 39
	22	3 32 03.805	12.164	18 49 57.94	42.59	1.73	0.43	20.400 786	9997	9 27 55
	23	3 32 15.969	12.060	18 50 40.53	42.18	1.73	0.43	20.390 789	10212	9 24 11
	24	3 32 28.029	11.950	18 51 22.71	41.75	1.73	0.43	20.380 577	10424	9 20 27
	25	3 32 39.979	11.838	18 52 04.46	41.30	1.73	0.43	20.370 153	10634	9 16 43
	26	3 32 51.817	+11.723	+18 52 45.76	+40.84	1.73	0.43	20.359 519	−10842	9 12 59
	27	3 33 03.540	11.608	18 53 26.60	40.35	1.73	0.43	20.348 677	11047	9 09 14
	28	3 33 15.148	11.492	18 54 06.95	39.87	1.73	0.43	20.337 630	11252	9 05 30
	29	3 33 26.640	11.375	18 54 46.82	39.38	1.73	0.43	20.326 378	11452	9 01 46
	30	3 33 38.015	11.259	18 55 26.20	38.90	1.73	0.43	20.314 926	11651	8 58 01
7月	1	3 33 49.274	+11.140	+18 56 05.10	+38.43	1.74	0.43	20.303 275	−11846	8 54 16
	2	3 34 00.414		+18 56 43.53		1.74	0.43	20.291 429		8 50 31

天　王　星

2024 年　　以力学时 0^h 为准

日期		视赤经		视赤纬		视半径	地平视差	地心距离		上中天
	日	h m s	s	° ′ ″	″	″	″			h m s
7月	1	3 33 49.274	+11.140	+18 56 05.10	+38.43	1.74	0.43	20.303 275	−11846	8 54 16
	2	3 34 00.414	11.019	18 56 43.53	37.95	1.74	0.43	20.291 429	12040	8 50 31
	3	3 34 11.433	10.893	18 57 21.48	37.48	1.74	0.43	20.279 389	12230	8 46 46
	4	3 34 22.326	10.763	18 57 58.96	37.01	1.74	0.43	20.267 159	12416	8 43 01
	5	3 34 33.089	10.629	18 58 35.97	36.50	1.74	0.43	20.254 743	12601	8 39 16
	6	3 34 43.718	+10.491	+18 59 12.47	+36.00	1.74	0.43	20.242 142	−12781	8 35 30
	7	3 34 54.209	10.349	18 59 48.47	35.47	1.74	0.43	20.229 361	12957	8 31 45
	8	3 35 04.558	10.206	19 00 23.94	34.93	1.74	0.44	20.216 404	13131	8 27 59
	9	3 35 14.764	10.060	19 00 58.87	34.38	1.74	0.44	20.203 273	13301	8 24 13
	10	3 35 24.824	9.914	19 01 33.25	33.82	1.75	0.44	20.189 972	13467	8 20 28
	11	3 35 34.738	+9.765	+19 02 07.07	+33.25	1.75	0.44	20.176 505	−13630	8 16 41
	12	3 35 44.503	9.617	19 02 40.32	32.69	1.75	0.44	20.162 875	13789	8 12 55
	13	3 35 54.120	9.467	19 03 13.01	32.12	1.75	0.44	20.149 086	13944	8 09 09
	14	3 36 03.587	9.317	19 03 45.13	31.55	1.75	0.44	20.135 142	14096	8 05 22
	15	3 36 12.904	9.166	19 04 16.68	30.99	1.75	0.44	20.121 046	14243	8 01 36
	16	3 36 22.070	+9.012	+19 04 47.67	+30.44	1.75	0.44	20.106 803	−14388	7 57 49
	17	3 36 31.082	8.858	19 05 18.11	29.88	1.75	0.44	20.092 415	14529	7 54 02
	18	3 36 39.940	8.700	19 05 47.99	29.32	1.76	0.44	20.077 886	14666	7 50 15
	19	3 36 48.640	8.540	19 06 17.31	28.77	1.76	0.44	20.063 220	14800	7 46 27
	20	3 36 57.180	8.376	19 06 46.08	28.21	1.76	0.44	20.048 420	14930	7 42 40
	21	3 37 05.556	+8.208	+19 07 14.29	+27.62	1.76	0.44	20.033 490	−15056	7 38 52
	22	3 37 13.764	8.037	19 07 41.91	27.03	1.76	0.44	20.018 434	15179	7 35 04
	23	3 37 21.801	7.864	19 08 08.94	26.41	1.76	0.44	20.003 255	15299	7 31 16
	24	3 37 29.665	7.691	19 08 35.35	25.78	1.76	0.44	19.987 956	15416	7 27 28
	25	3 37 37.356	7.518	19 09 01.13	25.14	1.76	0.44	19.972 540	15528	7 23 40
	26	3 37 44.874	+7.345	+19 09 26.27	+24.51	1.77	0.44	19.957 012	−15638	7 19 51
	27	3 37 52.219	7.173	19 09 50.78	23.88	1.77	0.44	19.941 374	15743	7 16 03
	28	3 37 59.392	6.999	19 10 14.66	23.27	1.77	0.44	19.925 631	15845	7 12 14
	29	3 38 06.391	6.824	19 10 37.93	22.65	1.77	0.44	19.909 786	15943	7 08 25
	30	3 38 13.215	6.645	19 11 00.58	22.04	1.77	0.44	19.893 843	16036	7 04 36
	31	3 38 19.860	+6.463	+19 11 22.62	+21.44	1.77	0.44	19.877 807	−16126	7 00 46
8月	1	3 38 26.323	6.278	19 11 44.06	20.80	1.77	0.44	19.861 681	16210	6 56 57
	2	3 38 32.601	6.089	19 12 04.86	20.18	1.78	0.44	19.845 471	16292	6 53 07
	3	3 38 38.690	5.898	19 12 25.04	19.52	1.78	0.44	19.829 179	16367	6 49 17
	4	3 38 44.588	5.705	19 12 44.56	18.87	1.78	0.44	19.812 812	16439	6 45 27
	5	3 38 50.293	+5.510	+19 13 03.43	+18.20	1.78	0.44	19.796 373	−16506	6 41 37
	6	3 38 55.803	5.315	19 13 21.63	17.52	1.78	0.44	19.779 867	16568	6 37 46
	7	3 39 01.118	5.120	19 13 39.15	16.83	1.78	0.44	19.763 299	16625	6 33 56
	8	3 39 06.238	4.925	19 13 55.98	16.16	1.78	0.45	19.746 674	16678	6 30 05
	9	3 39 11.163	4.729	19 14 12.14	15.48	1.79	0.45	19.729 996	16726	6 26 14
	10	3 39 15.892	+4.535	+19 14 27.62	+14.81	1.79	0.45	19.713 270	−16770	6 22 22
	11	3 39 20.427	4.339	19 14 42.43	14.13	1.79	0.45	19.696 500	16808	6 18 31
	12	3 39 24.766	4.144	19 14 56.56	13.48	1.79	0.45	19.679 692	16842	6 14 39
	13	3 39 28.910	3.947	19 15 10.04	12.81	1.79	0.45	19.662 850	16872	6 10 48
	14	3 39 32.857	3.750	19 15 22.85	12.17	1.79	0.45	19.645 978	16897	6 06 56
	15	3 39 36.607	+3.551	+19 15 35.02	+11.51	1.80	0.45	19.629 081	−16917	6 03 03
	16	3 39 40.158		+19 15 46.53		1.80	0.45	19.612 164		5 59 11

天　王　星

以力学时 0^h 为准

2024 年

日期		视赤经		视赤纬		视半径	地平视差	地心距离		上中天
	日	h m s	s	° ′ ″	″	″	″			h m s
8月	16	3 39 40.158	+3.349	+19 15 46.53	+10.87	1.80	0.45	19.612 164	−16934	5 59 11
	17	3 39 43.507	3.146	19 15 57.40	10.20	1.80	0.45	19.595 230	16944	5 55 18
	18	3 39 46.653	2.938	19 16 07.60	9.53	1.80	0.45	19.578 286	16952	5 51 25
	19	3 39 49.591	2.731	19 16 17.13	8.84	1.80	0.45	19.561 334	16955	5 47 32
	20	3 39 52.322	2.522	19 16 25.97	8.13	1.80	0.45	19.544 379	16954	5 43 39
	21	3 39 54.844	+2.316	+19 16 34.10	+7.42	1.80	0.45	19.527 425	−16948	5 39 46
	22	3 39 57.160	2.111	19 16 41.52	6.70	1.81	0.45	19.510 477	16939	5 35 52
	23	3 39 59.271	1.908	19 16 48.22	6.01	1.81	0.45	19.493 538	16925	5 31 58
	24	3 40 01.179	1.706	19 16 54.23	5.32	1.81	0.45	19.476 613	16905	5 28 04
	25	3 40 02.885	1.503	19 16 59.55	4.65	1.81	0.45	19.459 708	16883	5 24 10
	26	3 40 04.388	+1.298	+19 17 04.20	+3.98	1.81	0.45	19.442 825	−16854	5 20 15
	27	3 40 05.686	1.091	19 17 08.18	3.31	1.81	0.45	19.425 971	16822	5 16 21
	28	3 40 06.777	0.883	19 17 11.49	2.64	1.82	0.45	19.409 149	16783	5 12 26
	29	3 40 07.660	0.671	19 17 14.13	1.96	1.82	0.45	19.392 366	16741	5 08 31
	30	3 40 08.331	0.459	19 17 16.09	1.26	1.82	0.45	19.375 625	16693	5 04 35
	31	3 40 08.790	+0.246	+19 17 17.35	+0.57	1.82	0.45	19.358 932	−16639	5 00 40
9月	1	3 40 09.036	+0.033	19 17 17.92	−0.14	1.82	0.45	19.342 293	16581	4 56 44
	2	3 40 09.069	−0.179	19 17 17.78	0.84	1.82	0.46	19.325 712	16517	4 52 48
	3	3 40 08.890	0.390	19 17 16.94	1.56	1.83	0.46	19.309 195	16449	4 48 52
	4	3 40 08.500	0.599	19 17 15.38	2.26	1.83	0.46	19.292 746	16375	4 44 56
	5	3 40 07.901	−0.807	+19 17 13.12	−2.97	1.83	0.46	19.276 371	−16297	4 40 59
	6	3 40 07.094	1.014	19 17 10.15	3.67	1.83	0.46	19.260 074	16212	4 37 03
	7	3 40 06.080	1.218	19 17 06.48	4.34	1.83	0.46	19.243 862	16124	4 33 06
	8	3 40 04.862	1.422	19 17 02.14	5.03	1.83	0.46	19.227 738	16029	4 29 08
	9	3 40 03.440	1.625	19 16 57.11	5.69	1.83	0.46	19.211 709	15931	4 25 11
	10	3 40 01.815	−1.826	+19 16 51.42	−6.34	1.84	0.46	19.195 778	−15828	4 21 14
	11	3 39 59.989	2.029	19 16 45.08	7.00	1.84	0.46	19.179 950	15719	4 17 16
	12	3 39 57.960	2.231	19 16 38.08	7.64	1.84	0.46	19.164 231	15606	4 13 18
	13	3 39 55.729	2.433	19 16 30.44	8.28	1.84	0.46	19.148 625	15489	4 09 20
	14	3 39 53.296	2.637	19 16 22.16	8.94	1.84	0.46	19.133 136	15366	4 05 21
	15	3 39 50.659	−2.841	+19 16 13.22	−9.61	1.84	0.46	19.117 770	−15241	4 01 23
	16	3 39 47.818	3.043	19 16 03.61	10.28	1.84	0.46	19.102 529	15110	3 57 24
	17	3 39 44.775	3.243	19 15 53.33	10.96	1.85	0.46	19.087 419	14975	3 53 25
	18	3 39 41.532	3.440	19 15 42.37	11.64	1.85	0.46	19.072 444	14836	3 49 26
	19	3 39 38.092	3.632	19 15 30.73	12.31	1.85	0.46	19.057 608	14692	3 45 26
	20	3 39 34.460	−3.822	+19 15 18.42	−12.96	1.85	0.46	19.042 916	−14546	3 41 27
	21	3 39 30.638	4.009	19 15 05.46	13.59	1.85	0.46	19.028 370	14393	3 37 27
	22	3 39 26.629	4.196	19 14 51.87	14.20	1.85	0.46	19.013 977	14237	3 33 27
	23	3 39 22.433	4.383	19 14 37.67	14.81	1.85	0.46	18.999 740	14076	3 29 27
	24	3 39 18.050	4.573	19 14 22.86	15.41	1.86	0.46	18.985 664	13910	3 25 27
	25	3 39 13.477	−4.760	+19 14 07.45	−16.03	1.86	0.46	18.971 754	−13740	3 21 26
	26	3 39 08.717	4.949	19 13 51.42	16.64	1.86	0.46	18.958 014	13565	3 17 26
	27	3 39 03.768	5.135	19 13 34.78	17.26	1.86	0.46	18.944 449	13385	3 13 25
	28	3 38 58.633	5.320	19 13 17.52	17.87	1.86	0.46	18.931 064	13200	3 09 24
	29	3 38 53.313	5.503	19 12 59.65	18.50	1.86	0.46	18.917 864	13011	3 05 23
	30	3 38 47.810	−5.681	+19 12 41.15	−19.11	1.86	0.47	18.904 853	−12818	3 01 21
10月	1	3 38 42.129		+19 12 22.04		1.87	0.47	18.892 035		2 57 20

天　王　星

以力学时 0^h 为准

2024 年

日期		视赤经		视赤纬		视半径	地平视差	地心距离		上中天
	日	h m s	s	° ′ ″	″	″	″			h m s
10月	1	3 38 42.129	− 5.858	+ 19 12 22.04	− 19.72	1.87	0.47	18.892 035	−12620	2 57 20
	2	3 38 36.271	6.029	19 12 02.32	20.31	1.87	0.47	18.879 415	12416	2 53 18
	3	3 38 30.242	6.198	19 11 42.01	20.90	1.87	0.47	18.866 999	12210	2 49 16
	4	3 38 24.044	6.363	19 11 21.11	21.47	1.87	0.47	18.854 789	11999	2 45 14
	5	3 38 17.681	6.525	19 10 59.64	22.02	1.87	0.47	18.842 790	11784	2 41 12
	6	3 38 11.156	− 6.683	+ 19 10 37.62	− 22.56	1.87	0.47	18.831 006	−11563	2 37 09
	7	3 38 04.473	6.839	19 10 15.06	23.08	1.87	0.47	18.819 443	11341	2 33 07
	8	3 37 57.634	6.993	19 09 51.98	23.59	1.87	0.47	18.808 102	11114	2 29 04
	9	3 37 50.641	7.145	19 09 28.39	24.08	1.87	0.47	18.796 988	10882	2 25 01
	10	3 37 43.496	7.295	19 09 04.31	24.58	1.88	0.47	18.786 106	10649	2 20 58
	11	3 37 36.201	− 7.444	+ 19 08 39.73	− 25.07	1.88	0.47	18.775 457	−10410	2 16 55
	12	3 37 28.757	7.590	19 08 14.66	25.56	1.88	0.47	18.765 047	10169	2 12 51
	13	3 37 21.167	7.735	19 07 49.10	26.06	1.88	0.47	18.754 878	9926	2 08 48
	14	3 37 13.432	7.874	19 07 23.04	26.55	1.88	0.47	18.744 952	9678	2 04 44
	15	3 37 05.558	8.011	19 06 56.49	27.05	1.88	0.47	18.735 274	9428	2 00 41
	16	3 36 57.547	− 8.140	+ 19 06 29.44	− 27.53	1.88	0.47	18.725 846	− 9175	1 56 37
	17	3 36 49.407	8.263	19 06 01.91	27.98	1.88	0.47	18.716 671	8919	1 52 33
	18	3 36 41.144	8.383	19 05 33.93	28.42	1.88	0.47	18.707 752	8661	1 48 29
	19	3 36 32.761	8.499	19 05 05.51	28.82	1.88	0.47	18.699 091	8398	1 44 24
	20	3 36 24.262	8.613	19 04 36.69	29.21	1.89	0.47	18.690 693	8135	1 40 20
	21	3 36 15.649	− 8.727	+ 19 04 07.48	− 29.59	1.89	0.47	18.682 558	− 7866	1 36 16
	22	3 36 06.922	8.839	19 03 37.89	29.96	1.89	0.47	18.674 692	7596	1 32 11
	23	3 35 58.083	8.949	19 03 07.93	30.34	1.89	0.47	18.667 096	7322	1 28 06
	24	3 35 49.134	9.057	19 02 37.59	30.72	1.89	0.47	18.659 774	7045	1 24 01
	25	3 35 40.077	9.160	19 02 06.87	31.08	1.89	0.47	18.652 729	6765	1 19 56
	26	3 35 30.917	− 9.260	+ 19 01 35.79	− 31.45	1.89	0.47	18.645 964	− 6483	1 15 51
	27	3 35 21.657	9.354	19 01 04.34	31.80	1.89	0.47	18.639 481	6198	1 11 46
	28	3 35 12.303	9.444	19 00 32.54	32.14	1.89	0.47	18.633 283	5910	1 07 41
	29	3 35 02.859	9.528	19 00 00.40	32.47	1.89	0.47	18.627 373	5619	1 03 36
	30	3 34 53.331	9.606	18 59 27.93	32.77	1.89	0.47	18.621 754	5327	0 59 30
	31	3 34 43.725	− 9.679	+ 18 58 55.16	− 33.05	1.89	0.47	18.616 427	− 5032	0 55 25
11月	1	3 34 34.046	9.748	18 58 22.11	33.31	1.89	0.47	18.611 395	4736	0 51 19
	2	3 34 24.298	9.812	18 57 48.80	33.56	1.89	0.47	18.606 659	4436	0 47 14
	3	3 34 14.486	9.871	18 57 15.24	33.77	1.89	0.47	18.602 223	4136	0 43 08
	4	3 34 04.615	9.926	18 56 41.47	33.97	1.89	0.47	18.598 087	3834	0 39 02
	5	3 33 54.689	− 9.978	+ 18 56 07.50	− 34.15	1.90	0.47	18.594 253	− 3530	0 34 57
	6	3 33 44.711	10.027	18 55 33.35	34.32	1.90	0.47	18.590 723	3226	0 30 51
	7	3 33 34.684	10.073	18 54 59.03	34.49	1.90	0.47	18.587 497	2920	0 26 45
	8	3 33 24.611	10.115	18 54 24.54	34.64	1.90	0.47	18.584 577	2613	0 22 39
	9	3 33 14.496	10.154	18 53 49.90	34.79	1.90	0.47	18.581 964	2306	0 18 33
	10	3 33 04.342	−10.188	+ 18 53 15.11	− 34.93	1.90	0.47	18.579 658	− 1997	0 14 27
	11	3 32 54.154	10.215	18 52 40.18	35.08	1.90	0.47	18.577 661	1690	0 10 21
	12	3 32 43.939	10.238	18 52 05.10	35.20	1.90	0.47	18.575 971	1380	0 06 15
	13	3 32 33.701	10.252	18 51 29.90	35.31	1.90	0.47	18.574 591	1072	0 02 09 *
	14	3 32 23.449	10.260	18 50 54.59	35.37	1.90	0.47	18.573 519	762	23 53 57
	15	3 32 13.189	−10.264	+ 18 50 19.22	− 35.42	1.90	0.47	18.572 757	− 453	23 49 50
	16	3 32 02.925		+ 18 49 43.80		1.90	0.47	18.572 304		23 45 44

* 第二次上中天 11 月 13 日 $23^h\ 58^m\ 03^s$。

天　王　星

以力学时 0^h 为准

2024 年

日期		视赤经		视赤纬		视半径	地平视差	地心距离		上中天
	日	h m s	s	° ′ ″	″	″	″			h m s
11月	16	3 32 02.925	−10.264	+18 49 43.80	−35.43	1.90	0.47	18.572 304	−143	23 45 44
	17	3 31 52.661	10.262	18 49 08.37	35.42	1.90	0.47	18.572 161	+167	23 41 38
	18	3 31 42.399	10.258	18 48 32.95	35.41	1.90	0.47	18.572 328	477	23 37 32
	19	3 31 32.141	10.252	18 47 57.54	35.40	1.90	0.47	18.572 805	787	23 33 26
	20	3 31 21.889	10.243	18 47 22.14	35.37	1.90	0.47	18.573 592	1099	23 29 20
	21	3 31 11.646	−10.229	+18 46 46.77	−35.34	1.90	0.47	18.574 691	+1409	23 25 14
	22	3 31 01.417	10.211	18 46 11.43	35.31	1.90	0.47	18.576 100	1721	23 21 08
	23	3 30 51.206	10.188	18 45 36.12	35.26	1.90	0.47	18.577 821	2031	23 17 02
	24	3 30 41.018	10.158	18 45 00.86	35.19	1.90	0.47	18.579 852	2341	23 12 56
	25	3 30 30.860	10.123	18 44 25.67	35.11	1.90	0.47	18.582 193	2652	23 08 50
	26	3 30 20.737	−10.082	+18 43 50.56	−35.00	1.90	0.47	18.584 845	+2961	23 04 44
	27	3 30 10.655	10.036	18 43 15.56	34.87	1.90	0.47	18.587 806	3270	23 00 38
	28	3 30 00.619	9.983	18 42 40.69	34.71	1.90	0.47	18.591 076	3577	22 56 32
	29	3 29 50.636	9.927	18 42 05.98	34.53	1.90	0.47	18.594 653	3885	22 52 26
	30	3 29 40.709	9.864	18 41 31.45	34.33	1.89	0.47	18.598 538	4190	22 48 21
12月	1	3 29 30.845	−9.799	+18 40 57.12	−34.10	1.89	0.47	18.602 728	+4494	22 44 15
	2	3 29 21.046	9.729	18 40 23.02	33.86	1.89	0.47	18.607 222	4797	22 40 09
	3	3 29 11.317	9.656	18 39 49.16	33.60	1.89	0.47	18.612 019	5098	22 36 04
	4	3 29 01.661	9.582	18 39 15.56	33.33	1.89	0.47	18.617 117	5397	22 31 58
	5	3 28 52.079	9.503	18 38 42.23	33.05	1.89	0.47	18.622 514	5693	22 27 53
	6	3 28 42.576	−9.420	+18 38 09.18	−32.77	1.89	0.47	18.628 207	+5989	22 23 48
	7	3 28 33.156	9.335	18 37 36.41	32.48	1.89	0.47	18.634 196	6280	22 19 42
	8	3 28 23.821	9.242	18 37 03.93	32.19	1.89	0.47	18.640 476	6570	22 15 37
	9	3 28 14.579	9.146	18 36 31.74	31.88	1.89	0.47	18.647 046	6857	22 11 32
	10	3 28 05.433	9.042	18 35 59.86	31.55	1.89	0.47	18.653 903	7142	22 07 27
	11	3 27 56.391	−8.933	+18 35 28.31	−31.20	1.89	0.47	18.661 045	+7423	22 03 23
	12	3 27 47.458	8.818	18 34 57.11	30.81	1.89	0.47	18.668 468	7701	21 59 18
	13	3 27 38.640	8.701	18 34 26.30	30.39	1.89	0.47	18.676 169	7978	21 55 13
	14	3 27 29.939	8.581	18 33 55.91	29.97	1.89	0.47	18.684 147	8251	21 51 09
	15	3 27 21.358	8.459	18 33 25.94	29.52	1.89	0.47	18.692 398	8522	21 47 05
	16	3 27 12.899	−8.338	+18 32 56.42	−29.07	1.88	0.47	18.700 920	+8790	21 43 00
	17	3 27 04.561	8.214	18 32 27.35	28.62	1.88	0.47	18.709 710	9055	21 38 56
	18	3 26 56.347	8.088	18 31 58.73	28.16	1.88	0.47	18.718 765	9317	21 34 52
	19	3 26 48.259	7.957	18 31 30.57	27.71	1.88	0.47	18.728 082	9577	21 30 48
	20	3 26 40.302	7.824	18 31 02.86	27.25	1.88	0.47	18.737 659	9834	21 26 45
	21	3 26 32.478	−7.684	+18 30 35.61	−26.76	1.88	0.47	18.747 493	+10088	21 22 41
	22	3 26 24.794	7.541	18 30 08.85	26.27	1.88	0.47	18.757 581	10338	21 18 38
	23	3 26 17.253	7.393	18 29 42.58	25.76	1.88	0.47	18.767 919	10585	21 14 34
	24	3 26 09.860	7.240	18 29 16.82	25.22	1.88	0.47	18.778 504	10829	21 10 31
	25	3 26 02.620	7.084	18 28 51.60	24.67	1.88	0.47	18.789 333	11069	21 06 28
	26	3 25 55.536	−6.923	+18 28 26.93	−24.10	1.87	0.47	18.800 402	+11306	21 02 26
	27	3 25 48.613	6.759	18 28 02.83	23.51	1.87	0.47	18.811 708	11538	20 58 23
	28	3 25 41.854	6.592	18 27 39.32	22.89	1.87	0.47	18.823 246	11767	20 54 20
	29	3 25 35.262	6.423	18 27 16.43	22.27	1.87	0.47	18.835 013	11992	20 50 18
	30	3 25 28.839	6.252	18 26 54.16	21.62	1.87	0.47	18.847 005	12212	20 46 16
	31	3 25 22.587	−6.081	+18 26 32.54	−20.99	1.87	0.47	18.859 217	+12428	20 42 14
	32	3 25 16.506		+18 26 11.55		1.87	0.47	18.871 645		20 38 12

海　王　星

2024 年　　　　以力学时 0^h 为准

日期		视赤经		视赤纬		视半径	地平视差	地心距离		上中天
	日	h m s	s	° ′ ″	″	″	″			h m s
1月	0	23 43 50.170	+3.097	−3 05 54.28	+22.25	1.13	0.29	30.125 737	+16799	17 04 24
	1	23 43 53.267	3.216	3 05 32.03	23.00	1.13	0.29	30.142 536	16722	17 00 32
	2	23 43 56.483	3.335	3 05 09.03	23.76	1.13	0.29	30.159 258	16642	16 56 39
	3	23 43 59.818	3.453	3 04 45.27	24.52	1.13	0.29	30.175 900	16556	16 52 46
	4	23 44 03.271	3.573	3 04 20.75	25.27	1.13	0.29	30.192 456	16465	16 48 54
	5	23 44 06.844	+3.693	−3 03 55.48	+26.03	1.13	0.29	30.208 921	+16369	16 45 02
	6	23 44 10.537	3.813	3 03 29.45	26.80	1.13	0.29	30.225 290	16269	16 41 10
	7	23 44 14.350	3.933	3 03 02.65	27.55	1.13	0.29	30.241 559	16162	16 37 18
	8	23 44 18.283	4.051	3 02 35.10	28.30	1.13	0.29	30.257 721	16051	16 33 26
	9	23 44 22.334	4.168	3 02 06.80	29.04	1.13	0.29	30.273 772	15935	16 29 34
	10	23 44 26.502	+4.283	−3 01 37.76	+29.76	1.13	0.29	30.289 707	+15813	16 25 42
	11	23 44 30.785	4.394	3 01 08.00	30.46	1.13	0.29	30.305 520	15688	16 21 51
	12	23 44 35.179	4.503	3 00 37.54	31.13	1.13	0.29	30.321 208	15555	16 17 59
	13	23 44 39.682	4.607	3 00 06.41	31.80	1.13	0.29	30.336 763	15419	16 14 08
	14	23 44 44.289	4.712	2 59 34.61	32.45	1.12	0.29	30.352 182	15278	16 10 16
	15	23 44 49.001	+4.817	−2 59 02.16	+33.11	1.12	0.29	30.367 460	+15132	16 06 25
	16	23 44 53.818	4.922	2 58 29.05	33.77	1.12	0.29	30.382 592	14982	16 02 34
	17	23 44 58.740	5.028	2 57 55.28	34.44	1.12	0.29	30.397 574	14828	15 58 43
	18	23 45 03.768	5.134	2 57 20.84	35.09	1.12	0.29	30.412 402	14668	15 54 53
	19	23 45 08.902	5.238	2 56 45.75	35.75	1.12	0.29	30.427 070	14506	15 51 02
	20	23 45 14.140	+5.343	−2 56 10.00	+36.40	1.12	0.29	30.441 576	+14340	15 47 11
	21	23 45 19.483	5.443	2 55 33.60	37.02	1.12	0.29	30.455 916	14169	15 43 21
	22	23 45 24.926	5.542	2 54 56.58	37.63	1.12	0.29	30.470 085	13995	15 39 30
	23	23 45 30.468	5.639	2 54 18.95	38.22	1.12	0.29	30.484 080	13818	15 35 40
	24	23 45 36.107	5.731	2 53 40.73	38.79	1.12	0.29	30.497 898	13636	15 31 50
	25	23 45 41.838	+5.823	−2 53 01.94	+39.36	1.12	0.29	30.511 534	+13452	15 27 59
	26	23 45 47.661	5.912	2 52 22.58	39.90	1.12	0.29	30.524 986	13263	15 24 09
	27	23 45 53.573	6.001	2 51 42.68	40.45	1.12	0.29	30.538 249	13071	15 20 19
	28	23 45 59.574	6.087	2 51 02.23	40.98	1.12	0.29	30.551 320	12875	15 16 30
	29	23 46 05.661	6.174	2 50 21.25	41.51	1.12	0.29	30.564 195	12677	15 12 40
	30	23 46 11.835	+6.260	−2 49 39.74	+42.04	1.12	0.29	30.576 872	+12473	15 08 50
	31	23 46 18.095	6.346	2 48 57.70	42.56	1.12	0.29	30.589 345	12268	15 05 00
2月	1	23 46 24.441	6.431	2 48 15.14	43.09	1.12	0.29	30.601 613	12058	15 01 11
	2	23 46 30.872	6.516	2 47 32.05	43.60	1.12	0.29	30.613 671	11845	14 57 21
	3	23 46 37.388	6.599	2 46 48.45	44.12	1.11	0.29	30.625 516	11628	14 53 32
	4	23 46 43.987	+6.682	−2 46 04.33	+44.61	1.11	0.29	30.637 144	+11408	14 49 43
	5	23 46 50.669	6.763	2 45 19.72	45.11	1.11	0.29	30.648 552	11185	14 45 53
	6	23 46 57.432	6.841	2 44 34.61	45.58	1.11	0.29	30.659 737	10958	14 42 04
	7	23 47 04.273	6.915	2 43 49.03	46.02	1.11	0.29	30.670 695	10727	14 38 15
	8	23 47 11.188	6.986	2 43 03.01	46.45	1.11	0.29	30.681 422	10493	14 34 26
	9	23 47 18.174	+7.053	−2 42 16.56	+46.84	1.11	0.29	30.691 915	+10257	14 30 37
	10	23 47 25.227	7.117	2 41 29.72	47.23	1.11	0.29	30.702 172	10017	14 26 48
	11	23 47 32.344	7.180	2 40 42.49	47.60	1.11	0.29	30.712 189	9773	14 23 00
	12	23 47 39.524	7.245	2 39 54.89	47.99	1.11	0.29	30.721 962	9528	14 19 11
	13	23 47 46.769	7.308	2 39 06.90	48.36	1.11	0.29	30.731 490	9279	14 15 22
	14	23 47 54.077	+7.372	−2 38 18.54	+48.75	1.11	0.29	30.740 769	+9029	14 11 34
	15	23 48 01.449		−2 37 29.79		1.11	0.29	30.749 798		14 07 45

海　王　星

以力学时 0^h 为准　　**2024 年**

日期		视赤经		视赤纬		视半径	地平视差	地心距离		上中天
	日	h m s	s	° ′ ″	″	″	″			h m s
2月	15	23 48 01.449	+7.435	−2 37 29.79	+49.11	1.11	0.29	30.749 798	+8777	14 07 45
	16	23 48 08.884	7.496	2 36 40.68	49.48	1.11	0.29	30.758 575	8522	14 03 57
	17	23 48 16.380	7.554	2 35 51.20	49.81	1.11	0.29	30.767 097	8265	14 00 08
	18	23 48 23.934	7.610	2 35 01.39	50.12	1.11	0.29	30.775 362	8007	13 56 20
	19	23 48 31.544	7.661	2 34 11.27	50.43	1.11	0.29	30.783 369	7747	13 52 32
	20	23 48 39.205	+7.710	−2 33 20.84	+50.70	1.11	0.29	30.791 116	+7486	13 48 43
	21	23 48 46.915	7.757	2 32 30.14	50.96	1.11	0.29	30.798 602	7222	13 44 55
	22	23 48 54.672	7.801	2 31 39.18	51.20	1.11	0.29	30.805 824	6957	13 41 07
	23	23 49 02.473	7.843	2 30 47.98	51.45	1.11	0.29	30.812 781	6691	13 37 19
	24	23 49 10.316	7.884	2 29 56.53	51.66	1.11	0.29	30.819 472	6423	13 33 31
	25	23 49 18.200	+7.924	−2 29 04.87	+51.89	1.11	0.29	30.825 895	+6154	13 29 43
	26	23 49 26.124	7.962	2 28 12.98	52.10	1.11	0.29	30.832 049	5883	13 25 55
	27	23 49 34.086	8.002	2 27 20.88	52.31	1.11	0.29	30.837 932	5610	13 22 07
	28	23 49 42.088	8.038	2 26 28.57	52.51	1.11	0.29	30.843 542	5337	13 18 19
	29	23 49 50.126	8.076	2 25 36.06	52.72	1.11	0.29	30.848 879	5062	13 14 31
3月	1	23 49 58.202	+8.110	−2 24 43.34	+52.90	1.11	0.29	30.853 941	+4786	13 10 43
	2	23 50 06.312	8.145	2 23 50.44	53.08	1.11	0.28	30.858 727	4508	13 06 55
	3	23 50 14.457	8.177	2 22 57.36	53.26	1.11	0.28	30.863 235	4228	13 03 07
	4	23 50 22.634	8.207	2 22 04.10	53.40	1.11	0.28	30.867 463	3949	12 59 20
	5	23 50 30.841	8.233	2 21 10.70	53.53	1.11	0.28	30.871 412	3666	12 55 32
	6	23 50 39.074	+8.255	−2 20 17.17	+53.63	1.11	0.28	30.875 078	+3384	12 51 44
	7	23 50 47.329	8.274	2 19 23.54	53.72	1.11	0.28	30.878 462	3100	12 47 57
	8	23 50 55.603	8.289	2 18 29.82	53.77	1.11	0.28	30.881 562	2815	12 44 09
	9	23 51 03.892	8.303	2 17 36.05	53.82	1.11	0.28	30.884 377	2530	12 40 21
	10	23 51 12.195	8.315	2 16 42.23	53.86	1.11	0.28	30.886 907	2243	12 36 34
	11	23 51 20.510	+8.329	−2 15 48.37	+53.90	1.11	0.28	30.889 150	+1956	12 32 46
	12	23 51 28.839	8.343	2 14 54.47	53.95	1.11	0.28	30.891 106	1669	12 28 58
	13	23 51 37.182	8.356	2 14 00.52	53.99	1.11	0.28	30.892 775	1382	12 25 11
	14	23 51 45.538	8.368	2 13 06.53	54.00	1.11	0.28	30.894 157	1095	12 21 23
	15	23 51 53.906	8.377	2 12 12.53	53.97	1.11	0.28	30.895 252	809	12 17 36
	16	23 52 02.283	+8.379	−2 11 18.56	+53.84	1.11	0.28	30.896 061	+522	12 13 48
	17	23 52 10.662	8.365	2 10 24.72	53.90	1.11	0.28	30.896 583	+237	12 10 00
	18	23 52 19.027	8.370	2 09 30.82	54.06	1.11	0.28	30.896 820	−48	12 06 13
	19	23 52 27.397	8.374	2 08 36.76	53.94	1.11	0.28	30.896 772	333	12 02 25
	20	23 52 35.771	8.369	2 07 42.82	53.82	1.11	0.28	30.896 439	617	11 58 38
	21	23 52 44.140	+8.359	−2 06 49.00	+53.69	1.11	0.28	30.895 822	−900	11 54 50
	22	23 52 52.499	8.349	2 05 55.31	53.58	1.11	0.28	30.894 922	1184	11 51 02
	23	23 53 00.848	8.338	2 05 01.73	53.46	1.11	0.28	30.893 738	1465	11 47 15
	24	23 53 09.186	8.326	2 04 08.27	53.34	1.11	0.28	30.892 273	1746	11 43 27
	25	23 53 17.512	8.312	2 03 14.93	53.20	1.11	0.28	30.890 527	2028	11 39 40
	26	23 53 25.824	+8.300	−2 02 21.73	+53.08	1.11	0.28	30.888 499	−2307	11 35 52
	27	23 53 34.124	8.284	2 01 28.65	52.95	1.11	0.28	30.886 192	2586	11 32 04
	28	23 53 42.408	8.270	2 00 35.70	52.80	1.11	0.28	30.883 606	2865	11 28 17
	29	23 53 50.678	8.252	1 59 42.90	52.65	1.11	0.28	30.880 741	3143	11 24 29
	30	23 53 58.930	8.234	1 58 50.25	52.49	1.11	0.28	30.877 598	3419	11 20 41
	31	23 54 07.164	+8.213	−1 57 57.76	+52.32	1.11	0.28	30.874 179	−3695	11 16 54
4月	1	23 54 15.377		−1 57 05.44		1.11	0.28	30.870 484		11 13 06

海　王　星

2024 年　　以力学时 0^h 为准

日期		视赤经		视赤纬		视半径	地平视差	地心距离		上中天
	日	h m s	s	° ′ ″	″	″	″			h m s
4月	1	23 54 15.377	+8.189	−1 57 05.44	+52.11	1.11	0.28	30.870 484	−3970	11 13 06
	2	23 54 23.566	8.161	1 56 13.33	51.89	1.11	0.28	30.866 514	4245	11 09 18
	3	23 54 31.727	8.131	1 55 21.44	51.66	1.11	0.28	30.862 269	4518	11 05 30
	4	23 54 39.858	8.096	1 54 29.78	51.39	1.11	0.28	30.857 751	4790	11 01 42
	5	23 54 47.954	8.060	1 53 38.39	51.11	1.11	0.29	30.852 961	5061	10 57 54
	6	23 54 56.014	+8.023	−1 52 47.28	+50.84	1.11	0.29	30.847 900	−5331	10 54 07
	7	23 55 04.037	7.984	1 51 56.44	50.54	1.11	0.29	30.842 569	5599	10 50 19
	8	23 55 12.021	7.948	1 51 05.90	50.27	1.11	0.29	30.836 970	5865	10 46 31
	9	23 55 19.969	7.911	1 50 15.63	49.99	1.11	0.29	30.831 105	6130	10 42 43
	10	23 55 27.880	7.873	1 49 25.64	49.70	1.11	0.29	30.824 975	6393	10 38 55
	11	23 55 35.753	+7.833	−1 48 35.94	+49.40	1.11	0.29	30.818 582	−6652	10 35 06
	12	23 55 43.586	7.790	1 47 46.54	49.08	1.11	0.29	30.811 930	6910	10 31 18
	13	23 55 51.376	7.744	1 46 57.46	48.73	1.11	0.29	30.805 020	7166	10 27 30
	14	23 55 59.120	7.693	1 46 08.73	48.37	1.11	0.29	30.797 854	7418	10 23 42
	15	23 56 06.813	7.641	1 45 20.36	47.98	1.11	0.29	30.790 436	7669	10 19 54
	16	23 56 14.454	+7.586	−1 44 32.38	+47.59	1.11	0.29	30.782 767	−7916	10 16 05
	17	23 56 22.040	7.530	1 43 44.79	47.19	1.11	0.29	30.774 851	8162	10 12 17
	18	23 56 29.570	7.472	1 42 57.60	46.77	1.11	0.29	30.766 689	8405	10 08 28
	19	23 56 37.042	7.413	1 42 10.83	46.34	1.11	0.29	30.758 284	8644	10 04 40
	20	23 56 44.455	7.353	1 41 24.49	45.93	1.11	0.29	30.749 640	8882	10 00 51
	21	23 56 51.808	+7.294	−1 40 38.56	+45.50	1.11	0.29	30.740 758	−9118	9 57 03
	22	23 56 59.102	7.233	1 39 53.06	45.07	1.11	0.29	30.731 640	9349	9 53 14
	23	23 57 06.335	7.173	1 39 07.99	44.63	1.11	0.29	30.722 291	9580	9 49 25
	24	23 57 13.508	7.111	1 38 23.36	44.21	1.11	0.29	30.712 711	9806	9 45 37
	25	23 57 20.619	7.049	1 37 39.15	43.76	1.11	0.29	30.702 905	10032	9 41 48
	26	23 57 27.668	+6.985	−1 36 55.39	+43.31	1.11	0.29	30.692 873	−10254	9 37 59
	27	23 57 34.653	6.919	1 36 12.08	42.85	1.11	0.29	30.682 619	10473	9 34 10
	28	23 57 41.572	6.851	1 35 29.23	42.36	1.11	0.29	30.672 146	10690	9 30 21
	29	23 57 48.423	6.779	1 34 46.87	41.87	1.11	0.29	30.661 456	10905	9 26 32
	30	23 57 55.202	6.704	1 34 05.00	41.35	1.11	0.29	30.650 551	11116	9 22 42
5月	1	23 58 01.906	+6.628	−1 33 23.65	+40.82	1.11	0.29	30.639 435	−11325	9 18 53
	2	23 58 08.534	6.547	1 32 42.83	40.26	1.11	0.29	30.628 110	11531	9 15 04
	3	23 58 15.081	6.468	1 32 02.57	39.71	1.12	0.29	30.616 579	11735	9 11 14
	4	23 58 21.549	6.386	1 31 22.86	39.15	1.12	0.29	30.604 844	11935	9 07 25
	5	23 58 27.935	6.307	1 30 43.71	38.60	1.12	0.29	30.592 909	12131	9 03 35
	6	23 58 34.242	+6.227	−1 30 05.11	+38.05	1.12	0.29	30.580 778	−12325	8 59 46
	7	23 58 40.469	6.147	1 29 27.06	37.50	1.12	0.29	30.568 453	12515	8 55 56
	8	23 58 46.616	6.067	1 28 49.56	36.95	1.12	0.29	30.555 938	12700	8 52 06
	9	23 58 52.683	5.984	1 28 12.61	36.38	1.12	0.29	30.543 238	12883	8 48 16
	10	23 58 58.667	5.899	1 27 36.23	35.78	1.12	0.29	30.530 355	13061	8 44 26
	11	23 59 04.566	+5.809	−1 27 00.45	+35.17	1.12	0.29	30.517 294	−13235	8 40 36
	12	23 59 10.375	5.717	1 26 25.28	34.55	1.12	0.29	30.504 059	13406	8 36 46
	13	23 59 16.092	5.624	1 25 50.73	33.91	1.12	0.29	30.490 653	13571	8 32 56
	14	23 59 21.716	5.528	1 25 16.82	33.26	1.12	0.29	30.477 082	13734	8 29 05
	15	23 59 27.244	5.433	1 24 43.56	32.61	1.12	0.29	30.463 348	13892	8 25 15
	16	23 59 32.677	+5.336	−1 24 10.95	+31.95	1.12	0.29	30.449 456	−14046	8 21 24
	17	23 59 38.013		−1 23 39.00		1.12	0.29	30.435 410		8 17 34

海　王　星

以力学时 0^h 为准

2024 年

日期		视赤经		视赤纬		视半径	地平视差	地心距离		上中天
	日	h m s	s	° ′ ″	″	″	″			h m s
5月	17	23 59 38.013	+5.238	−1 23 39.00	+31.29	1.12	0.29	30.435 410	−14197	8 17 34
	18	23 59 43.251	5.142	1 23 07.71	30.64	1.12	0.29	30.421 213	14343	8 13 43
	19	23 59 48.393	5.045	1 22 37.07	29.98	1.12	0.29	30.406 870	14485	8 09 52
	20	23 59 53.438	4.949	1 22 07.09	29.33	1.12	0.29	30.392 385	14624	8 06 01
	21	23 59 58.387	4.851	1 21 37.76	28.67	1.12	0.29	30.377 761	14759	8 02 10
	22	0 00 03.238	+4.755	−1 21 09.09	+28.02	1.12	0.29	30.363 002	−14889	7 58 19
	23	0 00 07.993	4.657	1 20 41.07	27.36	1.13	0.29	30.348 113	15017	7 54 28
	24	0 00 12.650	4.557	1 20 13.71	26.70	1.13	0.29	30.333 096	15140	7 50 37
	25	0 00 17.207	4.456	1 19 47.01	26.01	1.13	0.29	30.317 956	15259	7 46 45
	26	0 00 21.663	4.352	1 19 21.00	25.32	1.13	0.29	30.302 697	15375	7 42 54
	27	0 00 26.015	+4.246	−1 18 55.68	+24.60	1.13	0.29	30.287 322	−15487	7 39 02
	28	0 00 30.261	4.138	1 18 31.08	23.88	1.13	0.29	30.271 835	15594	7 35 10
	29	0 00 34.399	4.027	1 18 07.20	23.14	1.13	0.29	30.256 241	15699	7 31 18
	30	0 00 38.426	3.916	1 17 44.06	22.41	1.13	0.29	30.240 542	15799	7 27 26
	31	0 00 42.342	3.806	1 17 21.65	21.66	1.13	0.29	30.224 743	15895	7 23 34
6月	1	0 00 46.148	+3.695	−1 16 59.99	+20.94	1.13	0.29	30.208 848	−15986	7 19 42
	2	0 00 49.843	3.587	1 16 39.05	20.21	1.13	0.29	30.192 862	16074	7 15 50
	3	0 00 53.430	3.479	1 16 18.84	19.48	1.13	0.29	30.176 788	16156	7 11 58
	4	0 00 56.909	3.370	1 15 59.36	18.77	1.13	0.29	30.160 632	16234	7 08 05
	5	0 01 00.279	3.262	1 15 40.59	18.05	1.13	0.29	30.144 398	16308	7 04 13
	6	0 01 03.541	+3.150	−1 15 22.54	+17.30	1.13	0.29	30.128 090	−16376	7 00 20
	7	0 01 06.691	3.036	1 15 05.24	16.55	1.13	0.29	30.111 714	16440	6 56 27
	8	0 01 09.727	2.921	1 14 48.69	15.78	1.13	0.29	30.095 274	16498	6 52 34
	9	0 01 12.648	2.802	1 14 32.91	15.00	1.14	0.29	30.078 776	16552	6 48 41
	10	0 01 15.450	2.684	1 14 17.91	14.21	1.14	0.29	30.062 224	16600	6 44 48
	11	0 01 18.134	+2.564	−1 14 03.70	+13.42	1.14	0.29	30.045 624	−16645	6 40 55
	12	0 01 20.698	2.445	1 13 50.28	12.64	1.14	0.29	30.028 979	16684	6 37 01
	13	0 01 23.143	2.326	1 13 37.64	11.86	1.14	0.29	30.012 295	16719	6 33 08
	14	0 01 25.469	2.208	1 13 25.78	11.08	1.14	0.29	29.995 576	16748	6 29 14
	15	0 01 27.677	2.090	1 13 14.70	10.30	1.14	0.29	29.978 828	16774	6 25 20
	16	0 01 29.767	+1.974	−1 13 04.40	+9.54	1.14	0.29	29.962 054	−16795	6 21 26
	17	0 01 31.741	1.858	1 12 54.86	8.78	1.14	0.29	29.945 259	16810	6 17 33
	18	0 01 33.599	1.742	1 12 46.08	8.02	1.14	0.29	29.928 449	16822	6 13 38
	19	0 01 35.341	1.627	1 12 38.06	7.27	1.14	0.29	29.911 627	16830	6 09 44
	20	0 01 36.968	1.511	1 12 30.79	6.52	1.14	0.29	29.894 797	16832	6 05 50
	21	0 01 38.479	+1.395	−1 12 24.27	+5.75	1.14	0.29	29.877 965	−16831	6 01 55
	22	0 01 39.874	1.276	1 12 18.52	4.98	1.14	0.29	29.861 134	16825	5 58 01
	23	0 01 41.150	1.156	1 12 13.54	4.19	1.14	0.29	29.844 309	16815	5 54 06
	24	0 01 42.306	1.034	1 12 09.35	3.41	1.14	0.29	29.827 494	16800	5 50 11
	25	0 01 43.340	0.911	1 12 05.94	2.60	1.15	0.29	29.810 694	16782	5 46 16
	26	0 01 44.251	+0.787	−1 12 03.34	+1.80	1.15	0.30	29.793 912	−16758	5 42 21
	27	0 01 45.038	0.664	1 12 01.54	1.00	1.15	0.30	29.777 154	16731	5 38 26
	28	0 01 45.702	0.544	1 12 00.54	+0.22	1.15	0.30	29.760 423	16699	5 34 31
	29	0 01 46.246	0.425	1 12 00.32	−0.55	1.15	0.30	29.743 724	16662	5 30 36
	30	0 01 46.671	0.307	1 12 00.87	1.32	1.15	0.30	29.727 062	16620	5 26 40
7月	1	0 01 46.978	+0.191	−1 12 02.19	−2.06	1.15	0.30	29.710 442	−16573	5 22 44
	2	0 01 47.169		−1 12 04.25		1.15	0.30	29.693 869		5 18 49

海　王　星

2024 年　　　　以力学时 0^h 为准

日期		视赤经		视赤纬		视半径	地平视差	地心距离		上中天
	日	h m s	s	° ′ ″	″	″	″			h m s
7月	1	0 01 46.978	+ 0.191	− 1 12 02.19	− 2.06	1.15	0.30	29.710 442	−16573	5 22 44
	2	0 01 47.169	+ 0.074	1 12 04.25	2.82	1.15	0.30	29.693 869	16522	5 18 49
	3	0 01 47.243	− 0.044	1 12 07.07	3.58	1.15	0.30	29.677 347	16465	5 14 53
	4	0 01 47.199	0.162	1 12 10.65	4.35	1.15	0.30	29.660 882	16403	5 10 57
	5	0 01 47.037	0.283	1 12 15.00	5.13	1.15	0.30	29.644 479	16336	5 07 01
	6	0 01 46.754	− 0.404	− 1 12 20.13	− 5.90	1.15	0.30	29.628 143	−16265	5 03 05
	7	0 01 46.350	0.526	1 12 26.03	6.69	1.15	0.30	29.611 878	16188	4 59 08
	8	0 01 45.824	0.648	1 12 32.72	7.48	1.15	0.30	29.595 690	16106	4 55 12
	9	0 01 45.176	0.769	1 12 40.20	8.25	1.15	0.30	29.579 584	16019	4 51 15
	10	0 01 44.407	0.889	1 12 48.45	9.02	1.15	0.30	29.563 565	15929	4 47 18
	11	0 01 43.518	− 1.007	− 1 12 57.47	− 9.77	1.16	0.30	29.547 636	−15832	4 43 22
	12	0 01 42.511	1.124	1 13 07.24	10.53	1.16	0.30	29.531 804	15732	4 39 25
	13	0 01 41.387	1.239	1 13 17.77	11.25	1.16	0.30	29.516 072	15627	4 35 28
	14	0 01 40.148	1.353	1 13 29.02	11.98	1.16	0.30	29.500 445	15518	4 31 31
	15	0 01 38.795	1.464	1 13 41.00	12.69	1.16	0.30	29.484 927	15403	4 27 33
	16	0 01 37.331	− 1.575	− 1 13 53.69	− 13.39	1.16	0.30	29.469 524	−15286	4 23 36
	17	0 01 35.756	1.685	1 14 07.08	14.09	1.16	0.30	29.454 238	15163	4 19 38
	18	0 01 34.071	1.795	1 14 21.17	14.78	1.16	0.30	29.439 075	15037	4 15 41
	19	0 01 32.276	1.905	1 14 35.95	15.48	1.16	0.30	29.424 038	14906	4 11 43
	20	0 01 30.371	2.017	1 14 51.43	16.19	1.16	0.30	29.409 132	14772	4 07 45
	21	0 01 28.354	− 2.128	− 1 15 07.62	− 16.89	1.16	0.30	29.394 360	−14634	4 03 47
	22	0 01 26.226	2.242	1 15 24.51	17.60	1.16	0.30	29.379 726	14491	3 59 49
	23	0 01 23.984	2.354	1 15 42.11	18.31	1.16	0.30	29.365 235	14345	3 55 51
	24	0 01 21.630	2.465	1 16 00.42	19.01	1.16	0.30	29.350 890	14195	3 51 53
	25	0 01 19.165	2.574	1 16 19.43	19.69	1.16	0.30	29.336 695	14040	3 47 54
	26	0 01 16.591	− 2.679	− 1 16 39.12	− 20.35	1.16	0.30	29.322 655	−13882	3 43 56
	27	0 01 13.912	2.782	1 16 59.47	21.00	1.16	0.30	29.308 773	13720	3 39 57
	28	0 01 11.130	2.883	1 17 20.47	21.62	1.17	0.30	29.295 053	13552	3 35 59
	29	0 01 08.247	2.983	1 17 42.09	22.25	1.17	0.30	29.281 501	13380	3 32 00
	30	0 01 05.264	3.083	1 18 04.34	22.87	1.17	0.30	29.268 121	13205	3 28 01
	31	0 01 02.181	− 3.182	− 1 18 27.21	− 23.49	1.17	0.30	29.254 916	−13025	3 24 02
8月	1	0 00 58.999	3.283	1 18 50.70	24.12	1.17	0.30	29.241 891	12840	3 20 03
	2	0 00 55.716	3.383	1 19 14.82	24.74	1.17	0.30	29.229 051	12651	3 16 04
	3	0 00 52.333	3.484	1 19 39.56	25.36	1.17	0.30	29.216 400	12459	3 12 04
	4	0 00 48.849	3.582	1 20 04.92	25.98	1.17	0.30	29.203 941	12261	3 08 05
	5	0 00 45.267	− 3.681	− 1 20 30.90	− 26.58	1.17	0.30	29.191 680	−12060	3 04 05
	6	0 00 41.586	3.777	1 20 57.48	27.17	1.17	0.30	29.179 620	11856	3 00 06
	7	0 00 37.809	3.870	1 21 24.65	27.74	1.17	0.30	29.167 764	11647	2 56 06
	8	0 00 33.939	3.960	1 21 52.39	28.30	1.17	0.30	29.156 117	11434	2 52 06
	9	0 00 29.979	4.050	1 22 20.69	28.84	1.17	0.30	29.144 683	11218	2 48 07
	10	0 00 25.929	− 4.134	− 1 22 49.53	− 29.36	1.17	0.30	29.133 465	−11000	2 44 07
	11	0 00 21.795	4.218	1 23 18.89	29.86	1.17	0.30	29.122 465	10776	2 40 07
	12	0 00 17.577	4.299	1 23 48.75	30.35	1.17	0.30	29.111 689	10551	2 36 07
	13	0 00 13.278	4.378	1 24 19.10	30.82	1.17	0.30	29.101 138	10322	2 32 06
	14	0 00 08.900	4.456	1 24 49.92	31.29	1.17	0.30	29.090 816	10090	2 28 06
	15	0 00 04.444	− 4.533	− 1 25 21.21	− 31.75	1.17	0.30	29.080 726	− 9855	2 24 06
	16	23 59 59.911		− 1 25 52.96		1.17	0.30	29.070 871		2 20 05

海　王　星

以力学时 0^h 为准

2024 年

日期		视赤经		视赤纬		视半径	地平视差	地心距离		上中天	
	日	h m s	s	° ′ ″	″	″	″			h m s	
8月	16	23 59 59.911	– 4.610	– 1 25 52.96	– 32.20	1.17	0.30	29.070 871	– 9617	2 20 05	
	17	23 59 55.301	4.686	1 26 25.16	32.67	1.17	0.30	29.061 254	9378	2 16 05	
	18	23 59 50.615	4.763	1 26 57.83	33.12	1.18	0.30	29.051 876	9135	2 12 04	
	19	23 59 45.852	4.839	1 27 30.95	33.57	1.18	0.30	29.042 741	8889	2 08 04	
	20	23 59 41.013	4.914	1 28 04.52	34.01	1.18	0.30	29.033 852	8641	2 04 03	
	21	23 59 36.099	– 4.985	– 1 28 38.53	– 34.43	1.18	0.30	29.025 211	– 8391	2 00 02	
	22	23 59 31.114	5.052	1 29 12.96	34.82	1.18	0.30	29.016 820	8138	1 56 01	
	23	23 59 26.062	5.115	1 29 47.78	35.19	1.18	0.30	29.008 682	7882	1 52 00	
	24	23 59 20.947	5.175	1 30 22.97	35.53	1.18	0.30	29.000 800	7622	1 47 59	
	25	23 59 15.772	5.233	1 30 58.50	35.86	1.18	0.30	28.993 178	7362	1 43 58	
	26	23 59 10.539	– 5.290	– 1 31 34.36	– 36.19	1.18	0.30	28.985 816	– 7097	1 39 57	
	27	23 59 05.249	5.347	1 32 10.55	36.51	1.18	0.30	28.978 719	6829	1 35 56	
	28	23 58 59.902	5.402	1 32 47.06	36.83	1.18	0.30	28.971 890	6560	1 31 55	
	29	23 58 54.500	5.458	1 33 23.89	37.14	1.18	0.30	28.965 330	6288	1 27 53	
	30	23 58 49.042	5.512	1 34 01.03	37.45	1.18	0.30	28.959 042	6012	1 23 52	
	31	23 58 43.530	– 5.564	– 1 34 38.48	– 37.74	1.18	0.30	28.953 030	– 5735	1 19 51	
9月	1	23 58 37.966	5.615	1 35 16.22	38.02	1.18	0.30	28.947 295	5456	1 15 49	
	2	23 58 32.351	5.663	1 35 54.24	38.28	1.18	0.30	28.941 839	5174	1 11 48	
	3	23 58 26.688	5.708	1 36 32.52	38.53	1.18	0.30	28.936 665	4891	1 07 46	
	4	23 58 20.980	5.750	1 37 11.05	38.74	1.18	0.30	28.931 774	4605	1 03 45	
	5	23 58 15.230	– 5.787	– 1 37 49.79	– 38.94	1.18	0.30	28.927 169	– 4318	0 59 43	
	6	23 58 09.443	5.823	1 38 28.73	39.11	1.18	0.30	28.922 851	4030	0 55 41	
	7	23 58 03.620	5.854	1 39 07.84	39.27	1.18	0.30	28.918 821	3740	0 51 40	
	8	23 57 57.766	5.883	1 39 47.11	39.40	1.18	0.30	28.915 081	3449	0 47 38	
	9	23 57 51.883	5.910	1 40 26.51	39.52	1.18	0.30	28.911 632	3157	0 43 36	
	10	23 57 45.973	– 5.933	– 1 41 06.03	– 39.63	1.18	0.30	28.908 475	– 2864	0 39 34	
	11	23 57 40.040	5.956	1 41 45.66	39.71	1.18	0.30	28.905 611	2569	0 35 32	
	12	23 57 34.084	5.977	1 42 25.37	39.80	1.18	0.30	28.903 042	2275	0 31 31	
	13	23 57 28.107	5.997	1 43 05.17	39.87	1.18	0.30	28.900 767	1980	0 27 29	
	14	23 57 22.110	6.017	1 43 45.04	39.95	1.18	0.30	28.898 787	1684	0 23 27	
	15	23 57 16.093	– 6.036	– 1 44 24.99	– 40.02	1.18	0.30	28.897 103	– 1389	0 19 25	
	16	23 57 10.057	6.053	1 45 05.01	40.08	1.18	0.30	28.895 714	1091	0 15 23	
	17	23 57 04.004	6.067	1 45 45.09	40.11	1.18	0.30	28.894 623	795	0 11 21	
	18	23 56 57.937	6.077	1 46 25.20	40.12	1.18	0.30	28.893 828	498	0 07 19	
	19	23 56 51.860	6.082	1 47 05.32	40.09	1.18	0.30	28.893 330	– 201	0 03 17	*
	20	23 56 45.778	– 6.083	– 1 47 45.41	– 40.05	1.18	0.30	28.893 129	+ 98	23 55 13	
	21	23 56 39.695	6.081	1 48 25.46	39.98	1.18	0.30	28.893 227	396	23 51 11	
	22	23 56 33.614	6.077	1 49 05.44	39.91	1.18	0.30	28.893 623	695	23 47 09	
	23	23 56 27.537	6.072	1 49 45.35	39.82	1.18	0.30	28.894 318	994	23 43 08	
	24	23 56 21.465	6.067	1 50 25.17	39.73	1.18	0.30	28.895 312	1294	23 39 06	
	25	23 56 15.398	– 6.061	– 1 51 04.90	– 39.64	1.18	0.30	28.896 606	+ 1594	23 35 04	
	26	23 56 09.337	6.054	1 51 44.54	39.55	1.18	0.30	28.898 200	1894	23 31 02	
	27	23 56 03.283	6.045	1 52 24.09	39.42	1.18	0.30	28.900 094	2194	23 27 00	
	28	23 55 57.238	6.033	1 53 03.51	39.30	1.18	0.30	28.902 288	2494	23 22 58	
	29	23 55 51.205	6.018	1 53 42.81	39.15	1.18	0.30	28.904 782	2793	23 18 56	
	30	23 55 45.187	– 6.002	– 1 54 21.96	– 38.99	1.18	0.30	28.907 575	+ 3092	23 14 54	
10月	1	23 55 39.185		– 1 55 00.95		1.18	0.30	28.910 667		23 10 52	

* 第二次上中天 9 月 19 日 $23^h\ 59^m\ 15^s$。

海　王　星

2024 年　　以力学时 0^h 为准

日期		视赤经		视赤纬		视半径	地平视差	地心距离		上中天
	日	h m s	s	° ′ ″	″	″	″			h m s
10月	1	23 55 39.185	− 5.980	− 1 55 00.95	− 38.79	1.18	0.30	28.910 667	+ 3391	23 10 52
	2	23 55 33.205	5.955	1 55 39.74	38.57	1.18	0.30	28.914 058	3687	23 06 50
	3	23 55 27.250	5.928	1 56 18.31	38.34	1.18	0.30	28.917 745	3984	23 02 49
	4	23 55 21.322	5.896	1 56 56.65	38.09	1.18	0.30	28.921 729	4279	22 58 47
	5	23 55 15.426	5.861	1 57 34.74	37.80	1.18	0.30	28.926 008	4573	22 54 45
	6	23 55 09.565	− 5.825	− 1 58 12.54	− 37.51	1.18	0.30	28.930 581	+ 4866	22 50 43
	7	23 55 03.740	5.784	1 58 50.05	37.19	1.18	0.30	28.935 447	5156	22 46 42
	8	23 54 57.956	5.744	1 59 27.24	36.88	1.18	0.30	28.940 603	5446	22 42 40
	9	23 54 52.212	5.701	2 00 04.12	36.54	1.18	0.30	28.946 049	5733	22 38 39
	10	23 54 46.511	5.657	2 00 40.66	36.21	1.18	0.30	28.951 782	6018	22 34 37
	11	23 54 40.854	− 5.613	− 2 01 16.87	− 35.87	1.18	0.30	28.957 800	+ 6302	22 30 36
	12	23 54 35.241	5.567	2 01 52.74	35.52	1.18	0.30	28.964 102	6583	22 26 34
	13	23 54 29.674	5.521	2 02 28.26	35.17	1.18	0.30	28.970 685	6862	22 22 33
	14	23 54 24.153	5.471	2 03 03.43	34.80	1.18	0.30	28.977 547	7138	22 18 31
	15	23 54 18.682	5.419	2 03 38.23	34.40	1.18	0.30	28.984 685	7413	22 14 30
	16	23 54 13.263	− 5.362	− 2 04 12.63	− 33.98	1.18	0.30	28.992 098	+ 7685	22 10 29
	17	23 54 07.901	5.301	2 04 46.61	33.54	1.18	0.30	28.999 783	7956	22 06 28
	18	23 54 02.600	5.237	2 05 20.15	33.07	1.18	0.30	29.007 739	8223	22 02 26
	19	23 53 57.363	5.169	2 05 53.22	32.58	1.18	0.30	29.015 962	8489	21 58 25
	20	23 53 52.194	5.101	2 06 25.80	32.10	1.18	0.30	29.024 451	8752	21 54 24
	21	23 53 47.093	− 5.034	− 2 06 57.90	− 31.62	1.18	0.30	29.033 203	+ 9014	21 50 24
	22	23 53 42.059	4.966	2 07 29.52	31.13	1.18	0.30	29.042 217	9274	21 46 23
	23	23 53 37.093	4.898	2 08 00.65	30.64	1.18	0.30	29.051 491	9530	21 42 22
	24	23 53 32.195	4.827	2 08 31.29	30.14	1.17	0.30	29.061 021	9785	21 38 21
	25	23 53 27.368	4.756	2 09 01.43	29.64	1.17	0.30	29.070 806	10036	21 34 20
	26	23 53 22.612	− 4.682	− 2 09 31.07	− 29.11	1.17	0.30	29.080 842	+10285	21 30 20
	27	23 53 17.930	4.606	2 10 00.18	28.57	1.17	0.30	29.091 127	10530	21 26 19
	28	23 53 13.324	4.525	2 10 28.75	28.00	1.17	0.30	29.101 657	10774	21 22 19
	29	23 53 08.799	4.443	2 10 56.75	27.43	1.17	0.30	29.112 431	11013	21 18 19
	30	23 53 04.356	4.357	2 11 24.18	26.83	1.17	0.30	29.123 444	11248	21 14 18
	31	23 52 59.999	− 4.268	− 2 11 51.01	− 26.20	1.17	0.30	29.134 692	+11481	21 10 18
11月	1	23 52 55.731	4.177	2 12 17.21	25.58	1.17	0.30	29.146 173	11710	21 06 18
	2	23 52 51.554	4.084	2 12 42.79	24.93	1.17	0.30	29.157 883	11935	21 02 18
	3	23 52 47.470	3.989	2 13 07.72	24.27	1.17	0.30	29.169 818	12155	20 58 18
	4	23 52 43.481	3.892	2 13 31.99	23.61	1.17	0.30	29.181 973	12373	20 54 19
	5	23 52 39.589	− 3.796	− 2 13 55.60	− 22.94	1.17	0.30	29.194 346	+12586	20 50 19
	6	23 52 35.793	3.697	2 14 18.54	22.27	1.17	0.30	29.206 932	12794	20 46 19
	7	23 52 32.096	3.600	2 14 40.81	21.61	1.17	0.30	29.219 726	12998	20 42 20
	8	23 52 28.496	3.502	2 15 02.42	20.93	1.17	0.30	29.232 724	13198	20 38 20
	9	23 52 24.994	3.404	2 15 23.35	20.25	1.17	0.30	29.245 922	13394	20 34 21
	10	23 52 21.590	− 3.304	− 2 15 43.60	− 19.58	1.17	0.30	29.259 316	+13585	20 30 22
	11	23 52 18.286	3.201	2 16 03.18	18.87	1.17	0.30	29.272 901	13771	20 26 23
	12	23 52 15.085	3.097	2 16 22.05	18.17	1.17	0.30	29.286 672	13954	20 22 24
	13	23 52 11.988	2.988	2 16 40.22	17.42	1.17	0.30	29.300 626	14131	20 18 25
	14	23 52 09.000	2.876	2 16 57.64	16.68	1.16	0.30	29.314 757	14306	20 14 26
	15	23 52 06.124	− 2.763	− 2 17 14.32	− 15.90	1.16	0.30	29.329 063	+14474	20 10 27
	16	23 52 03.361		− 2 17 30.22		1.16	0.30	29.343 537		20 06 29

海　王　星

以力学时 0^h 为准

2024 年

日期		视赤经		视赤纬		视半径	地平视差	地心距离		上中天
	日	h m s	s	° ′ ″	″	″	″			h m s
11月	16	23 52 03.361	−2.649	−2 17 30.22	−15.14	1.16	0.30	29.343 537	+14640	20 06 29
	17	23 52 00.712	2.535	2 17 45.36	14.38	1.16	0.30	29.358 177	14802	20 02 30
	18	23 51 58.177	2.422	2 17 59.74	13.62	1.16	0.30	29.372 979	14958	19 58 32
	19	23 51 55.755	2.310	2 18 13.36	12.87	1.16	0.30	29.387 937	15111	19 54 34
	20	23 51 53.445	2.199	2 18 26.23	12.12	1.16	0.30	29.403 048	15260	19 50 36
	21	23 51 51.246	−2.086	−2 18 38.35	−11.38	1.16	0.30	29.418 308	+15404	19 46 38
	22	23 51 49.160	1.973	2 18 49.73	10.61	1.16	0.30	29.433 712	15543	19 42 40
	23	23 51 47.187	1.857	2 19 00.34	9.84	1.16	0.30	29.449 255	15677	19 38 42
	24	23 51 45.330	1.740	2 19 10.18	9.06	1.16	0.30	29.464 932	15808	19 34 44
	25	23 51 43.590	1.620	2 19 19.24	8.26	1.16	0.30	29.480 740	15933	19 30 47
	26	23 51 41.970	−1.499	−2 19 27.50	−7.45	1.16	0.30	29.496 673	+16052	19 26 49
	27	23 51 40.471	1.376	2 19 34.95	6.64	1.16	0.30	29.512 725	16168	19 22 52
	28	23 51 39.095	1.251	2 19 41.59	5.81	1.16	0.30	29.528 893	16277	19 18 55
	29	23 51 37.844	1.124	2 19 47.40	4.97	1.16	0.30	29.545 170	16381	19 14 58
	30	23 51 36.720	0.998	2 19 52.37	4.13	1.16	0.30	29.561 551	16481	19 11 01
12月	1	23 51 35.722	−0.871	−2 19 56.50	−3.29	1.15	0.30	29.578 032	+16574	19 07 04
	2	23 51 34.851	0.743	2 19 59.79	2.45	1.15	0.30	29.594 606	16663	19 03 07
	3	23 51 34.108	0.617	2 20 02.24	1.62	1.15	0.30	29.611 269	16745	18 59 11
	4	23 51 33.491	0.492	2 20 03.86	−0.80	1.15	0.30	29.628 014	16822	18 55 14
	5	23 51 32.999	0.368	2 20 04.66	+0.02	1.15	0.30	29.644 836	16893	18 51 18
	6	23 51 32.631	−0.244	−2 20 04.64	+0.84	1.15	0.30	29.661 729	+16960	18 47 22
	7	23 51 32.387	−0.120	2 20 03.80	1.64	1.15	0.30	29.678 689	17020	18 43 26
	8	23 51 32.267	+0.005	2 20 02.16	2.47	1.15	0.30	29.695 709	17074	18 39 30
	9	23 51 32.272	0.131	2 19 59.69	3.29	1.15	0.30	29.712 783	17124	18 35 34
	10	23 51 32.403	0.259	2 19 56.40	4.14	1.15	0.30	29.729 907	17169	18 31 38
	11	23 51 32.662	+0.390	−2 19 52.26	+4.98	1.15	0.30	29.747 076	+17207	18 27 43
	12	23 51 33.052	0.521	2 19 47.28	5.85	1.15	0.30	29.764 283	17241	18 23 47
	13	23 51 33.573	0.653	2 19 41.43	6.69	1.15	0.30	29.781 524	17269	18 19 52
	14	23 51 34.226	0.784	2 19 34.74	7.55	1.15	0.30	29.798 793	17294	18 15 57
	15	23 51 35.010	0.912	2 19 27.19	8.38	1.15	0.29	29.816 087	17312	18 12 02
	16	23 51 35.922	+1.039	−2 19 18.81	+9.20	1.14	0.29	29.833 399	+17327	18 08 07
	17	23 51 36.961	1.163	2 19 09.61	10.00	1.14	0.29	29.850 726	17336	18 04 12
	18	23 51 38.124	1.287	2 18 59.61	10.81	1.14	0.29	29.868 062	17339	18 00 18
	19	23 51 39.411	1.411	2 18 48.80	11.60	1.14	0.29	29.885 401	17339	17 56 23
	20	23 51 40.822	1.535	2 18 37.20	12.41	1.14	0.29	29.902 740	17333	17 52 29
	21	23 51 42.357	+1.660	−2 18 24.79	+13.21	1.14	0.29	29.920 073	+17322	17 48 34
	22	23 51 44.017	1.785	2 18 11.58	14.03	1.14	0.29	29.937 395	17304	17 44 40
	23	23 51 45.802	1.912	2 17 57.55	14.84	1.14	0.29	29.954 699	17283	17 40 46
	24	23 51 47.714	2.040	2 17 42.71	15.67	1.14	0.29	29.971 982	17256	17 36 52
	25	23 51 49.754	2.168	2 17 27.04	16.49	1.14	0.29	29.989 238	17224	17 32 58
	26	23 51 51.922	+2.295	−2 17 10.55	+17.31	1.14	0.29	30.006 462	+17185	17 29 05
	27	23 51 54.217	2.424	2 16 53.24	18.14	1.14	0.29	30.023 647	17142	17 25 11
	28	23 51 56.641	2.552	2 16 35.10	18.95	1.14	0.29	30.040 789	17093	17 21 18
	29	23 51 59.193	2.677	2 16 16.15	19.76	1.14	0.29	30.057 882	17038	17 17 24
	30	23 52 01.870	2.802	2 15 56.39	20.56	1.14	0.29	30.074 920	16979	17 13 31
	31	23 52 04.672	+2.925	−2 15 35.83	+21.34	1.13	0.29	30.091 899	+16913	17 09 38
	32	23 52 07.597		−2 15 14.49		1.13	0.29	30.108 812		17 05 45

地球质心位置和速度

J2000.0 平春分点

2024 年

日 期 力学时 0^h	x_G	y_G	z_G	$\dot{x}_G$	$\dot{y}_G$	$\dot{z}_G$	儒略日
日				1×10^{-9}	1×10^{-9}	1×10^{-9}	2460
1月 0	− 0.156564250	+ 0.889108822	+ 0.385644480	−17277668	− 2446572	− 1060151	309.5
1	0.173818526	0.886523947	0.384524434	17230012	2723086	1179905	310.5
2	0.191022527	0.883662844	0.383284748	17177114	2999016	1299426	311.5
3	0.208170994	0.880526137	0.381925669	17118937	3274283	1418686	312.5
4	0.225258632	0.877114526	0.380447475	17055449	3548808	1537651	313.5
5	− 0.242280109	+ 0.873428798	+ 0.378850477	−16986612	− 3822503	− 1656286	314.5
6	0.259230061	0.869469827	0.377135025	16912389	4095278	1774554	315.5
7	0.276103078	0.865238582	0.375301506	16832737	4367033	1892413	316.5
8	0.292893710	0.860736138	0.373350352	16747609	4637656	2009815	317.5
9	0.309596456	0.855963690	0.371282048	16656959	4907017	2126700	318.5
10	− 0.326205775	+ 0.850922576	+ 0.369097147	−16560749	− 5174962	− 2242999	319.5
11	0.342716094	0.845614297	0.366796275	16458960	5441314	2358626	320.5
12	0.359121840	0.840040542	0.364380150	16351607	5705881	2473488	321.5
13	0.375417475	0.834203197	0.361849587	16238753	5968462	2587485	322.5
14	0.391597547	0.828104342	0.359205500	16120504	6228871	2700523	323.5
15	− 0.407656733	+ 0.821746234	+ 0.356448889	−15997007	− 6486946	− 2812520	324.5
16	0.423589867	0.815131268	0.353580826	15868428	6742567	2923417	325.5
17	0.439391952	0.808261946	0.350602435	15734938	6995650	3033173	326.5
18	0.455058158	0.801140831	0.347514869	15596696	7246144	3141763	327.5
19	0.470583807	0.793770530	0.344319300	15453843	7494020	3249180	328.5
20	− 0.485964347	+ 0.786153668	+ 0.341016902	−15306497	− 7739265	− 3355420	329.5
21	0.501195335	0.778292879	0.337608852	15154752	7981872	3460487	330.5
22	0.516272412	0.770190805	0.334096319	14998687	8221835	3564385	331.5
23	0.531191290	0.761850091	0.330480469	14838362	8459150	3667121	332.5
24	0.545947730	0.753273390	0.326762464	14673820	8693808	3768696	333.5
25	− 0.560537534	+ 0.744463366	+ 0.322943464	−14505094	− 8925792	− 3869112	334.5
26	0.574956531	0.735422704	0.319024628	14332208	9155082	3968365	335.5
27	0.589200568	0.726154110	0.315007123	14155176	9381647	4066450	336.5
28	0.603265504	0.716660331	0.310892123	13974009	9605447	4163353	337.5
29	0.617147210	0.706944153	0.306680817	13788716	9826436	4259058	338.5
30	− 0.630841565	+ 0.697008414	+ 0.302374412	−13599306	−10044559	− 4353546	339.5
31	0.644344454	0.686856009	0.297974138	13405790	10259756	4446793	340.5
2月 1	0.657651778	0.676489899	0.293481249	13208176	10471961	4538772	341.5
2	0.670759444	0.665913108	0.288897027	13006476	10681104	4629455	342.5
3	0.683663372	0.655128736	0.284222783	12800700	10887110	4718809	343.5
4	− 0.696359488	+ 0.644139960	+ 0.279459864	−12590854	−11089898	− 4806799	344.5
5	0.708843724	0.632950045	0.274609653	12376943	11289372	4893384	345.5
6	0.721112020	0.621562356	0.269673581	12158973	11485426	4978513	346.5
7	0.733160321	0.609980376	0.264653134	11936958	11677930	5062124	347.5
8	0.744984597	0.598207730	0.259549864	11710930	11866734	5144144	348.5
9	− 0.756580866	+ 0.586248198	+ 0.254365403	−11480957	−12051671	− 5224490	349.5
10	0.767945233	0.574105734	0.249101471	11247151	12232569	5303073	350.5
11	0.779073944	0.561784458	0.243759873	11009676	12409272	5379810	351.5
12	0.789963431	0.549288631	0.238342487	10768738	12581655	5454639	352.5
13	0.800610340	0.536622613	0.232851245	10524560	12749644	5527518	353.5
14	− 0.811011545	+ 0.523790818	+ 0.227288107	−10277365	−12913208	− 5598432	354.5
15	− 0.821164130	+ 0.510797669	+ 0.221655034	−10027351	−13072356	− 5667388	355.5

岁差章动旋转矩阵元素

（J2000.0 平春分点至当天真春分点） **2024 年**

日期 力学时 0^h	$A_{11}-1$	A_{12}	A_{13}	A_{21}	$A_{22}-1$	A_{23}	A_{31}	A_{32}	$A_{33}-1$
日	1×10^{-8}	1×10^{-8}	1×10^{-8}	1×10^{-8}	1×10^{-8}	1×10^{-8}	1×10^{-8}	1×10^{-8}	1×10^{-8}
1月 0	−1696	−534210	−232112	+534201	−1427	−4504	+232133	+3264	−269
1	1697	534271	232138	534262	1427	4528	232159	3288	270
2	1697	534316	232158	534307	1428	4547	232179	3307	270
3	1697	534353	232174	534344	1428	4559	232195	3318	270
4	1697	534389	232190	534379	1428	4561	232211	3321	270
5	−1698	−534430	−232208	+534421	−1428	−4555	+232229	+3314	−270
6	1698	534486	232232	534477	1428	4542	232253	3301	270
7	1699	534563	232265	534554	1429	4524	232286	3283	270
8	1699	534664	232309	534655	1429	4507	232330	3265	270
9	1700	534791	232364	534782	1430	4494	232385	3252	270
10	−1701	−534936	−232427	+534927	−1431	−4493	+232448	+3249	−270
11	1702	535087	232493	535078	1432	4506	232514	3261	270
12	1703	535229	232554	535220	1432	4533	232575	3288	271
13	1704	535346	232605	535336	1433	4570	232626	3325	271
14	1704	535430	232642	535421	1433	4610	232663	3364	271
15	−1704	−535483	−232665	+535474	−1434	−4644	+232686	+3398	−271
16	1705	535516	232679	535506	1434	4665	232701	3419	271
17	1705	535544	232691	535534	1434	4672	232713	3426	271
18	1705	535581	232707	535571	1434	4666	232729	3419	271
19	1705	535638	232732	535629	1435	4651	232754	3405	271
20	−1706	−535719	−232767	+535709	−1435	−4635	+232789	+3387	−271
21	1707	535821	232812	535812	1436	4621	232833	3374	271
22	1707	535939	232863	535930	1436	4616	232884	3368	271
23	1708	536063	232917	536054	1437	4620	232938	3372	271
24	1709	536185	232969	536175	1438	4636	232991	3387	271
25	−1710	−536294	−233017	+536285	−1438	−4661	+233039	+3411	−272
26	1710	536386	233057	536377	1439	4691	233079	3441	272
27	1711	536458	233088	536448	1439	4725	233110	3474	272
28	1711	536509	233110	536499	1439	4756	233132	3506	272
29	1711	536543	233125	536534	1439	4783	233148	3532	272
30	−1711	−536567	−233135	+536557	−1440	−4803	+233158	+3552	−272
31	1711	536586	233144	536576	1440	4813	233166	3562	272
2月 1	1712	536609	233154	536599	1440	4815	233176	3564	272
2	1712	536643	233168	536633	1440	4809	233191	3557	272
3	1712	536694	233191	536684	1440	4797	233213	3546	272
4	−1713	−536767	−233223	+536758	−1441	−4784	+233245	+3532	−272
5	1713	536864	233265	536854	1441	4774	233287	3521	272
6	1714	536982	233316	536972	1442	4771	233338	3518	272
7	1715	537112	233372	537102	1443	4781	233394	3527	272
8	1716	537241	233428	537231	1443	4805	233451	3551	273
9	−1716	−537353	−233477	+537343	−1444	−4842	+233499	+3587	−273
10	1717	537434	233512	537424	1444	4885	233535	3630	273
11	1717	537481	233533	537471	1445	4925	233556	3670	273
12	1717	537501	233541	537491	1445	4955	233565	3700	273
13	1717	537509	233545	537499	1445	4969	233568	3713	273
14	−1717	−537522	−233551	+537512	−1445	−4967	+233574	+3711	−273
15	−1718	−537555	−233565	+537544	−1445	−4953	+233588	+3698	−273

地球质心位置和速度

2024 年 J2000.0 平春分点

日 期 力学时 0^h		x_G	y_G	z_G	$\dot{x}_G$	$\dot{y}_G$	$\dot{z}_G$	儒略日
	日				1×10^{-9}	1×10^{-9}	1×10^{-9}	2460
2月	15	− 0.821164130	+ 0.510797669	+ 0.221655034	−10027351	−13072356	− 5667388	355.5
	16	0.831065362	0.497647568	0.215953977	9774683	13227117	5734404	356.5
	17	0.840712656	0.484344883	0.210186864	9519496	13377530	5799504	357.5
	18	0.850103550	0.470893944	0.204355599	9261897	13523633	5862712	358.5
	19	0.859235677	0.457299042	0.198462062	9001975	13665459	5924051	359.5
	20	− 0.868106750	+ 0.443564442	+ 0.192508113	− 8739801	−13803034	− 5983540	360.5
	21	0.876714549	0.429694384	0.186495595	8475439	13936379	6041193	361.5
	22	0.885056916	0.415693090	0.180426334	8208942	14065506	6097025	362.5
	23	0.893131738	0.401564775	0.174302150	7940359	14190422	6151042	363.5
	24	0.900936953	0.387313648	0.168124852	7669732	14311130	6203252	364.5
	25	− 0.908470535	+ 0.372943921	+ 0.161896248	− 7397100	−14427623	− 6253656	365.5
	26	0.915730496	0.358459812	0.155618143	7122497	14539889	6302253	366.5
	27	0.922714884	0.343865557	0.149292347	6845958	14647910	6349037	367.5
	28	0.929421777	0.329165415	0.142920677	6567514	14751661	6394000	368.5
	29	0.935849287	0.314363669	0.136504959	6287198	14851111	6437129	369.5
3月	1	− 0.941995561	+ 0.299464639	+ 0.130047036	− 6005045	−14946222	− 6478409	370.5
	2	0.947858775	0.284472684	0.123548765	5721086	15036952	6517820	371.5
	3	0.953437143	0.269392211	0.117012027	5435357	15123250	6555339	372.5
	4	0.958728910	0.254227682	0.110438728	5147891	15205055	6590936	373.5
	5	0.963732358	0.238983623	0.103830807	4858727	15282293	6624576	374.5
	6	− 0.968445813	+ 0.223664646	+ 0.097190242	− 4567912	−15354877	− 6656214	375.5
	7	0.972867653	0.208275457	0.090519065	4275513	15422699	6685793	376.5
	8	0.976996342	0.192820876	0.083819364	3981626	15485641	6713251	377.5
	9	0.980830456	0.177305842	0.077093292	3686392	15543582	6738522	378.5
	10	0.984368738	0.161735414	0.070343069	3389996	15596416	6761547	379.5
	11	− 0.987610136	+ 0.146114736	+ 0.063570962	− 3092664	−15644072	− 6782284	380.5
	12	0.990553837	0.130449003	0.056779270	2794642	15686529	6800718	381.5
	13	0.993199270	0.114743403	0.049970290	2496167	15723814	6816861	382.5
	14	0.995546089	0.099003076	0.043146300	2197446	15755997	6830748	383.5
	15	0.997594135	0.083233080	0.036309531	1898646	15783168	6842425	384.5
	16	− 0.999343397	+ 0.067438380	+ 0.029462168	− 1599894	−15805422	− 6851944	385.5
	17	1.000793972	0.051623846	0.022606346	1301287	15822848	6859353	386.5
	18	1.001946044	0.035794267	0.015744152	1002898	15835524	6864694	387.5
	19	1.002799861	0.019954358	0.008877636	704788	15843517	6868003	388.5
	20	1.003355732	+ 0.004108776	+ 0.002008813	407012	15846882	6869312	389.5
	21	− 1.003614013	− 0.011737878	− 0.004860330	− 109618	−15845667	− 6868647	390.5
	22	1.003575111	0.027581046	0.011727831	+ 187348	15839915	6866032	391.5
	23	1.003239473	0.043416207	0.018591750	483846	15829662	6861486	392.5
	24	1.002607588	0.059238879	0.025450166	779837	15814940	6855028	393.5
	25	1.001679979	0.075044606	0.032301173	1075287	15795775	6846671	394.5
	26	− 1.000457205	− 0.090828955	− 0.039142879	+ 1370164	−15772187	− 6836427	395.5
	27	0.998939851	0.106587510	0.045973401	1664441	15744189	6824303	396.5
	28	0.997128533	0.122315863	0.052790859	1958088	15711785	6810300	397.5
	29	0.995023894	0.138009609	0.059593375	2251078	15674972	6794418	398.5
	30	0.992626606	0.153664333	0.066379065	2543381	15633738	6776648	399.5
	31	− 0.989937373	− 0.169275605	− 0.073146038	+ 2834961	−15588063	− 6756979	400.5
4月	1	− 0.986956937	− 0.184838969	− 0.079892385	+ 3125781	−15537917	− 6735393	401.5

岁差章动旋转矩阵元素

（J2000.0平春分点至当天真春分点） **2024年**

日期 力学时 0^h	$A_{11}-1$	A_{12}	A_{13}	A_{21}	$A_{22}-1$	A_{23}	A_{31}	A_{32}	$A_{33}-1$
日	1×10^{-8}	1×10^{-8}	1×10^{-8}	1×10^{-8}	1×10^{-8}	1×10^{-8}	1×10^{-8}	1×10^{-8}	1×10^{-8}
2月 15	−1718	−537555	−233565	+537544	−1445	−4953	+233588	+3698	−273
16	1718	537612	233589	537602	1445	4936	233612	3680	273
17	1718	537692	233624	537682	1446	4921	233647	3665	273
18	1719	537789	233666	537779	1446	4913	233690	3656	273
19	1720	537894	233712	537884	1447	4915	233735	3658	273
20	−1720	−537997	−233757	+537987	−1447	−4927	+233780	+3670	−273
21	1721	538090	233797	538080	1448	4949	233820	3691	273
22	1722	538167	233830	538157	1448	4977	233854	3719	274
23	1722	538224	233855	538214	1449	5008	233879	3750	274
24	1722	538261	233871	538250	1449	5039	233895	3780	274
25	−1722	−538280	−233880	+538270	−1449	−5064	+233903	+3806	−274
26	1722	538287	233883	538276	1449	5083	233907	3824	274
27	1722	538288	233883	538277	1449	5093	233907	3834	274
28	1722	538290	233884	538280	1449	5094	233908	3835	274
29	1722	538302	233889	538292	1449	5086	233913	3827	274
3月 1	−1723	−538330	−233901	+538319	−1449	−5072	+233925	+3813	−274
2	1723	538378	233922	538367	1449	5055	233946	3796	274
3	1723	538448	233953	538437	1450	5040	233976	3780	274
4	1724	538538	233992	538528	1450	5030	234016	3770	274
5	1725	538644	234038	538634	1451	5030	234062	3769	274
6	−1725	−538754	−234086	+538744	−1451	−5043	+234110	+3782	−274
7	1726	538856	234130	538846	1452	5068	234154	3807	274
8	1726	538935	234164	538925	1452	5103	234188	3841	274
9	1727	538983	234185	538972	1453	5140	234209	3878	274
10	1727	538999	234192	538989	1453	5169	234217	3907	274
11	−1727	−538996	−234191	+538986	−1453	−5184	+234215	+3922	−274
12	1727	538991	234189	538981	1453	5182	234213	3920	274
13	1727	539002	234194	538991	1453	5165	234218	3902	274
14	1727	539039	234210	539028	1453	5139	234234	3877	274
15	1728	539104	234238	539093	1453	5114	234262	3851	274
16	−1728	−539190	−234275	+539179	−1454	−5095	+234299	+3832	−275
17	1729	539286	234317	539276	1454	5086	234341	3823	275
18	1729	539384	234359	539373	1455	5088	234383	3824	275
19	1730	539472	234398	539461	1455	5100	234422	3836	275
20	1730	539545	234429	539534	1456	5120	234453	3855	275
21	−1731	−539598	−234453	+539588	−1456	−5142	+234477	+3877	−275
22	1731	539632	234467	539622	1456	5165	234492	3900	275
23	1731	539648	234474	539637	1456	5184	234499	3919	275
24	1731	539651	234475	539640	1456	5197	234500	3931	275
25	1731	539646	234473	539635	1456	5200	234498	3935	275
26	−1731	−539642	−234472	+539631	−1456	−5195	+234496	+3929	−275
27	1731	539646	234474	539636	1456	5180	234498	3915	275
28	1731	539665	234482	539655	1456	5159	234506	3893	275
29	1731	539704	234499	539694	1456	5133	234523	3868	275
30	1732	539766	234526	539755	1457	5109	234550	3843	275
31	−1732	−539847	−234561	+539837	−1457	−5089	+234585	+3822	−275
4月 1	−1733	−539945	−234603	+539934	−1458	−5077	+234627	+3810	−275

地球质心位置和速度

2024 年　　J2000.0 平春分点

日期 力学时 0^h	x_G	y_G	z_G	$\dot{x}_G$	$\dot{y}_G$	$\dot{z}_G$	儒略日
日				1×10^{-9}	1×10^{-9}	1×10^{-9}	2460
4月 1	− 0.986956937	− 0.184838969	− 0.079892385	+ 3125781	−15537917	− 6735393	401.5
2	0.983686080	0.200349934	0.086616178	3415793	15483257	6711867	402.5
3	0.980125640	0.215803963	0.093315461	3704936	15424033	6686369	403.5
4	0.976276524	0.231196459	0.099988247	3993130	15360182	6658864	404.5
5	0.972139732	0.246522762	0.106632507	4280267	15291636	6629310	405.5
6	− 0.967716390	− 0.261778144	− 0.113246171	+ 4566204	−15218329	− 6597667	406.5
7	0.963007785	0.276957817	0.119827134	4850758	15140213	6563903	407.5
8	0.958015405	0.292056961	0.126373265	5133718	15057272	6528002	408.5
9	0.952740956	0.307070762	0.132882429	5414857	14969536	6489972	409.5
10	0.947186372	0.321994461	0.139352512	5693955	14877083	6449849	410.5
11	− 0.941353788	− 0.336823394	− 0.145781447	+ 5970828	−14780027	− 6407688	411.5
12	0.935245506	0.351553026	0.152167231	6245331	14678505	6363557	412.5
13	0.928863949	0.366178961	0.158507928	6517365	14572654	6317527	413.5
14	0.922211622	0.380696936	0.164801674	6786863	14462606	6269665	414.5
15	0.915291082	0.395102812	0.171046668	7053783	14348475	6220030	415.5
16	− 0.908104925	− 0.409392557	− 0.177241161	+ 7318094	−14230358	− 6168673	416.5
17	0.900655772	0.423562229	0.183383453	7579771	14108342	6115636	417.5
18	0.892946268	0.437607967	0.189471885	7838793	13982503	6060957	418.5
19	0.884979080	0.451525983	0.195504832	8095137	13852909	6004672	419.5
20	0.876756892	0.465312554	0.201480703	8348786	13719624	5946810	420.5
21	− 0.868282411	− 0.478964021	− 0.207397937	+ 8599723	−13582708	− 5887402	421.5
22	0.859558355	0.492476777	0.213254999	8847934	13442214	5826472	422.5
23	0.850587454	0.505847272	0.219050381	9093413	13298191	5764043	423.5
24	0.841372443	0.519071996	0.224782592	9336152	13150678	5700134	424.5
25	0.831916064	0.532147476	0.230450159	9576149	12999706	5634756	425.5
26	− 0.822221061	− 0.545070263	− 0.236051618	+ 9813399	−12845295	− 5567918	426.5
27	0.812290184	0.557836922	0.241585508	10047895	12687452	5499619	427.5
28	0.802126195	0.570444023	0.247050367	10279619	12526175	5429853	428.5
29	0.791731878	0.582888124	0.252444722	10508546	12361452	5358609	429.5
30	0.781110048	0.595165770	0.257767087	10734635	12193259	5285870	430.5
5月 1	− 0.770263573	− 0.607273478	− 0.263015956	+10957826	−12021571	− 5211614	431.5
2	0.759195389	0.619207737	0.268189802	11178038	11846357	5135819	432.5
3	0.747908526	0.630965007	0.273287074	11395164	11667590	5058463	433.5
4	0.736406134	0.642541726	0.278306202	11609070	11485252	4979529	434.5
5	0.724691513	0.653934322	0.283245603	11819594	11299348	4899008	435.5
6	− 0.712768134	− 0.665139244	− 0.288103692	+12026556	−11109912	− 4816911	436.5
7	0.700639651	0.676152992	0.292878908	12229771	10917015	4733267	437.5
8	0.688309899	0.686972159	0.297569727	12429066	10720771	4648127	438.5
9	0.675782873	0.697593466	0.302174686	12624299	10521322	4561559	439.5
10	0.663062690	0.708013787	0.306692396	12815368	10318827	4473644	440.5
11	− 0.650153547	− 0.718230158	− 0.311121551	+13002210	−10113448	− 4384460	441.5
12	0.637059687	0.728239772	0.315460920	13184800	9905336	4294086	442.5
13	0.623785368	0.738039964	0.319709348	13363130	9694625	4202587	443.5
14	0.610334844	0.747628196	0.323865739	13537210	9481434	4110022	444.5
15	0.596712360	0.757002038	0.327929053	13707052	9265863	4016441	445.5
16	− 0.582922147	− 0.766159158	− 0.331898297	+13872671	− 9048003	− 3921888	446.5
17	− 0.568968422	− 0.775097309	− 0.335772518	+14034079	− 8827937	− 3826402	447.5

岁差章动旋转矩阵元素

（J2000.0 平春分点至当天真春分点）　　**2024 年**

日　期 力学时 0^h		$A_{11}-1$	A_{12}	A_{13}	A_{21}	$A_{22}-1$	A_{23}	A_{31}	A_{32}	$A_{33}-1$
	日	1×10^{-8}	1×10^{-8}	1×10^{-8}	1×10^{-8}	1×10^{-8}	1×10^{-8}	1×10^{-8}	1×10^{-8}	1×10^{-8}
4月	1	−1733	−539945	−234603	+539934	−1458	−5077	+234627	+3810	−275
	2	1734	540050	234649	540039	1458	5077	234673	3810	275
	3	1734	540150	234693	540140	1459	5089	234717	3821	276
	4	1735	540235	234729	540225	1459	5111	234754	3843	276
	5	1735	540294	234755	540284	1460	5138	234779	3869	276
	6	−1735	−540324	−234768	+540313	−1460	−5162	+234792	+3893	−276
	7	1735	540330	234770	540319	1460	5175	234795	3906	276
	8	1735	540326	234769	540315	1460	5171	234794	3903	276
	9	1735	540331	234771	540321	1460	5152	234796	3883	276
	10	1736	540360	234784	540350	1460	5120	234808	3851	276
	11	−1736	−540420	−234810	+540409	−1460	−5084	+234834	+3815	−276
	12	1737	540507	234848	540496	1461	5053	234871	3784	276
	13	1737	540611	234893	540601	1461	5031	234917	3761	276
	14	1738	540720	234940	540710	1462	5022	234964	3751	276
	15	1739	540822	234985	540812	1463	5023	235008	3752	276
	16	−1739	−540910	−235023	+540900	−1463	−5033	+235047	+3762	−276
	17	1740	540979	235053	540969	1463	5049	235077	3777	276
	18	1740	541028	235074	541017	1464	5065	235098	3793	276
	19	1740	541058	235087	541047	1464	5078	235111	3806	276
	20	1740	541073	235093	541062	1464	5086	235117	3813	276
	21	−1740	−541080	−235096	+541069	−1464	−5085	+235120	+3813	−276
	22	1740	541085	235099	541075	1464	5075	235123	3803	276
	23	1740	541098	235104	541087	1464	5056	235128	3784	276
	24	1740	541124	235116	541114	1464	5030	235140	3757	277
	25	1741	541170	235136	541160	1464	4999	235160	3726	277
	26	−1741	−541239	−235166	+541229	−1465	−4968	+235189	+3695	−277
	27	1742	541330	235205	541319	1465	4940	235228	3667	277
	28	1743	541437	235252	541427	1466	4921	235275	3648	277
	29	1743	541553	235302	541543	1466	4913	235325	3639	277
	30	1744	541667	235352	541657	1467	4917	235375	3642	277
5月	1	−1745	−541768	−235396	+541758	−1468	−4932	+235419	+3656	−277
	2	1745	541847	235430	541837	1468	4952	235453	3676	277
	3	1745	541899	235452	541888	1468	4972	235476	3696	277
	4	1746	541926	235464	541916	1468	4984	235488	3708	277
	5	1746	541940	235470	541929	1469	4983	235494	3707	277
	6	−1746	−541955	−235477	+541945	−1469	−4966	+235500	+3690	−277
	7	1746	541988	235491	541978	1469	4936	235515	3660	277
	8	1746	542050	235518	542040	1469	4899	235541	3622	277
	9	1747	542143	235558	542133	1470	4862	235581	3585	278
	10	1748	542259	235609	542249	1470	4833	235631	3555	278
	11	−1749	−542386	−235664	+542377	−1471	−4816	+235687	+3538	−278
	12	1749	542512	235719	542502	1472	4812	235741	3533	278
	13	1750	542625	235768	542616	1472	4818	235790	3539	278
	14	1751	542720	235809	542710	1473	4832	235831	3552	278
	15	1751	542793	235840	542783	1473	4847	235863	3567	278
	16	−1752	−542845	−235863	+542835	−1473	−4861	+235886	+3581	−278
	17	−1752	−542882	−235879	+542872	−1474	−4871	+235902	+3590	−278

地球质心位置和速度

2024 年　　J2000.0 平春分点

日　期 力学时 0^h	x_G	y_G	z_G	$\dot{x}_G$	$\dot{y}_G$	$\dot{z}_G$	儒略日
日				1×10^{-9}	1×10^{-9}	1×10^{-9}	2460
5月 17	− 0.568968422	− 0.775097309	− 0.335772518	+14034079	− 8827937	− 3826402	447.5
18	0.554855389	0.783814322	0.339550802	14191290	8605741	3730020	448.5
19	0.540587236	0.792308106	0.343232270	14344320	8381489	3632775	449.5
20	0.526168136	0.800576638	0.346816074	14493188	8155249	3534697	450.5
21	0.511602240	0.808617961	0.350301397	14637916	7927080	3435816	451.5
22	− 0.496893675	− 0.816430174	− 0.353687446	+14778531	− 7697038	− 3336154	452.5
23	0.482046539	0.824011425	0.356973450	14915062	7465162	3235727	453.5
24	0.467064902	0.831359898	0.360158649	15047538	7231483	3134546	454.5
25	0.451952807	0.838473795	0.363242292	15175981	6996014	3032613	455.5
26	0.436714281	0.845351329	0.366223622	15300400	6758755	2929920	456.5
27	− 0.421353349	− 0.851990705	− 0.369101876	+15420790	− 6519697	− 2826457	457.5
28	0.405874054	0.858390117	0.371876274	15537120	6278822	2722206	458.5
29	0.390280479	0.864547739	0.374546020	15649339	6036116	2617151	459.5
30	0.374576772	0.870461733	0.377110303	15757368	5791566	2511277	460.5
31	0.358767172	0.876130257	0.379568298	15861107	5545176	2404576	461.5
6月 1	− 0.342856028	− 0.881551478	− 0.381919180	+15960435	− 5296965	− 2297050	462.5
2	0.326847817	0.886723595	0.384162128	16055219	5046980	2188713	463.5
3	0.310747152	0.891644870	0.386296345	16145318	4795294	2079595	464.5
4	0.294558786	0.896313651	0.388321074	16230601	4542013	1969743	465.5
5	0.278287594	0.900728408	0.390235608	16310951	4287268	1859219	466.5
6	− 0.261938557	− 0.904887752	− 0.392039313	+16386283	− 4031215	− 1748098	467.5
7	0.245516720	0.908790457	0.393731631	16456543	3774018	1636459	468.5
8	0.229027167	0.912435461	0.395312086	16521715	3515840	1524385	469.5
9	0.212474983	0.915821861	0.396780282	16581810	3256835	1411952	470.5
10	0.195865228	0.918948901	0.398135893	16636862	2997141	1299227	471.5
11	− 0.179202924	− 0.921815955	− 0.399378659	+16686916	− 2736879	− 1186270	472.5
12	0.162493045	0.924422506	0.400508373	16732021	2476154	1073132	473.5
13	0.145740514	0.926768138	0.401524877	16772228	2215057	959857	474.5
14	0.128950205	0.928852524	0.402428054	16807587	1953674	846483	475.5
15	0.112126941	0.930675417	0.403217823	16838145	1692081	733047	476.5
16	− 0.095275499	− 0.932236642	− 0.403894137	+16863952	− 1430353	− 619581	477.5
17	0.078400605	0.933536099	0.404456984	16885059	1168555	506115	478.5
18	0.061506930	0.934573751	0.404906377	16901521	906752	392678	479.5
19	0.044599090	0.935349618	0.405242357	16913399	644994	279291	480.5
20	0.027681640	0.935863769	0.405464981	16920753	383325	165969	481.5
21	− 0.010759072	− 0.936116305	− 0.405574320	+16923645	− 121768	− 52721	482.5
22	+ 0.006164180	0.936107347	0.405570448	16922128	+ 139666	+ 60455	483.5
23	0.023083727	0.935837012	0.405453430	16916239	400986	173571	484.5
24	0.039995207	0.935305406	0.405223320	16905993	662211	286644	485.5
25	0.056894256	0.934512613	0.404880149	16891374	923364	399695	486.5
26	+ 0.073776481	− 0.933458696	− 0.404423931	+16872334	+ 1184461	+ 512742	487.5
27	0.090637426	0.932143709	0.403854663	16848800	1445504	625795	488.5
28	0.107472553	0.930567714	0.403172340	16820679	1706471	738850	489.5
29	0.124277221	0.928730809	0.402376966	16787867	1967313	851893	490.5
30	0.141046687	0.926633155	0.401468569	16750259	2227953	964890	491.5
7月 1	+ 0.157776108	− 0.924275005	− 0.400447216	+16707761	+ 2488288	+ 1077796	492.5
2	+ 0.174460553	− 0.921656723	− 0.399313027	+16660295	+ 2748193	+ 1190552	493.5

岁差章动旋转矩阵元素

（J2000.0平春分点至当天真春分点）　　**2024年**

日期 力学时 0^h	$A_{11}-1$	A_{12}	A_{13}	A_{21}	$A_{22}-1$	A_{23}	A_{31}	A_{32}	$A_{33}-1$
日	1×10^{-8}	1×10^{-8}	1×10^{-8}	1×10^{-8}	1×10^{-8}	1×10^{-8}	1×10^{-8}	1×10^{-8}	1×10^{-8}
5月 17	−1752	−542882	−235879	+542872	−1474	−4871	+235902	+3590	−278
18	1752	542908	235890	542898	1474	4873	235913	3592	278
19	1752	542930	235900	542920	1474	4866	235923	3585	278
20	1752	542957	235912	542947	1474	4850	235935	3569	278
21	1753	542995	235928	542985	1474	4826	235951	3545	278
22	−1753	−543052	−235953	+543042	−1475	−4797	+235976	+3515	−278
23	1753	543132	235988	543122	1475	4766	236010	3484	279
24	1754	543234	236032	543224	1476	4738	236055	3456	279
25	1755	543356	236085	543346	1476	4718	236107	3436	279
26	1756	543489	236143	543480	1477	4710	236165	3426	279
27	−1757	−543622	−236201	+543612	−1478	−4713	+236223	+3429	−279
28	1757	543743	236253	543733	1478	4728	236275	3443	279
29	1758	543842	236296	543832	1479	4750	236318	3465	279
30	1758	543914	236327	543904	1479	4773	236350	3488	279
31	1759	543962	236348	543952	1480	4790	236371	3505	279
6月 1	−1759	−543993	−236362	+543983	−1480	−4796	+236384	+3510	−279
2	1759	544021	236374	544011	1480	4788	236397	3502	279
3	1759	544061	236392	544052	1480	4766	236414	3480	280
4	1760	544126	236419	544116	1480	4736	236442	3449	280
5	1760	544219	236460	544210	1481	4703	236482	3416	280
6	−1761	−544340	−236512	+544330	−1482	−4675	+236534	+3388	−280
7	1762	544477	236572	544467	1482	4658	236594	3370	280
8	1763	544618	236633	544608	1483	4655	236655	3366	280
9	1764	544750	236690	544741	1484	4663	236712	3373	280
10	1765	544865	236740	544856	1484	4680	236762	3390	280
11	−1765	−544958	−236781	+544949	−1485	−4701	+236803	+3411	−280
12	1766	545029	236812	545020	1485	4722	236834	3431	281
13	1766	545082	236834	545072	1486	4739	236857	3448	281
14	1766	545121	236851	545111	1486	4750	236874	3459	281
15	1767	545154	236866	545144	1486	4752	236888	3461	281
16	−1767	−545188	−236881	+545178	−1486	−4745	+236903	+3454	−281
17	1767	545231	236899	545221	1486	4731	236922	3439	281
18	1767	545290	236925	545281	1487	4710	236947	3418	281
19	1768	545370	236960	545361	1487	4686	236982	3394	281
20	1769	545474	237005	545464	1488	4664	237027	3371	281
21	−1769	−545598	−237059	+545589	−1488	−4648	+237081	+3354	−281
22	1770	545738	237119	545728	1489	4642	237141	3348	281
23	1771	545881	237181	545872	1490	4650	237203	3355	281
24	1772	546015	237239	546005	1491	4670	237261	3374	282
25	1773	546127	237288	546118	1491	4699	237310	3403	282
26	−1773	−546212	−237325	+546202	−1492	−4730	+237347	+3434	−282
27	1774	546268	237350	546259	1492	4757	237372	3460	282
28	1774	546305	237366	546296	1492	4773	237388	3476	282
29	1774	546336	237379	546326	1492	4776	237402	3479	282
30	1774	546375	237396	546365	1493	4765	237419	3468	282
7月 1	−1775	−546434	−237422	+546424	−1493	−4744	+237444	+3447	−282
2	−1775	−546520	−237459	+546510	−1493	−4720	+237481	+3422	−282

地球质心位置和速度

2024 年　　J2000.0 平春分点

日期 力学时 0^h	x_G	y_G	z_G	$\dot{x}_G$	$\dot{y}_G$	$\dot{z}_G$	儒略日
日				1×10^{-9}	1×10^{-9}	1×10^{-9}	2460
7月 1	+ 0.157776108	− 0.924275005	− 0.400447216	+16707761	+ 2488288	+ 1077796	492.5
2	0.174460553	0.921656723	0.399313027	16660295	2748193	1190552	493.5
3	0.191095023	0.918778809	0.398066185	16607805	3007526	1303090	494.5
4	0.207674479	0.915641912	0.396706945	16550264	3266134	1415334	495.5
5	0.224193868	0.912246834	0.395235639	16487673	3523861	1527210	496.5
6	+ 0.240648150	− 0.908594533	− 0.393652674	+16420058	+ 3780556	+ 1638641	497.5
7	0.257032327	0.904686113	0.391958529	16347471	4036078	1749558	498.5
8	0.273341458	0.900522810	0.390153750	16269980	4290300	1859899	499.5
9	0.289570678	0.896105983	0.388238942	16187663	4543111	1969609	500.5
10	0.305715203	0.891437091	0.386214758	16100603	4794414	2078643	501.5
11	+ 0.321770330	− 0.886517685	− 0.384081895	+16008882	+ 5044125	+ 2186960	502.5
12	0.337731442	0.881349396	0.381841088	15912585	5292169	2294526	503.5
13	0.353594001	0.875933925	0.379493103	15811791	5538478	2401311	504.5
14	0.369353551	0.870273039	0.377038736	15706581	5782989	2507287	505.5
15	0.385005718	0.864368564	0.374478807	15597037	6025646	2612429	506.5
16	+ 0.400546209	− 0.858222382	− 0.371814162	+15483244	+ 6266397	+ 2716716	507.5
17	0.415970818	0.851836420	0.369045666	15365290	6505200	2820130	508.5
18	0.431275431	0.845212642	0.366174196	15243265	6742025	2922662	509.5
19	0.446456022	0.838353034	0.363200636	15117260	6976858	3024311	510.5
20	0.461508652	0.831259588	0.360125866	14987355	7209704	3125085	511.5
21	+ 0.476429454	− 0.823934281	− 0.356950753	+14853612	+ 7440586	+ 3225003	512.5
22	0.491214609	0.816379058	0.353676138	14716065	7669540	3324091	513.5
23	0.505860315	0.808595830	0.350302837	14574711	7896603	3422378	514.5
24	0.520362748	0.800586473	0.346831641	14429509	8121802	3519887	515.5
25	0.534718027	0.792352847	0.343263321	14280390	8345137	3616625	516.5
26	+ 0.548922193	− 0.783896830	− 0.339598651	+14127268	+ 8566576	+ 3712584	517.5
27	0.562971200	0.775220349	0.335838422	13970057	8786052	3807736	518.5
28	0.576860919	0.766325413	0.331983462	13808684	9003466	3902037	519.5
29	0.590587163	0.757214143	0.328034651	13643099	9218700	3995429	520.5
30	0.604145706	0.747888785	0.323992929	13473279	9431619	4087847	521.5
31	+ 0.617532311	− 0.738351724	− 0.319859304	+13299227	+ 9642083	+ 4179223	522.5
8月 1	0.630742759	0.728605484	0.315634854	13120972	9849952	4269486	523.5
2	0.643772870	0.718652730	0.311320725	12938564	10055091	4358570	524.5
3	0.656618526	0.708496256	0.306918129	12752075	10257370	4446409	525.5
4	0.669275689	0.698138981	0.302428340	12561592	10456674	4532948	526.5
5	+ 0.681740412	− 0.687583935	− 0.297852685	+12367214	+10652898	+ 4618133	527.5
6	0.694008855	0.676834242	0.293192540	12169050	10845952	4701921	528.5
7	0.706077286	0.665893115	0.288449322	11967209	11035757	4784275	529.5
8	0.717942084	0.654763834	0.283624479	11761804	11222248	4865163	530.5
9	0.729599742	0.643449743	0.278719492	11552946	11405368	4944561	531.5
10	+ 0.741046861	− 0.631954237	− 0.273735861	+11340744	+11585069	+ 5022446	532.5
11	0.752280153	0.620280759	0.268675109	11125308	11761308	5098801	533.5
12	0.763296436	0.608432787	0.263538774	10906746	11934049	5173611	534.5
13	0.774092640	0.596413836	0.258328406	10685167	12103264	5246864	535.5
14	0.784665802	0.584227442	0.253045566	10460683	12268930	5318555	536.5
15	+ 0.795013076	− 0.571877161	− 0.247691817	+10233407	+12431040	+ 5388683	537.5
16	+ 0.805131723	− 0.559366545	− 0.242268718	+10003449	+12589600	+ 5457257	538.5

岁差章动旋转矩阵元素

（J2000.0 平春分点至当天真春分点）

2024 年

日　期 力学时 0^h	$A_{11}-1$	A_{12}	A_{13}	A_{21}	$A_{22}-1$	A_{23}	A_{31}	A_{32}	$A_{33}-1$
日	1×10^{-8}	1×10^{-8}	1×10^{-8}	1×10^{-8}	1×10^{-8}	1×10^{-8}	1×10^{-8}	1×10^{-8}	1×10^{-8}
7月 1	−1775	−546434	−237422	+546424	−1493	−4744	+237444	+3447	−282
2	1775	546520	237459	546510	1493	4720	237481	3422	282
3	1776	546631	237507	546622	1494	4699	237529	3401	282
4	1777	546762	237564	546752	1495	4687	237586	3388	282
5	1778	546901	237624	546891	1496	4686	237646	3387	282
6	−1779	−547035	−237683	+547026	−1496	−4698	+237705	+3398	−283
7	1779	547155	237735	547145	1497	4721	237757	3420	283
8	1780	547254	237777	547244	1498	4749	237800	3447	283
9	1781	547330	237810	547320	1498	4778	237833	3477	283
10	1781	547385	237834	547375	1498	4805	237857	3503	283
11	−1781	−547424	−237851	+547414	−1498	−4826	+237874	+3524	−283
12	1781	547454	237864	547444	1499	4838	237887	3536	283
13	1782	547483	237877	547473	1499	4842	237900	3539	283
14	1782	547517	237892	547507	1499	4837	237915	3534	283
15	1782	547565	237913	547555	1499	4825	237935	3522	283
16	−1783	−547631	−237941	+547621	−1500	−4810	+237964	+3506	−283
17	1783	547719	237980	547709	1500	4794	238002	3490	283
18	1784	547829	238027	547819	1501	4782	238050	3478	283
19	1785	547956	238083	547947	1501	4780	238105	3475	284
20	1786	548093	238142	548083	1502	4789	238164	3484	284
21	−1786	−548225	−238199	+548215	−1503	−4812	+238222	+3506	−284
22	1787	548340	238249	548330	1503	4845	238272	3539	284
23	1788	548426	238286	548416	1504	4884	238310	3577	284
24	1788	548482	238311	548472	1504	4921	238334	3614	284
25	1788	548513	238324	548503	1504	4947	238348	3640	284
26	−1788	−548533	−238333	+548523	−1505	−4959	+238357	+3652	−284
27	1789	548558	238344	548548	1505	4956	238367	3649	284
28	1789	548601	238362	548590	1505	4942	238386	3635	284
29	1789	548669	238392	548658	1505	4924	238415	3616	284
30	1790	548762	238432	548752	1506	4907	238456	3598	284
31	−1791	−548875	−238482	+548865	−1506	−4897	+238505	+3588	−284
8月 1	1792	548998	238535	548988	1507	4899	238558	3589	285
2	1792	549119	238588	549109	1508	4913	238611	3602	285
3	1793	549229	238635	549219	1508	4936	238659	3626	285
4	1794	549320	238675	549309	1509	4967	238698	3656	285
5	−1794	−549388	−238704	+549377	−1509	−5001	+238728	+3689	−285
6	1794	549434	238724	549424	1509	5032	238748	3721	285
7	1795	549462	238737	549452	1510	5059	238761	3747	285
8	1795	549479	238744	549469	1510	5077	238768	3765	285
9	1795	549492	238749	549481	1510	5086	238774	3774	285
10	−1795	−549508	−238757	+549498	−1510	−5087	+238781	+3775	−285
11	1795	549535	238768	549525	1510	5080	238793	3767	285
12	1795	549579	238787	549568	1510	5067	238812	3755	285
13	1796	549643	238815	549632	1511	5054	238839	3741	285
14	1796	549727	238852	549717	1511	5043	238876	3729	285
15	−1797	−549831	−238897	+549820	−1512	−5038	+238921	+3724	−285
16	−1798	−549947	−238947	+549936	−1512	−5044	+238971	+3730	−286

地球质心位置和速度

2024 年　　J2000.0 平春分点

日期	力学时 0^h	x_G	y_G	z_G	$\dot{x}_G$	$\dot{y}_G$	$\dot{z}_G$	儒略日
	日				1×10^{-9}	1×10^{-9}	1×10^{-9}	2460
8月	16	+0.805131723	−0.559366545	−0.242268718	+10003449	+12589600	+5457257	538.5
	17	0.815019114	0.546699135	0.236777815	9770910	12744636	5524295	539.5
	18	0.824672711	0.533878434	0.231220631	9535872	12896190	5589826	540.5
	19	0.834090043	0.520907896	0.225598654	9298385	13044321	5653886	541.5
	20	0.843268669	0.507790915	0.219913335	9058460	13189085	5716514	542.5
	21	+0.852206139	−0.494530833	−0.214166093	+8816063	+13330528	+5777739	543.5
	22	0.860899950	0.481130963	0.208358321	8571130	13468658	5837573	544.5
	23	0.869347528	0.467594631	0.202491415	8323584	13603444	5896005	545.5
	24	0.877546224	0.453925214	0.196566789	8073357	13734814	5953003	546.5
	25	0.885493333	0.440126178	0.190585905	7820405	13862661	6008514	547.5
	26	+0.893186122	−0.426201107	−0.184550278	+7564720	+13986863	+6062477	548.5
	27	0.900621871	0.412153711	0.178461488	7306330	14107290	6114827	549.5
	28	0.907797898	0.397987827	0.172321182	7045289	14223818	6165500	550.5
	29	0.914711591	0.383707414	0.166131068	6781676	14336329	6214435	551.5
	30	0.921360425	0.369316542	0.159892909	6515588	14444719	6261580	552.5
	31	+0.927741978	−0.354819381	−0.153608521	+6247133	+14548893	+6306886	553.5
9月	1	0.933853942	0.340220189	0.147279763	5976431	14648768	6350312	554.5
	2	0.939694132	0.325523301	0.140908536	5703606	14744275	6391821	555.5
	3	0.945260491	0.310733115	0.134496769	5428791	14835354	6431386	556.5
	4	0.950551095	0.295854086	0.128046421	5152118	14921956	6468981	557.5
	5	+0.955564152	−0.280890707	−0.121559469	+4873722	+15004046	+6504590	558.5
	6	0.960298008	0.265847507	0.115037907	4593735	15081595	6538200	559.5
	7	0.964751137	0.250729037	0.108483737	4312291	15154585	6569803	560.5
	8	0.968922148	0.235539862	0.101898970	4029520	15223003	6599396	561.5
	9	0.972809777	0.220284555	0.095285616	3745549	15286848	6626978	562.5
	10	+0.976412888	−0.204967690	−0.088645682	+3460506	+15346121	+6652555	563.5
	11	0.979730475	0.189593832	0.081981172	3174519	15400837	6676134	564.5
	12	0.982761652	0.174167528	0.075294074	2887710	15451018	6697732	565.5
	13	0.985505661	0.158693294	0.068586361	2600201	15496703	6717370	566.5
	14	0.987961857	0.143175603	0.061859977	2312100	15537944	6735081	567.5
	15	+0.990129695	−0.127618864	−0.055116829	+2023498	+15574813	+6750904	568.5
	16	0.992008706	0.112027407	0.048358783	1734453	15607392	6764887	569.5
	17	0.993598460	0.096405482	0.041587653	1444984	15635763	6777078	570.5
	18	0.994898523	0.080757261	0.034805210	1155065	15659991	6787516	571.5
	19	0.995908422	0.065086869	0.028013197	864641	15680108	6796222	572.5
	20	+0.996627613	−0.049398421	−0.021213346	+573640	+15696096	+6803188	573.5
	21	0.997055491	0.033696073	0.014407411	+282008	15707894	6808385	574.5
	22	0.997191411	0.017984061	0.007597184	−10275	15715406	6811761	575.5
	23	0.997034732	−0.002266727	−0.000784514	303185	15718520	6813259	576.5
	24	0.996584853	+0.013451475	+0.006028688	596659	15717125	6812818	577.5
	25	+0.995841258	+0.029165988	+0.012840459	−890600	+15711125	+6810387	578.5
	26	0.994803535	0.044872163	0.019648783	1184892	15700438	6805920	579.5
	27	0.993471399	0.060565280	0.026451608	1479406	15684998	6799382	580.5
	28	0.991844696	0.076240559	0.033246847	1774005	15664756	6790745	581.5
	29	0.989923408	0.091893179	0.040032390	2068550	15639674	6779988	582.5
	30	+0.987707661	+0.107518284	+0.046806110	−2362899	+15609724	+6767095	583.5
10月	1	+0.985197723	+0.123110999	+0.053565866	−2656909	+15574891	+6752058	584.5

岁差章动旋转矩阵元素

（J2000.0 平春分点至当天真春分点）　　**2024 年**

日期 力学时 0^h	$A_{11}-1$	A_{12}	A_{13}	A_{21}	$A_{22}-1$	A_{23}	A_{31}	A_{32}	$A_{33}-1$
日	1×10^{-8}	1×10^{-8}	1×10^{-8}	1×10^{-8}	1×10^{-8}	1×10^{-8}	1×10^{-8}	1×10^{-8}	1×10^{-8}
8月 16	−1798	−549947	−238947	+549936	−1512	−5044	+238971	+3730	−286
17	1798	550065	238998	550054	1513	5062	239022	3747	286
18	1799	550172	239045	550161	1514	5093	239069	3778	286
19	1800	550255	239081	550244	1514	5131	239105	3816	286
20	1800	550307	239104	550297	1514	5171	239128	3855	286
21	−1800	−550330	−239114	+550319	−1514	−5203	+239139	+3887	−286
22	1800	550336	239116	550325	1514	5220	239141	3904	286
23	1800	550340	239118	550329	1514	5221	239143	3905	286
24	1800	550360	239127	550349	1515	5208	239152	3892	286
25	1801	550406	239147	550396	1515	5187	239172	3871	286
26	−1801	−550480	−239179	+550469	−1515	−5167	+239204	+3851	−286
27	1802	550575	239220	550564	1516	5154	239245	3837	286
28	1803	550682	239266	550671	1516	5151	239291	3833	286
29	1803	550788	239312	550777	1517	5160	239337	3842	286
30	1804	550885	239354	550874	1517	5179	239379	3861	287
31	−1804	−550964	−239389	+550953	−1518	−5206	+239414	+3887	−287
9月 1	1805	551021	239414	551010	1518	5236	239439	3917	287
2	1805	551057	239429	551046	1518	5265	239455	3946	287
3	1805	551074	239437	551063	1519	5290	239462	3970	287
4	1805	551078	239439	551067	1519	5307	239464	3987	287
5	−1805	−551077	−239438	+551065	−1519	−5315	+239464	+3995	−287
6	1805	551077	239438	551065	1519	5314	239464	3994	287
7	1805	551086	239442	551074	1519	5304	239468	3984	287
8	1805	551110	239452	551098	1519	5289	239478	3969	287
9	1806	551153	239471	551142	1519	5270	239497	3951	287
10	−1806	−551216	−239499	+551205	−1519	−5253	+239524	+3933	−287
11	1807	551299	239534	551288	1520	5242	239560	3921	287
12	1807	551395	239576	551384	1520	5238	239602	3917	287
13	1808	551498	239621	551487	1521	5246	239646	3924	287
14	1808	551596	239664	551585	1521	5266	239689	3944	287
15	−1809	−551677	−239699	+551666	−1522	−5295	+239724	+3972	−287
16	1809	551732	239722	551720	1522	5328	239748	4006	287
17	1810	551756	239733	551745	1522	5358	239759	4035	288
18	1810	551757	239734	551746	1522	5376	239760	4053	288
19	1810	551750	239731	551738	1522	5377	239757	4054	287
20	−1810	−551753	−239732	+551741	−1522	−5361	+239758	+4038	−288
21	1810	551781	239744	551770	1522	5334	239770	4011	288
22	1810	551840	239770	551829	1523	5304	239796	3981	288
23	1811	551927	239807	551915	1523	5280	239833	3956	288
24	1811	552028	239852	552017	1524	5266	239877	3942	288
25	−1812	−552133	−239897	+552122	−1524	−5264	+239922	+3939	−288
26	1813	552228	239938	552217	1525	5274	239964	3949	288
27	1813	552307	239973	552296	1525	5291	239998	3966	288
28	1814	552366	239998	552354	1526	5313	240024	3987	288
29	1814	552402	240014	552391	1526	5335	240040	4009	288
30	−1814	−552419	−240022	+552408	−1526	−5353	+240047	+4027	−288
10月 1	−1814	−552423	−240023	+552412	−1526	−5364	+240049	+4038	−288

地球质心位置和速度

2024 年

J2000.0 平春分点

日期 力学时 0^h		x_G	y_G	z_G	$\dot{x}_G$	$\dot{y}_G$	$\dot{z}_G$	儒略日
	日				1×10^{-9}	1×10^{-9}	1×10^{-9}	2460
10月	1	+ 0.985197723	+ 0.123110999	+ 0.053565866	− 2656909	+15574891	+ 6752058	584.5
	2	0.982394005	0.138666436	0.060309509	2950435	15535166	6734870	585.5
	3	0.979297064	0.154179702	0.067034889	3243332	15490552	6715532	586.5
	4	0.975907599	0.169645914	0.073739858	3535456	15441061	6694049	587.5
	5	0.972226457	0.185060205	0.080422275	3826665	15386713	6670431	588.5
	6	+ 0.968254622	+ 0.200417732	+ 0.087080013	− 4116819	+15327540	+ 6644693	589.5
	7	0.963993217	0.215713688	0.093710962	4405781	15263579	6616856	590.5
	8	0.959443500	0.230943310	0.100313033	4693421	15194880	6586943	591.5
	9	0.954606858	0.246101887	0.106884166	4979611	15121499	6554985	592.5
	10	0.949484801	0.261184769	0.113422332	5264231	15043503	6521015	593.5
	11	+ 0.944078958	+ 0.276187380	+ 0.119925539	− 5547168	+14960971	+ 6485075	594.5
	12	0.938391060	0.291105230	0.126391842	5828324	14873995	6447214	595.5
	13	0.932422931	0.305933922	0.132819345	6107620	14782676	6407485	596.5
	14	0.926176456	0.320669170	0.139206208	6385008	14687124	6365945	597.5
	15	0.919653556	0.335306796	0.145550651	6660474	14587447	6322654	598.5
	16	+ 0.912856141	+ 0.349842720	+ 0.151850948	− 6934043	+14483735	+ 6277658	599.5
	17	0.905786085	0.364272939	0.158105409	7205769	14376043	6230987	600.5
	18	0.898445194	0.378593484	0.164312366	7475720	14264383	6182646	601.5
	19	0.890835220	0.392800372	0.170470138	7743944	14148719	6132613	602.5
	20	0.882957877	0.406889565	0.176577016	8010454	14028981	6080849	603.5
	21	+ 0.874814895	+ 0.420856947	+ 0.182631243	− 8275214	+13905085	+ 6027305	604.5
	22	0.866408059	0.434698322	0.188631016	8538144	13776953	5971934	605.5
	23	0.857739254	0.448409420	0.194574489	8799131	13644523	5914698	606.5
	24	0.848810490	0.461985923	0.200459783	9058040	13507758	5855573	607.5
	25	0.839623913	0.475423484	0.206285000	9314732	13366638	5794543	608.5
	26	+ 0.830181814	+ 0.488717747	+ 0.212048232	− 9569062	+13221162	+ 5731603	609.5
	27	0.820486623	0.501864361	0.217747570	9820889	13071345	5666756	610.5
	28	0.810540916	0.514858997	0.223381109	10070074	12917208	5600008	611.5
	29	0.800347402	0.527697348	0.228946956	10316479	12758784	5531372	612.5
	30	0.789908930	0.540375148	0.234443230	10559968	12596111	5460865	613.5
	31	+ 0.779228484	+ 0.552888170	+ 0.239868068	−10800404	+12429238	+ 5388505	614.5
11月	1	0.768309183	0.565232242	0.245219632	11037654	12258221	5314320	615.5
	2	0.757154282	0.577403252	0.250496110	11271585	12083125	5238339	616.5
	3	0.745767163	0.589397159	0.255695723	11502067	11904028	5160598	617.5
	4	0.734151339	0.601210004	0.260816733	11728977	11721017	5081139	618.5
	5	+ 0.722310439	+ 0.612837920	+ 0.265857443	−11952199	+11534187	+ 5000008	619.5
	6	0.710248205	0.624277141	0.270816209	12171628	11343647	4917258	620.5
	7	0.697968479	0.635524015	0.275691438	12387170	11149511	4832945	621.5
	8	0.685475187	0.646575007	0.280481598	12598746	10951904	4747131	622.5
	9	0.672772330	0.657426709	0.285185221	12806293	10750955	4659882	623.5
	10	+ 0.659863958	+ 0.668075848	+ 0.289800905	−13009771	+10546800	+ 4571263	624.5
	11	0.646754149	0.678519285	0.294327314	13209167	10339572	4481343	625.5
	12	0.633446979	0.688754011	0.298763178	13404497	10129399	4390184	626.5
	13	0.619946496	0.698777137	0.303107287	13595805	9916387	4297840	627.5
	14	0.606256687	0.708585866	0.307358475	13783158	9700614	4204346	628.5
	15	+ 0.592381473	+ 0.718177457	+ 0.311515601	−13966629	+ 9482116	+ 4109716	629.5
	16	+ 0.578324704	+ 0.727549188	+ 0.315577526	−14146274	+ 9260889	+ 4013942	630.5

岁差章动旋转矩阵元素

（J2000.0 平春分点至当天真春分点）

2024 年

日期 力学时 0^h	$A_{11}-1$	A_{12}	A_{13}	A_{21}	$A_{22}-1$	A_{23}	A_{31}	A_{32}	$A_{33}-1$
日	1×10^{-8}	1×10^{-8}	1×10^{-8}	1×10^{-8}	1×10^{-8}	1×10^{-8}	1×10^{-8}	1×10^{-8}	1×10^{-8}
10月 1	−1814	−552423	−240023	+552412	−1526	−5364	+240049	+4038	−288
2	1814	552419	240022	552408	1526	5366	240047	4040	288
3	1814	552416	240020	552405	1526	5358	240046	4032	288
4	1814	552421	240022	552410	1526	5342	240048	4016	288
5	1814	552440	240031	552428	1526	5320	240056	3994	288
6	−1814	−552477	−240047	+552466	−1526	−5294	+240072	+3968	−288
7	1815	552535	240072	552524	1527	5268	240097	3941	288
8	1815	552612	240105	552601	1527	5246	240131	3919	288
9	1816	552704	240146	552693	1527	5232	240171	3905	288
10	1816	552805	240189	552794	1528	5228	240214	3900	289
11	−1817	−552904	−240232	+552893	−1529	−5235	+240257	+3906	−289
12	1818	552992	240270	552981	1529	5252	240296	3923	289
13	1818	553058	240299	553047	1529	5275	240325	3946	289
14	1818	553098	240317	553087	1530	5297	240342	3968	289
15	1818	553113	240323	553102	1530	5312	240349	3983	289
16	−1818	−553113	−240323	+553102	−1530	−5313	+240349	+3984	−289
17	1818	553116	240324	553104	1530	5296	240350	3967	289
18	1819	553138	240334	553127	1530	5265	240360	3935	289
19	1819	553193	240358	553182	1530	5226	240383	3897	289
20	1820	553280	240396	553269	1531	5190	240421	3860	289
21	−1820	−553391	−240444	+553380	−1531	−5163	+240469	+3832	−289
22	1821	553510	240496	553500	1532	5149	240521	3818	289
23	1822	553624	240545	553614	1533	5148	240570	3816	289
24	1822	553723	240588	553712	1533	5157	240613	3825	290
25	1823	553799	240621	553788	1534	5172	240646	3839	290
26	−1823	−553854	−240645	+553843	−1534	−5188	+240670	+3855	−290
27	1824	553888	240660	553877	1534	5200	240685	3867	290
28	1824	553907	240668	553896	1534	5207	240693	3873	290
29	1824	553917	240672	553906	1534	5205	240698	3871	290
30	1824	553927	240677	553916	1534	5193	240702	3860	290
31	−1824	−553943	−240684	+553932	−1534	−5173	+240709	+3840	−290
11月 1	1824	553972	240696	553961	1535	5146	240721	3813	290
2	1824	554020	240717	554009	1535	5115	240742	3782	290
3	1825	554088	240747	554078	1535	5084	240771	3750	290
4	1825	554177	240785	554166	1536	5056	240810	3721	290
5	−1826	−554282	−240831	+554271	−1536	−5035	+240855	+3700	−290
6	1827	554396	240880	554385	1537	5024	240905	3688	290
7	1828	554510	240930	554500	1537	5023	240954	3687	290
8	1828	554616	240976	554605	1538	5033	241000	3697	290
9	1829	554703	241014	554693	1539	5050	241038	3713	291
10	−1829	−554767	−241041	+554756	−1539	−5068	+241066	+3731	−291
11	1830	554807	241059	554796	1539	5082	241083	3745	291
12	1830	554829	241068	554818	1539	5085	241093	3748	291
13	1830	554847	241076	554836	1539	5073	241101	3735	291
14	1830	554878	241090	554867	1540	5046	241114	3708	291
15	−1830	−554935	−241115	+554925	−1540	−5008	+241139	+3669	−291
16	−1831	−555027	−241155	+555017	−1540	−4967	+241179	+3629	−291

地球质心位置和速度

2024 年　　J2000.0 平春分点

日期 力学时 0^h	x_G	y_G	z_G	$\dot{x}_G$	$\dot{y}_G$	$\dot{z}_G$	儒略日
日				1×10^{-9}	1×10^{-9}	1×10^{-9}	2460
11月 16	+ 0.578324704	+ 0.727549188	+ 0.315577526	−14146274	+ 9260889	+ 4013942	630.5
17	0.564090192	0.736698314	0.319543094	14322116	9036899	3916998	631.5
18	0.549681747	0.745622049	0.323411121	14494132	8810099	3818852	632.5
19	0.535103225	0.754317561	0.327180387	14662255	8580446	3719472	633.5
20	0.520358567	0.762781982	0.330849647	14826384	8347918	3618839	634.5
21	+ 0.505451827	+ 0.771012437	+ 0.334417643	−14986401	+ 8112515	+ 3516943	635.5
22	0.490387178	0.779006061	0.337883114	15142179	7874262	3413790	636.5
23	0.475168922	0.786760025	0.341244809	15293595	7633203	3309394	637.5
24	0.459801481	0.794271551	0.344501496	15440530	7389396	3203780	638.5
25	0.444289393	0.801537923	0.347651971	15582872	7142908	3096973	639.5
26	+ 0.428637305	+ 0.808556499	+ 0.350695056	−15720512	+ 6893815	+ 2989007	640.5
27	0.412849970	0.815324711	0.353629611	15853349	6642197	2879917	641.5
28	0.396932243	0.821840080	0.356454529	15981278	6388142	2769741	642.5
29	0.380889082	0.828100215	0.359168745	16104202	6131744	2658522	643.5
30	0.364725541	0.834102823	0.361771240	16222020	5873108	2546307	644.5
12月 1	+ 0.348446775	+ 0.839845723	+ 0.364261044	−16334640	+ 5612348	+ 2433149	645.5
2	0.332058024	0.845326853	0.366637243	16441974	5349590	2319107	646.5
3	0.315564614	0.850544283	0.368898986	16543946	5084972	2204249	647.5
4	0.298971939	0.855496227	0.371045492	16640496	4818642	2088644	648.5
5	0.282285444	0.860181049	0.373076051	16731582	4550756	1972368	649.5
6	+ 0.265510605	+ 0.864597273	+ 0.374990031	−16817181	+ 4281472	+ 1855499	650.5
7	0.248652909	0.868743580	0.376786877	16897296	4010950	1738114	651.5
8	0.231717832	0.872618811	0.378466112	16971953	3739344	1620287	652.5
9	0.214710808	0.876221954	0.380027328	17041198	3466798	1502089	653.5
10	0.197637217	0.879552136	0.381470186	17105101	3193440	1383579	654.5
11	+ 0.180502357	+ 0.882608599	+ 0.382794398	−17163751	+ 2919377	+ 1264806	655.5
12	0.163311435	0.885390680	0.383999721	17217242	2644685	1145803	656.5
13	0.146069561	0.887897776	0.385085933	17265669	2369411	1026586	657.5
14	0.128781759	0.890129314	0.386052821	17309108	2093570	907153	658.5
15	0.111452992	0.892084723	0.386900162	17347606	1817152	787490	659.5
16	+ 0.094088192	+ 0.893763420	+ 0.387627717	−17381170	+ 1540140	+ 667577	660.5
17	0.076692305	0.895164801	0.388235227	17409772	1262521	547398	661.5
18	0.059270322	0.896288261	0.388722421	17433352	984299	426944	662.5
19	0.041827301	0.897133206	0.389089024	17451833	705498	306218	663.5
20	0.024368383	0.897699081	0.389334771	17465131	426168	185236	664.5
21	+ 0.006898792	+ 0.897985389	+ 0.389459420	−17473167	+ 146377	+ 64025	665.5
22	− 0.010576172	0.897991708	0.389462757	17475866	− 133794	− 57380	666.5
23	0.028051138	0.897717705	0.389344608	17473163	414252	178941	667.5
24	0.045520677	0.897163141	0.389104839	17465000	694900	300613	668.5
25	0.062979301	0.896327876	0.388743359	17451326	975636	422353	669.5
26	− 0.080421475	+ 0.895211875	+ 0.388260125	−17432091	− 1256352	− 544113	670.5
27	0.097841614	0.893815215	0.387655144	17407248	1536938	665840	671.5
28	0.115234088	0.892138083	0.386928473	17376754	1817273	787482	672.5
29	0.132593224	0.890180796	0.386080229	17340566	2097227	908976	673.5
30	0.149913311	0.887943803	0.385110592	17298651	2376660	1030257	674.5
31	− 0.167188610	+ 0.885427702	+ 0.384019811	−17250989	− 2655416	− 1151250	675.5
32	− 0.184413372	+ 0.882633252	+ 0.382808215	−17197578	− 2933330	− 1271875	676.5

岁差章动旋转矩阵元素

（J2000.0平春分点至当天真春分点） **2024年**

日期 力学时 0^h	$A_{11}-1$	A_{12}	A_{13}	A_{21}	$A_{22}-1$	A_{23}	A_{31}	A_{32}	$A_{33}-1$
日	1×10^{-8}	1×10^{-8}	1×10^{-8}	1×10^{-8}	1×10^{-8}	1×10^{-8}	1×10^{-8}	1×10^{-8}	1×10^{-8}
11月 16	−1831	−555027	−241155	+555017	−1540	−4967	+241179	+3629	−291
17	1832	555149	241208	555139	1541	4933	241231	3594	291
18	1833	555289	241268	555278	1542	4912	241292	3572	291
19	1834	555430	241329	555419	1543	4905	241353	3565	291
20	1835	555558	241385	555548	1543	4911	241409	3570	291
21	−1835	−555665	−241431	+555654	−1544	−4925	+241455	+3584	−292
22	1836	555747	241467	555737	1544	4942	241491	3600	292
23	1836	555807	241493	555797	1545	4957	241517	3614	292
24	1837	555850	241512	555839	1545	4966	241536	3624	292
25	1837	555881	241525	555871	1545	4968	241549	3625	292
26	−1837	−555910	−241538	+555899	−1545	−4960	+241562	+3618	−292
27	1837	555942	241552	555932	1545	4944	241576	3601	292
28	1837	555987	241571	555976	1546	4921	241595	3578	292
29	1838	556048	241598	556038	1546	4893	241621	3549	292
30	1838	556130	241633	556120	1546	4863	241657	3520	292
12月 1	−1839	−556233	−241678	+556223	−1547	−4837	+241701	+3493	−292
2	1840	556353	241730	556343	1548	4817	241753	3472	292
3	1841	556485	241788	556475	1548	4807	241811	3461	292
4	1842	556619	241846	556609	1549	4808	241869	3462	293
5	1842	556745	241900	556735	1550	4820	241923	3473	293
6	−1843	−556853	−241947	+556843	−1550	−4840	+241970	+3492	−293
7	1844	556937	241984	556927	1551	4862	242007	3515	293
8	1844	556998	242010	556988	1551	4882	242034	3534	293
9	1844	557040	242028	557030	1552	4893	242052	3544	293
10	1845	557074	242043	557063	1552	4890	242067	3542	293
11	−1845	−557114	−242061	+557104	−1552	−4874	+242084	+3525	−293
12	1845	557174	242087	557164	1552	4846	242110	3497	293
13	1846	557265	242126	557255	1553	4813	242149	3463	293
14	1847	557387	242179	557377	1553	4783	242202	3433	293
15	1848	557533	242242	557523	1554	4763	242265	3412	294
16	−1849	−557687	−242310	+557677	−1555	−4757	+242332	+3405	−294
17	1850	557836	242374	557826	1556	4765	242397	3413	294
18	1851	557966	242430	557956	1557	4784	242453	3431	294
19	1851	558070	242476	558060	1557	4808	242499	3455	294
20	1852	558150	242510	558140	1558	4832	242533	3479	294
21	−1852	−558208	−242536	+558198	−1558	−4852	+242559	+3498	−294
22	1852	558252	242555	558242	1558	4865	242578	3511	294
23	1853	558289	242571	558279	1559	4868	242594	3514	294
24	1853	558328	242588	558318	1559	4863	242611	3509	294
25	1853	558376	242608	558366	1559	4850	242632	3495	294
26	−1854	−558438	−242636	+558428	−1559	−4832	+242659	+3477	−294
27	1854	558520	242671	558510	1560	4811	242694	3456	295
28	1855	558622	242715	558612	1560	4792	242738	3436	295
29	1856	558743	242768	558733	1561	4778	242791	3422	295
30	1857	558878	242826	558868	1562	4773	242849	3416	295
31	−1857	−559018	−242887	+559008	−1563	−4780	+242910	+3423	−295
32	−1858	−559152	−242945	+559142	−1563	−4799	+242968	+3440	−295

贝 塞 尔 日 数

2024 年　　以世界时 0^h 为准

日 期		τ	A+A′	B+B′	C	D	E	A′	B′
	日		″	″	″	″	$0.^s0001$	$0.''001$	$0.''001$
1月	0	− 0.5041	− 12.233	− 8.017	− 3.028	+ 20.563	− 7	+ 99	− 27
	1	0.5014	12.179	8.067	3.357	20.504	7	+ 74	− 67
	2	0.4986	12.138	8.107	3.685	20.439	7	+ 35	− 96
	3	0.4959	12.105	8.130	4.013	20.368	7	− 11	−108
	4	0.4932	12.073	8.135	4.339	20.290	7	− 57	−102
	5	− 0.4904	− 12.035	− 8.122	− 4.665	+ 20.206	− 7	− 98	− 77
	6	0.4877	11.985	8.095	4.989	20.115	7	−126	− 36
	7	0.4849	11.917	8.058	5.312	20.018	7	−135	+ 14
	8	0.4822	11.826	8.021	5.634	19.915	7	−122	+ 65
	9	0.4795	11.713	7.995	5.955	19.805	7	− 86	+106
	10	− 0.4767	− 11.583	− 7.991	− 6.273	+ 19.688	− 7	− 33	+126
	11	0.4740	11.447	8.017	6.590	19.565	7	+ 27	+116
	12	0.4713	11.321	8.072	6.904	19.435	6	+ 78	+ 77
	13	0.4685	11.216	8.148	7.216	19.298	6	+107	+ 18
	14	0.4658	11.141	8.230	7.526	19.155	6	+108	− 46
	15	− 0.4630	− 11.093	− 8.299	− 7.832	+ 19.006	− 6	+ 81	− 98
	16	0.4603	11.064	8.344	8.136	18.851	6	+ 36	−124
	17	0.4576	11.039	8.358	8.437	18.690	6	− 12	−119
	18	0.4548	11.005	8.345	8.734	18.523	6	− 51	− 86
	19	0.4521	10.954	8.315	9.028	18.351	6	− 72	− 37
	20	− 0.4493	− 10.882	− 8.280	− 9.320	+ 18.174	− 6	− 72	+ 19
	21	0.4466	10.790	8.252	9.608	17.991	6	− 51	+ 67
	22	0.4439	10.685	8.240	9.893	17.803	6	− 16	+100
	23	0.4411	10.573	8.249	10.174	17.611	6	+ 25	+112
	24	0.4384	10.465	8.280	10.453	17.413	6	+ 65	+102
	25	− 0.4357	− 10.366	− 8.331	− 10.728	+ 17.210	− 5	+ 94	+ 73
	26	0.4329	10.284	8.394	11.000	17.002	5	+108	+ 32
	27	0.4302	10.220	8.462	11.269	16.790	5	+105	− 14
	28	0.4274	10.174	8.527	11.534	16.572	5	+ 84	− 57
	29	0.4247	10.143	8.582	11.796	16.350	5	+ 49	− 90
	30	− 0.4220	− 10.122	− 8.622	− 12.055	+ 16.122	− 6	+ 5	−107
	31	0.4192	10.105	8.644	12.310	15.890	6	− 43	−106
2月	1	0.4165	10.084	8.647	12.561	15.653	6	− 86	− 86
	2	0.4138	10.054	8.634	12.809	15.411	6	−120	− 51
	3	0.4110	10.008	8.611	13.053	15.164	6	−136	− 4
	4	− 0.4083	− 9.942	− 8.583	− 13.293	+ 14.913	− 6	−133	+ 46
	5	0.4055	9.856	8.561	13.530	14.656	6	−108	+ 91
	6	0.4028	9.750	8.556	13.762	14.395	6	− 63	+120
	7	0.4001	9.634	8.575	13.990	14.129	5	− 7	+123
	8	0.3973	9.518	8.624	14.213	13.859	5	+ 49	+ 97
	9	− 0.3946	− 9.418	− 8.699	− 14.432	+ 13.583	− 5	+ 90	+ 45
	10	0.3919	9.345	8.787	14.646	13.303	5	+105	− 21
	11	0.3891	9.303	8.871	14.855	13.019	5	+ 90	− 82
	12	0.3864	9.285	8.932	15.059	12.731	5	+ 51	−121
	13	0.3836	9.278	8.960	15.257	12.438	5	+ 2	−127
	14	− 0.3809	− 9.266	− 8.956	− 15.450	+ 12.143	− 5	− 42	−102
	15	− 0.3782	− 9.237	− 8.929	− 15.638	+ 11.844	− 6	− 68	− 53

独　立　日　数

以世界时 0^h 为准　　**2024 年**

日期		f	g	G	h	H	i	f'	g'	G'
	日	s	″	h m s	″	h m s	″	0.ˢ0001	0.″001	h m
1月	0	− 1.8779	14.626	14 12 58	20.785	23 26 30	− 1.312	+ 152	102	22 59
	1	1.8696	14.608	14 14 05	20.777	23 22 49	1.455	+ 113	100	21 10
	2	1.8633	14.596	14 14 57	20.769	23 19 07	1.597	+ 54	102	19 21
	3	1.8583	14.581	14 15 33	20.759	23 15 25	1.739	− 16	109	17 38
	4	1.8534	14.558	14 15 54	20.749	23 11 43	1.881	− 88	117	16 02
	5	− 1.8476	14.520	14 16 03	20.737	23 08 00	− 2.022	− 151	125	14 32
	6	1.8400	14.463	14 16 08	20.725	23 04 17	2.163	− 194	131	13 04
	7	1.8294	14.385	14 16 16	20.711	23 00 33	2.303	− 208	136	11 36
	8	1.8155	14.289	14 16 36	20.696	22 56 49	2.442	− 187	138	10 07
	9	1.7981	14.181	14 17 16	20.680	22 53 04	2.581	− 132	136	8 36
	10	− 1.7781	14.072	14 18 24	20.663	22 49 18	− 2.719	− 50	130	6 58
	11	1.7573	13.975	14 20 01	20.645	22 45 33	2.857	+ 41	119	5 08
	12	1.7379	13.904	14 21 57	20.625	22 41 46	2.993	+ 119	109	2 59
	13	1.7218	13.863	14 23 59	20.603	22 37 59	3.128	+ 165	108	0 38
	14	1.7102	13.851	14 25 49	20.581	22 34 12	3.262	+ 165	117	22 27
	15	− 1.7029	13.854	14 27 13	20.557	22 30 25	− 3.395	+ 124	127	20 38
	16	1.6984	13.857	14 28 05	20.532	22 26 37	3.527	+ 56	129	19 06
	17	1.6946	13.846	14 28 31	20.506	22 22 49	3.657	− 18	119	17 37
	18	1.6894	13.811	14 28 41	20.479	22 19 01	3.786	− 79	101	15 57
	19	1.6816	13.752	14 28 48	20.452	22 15 13	3.914	− 111	81	13 47
	20	− 1.6705	13.673	14 29 04	20.424	22 11 24	− 4.040	− 110	74	11 02
	21	1.6564	13.584	14 29 38	20.396	22 07 35	4.165	− 78	84	8 29
	22	1.6402	13.493	14 30 33	20.367	22 03 46	4.288	− 25	101	6 36
	23	1.6231	13.410	14 31 50	20.338	21 59 56	4.410	+ 39	115	5 09
	24	1.6064	13.344	14 33 25	20.309	21 56 06	4.531	+ 99	120	3 50
	25	− 1.5913	13.299	14 35 09	20.280	21 52 15	− 4.650	+ 145	119	2 31
	26	1.5787	13.275	14 36 53	20.250	21 48 24	4.768	+ 167	113	1 05
	27	1.5689	13.269	14 38 30	20.221	21 44 32	4.885	+ 161	106	23 29
	28	1.5618	13.275	14 39 52	20.191	21 40 39	5.000	+ 130	102	21 43
	29	1.5571	13.287	14 40 56	20.161	21 36 46	5.113	+ 76	102	19 55
	30	− 1.5539	13.297	14 41 42	20.131	21 32 51	− 5.226	+ 7	107	18 10
	31	1.5512	13.298	14 42 11	20.100	21 28 57	5.336	− 66	114	16 32
2月	1	1.5481	13.284	14 42 27	20.070	21 25 01	5.445	− 133	122	15 00
	2	1.5434	13.253	14 42 37	20.039	21 21 04	5.553	− 184	130	13 32
	3	1.5364	13.202	14 42 50	20.009	21 17 07	5.658	− 210	136	12 07
	4	− 1.5263	13.135	14 43 13	19.978	21 13 09	− 5.763	− 204	141	10 43
	5	1.5130	13.055	14 43 55	19.946	21 09 09	5.865	− 165	141	9 19
	6	1.4968	12.972	14 45 04	19.915	21 05 09	5.966	− 97	136	7 51
	7	1.4789	12.897	14 46 41	19.883	21 01 08	6.064	− 10	124	6 12
	8	1.4612	12.844	14 48 43	19.851	20 57 06	6.161	+ 76	109	4 12
	9	− 1.4458	12.821	14 50 54	19.819	20 53 04	− 6.256	+ 139	101	1 46
	10	1.4346	12.828	14 52 57	19.786	20 49 00	6.349	+ 162	107	23 15
	11	1.4281	12.854	14 54 33	19.752	20 44 56	6.439	+ 139	122	21 11
	12	1.4254	12.884	14 55 33	19.719	20 40 51	6.528	+ 79	131	19 32
	13	1.4243	12.898	14 56 00	19.685	20 36 45	6.614	+ 3	127	18 04
	14	− 1.4225	12.887	14 56 06	19.651	20 32 39	− 6.697	− 64	110	16 31
	15	− 1.4180	12.847	14 56 07	19.617	20 28 33	− 6.779	− 104	86	14 32

贝 塞 尔 日 数

2024 年　　以世界时 0^h 为准

日 期		τ	A+A′	B+B′	C	D	E	A′	B′
	日		″	″	″	″	0.ˢ0001	0.″001	0.″001
2月	15	−0.3782	−9.237	−8.929	−15.638	+11.844	−6	−68	−53
	16	0.3754	9.186	8.892	15.821	11.541	6	−71	+5
	17	0.3727	9.114	8.861	15.998	11.236	6	−52	+57
	18	0.3699	9.027	8.844	16.171	10.928	5	−19	+95
	19	0.3672	8.933	8.847	16.338	10.617	5	+23	+111
	20	−0.3645	−8.840	−8.872	−16.500	+10.304	−5	+63	+106
	21	0.3617	8.757	8.917	16.657	9.988	5	+95	+81
	22	0.3590	8.688	8.974	16.809	9.670	5	+113	+42
	23	0.3563	8.638	9.038	16.956	9.349	5	+113	−3
	24	0.3535	8.605	9.101	17.099	9.025	5	+96	−48
	25	−0.3508	−8.587	−9.154	−17.236	+8.700	−5	+64	−83
	26	0.3480	8.581	9.193	17.367	8.372	5	+22	−105
	27	0.3453	8.580	9.213	17.494	8.041	6	−26	−109
	28	0.3426	8.578	9.215	17.616	7.709	6	−71	−94
	29	0.3398	8.567	9.198	17.733	7.374	6	−108	−62
3月	1	−0.3371	−8.542	−9.169	−17.844	+7.037	−6	−130	−18
	2	0.3344	8.499	9.135	17.950	6.698	6	−134	+31
	3	0.3316	8.436	9.103	18.051	6.357	6	−118	+77
	4	0.3289	8.355	9.082	18.147	6.014	6	−82	+110
	5	0.3261	8.261	9.081	18.237	5.669	6	−33	+123
	6	−0.3234	−8.162	−9.107	−18.322	+5.322	−6	+20	+110
	7	0.3207	8.071	9.159	18.400	4.973	6	+66	+69
	8	0.3179	8.000	9.231	18.474	4.623	5	+92	+8
	9	0.3152	7.957	9.306	18.541	4.271	6	+91	−57
	10	0.3125	7.942	9.367	18.602	3.917	6	+61	−109
	11	−0.3097	−7.945	−9.398	−18.656	+3.563	−6	+15	−131
	12	0.3070	7.949	9.393	18.705	3.207	6	−34	−118
	13	0.3042	7.940	9.357	18.748	2.851	6	−68	−75
	14	0.3015	7.906	9.305	18.784	2.495	6	−78	−16
	15	0.2988	7.848	9.252	18.814	2.139	6	−63	+43
	16	−0.2960	−7.771	−9.213	−18.839	+1.783	−6	−29	+88
	17	0.2933	7.685	9.194	18.858	1.427	6	+14	+111
	18	0.2906	7.598	9.198	18.871	1.072	6	+58	+111
	19	0.2878	7.519	9.222	18.878	0.716	6	+94	+90
	20	0.2851	7.453	9.262	18.880	0.362	6	+116	+53
	21	−0.2823	−7.405	−9.309	−18.877	+0.007	−6	+122	+8
	22	0.2796	7.375	9.355	18.868	−0.346	6	+109	−38
	23	0.2769	7.361	9.395	18.854	0.699	6	+80	−76
	24	0.2741	7.358	9.420	18.835	1.052	6	+39	−102
	25	0.2714	7.362	9.428	18.810	1.404	6	−8	−111
	26	−0.2686	−7.366	−9.416	−18.780	−1.755	−7	−55	−100
	27	0.2659	7.362	9.386	18.745	2.105	7	−94	−73
	28	0.2632	7.345	9.341	18.704	2.455	7	−121	−31
	29	0.2604	7.310	9.289	18.658	2.803	7	−129	+17
	30	0.2577	7.255	9.238	18.607	3.151	7	−118	+65
	31	−0.2550	−7.181	−9.196	−18.551	−3.498	−7	−89	+101
4月	1	−0.2522	−7.094	−9.172	−18.489	−3.844	−7	−46	+120

独　立　日　数

以世界时 0^h 为准

2024 年

日　期		f	g	G	h	H	i	f'	g'	G'
	日	s	″	h　m　s	″	h　m　s	″	s 0.0001	″ 0.001	h　m
2月	15	− 1.4180	12.847	14 56 07	19.617	20 28 33	− 6.779	− 104	86	14 32
	16	1.4102	12.785	14 56 17	19.583	20 24 27	6.858	− 109	71	11 45
	17	1.3991	12.711	14 56 46	19.550	20 20 20	6.935	− 81	78	8 50
	18	1.3857	12.637	14 57 39	19.517	20 16 12	7.010	− 29	96	6 44
	19	1.3713	12.573	14 58 54	19.485	20 12 04	7.082	+ 35	114	5 14
	20	− 1.3571	12.525	15 00 25	19.453	20 07 56	− 7.153	+ 97	123	3 57
	21	1.3443	12.498	15 02 04	19.422	20 03 47	7.221	+ 146	125	2 42
	22	1.3338	12.491	15 03 43	19.392	19 59 38	7.287	+ 173	120	1 22
	23	1.3260	12.502	15 05 12	19.363	19 55 29	7.350	+ 174	113	23 53
	24	1.3209	12.524	15 06 25	19.334	19 51 19	7.412	+ 148	108	22 15
	25	− 1.3183	12.551	15 07 19	19.307	19 47 08	− 7.471	+ 99	105	20 31
	26	1.3174	12.576	15 07 53	19.280	19 42 57	7.529	+ 33	107	18 47
	27	1.3172	12.590	15 08 09	19.254	19 38 45	7.584	− 40	112	17 07
	28	1.3169	12.589	15 08 12	19.229	19 34 32	7.636	− 110	118	15 31
	29	1.3153	12.570	15 08 08	19.205	19 30 19	7.687	− 166	125	14 00
3月	1	− 1.3114	12.532	15 08 07	19.182	19 26 06	− 7.735	− 201	132	12 32
	2	1.3048	12.477	15 08 15	19.160	19 21 51	7.781	− 206	138	11 09
	3	1.2952	12.411	15 08 42	19.138	19 17 36	7.825	− 181	140	9 48
	4	1.2828	12.341	15 09 33	19.118	19 13 21	7.866	− 127	138	8 27
	5	1.2682	12.276	15 10 50	19.098	19 09 04	7.906	− 52	128	7 01
	6	− 1.2530	12.229	15 12 32	19.079	19 04 48	− 7.942	+ 31	112	5 18
	7	1.2390	12.208	15 14 28	19.061	19 00 30	7.976	+ 102	96	3 04
	8	1.2282	12.215	15 16 21	19.043	18 56 12	8.008	+ 142	93	0 20
	9	1.2216	12.244	15 17 52	19.026	18 51 53	8.037	+ 139	107	21 51
	10	1.2194	12.281	15 18 49	19.010	18 47 34	8.064	+ 94	125	19 58
	11	− 1.2198	12.306	15 19 09	18.994	18 43 15	− 8.087	+ 22	132	18 25
	12	1.2205	12.305	15 19 02	18.978	18 38 55	8.108	− 52	122	16 56
	13	1.2190	12.272	15 18 44	18.963	18 34 36	8.127	− 104	101	15 11
	14	1.2139	12.210	15 18 35	18.949	18 30 16	8.143	− 120	79	12 46
	15	1.2050	12.133	15 18 46	18.936	18 25 57	8.156	− 97	76	9 43
	16	− 1.1932	12.053	15 19 24	18.923	18 21 38	− 8.166	− 45	92	7 14
	17	1.1799	11.983	15 20 26	18.912	18 17 19	8.175	+ 22	112	5 31
	18	1.1665	11.930	15 21 46	18.901	18 13 00	8.180	+ 89	125	4 09
	19	1.1544	11.899	15 23 15	18.892	18 08 42	8.184	+ 145	130	2 55
	20	1.1444	11.888	15 24 42	18.884	18 04 23	8.184	+ 179	128	1 38
	21	− 1.1370	11.895	15 25 59	18.877	18 00 05	− 8.183	+ 187	122	0 15
	22	1.1323	11.913	15 27 00	18.871	17 55 48	8.179	+ 167	115	22 44
	23	1.1302	11.935	15 27 41	18.867	17 51 30	8.173	+ 123	111	21 05
	24	1.1298	11.953	15 28 01	18.864	17 47 13	8.165	+ 60	109	19 24
	25	1.1304	11.962	15 28 03	18.862	17 42 56	8.154	− 12	111	17 44
	26	− 1.1310	11.955	15 27 52	18.862	17 38 39	− 8.141	− 84	114	16 06
	27	1.1304	11.929	15 27 34	18.862	17 34 22	8.126	− 145	119	14 30
	28	1.1278	11.883	15 27 18	18.864	17 30 06	8.108	− 185	124	12 58
	29	1.1224	11.820	15 27 12	18.868	17 25 49	8.088	− 199	130	11 29
	30	1.1140	11.746	15 27 26	18.872	17 21 33	8.066	− 182	135	10 06
	31	− 1.1027	11.668	15 28 03	18.878	17 17 17	− 8.042	− 137	135	8 45
4月	1	− 1.0893	11.596	15 29 07	18.885	17 13 01	− 8.015	− 71	129	7 24

贝　塞　尔　日　数

2024 年　　以世界时 0^h 为准

日　期		τ	A+A′	B+B′	C	D	E	A′	B′
	日		″	″	″	″	$0.^s0001$	$0.''001$	$0.''001$
4月	1	− 0.2522	− 7.094	− 9.172	− 18.489	− 3.844	− 7	− 46	+120
	2	0.2495	7.000	9.172	18.422	4.189	7	+ 3	+115
	3	0.2467	6.910	9.196	18.350	4.533	7	+ 48	+ 84
	4	0.2440	6.834	9.241	18.272	4.876	7	+ 79	+ 32
	5	0.2413	6.781	9.296	18.188	5.218	7	+ 86	− 31
	6	− 0.2385	− 6.755	− 9.345	− 18.099	− 5.558	− 7	+ 67	− 89
	7	0.2358	6.750	9.371	18.004	5.896	7	+ 26	−124
	8	0.2331	6.753	9.365	17.904	6.233	7	− 23	−127
	9	0.2303	6.748	9.324	17.797	6.567	7	− 65	− 96
	10	0.2276	6.722	9.258	17.685	6.899	7	− 86	− 41
	11	− 0.2248	− 6.668	− 9.185	− 17.568	− 7.228	− 7	− 81	+ 21
	12	0.2221	6.591	9.120	17.445	7.554	7	− 51	+ 75
	13	0.2194	6.497	9.074	17.317	7.877	7	− 6	+108
	14	0.2166	6.400	9.054	17.184	8.197	7	+ 43	+116
	15	0.2139	6.308	9.057	17.047	8.514	7	+ 85	+100
	16	− 0.2112	− 6.229	− 9.077	− 16.904	− 8.828	− 7	+114	+ 66
	17	0.2084	6.167	9.108	16.757	9.139	7	+125	+ 22
	18	0.2057	6.124	9.141	16.606	9.447	7	+118	− 25
	19	0.2029	6.097	9.169	16.450	9.751	7	+ 94	− 67
	20	0.2002	6.083	9.184	16.289	10.052	7	+ 56	− 97
	21	− 0.1975	− 6.077	− 9.183	− 16.124	− 10.350	− 7	+ 10	−111
	22	0.1947	6.072	9.162	15.955	10.645	7	− 38	−105
	23	0.1920	6.061	9.123	15.782	10.936	7	− 80	− 82
	24	0.1893	6.037	9.069	15.605	11.224	8	−110	− 43
	25	0.1865	5.996	9.005	15.423	11.509	8	−123	+ 5
	26	− 0.1838	− 5.934	− 8.940	− 15.238	− 11.790	− 8	−117	+ 53
	27	0.1810	5.853	8.883	15.048	12.068	7	− 91	+ 93
	28	0.1783	5.757	8.844	14.855	12.343	7	− 51	+117
	29	0.1756	5.653	8.827	14.657	12.615	7	− 4	+117
	30	0.1728	5.551	8.834	14.455	12.883	7	+ 41	+ 92
5月	1	− 0.1701	− 5.460	− 8.863	− 14.249	− 13.147	− 7	+ 74	+ 47
	2	0.1673	5.390	8.904	14.039	13.408	7	+ 86	− 12
	3	0.1646	5.344	8.945	13.825	13.665	7	+ 73	− 70
	4	0.1619	5.319	8.971	13.606	13.919	7	+ 38	−112
	5	0.1591	5.307	8.969	13.383	14.168	7	− 9	−127
	6	− 0.1564	− 5.293	− 8.934	− 13.156	− 14.413	− 7	− 56	−110
	7	0.1537	5.263	8.872	12.925	14.654	7	− 88	− 64
	8	0.1509	5.207	8.794	12.690	14.890	7	− 94	− 4
	9	0.1482	5.125	8.718	12.451	15.121	7	− 74	+ 56
	10	0.1454	5.021	8.657	12.209	15.347	7	− 33	+ 99
	11	− 0.1427	− 4.906	− 8.622	− 11.963	− 15.568	− 7	+ 18	+118
	12	0.1400	4.794	8.613	11.714	15.784	7	+ 67	+110
	13	0.1372	4.692	8.626	11.461	15.994	7	+103	+ 81
	14	0.1345	4.608	8.652	11.206	16.200	6	+123	+ 38
	15	0.1318	4.543	8.684	10.948	16.401	6	+122	− 10
	16	− 0.1290	− 4.495	− 8.713	− 10.688	− 16.596	− 6	+103	− 55
	17	− 0.1263	− 4.463	− 8.732	− 10.425	− 16.787	− 6	+ 69	− 89

独　立　日　数

以世界时 0^h 为准　　　　2024 年

日期	f	g	G	h	H	i	f'	g'	G'
							0.ˢ0001	0.″001	
日	s	″	h　m　s	″	h　m　s	″			h　m
4月 1	− 1.0893	11.596	15 29 07	18.885	17 13 01	− 8.015	− 71	129	7 24
2	1.0749	11.538	15 30 35	18.893	17 08 45	7.986	+ 4	115	5 54
3	1.0611	11.503	15 32 18	18.902	17 04 29	7.954	+ 74	97	4 00
4	1.0494	11.493	15 34 03	18.911	17 00 14	7.921	+ 122	85	1 27
5	1.0413	11.506	15 35 33	18.922	16 55 58	7.884	+ 133	92	22 41
6	− 1.0372	11.531	15 36 33	18.933	16 51 43	− 7.846	+ 103	111	20 28
7	1.0364	11.549	15 36 57	18.945	16 47 28	7.805	+ 40	127	18 48
8	1.0369	11.545	15 36 49	18.957	16 43 13	7.761	− 36	129	17 19
9	1.0362	11.509	15 36 25	18.970	16 38 59	7.715	− 100	116	15 43
10	1.0322	11.441	15 36 05	18.983	16 34 46	7.666	− 133	96	13 42
11	− 1.0240	11.350	15 36 05	18.997	16 30 33	− 7.615	− 124	83	11 01
12	1.0121	11.252	15 36 35	19.010	16 26 21	7.562	− 78	90	8 17
13	0.9977	11.161	15 37 36	19.025	16 22 10	7.507	− 9	108	6 13
14	0.9827	11.087	15 38 59	19.039	16 17 59	7.449	+ 66	123	4 39
15	0.9687	11.037	15 40 35	19.055	16 13 50	7.390	+ 131	131	3 18
16	− 0.9566	11.009	15 42 10	19.071	16 09 42	− 7.328	+ 175	132	2 01
17	0.9471	11.000	15 43 35	19.087	16 05 34	7.264	+ 193	127	0 40
18	0.9404	11.003	15 44 43	19.105	16 01 28	7.198	+ 182	121	23 12
19	0.9363	11.011	15 45 30	19.123	15 57 22	7.131	+ 144	115	21 38
20	0.9342	11.016	15 45 55	19.141	15 53 17	7.061	+ 86	112	19 59
21	− 0.9333	11.012	15 46 01	19.160	15 49 13	− 6.990	+ 15	111	18 20
22	0.9325	10.992	15 45 52	19.180	15 45 10	6.916	− 58	112	16 41
23	0.9308	10.953	15 45 37	19.201	15 41 07	6.841	− 123	114	15 02
24	0.9272	10.894	15 45 24	19.222	15 37 06	6.765	− 169	118	13 25
25	0.9208	10.818	15 45 22	19.244	15 33 05	6.686	− 190	123	11 51
26	− 0.9114	10.730	15 45 42	19.267	15 29 05	− 6.605	− 179	128	10 22
27	0.8989	10.638	15 46 29	19.290	15 25 05	6.523	− 140	131	8 57
28	0.8841	10.552	15 47 45	19.314	15 21 06	6.439	− 78	127	7 34
29	0.8682	10.481	15 49 27	19.338	15 17 08	6.354	− 6	117	6 07
30	0.8525	10.433	15 51 26	19.363	15 13 10	6.266	+ 63	101	4 24
5月 1	− 0.8386	10.410	15 53 27	19.388	15 09 13	− 6.177	+ 113	87	2 09
2	0.8278	10.409	15 55 15	19.413	15 05 16	6.086	+ 132	86	23 29
3	0.8207	10.420	15 56 35	19.439	15 01 20	5.993	+ 112	101	21 06
4	0.8169	10.429	15 57 21	19.464	14 57 24	5.898	+ 59	119	19 15
5	0.8150	10.421	15 57 33	19.490	14 53 28	5.801	− 15	128	17 43
6	− 0.8129	10.384	15 57 26	19.515	14 49 33	− 5.703	− 87	123	16 12
7	0.8083	10.315	15 57 17	19.539	14 45 39	5.603	− 135	109	14 25
8	0.7998	10.220	15 57 28	19.564	14 41 46	5.501	− 145	94	12 09
9	0.7871	10.112	15 58 12	19.587	14 37 53	5.397	− 113	92	9 32
10	0.7711	10.008	15 59 34	19.611	14 34 01	5.292	− 50	104	7 13
11	− 0.7536	9.920	16 01 26	19.633	14 30 10	− 5.186	+ 28	119	5 25
12	0.7363	9.857	16 03 36	19.655	14 26 19	5.078	+ 103	129	3 55
13	0.7207	9.819	16 05 49	19.677	14 22 30	4.968	+ 159	131	2 32
14	0.7078	9.803	16 07 51	19.698	14 18 42	4.858	+ 189	128	1 09
15	0.6977	9.800	16 09 33	19.719	14 14 54	4.746	+ 188	123	23 42
16	− 0.6905	9.804	16 10 50	19.740	14 11 07	− 4.633	+ 159	117	22 09
17	− 0.6855	9.806	16 11 43	19.760	14 07 22	− 4.519	+ 106	113	20 31

贝 塞 尔 日 数

2024 年

以世界时 0^h 为准

日 期	τ	A+A′	B+B′	C	D	E	A′	B′
日		″	″	″	″	0.ˢ0001	0.″001	0.″001
5月 17	− 0.1263	− 4.463	− 8.732	− 10.425	− 16.787	− 6	+ 69	− 89
18	0.1235	4.440	8.736	10.159	16.972	7	+ 25	−108
19	0.1208	4.419	8.721	9.891	17.153	7	− 23	−109
20	0.1181	4.396	8.688	9.620	17.329	7	− 67	− 90
21	0.1153	4.361	8.639	9.347	17.499	7	−101	− 55
22	− 0.1126	− 4.310	− 8.578	− 9.073	− 17.665	− 7	−119	− 9
23	0.1099	4.239	8.515	8.795	17.826	7	−118	+ 40
24	0.1071	4.147	8.457	8.516	17.982	7	− 96	+ 84
25	0.1044	4.038	8.416	8.235	18.133	7	− 58	+113
26	0.1016	3.918	8.397	7.951	18.279	6	− 10	+119
27	− 0.0989	− 3.800	− 8.404	− 7.666	− 18.421	− 6	+ 38	+100
28	0.0962	3.691	8.434	7.378	18.558	6	+ 74	+ 58
29	0.0934	3.603	8.479	7.088	18.689	6	+ 90	+ 2
30	0.0907	3.538	8.526	6.796	18.816	6	+ 83	− 56
31	0.0880	3.495	8.561	6.502	18.938	6	+ 52	−101
6月 1	− 0.0852	− 3.467	− 8.573	− 6.206	− 19.054	− 6	+ 7	−124
2	0.0825	3.442	8.556	5.907	19.165	6	− 42	−116
3	0.0797	3.406	8.511	5.607	19.271	6	− 79	− 80
4	0.0770	3.348	8.447	5.305	19.370	6	− 96	− 24
5	0.0743	3.264	8.379	5.001	19.464	6	− 87	+ 36
6	− 0.0715	− 3.157	− 8.322	− 4.695	− 19.552	− 6	− 54	+ 85
7	0.0688	3.034	8.287	4.388	19.633	6	− 7	+114
8	0.0660	2.908	8.278	4.080	19.709	5	+ 44	+116
9	0.0633	2.789	8.294	3.771	19.779	5	+ 87	+ 94
10	0.0606	2.686	8.329	3.462	19.842	5	+114	+ 55
11	− 0.0578	− 2.603	− 8.372	− 3.151	− 19.900	− 5	+122	+ 7
12	0.0551	2.539	8.415	2.840	19.952	5	+109	− 40
13	0.0524	2.492	8.451	2.529	19.997	5	+ 80	− 79
14	0.0496	2.457	8.472	2.217	20.037	5	+ 38	−104
15	0.0469	2.428	8.477	1.906	20.072	5	− 9	−110
16	− 0.0441	− 2.397	− 8.463	− 1.594	− 20.101	− 5	− 55	− 98
17	0.0414	2.358	8.432	1.282	20.124	5	− 93	− 68
18	0.0387	2.305	8.388	0.970	20.141	5	−117	− 25
19	0.0359	2.234	8.339	0.658	20.153	5	−122	+ 25
20	0.0332	2.141	8.293	0.346	20.160	5	−106	+ 72
21	− 0.0305	− 2.029	− 8.259	− 0.034	− 20.161	− 5	− 72	+107
22	0.0277	1.905	8.247	+ 0.277	20.158	5	− 24	+121
23	0.0250	1.776	8.262	0.588	20.149	4	+ 28	+109
24	0.0222	1.657	8.303	0.899	20.134	4	+ 70	+ 72
25	0.0195	1.556	8.362	1.210	20.115	4	+ 94	+ 17
26	− 0.0168	− 1.481	− 8.426	+ 1.521	− 20.090	− 4	+ 93	− 43
27	0.0140	1.430	8.481	1.832	20.060	4	+ 67	− 93
28	0.0113	1.396	8.515	2.143	20.025	4	+ 24	−121
29	0.0086	1.369	8.519	2.453	19.984	4	− 25	−119
30	0.0058	1.334	8.497	2.764	19.937	4	− 66	− 90
7月 1	− 0.0031	− 1.281	− 8.454	+ 3.074	− 19.884	− 4	− 89	− 39
2	− 0.0003	− 1.204	− 8.403	+ 3.383	− 19.825	− 4	− 88	+ 19

独　立　日　数

以世界时 0^{h} 为准　　**2024 年**

日期		f	g	G	h	H	i	f'	g'	G'
	日	s	″	h m s	″	h m s	″	$0^{s}.0001$	$0''.001$	h m
5月	17	− 0.6855	9.806	16 11 43	19.760	14 07 22	− 4.519	+ 106	113	20 31
	18	0.6819	9.799	16 12 14	19.780	14 03 37	4.404	+ 39	111	18 52
	19	0.6789	9.777	16 12 30	19.800	13 59 52	4.288	− 35	111	17 13
	20	0.6752	9.737	16 12 39	19.820	13 56 09	4.170	− 103	112	15 34
	21	0.6699	9.677	16 12 52	19.839	13 52 26	4.052	− 156	115	13 55
	22	− 0.6621	9.600	16 13 18	19.859	13 48 44	− 3.933	− 184	120	12 18
	23	0.6511	9.512	16 14 09	19.878	13 45 03	3.813	− 181	125	10 44
	24	0.6370	9.419	16 15 31	19.897	13 41 22	3.692	− 148	128	9 15
	25	0.6202	9.334	16 17 29	19.915	13 37 42	3.570	− 89	127	7 48
	26	0.6019	9.266	16 19 56	19.934	13 34 02	3.447	− 15	120	6 18
	27	− 0.5837	9.223	16 22 41	19.952	13 30 23	− 3.323	+ 58	107	4 37
	28	0.5671	9.206	16 25 27	19.971	13 26 44	3.198	+ 114	94	2 33
	29	0.5535	9.212	16 27 55	19.988	13 23 05	3.073	+ 139	90	0 06
	30	0.5435	9.231	16 29 51	20.006	13 19 26	2.946	+ 127	100	21 44
	31	0.5370	9.247	16 31 10	20.023	13 15 48	2.819	+ 80	114	19 49
6月	1	− 0.5327	9.248	16 31 55	20.039	13 12 10	− 2.690	+ 10	124	18 12
	2	0.5288	9.222	16 32 20	20.055	13 08 31	2.561	− 64	123	16 41
	3	0.5233	9.167	16 32 46	20.070	13 04 53	2.430	− 122	112	15 00
	4	0.5144	9.087	16 33 31	20.083	13 01 16	2.299	− 148	99	12 57
	5	0.5015	8.993	16 34 52	20.096	12 57 38	2.168	− 134	94	10 31
	6	− 0.4850	8.901	16 36 55	20.108	12 54 01	− 2.035	− 83	101	8 10
	7	0.4661	8.825	16 39 34	20.118	12 50 24	1.902	− 10	114	6 13
	8	0.4467	8.774	16 42 35	20.127	12 46 47	1.769	+ 68	124	4 37
	9	0.4285	8.751	16 45 39	20.135	12 43 11	1.635	+ 134	129	3 09
	10	0.4127	8.751	16 48 30	20.142	12 39 35	1.501	+ 176	127	1 43
	11	− 0.3999	8.767	16 50 55	20.148	12 36 00	− 1.366	+ 187	122	0 13
	12	0.3901	8.790	16 52 50	20.153	12 32 25	1.231	+ 168	116	22 39
	13	0.3830	8.811	16 54 16	20.157	12 28 50	1.096	+ 122	112	21 01
	14	0.3776	8.822	16 55 18	20.160	12 25 16	0.961	+ 59	110	19 21
	15	0.3731	8.818	16 56 04	20.162	12 21 42	0.826	− 14	111	17 41
	16	− 0.3684	8.796	16 56 44	20.164	12 18 08	− 0.691	− 85	112	16 03
	17	0.3624	8.755	16 57 30	20.164	12 14 35	0.556	− 143	115	14 24
	18	0.3543	8.699	16 58 32	20.165	12 11 01	0.420	− 180	119	12 48
	19	0.3433	8.633	17 00 01	20.164	12 07 29	0.285	− 187	124	11 14
	20	0.3290	8.565	17 02 06	20.163	12 03 56	0.150	− 163	128	9 43
	21	− 0.3119	8.505	17 04 47	20.162	12 00 23	− 0.015	− 110	129	8 15
	22	0.2927	8.464	17 07 59	20.160	11 56 51	+ 0.120	− 36	123	6 44
	23	0.2730	8.451	17 11 28	20.157	11 53 19	0.255	+ 42	112	5 03
	24	0.2546	8.466	17 14 52	20.154	11 49 46	0.390	+ 108	101	3 02
	25	0.2392	8.505	17 17 50	20.151	11 46 13	0.525	+ 145	96	0 40
	26	− 0.2276	8.555	17 20 08	20.148	11 42 41	+ 0.659	+ 143	103	22 20
	27	0.2198	8.601	17 21 43	20.144	11 39 08	0.794	+ 103	115	20 23
	28	0.2147	8.628	17 22 45	20.139	11 35 34	0.929	+ 37	123	18 45
	29	0.2104	8.629	17 23 29	20.134	11 32 00	1.064	− 38	122	17 14
	30	0.2051	8.601	17 24 19	20.127	11 28 26	1.198	− 101	111	15 35
7月	1	− 0.1970	8.550	17 25 32	20.120	11 24 51	+ 1.332	− 137	97	13 35
	2	− 0.1852	8.489	17 27 23	20.112	11 21 16	+ 1.466	− 136	90	11 11

贝　塞　尔　日　数

2024 年　　以世界时 0^h 为准

日期		τ	A+A′	B+B′	C	D	E	A′	B′
	日		″	″	″	″	0.ˢ0001	0.″001	0.″001
7月	1	− 0.0031	− 1.281	− 8.454	+ 3.074	− 19.884	− 4	− 89	− 39
	2	− 0.0003	1.204	8.403	3.383	19.825	4	− 88	+ 19
	3	+ 0.0024	1.104	8.359	3.691	19.761	4	− 64	+ 72
	4	0.0051	0.987	8.333	3.999	19.690	4	− 22	+107
	5	0.0079	0.863	8.332	4.306	19.614	3	+ 27	+118
	6	+ 0.0106	− 0.743	− 8.357	+ 4.611	− 19.531	− 3	+ 72	+104
	7	0.0133	0.636	8.402	4.915	19.443	3	+105	+ 69
	8	0.0161	0.547	8.459	5.217	19.349	3	+119	+ 23
	9	0.0188	0.479	8.520	5.518	19.248	3	+113	− 26
	10	0.0216	0.430	8.575	5.817	19.143	3	+ 89	− 68
	11	+ 0.0243	− 0.395	− 8.617	+ 6.114	− 19.032	− 3	+ 50	− 98
	12	0.0270	0.368	8.643	6.408	18.915	3	+ 4	−110
	13	0.0298	0.342	8.650	6.701	18.793	3	− 43	−103
	14	0.0325	0.311	8.640	6.992	18.666	3	− 84	− 79
	15	0.0353	0.268	8.615	7.280	18.533	3	−113	− 40
	16	+ 0.0380	− 0.209	− 8.583	+ 7.566	− 18.396	− 3	−125	+ 8
	17	0.0407	0.130	8.550	7.850	18.254	3	−118	+ 56
	18	0.0435	− 0.032	8.526	8.131	18.106	3	− 90	+ 97
	19	0.0462	+ 0.082	8.519	8.410	17.954	3	− 46	+119
	20	0.0489	0.204	8.538	8.687	17.798	3	+ 6	+117
	21	+ 0.0517	+ 0.323	− 8.584	+ 8.961	− 17.637	− 2	+ 55	+ 88
	22	0.0544	0.425	8.653	9.233	17.471	2	+ 89	+ 36
	23	0.0572	0.503	8.733	9.502	17.301	2	+ 98	− 26
	24	0.0599	0.553	8.808	9.770	17.126	2	+ 80	− 83
	25	0.0626	0.581	8.862	10.035	16.947	2	+ 41	−119
	26	+ 0.0654	+ 0.599	− 8.887	+ 10.297	− 16.763	− 2	− 8	−125
	27	0.0681	0.621	8.881	10.558	16.574	2	− 52	−100
	28	0.0708	0.659	8.852	10.816	16.380	3	− 80	− 52
	29	0.0736	0.720	8.813	11.071	16.181	3	− 84	+ 6
	30	0.0763	0.804	8.778	11.324	15.977	2	− 65	+ 60
	31	+ 0.0791	+ 0.905	− 8.758	+ 11.573	− 15.768	− 2	− 28	+100
8月	1	0.0818	1.015	8.761	11.820	15.554	2	+ 18	+116
	2	0.0845	1.124	8.788	12.063	15.335	2	+ 64	+109
	3	0.0873	1.222	8.837	12.303	15.111	2	+ 99	+ 80
	4	0.0900	1.303	8.900	12.539	14.883	2	+118	+ 37
	5	+ 0.0927	+ 1.364	− 8.969	+ 12.771	− 14.650	− 2	+118	− 12
	6	0.0955	1.406	9.034	13.000	14.412	2	+ 98	− 57
	7	0.0982	1.431	9.088	13.225	14.170	2	+ 63	− 91
	8	0.1010	1.446	9.126	13.446	13.924	2	+ 19	−109
	9	0.1037	1.458	9.145	13.662	13.674	2	− 29	−108
	10	+ 0.1064	+ 1.473	− 9.145	+ 13.875	− 13.420	− 2	− 73	− 88
	11	0.1092	1.497	9.130	14.084	13.162	2	−107	− 53
	12	0.1119	1.536	9.105	14.288	12.900	2	−125	− 8
	13	0.1146	1.593	9.077	14.488	12.635	2	−125	+ 40
	14	0.1174	1.669	9.053	14.684	12.366	2	−106	+ 83
	15	+ 0.1201	+ 1.761	− 9.043	+ 14.876	− 12.094	− 2	− 69	+113
	16	+ 0.1229	+ 1.865	− 9.055	+ 15.063	− 11.819	− 2	− 21	+121

独　立　日　数

以世界时 0^h 为准

2024 年

日　期		f	g	G	h	H	i	f′	g′	G′
								0.ˢ0001	0.″001	
	日	s	″	h m s	″	h m s	″			h m
7月	1	− 0.1970	8.550	17 25 32	20.120	11 24 51	+ 1.332	− 137	97	13 35
	2	0.1852	8.489	17 27 23	20.112	11 21 16	1.466	− 136	90	11 11
	3	0.1699	8.432	17 29 54	20.103	11 17 41	1.600	− 98	96	8 47
	4	0.1519	8.392	17 32 58	20.092	11 14 05	1.734	− 34	109	6 47
	5	0.1328	8.377	17 36 20	20.081	11 10 28	1.866	+ 41	121	5 09
	6	− 0.1143	8.390	17 39 41	20.068	11 06 52	+ 1.999	+ 111	126	3 40
	7	0.0978	8.426	17 42 42	20.054	11 03 15	2.131	+ 161	126	2 14
	8	0.0842	8.477	17 45 12	20.040	10 59 38	2.262	+ 183	121	0 44
	9	0.0738	8.533	17 47 08	20.024	10 56 01	2.392	+ 174	116	23 09
	10	0.0662	8.586	17 48 31	20.007	10 52 24	2.521	+ 136	112	21 30
	11	− 0.0609	8.626	17 49 31	19.989	10 48 46	+ 2.650	+ 77	110	19 49
	12	0.0567	8.651	17 50 15	19.971	10 45 08	2.778	+ 6	110	18 09
	13	0.0528	8.657	17 50 56	19.952	10 41 30	2.905	− 66	112	16 30
	14	0.0481	8.645	17 51 45	19.932	10 37 52	3.031	− 129	115	14 52
	15	0.0415	8.620	17 52 52	19.912	10 34 13	3.156	− 174	120	13 17
	16	− 0.0324	8.585	17 54 25	19.891	10 30 34	+ 3.280	− 193	126	11 46
	17	0.0203	8.551	17 56 31	19.870	10 26 55	3.403	− 181	131	10 18
	18	− 0.0052	8.526	17 59 09	19.848	10 23 16	3.525	− 138	132	8 52
	19	+ 0.0124	8.520	18 02 13	19.827	10 19 36	3.646	− 71	128	7 24
	20	0.0311	8.541	18 05 29	19.805	10 15 56	3.766	+ 10	117	5 48
	21	+ 0.0493	8.591	18 08 37	19.783	10 12 16	+ 3.884	+ 85	104	3 51
	22	0.0651	8.664	18 11 16	19.761	10 08 35	4.002	+ 137	96	1 28
	23	0.0770	8.748	18 13 11	19.739	10 04 53	4.119	+ 151	101	23 00
	24	0.0846	8.825	18 14 22	19.717	10 01 11	4.235	+ 123	115	20 56
	25	0.0889	8.881	18 15 00	19.695	9 57 29	4.350	+ 63	126	19 16
	26	+ 0.0917	8.907	18 15 25	19.673	9 53 45	+ 4.464	− 12	125	17 45
	27	0.0951	8.902	18 16 00	19.651	9 50 00	4.577	− 80	113	16 10
	28	0.1009	8.876	18 17 02	19.629	9 46 15	4.689	− 123	95	14 13
	29	0.1103	8.842	18 18 41	19.606	9 42 29	4.799	− 129	84	11 44
	30	0.1231	8.815	18 20 56	19.583	9 38 41	4.909	− 100	89	9 09
	31	+ 0.1387	8.805	18 23 36	19.559	9 34 53	+ 5.017	− 43	104	7 03
8月	1	0.1556	8.819	18 26 27	19.535	9 31 04	5.124	+ 28	118	5 25
	2	0.1723	8.860	18 29 09	19.511	9 27 15	5.229	+ 98	126	3 59
	3	0.1874	8.921	18 31 30	19.486	9 23 24	5.333	+ 152	127	2 36
	4	0.1998	8.995	18 33 19	19.461	9 19 33	5.435	+ 182	124	1 09
	5	+ 0.2092	9.072	18 34 36	19.435	9 15 41	+ 5.536	+ 181	118	23 37
	6	0.2155	9.142	18 35 23	19.409	9 11 48	5.635	+ 151	114	22 00
	7	0.2194	9.200	18 35 48	19.383	9 07 54	5.733	+ 97	111	20 19
	8	0.2218	9.240	18 36 01	19.356	9 04 00	5.828	+ 29	110	18 39
	9	0.2235	9.260	18 36 14	19.330	9 00 06	5.922	− 45	112	17 00
	10	+ 0.2257	9.263	18 36 35	19.303	8 56 11	+ 6.015	− 112	115	15 22
	11	0.2295	9.252	18 37 15	19.276	8 52 15	6.105	− 164	119	13 46
	12	0.2355	9.234	18 38 18	19.250	8 48 19	6.194	− 193	126	12 15
	13	0.2442	9.215	18 39 49	19.223	8 44 22	6.280	− 193	132	10 49
	14	0.2559	9.206	18 41 47	19.197	8 40 25	6.365	− 163	135	9 27
	15	+ 0.2701	9.213	18 44 05	19.172	8 36 27	+ 6.448	− 106	132	8 06
	16	+ 0.2860	9.245	18 46 34	19.146	8 32 29	+ 6.530	− 32	122	6 39

贝 塞 尔 日 数

2024 年　　以世界时 0^h 为准

日　期		τ	A+A′	B+B′	C	D	E	A′	B′
	日		″	″	″	″	0.ˢ0001	0.″001	0.″001
8月	16	+ 0.1229	+ 1.865	− 9.055	+ 15.063	− 11.819	− 2	− 21	+121
	17	0.1256	1.971	9.092	15.246	11.541	2	+ 30	+102
	18	0.1283	2.067	9.155	15.425	11.260	2	+ 72	+ 59
	19	0.1311	2.141	9.234	15.600	10.975	2	+ 93	− 2
	20	0.1338	2.188	9.315	15.771	10.689	2	+ 86	− 65
	21	+ 0.1366	+ 2.209	− 9.380	+ 15.938	− 10.399	− 2	+ 54	−112
	22	0.1393	2.214	9.416	16.101	10.106	2	+ 7	−130
	23	0.1420	2.218	9.418	16.260	9.810	2	− 41	−114
	24	0.1448	2.236	9.391	16.415	9.511	2	− 74	− 69
	25	0.1475	2.277	9.348	16.565	9.208	2	− 83	− 10
	26	+ 0.1502	+ 2.343	− 9.307	+ 16.712	− 8.903	− 2	− 68	+ 49
	27	0.1530	2.429	9.278	16.853	8.594	2	− 32	+ 93
	28	0.1557	2.524	9.272	16.990	8.282	2	+ 13	+115
	29	0.1585	2.619	9.290	17.123	7.967	2	+ 60	+113
	30	0.1612	2.706	9.329	17.250	7.650	2	+ 98	+ 89
	31	+ 0.1639	+ 2.776	− 9.384	+ 17.372	− 7.329	− 2	+121	+ 48
9月	1	0.1667	2.828	9.446	17.490	7.006	2	+124	0
	2	0.1694	2.860	9.506	17.602	6.680	2	+109	− 46
	3	0.1721	2.876	9.557	17.708	6.352	2	+ 78	− 84
	4	0.1749	2.879	9.592	17.810	6.022	2	+ 35	−106
	5	+ 0.1776	+ 2.878	− 9.608	+ 17.906	− 5.689	− 2	− 13	−110
	6	0.1804	2.878	9.606	17.996	5.355	2	− 59	− 96
	7	0.1831	2.886	9.586	18.081	5.019	3	− 96	− 65
	8	0.1858	2.908	9.554	18.161	4.682	3	−120	− 23
	9	0.1886	2.946	9.516	18.235	4.343	3	−126	+ 25
	10	+ 0.1913	+ 3.003	− 9.481	+ 18.304	− 4.003	− 3	−114	+ 70
	11	0.1940	3.077	9.456	18.367	3.662	3	− 85	+103
	12	0.1968	3.164	9.449	18.425	3.320	3	− 43	+119
	13	0.1995	3.256	9.464	18.478	2.977	2	+ 5	+111
	14	0.2023	3.343	9.504	18.525	2.634	2	+ 49	+ 78
	15	+ 0.2050	+ 3.416	− 9.564	+ 18.567	− 2.289	− 2	+ 78	+ 24
	16	0.2077	3.465	9.633	18.604	1.945	2	+ 83	− 39
	17	0.2105	3.487	9.694	18.636	1.600	2	+ 61	− 95
	18	0.2132	3.488	9.731	18.663	1.254	3	+ 19	−128
	19	0.2160	3.481	9.733	18.685	0.908	3	− 31	−126
	20	+ 0.2187	+ 3.484	− 9.700	+ 18.702	− 0.561	− 3	− 71	− 90
	21	0.2214	3.510	9.645	18.714	− 0.214	3	− 89	− 32
	22	0.2242	3.563	9.583	18.721	+ 0.134	3	− 79	+ 32
	23	0.2269	3.640	9.531	18.723	0.483	3	− 45	+ 84
	24	0.2296	3.731	9.502	18.719	0.833	3	+ 3	+114
	25	+ 0.2324	+ 3.825	− 9.498	+ 18.710	+ 1.183	− 3	+ 53	+117
	26	0.2351	3.910	9.517	18.696	1.534	3	+ 96	+ 97
	27	0.2379	3.981	9.554	18.675	1.884	3	+123	+ 60
	28	0.2406	4.033	9.598	18.649	2.235	3	+132	+ 12
	29	0.2433	4.066	9.643	18.617	2.586	3	+121	− 35
	30	+ 0.2461	+ 4.082	− 9.680	+ 18.580	+ 2.936	− 3	+ 93	− 76
10月	1	+ 0.2488	+ 4.085	− 9.703	+ 18.536	+ 3.286	− 3	+ 52	−102

独 立 日 数

以世界时 0^h 为准

2024 年

日 期		f	g	G	h	H	i	f′	g′	G′
	日	s	″	h m s	″	h m s	″	0.ˢ0001	0.″001	h m
8月	16	+ 0.2860	9.245	18 46 34	19.146	8 32 29	+ 6.530	− 32	122	6 39
	17	0.3023	9.303	18 48 56	19.122	8 28 30	6.609	+ 46	107	4 54
	18	0.3170	9.385	18 50 53	19.097	8 24 31	6.687	+ 110	93	2 37
	19	0.3285	9.479	18 52 14	19.074	8 20 31	6.762	+ 142	93	23 55
	20	0.3356	9.569	18 52 53	19.052	8 16 30	6.836	+ 132	108	21 32
	21	+ 0.3388	9.637	18 53 00	19.030	8 12 29	+ 6.909	+ 83	124	19 43
	22	0.3395	9.673	18 52 55	19.010	8 08 28	6.979	+ 10	130	18 12
	23	0.3401	9.675	18 53 00	18.990	8 04 25	7.048	− 63	121	16 41
	24	0.3429	9.653	18 53 34	18.971	8 00 21	7.116	− 114	101	14 52
	25	0.3493	9.622	18 54 46	18.953	7 56 17	7.181	− 128	84	12 27
	26	+ 0.3594	9.597	18 56 32	18.935	7 52 11	+ 7.244	− 104	83	9 37
	27	0.3725	9.591	18 58 40	18.918	7 48 04	7.306	− 50	99	7 17
	28	0.3871	9.609	19 00 54	18.902	7 43 57	7.365	+ 21	116	5 33
	29	0.4017	9.652	19 02 59	18.886	7 39 49	7.422	+ 92	128	4 08
	30	0.4150	9.714	19 04 41	18.870	7 35 40	7.478	+ 150	132	2 49
	31	+ 0.4259	9.786	19 05 56	18.855	7 31 30	+ 7.531	+ 185	130	1 27
9月	1	0.4338	9.860	19 06 40	18.841	7 27 19	7.582	+ 191	124	0 01
	2	0.4387	9.927	19 06 59	18.827	7 23 08	7.630	+ 168	119	22 28
	3	0.4411	9.980	19 06 59	18.813	7 18 56	7.676	+ 120	114	20 52
	4	0.4416	10.015	19 06 50	18.800	7 14 43	7.720	+ 54	112	19 13
	5	+ 0.4414	10.030	19 06 42	18.788	7 10 30	+ 7.762	− 20	111	17 34
	6	0.4414	10.027	19 06 43	18.776	7 06 17	7.801	− 90	112	15 54
	7	0.4426	10.011	19 07 02	18.765	7 02 03	7.838	− 148	116	14 17
	8	0.4459	9.986	19 07 43	18.755	6 57 49	7.873	− 184	122	12 43
	9	0.4519	9.962	19 08 49	18.745	6 53 35	7.905	− 194	129	11 15
	10	+ 0.4606	9.945	19 10 18	18.737	6 49 21	+ 7.935	− 176	134	9 54
	11	0.4719	9.944	19 12 06	18.729	6 45 06	7.962	− 131	134	8 38
	12	0.4852	9.964	19 14 03	18.722	6 40 51	7.987	− 66	126	7 19
	13	0.4993	10.008	19 15 56	18.716	6 36 37	8.010	+ 8	111	5 49
	14	0.5128	10.075	19 17 31	18.711	6 32 22	8.030	+ 75	92	3 51
	15	+ 0.5240	10.156	19 18 37	18.708	6 28 07	+ 8.049	+ 120	82	1 09
	16	0.5315	10.237	19 19 08	18.705	6 23 52	8.065	+ 128	92	22 19
	17	0.5348	10.302	19 19 08	18.704	6 19 38	8.078	+ 95	113	20 11
	18	0.5350	10.337	19 18 53	18.705	6 15 23	8.090	+ 29	129	18 34
	19	0.5340	10.337	19 18 44	18.707	6 11 08	8.100	− 47	130	17 05
	20	+ 0.5344	10.307	19 19 02	18.710	6 06 53	+ 8.107	− 109	115	15 27
	21	0.5383	10.263	19 19 59	18.715	6 02 37	8.112	− 137	94	13 19
	22	0.5464	10.224	19 21 35	18.722	5 58 21	8.115	− 121	85	10 33
	23	0.5583	10.203	19 23 36	18.729	5 54 05	8.116	− 69	95	7 52
	24	0.5723	10.208	19 25 45	18.738	5 49 49	8.115	+ 5	114	5 54
	25	+ 0.5866	10.239	19 27 44	18.748	5 45 32	+ 8.111	+ 82	129	4 22
	26	0.5998	10.289	19 29 21	18.758	5 41 15	8.104	+ 147	137	3 02
	27	0.6107	10.350	19 30 29	18.770	5 36 57	8.096	+ 190	137	1 43
	28	0.6187	10.411	19 31 10	18.783	5 32 40	8.084	+ 203	133	0 22
	29	0.6237	10.466	19 31 27	18.796	5 28 22	8.070	+ 186	126	22 55
	30	+ 0.6261	10.506	19 31 27	18.810	5 24 05	+ 8.054	+ 143	120	21 23
10月	1	+ 0.6265	10.527	19 31 19	18.825	5 19 47	+ 8.035	+ 81	115	19 48

贝 塞 尔 日 数

2024 年　　以世界时 0^h 为准

日期		τ	$A+A'$	$B+B'$	C	D	E	A'	B'
	日		″	″	″	″	$0^s.0001$	$0''.001$	$0''.001$
10月	1	+ 0.2488	+ 4.085	− 9.703	+ 18.536	+ 3.286	− 3	+ 52	−102
	2	0.2515	4.082	9.707	18.487	3.636	3	+ 5	−111
	3	0.2543	4.079	9.691	18.432	3.984	3	− 42	−101
	4	0.2570	4.083	9.658	18.371	4.332	4	− 82	− 75
	5	0.2598	4.100	9.612	18.305	4.678	4	−110	− 35
	6	+ 0.2625	+ 4.134	− 9.558	+ 18.232	+ 5.023	− 4	−121	+ 12
	7	0.2652	4.186	9.504	18.154	5.367	4	−114	+ 58
	8	0.2680	4.255	9.459	18.070	5.709	4	− 91	+ 94
	9	0.2707	4.338	9.429	17.981	6.050	4	− 54	+115
	10	0.2734	4.427	9.420	17.886	6.388	4	− 10	+114
	11	+ 0.2762	+ 4.516	− 9.434	+ 17.786	+ 6.724	− 3	+ 32	+ 90
	12	0.2789	4.595	9.468	17.681	7.059	3	+ 64	+ 44
	13	0.2817	4.654	9.515	17.570	7.391	3	+ 76	− 14
	14	0.2844	4.690	9.562	17.454	7.720	3	+ 64	− 73
	15	0.2871	4.704	9.593	17.334	8.048	4	+ 29	−116
	16	+ 0.2899	+ 4.704	− 9.594	+ 17.209	+ 8.373	− 4	− 19	−130
	17	0.2926	4.706	9.560	17.079	8.696	4	− 66	−109
	18	0.2953	4.727	9.495	16.944	9.016	4	− 95	− 59
	19	0.2981	4.776	9.415	16.804	9.335	4	− 96	+ 6
	20	0.3008	4.854	9.339	16.660	9.652	4	− 68	+ 67
	21	+ 0.3036	+ 4.953	− 9.283	+ 16.511	+ 9.966	− 4	− 20	+109
	22	0.3063	5.060	9.254	16.356	10.278	4	+ 35	+122
	23	0.3090	5.162	9.252	16.197	10.588	3	+ 85	+108
	24	0.3118	5.250	9.270	16.032	10.896	3	+121	+ 73
	25	0.3145	5.318	9.300	15.862	11.200	3	+136	+ 26
	26	+ 0.3173	+ 5.367	− 9.332	+ 15.687	+ 11.502	− 3	+131	− 23
	27	0.3200	5.398	9.358	15.507	11.801	3	+107	− 66
	28	0.3227	5.415	9.371	15.322	12.097	4	+ 69	− 97
	29	0.3255	5.424	9.367	15.132	12.389	4	+ 23	−111
	30	0.3282	5.433	9.343	14.936	12.678	4	− 24	−106
	31	+ 0.3309	+ 5.447	− 9.302	+ 14.736	+ 12.963	− 4	− 67	− 83
11月	1	0.3337	5.474	9.246	14.531	13.244	4	− 98	− 45
	2	0.3364	5.517	9.182	14.320	13.521	4	−113	0
	3	0.3392	5.578	9.116	14.106	13.795	4	−111	+ 47
	4	0.3419	5.657	9.058	13.886	14.063	4	− 91	+ 86
	5	+ 0.3446	+ 5.751	− 9.014	+ 13.662	+ 14.328	− 4	− 57	+110
	6	0.3474	5.853	8.991	13.434	14.588	4	− 15	+115
	7	0.3501	5.956	8.990	13.201	14.843	4	+ 26	+ 96
	8	0.3528	6.050	9.010	12.964	15.094	3	+ 58	+ 57
	9	0.3556	6.128	9.044	12.723	15.339	3	+ 74	+ 4
	10	+ 0.3583	+ 6.186	− 9.082	+ 12.479	+ 15.580	− 3	+ 67	− 53
	11	0.3611	6.221	9.110	12.231	15.816	3	+ 39	−101
	12	0.3638	6.241	9.116	11.979	16.047	4	− 6	−126
	13	0.3665	6.257	9.091	11.724	16.273	4	− 55	−119
	14	0.3693	6.285	9.034	11.466	16.495	4	− 93	− 81
	15	+ 0.3720	+ 6.337	− 8.955	+ 11.204	+ 16.712	− 4	−108	− 21
	16	+ 0.3747	+ 6.419	− 8.872	+ 10.940	+ 16.924	− 4	− 93	+ 43

独　立　日　数

以世界时 0^h 为准

2024 年

日　期		f	g	G	h	H	i	f′	g′	G′
								0.ˢ0001	0.″001	
	日	s	″	h　m　s	″	h　m　s	″			h　m
10 月	1	＋ 0.6265	10.527	19　31　19	18.825	5　19　47	＋ 8.035	＋　81	115	19　48
	2	0.6260	10.530	19　31　14	18.841	5　15　30	8.014	＋　8	111	18　11
	3	0.6256	10.515	19　31　18	18.858	5　11　13	7.990	－　64	110	16　31
	4	0.6263	10.486	19　31　40	18.875	5　06　56	7.964	－ 126	111	14　49
	5	0.6288	10.450	19　32　25	18.893	5　02　39	7.935	－ 169	115	13　10
	6	＋ 0.6340	10.413	19　33　33	18.912	4　58　23	＋ 7.903	－ 186	122	11　38
	7	0.6419	10.385	19　35　05	18.931	4　54　07	7.870	－ 176	128	10　13
	8	0.6526	10.372	19　36　53	18.951	4　49　52	7.833	－ 139	131	8　56
	9	0.6653	10.379	19　38　49	18.972	4　45　37	7.795	－　83	127	7　41
	10	0.6791	10.409	19　40　41	18.993	4　41　23	7.754	－　16	114	6　21
	11	＋ 0.6927	10.459	19　42　19	19.015	4　37　10	＋ 7.710	＋　49	95	4　41
	12	0.7048	10.524	19　43　33	19.038	4　32　57	7.664	＋　98	78	2　20
	13	0.7139	10.593	19　44　16	19.061	4　28　45	7.616	＋ 117	77	23　18
	14	0.7194	10.651	19　44　31	19.086	4　24　33	7.566	＋　99	97	20　45
	15	0.7214	10.684	19　44　29	19.111	4　20　23	7.514	＋　45	120	18　57
	16	＋ 0.7214	10.685	19　44　28	19.137	4　16　13	＋ 7.460	－　29	132	17　27
	17	0.7218	10.655	19　44　51	19.165	4　12　04	7.403	－ 101	128	15　56
	18	0.7249	10.606	19　45　52	19.193	4　07　55	7.345	－ 146	111	14　07
	19	0.7324	10.557	19　47　35	19.223	4　03　47	7.284	－ 147	96	11　45
	20	0.7444	10.525	19　49　51	19.254	3　59　40	7.222	－ 105	96	9　01
	21	＋ 0.7597	10.521	19　52　20	19.285	3　55　32	＋ 7.157	－　31	110	6　42
	22	0.7761	10.547	19　54　41	19.318	3　51　25	7.090	＋　54	127	4　55
	23	0.7918	10.594	19　56　38	19.351	3　47　18	7.021	＋ 131	138	3　27
	24	0.8053	10.653	19　58　06	19.384	3　43　12	6.950	＋ 185	141	2　05
	25	0.8158	10.713	19　59　03	19.418	3　39　06	6.876	＋ 209	139	0　44
	26	＋ 0.8233	10.765	19　59　37	19.452	3　35　00	＋ 6.800	＋ 201	133	23　21
	27	0.8280	10.803	19　59　55	19.487	3　30　55	6.722	＋ 165	126	21　53
	28	0.8306	10.823	20　00　05	19.521	3　26　50	6.642	＋ 107	119	20　22
	29	0.8320	10.824	20　00　18	19.556	3　22　46	6.559	＋　36	113	18　47
	30	0.8333	10.808	20　00　42	19.591	3　18　42	6.475	－　38	108	17　08
	31	＋ 0.8355	10.780	20　01　25	19.626	3　14　39	＋ 6.388	－ 103	106	15　24
11 月	1	0.8396	10.745	20　02　30	19.661	3　10　36	6.299	－ 150	108	13　40
	2	0.8461	10.712	20　04　00	19.695	3　06　35	6.208	－ 174	113	12　00
	3	0.8555	10.687	20　05　50	19.730	3　02　33	6.115	－ 170	120	10　29
	4	0.8677	10.680	20　07　57	19.764	2　58　33	6.019	－ 140	125	9　06
	5	＋ 0.8821	10.693	20　10　09	19.798	2　54　33	＋ 5.922	－　88	124	7　49
	6	0.8979	10.728	20　12　16	19.831	2　50　34	5.823	－　24	116	6　31
	7	0.9136	10.784	20　14　06	19.864	2　46　36	5.722	＋　40	100	5　00
	8	0.9281	10.853	20　15　32	19.897	2　42　38	5.620	＋　89	82	2　59
	9	0.9401	10.925	20　16　29	19.929	2　38　42	5.515	＋ 113	74	0　12
	10	＋ 0.9489	10.988	20　17　02	19.962	2　34　46	＋ 5.409	＋ 104	86	21　27
	11	0.9543	11.032	20　17　19	19.993	2　30　52	5.302	＋　60	108	19　25
	12	0.9574	11.048	20　17　35	20.025	2　26　58	5.193	－　9	126	17　50
	13	0.9599	11.036	20　18　10	20.057	2　23　05	5.082	－　84	131	16　22
	14	0.9641	11.005	20　19　19	20.088	2　19　13	4.970	－ 143	124	14　45
	15	＋ 0.9721	10.970	20　21　08	20.120	2　15　22	＋ 4.857	－ 166	110	12　45
	16	＋ 0.9847	10.950	20　23　33	20.152	2　11　31	＋ 4.742	－ 143	102	10　19

贝　塞　尔　日　数

2024 年　　以世界时 0^h 为准

日　期		τ	A+A′	B+B′	C	D	E	A′	B′
	日		″	″	″	″	0.ˢ0001	0.″001	0.″001
11月	16	+ 0.3747	+ 6.419	− 8.872	+ 10.940	+ 16.924	− 4	− 93	+ 43
	17	0.3775	6.528	8.801	10.672	17.132	3	− 51	+ 96
	18	0.3802	6.653	8.757	10.400	17.335	3	+ 5	+122
	19	0.3830	6.779	8.742	10.126	17.533	3	+ 62	+119
	20	0.3857	6.894	8.754	9.848	17.727	3	+107	+ 89
	21	+ 0.3884	+ 6.990	− 8.782	+ 9.566	+ 17.916	− 3	+132	+ 44
	22	0.3912	7.064	8.816	9.281	18.100	3	+135	− 7
	23	0.3939	7.117	8.846	8.993	18.278	3	+118	− 54
	24	0.3966	7.156	8.865	8.702	18.451	3	+ 84	− 89
	25	0.3994	7.184	8.868	8.407	18.619	3	+ 40	−108
	26	+ 0.4021	+ 7.209	− 8.853	+ 8.110	+ 18.781	− 3	− 8	−109
	27	0.4049	7.239	8.820	7.809	18.937	3	− 53	− 90
	28	0.4076	7.278	8.771	7.505	19.088	3	− 87	− 57
	29	0.4103	7.333	8.713	7.199	19.232	3	−107	− 12
	30	0.4131	7.407	8.652	6.890	19.370	3	−109	+ 35
12月	1	+ 0.4158	+ 7.499	− 8.597	+ 6.579	+ 19.503	− 3	− 92	+ 77
	2	0.4186	7.607	8.555	6.265	19.628	3	− 61	+106
	3	0.4213	7.725	8.533	5.949	19.748	2	− 19	+116
	4	0.4240	7.845	8.535	5.631	19.861	2	+ 24	+102
	5	0.4268	7.957	8.559	5.312	19.967	2	+ 59	+ 67
	6	+ 0.4295	+ 8.054	− 8.600	+ 4.990	+ 20.067	− 2	+ 78	+ 17
	7	0.4322	8.130	8.646	4.668	20.160	2	+ 76	− 39
	8	0.4350	8.184	8.686	4.344	20.247	2	+ 52	− 89
	9	0.4377	8.221	8.708	4.018	20.328	2	+ 10	−119
	10	0.4405	8.252	8.703	3.692	20.402	2	− 38	−122
	11	+ 0.4432	+ 8.288	− 8.668	+ 3.365	+ 20.469	− 2	− 82	− 95
	12	0.4459	8.342	8.610	3.038	20.531	2	−107	− 43
	13	0.4487	8.423	8.542	2.710	20.586	2	−105	+ 19
	14	0.4514	8.533	8.479	2.381	20.636	2	− 76	+ 77
	15	0.4541	8.663	8.437	2.051	20.680	1	− 26	+115
	16	+ 0.4569	+ 8.801	− 8.424	+ 1.721	+ 20.718	− 1	+ 32	+124
	17	0.4596	8.934	8.440	1.390	20.749	1	+ 84	+104
	18	0.4624	9.050	8.478	1.059	20.775	1	+120	+ 64
	19	0.4651	9.144	8.528	0.726	20.795	1	+133	+ 12
	20	0.4678	9.215	8.578	0.393	20.809	1	+123	− 39
	21	+ 0.4706	+ 9.267	− 8.619	+ 0.060	+ 20.816	− 1	+ 95	− 80
	22	0.4733	9.307	8.644	− 0.274	20.817	1	+ 53	−105
	23	0.4760	9.340	8.651	0.608	20.812	1	+ 6	−111
	24	0.4788	9.375	8.640	0.942	20.800	1	− 40	− 98
	25	0.4815	9.418	8.613	1.276	20.782	1	− 78	− 68
	26	+ 0.4843	+ 9.474	− 8.575	− 1.611	+ 20.756	− 1	−102	− 27
	27	0.4870	9.547	8.532	1.945	20.725	1	−110	+ 21
	28	0.4897	9.638	8.492	2.279	20.686	− 1	− 99	+ 65
	29	0.4925	9.746	8.463	2.612	20.641	+ 0	− 71	+100
	30	0.4952	9.867	8.453	2.944	20.589	0	− 30	+116
	31	+ 0.4979	+ 9.992	− 8.466	− 3.276	+ 20.530	+ 0	+ 15	+109
	32	+ 0.5007	+ 10.112	− 8.504	− 3.607	+ 20.464	+ 0	+ 56	+ 79

独 立 日 数

以世界时 0^h 为准

2024 年

日期		f	g	G	h	H	i	f′	g′	G′
								0.ˢ0001	0.″001	
	日	s	″	h m s	″	h m s	″			h m
11月	16	+ 0.9847	10.950	20 23 33	20.152	2 11 31	+ 4.742	− 143	102	10 19
	17	1.0014	10.958	20 26 16	20.184	2 07 41	4.626	− 79	109	7 53
	18	1.0206	10.997	20 28 54	20.215	2 03 51	4.508	+ 8	122	5 51
	19	1.0400	11.063	20 31 10	20.247	2 00 02	4.389	+ 95	134	4 10
	20	1.0577	11.143	20 32 53	20.279	1 56 13	4.269	+ 165	139	2 39
	21	+ 1.0723	11.224	20 34 04	20.310	1 52 24	+ 4.147	+ 204	139	1 14
	22	1.0837	11.297	20 34 49	20.341	1 48 36	4.023	+ 208	135	23 48
	23	1.0919	11.354	20 35 17	20.371	1 44 48	3.898	+ 181	129	22 21
	24	1.0978	11.393	20 35 38	20.400	1 41 00	3.772	+ 129	122	20 53
	25	1.1021	11.413	20 36 02	20.429	1 37 12	3.644	+ 61	115	19 20
	26	+ 1.1060	11.417	20 36 38	20.457	1 33 25	+ 3.515	− 13	109	17 43
	27	1.1105	11.410	20 37 30	20.484	1 29 38	3.385	− 81	105	15 59
	28	1.1166	11.398	20 38 45	20.510	1 25 52	3.254	− 134	104	14 12
	29	1.1250	11.388	20 40 21	20.535	1 22 05	3.121	− 164	108	12 27
	30	1.1363	11.389	20 42 16	20.559	1 18 19	2.987	− 167	114	10 49
12月	1	+ 1.1504	11.408	20 44 23	20.582	1 14 34	+ 2.852	− 142	120	9 21
	2	1.1670	11.448	20 46 34	20.604	1 10 49	2.716	− 93	122	7 59
	3	1.1852	11.510	20 48 36	20.624	1 07 04	2.579	− 29	117	6 37
	4	1.2036	11.593	20 50 20	20.644	1 03 19	2.441	+ 37	105	5 08
	5	1.2208	11.687	20 51 39	20.662	0 59 35	2.303	+ 91	89	3 15
	6	+ 1.2357	11.782	20 52 29	20.678	0 55 52	+ 2.163	+ 120	80	0 48
	7	1.2474	11.868	20 52 57	20.694	0 52 09	2.023	+ 116	85	22 10
	8	1.2557	11.934	20 53 11	20.708	0 48 26	1.883	+ 79	102	20 01
	9	1.2614	11.976	20 53 25	20.721	0 44 44	1.742	+ 16	119	18 20
	10	1.2661	11.993	20 53 54	20.733	0 41 02	1.601	− 59	128	16 50
	11	+ 1.2716	11.993	20 54 51	20.744	0 37 21	+ 1.459	− 126	125	15 17
	12	1.2799	11.989	20 56 22	20.754	0 33 40	1.317	− 165	115	13 28
	13	1.2924	11.996	20 58 24	20.764	0 30 00	1.175	− 162	107	11 19
	14	1.3092	12.029	21 00 43	20.773	0 26 19	1.032	− 117	108	8 59
	15	1.3292	12.092	21 03 02	20.781	0 22 40	0.889	− 40	117	6 52
	16	+ 1.3505	12.183	21 05 01	20.789	0 19 00	+ 0.746	+ 49	128	5 02
	17	1.3709	12.290	21 06 31	20.796	0 15 20	0.603	+ 130	134	3 24
	18	1.3887	12.401	21 07 28	20.802	0 11 40	0.459	+ 184	136	1 52
	19	1.4032	12.504	21 07 59	20.808	0 08 00	0.315	+ 205	134	0 21
	20	1.4141	12.590	21 08 12	20.813	0 04 20	0.171	+ 190	129	22 51
	21	+ 1.4221	12.656	21 08 19	20.816	0 00 40	+ 0.026	+ 146	124	21 20
	22	1.4281	12.702	21 08 27	20.819	23 56 59	− 0.119	+ 82	117	19 48
	23	1.4332	12.731	21 08 46	20.821	23 53 19	0.263	+ 9	111	18 13
	24	1.4386	12.749	21 09 21	20.821	23 49 38	0.408	− 61	106	16 31
	25	1.4451	12.763	21 10 13	20.821	23 45 56	0.553	− 120	103	14 45
	26	+ 1.4537	12.778	21 11 24	20.819	23 42 15	− 0.698	− 158	106	12 58
	27	1.4649	12.804	21 12 51	20.816	23 38 33	0.843	− 169	112	11 18
	28	1.4790	12.845	21 14 28	20.811	23 34 51	0.988	− 152	119	9 46
	29	1.4956	12.908	21 16 08	20.805	23 31 09	1.132	− 109	122	8 22
	30	1.5142	12.993	21 17 40	20.798	23 27 27	1.276	− 46	120	6 58
	31	+ 1.5334	13.097	21 18 54	20.790	23 23 44	− 1.420	+ 24	110	5 28
	32	+ 1.5518	13.213	21 19 45	20.779	23 20 01	− 1.564	+ 86	97	3 39

二阶项订正系数 J_{α} —

北纬恒星

2024 年　　以世界时 0^h 为准

$J_{\alpha}(0^s.000001)$

赤经 / 日期	0^h / 12^h	1^h / 13^h	2^h / 14^h	3^h / 15^h	4^h / 16^h	5^h / 17^h	6^h / 18^h	7^h / 19^h	8^h / 20^h	9^h / 21^h	10^h / 22^h	11^h / 23^h	12^h / 24^h
日													
1月 −9	−20	−18	−11	−1	+9	+17	+20	+18	+11	+1	−9	−17	−20
1	−31	−32	−24	−10	+7	+22	+31	+32	+24	+10	−7	−22	−31
11	−38	−45	−40	−24	−1	+21	+38	+45	+40	+24	+1	−21	−38
21	−42	−58	−58	−43	−17	+14	+42	+58	+58	+43	+17	−14	−42
31	−39	−67	−76	−66	−37	+1	+39	+67	+76	+66	+37	−1	−39
2月 10	−30	−69	−90	−86	−60	−17	+30	+69	+90	+86	+60	+17	−30
20	−12	−62	−96	−104	−84	−41	+12	+62	+96	+104	+84	+41	−12
3月 1	+13	−47	−95	−118	−108	−70	−13	+47	+95	+118	+108	+70	+13
11	+40	−28	−88	−124	−127	−96	−40	+28	+88	+124	+127	+96	+40
21	+67	−1	−70	−120	−137	−118	−67	+1	+70	+120	+137	+118	+67
31	+96	+30	−44	−106	−140	−136	−96	−30	+44	+106	+140	+136	+96
4月 10	+119	+59	−16	−87	−135	−146	−119	−59	+16	+87	+135	+146	+119
20	+133	+84	+12	−63	−121	−146	−133	−84	−12	+63	+121	+146	+133
30	+139	+104	+41	−33	−98	−137	−139	−104	−41	+33	+98	+137	+139
5月 10	+137	+117	+66	−3	−72	−121	−137	−117	−66	+3	+72	+121	+137
20	+129	+122	+83	+22	−45	−100	−129	−122	−83	−22	+45	+100	+129
30	+111	+117	+92	+43	−18	−74	−111	−117	−92	−43	+18	+74	+111
6月 9	+88	+106	+95	+59	+7	−47	−88	−106	−95	−59	−7	+47	+88
19	+65	+90	+91	+68	+26	−22	−65	−90	−91	−68	−26	+22	+65
29	+42	+70	+80	+68	+38	−2	−42	−70	−80	−68	−38	+2	+42
7月 9	+19	+47	+63	+61	+44	+14	−19	−47	−63	−61	−44	−14	+19
19	+1	+26	+45	+52	+44	+25	−1	−26	−45	−52	−44	−25	+1
29	−11	+9	+27	+38	+38	+29	+11	−9	−27	−38	−38	−29	−11
8月 8	−17	−4	+10	+22	+28	+26	+17	+4	−10	−22	−28	−26	−17
18	−19	−12	−3	+7	+16	+20	+19	+12	+3	−7	−16	−20	−19
28	−14	−15	−11	−4	+3	+10	+14	+15	+11	+4	−3	−10	−14
9月 7	−6	−11	−12	−11	−7	0	+6	+11	+12	+11	+7	0	−6
17	+5	−1	−8	−12	−13	−11	−5	+1	+8	+12	+13	+11	+5
27	+17	+11	+2	−8	−15	−19	−17	−11	−2	+8	+15	+19	+17
10月 7	+27	+24	+16	+3	−11	−22	−27	−24	−16	−3	+11	+22	+27
17	+33	+38	+34	+20	+1	−18	−33	−38	−34	−20	−1	+18	+33
27	+34	+50	+53	+42	+19	−9	−34	−50	−53	−42	−19	+9	+34
11月 6	+29	+58	+70	+64	+41	+7	−29	−58	−70	−64	−41	−7	+29
16	+16	+57	+83	+87	+68	+30	−16	−57	−83	−87	−68	−30	+16
26	−6	+49	+91	+109	+98	+60	+6	−49	−91	−109	−98	−60	−6
12月 6	−33	+34	+92	+126	+125	+91	+33	−34	−92	−126	−125	−91	−33
16	−64	+11	+84	+134	+148	+122	+64	−11	−84	−134	−148	−122	−64
26	−100	−21	+64	+131	+163	+152	+100	+21	−64	−131	−163	−152	−100
36	−135	−56	+37	+121	+172	+177	+135	+56	−37	−121	−172	−177	−135

二阶项订正系数 J_δ

北纬恒星

以世界时 0^h 为准

2024 年

赤经 \ 日期		0^h	1^h	2^h	3^h	4^h	5^h	6^h	7^h	8^h	9^h	10^h	11^h	12^h
		12^h	13^h	14^h	15^h	16^h	17^h	18^h	19^h	20^h	21^h	22^h	23^h	24^h
		$J_\delta(0.''0001)$												
	日													
1月	−9	−2	−1	0	0	0	−1	−1	−2	−3	−3	−3	−2	−2
	1	−3	−2	−1	0	0	−1	−2	−3	−4	−5	−5	−4	−3
	11	−5	−3	−2	−1	0	0	−2	−3	−5	−6	−7	−6	−5
	21	−8	−6	−3	−1	0	0	−1	−3	−6	−8	−9	−9	−8
	31	−11	−9	−6	−3	−1	0	−1	−3	−6	−9	−11	−11	−11
2月	10	−13	−11	−8	−5	−2	0	0	−2	−6	−9	−12	−14	−13
	20	−16	−14	−11	−7	−3	−1	0	−2	−5	−9	−12	−15	−16
3月	1	−18	−17	−14	−10	−5	−2	0	−1	−4	−8	−12	−16	−18
	11	−19	−19	−17	−13	−8	−3	0	0	−3	−7	−12	−16	−19
	21	−19	−21	−19	−15	−10	−5	−1	0	−1	−5	−10	−16	−19
	31	−19	−21	−21	−18	−13	−7	−3	0	−1	−4	−8	−14	−19
4月	10	−18	−21	−22	−20	−15	−10	−4	−1	0	−2	−7	−12	−18
	20	−16	−20	−22	−21	−17	−12	−6	−2	0	−1	−5	−10	−16
	30	−13	−18	−21	−21	−18	−14	−8	−3	0	0	−3	−8	−13
5月	10	−11	−16	−19	−21	−19	−15	−10	−5	−1	0	−2	−5	−11
	20	−8	−13	−17	−19	−19	−16	−11	−6	−2	0	−1	−4	−8
	30	−6	−10	−14	−17	−18	−16	−12	−8	−3	−1	0	−2	−6
6月	9	−4	−7	−11	−15	−16	−15	−12	−8	−4	−1	0	−1	−4
	19	−2	−5	−9	−12	−14	−14	−12	−9	−5	−2	0	0	−2
	29	−1	−3	−6	−9	−11	−12	−11	−9	−6	−3	−1	0	−1
7月	9	0	−2	−4	−6	−8	−10	−9	−8	−6	−3	−1	0	0
	19	0	−1	−2	−4	−6	−7	−8	−7	−6	−4	−2	0	0
	29	0	0	−1	−2	−4	−5	−6	−6	−5	−4	−2	−1	0
8月	8	0	0	0	−1	−2	−3	−4	−4	−4	−3	−2	−1	0
	18	−1	0	0	0	−1	−1	−2	−3	−3	−3	−2	−2	−1
	28	−1	−1	0	0	0	0	−1	−1	−2	−2	−2	−2	−1
9月	7	−2	−1	−1	0	0	0	0	0	−1	−1	−2	−2	−2
	17	−2	−2	−2	−1	−1	0	0	0	0	−1	−1	−2	−2
	27	−2	−3	−3	−3	−2	−2	−1	0	0	0	−1	−1	−2
10月	7	−2	−3	−4	−4	−4	−3	−2	−1	0	0	0	−1	−2
	17	−1	−3	−4	−5	−6	−5	−4	−3	−1	0	0	0	−1
	27	−1	−3	−5	−7	−8	−8	−7	−5	−3	−1	0	0	−1
11月	6	0	−2	−5	−8	−10	−11	−10	−8	−6	−3	−1	0	0
	16	0	−2	−4	−8	−11	−13	−13	−12	−9	−5	−2	0	0
	26	0	−1	−4	−8	−12	−15	−16	−16	−13	−9	−5	−1	0
12月	6	0	0	−3	−7	−12	−17	−19	−19	−17	−12	−7	−3	0
	16	−1	0	−2	−6	−12	−17	−21	−22	−20	−16	−10	−5	−1
	26	−3	0	−1	−5	−11	−17	−22	−25	−24	−20	−14	−8	−3
	36	−5	−1	0	−3	−9	−16	−23	−26	−27	−24	−18	−11	−5

二阶项订正系数 J_α

南纬恒星

2024 年 以世界时 0^h 为准

赤经 日期		0^h 12^h	1^h 13^h	2^h 14^h	3^h 15^h	4^h 16^h	5^h 17^h	6^h 18^h	7^h 19^h	8^h 20^h	9^h 21^h	10^h 22^h	11^h 23^h	12^h 24^h
		J_α(0.ˢ000001)												
	日													
1月	−9	+87	+164	+196	+176	+109	+12	−87	−164	−196	−176	−109	−12	+87
	1	+50	+128	+171	+169	+122	+41	−50	−128	−171	−169	−122	−41	+50
	11	+14	+90	+141	+155	+127	+65	−14	−90	−141	−155	−127	−65	+14
	21	−13	+56	+109	+134	+122	+78	+13	−56	−109	−134	−122	−78	−13
	31	−31	+27	+77	+107	+108	+80	+31	−27	−77	−107	−108	−80	−31
2月	10	−43	+2	+46	+77	+88	+76	+43	−2	−46	−77	−88	−76	−43
	20	−47	−16	+20	+50	+67	+66	+47	+16	−20	−50	−67	−66	−47
3月	1	−44	−24	+2	+27	+45	+51	+44	+24	−2	−27	−45	−51	−44
	11	−34	−26	−11	+8	+24	+34	+34	+26	+11	−8	−24	−34	−34
	21	−23	−23	−17	−6	+6	+17	+23	+23	+17	+6	−6	−17	−23
	31	−11	−16	−16	−12	−5	+4	+11	+16	+16	+12	+5	−4	−11
4月	10	0	−5	−10	−11	−10	−6	0	+5	+10	+11	+10	+6	0
	20	+9	+5	0	−6	−9	−11	−9	−5	0	+6	+9	+11	+9
	30	+13	+13	+10	+4	−4	−10	−13	−13	−10	−4	+4	+10	+13
5月	10	+12	+18	+19	+15	+7	−3	−12	−18	−19	−15	−7	+3	+12
	20	+4	+17	+25	+27	+21	+10	−4	−17	−25	−27	−21	−10	+4
	30	−9	+11	+28	+37	+37	+26	+9	−11	−28	−37	−37	−26	−9
6月	9	−25	0	+25	+43	+50	+43	+25	0	−25	−43	−50	−43	−25
	19	−44	−17	+14	+42	+59	+60	+44	+17	−14	−42	−59	−60	−44
	29	−66	−39	−1	+37	+65	+75	+66	+39	+1	−37	−65	−75	−66
7月	9	−85	−61	−21	+25	+64	+86	+85	+61	+21	−25	−64	−86	−85
	19	−99	−82	−44	+6	+55	+89	+99	+82	+44	−6	−55	−89	−99
	29	−109	−103	−70	−18	+39	+85	+109	+103	+70	+18	−39	−85	−109
8月	8	−112	−119	−94	−44	+18	+75	+112	+119	+94	+44	−18	−75	−112
	18	−106	−126	−113	−69	−7	+57	+106	+126	+113	+69	+7	−57	−106
	28	−92	−126	−126	−93	−34	+33	+92	+126	+126	+93	+34	−33	−92
9月	7	−71	−118	−134	−114	−63	+4	+71	+118	+134	+114	+63	−4	−71
	17	−47	−103	−132	−126	−85	−22	+47	+103	+132	+126	+85	+22	−47
	27	−19	−81	−120	−128	−101	−47	+19	+81	+120	+128	+101	+47	−19
10月	7	+11	−53	−102	−123	−112	−71	−11	+53	+102	+123	+112	+71	+11
	17	+34	−26	−80	−112	−114	−86	−34	+26	+80	+112	+114	+86	+34
	27	+51	−2	−55	−93	−107	−91	−51	+2	+55	+93	+107	+91	+51
11月	6	+63	+20	−28	−69	−91	−89	−63	−20	+28	+69	+91	+89	+63
	16	+67	+35	−6	−46	−73	−81	−67	−35	+6	+46	+73	+81	+67
	26	+63	+43	+10	−25	−53	−67	−63	−43	−10	+25	+53	+67	+63
12月	6	+53	+42	+21	−7	−32	−49	−53	−42	−21	+7	+32	+49	+53
	16	+39	+37	+25	+6	−14	−31	−39	−37	−25	−6	+14	+31	+39
	26	+25	+28	+24	+13	−2	−16	−25	−28	−24	−13	+2	+16	+25
	36	+12	+17	+17	+13	+5	−4	−12	−17	−17	−13	−5	+4	+12

二阶项订正系数 J_δ

南纬恒星

以世界时 0^h 为准　　**2024 年**

赤经 / 日期	0^h 12^h	1^h 13^h	2^h 14^h	3^h 15^h	4^h 16^h	5^h 17^h	6^h 18^h	7^h 19^h	8^h 20^h	9^h 21^h	10^h 22^h	11^h 23^h	12^h 24^h
	J_δ(0.″0001)												
日													
1月 −9	−2	−7	−14	−21	−27	−29	−28	−23	−16	−8	−2	0	−2
1	−1	−4	−10	−17	−23	−26	−26	−22	−16	−9	−4	0	−1
11	0	−2	−7	−13	−18	−22	−23	−21	−17	−11	−5	−1	0
21	0	−1	−4	−9	−14	−18	−20	−19	−16	−11	−6	−2	0
31	0	0	−2	−6	−10	−14	−16	−16	−14	−11	−6	−3	0
2月 10	−1	0	−1	−3	−7	−10	−12	−13	−12	−10	−7	−3	−1
20	−1	0	0	−2	−4	−7	−9	−10	−10	−9	−6	−4	−1
3月 1	−2	0	0	−1	−2	−4	−6	−7	−8	−7	−6	−4	−2
11	−2	−1	0	0	−1	−2	−3	−4	−5	−5	−5	−3	−2
21	−2	−1	−1	0	0	−1	−1	−2	−3	−3	−3	−3	−2
31	−2	−2	−1	0	0	0	0	−1	−2	−2	−2	−2	−2
4月 10	−2	−2	−1	−1	0	0	0	0	0	−1	−1	−2	−2
20	−1	−2	−2	−1	−1	−1	0	0	0	0	0	−1	−1
30	−1	−1	−2	−2	−2	−2	−1	−1	0	0	0	0	−1
5月 10	0	−1	−2	−2	−3	−3	−3	−2	−1	−1	0	0	0
20	0	0	−1	−2	−3	−4	−4	−4	−3	−2	−1	0	0
30	0	0	−1	−2	−4	−5	−6	−6	−5	−4	−2	−1	0
6月 9	0	0	−1	−2	−4	−6	−7	−7	−7	−6	−4	−2	0
19	−1	0	0	−1	−3	−6	−8	−9	−9	−8	−6	−4	−1
29	−3	−1	0	−1	−3	−6	−8	−11	−11	−11	−9	−6	−3
7月 9	−5	−2	0	0	−2	−5	−9	−11	−13	−13	−11	−8	−5
19	−7	−3	−1	0	−1	−4	−8	−12	−14	−15	−14	−11	−7
29	−10	−5	−2	0	−1	−3	−7	−11	−15	−16	−16	−13	−10
8月 8	−12	−8	−3	−1	0	−2	−6	−10	−15	−17	−18	−16	−12
18	−15	−10	−5	−2	0	−1	−4	−9	−14	−17	−19	−18	−15
28	−17	−12	−7	−3	0	0	−3	−7	−12	−17	−19	−19	−17
9月 7	−19	−15	−10	−5	−1	0	−2	−5	−10	−15	−19	−20	−19
17	−19	−16	−12	−7	−2	0	−1	−4	−8	−14	−18	−20	−19
27	−19	−17	−13	−8	−4	−1	0	−2	−6	−11	−16	−19	−19
10月 7	−19	−18	−15	−10	−5	−2	0	−1	−4	−8	−13	−17	−19
17	−17	−17	−15	−11	−7	−3	0	0	−2	−6	−11	−15	−17
27	−15	−16	−15	−12	−8	−4	−1	0	−1	−4	−8	−12	−15
11月 6	−12	−14	−14	−12	−9	−5	−2	0	0	−2	−5	−9	−12
16	−10	−12	−12	−11	−9	−6	−3	−1	0	−1	−3	−7	−10
26	−7	−9	−10	−10	−8	−6	−3	−1	0	0	−2	−4	−7
12月 6	−4	−6	−8	−8	−7	−6	−3	−2	0	0	−1	−2	−4
16	−2	−4	−5	−6	−6	−5	−3	−2	−1	0	0	−1	−2
26	−1	−2	−3	−4	−4	−4	−3	−2	−1	0	0	0	−1
36	0	−1	−2	−2	−3	−3	−2	−2	−1	0	0	0	0

恒 星 视 位 置

2024 年 以世界时 0^h 为准

日 期		902		1630		905		1002		1	
		ω Psc		30 Psc		2 Cet		33 Psc		α And	
		$4^{m}.03$	F4	$4^{m}.37$	M3	$4^{m}.55$	B9	$4^{m}.61$	K1	$2^{m}.07$	B9
		h m	° ′	h m	° ′	h m	° ′	h m	° ′	h m	° ′
		0 00	+6 59	0 03	−5 52	0 04	−17 11	0 06	−5 33	0 09	+29 13
	日	s	″	s	″	s	″	s	″	s	″
1月	−9	32.197	45.73	11.061	55.79	57.776	77.90	33.461	89.35	37.307	29.68
	1	32.097	45.06	10.962	56.39	57.668	78.39	33.362	89.95	37.175	29.14
	11	31.998	44.33	10.865	56.91	57.563	78.69	33.264	90.48	37.041	28.30
	21	31.907	43.58	10.776	57.32	57.467	78.76	33.173	90.89	36.913	27.19
	31	31.828	42.84	10.698	57.59	57.384	78.59	33.093	91.18	36.798	25.88
2月	10	31.763	42.13	10.635	57.72	57.315	78.19	33.027	91.32	36.698	24.40
	20	31.721	41.51	10.594	57.67	57.270	77.54	32.983	91.27	36.624	22.82
3月	1	31.705	41.03	10.578	57.42	57.250	76.65	32.964	91.04	36.582	21.25
	11	31.719	40.72	10.592	56.98	57.260	75.52	32.975	90.61	36.575	19.71
	21	31.769	40.67	10.638	56.34	57.306	74.13	33.018	89.99	36.612	18.34
	31	31.855	40.76	10.721	55.36	57.389	72.51	33.097	89.02	36.694	17.18
4月	10	31.985	41.16	10.846	54.17	57.512	70.68	33.219	87.84	36.823	16.27
	20	32.157	41.87	11.013	52.74	57.678	68.66	33.382	86.43	37.002	15.72
	30	32.366	42.86	11.216	51.11	57.883	66.51	33.582	84.81	37.225	15.53
5月	10	32.611	44.13	11.456	49.29	58.125	64.24	33.820	82.99	37.489	15.72
	20	32.888	45.66	11.728	47.30	58.400	61.90	34.090	81.01	37.789	16.33
	30	33.187	47.40	12.024	45.23	58.701	59.57	34.384	78.94	38.115	17.32
6月	9	33.506	49.32	12.339	43.08	59.023	57.27	34.698	76.78	38.461	18.67
	19	33.833	51.38	12.665	40.93	59.356	55.09	35.023	74.63	38.818	20.36
	29	34.160	53.50	12.992	38.83	59.692	53.06	35.350	72.53	39.174	22.32
7月	9	34.480	55.66	13.314	36.83	60.024	51.24	35.672	70.51	39.523	24.53
	19	34.785	57.78	13.620	34.99	60.341	49.68	35.980	68.65	39.855	26.92
	29	35.066	59.81	13.905	33.34	60.636	48.41	36.266	66.99	40.162	29.42
8月	8	35.320	61.73	14.164	31.92	60.905	47.45	36.526	65.54	40.440	32.00
	18	35.539	63.47	14.387	30.77	61.138	46.83	36.752	64.37	40.680	34.58
	28	35.722	65.02	14.575	29.88	61.334	46.54	36.942	63.46	40.882	37.11
9月	7	35.867	66.35	14.725	29.27	61.490	46.57	37.094	62.82	41.044	39.56
	17	35.972	67.44	14.834	28.94	61.603	46.90	37.206	62.47	41.163	41.87
	27	36.042	68.31	14.906	28.84	61.678	47.48	37.282	62.36	41.244	44.01
10月	7	36.076	68.95	14.942	28.99	61.713	48.29	37.320	62.48	41.286	45.95
	17	36.077	69.36	14.944	29.32	61.713	49.26	37.326	62.80	41.292	47.65
	27	36.053	69.58	14.920	29.81	61.684	50.33	37.305	63.27	41.268	49.11
11月	6	36.005	69.60	14.872	30.42	61.628	51.45	37.259	63.86	41.215	50.29
	16	35.938	69.45	14.804	31.09	61.552	52.55	37.194	64.54	41.139	51.16
	26	35.858	69.16	14.723	31.81	61.462	53.59	37.115	65.24	41.045	51.75
12月	6	35.766	68.73	14.631	32.53	61.360	54.52	37.024	65.96	40.934	52.00
	16	35.670	68.19	14.534	33.22	61.253	55.30	36.927	66.65	40.812	51.93
	26	35.570	67.57	14.435	33.86	61.144	55.90	36.828	67.29	40.683	51.56
	36	35.470	66.86	14.336	34.43	61.036	56.31	36.728	67.87	40.550	50.87
平位置	(J2024.5)	34.272	56.20	12.995	40.71	59.583	58.84	35.374	74.43	39.571	32.17
年自行		0.0100	−0.112	0.0031	−0.041	0.0020	−0.007	−0.0009	0.089	0.0104	−0.163
视 差 (角秒)		0.031		0.008		0.014		0.025		0.034	

恒 星 视 位 置

以世界时 0^h 为准

2024 年

日 期	2		4		5		6		7	
	β Cas		22 And		κ^2 Scl		θ Scl		γ Peg	
	$2^{m}.28$	F2	$5^{m}.01$	F2	$5^{m}.41$	K2	$5^{m}.24$	F3	$2^{m}.83$	B2
	h m 0 10	° ′ +59 16	h m 0 11	° ′ +46 12	h m 0 12	° ′ −27 39	h m 0 12	° ′ −34 59	h m 0 14	° ′ +15 18
日	s	″	s	″	s	″	s	″	s	″
1月 −9	27.169	70.60	33.722	32.99	47.234	70.63	56.929	70.73	27.963	63.78
1	26.857	70.52	33.523	32.69	47.107	71.04	56.783	71.02	27.856	63.17
11	26.540	69.89	33.320	31.95	46.983	71.15	56.640	70.95	27.747	62.41
21	26.235	68.72	33.125	30.76	46.867	70.91	56.508	70.46	27.642	61.53
31	25.956	67.10	32.946	29.22	46.766	70.35	56.392	69.61	27.548	60.58
2月 10	25.710	65.06	32.788	27.37	46.680	69.49	56.294	68.41	27.466	59.59
20	25.516	62.70	32.667	25.27	46.619	68.30	56.223	66.84	27.405	58.61
3月 1	25.383	60.14	32.587	23.06	46.585	66.84	56.181	64.99	27.372	57.72
11	25.318	57.46	32.554	20.80	46.581	65.11	56.173	62.85	27.368	56.94
21	25.334	54.80	32.580	18.62	46.617	63.12	56.207	60.46	27.403	56.36
31	25.430	52.28	32.664	16.61	46.691	60.92	56.283	57.89	27.476	56.01
4月 10	25.607	49.97	32.808	14.84	46.808	58.54	56.404	55.15	27.593	55.89
20	25.866	48.00	33.014	13.42	46.971	56.01	56.572	52.30	27.755	56.10
30	26.196	46.45	33.273	12.40	47.174	53.41	56.784	49.43	27.957	56.62
5月 10	26.591	45.34	33.584	11.81	47.418	50.75	57.039	46.55	28.198	57.46
20	27.042	44.76	33.938	11.71	47.699	48.12	57.333	43.76	28.473	58.63
30	27.530	44.70	34.323	12.08	48.008	45.57	57.658	41.12	28.774	60.07
6月 9	28.048	45.17	34.731	12.93	48.341	43.15	58.008	38.65	29.095	61.77
19	28.578	46.18	35.151	14.24	48.688	40.93	58.374	36.47	29.427	63.68
29	29.105	47.66	35.569	15.95	49.041	38.97	58.745	34.60	29.760	65.74
7月 9	29.619	49.61	35.979	18.04	49.391	37.30	59.116	33.07	30.090	67.92
19	30.104	51.98	36.367	20.47	49.728	35.98	59.473	31.97	30.404	70.15
29	30.549	54.67	36.725	23.13	50.044	35.03	59.807	31.27	30.696	72.37
8月 8	30.950	57.67	37.049	26.02	50.334	34.47	60.114	31.01	30.963	74.56
18	31.293	60.90	37.328	29.03	50.587	34.31	60.382	31.19	31.195	76.63
28	31.578	64.26	37.562	32.12	50.801	34.53	60.608	31.77	31.392	78.57
9月 7	31.801	67.73	37.747	35.24	50.973	35.11	60.789	32.73	31.552	80.35
17	31.956	71.21	37.882	38.29	51.098	36.03	60.920	34.03	31.672	81.92
27	32.050	74.64	37.969	41.25	51.182	37.19	61.005	35.57	31.757	83.29
10月 7	32.079	77.96	38.009	44.06	51.223	38.58	61.043	37.33	31.805	84.43
17	32.047	81.08	38.004	46.64	51.223	40.10	61.037	39.19	31.821	85.34
27	31.961	83.97	37.960	48.98	51.191	41.67	60.994	41.06	31.809	86.04
11月 6	31.821	86.54	37.878	51.01	51.128	43.25	60.917	42.89	31.771	86.50
16	31.634	88.71	37.764	52.67	51.042	44.72	60.813	44.56	31.712	86.75
26	31.409	90.48	37.623	53.96	50.938	46.05	60.691	46.02	31.637	86.79
12月 6	31.146	91.75	37.457	54.81	50.819	47.17	60.552	47.21	31.547	86.63
16	30.858	92.49	37.275	55.21	50.694	48.02	60.406	48.05	31.448	86.27
26	30.554	92.71	37.081	55.17	50.566	48.60	60.258	48.55	31.343	85.75
36	30.240	92.36	36.881	54.65	50.439	48.87	60.110	48.67	31.235	85.06
平位置 (J2024.5)	30.053	65.32	36.226	30.63	48.851	48.36	58.447	46.13	30.039	70.83
年自行 (J2024.5)	0.0683	−0.181	0.0005	0.001	0.0003	0.016	0.0138	0.115	0.0003	−0.008
视 差 (角秒)	0.060		0.003		0.006		0.046		0.010	

恒 星 视 位 置

2024 年 以世界时 0^h 为准

日 期		1004 χ Peg 4ᵐ.79 M2		N30 θ And 4ᵐ.61 A2		1005 σ And 4ᵐ.51 A2		1006 Pi 0ʰ38 5ᵐ.88 A0		9 ι Cet 3ᵐ.56 K2	
		h m 0 15	° ′ +20 20	h m 0 18	° ′ +38 48	h m 0 19	° ′ +36 54	h m 0 19	° ′ +31 38	h m 0 20	° ′ − 8 40
	日	s	″	s	″	s	″	s	″	s	″
1月	−9	50.337	28.77	20.413	63.70	34.580	75.21	53.156	69.73	38.761	93.36
	1	50.223	28.20	20.251	63.35	34.425	74.84	53.018	69.30	38.659	93.97
	11	50.107	27.42	20.084	62.62	34.266	74.11	52.877	68.55	38.557	94.47
	21	49.995	26.47	19.922	61.51	34.111	73.02	52.738	67.50	38.459	94.82
	31	49.893	25.40	19.772	60.12	33.967	71.66	52.611	66.22	38.370	95.00
2月	10	49.804	24.23	19.640	58.46	33.840	70.05	52.498	64.74	38.293	95.02
	20	49.738	23.05	19.536	56.61	33.740	68.27	52.410	63.14	38.236	94.83
3月	1	49.699	21.91	19.467	54.69	33.674	66.42	52.354	61.50	38.203	94.42
	11	49.692	20.85	19.439	52.74	33.647	64.56	52.333	59.88	38.199	93.81
	21	49.724	19.98	19.462	50.90	33.670	62.81	52.357	58.39	38.228	92.97
	31	49.798	19.32	19.535	49.23	33.741	61.24	52.428	57.10	38.293	91.86
4月	10	49.915	18.92	19.661	47.81	33.865	59.91	52.547	56.05	38.399	90.50
	20	50.079	18.84	19.844	46.72	34.043	58.91	52.718	55.33	38.548	88.92
	30	50.284	19.09	20.076	46.01	34.269	58.29	52.934	54.97	38.736	87.15
5月	10	50.530	19.68	20.355	45.70	34.542	58.06	53.195	55.00	38.963	85.20
	20	50.810	20.63	20.675	45.85	34.855	58.29	53.494	55.44	39.224	83.11
	30	51.117	21.89	21.024	46.43	35.198	58.92	53.821	56.27	39.511	80.95
6月	9	51.444	23.45	21.397	47.44	35.564	59.98	54.171	57.48	39.821	78.73
	19	51.783	25.28	21.782	48.86	35.941	61.43	54.532	59.05	40.145	76.54
	29	52.123	27.29	22.168	50.63	36.320	63.22	54.896	60.91	40.472	74.42
7月	9	52.459	29.48	22.548	52.73	36.694	65.32	55.254	63.05	40.798	72.42
	19	52.779	31.76	22.909	55.10	37.050	67.68	55.596	65.39	41.112	70.61
	29	53.077	34.08	23.245	57.66	37.381	70.22	55.915	67.87	41.406	69.01
8月	8	53.348	36.41	23.551	60.39	37.683	72.91	56.205	70.45	41.676	67.66
	18	53.585	38.67	23.817	63.21	37.945	75.67	56.459	73.07	41.914	66.61
	28	53.787	40.83	24.042	66.04	38.169	78.44	56.675	75.66	42.117	65.84
9月	7	53.950	42.85	24.225	68.88	38.350	81.20	56.851	78.20	42.284	65.36
	17	54.073	44.70	24.361	71.62	38.486	83.85	56.984	80.61	42.410	65.19
	27	54.160	46.36	24.455	74.24	38.581	86.38	57.078	82.88	42.500	65.26
10月	7	54.210	47.80	24.507	76.70	38.635	88.74	57.133	84.97	42.553	65.58
	17	54.226	49.01	24.518	78.93	38.649	90.88	57.150	86.82	42.571	66.10
	27	54.214	49.99	24.495	80.92	38.630	92.77	57.137	88.44	42.562	66.76
11月	6	54.175	50.73	24.439	82.63	38.577	94.38	57.092	89.78	42.526	67.54
	16	54.115	51.21	24.353	84.00	38.497	95.67	57.023	90.82	42.469	68.37
	26	54.037	51.46	24.245	85.03	38.395	96.63	56.932	91.57	42.396	69.21
12月	6	53.943	51.46	24.114	85.68	38.271	97.22	56.822	91.97	42.309	70.05
	16	53.839	51.23	23.968	85.93	38.132	97.42	56.699	92.04	42.213	70.81
	26	53.729	50.77	23.812	85.80	37.983	97.27	56.566	91.79	42.113	71.48
	36	53.613	50.09	23.647	85.26	37.826	96.71	56.427	91.19	42.010	72.05
平位置 (J2024.5)		52.463	34.04	22.756	63.07	36.889	75.07	55.395	71.18	40.549	77.93
年自行		0.0064	0.001	−0.0046	−0.013	−0.0055	−0.042	0.0044	−0.004	−0.0010	−0.037
视 差 (角秒)		0.010		0.013		0.023		0.006		0.011	

恒 星 视 位 置

以世界时 0^h 为准

2024 年

日 期	1008 41 Psc 5ᵐ.38 K3		1009 ρ And 5ᵐ.16 F5		GC 12 Cas 5ᵐ.38 B9		1010 44 Psc 5ᵐ.77 G5		11 β Hyi 2ᵐ.82 G2	
	h m 0 21	° ′ +8 19	h m 0 22	° ′ +38 05	h m 0 26	° ′ +61 57	h m 0 26	° ′ +2 04	h m 0 26	° ′ −77 06
日	s	″	s	″	s	″	s	″	s	″
1月 −9	49.670	24.83	22.838	75.35	06.842	65.91	37.785	19.08	61.317	92.04
1	49.569	24.21	22.680	75.03	06.496	66.10	37.686	18.45	60.454	91.60
11	49.465	23.52	22.516	74.33	06.140	65.73	37.584	17.82	59.610	90.56
21	49.365	22.79	22.356	73.26	05.789	64.79	37.485	17.22	58.820	88.89
31	49.272	22.07	22.207	71.90	05.461	63.36	37.393	16.69	58.109	86.70
2月 10	49.191	21.35	22.074	70.29	05.164	61.48	37.312	16.22	57.485	84.03
20	49.130	20.72	21.969	68.49	04.920	59.23	37.250	15.89	56.978	80.92
3月 1	49.094	20.20	21.898	66.61	04.739	56.74	37.211	15.71	56.596	77.51
11	49.086	19.83	21.867	64.71	04.630	54.07	37.200	15.70	56.344	73.84
21	49.115	19.69	21.885	62.91	04.608	51.36	37.227	15.92	56.244	69.99
31	49.176	19.76	21.953	61.28	04.672	48.75	37.277	16.27	56.288	66.09
4月 10	49.286	20.03	22.075	59.88	04.826	46.31	37.383	17.02	56.481	62.16
20	49.438	20.63	22.252	58.81	05.071	44.16	37.529	17.99	56.831	58.33
30	49.629	21.51	22.479	58.12	05.396	42.40	37.713	19.21	57.318	54.68
5月 10	49.859	22.68	22.753	57.82	05.795	41.05	37.937	20.66	57.944	51.25
20	50.124	24.11	23.068	57.97	06.258	40.21	38.195	22.34	58.698	48.15
30	50.414	25.76	23.413	58.54	06.767	39.89	38.480	24.19	59.553	45.43
6月 9	50.727	27.61	23.783	59.53	07.312	40.09	38.787	26.18	60.503	43.14
19	51.052	29.61	24.165	60.94	07.877	40.84	39.108	28.26	61.518	41.38
29	51.380	31.69	24.549	62.68	08.442	42.07	39.434	30.37	62.568	40.13
7月 9	51.705	33.83	24.928	64.75	09.000	43.79	39.758	32.47	63.638	39.45
19	52.018	35.95	25.289	67.09	09.532	45.96	40.070	34.49	64.686	39.37
29	52.310	38.00	25.626	69.62	10.027	48.48	40.364	36.38	65.687	39.84
8月 8	52.578	39.95	25.934	72.31	10.478	51.35	40.634	38.13	66.617	40.89
18	52.814	41.74	26.202	75.09	10.870	54.47	40.872	39.66	67.437	42.47
28	53.015	43.35	26.431	77.88	11.204	57.78	41.078	40.97	68.132	44.50
9月 7	53.181	44.76	26.618	80.67	11.473	61.24	41.248	42.04	68.678	46.94
17	53.308	45.93	26.759	83.38	11.671	64.74	41.379	42.84	69.051	49.69
27	53.399	46.88	26.859	85.96	11.804	68.23	41.475	43.42	69.254	52.61
10月 7	53.455	47.60	26.917	88.38	11.867	71.66	41.535	43.75	69.272	55.65
17	53.478	48.09	26.934	90.58	11.862	74.93	41.562	43.86	69.106	58.64
27	53.474	48.39	26.918	92.55	11.798	77.99	41.562	43.80	68.777	61.46
11月 6	53.444	48.49	26.867	94.23	11.671	80.77	41.536	43.56	68.288	64.03
16	53.393	48.41	26.788	95.58	11.489	83.18	41.488	43.19	67.665	66.18
26	53.326	48.19	26.686	96.61	11.260	85.20	41.424	42.73	66.939	67.87
12月 6	53.243	47.82	26.560	97.26	10.984	86.74	41.344	42.17	66.127	69.01
16	53.151	47.34	26.420	97.53	10.675	87.75	41.254	41.57	65.270	69.52
26	53.053	46.77	26.267	97.41	10.342	88.25	41.158	40.95	64.396	69.43
36	52.950	46.10	26.106	96.90	09.991	88.16	41.057	40.30	63.527	68.70
平位置 (J2024.5)	51.633	34.09	25.157	74.78	09.690	59.72	39.653	30.39	60.241	59.65
年自行	−0.0003	0.010	0.0049	−0.039	0.0018	−0.002	−0.0010	−0.013	0.6642	0.322
视 差 (角秒)	0.008		0.020		0.004		0.006		0.134	

恒 星 视 位 置

2024 年 以世界时 0^{h} 为准

日 期		12 α Phe $2^{m}.40$ K0		14 49 G. Cet $5^{m}.17$ A3		GC λ Cas m $4^{m}.74$ B8		16 κ Cas $4^{m}.17$ B1		2036 14 Cet $5^{m}.94$ F5	
		h m 0 27	° ′ −42 10	h m 0 31	° ′ −23 38	h m 0 33	° ′ +54 39	h m 0 34	° ′ +63 03	h m 0 36	° ′ − 0 21
	日	s	″	s	″	s	″	s	″	s	″
1月	−9	28.196	48.32	34.489	88.95	05.731	30.98	21.923	66.68	46.580	88.59
	1	28.018	48.64	34.368	89.52	05.476	31.08	21.564	67.00	46.481	89.23
	11	27.842	48.53	34.246	89.82	05.209	30.68	21.190	66.75	46.378	89.84
	21	27.675	47.95	34.128	89.80	04.944	29.76	20.820	65.93	46.276	90.39
	31	27.524	46.94	34.020	89.49	04.694	28.41	20.469	64.61	46.180	90.85
2月	10	27.392	45.52	33.924	88.88	04.466	26.64	20.148	62.82	46.093	91.21
	20	27.287	43.71	33.848	87.96	04.277	24.55	19.880	60.63	46.024	91.42
3月	1	27.215	41.57	33.798	86.76	04.135	22.24	19.675	58.18	45.977	91.47
	11	27.179	39.12	33.775	85.28	04.050	19.79	19.543	55.53	45.957	91.34
	21	27.189	36.41	33.789	83.54	04.034	17.33	19.501	52.82	45.973	90.98
	31	27.243	33.52	33.842	81.56	04.087	14.97	19.549	50.18	46.020	90.49
4月	10	27.347	30.47	33.936	79.38	04.213	12.78	19.690	47.68	46.110	89.58
	20	27.504	27.34	34.076	77.01	04.415	10.90	19.926	45.46	46.246	88.47
	30	27.708	24.20	34.257	74.54	04.684	09.37	20.246	43.59	46.421	87.14
5月	10	27.962	21.09	34.480	71.96	05.016	08.26	20.645	42.13	46.636	85.57
	20	28.259	18.10	34.741	69.37	05.403	07.63	21.113	41.18	46.886	83.81
	30	28.592	15.30	35.032	66.82	05.831	07.49	21.630	40.72	47.165	81.90
6月	9	28.957	12.73	35.349	64.34	06.292	07.84	22.189	40.79	47.469	79.85
	19	29.342	10.49	35.683	62.03	06.771	08.71	22.769	41.41	47.787	77.75
	29	29.737	08.60	36.025	59.93	07.254	10.02	23.354	42.52	48.112	75.64
7月	9	30.135	07.11	36.368	58.08	07.733	11.78	23.934	44.11	48.437	73.55
	19	30.521	06.09	36.702	56.55	08.191	13.95	24.490	46.17	48.752	71.57
	29	30.888	05.53	37.017	55.36	08.620	16.43	25.010	48.60	49.050	69.73
8月	8	31.228	05.45	37.310	54.54	09.014	19.21	25.487	51.38	49.327	68.07
	18	31.528	05.86	37.570	54.11	09.361	22.22	25.907	54.45	49.573	66.64
	28	31.786	06.70	37.794	54.05	09.659	25.36	26.267	57.70	49.787	65.44
9月	7	31.996	07.96	37.979	54.37	09.904	28.63	26.562	61.14	49.966	64.51
	17	32.151	09.58	38.122	55.03	10.091	31.91	26.784	64.63	50.107	63.84
	27	32.257	11.47	38.224	55.97	10.224	35.16	26.940	68.14	50.213	63.42
10月	7	32.309	13.58	38.286	57.16	10.301	38.33	27.024	71.60	50.284	63.24
	17	32.311	15.79	38.309	58.52	10.323	41.32	27.037	74.92	50.321	63.29
	27	32.271	18.00	38.299	59.97	10.297	44.11	26.987	78.05	50.330	63.50
11月	6	32.189	20.15	38.259	61.47	10.220	46.63	26.871	80.92	50.312	63.88
	16	32.074	22.10	38.193	62.91	10.100	48.79	26.696	83.43	50.271	64.38
	26	31.935	23.80	38.108	64.25	09.942	50.58	26.469	85.56	50.213	64.95
12月	6	31.774	25.18	38.005	65.44	09.746	51.94	26.191	87.23	50.138	65.59
	16	31.601	26.15	37.893	66.40	09.523	52.80	25.876	88.37	50.052	66.25
	26	31.423	26.72	37.773	67.12	09.278	53.19	25.532	88.99	49.957	66.90
	36	31.242	26.84	37.650	67.57	09.018	53.04	25.166	89.03	49.856	67.54
平位置 (J2024.5)		29.423	22.59	36.005	68.81	08.312	25.94	24.760	60.05	48.366	76.85
年自行		0.0209	−0.354	−0.0020	0.014	0.0047	−0.015	0.0006	−0.002	0.0095	−0.063
视 差 (角秒)		0.042		0.018		0.009		0.001		0.018	

恒 星 视 位 置

以世界时 0^h 为准

2024 年

日 期		18 π And $4^m.34$ B5		17 ζ Cas $3^m.69$ B2		19 ε And $4^m.34$ G5		20 δ And $3^m.27$ K3		21 α Cas $2^m.24$ K0	
		h m 0 38	° ′ +33 50	h m 0 38	° ′ +54 01	h m 0 39	° ′ +29 26	h m 0 40	° ′ +30 59	h m 0 41	° ′ +56 39
	日	s	″	s	″	s	″	s	″	s	″
1月	−9	09.613	73.83	18.499	58.08	49.286	38.63	36.516	40.26	52.224	82.39
	1	09.472	73.57	18.252	58.23	49.157	38.30	36.384	39.96	51.953	82.64
	11	09.323	72.98	17.992	57.88	49.020	37.68	36.244	39.37	51.668	82.38
	21	09.174	72.06	17.731	57.02	48.882	36.79	36.102	38.47	51.381	81.58
	31	09.031	70.89	17.484	55.72	48.750	35.68	35.967	37.35	51.107	80.32
2月	10	08.900	69.49	17.256	54.02	48.629	34.38	35.842	36.02	50.854	78.64
	20	08.792	67.92	17.065	51.98	48.529	32.95	35.739	34.56	50.640	76.59
3月	1	08.714	66.28	16.920	49.72	48.456	31.49	35.664	33.04	50.475	74.30
	11	08.671	64.62	16.830	47.32	48.416	30.03	35.623	31.51	50.368	71.84
	21	08.674	63.05	16.806	44.89	48.420	28.68	35.626	30.09	50.333	69.34
	31	08.723	61.64	16.852	42.56	48.467	27.50	35.673	28.83	50.371	66.91
4月	10	08.823	60.44	16.969	40.39	48.563	26.53	35.769	27.78	50.486	64.63
	20	08.977	59.54	17.161	38.51	48.710	25.87	35.918	27.04	50.682	62.62
	30	09.180	58.99	17.419	36.98	48.904	25.54	36.114	26.62	50.949	60.96
5月	10	09.429	58.80	17.742	35.85	49.143	25.56	36.357	26.57	51.283	59.69
	20	09.721	59.03	18.120	35.20	49.424	25.97	36.641	26.91	51.678	58.91
	30	10.045	59.64	18.539	35.03	49.735	26.74	36.956	27.62	52.117	58.60
6月	9	10.395	60.64	18.992	35.34	50.072	27.88	37.297	28.70	52.593	58.79
	19	10.761	62.02	19.465	36.16	50.424	29.35	37.655	30.14	53.090	59.50
	29	11.131	63.71	19.943	37.43	50.782	31.10	38.018	31.86	53.594	60.67
7月	9	11.501	65.69	20.418	39.15	51.140	33.10	38.380	33.85	54.096	62.29
	19	11.857	67.91	20.875	41.26	51.484	35.30	38.729	36.05	54.579	64.34
	29	12.192	70.29	21.304	43.69	51.809	37.63	39.059	38.39	55.034	66.73
8月	8	12.501	72.82	21.700	46.42	52.110	40.06	39.364	40.85	55.455	69.43
	18	12.776	75.40	22.050	49.38	52.378	42.52	39.635	43.35	55.828	72.39
	28	13.015	77.99	22.353	52.48	52.610	44.95	39.872	45.83	56.151	75.51
9月	7	13.215	80.57	22.604	55.70	52.806	47.33	40.070	48.28	56.421	78.77
	17	13.372	83.04	22.798	58.95	52.960	49.58	40.228	50.61	56.631	82.07
	27	13.490	85.39	22.940	62.16	53.077	51.71	40.347	52.82	56.786	85.37
10月	7	13.569	87.60	23.027	65.31	53.156	53.66	40.428	54.86	56.882	88.61
	17	13.609	89.58	23.059	68.28	53.198	55.39	40.471	56.68	56.919	91.69
	27	13.616	91.35	23.044	71.05	53.209	56.91	40.483	58.29	56.905	94.59
11月	6	13.591	92.87	22.979	73.57	53.188	58.18	40.463	59.66	56.837	97.23
	16	13.536	94.09	22.870	75.73	53.140	59.18	40.415	60.73	56.720	99.53
	26	13.458	95.02	22.723	77.55	53.070	59.91	40.344	61.54	56.562	101.47
12月	6	13.356	95.62	22.538	78.92	52.977	60.33	40.249	62.03	56.362	102.98
	16	13.237	95.87	22.325	79.82	52.869	60.45	40.138	62.21	56.129	104.00
	26	13.103	95.80	22.089	80.25	52.746	60.28	40.013	62.08	55.871	104.54
	36	12.958	95.36	21.835	80.15	52.613	59.80	39.877	61.63	55.593	104.53
平位置 (J2024.5)		11.790	73.96	21.034	53.01	51.388	39.92	38.649	41.13	54.810	76.67
年自行		0.0012	−0.004	0.0020	−0.009	−0.0177	−0.253	0.0094	−0.085	0.0061	−0.032
视 差 (角秒)		0.005		0.005		0.019		0.032		0.014	

恒 星 视 位 置

2024 年 以世界时 0^{h} 为准

日期		22		25		24		27		1018	
		β Cet		o Cas		21 Cas		ζ And		79 G. Cet	
		$2^{\mathrm{m}}.04$	K0	$4^{\mathrm{m}}.48$	B5	$5^{\mathrm{m}}.64$	A2	$4^{\mathrm{m}}.08$	K1	$5^{\mathrm{m}}.57$	B9
		h m	° ′	h m	° ′	h m	° ′	h m	° ′	h m	° ′
		0 44	−17 50	0 46	+48 24	0 47	+75 06	0 48	+24 23	0 49	−21 35
	日	s	″	s	″	s	″	s	″	s	″
1月	−9	47.568	86.68	03.775	68.95	15.500	85.98	36.559	57.43	12.299	39.84
	1	47.457	87.35	03.573	69.06	14.789	86.76	36.443	57.08	12.183	40.52
	11	47.342	87.80	03.357	68.71	14.044	86.94	36.317	56.49	12.061	40.95
	21	47.227	87.99	03.139	67.90	13.298	86.47	36.189	55.68	11.939	41.08
	31	47.119	87.92	02.929	66.69	12.584	85.42	36.065	54.71	11.823	40.92
2月	10	47.021	87.60	02.733	65.12	11.922	83.82	35.949	53.59	11.717	40.47
	20	46.939	87.00	02.567	63.24	11.352	81.72	35.851	52.39	11.627	39.71
3月	1	46.880	86.13	02.440	61.18	10.895	79.26	35.778	51.17	11.561	38.66
	11	46.848	85.01	02.358	58.98	10.568	76.51	35.735	49.98	11.521	37.34
	21	46.851	83.61	02.334	56.78	10.400	73.60	35.732	48.92	11.516	35.74
	31	46.890	81.98	02.370	54.68	10.390	70.67	35.771	48.03	11.549	33.91
4月	10	46.970	80.11	02.470	52.74	10.543	67.81	35.855	47.35	11.622	31.84
	20	47.095	78.03	02.637	51.08	10.864	65.17	35.989	46.96	11.742	29.57
	30	47.262	75.80	02.865	49.77	11.331	62.84	36.169	46.87	11.904	27.16
5月	10	47.470	73.44	03.151	48.83	11.937	60.87	36.393	47.11	12.109	24.64
	20	47.717	71.00	03.488	48.35	12.663	59.38	36.658	47.72	12.354	22.07
	30	47.994	68.55	03.865	48.31	13.478	58.40	36.954	48.65	12.630	19.51
6月	9	48.299	66.12	04.275	48.74	14.368	57.94	37.278	49.90	12.935	17.00
	19	48.622	63.79	04.705	49.64	15.302	58.06	37.618	51.45	13.260	14.62
	29	48.954	61.61	05.142	50.95	16.249	58.71	37.964	53.24	13.595	12.43
7月	9	49.289	59.63	05.578	52.67	17.198	59.89	38.312	55.23	13.935	10.46
	19	49.617	57.92	05.999	54.75	18.114	61.60	38.650	57.38	14.268	08.80
	29	49.929	56.50	06.398	57.12	18.978	63.75	38.970	59.61	14.586	07.46
8月	8	50.220	55.41	06.767	59.75	19.781	66.33	39.268	61.90	14.884	06.48
	18	50.482	54.68	07.097	62.57	20.493	69.27	39.536	64.18	15.152	05.89
	28	50.710	54.30	07.384	65.51	21.112	72.49	39.771	66.40	15.388	05.66
9月	7	50.903	54.28	07.627	68.54	21.627	75.97	39.970	68.54	15.588	05.82
	17	51.056	54.60	07.819	71.57	22.021	79.61	40.131	70.54	15.746	06.33
	27	51.171	55.20	07.965	74.56	22.301	83.33	40.255	72.38	15.867	07.14
10月	7	51.247	56.07	08.062	77.46	22.457	87.09	40.344	74.05	15.947	08.22
	17	51.287	57.14	08.110	80.19	22.485	90.77	40.396	75.49	15.990	09.50
	27	51.295	58.34	08.117	82.73	22.396	94.32	40.419	76.74	16.000	10.90
11月	6	51.273	59.62	08.080	85.01	22.181	97.66	40.411	77.74	15.978	12.38
	16	51.226	60.91	08.004	86.97	21.850	100.67	40.377	78.51	15.929	13.83
	26	51.159	62.14	07.894	88.60	21.415	103.33	40.320	79.04	15.859	15.21
12月	6	51.073	63.28	07.750	89.83	20.878	105.53	40.242	79.31	15.769	16.46
	16	50.975	64.26	07.580	90.62	20.260	107.19	40.147	79.32	15.666	17.51
	26	50.867	65.05	07.389	90.98	19.580	108.31	40.038	79.10	15.552	18.34
	36	50.753	65.62	07.180	90.86	18.853	108.80	39.916	78.62	15.431	18.91
平位置 (J2024.5)		49.080	69.10	06.146	64.90	19.026	77.42	38.559	60.09	13.711	21.27
年自行		0.0163	0.033	0.0018	−0.008	−0.0039	−0.023	−0.0074	−0.082	0.0017	−0.011
视差（角秒）		0.034		0.004		0.011		0.018		0.007	

恒 星 视 位 置

以世界时 0^h 为准

2024 年

日期		1019 96 G. Psc	$5^m.74$ K2	28 δ Psc	$4^m.44$ K5	1020 64 Psc	$5^m.07$ F8	N30 η Cas*	$3^m.46$ G0	1021 ν And	$4^m.53$ B5
		h m	° ′	h m	° ′	h m	° ′	h m	° ′	h m	° ′
		0 49	+5 24	0 49	+7 42	0 50	+17 04	0 50	+57 56	0 51	+41 12
	日	s	″	s	″	s	″	s	″	s	″
1月	−9	38.401	13.44	55.555	56.44	14.285	15.95	33.174	51.80	08.264	45.15
	1	38.304	12.82	55.456	55.86	14.180	15.49	32.897	52.15	08.101	45.15
	11	38.200	12.16	55.350	55.23	14.066	14.87	32.603	51.98	07.925	44.75
	21	38.095	11.50	55.242	54.57	13.949	14.11	32.305	51.27	07.745	43.95
	31	37.993	10.88	55.138	53.92	13.836	13.27	32.018	50.09	07.571	42.82
2月	10	37.899	10.30	55.040	53.29	13.730	12.35	31.750	48.46	07.407	41.38
	20	37.820	09.81	54.958	52.74	13.641	11.42	31.521	46.45	07.267	39.70
3月	1	37.763	09.46	54.897	52.29	13.574	10.52	31.342	44.19	07.159	37.88
	11	37.732	09.25	54.863	51.98	13.536	09.71	31.222	41.72	07.089	35.97
	21	37.737	09.25	54.865	51.87	13.535	09.05	31.175	39.19	07.070	34.08
	31	37.786	09.51	54.906	52.02	13.573	08.60	31.204	36.72	07.102	32.31
4月	10	37.853	09.87	54.976	52.26	13.652	08.35	31.313	34.36	07.191	30.71
	20	37.982	10.60	55.103	52.86	13.781	08.36	31.506	32.27	07.339	29.39
	30	38.150	11.58	55.270	53.73	13.953	08.68	31.773	30.51	07.543	28.40
5月	10	38.359	12.80	55.478	54.86	14.168	09.31	32.111	29.13	07.799	27.77
	20	38.606	14.27	55.723	56.24	14.422	10.26	32.513	28.22	08.102	27.57
	30	38.882	15.94	55.999	57.84	14.707	11.48	32.963	27.78	08.442	27.78
6月	9	39.184	17.78	56.300	59.64	15.017	12.97	33.453	27.83	08.814	28.41
	19	39.502	19.74	56.619	61.58	15.345	14.70	33.967	28.41	09.204	29.47
	29	39.829	21.76	56.945	63.60	15.680	16.59	34.489	29.46	09.602	30.90
7月	9	40.157	23.81	57.273	65.68	16.017	18.63	35.012	30.96	10.001	32.68
	19	40.477	25.82	57.593	67.74	16.344	20.74	35.518	32.90	10.389	34.77
	29	40.781	27.74	57.897	69.73	16.656	22.87	35.997	35.19	10.756	37.08
8月	8	41.065	29.55	58.181	71.63	16.946	25.00	36.442	37.82	11.098	39.61
	18	41.320	31.16	58.436	73.37	17.206	27.05	36.839	40.70	11.404	42.28
	28	41.544	32.59	58.661	74.93	17.436	28.98	37.188	43.77	11.674	45.01
9月	7	41.735	33.79	58.852	76.28	17.631	30.78	37.482	47.00	11.903	47.80
	17	41.888	34.74	59.007	77.40	17.788	32.40	37.715	50.29	12.087	50.54
	27	42.008	35.46	59.127	78.29	17.912	33.83	37.891	53.58	12.230	53.21
10月	7	42.093	35.95	59.213	78.96	17.999	35.06	38.007	56.84	12.330	55.77
	17	42.144	36.21	59.265	79.40	18.053	36.06	38.063	59.96	12.387	58.15
	27	42.168	36.28	59.289	79.65	18.078	36.87	38.064	62.90	12.408	60.34
11月	6	42.163	36.17	59.285	79.71	18.073	37.45	38.009	65.61	12.390	62.27
	16	42.134	35.91	59.257	79.60	18.044	37.83	37.902	67.98	12.338	63.91
	26	42.087	35.53	59.209	79.36	17.994	38.01	37.751	70.01	12.258	65.24
12月	6	42.020	35.04	59.142	78.99	17.924	37.99	37.553	71.60	12.147	66.22
	16	41.940	34.48	59.061	78.52	17.838	37.78	37.320	72.72	12.013	66.80
	26	41.849	33.87	58.968	77.98	17.739	37.41	37.059	73.35	11.860	67.02
	36	41.748	33.22	58.866	77.36	17.629	36.85	36.774	73.44	11.691	66.81
平位置	(J2024.5)	40.209	22.03	57.357	64.73	16.195	20.92	36.222	40.35	10.485	42.75
年自行		0.0507	−1.142	0.0055	−0.049	−0.0001	−0.200	0.1365	−0.561	0.0020	−0.018
视差	(角秒)	0.134		0.011		0.042		0.168		0.005	

* 双星，表给视位置为亮星位置，平位置为质心位置。

恒 星 视 位 置

2024 年 以世界时 0^h 为准

日期		30		29		1022		33		32	
		φ^2 Cet		Br 82		20 Cet		μ And		γ Cas	
		$5^m.17$	F7	$5^m.35$	A4	$4^m.78$	M0	$3^m.86$	A5	$2^m.1\sim2^m.2$	B0
		h m	° ′	h m	° ′	h m	° ′	h m	° ′	h m	° ′
		0 51	−10 30	0 52	+64 22	0 54	− 1 00	0 58	+38 37	0 58	+60 50
	日	s	″	s	″	s	″	s	″	s	″
1月	−9	19.656	60.77	11.450	56.88	14.032	53.34	05.189	56.09	09.872	62.77
	1	19.553	61.47	11.081	57.45	13.935	53.99	05.039	56.09	09.562	63.32
	11	19.444	62.03	10.688	57.47	13.830	54.60	04.875	55.71	09.229	63.34
	21	19.333	62.40	10.291	56.89	13.723	55.14	04.706	54.97	08.888	62.79
	31	19.228	62.58	09.908	55.80	13.619	55.57	04.540	53.92	08.557	61.75
2月	10	19.129	62.57	09.549	54.21	13.521	55.90	04.382	52.58	08.245	60.23
	20	19.047	62.32	09.239	52.19	13.438	56.08	04.246	51.01	07.972	58.29
3月	1	18.985	61.85	08.991	49.86	13.376	56.09	04.139	49.32	07.752	56.06
	11	18.949	61.15	08.816	47.28	13.339	55.92	04.067	47.54	07.594	53.60
	21	18.947	60.20	08.732	44.60	13.336	55.53	04.043	45.79	07.517	51.02
	31	18.980	59.02	08.742	41.93	13.370	54.97	04.069	44.15	07.521	48.47
4月	10	19.054	57.58	08.849	39.36	13.438	54.08	04.148	42.67	07.613	46.02
	20	19.172	55.90	09.059	37.02	13.556	52.94	04.286	41.47	07.795	43.79
	30	19.331	54.04	09.358	35.00	13.714	51.59	04.477	40.58	08.060	41.87
5月	10	19.532	52.01	09.745	33.35	13.914	50.02	04.720	40.05	08.403	40.31
	20	19.771	49.84	10.208	32.17	14.152	48.24	05.010	39.92	08.817	39.21
	30	20.040	47.60	10.729	31.48	14.420	46.32	05.337	40.19	09.285	38.58
6月	9	20.337	45.32	11.298	31.29	14.715	44.28	05.695	40.86	09.799	38.44
	19	20.652	43.06	11.898	31.65	15.028	42.17	06.074	41.94	10.342	38.83
	29	20.976	40.90	12.508	32.50	15.350	40.06	06.461	43.36	10.897	39.70
7月	9	21.304	38.85	13.120	33.85	15.676	37.98	06.851	45.12	11.455	41.05
	19	21.625	37.00	13.714	35.68	15.994	36.00	07.231	47.16	11.998	42.86
	29	21.931	35.39	14.276	37.89	16.298	34.17	07.593	49.42	12.515	45.03
8月	8	22.217	34.04	14.799	40.49	16.583	32.51	07.931	51.87	12.999	47.57
	18	22.475	33.00	15.268	43.39	16.840	31.10	08.236	54.45	13.434	50.41
	28	22.702	32.27	15.679	46.52	17.067	29.92	08.507	57.07	13.818	53.46
9月	7	22.895	31.87	16.026	49.86	17.262	29.01	08.739	59.74	14.146	56.70
	17	23.050	31.78	16.299	53.30	17.419	28.38	08.928	62.35	14.410	60.03
	27	23.170	31.96	16.505	56.79	17.542	28.00	09.077	64.89	14.613	63.40
10月	7	23.253	32.42	16.637	60.27	17.630	27.87	09.185	67.31	14.751	66.76
	17	23.300	33.09	16.694	63.65	17.685	27.97	09.252	69.56	14.822	70.01
	27	23.318	33.91	16.683	66.87	17.711	28.24	09.283	71.61	14.834	73.11
11月	6	23.307	34.86	16.601	69.87	17.708	28.68	09.278	73.43	14.783	76.00
	16	23.271	35.86	16.453	72.55	17.682	29.23	09.239	74.96	14.673	78.57
	26	23.216	36.87	16.246	74.88	17.635	29.85	09.172	76.21	14.512	80.80
12月	6	23.141	37.85	15.980	76.77	17.569	30.53	09.075	77.12	14.297	82.61
	16	23.053	38.74	15.668	78.15	17.489	31.22	08.955	77.67	14.040	83.94
	26	22.954	39.52	15.318	79.02	17.397	31.89	08.816	77.86	13.748	84.78
	36	22.847	40.16	14.938	79.32	17.296	32.54	08.659	77.67	13.426	85.07
平位置	(J2024.5)	21.213	46.18	14.222	49.51	15.700	42.14	07.343	54.18	12.478	55.81
年自行		−0.0153	−0.229	0.0045	−0.013	0.0004	−0.016	0.0130	0.037	0.0035	−0.004
视差（角秒）		0.065		0.004		0.006		0.024		0.005	

恒 星 视 位 置

以世界时 0^{h} 为准

2024 年

日期		2060 η And $4^{m}.40$ G8		1023 68 Psc $5^{m}.44$ G6		35 α Scl $4^{m}.30$ B7		1026 σ Scl $5^{m}.50$ A1		GC σ Psc $5^{m}.50$ B9	
		h m	° ′	h m	° ′	h m	° ′	h m	° ′	h m	° ′
		0 58	+23 32	0 59	+29 07	0 59	−29 13	1 03	−31 24	1 04	+31 55
	日	s	″	s	″	s	″	s	″	s	″
1月	−9	29.272	55.27	08.083	26.07	45.863	52.39	35.373	95.16	08.009	67.10
	1	29.160	54.96	07.960	25.87	45.730	53.12	35.234	95.91	07.882	66.99
	11	29.037	54.42	07.826	25.39	45.590	53.52	35.087	96.31	07.740	66.58
	21	28.908	53.67	07.686	24.64	45.449	53.54	34.939	96.31	07.592	65.87
	31	28.782	52.77	07.548	23.67	45.313	53.20	34.796	95.93	07.446	64.91
2月	10	28.663	51.73	07.417	22.51	45.186	52.51	34.662	95.18	07.305	63.73
	20	28.559	50.60	07.303	21.21	45.077	51.45	34.545	94.05	07.182	62.38
3月	1	28.479	49.46	07.214	19.85	44.990	50.07	34.451	92.58	07.084	60.94
	11	28.427	48.34	07.156	18.48	44.931	48.38	34.385	90.79	07.017	59.46
	21	28.415	47.34	07.139	17.18	44.909	46.38	34.356	88.69	06.993	58.04
	31	28.444	46.50	07.166	16.04	44.925	44.15	34.366	86.35	07.014	56.74
4月	10	28.517	45.87	07.241	15.08	44.985	41.69	34.420	83.78	07.083	55.63
	20	28.640	45.50	07.367	14.40	45.092	39.04	34.523	81.04	07.207	54.77
	30	28.809	45.43	07.542	14.01	45.245	36.30	34.672	78.20	07.380	54.21
5月	10	29.025	45.68	07.765	13.96	45.443	33.46	34.868	75.27	07.603	53.99
	20	29.281	46.28	08.031	14.28	45.684	30.62	35.108	72.36	07.871	54.14
	30	29.570	47.19	08.330	14.95	45.961	27.84	35.385	69.52	08.174	54.65
6月	9	29.887	48.42	08.659	15.97	46.269	25.16	35.694	66.79	08.508	55.53
	19	30.223	49.93	09.007	17.32	46.601	22.68	36.028	64.28	08.862	56.76
	29	30.568	51.67	09.364	18.94	46.946	20.45	36.377	62.02	09.226	58.28
7月	9	30.915	53.61	09.724	20.82	47.298	18.50	36.734	60.07	09.594	60.08
	19	31.254	55.70	10.075	22.89	47.646	16.91	37.087	58.50	09.953	62.11
	29	31.578	57.88	10.409	25.10	47.981	15.71	37.428	57.33	10.297	64.30
8月	8	31.881	60.11	10.723	27.42	48.298	14.92	37.751	56.59	10.620	66.63
	18	32.155	62.32	11.006	29.78	48.585	14.58	38.046	56.31	10.913	69.02
	28	32.397	64.48	11.257	32.12	48.840	14.66	38.307	56.46	11.174	71.43
9月	7	32.606	66.55	11.474	34.43	49.057	15.15	38.532	57.04	11.400	73.82
	17	32.777	68.48	11.650	36.62	49.232	16.04	38.713	58.03	11.586	76.12
	27	32.912	70.26	11.791	38.69	49.366	17.24	38.852	59.33	11.735	78.32
10月	7	33.012	71.87	11.894	40.62	49.458	18.73	38.949	60.94	11.846	80.39
	17	33.076	73.26	11.961	42.33	49.508	20.42	39.002	62.73	11.920	82.26
	27	33.110	74.46	11.996	43.86	49.522	22.21	39.018	64.64	11.960	83.95
11月	6	33.114	75.43	11.998	45.15	49.501	24.06	38.997	66.60	11.967	85.41
	16	33.090	76.16	11.971	46.19	49.448	25.85	38.944	68.48	11.943	86.60
	26	33.043	76.68	11.919	46.98	49.371	27.52	38.865	70.23	11.893	87.55
12月	6	32.972	76.95	11.843	47.49	49.271	29.00	38.761	71.78	11.816	88.21
	16	32.884	76.98	11.746	47.72	49.154	30.20	38.639	73.04	11.717	88.55
	26	32.780	76.79	11.632	47.67	49.026	31.12	38.505	73.99	11.599	88.61
	36	32.662	76.36	11.504	47.32	48.887	31.71	38.360	74.58	11.465	88.34
平位置 (J2024.5)		31.214	57.84	10.093	26.87	47.049	31.98	36.482	74.31	10.032	66.86
年自行 (J2024.5)		−0.0031	−0.045	0.0004	−0.007	0.0016	0.006	0.0063	0.015	0.0012	−0.030
视 差 (角秒)		0.013		0.005		0.005		0.014		0.008	

恒　星　视　位　置

2024 年　　以世界时 0^{h} 为准

日　期	36 ε Psc		1028 72 Psc		40 η Cet		1030 μ Cas+		42 β And	
	$4^{m}.27$	K0	$5^{m}.64$	F4	$3^{m}.46$	K2	$5^{m}.17$	G5	$2^{m}.07$	M0
	h m	° ′	h m	° ′	h m	° ′	h m	° ′	h m	° ′
	1 04	+8 01	1 06	+15 04	1 09	−10 02	1 09	+55 02	1 11	+35 44
日	s	″	s	″	s	″	s	″	s	″
1月 −9	11.345	09.74	21.389	33.22	47.896	84.27	52.741	29.95	04.679	60.87
1	11.249	09.19	21.289	32.79	47.797	85.03	52.513	30.42	04.544	60.90
11	11.143	08.59	21.178	32.22	47.687	85.64	52.262	30.40	04.393	60.59
21	11.031	07.95	21.061	31.55	47.573	86.07	52.000	29.86	04.233	59.94
31	10.921	07.33	20.944	30.81	47.461	86.30	51.741	28.86	04.073	59.01
2月 10	10.815	06.72	20.832	30.01	47.352	86.34	51.494	27.43	03.918	57.82
20	10.723	06.18	20.733	29.21	47.257	86.15	51.277	25.61	03.781	56.41
3月 1	10.651	05.74	20.655	28.46	47.180	85.73	51.100	23.53	03.669	54.88
11	10.603	05.43	20.603	27.79	47.127	85.08	50.973	21.23	03.590	53.27
21	10.590	05.30	20.587	27.26	47.107	84.18	50.912	18.83	03.554	51.68
31	10.616	05.40	20.609	26.93	47.122	83.04	50.919	16.46	03.566	50.20
4月 10	10.666	05.66	20.670	26.83	47.176	81.65	51.000	14.18	03.629	48.86
20	10.785	06.22	20.780	26.91	47.275	80.02	51.160	12.11	03.749	47.78
30	10.939	07.04	20.937	27.31	47.417	78.19	51.392	10.35	03.921	46.99
5月 10	11.135	08.13	21.136	28.00	47.601	76.18	51.694	08.92	04.145	46.53
20	11.370	09.47	21.376	28.99	47.826	74.02	52.059	07.92	04.416	46.45
30	11.637	11.02	21.649	30.23	48.084	71.79	52.474	07.38	04.725	46.74
6月 9	11.931	12.76	21.949	31.73	48.371	69.50	52.931	07.29	05.067	47.41
19	12.246	14.66	22.270	33.44	48.679	67.22	53.417	07.70	05.432	48.46
29	12.569	16.65	22.600	35.30	49.000	65.02	53.916	08.55	05.807	49.84
7月 9	12.898	18.69	22.935	37.29	49.327	62.93	54.422	09.85	06.188	51.52
19	13.220	20.73	23.264	39.34	49.650	61.04	54.917	11.57	06.562	53.47
29	13.529	22.71	23.579	41.40	49.962	59.37	55.391	13.64	06.920	55.62
8月 8	13.820	24.59	23.876	43.43	50.257	57.95	55.839	16.03	07.259	57.94
18	14.084	26.32	24.146	45.38	50.527	56.85	56.247	18.68	07.567	60.36
28	14.319	27.88	24.387	47.20	50.767	56.06	56.612	21.52	07.843	62.83
9月 7	14.523	29.23	24.596	48.89	50.977	55.60	56.930	24.53	08.084	65.32
17	14.691	30.35	24.769	50.38	51.149	55.46	57.193	27.61	08.284	67.76
27	14.825	31.26	24.909	51.68	51.288	55.61	57.406	30.71	08.447	70.12
10月 7	14.925	31.93	25.014	52.78	51.391	56.04	57.563	33.79	08.570	72.37
17	14.992	32.38	25.085	53.66	51.458	56.70	57.665	36.75	08.654	74.44
27	15.030	32.64	25.127	54.34	51.496	57.53	57.717	39.57	08.704	76.34
11月 6	15.040	32.70	25.139	54.82	51.503	58.49	57.715	42.19	08.718	78.02
16	15.024	32.61	25.126	55.11	51.484	59.53	57.663	44.51	08.698	79.44
26	14.987	32.38	25.090	55.23	51.443	60.57	57.567	46.52	08.650	80.60
12月 6	14.928	32.03	25.031	55.16	51.381	61.60	57.425	48.14	08.572	81.45
16	14.853	31.58	24.955	54.94	51.301	62.54	57.245	49.32	08.470	81.98
26	14.764	31.06	24.863	54.58	51.208	63.38	57.034	50.05	08.346	82.18
36	14.662	30.47	24.757	54.07	51.103	64.08	56.795	50.27	08.203	82.04
平位置 (J2024.5)	13.068	17.33	23.189	38.32	49.353	70.77	55.316	22.77	06.726	59.24
年自行	−0.0054	0.026	0.0005	0.054	0.0147	−0.138	0.3969	−1.607	0.0144	−0.112
视　差　(角秒)	0.017		0.018		0.028		0.132		0.016	

恒星视位置

以世界时 0^h 为准

2024 年

日期		GC 1032 θ Cas $4^m.34$ A7		1032 χ Psc $4^m.66$ K0		43 τ Psc $4^m.51$ K0		1033 ζ Psc pr $5^m.21$ A7		2082 φ Psc $4^m.67$ K0	
		h m 1 12	° ′ +55 16	h m 1 12	° ′ +21 09	h m 1 12	° ′ +30 12	h m 1 14	° ′ + 7 42	h m 1 15	° ′ +24 42
	日	s	″	s	″	s	″	s	″	s	″
1月	−9	34.302	52.55	44.696	48.60	59.058	68.60	59.190	08.10	03.236	44.57
	1	34.063	53.11	44.592	48.31	58.938	68.51	59.097	07.56	03.127	44.37
	11	33.801	53.18	44.474	47.82	58.802	68.14	58.991	06.97	03.004	43.93
	21	33.526	52.73	44.348	47.16	58.658	67.49	58.879	06.35	02.871	43.28
	31	33.254	51.83	44.222	46.36	58.514	66.61	58.766	05.75	02.738	42.46
2月	10	32.992	50.48	44.099	45.45	58.374	65.51	58.655	05.17	02.608	41.48
	20	32.759	48.74	43.989	44.46	58.248	64.26	58.556	04.66	02.492	40.40
3月	1	32.566	46.72	43.900	43.47	58.146	62.93	58.476	04.25	02.397	39.28
	11	32.422	44.47	43.838	42.51	58.074	61.56	58.420	03.96	02.329	38.16
	21	32.344	42.13	43.813	41.66	58.042	60.24	58.397	03.85	02.299	37.13
	31	32.335	39.79	43.827	40.97	58.054	59.05	58.412	03.95	02.311	36.24
4月	10	32.399	37.54	43.885	40.48	58.114	58.03	58.419	03.34	02.367	35.53
	20	32.543	35.50	43.991	40.22	58.227	57.25	58.560	04.79	02.473	35.07
	30	32.760	33.74	44.145	40.24	58.389	56.76	58.705	05.62	02.628	34.88
5月	10	33.047	32.32	44.345	40.57	58.601	56.58	58.891	06.69	02.830	35.00
	20	33.399	31.32	44.588	41.22	58.858	56.77	59.118	08.02	03.076	35.45
	30	33.802	30.77	44.864	42.16	59.152	57.31	59.379	09.55	03.357	36.22
6月	9	34.248	30.67	45.171	43.40	59.477	58.18	59.668	11.27	03.668	37.31
	19	34.724	31.07	45.498	44.89	59.824	59.40	59.979	13.14	04.002	38.68
	29	35.215	31.92	45.837	46.60	60.182	60.90	60.301	15.10	04.346	40.29
7月	9	35.713	33.21	46.180	48.49	60.546	62.66	60.629	17.13	04.697	42.12
	19	36.201	34.93	46.519	50.51	60.903	64.63	60.953	19.13	05.042	44.11
	29	36.670	36.99	46.844	52.59	61.247	66.76	61.265	21.08	05.374	46.20
8月	8	37.114	39.39	47.151	54.71	61.571	69.00	61.561	22.94	05.688	48.37
	18	37.518	42.05	47.432	56.80	61.867	71.31	61.832	24.64	05.976	50.53
	28	37.879	44.91	47.684	58.82	62.133	73.61	62.075	26.17	06.234	52.66
9月	7	38.194	47.93	47.904	60.75	62.365	75.90	62.288	27.49	06.460	54.72
	17	38.455	51.04	48.088	62.53	62.559	78.10	62.466	28.58	06.649	56.66
	27	38.665	54.18	48.238	64.15	62.717	80.18	62.612	29.45	06.804	58.47
10月	7	38.820	57.31	48.353	65.60	62.838	82.14	62.723	30.09	06.924	60.11
	17	38.919	60.33	48.433	66.84	62.922	83.91	62.802	30.50	07.008	61.56
	27	38.968	63.21	48.483	67.89	62.973	85.49	62.851	30.73	07.062	62.82
11月	6	38.962	65.90	48.502	68.73	62.991	86.86	62.871	30.77	07.083	63.87
	16	38.906	68.29	48.494	69.35	62.979	87.98	62.865	30.64	07.076	64.70
	26	38.804	70.39	48.461	69.78	62.939	88.87	62.837	30.40	07.043	65.31
12月	6	38.656	72.09	48.404	69.99	62.872	89.49	62.786	30.03	06.984	65.69
	16	38.468	73.36	48.326	70.00	62.783	89.82	62.717	29.58	06.904	65.83
	26	38.247	74.19	48.231	69.81	62.673	89.88	62.632	29.06	06.806	65.74
	36	37.997	74.51	48.120	69.41	62.545	89.64	62.532	28.47	06.689	65.41
平位置 (J2024.5)		36.684	46.21	46.539	51.39	61.017	68.56	60.858	15.26	05.111	46.14
年自行		0.0265	−0.020	0.0029	−0.009	0.0056	−0.035	0.0095	−0.056	0.0014	−0.023
视差（角秒）		0.024		0.007		0.020		0.022		0.009	

恒 星 视 位 置

2024 年 以世界时 0^{h} 为准

日期		1034 89 Psc $5^{m}.13$ A3		45 υ Psc $4^{m}.74$ A3		1035 ξ And $4^{m}.87$ K0		47 θ Cet $3^{m}.60$ K0		48 δ Cas $2^{m}.66$ A5	
		h m	° ′	h m	° ′	h m	° ′	h m	° ′	h m	° ′
		1 19	+3 44	1 20	+27 23	1 23	+45 39	1 25	−8 03	1 27	+60 21
	日	s	″	s	″	s	″	s	″	s	″
1月	−9	02.335	25.71	47.295	31.07	45.557	27.44	13.547	38.83	24.028	49.79
	1	02.243	25.10	47.184	30.96	45.389	27.85	13.452	39.61	23.749	50.66
	11	02.139	24.49	47.056	30.60	45.199	27.84	13.344	40.27	23.437	51.02
	21	02.026	23.91	46.919	29.99	44.996	27.40	13.228	40.77	23.106	50.83
	31	01.913	23.39	46.779	29.18	44.790	26.58	13.111	41.09	22.774	50.13
2月	10	01.802	22.92	46.641	28.19	44.588	25.39	12.995	41.22	22.449	48.95
	20	01.701	22.56	46.516	27.06	44.405	23.89	12.889	41.14	22.152	47.31
3月	1	01.619	22.33	46.413	25.87	44.250	22.16	12.800	40.84	21.900	45.34
	11	01.559	22.25	46.337	24.65	44.133	20.27	12.734	40.32	21.702	43.09
	21	01.532	22.37	46.299	23.49	44.066	18.31	12.698	39.55	21.577	40.66
	31	01.542	22.68	46.304	22.46	44.054	16.38	12.698	38.55	21.532	38.19
4月	10	01.589	23.13	46.354	21.60	44.102	14.55	12.736	37.31	21.570	35.75
	20	01.680	24.01	46.456	20.97	44.215	12.93	12.819	35.81	21.700	33.47
	30	01.818	25.06	46.608	20.61	44.390	11.58	12.946	34.10	21.914	31.43
5月	10	01.998	26.35	46.808	20.56	44.624	10.54	13.116	32.20	22.211	29.70
	20	02.219	27.86	47.053	20.85	44.915	09.90	13.327	30.14	22.584	28.37
	30	02.473	29.55	47.335	21.46	45.250	09.66	13.573	27.98	23.017	27.47
6月	9	02.758	31.41	47.650	22.40	45.624	09.82	13.851	25.75	23.505	27.03
	19	03.064	33.38	47.987	23.65	46.027	10.43	14.151	23.50	24.030	27.09
	29	03.382	35.40	48.337	25.16	46.444	11.42	14.466	21.31	24.577	27.61
7月	9	03.707	37.44	48.693	26.91	46.870	12.79	14.790	19.21	25.137	28.61
	19	04.029	39.43	49.045	28.85	47.291	14.52	15.113	17.27	25.691	30.06
	29	04.341	41.33	49.385	30.91	47.698	16.53	15.426	15.54	26.228	31.90
8月	8	04.637	43.10	49.707	33.08	48.084	18.80	15.725	14.04	26.740	34.11
	18	04.908	44.67	50.003	35.28	48.440	21.28	16.001	12.85	27.213	36.65
	28	05.153	46.04	50.270	37.46	48.761	23.88	16.250	11.95	27.641	39.42
9月	7	05.368	47.18	50.505	39.60	49.045	26.60	16.470	11.37	28.021	42.42
	17	05.548	48.06	50.704	41.65	49.285	29.36	16.656	11.12	28.341	45.56
	27	05.696	48.70	50.868	43.57	49.483	32.09	16.808	11.15	28.605	48.77
10月	7	05.810	49.10	50.996	45.35	49.637	34.79	16.926	11.47	28.808	52.03
	17	05.891	49.26	51.089	46.95	49.746	37.36	17.009	12.03	28.946	55.23
	27	05.943	49.24	51.149	48.37	49.814	39.79	17.063	12.77	29.026	58.32
11月	6	05.966	49.04	51.177	49.58	49.839	42.03	17.086	13.67	29.041	61.26
	16	05.962	48.70	51.174	50.56	49.823	44.00	17.081	14.65	28.994	63.94
	26	05.936	48.26	51.146	51.33	49.770	45.70	17.053	15.66	28.891	66.33
12月	6	05.887	47.73	51.089	51.84	49.679	47.07	17.001	16.67	28.730	68.36
	16	05.819	47.15	51.009	52.11	49.556	48.07	16.930	17.62	28.518	69.95
	26	05.736	46.54	50.909	52.13	49.404	48.69	16.843	18.48	28.263	71.09
	36	05.637	45.92	50.789	51.88	49.226	48.89	16.740	19.22	27.968	71.71
平位置 (J2024.5)		03.922	34.04	49.177	31.60	47.681	22.90	14.928	26.91	26.449	42.12
年自行		−0.0032	−0.022	0.0019	−0.011	0.0030	0.009	−0.0053	−0.207	0.0401	−0.050
视差（角秒）		0.015		0.010		0.017		0.028		0.033	

恒 星 视 位 置

以世界时 0^h 为准

2024 年

日 期	46 ψ Cas 4ᵐ.72 K0		1039 94 Psc 5ᵐ.50 K1		1041 47 Cet 5ᵐ.51 F0		1040 ω And 4ᵐ.83 F5		1043 48 Cet 5ᵐ.11 A0	
	h m 1 27	° ′ +68 15	h m 1 27	° ′ +19 21	h m 1 28	° ′ −12 55	h m 1 29	° ′ +45 31	h m 1 30	° ′ −21 29
日	s	″	s	″	s	″	s	″	s	″
1月 −9	39.281	33.69	59.625	57.11	02.828	61.04	05.958	61.03	45.501	88.15
1	38.869	34.80	59.528	56.83	02.729	61.88	05.795	61.47	45.390	89.08
11	38.414	35.36	59.415	56.39	02.617	62.55	05.609	61.51	45.265	89.75
21	37.935	35.32	59.291	55.80	02.496	63.00	05.407	61.11	45.132	90.12
31	37.455	34.72	59.164	55.09	02.374	63.22	05.202	60.34	44.998	90.16
2月 10	36.988	33.58	59.037	54.28	02.254	63.21	04.999	59.20	44.865	89.91
20	36.563	31.93	58.920	53.42	02.143	62.94	04.814	57.74	44.744	89.32
3月 1	36.199	29.88	58.822	52.55	02.050	62.42	04.656	56.06	44.639	88.43
11	35.910	27.50	58.748	51.72	01.978	61.65	04.534	54.19	44.558	87.23
21	35.721	24.90	58.709	50.98	01.938	60.61	04.462	52.26	44.508	85.74
31	35.638	22.21	58.709	50.40	01.933	59.32	04.445	50.35	44.495	83.98
4月 10	35.666	19.52	58.751	50.01	01.966	57.79	04.487	48.52	44.521	81.97
20	35.815	16.95	58.840	49.85	02.045	56.01	04.594	46.90	44.594	79.73
30	36.075	14.62	58.977	49.92	02.168	54.04	04.763	45.53	44.712	77.33
5月 10	36.442	12.58	59.162	50.29	02.334	51.89	04.992	44.47	44.875	74.78
20	36.908	10.95	59.390	50.97	02.543	49.61	05.278	43.80	45.082	72.15
30	37.453	09.75	59.654	51.92	02.787	47.27	05.609	43.51	45.326	69.50
6月 9	38.067	09.02	59.950	53.15	03.063	44.87	05.981	43.63	45.605	66.87
19	38.731	08.82	60.269	54.62	03.364	42.52	06.381	44.19	45.910	64.35
29	39.423	09.11	60.601	56.28	03.680	40.25	06.798	45.13	46.231	61.99
7月 9	40.132	09.91	60.941	58.11	04.006	38.12	07.224	46.45	46.564	59.84
19	40.835	11.22	61.279	60.05	04.331	36.20	07.647	48.12	46.898	57.99
29	41.517	12.94	61.606	62.05	04.647	34.53	08.056	50.07	47.224	56.44
8月 8	42.169	15.10	61.918	64.07	04.951	33.15	08.447	52.29	47.538	55.26
18	42.771	17.63	62.207	66.05	05.231	32.10	08.807	54.71	47.829	54.49
28	43.317	20.45	62.468	67.95	05.485	31.38	09.134	57.27	48.093	54.10
9月 7	43.799	23.55	62.699	69.75	05.709	31.02	09.425	59.95	48.326	54.12
17	44.205	26.83	62.896	71.40	05.898	31.01	09.672	62.66	48.522	54.54
27	44.537	30.24	63.061	72.89	06.054	31.31	09.879	65.37	48.683	55.29
10月 7	44.788	33.73	63.192	74.20	06.175	31.91	10.041	68.04	48.807	56.37
17	44.951	37.19	63.289	75.31	06.260	32.75	10.159	70.59	48.893	57.69
27	45.034	40.58	63.355	76.24	06.314	33.77	10.236	73.00	48.946	59.17
11月 6	45.029	43.83	63.391	76.97	06.336	34.93	10.269	75.23	48.964	60.79
16	44.938	46.84	63.398	77.50	06.330	36.15	10.262	77.21	48.951	62.42
26	44.769	49.56	63.380	77.85	06.300	37.38	10.217	78.93	48.913	64.00
12月 6	44.519	51.90	63.336	78.01	06.245	38.57	10.134	80.32	48.848	65.48
16	44.199	53.78	63.269	77.99	06.171	39.65	10.017	81.34	48.762	66.78
26	43.819	55.18	63.183	77.80	06.080	40.60	09.870	82.00	48.658	67.86
36	43.387	56.02	63.078	77.43	05.973	41.38	09.696	82.23	48.539	68.69
平位置 (J2024.5)	41.947	24.90	61.370	59.82	04.115	47.55	08.070	56.30	46.610	72.09
年自行	0.0135	0.028	0.0036	−0.059	0.0010	0.009	0.0340	−0.110	0.0040	0.003
视 差 (角秒)	0.017		0.011		0.028		0.035		0.015	

恒 星 视 位 置

2024 年　　　　以世界时 0^h 为准

日期	50		1042		GC		1045		1046	
	η Psc		38 Cas		χ Cas		υ And		π Psc	
	$3^m.62$	G8	$5^m.82$	F6	$4^m.68$	K0	$4^m.10$	F8	$5^m.54$	F0
	h m	° ′	h m	° ′	h m	° ′	h m	° ′	h m	° ′
	1 32	+15 28	1 32	+70 23	1 35	+59 21	1 38	+41 31	1 38	+12 15
日	s	″	s	″	s	″	s	″	s	″
1月 −9	46.251	12.93	62.864	31.71	30.905	32.11	12.766	41.69	22.462	52.20
1	46.160	12.58	62.406	32.95	30.645	33.04	12.624	42.07	22.374	51.78
11	46.051	12.10	61.897	33.63	30.349	33.47	12.458	42.09	22.269	51.28
21	45.932	11.52	61.358	33.69	30.032	33.36	12.276	41.73	22.152	50.71
31	45.808	10.87	60.817	33.19	29.710	32.76	12.088	41.02	22.030	50.10
2月 10	45.684	10.16	60.289	32.12	29.392	31.67	11.899	39.98	21.906	49.47
20	45.568	09.43	59.804	30.53	29.098	30.13	11.724	38.65	21.790	48.86
3月 1	45.470	08.73	59.386	28.52	28.845	28.25	11.573	37.12	21.691	48.30
11	45.395	08.08	59.050	26.16	28.641	26.08	11.453	35.44	21.612	47.82
21	45.353	07.57	58.822	23.54	28.508	23.73	11.379	33.69	21.566	47.48
31	45.349	07.21	58.711	20.82	28.450	21.32	11.354	31.97	21.557	47.30
4月 10	45.387	07.06	58.721	18.07	28.473	18.92	11.384	30.34	21.591	47.35
20	45.466	07.13	58.865	15.43	28.585	16.66	11.476	28.90	21.657	47.59
30	45.598	07.41	59.132	13.01	28.779	14.64	11.626	27.71	21.786	48.06
5月 10	45.775	07.99	59.516	10.85	29.055	12.90	11.834	26.80	21.955	48.82
20	45.995	08.86	60.012	09.10	29.407	11.55	12.097	26.26	22.167	49.84
30	46.250	09.98	60.595	07.77	29.820	10.61	12.404	26.08	22.415	51.09
6月 9	46.538	11.34	61.256	06.90	30.288	10.12	12.750	26.29	22.695	52.57
19	46.849	12.92	61.974	06.57	30.795	10.12	13.126	26.90	23.000	54.22
29	47.174	14.65	62.725	06.73	31.325	10.57	13.520	27.86	23.320	56.01
7月 9	47.509	16.52	63.497	07.40	31.871	11.49	13.924	29.18	23.650	57.91
19	47.841	18.46	64.266	08.59	32.414	12.85	14.326	30.81	23.979	59.84
29	48.164	20.42	65.014	10.22	32.942	14.60	14.718	32.70	24.300	61.77
8月 8	48.474	22.37	65.733	12.28	33.449	16.73	15.093	34.82	24.608	63.65
18	48.760	24.24	66.399	14.74	33.919	19.17	15.442	37.11	24.894	65.42
28	49.021	26.00	67.006	17.51	34.348	21.85	15.760	39.52	25.155	67.06
9月 7	49.252	27.63	67.545	20.57	34.732	24.77	16.045	42.01	25.389	68.54
17	49.451	29.07	68.002	23.84	35.059	27.82	16.290	44.53	25.589	69.82
27	49.617	30.35	68.379	27.25	35.332	30.96	16.497	47.02	25.759	70.91
10月 7	49.751	31.42	68.666	30.76	35.547	34.15	16.664	49.46	25.896	71.79
17	49.851	32.29	68.857	34.27	35.700	37.29	16.788	51.79	26.000	72.45
27	49.922	32.97	68.959	37.73	35.796	40.34	16.875	53.97	26.076	72.93
11月 6	49.962	33.47	68.963	41.06	35.829	43.25	16.922	55.99	26.120	73.22
16	49.974	33.77	68.870	44.16	35.802	45.91	16.930	57.76	26.137	73.34
26	49.961	33.93	68.690	46.98	35.720	48.31	16.903	59.30	26.128	73.32
12月 6	49.921	33.91	68.416	49.44	35.578	50.36	16.839	60.54	26.094	73.15
16	49.860	33.75	68.063	51.44	35.387	51.98	16.742	61.45	26.037	72.88
26	49.779	33.46	67.641	52.97	35.151	53.17	16.616	62.02	25.960	72.50
36	49.679	33.03	67.159	53.93	34.873	53.86	16.463	62.22	25.863	72.03
平位置 (J2024.5)	47.921	16.71	65.590	22.50	33.221	24.43	14.746	37.51	24.059	56.77
年自行 (J2024.5)	0.0018	−0.003	0.0270	−0.077	−0.0056	−0.022	−0.0154	−0.381	−0.0051	0.010
视　差　(角秒)	0.011		0.034		0.016		0.074		0.030	

恒 星 视 位 置

以世界时 0^h 为准

2024 年

日期	52		51		56		1047		1049	
	51 And		40 Cas		ν Psc		+34°297 Tri		175 G. Cet	
	$3^m.59$	K3	$5^m.28$	G8	$4^m.45$	K3	$5^m.63$	B9	$4^m.98$	K3
	h m	° ′	h m	° ′	h m	° ′	h m	° ′	h m	° ′
	1 39	+48 44	1 40	+73 09	1 42	+ 5 36	1 43	+35 21	1 43	− 3 33
日	s	″	s	″	s	″	s	″	s	″
1月 −9	28.511	70.67	28.741	58.83	41.080	32.07	27.105	68.97	56.582	73.06
1	28.337	71.31	28.204	60.24	40.995	31.50	26.987	69.22	56.496	73.82
11	28.136	71.52	27.604	61.09	40.894	30.92	26.845	69.16	56.393	74.50
21	27.916	71.28	26.966	61.32	40.780	30.35	26.687	68.77	56.278	75.06
31	27.690	70.63	26.321	60.96	40.660	29.82	26.522	68.11	56.158	75.48
2月 10	27.463	69.59	25.687	60.03	40.538	29.33	26.355	67.18	56.035	75.76
20	27.253	68.18	25.100	58.53	40.424	28.93	26.198	66.01	55.920	75.86
3月 1	27.070	66.51	24.588	56.60	40.324	28.64	26.061	64.69	55.819	75.78
11	26.924	64.62	24.167	54.27	40.244	28.48	25.952	63.26	55.738	75.51
21	26.830	62.61	23.871	51.66	40.195	28.49	25.882	61.80	55.687	75.00
31	26.793	60.59	23.708	48.92	40.182	28.69	25.858	60.39	55.670	74.28
4月 10	26.818	58.63	23.685	46.11	40.210	29.08	25.883	59.09	55.691	73.34
20	26.913	56.83	23.817	43.38	40.275	29.70	25.965	57.98	55.756	72.13
30	27.074	55.27	24.089	40.84	40.390	30.63	26.101	57.11	55.865	70.69
5月 10	27.299	53.99	24.500	38.55	40.550	31.77	26.291	56.52	56.019	69.05
20	27.586	53.09	25.040	36.63	40.753	33.13	26.532	56.26	56.216	67.22
30	27.922	52.57	25.683	35.14	40.992	34.68	26.816	56.35	56.449	65.26
6月 9	28.303	52.46	26.420	34.09	41.264	36.41	27.138	56.79	56.715	63.18
19	28.716	52.80	27.226	33.58	41.561	38.27	27.488	57.59	57.007	61.05
29	29.149	53.53	28.073	33.56	41.874	40.20	27.855	58.70	57.315	58.92
7月 9	29.595	54.66	28.950	34.06	42.197	42.18	28.234	60.11	57.635	56.84
19	30.039	56.16	29.829	35.08	42.521	44.13	28.613	61.78	57.956	54.87
29	30.472	57.98	30.687	36.56	42.838	46.01	28.982	63.66	58.271	53.06
8月 8	30.888	60.09	31.517	38.50	43.143	47.78	29.337	65.73	58.575	51.45
18	31.275	62.45	32.291	40.85	43.427	49.38	29.668	67.91	58.859	50.09
28	31.628	64.97	33.001	43.53	43.687	50.79	29.972	70.16	59.119	49.00
9月 7	31.945	67.64	33.637	46.53	43.921	51.99	30.245	72.45	59.352	48.20
17	32.219	70.39	34.180	49.77	44.122	52.94	30.482	74.72	59.552	47.70
27	32.449	73.16	34.633	53.18	44.293	53.66	30.684	76.93	59.722	47.48
10月 7	32.635	75.93	34.984	56.72	44.432	54.14	30.849	79.07	59.860	47.54
17	32.773	78.61	35.224	60.29	44.538	54.39	30.975	81.07	59.964	47.85
27	32.868	81.18	35.360	63.82	44.615	54.45	31.068	82.92	60.038	48.35
11月 6	32.917	83.58	35.380	67.26	44.662	54.33	31.123	84.60	60.083	49.02
16	32.920	85.75	35.286	70.49	44.681	54.06	31.143	86.06	60.098	49.81
26	32.882	87.67	35.086	73.46	44.675	53.69	31.131	87.30	60.089	50.65
12月 6	32.800	89.27	34.774	76.08	44.644	53.21	31.085	88.28	60.054	51.54
16	32.679	90.50	34.366	78.25	44.590	52.69	31.009	88.97	59.997	52.39
26	32.525	91.35	33.874	79.95	44.516	52.12	30.906	89.38	59.920	53.20
36	32.338	91.78	33.307	81.09	44.422	51.53	30.776	89.47	59.825	53.94
平位置 (J2024.5)	30.602	64.92	31.522	49.22	42.565	38.58	28.979	66.40	57.926	63.64
年自行	0.0061	−0.112	−0.0028	−0.014	−0.0015	0.004	0.0041	−0.024	−0.0007	−0.033
视差（角秒）	0.019		0.007		0.009		0.013		0.003	

恒　星　视　位　置

2024 年　　　　以世界时 0^h 为准

日　期	55 43 Cas $5^m.57$ A0		59 τ Cet $3^m.49$ G8		57 φ Per $4^m.01$ B2		60 ο Psc $4^m.26$ K0		61 ε Scl $5^m.29$ F2	
	h m 1 44	° ′ +68 09	h m 1 45	° ′ −15 48	h m 1 45	° ′ +50 48	h m 1 46	° ′ +9 16	h m 1 46	° ′ −24 55
日	s	″	s	″	s	″	s	″	s	″
1月 −9	09.054	65.73	11.319	47.17	10.579	46.27	39.940	43.14	46.636	67.94
1	08.667	67.03	11.216	48.09	10.398	47.03	39.857	42.67	46.522	69.00
11	08.229	67.80	11.098	48.80	10.186	47.36	39.755	42.14	46.391	69.78
21	07.758	67.97	10.969	49.26	09.953	47.22	39.640	41.58	46.249	70.20
31	07.279	67.59	10.835	49.45	09.712	46.65	39.518	41.02	46.103	70.28
2月 10	06.803	66.66	10.701	49.37	09.469	45.66	39.394	40.47	45.956	70.01
20	06.361	65.20	10.575	49.01	09.242	44.29	39.276	39.96	45.818	69.38
3月 1	05.974	63.32	10.464	48.36	09.043	42.63	39.172	39.54	45.696	68.41
11	05.655	61.08	10.374	47.45	08.881	40.73	39.089	39.20	45.595	67.12
21	05.431	58.58	10.314	46.25	08.772	38.69	39.036	39.03	45.525	65.51
31	05.309	55.96	10.289	44.79	08.723	36.61	39.019	39.02	45.491	63.62
4月 10	05.297	53.28	10.302	43.08	08.739	34.56	39.044	39.21	45.498	61.46
20	05.406	50.70	10.361	41.13	08.827	32.66	39.103	39.50	45.551	59.07
30	05.626	48.31	10.464	39.00	08.983	30.99	39.220	40.28	45.651	56.52
5月 10	05.957	46.17	10.613	36.69	09.208	29.58	39.379	41.20	45.797	53.82
20	06.391	44.40	10.805	34.26	09.497	28.55	39.582	42.36	45.990	51.05
30	06.909	43.04	11.035	31.77	09.838	27.89	39.821	43.72	46.222	48.27
6月 9	07.501	42.13	11.298	29.26	10.226	27.64	40.094	45.29	46.492	45.52
19	08.150	41.72	11.589	26.80	10.651	27.84	40.392	47.02	46.790	42.90
29	08.833	41.80	11.898	24.46	11.096	28.44	40.707	48.85	47.109	40.45
7月 9	09.541	42.38	12.219	22.26	11.556	29.46	41.032	50.76	47.443	38.23
19	10.251	43.46	12.543	20.31	12.016	30.87	41.359	52.69	47.780	36.33
29	10.946	44.97	12.860	18.62	12.466	32.60	41.679	54.58	48.113	34.77
8月 8	11.617	46.91	13.167	17.25	12.900	34.65	41.988	56.39	48.436	33.59
18	12.245	49.24	13.453	16.24	13.305	36.96	42.276	58.08	48.739	32.86
28	12.823	51.88	13.714	15.59	13.677	39.46	42.541	59.60	49.017	32.53
9月 7	13.342	54.82	13.948	15.32	14.013	42.13	42.779	60.94	49.266	32.65
17	13.790	57.96	14.147	15.43	14.304	44.90	42.986	62.06	49.480	33.19
27	14.166	61.25	14.313	15.86	14.551	47.71	43.162	62.97	49.658	34.09
10月 7	14.465	64.66	14.445	16.61	14.752	50.54	43.307	63.66	49.799	35.34
17	14.677	68.08	14.541	17.63	14.904	53.30	43.418	64.13	49.901	36.85
27	14.810	71.45	14.605	18.83	15.011	55.96	43.501	64.41	49.968	38.54
11月 6	14.855	74.72	14.636	20.17	15.068	58.48	43.554	64.51	50.000	40.37
16	14.811	77.78	14.637	21.58	15.078	60.77	43.578	64.45	49.997	42.22
26	14.687	80.58	14.612	22.97	15.043	62.81	43.577	64.27	49.967	44.01
12月 6	14.477	83.05	14.560	24.32	14.962	64.54	43.549	63.97	49.907	45.70
16	14.192	85.08	14.486	25.52	14.839	65.90	43.498	63.58	49.822	47.17
26	13.842	86.66	14.392	26.56	14.678	66.89	43.426	63.12	49.718	48.40
36	13.430	87.70	14.281	27.41	14.483	67.43	43.333	62.60	49.593	49.35
平位置 (J2024.5)	11.571	56.59	12.395	33.29	12.669	39.98	41.459	48.29	47.561	51.99
年自行	0.0097	−0.011	−0.1193	0.856	0.0025	−0.014	0.0048	0.044	0.0117	−0.073
视　差（角秒）	0.007		0.274		0.005		0.013		0.036	

恒 星 视 位 置

以世界时 0^h 为准

2024 年

日 期		1050 4 Ari $5^m.86$ B9		1051 χ Cet $4^m.66$ F3		62 ζ Cet $3^m.74$ K2		1052 2 Per $5^m.70$ B9		64 α Tri $3^m.42$ F6	
		h m 1 49	° ′ +17 04	h m 1 50	° ′ −10 33	h m 1 52	° ′ −10 12	h m 1 53	° ′ +50 54	h m 1 54	° ′ +29 41
	日	s	″	s	″	s	″	s	″	s	″
1月	−9	29.343	33.28	46.171	69.35	39.065	64.66	41.737	52.43	27.392	51.27
	1	29.257	33.01	46.081	70.25	38.976	65.56	41.563	53.26	27.293	51.40
	11	29.151	32.61	45.973	71.00	38.870	66.32	41.355	53.68	27.170	51.28
	21	29.030	32.09	45.853	71.55	38.750	66.87	41.124	53.63	27.028	50.90
	31	28.902	31.49	45.727	71.89	38.624	67.22	40.881	53.15	26.878	50.30
2月	10	28.770	30.81	45.597	72.02	38.495	67.37	40.635	52.26	26.723	49.48
	20	28.644	30.10	45.475	71.90	38.371	67.26	40.402	50.97	26.575	48.50
3月	1	28.534	29.39	45.366	71.54	38.261	66.92	40.195	49.38	26.444	47.40
	11	28.444	28.71	45.276	70.94	38.170	66.34	40.023	47.54	26.336	46.22
	21	28.386	28.13	45.215	70.07	38.108	65.50	39.903	45.54	26.263	45.04
	31	28.365	27.69	45.188	68.96	38.080	64.41	39.842	43.49	26.232	43.94
4月	10	28.387	27.42	45.199	67.61	38.089	63.09	39.846	41.45	26.247	42.94
	20	28.453	27.43	45.255	66.00	38.143	61.50	39.922	39.54	26.315	42.14
	30	28.566	27.54	45.355	64.19	38.241	59.71	40.066	37.84	26.433	41.56
5月	10	28.729	27.97	45.499	62.18	38.384	57.73	40.280	36.39	26.604	41.24
	20	28.937	28.69	45.688	60.02	38.571	55.59	40.559	35.29	26.825	41.23
	30	29.182	29.66	45.914	57.77	38.796	53.35	40.892	34.56	27.087	41.53
6月	9	29.462	30.88	46.175	55.45	39.055	51.03	41.275	34.23	27.386	42.15
	19	29.768	32.32	46.463	53.13	39.342	48.72	41.695	34.33	27.715	43.07
	29	30.091	33.93	46.769	50.88	39.647	46.47	42.138	34.84	28.062	44.27
7月	9	30.425	35.69	47.088	48.72	39.966	44.31	42.598	35.75	28.422	45.72
	19	30.761	37.54	47.410	46.75	40.289	42.34	43.060	37.06	28.783	47.38
	29	31.089	39.43	47.727	45.00	40.606	40.58	43.514	38.69	29.138	49.20
8月	8	31.407	41.33	48.035	43.52	40.914	39.08	43.955	40.65	29.481	51.15
	18	31.704	43.17	48.323	42.35	41.204	37.89	44.368	42.87	29.803	53.17
	28	31.977	44.92	48.589	41.50	41.470	37.03	44.750	45.28	30.100	55.21
9月	7	32.224	46.55	48.828	41.00	41.711	36.50	45.097	47.88	30.370	57.26
	17	32.438	48.03	49.034	40.85	41.920	36.33	45.400	50.59	30.606	59.24
	27	32.623	49.34	49.210	41.01	42.098	36.47	45.662	53.35	30.810	61.14
10月	7	32.775	50.47	49.352	41.48	42.243	36.91	45.877	56.14	30.980	62.94
	17	32.894	51.40	49.460	42.21	42.353	37.62	46.044	58.88	31.114	64.59
	27	32.984	52.16	49.538	43.13	42.434	38.53	46.165	61.53	31.216	66.09
11月	6	33.042	52.73	49.584	44.23	42.482	39.60	46.238	64.05	31.284	67.42
	16	33.071	53.12	49.600	45.40	42.501	40.76	46.261	66.36	31.318	68.55
	26	33.073	53.37	49.591	46.61	42.494	41.96	46.240	68.44	31.322	69.50
12月	6	33.048	53.44	49.554	47.81	42.460	43.14	46.170	70.22	31.293	70.21
	16	32.997	53.37	49.494	48.91	42.402	44.25	46.056	71.64	31.235	70.70
	26	32.923	53.17	49.414	49.91	42.324	45.24	45.904	72.70	31.150	70.95
	36	32.827	52.82	49.314	50.76	42.225	46.10	45.713	73.32	31.039	70.94
平位置	(J2024.5)	30.951	35.79	47.355	58.11	40.250	53.63	43.781	45.90	29.140	49.76
年自行		0.0039	−0.034	−0.0100	−0.096	0.0026	−0.038	0.0019	−0.029	0.0009	−0.234
视 差 (角秒)		0.011		0.042		0.013		0.007		0.051	

恒 星 视 位 置

2024 年 以世界时 0^{h} 为准

日 期	65 ξ Psc+ $4^{m}.61$ K0		N30 γ Ari $3^{m}.88$ A1		66 β Ari+ $2^{m}.64$ A5		63 ε Cas $3^{m}.35$ B2		GC λ Ari $4^{m}.79$ F0	
	h m	° ′	h m	° ′	h m	° ′	h m	° ′	h m	° ′
	1 54	+3 18	1 54	+19 24	1 55	+20 55	1 56	+63 47	1 59	+23 42
日	s	″	s	″	s	″	s	″	s	″
1月 −9	48.219	20.32	51.171	45.18	58.303	35.35	08.870	30.85	16.343	52.04
1	48.139	19.70	51.086	45.00	58.216	35.21	08.578	32.15	16.255	52.01
11	48.040	19.09	50.979	44.66	58.108	34.91	08.237	32.94	16.144	51.78
21	47.926	18.52	50.856	44.18	57.983	34.45	07.863	33.18	16.015	51.37
31	47.805	18.02	50.725	43.59	57.850	33.86	07.475	32.89	15.877	50.80
2月 10	47.679	17.59	50.588	42.90	57.711	33.15	07.084	32.07	15.732	50.08
20	47.559	17.27	50.457	42.14	57.578	32.36	06.715	30.75	15.593	49.25
3月 1	47.451	17.08	50.341	41.37	57.459	31.54	06.386	29.03	15.468	48.36
11	47.363	17.02	50.245	40.60	57.361	30.72	06.109	26.95	15.364	47.43
21	47.303	17.16	50.181	39.91	57.296	29.96	05.909	24.62	15.293	46.55
31	47.278	17.49	50.155	39.35	57.269	29.32	05.793	22.16	15.260	45.77
4月 10	47.292	18.01	50.171	38.94	57.284	28.83	05.768	19.64	15.271	45.12
20	47.348	18.76	50.234	38.78	57.347	28.57	05.845	17.20	15.331	44.68
30	47.449	19.79	50.342	38.77	57.455	28.48	06.019	14.94	15.438	44.44
5月 10	47.596	21.04	50.502	39.04	57.616	28.66	06.288	12.90	15.597	44.44
20	47.788	22.50	50.708	39.61	57.823	29.14	06.647	11.21	15.804	44.75
30	48.016	24.13	50.952	40.43	58.069	29.88	07.081	09.91	16.051	45.33
6月 9	48.279	25.92	51.232	41.52	58.351	30.89	07.583	09.03	16.335	46.20
19	48.568	27.82	51.539	42.84	58.661	32.16	08.137	08.63	16.647	47.33
29	48.875	29.78	51.864	44.36	58.988	33.62	08.725	08.69	16.978	48.69
7月 9	49.195	31.77	52.201	46.04	59.328	35.26	09.337	09.23	17.322	50.25
19	49.517	33.71	52.541	47.84	59.670	37.04	09.954	10.23	17.669	51.97
29	49.835	35.55	52.874	49.69	60.006	38.88	10.563	11.65	18.011	53.79
8月 8	50.142	37.27	53.196	51.58	60.331	40.78	11.154	13.49	18.342	55.68
18	50.431	38.80	53.499	53.44	60.636	42.66	11.712	15.68	18.653	57.59
28	50.698	40.12	53.778	55.23	60.919	44.48	12.229	18.17	18.942	59.47
9月 7	50.939	41.21	54.032	56.93	61.175	46.23	12.700	20.94	19.205	61.30
17	51.150	42.03	54.254	58.49	61.399	47.85	13.112	23.91	19.436	63.02
27	51.331	42.61	54.446	59.90	61.593	49.33	13.466	27.02	19.636	64.63
10月 7	51.481	42.94	54.606	61.14	61.755	50.65	13.755	30.24	19.804	66.10
17	51.598	43.03	54.732	62.20	61.884	51.79	13.974	33.47	19.939	67.40
27	51.686	42.93	54.829	63.09	61.982	52.77	14.127	36.67	20.043	68.55
11月 6	51.745	42.65	54.894	63.80	62.049	53.57	14.206	39.77	20.114	69.52
16	51.774	42.23	54.929	64.33	62.084	54.18	14.212	42.68	20.154	70.30
26	51.778	41.72	54.936	64.70	62.093	54.64	14.150	45.36	20.165	70.92
12月 6	51.755	41.12	54.914	64.89	62.071	54.91	14.014	47.73	20.145	71.34
16	51.708	40.49	54.866	64.93	62.022	55.01	13.812	49.70	20.096	71.58
26	51.639	39.85	54.794	64.82	61.949	54.95	13.552	51.25	20.023	71.64
36	51.549	39.22	54.698	64.54	61.852	54.72	13.237	52.30	19.923	71.49
平位置 (J2024.5)	49.610	26.94	52.785	46.71	59.933	36.39	11.155	22.06	17.985	52.16
年自行	0.0014	0.022	0.0056	−0.099	0.0069	−0.109	0.0048	−0.019	−0.0067	−0.013
视 差 (角秒)	0.017		0.016		0.055		0.007		0.024	

恒 星 视 位 置

以世界时 0^h 为准

2024 年

日 期	71		N30		1054		73		70	
	υ Cet		α^2 Psc		4 Per		γ And pr		50 Cas	
	$3^m.99$	K5	$3^m.82$	A2	$4^m.99$	B8	$2^m.10$	B8	$3^m.95$	A2
	h m	° ′	h m	° ′	h m	° ′	h m	° ′	h m	° ′
	2 01	−20 57	2 03	+2 52	2 03	+54 36	2 05	+42 26	2 05	+72 32
日	s	″	s	″	s	″	s	″	s	″
1月 −9	08.645	49.94	17.695	45.55	55.022	24.33	22.990	50.89	32.330	27.45
1	08.544	51.06	17.618	44.91	54.833	25.39	22.864	51.53	31.864	29.13
11	08.424	51.92	17.521	44.28	54.604	26.01	22.708	51.82	31.323	30.28
21	08.289	52.47	17.408	43.71	54.347	26.15	22.528	51.73	30.728	30.83
31	08.147	52.71	17.286	43.22	54.075	25.83	22.335	51.30	30.111	30.80
2月 10	08.001	52.63	17.158	42.80	53.796	25.05	22.134	50.52	29.488	30.19
20	07.861	52.21	17.033	42.49	53.529	23.85	21.941	49.43	28.896	29.00
3月 1	07.734	51.48	16.921	42.32	53.288	22.30	21.766	48.09	28.361	27.34
11	07.625	50.44	16.825	42.28	53.084	20.46	21.618	46.56	27.904	25.26
21	07.546	49.07	16.759	42.44	52.935	18.41	21.511	44.91	27.556	22.84
31	07.500	47.43	16.725	42.78	52.849	16.27	21.453	43.25	27.330	20.22
4月 10	07.494	45.53	16.731	43.33	52.832	14.10	21.449	41.61	27.237	17.49
20	07.533	43.37	16.779	44.09	52.893	12.02	21.507	40.11	27.291	14.76
30	07.618	41.03	16.871	45.12	53.030	10.12	21.625	38.80	27.486	12.17
5月 10	07.749	38.52	17.011	46.38	53.241	08.45	21.803	37.73	27.817	09.77
20	07.927	35.90	17.194	47.84	53.524	07.11	22.040	36.99	28.281	07.69
30	08.145	33.24	17.416	49.47	53.868	06.13	22.326	36.58	28.855	05.98
6月 9	08.400	30.57	17.673	51.26	54.267	05.54	22.657	36.52	29.529	04.68
19	08.686	27.98	17.958	53.16	54.708	05.40	23.023	36.84	30.282	03.88
29	08.992	25.54	18.261	55.11	55.177	05.67	23.411	37.52	31.088	03.55
7月 9	09.316	23.27	18.578	57.08	55.668	06.36	23.817	38.53	31.935	03.72
19	09.646	21.29	18.900	59.01	56.164	07.47	24.227	39.88	32.797	04.41
29	09.973	19.60	19.218	60.84	56.654	08.93	24.632	41.49	33.653	05.55
8月 8	10.293	18.27	19.527	62.54	57.132	10.75	25.026	43.35	34.492	07.16
18	10.595	17.35	19.819	64.05	57.584	12.86	25.399	45.41	35.290	09.19
28	10.875	16.82	20.090	65.35	58.005	15.21	25.746	47.61	36.035	11.57
9月 7	11.129	16.72	20.337	66.40	58.390	17.78	26.064	49.92	36.720	14.30
17	11.351	17.03	20.554	67.20	58.731	20.49	26.346	52.29	37.323	17.30
27	11.540	17.70	20.743	67.74	59.027	23.30	26.592	54.68	37.844	20.51
10月 7	11.695	18.73	20.901	68.03	59.276	26.17	26.800	57.05	38.274	23.88
17	11.812	20.04	21.026	68.08	59.471	29.03	26.967	59.34	38.599	27.33
27	11.897	21.55	21.123	67.94	59.618	31.83	27.096	61.54	38.825	30.80
11月 6	11.947	23.22	21.190	67.62	59.710	34.52	27.184	63.61	38.940	34.23
16	11.963	24.94	21.227	67.16	59.747	37.03	27.230	65.48	38.941	37.49
26	11.951	26.65	21.238	66.60	59.735	39.32	27.239	67.15	38.836	40.56
12月 6	11.910	28.28	21.221	65.97	59.666	41.33	27.206	68.57	38.616	43.33
16	11.842	29.75	21.180	65.31	59.548	42.98	27.135	69.69	38.292	45.70
26	11.752	31.01	21.115	64.65	59.385	44.26	27.029	70.50	37.877	47.64
36	11.639	32.03	21.028	64.00	59.177	45.10	26.889	70.96	37.375	49.06
平位置 (J2024.5)	09.565	36.22	19.036	51.82	57.067	16.88	24.848	45.89	34.807	17.50
年自行	0.0096	−0.025	0.0022	0.000	0.0039	−0.003	0.0039	−0.051	−0.0097	0.023
视 差 (角秒)	0.011		0.023		0.004		0.009		0.020	

恒　星　视　位　置

2024 年　　　　以世界时 0^{h} 为准

日期		1055		74		2145		75		1056	
		ν For		α Ari		58 And		β Tri		15 Ari	
		$4^{m}.68$	B9	$2^{m}.01$	K2	$4^{m}.78$	A5	$3^{m}.00$	A5	$5^{m}.68$	M3
		h m	° ′	h m	° ′	h m	° ′	h m	° ′	h m	° ′
		2 05	−29 10	2 08	+23 34	2 09	+37 58	2 10	+35 05	2 11	+19 36
	日	s	″	s	″	s	″	s	″	s	″
1月	−9	34.615	64.36	32.019	37.95	56.762	30.69	58.881	70.47	57.860	52.36
	1	34.496	65.61	31.937	37.94	56.654	31.20	58.781	70.89	57.783	52.24
	11	34.357	66.53	31.830	37.74	56.517	31.40	58.652	71.01	57.682	51.97
	21	34.202	67.06	31.703	37.37	56.355	31.27	58.500	70.84	57.561	51.56
	31	34.040	67.20	31.565	36.84	56.181	30.83	58.335	70.39	57.428	51.05
2月	10	33.874	66.96	31.419	36.17	55.998	30.10	58.162	69.67	57.288	50.43
	20	33.714	66.30	31.276	35.38	55.820	29.10	57.992	68.71	57.149	49.74
3月	1	33.568	65.28	31.147	34.54	55.658	27.89	57.838	67.58	57.022	49.02
	11	33.442	63.91	31.037	33.65	55.519	26.52	57.706	66.31	56.913	48.30
	21	33.345	62.17	30.958	32.80	55.419	25.07	57.610	64.97	56.834	47.64
	31	33.285	60.15	30.918	32.03	55.363	23.61	57.557	63.65	56.792	47.09
4月	10	33.265	57.84	30.920	31.39	55.357	22.20	57.552	62.38	56.790	46.67
	20	33.293	55.28	30.971	30.95	55.410	20.93	57.603	61.27	56.837	46.47
	30	33.368	52.56	31.070	30.70	55.518	19.86	57.708	60.36	56.926	46.46
5月	10	33.492	49.69	31.220	30.68	55.684	19.02	57.868	59.68	57.070	46.64
	20	33.665	46.74	31.419	30.95	55.905	18.49	58.083	59.29	57.261	47.13
	30	33.881	43.80	31.660	31.49	56.174	18.27	58.343	59.22	57.493	47.87
6月	9	34.137	40.89	31.938	32.31	56.485	18.39	58.645	59.47	57.761	48.86
	19	34.427	38.12	32.246	33.39	56.831	18.86	58.980	60.05	58.060	50.09
	29	34.741	35.55	32.573	34.69	57.199	19.65	59.338	60.93	58.378	51.50
7月	9	35.074	33.23	32.916	36.19	57.584	20.75	59.711	62.11	58.712	53.08
	19	35.415	31.25	33.263	37.85	57.974	22.14	60.090	63.54	59.051	54.78
	29	35.755	29.63	33.606	39.61	58.359	23.75	60.465	65.18	59.386	56.54
8月	8	36.090	28.44	33.940	41.44	58.736	25.58	60.831	67.01	59.714	58.35
	18	36.407	27.71	34.256	43.29	59.093	27.57	61.178	68.97	60.025	60.12
	28	36.702	27.43	34.551	45.11	59.426	29.66	61.502	71.00	60.315	61.84
9月	7	36.970	27.62	34.821	46.88	59.732	31.84	61.800	73.10	60.582	63.47
	17	37.204	28.28	35.060	48.56	60.004	34.03	62.065	75.19	60.819	64.97
	27	37.404	29.32	35.270	50.11	60.243	36.21	62.298	77.25	61.027	66.33
10月	7	37.566	30.75	35.449	51.54	60.447	38.36	62.497	79.25	61.205	67.54
	17	37.688	32.47	35.593	52.80	60.612	40.41	62.659	81.15	61.350	68.57
	27	37.774	34.40	35.708	53.91	60.742	42.35	62.787	82.93	61.466	69.44
11月	6	37.821	36.47	35.790	54.85	60.834	44.16	62.879	84.57	61.551	70.14
	16	37.831	38.57	35.841	55.62	60.888	45.78	62.934	86.03	61.604	70.66
	26	37.810	40.62	35.861	56.23	60.906	47.22	62.955	87.30	61.629	71.05
12月	6	37.756	42.55	35.850	56.66	60.885	48.42	62.938	88.35	61.622	71.27
	16	37.673	44.25	35.810	56.90	60.829	49.35	62.888	89.15	61.587	71.35
	26	37.565	45.68	35.743	56.98	60.740	50.01	62.806	89.70	61.525	71.28
	36	37.434	46.79	35.648	56.86	60.617	50.36	62.692	89.96	61.436	71.07
平位置 (J2024.5)		35.289	48.65	33.628	37.67	58.544	26.61	60.621	67.07	59.394	53.13
年自行 (J2024.5)		0.0008	0.008	0.0139	−0.146	0.0130	−0.042	0.0121	−0.039	0.0063	−0.027
视差（角秒）		0.009		0.049		0.016		0.026		0.005	

恒 星 视 位 置

以世界时 0^{h} 为准

2024 年

日期		1058 ξ^{1} Cet $4^{\mathrm{m}}.36$ G8		1057 19 Ari $5^{\mathrm{m}}.72$ M0		77 Br 299+ $5^{\mathrm{m}}.31$ G8		1059 21 Ari $5^{\mathrm{m}}.57$ F6		80 67 Cet $5^{\mathrm{m}}.51$ G8	
		h m 2 14	° ′ + 8 57	h m 2 14	° ′ +15 23	h m 2 15	° ′ +51 10	h m 2 17	° ′ +25 09	h m 2 18	° ′ − 6 18
	日	s	″	s	″	s	″	s	″	s	″
1月	−9	16.740	33.86	22.289	34.82	13.105	48.77	04.977	20.40	11.357	45.22
	1	16.669	33.39	22.217	34.55	12.950	49.80	04.897	20.48	11.282	46.13
	11	16.575	32.88	22.120	34.19	12.756	50.42	04.791	20.37	11.185	46.93
	21	16.462	32.36	22.004	33.74	12.531	50.60	04.663	20.06	11.069	47.57
	31	16.337	31.85	21.875	33.22	12.289	50.36	04.521	19.59	10.943	48.03
2月	10	16.205	31.35	21.739	32.65	12.037	49.69	04.370	18.96	10.808	48.32
	20	16.074	30.90	21.604	32.06	11.791	48.61	04.221	18.19	10.675	48.39
3月	1	15.953	30.52	21.479	31.48	11.567	47.22	04.083	17.34	10.551	48.26
	11	15.849	30.23	21.372	30.93	11.373	45.53	03.964	16.43	10.442	47.91
	21	15.773	30.09	21.294	30.47	11.227	43.65	03.876	15.53	10.360	47.32
	31	15.730	30.10	21.250	30.14	11.138	41.67	03.826	14.70	10.310	46.50
4月	10	15.726	30.28	21.247	29.96	11.111	39.66	03.818	13.97	10.297	45.44
	20	15.770	30.66	21.293	30.02	11.157	37.73	03.860	13.43	10.327	44.14
	30	15.849	31.27	21.370	30.23	11.273	35.97	03.950	13.09	10.401	42.62
5月	10	15.982	32.16	21.512	30.68	11.458	34.41	04.092	12.94	10.520	40.89
	20	16.160	33.26	21.697	31.41	11.713	33.16	04.284	13.09	10.686	38.98
	30	16.378	34.56	21.922	32.36	12.026	32.25	04.520	13.50	10.890	36.94
6月	9	16.632	36.04	22.182	33.55	12.392	31.71	04.794	14.20	11.132	34.79
	19	16.915	37.68	22.473	34.93	12.801	31.58	05.099	15.16	11.404	32.61
	29	17.218	39.43	22.784	36.47	13.238	31.84	05.426	16.35	11.697	30.44
7月	9	17.537	41.25	23.111	38.14	13.697	32.50	05.769	17.75	12.008	28.32
	19	17.862	43.09	23.443	39.89	14.164	33.54	06.119	19.32	12.325	26.34
	29	18.183	44.89	23.772	41.67	14.628	34.92	06.465	21.01	12.642	24.54
8月	8	18.499	46.63	24.095	43.44	15.083	36.62	06.805	22.79	12.954	22.95
	18	18.798	48.23	24.401	45.15	15.516	38.60	07.127	24.61	13.250	21.64
	28	19.078	49.68	24.686	46.75	15.922	40.79	07.429	26.41	13.528	20.61
9月	7	19.335	50.94	24.949	48.24	16.298	43.19	07.708	28.19	13.784	19.91
	17	19.563	51.98	25.184	49.55	16.633	45.72	07.957	29.88	14.011	19.54
	27	19.764	52.82	25.390	50.70	16.929	48.33	08.177	31.48	14.211	19.47
10月	7	19.936	53.43	25.566	51.67	17.181	51.01	08.367	32.95	14.380	19.71
	17	20.075	53.82	25.711	52.45	17.386	53.66	08.523	34.28	14.517	20.23
	27	20.187	54.04	25.827	53.05	17.546	56.26	08.648	35.47	14.625	20.95
11月	6	20.268	54.07	25.912	53.48	17.657	58.77	08.741	36.50	14.702	21.85
	16	20.319	53.94	25.966	53.75	17.717	61.11	08.801	37.36	14.748	22.88
	26	20.343	53.71	25.992	53.89	17.730	63.26	08.830	38.06	14.767	23.96
12月	6	20.337	53.37	25.988	53.89	17.692	65.15	08.827	38.59	14.756	25.07
	16	20.305	52.96	25.956	53.77	17.606	66.71	08.792	38.93	14.718	26.13
	26	20.247	52.50	25.897	53.55	17.475	67.94	08.728	39.10	14.656	27.11
	36	20.164	51.99	25.813	53.21	17.302	68.77	08.636	39.07	14.570	27.99
平位置	(J2024.5)	18.114	37.66	23.757	36.70	15.051	41.63	06.552	19.37	12.472	37.12
年自行		−0.0018	−0.014	0.0068	−0.022	0.0367	−0.173	−0.0065	−0.087	0.0062	−0.107
视 差 (角秒)		0.009		0.006		0.016		0.021		0.010	

恒 星 视 位 置

2024 年 以世界时 0^h 为准

日 期		79 γ Tri $4^m.03$ A1		1061 232 G. Cet $5^m.60$ G0		81 θ Ari $5^m.58$ A1		GC o Cet $2^m.9\sim7^m.3$ M5		1063 62 And $5^m.31$ A1	
		h m	° ′	h m	° ′	h m	° ′	h m	° ′	h m	° ′
		2 18	+33 57	2 19	+ 1 52	2 19	+20 00	2 20	− 2 51	2 20	+47 29
	日	s	″	s	″	s	″	s	″	s	″
1月	−9	45.074	36.55	16.713	15.13	28.117	47.50	34.017	69.99	50.602	36.29
	1	44.981	36.96	16.643	14.46	28.044	47.41	33.946	70.82	50.470	37.24
	11	44.859	37.11	16.551	13.81	27.945	47.17	33.852	71.56	50.300	37.81
	21	44.712	36.97	16.440	13.24	27.825	46.80	33.738	72.19	50.099	37.97
	31	44.551	36.57	16.317	12.76	27.691	46.32	33.613	72.68	49.881	37.74
2月	10	44.379	35.91	16.186	12.36	27.548	45.73	33.480	73.03	49.651	37.12
	20	44.210	35.03	16.055	12.10	27.406	45.07	33.347	73.20	49.425	36.12
3月	1	44.054	33.97	15.934	11.97	27.274	44.37	33.223	73.19	49.217	34.84
	11	43.918	32.78	15.828	11.99	27.159	43.66	33.114	72.99	49.035	33.29
	21	43.817	31.52	15.748	12.20	27.074	43.00	33.032	72.57	48.897	31.56
	31	43.757	30.27	15.701	12.59	27.024	42.43	32.981	71.95	48.810	29.75
4月	10	43.744	29.08	15.691	13.19	27.015	41.99	32.967	71.10	48.780	27.91
	20	43.786	28.03	15.726	14.01	27.054	41.76	32.996	70.01	48.818	26.16
	30	43.881	27.17	15.802	15.06	27.136	41.74	33.069	68.70	48.921	24.57
5月	10	44.031	26.53	15.926	16.36	27.272	41.86	33.188	67.16	49.089	23.19
	20	44.235	26.17	16.096	17.85	27.457	42.30	33.352	65.43	49.323	22.10
	30	44.486	26.11	16.305	19.50	27.683	42.99	33.557	63.57	49.612	21.33
6月	9	44.779	26.35	16.550	21.31	27.946	43.92	33.797	61.57	49.952	20.91
	19	45.106	26.93	16.826	23.21	28.241	45.09	34.069	59.51	50.332	20.88
	29	45.456	27.79	17.122	25.17	28.557	46.45	34.362	57.44	50.741	21.22
7月	9	45.823	28.92	17.435	27.14	28.889	47.97	34.672	55.39	51.171	21.93
	19	46.198	30.31	17.755	29.06	29.228	49.62	34.989	53.45	51.610	23.00
	29	46.569	31.90	18.073	30.88	29.564	51.34	35.305	51.64	52.047	24.37
8月	8	46.934	33.66	18.386	32.56	29.894	53.10	35.617	50.02	52.476	26.04
	18	47.281	35.54	18.684	34.03	30.209	54.85	35.914	48.64	52.887	27.96
	28	47.606	37.50	18.963	35.29	30.503	56.54	36.192	47.53	53.272	30.07
9月	7	47.907	39.50	19.220	36.31	30.775	58.15	36.449	46.70	53.630	32.35
	17	48.177	41.50	19.450	37.04	31.019	59.63	36.678	46.19	53.951	34.75
	27	48.415	43.47	19.652	37.52	31.235	60.98	36.879	45.95	54.236	37.20
10月	7	48.621	45.38	19.825	37.74	31.420	62.18	37.051	46.01	54.481	39.70
	17	48.791	47.18	19.966	37.72	31.574	63.21	37.192	46.33	54.682	42.17
	27	48.927	48.88	20.079	37.49	31.698	64.09	37.303	46.86	54.843	44.58
11月	6	49.028	50.44	20.162	37.08	31.791	64.80	37.384	47.57	54.958	46.89
	16	49.092	51.83	20.214	36.54	31.852	65.34	37.435	48.41	55.026	49.04
	26	49.122	53.04	20.240	35.91	31.884	65.75	37.458	49.32	55.052	51.02
12月	6	49.115	54.05	20.236	35.21	31.884	66.00	37.452	50.27	55.029	52.75
	16	49.074	54.82	20.205	34.49	31.854	66.10	37.419	51.20	54.961	54.18
	26	49.000	55.36	20.150	33.78	31.797	66.07	37.361	52.09	54.853	55.30
	36	48.893	55.63	20.068	33.10	31.711	65.89	37.277	52.91	54.702	56.05
平位置 (J2024.5)		46.758	33.18	17.971	20.99	29.617	47.84	35.177	63.13	52.442	29.84
年自行 (J2024.5)		0.0036	−0.052	0.0246	0.370	−0.0010	0.000	0.0001	−0.239	−0.0060	−0.006
视 差 (角秒)		0.028		0.040		0.008		0.008		0.013	

恒 星 视 位 置

以世界时 0^h 为准

2024 年

日 期	1064 239 G. Cet $5^{m}.89$ K2		83 κ For $5^{m}.19$ G2		1066 ρ Cet $4^{m}.88$ A0		2165 65 And $4^{m}.73$ K4		GC 11 Tri $5^{m}.55$ K1	
	h m 2 23	° ′ −17 32	h m 2 23	° ′ −23 41	h m 2 27	° ′ −12 10	h m 2 27	° ′ +50 23	h m 2 28	° ′ +31 54
日	s	″	s	″	s	″	s	″	s	″
1月 −9	13.422	77.37	39.098	93.29	07.137	61.27	14.521	23.98	53.712	38.96
1	13.336	78.55	39.000	94.60	07.060	62.36	14.381	25.08	53.631	39.35
11	13.226	79.53	38.879	95.63	06.959	63.27	14.200	25.80	53.518	39.49
21	13.098	80.22	38.739	96.32	06.839	63.97	13.985	26.09	53.380	39.38
31	12.958	80.62	38.588	96.66	06.706	64.43	13.750	25.97	53.225	39.04
2月 10	12.810	80.74	38.429	96.66	06.564	64.65	13.501	25.43	53.058	38.46
20	12.663	80.53	38.271	96.29	06.422	64.60	13.254	24.49	52.890	37.67
3月 1	12.526	80.03	38.124	95.57	06.288	64.29	13.025	23.22	52.733	36.73
11	12.403	79.23	37.993	94.52	06.169	63.72	12.824	21.66	52.594	35.66
21	12.307	78.11	37.889	93.12	06.075	62.86	12.667	19.88	52.487	34.53
31	12.243	76.72	37.818	91.43	06.012	61.76	12.563	18.00	52.419	33.40
4月 10	12.216	75.06	37.785	89.45	05.986	60.39	12.520	16.06	52.396	32.33
20	12.234	73.14	37.798	87.21	06.004	58.78	12.548	14.18	52.426	31.39
30	12.297	71.02	37.857	84.78	06.065	56.95	12.645	12.44	52.509	30.64
5月 10	12.405	68.70	37.963	82.16	06.173	54.91	12.811	10.88	52.645	30.08
20	12.562	66.25	38.118	79.43	06.327	52.71	13.047	09.61	52.835	29.79
30	12.759	63.72	38.315	76.66	06.521	50.42	13.341	08.66	53.072	29.78
6月 9	12.995	61.14	38.553	73.88	06.754	48.04	13.690	08.05	53.352	30.06
19	13.263	58.61	38.825	71.18	07.020	45.67	14.083	07.84	53.666	30.65
29	13.556	56.17	39.122	68.63	07.308	43.35	14.507	08.00	54.005	31.50
7月 9	13.868	53.88	39.440	66.27	07.616	41.13	14.956	08.55	54.363	32.61
19	14.189	51.83	39.768	64.19	07.933	39.09	15.415	09.47	54.729	33.96
29	14.511	50.04	40.097	62.44	08.250	37.28	15.874	10.72	55.095	35.48
8月 8	14.829	48.57	40.424	61.05	08.565	35.73	16.327	12.29	55.455	37.16
18	15.134	47.48	40.736	60.10	08.866	34.53	16.762	14.14	55.800	38.95
28	15.420	46.77	41.030	59.56	09.150	33.65	17.172	16.20	56.126	40.79
9月 7	15.684	46.46	41.302	59.48	09.413	33.14	17.554	18.47	56.429	42.67
17	15.919	46.57	41.543	59.84	09.647	33.02	17.899	20.88	56.702	44.54
27	16.125	47.04	41.753	60.60	09.855	33.23	18.207	23.37	56.947	46.36
10月 7	16.300	47.87	41.930	61.74	10.032	33.78	18.474	25.94	57.160	48.12
17	16.440	49.01	42.070	63.19	10.176	34.63	18.695	28.50	57.339	49.77
27	16.548	50.36	42.177	64.87	10.290	35.69	18.873	31.03	57.486	51.32
11月 6	16.623	51.91	42.248	66.73	10.372	36.95	19.003	33.48	57.598	52.74
16	16.665	53.55	42.284	68.66	10.422	38.32	19.083	35.79	57.674	54.00
26	16.677	55.20	42.289	70.59	10.444	39.73	19.116	37.92	57.717	55.10
12月 6	16.657	56.81	42.260	72.44	10.434	41.13	19.096	39.82	57.723	56.02
16	16.610	58.30	42.201	74.12	10.397	42.45	19.028	41.42	57.693	56.72
26	16.536	59.62	42.117	75.58	10.333	43.64	18.914	42.71	57.631	57.22
36	16.437	60.73	42.006	76.78	10.243	44.67	18.755	43.61	57.534	57.48
平位置 (J2024.5)	14.281	66.33	39.813	80.55	08.088	52.03	16.367	16.82	55.319	35.78
年自行	0.0006	−0.058	0.0144	−0.005	−0.0008	−0.011	0.0026	−0.014	−0.0019	−0.028
视 差 （角秒）	0.006		0.046		0.006		0.009		0.011	

恒 星 视 位 置

2024 年 以世界时 0^h 为准

日期		85		1068		1071		1070		1072	
		ξ^2 Cet		12 Tri		σ Cet		14 Tri		ν Cet	
		$4^m.30$	B9	$5^m.29$	F0	$4^m.74$	F5	$5^m.15$	K5	$4^m.87$	G8
		h m	° ′	h m	° ′	h m	° ′	h m	° ′	h m	° ′
		2 29	+8 34	2 29	+29 46	2 33	−15 07	2 33	+36 15	2 37	+5 41
	日	s	″	s	″	s	″	s	″	s	″
1月	−9	26.606	03.96	35.017	41.17	14.096	87.35	34.785	20.68	08.588	52.47
	1	26.543	03.48	34.940	41.47	14.017	88.54	34.699	21.26	08.528	51.89
	11	26.454	02.97	34.832	41.56	13.914	89.53	34.580	21.58	08.443	51.31
	21	26.344	02.46	34.698	41.40	13.790	90.27	34.432	21.59	08.335	50.76
	31	26.220	01.97	34.548	41.04	13.653	90.74	34.265	21.34	08.211	50.27
2月	10	26.085	01.50	34.386	40.47	13.506	90.95	34.084	20.80	08.075	49.83
	20	25.948	01.08	34.224	39.71	13.358	90.85	33.903	20.00	07.937	49.47
3月	1	25.820	00.74	34.071	38.81	13.218	90.46	33.732	19.01	07.805	49.21
	11	25.706	00.48	33.936	37.81	13.091	89.80	33.580	17.84	07.687	49.07
	21	25.617	00.36	33.832	36.76	12.990	88.83	33.461	16.57	07.593	49.08
	31	25.561	00.39	33.766	35.74	12.919	87.59	33.383	15.27	07.530	49.26
4月	10	25.543	00.59	33.743	34.78	12.884	86.09	33.352	13.99	07.503	49.61
	20	25.571	00.99	33.773	33.96	12.894	84.33	33.376	12.81	07.521	50.17
	30	25.639	01.56	33.854	33.33	12.947	82.36	33.456	11.81	07.582	50.92
5月	10	25.755	02.45	33.987	32.89	13.047	80.18	33.592	10.99	07.688	51.94
	20	25.920	03.54	34.173	32.71	13.194	77.85	33.785	10.44	07.843	53.17
	30	26.125	04.81	34.406	32.81	13.383	75.43	34.027	10.17	08.039	54.56
6月	9	26.368	06.26	34.680	33.20	13.611	72.95	34.314	10.20	08.273	56.13
	19	26.642	07.86	34.989	33.88	13.872	70.48	34.639	10.55	08.540	57.83
	29	26.938	09.57	35.321	34.80	14.158	68.09	34.989	11.20	08.829	59.60
7月	9	27.252	11.35	35.673	35.98	14.464	65.82	35.360	12.14	09.138	61.43
	19	27.574	13.14	36.033	37.36	14.781	63.76	35.741	13.34	09.455	63.25
	29	27.895	14.90	36.392	38.91	15.100	61.94	36.122	14.76	09.774	65.00
8月	8	28.213	16.58	36.746	40.59	15.416	60.42	36.499	16.37	10.090	66.66
	18	28.517	18.14	37.085	42.35	15.721	59.25	36.861	18.14	10.395	68.15
	28	28.803	19.53	37.405	44.16	16.009	58.45	37.204	20.01	10.682	69.47
9月	7	29.070	20.75	37.703	45.98	16.276	58.04	37.524	21.95	10.951	70.57
	17	29.309	21.73	37.972	47.77	16.516	58.03	37.814	23.92	11.194	71.43
	27	29.523	22.51	38.213	49.50	16.729	58.38	38.074	25.89	11.412	72.05
10月	7	29.708	23.07	38.423	51.15	16.911	59.08	38.303	27.82	11.603	72.44
	17	29.863	23.40	38.599	52.69	17.061	60.10	38.495	29.69	11.763	72.59
	27	29.990	23.56	38.745	54.11	17.179	61.34	38.654	31.46	11.896	72.55
11月	6	30.086	23.53	38.856	55.39	17.265	62.78	38.776	33.13	11.998	72.33
	16	30.152	23.36	38.932	56.52	17.319	64.33	38.860	34.64	12.070	71.96
	26	30.190	23.08	38.975	57.50	17.342	65.90	38.909	36.00	12.115	71.50
12月	6	30.198	22.70	38.982	58.29	17.334	67.47	38.917	37.16	12.128	70.96
	16	30.176	22.26	38.955	58.89	17.296	68.92	38.887	38.10	12.111	70.37
	26	30.128	21.78	38.896	59.30	17.232	70.23	38.822	38.81	12.067	69.77
	36	30.052	21.26	38.804	59.47	17.140	71.35	38.720	39.25	11.995	69.16
平位置 (J2024.5)		27.905	07.07	36.595	38.47	14.951	77.78	36.426	16.34	09.805	55.96
年自行		0.0025	−0.007	−0.0011	−0.085	−0.0050	−0.120	0.0040	0.016	−0.0019	−0.024
视差（角秒）		0.019		0.021		0.039		0.008		0.009	

恒 星 视 位 置

以世界时 0^h 为准

2024 年

日　期	1074		1073		89		87		91	
	80 Cet		268 G. Cet		ν Ari		36 H. Cas		δ Cet	
	$5^{m}.53$	M0	$5^{m}.79$	K3	$5^{m}.45$	A7	$5^{m}.17$	G8	$4^{m}.08$	B2
	h m	° ′	h m	° ′	h m	° ′	h m	° ′	h m	° ′
	2 37	−7 43	2 37	+7 00	2 40	+22 03	2 40	+72 55	2 40	+0 25
日	s	″	s	″	s	″	s	″	s	″
1月 −9	11.521	41.70	24.417	04.65	11.373	58.57	23.099	33.64	43.341	53.78
1	11.454	42.72	24.361	04.15	11.311	58.61	22.701	35.68	43.282	53.01
11	11.362	43.60	24.279	03.65	11.220	58.50	22.208	37.25	43.196	52.30
21	11.247	44.30	24.173	03.16	11.103	58.25	21.638	38.26	43.088	51.68
31	11.119	44.81	24.053	02.71	10.968	57.87	21.023	38.70	42.964	51.17
2月 10	10.979	45.13	23.920	02.31	10.819	57.37	20.380	38.56	42.828	50.77
20	10.837	45.22	23.785	01.97	10.668	56.76	19.745	37.83	42.688	50.51
3月 1	10.702	45.08	23.657	01.72	10.523	56.10	19.149	36.58	42.555	50.40
11	10.579	44.72	23.542	01.58	10.392	55.39	18.613	34.86	42.434	50.45
21	10.480	44.10	23.452	01.58	10.289	54.69	18.174	32.73	42.336	50.70
31	10.412	43.24	23.394	01.73	10.219	54.06	17.849	30.32	42.269	51.14
4月 10	10.379	42.15	23.372	02.07	10.189	53.52	17.649	27.71	42.238	51.78
20	10.389	40.81	23.395	02.60	10.208	53.15	17.598	25.02	42.250	52.65
30	10.443	39.25	23.461	03.30	10.275	52.98	17.690	22.37	42.305	53.72
5月 10	10.543	37.48	23.572	04.30	10.387	52.95	17.926	19.83	42.405	55.03
20	10.690	35.52	23.733	05.50	10.555	53.17	18.305	17.52	42.553	56.54
30	10.877	33.45	23.935	06.87	10.766	53.65	18.807	15.51	42.742	58.20
6月 9	11.103	31.27	24.174	08.42	11.017	54.38	19.423	13.85	42.970	60.01
19	11.362	29.05	24.446	10.10	11.303	55.34	20.138	12.63	43.230	61.91
29	11.645	26.85	24.741	11.87	11.613	56.50	20.922	11.84	43.514	63.86
7月 9	11.948	24.71	25.054	13.71	11.942	57.84	21.766	11.52	43.817	65.81
19	12.261	22.71	25.377	15.54	12.282	59.31	22.645	11.70	44.131	67.70
29	12.576	20.89	25.700	17.32	12.622	60.88	23.535	12.33	44.447	69.49
8月 8	12.889	19.29	26.021	19.01	12.960	62.52	24.427	13.43	44.761	71.12
18	13.191	17.99	26.329	20.56	13.285	64.16	25.294	14.97	45.063	72.55
28	13.477	16.98	26.621	21.94	13.593	65.77	26.123	16.89	45.350	73.74
9月 7	13.743	16.31	26.893	23.11	13.882	67.33	26.906	19.19	45.619	74.67
17	13.983	16.00	27.139	24.05	14.145	68.79	27.618	21.81	45.862	75.32
27	14.198	15.99	27.361	24.77	14.382	70.14	28.259	24.68	46.081	75.70
10月 7	14.384	16.32	27.554	25.26	14.591	71.36	28.816	27.79	46.272	75.80
17	14.539	16.93	27.718	25.52	14.769	72.44	29.272	31.04	46.433	75.64
27	14.665	17.76	27.854	25.59	14.918	73.37	29.632	34.37	46.566	75.28
11月 6	14.759	18.79	27.959	25.48	15.035	74.17	29.879	37.74	46.670	74.73
16	14.823	19.94	28.034	25.23	15.120	74.81	30.008	41.04	46.742	74.04
26	14.858	21.15	28.082	24.88	15.174	75.32	30.023	44.21	46.787	73.27
12月 6	14.861	22.39	28.097	24.44	15.194	75.69	29.913	47.17	46.800	72.44
16	14.835	23.57	28.084	23.95	15.181	75.91	29.684	49.80	46.783	71.60
26	14.783	24.66	28.043	23.44	15.137	76.01	29.347	52.08	46.740	70.79
36	14.702	25.64	27.973	22.91	15.061	75.95	28.904	53.89	46.667	70.02
平位置 (J2024.5)	12.509	34.47	25.725	08.57	12.807	57.47	25.205	23.27	44.459	58.53
年自行	−0.0022	−0.060	0.1214	1.439	−0.0005	−0.015	−0.0065	0.016	0.0010	−0.003
视　差　(角秒)	0.006		0.139		0.009		0.013		0.005	

恒 星 视 位 置

2024 年 以世界时 0^{h} 为准

日期		2187		(96)		94		97		1077	
		12 Per		γ Cet		35 Ari		π Cet		14 Per	
		$4^{\mathrm{m}}.91$	F9	$3^{\mathrm{m}}.47$	A3	$4^{\mathrm{m}}.65$	B3	$4^{\mathrm{m}}.24$	B7	$5^{\mathrm{m}}.43$	G0
		h m	° ′	h m	° ′	h m	° ′	h m	° ′	h m	° ′
		2 43	+40 17	2 44	+ 3 20	2 44	+27 48	2 45	−13 45	2 45	+44 23
	日	s	″	s	″	s	″	s	″	s	″
1月	−9	46.664	51.25	33.226	12.37	52.293	38.53	16.554	30.37	39.914	64.88
	1	46.577	52.04	33.170	11.69	52.230	38.81	16.484	31.59	39.817	65.87
	11	46.452	52.55	33.087	11.05	52.134	38.91	16.387	32.62	39.679	66.54
	21	46.294	52.73	32.980	10.46	52.009	38.80	16.268	33.41	39.506	66.85
	31	46.115	52.61	32.856	09.95	51.866	38.51	16.132	33.94	39.310	66.82
2月	10	45.919	52.16	32.720	09.53	51.707	38.03	15.985	34.22	39.096	66.43
	20	45.720	51.42	32.579	09.21	51.544	37.39	15.834	34.21	38.878	65.69
3月	1	45.531	50.42	32.444	09.02	51.388	36.63	15.689	33.91	38.671	64.67
	11	45.360	49.21	32.321	08.96	51.246	35.76	15.556	33.35	38.483	63.38
	21	45.222	47.85	32.221	09.08	51.132	34.86	15.446	32.49	38.331	61.91
	31	45.127	46.42	32.152	09.36	51.054	33.97	15.365	31.36	38.223	60.33
4月	10	45.080	44.97	32.118	09.84	51.017	33.13	15.320	29.97	38.168	58.71
	20	45.092	43.59	32.128	10.53	51.031	32.43	15.318	28.31	38.175	57.13
	30	45.163	42.34	32.181	11.41	51.095	31.90	15.360	26.44	38.244	55.67
5月	10	45.292	41.27	32.279	12.54	51.209	31.55	15.448	24.36	38.376	54.38
	20	45.482	40.45	32.426	13.88	51.378	31.42	15.584	22.12	38.571	53.33
	30	45.724	39.90	32.613	15.38	51.593	31.55	15.762	19.77	38.823	52.56
6月	9	46.014	39.66	32.840	17.04	51.851	31.95	15.979	17.34	39.125	52.09
	19	46.346	39.74	33.100	18.81	52.145	32.61	16.232	14.92	39.472	51.97
	29	46.706	40.13	33.383	20.64	52.465	33.51	16.510	12.55	39.849	52.18
7月	9	47.090	40.84	33.687	22.51	52.806	34.63	16.810	10.28	40.253	52.72
	19	47.486	41.83	34.001	24.34	53.158	35.94	17.122	08.20	40.670	53.60
	29	47.885	43.08	34.318	26.09	53.511	37.39	17.438	06.36	41.090	54.74
8月	8	48.281	44.56	34.633	27.72	53.863	38.96	17.754	04.79	41.508	56.16
	18	48.664	46.23	34.937	29.17	54.203	40.60	18.061	03.56	41.913	57.81
	28	49.029	48.04	35.226	30.41	54.526	42.27	18.352	02.69	42.299	59.64
9月	7	49.372	49.97	35.497	31.42	54.829	43.94	18.625	02.20	42.663	61.62
	17	49.685	51.97	35.743	32.17	55.107	45.57	18.872	02.11	42.996	63.72
	27	49.968	54.00	35.965	32.67	55.358	47.13	19.094	02.37	43.299	65.87
10月	7	50.219	56.05	36.161	32.91	55.581	48.61	19.287	03.00	43.567	68.08
	17	50.433	58.05	36.326	32.91	55.771	49.97	19.449	03.93	43.795	70.27
	27	50.612	60.00	36.464	32.70	55.932	51.23	19.580	05.11	43.987	72.42
11月	6	50.753	61.86	36.573	32.31	56.060	52.36	19.680	06.50	44.136	74.51
	16	50.852	63.59	36.650	31.79	56.154	53.35	19.747	08.00	44.242	76.47
	26	50.913	65.17	36.699	31.17	56.215	54.20	19.784	09.55	44.306	78.30
12月	6	50.930	66.57	36.717	30.47	56.239	54.90	19.788	11.10	44.322	79.93
	16	50.905	67.74	36.705	29.76	56.228	55.43	19.761	12.55	44.293	81.33
	26	50.841	68.67	36.664	29.05	56.184	55.80	19.706	13.88	44.221	82.46
	36	50.735	69.31	36.594	28.36	56.104	55.98	19.622	15.04	44.105	83.28
平位置	(J2024.5)	48.302	45.63	34.371	16.02	53.778	35.81	17.378	22.07	41.588	58.49
年自行		−0.0017	−0.183	−0.0098	−0.145	0.0006	−0.009	−0.0006	−0.013	0.0001	−0.006
视 差 (角秒)		0.041		0.040		0.009		0.007		0.005	

恒 星 视 位 置

以世界时 0^{h} 为准

2024 年

日期	93 θ Per $4^{\mathrm{m}}.10$ F7		98 μ Cet $4^{\mathrm{m}}.27$ F1		92 Br 366 $5^{\mathrm{m}}.95$ A5		N30 39 Ari $4^{\mathrm{m}}.52$ K1		100 41 Ari $3^{\mathrm{m}}.61$ B8	
	h m	° ′	h m	° ′	h m	° ′	h m	° ′	h m	° ′
	2 45	+49 19	2 46	+10 12	2 46	+67 55	2 49	+29 20	2 51	+27 21
日	s	″	s	″	s	″	s	″	s	″
1月 −9	51.487	56.65	14.978	56.71	56.480	45.70	20.997	53.79	24.494	38.83
1	51.372	57.83	14.925	56.28	56.207	47.63	20.935	54.15	24.436	39.11
11	51.212	58.66	14.843	55.83	55.856	49.11	20.840	54.31	24.345	39.21
21	51.015	59.10	14.737	55.36	55.441	50.07	20.715	54.26	24.224	39.13
31	50.792	59.14	14.614	54.90	54.986	50.49	20.569	54.02	24.082	38.87
2月 10	50.551	58.78	14.476	54.44	54.504	50.37	20.407	53.57	23.924	38.42
20	50.306	58.02	14.334	54.02	54.023	49.68	20.240	52.94	23.760	37.82
3月 1	50.074	56.94	14.198	53.66	53.567	48.52	20.079	52.17	23.603	37.10
11	49.864	55.55	14.073	53.36	53.154	46.89	19.932	51.28	23.458	36.28
21	49.694	53.93	13.973	53.18	52.813	44.89	19.813	50.33	23.340	35.41
31	49.574	52.17	13.903	53.13	52.559	42.63	19.730	49.38	23.257	34.56
4月 10	49.510	50.34	13.870	53.23	52.402	40.17	19.688	48.48	23.214	33.76
20	49.515	48.52	13.882	53.53	52.361	37.64	19.697	47.69	23.222	33.08
30	49.588	46.82	13.940	53.96	52.433	35.15	19.758	47.05	23.279	32.56
5月 10	49.728	45.27	14.037	54.69	52.620	32.77	19.869	46.60	23.386	32.22
20	49.939	43.96	14.189	55.64	52.921	30.61	20.035	46.37	23.548	32.09
30	50.209	42.94	14.382	56.77	53.321	28.74	20.249	46.39	23.757	32.21
6月 9	50.535	42.24	14.614	58.08	53.814	27.20	20.507	46.67	24.009	32.60
19	50.909	41.90	14.880	59.55	54.386	26.08	20.802	47.23	24.297	33.24
29	51.316	41.92	15.170	61.14	55.015	25.38	21.123	48.03	24.613	34.10
7月 9	51.751	42.29	15.480	62.81	55.694	25.12	21.467	49.06	24.950	35.19
19	52.201	43.03	15.800	64.51	56.402	25.34	21.822	50.29	25.299	36.46
29	52.655	44.09	16.123	66.19	57.119	25.98	22.180	51.68	25.652	37.86
8月 8	53.107	45.45	16.444	67.82	57.840	27.06	22.537	53.21	26.003	39.38
18	53.545	47.09	16.755	69.34	58.542	28.55	22.883	54.81	26.343	40.97
28	53.962	48.95	17.050	70.71	59.215	30.40	23.212	56.46	26.668	42.58
9月 7	54.356	51.01	17.327	71.92	59.852	32.60	23.523	58.13	26.975	44.19
17	54.717	53.21	17.580	72.93	60.437	35.10	23.807	59.77	27.257	45.76
27	55.043	55.52	17.808	73.74	60.965	37.82	24.066	61.36	27.513	47.26
10月 7	55.333	57.91	18.011	74.33	61.430	40.76	24.297	62.89	27.741	48.68
17	55.578	60.31	18.183	74.72	61.819	43.83	24.495	64.31	27.938	49.99
27	55.783	62.70	18.328	74.92	62.134	46.97	24.663	65.63	28.106	51.19
11月 6	55.942	65.05	18.443	74.96	62.363	50.14	24.798	66.84	28.241	52.27
16	56.052	67.27	18.528	74.85	62.502	53.24	24.898	67.91	28.342	53.22
26	56.115	69.36	18.583	74.64	62.553	56.22	24.965	68.85	28.410	54.04
12月 6	56.125	71.25	18.607	74.32	62.507	59.01	24.994	69.64	28.442	54.71
16	56.085	72.87	18.600	73.94	62.368	61.49	24.986	70.25	28.437	55.22
26	55.997	74.22	18.563	73.52	62.144	63.63	24.945	70.70	28.399	55.58
36	55.861	75.23	18.496	73.06	61.834	65.34	24.866	70.95	28.324	55.76
平位置 (J2024.5)	53.240	49.27	16.235	58.45	58.435	35.72	22.487	50.49	25.948	35.93
年自行 (J2024.5)	0.0341	−0.091	0.0193	−0.031	0.0031	−0.033	0.0114	−0.126	0.0049	−0.117
视差（角秒）	0.089		0.039		0.008		0.018		0.020	

恒 星 视 位 置

2024 年 以世界时 0^h 为准

日期		2194		102		99		1079		2198	
		16 Per		τ^2 Eri		η Per		σ Ari		17 Per	
		$4^m.22$	F2	$4^m.76$	K0	$3^m.77$	K3	$5^m.52$	B7	$4^m.56$	K5
		h m	° ′	h m	° ′	h m	° ′	h m	° ′	h m	° ′
		2 52	+38 24	2 52	−20 53	2 52	+55 59	2 52	+15 10	2 52	+35 09
	日	s	″	s	″	s	″	s	″	s	″
1月	−9	06.845	69.91	08.437	84.83	28.400	51.60	49.731	53.59	60.375	36.92
	1	06.771	70.67	08.359	86.27	28.258	53.11	49.681	53.37	60.307	37.55
	11	06.658	71.17	08.253	87.46	28.063	54.25	49.601	53.08	60.202	37.94
	21	06.511	71.37	08.122	88.34	27.821	54.94	49.495	52.72	60.065	38.06
	31	06.341	71.29	07.975	88.90	27.549	55.19	49.369	52.31	59.905	37.93
2月	10	06.153	70.91	07.815	89.14	27.253	54.98	49.227	51.86	59.728	37.54
	20	05.960	70.24	07.650	89.01	26.953	54.31	49.080	51.39	59.545	36.90
3月	1	05.774	69.35	07.491	88.55	26.667	53.25	48.937	50.92	59.368	36.06
	11	05.603	68.24	07.344	87.76	26.404	51.82	48.806	50.47	59.205	35.04
	21	05.464	66.99	07.219	86.63	26.188	50.09	48.698	50.09	59.072	33.91
	31	05.365	65.68	07.124	85.20	26.028	48.17	48.621	49.80	58.977	32.73
4月	10	05.312	64.34	07.064	83.47	25.933	46.11	48.581	49.64	58.926	31.54
	20	05.315	63.06	07.048	81.47	25.916	44.02	48.587	49.65	58.930	30.44
	30	05.375	61.92	07.078	79.26	25.978	42.01	48.643	49.83	58.988	29.48
5月	10	05.493	60.93	07.154	76.83	26.118	40.11	48.730	50.17	59.100	28.68
	20	05.670	60.18	07.279	74.26	26.339	38.45	48.882	50.82	59.271	28.11
	30	05.900	59.69	07.448	71.61	26.629	37.06	49.074	51.64	59.491	27.79
6月	9	06.177	59.48	07.659	68.91	26.984	35.98	49.306	52.67	59.758	27.74
	19	06.496	59.59	07.907	66.25	27.395	35.28	49.572	53.88	60.065	28.00
	29	06.844	59.99	08.182	63.69	27.847	34.96	49.864	55.24	60.401	28.52
7月	9	07.217	60.67	08.482	61.28	28.333	35.02	50.177	56.73	60.761	29.32
	19	07.604	61.64	08.797	59.12	28.839	35.49	50.501	58.29	61.134	30.37
	29	07.994	62.84	09.117	57.24	29.352	36.32	50.829	59.88	61.511	31.62
8月	8	08.384	64.25	09.440	55.70	29.866	37.51	51.156	61.47	61.887	33.06
	18	08.762	65.84	09.753	54.56	30.367	39.02	51.474	63.00	62.252	34.64
	28	09.124	67.56	10.053	53.83	30.847	40.81	51.776	64.44	62.601	36.32
9月	7	09.466	69.38	10.336	53.54	31.302	42.87	52.062	65.76	62.931	38.08
	17	09.780	71.26	10.593	53.70	31.722	45.13	52.324	66.92	63.235	39.87
	27	10.066	73.16	10.823	54.26	32.104	47.55	52.563	67.91	63.511	41.65
10月	7	10.322	75.08	11.025	55.22	32.444	50.12	52.775	68.74	63.759	43.42
	17	10.542	76.94	11.192	56.52	32.734	52.75	52.958	69.38	63.972	45.12
	27	10.730	78.75	11.329	58.07	32.976	55.40	53.114	69.87	64.154	46.75
11月	6	10.879	80.49	11.432	59.85	33.164	58.06	53.240	70.20	64.301	48.30
	16	10.989	82.09	11.499	61.74	33.294	60.62	53.334	70.39	64.409	49.71
	26	11.062	83.57	11.535	63.66	33.367	63.06	53.399	70.46	64.481	51.00
12月	6	11.091	84.88	11.535	65.55	33.378	65.31	53.430	70.43	64.513	52.13
	16	11.079	85.98	11.503	67.31	33.327	67.30	53.429	70.30	64.505	53.06
	26	11.028	86.87	11.441	68.89	33.218	68.99	53.397	70.10	64.459	53.80
	36	10.934	87.49	11.348	70.24	33.051	70.32	53.332	69.82	64.374	54.30
平位置 (J2024.5)		08.431	64.52	09.054	75.25	30.166	43.09	51.020	53.70	61.910	32.23
年自行		0.0168	−0.107	−0.0030	−0.018	0.0021	−0.015	0.0021	−0.023	0.0007	−0.062
视差 (角秒)		0.026		0.018		0.002		0.007		0.008	

恒 星 视 位 置

以世界时 0^{h} 为准

2024 年

日期		103 τ Per		104 η Eri		1080 40 G. Eri		1081 47 Ari		2207 π Per	
		$3^{\mathrm{m}}.93$	G4	$3^{\mathrm{m}}.89$	K1	$5^{\mathrm{m}}.16$	A3	$5^{\mathrm{m}}.80$	F5	$4^{\mathrm{m}}.68$	A2
		h m	° ′	h m	° ′	h m	° ′	h m	° ′	h m	° ′
		2 55	+52 51	2 57	− 8 47	2 57	− 3 36	2 59	+20 45	3 00	+39 45
	日	s	″	s	″	s	″	s	″	s	″
1月	−9	58.935	47.35	36.686	73.03	50.270	58.78	28.334	57.24	18.698	38.51
	1	58.815	48.76	36.629	74.16	50.218	59.72	28.287	57.26	18.627	39.37
	11	58.645	49.81	36.544	75.15	50.137	60.58	28.208	57.16	18.517	39.98
	21	58.430	50.45	36.433	75.94	50.031	61.29	28.099	56.95	18.370	40.28
	31	58.186	50.67	36.304	76.52	49.906	61.85	27.969	56.64	18.197	40.28
2月	10	57.919	50.47	36.161	76.90	49.767	62.25	27.822	56.22	18.004	39.99
	20	57.645	49.83	36.012	77.03	49.621	62.46	27.668	55.71	17.804	39.39
3月	1	57.383	48.82	35.866	76.93	49.478	62.48	27.518	55.15	17.609	38.54
	11	57.141	47.47	35.730	76.58	49.346	62.31	27.378	54.56	17.429	37.47
	21	56.941	45.84	35.616	75.97	49.234	61.91	27.262	53.97	17.278	36.23
	31	56.793	44.04	35.530	75.12	49.151	61.30	27.178	53.44	17.168	34.90
4月	10	56.704	42.11	35.478	74.03	49.102	60.47	27.131	52.98	17.103	33.53
	20	56.688	40.16	35.468	72.68	49.096	59.41	27.132	52.68	17.096	32.20
	30	56.744	38.29	35.502	71.12	49.132	58.14	27.181	52.55	17.146	30.98
5月	10	56.874	36.53	35.581	69.34	49.214	56.64	27.269	52.64	17.255	29.91
	20	57.079	35.01	35.707	67.38	49.343	54.95	27.420	52.81	17.425	29.05
	30	57.349	33.75	35.876	65.29	49.514	53.12	27.613	53.28	17.648	28.44
6月	9	57.681	32.79	36.085	63.09	49.725	51.16	27.848	53.98	17.921	28.11
	19	58.065	32.20	36.330	60.86	49.972	49.13	28.119	54.90	18.237	28.09
	29	58.488	31.96	36.601	58.64	50.244	47.08	28.416	55.99	18.585	28.36
7月	9	58.943	32.10	36.894	56.48	50.538	45.05	28.736	57.25	18.960	28.92
	19	59.418	32.61	37.201	54.47	50.845	43.11	29.069	58.64	19.350	29.77
	29	59.899	33.47	37.514	52.64	51.157	41.32	29.406	60.11	19.745	30.86
8月	8	60.382	34.65	37.827	51.03	51.470	39.70	29.743	61.62	20.141	32.17
	18	60.853	36.15	38.133	49.73	51.775	38.34	30.071	63.14	20.528	33.68
	28	61.306	37.89	38.426	48.74	52.067	37.24	30.386	64.62	20.899	35.32
9月	7	61.735	39.88	38.702	48.08	52.343	36.44	30.684	66.03	21.252	37.09
	17	62.132	42.05	38.956	47.80	52.596	35.96	30.959	67.35	21.579	38.94
	27	62.494	44.36	39.186	47.85	52.826	35.78	31.210	68.54	21.878	40.82
10月	7	62.818	46.79	39.389	48.23	53.031	35.91	31.436	69.61	22.147	42.73
	17	63.096	49.27	39.562	48.92	53.206	36.32	31.632	70.54	22.381	44.61
	27	63.330	51.77	39.708	49.85	53.353	36.95	31.800	71.33	22.581	46.46
11月	6	63.515	54.26	39.823	50.99	53.471	37.78	31.938	71.98	22.744	48.24
	16	63.646	56.66	39.905	52.26	53.558	38.75	32.043	72.50	22.866	49.91
	26	63.726	58.94	39.959	53.60	53.615	39.80	32.118	72.91	22.950	51.46
12月	6	63.748	61.04	39.979	54.97	53.640	40.90	32.158	73.19	22.989	52.86
	16	63.712	62.90	39.968	56.28	53.634	41.97	32.162	73.36	22.985	54.05
	26	63.624	64.47	39.927	57.49	53.598	42.98	32.135	73.42	22.939	55.04
	36	63.480	65.70	39.855	58.58	53.531	43.91	32.072	73.36	22.849	55.76
平位置	(J2024.5)	60.646	39.27	37.560	67.07	51.239	54.08	29.678	55.66	20.251	32.68
年自行		−0.0002	−0.004	0.0052	−0.220	−0.0024	−0.043	0.0167	−0.032	0.0023	−0.041
视 差 (角秒)		0.013		0.024		0.017		0.031		0.010	

恒 星 视 位 置

2024 年 以世界时 0^{h} 为准

日期		1082 24 Per $4^{m}.94$ K2		N30 ε Ari m $4^{m}.63$ A2		1083 λ Cet $4^{m}.71$ B6		1085 τ^{3} Eri $4^{m}.08$ A4		107 α Cet $2^{m}.54$ M2	
		h m 3 00	° ′ +35 16	h m 3 00	° ′ +21 26	h m 3 00	° ′ + 9 00	h m 3 03	° ′ −23 31	h m 3 03	° ′ + 4 10
	日	s	″	s	″	s	″	s	″	s	″
1月	−9	33.757	51.74	35.773	14.50	60.744	11.48	27.866	55.97	32.707	61.54
	1	33.695	52.40	35.726	14.55	60.700	11.01	27.789	57.54	32.664	60.87
	11	33.596	52.84	35.647	14.48	60.625	10.52	27.681	58.85	32.590	60.23
	21	33.462	53.02	35.537	14.29	60.523	10.04	27.547	59.84	32.488	59.64
	31	33.304	52.95	35.406	13.99	60.402	09.58	27.395	60.47	32.367	59.14
2月	10	33.126	52.62	35.258	13.58	60.263	09.15	27.227	60.76	32.230	58.71
	20	32.941	52.03	35.102	13.07	60.118	08.77	27.053	60.65	32.085	58.38
3月	1	32.760	51.25	34.950	12.51	59.976	08.45	26.883	60.20	31.942	58.17
	11	32.593	50.28	34.808	11.90	59.842	08.21	26.723	59.39	31.808	58.08
	21	32.454	49.18	34.690	11.29	59.731	08.09	26.585	58.21	31.695	58.15
	31	32.351	48.03	34.604	10.73	59.649	08.10	26.475	56.72	31.611	58.38
4月	10	32.292	46.87	34.556	10.24	59.601	08.26	26.401	54.93	31.560	58.79
	20	32.287	45.77	34.554	09.90	59.598	08.61	26.370	52.84	31.553	59.41
	30	32.337	44.79	34.601	09.72	59.640	09.12	26.384	50.54	31.589	60.21
5月	10	32.441	43.97	34.690	09.78	59.724	09.85	26.446	48.02	31.669	61.23
	20	32.603	43.37	34.838	09.91	59.858	10.83	26.558	45.35	31.798	62.47
	30	32.816	43.01	35.031	10.33	60.037	11.98	26.715	42.60	31.969	63.87
6月	9	33.077	42.91	35.265	10.99	60.255	13.30	26.915	39.81	32.181	65.44
	19	33.378	43.10	35.536	11.87	60.509	14.77	27.154	37.06	32.429	67.12
	29	33.710	43.57	35.833	12.93	60.788	16.34	27.423	34.42	32.702	68.87
7月	9	34.067	44.30	36.153	14.16	61.090	17.99	27.718	31.94	32.998	70.66
	19	34.438	45.27	36.486	15.52	61.404	19.66	28.031	29.72	33.307	72.43
	29	34.814	46.45	36.824	16.96	61.723	21.30	28.351	27.80	33.622	74.12
8月	8	35.192	47.82	37.162	18.47	62.043	22.89	28.676	26.23	33.938	75.72
	18	35.559	49.34	37.491	19.98	62.355	24.34	28.994	25.09	34.246	77.14
	28	35.912	50.95	37.807	21.46	62.653	25.65	29.300	24.36	34.542	78.36
9月	7	36.248	52.65	38.106	22.89	62.937	26.79	29.590	24.11	34.823	79.37
	17	36.558	54.37	38.382	24.21	63.198	27.70	29.857	24.32	35.082	80.11
	27	36.842	56.11	38.635	25.43	63.436	28.42	30.097	24.95	35.319	80.61
10月	7	37.098	57.83	38.863	26.53	63.650	28.91	30.310	26.01	35.531	80.86
	17	37.320	59.50	39.061	27.49	63.835	29.19	30.489	27.43	35.715	80.86
	27	37.511	61.11	39.231	28.31	63.994	29.28	30.636	29.12	35.873	80.67
11月	6	37.667	62.63	39.371	29.01	64.123	29.21	30.749	31.05	36.001	80.29
	16	37.785	64.04	39.477	29.57	64.222	28.99	30.825	33.10	36.099	79.77
	26	37.867	65.33	39.553	30.01	64.291	28.67	30.868	35.18	36.168	79.16
12月	6	37.908	66.47	39.594	30.34	64.328	28.27	30.875	37.24	36.204	78.47
	16	37.908	67.43	39.599	30.54	64.332	27.81	30.847	39.15	36.208	77.76
	26	37.869	68.20	39.572	30.64	64.305	27.33	30.786	40.88	36.181	77.06
	36	37.789	68.74	39.509	30.62	64.246	26.82	30.693	42.36	36.122	76.37
平位置	(J2024.5)	35.257	46.84	37.110	12.71	61.909	12.75	28.349	46.76	33.787	63.85
年自行		−0.0038	0.006	−0.0007	−0.005	0.0006	−0.015	−0.0106	−0.056	−0.0008	−0.078
视差	(角秒)	0.009		0.011		0.008		0.038		0.015	

恒 星 视 位 置

以世界时 0^h 为准

2024 年

日期	108 γ Per+ $2^m.91$ G8		109 ρ Per $3^m.2$～$3^m.4$ M3		111 β Per+ $2^m.1$～$3^m.2$ B8		112 ι Per $4^m.05$ G0		1088 55 Ari $5^m.74$ B8	
	h m	° ′	h m	° ′	h m	° ′	h m	° ′	h m	° ′
	3 06	+53 35	3 06	+38 55	3 09	+41 02	3 10	+49 42	3 11	+29 10
日	s	″	s	″	s	″	s	″	s	″
1月 −9	33.579	69.83	43.828	66.25	44.848	59.87	49.282	25.13	04.198	12.23
1	33.469	71.34	43.766	67.10	44.784	60.84	49.196	26.49	04.154	12.66
11	33.305	72.51	43.663	67.71	44.676	61.55	49.061	27.53	04.072	12.91
21	33.093	73.27	43.522	68.03	44.530	61.96	48.880	28.20	03.957	12.97
31	32.848	73.62	43.355	68.07	44.356	62.07	48.667	28.50	03.817	12.86
2月 10	32.577	73.54	43.166	67.82	44.159	61.87	48.429	28.40	03.656	12.55
20	32.295	73.02	42.968	67.28	43.952	61.35	48.180	27.90	03.485	12.06
3月 1	32.022	72.12	42.774	66.49	43.748	60.57	47.936	27.06	03.316	11.42
11	31.767	70.86	42.593	65.48	43.558	59.54	47.709	25.88	03.157	10.66
21	31.552	69.30	42.440	64.31	43.396	58.33	47.516	24.44	03.022	09.82
31	31.387	67.54	42.325	63.04	43.274	57.00	47.369	22.83	02.919	08.95
4月 10	31.282	65.63	42.256	61.72	43.198	55.61	47.275	21.08	02.857	08.10
20	31.249	63.68	42.242	60.44	43.179	54.23	47.249	19.30	02.843	07.34
30	31.289	61.78	42.285	59.26	43.218	52.95	47.289	17.58	02.881	06.70
5月 10	31.404	59.97	42.386	58.22	43.317	51.79	47.399	15.96	02.969	06.23
20	31.596	58.37	42.547	57.39	43.478	50.83	47.580	14.54	03.111	05.94
30	31.855	57.01	42.762	56.79	43.694	50.11	47.824	13.35	03.304	05.86
6月 9	32.178	55.94	43.026	56.46	43.962	49.65	48.127	12.44	03.542	06.04
19	32.557	55.21	43.335	56.42	44.275	49.50	48.483	11.86	03.820	06.46
29	32.977	54.84	43.676	56.67	44.622	49.63	48.877	11.62	04.128	07.12
7月 9	33.433	54.83	44.044	57.20	44.998	50.06	49.304	11.70	04.461	07.99
19	33.911	55.19	44.428	58.01	45.391	50.77	49.753	12.15	04.809	09.05
29	34.398	55.89	44.819	59.05	45.791	51.74	50.210	12.89	05.164	10.27
8月 8	34.890	56.94	45.213	60.31	46.195	52.94	50.672	13.95	05.522	11.61
18	35.373	58.29	45.598	61.75	46.590	54.34	51.126	15.29	05.872	13.05
28	35.839	59.90	45.968	63.32	46.972	55.90	51.565	16.85	06.209	14.53
9月 7	36.285	61.77	46.322	65.01	47.336	57.60	51.985	18.64	06.532	16.03
17	36.699	63.84	46.651	66.78	47.676	59.39	52.377	20.59	06.832	17.51
27	37.080	66.06	46.954	68.58	47.989	61.23	52.739	22.67	07.109	18.96
10月 7	37.425	68.42	47.227	70.41	48.273	63.12	53.067	24.87	07.360	20.35
17	37.724	70.86	47.467	72.21	48.522	65.01	53.354	27.11	07.582	21.65
27	37.980	73.33	47.674	73.98	48.738	66.87	53.602	29.38	07.774	22.87
11月 6	38.186	75.81	47.845	75.68	48.915	68.68	53.805	31.65	07.935	24.00
16	38.337	78.22	47.975	77.29	49.052	70.41	53.958	33.84	08.060	25.01
26	38.436	80.54	48.067	78.79	49.148	72.03	54.064	35.94	08.152	25.92
12月 6	38.474	82.69	48.115	80.14	49.199	73.50	54.115	37.89	08.205	26.70
16	38.453	84.62	48.119	81.30	49.204	74.79	54.112	39.63	08.220	27.34
26	38.376	86.29	48.081	82.27	49.165	75.87	54.057	41.12	08.197	27.83
36	38.241	87.63	47.999	82.99	49.080	76.70	53.948	42.32	08.135	28.16
平位置 (J2024.5)	35.240	61.52	45.347	60.39	46.369	53.61	50.954	17.27	05.586	08.30
年自行 (J2024.5)	0.0000	−0.004	0.0110	−0.107	0.0002	−0.001	0.1301	−0.095	0.0017	−0.013
视差（角秒）	0.013		0.010		0.035		0.095		0.003	

恒 星 视 位 置

2024 年 以世界时 0^h 为准

日期		114 δ Ari 4ᵐ35 K2		(117) α For 3ᵐ80 F8		116 94 Cet 5ᵐ07 F8		1089 ζ Ari 4ᵐ87 A1		1091 ζ Eri 4ᵐ80 A5	
		h m	° ′	h m	° ′	h m	° ′	h m	° ′	h m	° ′
		3 12	+19 49	3 13	−28 53	3 13	− 1 06	3 16	+21 07	3 16	− 8 43
	日	s	″	s	″	s	″	s	″	s	″
1月	−9	60.855	05.71	06.791	42.73	60.645	24.36	17.626	63.23	60.750	53.15
	1	60.818	05.71	06.708	44.47	60.605	25.26	17.591	63.29	60.705	54.34
	11	60.748	05.61	06.592	45.93	60.534	26.08	17.522	63.25	60.629	55.39
	21	60.645	05.42	06.448	47.00	60.435	26.79	17.419	63.10	60.524	56.26
	31	60.520	05.14	06.282	47.69	60.314	27.36	17.293	62.86	60.397	56.90
2月	10	60.374	04.77	06.100	47.98	60.176	27.80	17.145	62.51	60.253	57.34
	20	60.219	04.33	05.911	47.84	60.028	28.07	16.988	62.07	60.099	57.53
3月	1	60.065	03.84	05.724	47.31	59.881	28.17	16.830	61.57	59.946	57.49
	11	59.919	03.32	05.547	46.38	59.741	28.11	16.681	61.03	59.800	57.20
	21	59.794	02.81	05.391	45.05	59.621	27.83	16.553	60.48	59.672	56.64
	31	59.699	02.34	05.263	43.38	59.527	27.37	16.454	59.96	59.570	55.85
4月	10	59.641	01.95	05.171	41.38	59.466	26.70	16.392	59.51	59.501	54.80
	20	59.628	01.69	05.123	39.08	59.447	25.80	16.375	59.18	59.473	53.51
	30	59.663	01.59	05.122	36.55	59.470	24.71	16.407	59.00	59.488	52.00
5月	10	59.747	01.85	05.169	33.80	59.539	23.41	16.487	59.08	59.548	50.26
	20	59.872	01.92	05.268	30.90	59.655	21.90	16.611	59.15	59.655	48.35
	30	60.053	02.39	05.415	27.94	59.814	20.24	16.790	59.53	59.806	46.29
6月	9	60.275	03.08	05.607	24.94	60.014	18.43	17.010	60.12	59.998	44.13
	19	60.534	03.97	05.840	22.01	60.250	16.54	17.269	60.93	60.228	41.91
	29	60.822	05.03	06.107	19.21	60.514	14.62	17.556	61.91	60.486	39.71
7月	9	61.133	06.24	06.402	16.60	60.801	12.69	17.868	63.05	60.769	37.55
	19	61.460	07.57	06.718	14.28	61.104	10.83	18.195	64.31	61.068	35.53
	29	61.792	08.97	07.044	12.28	61.414	09.08	18.530	65.66	61.376	33.68
8月	8	62.128	10.41	07.377	10.68	61.728	07.49	18.867	67.06	61.688	32.05
	18	62.457	11.84	07.706	09.54	62.035	06.11	19.199	68.47	61.995	30.73
	28	62.774	13.23	08.024	08.86	62.332	04.98	19.519	69.85	62.293	29.70
9月	7	63.077	14.55	08.328	08.67	62.616	04.13	19.825	71.17	62.577	29.02
	17	63.358	15.76	08.609	09.00	62.879	03.58	20.111	72.40	62.841	28.71
	27	63.619	16.85	08.864	09.79	63.120	03.31	20.376	73.52	63.084	28.74
10月	7	63.855	17.81	09.090	11.03	63.339	03.34	20.616	74.52	63.303	29.12
	17	64.063	18.62	09.281	12.65	63.529	03.64	20.829	75.39	63.493	29.82
	27	64.245	19.31	09.440	14.57	63.694	04.16	21.016	76.13	63.657	30.76
11月	6	64.396	19.86	09.561	16.75	63.829	04.89	21.172	76.75	63.791	31.93
	16	64.516	20.28	09.644	19.04	63.934	05.76	21.296	77.25	63.892	33.24
	26	64.604	20.61	09.691	21.38	64.009	06.71	21.388	77.65	63.964	34.63
12月	6	64.657	20.82	09.698	23.67	64.051	07.72	21.445	77.93	64.002	36.05
	16	64.675	20.94	09.668	25.81	64.060	08.72	21.465	78.12	64.006	37.42
	26	64.658	20.97	09.603	27.73	64.038	09.68	21.451	78.22	63.979	38.71
	36	64.605	20.90	09.503	29.37	63.982	10.57	21.399	78.21	63.918	39.87
平位置 (J2024.5)		62.127	03.79	07.079	32.87	61.600	21.39	18.895	60.84	61.538	48.52
年自行		0.0109	−0.010	0.0284	0.612	0.0129	−0.070	−0.0021	−0.077	−0.0002	0.045
视差（角秒）		0.019		0.071		0.045		0.010		0.027	

恒 星 视 位 置

以世界时 0^{h} 为准

2024 年

日期		2232 Pi 23 $4^{\mathrm{m}}.85$ K2		1093 κ Cet $4^{\mathrm{m}}.84$ G5		2234 GC 3981 $4^{\mathrm{m}}.47$ K2		1094 τ Ari $5^{\mathrm{m}}.27$ B5		2236 32 Per $4^{\mathrm{m}}.96$ A3	
		h m	° ′	h m	° ′	h m	° ′	h m	° ′	h m	° ′
		3 20	+34 18	3 20	+ 3 27	3 21	+29 08	3 22	+21 13	3 23	+43 24
	日	s	″	s	″	s	″	s	″	s	″
1月	−9	14.814	42.99	37.959	29.01	48.349	12.12	37.550	63.94	04.166	65.55
	1	14.771	43.69	37.926	28.28	48.314	12.58	37.520	64.01	04.110	66.69
	11	14.688	44.19	37.861	27.60	48.240	12.87	37.455	63.99	04.007	67.58
	21	14.568	44.46	37.766	26.99	48.131	12.98	37.355	63.87	03.862	68.16
	31	14.419	44.50	37.648	26.47	47.994	12.93	37.230	63.65	03.683	68.43
2月	10	14.246	44.30	37.511	26.04	47.834	12.68	37.084	63.33	03.478	68.38
	20	14.062	43.87	37.364	25.73	47.662	12.26	36.925	62.92	03.259	67.98
3月	1	13.877	43.24	37.216	25.54	47.490	11.69	36.766	62.45	03.042	67.30
	11	13.702	42.42	37.075	25.48	47.325	10.98	36.614	61.92	02.834	66.34
	21	13.551	41.46	36.952	25.58	47.183	10.19	36.482	61.39	02.654	65.16
	31	13.433	40.44	36.855	25.85	47.072	09.37	36.379	60.89	02.513	63.82
4月	10	13.356	39.37	36.791	26.29	47.000	08.55	36.311	60.44	02.417	62.38
	20	13.331	38.35	36.769	26.93	46.976	07.80	36.288	60.11	02.380	60.93
	30	13.358	37.43	36.790	27.75	47.002	07.16	36.313	59.92	02.402	59.52
5月	10	13.440	36.64	36.856	28.77	47.080	06.67	36.389	59.94	02.486	58.22
	20	13.579	36.03	36.969	30.02	47.210	06.36	36.504	60.04	02.635	57.09
	30	13.770	35.62	37.127	31.42	47.392	06.24	36.678	60.38	02.841	56.17
6月	9	14.010	35.46	37.325	32.98	47.620	06.35	36.894	60.95	03.102	55.50
	19	14.294	35.56	37.561	34.64	47.890	06.71	37.148	61.71	03.412	55.12
	29	14.609	35.91	37.824	36.37	48.190	07.29	37.431	62.65	03.759	55.03
7月	9	14.952	36.50	38.112	38.15	48.517	08.08	37.740	63.75	04.138	55.24
	19	15.314	37.33	38.416	39.89	48.862	09.06	38.065	64.97	04.538	55.74
	29	15.684	38.35	38.727	41.55	49.215	10.19	38.399	66.28	04.948	56.50
8月	8	16.058	39.54	39.042	43.11	49.572	11.44	38.736	67.64	05.364	57.51
	18	16.427	40.87	39.352	44.49	49.923	12.79	39.069	69.01	05.776	58.75
	28	16.784	42.30	39.652	45.67	50.264	14.18	39.391	70.34	06.175	60.17
9月	7	17.128	43.80	39.940	46.62	50.592	15.60	39.701	71.63	06.560	61.75
	17	17.449	45.34	40.208	47.31	50.899	17.00	39.990	72.82	06.922	63.46
	27	17.748	46.89	40.456	47.74	51.185	18.36	40.260	73.91	07.259	65.25
10月	7	18.021	48.43	40.681	47.91	51.446	19.68	40.506	74.89	07.567	67.12
	17	18.264	49.93	40.879	47.84	51.678	20.92	40.725	75.73	07.841	69.01
	27	18.477	51.38	41.052	47.56	51.883	22.09	40.918	76.45	08.081	70.91
11月	6	18.656	52.77	41.197	47.09	52.056	23.17	41.082	77.06	08.283	72.79
	16	18.798	54.07	41.311	46.48	52.194	24.15	41.213	77.54	08.442	74.60
	26	18.905	55.27	41.395	45.78	52.298	25.03	41.313	77.94	08.559	76.34
12月	6	18.969	56.36	41.446	45.01	52.363	25.81	41.376	78.22	08.627	77.96
	16	18.992	57.29	41.463	44.23	52.389	26.45	41.403	78.42	08.647	79.40
	26	18.974	58.07	41.449	43.46	52.376	26.96	41.394	78.53	08.619	80.65
	36	18.912	58.66	41.400	42.73	52.322	27.32	41.347	78.53	08.541	81.65
平位置 (J2024.5)		16.218	37.74	38.972	30.58	49.691	07.85	38.797	61.29	05.644	58.60
年自行		0.0001	−0.009	0.0180	0.093	−0.0006	−0.016	0.0018	−0.025	−0.0057	0.000
视差（角秒）		0.002		0.109		0.005		0.007		0.021	

恒 星 视 位 置

2024 年 以世界时 0^h 为准

日 期		115 48 H. Cep $5^m.44$ A6		120 α Per $1^m.79$ F5		121 o Tau $3^m.61$ G8		1096 Pi 3^h27 $5^m.13$ M0		123 ξ Tau $3^m.73$ B9	
		h m 3 23	° ′ +77 49	h m 3 26	° ′ +49 56	h m 3 26	° ′ + 9 06	h m 3 26	° ′ +64 40	h m 3 28	° ′ + 9 48
	日	s	″	s	″	s	″	s	″	s	″
1月	−9	30.521	26.77	03.589	54.61	07.027	48.65	48.259	25.47	28.950	59.70
	1	30.086	29.34	03.519	56.07	07.000	48.16	48.107	27.58	28.925	59.24
	11	29.491	31.51	03.396	57.25	06.940	47.67	47.873	29.33	28.867	58.77
	21	28.756	33.16	03.223	58.07	06.848	47.20	47.567	30.63	28.776	58.32
	31	27.925	34.26	03.014	58.52	06.731	46.76	47.209	31.46	28.660	57.90
2月	10	27.021	34.78	02.774	58.60	06.593	46.35	46.808	31.79	28.522	57.50
	20	26.090	34.67	02.519	58.27	06.444	46.00	46.388	31.59	28.373	57.15
3月	1	25.181	34.00	02.265	57.58	06.293	45.71	45.974	30.91	28.221	56.85
	11	24.323	32.77	02.022	56.56	06.148	45.49	45.580	29.76	28.075	56.62
	21	23.568	31.03	01.811	55.24	06.020	45.38	45.233	28.19	27.946	56.48
	31	22.949	28.90	01.642	53.73	05.919	45.38	44.952	26.31	27.844	56.46
4月	10	22.485	26.45	01.525	52.05	05.850	45.53	44.748	24.17	27.773	56.58
	20	22.212	23.79	01.473	50.31	05.824	45.85	44.639	21.88	27.745	56.85
	30	22.131	21.04	01.487	48.59	05.842	46.33	44.629	19.55	27.761	57.29
5月	10	22.247	18.27	01.571	46.94	05.904	46.98	44.719	17.23	27.822	57.90
	20	22.568	15.61	01.727	45.46	06.013	47.87	44.914	15.05	27.930	58.74
	30	23.071	13.16	01.947	44.18	06.169	48.93	45.203	13.07	28.084	59.76
6月	9	23.748	10.95	02.228	43.15	06.366	50.16	45.581	11.35	28.280	60.94
	19	24.583	09.11	02.565	42.43	06.601	51.53	46.040	09.96	28.514	62.27
	29	25.541	07.65	02.943	42.02	06.865	53.00	46.560	08.93	28.778	63.69
7月	9	26.610	06.61	03.358	41.93	07.154	54.54	47.137	08.27	29.066	65.21
	19	27.760	06.04	03.798	42.18	07.460	56.11	47.752	08.04	29.372	66.74
	29	28.956	05.93	04.250	42.73	07.773	57.65	48.389	08.20	29.686	68.26
8月	8	30.190	06.28	04.711	43.59	08.092	59.14	49.041	08.76	30.005	69.73
	18	31.423	07.12	05.167	44.73	08.406	60.51	49.691	09.73	30.321	71.09
	28	32.634	08.37	05.612	46.10	08.711	61.73	50.327	11.03	30.627	72.31
9月	7	33.811	10.05	06.042	47.70	09.005	62.78	50.944	12.68	30.923	73.37
	17	34.920	12.13	06.447	49.49	09.280	63.62	51.526	14.64	31.200	74.22
	27	35.949	14.54	06.825	51.42	09.536	64.25	52.069	16.85	31.458	74.87
10月	7	36.884	17.27	07.172	53.48	09.769	64.67	52.566	19.31	31.694	75.31
	17	37.693	20.25	07.479	55.61	09.977	64.87	53.004	21.94	31.905	75.55
	27	38.376	23.41	07.750	57.79	10.160	64.90	53.383	24.70	32.091	75.61
11月	6	38.910	26.73	07.976	60.00	10.315	64.75	53.692	27.56	32.249	75.50
	16	39.276	30.09	08.153	62.16	10.439	64.47	53.924	30.42	32.376	75.25
	26	39.479	33.44	08.282	64.25	10.533	64.10	54.079	33.25	32.474	74.92
12月	6	39.496	36.69	08.355	66.24	10.593	63.64	54.146	35.97	32.537	74.50
	16	39.329	39.71	08.371	68.03	10.619	63.15	54.126	38.49	32.565	74.05
	26	38.992	42.47	08.334	69.62	10.612	62.64	54.022	40.76	32.560	73.57
	36	38.480	44.84	08.238	70.93	10.568	62.12	53.831	42.69	32.519	73.08
平位置 (J2024.5)		32.115	15.95	05.111	46.58	08.092	48.48	49.856	15.65	30.021	59.26
年自行		0.0180	−0.063	0.0025	−0.026	−0.0050	−0.080	−0.0005	0.000	0.0036	−0.038
视 差 (角秒)		0.012		0.006		0.015		0.003		0.015	

恒 星 视 位 置

以世界时 0h 为准

2024 年

日 期	122 2 H. Cam 4ᵐ.21 B9		1097 17 Eri 4ᵐ.74 B9		125 5 Tau 4ᵐ.14 K0		124 σ Per 4ᵐ.36 K3		127 ε Eri 3ᵐ.72 K2	
	h m 3 30	° ′ +60 01	h m 3 31	° ′ − 4 59	h m 3 32	° ′ +13 01	h m 3 32	° ′ +48 04	h m 3 34	° ′ − 9 22
日	s	″	s	″	s	″	s	″	s	″
1月 −9	62.875	33.25	49.316	36.20	12.661	09.54	17.371	47.42	04.526	39.98
1	62.766	35.20	49.285	37.31	12.640	09.23	17.314	48.83	04.488	41.26
11	62.587	36.81	49.221	38.30	12.583	08.89	17.205	49.97	04.416	42.39
21	62.344	38.00	49.125	39.14	12.493	08.54	17.047	50.78	04.314	43.32
31	62.053	38.77	49.006	39.80	12.378	08.18	16.852	51.24	04.187	44.03
2月 10	61.724	39.07	48.865	40.29	12.239	07.81	16.625	51.35	04.040	44.52
20	61.375	38.87	48.712	40.56	12.088	07.46	16.382	51.07	03.882	44.74
3月 1	61.028	38.23	48.557	40.63	11.934	07.12	16.138	50.46	03.721	44.71
11	60.696	37.16	48.407	40.49	11.785	06.82	15.903	49.52	03.565	44.44
21	60.404	35.70	48.273	40.11	11.652	06.59	15.696	48.29	03.426	43.90
31	60.165	33.96	48.163	39.52	11.547	06.44	15.530	46.87	03.312	43.10
4月 10	59.992	31.98	48.085	38.70	11.473	06.39	15.411	45.30	03.228	42.06
20	59.901	29.87	48.046	37.64	11.442	06.50	15.355	43.66	03.185	40.77
30	59.893	27.72	48.050	36.38	11.456	06.76	15.363	42.04	03.184	39.26
5月 10	59.973	25.60	48.098	34.90	11.516	07.16	15.437	40.49	03.228	37.53
20	60.144	23.61	48.193	33.22	11.620	07.78	15.581	39.08	03.320	35.61
30	60.397	21.82	48.332	31.40	11.774	08.62	15.788	37.88	03.456	33.56
6月 9	60.727	20.27	48.514	29.45	11.971	09.61	16.054	36.90	03.634	31.39
19	61.128	19.04	48.733	27.42	12.206	10.76	16.375	36.22	03.850	29.18
29	61.583	18.15	48.982	25.38	12.470	12.03	16.737	35.84	04.097	26.98
7月 9	62.087	17.61	49.257	23.35	12.761	13.40	17.136	35.76	04.370	24.82
19	62.625	17.47	49.551	21.42	13.069	14.82	17.559	36.00	04.662	22.80
29	63.181	17.69	49.854	19.63	13.386	16.26	17.996	36.53	04.963	20.96
8月 8	63.752	18.29	50.164	18.02	13.708	17.68	18.443	37.35	05.272	19.34
18	64.320	19.25	50.471	16.67	14.028	19.01	18.886	38.44	05.578	18.02
28	64.877	20.52	50.771	15.59	14.339	20.24	19.319	39.74	05.876	17.01
9月 7	65.419	22.10	51.060	14.82	14.639	21.34	19.739	41.26	06.164	16.36
17	65.930	23.96	51.331	14.40	14.922	22.27	20.136	42.94	06.433	16.08
27	66.408	26.04	51.583	14.29	15.185	23.02	20.508	44.76	06.683	16.15
10月 7	66.849	28.34	51.814	14.51	15.428	23.59	20.851	46.70	06.910	16.58
17	67.239	30.79	52.018	15.03	15.645	23.97	21.157	48.71	07.111	17.34
27	67.581	33.35	52.197	15.79	15.838	24.20	21.428	50.77	07.285	18.36
11月 6	67.864	35.99	52.348	16.78	16.002	24.27	21.657	52.84	07.431	19.61
16	68.083	38.63	52.467	17.91	16.136	24.22	21.839	54.88	07.544	21.01
26	68.237	41.24	52.556	19.14	16.240	24.07	21.976	56.87	07.627	22.50
12月 6	68.317	43.74	52.612	20.42	16.309	23.84	22.058	58.74	07.675	24.02
16	68.322	46.06	52.633	21.67	16.342	23.56	22.086	60.46	07.689	25.50
26	68.255	48.14	52.620	22.85	16.341	23.24	22.061	61.98	07.669	26.88
36	68.113	49.92	52.573	23.94	16.302	22.89	21.980	63.24	07.614	28.12
平位置 (J2024.5)	64.426	23.90	50.122	33.55	13.763	08.24	18.845	39.61	05.210	36.39
年自行	−0.0001	−0.002	0.0009	0.007	0.0013	−0.002	0.0002	0.017	−0.0659	0.020
视 差 (角秒)	0.001		0.009		0.009		0.009		0.311	

恒 星 视 位 置

2024 年　　　　以世界时 0^h 为准

日　期	2249 36 Per 5ᵐ.30　F4		1098 +34°674 Per 5ᵐ.91　B1		1099 τ^5 Eri 4ᵐ.26　B9		1100 20 Eri 5ᵐ.24　B8		1101 10 Tau 4ᵐ.29　F9	
	h m 3 34	° ′ +46 08	h m 3 34	° ′ +35 32	h m 3 34	° ′ −21 32	h m 3 37	° ′ −17 22	h m 3 38	° ′ + 0 28
日	s	″	s	″	s	″	s	″	s	″
1月 −9	07.301	23.71	12.721	41.12	51.864	73.46	23.958	79.39	06.666	39.35
1	07.252	25.03	12.691	41.93	51.812	75.18	23.916	80.99	06.643	38.44
11	07.151	26.10	12.617	42.54	51.726	76.67	23.839	82.38	06.586	37.60
21	07.003	26.85	12.502	42.93	51.607	77.86	23.729	83.51	06.496	36.87
31	06.818	27.28	12.356	43.10	51.464	78.71	23.595	84.35	06.381	36.27
2月 10	06.603	27.37	12.182	43.02	51.300	79.24	23.440	84.89	06.243	35.79
20	06.370	27.09	11.993	42.69	51.124	79.39	23.271	85.09	06.093	35.47
3月 1	06.136	26.49	11.802	42.15	50.946	79.19	23.100	84.98	05.939	35.30
11	05.911	25.59	11.617	41.40	50.773	78.64	22.933	84.55	05.788	35.28
21	05.712	24.42	11.454	40.50	50.616	77.72	22.782	83.78	05.653	35.45
31	05.551	23.07	11.322	39.50	50.485	76.49	22.656	82.72	05.542	35.80
4月 10	05.437	21.58	11.230	38.43	50.384	74.95	22.559	81.36	05.462	36.34
20	05.382	20.03	11.189	37.37	50.325	73.10	22.503	79.71	05.421	37.10
30	05.389	18.50	11.202	36.39	50.309	71.01	22.490	77.83	05.423	38.03
5月 10	05.460	17.04	11.269	35.51	50.339	68.68	22.522	75.72	05.469	39.17
20	05.599	15.73	11.394	34.80	50.419	66.18	22.603	73.41	05.563	40.51
30	05.799	14.62	11.572	34.26	50.545	63.56	22.728	70.99	05.700	42.01
6月 9	06.057	13.73	11.801	33.95	50.715	60.86	22.898	68.47	05.880	43.66
19	06.367	13.13	12.076	33.90	50.926	58.17	23.107	65.93	06.098	45.40
29	06.718	12.82	12.385	34.08	51.170	55.55	23.349	63.44	06.346	47.19
7月 9	07.104	12.80	12.724	34.51	51.444	53.04	23.620	61.04	06.621	49.00
19	07.514	13.09	13.084	35.16	51.739	50.76	23.911	58.83	06.914	50.77
29	07.938	13.65	13.456	36.02	52.047	48.74	24.215	56.85	07.217	52.43
8月 8	08.370	14.49	13.834	37.05	52.364	47.04	24.527	55.16	07.527	53.96
18	08.800	15.57	14.209	38.24	52.680	45.75	24.839	53.84	07.836	55.29
28	09.221	16.85	14.575	39.53	52.989	44.85	25.144	52.89	08.137	56.40
9月 7	09.629	18.33	14.930	40.92	53.289	44.42	25.440	52.36	08.428	57.25
17	10.014	19.97	15.265	42.37	53.569	44.45	25.718	52.27	08.702	57.80
27	10.375	21.72	15.579	43.83	53.830	44.91	25.976	52.58	08.959	58.08
10月 7	10.709	23.58	15.870	45.32	54.067	45.81	26.213	53.32	09.195	58.07
17	11.008	25.49	16.131	46.78	54.274	47.10	26.421	54.42	09.405	57.79
27	11.273	27.44	16.363	48.22	54.453	48.70	26.602	55.82	09.592	57.29
11月 6	11.499	29.41	16.562	49.61	54.600	50.56	26.753	57.48	09.751	56.59
16	11.679	31.33	16.723	50.93	54.711	52.59	26.869	59.31	09.879	55.74
26	11.815	33.20	16.848	52.18	54.789	54.69	26.954	61.21	09.978	54.80
12月 6	11.899	34.96	16.930	53.33	54.829	56.81	27.002	63.15	10.043	53.79
16	11.931	36.57	16.968	54.35	54.832	58.82	27.013	65.00	10.073	52.79
26	11.912	37.99	16.963	55.22	54.800	60.68	26.990	66.73	10.069	51.82
36	11.839	39.17	16.912	55.92	54.730	62.33	26.930	68.27	10.029	50.92
平位置 (J2024.5)	08.751	16.11	14.079	35.30	52.268	67.58	24.465	74.57	07.544	40.15
年自行	−0.0051	−0.075	−0.0005	0.004	0.0032	−0.028	0.0020	−0.010	−0.0156	−0.482
视　差　(角秒)	0.027		0.002		0.011		0.007		0.073	

恒　星　视　位　置

以世界时 0^h 为准

2024 年

日　期	GC ψ Per $4^m.32$	B5	133 δ For $4^m.99$	B5	129 Grb 716 $5^m.06$	S5	135 δ Eri $3^m.52$	K0	131 δ Per $3^m.01$	B5
	h m 3 38	° ′ +48 16	h m 3 43	° ′ −31 51	h m 3 44	° ′ +63 17	h m 3 44	° ′ − 9 40	h m 3 44	° ′ +47 51
日	s	″	s	″	s	″	s	″	s	″
1月 −9	13.102	26.95	13.399	47.96	16.860	46.58	24.777	58.31	39.423	57.00
1	13.053	28.39	13.330	50.02	16.753	48.73	24.749	59.63	39.383	58.45
11	12.949	29.57	13.222	51.80	16.565	50.58	24.686	60.81	39.288	59.65
21	12.795	30.43	13.079	53.20	16.301	52.01	24.590	61.78	39.142	60.55
31	12.602	30.96	12.909	54.18	15.981	53.00	24.469	62.53	38.955	61.12
2月 10	12.377	31.12	12.716	54.77	15.613	53.51	24.324	63.06	38.734	61.34
20	12.133	30.91	12.510	54.89	15.219	53.51	24.166	63.31	38.493	61.18
3月 1	11.886	30.35	12.301	54.58	14.822	53.04	24.004	63.32	38.247	60.69
11	11.647	29.46	12.096	53.85	14.438	52.10	23.844	63.08	38.008	59.86
21	11.435	28.28	11.909	52.69	14.092	50.73	23.699	62.56	37.793	58.75
31	11.262	26.90	11.747	51.16	13.803	49.03	23.578	61.79	37.616	57.42
4月 10	11.136	25.35	11.617	49.27	13.583	47.05	23.486	60.77	37.485	55.92
20	11.072	23.72	11.530	47.03	13.451	44.88	23.433	59.48	37.414	54.34
30	11.072	22.10	11.488	44.54	13.410	42.64	23.422	57.98	37.406	52.74
5月 10	11.138	20.53	11.495	41.81	13.465	40.39	23.455	56.26	37.463	51.19
20	11.275	19.10	11.556	38.89	13.620	38.22	23.536	54.34	37.591	49.77
30	11.475	17.85	11.665	35.89	13.867	36.23	23.661	52.29	37.781	48.52
6月 9	11.735	16.83	11.823	32.82	14.201	34.44	23.829	50.11	38.032	47.48
19	12.050	16.10	12.027	29.79	14.616	32.96	24.036	47.88	38.339	46.72
29	12.408	15.65	12.267	26.87	15.094	31.80	24.275	45.66	38.689	46.23
7月 9	12.803	15.50	12.542	24.12	15.629	30.99	24.541	43.47	39.077	46.03
19	13.225	15.67	12.843	21.65	16.207	30.58	24.828	41.42	39.493	46.15
29	13.662	16.12	13.160	19.51	16.810	30.54	25.127	39.54	39.924	46.54
8月 8	14.109	16.86	13.490	17.75	17.434	30.88	25.435	37.88	40.368	47.21
18	14.555	17.87	13.823	16.47	18.061	31.61	25.742	36.51	40.811	48.14
28	14.992	19.10	14.151	15.66	18.680	32.67	26.043	35.46	41.247	49.29
9月 7	15.417	20.55	14.470	15.37	19.286	34.07	26.336	34.76	41.672	50.66
17	15.820	22.17	14.771	15.63	19.864	35.79	26.612	34.45	42.077	52.20
27	16.198	23.93	15.051	16.37	20.409	37.76	26.871	34.49	42.459	53.88
10月 7	16.549	25.81	15.306	17.62	20.915	39.98	27.109	34.89	42.815	55.69
17	16.864	27.78	15.528	19.30	21.368	42.40	27.321	35.64	43.136	57.58
27	17.145	29.80	15.718	21.32	21.768	44.97	27.509	36.64	43.424	59.53
11月 6	17.384	31.85	15.872	23.65	22.106	47.66	27.668	37.90	43.671	61.52
16	17.576	33.87	15.986	26.14	22.370	50.38	27.795	39.32	43.872	63.49
26	17.722	35.85	16.062	28.72	22.563	53.11	27.892	40.83	44.027	65.43
12月 6	17.814	37.73	16.095	31.29	22.672	55.77	27.953	42.38	44.129	67.29
16	17.850	39.46	16.087	33.72	22.696	58.27	27.979	43.89	44.175	69.00
26	17.833	41.01	16.038	35.96	22.637	60.56	27.971	45.31	44.167	70.55
36	17.758	42.32	15.949	37.93	22.492	62.56	27.925	46.60	44.101	71.87
平位置 (J2024.5)	14.549	19.01	13.421	40.96	18.326	36.89	25.440	55.19	40.836	49.05
年自行	0.0021	−0.028	0.0003	0.014	−0.0027	0.019	−0.0062	0.743	0.0024	−0.042
视　差　(角秒)	0.005		0.004		0.006		0.111		0.006	

恒 星 视 位 置

2024 年 以世界时 0^h 为准

日 期		137 24 Eri 5ᵐ.24 B7		(132) o Per 3ᵐ.84 B1		2268 GC 4464 5ᵐ.60 A2		136 17 Tau 3ᵐ.72 B6		134 ν Per 3ᵐ.77 F5	
		h m	° ′	h m	° ′	h m	° ′	h m	° ′	h m	° ′
		3 45	−1 04	3 45	+32 21	3 46	+36 32	3 46	+24 11	3 46	+42 39
	日	s	″	s	″	s	″	s	″	s	″
1月	−9	44.490	75.56	50.432	55.61	05.703	13.83	18.945	22.76	50.687	21.00
	1	44.472	76.55	50.417	56.28	05.684	14.72	18.935	23.00	50.660	22.19
	11	44.420	77.45	50.358	56.80	05.619	15.42	18.884	23.16	50.583	23.18
	21	44.333	78.23	50.257	57.14	05.510	15.91	18.795	23.20	50.458	23.90
	31	44.220	78.86	50.124	57.29	05.367	16.18	18.675	23.14	50.295	24.35
2月	10	44.084	79.36	49.962	57.24	05.194	16.20	18.528	22.95	50.101	24.49
	20	43.932	79.68	49.782	56.98	05.003	15.97	18.365	22.65	49.886	24.31
3月	1	43.776	79.83	49.597	56.54	04.806	15.51	18.197	22.26	49.667	23.84
	11	43.622	79.82	49.416	55.92	04.613	14.84	18.031	21.78	49.451	23.10
	21	43.483	79.60	49.253	55.17	04.440	13.98	17.882	21.24	49.258	22.11
	31	43.366	79.19	49.119	54.33	04.298	13.00	17.759	20.69	49.098	20.95
4月	10	43.279	78.58	49.021	53.44	04.194	11.94	17.669	20.15	48.980	19.65
	20	43.231	77.76	48.971	52.56	04.140	10.87	17.624	19.68	48.917	18.30
	30	43.225	76.74	48.972	51.75	04.139	09.84	17.627	19.31	48.911	16.96
5月	10	43.262	75.52	49.026	51.05	04.194	08.89	17.678	19.08	48.965	15.69
	20	43.347	74.11	49.135	50.50	04.307	08.10	17.778	19.09	49.084	14.54
	30	43.476	72.53	49.296	50.10	04.474	07.47	17.928	19.08	49.260	13.57
6月	9	43.648	70.82	49.507	49.90	04.693	07.03	18.127	19.36	49.493	12.80
	19	43.858	69.01	49.764	49.94	04.960	06.84	18.367	19.84	49.777	12.28
	29	44.100	67.16	50.055	50.19	05.263	06.89	18.639	20.50	50.101	12.02
7月	9	44.368	65.29	50.377	50.66	05.598	07.17	18.941	21.32	50.460	12.03
	19	44.657	63.49	50.721	51.33	05.957	07.68	19.263	22.28	50.845	12.31
	29	44.957	61.79	51.077	52.16	06.328	08.39	19.596	23.35	51.244	12.83
8月	8	45.265	60.23	51.442	53.15	06.709	09.29	19.937	24.49	51.654	13.59
	18	45.573	58.89	51.806	54.26	07.089	10.35	20.277	25.67	52.064	14.57
	28	45.874	57.79	52.164	55.44	07.463	11.52	20.611	26.86	52.467	15.72
9月	7	46.168	56.96	52.512	56.69	07.827	12.80	20.936	28.02	52.861	17.03
	17	46.446	56.44	52.843	57.97	08.173	14.15	21.245	29.13	53.236	18.47
	27	46.707	56.21	53.155	59.25	08.500	15.54	21.536	30.17	53.590	20.01
10月	7	46.948	56.28	53.446	60.52	08.805	16.96	21.807	31.12	53.920	21.63
	17	47.165	56.63	53.710	61.76	09.081	18.37	22.053	31.98	54.219	23.30
	27	47.359	57.21	53.947	62.95	09.329	19.78	22.274	32.75	54.488	25.00
11月	6	47.525	58.01	54.153	64.11	09.545	21.17	22.467	33.43	54.720	26.71
	16	47.661	58.96	54.324	65.19	09.723	22.50	22.627	34.02	54.911	28.39
	26	47.767	60.00	54.460	66.22	09.864	23.77	22.755	34.53	55.062	30.02
12月	6	47.839	61.10	54.555	67.16	09.961	24.97	22.846	34.96	55.164	31.58
	16	47.876	62.20	54.607	67.99	10.013	26.04	22.896	35.31	55.215	33.01
	26	47.878	63.25	54.616	68.72	10.021	26.99	22.909	35.59	55.218	34.30
	36	47.844	64.23	54.580	69.30	09.979	27.78	22.879	35.77	55.167	35.38
平位置	(J2024.5)	45.319	74.72	51.713	50.04	07.025	07.55	20.139	18.60	52.052	13.78
年自行		0.0002	−0.005	0.0006	−0.010	0.0040	−0.042	0.0016	−0.045	−0.0014	0.003
视 差 (角秒)		0.005		0.002		0.010		0.009		0.006	

恒　星　视　位　置

以世界时 0^h 为准

2024 年

日期		1104		140		139		142		138	
		29 Tau		τ^6 Eri		η Tau		27 Tau		γ Cam	
		5ᵐ.34	B3	4ᵐ.22	F3	2ᵐ.85	B7	3ᵐ.62	B8	4ᵐ.59	A2
		h m	° ′	h m	° ′	h m	° ′	h m	° ′	h m	° ′
		3 46	+6 07	3 47	−23 10	3 48	+24 10	3 50	+24 07	3 52	+71 24
	日	s	″	s	″	s	″	s	″	s	″
1月	−9	57.781	30.67	53.889	48.15	55.577	48.69	36.277	39.48	57.862	26.21
	1	57.769	30.02	53.843	50.02	55.569	48.94	36.270	39.73	57.692	28.74
	11	57.721	29.39	53.760	51.65	55.520	49.09	36.223	39.88	57.406	30.95
	21	57.638	28.83	53.642	52.97	55.433	49.14	36.136	39.94	57.012	32.73
	31	57.528	28.34	53.498	53.94	55.314	49.09	36.018	39.89	56.536	34.02
2月	10	57.394	27.91	53.331	54.57	55.168	48.92	35.873	39.72	55.992	34.81
	20	57.244	27.58	53.149	54.81	55.005	48.63	35.710	39.44	55.409	35.02
3月	1	57.089	27.34	52.964	54.68	54.836	48.25	35.541	39.07	54.820	34.69
	11	56.936	27.20	52.781	54.20	54.670	47.78	35.374	38.61	54.247	33.83
	21	56.798	27.20	52.612	53.33	54.519	47.25	35.222	38.09	53.725	32.47
	31	56.683	27.33	52.468	52.12	54.395	46.71	35.097	37.56	53.280	30.72
4月	10	56.597	27.61	52.354	50.59	54.303	46.18	35.004	37.03	52.926	28.61
	20	56.552	28.06	52.280	48.75	54.256	45.72	34.955	36.57	52.693	26.26
	30	56.549	28.68	52.249	46.66	54.255	45.34	34.953	36.20	52.585	23.77
5月	10	56.590	29.48	52.263	44.32	54.304	45.11	35.001	35.97	52.607	21.21
	20	56.679	30.47	52.328	41.79	54.402	45.12	35.098	35.98	52.768	18.71
	30	56.812	31.64	52.439	39.15	54.549	45.10	35.241	35.96	53.056	16.34
6月	9	56.988	32.97	52.596	36.41	54.745	45.37	35.436	36.22	53.466	14.17
	19	57.204	34.41	52.795	33.68	54.983	45.83	35.673	36.68	53.992	12.28
	29	57.451	35.94	53.029	31.02	55.254	46.47	35.942	37.31	54.608	10.72
7月	9	57.724	37.52	53.294	28.47	55.553	47.28	36.240	38.11	55.308	09.52
	19	58.018	39.10	53.582	26.15	55.874	48.23	36.560	39.05	56.074	08.73
	29	58.322	40.64	53.886	24.09	56.206	49.27	36.892	40.08	56.881	08.35
8月	8	58.635	42.09	54.200	22.36	56.547	50.40	37.232	41.19	57.724	08.39
	18	58.947	43.39	54.517	21.03	56.887	51.56	37.572	42.34	58.577	08.86
	28	59.253	44.53	54.829	20.13	57.221	52.72	37.906	43.50	59.427	09.72
9月	7	59.551	45.47	55.133	19.68	57.547	53.87	38.233	44.63	60.265	10.98
	17	59.833	46.16	55.421	19.73	57.857	54.96	38.543	45.70	61.068	12.61
	27	60.099	46.63	55.690	20.22	58.150	55.98	38.837	46.71	61.830	14.56
10月	7	60.345	46.85	55.937	21.16	58.423	56.92	39.111	47.64	62.539	16.84
	17	60.568	46.84	56.155	22.52	58.671	57.76	39.361	48.47	63.176	19.37
	27	60.768	46.64	56.346	24.20	58.895	58.52	39.586	49.21	63.739	22.10
11月	6	60.941	46.26	56.504	26.17	59.090	59.18	39.783	49.87	64.212	25.02
	16	61.083	45.73	56.627	28.31	59.253	59.76	39.948	50.43	64.580	28.03
	26	61.197	45.12	56.716	30.54	59.384	60.26	40.081	50.93	64.844	31.07
12月	6	61.276	44.44	56.766	32.80	59.478	60.69	40.176	51.35	64.987	34.08
	16	61.319	43.73	56.778	34.96	59.531	61.04	40.231	51.69	65.006	36.95
	26	61.327	43.04	56.752	36.97	59.546	61.31	40.248	51.97	64.906	39.61
	36	61.298	42.37	56.687	38.76	59.518	61.49	40.221	52.15	64.681	41.99
平位置 (J2024.5)		58.729	29.99	54.188	43.44	56.762	44.44	37.455	35.18	59.199	15.90
年自行		0.0014	−0.016	−0.0117	−0.529	0.0014	−0.043	0.0014	−0.045	0.0037	−0.042
视差（角秒）		0.006		0.056		0.009		0.009		0.010	

恒 星 视 位 置

2024 年 以世界时 0^h 为准

日 期		1106 Pi 3^h187 $5^m.97$ F4		144 ζ Per $2^m.84$ B1		1105 $+57°752$ Cam $5^m.80$ A5		149 γ Eri $2^m.97$ M1		147 ε Per $2^m.90$ B0	
		h m 3 54	° ′ +17 23	h m 3 55	° ′ +31 57	h m 3 55	° ′ +58 02	h m 3 59	° ′ −13 26	h m 3 59	° ′ +40 04
	日	s	″	s	″	s	″	s	″	s	″
1月	−9	33.265	56.76	39.456	21.49	42.252	52.66	09.907	27.45	29.046	51.17
	1	33.263	56.66	39.450	22.16	42.195	54.64	09.886	29.01	29.038	52.27
	11	33.221	56.51	39.400	22.69	42.067	56.35	09.829	30.41	28.979	53.20
	21	33.142	56.33	39.307	23.06	41.871	57.69	09.736	31.58	28.872	53.90
	31	33.032	56.12	39.179	23.25	41.623	58.65	09.615	32.49	28.726	54.36
2月	10	32.895	55.85	39.021	23.26	41.329	59.18	09.468	33.14	28.546	54.55
	20	32.741	55.56	38.843	23.06	41.008	59.25	09.305	33.48	28.343	54.46
3月	1	32.580	55.24	38.658	22.68	40.679	58.89	09.135	33.54	28.133	54.10
	11	32.419	54.90	38.474	22.14	40.356	58.10	08.966	33.32	27.924	53.48
	21	32.273	54.59	38.307	21.45	40.062	56.91	08.809	32.78	27.732	52.65
	31	32.151	54.30	38.167	20.67	39.813	55.42	08.673	31.97	27.570	51.64
4月	10	32.059	54.08	38.061	19.84	39.619	53.67	08.565	30.88	27.447	50.51
	20	32.009	53.96	38.003	19.00	39.499	51.73	08.495	29.50	27.374	49.31
	30	32.004	53.95	37.994	18.22	39.456	49.73	08.466	27.90	27.356	48.12
5月	10	32.046	54.09	38.037	17.53	39.495	47.69	08.480	26.06	27.396	46.98
	20	32.138	54.25	38.136	16.99	39.620	45.74	08.543	24.03	27.497	45.96
	30	32.268	54.85	38.285	16.59	39.824	43.94	08.650	21.85	27.654	45.08
6月	9	32.451	55.52	38.486	16.36	40.104	42.33	08.801	19.55	27.866	44.39
	19	32.674	56.33	38.732	16.36	40.455	40.99	08.993	17.21	28.130	43.92
	29	32.929	57.28	39.015	16.57	40.862	39.94	09.218	14.88	28.433	43.69
7月	9	33.213	58.35	39.329	16.98	41.321	39.20	09.474	12.59	28.772	43.69
	19	33.518	59.51	39.667	17.58	41.818	38.82	09.752	10.46	29.138	43.95
	29	33.835	60.71	40.018	18.34	42.338	38.78	10.045	08.52	29.519	44.41
8月	8	34.161	61.94	40.380	19.24	42.878	39.08	10.350	06.82	29.914	45.09
	18	34.487	63.12	40.743	20.26	43.423	39.72	10.657	05.45	30.310	45.96
	28	34.808	64.25	41.100	21.36	43.963	40.66	10.960	04.42	30.702	46.98
9月	7	35.122	65.29	41.451	22.51	44.494	41.90	11.258	03.77	31.087	48.14
	17	35.422	66.21	41.785	23.70	45.004	43.42	11.543	03.54	31.457	49.41
	27	35.705	66.99	42.103	24.88	45.488	45.16	11.811	03.70	31.808	50.76
10月	7	35.970	67.63	42.401	26.06	45.941	47.12	12.061	04.26	32.138	52.17
	17	36.212	68.13	42.673	27.21	46.352	49.26	12.286	05.18	32.440	53.63
	27	36.430	68.50	42.919	28.32	46.721	51.53	12.487	06.40	32.715	55.11
11月	6	36.622	68.74	43.136	29.40	47.039	53.92	12.659	07.89	32.956	56.61
	16	36.784	68.88	43.318	30.42	47.297	56.35	12.800	09.56	33.159	58.08
	26	36.914	68.94	43.465	31.39	47.495	58.78	12.910	11.34	33.322	59.52
12月	6	37.009	68.93	43.572	32.29	47.624	61.18	12.983	13.16	33.440	60.91
	16	37.066	68.87	43.634	33.09	47.680	63.43	13.020	14.94	33.508	62.20
	26	37.085	68.77	43.654	33.81	47.666	65.52	13.020	16.61	33.528	63.36
	36	37.064	68.62	43.628	34.39	47.575	67.36	12.981	18.14	33.496	64.37
平位置 (J2024.5)		34.354	53.53	40.696	15.74	43.652	43.41	10.438	25.33	30.340	44.11
年自行		0.0100	−0.030	0.0003	−0.009	0.0105	−0.094	0.0041	−0.112	0.0011	−0.024
视 差 (角秒)		0.024		0.003		0.019		0.015		0.006	

恒 星 视 位 置

以世界时 0^h 为准

2024 年

日	期	148		150		1111		151		1112	
		ξ Per		λ Tau		35 Eri		ν Tau		37 Tau	
		$3^m.98$	O7	$3^m.41$	B3	$5^m.28$	B5	$3^m.91$	A1	$4^m.36$	K0
		h m	° ′	h m	° ′	h m	° ′	h m	° ′	h m	° ′
		4 00	+35 51	4 02	+12 33	4 02	− 1 28	4 04	+ 6 03	4 06	+22 08
	日	s	″	s	″	s	″	s	″	s	″
1月	−9	32.439	40.15	01.465	30.61	45.911	57.36	26.855	21.52	07.783	53.37
	1	32.435	41.04	01.468	30.26	45.906	58.42	26.856	20.83	07.791	53.52
	11	32.385	41.77	01.432	29.90	45.865	59.39	26.820	20.18	07.757	53.61
	21	32.288	42.31	01.358	29.55	45.787	60.22	26.747	19.59	07.682	53.63
	31	32.154	42.65	01.253	29.21	45.679	60.90	26.643	19.09	07.574	53.57
2月	10	31.988	42.77	01.121	28.89	45.546	61.44	26.512	18.66	07.435	53.43
	20	31.800	42.64	00.969	28.59	45.394	61.79	26.363	18.33	07.276	53.21
3月	1	31.604	42.29	00.811	28.32	45.235	61.97	26.206	18.10	07.109	52.91
	11	31.408	41.73	00.651	28.08	45.076	61.98	26.047	17.97	06.940	52.55
	21	31.229	40.99	00.504	27.90	44.928	61.78	25.900	17.97	06.784	52.14
	31	31.078	40.12	00.379	27.80	44.800	61.39	25.775	18.09	06.651	51.73
4月	10	30.962	39.15	00.283	27.79	44.701	60.80	25.677	18.36	06.548	51.32
	20	30.894	38.14	00.226	27.91	44.638	59.99	25.617	18.80	06.486	50.97
	30	30.878	37.17	00.212	28.17	44.617	59.00	25.599	19.40	06.470	50.71
5月	10	30.916	36.26	00.244	28.57	44.638	57.80	25.624	20.17	06.502	50.57
	20	31.013	35.48	00.323	29.11	44.707	56.42	25.697	21.11	06.589	50.61
	30	31.163	34.84	00.446	29.87	44.820	54.87	25.814	22.23	06.707	50.72
6月	9	31.365	34.37	00.615	30.79	44.976	53.18	25.975	23.50	06.887	51.03
	19	31.616	34.13	00.825	31.84	45.172	51.40	26.176	24.89	07.107	51.53
	29	31.905	34.10	01.068	32.99	45.400	49.58	26.410	26.36	07.361	52.17
7月	9	32.228	34.29	01.339	34.24	45.658	47.74	26.672	27.88	07.646	52.96
	19	32.576	34.70	01.633	35.54	45.937	45.96	26.957	29.40	07.953	53.87
	29	32.939	35.29	01.939	36.84	46.230	44.28	27.254	30.88	08.275	54.85
8月	8	33.314	36.06	02.255	38.12	46.534	42.74	27.563	32.27	08.607	55.89
	18	33.692	36.98	02.573	39.31	46.840	41.43	27.873	33.53	08.942	56.95
	28	34.065	38.01	02.887	40.40	47.143	40.35	28.181	34.61	09.274	57.99
9月	7	34.431	39.14	03.195	41.36	47.440	39.55	28.482	35.49	09.600	59.00
	17	34.782	40.34	03.490	42.14	47.724	39.05	28.771	36.13	09.913	59.93
	27	35.117	41.58	03.771	42.74	47.994	38.85	29.046	36.54	10.211	60.77
10月	7	35.431	42.85	04.034	43.17	48.247	38.96	29.304	36.71	10.493	61.53
	17	35.719	44.13	04.275	43.41	48.477	39.37	29.540	36.64	10.751	62.17
	27	35.982	45.40	04.494	43.49	48.685	40.00	29.755	36.38	10.988	62.73
11月	6	36.213	46.66	04.688	43.42	48.867	40.87	29.944	35.94	11.198	63.19
	16	36.408	47.89	04.851	43.24	49.019	41.88	30.103	35.35	11.377	63.57
	26	36.566	49.08	04.985	42.98	49.142	43.00	30.234	34.68	11.525	63.89
12月	6	36.681	50.21	05.084	42.64	49.230	44.18	30.330	33.94	11.635	64.15
	16	36.751	51.25	05.145	42.28	49.282	45.35	30.389	33.19	11.706	64.36
	26	36.775	52.18	05.169	41.90	49.298	46.48	30.412	32.46	11.738	64.51
	36	36.749	52.98	05.153	41.52	49.275	47.52	30.395	31.75	11.725	64.61
平位置	(J2024.5)	33.695	33.70	02.459	27.91	46.680	57.61	27.747	19.84	08.889	48.85
年自行		0.0002	0.002	−0.0006	−0.012	0.0019	−0.012	0.0004	−0.002	0.0066	−0.059
视差（角秒）		0.002		0.009		0.007		0.025		0.018	

恒　星　视　位　置

2024 年　　　　以世界时 0^{h} 为准

日　期		2290 Pi 208 $5^{\mathrm{m}}.00$ F0		153 174 G. Eri $5^{\mathrm{m}}.59$ F0		1113 λ Per $4^{\mathrm{m}}.25$ A0		152 48 Per $3^{\mathrm{m}}.96$ B3		1115 43 Tau $5^{\mathrm{m}}.51$ K2	
		h m	° ′	h m	° ′	h m	° ′	h m	° ′	h m	° ′
		4 06	+59 13	4 06	−27 34	4 08	+50 24	4 10	+47 46	4 10	+19 40
	日	s	″	s	″	s	″	s	″	s	″
1月	−9	29.345	24.36	37.984	74.08	23.913	63.53	25.711	39.94	34.785	23.61
	1	29.302	26.44	37.945	76.19	23.899	65.19	25.705	41.48	34.797	23.63
	11	29.183	28.27	37.865	78.05	23.823	66.64	25.640	42.81	34.767	23.60
	21	28.991	29.75	37.747	79.58	23.688	67.80	25.519	43.88	34.697	23.53
	31	28.742	30.85	37.598	80.74	23.506	68.65	25.351	44.66	34.593	23.42
2月	10	28.443	31.54	37.423	81.53	23.281	69.15	25.143	45.12	34.458	23.24
	20	28.111	31.75	37.229	81.88	23.028	69.26	24.906	45.22	34.303	23.01
3月	1	27.768	31.52	37.029	81.84	22.764	69.01	24.659	44.98	34.138	22.74
	11	27.427	30.85	36.827	81.40	22.500	68.40	24.411	44.40	33.971	22.42
	21	27.112	29.77	36.639	80.54	22.256	67.45	24.181	43.51	33.816	22.09
	31	26.841	28.35	36.472	79.31	22.046	66.24	23.983	42.38	33.682	21.77
4月	10	26.624	26.65	36.333	77.73	21.880	64.80	23.825	41.04	33.578	21.47
	20	26.481	24.74	36.233	75.81	21.773	63.22	23.724	39.57	33.513	21.25
	30	26.417	22.72	36.177	73.61	21.730	61.57	23.684	38.04	33.493	21.12
5月	10	26.435	20.66	36.166	71.15	21.754	59.91	23.707	36.51	33.520	21.11
	20	26.542	18.64	36.206	68.49	21.852	58.31	23.800	35.05	33.601	21.24
	30	26.731	16.75	36.294	65.70	22.016	56.85	23.957	33.73	33.712	21.50
6月	9	27.000	15.02	36.429	62.81	22.245	55.55	24.176	32.56	33.885	21.98
	19	27.344	13.55	36.609	59.91	22.536	54.49	24.453	31.61	34.098	22.60
	29	27.747	12.35	36.827	57.09	22.875	53.68	24.777	30.91	34.344	23.35
7月	9	28.206	11.45	37.080	54.38	23.259	53.14	25.143	30.47	34.621	24.23
	19	28.707	10.90	37.360	51.91	23.677	52.90	25.542	30.31	34.921	25.20
	29	29.236	10.68	37.659	49.71	24.116	52.93	25.961	30.41	35.236	26.24
8月	8	29.788	10.81	37.974	47.85	24.574	53.25	26.398	30.77	35.562	27.31
	18	30.349	11.28	38.294	46.43	25.037	53.85	26.841	31.39	35.891	28.37
	28	30.908	12.06	38.614	45.45	25.498	54.68	27.282	32.22	36.217	29.39
9月	7	31.461	13.15	38.929	44.96	25.955	55.76	27.717	33.27	36.539	30.35
	17	31.995	14.53	39.231	44.99	26.394	57.04	28.138	34.50	36.849	31.21
	27	32.505	16.15	39.517	45.51	26.815	58.49	28.541	35.88	37.145	31.96
10月	7	32.986	18.01	39.783	46.52	27.213	60.12	28.923	37.42	37.425	32.60
	17	33.426	20.07	40.021	47.98	27.578	61.88	29.274	39.06	37.683	33.12
	27	33.824	22.28	40.232	49.80	27.911	63.74	29.594	40.79	37.920	33.52
11月	6	34.170	24.64	40.410	51.94	28.204	65.68	29.878	42.60	38.130	33.83
	16	34.456	27.06	40.552	54.29	28.449	67.67	30.117	44.43	38.311	34.04
	26	34.681	29.52	40.658	56.75	28.648	69.66	30.312	46.28	38.461	34.19
12月	6	34.833	31.96	40.723	59.26	28.789	71.63	30.453	48.09	38.574	34.28
	16	34.909	34.29	40.746	61.67	28.870	73.50	30.537	49.81	38.648	34.33
	26	34.911	36.47	40.729	63.93	28.892	75.24	30.565	51.42	38.683	34.34
	36	34.832	38.42	40.669	65.96	28.849	76.78	30.531	52.84	38.675	34.31
平位置	(J2024.5)	30.672	15.06	38.088	70.19	25.223	55.08	27.004	31.78	35.849	19.33
年自行		−0.0001	0.000	0.0151	0.094	−0.0014	−0.036	0.0020	−0.033	0.0075	−0.032
视　差　(角秒)		0.002		0.023		0.009		0.006		0.011	

恒 星 视 位 置

以世界时 0^h 为准

2024 年

日期		1116 44 Tau $5^m.39$ F2		154 o^1 Eri $4^m.04$ F2		2306 52 Per $4^m.67$ G5		1117 μ Per $4^m.12$ G0		1118 μ Tau $4^m.27$ B3	
		h m 4 12	° ′ +26 32	h m 4 13	° ′ −6 46	h m 4 16	° ′ +40 32	h m 4 16	° ′ +48 28	h m 4 16	° ′ +8 57
	日	s	″	s	″	s	″	s	″	s	″
1月	−9	18.549	39.64	03.175	31.25	32.572	43.81	41.116	17.02	51.149	09.66
	1	18.562	40.03	03.173	32.59	32.583	44.98	41.117	18.61	51.163	09.09
	11	18.531	40.35	03.134	33.80	32.541	45.99	41.058	20.01	51.137	08.56
	21	18.456	40.56	03.056	34.84	32.447	46.81	40.940	21.15	51.072	08.07
	31	18.346	40.66	02.949	35.67	32.311	47.39	40.774	22.00	50.974	07.64
2月	10	18.204	40.64	02.813	36.30	32.137	47.73	40.566	22.53	50.847	07.26
	20	18.039	40.49	02.658	36.70	31.936	47.78	40.327	22.70	50.699	06.95
3月	1	17.864	40.22	02.494	36.86	31.723	47.57	40.076	22.52	50.540	06.71
	11	17.687	39.83	02.328	36.80	31.508	47.09	39.822	22.00	50.378	06.54
	21	17.521	39.36	02.172	36.49	31.306	46.37	39.584	21.16	50.226	06.47
	31	17.379	38.82	02.035	35.95	31.131	45.47	39.378	20.06	50.094	06.50
4月	10	17.268	38.26	01.924	35.17	30.992	44.41	39.212	18.75	49.987	06.64
	20	17.198	37.72	01.850	34.14	30.901	43.26	39.102	17.28	49.919	06.93
	30	17.175	37.23	01.816	32.91	30.864	42.08	39.053	15.74	49.891	07.36
5月	10	17.201	36.84	01.824	31.45	30.884	40.92	39.067	14.18	49.906	07.94
	20	17.281	36.59	01.879	29.80	30.965	39.85	39.152	12.69	49.970	08.68
	30	17.403	36.48	01.978	28.00	31.103	38.91	39.302	11.30	50.077	09.58
6月	9	17.580	36.47	02.121	26.06	31.297	38.10	39.514	10.07	50.229	10.65
	19	17.802	36.68	02.304	24.05	31.544	37.51	39.786	09.05	50.422	11.84
	29	18.059	37.06	02.521	22.01	31.833	37.12	40.107	08.27	50.649	13.12
7月	9	18.348	37.60	02.769	19.98	32.160	36.96	40.471	07.73	50.906	14.47
	19	18.662	38.28	03.040	18.04	32.517	37.03	40.870	07.48	51.187	15.83
	29	18.990	39.08	03.327	16.24	32.893	37.31	41.291	07.48	51.482	17.17
8月	8	19.332	39.97	03.626	14.63	33.285	37.79	41.731	07.75	51.790	18.46
	18	19.677	40.92	03.929	13.28	33.682	38.46	42.178	08.28	52.101	19.63
	28	20.019	41.89	04.231	12.21	34.079	39.29	42.624	09.03	52.412	20.67
9月	7	20.357	42.87	04.529	11.47	34.471	40.26	43.067	09.99	52.718	21.53
	17	20.683	43.83	04.816	11.09	34.851	41.35	43.496	11.16	53.014	22.18
	27	20.994	44.74	05.089	11.04	35.216	42.53	43.909	12.48	53.297	22.63
10月	7	21.290	45.60	05.347	11.35	35.563	43.80	44.300	13.96	53.566	22.86
	17	21.563	46.40	05.582	11.99	35.884	45.12	44.663	15.57	53.814	22.88
	27	21.813	47.14	05.796	12.91	36.179	46.49	44.995	17.27	54.042	22.72
11月	6	22.037	47.82	05.984	14.07	36.443	47.89	45.290	19.06	54.245	22.39
	16	22.228	48.44	06.142	15.41	36.668	49.30	45.541	20.90	54.420	21.94
	26	22.388	49.01	06.271	16.86	36.855	50.70	45.747	22.75	54.565	21.40
12月	6	22.509	49.53	06.364	18.37	36.996	52.08	45.899	24.59	54.676	20.80
	16	22.588	49.99	06.420	19.86	37.087	53.38	45.992	26.35	54.749	20.19
	26	22.626	50.40	06.440	21.28	37.128	54.59	46.029	28.00	54.785	19.58
	36	22.618	50.73	06.419	22.59	37.113	55.67	46.001	29.48	54.780	19.00
平位置 (J2024.5)		19.677	34.25	03.812	31.29	33.802	36.44	42.382	08.75	52.050	06.79
年自行		−0.0023	−0.036	0.0008	0.082	0.0008	−0.022	0.0005	−0.018	0.0014	−0.022
视差（角秒）		0.017		0.026		0.005		0.005		0.008	

恒 星 视 位 置

2024 年 以世界时 0^h 为准

日 期	2310 GC 5132 $5^m.20$ A2		159 γ Tau $3^m.65$ G8		161 212 G. Eri $5^m.38$ A0		158 54 Per $4^m.93$ G8		2317 Pi 22 $5^m.40$ M0	
	h m	° ′	h m	° ′	h m	° ′	h m	° ′	h m	° ′
	4 18	+53 40	4 21	+15 41	4 21	−20 34	4 21	+34 37	4 23	+60 47
日	s	″	s	″	s	″	s	″	s	″
1月 −9	37.223	23.20	10.476	09.56	42.934	59.00	59.272	31.88	55.265	36.78
1	37.217	25.06	10.497	09.35	42.921	60.97	59.292	32.73	55.249	38.99
11	37.144	26.71	10.476	09.13	42.867	62.73	59.264	33.47	55.150	40.99
21	37.004	28.07	10.414	08.91	42.774	64.22	59.186	34.06	54.969	42.66
31	36.811	29.11	10.317	08.69	42.649	65.39	59.069	34.48	54.724	43.97
2月 10	36.571	29.78	10.189	08.46	42.495	66.24	58.914	34.70	54.421	44.87
20	36.297	30.05	10.039	08.22	42.319	66.73	58.734	34.71	54.077	45.31
3月 1	36.009	29.92	09.877	07.99	42.134	66.87	58.540	34.52	53.715	45.29
11	35.718	29.40	09.711	07.75	41.945	66.66	58.343	34.12	53.350	44.82
21	35.446	28.51	09.555	07.53	41.766	66.07	58.157	33.54	53.005	43.90
31	35.208	27.32	09.419	07.36	41.605	65.16	57.995	32.83	52.701	42.62
4月 10	35.015	25.86	09.309	07.24	41.469	63.92	57.864	32.00	52.449	41.01
20	34.883	24.21	09.237	07.21	41.370	62.36	57.778	31.13	52.270	39.16
30	34.819	22.46	09.207	07.29	41.311	60.53	57.742	30.25	52.171	37.15
5月 10	34.825	20.66	09.223	07.49	41.295	58.45	57.757	29.41	52.155	35.05
20	34.910	18.90	09.288	07.82	41.328	56.15	57.830	28.67	52.233	32.95
30	35.066	17.24	09.394	08.28	41.406	53.71	57.954	28.05	52.396	30.94
6月 9	35.292	15.73	09.549	08.97	41.530	51.13	58.131	27.56	52.643	29.05
19	35.584	14.44	09.747	09.77	41.698	48.52	58.358	27.26	52.972	27.38
29	35.931	13.39	09.979	10.68	41.902	45.94	58.625	27.14	53.366	25.96
7月 9	36.327	12.60	10.242	11.70	42.139	43.42	58.928	27.22	53.821	24.81
19	36.762	12.12	10.529	12.77	42.405	41.08	59.259	27.49	54.326	24.00
29	37.223	11.93	10.832	13.87	42.689	38.97	59.608	27.93	54.864	23.51
8月 8	37.706	12.04	11.148	14.98	42.989	37.13	59.972	28.52	55.432	23.35
18	38.198	12.44	11.469	16.03	43.296	35.67	60.342	29.24	56.015	23.54
28	38.691	13.11	11.788	17.01	43.605	34.60	60.711	30.07	56.600	24.05
9月 7	39.181	14.05	12.104	17.88	43.911	33.97	61.078	30.98	57.186	24.88
17	39.657	15.22	12.411	18.62	44.208	33.81	61.434	31.95	57.756	26.02
27	40.114	16.61	12.705	19.21	44.491	34.10	61.776	32.96	58.306	27.42
10月 7	40.549	18.19	12.984	19.65	44.759	34.85	62.103	34.00	58.830	29.09
17	40.951	19.95	13.244	19.94	45.003	36.02	62.406	35.05	59.315	30.99
27	41.320	21.84	13.484	20.09	45.224	37.55	62.686	36.10	59.759	33.08
11月 6	41.646	23.86	13.699	20.12	45.416	39.39	62.938	37.16	60.152	35.35
16	41.923	25.94	13.885	20.05	45.576	41.45	63.156	38.20	60.483	37.72
26	42.148	28.06	14.042	19.92	45.703	43.63	63.339	39.23	60.752	40.17
12月 6	42.312	30.18	14.163	19.72	45.792	45.89	63.479	40.23	60.944	42.64
16	42.410	32.23	14.245	19.50	45.840	48.09	63.574	41.18	61.055	45.04
26	42.443	34.16	14.289	19.27	45.850	50.17	63.622	42.05	61.087	47.33
36	42.405	35.90	14.289	19.03	45.816	52.08	63.619	42.83	61.031	49.43
平位置 (J2024.5)	38.488	14.42	11.461	05.45	43.212	57.72	60.440	25.16	56.484	27.36
年自行	−0.0018	−0.002	0.0080	−0.024	0.0018	−0.011	−0.0020	−0.008	0.0077	−0.114
视 差 (角秒)	0.009		0.021		0.007		0.014		0.008	

恒　星　视　位　置

以世界时 0^h 为准

2024 年

日　期		162 δ Tau	$3^m.77$ G8	1120 ξ Eri	$5^m.17$ A2	N30 68 $δ^3$ Tau	$4^m.30$ A2	2325 Pi 69	$5^m.29$ K1	2326 ν Tau	$4^m.28$ A8
		h　m 4 24	° ′ +17 35	h　m 4 24	° ′ − 3 41	h　m 4 26	° ′ +17 58	h　m 4 27	° ′ +31 29	h　m 4 27	° ′ +22 52
	日	s	″	s	″	s	″	s	″	s	″
1月	−9	20.079	57.26	53.503	24.50	53.643	59.73	39.065	37.71	45.614	06.87
	1	20.103	57.15	53.514	25.74	53.669	59.65	39.093	38.39	45.642	07.06
	11	20.085	57.03	53.486	26.87	53.653	59.54	39.073	38.98	45.626	07.20
	21	20.024	56.89	53.418	27.85	53.594	59.42	39.005	39.45	45.566	07.29
	31	19.929	56.74	53.319	28.65	53.499	59.29	38.897	39.78	45.469	07.33
2月	10	19.801	56.56	53.189	29.28	53.372	59.12	38.752	39.95	45.337	07.28
	20	19.649	56.35	53.038	29.70	53.221	58.93	38.581	39.95	45.181	07.16
3月	1	19.486	56.12	52.876	29.92	53.058	58.71	38.396	39.78	45.012	06.95
	11	19.318	55.87	52.709	29.94	52.889	58.46	38.206	39.44	44.838	06.67
	21	19.159	55.63	52.551	29.74	52.729	58.22	38.026	38.95	44.672	06.34
	31	19.020	55.40	52.410	29.33	52.588	57.99	37.867	38.34	44.527	05.97
4月	10	18.907	55.21	52.294	28.71	52.473	57.79	37.738	37.65	44.408	05.59
	20	18.833	55.10	52.213	27.86	52.397	57.66	37.651	36.93	44.329	05.24
	30	18.800	55.08	52.171	26.81	52.362	57.62	37.612	36.21	44.293	04.96
5月	10	18.813	55.17	52.171	25.56	52.373	57.69	37.622	35.54	44.304	04.76
	20	18.878	55.39	52.217	24.12	52.435	57.88	37.688	34.97	44.367	04.68
	30	18.981	55.68	52.308	22.53	52.536	58.12	37.803	34.53	44.458	05.03
6月	9	19.135	56.29	52.441	20.79	52.688	58.71	37.969	34.18	44.627	04.92
	19	19.333	56.97	52.617	18.96	52.884	59.36	38.185	34.02	44.830	05.27
	29	19.565	57.76	52.826	17.10	53.115	60.12	38.439	34.04	45.068	05.75
7月	9	19.829	58.66	53.066	15.22	53.377	60.99	38.729	34.23	45.338	06.38
	19	20.117	59.64	53.331	13.41	53.665	61.93	39.046	34.58	45.634	07.11
	29	20.422	60.66	53.613	11.71	53.969	62.92	39.382	35.08	45.948	07.92
8月	8	20.740	61.69	53.908	10.17	54.287	63.93	39.734	35.70	46.275	08.79
	18	21.063	62.70	54.210	08.86	54.610	64.92	40.091	36.43	46.609	09.68
	28	21.386	63.65	54.511	07.80	54.933	65.84	40.449	37.22	46.942	10.56
9月	7	21.706	64.51	54.811	07.04	55.255	66.69	40.806	38.08	47.273	11.41
	17	22.016	65.25	55.101	06.61	55.566	67.42	41.152	38.96	47.596	12.19
	27	22.315	65.87	55.380	06.50	55.867	68.04	41.486	39.85	47.906	12.91
10月	7	22.600	66.36	55.644	06.71	56.154	68.52	41.806	40.74	48.203	13.54
	17	22.864	66.71	55.889	07.25	56.421	68.87	42.105	41.62	48.480	14.08
	27	23.109	66.94	56.114	08.04	56.669	69.11	42.382	42.48	48.737	14.55
11月	6	23.330	67.06	56.314	09.07	56.893	69.23	42.632	43.34	48.970	14.94
	16	23.522	67.09	56.485	10.27	57.087	69.28	42.850	44.16	49.172	15.26
	26	23.684	67.06	56.628	11.58	57.252	69.26	43.034	44.98	49.344	15.54
12月	6	23.810	66.97	56.735	12.96	57.381	69.19	43.178	45.76	49.479	15.78
	16	23.896	66.87	56.805	14.33	57.471	69.10	43.277	46.50	49.573	15.99
	26	23.944	66.74	56.839	15.65	57.521	69.00	43.332	47.19	49.626	16.18
	36	23.948	66.60	56.831	16.87	57.527	68.87	43.337	47.80	49.633	16.32
平位置 (J2024.5)		21.078	52.74	54.168	25.96	54.639	55.05	40.194	31.20	46.663	01.49
年自行		0.0075	−0.029	−0.0032	−0.057	0.0076	−0.033	0.0059	−0.118	0.0078	−0.046
视　差　(角秒)		0.021		0.016		0.022		0.013		0.021	

恒 星 视 位 置

2024 年 以世界时 0^h 为准

日 期	1123		164		N30		165		1125	
	Br 615		ε Tau		θ^2 Tau		1 Cam sq		ρ Tau	
	$5^m.53$	B3	$3^m.53$	K0	$3^m.40$	A7	$5^m.78$	B0	$4^m.65$	A8
	h m	° ′	h m	° ′	h m	° ′	h m	° ′	h m	° ′
	4 29	+1 25	4 30	+19 13	4 30	+15 55	4 33	+53 57	4 35	+14 53
日	s	″	s	″	s	″	s	″	s	″
1月 −9	47.482	62.49	02.043	62.85	02.904	28.20	57.743	49.57	13.588	42.76
1	47.502	61.49	02.072	62.82	02.932	27.99	57.762	51.48	13.621	42.48
11	47.482	60.58	02.059	62.79	02.918	27.78	57.710	53.22	13.612	42.22
21	47.422	59.78	02.002	62.72	02.862	27.57	57.588	54.69	13.559	41.97
31	47.329	59.11	01.908	62.64	02.770	27.37	57.408	55.87	13.470	41.74
2月 10	47.204	58.57	01.781	62.51	02.646	27.16	57.177	56.70	13.348	41.51
20	47.057	58.19	01.630	62.34	02.497	26.95	56.907	57.13	13.201	41.30
3月 1	46.897	57.95	01.465	62.13	02.335	26.74	56.619	57.17	13.040	41.09
11	46.733	57.87	01.295	61.89	02.167	26.52	56.323	56.82	12.873	40.89
21	46.575	57.95	01.132	61.63	02.008	26.32	56.040	56.08	12.712	40.73
31	46.435	58.20	00.989	61.37	01.867	26.15	55.788	55.02	12.569	40.60
4月 10	46.319	58.62	00.871	61.13	01.751	26.04	55.578	53.67	12.450	40.53
20	46.237	59.24	00.792	60.95	01.672	26.01	55.426	52.11	12.368	40.54
30	46.195	60.02	00.755	60.85	01.635	26.07	55.340	50.41	12.326	40.66
5月 10	46.195	60.99	00.763	60.84	01.642	26.25	55.323	48.63	12.329	40.89
20	46.241	62.13	00.822	60.97	01.700	26.55	55.385	46.85	12.380	41.24
30	46.331	63.42	00.923	61.06	01.799	26.95	55.518	45.14	12.475	41.70
6月 9	46.464	64.87	01.071	61.62	01.944	27.61	55.722	43.55	12.613	42.38
19	46.639	66.42	01.267	62.18	02.135	28.36	55.995	42.15	12.798	43.18
29	46.849	68.03	01.497	62.86	02.360	29.22	56.324	40.96	13.018	44.07
7月 9	47.089	69.67	01.759	63.65	02.617	30.17	56.706	40.02	13.269	45.05
19	47.354	71.28	02.047	64.52	02.899	31.19	57.130	39.36	13.547	46.08
29	47.637	72.81	02.352	65.45	03.198	32.24	57.583	38.98	13.841	47.13
8月 8	47.933	74.23	02.671	66.41	03.511	33.28	58.061	38.88	14.151	48.18
18	48.236	75.47	02.996	67.35	03.830	34.28	58.553	39.07	14.467	49.17
28	48.539	76.50	03.321	68.24	04.150	35.21	59.049	39.53	14.784	50.07
9月 7	48.841	77.28	03.645	69.07	04.468	36.03	59.547	40.25	15.101	50.87
17	49.134	77.78	03.960	69.80	04.777	36.72	60.034	41.22	15.410	51.51
27	49.417	78.01	04.264	70.42	05.075	37.27	60.505	42.41	15.708	52.01
10月 7	49.686	77.95	04.555	70.92	05.360	37.67	60.958	43.81	15.995	52.36
17	49.937	77.62	04.827	71.31	05.626	37.92	61.381	45.40	16.263	52.54
27	50.169	77.05	05.079	71.58	05.874	38.04	61.772	47.15	16.513	52.58
11月 6	50.377	76.28	05.308	71.76	06.097	38.04	62.124	49.04	16.740	52.50
16	50.557	75.35	05.507	71.87	06.292	37.95	62.427	51.03	16.939	52.33
26	50.709	74.32	05.677	71.91	06.458	37.79	62.680	53.09	17.109	52.09
12月 6	50.826	73.22	05.810	71.92	06.589	37.59	62.871	55.18	17.243	51.80
16	50.905	72.13	05.904	71.90	06.680	37.36	62.996	57.22	17.339	51.50
26	50.948	71.07	05.958	71.86	06.732	37.13	63.054	59.19	17.396	51.19
36	50.948	70.08	05.967	71.80	06.740	36.89	63.039	61.01	17.408	50.90
平位置 (J2024.5)	48.231	59.98	03.045	57.87	03.867	23.67	58.934	40.78	14.525	38.14
年自行	0.0013	−0.020	0.0075	−0.036	0.0075	−0.027	0.0003	−0.005	0.0071	−0.026
视 差 (角秒)	0.008		0.021		0.022		0.000		0.021	

恒 星 视 位 置

以世界时 0^h 为准

2024 年

日期	168 α Tau 0ᵐ87 K5		169 ν Eri 3ᵐ93 B2		2338 58 Per 4ᵐ25 G8		172 53 Eri 3ᵐ86 K1		2342 90 Tau 4ᵐ27 A6	
	h m 4 37	° ′ +16 33	h m 4 37	° ′ −3 17	h m 4 38	° ′ +41 18	h m 4 39	° ′ −14 15	h m 4 39	° ′ +12 33
日	s	″	s	″	s	″	s	″	s	″
1月 −9	18.814	28.54	32.058	72.50	22.509	53.46	17.816	26.90	30.900	33.40
1	18.849	28.35	32.080	73.76	22.546	54.70	17.827	28.69	30.936	32.99
11	18.841	28.17	32.062	74.92	22.527	55.83	17.798	30.33	30.929	32.60
21	18.789	27.99	32.003	75.92	22.452	56.78	17.726	31.74	30.880	32.25
31	18.701	27.81	31.910	76.75	22.330	57.53	17.621	32.88	30.794	31.94
2月 10	18.579	27.63	31.786	77.41	22.166	58.05	17.483	33.76	30.674	31.66
20	18.431	27.44	31.637	77.86	21.968	58.29	17.322	34.33	30.529	31.42
3月 1	18.269	27.24	31.475	78.11	21.754	58.26	17.148	34.60	30.369	31.21
11	18.100	27.03	31.307	78.17	21.532	57.97	16.967	34.57	30.203	31.04
21	17.937	26.84	31.144	78.00	21.318	57.41	16.792	34.22	30.042	30.92
31	17.792	26.66	30.998	77.64	21.128	56.64	16.633	33.58	29.898	30.86
4月 10	17.672	26.53	30.874	77.06	20.968	55.69	16.496	32.65	29.778	30.88
20	17.588	26.47	30.784	76.27	20.855	54.61	16.393	31.42	29.692	31.00
30	17.545	26.50	30.732	75.28	20.794	53.46	16.329	29.96	29.647	31.22
5月 10	17.546	26.63	30.722	74.09	20.788	52.29	16.305	28.24	29.645	31.57
20	17.597	26.89	30.757	72.71	20.844	51.16	16.328	26.31	29.690	32.06
30	17.692	27.22	30.836	71.17	20.957	50.12	16.396	24.23	29.780	32.66
6月 9	17.829	27.81	30.958	69.49	21.127	49.20	16.508	22.00	29.913	33.45
19	18.014	28.50	31.123	67.72	21.352	48.43	16.662	19.70	30.091	34.36
29	18.235	29.28	31.321	65.90	21.621	47.85	16.853	17.39	30.304	35.36
7月 9	18.487	30.16	31.552	64.07	21.932	47.47	17.077	15.11	30.549	36.43
19	18.766	31.11	31.810	62.30	22.277	47.31	17.330	12.96	30.820	37.55
29	19.063	32.09	32.085	60.63	22.644	47.34	17.602	10.98	31.109	38.66
8月 8	19.374	33.07	32.375	59.12	23.032	47.56	17.891	09.23	31.414	39.75
18	19.693	34.01	32.674	57.82	23.429	47.98	18.189	07.80	31.725	40.76
28	20.012	34.88	32.974	56.78	23.829	48.55	18.490	06.70	32.039	41.67
9月 7	20.332	35.66	33.275	56.02	24.230	49.27	18.792	05.98	32.352	42.44
17	20.644	36.31	33.568	55.59	24.622	50.12	19.087	05.69	32.658	43.04
27	20.946	36.82	33.851	55.48	25.003	51.07	19.372	05.81	32.955	43.47
10月 7	21.236	37.20	34.123	55.70	25.369	52.13	19.645	06.34	33.241	43.72
17	21.508	37.43	34.376	56.23	25.714	53.27	19.898	07.28	33.508	43.79
27	21.761	37.53	34.611	57.02	26.035	54.48	20.132	08.54	33.758	43.71
11月 6	21.992	37.53	34.823	58.06	26.327	55.76	20.340	10.11	33.986	43.48
16	22.194	37.43	35.006	59.27	26.582	57.07	20.519	11.90	34.186	43.15
26	22.368	37.28	35.161	60.60	26.799	58.41	20.667	13.82	34.358	42.76
12月 6	22.506	37.09	35.282	62.00	26.970	59.77	20.780	15.82	34.494	42.31
16	22.605	36.88	35.365	63.38	27.090	61.09	20.852	17.80	34.593	41.85
26	22.664	36.66	35.410	64.72	27.158	62.35	20.887	19.70	34.652	41.40
36	22.678	36.45	35.412	65.97	27.169	63.52	20.878	21.47	34.667	40.97
平位置 (J2024.5)	19.765	23.54	32.704	74.89	23.661	45.76	18.221	28.12	31.796	28.89
年自行	0.0043	−0.190	0.0001	−0.005	−0.0005	−0.016	−0.0052	−0.167	0.0069	−0.015
视差（角秒）	0.050		0.006		0.005		0.030		0.022	

恒 星 视 位 置

2024 年 以世界时 0^h 为准

日期	2345		1127		GC		1126		174	
	σ^2 Tau		258 G. Eri		3 Cam		Pi 4^h148		τ Tau	
	$4^m.67$	A5	$5^m.56$	G6	$5^m.07$	K0	$5^m.73$	A2	$4^m.27$	B3
	h m	° ′	h m	° ′	h m	° ′	h m	° ′	h m	° ′
	4 40	+15 57	4 41	−24 25	4 41	+53 07	4 42	+28 39	4 43	+23 00
日	s	″	s	″	s	″	s	″	s	″
1月 −9	39.830	57.18	07.896	69.31	49.876	40.78	50.962	43.42	42.138	12.37
1	39.868	56.96	07.893	71.53	49.908	42.66	51.006	43.94	42.182	12.55
11	39.863	56.75	07.847	73.55	49.870	44.39	51.003	44.40	42.180	12.72
21	39.815	56.55	07.758	75.27	49.762	45.88	50.950	44.79	42.131	12.84
31	39.729	56.36	07.633	76.66	49.596	47.08	50.856	45.08	42.044	12.92
2月 10	39.608	56.17	07.476	77.71	49.377	47.96	50.724	45.26	41.919	12.93
20	39.462	55.98	07.293	78.36	49.117	48.46	50.563	45.30	41.767	12.88
3月 1	39.300	55.80	07.098	78.63	48.837	48.58	50.385	45.20	41.598	12.74
11	39.131	55.60	06.896	78.52	48.546	48.31	50.199	44.97	41.422	12.53
21	38.968	55.43	06.700	78.00	48.267	47.66	50.019	44.61	41.251	12.26
31	38.822	55.29	06.520	77.12	48.016	46.68	49.858	44.16	41.097	11.94
4月 10	38.700	55.18	06.363	75.89	47.803	45.42	49.723	43.63	40.968	11.61
20	38.614	55.16	06.241	74.31	47.646	43.93	49.627	43.07	40.876	11.29
30	38.568	55.22	06.158	72.45	47.553	42.30	49.575	42.52	40.826	11.01
5月 10	38.565	55.38	06.117	70.30	47.527	40.58	49.571	42.01	40.821	10.80
20	38.612	55.67	06.125	67.92	47.576	38.84	49.621	41.58	40.869	10.69
30	38.704	56.04	06.179	65.38	47.697	37.17	49.719	41.30	40.970	10.74
6月 9	38.837	56.65	06.280	62.69	47.887	35.59	49.862	41.07	41.096	10.82
19	39.018	57.36	06.426	59.96	48.146	34.18	50.059	40.99	41.285	11.09
29	39.234	58.17	06.611	57.26	48.460	32.98	50.294	41.07	41.509	11.49
7月 9	39.483	59.07	06.832	54.61	48.827	32.00	50.564	41.30	41.767	12.01
19	39.759	60.02	07.085	52.14	49.237	31.29	50.864	41.67	42.053	12.63
29	40.052	61.01	07.359	49.91	49.676	30.85	51.183	42.15	42.358	13.33
8月 8	40.361	61.99	07.653	47.96	50.143	30.68	51.519	42.73	42.679	14.08
18	40.678	62.93	07.958	46.41	50.625	30.79	51.864	43.38	43.009	14.85
28	40.996	63.79	08.268	45.26	51.111	31.15	52.212	44.07	43.341	15.61
9月 7	41.315	64.56	08.580	44.57	51.602	31.76	52.561	44.79	43.674	16.34
17	41.627	65.18	08.886	44.39	52.083	32.62	52.902	45.51	44.000	17.01
27	41.929	65.68	09.181	44.69	52.551	33.70	53.234	46.22	44.317	17.61
10月 7	42.220	66.02	09.462	45.48	53.003	34.98	53.554	46.90	44.623	18.13
17	42.493	66.21	09.723	46.74	53.427	36.46	53.856	47.56	44.912	18.57
27	42.749	66.28	09.961	48.37	53.821	38.09	54.139	48.18	45.182	18.94
11月 6	42.982	66.23	10.172	50.37	54.179	39.87	54.397	48.79	45.430	19.25
16	43.187	66.09	10.350	52.61	54.489	41.76	54.625	49.37	45.648	19.50
26	43.364	65.90	10.494	55.01	54.751	43.73	54.822	49.94	45.837	19.72
12月 6	43.505	65.66	10.599	57.51	54.953	45.75	54.980	50.50	45.989	19.92
16	43.607	65.41	10.661	59.96	55.090	47.74	55.095	51.03	46.100	20.10
26	43.670	65.16	10.682	62.30	55.162	49.66	55.166	51.55	46.169	20.27
36	43.688	64.91	10.658	64.47	55.161	51.46	55.187	52.02	46.191	20.42
平位置 (J2024.5)	40.766	52.20	08.010	69.42	51.031	32.07	52.020	36.93	43.140	06.47
年自行	0.0057	−0.020	−0.0051	0.018	−0.0006	−0.016	0.0028	−0.030	−0.0002	−0.015
视差（角秒）	0.021		0.010		0.007		0.010		0.008	

恒 星 视 位 置

以世界时 0^h 为准

2024 年

日 期	1128 Grb 866 $5^m.86$ B9		1131 56 Eri $5^m.78$ B2		176 μ Eri $4^m.01$ B5		175 4 Cam $5^m.29$ A3		1134 π^3 Ori $3^m.19$ F6	
	h m 4 45	° ′ +50 01	h m 4 45	° ′ − 8 27	h m 4 46	° ′ − 3 12	h m 4 49	° ′ +56 47	h m 4 51	° ′ + 7 00
日	s	″	s	″	s	″	s	″	s	″
1月 −9	12.669	12.97	15.517	32.03	43.134	38.51	62.256	60.80	09.529	11.87
1	12.710	14.69	15.541	33.57	43.165	39.80	62.297	62.87	09.571	11.12
11	12.684	16.28	15.524	34.99	43.154	40.99	62.261	64.80	09.572	10.43
21	12.593	17.66	15.465	36.22	43.102	42.02	62.146	66.49	09.529	09.82
31	12.446	18.77	15.370	37.23	43.013	42.87	61.966	67.89	09.449	09.31
2月 10	12.248	19.59	15.244	38.03	42.892	43.55	61.726	68.94	09.335	08.89
20	12.011	20.06	15.092	38.56	42.746	44.03	61.441	69.59	09.193	08.57
3月 1	11.753	20.18	14.925	38.85	42.584	44.31	61.130	69.83	09.037	08.34
11	11.485	19.95	14.752	38.89	42.415	44.39	60.807	69.65	08.871	08.21
21	11.226	19.36	14.582	38.67	42.250	44.25	60.493	69.05	08.709	08.20
31	10.993	18.47	14.428	38.19	42.100	43.91	60.208	68.10	08.562	08.29
4月 10	10.794	17.32	14.295	37.47	41.971	43.37	59.962	66.81	08.437	08.50
20	10.647	15.96	14.195	36.50	41.875	42.60	59.776	65.26	08.345	08.86
30	10.559	14.46	14.132	35.30	41.816	41.64	59.657	63.52	08.290	09.34
5月 10	10.535	12.89	14.110	33.88	41.797	40.48	59.610	61.66	08.277	09.97
20	10.581	11.31	14.134	32.26	41.825	39.14	59.645	59.76	08.310	10.76
30	10.693	09.79	14.201	30.48	41.895	37.64	59.757	57.89	08.387	11.67
6月 9	10.871	08.36	14.312	28.55	42.009	36.00	59.946	56.09	08.507	12.73
19	11.113	07.09	14.465	26.54	42.165	34.26	60.209	54.45	08.670	13.91
29	11.408	06.02	14.654	24.50	42.356	32.47	60.534	53.01	08.869	15.16
7月 9	11.752	05.16	14.876	22.46	42.580	30.66	60.918	51.79	09.100	16.46
19	12.137	04.55	15.125	20.51	42.831	28.92	61.350	50.84	09.359	17.77
29	12.550	04.18	15.394	18.69	43.101	27.27	61.818	50.17	09.636	19.04
8月 8	12.988	04.06	15.680	17.06	43.388	25.77	62.318	49.78	09.930	20.24
18	13.441	04.19	15.975	15.69	43.684	24.49	62.836	49.69	10.232	21.31
28	13.899	04.56	16.274	14.62	43.983	23.46	63.363	49.88	10.538	22.22
9月 7	14.361	05.15	16.574	13.87	44.284	22.71	63.896	50.36	10.846	22.94
17	14.815	05.95	16.868	13.50	44.578	22.29	64.422	51.11	11.149	23.44
27	15.257	06.94	17.154	13.49	44.865	22.18	64.937	52.10	11.443	23.71
10月 7	15.684	08.12	17.429	13.86	45.141	22.41	65.434	53.35	11.728	23.75
17	16.086	09.47	17.686	14.58	45.400	22.95	65.903	54.82	11.996	23.56
27	16.462	10.95	17.924	15.60	45.641	23.75	66.341	56.49	12.248	23.18
11月 6	16.804	12.57	18.140	16.90	45.861	24.80	66.739	58.34	12.479	22.61
16	17.103	14.28	18.327	18.41	46.053	26.04	67.086	60.34	12.683	21.92
26	17.357	16.07	18.486	20.03	46.217	27.38	67.380	62.44	12.860	21.14
12月 6	17.556	17.90	18.610	21.75	46.347	28.81	67.609	64.61	13.003	20.31
16	17.695	19.71	18.695	23.45	46.438	30.22	67.766	66.77	13.107	19.47
26	17.773	21.47	18.742	25.08	46.492	31.59	67.851	68.89	13.173	18.67
36	17.782	23.12	18.746	26.61	46.503	32.87	67.855	70.89	13.196	17.91
平位置 (J2024.5)	13.813	04.49	16.045	34.35	43.764	41.56	63.359	51.80	10.338	07.46
年自行	−0.0006	−0.016	0.0002	0.001	0.0011	−0.014	0.0060	−0.150	0.0311	0.011
视 差 (角秒)	0.005		0.002		0.006		0.020		0.125	

恒 星 视 位 置

2024 年 以世界时 0^h 为准

日 期	1133 Br 658		GC π^2 Ori		179 π^4 Ori		1135 97 Tau		1136 o^1 Ori	
	$4^m.89$	K4	$4^m.35$	A1	$3^m.68$	B2	$5^m.08$	A7	$4^m.71$	M3
	h m 4 51	° ′ +37 31	h m 4 51	° ′ + 8 56	h m 4 52	° ′ + 5 38	h m 4 52	° ′ +18 52	h m 4 53	° ′ +14 17
日	s	″	s	″	s	″	s	″	s	″
1月 −9	32.792	52.32	56.151	29.58	30.013	46.60	47.690	51.84	54.388	27.33
1	32.846	53.36	56.196	28.94	30.056	45.77	47.741	51.77	54.438	26.99
11	32.846	54.32	56.198	28.34	30.057	45.00	47.748	51.71	54.445	26.68
21	32.791	55.15	56.156	27.82	30.015	44.33	47.708	51.65	54.406	26.40
31	32.689	55.83	56.077	27.38	29.935	43.76	47.628	51.59	54.328	26.16
2月 10	32.543	56.32	55.963	27.00	29.821	43.30	47.512	51.51	54.214	25.94
20	32.364	56.59	55.822	26.71	29.680	42.95	47.367	51.40	54.072	25.75
3月 1	32.165	56.63	55.665	26.49	29.523	42.71	47.204	51.27	53.913	25.58
11	31.956	56.45	55.498	26.35	29.356	42.58	47.032	51.10	53.744	25.42
21	31.751	56.04	55.335	26.30	29.193	42.58	46.863	50.92	53.579	25.30
31	31.566	55.44	55.186	26.34	29.044	42.69	46.710	50.73	53.428	25.22
4月 10	31.408	54.69	55.059	26.48	28.916	42.94	46.579	50.55	53.298	25.19
20	31.291	53.81	54.965	26.75	28.821	43.34	46.483	50.42	53.203	25.24
30	31.223	52.88	54.908	27.14	28.763	43.88	46.427	50.34	53.146	25.38
5月 10	31.205	51.92	54.893	27.67	28.745	44.58	46.414	50.34	53.131	25.62
20	31.246	51.00	54.925	28.33	28.775	45.43	46.451	50.46	53.164	25.98
30	31.341	50.16	55.001	29.12	28.847	46.41	46.536	50.64	53.242	26.44
6月 9	31.489	49.41	55.119	30.07	28.962	47.54	46.656	50.98	53.362	27.06
19	31.691	48.79	55.282	31.14	29.121	48.79	46.830	51.50	53.528	27.83
29	31.936	48.33	55.480	32.28	29.315	50.11	47.041	52.09	53.731	28.67
7月 9	32.222	48.04	55.711	33.48	29.542	51.48	47.285	52.78	53.967	29.59
19	32.542	47.93	55.969	34.70	29.796	52.84	47.557	53.53	54.230	30.55
29	32.884	47.99	56.246	35.89	30.069	54.15	47.848	54.33	54.514	31.53
8月 8	33.247	48.20	56.540	37.03	30.359	55.39	48.157	55.15	54.814	32.49
18	33.622	48.56	56.844	38.06	30.659	56.49	48.476	55.95	55.124	33.39
28	34.002	49.04	57.151	38.95	30.962	57.42	48.798	56.70	55.437	34.20
9月 7	34.385	49.63	57.459	39.67	31.268	58.14	49.122	57.38	55.753	34.89
17	34.761	50.32	57.763	40.18	31.568	58.63	49.441	57.96	56.065	35.43
27	35.129	51.08	58.059	40.49	31.862	58.88	49.753	58.42	56.368	35.82
10月 7	35.487	51.91	58.346	40.58	32.145	58.89	50.055	58.77	56.663	36.04
17	35.824	52.79	58.617	40.46	32.413	58.65	50.341	59.01	56.942	36.10
27	36.142	53.73	58.872	40.16	32.665	58.21	50.611	59.14	57.205	36.02
11月 6	36.435	54.71	59.106	39.70	32.896	57.58	50.859	59.18	57.447	35.82
16	36.694	55.73	59.313	39.11	33.101	56.80	51.080	59.15	57.663	35.53
26	36.918	56.79	59.492	38.45	33.278	55.95	51.272	59.08	57.850	35.18
12月 6	37.100	57.86	59.638	37.73	33.421	55.03	51.429	58.98	58.004	34.78
16	37.233	58.93	59.745	37.01	33.526	54.11	51.546	58.87	58.118	34.39
26	37.317	59.97	59.814	36.32	33.593	53.22	51.623	58.77	58.192	34.01
36	37.345	60.95	59.839	35.66	33.616	52.39	51.653	58.68	58.221	33.65
平位置 (J2024.5)	33.881	44.86	56.967	24.87	30.780	42.21	48.631	46.06	55.271	21.96
年自行	−0.0033	0.039	−0.0001	−0.032	−0.0002	0.001	0.0056	−0.032	−0.0002	−0.056
视 差 (角秒)	0.006		0.017		0.003		0.017		0.006	

恒 星 视 位 置

以世界时 0^{h} 为准

2024 年

日　　期	180 π^{5} Ori $3^{\mathrm{m}}.71$ B2		178 α Cam $4^{\mathrm{m}}.26$ O9		181 ι Aur $2^{\mathrm{m}}.69$ K3		183 ε Aur+ $3^{\mathrm{m}}.1\sim3^{\mathrm{m}}.2$ F0		1137 ζ Aur $3^{\mathrm{m}}.69$ K4	
	h m 4 55	° ′ + 2 28	h m 4 56	° ′ +66 22	h m 4 58	° ′ +33 12	h m 5 03	° ′ +43 51	h m 5 04	° ′ +41 06
日	s	″	s	″	s	″	s	″	s	″
1月 −9	31.074	48.26	29.256	59.93	34.539	16.33	42.862	33.06	10.658	40.47
1	31.118	47.25	29.292	62.48	34.601	17.11	42.931	34.45	10.728	41.71
11	31.119	46.31	29.223	64.87	34.612	17.84	42.940	35.77	10.740	42.88
21	31.077	45.49	29.047	67.00	34.569	18.48	42.887	36.95	10.692	43.93
31	30.998	44.81	28.781	68.78	34.480	19.01	42.780	37.95	10.593	44.81
2月 10	30.884	44.25	28.435	70.17	34.349	19.41	42.624	38.72	10.446	45.50
20	30.743	43.84	28.026	71.09	34.184	19.63	42.428	39.22	10.261	45.94
3月 1	30.585	43.58	27.582	71.52	33.999	19.67	42.208	39.44	10.053	46.12
11	30.418	43.46	27.120	71.46	33.802	19.53	41.974	39.37	09.830	46.05
21	30.254	43.50	26.669	70.89	33.608	19.22	41.743	39.01	09.611	45.70
31	30.103	43.69	26.253	69.88	33.431	18.75	41.530	38.39	09.408	45.13
4月 10	29.973	44.03	25.889	68.46	33.278	18.16	41.344	37.53	09.232	44.35
20	29.874	44.55	25.602	66.70	33.164	17.48	41.202	36.50	09.097	43.41
30	29.812	45.23	25.404	64.69	33.094	16.75	41.110	35.34	09.010	42.37
5月 10	29.791	46.08	25.300	62.48	33.073	16.02	41.072	34.10	08.976	41.26
20	29.815	47.10	25.305	60.18	33.106	15.33	41.097	32.85	09.002	40.15
30	29.882	48.25	25.413	57.88	33.192	14.73	41.182	31.64	09.085	39.09
6月 9	29.992	49.55	25.623	55.63	33.326	14.22	41.325	30.49	09.223	38.10
19	30.145	50.96	25.935	53.52	33.512	13.81	41.526	29.47	09.418	37.22
29	30.333	52.44	26.333	51.60	33.741	13.54	41.776	28.59	09.659	36.49
7月 9	30.555	53.95	26.812	49.91	34.008	13.43	42.071	27.89	09.945	35.92
19	30.804	55.44	27.361	48.53	34.308	13.47	42.406	27.38	10.267	35.54
29	31.073	56.86	27.961	47.45	34.631	13.64	42.768	27.06	10.616	35.33
8月 8	31.359	58.18	28.609	46.69	34.974	13.93	43.155	26.93	10.988	35.29
18	31.655	59.34	29.288	46.30	35.330	14.33	43.558	26.99	11.376	35.42
28	31.955	60.30	29.983	46.25	35.690	14.80	43.968	27.22	11.771	35.70
9月 7	32.258	61.02	30.691	46.55	36.055	15.35	44.385	27.63	12.171	36.12
17	32.556	61.48	31.393	47.21	36.415	15.94	44.799	28.18	12.569	36.67
27	32.848	61.67	32.082	48.19	36.768	16.57	45.205	28.88	12.959	37.33
10月 7	33.131	61.58	32.751	49.50	37.111	17.23	45.602	29.71	13.341	38.10
17	33.398	61.22	33.381	51.12	37.438	17.90	45.980	30.66	13.704	38.96
27	33.649	60.64	33.969	53.00	37.746	18.60	46.337	31.72	14.049	39.92
11月 6	33.880	59.84	34.502	55.14	38.032	19.32	46.668	32.89	14.368	40.96
16	34.084	58.89	34.963	57.48	38.287	20.06	46.963	34.16	14.653	42.08
26	34.261	57.83	35.351	59.98	38.510	20.82	47.221	35.49	14.903	43.26
12月 6	34.405	56.71	35.648	62.59	38.693	21.59	47.432	36.89	15.108	44.49
16	34.510	55.60	35.845	65.22	38.830	22.37	47.589	38.30	15.261	45.73
26	34.577	54.52	35.942	67.81	38.920	23.14	47.692	39.70	15.363	46.97
36	34.600	53.50	35.928	70.28	38.958	23.88	47.733	41.05	15.405	48.16
平位置 (J2024.5)	31.787	44.03	30.174	50.63	35.586	09.10	43.934	25.01	11.724	32.59
年自行	0.0001	0.000	0.0001	0.007	0.0002	−0.019	0.0000	−0.002	0.0008	−0.023
视　差　(角秒)	0.002		0.000		0.006		0.002		0.004	

恒 星 视 位 置

2024 年 以世界时 0^{h} 为准

日期		184 ι Tau $4^{m}.62$ A7		182 β Cam $4^{m}.03$ G0		1140 11 Ori $4^{m}.65$ A0		186 ε Lep $3^{m}.19$ K4		185 η Aur $3^{m}.18$ B3	
		h m 5 04	° ′ +21 37	h m 5 05	° ′ +60 28	h m 5 05	° ′ +15 26	h m 5 06	° ′ −22 19	h m 5 08	° ′ +41 15
	日	s	″	s	″	s	″	s	″	s	″
1月	−9	32.840	28.41	35.505	38.34	57.419	16.11	29.803	79.99	13.195	62.11
	1	32.904	28.49	35.571	40.63	57.481	15.82	29.828	82.27	13.269	63.35
	11	32.922	28.57	35.550	42.79	57.499	15.55	29.808	84.37	13.286	64.54
	21	32.891	28.65	35.439	44.73	57.469	15.33	29.741	86.21	13.242	65.61
	31	32.818	28.72	35.252	46.38	57.399	15.14	29.636	87.74	13.147	66.52
2月	10	32.706	28.75	34.995	47.69	57.291	14.97	29.495	88.95	13.002	67.23
	20	32.562	28.74	34.682	48.58	57.153	14.82	29.324	89.78	12.819	67.70
3月	1	32.398	28.68	34.336	49.05	56.995	14.69	29.136	90.25	12.611	67.92
	11	32.223	28.55	33.972	49.07	56.825	14.56	28.937	90.36	12.388	67.88
	21	32.049	28.38	33.612	48.63	56.656	14.45	28.740	90.06	12.167	67.57
	31	31.889	28.17	33.278	47.79	56.500	14.37	28.554	89.42	11.962	67.02
4月	10	31.749	27.94	32.983	46.58	56.365	14.32	28.388	88.43	11.783	66.27
	20	31.644	27.72	32.749	45.04	56.261	14.34	28.252	87.09	11.644	65.34
	30	31.578	27.52	32.587	43.27	56.195	14.42	28.153	85.46	11.554	64.31
5月	10	31.555	27.38	32.501	41.33	56.170	14.60	28.093	83.54	11.515	63.20
	20	31.582	27.33	32.503	39.29	56.193	14.88	28.080	81.38	11.537	62.08
	30	31.657	27.37	32.591	37.24	56.261	15.26	28.112	79.03	11.615	61.01
6月	9	31.760	27.39	32.762	35.23	56.370	15.74	28.189	76.52	11.749	60.00
	19	31.934	27.78	33.017	33.34	56.526	16.41	28.311	73.94	11.939	59.10
	29	32.138	28.16	33.343	31.62	56.720	17.14	28.473	71.35	12.177	58.33
7月	9	32.377	28.63	33.736	30.10	56.948	17.94	28.672	68.78	12.459	57.72
	19	32.646	29.19	34.187	28.84	57.205	18.79	28.903	66.36	12.778	57.30
	29	32.936	29.80	34.681	27.86	57.482	19.66	29.159	64.14	13.125	57.04
8月	8	33.244	30.45	35.215	27.16	57.778	20.52	29.437	62.17	13.496	56.95
	18	33.564	31.10	35.775	26.77	58.086	21.32	29.730	60.56	13.883	57.03
	28	33.890	31.73	36.349	26.68	58.399	22.04	30.032	59.33	14.278	57.26
9月	7	34.220	32.31	36.936	26.90	58.717	22.66	30.340	58.54	14.679	57.63
	17	34.546	32.81	37.519	27.43	59.031	23.14	30.645	58.24	15.078	58.14
	27	34.867	33.24	38.094	28.23	59.340	23.47	30.945	58.40	15.471	58.75
10月	7	35.180	33.58	38.655	29.33	59.642	23.66	31.236	59.06	15.855	59.47
	17	35.479	33.83	39.188	30.69	59.930	23.69	31.511	60.19	16.222	60.30
	27	35.762	34.00	39.690	32.29	60.203	23.60	31.767	61.71	16.571	61.22
11月	6	36.025	34.11	40.151	34.12	60.457	23.40	32.000	63.60	16.895	62.23
	16	36.261	34.17	40.556	36.14	60.684	23.11	32.203	65.77	17.185	63.33
	26	36.469	34.21	40.904	38.31	60.885	22.78	32.374	68.12	17.440	64.49
12月	6	36.642	34.23	41.181	40.60	61.052	22.41	32.507	70.59	17.650	65.71
	16	36.774	34.26	41.377	42.92	61.179	22.05	32.599	73.05	17.810	66.95
	26	36.864	34.31	41.493	45.22	61.266	21.71	32.648	75.44	17.917	68.19
	36	36.906	34.36	41.517	47.44	61.307	21.40	32.651	77.68	17.964	69.39
平位置	(J2024.5)	33.783	21.98	36.486	29.41	58.292	10.14	29.951	82.86	14.250	54.17
年自行		0.0049	−0.041	−0.0006	−0.015	0.0013	−0.031	0.0015	−0.073	0.0027	−0.068
视差（角秒）		0.020		0.003		0.008		0.014		0.015	

恒 星 视 位 置

以世界时 0^h 为准

2024 年

日期	188 β Eri $2^{m}.78$ A3		190 λ Eri $4^{m}.25$ B2		1142 16 Ori $5^{m}.43$ A2		1141 +27°732 Tau pr $5^{m}.93$ A5		1144 μ Lep $3^{m}.29$ var. B9	
	h m	° ′	h m	° ′	h m	° ′	h m	° ′	h m	° ′
	5 09	−5 03	5 10	−8 43	5 10	+9 51	5 11	+28 03	5 14	−16 10
日	s	″	s	″	s	″	s	″	s	″
1月 −9	02.797	19.11	18.726	23.70	39.833	38.25	16.590	40.56	01.695	37.14
1	02.846	20.58	18.772	25.36	39.896	37.61	16.664	41.02	01.736	39.18
11	02.852	21.93	18.775	26.90	39.915	37.03	16.689	41.47	01.733	41.07
21	02.813	23.12	18.734	28.25	39.888	36.53	16.662	41.88	01.683	42.74
31	02.736	24.12	18.654	29.38	39.821	36.11	16.589	42.24	01.595	44.13
2月 10	02.623	24.92	18.538	30.29	39.717	35.76	16.474	42.51	01.470	45.25
20	02.480	25.50	18.392	30.94	39.582	35.49	16.325	42.68	01.315	46.05
3月 1	02.320	25.85	18.228	31.33	39.427	35.30	16.153	42.73	01.141	46.52
11	02.148	25.99	18.053	31.48	39.260	35.17	15.968	42.65	00.954	46.69
21	01.976	25.89	17.878	31.35	39.093	35.13	15.783	42.46	00.768	46.51
31	01.816	25.58	17.714	30.97	38.938	35.16	15.612	42.16	00.593	46.02
4月 10	01.675	25.04	17.568	30.34	38.801	35.28	15.461	41.77	00.435	45.22
20	01.563	24.27	17.451	29.45	38.695	35.50	15.345	41.32	00.306	44.11
30	01.486	23.31	17.370	28.34	38.626	35.84	15.270	40.86	00.212	42.74
5月 10	01.447	22.13	17.326	27.01	38.596	36.29	15.240	40.40	00.156	41.10
20	01.453	20.77	17.328	25.47	38.612	36.87	15.261	39.99	00.145	39.23
30	01.502	19.25	17.372	23.77	38.672	37.56	15.331	39.66	00.178	37.19
6月 9	01.594	17.58	17.459	21.91	38.774	38.38	15.447	39.48	00.255	34.98
19	01.728	15.82	17.589	19.96	38.919	39.33	15.610	39.26	00.375	32.68
29	01.899	14.00	17.755	17.97	39.102	40.35	15.818	39.22	00.533	30.36
7月 9	02.104	12.17	17.956	15.97	39.320	41.44	16.063	39.31	00.727	28.04
19	02.338	10.40	18.187	14.05	39.566	42.53	16.340	39.50	00.953	25.84
29	02.593	08.74	18.440	12.25	39.833	43.61	16.640	39.79	01.203	23.79
8月 8	02.868	07.22	18.713	10.62	40.119	44.64	16.961	40.15	01.474	21.96
18	03.155	05.94	18.999	09.25	40.417	45.56	17.295	40.57	01.760	20.44
28	03.449	04.90	19.292	08.17	40.721	46.35	17.635	41.03	02.054	19.26
9月 7	03.748	04.17	19.591	07.41	41.030	46.99	17.982	41.50	02.355	18.46
17	04.045	03.78	19.888	07.03	41.337	47.43	18.326	41.96	02.655	18.11
27	04.336	03.73	20.180	07.02	41.639	47.67	18.665	42.41	02.951	18.17
10月 7	04.621	04.02	20.465	07.39	41.935	47.70	18.998	42.83	03.240	18.69
17	04.891	04.65	20.736	08.12	42.217	47.54	19.316	43.24	03.515	19.64
27	05.147	05.57	20.992	09.17	42.486	47.20	19.619	43.62	03.773	20.94
11月 6	05.383	06.76	21.228	10.52	42.736	46.70	19.902	43.99	04.011	22.60
16	05.593	08.14	21.438	12.08	42.961	46.09	20.157	44.37	04.221	24.51
26	05.776	09.66	21.620	13.79	43.159	45.41	20.383	44.75	04.403	26.59
12月 6	05.925	11.26	21.768	15.59	43.324	44.68	20.572	45.15	04.549	28.79
16	06.036	12.86	21.877	17.39	43.451	43.95	20.718	45.57	04.654	30.98
26	06.108	14.41	21.947	19.14	43.539	43.26	20.820	46.00	04.719	33.12
36	06.136	15.86	21.973	20.79	43.581	42.62	20.871	46.42	04.739	35.14
平位置 (J2024.5)	03.355	23.57	19.211	27.94	40.631	32.54	17.573	33.46	02.007	41.13
年自行	−0.0056	−0.075	0.0000	−0.003	0.0043	−0.008	0.0045	−0.056	0.0032	−0.016
视差（角秒）	0.037		0.002		0.019		0.018		0.018	

恒 星 视 位 置

2024 年 以世界时 0^h 为准

日 期	192 μ Aur		194 β Ori		193 α Aur		195 τ Ori		198 12 G. Col	
	$4^m.82$	A4	$0^m.18$	B8	$0^m.08$	M1	$3^m.59$	B5	$5^m.98$	A0
	h m 5 15	° ′ +38 30	h m 5 15	° ′ −8 10	h m 5 18	° ′ +46 01	h m 5 18	° ′ −6 48	h m 5 20	° ′ −27 20
日	s	″	s	″	s	″	s	″	s	″
1月 −9	05.514	47.50	42.502	25.73	29.171	21.04	47.332	66.02	22.365	38.80
1	05.596	48.58	42.554	27.39	29.260	22.54	47.388	67.62	22.395	41.35
11	05.622	49.63	42.563	28.92	29.285	23.99	47.401	69.10	22.378	43.72
21	05.590	50.58	42.526	30.27	29.244	25.31	47.368	70.40	22.312	45.81
31	05.506	51.40	42.450	31.41	29.146	26.46	47.296	71.50	22.204	47.58
2月 10	05.374	52.06	42.337	32.32	28.993	27.40	47.186	72.39	22.057	49.00
20	05.203	52.51	42.194	32.98	28.796	28.05	47.046	73.04	21.877	50.01
3月 1	05.007	52.75	42.032	33.39	28.571	28.42	46.885	73.44	21.678	50.62
11	04.795	52.74	41.857	33.56	28.327	28.48	46.712	73.62	21.466	50.84
21	04.582	52.50	41.682	33.46	28.083	28.22	46.538	73.54	21.252	50.62
31	04.384	52.05	41.517	33.11	27.855	27.67	46.373	73.23	21.049	50.01
4月 10	04.209	51.41	41.369	32.52	27.651	26.87	46.225	72.68	20.863	49.02
20	04.072	50.62	41.250	31.67	27.490	25.84	46.106	71.89	20.706	47.64
30	03.981	49.73	41.165	30.60	27.379	24.65	46.021	70.89	20.585	45.95
5月 10	03.938	48.77	41.118	29.31	27.322	23.35	45.972	69.67	20.503	43.94
20	03.953	47.80	41.116	27.82	27.329	21.99	45.968	68.25	20.468	41.66
30	04.023	46.87	41.155	26.16	27.397	20.64	46.007	66.67	20.478	39.18
6月 9	04.146	46.01	41.238	24.36	27.525	19.33	46.088	64.95	20.534	36.52
19	04.322	45.23	41.363	22.45	27.714	18.12	46.211	63.12	20.638	33.78
29	04.546	44.58	41.525	20.50	27.955	17.03	46.372	61.25	20.783	31.02
7月 9	04.812	44.07	41.722	18.54	28.244	16.10	46.567	59.35	20.967	28.28
19	05.115	43.72	41.949	16.65	28.575	15.35	46.792	57.53	21.187	25.70
29	05.445	43.52	42.199	14.88	28.937	14.79	47.040	55.81	21.435	23.32
8月 8	05.799	43.46	42.469	13.27	29.328	14.41	47.309	54.25	21.708	21.20
18	06.170	43.55	42.753	11.92	29.738	14.24	47.592	52.93	22.000	19.47
28	06.549	43.75	43.044	10.84	30.159	14.25	47.882	51.87	22.303	18.13
9月 7	06.935	44.07	43.342	10.08	30.589	14.44	48.180	51.13	22.615	17.26
17	07.320	44.50	43.640	09.70	31.019	14.80	48.477	50.74	22.928	16.92
27	07.701	45.01	43.933	09.68	31.444	15.32	48.771	50.70	23.238	17.07
10月 7	08.074	45.60	44.220	10.03	31.863	16.01	49.059	51.03	23.541	17.76
17	08.432	46.28	44.494	10.76	32.264	16.84	49.334	51.72	23.829	18.95
27	08.774	47.03	44.753	11.79	32.646	17.82	49.596	52.71	24.100	20.58
11月 6	09.093	47.86	44.993	13.12	33.003	18.93	49.839	53.98	24.347	22.62
16	09.381	48.75	45.208	14.66	33.324	20.17	50.056	55.47	24.563	24.97
26	09.636	49.71	45.395	16.35	33.608	21.51	50.248	57.10	24.747	27.53
12月 6	09.848	50.74	45.549	18.14	33.845	22.94	50.405	58.83	24.892	30.25
16	10.012	51.79	45.664	19.94	34.025	24.42	50.525	60.56	24.992	32.97
26	10.126	52.85	45.740	21.67	34.149	25.91	50.605	62.23	25.048	35.62
36	10.182	53.90	45.771	23.32	34.208	27.37	50.640	63.82	25.055	38.13
平位置 (J2024.5)	06.539	39.68	42.993	30.42	30.201	12.62	47.847	71.03	22.340	42.69
年自行 (J2024.5)	−0.0014	−0.074	0.0001	−0.001	0.0071	−0.427	−0.0010	−0.008	−0.0003	−0.008
视 差 (角秒)	0.020		0.004		0.077		0.006		0.007	

恒 星 视 位 置

以世界时 0^{h} 为准

2024 年

日　　期	1146 λ Lep $4^{m}.29$ B0		1145 λ Aur $4^{m}.69$ G0		1147 22 Ori $4^{m}.72$ B2		2402 16 Cam $5^{m}.24$ A0		(200) η Ori m $3^{m}.35$ B1	
	h m	° ′	h m	° ′	h m	° ′	h m	° ′	h m	° ′
	5 20	−13 08	5 20	+40 07	5 22	−0 21	5 25	+57 33	5 25	−2 22
日	s	″	s	″	s	″	s	″	s	″
1月 −9	41.939	66.85	51.033	13.79	60.248	30.92	33.173	62.73	42.014	29.58
1	41.990	68.78	51.124	14.94	60.314	32.18	33.278	64.87	42.081	30.96
11	41.997	70.57	51.157	16.06	60.337	33.35	33.300	66.94	42.105	32.24
21	41.958	72.15	51.129	17.09	60.314	34.37	33.237	68.85	42.082	33.37
31	41.878	73.48	51.048	17.99	60.250	35.23	33.099	70.53	42.018	34.32
2月 10	41.762	74.56	50.917	18.72	60.149	35.94	32.891	71.92	41.917	35.10
20	41.614	75.34	50.745	19.24	60.015	36.45	32.625	72.95	41.783	35.67
3月 1	41.446	75.83	50.547	19.52	59.861	36.79	32.323	73.59	41.628	36.04
11	41.265	76.03	50.330	19.55	59.693	36.96	31.995	73.82	41.459	36.22
21	41.082	75.91	50.113	19.33	59.523	36.93	31.664	73.61	41.288	36.19
31	40.910	75.51	49.909	18.88	59.362	36.73	31.352	73.02	41.125	35.97
4月 10	40.753	74.82	49.728	18.22	59.218	36.36	31.069	72.05	40.978	35.55
20	40.625	73.84	49.584	17.39	59.101	35.79	30.837	70.76	40.859	34.92
30	40.531	72.61	49.486	16.44	59.018	35.05	30.667	69.22	40.773	34.11
5月 10	40.474	71.13	49.438	15.41	58.973	34.13	30.564	67.48	40.724	33.11
20	40.461	69.42	49.448	14.34	58.971	33.05	30.541	65.61	40.718	31.93
30	40.491	67.55	49.513	13.31	59.012	31.82	30.595	63.70	40.755	30.61
6月 9	40.564	65.51	49.633	12.32	59.094	30.45	30.726	61.79	40.833	29.15
19	40.680	63.38	49.808	11.42	59.220	28.98	30.935	59.96	40.954	27.58
29	40.834	61.21	50.031	10.63	59.382	27.45	31.210	58.26	41.112	25.95
7月 9	41.024	59.03	50.298	09.98	59.578	25.89	31.550	56.71	41.304	24.29
19	41.245	56.94	50.604	09.49	59.805	24.36	31.946	55.38	41.527	22.67
29	41.490	55.00	50.937	09.16	60.053	22.90	32.385	54.27	41.773	21.14
8月 8	41.756	53.25	51.297	08.97	60.323	21.56	32.864	53.42	42.040	19.74
18	42.038	51.78	51.674	08.93	60.606	20.41	33.371	52.84	42.321	18.54
28	42.329	50.63	52.060	09.03	60.898	19.47	33.896	52.52	42.610	17.57
9月 7	42.627	49.84	52.455	09.25	61.196	18.78	34.437	52.48	42.908	16.87
17	42.926	49.46	52.850	09.60	61.495	18.40	34.980	52.72	43.206	16.48
27	43.221	49.48	53.241	10.04	61.791	18.30	35.520	53.22	43.501	16.41
10月 7	43.511	49.93	53.627	10.59	62.082	18.51	36.053	53.98	43.792	16.66
17	43.787	50.78	53.997	11.23	62.362	19.02	36.565	55.01	44.072	17.23
27	44.050	51.98	54.351	11.97	62.629	19.79	37.053	56.27	44.340	18.08
11月 6	44.293	53.52	54.682	12.80	62.878	20.79	37.509	57.77	44.590	19.17
16	44.510	55.30	54.983	13.72	63.104	21.98	37.918	59.47	44.816	20.46
26	44.699	57.25	55.249	14.71	63.304	23.28	38.278	61.34	45.017	21.88
12月 6	44.854	59.31	55.473	15.78	63.471	24.66	38.575	63.37	45.185	23.38
16	44.969	61.38	55.647	16.89	63.600	26.03	38.799	65.47	45.315	24.89
26	45.044	63.40	55.770	18.03	63.691	27.37	38.950	67.60	45.406	26.34
36	45.074	65.31	55.834	19.15	63.737	28.62	39.015	69.70	45.452	27.72
平位置 (J2024.5)	42.318	71.61	52.072	05.52	60.876	36.61	34.099	54.15	42.606	35.33
年自行 (J2024.5)	−0.0002	−0.005	0.0451	−0.666	0.0000	0.002	0.0018	−0.056	0.0000	−0.003
视　差（角秒）	0.003		0.079		0.003		0.010		0.004	

恒 星 视 位 置

2024 年 以世界时 0^{h} 为准

日 期	2406 25 Ori $4^{\mathrm{m}}.89$ B1		201 γ Ori $1^{\mathrm{m}}.64$ B2		202 β Tau $1^{\mathrm{m}}.65$ B7		1148 115 Tau $5^{\mathrm{m}}.40$ B5		204 β Lep $2^{\mathrm{m}}.81$ G5	
	h m 5 25	° ′ +1 52	h m 5 26	° ′ +6 22	h m 5 27	° ′ +28 37	h m 5 28	° ′ +17 58	h m 5 29	° ′ −20 44
日	s	″	s	″	s	″	s	″	s	″
1月 −9	60.555	07.07	26.068	17.88	49.618	40.37	35.097	59.01	17.586	24.28
1	60.626	05.92	26.143	17.00	49.711	40.83	35.183	58.82	17.635	26.60
11	60.653	04.86	26.174	16.19	49.752	41.31	35.223	58.67	17.638	28.76
21	60.634	03.94	26.158	15.48	49.740	41.77	35.213	58.57	17.593	30.69
31	60.574	03.16	26.101	14.90	49.680	42.19	35.159	58.50	17.507	32.33
2月 10	60.475	02.53	26.004	14.42	49.576	42.54	35.063	58.45	17.381	33.67
20	60.344	02.06	25.875	14.07	49.433	42.80	34.932	58.41	17.222	34.64
3月 1	60.192	01.75	25.724	13.83	49.265	42.94	34.778	58.37	17.042	35.27
11	60.025	01.59	25.558	13.69	49.080	42.95	34.608	58.31	16.847	35.55
21	59.856	01.60	25.389	13.67	48.892	42.84	34.434	58.25	16.650	35.44
31	59.695	01.76	25.230	13.77	48.715	42.61	34.270	58.17	16.461	34.99
4月 10	59.551	02.07	25.086	13.97	48.556	42.28	34.122	58.10	16.288	34.19
20	59.434	02.56	24.971	14.32	48.428	41.88	34.004	58.06	16.141	33.05
30	59.350	03.20	24.889	14.78	48.340	41.43	33.922	58.05	16.029	31.62
5月 10	59.304	04.01	24.845	15.38	48.294	40.96	33.878	58.10	15.953	29.89
20	59.302	04.98	24.845	16.11	48.299	40.52	33.882	58.22	15.922	27.91
30	59.342	06.07	24.888	16.96	48.353	40.13	33.931	58.42	15.935	25.74
6月 9	59.423	07.31	24.974	17.94	48.456	39.85	34.024	58.67	15.991	23.39
19	59.548	08.65	25.102	19.02	48.600	39.59	34.156	59.09	16.093	20.94
29	59.709	10.05	25.267	20.18	48.793	39.41	34.333	59.60	16.233	18.46
7月 9	59.905	11.49	25.466	21.38	49.024	39.37	34.546	60.16	16.411	15.98
19	60.131	12.91	25.697	22.58	49.288	39.42	34.789	60.76	16.623	13.62
29	60.379	14.26	25.949	23.74	49.578	39.56	35.056	61.39	16.862	11.43
8月 8	60.649	15.52	26.222	24.83	49.890	39.76	35.344	62.02	17.125	09.46
18	60.932	16.60	26.510	25.79	50.218	40.02	35.647	62.61	17.405	07.82
28	61.224	17.49	26.805	26.58	50.556	40.32	35.958	63.15	17.698	06.54
9月 7	61.524	18.15	27.108	27.19	50.902	40.63	36.277	63.60	17.999	05.68
17	61.824	18.53	27.412	27.56	51.248	40.94	36.597	63.94	18.304	05.29
27	62.121	18.64	27.713	27.71	51.593	41.24	36.915	64.16	18.606	05.36
10月 7	62.415	18.46	28.010	27.61	51.933	41.53	37.229	64.26	18.903	05.91
17	62.697	18.00	28.296	27.27	52.262	41.80	37.533	64.24	19.188	06.93
27	62.967	17.31	28.571	26.74	52.578	42.07	37.825	64.12	19.459	08.36
11月 6	63.221	16.39	28.828	26.02	52.875	42.34	38.100	63.91	19.709	10.17
16	63.450	15.31	29.062	25.16	53.147	42.63	38.351	63.64	19.932	12.28
26	63.655	14.12	29.272	24.21	53.391	42.94	38.577	63.35	20.126	14.58
12月 6	63.827	12.86	29.448	23.21	53.599	43.30	38.770	63.04	20.284	17.03
16	63.961	11.60	29.587	22.22	53.764	43.69	38.923	62.76	20.401	19.50
26	64.057	10.39	29.687	21.27	53.884	44.11	39.035	62.52	20.475	21.91
36	64.107	09.24	29.741	20.39	53.953	44.55	39.099	62.32	20.502	24.21
平位置 (J2024.5)	61.216	01.06	26.795	11.61	50.569	32.85	35.959	52.05	17.766	29.41
年自行	0.0001	0.000	−0.0006	−0.013	0.0017	−0.174	0.0005	−0.020	−0.0004	−0.086
视 差 (角秒)	0.003		0.013		0.025		0.005		0.020	

恒 星 视 位 置

以世界时 0^h 为准

2024 年

日 期		203 17 Cam $5^m.43$ M1		206 δ Ori $2^m.25$ O9		207 α Lep $2^m.58$ F0		1151 χ Aur $4^m.71$ B5		208 φ^1 Ori $4^m.39$ B0	
		h m 5 32	° ′ +63 04	h m 5 33	° ′ − 0 16	h m 5 33	° ′ −17 47	h m 5 34	° ′ +32 12	h m 5 36	° ′ + 9 30
	日	s	″	s	″	s	″	s	″	s	″
1月	−9	28.678	71.69	14.956	51.91	48.454	77.45	18.527	35.47	09.261	21.69
	1	28.800	74.10	15.032	53.20	48.512	79.65	18.629	36.15	09.349	20.96
	11	28.825	76.45	15.064	54.40	48.524	81.72	18.679	36.84	09.391	20.30
	21	28.747	78.64	15.049	55.45	48.488	83.56	18.672	37.50	09.385	19.74
	31	28.581	80.57	14.993	56.34	48.411	85.12	18.614	38.11	09.336	19.28
2月	10	28.332	82.20	14.897	57.06	48.294	86.41	18.510	38.63	09.246	18.91
	20	28.012	83.44	14.768	57.60	48.143	87.36	18.364	39.03	09.121	18.64
3月	1	27.648	84.25	14.616	57.96	47.970	87.98	18.192	39.28	08.973	18.46
	11	27.252	84.60	14.449	58.14	47.782	88.28	18.000	39.37	08.807	18.34
	21	26.850	84.48	14.278	58.14	47.590	88.21	17.804	39.29	08.638	18.32
	31	26.467	83.91	14.115	57.96	47.407	87.83	17.617	39.06	08.476	18.37
4月	10	26.116	82.92	13.967	57.61	47.237	87.12	17.448	38.68	08.329	18.51
	20	25.822	81.56	13.845	57.07	47.094	86.08	17.311	38.20	08.209	18.74
	30	25.598	79.90	13.756	56.36	46.984	84.77	17.214	37.63	08.122	19.07
5月	10	25.452	77.99	13.703	55.47	46.910	83.17	17.159	37.02	08.071	19.51
	20	25.398	75.92	13.693	54.42	46.880	81.33	17.157	36.40	08.065	20.07
	30	25.433	73.77	13.724	53.23	46.892	79.30	17.205	35.81	08.102	20.72
6月	9	25.558	71.60	13.798	51.90	46.947	77.10	17.302	35.28	08.181	21.49
	19	25.775	69.48	13.914	50.47	47.047	74.79	17.446	34.82	08.302	22.36
	29	26.072	67.48	14.067	48.98	47.185	72.45	17.636	34.42	08.461	23.31
7月	9	26.446	65.63	14.254	47.45	47.360	70.09	17.867	34.13	08.656	24.31
	19	26.888	64.00	14.473	45.95	47.569	67.84	18.135	33.96	08.882	25.31
	29	27.384	62.62	14.715	44.53	47.804	65.74	18.428	33.88	09.131	26.29
8月	8	27.929	61.49	14.978	43.22	48.062	63.84	18.747	33.90	09.402	27.22
	18	28.512	60.67	15.257	42.09	48.339	62.26	19.083	33.99	09.688	28.04
	28	29.118	60.15	15.545	41.17	48.627	61.01	19.430	34.15	09.984	28.73
9月	7	29.747	59.93	15.842	40.51	48.926	60.16	19.786	34.35	10.289	29.26
	17	30.381	60.05	16.141	40.14	49.227	59.75	20.145	34.59	10.595	29.58
	27	31.013	60.46	16.438	40.06	49.527	59.78	20.502	34.85	10.901	29.71
10月	7	31.640	61.19	16.732	40.29	49.823	60.27	20.857	35.14	11.204	29.63
	17	32.243	62.23	17.016	40.82	50.108	61.22	21.201	35.46	11.498	29.34
	27	32.819	63.55	17.289	41.60	50.380	62.55	21.532	35.80	11.782	28.88
11月	6	33.357	65.16	17.546	42.63	50.633	64.25	21.846	36.18	12.050	28.25
	16	33.840	67.02	17.780	43.84	50.860	66.24	22.133	36.61	12.295	27.51
	26	34.265	69.08	17.989	45.17	51.060	68.42	22.392	37.09	12.517	26.71
12月	6	34.615	71.33	18.166	46.58	51.224	70.74	22.614	37.63	12.706	25.86
	16	34.879	73.68	18.305	47.99	51.348	73.08	22.792	38.22	12.858	25.02
	26	35.055	76.07	18.406	49.35	51.431	75.38	22.923	38.86	12.970	24.23
	36	35.131	78.45	18.461	50.64	51.467	77.56	23.000	39.52	13.036	23.50
平位置 (J2024.5)		29.465	63.12	15.577	58.24	48.713	83.08	19.483	27.80	10.020	14.80
年自行		−0.0009	−0.005	0.0001	0.001	0.0002	0.001	−0.0002	−0.002	0.0000	−0.003
视 差 (角秒)		0.004		0.004		0.003		0.001		0.003	

恒 星 视 位 置

2024 年 以世界时 0^{h} 为准

日期		N30 θ¹ Ori $5^{m}.13$ O6		GC λ¹ Ori $3^{m}.39$ O8		209 ι Ori $2^{m}.75$ O9		210 ε Ori $1^{m}.69$ B0		211 ζ Tau $2^{m}.97$ B4	
		h m 5 36	° ′ −5 22	h m 5 36	° ′ +9 56	h m 5 36	° ′ −5 53	h m 5 37	° ′ −1 10	h m 5 39	° ′ +21 09
	日	s	″	s	″	s	″	s	″	s	″
1月	−9	28.201	25.80	28.555	61.54	37.437	38.09	26.871	70.86	05.759	26.38
	1	28.275	27.39	28.643	60.84	37.511	39.71	26.950	72.22	05.858	26.36
	11	28.305	28.86	28.686	60.21	37.541	41.21	26.985	73.47	05.909	26.39
	21	28.288	30.17	28.680	59.67	37.523	42.55	26.973	74.58	05.909	26.45
	31	28.229	31.28	28.632	59.23	37.464	43.68	26.919	75.52	05.862	26.54
2月	10	28.131	32.20	28.542	58.88	37.366	44.61	26.825	76.29	05.772	26.63
	20	28.000	32.88	28.417	58.62	37.233	45.30	26.697	76.86	05.644	26.71
3月	1	27.845	33.33	28.269	58.44	37.079	45.76	26.546	77.24	05.490	26.76
	11	27.675	33.56	28.104	58.34	36.908	46.00	26.379	77.45	05.318	26.77
	21	27.500	33.55	27.934	58.31	36.733	45.98	26.208	77.45	05.141	26.73
	31	27.333	33.32	27.772	58.36	36.565	45.75	26.043	77.27	04.972	26.65
4月	10	27.180	32.87	27.625	58.48	36.411	45.29	25.893	76.91	04.817	26.54
	20	27.052	32.19	27.504	58.71	36.283	44.59	25.768	76.35	04.691	26.41
	30	26.957	31.30	27.417	59.02	36.187	43.68	25.676	75.62	04.600	26.29
5月	10	26.897	30.21	27.367	59.44	36.127	42.57	25.619	74.70	04.549	26.19
	20	26.880	28.93	27.361	59.97	36.109	41.26	25.605	73.62	04.543	26.15
	30	26.904	27.49	27.398	60.60	36.133	39.80	25.632	72.40	04.584	26.16
6月	9	26.970	25.90	27.477	61.34	36.198	38.18	25.701	71.03	04.671	26.23
	19	27.079	24.21	27.598	62.18	36.306	36.46	25.812	69.57	04.791	26.36
	29	27.224	22.47	27.757	63.10	36.451	34.69	25.960	68.04	04.965	26.67
7月	9	27.405	20.69	27.952	64.08	36.631	32.89	26.144	66.48	05.173	27.00
	19	27.617	18.97	28.178	65.06	36.843	31.14	26.358	64.95	05.413	27.38
	29	27.853	17.34	28.428	66.02	37.079	29.49	26.596	63.50	05.678	27.80
8月	8	28.112	15.85	28.699	66.93	37.337	27.99	26.857	62.16	05.965	28.23
	18	28.386	14.58	28.986	67.73	37.612	26.70	27.133	61.02	06.269	28.66
	28	28.671	13.57	29.282	68.41	37.896	25.67	27.419	60.09	06.583	29.04
9月	7	28.966	12.84	29.587	68.93	38.191	24.95	27.714	59.42	06.907	29.38
	17	29.263	12.46	29.894	69.25	38.488	24.56	28.012	59.06	07.233	29.63
	27	29.559	12.42	30.200	69.38	38.783	24.52	28.310	58.99	07.559	29.80
10月	7	29.852	12.73	30.504	69.31	39.077	24.84	28.605	59.24	07.883	29.88
	17	30.136	13.39	30.799	69.03	39.361	25.51	28.890	59.80	08.198	29.87
	27	30.408	14.35	31.083	68.58	39.633	26.49	29.165	60.63	08.502	29.79
11月	6	30.665	15.59	31.352	67.97	39.889	27.75	29.424	61.70	08.791	29.66
	16	30.898	17.05	31.598	67.25	40.122	29.23	29.661	62.97	09.056	29.49
	26	31.106	18.65	31.820	66.47	40.330	30.85	29.873	64.36	09.297	29.32
12月	6	31.282	20.35	32.011	65.64	40.506	32.58	30.053	65.83	09.504	29.16
	16	31.420	22.06	32.163	64.83	40.643	34.32	30.195	67.30	09.672	29.04
	26	31.518	23.73	32.276	64.07	40.741	36.01	30.299	68.74	09.797	28.96
	36	31.571	25.30	32.343	63.36	40.794	37.62	30.357	70.09	09.874	28.94
平位置 (J2024.5)		28.732	32.15	29.319	54.63	37.959	44.42	27.475	77.41	06.635	18.98
年自行 (J2024.5)		−0.0002	−0.033	−0.0001	−0.002	0.0001	−0.001	0.0001	−0.001	0.0002	−0.018
视差（角秒）		0.000		0.003		0.002		0.002		0.008	

恒 星 视 位 置

以世界时 0^h 为准

2024 年

日　期	(213) σ Ori m $3^m.77$ O9		2423 ω Ori $4^m.50$ B3		215 α Col $2^m.65$ B7		(C1) ζ^1 Ori $1^m.74$ O9		2426 GC 7068 $5^m.62$ K5	
	h m 5 39	° ′ − 2 34	h m 5 40	° ′ + 4 08	h m 5 40	° ′ −34 03	h m 5 41	° ′ − 1 55	h m 5 44	° ′ +65 42
日	s	″	s	″	s	″	s	″	s	″
1月 −9	58.058	69.46	28.154	07.29	32.508	39.02	59.180	46.55	53.464	34.36
1	58.139	70.90	28.241	06.23	32.548	41.91	59.263	47.97	53.618	36.88
11	58.175	72.25	28.283	05.25	32.535	44.64	59.301	49.28	53.664	39.37
21	58.163	73.43	28.278	04.40	32.469	47.08	59.292	50.45	53.597	41.71
31	58.110	74.44	28.229	03.69	32.356	49.18	59.240	51.43	53.430	43.83
2月 10	58.016	75.26	28.141	03.11	32.200	50.92	59.149	52.24	53.168	45.65
20	57.888	75.88	28.017	02.68	32.007	52.23	59.022	52.84	52.826	47.07
3月 1	57.737	76.29	27.869	02.39	31.790	53.09	58.872	53.25	52.429	48.06
11	57.570	76.52	27.705	02.23	31.555	53.51	58.705	53.47	51.993	48.59
21	57.397	76.52	27.535	02.22	31.316	53.46	58.533	53.48	51.546	48.61
31	57.231	76.33	27.372	02.33	31.084	52.98	58.368	53.30	51.113	48.17
4月 10	57.079	75.95	27.223	02.58	30.867	52.06	58.215	52.93	50.711	47.28
20	56.952	75.35	27.100	02.98	30.677	50.72	58.088	52.36	50.366	45.97
30	56.857	74.58	27.008	03.51	30.521	49.02	57.992	51.62	50.095	44.34
5月 10	56.797	73.61	26.953	04.18	30.404	46.96	57.931	50.69	49.904	42.42
20	56.780	72.47	26.940	05.00	30.334	44.59	57.913	49.58	49.811	40.29
30	56.804	71.18	26.969	05.93	30.310	42.00	57.936	48.34	49.815	38.06
6月 9	56.870	69.75	27.040	06.99	30.334	39.20	58.000	46.95	49.917	35.76
19	56.977	68.22	27.153	08.15	30.409	36.28	58.107	45.46	50.120	33.48
29	57.122	66.63	27.303	09.38	30.527	33.34	58.250	43.91	50.411	31.30
7月 9	57.302	65.00	27.489	10.66	30.689	30.40	58.429	42.32	50.788	29.25
19	57.514	63.42	27.705	11.92	30.891	27.61	58.639	40.77	51.244	27.40
29	57.749	61.91	27.946	13.12	31.126	25.02	58.873	39.30	51.761	25.79
8月 8	58.007	60.53	28.208	14.25	31.392	22.70	59.130	37.95	52.337	24.43
18	58.281	59.35	28.487	15.22	31.681	20.77	59.404	36.79	52.958	23.37
28	58.565	58.40	28.775	16.02	31.987	19.26	59.688	35.85	53.610	22.61
9月 7	58.860	57.71	29.074	16.61	32.308	18.24	59.982	35.18	54.290	22.18
17	59.157	57.35	29.375	16.94	32.634	17.78	60.279	34.82	54.981	22.08
27	59.454	57.29	29.675	17.03	32.961	17.86	60.577	34.76	55.675	22.31
10月 7	59.749	57.56	29.974	16.85	33.284	18.52	60.872	35.03	56.366	22.87
17	60.035	58.16	30.265	16.41	33.595	19.74	61.159	35.62	57.036	23.78
27	60.310	59.04	30.545	15.75	33.889	21.44	61.436	36.47	57.679	24.99
11月 6	60.570	60.17	30.810	14.88	34.160	23.61	61.698	37.59	58.283	26.52
16	60.808	61.51	31.053	13.86	34.399	26.15	61.937	38.90	58.829	28.34
26	61.021	62.98	31.273	12.75	34.605	28.94	62.153	40.34	59.313	30.40
12月 6	61.203	64.54	31.461	11.56	34.768	31.93	62.337	41.87	59.717	32.67
16	61.346	66.10	31.611	10.39	34.884	34.96	62.483	43.40	60.027	35.09
26	61.451	67.62	31.723	09.26	34.952	37.95	62.590	44.89	60.240	37.58
36	61.510	69.06	31.788	08.20	34.966	40.82	62.652	46.30	60.343	40.08
平位置 (J2024.5)	58.637	76.12	28.837	00.38	32.227	44.80	59.769	53.36	54.103	26.00
年自行 (J2024.5)	0.0003	0.000	0.0000	−0.001	0.0000	−0.024	0.0003	0.002	−0.0001	−0.019
视　差（角秒）	0.003		0.002		0.012		0.004		0.012	

恒　星　视　位　置

2024 年　　以世界时 0^h 为准

日　期		217 γ Lep 3ᵐ59 F7		216 o Aur 5ᵐ46 A0		219 ζ Lep 3ᵐ55 A2		218 130 Tau 5ᵐ47 F0		220 κ Ori 2ᵐ07 B0	
		h m	° ′	h m	° ′	h m	° ′	h m	° ′	h m	° ′
		5 45	−22 26	5 47	+49 50	5 48	−14 48	5 48	+17 44	5 48	− 9 39
	日	s	″	s	″	s	″	s	″	s	″
1月	−9	28.997	24.37	47.147	10.75	03.675	45.41	51.150	17.75	54.717	38.55
	1	29.058	26.84	47.282	12.45	03.750	47.53	51.257	17.49	54.798	40.41
	11	29.072	29.17	47.347	14.15	03.779	49.52	51.316	17.30	54.835	42.16
	21	29.036	31.27	47.338	15.77	03.760	51.31	51.324	17.17	54.824	43.72
	31	28.957	33.07	47.263	17.24	03.697	52.85	51.286	17.10	54.769	45.06
2月	10	28.836	34.57	47.124	18.53	03.593	54.13	51.204	17.06	54.674	46.17
	20	28.680	35.70	46.930	19.54	03.454	55.10	51.083	17.05	54.543	47.01
3月	1	28.499	36.46	46.699	20.26	03.291	55.76	50.936	17.06	54.388	47.59
	11	28.302	36.87	46.441	20.65	03.110	56.11	50.769	17.05	54.215	47.91
	21	28.099	36.87	46.173	20.69	02.924	56.14	50.595	17.05	54.036	47.94
	31	27.902	36.52	45.914	20.39	02.742	55.86	50.427	17.03	53.862	47.72
4月	10	27.719	35.81	45.674	19.77	02.573	55.29	50.273	17.02	53.700	47.23
	20	27.560	34.74	45.472	18.87	02.429	54.40	50.144	17.02	53.562	46.48
	30	27.434	33.37	45.318	17.74	02.315	53.26	50.048	17.04	53.454	45.50
5月	10	27.343	31.68	45.217	16.41	02.236	51.85	49.989	17.11	53.381	44.29
	20	27.296	29.73	45.181	14.96	02.198	50.20	49.975	17.23	53.349	42.86
	30	27.291	27.58	45.208	13.45	02.203	48.37	50.005	17.42	53.359	41.26
6月	9	27.330	25.23	45.298	11.91	02.249	46.36	50.080	17.67	53.409	39.50
	19	27.414	22.77	45.454	10.41	02.338	44.24	50.194	17.96	53.503	37.64
	29	27.538	20.27	45.667	08.98	02.466	42.06	50.350	18.43	53.633	35.71
7月	9	27.700	17.76	45.934	07.66	02.630	39.87	50.544	18.92	53.800	33.76
	19	27.898	15.36	46.250	06.49	02.828	37.76	50.770	19.44	53.999	31.87
	29	28.124	13.12	46.604	05.49	03.052	35.77	51.022	19.96	54.224	30.09
8月	8	28.377	11.10	46.995	04.67	03.301	33.97	51.296	20.49	54.473	28.46
	18	28.650	09.40	47.412	04.04	03.570	32.45	51.589	20.96	54.740	27.08
	28	28.936	08.07	47.847	03.61	03.851	31.24	51.892	21.38	55.020	25.98
9月	7	29.236	07.15	48.298	03.37	04.143	30.39	52.206	21.70	55.311	25.20
	17	29.540	06.72	48.757	03.35	04.441	29.97	52.524	21.91	55.607	24.80
	27	29.845	06.75	49.217	03.51	04.740	29.95	52.844	22.00	55.904	24.77
10月	7	30.148	07.29	49.677	03.87	05.038	30.38	53.163	21.97	56.200	25.13
	17	30.441	08.32	50.124	04.44	05.327	31.25	53.474	21.81	56.488	25.89
	27	30.721	09.76	50.557	05.20	05.605	32.48	53.777	21.55	56.767	26.98
11月	6	30.983	11.62	50.969	06.16	05.868	34.08	54.066	21.21	57.030	28.40
	16	31.219	13.80	51.346	07.30	06.106	35.95	54.333	20.81	57.271	30.06
	26	31.426	16.19	51.687	08.61	06.319	38.02	54.577	20.40	57.487	31.90
12月	6	31.598	18.76	51.979	10.08	06.499	40.23	54.789	19.98	57.672	33.86
	16	31.728	21.36	52.213	11.67	06.640	42.47	54.962	19.61	57.818	35.84
	26	31.815	23.92	52.386	13.32	06.739	44.68	55.095	19.29	57.924	37.78
	36	31.854	26.38	52.489	15.01	06.792	46.78	55.179	19.03	57.985	39.63
平位置 (J2024.5)		29.119	31.05	48.064	02.65	04.008	52.32	51.985	10.16	55.162	45.65
年自行		−0.0211	−0.368	−0.0010	0.000	−0.0010	−0.001	−0.0001	−0.005	0.0001	−0.001
视　差（角秒）		0.111		0.007		0.046		0.003		0.005	

恒 星 视 位 置

以世界时 0^{h} 为准

2024 年

日期		1155 142 G. Ori $5^{m}.97$ G4		2435 132 Tau $4^{m}.88$ G8		GC τ Aur $4^{m}.51$ G8		222 δ Lep $3^{m}.76$ G8		2440 ν Aur $4^{m}.72$ M1	
		h m 5 49	° ′ −4 05	h m 5 50	° ′ +24 34	h m 5 50	° ′ +39 11	h m 5 52	° ′ −20 52	h m 5 52	° ′ +37 18
	日	s	″	s	″	s	″	s	″	s	″
1月	−9	47.489	15.85	30.390	32.58	51.432	20.54	22.367	35.62	41.841	44.30
	1	47.577	17.42	30.505	32.74	51.560	21.61	22.439	38.06	41.969	45.25
	11	47.620	18.88	30.569	32.96	51.629	22.71	22.464	40.37	42.041	46.23
	21	47.615	20.18	30.580	33.21	51.636	23.77	22.440	42.45	42.051	47.19
	31	47.567	21.29	30.542	33.48	51.586	24.76	22.370	44.26	42.005	48.10
2月	10	47.478	22.21	30.457	33.74	51.482	25.64	22.259	45.77	41.907	48.91
	20	47.353	22.90	30.332	33.96	51.331	26.34	22.111	46.93	41.762	49.56
3月	1	47.204	23.37	30.179	34.13	51.147	26.85	21.939	47.74	41.585	50.04
	11	47.037	23.64	30.005	34.22	50.939	27.13	21.747	48.21	41.384	50.31
	21	46.863	23.67	29.824	34.23	50.723	27.17	21.549	48.28	41.174	50.36
	31	46.695	23.49	29.648	34.16	50.513	26.99	21.356	48.01	40.970	50.20
4月	10	46.538	23.11	29.486	34.02	50.319	26.58	21.174	47.39	40.781	49.84
	20	46.406	22.51	29.351	33.83	50.156	25.98	21.017	46.42	40.622	49.30
	30	46.305	21.71	29.250	33.60	50.033	25.23	20.890	45.15	40.502	48.62
5月	10	46.237	20.72	29.188	33.37	49.955	24.36	20.797	43.58	40.426	47.84
	20	46.211	19.55	29.172	33.15	49.931	23.41	20.747	41.74	40.402	46.99
	30	46.227	18.22	29.203	32.96	49.961	22.44	20.739	39.69	40.430	46.12
6月	9	46.283	16.75	29.281	32.84	50.044	21.48	20.774	37.45	40.510	45.27
	19	46.381	15.18	29.386	33.04	50.180	20.57	20.853	35.09	40.642	44.45
	29	46.516	13.55	29.560	32.77	50.364	19.71	20.972	32.69	40.820	43.69
7月	9	46.687	11.88	29.763	32.84	50.594	18.94	21.128	30.26	41.044	43.01
	19	46.890	10.26	30.000	32.98	50.865	18.28	21.321	27.92	41.307	42.45
	29	47.118	08.72	30.262	33.16	51.167	17.75	21.541	25.73	41.601	41.98
8月	8	47.369	07.32	30.549	33.37	51.498	17.32	21.788	23.75	41.924	41.62
	18	47.638	06.12	30.855	33.59	51.851	17.02	22.056	22.08	42.268	41.37
	28	47.918	05.15	31.172	33.80	52.219	16.83	22.339	20.75	42.627	41.21
9月	7	48.210	04.47	31.501	33.99	52.601	16.74	22.635	19.83	43.000	41.13
	17	48.506	04.11	31.835	34.13	52.989	16.76	22.938	19.38	43.378	41.14
	27	48.803	04.08	32.170	34.22	53.378	16.87	23.242	19.38	43.759	41.23
10月	7	49.100	04.40	32.505	34.26	53.768	17.07	23.546	19.88	44.139	41.39
	17	49.389	05.05	32.832	34.25	54.148	17.38	23.842	20.85	44.512	41.64
	27	49.668	06.00	33.150	34.20	54.518	17.79	24.126	22.25	44.874	41.97
11月	6	49.934	07.22	33.455	34.13	54.871	18.31	24.394	24.05	45.221	42.39
	16	50.178	08.66	33.737	34.06	55.197	18.94	24.637	26.16	45.541	42.92
	26	50.398	10.23	33.994	34.01	55.493	19.68	24.853	28.50	45.834	43.54
12月	6	50.586	11.91	34.219	34.00	55.751	20.53	25.035	31.02	46.089	44.28
	16	50.738	13.60	34.403	34.04	55.960	21.47	25.175	33.57	46.297	45.10
	26	50.850	15.25	34.544	34.15	56.120	22.49	25.273	36.10	46.456	45.99
	36	50.916	16.81	34.635	34.31	56.220	23.55	25.323	38.53	46.558	46.94
平位置 (J2024.5)		48.042	23.20	31.278	24.83	52.372	12.58	22.556	43.16	42.778	36.35
年自行 (J2024.5)		0.0041	−0.229	0.0009	−0.008	−0.0025	−0.026	0.0162	−0.648	0.0031	−0.045
视差（角秒）		0.064		0.006		0.015		0.029		0.007	

恒 星 视 位 置

2024 年 以世界时 0^h 为准

日 期	221 ν Aur $3^m.97$ K0		2444 56 Ori $4^m.76$ K2		1158 136 Tau $4^m.56$ A0		224 α Ori $0^m.3 \sim 0^m.6$ M2		1157 ξ Aur $4^m.96$ A2	
	h m	° ′	h m	° ′	h m	° ′	h m	° ′	h m	° ′
	5 53	+39 09	5 53	+ 1 51	5 54	+27 36	5 56	+ 7 24	5 56	+55 42
日	s	″	s	″	s	″	s	″	s	″
1月 −9	10.453	18.88	42.184	40.68	51.209	64.40	29.224	42.36	53.274	42.27
1	10.584	19.94	42.282	39.44	51.331	64.75	29.329	41.44	53.433	44.27
11	10.656	21.04	42.335	38.30	51.401	65.14	29.389	40.61	53.511	46.28
21	10.666	22.10	42.339	37.29	51.416	65.57	29.400	39.90	53.505	48.22
31	10.618	23.10	42.299	36.45	51.381	66.00	29.365	39.31	53.421	50.00
2月 10	10.517	23.99	42.217	35.75	51.297	66.39	29.288	38.84	53.265	51.56
20	10.367	24.71	42.099	35.23	51.172	66.73	29.173	38.50	53.044	52.83
3月 1	10.185	25.23	41.955	34.88	51.016	66.99	29.032	38.27	52.778	53.75
11	09.978	25.53	41.792	34.68	50.838	67.14	28.871	38.14	52.479	54.31
21	09.762	25.59	41.622	34.65	50.652	67.19	28.702	38.12	52.167	54.45
31	09.552	25.42	41.457	34.77	50.471	67.11	28.537	38.20	51.862	54.21
4月 10	09.357	25.03	41.303	35.04	50.302	66.94	28.384	38.38	51.576	53.59
20	09.193	24.45	41.172	35.48	50.161	66.68	28.254	38.67	51.330	52.62
30	09.068	23.71	41.072	36.07	50.055	66.35	28.154	39.07	51.136	51.37
5月 10	08.988	22.85	41.006	36.81	49.987	65.99	28.089	39.58	51.000	49.87
20	08.962	21.91	40.981	37.70	49.967	65.62	28.066	40.20	50.936	48.20
30	08.990	20.95	40.998	38.72	49.994	65.27	28.084	40.92	50.943	46.42
6月 9	09.069	19.99	41.055	39.87	50.069	64.97	28.143	41.76	51.021	44.58
19	09.203	19.07	41.154	41.11	50.188	64.81	28.244	42.67	51.173	42.75
29	09.384	18.21	41.290	42.41	50.347	64.52	28.383	43.66	51.391	40.99
7月 9	09.612	17.42	41.462	43.76	50.550	64.38	28.557	44.70	51.672	39.32
19	09.880	16.76	41.665	45.09	50.789	64.33	28.764	45.74	52.011	37.80
29	10.180	16.20	41.894	46.36	51.054	64.33	28.996	46.73	52.395	36.46
8月 8	10.510	15.76	42.146	47.53	51.346	64.37	29.252	47.66	52.822	35.31
18	10.861	15.44	42.416	48.54	51.656	64.45	29.525	48.47	53.283	34.40
28	11.228	15.22	42.697	49.36	51.980	64.54	29.810	49.13	53.767	33.70
9月 7	11.609	15.11	42.990	49.94	52.316	64.64	30.107	49.60	54.274	33.24
17	11.997	15.10	43.288	50.26	52.658	64.71	30.410	49.86	54.790	33.04
27	12.386	15.18	43.588	50.30	53.001	64.77	30.714	49.90	55.311	33.08
10月 7	12.776	15.37	43.888	50.06	53.346	64.81	31.019	49.71	55.834	33.38
17	13.157	15.65	44.181	49.53	53.683	64.83	31.319	49.28	56.344	33.94
27	13.528	16.03	44.466	48.76	54.012	64.84	31.610	48.67	56.840	34.74
11月 6	13.882	16.52	44.738	47.76	54.327	64.86	31.889	47.87	57.311	35.80
16	14.211	17.13	44.989	46.59	54.620	64.90	32.148	46.94	57.745	37.09
26	14.510	17.85	45.218	45.31	54.888	64.99	32.384	45.94	58.138	38.60
12月 6	14.770	18.69	45.416	43.95	55.122	65.14	32.590	44.88	58.476	40.31
16	14.982	19.62	45.577	42.59	55.315	65.35	32.759	43.85	58.747	42.16
26	15.145	20.63	45.699	41.28	55.464	65.64	32.890	42.86	58.949	44.11
36	15.248	21.68	45.776	40.05	55.562	65.98	32.973	41.94	59.070	46.11
平位置 (J2024.5)	11.390	10.93	42.829	33.10	52.109	56.54	29.944	34.60	54.101	34.26
年自行	0.0007	0.000	−0.0004	−0.008	0.0003	−0.009	0.0018	0.011	−0.0004	0.017
视 差 (角秒)	0.015		0.003		0.007		0.008		0.014	

恒 星 视 位 置

以世界时 0^h 为准

2024 年

日 期	2446 31 Cam 5ᵐ.20 A2		226 η Lep 3ᵐ.71 F1		1161 60 Ori 5ᵐ.21 A1		2457 GC 7587 4ᵐ.53 K2		227 β Aur 1ᵐ.90 A2	
	h m 5 57	° ′ +59 53	h m 5 57	° ′ −14 09	h m 6 00	° ′ + 0 33	h m 6 01	° ′ − 3 04	h m 6 01	° ′ +44 56
日	s	″	s	″	s	″	s	″	s	″
1月 −9	08.857	34.14	30.949	46.22	04.580	19.85	16.376	22.57	18.698	57.77
1	09.024	36.36	31.034	48.35	04.683	18.51	16.476	24.12	18.846	59.15
11	09.103	38.58	31.073	50.35	04.740	17.27	16.531	25.56	18.929	60.58
21	09.086	40.71	31.062	52.15	04.749	16.18	16.537	26.85	18.944	61.97
31	08.983	42.67	31.007	53.71	04.713	15.26	16.500	27.95	18.896	63.27
2月 10	08.799	44.39	30.911	55.01	04.635	14.49	16.419	28.87	18.788	64.44
20	08.544	45.77	30.778	56.01	04.519	13.92	16.302	29.57	18.626	65.40
3月 1	08.240	46.79	30.619	56.71	04.377	13.52	16.158	30.05	18.427	66.12
11	07.898	47.40	30.441	57.11	04.215	13.29	15.994	30.34	18.199	66.57
21	07.541	47.56	30.255	57.18	04.044	13.25	15.822	30.40	17.960	66.72
31	07.192	47.29	30.074	56.96	03.878	13.37	15.653	30.26	17.725	66.58
4月 10	06.865	46.62	29.903	56.44	03.721	13.66	15.494	29.93	17.504	66.16
20	06.581	45.56	29.755	55.62	03.588	14.12	15.357	29.39	17.316	65.48
30	06.355	44.19	29.637	54.54	03.483	14.73	15.250	28.66	17.169	64.59
5月 10	06.194	42.54	29.552	53.19	03.412	15.51	15.175	27.75	17.069	63.53
20	06.113	40.69	29.509	51.61	03.382	16.45	15.141	26.65	17.026	62.34
30	06.110	38.73	29.506	49.84	03.392	17.52	15.147	25.42	17.041	61.09
6月 9	06.187	36.69	29.544	47.90	03.442	18.71	15.193	24.04	17.113	59.80
19	06.347	34.66	29.626	45.84	03.535	20.00	15.281	22.56	17.244	58.54
29	06.581	32.69	29.745	43.72	03.664	21.36	15.406	21.01	17.427	57.32
7月 9	06.885	30.81	29.901	41.58	03.829	22.76	15.567	19.43	17.660	56.18
19	07.256	29.11	30.092	39.51	04.026	24.13	15.760	17.88	17.940	55.15
29	07.677	27.59	30.309	37.55	04.248	25.44	15.979	16.41	18.255	54.26
8月 8	08.148	26.28	30.551	35.77	04.495	26.65	16.222	15.06	18.603	53.50
18	08.658	25.23	30.814	34.26	04.760	27.68	16.485	13.90	18.979	52.89
28	09.194	24.43	31.090	33.05	05.038	28.52	16.760	12.97	19.372	52.42
9月 7	09.756	23.90	31.380	32.20	05.328	29.12	17.048	12.31	19.783	52.11
17	10.330	23.66	31.676	31.76	05.625	29.43	17.343	11.97	20.202	51.95
27	10.909	23.69	31.975	31.72	05.923	29.46	17.640	11.94	20.625	51.93
10月 7	11.490	24.02	32.274	32.13	06.224	29.19	17.939	12.24	21.050	52.07
17	12.057	24.64	32.566	32.96	06.518	28.62	18.233	12.88	21.468	52.38
27	12.607	25.54	32.849	34.17	06.805	27.79	18.518	13.81	21.875	52.83
11月 6	13.129	26.73	33.117	35.74	07.080	26.73	18.792	15.01	22.265	53.46
16	13.608	28.19	33.363	37.59	07.335	25.48	19.045	16.42	22.627	54.26
26	14.040	29.88	33.585	39.63	07.568	24.11	19.276	17.97	22.958	55.21
12月 6	14.410	31.79	33.774	41.83	07.770	22.66	19.477	19.63	23.247	56.31
16	14.704	33.86	33.924	44.06	07.936	21.20	19.640	21.29	23.484	57.55
26	14.920	36.03	34.033	46.27	08.063	19.79	19.765	22.92	23.667	58.87
36	15.046	38.24	34.096	48.38	08.144	18.46	19.844	24.46	23.785	60.26
平位置 (J2024.5)	09.606	26.10	31.299	53.82	05.204	11.93	16.943	30.59	19.604	49.81
年自行	0.0003	−0.018	−0.0029	0.139	−0.0009	0.002	0.0006	−0.075	−0.0053	−0.001
视 差 (角秒)	0.008		0.066		0.009		0.008		0.040	

恒 星 视 位 置

2024 年　　　　以世界时 0^{h} 为准

日期		(228) θ Aur		225 δ Aur		2458 GC 7598		N30 μ Ori		1163 1 Gem	
		$2^{\mathrm{m}}.65$	A0	$3^{\mathrm{m}}.72$	K0	$5^{\mathrm{m}}.98$	K0	$4^{\mathrm{m}}.12$	Am	$4^{\mathrm{m}}.16$	G7
		h m	° ′	h m	° ′	h m	° ′	h m	° ′	h m	° ′
		6 01	+37 12	6 01	+54 16	6 03	+48 57	6 03	+ 9 38	6 05	+23 15
	日	s	″	s	″	s	″	s	″	s	″
1月	−9	22.628	50.29	31.890	68.50	35.131	35.97	43.177	50.89	35.755	42.77
	1	22.767	51.21	32.054	70.41	35.289	37.58	43.291	50.08	35.883	42.81
	11	22.849	52.18	32.141	72.34	35.378	39.23	43.359	49.37	35.963	42.92
	21	22.869	53.15	32.144	74.21	35.392	40.84	43.377	48.76	35.988	43.09
	31	22.832	54.07	32.073	75.95	35.339	42.34	43.350	48.27	35.963	43.30
2月	10	22.742	54.91	31.930	77.49	35.221	43.68	43.278	47.89	35.891	43.52
	20	22.603	55.60	31.724	78.74	35.046	44.79	43.167	47.62	35.776	43.74
3月	1	22.431	56.13	31.473	79.68	34.830	45.63	43.029	47.44	35.631	43.93
	11	22.233	56.47	31.188	80.26	34.582	46.16	42.869	47.35	35.463	44.06
	21	22.024	56.58	30.889	80.44	34.321	46.35	42.700	47.34	35.284	44.13
	31	21.819	56.49	30.596	80.25	34.065	46.21	42.535	47.41	35.109	44.13
4月	10	21.627	56.19	30.320	79.69	33.823	45.75	42.379	47.56	34.944	44.07
	20	21.464	55.70	30.081	78.79	33.615	45.00	42.246	47.79	34.803	43.96
	30	21.338	55.07	29.892	77.62	33.451	44.00	42.143	48.10	34.694	43.82
5月	10	21.254	54.32	29.758	76.20	33.336	42.80	42.074	48.51	34.621	43.66
	20	21.222	53.49	29.692	74.60	33.282	41.44	42.046	49.02	34.594	43.51
	30	21.241	52.63	29.695	72.89	33.290	39.99	42.060	49.61	34.610	43.39
6月	9	21.312	51.78	29.767	71.12	33.358	38.50	42.114	50.30	34.672	43.30
	19	21.434	50.95	29.910	69.35	33.491	37.01	42.211	51.06	34.789	43.26
	29	21.602	50.16	30.116	67.63	33.679	35.57	42.345	51.89	34.918	43.29
7月	9	21.816	49.44	30.384	66.00	33.922	34.20	42.515	52.78	35.106	43.37
	19	22.071	48.82	30.707	64.51	34.215	32.95	42.719	53.67	35.328	43.49
	29	22.356	48.29	31.075	63.19	34.546	31.85	42.948	54.52	35.575	43.64
8月	8	22.672	47.86	31.485	62.04	34.915	30.89	43.201	55.32	35.849	43.81
	18	23.010	47.53	31.928	61.11	35.314	30.12	43.473	56.02	36.143	43.97
	28	23.364	47.28	32.395	60.38	35.732	29.51	43.757	56.58	36.450	44.11
9月	7	23.733	47.11	32.883	59.89	36.171	29.09	44.055	56.98	36.771	44.20
	17	24.110	47.03	33.383	59.63	36.619	28.86	44.358	57.18	37.099	44.23
	27	24.490	47.02	33.887	59.60	37.072	28.81	44.665	57.19	37.430	44.20
10月	7	24.872	47.09	34.394	59.81	37.528	28.95	44.974	56.98	37.764	44.09
	17	25.247	47.23	34.891	60.28	37.976	29.30	45.278	56.57	38.093	43.93
	27	25.614	47.47	35.375	60.98	38.413	29.83	45.575	55.99	38.416	43.72
11月	6	25.966	47.81	35.837	61.93	38.832	30.58	45.861	55.24	38.726	43.48
	16	26.294	48.25	36.264	63.11	39.221	31.52	46.127	54.39	39.017	43.24
	26	26.595	48.80	36.652	64.50	39.576	32.64	46.372	53.46	39.285	43.02
12月	6	26.859	49.47	36.988	66.10	39.886	33.95	46.587	52.51	39.522	42.85
	16	27.077	50.24	37.260	67.85	40.140	35.40	46.766	51.57	39.719	42.74
	26	27.246	51.10	37.465	69.70	40.335	36.95	46.905	50.69	39.875	42.71
	36	27.359	52.02	37.593	71.61	40.460	38.56	46.997	49.89	39.980	42.75
平位置 (J2024.5)		23.550	42.30	32.727	60.49	36.012	28.05	43.920	42.80	36.616	34.66
年自行 (J2024.5)		0.0035	−0.074	0.0092	−0.127	0.0007	−0.010	0.0008	−0.034	−0.0002	−0.120
视差（角秒）		0.019		0.023		0.005		0.021		0.022	

恒 星 视 位 置

以世界时 0^h 为准

2024 年

日期		230		2465		232		1165		N30	
		66 Ori		40 Aur		ν Ori		94 G. Lep		ξ Ori	
		$5^m.63$	G4	$5^m.35$	A4	$4^m.42$	B3	$5^m.49$	A0	$4^m.45$	B3
		h m	° ′	h m	° ′	h m	° ′	h m	° ′	h m	° ′
		6 06	+ 4 09	6 08	+38 28	6 08	+14 45	6 09	−22 25	6 13	+14 12
	日	s	″	s	″	s	″	s	″	s	″
1月	−9	15.401	27.36	15.555	48.27	57.500	56.48	59.554	51.21	19.218	12.37
	1	15.513	26.21	15.704	49.25	57.625	55.98	59.642	53.78	19.346	11.81
	11	15.580	25.16	15.795	50.29	57.702	55.56	59.682	56.23	19.428	11.34
	21	15.597	24.24	15.823	51.34	57.727	55.23	59.671	58.46	19.457	10.98
	31	15.568	23.48	15.792	52.34	57.706	55.00	59.613	60.42	19.439	10.72
2月	10	15.497	22.85	15.706	53.26	57.639	54.84	59.511	62.09	19.375	10.53
	20	15.386	22.39	15.570	54.04	57.531	54.76	59.369	63.40	19.270	10.43
3月	1	15.248	22.07	15.398	54.65	57.394	54.72	59.199	64.35	19.135	10.39
	11	15.089	21.88	15.198	55.06	57.234	54.72	59.008	64.95	18.977	10.38
	21	14.921	21.85	14.985	55.23	57.063	54.75	58.807	65.15	18.807	10.42
	31	14.755	21.94	14.776	55.18	56.895	54.81	58.608	64.99	18.639	10.48
4月	10	14.598	22.17	14.578	54.91	56.737	54.88	58.418	64.47	18.480	10.57
	20	14.463	22.53	14.408	54.44	56.601	54.99	58.249	63.58	18.343	10.70
	30	14.358	23.02	14.274	53.80	56.494	55.14	58.109	62.38	18.234	10.87
5月	10	14.285	23.65	14.182	53.03	56.422	55.34	58.001	60.87	18.159	11.09
	20	14.252	24.41	14.141	52.16	56.391	55.60	57.933	59.06	18.125	11.38
	30	14.260	25.27	14.152	51.25	56.403	55.92	57.906	57.04	18.132	11.72
6月	9	14.308	26.26	14.215	50.32	56.456	56.31	57.922	54.81	18.181	12.13
	19	14.398	27.33	14.331	49.40	56.552	56.74	57.981	52.44	18.273	12.59
	29	14.524	28.46	14.493	48.52	56.684	57.26	58.080	50.00	18.400	13.12
7月	9	14.686	29.64	14.702	47.70	56.856	57.85	58.218	47.53	18.567	13.73
	19	14.882	30.81	14.952	46.96	57.061	58.43	58.393	45.14	18.768	14.33
	29	15.103	31.93	15.235	46.32	57.292	59.01	58.598	42.88	18.994	14.91
8月	8	15.348	32.97	15.549	45.77	57.548	59.55	58.831	40.81	19.246	15.46
	18	15.612	33.85	15.888	45.33	57.824	60.03	59.089	39.05	19.518	15.93
	28	15.890	34.57	16.243	44.97	58.113	60.41	59.363	37.63	19.805	16.30
9月	7	16.181	35.08	16.615	44.70	58.415	60.67	59.654	36.61	20.105	16.55
	17	16.478	35.34	16.996	44.53	58.725	60.78	59.954	36.06	20.413	16.65
	27	16.780	35.35	17.382	44.44	59.039	60.75	60.260	35.98	20.726	16.60
10月	7	17.083	35.09	17.771	44.44	59.356	60.56	60.568	36.40	21.042	16.38
	17	17.382	34.57	18.155	44.54	59.669	60.22	60.871	37.32	21.355	16.00
	27	17.675	33.83	18.531	44.73	59.976	59.75	61.165	38.68	21.663	15.50
11月	6	17.956	32.87	18.893	45.05	60.272	59.18	61.445	40.47	21.961	14.87
	16	18.219	31.76	19.232	45.49	60.550	58.52	61.703	42.60	22.240	14.17
	26	18.460	30.55	19.544	46.05	60.806	57.84	61.934	44.99	22.499	13.44
12月	6	18.671	29.27	19.820	46.74	61.032	57.16	62.132	47.57	22.729	12.70
	16	18.847	28.01	20.049	47.55	61.222	56.51	62.290	50.22	22.922	12.00
	26	18.983	26.79	20.229	48.46	61.372	55.93	62.404	52.86	23.075	11.37
	36	19.074	25.65	20.351	49.45	61.474	55.43	62.470	55.42	23.181	10.82
平位置	(J2024.5)	16.076	19.13	16.464	40.30	58.294	48.25	59.708	60.04	20.005	03.98
年自行		0.0000	−0.002	0.0009	−0.053	0.0003	−0.021	0.0002	−0.043	−0.0001	−0.020
视差（角秒）		0.001		0.009		0.006		0.013		0.005	

恒 星 视 位 置

2024 年 以世界时 0^h 为准

日期		233 36 Cam 5ᵐ.36 K2		2475 γ Mon 3ᵐ.99 K3		(236) η Gem 3ᵐ.2～3ᵐ.4 M3		1168 κ Aur 4ᵐ.32 G8		1169 74 Ori 5ᵐ.04 F5	
		h m 6 15	° ′ +65 42	h m 6 16	° ′ − 6 16	h m 6 16	° ′ +22 29	h m 6 16	° ′ +29 29	h m 6 17	° ′ +12 15
	日	s	″	s	″	s	″	s	″	s	″
1月	−9	18.349	42.95	02.549	53.78	20.566	59.07	55.480	20.31	48.425	56.13
	1	18.575	45.41	02.661	55.57	20.706	59.02	55.628	20.70	48.555	55.45
	11	18.694	47.91	02.727	57.24	20.796	59.06	55.723	21.17	48.639	54.86
	21	18.695	50.35	02.743	58.75	20.831	59.18	55.760	21.69	48.671	54.38
	31	18.591	52.62	02.714	60.05	20.817	59.36	55.745	22.24	48.656	54.01
2月	10	18.384	54.67	02.641	61.15	20.754	59.57	55.678	22.77	48.596	53.74
	20	18.085	56.39	02.529	62.00	20.647	59.79	55.564	23.26	48.493	53.58
3月	1	17.721	57.71	02.388	62.62	20.508	59.99	55.416	23.66	48.361	53.49
	11	17.305	58.60	02.226	63.00	20.344	60.15	55.242	23.95	48.205	53.46
	21	16.863	58.99	02.052	63.13	20.167	60.26	55.054	24.11	48.037	53.49
	31	16.423	58.92	01.879	63.03	19.992	60.32	54.867	24.15	47.870	53.57
4月	10	16.001	58.38	01.715	62.70	19.825	60.31	54.690	24.05	47.711	53.70
	20	15.624	57.39	01.570	62.13	19.680	60.26	54.535	23.83	47.573	53.89
	30	15.310	56.02	01.452	61.37	19.566	60.17	54.413	23.52	47.463	54.13
5月	10	15.067	54.32	01.365	60.38	19.486	60.07	54.327	23.13	47.385	54.43
	20	14.915	52.35	01.317	59.21	19.449	59.96	54.287	22.70	47.348	54.81
	30	14.856	50.20	01.307	57.87	19.456	59.88	54.293	22.24	47.351	55.25
6月	9	14.891	47.91	01.338	56.38	19.507	59.83	54.345	21.80	47.396	55.77
	19	15.027	45.58	01.410	54.79	19.606	59.80	54.446	21.40	47.483	56.34
	29	15.252	43.28	01.518	53.12	19.728	59.83	54.583	21.02	47.605	56.97
7月	9	15.564	41.04	01.663	51.42	19.906	59.93	54.766	20.64	47.766	57.67
	19	15.961	38.94	01.841	49.75	20.116	60.04	54.988	20.34	47.961	58.36
	29	16.424	37.02	02.046	48.17	20.353	60.17	55.238	20.10	48.182	59.03
8月	8	16.953	35.30	02.277	46.71	20.617	60.31	55.517	19.89	48.429	59.65
	18	17.535	33.85	02.529	45.47	20.902	60.43	55.818	19.71	48.696	60.18
	28	18.156	32.66	02.796	44.46	21.202	60.52	56.136	19.56	48.977	60.60
9月	7	18.816	31.77	03.078	43.75	21.517	60.55	56.470	19.41	49.273	60.88
	17	19.497	31.20	03.369	43.37	21.840	60.51	56.812	19.25	49.578	60.99
	27	20.190	30.94	03.665	43.34	22.169	60.40	57.161	19.10	49.887	60.92
10月	7	20.891	31.03	03.965	43.68	22.502	60.21	57.514	18.94	50.201	60.67
	17	21.582	31.47	04.262	44.38	22.832	59.95	57.864	18.79	50.512	60.24
	27	22.256	32.24	04.553	45.40	23.157	59.64	58.208	18.65	50.819	59.67
11月	6	22.901	33.36	04.834	46.73	23.472	59.30	58.543	18.55	51.116	58.95
	16	23.497	34.80	05.096	48.29	23.769	58.95	58.857	18.50	51.396	58.15
	26	24.039	36.54	05.336	50.02	24.045	58.63	59.149	18.53	51.655	57.30
12月	6	24.508	38.56	05.548	51.88	24.290	58.35	59.409	18.64	51.886	56.44
	16	24.887	40.79	05.723	53.77	24.497	58.15	59.628	18.86	52.080	55.61
	26	25.172	43.17	05.859	55.62	24.663	58.03	59.804	19.17	52.236	54.85
	36	25.347	45.64	05.949	57.40	24.780	57.99	59.927	19.57	52.344	54.17
平位置 (J2024.5)		18.832	35.38	03.068	62.76	21.413	50.79	56.359	12.05	49.195	47.67
年自行		0.0010	−0.032	−0.0004	−0.019	−0.0045	−0.010	−0.0056	−0.262	0.0057	0.186
视差（角秒）		0.005		0.005		0.009		0.019		0.051	

恒 星 视 位 置

以世界时 0^{h} 为准

2024 年

日期	1170 7 Mon $5^{m}.27$ B2		240 ζ CMa $3^{m}.02$ B2		234 22 H. Cam $4^{m}.76$ A0		237 2 Lyn $4^{m}.44$ A2		243 β CMa $1^{m}.98$ B1	
	h m 6 20	° ′ − 7 49	h m 6 21	° ′ −30 04	h m 6 21	° ′ +69 18	h m 6 21	° ′ +58 59	h m 6 23	° ′ −17 57
日	s	″	s	″	s	″	s	″	s	″
1月 −9	53.150	56.58	15.340	22.47	32.208	32.84	46.300	63.23	46.471	61.15
1	53.265	58.46	15.431	25.39	32.472	35.44	46.512	65.33	46.579	63.56
11	53.334	60.24	15.471	28.20	32.611	38.09	46.637	67.51	46.639	65.87
21	53.353	61.85	15.456	30.80	32.614	40.69	46.667	69.65	46.648	67.98
31	53.326	63.24	15.391	33.10	32.493	43.13	46.610	71.68	46.610	69.84
2月 10	53.255	64.42	15.279	35.09	32.253	45.34	46.469	73.53	46.527	71.44
20	53.145	65.35	15.124	36.69	31.906	47.20	46.252	75.10	46.403	72.71
3月 1	53.005	66.02	14.939	37.89	31.480	48.66	45.979	76.34	46.249	73.66
11	52.842	66.45	14.730	38.69	30.992	49.66	45.661	77.20	46.072	74.29
21	52.667	66.61	14.508	39.03	30.471	50.15	45.320	77.64	45.883	74.56
31	52.493	66.53	14.287	38.97	29.950	50.14	44.979	77.66	45.694	74.50
4月 10	52.326	66.20	14.073	38.49	29.445	49.64	44.650	77.26	45.511	74.11
20	52.178	65.63	13.879	37.59	28.989	48.65	44.356	76.46	45.347	73.39
30	52.056	64.83	13.712	36.33	28.603	47.25	44.112	75.33	45.209	72.38
5月 10	51.964	63.82	13.577	34.71	28.296	45.49	43.925	73.88	45.101	71.07
20	51.911	62.60	13.483	32.76	28.093	43.43	43.811	72.19	45.031	69.50
30	51.897	61.22	13.431	30.55	27.995	41.16	43.770	70.34	45.001	67.72
6月 9	51.921	59.67	13.422	28.10	28.005	38.74	43.805	68.37	45.010	65.73
19	51.987	58.01	13.459	25.49	28.131	36.25	43.920	66.34	45.062	63.61
29	52.090	56.29	13.538	22.80	28.362	33.78	44.107	64.33	45.153	61.41
7月 9	52.229	54.52	13.659	20.06	28.695	31.35	44.364	62.36	45.281	59.17
19	52.402	52.79	13.820	17.40	29.127	29.06	44.687	60.51	45.445	56.98
29	52.602	51.14	14.014	14.87	29.639	26.94	45.064	58.80	45.638	54.90
8月 8	52.828	49.63	14.241	12.55	30.230	25.03	45.492	57.26	45.860	52.98
18	53.077	48.33	14.496	10.55	30.886	23.40	45.963	55.94	46.106	51.34
28	53.341	47.28	14.772	08.92	31.590	22.04	46.466	54.84	46.370	50.00
9月 7	53.621	46.53	15.069	07.73	32.342	21.00	46.999	53.98	46.651	49.02
17	53.910	46.14	15.378	07.05	33.122	20.30	47.551	53.39	46.944	48.48
27	54.206	46.10	15.694	06.88	33.918	19.93	48.114	53.05	47.243	48.37
10月 7	54.506	46.44	16.016	07.27	34.726	19.94	48.685	53.01	47.548	48.74
17	54.804	47.17	16.334	08.21	35.523	20.33	49.250	53.26	47.851	49.56
27	55.097	48.22	16.643	09.64	36.302	21.07	49.805	53.79	48.147	50.81
11月 6	55.380	49.60	16.939	11.57	37.050	22.20	50.339	54.63	48.433	52.45
16	55.645	51.23	17.211	13.89	37.741	23.68	50.839	55.77	48.700	54.43
26	55.889	53.03	17.455	16.51	38.369	25.48	51.297	57.16	48.943	56.65
12月 6	56.103	54.98	17.664	19.38	38.913	27.59	51.699	58.82	49.156	59.06
16	56.282	56.96	17.829	22.35	39.353	29.93	52.032	60.69	49.330	61.54
26	56.421	58.91	17.948	25.33	39.685	32.45	52.290	62.71	49.463	64.02
36	56.515	60.79	18.015	28.25	39.889	35.06	52.461	64.84	49.549	66.43
平位置 (J2024.5)	53.646	65.90	15.273	32.51	32.463	25.45	46.979	55.76	46.760	71.03
年自行	−0.0003	0.001	0.0006	0.004	−0.0001	−0.105	−0.0004	0.024	−0.0002	0.000
视差 (角秒)	0.004		0.010		0.019		0.022		0.007	

恒 星 视 位 置

2024 年 以世界时 0^h 为准

日 期	241 μ Gem 2ᵐ87 M3		244 8 ε Mon 4ᵐ39 A5		1171 23 G. CMa 5ᵐ21 K3		242 ψ^1 Aur 4ᵐ92 K5		246 10 Mon 5ᵐ06 B2	
	h m 6 24	° ′ +22 29	h m 6 25	° ′ + 4 34	h m 6 25	° ′ −11 32	h m 6 26	° ′ +49 16	h m 6 29	° ′ − 4 46
日	s	″	s	″	s	″	s	″	s	″
1月 −9	25.709	64.03	03.323	51.48	18.494	32.25	46.207	28.68	09.636	35.14
1	25.857	63.96	03.453	50.29	18.610	34.34	46.400	30.23	09.762	36.89
11	25.955	63.97	03.538	49.20	18.679	36.34	46.523	31.88	09.842	38.53
21	25.999	64.08	03.572	48.26	18.698	38.15	46.571	33.53	09.872	40.01
31	25.992	64.26	03.559	47.47	18.670	39.74	46.548	35.13	09.855	41.29
2月 10	25.936	64.47	03.501	46.83	18.598	41.09	46.456	36.61	09.794	42.37
20	25.835	64.71	03.402	46.35	18.485	42.17	46.302	37.89	09.691	43.22
3月 1	25.700	64.93	03.273	46.03	18.343	42.96	46.101	38.93	09.559	43.83
11	25.539	65.12	03.120	45.84	18.177	43.48	45.863	39.68	09.402	44.23
21	25.364	65.26	02.954	45.80	17.998	43.69	45.605	40.09	09.232	44.39
31	25.189	65.34	02.787	45.88	17.819	43.63	45.346	40.18	09.060	44.33
4月 10	25.021	65.37	02.627	46.08	17.647	43.30	45.095	39.94	08.895	44.06
20	24.873	65.34	02.486	46.42	17.493	42.68	44.871	39.38	08.747	43.57
30	24.755	65.27	02.372	46.87	17.364	41.82	44.687	38.54	08.625	42.88
5月 10	24.670	65.18	02.287	47.45	17.265	40.72	44.548	37.47	08.532	42.00
20	24.627	65.08	02.242	48.15	17.205	39.38	44.466	36.19	08.476	40.93
30	24.627	64.99	02.235	48.95	17.182	37.86	44.444	34.79	08.459	39.71
6月 9	24.670	64.93	02.267	49.86	17.198	36.16	44.481	33.29	08.479	38.35
19	24.761	64.89	02.341	50.85	17.257	34.33	44.581	31.75	08.541	36.87
29	24.872	64.86	02.451	51.89	17.352	32.44	44.738	30.22	08.639	35.33
7月 9	25.047	64.94	02.597	52.99	17.484	30.50	44.950	28.72	08.773	33.75
19	25.250	65.01	02.776	54.07	17.650	28.60	45.214	27.30	08.940	32.19
29	25.481	65.10	02.983	55.10	17.844	26.80	45.520	25.99	09.135	30.71
8月 8	25.738	65.18	03.215	56.05	18.066	25.14	45.866	24.80	09.357	29.34
18	26.018	65.24	03.468	56.86	18.311	23.72	46.246	23.76	09.601	28.17
28	26.313	65.27	03.737	57.50	18.572	22.56	46.649	22.87	09.861	27.22
9月 7	26.625	65.24	04.021	57.94	18.850	21.73	47.077	22.15	10.138	26.55
17	26.947	65.14	04.314	58.13	19.139	21.28	47.521	21.61	10.426	26.21
27	27.275	64.96	04.614	58.08	19.435	21.21	47.974	21.25	10.721	26.20
10月 7	27.609	64.71	04.920	57.77	19.736	21.56	48.435	21.08	11.022	26.53
17	27.941	64.39	05.224	57.20	20.035	22.32	48.893	21.13	11.322	27.22
27	28.269	64.01	05.524	56.40	20.330	23.45	49.345	21.37	11.618	28.22
11月 6	28.589	63.61	05.816	55.40	20.615	24.93	49.784	21.85	11.906	29.52
16	28.892	63.20	06.091	54.23	20.882	26.70	50.197	22.55	12.178	31.05
26	29.174	62.82	06.347	52.97	21.127	28.67	50.580	23.46	12.430	32.74
12月 6	29.427	62.49	06.575	51.65	21.344	30.80	50.922	24.60	12.654	34.56
16	29.642	62.25	06.768	50.34	21.524	32.98	51.209	25.92	12.842	36.40
26	29.817	62.09	06.923	49.08	21.664	35.14	51.439	27.38	12.993	38.22
36	29.942	62.03	07.032	47.90	21.758	37.24	51.599	28.97	13.097	39.96
平位置 (J2024.5)	26.556	55.54	04.007	42.38	18.923	42.02	47.030	21.09	10.191	44.87
年自行	0.0041	−0.109	−0.0011	0.012	−0.0038	−0.032	0.0001	−0.003	−0.0003	−0.002
视 差 （角秒）	0.014		0.025		0.008		0.001		0.002	

恒 星 视 位 置

以世界时 0^h 为准

2024 年

日　期	GC 48 Aur $5^m.1\sim5^m.9$ F5		1173 ν Gem $4^m.13$ B6		1174 13 Mon $4^m.47$ A0		1175 56 G. Mon $5^m.09$ B5		249 ξ^2 CMa $4^m.54$ A0	
	h m 6 30	° ′ +30 28	h m 6 30	° ′ +20 11	h m 6 34	° ′ + 7 18	h m 6 34	° ′ − 1 14	h m 6 36	° ′ −22 58
日	s	″	s	″	s	″	s	″	s	″
1月 −9	07.665	40.03	24.233	48.54	13.001	56.25	51.952	16.26	04.854	57.65
1	07.829	40.44	24.385	48.30	13.143	55.19	52.087	17.82	04.969	60.32
11	07.940	40.95	24.488	48.16	13.239	54.24	52.176	19.29	05.036	62.91
21	07.992	41.53	24.537	48.12	13.284	53.43	52.215	20.59	05.049	65.31
31	07.990	42.15	24.535	48.17	13.281	52.76	52.206	21.71	05.013	67.44
2月 10	07.934	42.77	24.484	48.29	13.232	52.23	52.152	22.65	04.931	69.30
20	07.829	43.35	24.389	48.44	13.140	51.85	52.057	23.38	04.805	70.82
3月 1	07.688	43.84	24.259	48.61	13.016	51.61	51.929	23.90	04.647	71.98
11	07.517	44.23	24.103	48.77	12.867	51.47	51.777	24.24	04.464	72.79
21	07.330	44.49	23.932	48.91	12.703	51.46	51.611	24.37	04.267	73.19
31	07.142	44.61	23.759	49.01	12.537	51.54	51.443	24.32	04.067	73.24
4月 10	06.960	44.58	23.592	49.08	12.376	51.72	51.279	24.09	03.872	72.92
20	06.799	44.42	23.445	49.12	12.232	52.00	51.133	23.66	03.693	72.22
30	06.667	44.13	23.325	49.14	12.114	52.37	51.011	23.08	03.539	71.20
5月 10	06.571	43.76	23.238	49.15	12.026	52.84	50.918	22.33	03.414	69.85
20	06.519	43.31	23.191	49.16	11.975	53.41	50.862	21.42	03.327	68.20
30	06.512	42.83	23.185	49.19	11.963	54.06	50.843	20.37	03.278	66.31
6月 9	06.551	42.33	23.222	49.25	11.989	54.80	50.862	19.20	03.269	64.19
19	06.639	41.85	23.304	49.32	12.057	55.61	50.922	17.93	03.303	61.92
29	06.765	41.40	23.416	49.34	12.160	56.46	51.018	16.60	03.376	59.55
7月 9	06.934	40.91	23.574	49.62	12.300	57.37	51.150	15.22	03.487	57.13
19	07.144	40.49	23.768	49.80	12.474	58.27	51.315	13.86	03.637	54.75
29	07.385	40.11	23.989	49.98	12.675	59.13	51.508	12.57	03.818	52.48
8月 8	07.655	39.77	24.238	50.15	12.902	59.92	51.728	11.38	04.030	50.37
18	07.949	39.45	24.509	50.27	13.152	60.58	51.970	10.36	04.268	48.55
28	08.262	39.16	24.796	50.34	13.418	61.09	52.228	09.54	04.527	47.05
9月 7	08.593	38.87	25.100	50.33	13.701	61.43	52.504	08.98	04.807	45.94
17	08.935	38.59	25.414	50.23	13.994	61.54	52.791	08.71	05.101	45.29
27	09.285	38.31	25.736	50.03	14.295	61.44	53.086	08.73	05.404	45.09
10月 7	09.642	38.03	26.065	49.73	14.604	61.09	53.389	09.07	05.714	45.41
17	09.998	37.78	26.393	49.33	14.912	60.52	53.691	09.73	06.024	46.24
27	10.351	37.55	26.718	48.86	15.218	59.75	53.990	10.67	06.330	47.51
11月 6	10.696	37.37	27.035	48.34	15.517	58.80	54.283	11.88	06.626	49.25
16	11.024	37.26	27.337	47.80	15.801	57.71	54.560	13.29	06.903	51.35
26	11.330	37.24	27.619	47.27	16.067	56.54	54.818	14.85	07.158	53.74
12月 6	11.605	37.33	27.874	46.78	16.306	55.33	55.050	16.51	07.381	56.35
16	11.841	37.54	28.091	46.36	16.511	54.14	55.246	18.18	07.564	59.07
26	12.033	37.86	28.269	46.04	16.677	53.00	55.405	19.82	07.706	61.81
36	12.172	38.29	28.398	45.82	16.798	51.96	55.519	21.38	07.799	64.49
平位置 (J2024.5)	08.539	31.83	25.062	39.90	13.721	46.86	52.567	26.14	05.039	68.76
年自行	0.0000	−0.015	−0.0003	−0.014	−0.0003	−0.006	0.0001	−0.019	0.0009	0.016
视　差　(角秒)	0.002		0.006		0.002		0.006		0.008	

恒 星 视 位 置

2024年 以世界时 0^h 为准

日期	2504 49 Aur $5^m.26$ A0		251 γ Gem $1^m.93$ A0		250 51 Aur $5^m.70$ K5		(253) S Mon $4^m.66$ O7		254 ε Gem $3^m.06$ A3	
	h m	° ′	h m	° ′	h m	° ′	h m	° ′	h m	° ′
	6 36	+28 00	6 39	+16 22	6 40	+39 21	6 42	+ 9 52	6 45	+25 06
日	s	″	s	″	s	″	s	″	s	″
1月 −9	43.735	11.59	06.724	42.80	20.435	68.05	18.857	25.42	25.458	25.24
1	43.903	11.82	06.880	42.29	20.625	68.97	19.010	24.50	25.631	25.25
11	44.020	12.16	06.988	41.88	20.757	70.00	19.116	23.68	25.754	25.38
21	44.078	12.58	07.044	41.60	20.823	71.10	19.170	22.99	25.821	25.62
31	44.083	13.07	07.049	41.43	20.828	72.21	19.176	22.45	25.834	25.94
2月 10	44.035	13.58	07.006	41.35	20.772	73.29	19.135	22.04	25.795	26.31
20	43.938	14.07	06.917	41.35	20.661	74.27	19.049	21.76	25.708	26.71
3月 1	43.804	14.52	06.795	41.41	20.507	75.10	18.930	21.60	25.583	27.09
11	43.641	14.89	06.645	41.50	20.319	75.75	18.783	21.53	25.428	27.42
21	43.460	15.15	06.478	41.61	20.111	76.18	18.621	21.55	25.254	27.69
31	43.277	15.30	06.310	41.73	19.898	76.38	18.455	21.65	25.077	27.87
4月 10	43.099	15.33	06.145	41.85	19.690	76.34	18.294	21.82	24.902	27.96
20	42.940	15.25	05.998	41.98	19.503	76.07	18.148	22.06	24.745	27.97
30	42.809	15.06	05.877	42.12	19.347	75.60	18.027	22.36	24.614	27.89
5月 10	42.711	14.80	05.786	42.28	19.228	74.95	17.934	22.74	24.514	27.76
20	42.656	14.48	05.733	42.46	19.156	74.14	17.879	23.20	24.454	27.58
30	42.644	14.12	05.721	42.67	19.132	73.24	17.862	23.71	24.435	27.37
6月 9	42.676	13.75	05.748	42.92	19.159	72.26	17.883	24.31	24.459	27.16
19	42.756	13.40	05.819	43.20	19.239	71.25	17.945	24.95	24.529	26.94
29	42.874	13.12	05.925	43.48	19.365	70.24	18.044	25.63	24.644	26.84
7月 9	43.031	12.72	06.067	43.87	19.537	69.22	18.178	26.36	24.778	26.57
19	43.231	12.40	06.248	44.24	19.753	68.25	18.347	27.09	24.966	26.37
29	43.460	12.12	06.456	44.59	20.006	67.33	18.544	27.78	25.182	26.20
8月 8	43.718	11.86	06.692	44.90	20.293	66.47	18.768	28.41	25.426	26.03
18	44.001	11.60	06.950	45.14	20.609	65.69	19.015	28.92	25.696	25.84
28	44.303	11.34	07.225	45.29	20.947	64.99	19.279	29.31	25.984	25.62
9月 7	44.623	11.06	07.518	45.34	21.307	64.36	19.560	29.54	26.292	25.36
17	44.955	10.76	07.823	45.25	21.681	63.81	19.854	29.57	26.612	25.05
27	45.296	10.45	08.136	45.03	22.066	63.35	20.157	29.40	26.943	24.69
10月 7	45.645	10.10	08.456	44.66	22.461	62.98	20.468	29.03	27.283	24.27
17	45.994	09.75	08.778	44.16	22.856	62.73	20.780	28.45	27.625	23.82
27	46.341	09.41	09.098	43.55	23.250	62.59	21.091	27.69	27.966	23.34
11月 6	46.682	09.09	09.413	42.84	23.636	62.59	21.397	26.78	28.303	22.86
16	47.006	08.83	09.712	42.09	24.003	62.75	21.689	25.75	28.625	22.40
26	47.311	08.63	09.994	41.32	24.348	63.07	21.964	24.67	28.929	22.01
12月 6	47.586	08.54	10.249	40.57	24.660	63.56	22.213	23.55	29.206	21.70
16	47.823	08.56	10.469	39.88	24.929	64.23	22.428	22.47	29.446	21.50
26	48.019	08.70	10.650	39.28	25.149	65.04	22.605	21.47	29.646	21.41
36	48.162	08.95	10.784	38.79	25.312	66.00	22.736	20.55	29.796	21.45
平位置 (J2024.5)	44.599	03.22	07.527	33.74	21.297	60.20	19.608	15.89	26.309	16.62
年自行	0.0000	−0.014	−0.0002	−0.067	−0.0020	−0.108	0.0000	−0.002	−0.0004	−0.012
视差（角秒）	0.007		0.031		0.010		0.003		0.004	

恒　星　视　位　置

以世界时 0^h 为准

2024 年

日期	257 α CMa* $-1^{m}.44$ A0		256 ξ Gem $3^{m}.35$ F5		1177 16 Mon $5^{m}.92$ B2		255 ψ^5 Aur $5^{m}.24$ G0		2520 13 Lyn $5^{m}.34$ K0	
	h m	° ′	h m	° ′	h m	° ′	h m	° ′	h m	° ′
	6 46	−16 44	6 46	+12 51	6 47	+ 8 33	6 48	+43 32	6 48	+57 08
日	s	″	s	″	s	″	s	″	s	″
1月 −9	13.533	51.71	39.071	71.16	51.835	42.97	29.305	68.92	53.844	33.13
1	13.659	54.17	39.230	70.40	51.992	41.94	29.513	70.06	54.097	35.02
11	13.738	56.53	39.342	69.75	52.102	41.02	29.660	71.33	54.269	37.04
21	13.765	58.71	39.402	69.23	52.161	40.24	29.737	72.68	54.350	39.11
31	13.744	60.64	39.413	68.85	52.171	39.62	29.748	74.03	54.344	41.14
2月 10	13.676	62.33	39.375	68.58	52.134	39.13	29.694	75.34	54.255	43.06
20	13.565	63.69	39.292	68.43	52.052	38.79	29.581	76.54	54.087	44.77
3月 1	13.422	64.74	39.174	68.37	51.936	38.58	29.420	77.56	53.858	46.20
11	13.254	65.48	39.029	68.38	51.792	38.48	29.222	78.37	53.579	47.31
21	13.070	65.87	38.866	68.45	51.631	38.48	29.000	78.93	53.269	48.03
31	12.882	65.94	38.700	68.57	51.466	38.57	28.772	79.21	52.950	48.35
4月 10	12.699	65.69	38.537	68.72	51.304	38.75	28.547	79.21	52.633	48.27
20	12.531	65.12	38.389	68.92	51.158	39.01	28.342	78.94	52.342	47.78
30	12.387	64.27	38.266	69.15	51.034	39.35	28.168	78.42	52.090	46.93
5月 10	12.271	63.13	38.171	69.42	50.939	39.77	28.031	77.68	51.886	45.76
20	12.190	61.73	38.114	69.75	50.879	40.27	27.944	76.74	51.745	44.30
30	12.147	60.13	38.095	70.12	50.857	40.84	27.907	75.67	51.671	42.63
6月 9	12.142	58.32	38.114	70.54	50.873	41.49	27.923	74.49	51.664	40.80
19	12.178	56.37	38.175	71.00	50.930	42.19	27.994	73.25	51.733	38.85
29	12.252	54.34	38.273	71.48	51.022	42.93	28.115	71.99	51.868	36.87
7月 9	12.363	52.25	38.405	72.02	51.150	43.71	28.286	70.72	52.070	34.88
19	12.510	50.21	38.574	72.56	51.313	44.49	28.504	69.48	52.337	32.94
29	12.686	48.26	38.771	73.07	51.503	45.24	28.761	68.30	52.657	31.10
8月 8	12.892	46.45	38.996	73.51	51.721	45.91	29.056	67.19	53.029	29.36
18	13.124	44.90	39.243	73.87	51.963	46.46	29.383	66.17	53.446	27.80
28	13.375	43.63	39.509	74.12	52.222	46.87	29.735	65.24	53.898	26.41
9月 7	13.646	42.72	39.792	74.22	52.499	47.12	30.111	64.42	54.385	25.22
17	13.931	42.22	40.088	74.16	52.789	47.15	30.505	63.71	54.896	24.27
27	14.225	42.13	40.394	73.93	53.089	46.98	30.911	63.13	55.424	23.55
10月 7	14.528	42.50	40.708	73.52	53.398	46.58	31.328	62.67	55.967	23.09
17	14.832	43.34	41.025	72.94	53.710	45.97	31.749	62.38	56.512	22.92
27	15.133	44.58	41.341	72.21	54.021	45.16	32.168	62.24	57.054	23.03
11月 6	15.427	46.23	41.653	71.36	54.328	44.19	32.580	62.28	57.586	23.44
16	15.704	48.21	41.951	70.42	54.621	43.09	32.974	62.53	58.090	24.16
26	15.961	50.44	42.232	69.44	54.898	41.92	33.344	62.97	58.563	25.17
12月 6	16.189	52.87	42.488	68.46	55.150	40.71	33.681	63.63	58.988	26.48
16	16.380	55.38	42.709	67.53	55.368	39.53	33.972	64.48	59.352	28.05
26	16.531	57.90	42.893	66.68	55.549	38.42	34.213	65.51	59.648	29.82
36	16.636	60.36	43.030	65.93	55.685	37.41	34.393	66.69	59.863	31.77
平位置 (J2024.5)	13.676	65.22	39.845	61.61	52.577	33.15	30.138	61.49	54.490	26.26
年自行	−0.0382	−1.222	−0.0079	−0.190	−0.0003	−0.007	0.0000	0.165	0.0017	−0.039
视　差　(角秒)	0.379		0.057		0.003		0.061		0.016	

*　双星，表给视位置为亮星位置，平位置为质心位置。

恒 星 视 位 置

2024 年 以世界时 0^h 为准

日期		258 18 Mon $4^m.48$ K0		1176 ψ^6 Aur $5^m.22$ K1		1179 80 G. Mon $5^m.75$ B8		1180 κ CMa $3^m.50$ B1		261 θ Gem $3^m.60$ A3	
		h m 6 49	° ′ +2 22	h m 6 49	° ′ +48 45	h m 6 50	° ′ −2 17	h m 6 50	° ′ −32 31	h m 6 54	° ′ +33 55
	日	s	″	s	″	s	″	s	″	s	″
1月	−9	07.626	70.66	30.636	46.15	29.836	54.82	45.480	64.30	23.244	53.64
	1	07.778	69.26	30.860	47.58	29.984	56.50	45.602	67.40	23.440	54.16
	11	07.884	67.96	31.017	49.15	30.088	58.08	45.672	70.43	23.582	54.82
	21	07.940	66.81	31.097	50.78	30.140	59.50	45.684	73.28	23.663	55.59
	31	07.947	65.84	31.106	52.40	30.145	60.72	45.642	75.87	23.686	56.41
2月	10	07.907	65.04	31.044	53.96	30.102	61.76	45.550	78.17	23.651	57.25
	20	07.823	64.43	30.916	55.36	30.016	62.58	45.410	80.09	23.561	58.06
3月	1	07.706	64.00	30.737	56.56	29.897	63.18	45.235	81.61	23.430	58.79
	11	07.562	63.72	30.516	57.50	29.751	63.58	45.030	82.73	23.264	59.40
	21	07.400	63.63	30.269	58.13	29.588	63.76	44.808	83.39	23.077	59.85
	31	07.235	63.68	30.014	58.43	29.421	63.75	44.580	83.63	22.882	60.13
4月	10	07.072	63.87	29.762	58.42	29.256	63.55	44.355	83.44	22.689	60.23
	20	06.924	64.21	29.531	58.06	29.105	63.15	44.144	82.80	22.513	60.14
	30	06.799	64.68	29.334	57.42	28.976	62.59	43.956	81.78	22.364	59.89
5月	10	06.701	65.29	29.177	56.52	28.874	61.85	43.797	80.37	22.246	59.49
	20	06.638	66.03	29.073	55.38	28.807	60.94	43.674	78.60	22.171	58.97
	30	06.612	66.87	29.024	54.08	28.776	59.91	43.591	76.55	22.140	58.36
6月	9	06.622	67.83	29.032	52.64	28.782	58.73	43.548	74.21	22.154	57.68
	19	06.673	68.86	29.101	51.12	28.828	57.46	43.551	71.67	22.217	56.96
	29	06.760	69.94	29.225	49.57	28.909	56.12	43.596	69.02	22.323	56.24
7月	9	06.881	71.07	29.404	48.01	29.025	54.74	43.682	66.28	22.470	55.50
	19	07.037	72.19	29.635	46.48	29.176	53.38	43.811	63.57	22.660	54.75
	29	07.220	73.26	29.910	45.03	29.354	52.07	43.976	60.96	22.884	54.04
8月	8	07.432	74.23	30.227	43.66	29.560	50.87	44.177	58.52	23.141	53.35
	18	07.666	75.06	30.579	42.41	29.791	49.85	44.410	56.38	23.425	52.69
	28	07.919	75.71	30.960	41.29	30.039	49.02	44.668	54.58	23.732	52.06
9月	7	08.190	76.14	31.368	40.30	30.307	48.45	44.952	53.19	24.061	51.45
	17	08.474	76.30	31.796	39.48	30.588	48.18	45.255	52.32	24.406	50.87
	27	08.768	76.21	32.238	38.82	30.880	48.21	45.572	51.95	24.762	50.32
10月	7	09.072	75.83	32.694	38.35	31.181	48.57	45.899	52.15	25.131	49.80
	17	09.377	75.17	33.151	38.09	31.485	49.27	46.229	52.93	25.503	49.34
	27	09.683	74.26	33.608	38.03	31.788	50.25	46.555	54.23	25.876	48.94
11月	6	09.984	73.11	34.056	38.20	32.087	51.51	46.873	56.05	26.244	48.64
	16	10.272	71.79	34.485	38.62	32.372	53.00	47.170	58.32	26.598	48.45
	26	10.544	70.35	34.887	39.27	32.641	54.64	47.443	60.94	26.934	48.39
12月	6	10.790	68.82	35.253	40.18	32.885	56.39	47.683	63.86	27.241	48.49
	16	11.003	67.30	35.567	41.30	33.095	58.17	47.879	66.94	27.510	48.75
	26	11.179	65.82	35.827	42.62	33.268	59.92	48.030	70.07	27.734	49.16
	36	11.309	64.42	36.020	44.10	33.395	61.59	48.128	73.20	27.906	49.73
平位置	(J2024.5)	08.303	60.33	31.422	38.94	30.454	65.58	45.409	77.33	24.106	45.56
年自行		−0.0010	−0.012	−0.0005	0.006	−0.0007	−0.008	−0.0007	0.004	−0.0002	−0.048
视差（角秒）		0.009		0.008		0.006		0.004		0.017	

恒 星 视 位 置

以世界时 0^h 为准

2024 年

日 期	266 θ CMa		N30 38 e Gem		259 43 Cam		(265) 15 Lyn m		2537 16 Lyn	
	4ᵐ.08	K4	4ᵐ.73	F0	5ᵐ.11	B7	4ᵐ.35	G5	4ᵐ.90	A2
	h m	° ′	h m	° ′	h m	° ′	h m	° ′	h m	° ′
	6 55	−12 03	6 55	+13 08	6 56	+68 51	6 59	+58 23	6 59	+45 03
日	s	″	s	″	s	″	s	″	s	″
1月 −9	19.247	63.79	60.734	50.60	19.758	27.51	22.854	21.68	23.343	41.92
1	19.391	66.01	60.903	49.82	20.111	29.93	23.132	23.58	23.570	43.09
11	19.490	68.15	61.026	49.16	20.343	32.50	23.326	25.64	23.734	44.41
21	19.537	70.11	61.096	48.64	20.440	35.12	23.426	27.77	23.827	45.82
31	19.535	71.86	61.116	48.26	20.412	37.66	23.436	29.87	23.852	47.27
2月 10	19.486	73.38	61.086	48.00	20.259	40.07	23.358	31.89	23.809	48.68
20	19.393	74.62	61.011	47.86	19.989	42.21	23.197	33.71	23.703	49.99
3月 1	19.266	75.57	60.900	47.82	19.628	44.01	22.970	35.26	23.548	51.13
11	19.112	76.25	60.759	47.85	19.192	45.41	22.689	36.49	23.351	52.07
21	18.940	76.62	60.599	47.94	18.705	46.32	22.372	37.33	23.127	52.73
31	18.763	76.71	60.434	48.08	18.200	46.75	22.042	37.77	22.893	53.11
4月 10	18.588	76.53	60.271	48.25	17.695	46.68	21.712	37.79	22.660	53.21
20	18.426	76.05	60.122	48.46	17.220	46.11	21.403	37.39	22.445	53.00
30	18.285	75.33	59.995	48.69	16.799	45.09	21.132	36.62	22.259	52.52
5月 10	18.170	74.36	59.896	48.97	16.443	43.66	20.908	35.49	22.109	51.80
20	18.089	73.15	59.833	49.28	16.176	41.86	20.746	34.06	22.007	50.86
30	18.044	71.75	59.807	49.63	16.004	39.78	20.651	32.39	21.955	49.76
6月 9	18.035	70.16	59.818	50.03	15.931	37.48	20.624	30.53	21.955	48.52
19	18.066	68.43	59.872	50.46	15.968	35.03	20.673	28.53	22.012	47.20
29	18.134	66.62	59.961	50.90	16.106	32.51	20.792	26.47	22.120	45.83
7月 9	18.237	64.75	60.085	51.38	16.345	29.96	20.980	24.38	22.278	44.44
19	18.375	62.91	60.245	51.88	16.684	27.46	21.235	22.33	22.486	43.06
29	18.543	61.14	60.434	52.34	17.107	25.08	21.546	20.35	22.734	41.73
8月 8	18.740	59.49	60.652	52.74	17.613	22.83	21.912	18.47	23.022	40.45
18	18.962	58.06	60.893	53.04	18.192	20.80	22.328	16.75	23.344	39.26
28	19.205	56.88	61.153	53.23	18.828	18.99	22.781	15.20	23.693	38.17
9月 7	19.469	56.02	61.432	53.28	19.521	17.45	23.272	13.84	24.070	37.17
17	19.747	55.53	61.725	53.17	20.254	16.23	23.791	12.72	24.467	36.30
27	20.037	55.42	62.029	52.89	21.016	15.32	24.331	11.84	24.878	35.56
10月 7	20.338	55.73	62.344	52.44	21.803	14.76	24.888	11.22	25.304	34.96
17	20.642	56.47	62.662	51.81	22.595	14.58	25.451	10.91	25.734	34.53
27	20.946	57.57	62.981	51.04	23.382	14.78	26.014	10.88	26.166	34.28
11月 6	21.245	59.06	63.297	50.15	24.153	15.37	26.568	11.18	26.593	34.23
16	21.530	60.84	63.601	49.17	24.882	16.37	27.097	11.80	27.003	34.40
26	21.798	62.86	63.890	48.16	25.561	17.73	27.595	12.73	27.392	34.79
12月 6	22.040	65.06	64.154	47.15	26.170	19.46	28.046	13.99	27.748	35.41
16	22.247	67.33	64.385	46.20	26.685	21.50	28.436	15.52	28.058	36.26
26	22.417	69.61	64.578	45.33	27.101	23.78	28.757	17.29	28.318	37.31
36	22.540	71.84	64.726	44.57	27.397	26.27	28.996	19.26	28.516	38.53
平位置 (J2024.5)	19.713	75.64	61.524	40.86	19.878	21.33	23.443	15.11	24.152	34.66
年自行	−0.0095	−0.015	0.0048	−0.078	0.0007	0.007	−0.0001	−0.130	−0.0020	−0.003
视 差 (角秒)	0.013		0.036		0.003		0.019		0.014	

恒 星 视 位 置

2024 年　　　　以世界时 0^{h} 为准

日　期	1181		1183		260		1182		270	
	101 G. Mon		σ CMa		24 H. Cam		ω Gem		o^{2} CMa	
	$5^{m}.95$	B9	$3^{m}.49$	K4	$4^{m}.55$	K4	$5^{m}.20$	G5	$3^{m}.02$	B3
	h m 7 01	° ′ − 8 26	h m 7 02	° ′ −27 57	h m 7 03	° ′ +76 56	h m 7 03	° ′ +24 10	h m 7 04	° ′ −23 51
日	s	″	s	″	s	″	s	″	s	″
1月 −9	33.860	21.74	41.621	63.18	37.016	33.14	53.411	50.85	02.648	60.63
1	34.014	23.79	41.761	66.14	37.545	35.85	53.602	50.72	02.793	63.42
11	34.122	25.75	41.850	69.04	37.885	38.73	53.744	50.74	02.888	66.15
21	34.179	27.55	41.884	71.78	38.013	41.66	53.830	50.89	02.929	68.73
31	34.188	29.14	41.865	74.27	37.944	44.51	53.862	51.14	02.919	71.06
2月 10	34.149	30.52	41.795	76.49	37.679	47.21	53.840	51.48	02.860	73.13
20	34.066	31.63	41.678	78.36	37.230	49.62	53.768	51.87	02.754	74.87
3月 1	33.948	32.49	41.525	79.86	36.637	51.65	53.657	52.27	02.612	76.26
11	33.801	33.10	41.342	80.99	35.920	53.24	53.512	52.64	02.440	77.30
21	33.636	33.43	41.139	81.70	35.118	54.30	53.346	52.97	02.249	77.94
31	33.465	33.51	40.930	82.00	34.283	54.83	53.172	53.23	02.052	78.21
4月 10	33.295	33.35	40.720	81.91	33.438	54.80	52.999	53.41	01.854	78.12
20	33.137	32.94	40.523	81.41	32.634	54.21	52.838	53.51	01.668	77.63
30	32.999	32.30	40.347	80.54	31.906	53.12	52.701	53.53	01.502	76.82
5月 10	32.886	31.44	40.196	79.30	31.272	51.56	52.592	53.48	01.361	75.66
20	32.806	30.37	40.079	77.73	30.772	49.58	52.519	53.37	01.254	74.18
30	32.762	29.13	39.999	75.87	30.417	47.29	52.486	53.22	01.183	72.45
6月 9	32.752	27.72	39.957	73.75	30.214	44.73	52.493	53.06	01.148	70.46
19	32.782	26.19	39.958	71.43	30.185	41.98	52.544	52.87	01.155	68.30
29	32.848	24.58	39.998	68.99	30.315	39.15	52.637	52.69	01.200	66.01
7月 9	32.949	22.91	40.078	66.45	30.609	36.27	52.752	52.55	01.284	63.64
19	33.084	21.26	40.198	63.93	31.065	33.44	52.922	52.29	01.405	61.28
29	33.249	19.68	40.351	61.49	31.659	30.72	53.119	52.08	01.559	59.01
8月 8	33.442	18.21	40.539	59.20	32.392	28.15	53.346	51.85	01.746	56.87
18	33.661	16.93	40.759	57.17	33.249	25.81	53.599	51.58	01.962	54.99
28	33.900	15.89	41.003	55.46	34.204	23.73	53.872	51.27	02.202	53.40
9月 7	34.160	15.14	41.273	54.13	35.256	21.94	54.166	50.91	02.467	52.18
17	34.436	14.73	41.562	53.28	36.379	20.52	54.477	50.47	02.750	51.41
27	34.724	14.67	41.866	52.91	37.552	19.45	54.800	49.98	03.047	51.09
10月 7	35.023	15.00	42.183	53.07	38.769	18.79	55.135	49.41	03.358	51.28
17	35.327	15.72	42.504	53.79	39.994	18.57	55.475	48.80	03.672	52.00
27	35.632	16.79	42.825	54.99	41.213	18.76	55.818	48.15	03.988	53.18
11月 6	35.934	18.19	43.141	56.71	42.406	19.42	56.160	47.49	04.298	54.83
16	36.223	19.88	43.440	58.85	43.532	20.53	56.490	46.86	04.594	56.89
26	36.497	21.77	43.719	61.33	44.578	22.05	56.804	46.29	04.871	59.26
12月 6	36.746	23.83	43.968	64.10	45.511	23.99	57.095	45.81	05.120	61.90
16	36.961	25.94	44.177	67.03	46.296	26.28	57.350	45.45	05.331	64.68
26	37.139	28.05	44.344	70.02	46.924	28.84	57.567	45.22	05.502	67.52
36	37.272	30.11	44.461	73.00	47.363	31.63	57.736	45.13	05.624	70.33
平位置 (J2024.5)	34.406	33.64	41.742	76.95	36.103	27.44	54.261	41.98	02.887	74.15
年自行	−0.0004	0.001	−0.0004	0.004	0.0212	−0.015	−0.0005	0.000	−0.0002	0.004
视　差（角秒）	0.003		0.003		0.017		0.002		0.001	

恒 星 视 位 置

以世界时 0^h 为准

2024 年

日　期	2547		271		269		1185		273	
	19 Mon		γ CMa		ζ Gem		2 G. CMi		δ CMa	
	$4^m.99$	B1	$4^m.11$	B8	$4^m.01$	G3	$5^m.74$	K0	$1^m.83$	F8
	h m	° ′	h m	° ′	h m	° ′	h m	° ′	h m	° ′
	7 04	−4 16	7 04	−15 39	7 05	+20 31	7 09	+7 25	7 09	−26 25
日	s	″	s	″	s	″	s	″	s	″
1月 −9	07.150	23.89	51.592	63.29	32.806	65.19	08.175	61.65	23.100	46.63
1	07.310	25.72	51.743	65.71	32.994	64.83	08.351	60.47	23.248	49.54
11	07.425	27.45	51.848	68.06	33.134	64.61	08.481	59.41	23.347	52.40
21	07.489	29.03	51.901	70.25	33.219	64.52	08.560	58.51	23.390	55.11
31	07.504	30.41	51.904	72.21	33.251	64.57	08.589	57.77	23.381	57.57
2月 10	07.472	31.59	51.859	73.94	33.231	64.70	08.569	57.19	23.321	59.78
20	07.394	32.54	51.768	75.37	33.162	64.92	08.503	56.77	23.214	61.65
3月 1	07.282	33.25	51.643	76.50	33.055	65.18	08.400	56.51	23.069	63.16
11	07.141	33.75	51.488	77.33	32.915	65.45	08.267	56.36	22.894	64.30
21	06.980	34.00	51.314	77.82	32.753	65.71	08.113	56.35	22.699	65.04
31	06.814	34.05	51.134	78.00	32.584	65.94	07.951	56.44	22.496	65.38
4月 10	06.647	33.89	50.953	77.88	32.415	66.13	07.790	56.62	22.291	65.35
20	06.493	33.51	50.784	77.43	32.259	66.28	07.639	56.90	22.098	64.90
30	06.359	32.95	50.636	76.71	32.125	66.37	07.509	57.25	21.924	64.10
5月 10	06.249	32.20	50.511	75.71	32.017	66.44	07.403	57.69	21.775	62.94
20	06.172	31.27	50.420	74.45	31.946	66.48	07.331	58.21	21.658	61.45
30	06.130	30.20	50.363	72.97	31.913	66.50	07.293	58.80	21.577	59.69
6月 9	06.123	28.98	50.342	71.28	31.918	66.51	07.292	59.46	21.533	57.66
19	06.155	27.66	50.361	69.44	31.966	66.52	07.329	60.17	21.531	55.43
29	06.223	26.27	50.416	67.51	32.054	66.52	07.402	60.91	21.567	53.07
7月 9	06.325	24.82	50.507	65.50	32.164	66.49	07.509	61.68	21.642	50.61
19	06.461	23.40	50.633	63.50	32.329	66.57	07.651	62.45	21.756	48.17
29	06.626	22.03	50.791	61.58	32.520	66.56	07.821	63.18	21.904	45.80
8月 8	06.820	20.76	50.978	59.79	32.738	66.52	08.021	63.83	22.085	43.56
18	07.039	19.68	51.193	58.22	32.983	66.42	08.245	64.35	22.298	41.58
28	07.278	18.80	51.430	56.91	33.248	66.26	08.488	64.73	22.536	39.90
9月 7	07.537	18.19	51.689	55.93	33.533	66.01	08.753	64.93	22.799	38.59
17	07.812	17.88	51.965	55.35	33.835	65.66	09.033	64.90	23.083	37.74
27	08.100	17.90	52.255	55.16	34.149	65.21	09.326	64.67	23.383	37.36
10月 7	08.399	18.26	52.556	55.43	34.475	64.65	09.632	64.19	23.696	37.51
17	08.703	18.97	52.863	56.15	34.807	64.01	09.943	63.49	24.015	38.19
27	09.009	19.99	53.171	57.27	35.142	63.29	10.257	62.58	24.335	39.36
11月 6	09.312	21.32	53.476	58.81	35.475	62.53	10.570	61.49	24.652	41.02
16	09.604	22.89	53.767	60.68	35.797	61.76	10.874	60.26	24.953	43.11
26	09.881	24.64	54.042	62.82	36.105	61.02	11.163	58.95	25.236	45.54
12月 6	10.134	26.52	54.291	65.17	36.389	60.33	11.431	57.59	25.490	48.26
16	10.355	28.43	54.506	67.62	36.640	59.75	11.666	56.26	25.706	51.13
26	10.539	30.33	54.682	70.09	36.853	59.29	11.865	55.00	25.881	54.07
36	10.678	32.17	54.812	72.53	37.018	58.97	12.021	53.84	26.007	57.01
平位置 (J2024.5)	07.764	35.52	52.018	76.09	33.644	55.96	08.930	50.99	23.289	60.82
年自行	−0.0003	0.003	−0.0001	−0.011	−0.0004	−0.002	0.0004	−0.033	−0.0002	0.003
视　差　(角秒)	0.003		0.008		0.003		0.006		0.002	

恒 星 视 位 置

2024 年 以世界时 0^{h} 为准

日期		1186 20 Mon $4^{m}.91$ K0		2553 47 Gem $5^{m}.75$ A4		1187 22 δ Mon $4^{m}.15$ A2		274 63 Aur $4^{m}.91$ K4		1188 51 Gem $5^{m}.07$ K3	
		h m 7 11	° ′ − 4 16	h m 7 12	° ′ +26 48	h m 7 13	° ′ − 0 31	h m 7 13	° ′ +39 16	h m 7 14	° ′ +16 06
	日	s	″	s	″	s	″	s	″	s	″
1月	−9	26.071	25.73	53.255	59.57	06.240	54.86	19.376	48.76	45.796	65.16
	1	26.238	27.58	53.459	59.57	06.412	56.52	19.606	49.52	45.987	64.49
	11	26.360	29.34	53.614	59.72	06.539	58.07	19.779	50.44	46.131	63.95
	21	26.431	30.93	53.711	60.01	06.614	59.46	19.886	51.50	46.222	63.57
	31	26.453	32.33	53.753	60.42	06.641	60.67	19.930	52.63	46.262	63.33
2月	10	26.426	33.53	53.739	60.90	06.620	61.68	19.912	53.79	46.250	63.22
	20	26.355	34.49	53.674	61.43	06.552	62.48	19.833	54.91	46.190	63.22
3月	1	26.247	35.22	53.566	61.96	06.449	63.08	19.706	55.93	46.090	63.31
	11	26.110	35.73	53.423	62.45	06.315	63.48	19.539	56.80	45.958	63.46
	21	25.952	36.00	53.257	62.87	06.160	63.67	19.344	57.48	45.804	63.65
	31	25.787	36.06	53.081	63.20	05.998	63.69	19.137	57.94	45.641	63.86
4月	10	25.621	35.92	52.903	63.42	05.834	63.54	18.928	58.16	45.476	64.07
	20	25.466	35.56	52.738	63.53	05.682	63.21	18.732	58.14	45.322	64.28
	30	25.330	35.01	52.594	63.53	05.548	62.73	18.561	57.89	45.188	64.48
5月	10	25.217	34.28	52.477	63.43	05.437	62.10	18.420	57.44	45.079	64.69
	20	25.136	33.37	52.397	63.24	05.359	61.31	18.321	56.79	45.004	64.90
	30	25.089	32.32	52.355	62.99	05.314	60.41	18.266	55.99	44.964	65.12
6月	9	25.077	31.12	52.354	62.69	05.304	59.39	18.257	55.07	44.962	65.35
	19	25.103	29.81	52.397	62.35	05.332	58.28	18.299	54.06	44.999	65.59
	29	25.165	28.44	52.481	62.01	05.395	57.12	18.387	53.00	45.074	65.82
7月	9	25.260	27.02	52.597	61.71	05.492	55.91	18.519	51.90	45.182	66.02
	19	25.390	25.61	52.756	61.24	05.623	54.71	18.697	50.78	45.325	66.31
	29	25.548	24.26	52.948	60.82	05.783	53.57	18.911	49.67	45.501	66.53
8月	8	25.736	23.01	53.170	60.40	05.972	52.51	19.163	48.58	45.705	66.68
	18	25.949	21.93	53.421	59.94	06.186	51.62	19.448	47.53	45.935	66.75
	28	26.183	21.06	53.693	59.46	06.421	50.91	19.758	46.52	46.186	66.73
9月	7	26.438	20.45	53.988	58.93	06.677	50.44	20.094	45.56	46.458	66.58
	17	26.711	20.15	54.301	58.36	06.949	50.25	20.451	44.67	46.747	66.29
	27	26.996	20.16	54.628	57.75	07.235	50.34	20.824	43.84	47.050	65.86
10月	7	27.294	20.52	54.968	57.09	07.534	50.75	21.213	43.10	47.366	65.28
	17	27.598	21.23	55.316	56.41	07.839	51.47	21.609	42.46	47.689	64.56
	27	27.905	22.26	55.667	55.72	08.148	52.47	22.009	41.95	48.016	63.72
11月	6	28.211	23.59	56.019	55.06	08.456	53.74	22.409	41.59	48.344	62.79
	16	28.507	25.16	56.360	54.45	08.755	55.22	22.796	41.40	48.662	61.81
	26	28.788	26.92	56.687	53.92	09.039	56.85	23.167	41.40	48.967	60.83
12月	6	29.047	28.81	56.990	53.51	09.302	58.58	23.510	41.61	49.251	59.87
	16	29.274	30.74	57.259	53.24	09.533	60.34	23.814	42.03	49.502	58.99
	26	29.464	32.66	57.490	53.12	09.728	62.07	24.073	42.65	49.717	58.21
	36	29.611	34.51	57.671	53.16	09.880	63.71	24.276	43.47	49.887	57.57
平位置 (J2024.5)		26.699	37.62	54.114	50.87	06.919	66.53	20.219	41.26	46.620	55.30
年自行		0.0000	0.217	−0.0015	−0.033	0.0000	0.006	0.0038	0.001	0.0010	−0.042
视差 (角秒)		0.015		0.008		0.009		0.007		0.005	

恒 星 视 位 置

以世界时 0^h 为准

2024 年

日期		1190		278		2558		277		276	
		Grb 1281		π Pup		18 Lyn		λ Gem		64 Aur	
		5ᵐ.54	G0	2ᵐ.71	K3	5ᵐ.20	K2	3ᵐ.58	A3	5ᵐ.87	A5
		h m	° ′	h m	° ′	h m	° ′	h m	° ′	h m	° ′
		7 17	+47 11	7 17	−37 08	7 17	+59 35	7 19	+16 29	7 19	+40 50
	日	s	″	s	″	s	″	s	″	s	″
1月	−9	38.179	44.83	60.633	17.81	62.113	32.71	29.149	48.86	43.344	22.09
	1	38.436	46.01	60.784	21.11	62.430	34.56	29.345	48.19	43.585	22.90
	11	38.629	47.39	60.880	24.39	62.663	36.60	29.494	47.65	43.768	23.89
	21	38.749	48.90	60.915	27.54	62.799	38.77	29.590	47.28	43.885	25.03
	31	38.797	50.46	60.893	30.46	62.841	40.95	29.634	47.06	43.937	26.25
2月	10	38.774	52.03	60.815	33.10	62.790	43.09	29.626	46.97	43.924	27.51
	20	38.682	53.51	60.685	35.39	62.649	45.06	29.569	47.00	43.849	28.72
3月	1	38.536	54.83	60.514	37.28	62.437	46.79	29.473	47.11	43.724	29.83
	11	38.343	55.95	60.309	38.76	62.163	48.22	29.343	47.28	43.556	30.79
	21	38.118	56.80	60.080	39.78	61.845	49.27	29.190	47.49	43.359	31.55
	31	37.879	57.35	59.840	40.35	61.507	49.92	29.028	47.71	43.149	32.07
4月	10	37.635	57.60	59.598	40.47	61.163	50.15	28.863	47.93	42.934	32.35
	20	37.405	57.52	59.365	40.12	60.834	49.93	28.708	48.15	42.732	32.36
	30	37.201	57.14	59.151	39.35	60.538	49.31	28.573	48.36	42.553	32.13
5月	10	37.030	56.48	58.961	38.15	60.284	48.32	28.462	48.57	42.403	31.66
	20	36.905	55.55	58.805	36.55	60.090	46.98	28.383	48.77	42.295	30.99
	30	36.830	54.43	58.686	34.63	59.961	45.37	28.341	48.97	42.232	30.15
6月	9	36.806	53.13	58.606	32.38	59.899	43.52	28.334	49.18	42.215	29.17
	19	36.839	51.71	58.571	29.88	59.914	41.49	28.368	49.39	42.249	28.08
	29	36.925	50.21	58.578	27.23	59.999	39.37	28.439	49.59	42.329	26.93
7月	9	37.062	48.64	58.628	24.44	60.155	37.17	28.544	49.75	42.456	25.73
	19	37.251	47.07	58.724	21.64	60.381	34.97	28.682	50.00	42.628	24.49
	29	37.483	45.51	58.858	18.90	60.667	32.81	28.854	50.18	42.839	23.27
8月	8	37.759	43.99	59.032	16.29	61.012	30.72	29.055	50.29	43.088	22.05
	18	38.072	42.54	59.243	13.95	61.411	28.77	29.282	50.32	43.371	20.88
	28	38.415	41.18	59.486	11.92	61.853	26.97	29.530	50.25	43.681	19.76
9月	7	38.790	39.92	59.760	10.30	62.338	25.34	29.800	50.06	44.019	18.68
	17	39.189	38.79	60.060	09.18	62.856	23.94	30.087	49.73	44.380	17.68
	27	39.606	37.79	60.379	08.57	63.400	22.78	30.389	49.27	44.757	16.76
10月	7	40.043	36.95	60.716	08.54	63.968	21.88	30.704	48.66	45.152	15.93
	17	40.487	36.31	61.060	09.12	64.547	21.30	31.028	47.91	45.556	15.23
	27	40.937	35.85	61.406	10.25	65.130	21.01	31.356	47.05	45.965	14.67
11月	6	41.386	35.63	61.748	11.95	65.711	21.06	31.685	46.10	46.374	14.27
	16	41.821	35.65	62.073	14.16	66.270	21.46	32.006	45.10	46.772	14.07
	26	42.236	35.93	62.376	16.77	66.802	22.21	32.314	44.10	47.154	14.06
12月	6	42.621	36.48	62.647	19.74	67.291	23.31	32.601	43.13	47.509	14.29
	16	42.961	37.29	62.875	22.93	67.719	24.72	32.857	42.25	47.825	14.75
	26	43.251	38.33	63.056	26.23	68.080	26.41	33.076	41.48	48.096	15.42
	36	43.479	39.59	63.183	29.58	68.358	28.35	33.251	40.84	48.310	16.30
平位置 (J2024.5)		38.952	37.95	60.506	33.81	62.620	26.70	29.978	38.96	44.172	14.81
年自行		0.0028	−0.186	−0.0009	0.005	−0.0133	−0.258	−0.0032	−0.037	−0.0013	0.012
视 差 (角秒)		0.059		0.003		0.017		0.035		0.012	

恒 星 视 位 置

2024 年 以世界时 0^h 为准

日期		279 δ Gem+ $3^m.50$ F0		280 19 Lyn sq $5^m.80$ B8		283 η CMa $2^m.45$ B5		1191 66 Aur $5^m.23$ K0		1192 169 G. CMa $5^m.79$ F3	
		h m 7 21	° ′ +21 55	h m 7 24	° ′ +55 13	h m 7 25	° ′ −29 20	h m 7 25	° ′ +40 37	h m 7 26	° ′ −13 47
	日	s	″	s	″	s	″	s	″	s	″
1月	−9	34.214	75.77	50.824	62.52	03.713	52.34	49.161	29.36	15.327	52.53
	1	34.419	75.43	51.127	64.10	03.877	55.39	49.408	30.12	15.500	54.92
	11	34.577	75.23	51.355	65.90	03.990	58.41	49.599	31.08	15.628	57.24
	21	34.679	75.20	51.496	67.84	04.046	61.30	49.723	32.19	15.704	59.42
	31	34.727	75.31	51.553	69.82	04.049	63.97	49.783	33.40	15.729	61.38
2月	10	34.722	75.52	51.527	71.79	03.999	66.39	49.778	34.65	15.706	63.12
	20	34.666	75.83	51.419	73.64	03.898	68.48	49.710	35.87	15.635	64.58
3月	1	34.568	76.17	51.245	75.30	03.759	70.19	49.591	37.01	15.526	65.75
	11	34.436	76.53	51.014	76.69	03.586	71.55	49.429	38.00	15.386	66.63
	21	34.280	76.88	50.743	77.75	03.389	72.47	49.236	38.79	15.224	67.20
	31	34.113	77.19	50.452	78.45	03.182	73.00	49.028	39.36	15.051	67.47
4月	10	33.943	77.44	50.153	78.77	02.970	73.13	48.815	39.69	14.876	67.45
	20	33.783	77.63	49.866	78.68	02.768	72.82	48.612	39.75	14.708	67.13
	30	33.643	77.75	49.608	78.22	02.582	72.14	48.432	39.57	14.558	66.55
5月	10	33.527	77.82	49.385	77.41	02.418	71.08	48.279	39.15	14.428	65.70
	20	33.445	77.83	49.214	76.27	02.285	69.66	48.167	38.52	14.328	64.60
	30	33.400	77.80	49.101	74.87	02.186	67.95	48.099	37.71	14.260	63.29
6月	9	33.393	77.75	49.046	73.25	02.123	65.94	48.075	36.76	14.226	61.78
	19	33.427	77.66	49.058	71.45	02.101	63.71	48.103	35.69	14.229	60.12
	29	33.500	77.56	49.133	69.54	02.117	61.33	48.176	34.54	14.267	58.35
7月	9	33.634	77.34	49.269	67.55	02.173	58.82	48.294	33.34	14.340	56.51
	19	33.747	77.33	49.468	65.53	02.268	56.31	48.458	32.10	14.448	54.67
	29	33.925	77.17	49.719	63.55	02.398	53.85	48.661	30.85	14.587	52.88
8月	8	34.132	76.96	50.023	61.60	02.564	51.50	48.902	29.61	14.755	51.20
	18	34.366	76.70	50.374	59.76	02.764	49.40	49.178	28.39	14.953	49.72
	28	34.622	76.38	50.764	58.03	02.991	47.59	49.482	27.22	15.173	48.48
9月	7	34.901	75.97	51.193	56.45	03.248	46.14	49.814	26.09	15.418	47.54
	17	35.197	75.47	51.653	55.06	03.528	45.16	50.169	25.03	15.683	46.98
	27	35.509	74.88	52.136	53.86	03.826	44.65	50.542	24.05	15.964	46.80
10月	7	35.835	74.20	52.644	52.88	04.142	44.67	50.934	23.15	16.261	47.04
	17	36.169	73.44	53.163	52.18	04.466	45.25	51.335	22.38	16.566	47.72
	27	36.509	72.63	53.688	51.73	04.795	46.35	51.744	21.74	16.876	48.80
11月	6	36.850	71.78	54.213	51.60	05.122	47.97	52.154	21.26	17.187	50.27
	16	37.182	70.94	54.723	51.78	05.436	50.04	52.554	20.98	17.489	52.09
	26	37.502	70.15	55.211	52.28	05.733	52.49	52.939	20.91	17.777	54.16
12月	6	37.801	69.43	55.663	53.12	06.003	55.26	53.298	21.07	18.042	56.46
	16	38.067	68.84	56.062	54.27	06.235	58.22	53.619	21.46	18.276	58.86
	26	38.297	68.38	56.404	55.70	06.426	61.29	53.896	22.08	18.473	61.29
	36	38.480	68.08	56.672	57.37	06.567	64.38	54.118	22.92	18.626	63.70
平位置 (J2024.5)		35.068	66.50	51.450	56.55	03.884	68.13	49.990	22.14	15.842	66.49
年自行		−0.0013	−0.008	−0.0004	−0.032	−0.0003	0.007	−0.0003	−0.021	−0.0139	0.000
视差（角秒）		0.055		0.007		0.001		0.004		0.029	

恒 星 视 位 置

以世界时 0^h 为准

2024 年

日 期	282 ι Gem 3ᵐ.78 G9		285 β CMi 2ᵐ.89 B8		2572 21 Lyn 4ᵐ.61 A1		286 ρ Gem 4ᵐ.16 F0		1193 6 CMi 4ᵐ.55 K2	
	h m 7 27	° ′ +27 44	h m 7 28	° ′ +8 14	h m 7 28	° ′ +49 09	h m 7 30	° ′ +31 43	h m 7 31	° ′ +11 57
日	s	″	s	″	s	″	s	″	s	″
1月 −9	13.872	58.76	27.918	28.17	32.591	43.46	40.211	69.29	08.714	25.01
1	14.092	58.74	28.113	26.97	32.870	44.69	40.442	69.50	08.915	24.01
11	14.263	58.89	28.263	25.89	33.084	46.13	40.623	69.90	09.072	23.15
21	14.376	59.21	28.361	24.97	33.222	47.73	40.744	70.47	09.176	22.46
31	14.433	59.65	28.409	24.24	33.286	49.41	40.806	71.16	09.229	21.94
2月 10	14.434	60.20	28.407	23.66	33.276	51.10	40.810	71.93	09.231	21.58
20	14.380	60.80	28.356	23.27	33.193	52.72	40.757	72.75	09.184	21.37
3月 1	14.283	61.40	28.267	23.02	33.051	54.18	40.658	73.54	09.097	21.29
11	14.147	61.98	28.144	22.90	32.859	55.45	40.520	74.28	08.976	21.31
21	13.986	62.49	27.998	22.91	32.631	56.43	40.353	74.91	08.831	21.42
31	13.812	62.90	27.841	23.02	32.384	57.11	40.173	75.40	08.674	21.59
4月 10	13.633	63.20	27.681	23.21	32.130	57.47	39.987	75.74	08.513	21.81
20	13.464	63.37	27.529	23.49	31.887	57.48	39.810	75.91	08.360	22.08
30	13.314	63.41	27.394	23.82	31.667	57.16	39.653	75.91	08.224	22.37
5月 10	13.189	63.34	27.281	24.24	31.479	56.54	39.520	75.76	08.110	22.70
20	13.099	63.17	27.198	24.72	31.337	55.63	39.423	75.47	08.026	23.06
30	13.046	62.90	27.148	25.24	31.244	54.49	39.365	75.05	07.975	23.44
6月 9	13.032	62.57	27.132	25.83	31.202	53.15	39.346	74.54	07.959	23.86
19	13.061	62.17	27.154	26.46	31.218	51.65	39.373	73.94	07.981	24.29
29	13.130	61.74	27.211	27.11	31.289	50.04	39.440	73.29	08.038	24.73
7月 9	13.237	61.33	27.301	27.77	31.412	48.36	39.547	72.61	08.128	25.16
19	13.378	60.79	27.425	28.42	31.589	46.64	39.692	71.86	08.252	25.59
29	13.556	60.25	27.579	29.04	31.811	44.93	39.873	71.08	08.406	25.99
8月 8	13.767	59.69	27.761	29.57	32.079	43.25	40.088	70.29	08.591	26.32
18	14.006	59.10	27.971	29.98	32.388	41.62	40.334	69.48	08.802	26.53
28	14.269	58.47	28.201	30.25	32.731	40.09	40.605	68.66	09.035	26.61
9月 7	14.556	57.80	28.455	30.35	33.107	38.65	40.901	67.82	09.290	26.55
17	14.863	57.09	28.726	30.23	33.511	37.34	41.219	66.97	09.565	26.30
27	15.186	56.33	29.013	29.90	33.936	36.18	41.553	66.11	09.855	25.87
10月 7	15.526	55.54	29.315	29.34	34.383	35.19	41.905	65.25	10.161	25.25
17	15.875	54.74	29.626	28.56	34.841	34.41	42.267	64.42	10.476	24.45
27	16.230	53.93	29.943	27.59	35.307	33.84	42.636	63.64	10.798	23.49
11月 6	16.588	53.16	30.263	26.43	35.774	33.52	43.008	62.93	11.123	22.38
16	16.938	52.46	30.576	25.14	36.230	33.47	43.373	62.33	11.442	21.19
26	17.275	51.86	30.877	23.78	36.667	33.70	43.725	61.86	11.750	19.95
12月 6	17.592	51.38	31.159	22.38	37.075	34.23	44.055	61.56	12.039	18.70
16	17.875	51.07	31.411	21.01	37.439	35.04	44.352	61.44	12.297	17.52
26	18.121	50.92	31.629	19.72	37.752	36.12	44.610	61.52	12.522	16.43
36	18.318	50.96	31.803	18.54	38.001	37.44	44.818	61.80	12.703	15.46
平位置 (J2024.5)	14.735	50.10	28.708	17.03	33.328	37.08	41.083	61.25	09.535	14.31
年自行 (J2024.5)	−0.0092	−0.084	−0.0034	−0.038	−0.0011	−0.049	0.0124	0.186	0.0001	−0.019
视 差 (角秒)	0.026		0.019		0.013		0.054		0.006	

恒 星 视 位 置

2024 年 以世界时 0^h 为准

日 期		284 Grb 1308 5ᵐ.63 K2		288 108 G. Pup 4ᵐ.44 F6		287 α Gem* 1ᵐ.58 A2		1196 υ Gem 4ᵐ.06 K5		1197 125 G. Pup 5ᵐ.69 B2	
		h m 7 33	° ′ +68 24	h m 7 35	° ′ −22 20	h m 7 36	° ′ +31 49	h m 7 37	° ′ +26 50	h m 7 37	° ′ −19 45
	日	s	″	s	″	s	″	s	″	s	″
1月	−9	24.196	47.96	05.749	45.98	08.717	65.64	24.879	29.84	45.208	14.85
	1	24.633	50.12	05.926	48.77	08.953	65.82	25.108	29.71	45.390	17.54
	11	24.958	52.52	06.056	51.53	09.139	66.19	25.289	29.76	45.525	20.19
	21	25.151	55.07	06.132	54.16	09.266	66.74	25.413	29.99	45.607	22.70
	31	25.219	57.66	06.156	56.57	09.333	67.42	25.481	30.37	45.638	25.01
2月	10	25.160	60.20	06.128	58.75	09.342	68.20	25.492	30.86	45.618	27.09
	20	24.977	62.57	06.052	60.62	09.294	69.02	25.449	31.43	45.549	28.87
3月	1	24.693	64.67	05.936	62.17	09.199	69.83	25.360	32.02	45.440	30.33
	11	24.320	66.44	05.787	63.38	09.063	70.59	25.234	32.60	45.299	31.48
	21	23.881	67.77	05.614	64.21	08.898	71.24	25.079	33.14	45.132	32.27
	31	23.407	68.65	05.429	64.69	08.719	71.76	24.910	33.58	44.954	32.73
4月	10	22.914	69.04	05.239	64.82	08.533	72.13	24.735	33.93	44.770	32.85
	20	22.433	68.92	05.055	64.57	08.354	72.32	24.566	34.16	44.592	32.61
	30	21.989	68.32	04.887	63.99	08.195	72.34	24.416	34.26	44.430	32.07
5月	10	21.592	67.28	04.739	63.08	08.059	72.21	24.288	34.26	44.286	31.21
	20	21.269	65.80	04.620	61.85	07.958	71.93	24.193	34.14	44.171	30.05
	30	21.029	63.99	04.532	60.37	07.894	71.51	24.133	33.94	44.087	28.65
6月	9	20.875	61.87	04.477	58.62	07.870	71.00	24.111	33.66	44.035	27.00
	19	20.824	59.53	04.461	56.68	07.890	70.39	24.130	33.32	44.021	25.16
	29	20.867	57.03	04.480	54.60	07.952	69.72	24.189	32.92	44.041	23.20
7月	9	21.008	54.42	04.535	52.40	08.052	69.02	24.286	32.53	44.097	21.13
	19	21.247	51.78	04.628	50.20	08.190	68.24	24.413	32.05	44.189	19.04
	29	21.571	49.18	04.753	48.04	08.365	67.42	24.580	31.50	44.312	17.01
8月	8	21.981	46.63	04.911	45.99	08.574	66.58	24.779	30.93	44.468	15.07
	18	22.471	44.23	05.100	44.14	08.814	65.73	25.007	30.33	44.655	13.33
	28	23.024	42.00	05.315	42.57	09.079	64.86	25.259	29.68	44.867	11.85
9月	7	23.643	39.97	05.558	41.32	09.371	63.96	25.536	28.97	45.106	10.68
	17	24.314	38.22	05.824	40.49	09.684	63.05	25.835	28.20	45.368	09.92
	27	25.025	36.75	06.108	40.09	10.015	62.13	26.151	27.38	45.648	09.57
10月	7	25.774	35.60	06.410	40.17	10.365	61.21	26.485	26.51	45.947	09.69
	17	26.543	34.83	06.723	40.76	10.726	60.32	26.830	25.62	46.256	10.29
	27	27.321	34.43	07.041	41.82	11.095	59.48	27.183	24.72	46.572	11.33
11月	6	28.100	34.44	07.362	43.35	11.467	58.70	27.540	23.84	46.891	12.84
	16	28.853	34.88	07.672	45.30	11.834	58.05	27.892	23.03	47.201	14.74
	26	29.571	35.72	07.969	47.57	12.188	57.53	28.233	22.30	47.499	16.95
12月	6	30.234	36.99	08.243	50.14	12.522	57.18	28.554	21.70	47.774	19.43
	16	30.817	38.64	08.483	52.87	12.823	57.02	28.844	21.27	48.017	22.07
	26	31.311	40.62	08.686	55.68	13.085	57.06	29.098	21.01	48.224	24.78
	36	31.695	42.89	08.842	58.51	13.299	57.31	29.305	20.94	48.384	27.50
平位置 (J2024.5)		24.222	43.12	06.136	61.62	09.410	55.67	25.754	21.05	45.662	30.36
年自行		−0.0018	−0.040	−0.0029	0.047	−0.0162	−0.148	−0.0024	−0.105	−0.0005	0.007
视 差 (角秒)		0.007		0.039		0.063		0.014		0.002	

* 双星,表给视位置为亮星位置,平位置为质心位置。

恒 星 视 位 置

以世界时 0^h 为准

2024 年

日 期	1195		289		291		2592		293	
	+46°1286 Lyn		25 Mon		α CMi *		o Gem		26 α Mon	
	5ᵐ.66	M0	5ᵐ.14	F6	0ᵐ.40	F5	4ᵐ.89	F3	3ᵐ.94	K0
	h m	° ′	h m	° ′	h m	° ′	h m	° ′	h m	° ′
	7 38	+46 07	7 38	− 4 09	7 40	+ 5 09	7 40	+34 31	7 42	− 9 36
日	s	″	s	″	s	″	s	″	s	″
1月 −9	17.175	32.20	29.070	49.25	34.128	54.46	44.770	41.18	24.423	21.33
1	17.455	33.20	29.262	51.18	34.327	53.01	45.018	41.49	24.615	23.56
11	17.674	34.42	29.411	53.03	34.482	51.68	45.215	42.01	24.763	25.71
21	17.822	35.83	29.508	54.71	34.586	50.53	45.350	42.71	24.859	27.72
31	17.899	37.34	29.556	56.21	34.640	49.56	45.426	43.55	24.905	29.53
2月 10	17.905	38.89	29.554	57.50	34.644	48.77	45.440	44.48	24.902	31.12
20	17.841	40.42	29.504	58.54	34.599	48.19	45.395	45.44	24.850	32.45
3月 1	17.721	41.82	29.416	59.36	34.515	47.78	45.301	46.39	24.760	33.52
11	17.550	43.07	29.295	59.95	34.397	47.53	45.164	47.26	24.636	34.33
21	17.343	44.08	29.149	60.30	34.255	47.44	44.997	48.01	24.487	34.86
31	17.117	44.82	28.991	60.44	34.101	47.48	44.813	48.60	24.326	35.12
4月 10	16.881	45.26	28.829	60.38	33.941	47.63	44.622	49.01	24.159	35.14
20	16.653	45.39	28.672	60.10	33.788	47.91	44.437	49.22	23.997	34.89
30	16.446	45.21	28.531	59.64	33.651	48.26	44.270	49.24	23.850	34.41
5月 10	16.267	44.74	28.409	59.01	33.534	48.72	44.127	49.07	23.722	33.71
20	16.128	44.00	28.315	58.19	33.446	49.26	44.018	48.71	23.620	32.78
30	16.035	43.03	28.252	57.24	33.390	49.87	43.948	48.21	23.549	31.68
6月 9	15.988	41.86	28.220	56.15	33.365	50.55	43.917	47.58	23.509	30.40
19	15.996	40.53	28.225	54.95	33.378	51.29	43.931	46.84	23.505	28.98
29	16.054	39.09	28.263	53.69	33.424	52.04	43.988	46.02	23.535	27.47
7月 9	16.161	37.56	28.334	52.37	33.504	52.81	44.084	45.15	23.597	25.89
19	16.318	35.98	28.439	51.06	33.617	53.57	44.221	44.20	23.694	24.31
29	16.518	34.38	28.573	49.79	33.758	54.28	44.394	43.22	23.820	22.77
8月 8	16.761	32.77	28.736	48.61	33.930	54.92	44.604	42.21	23.977	21.33
18	17.043	31.21	28.927	47.60	34.128	55.41	44.845	41.19	24.162	20.06
28	17.358	29.70	29.141	46.79	34.348	55.75	45.114	40.16	24.371	19.00
9月 7	17.705	28.26	29.379	46.22	34.592	55.89	45.410	39.12	24.605	18.22
17	18.081	26.92	29.638	45.95	34.855	55.79	45.729	38.08	24.860	17.78
27	18.478	25.70	29.913	45.99	35.135	55.46	46.068	37.06	25.134	17.68
10月 7	18.898	24.61	30.205	46.38	35.431	54.87	46.426	36.07	25.425	17.97
17	19.331	23.69	30.507	47.12	35.737	54.03	46.796	35.13	25.727	18.66
27	19.773	22.96	30.817	48.16	36.051	52.96	47.176	34.26	26.037	19.71
11月 6	20.219	22.45	31.131	49.52	36.369	51.68	47.560	33.49	26.351	21.13
16	20.657	22.19	31.438	51.14	36.681	50.23	47.939	32.86	26.660	22.85
26	21.080	22.19	31.735	52.94	36.984	48.69	48.306	32.40	26.957	24.81
12月 6	21.478	22.48	32.013	54.89	37.268	47.08	48.653	32.13	27.236	26.97
16	21.836	23.05	32.262	56.89	37.523	45.48	48.966	32.08	27.485	29.22
26	22.147	23.89	32.477	58.89	37.745	43.95	49.241	32.25	27.700	31.49
36	22.399	24.98	32.650	60.82	37.924	42.52	49.466	32.63	27.872	33.73
平位置 (J2024.5)	17.948	25.76	29.763	62.49	34.976	37.25	45.633	33.40	25.059	35.61
年自行	−0.0028	−0.033	−0.0045	0.018	−0.0481	−1.033	−0.0028	−0.115	−0.0050	−0.019
视 差 (角秒)	0.006		0.016		0.286		0.021		0.023	

* 双星，表给视位置为亮星位置，平位置为质心位置。

恒 星 视 位 置

2024年 以世界时 0^h 为准

日 期	292 24 Lyn 4ᵐ93 A3		294 κ Gem 3ᵐ57 G8		295 β Gem 1ᵐ16 K0		1202 4 Pup 5ᵐ03 F2		1200 81 Gem 4ᵐ89 K5	
	h m 7 45	° ′ +58 38	h m 7 45	° ′ +24 20	h m 7 46	° ′ +27 57	h m 7 47	° ′ −14 37	h m 7 47	° ′ +18 26
日	s	″	s	″	s	″	s	″	s	″
1月 −9	03.480	65.79	54.550	23.04	47.844	62.60	03.991	14.33	31.553	64.24
1	03.836	67.40	54.783	22.71	48.082	62.48	04.185	16.80	31.778	63.55
11	04.113	69.28	54.969	22.57	48.272	62.57	04.334	19.22	31.958	63.04
21	04.297	71.34	55.099	22.62	48.405	62.85	04.430	21.51	32.084	62.70
31	04.390	73.49	55.175	22.83	48.481	63.28	04.476	23.60	32.158	62.54
2月 10	04.390	75.66	55.195	23.17	48.500	63.84	04.472	25.48	32.178	62.54
20	04.298	77.75	55.160	23.62	48.463	64.48	04.419	27.07	32.146	62.67
3月 1	04.130	79.64	55.081	24.12	48.380	65.15	04.326	28.37	32.070	62.89
11	03.896	81.30	54.963	24.64	48.257	65.81	04.199	29.39	31.958	63.18
21	03.611	82.61	54.816	25.14	48.104	66.42	04.046	30.09	31.817	63.51
31	03.298	83.55	54.653	25.58	47.935	66.93	03.880	30.49	31.662	63.84
4月 10	02.969	84.09	54.484	25.95	47.758	67.34	03.708	30.59	31.500	64.16
20	02.646	84.19	54.319	26.23	47.586	67.61	03.540	30.39	31.342	64.45
30	02.346	83.88	54.171	26.40	47.431	67.75	03.386	29.92	31.199	64.70
5月 10	02.080	83.17	54.043	26.49	47.297	67.76	03.249	29.17	31.077	64.91
20	01.863	82.09	53.946	26.49	47.194	67.64	03.139	28.16	30.983	65.09
30	01.704	80.69	53.882	26.40	47.127	67.41	03.059	26.95	30.921	65.23
6月 9	01.606	79.02	53.854	26.25	47.096	67.09	03.009	25.51	30.893	65.35
19	01.578	77.12	53.867	26.03	47.106	66.69	02.995	23.92	30.903	65.43
29	01.615	75.07	53.916	25.77	47.155	66.23	03.015	22.21	30.949	65.49
7月 9	01.720	72.88	54.004	25.48	47.243	65.74	03.068	20.40	31.031	65.50
19	01.893	70.64	54.118	25.19	47.363	65.18	03.156	18.59	31.136	65.42
29	02.124	68.39	54.274	24.72	47.520	64.53	03.275	16.81	31.286	65.46
8月 8	02.415	66.16	54.461	24.26	47.710	63.85	03.424	15.13	31.463	65.34
18	02.762	64.00	54.676	23.74	47.931	63.13	03.603	13.63	31.668	65.13
28	03.153	61.96	54.916	23.16	48.177	62.37	03.808	12.35	31.896	64.82
9月 7	03.592	60.04	55.181	22.49	48.449	61.55	04.039	11.37	32.149	64.40
17	04.069	58.32	55.468	21.75	48.744	60.67	04.293	10.76	32.423	63.85
27	04.576	56.81	55.773	20.93	49.057	59.76	04.565	10.52	32.716	63.17
10月 7	05.115	55.53	56.098	20.03	49.389	58.80	04.857	10.70	33.026	62.36
17	05.671	54.54	56.434	19.08	49.735	57.82	05.161	11.33	33.350	61.43
27	06.240	53.84	56.780	18.09	50.089	56.85	05.474	12.37	33.683	60.41
11月 6	06.814	53.49	57.132	17.10	50.450	55.91	05.791	13.81	34.021	59.31
16	07.376	53.50	57.480	16.14	50.806	55.05	06.102	15.62	34.356	58.19
26	07.919	53.86	57.819	15.26	51.154	54.30	06.403	17.70	34.683	57.09
12月 6	08.428	54.60	58.140	14.49	51.482	53.68	06.684	20.02	34.993	56.04
16	08.884	55.71	58.431	13.87	51.781	53.25	06.935	22.48	35.274	55.11
26	09.280	57.14	58.688	13.41	52.043	53.00	07.152	24.98	35.522	54.31
36	09.600	58.87	58.899	13.15	52.259	52.96	07.326	27.48	35.727	53.67
平位置 (J2024.5)	03.983	60.71	55.433	13.92	48.701	54.00	04.572	29.62	32.427	54.22
年自行	−0.0048	−0.052	−0.0021	−0.054	−0.0472	−0.045	−0.0007	0.006	−0.0053	−0.051
视 差 (角秒)	0.014		0.023		0.097		0.014		0.010	

恒 星 视 位 置

以世界时 0^{h} 为准

2024 年

日期		1201		1199		296		1204		1205	
		11 CMi		+37°1769 Lyn		π Gem		ξ Pup		ζ CMi	
		$5^{\mathrm{m}}.25$	A1	$5^{\mathrm{m}}.15$	M3	$5^{\mathrm{m}}.14$	M0	$3^{\mathrm{m}}.34$	G6	$5^{\mathrm{m}}.12$	B8
		h m	° ′	h m	° ′	h m	° ′	h m	° ′	h m	° ′
		7 47	+10 42	7 48	+37 27	7 49	+33 21	7 50	−24 55	7 52	+ 1 42
	日	s	″	s	″	s	″	s	″	s	″
1月	−9	36.189	35.47	16.220	28.29	03.958	20.15	19.106	04.51	57.385	22.35
	1	36.403	34.33	16.484	28.72	04.213	20.34	19.299	07.42	57.596	20.68
	11	36.575	33.33	16.696	29.39	04.417	20.74	19.444	10.33	57.764	19.13
	21	36.694	32.51	16.844	30.25	04.561	21.35	19.534	13.12	57.881	17.73
	31	36.763	31.87	16.930	31.25	04.645	22.11	19.571	15.72	57.948	16.54
2月	10	36.780	31.41	16.953	32.35	04.669	22.97	19.556	18.10	57.964	15.53
	20	36.746	31.12	16.913	33.49	04.634	23.90	19.489	20.17	57.932	14.75
3月	1	36.672	30.97	16.822	34.59	04.549	24.82	19.382	21.92	57.859	14.17
	11	36.562	30.95	16.686	35.61	04.422	25.69	19.238	23.32	57.750	13.77
	21	36.425	31.04	16.515	36.49	04.262	26.46	19.068	24.34	57.616	13.57
	31	36.274	31.21	16.327	37.18	04.084	27.09	18.883	24.99	57.467	13.53
4月	10	36.116	31.44	16.129	37.67	03.898	27.55	18.691	25.28	57.310	13.65
	20	35.964	31.73	15.935	37.92	03.716	27.83	18.502	25.17	57.158	13.91
	30	35.825	32.05	15.759	37.95	03.550	27.91	18.327	24.71	57.018	14.30
5月	10	35.706	32.42	15.605	37.76	03.406	27.82	18.168	23.90	56.896	14.81
	20	35.614	32.82	15.486	37.36	03.294	27.55	18.037	22.75	56.800	15.44
	30	35.553	33.24	15.405	36.78	03.219	27.13	17.935	21.32	56.734	16.16
6月	9	35.525	33.70	15.364	36.04	03.182	26.57	17.864	19.60	56.697	16.98
	19	35.533	34.17	15.369	35.16	03.189	25.90	17.830	17.66	56.696	17.87
	29	35.574	34.64	15.416	34.19	03.236	25.15	17.832	15.57	56.727	18.80
7月	9	35.649	35.11	15.506	33.13	03.323	24.34	17.869	13.34	56.790	19.75
	19	35.757	35.54	15.638	32.01	03.449	23.45	17.943	11.08	56.887	20.69
	29	35.894	35.96	15.807	30.84	03.610	22.50	18.051	08.85	57.011	21.59
8月	8	36.061	36.29	16.014	29.63	03.808	21.51	18.193	06.70	57.166	22.42
	18	36.257	36.50	16.255	28.41	04.038	20.50	18.367	04.75	57.348	23.10
	28	36.475	36.58	16.525	27.20	04.295	19.46	18.571	03.05	57.554	23.60
9月	7	36.718	36.50	16.825	25.98	04.580	18.40	18.804	01.68	57.785	23.90
	17	36.981	36.22	17.149	24.79	04.889	17.34	19.062	00.72	58.037	23.93
	27	37.262	35.76	17.495	23.64	05.218	16.27	19.342	00.20	58.308	23.71
10月	7	37.561	35.08	17.862	22.53	05.569	15.21	19.643	00.17	58.598	23.19
	17	37.873	34.21	18.243	21.51	05.933	14.19	19.958	00.66	58.900	22.38
	27	38.193	33.16	18.635	20.58	06.307	13.23	20.281	01.64	59.213	21.32
11月	6	38.520	31.96	19.034	19.79	06.688	12.35	20.609	03.12	59.531	19.99
	16	38.842	30.65	19.427	19.18	07.065	11.62	20.930	05.04	59.847	18.47
	26	39.157	29.29	19.811	18.75	07.432	11.03	21.239	07.33	60.155	16.81
12月	6	39.454	27.91	20.174	18.55	07.781	10.64	21.526	09.93	60.446	15.05
	16	39.724	26.58	20.504	18.59	08.098	10.46	21.781	12.74	60.711	13.27
	26	39.962	25.35	20.795	18.87	08.378	10.51	21.998	15.66	60.944	11.54
	36	40.157	24.24	21.035	19.40	08.609	10.78	22.170	18.62	61.135	09.88
平位置 (J2024.5)		37.032	24.24	17.076	21.04	04.832	12.34	19.507	21.62	58.179	09.49
年自行		−0.0021	−0.024	0.0026	0.013	−0.0015	−0.029	−0.0004	−0.001	−0.0009	−0.004
视差（角秒）		0.010		0.010		0.006		0.002		0.008	

恒 星 视 位 置

2024 年 以世界时 0^h 为准

日 期		1207 φ Gem		299 26 Lyn		1208 1 Cnc		304 27 Mon		1212 232 G. Pup	
		$4^m.97$	A3	$5^m.47$	K4	$5^m.80$	K3	$4^m.93$	K2	$4^m.61$	A1
		h m 7 54	° ′ +26 41	h m 7 56	° ′ +47 29	h m 7 58	° ′ +15 43	h m 8 00	° ′ − 3 44	h m 8 00	° ′ −18 27
	日	s	″	s	″	s	″	s	″	s	″
1月	−9	58.680	70.13	28.473	61.13	21.900	33.37	56.796	38.59	57.369	47.65
	1	58.926	69.89	28.781	62.08	22.131	32.47	57.009	40.56	57.574	50.31
	11	59.124	69.86	29.029	63.28	22.318	31.74	57.180	42.45	57.735	52.95
	21	59.267	70.03	29.204	64.71	22.453	31.20	57.300	44.19	57.843	55.48
	31	59.354	70.37	29.307	66.28	22.536	30.84	57.371	45.73	57.899	57.82
2月	10	59.384	70.85	29.337	67.93	22.566	30.66	57.391	47.07	57.904	59.94
	20	59.357	71.43	29.294	69.58	22.543	30.64	57.361	48.17	57.858	61.78
3月	1	59.284	72.06	29.189	71.13	22.478	30.74	57.291	49.03	57.772	63.32
	11	59.171	72.70	29.031	72.54	22.374	30.93	57.185	49.67	57.649	64.56
	21	59.026	73.30	28.830	73.73	22.241	31.20	57.052	50.07	57.498	65.46
	31	58.864	73.83	28.606	74.65	22.092	31.49	56.903	50.26	57.332	66.03
4月	10	58.692	74.27	28.367	75.27	21.935	31.81	56.746	50.25	57.157	66.28
	20	58.524	74.59	28.131	75.56	21.780	32.12	56.592	50.03	56.984	66.19
	30	58.371	74.78	27.912	75.52	21.638	32.42	56.449	49.64	56.823	65.80
5月	10	58.237	74.86	27.717	75.17	21.514	32.71	56.322	49.07	56.677	65.10
	20	58.132	74.81	27.559	74.52	21.417	32.99	56.219	48.34	56.555	64.11
	30	58.061	74.66	27.445	73.60	21.350	33.23	56.145	47.48	56.461	62.89
6月	9	58.025	74.42	27.375	72.45	21.314	33.47	56.099	46.48	56.397	61.41
	19	58.028	74.09	27.359	71.10	21.315	33.69	56.087	45.37	56.367	59.75
	29	58.070	73.70	27.392	69.61	21.350	33.87	56.107	44.21	56.370	57.95
7月	9	58.148	73.25	27.474	67.99	21.419	34.03	56.159	42.98	56.406	56.03
	19	58.260	72.79	27.608	66.29	21.520	34.08	56.244	41.77	56.477	54.09
	29	58.405	72.17	27.786	64.54	21.649	34.22	56.357	40.59	56.580	52.17
8月	8	58.586	71.52	28.008	62.77	21.812	34.23	56.500	39.50	56.714	50.33
	18	58.796	70.83	28.273	61.01	22.004	34.12	56.672	38.55	56.880	48.66
	28	59.032	70.08	28.572	59.29	22.219	33.91	56.868	37.80	57.072	47.22
9月	7	59.295	69.25	28.908	57.62	22.460	33.55	57.090	37.28	57.294	46.08
	17	59.581	68.36	29.275	56.05	22.723	33.04	57.335	37.05	57.541	45.31
	27	59.887	67.41	29.668	54.59	23.005	32.38	57.599	37.12	57.809	44.93
10月	7	60.214	66.40	30.087	53.26	23.307	31.55	57.884	37.53	58.099	45.00
	17	60.555	65.37	30.524	52.12	23.623	30.58	58.183	38.28	58.403	45.55
	27	60.907	64.32	30.974	51.16	23.951	29.48	58.493	39.34	58.719	46.53
11月	6	61.266	63.29	31.433	50.45	24.286	28.29	58.811	40.72	59.041	47.96
	16	61.623	62.32	31.887	50.01	24.619	27.03	59.126	42.35	59.360	49.78
	26	61.972	61.45	32.330	49.84	24.946	25.78	59.434	44.18	59.669	51.93
12月	6	62.305	60.71	32.750	49.99	25.258	24.55	59.727	46.16	59.961	54.36
	16	62.608	60.15	33.133	50.46	25.543	23.41	59.993	48.19	60.224	56.95
	26	62.878	59.78	33.471	51.23	25.796	22.41	60.228	50.22	60.452	59.63
	36	63.103	59.61	33.752	52.28	26.007	21.55	60.423	52.20	60.637	62.34
平位置 (J2024.5)		59.574	61.38	29.226	55.30	22.787	22.79	57.563	52.68	57.945	64.38
年自行		−0.0024	−0.028	−0.0047	0.002	−0.0020	−0.042	−0.0036	−0.001	−0.0003	−0.036
视 差 (角秒)		0.013		0.006		0.007		0.013		0.014	

恒 星 视 位 置

以世界时 0^h 为准

2024 年

日 期	1211 ω Cnc		2620 28 Mon		300 Grb 1374		N30 Grb 1385		2623 GC 10891	
	$5^m.87$	G8	$4^m.69$	K4	$5^m.37$	K3	$5^m.78$	F2	$4^m.39$	K2
	h m 8 02	° ′ +25 19	h m 8 02	° ′ − 1 27	h m 8 03	° ′ +73 50	h m 8 03	° ′ +58 58	h m 8 03	° ′ + 2 15
日	s	″	s	″	s	″	s	″	s	″
1月 −9	23.713	34.72	27.282	30.41	05.363	58.37	22.631	45.92	31.532	69.18
1	23.963	34.36	27.499	32.27	05.994	60.51	23.018	47.40	31.752	67.51
11	24.168	34.21	27.673	34.04	06.486	62.96	23.329	49.19	31.931	65.96
21	24.317	34.27	27.797	35.65	06.812	65.65	23.548	51.21	32.058	64.57
31	24.411	34.50	27.871	37.07	06.974	68.42	23.674	53.36	32.136	63.38
2月 10	24.449	34.90	27.895	38.28	06.970	71.22	23.707	55.58	32.164	62.38
20	24.430	35.41	27.869	39.26	06.797	73.91	23.644	57.75	32.141	61.61
3月 1	24.365	35.99	27.801	40.02	06.482	76.36	23.502	59.77	32.076	61.04
11	24.258	36.59	27.698	40.57	06.038	78.50	23.289	61.58	31.976	60.65
21	24.120	37.19	27.568	40.89	05.491	80.23	23.019	63.07	31.847	60.46
31	23.963	37.72	27.421	41.03	04.879	81.48	22.715	64.21	31.703	60.43
4月 10	23.796	38.18	27.266	40.99	04.223	82.24	22.389	64.95	31.549	60.54
20	23.631	38.54	27.114	40.76	03.561	82.43	22.062	65.26	31.398	60.80
30	23.479	38.78	26.972	40.38	02.927	82.11	21.753	65.14	31.258	61.17
5月 10	23.344	38.91	26.847	39.84	02.336	81.29	21.471	64.62	31.134	61.67
20	23.238	38.94	26.746	39.16	01.823	79.96	21.235	63.69	31.034	62.27
30	23.164	38.85	26.672	38.37	01.404	78.23	21.051	62.42	30.962	62.95
6月 9	23.122	38.69	26.628	37.46	01.087	76.12	20.925	60.84	30.920	63.73
19	23.120	38.43	26.617	36.46	00.894	73.70	20.866	59.00	30.911	64.57
29	23.154	38.11	26.638	35.41	00.821	71.06	20.872	56.97	30.934	65.44
7月 9	23.224	37.73	26.691	34.31	00.872	68.23	20.943	54.77	30.988	66.34
19	23.329	37.36	26.776	33.23	01.054	65.31	21.082	52.48	31.075	67.22
29	23.463	36.78	26.890	32.19	01.352	62.37	21.282	50.14	31.191	68.06
8月 8	23.634	36.18	27.033	31.22	01.768	59.44	21.541	47.78	31.336	68.82
18	23.835	35.52	27.205	30.40	02.296	56.61	21.859	45.48	31.509	69.45
28	24.061	34.80	27.401	29.76	02.919	53.93	22.224	43.25	31.707	69.90
9月 7	24.315	33.99	27.623	29.34	03.639	51.43	22.640	41.13	31.930	70.15
17	24.592	33.10	27.868	29.21	04.440	49.20	23.098	39.19	32.176	70.14
27	24.891	32.13	28.133	29.36	05.306	47.25	23.591	37.43	32.442	69.88
10月 7	25.210	31.09	28.418	29.82	06.236	45.63	24.119	35.90	32.728	69.33
17	25.545	30.00	28.717	30.61	07.206	44.42	24.671	34.65	33.028	68.50
27	25.893	28.89	29.028	31.68	08.201	43.60	25.240	33.69	33.341	67.41
11月 6	26.249	27.78	29.347	33.05	09.210	43.23	25.820	33.07	33.661	66.07
16	26.604	26.72	29.663	34.65	10.200	43.34	26.394	32.83	33.980	64.53
26	26.953	25.74	29.974	36.42	11.157	43.92	26.954	32.96	34.293	62.86
12月 6	27.287	24.89	30.269	38.32	12.056	44.98	27.485	33.50	34.591	61.09
16	27.593	24.21	30.538	40.27	12.861	46.50	27.967	34.42	34.864	59.31
26	27.867	23.71	30.776	42.20	13.561	48.41	28.393	35.70	35.106	57.57
36	28.096	23.42	30.974	44.06	14.126	50.70	28.745	37.32	35.307	55.92
平位置 (J2024.5)	24.621	25.79	28.080	44.17	04.721	55.06	23.112	41.55	32.360	56.17
年自行	0.0013	0.007	0.0045	−0.076	−0.0021	−0.037	0.0033	0.033	−0.0019	0.106
视 差 (角秒)	0.003		0.007		0.005		0.023		0.012	

恒 星 视 位 置

2024 年 以世界时 0^h 为准

日期		302 53 Cam $6^m.02$ A2		305 χ Gem $4^m.94$ K2		2625 8 Cnc $5^m.14$ A1		308 ρ Pup $2^m.83$ F2		2630 μ Cnc $5^m.30$ G2	
		h m 8 03	° ′ +60 15	h m 8 04	° ′ +27 43	h m 8 06	° ′ +13 02	h m 8 08	° ′ −24 22	h m 8 09	° ′ +21 30
	日	s	″	s	″	s	″	s	″	s	″
1月	−9	46.583	20.86	60.227	33.76	25.363	59.07	34.783	16.60	11.261	41.45
	1	46.983	22.40	60.484	33.53	25.598	57.98	34.993	19.50	11.510	40.84
	11	47.303	24.24	60.695	33.51	25.789	57.05	35.158	22.42	11.715	40.41
	21	47.527	26.32	60.850	33.71	25.930	56.31	35.268	25.24	11.867	40.20
	31	47.657	28.53	60.948	34.09	26.019	55.77	35.326	27.88	11.965	40.19
2月	10	47.688	30.80	60.989	34.62	26.055	55.41	35.330	30.32	12.008	40.34
	20	47.622	33.02	60.972	35.27	26.040	55.23	35.282	32.47	11.996	40.64
3月	1	47.473	35.09	60.908	35.97	25.981	55.20	35.192	34.29	11.938	41.04
	11	47.250	36.94	60.800	36.68	25.883	55.28	35.063	35.80	11.839	41.50
	21	46.968	38.46	60.660	37.36	25.756	55.47	34.906	36.92	11.709	41.98
	31	46.650	39.61	60.501	37.96	25.612	55.71	34.731	37.69	11.560	42.45
4月	10	46.310	40.37	60.331	38.46	25.459	56.00	34.546	38.10	11.400	42.88
	20	45.967	40.67	60.162	38.83	25.306	56.33	34.361	38.12	11.240	43.26
	30	45.644	40.54	60.005	39.06	25.165	56.66	34.187	37.79	11.093	43.55
5月	10	45.347	39.99	59.866	39.17	25.040	57.00	34.027	37.12	10.961	43.77
	20	45.098	39.03	59.756	39.13	24.941	57.35	33.890	36.11	10.856	43.92
	30	44.903	37.72	59.677	38.97	24.870	57.69	33.781	34.82	10.781	43.98
6月	9	44.767	36.10	59.633	38.70	24.829	58.04	33.700	33.24	10.737	43.98
	19	44.701	34.21	59.627	38.33	24.823	58.38	33.654	31.43	10.730	43.91
	29	44.703	32.12	59.659	37.88	24.850	58.69	33.642	29.45	10.757	43.79
7月	9	44.772	29.86	59.727	37.36	24.909	58.98	33.663	27.33	10.820	43.60
	19	44.912	27.50	59.831	36.80	25.002	59.20	33.721	25.15	10.925	43.40
	29	45.115	25.11	59.965	36.11	25.120	59.43	33.811	22.99	11.037	43.07
8月	8	45.381	22.69	60.136	35.36	25.273	59.57	33.935	20.89	11.198	42.66
	18	45.707	20.33	60.339	34.55	25.454	59.58	34.093	18.97	11.388	42.18
	28	46.083	18.05	60.567	33.69	25.659	59.47	34.280	17.28	11.602	41.61
9月	7	46.511	15.89	60.824	32.75	25.890	59.20	34.498	15.89	11.843	40.93
	17	46.984	13.91	61.105	31.76	26.144	58.75	34.744	14.90	12.108	40.14
	27	47.493	12.12	61.408	30.70	26.418	58.13	35.014	14.33	12.394	39.24
10月	7	48.039	10.57	61.732	29.59	26.713	57.32	35.307	14.23	12.702	38.23
	17	48.610	09.31	62.073	28.46	27.023	56.34	35.617	14.65	13.027	37.12
	27	49.198	08.36	62.427	27.33	27.346	55.20	35.940	15.55	13.364	35.96
11月	6	49.798	07.75	62.790	26.23	27.677	53.93	36.270	16.96	13.711	34.75
	16	50.391	07.54	63.152	25.20	28.009	52.58	36.597	18.81	14.058	33.55
	26	50.969	07.70	63.509	24.28	28.334	51.19	36.915	21.03	14.400	32.40
12月	6	51.517	08.27	63.850	23.51	28.646	49.81	37.214	23.58	14.729	31.34
	16	52.015	09.25	64.164	22.92	28.933	48.50	37.484	26.35	15.032	30.43
	26	52.454	10.58	64.444	22.54	29.189	47.31	37.719	29.26	15.303	29.68
	36	52.817	12.26	64.681	22.38	29.405	46.26	37.909	32.22	15.532	29.12
平位置 (J2024.5)		47.012	16.60	61.134	25.21	26.258	47.91	35.284	34.74	12.180	31.82
年自行		−0.0044	−0.020	−0.0017	−0.041	−0.0024	−0.064	−0.0061	0.047	0.0016	−0.067
视差 (角秒)		0.010		0.013		0.015		0.052		0.043	

恒 星 视 位 置

以世界时 0^h 为准

2024 年

日 期	2632 16 Pup $4^{\mathrm{m}}.40$ B5		309 γ Vel $1^{\mathrm{m}}.75$ WC		307 27 Lyn $4^{\mathrm{m}}.78$ A2		311 20 Pup $4^{\mathrm{m}}.99$ G5		1215 3 H. UMa $5^{\mathrm{m}}.34$ G8	
	h m 8 10	° ′ −19 18	h m 8 10	° ′ −47 24	h m 8 10	° ′ +51 25	h m 8 14	° ′ −15 51	h m 8 15	° ′ +68 23
日	s	″	s	″	s	″	s	″	s	″
1月 −9	06.679	47.85	17.489	13.21	16.674	66.23	26.869	31.53	13.234	58.90
1	06.892	50.56	17.710	16.74	17.019	67.27	27.087	34.10	13.762	60.70
11	07.061	53.26	17.870	20.37	17.300	68.62	27.263	36.65	14.187	62.85
21	07.178	55.85	17.960	23.99	17.505	70.21	27.387	39.08	14.487	65.26
31	07.244	58.26	17.983	27.47	17.632	71.97	27.460	41.33	14.663	67.81
2月 10	07.257	60.47	17.940	30.77	17.680	73.83	27.483	43.38	14.710	70.43
20	07.219	62.39	17.831	33.77	17.648	75.70	27.454	45.16	14.626	72.99
3月 1	07.140	64.01	17.670	36.41	17.549	77.47	27.383	46.64	14.430	75.37
11	07.022	65.34	17.462	38.68	17.389	79.11	27.274	47.85	14.133	77.51
21	06.876	66.31	17.216	40.48	17.180	80.50	27.136	48.73	13.751	79.29
31	06.713	66.96	16.949	41.82	16.941	81.59	26.982	49.30	13.317	80.65
4月 10	06.540	67.28	16.666	42.69	16.683	82.37	26.816	49.58	12.844	81.55
20	06.367	67.26	16.381	43.04	16.424	82.78	26.650	49.54	12.362	81.94
30	06.204	66.93	16.106	42.92	16.178	82.83	26.493	49.22	11.897	81.85
5月 10	06.055	66.29	15.844	42.31	15.954	82.52	26.350	48.63	11.461	81.27
20	05.929	65.35	15.610	41.22	15.767	81.86	26.228	47.75	11.080	80.21
30	05.829	64.16	15.407	39.71	15.624	80.90	26.133	46.66	10.768	78.75
6月 9	05.758	62.72	15.238	37.80	15.526	79.66	26.065	45.33	10.529	76.91
19	05.720	61.08	15.114	35.54	15.483	78.18	26.029	43.83	10.381	74.75
29	05.714	59.29	15.032	33.01	15.493	76.52	26.025	42.20	10.322	72.36
7月 9	05.741	57.38	14.997	30.24	15.555	74.69	26.053	40.45	10.353	69.76
19	05.802	55.43	15.012	27.35	15.673	72.76	26.114	38.67	10.481	67.04
29	05.895	53.50	15.073	24.43	15.839	70.76	26.205	36.91	10.695	64.26
8月 8	06.020	51.63	15.184	21.53	16.054	68.72	26.328	35.22	10.997	61.46
18	06.177	49.93	15.345	18.81	16.316	66.69	26.482	33.69	11.383	58.71
28	06.361	48.45	15.550	16.33	16.617	64.69	26.663	32.36	11.841	56.07
9月 7	06.576	47.26	15.802	14.18	16.960	62.75	26.873	31.31	12.373	53.56
17	06.817	46.44	16.094	12.49	17.339	60.92	27.109	30.62	12.969	51.27
27	07.080	46.02	16.420	11.29	17.748	59.22	27.368	30.29	13.617	49.22
10月 7	07.367	46.04	16.780	10.67	18.189	57.68	27.650	30.39	14.319	47.44
17	07.671	46.53	17.161	10.68	18.651	56.35	27.950	30.94	15.056	46.03
27	07.987	47.48	17.556	11.30	19.130	55.24	28.262	31.90	15.819	44.96
11月 6	08.311	48.88	17.958	12.56	19.622	54.40	28.584	33.29	16.599	44.31
16	08.634	50.68	18.351	14.42	20.111	53.88	28.905	35.06	17.373	44.12
26	08.948	52.82	18.727	16.79	20.591	53.68	29.220	37.13	18.128	44.36
12月 6	09.247	55.26	19.075	19.65	21.051	53.83	29.520	39.48	18.846	45.07
16	09.517	57.88	19.378	22.86	21.472	54.34	29.793	41.98	19.500	46.24
26	09.753	60.59	19.632	26.33	21.848	55.19	30.034	44.57	20.079	47.82
36	09.947	63.35	19.827	29.96	22.163	56.37	30.234	47.18	20.558	49.78
平位置 (J2024.5)	07.283	65.23	17.274	35.13	17.358	61.25	27.546	48.49	13.184	55.79
年自行	−0.0010	−0.005	−0.0006	0.010	−0.0064	−0.003	−0.0009	−0.003	−0.0002	0.007
视 差 (角秒)	0.007		0.004		0.015		0.003		0.003	

恒 星 视 位 置

2024 年 以世界时 0^{h} 为准

日期		312		313		2645		1217		310	
		β Cnc		289 G. Pup		29 Lyn		χ Cnc		Br 1147	
		$3^{\text{m}}.53$	K4	$4^{\text{m}}.44$	A4	$5^{\text{m}}.63$	A7	$5^{\text{m}}.13$	F6	$5^{\text{m}}.55$	G8
		h m	° ′	h m	° ′	h m	° ′	h m	° ′	h m	° ′
		8 17	+9 06	8 19	−36 43	8 19	+59 29	8 21	+27 07	8 22	+75 40
	日	s	″	s	″	s	″	s	″	s	″
1月	−9	49.628	42.19	28.116	49.91	51.021	40.25	31.963	80.20	33.825	44.12
	1	49.867	40.83	28.340	53.19	51.438	41.61	32.234	79.82	34.579	46.14
	11	50.065	39.62	28.513	56.56	51.781	43.31	32.460	79.67	35.186	48.53
	21	50.213	38.60	28.626	59.89	52.031	45.28	32.631	79.76	35.613	51.19
	31	50.311	37.78	28.680	63.08	52.189	47.43	32.746	80.06	35.858	54.00
2月	10	50.356	37.16	28.676	66.08	52.252	49.68	32.804	80.53	35.917	56.88
	20	50.350	36.74	28.615	68.79	52.217	51.92	32.804	81.15	35.783	59.69
3月	1	50.300	36.50	28.506	71.17	52.099	54.04	32.755	81.84	35.485	62.30
	11	50.212	36.40	28.354	73.20	51.905	55.99	32.662	82.57	35.034	64.65
	21	50.093	36.45	28.169	74.80	51.648	57.65	32.533	83.29	34.456	66.59
	31	49.955	36.60	27.963	75.98	51.352	58.95	32.383	83.94	33.793	68.08
4月	10	49.806	36.83	27.743	76.74	51.028	59.88	32.219	84.51	33.067	69.08
	20	49.657	37.14	27.521	77.03	50.697	60.37	32.053	84.96	32.318	69.51
	30	49.517	37.50	27.306	76.89	50.379	60.43	31.897	85.27	31.586	69.41
5月	10	49.391	37.91	27.104	76.33	50.082	60.07	31.755	85.45	30.888	68.79
	20	49.288	38.35	26.924	75.34	49.826	59.28	31.638	85.49	30.265	67.63
	30	49.211	38.81	26.772	73.99	49.620	58.13	31.551	85.39	29.735	66.03
6月	9	49.163	39.31	26.648	72.27	49.467	56.64	31.495	85.18	29.310	64.02
	19	49.147	39.81	26.562	70.24	49.379	54.86	31.476	84.85	29.015	61.65
	29	49.163	40.31	26.511	67.98	49.355	52.85	31.493	84.42	28.851	59.02
7月	9	49.210	40.80	26.498	65.51	49.394	50.65	31.544	83.90	28.820	56.16
	19	49.289	41.24	26.526	62.93	49.503	48.31	31.632	83.32	28.936	53.16
	29	49.395	41.63	26.591	60.33	49.671	45.90	31.748	82.64	29.182	50.10
8月	8	49.531	41.97	26.697	57.76	49.902	43.44	31.900	81.83	29.562	47.01
	18	49.698	42.17	26.843	55.36	50.192	40.99	32.085	80.97	30.073	43.98
	28	49.889	42.22	27.025	53.18	50.533	38.61	32.297	80.03	30.695	41.08
9月	7	50.106	42.10	27.246	51.31	50.927	36.30	32.537	79.01	31.432	38.33
	17	50.348	41.76	27.500	49.86	51.368	34.16	32.805	77.91	32.268	35.83
	27	50.611	41.23	27.785	48.87	51.847	32.18	33.095	76.74	33.186	33.60
10月	7	50.896	40.47	28.098	48.42	52.367	30.42	33.410	75.50	34.184	31.69
	17	51.198	39.49	28.433	48.54	52.915	28.94	33.743	74.23	35.238	30.17
	27	51.514	38.32	28.782	49.23	53.485	27.74	34.092	72.95	36.330	29.06
11月	6	51.841	36.97	29.141	50.50	54.071	26.89	34.453	71.69	37.449	28.41
	16	52.170	35.49	29.497	52.31	54.656	26.42	34.816	70.50	38.559	28.26
	26	52.495	33.95	29.842	54.59	55.232	26.34	35.177	69.42	39.642	28.58
12月	6	52.808	32.37	30.167	57.31	55.783	26.68	35.525	68.48	40.671	29.43
	16	53.097	30.83	30.457	60.34	56.290	27.44	35.849	67.74	41.607	30.77
	26	53.357	29.38	30.709	63.58	56.743	28.57	36.142	67.21	42.434	32.55
	36	53.578	28.05	30.910	66.95	57.126	30.09	36.392	66.92	43.119	34.74
平位置 (J2024.5)		50.536	30.11	28.383	70.88	51.477	36.52	32.898	71.48	32.829	41.80
年自行		−0.0032	−0.049	−0.0091	0.100	−0.0005	0.002	−0.0014	−0.376	0.0087	0.016
视 差 （角秒）		0.011		0.035		0.011		0.055		0.011	

恒 星 视 位 置

以世界时 0^h 为准

2024 年

日期		314		1220		1221		316		1222	
		31 Lyn		20 Cnc		302 G. Pup Pr		Br 1197		29 Cnc	
		$4^{m}.25$	K5	$5^{m}.94$	A9	$5^{m}.32$	K4	$3^{m}.91$	A0	$5^{m}.94$	A5
		h m	° ′	h m	° ′	h m	° ′	h m	° ′	h m	° ′
		8 24	+43 06	8 24	+18 14	8 26	−24 07	8 26	− 3 59	8 29	+14 07
	日	s	″	s	″	s	″	s	″	s	″
1月	−9	29.410	32.59	44.888	76.67	06.641	18.01	52.191	01.24	58.267	52.07
	1	29.731	33.08	45.145	75.78	06.869	20.91	52.426	03.29	58.523	50.93
	11	29.999	33.87	45.361	75.09	07.053	23.83	52.621	05.27	58.738	49.97
	21	30.202	34.92	45.525	74.61	07.184	26.69	52.767	07.10	58.903	49.22
	31	30.339	36.18	45.637	74.35	07.261	29.38	52.862	08.74	59.017	48.68
2月	10	30.407	37.60	45.695	74.28	07.286	31.88	52.908	10.17	59.077	48.34
	20	30.405	39.09	45.698	74.39	07.258	34.11	52.902	11.35	59.085	48.21
3月	1	30.342	40.57	45.655	74.63	07.185	36.03	52.854	12.30	59.047	48.22
	11	30.226	41.98	45.570	74.96	07.073	37.64	52.767	13.02	58.967	48.37
	21	30.066	43.25	45.453	75.37	06.929	38.88	52.650	13.49	58.855	48.63
	31	29.877	44.31	45.314	75.80	06.765	39.77	52.514	13.75	58.723	48.94
4月	10	29.670	45.14	45.163	76.23	06.588	40.31	52.365	13.81	58.576	49.30
	20	29.459	45.68	45.009	76.64	06.409	40.46	52.215	13.66	58.427	49.68
	30	29.257	45.93	44.865	77.00	06.237	40.28	52.073	13.33	58.286	50.06
5月	10	29.071	45.90	44.733	77.31	06.076	39.75	51.942	12.84	58.156	50.43
	20	28.914	45.57	44.624	77.57	05.935	38.87	51.831	12.18	58.048	50.78
	30	28.792	44.98	44.543	77.77	05.819	37.71	51.745	11.39	57.966	51.11
6月	9	28.707	44.15	44.489	77.93	05.729	36.27	51.685	10.46	57.910	51.42
	19	28.667	43.10	44.470	78.02	05.671	34.58	51.655	09.43	57.887	51.70
	29	28.670	41.87	44.483	78.05	05.644	32.71	51.655	08.34	57.895	51.93
7月	9	28.716	40.49	44.528	78.03	05.650	30.69	51.684	07.19	57.934	52.13
	19	28.808	38.98	44.609	77.93	05.691	28.59	51.746	06.05	58.006	52.25
	29	28.939	37.38	44.702	77.77	05.763	26.49	51.835	04.94	58.102	52.26
8月	8	29.112	35.70	44.849	77.55	05.870	24.43	51.953	03.90	58.231	52.32
	18	29.325	33.98	45.019	77.19	06.010	22.53	52.101	03.00	58.391	52.19
	28	29.572	32.24	45.214	76.72	06.180	20.84	52.275	02.28	58.577	51.93
9月	7	29.855	30.49	45.436	76.12	06.383	19.42	52.477	01.79	58.789	51.51
	17	30.170	28.78	45.684	75.37	06.615	18.39	52.704	01.58	59.028	50.92
	27	30.514	27.12	45.954	74.49	06.874	17.76	52.954	01.66	59.288	50.16
10月	7	30.887	25.54	46.248	73.46	07.159	17.59	53.228	02.08	59.573	49.21
	17	31.282	24.08	46.560	72.30	07.464	17.93	53.520	02.84	59.878	48.10
	27	31.696	22.76	46.888	71.04	07.785	18.75	53.827	03.92	60.198	46.84
11月	6	32.124	21.63	47.228	69.71	08.117	20.07	54.146	05.31	60.531	45.45
	16	32.555	20.74	47.571	68.34	08.449	21.84	54.468	06.97	60.868	44.00
	26	32.982	20.11	47.913	66.99	08.775	23.99	54.786	08.84	61.204	42.51
12月	6	33.394	19.77	48.243	65.71	09.087	26.50	55.093	10.86	61.529	41.05
	16	33.777	19.75	48.550	64.54	09.371	29.23	55.378	12.96	61.833	39.68
	26	34.124	20.04	48.828	63.53	09.623	32.11	55.633	15.07	62.109	38.42
	36	34.421	20.65	49.067	62.70	09.832	35.08	55.851	17.13	62.347	37.34
平位置 (J2024.5)		30.241	26.81	45.837	66.40	07.248	37.17	53.049	16.25	59.226	40.93
年自行 (J2024.5)		−0.0023	−0.099	−0.0038	−0.033	−0.0021	0.022	−0.0044	−0.024	−0.0009	−0.013
视差(角秒)		0.008		0.008		0.006		0.026		0.011	

恒 星 视 位 置

2024 年 以世界时 0^h 为准

日　期	317 o UMa 3ᵐ.35 G4		321 η Cnc 5ᵐ.33 K3		2669 33 G. Hya 5ᵐ.80 A1		2672 3 Hya 5ᵐ.72 A1		1223 δ Hya 4ᵐ.14 A1	
	h m	° ′	h m	° ′	h m	° ′	h m	° ′	h m	° ′
	8 32	+60 37	8 34	+20 21	8 35	− 2 13	8 36	− 8 03	8 38	+ 5 36
日	s	″	s	″	s	″	s	″	s	″
1月 −9	16.392	64.91	06.331	32.26	15.018	57.01	39.051	48.76	56.131	73.75
1	16.838	66.20	06.600	31.43	15.261	59.00	39.292	51.02	56.383	72.13
11	17.209	67.86	06.827	30.82	15.465	60.91	39.493	53.23	56.597	70.64
21	17.488	69.83	07.003	30.44	15.621	62.66	39.645	55.32	56.762	69.34
31	17.672	71.99	07.126	30.28	15.727	64.21	39.748	57.21	56.878	68.24
2月 10	17.758	74.28	07.195	30.33	15.782	65.57	39.800	58.91	56.942	67.36
20	17.742	76.60	07.208	30.55	15.786	66.68	39.801	60.35	56.955	66.70
3月 1	17.638	78.82	07.173	30.91	15.746	67.55	39.759	61.54	56.922	66.24
11	17.454	80.88	07.096	31.36	15.668	68.21	39.677	62.48	56.850	65.97
21	17.201	82.67	06.983	31.87	15.557	68.63	39.563	63.15	56.745	65.88
31	16.904	84.11	06.848	32.38	15.427	68.85	39.430	63.57	56.619	65.92
4月 10	16.574	85.18	06.698	32.89	15.284	68.88	39.283	63.76	56.478	66.09
20	16.231	85.80	06.545	33.35	15.136	68.72	39.132	63.70	56.334	66.37
30	15.897	85.98	06.398	33.74	14.996	68.40	38.987	63.43	56.196	66.73
5月 10	15.581	85.73	06.263	34.06	14.865	67.93	38.852	62.95	56.067	67.16
20	15.303	85.04	06.150	34.30	14.754	67.32	38.736	62.27	55.958	67.67
30	15.072	83.96	06.062	34.46	14.666	66.59	38.643	61.43	55.872	68.21
6月 9	14.893	82.51	06.002	34.55	14.603	65.74	38.573	60.42	55.811	68.81
19	14.779	80.75	05.976	34.55	14.569	64.80	38.533	59.28	55.780	69.43
29	14.728	78.73	05.981	34.48	14.564	63.81	38.522	58.05	55.777	70.06
7月 9	14.742	76.50	06.018	34.33	14.588	62.78	38.540	56.74	55.804	70.70
19	14.826	74.10	06.091	34.10	14.643	61.75	38.589	55.42	55.862	71.29
29	14.973	71.61	06.182	34.03	14.726	60.76	38.666	54.12	55.946	71.81
8月 8	15.183	69.04	06.316	33.41	14.837	59.84	38.772	52.88	56.059	72.28
18	15.456	66.47	06.479	32.89	14.978	59.05	38.909	51.78	56.202	72.62
28	15.783	63.94	06.668	32.26	15.146	58.43	39.072	50.86	56.371	72.80
9月 7	16.167	61.48	06.885	31.51	15.341	58.04	39.264	50.18	56.568	72.79
17	16.601	59.17	07.128	30.63	15.563	57.91	39.483	49.80	56.792	72.55
27	17.078	57.02	07.395	29.62	15.808	58.07	39.727	49.73	57.038	72.08
10月 7	17.600	55.08	07.688	28.48	16.078	58.54	39.996	50.02	57.310	71.35
17	18.154	53.42	08.000	27.23	16.367	59.34	40.285	50.69	57.601	70.37
27	18.734	52.05	08.330	25.90	16.673	60.44	40.590	51.71	57.910	69.17
11月 6	19.335	51.03	08.674	24.51	16.993	61.84	40.910	53.09	58.233	67.74
16	19.938	50.40	09.022	23.11	17.316	63.49	41.233	54.78	58.561	66.14
26	20.535	50.18	09.370	21.76	17.638	65.33	41.554	56.71	58.889	64.44
12月 6	21.111	50.39	09.709	20.48	17.950	67.32	41.866	58.85	59.209	62.66
16	21.645	51.04	10.026	19.35	18.241	69.37	42.155	61.11	59.507	60.90
26	22.127	52.10	10.315	18.40	18.505	71.42	42.416	63.41	59.780	59.19
36	22.538	53.56	10.565	17.64	18.731	73.41	42.640	65.69	60.016	57.60
平位置 (J2024.5)	16.791	61.72	07.304	22.41	15.923	71.85	39.917	64.96	57.090	60.62
年自行	−0.0183	−0.107	−0.0031	−0.045	−0.0022	0.020	−0.0014	0.016	−0.0047	−0.007
视　差（角秒）	0.018		0.010		0.010		0.012		0.018	

恒 星 视 位 置

以世界时 0^h 为准

2024 年

日 期	1224 σ Hya		325 6 Hya		2677 π^2 UMa		1225 34 Lyn		2687 η Hya	
	$4^{m}.45$	K2	$4^{m}.98$	K3	$4^{m}.59$	K2	$5^{m}.35$	G0	$4^{m}.30$	B3
	h m	° ′	h m	° ′	h m	° ′	h m	° ′	h m	° ′
	8 40	+3 15	8 41	−12 33	8 42	+64 14	8 42	+45 44	8 44	+3 18
日	s	″	s	″	s	″	s	″	s	″
1月 −9	01.238	27.86	10.280	30.54	19.528	25.86	41.253	50.84	29.259	47.00
1	01.489	26.12	10.523	33.00	20.035	27.22	41.603	51.32	29.514	45.24
11	01.702	24.49	10.726	35.44	20.460	28.97	41.902	52.13	29.731	43.61
21	01.866	23.04	10.880	37.77	20.785	31.05	42.135	53.26	29.900	42.15
31	01.981	21.80	10.984	39.93	21.004	33.35	42.300	54.62	30.019	40.90
2月 10	02.045	20.77	11.037	41.89	21.114	35.79	42.394	56.17	30.087	39.86
20	02.057	19.97	11.038	43.59	21.109	38.28	42.414	57.82	30.104	39.05
3月 1	02.025	19.38	10.995	45.03	21.005	40.67	42.369	59.48	30.076	38.46
11	01.953	18.99	10.913	46.20	20.808	42.90	42.266	61.09	30.008	38.06
21	01.849	18.79	10.798	47.07	20.532	44.85	42.113	62.57	29.906	37.86
31	01.723	18.75	10.663	47.67	20.201	46.45	41.927	63.83	29.784	37.82
4月 10	01.583	18.86	10.513	48.00	19.829	47.65	41.717	64.85	29.646	37.93
20	01.439	19.10	10.359	48.04	19.438	48.39	41.498	65.57	29.503	38.17
30	01.301	19.44	10.210	47.83	19.052	48.66	41.284	65.97	29.365	38.51
5月 10	01.172	19.88	10.069	47.37	18.681	48.46	41.082	66.06	29.236	38.95
20	01.063	20.42	09.947	46.67	18.348	47.79	40.906	65.81	29.126	39.48
30	00.976	21.02	09.846	45.78	18.064	46.71	40.762	65.27	29.037	40.07
6月 9	00.913	21.69	09.769	44.67	17.835	45.23	40.653	64.44	28.972	40.74
19	00.880	22.40	09.721	43.41	17.676	43.39	40.589	63.36	28.937	41.44
29	00.875	23.14	09.701	42.02	17.587	41.27	40.567	62.06	28.929	42.16
7月 9	00.900	23.89	09.710	40.53	17.570	38.91	40.589	60.57	28.949	42.90
19	00.955	24.61	09.751	39.00	17.631	36.36	40.657	58.91	29.000	43.61
29	01.037	25.27	09.820	37.49	17.763	33.70	40.766	57.14	29.078	44.25
8月 8	01.147	25.87	09.919	36.02	17.967	30.94	40.919	55.26	29.184	44.84
18	01.287	26.34	10.049	34.70	18.244	28.18	41.114	53.32	29.321	45.29
28	01.454	26.65	10.206	33.55	18.584	25.46	41.346	51.35	29.483	45.59
9月 7	01.648	26.76	10.393	32.65	18.989	22.80	41.618	49.35	29.673	45.68
17	01.869	26.62	10.609	32.07	19.454	20.29	41.926	47.40	29.891	45.54
27	02.113	26.24	10.850	31.83	19.968	17.96	42.265	45.49	30.132	45.15
10月 7	02.383	25.59	11.118	31.97	20.536	15.86	42.639	43.67	30.399	44.48
17	02.673	24.66	11.407	32.53	21.142	14.05	43.039	41.98	30.687	43.54
27	02.980	23.48	11.713	33.47	21.780	12.55	43.461	40.46	30.993	42.35
11月 6	03.301	22.05	12.034	34.82	22.444	11.43	43.903	39.14	31.314	40.92
16	03.628	20.43	12.359	36.52	23.114	10.74	44.351	38.09	31.642	39.29
26	03.954	18.68	12.682	38.51	23.780	10.46	44.799	37.32	31.969	37.52
12月 6	04.272	16.83	12.996	40.76	24.425	10.66	45.237	36.88	32.289	35.66
16	04.570	14.97	13.288	43.16	25.025	11.34	45.647	36.80	32.589	33.79
26	04.841	13.16	13.551	45.63	25.570	12.44	46.023	37.06	32.864	31.97
36	05.076	11.43	13.777	48.13	26.039	13.98	46.350	37.68	33.102	30.23
平位置 (J2024.5)	02.193	14.16	11.123	47.93	19.753	23.53	42.069	46.07	30.231	33.24
年自行	−0.0013	−0.016	−0.0054	0.001	−0.0091	0.027	0.0025	0.093	−0.0013	−0.001
视 差 (角秒)	0.009		0.008		0.013		0.018		0.007	

恒 星 视 位 置

2024 年 以世界时 0^h 为准

日　期	327		1228		326		(329)		328	
	α Pyx		γ Cnc		δ Cnc		ε Hya m		ι Cnc	
	$3^{m}.68$	B1	$4^{m}.66$	A1	$3^{m}.94$	K0	$3^{m}.38$	G0	$4^{m}.03$	G8
	h m	° ′	h m	° ′	h m	° ′	h m	° ′	h m	° ′
	8 44	−33 16	8 44	+21 22	8 46	+18 03	8 48	+ 6 19	8 48	+28 39
日	s	″	s	″	s	″	s	″	s	″
1月 −9	34.120	10.95	40.996	53.09	03.439	55.99	03.205	52.20	09.485	74.90
1	34.370	14.11	41.274	52.26	03.713	54.97	03.465	50.58	09.781	74.43
11	34.573	17.37	41.513	51.66	03.948	54.16	03.687	49.10	10.037	74.23
21	34.720	20.62	41.700	51.30	04.133	53.58	03.862	47.81	10.239	74.31
31	34.811	23.75	41.835	51.18	04.266	53.24	03.986	46.73	10.385	74.63
2月 10	34.846	26.73	41.915	51.26	04.346	53.11	04.060	45.87	10.474	75.16
20	34.823	29.45	41.939	51.54	04.370	53.19	04.081	45.23	10.503	75.87
3月 1	34.751	31.87	41.914	51.96	04.347	53.41	04.057	44.80	10.480	76.69
11	34.636	33.96	41.845	52.48	04.280	53.76	03.992	44.56	10.409	77.56
21	34.485	35.66	41.739	53.05	04.178	54.20	03.893	44.49	10.299	78.45
31	34.310	36.98	41.609	53.64	04.052	54.67	03.772	44.56	10.162	79.28
4月 10	34.118	37.89	41.463	54.20	03.909	55.15	03.636	44.75	10.007	80.02
20	33.919	38.37	41.310	54.71	03.761	55.62	03.494	45.04	09.844	80.64
30	33.723	38.45	41.163	55.15	03.618	56.04	03.356	45.40	09.686	81.10
5月 10	33.535	38.13	41.026	55.50	03.484	56.42	03.227	45.84	09.538	81.42
20	33.364	37.39	40.908	55.76	03.370	56.73	03.116	46.33	09.409	81.56
30	33.216	36.30	40.815	55.91	03.279	56.97	03.027	46.85	09.306	81.53
6月 9	33.091	34.85	40.749	55.98	03.213	57.15	02.961	47.42	09.231	81.35
19	32.998	33.09	40.714	55.95	03.178	57.26	02.924	48.00	09.189	81.02
29	32.937	31.09	40.710	55.83	03.174	57.29	02.914	48.58	09.180	80.55
7月 9	32.908	28.87	40.738	55.63	03.200	57.26	02.934	49.16	09.204	79.95
19	32.917	26.53	40.800	55.33	03.259	57.13	02.984	49.69	09.264	79.24
29	32.960	24.14	40.893	55.04	03.358	56.89	03.060	50.15	09.354	78.44
8月 8	33.040	21.74	41.005	54.46	03.457	56.64	03.164	50.54	09.476	77.49
18	33.159	19.47	41.159	53.83	03.606	56.20	03.299	50.82	09.633	76.43
28	33.313	17.39	41.338	53.11	03.781	55.65	03.460	50.93	09.819	75.29
9月 7	33.504	15.57	41.547	52.25	03.984	54.96	03.649	50.86	10.037	74.04
17	33.732	14.14	41.783	51.26	04.214	54.11	03.866	50.56	10.283	72.72
27	33.990	13.12	42.044	50.16	04.469	53.12	04.106	50.03	10.557	71.32
10月 7	34.282	12.60	42.332	48.92	04.751	51.97	04.373	49.26	10.858	69.85
17	34.598	12.63	42.641	47.59	05.054	50.69	04.661	48.24	11.183	68.35
27	34.934	13.18	42.970	46.18	05.376	49.30	04.968	46.99	11.528	66.85
11月 6	35.285	14.31	43.314	44.72	05.714	47.82	05.290	45.54	11.891	65.38
16	35.639	15.96	43.666	43.27	06.059	46.32	05.619	43.92	12.261	64.00
26	35.989	18.08	44.018	41.86	06.405	44.83	05.950	42.19	12.633	62.73
12月 6	36.325	20.63	44.363	40.55	06.745	43.40	06.274	40.41	12.998	61.64
16	36.633	23.51	44.688	39.40	07.064	42.09	06.578	38.63	13.342	60.77
26	36.908	26.61	44.987	38.43	07.358	40.94	06.857	36.93	13.660	60.13
36	37.138	29.87	45.248	37.68	07.615	40.00	07.101	35.34	13.938	59.77
平位置 (J2024.5)	34.670	32.99	41.991	43.51	04.445	45.56	04.193	39.11	10.470	66.93
年自行	−0.0011	0.011	−0.0076	−0.040	−0.0012	−0.228	−0.0155	−0.040	−0.0018	−0.043
视　差 (角秒)	0.004		0.021		0.024		0.024		0.011	

恒 星 视 位 置

以世界时 0^h 为准　　　　**2024 年**

日　期		1230 14 Hya $5^m.30$ B9		332 γ Pyx $4^m.02$ K3		2701 5 UMa $5^m.72$ F2		1231 80 G. Hya $5^m.75$ K2		334 ζ Hya $3^m.11$ G8	
		h m	° ′	h m	° ′	h m	° ′	h m	° ′	h m	° ′
		8 50	−3 31	8 51	−27 47	8 55	+61 51	8 56	−18 19	8 56	+5 50
	日	s	″	s	″	s	″	s	″	s	″
1月	−9	34.599	51.55	33.670	45.44	21.924	68.20	19.143	49.55	40.210	76.53
	1	34.854	53.64	33.923	48.43	22.417	69.32	19.398	52.24	40.476	74.86
	11	35.071	55.66	34.133	51.51	22.838	70.85	19.614	54.95	40.706	73.32
	21	35.240	57.53	34.290	54.56	23.168	72.74	19.780	57.60	40.888	71.97
	31	35.360	59.20	34.393	57.48	23.402	74.88	19.896	60.09	41.021	70.84
2月	10	35.430	60.68	34.442	60.24	23.536	77.21	19.961	62.41	41.103	69.93
	20	35.449	61.90	34.436	62.75	23.563	79.61	19.972	64.47	41.133	69.25
3月	1	35.422	62.89	34.383	64.97	23.496	81.97	19.938	66.26	41.117	68.78
	11	35.356	63.64	34.287	66.88	23.341	84.22	19.862	67.77	41.060	68.51
	21	35.256	64.15	34.156	68.42	23.109	86.22	19.753	68.96	40.968	68.42
	31	35.134	64.45	34.001	69.61	22.824	87.91	19.620	69.83	40.852	68.47
4月	10	34.997	64.55	33.829	70.43	22.496	89.24	19.470	70.40	40.720	68.64
	20	34.854	64.45	33.649	70.84	22.147	90.12	19.313	70.64	40.581	68.93
	30	34.715	64.18	33.472	70.90	21.798	90.56	19.158	70.58	40.445	69.29
5月	10	34.583	63.74	33.302	70.58	21.459	90.56	19.010	70.23	40.316	69.73
	20	34.468	63.15	33.148	69.90	21.150	90.08	18.877	69.59	40.204	70.22
	30	34.374	62.44	33.014	68.89	20.884	89.19	18.763	68.70	40.112	70.76
6月	9	34.303	61.60	32.903	67.57	20.663	87.90	18.671	67.56	40.042	71.33
	19	34.258	60.66	32.820	65.96	20.504	86.23	18.606	66.20	40.000	71.92
	29	34.242	59.67	32.767	64.15	20.407	84.28	18.567	64.69	39.984	72.51
7月	9	34.252	58.61	32.744	62.13	20.373	82.06	18.557	63.03	39.996	73.10
	19	34.293	57.56	32.756	60.01	20.410	79.63	18.578	61.31	40.039	73.64
	29	34.360	56.55	32.799	57.84	20.510	77.06	18.628	59.57	40.107	74.10
8月	8	34.456	55.60	32.877	55.68	20.677	74.36	18.708	57.85	40.203	74.50
	18	34.582	54.78	32.990	53.64	20.910	71.63	18.821	56.26	40.329	74.78
	28	34.735	54.12	33.135	51.78	21.200	68.90	18.963	54.84	40.482	74.91
9月	7	34.916	53.68	33.316	50.18	21.553	66.21	19.137	53.66	40.663	74.84
	17	35.126	53.51	33.531	48.93	21.962	63.63	19.342	52.81	40.873	74.54
	27	35.360	53.63	33.776	48.08	22.420	61.20	19.575	52.31	41.107	74.01
10月	7	35.622	54.07	34.053	47.69	22.929	58.95	19.838	52.22	41.368	73.24
	17	35.905	54.85	34.355	47.81	23.479	56.98	20.126	52.59	41.653	72.20
	27	36.207	55.94	34.676	48.43	24.062	55.29	20.433	53.39	41.957	70.94
11月	6	36.526	57.35	35.015	49.58	24.674	53.94	20.757	54.64	42.278	69.47
	16	36.851	59.02	35.358	51.23	25.297	53.01	21.088	56.30	42.607	67.82
	26	37.176	60.90	35.700	53.29	25.920	52.49	21.420	58.31	42.940	66.06
12月	6	37.495	62.94	36.030	55.76	26.530	52.43	21.744	60.64	43.266	64.23
	16	37.795	65.07	36.337	58.51	27.104	52.85	22.047	63.18	43.575	62.42
	26	38.069	67.21	36.612	61.46	27.630	53.70	22.323	65.86	43.860	60.66
	36	38.307	69.30	36.847	64.54	28.090	55.01	22.561	68.60	44.111	59.01
平位置 (J2024.5)		35.560	67.09	34.370	66.66	22.288	66.15	20.010	68.85	41.233	63.25
年自行		−0.0013	−0.022	−0.0100	0.088	−0.0014	0.022	0.0012	0.006	−0.0067	0.015
视　差 （角秒）		0.007		0.016		0.011		0.008		0.022	

恒 星 视 位 置

2024 年 以世界时 0^{h} 为准

日 期	337 α Cnc $4^{m}.26$ A5		335 ι UMa $3^{m}.12$ A7		1232 64 Cnc $5^{m}.23$ G9		339 Br 1268 * $3^{m}.96$ F5		1235 92 G. Hya $5^{m}.64$ K0	
	h m 8 59	° ′ +11 45	h m 9 00	° ′ +47 56	h m 9 01	° ′ +32 19	h m 9 02	° ′ +41 40	h m 9 03	° ′ −0 34
日	s	″	s	″	s	″	s	″	s	″
1月 −9	48.425	52.79	51.632	42.09	01.565	25.28	12.288	69.15	12.007	32.04
1	48.701	51.39	52.010	42.51	01.882	24.91	12.637	69.24	12.274	34.03
11	48.940	50.16	52.337	43.29	02.157	24.84	12.939	69.68	12.503	35.92
21	49.131	49.15	52.599	44.43	02.379	25.07	13.183	70.46	12.687	37.66
31	49.272	48.38	52.791	45.84	02.544	25.57	13.363	71.51	12.822	39.19
2月 10	49.362	47.82	52.910	47.47	02.650	26.30	13.477	72.79	12.907	40.52
20	49.398	47.50	52.952	49.24	02.694	27.22	13.521	74.23	12.939	41.60
3月 1	49.387	47.37	52.926	51.04	02.683	28.25	13.504	75.74	12.927	42.44
11	49.334	47.40	52.836	52.81	02.622	29.33	13.429	77.26	12.873	43.07
21	49.244	47.58	52.692	54.46	02.517	30.41	13.306	78.70	12.784	43.47
31	49.130	47.86	52.510	55.90	02.383	31.42	13.148	79.98	12.672	43.67
4月 10	48.998	48.21	52.298	57.10	02.227	32.32	12.964	81.08	12.543	43.70
20	48.859	48.61	52.072	57.98	02.060	33.06	12.768	81.93	12.405	43.55
30	48.722	49.03	51.847	58.54	01.896	33.61	12.572	82.50	12.270	43.26
5月 10	48.592	49.47	51.630	58.75	01.739	33.97	12.384	82.79	12.140	42.84
20	48.479	49.90	51.434	58.60	01.599	34.12	12.216	82.77	12.025	42.30
30	48.386	50.31	51.268	58.13	01.484	34.06	12.075	82.47	11.930	41.66
6月 9	48.315	50.71	51.135	57.33	01.396	33.81	11.963	81.90	11.854	40.92
19	48.272	51.08	51.045	56.23	01.340	33.36	11.889	81.07	11.805	40.12
29	48.256	51.41	50.996	54.89	01.317	32.74	11.852	80.01	11.782	39.27
7月 9	48.269	51.69	50.991	53.32	01.327	31.97	11.853	78.75	11.785	38.39
19	48.312	51.90	51.032	51.54	01.373	31.04	11.896	77.31	11.817	37.53
29	48.382	52.01	51.117	49.63	01.451	30.00	11.976	75.73	11.875	36.71
8月 8	48.475	52.03	51.245	47.58	01.562	28.82	12.094	74.00	11.961	35.96
18	48.604	51.99	51.419	45.44	01.709	27.51	12.253	72.18	12.076	35.33
28	48.760	51.77	51.631	43.25	01.886	26.11	12.447	70.28	12.218	34.85
9月 7	48.943	51.36	51.887	41.03	02.097	24.61	12.678	68.33	12.390	34.58
17	49.155	50.76	52.182	38.83	02.339	23.05	12.946	66.36	12.590	34.58
27	49.392	49.98	52.513	36.69	02.610	21.42	13.246	64.39	12.817	34.83
10月 7	49.657	48.98	52.881	34.62	02.912	19.75	13.580	62.46	13.071	35.39
17	49.945	47.78	53.281	32.70	03.240	18.09	13.943	60.61	13.349	36.25
27	50.254	46.41	53.707	30.95	03.591	16.44	14.330	58.88	13.648	37.40
11月 6	50.581	44.89	54.157	29.42	03.962	14.86	14.740	57.30	13.965	38.84
16	50.916	43.26	54.618	28.18	04.344	13.41	15.161	55.95	14.292	40.51
26	51.256	41.58	55.082	27.24	04.729	12.11	15.587	54.85	14.621	42.37
12月 6	51.590	39.90	55.540	26.65	05.110	11.02	16.007	54.05	14.946	44.36
16	51.908	38.28	55.975	26.46	05.473	10.19	16.406	53.59	15.254	46.41
26	52.202	36.77	56.377	26.64	05.810	09.64	16.776	53.47	15.539	48.46
36	52.461	35.42	56.732	27.22	06.108	09.39	17.104	53.71	15.789	50.44
平位置 (J2024.5)	49.475	40.95	52.409	38.07	02.558	18.31	13.158	63.77	13.038	47.02
年自行	0.0023	−0.035	−0.0439	−0.214	−0.0035	−0.035	−0.0436	−0.218	−0.0031	0.069
视 差 (角秒)	0.019		0.068		0.010		0.061		0.005	

* 双星，表给视位置为亮星位置，平位置为质心位置。

恒 星 视 位 置

以世界时 0^{h} 为准

2024 年

日 期	338 ρ UMa $4^{m}.74$ M3		341 κ UMa $3^{m}.57$ A1		340 Grb 1501 $5^{m}.74$ A2		1237 Pi $8^{h}245$ $4^{m}.56$ G8		345 λ Vel $2^{m}.23$ K4	
	h m 9 04	° ′ +67 31	h m 9 05	° ′ +47 03	h m 9 05	° ′ +54 10	h m 9 08	° ′ +38 20	h m 9 08	° ′ −43 31
日	s	″	s	″	s	″	s	″	s	″
1月 −9	43.124	55.47	16.373	32.20	46.510	70.25	03.842	75.07	53.411	31.26
1	43.723	56.72	16.752	32.53	46.937	70.91	04.184	74.95	53.700	34.55
11	44.238	58.41	17.082	33.23	47.308	71.98	04.483	75.17	53.940	38.04
21	44.644	60.49	17.348	34.29	47.606	73.42	04.726	75.72	54.117	41.61
31	44.935	62.84	17.546	35.64	47.826	75.14	04.909	76.55	54.233	45.13
2月 10	45.106	65.39	17.672	37.21	47.964	77.08	05.029	77.63	54.286	48.56
20	45.146	68.02	17.723	38.94	48.014	79.16	05.082	78.89	54.275	51.78
3月 1	45.071	70.60	17.706	40.71	47.987	81.26	05.076	80.24	54.207	54.72
11	44.887	73.06	17.626	42.47	47.887	83.30	05.015	81.63	54.090	57.37
21	44.605	75.26	17.492	44.12	47.723	85.18	04.907	82.98	53.928	59.62
31	44.253	77.11	17.319	45.58	47.514	86.81	04.765	84.22	53.736	61.47
4月 10	43.845	78.58	17.116	46.81	47.270	88.16	04.597	85.30	53.519	62.90
20	43.405	79.58	16.898	47.74	47.006	89.13	04.416	86.16	53.289	63.86
30	42.958	80.09	16.679	48.34	46.740	89.73	04.236	86.78	53.056	64.37
5月 10	42.518	80.11	16.467	48.62	46.481	89.94	04.061	87.16	52.825	64.41
20	42.109	79.62	16.276	48.54	46.244	89.72	03.904	87.25	52.607	63.98
30	41.747	78.67	16.113	48.13	46.040	89.14	03.771	87.09	52.407	63.13
6月 9	41.438	77.29	15.980	47.40	45.871	88.18	03.665	86.67	52.229	61.85
19	41.200	75.49	15.889	46.38	45.749	86.88	03.594	86.01	52.081	60.18
29	41.037	73.37	15.838	45.10	45.675	85.30	03.557	85.14	51.965	58.20
7月 9	40.951	70.96	15.828	43.59	45.649	83.46	03.556	84.07	51.883	55.92
19	40.951	68.30	15.865	41.88	45.678	81.39	03.593	82.81	51.841	53.44
29	41.030	65.49	15.942	40.02	45.756	79.17	03.665	81.42	51.839	50.83
8月 8	41.192	62.55	16.063	38.01	45.886	76.81	03.773	79.88	51.879	48.16
18	41.438	59.56	16.228	35.90	46.068	74.36	03.919	78.22	51.965	45.55
28	41.758	56.58	16.432	33.74	46.296	71.88	04.098	76.47	52.094	43.08
9月 7	42.155	53.64	16.678	31.53	46.573	69.38	04.314	74.64	52.270	40.83
17	42.625	50.83	16.964	29.33	46.898	66.93	04.565	72.77	52.492	38.94
27	43.157	48.19	17.285	27.17	47.263	64.57	04.847	70.88	52.753	37.45
10月 7	43.755	45.76	17.644	25.08	47.672	62.32	05.163	68.98	53.057	36.46
17	44.404	43.64	18.035	23.13	48.117	60.27	05.508	67.14	53.395	36.04
27	45.096	41.83	18.453	21.33	48.592	58.44	05.877	65.37	53.760	36.19
11月 6	45.825	40.41	18.896	19.74	49.096	56.89	06.270	63.73	54.146	36.95
16	46.569	39.44	19.351	18.43	49.612	55.68	06.675	62.27	54.540	38.32
26	47.316	38.91	19.811	17.41	50.133	54.83	07.086	61.03	54.933	40.23
12月 6	48.050	38.90	20.266	16.75	50.647	54.38	07.493	60.06	55.314	42.66
16	48.742	39.40	20.699	16.47	51.136	54.38	07.882	59.41	55.666	45.52
26	49.380	40.37	21.101	16.56	51.589	54.79	08.244	59.08	55.982	48.70
36	49.940	41.83	21.458	17.06	51.991	55.63	08.567	59.10	56.251	52.13
平位置 (J2024.5)	43.140	54.43	17.200	28.26	47.176	67.54	04.798	69.56	53.918	56.71
年自行	−0.0038	0.018	−0.0037	−0.055	−0.0001	0.003	−0.0024	−0.014	−0.0021	0.014
视 差 (角秒)	0.011		0.008		0.010		0.005		0.006	

恒　星　视　位　置

2024 年　　　　　以世界时 0^h 为准

日　期	1238 κ Cnc $5^m.23$ B8		2719 τ Cnc $5^m.42$ G8		1240 101 G. Hya $5^m.76$ G6		1239 ξ Cnc $5^m.16$ K0		(344) σ^2 UMa $4^m.80$ F7	
	h m	° ′	h m	° ′	h m	° ′	h m	° ′	h m	° ′
	9 09	+10 33	9 09	+29 33	9 10	−12 27	9 10	+21 56	9 12	+67 01
日	s	″	s	″	s	″	s	″	s	″
1月 −9	03.213	77.70	26.938	22.59	21.018	11.12	44.729	50.73	30.795	56.86
1	03.494	76.20	27.254	22.02	21.285	13.60	45.028	49.77	31.394	58.00
11	03.739	74.87	27.530	21.74	21.515	16.08	45.291	49.06	31.914	59.60
21	03.938	73.75	27.756	21.76	21.698	18.46	45.505	48.62	32.329	61.60
31	04.087	72.87	27.926	22.06	21.833	20.69	45.667	48.44	32.633	63.89
2月 10	04.185	72.22	28.039	22.61	21.917	22.73	45.776	48.50	32.819	66.39
20	04.230	71.81	28.092	23.36	21.948	24.52	45.827	48.79	32.878	69.01
3月 1	04.228	71.60	28.091	24.24	21.934	26.05	45.828	49.25	32.823	71.59
11	04.183	71.57	28.040	25.21	21.879	27.32	45.783	49.83	32.659	74.07
21	04.100	71.70	27.947	26.21	21.788	28.30	45.698	50.49	32.399	76.32
31	03.993	71.94	27.823	27.16	21.673	29.00	45.585	51.17	32.067	78.23
4月 10	03.867	72.26	27.677	28.04	21.539	29.45	45.451	51.85	31.677	79.78
20	03.731	72.66	27.520	28.79	21.396	29.61	45.307	52.48	31.252	80.85
30	03.596	73.08	27.363	29.39	21.253	29.53	45.163	53.02	30.818	81.45
5月 10	03.467	73.53	27.212	29.82	21.115	29.20	45.025	53.48	30.387	81.57
20	03.353	73.99	27.077	30.06	20.990	28.64	44.902	53.83	29.984	81.17
30	03.257	74.43	26.964	30.11	20.882	27.88	44.799	54.05	29.624	80.31
6月 9	03.182	74.87	26.874	29.99	20.793	26.92	44.717	54.17	29.313	79.01
19	03.133	75.28	26.816	29.68	20.729	25.79	44.665	54.16	29.069	77.29
29	03.111	75.66	26.788	29.21	20.690	24.53	44.640	54.03	28.897	75.23
7月 9	03.115	75.99	26.791	28.59	20.677	23.17	44.644	53.80	28.797	72.86
19	03.149	76.25	26.829	27.81	20.692	21.75	44.681	53.44	28.781	70.24
29	03.210	76.42	26.897	26.93	20.735	20.34	44.746	52.99	28.842	67.45
8月 8	03.295	76.46	26.996	25.89	20.806	18.96	44.836	52.45	28.982	64.51
18	03.411	76.48	27.129	24.71	20.908	17.69	44.960	51.67	29.205	61.50
28	03.557	76.31	27.292	23.43	21.039	16.59	45.113	50.81	29.500	58.49
9月 7	03.730	75.94	27.489	22.03	21.200	15.70	45.297	49.81	29.872	55.50
17	03.933	75.37	27.717	20.54	21.392	15.12	45.511	48.67	30.317	52.63
27	04.162	74.61	27.973	18.96	21.613	14.85	45.752	47.40	30.823	49.92
10月 7	04.419	73.62	28.261	17.32	21.864	14.95	46.023	46.00	31.396	47.40
17	04.701	72.42	28.576	15.64	22.140	15.45	46.320	44.49	32.022	45.17
27	05.005	71.04	28.914	13.96	22.439	16.34	46.640	42.91	32.691	43.25
11月 6	05.328	69.49	29.274	12.30	22.757	17.63	46.980	41.27	33.401	41.71
16	05.663	67.82	29.646	10.75	23.084	19.28	47.333	39.65	34.128	40.62
26	06.002	66.08	30.023	09.32	23.416	21.23	47.691	38.07	34.862	39.97
12月 6	06.338	64.32	30.398	08.07	23.743	23.45	48.046	36.60	35.586	39.83
16	06.658	62.62	30.756	07.06	24.052	25.84	48.386	35.29	36.272	40.21
26	06.957	61.02	31.091	06.32	24.338	28.32	48.704	34.18	36.908	41.06
36	07.222	59.56	31.389	05.86	24.589	30.84	48.987	33.32	37.471	42.42
平位置 (J2024.5)	04.294	65.54	27.971	15.17	22.019	29.40	45.801	41.49	30.856	56.03
年自行	−0.0014	−0.011	−0.0024	0.003	0.0014	0.001	0.0000	−0.001	0.0011	−0.095
视　差（角秒）	0.007		0.013		0.007		0.009		0.049	

恒 星 视 位 置

以世界时 0^h 为准

2024 年

日 期		2727 τ UMa+ $4^m.67$ Am		1242 107 G. Hya $5^m.72$ G8		346 36 Lyn $5^m.30$ B8		347 θ Hya $3^m.89$ B9		2734 18 UMa $4^m.80$ A5	
		h m	° ′	h m	° ′	h m	° ′	h m	° ′	h m	° ′
		9 12	+63 24	9 13	−19 50	9 15	+43 06	9 15	+ 2 12	9 17	+53 54
	日	s	″	s	″	s	″	s	″	s	″
1月	−9	54.329	44.01	05.164	35.72	22.853	59.06	37.158	49.26	55.476	70.38
	1	54.867	45.00	05.433	38.45	23.221	59.10	37.436	47.35	55.913	70.91
	11	55.334	46.43	05.665	41.23	23.544	59.52	37.678	45.55	56.296	71.86
	21	55.710	48.27	05.847	43.97	23.809	60.30	37.875	43.93	56.610	73.20
	31	55.987	50.40	05.980	46.57	24.011	61.37	38.025	42.52	56.847	74.85
2月	10	56.161	52.76	06.062	49.01	24.145	62.71	38.124	41.32	57.003	76.76
	20	56.222	55.23	06.089	51.21	24.209	64.22	38.171	40.37	57.073	78.83
3月	1	56.184	57.70	06.071	53.14	24.209	65.83	38.172	39.65	57.065	80.94
	11	56.050	60.08	06.010	54.79	24.149	67.46	38.131	39.15	56.984	83.02
	21	55.831	62.25	05.912	56.12	24.037	69.02	38.053	38.86	56.837	84.97
	31	55.551	64.12	05.789	57.14	23.887	70.44	37.950	38.75	56.642	86.69
4月	10	55.220	65.64	05.647	57.84	23.709	71.68	37.829	38.80	56.409	88.15
	20	54.859	66.72	05.495	58.21	23.513	72.66	37.697	38.99	56.153	89.25
	30	54.491	67.35	05.342	58.28	23.316	73.35	37.565	39.30	55.893	89.97
5月	10	54.127	67.52	05.193	58.04	23.123	73.75	37.438	39.71	55.635	90.31
	20	53.787	67.20	05.056	57.50	22.947	73.82	37.323	40.22	55.396	90.22
	30	53.485	66.44	04.936	56.70	22.795	73.59	37.226	40.78	55.186	89.75
6月	9	53.227	65.26	04.835	55.63	22.670	73.07	37.148	41.42	55.008	88.91
	19	53.027	63.67	04.758	54.34	22.581	72.26	37.094	42.10	54.874	87.70
	29	52.889	61.75	04.706	52.88	22.529	71.20	37.064	42.80	54.786	86.20
7月	9	52.814	59.53	04.680	51.25	22.513	69.91	37.060	43.51	54.743	84.41
	19	52.810	57.06	04.685	49.53	22.539	68.41	37.084	44.19	54.753	82.39
	29	52.873	54.42	04.717	47.78	22.602	66.76	37.134	44.82	54.812	80.18
8月	8	53.005	51.63	04.780	46.03	22.704	64.94	37.210	45.36	54.920	77.81
	18	53.207	48.76	04.875	44.40	22.848	63.00	37.315	45.79	55.081	75.33
	28	53.471	45.87	05.001	42.92	23.027	60.98	37.448	46.07	55.287	72.80
9月	7	53.802	42.99	05.159	41.66	23.246	58.89	37.610	46.15	55.544	70.23
	17	54.196	40.21	05.351	40.72	23.504	56.77	37.802	45.99	55.848	67.70
	27	54.644	37.56	05.572	40.12	23.795	54.65	38.020	45.58	56.194	65.23
10月	7	55.151	35.08	05.826	39.93	24.124	52.56	38.268	44.89	56.586	62.86
	17	55.704	32.87	06.106	40.20	24.484	50.56	38.542	43.91	57.016	60.68
	27	56.297	30.93	06.410	40.90	24.872	48.68	38.837	42.68	57.480	58.70
11月	6	56.926	29.35	06.734	42.06	25.286	46.96	39.154	41.18	57.973	56.99
	16	57.572	28.19	07.068	43.65	25.714	45.48	39.481	39.47	58.484	55.62
	26	58.225	27.45	07.405	45.62	26.150	44.26	39.814	37.61	59.002	54.60
12月	6	58.870	27.20	07.737	47.92	26.583	43.35	40.145	35.64	59.518	53.99
	16	59.483	27.44	08.051	50.46	26.998	42.81	40.461	33.64	60.011	53.83
	26	60.052	28.15	08.340	53.16	27.386	42.63	40.756	31.66	60.472	54.10
	36	60.558	29.35	08.593	55.96	27.734	42.83	41.018	29.77	60.885	54.82
平位置 (J2024.5)		54.636	42.82	06.115	55.96	23.765	54.70	38.257	34.68	56.170	68.11
年自行		0.0147	−0.061	−0.0039	0.047	−0.0026	−0.036	0.0084	−0.310	0.0056	0.060
视 差 (角秒)		0.027		0.011		0.006		0.025		0.028	

恒 星 视 位 置

2024 年 以世界时 0^{h} 为准

日期	(349)		352		1243		1244		1245	
	38 Lyn		α Lyn		θ Pyx		κ Leo		28 Hya	
	$3^{m}.82$	A1	$3^{m}.14$	M0	$4^{m}.71$	M0	$4^{m}.47$	K2	$5^{m}.60$	K5
	h m 9 20	° ′ +36 41	h m 9 22	° ′ +34 16	h m 9 22	° ′ −26 03	h m 9 26	° ′ +26 04	h m 9 26	° ′ − 5 13
日	s	″	s	″	s	″	s	″	s	″
1月 −9	20.658	56.37	31.418	81.08	33.797	52.54	03.470	39.79	36.387	10.42
1	21.003	56.06	31.756	80.64	34.077	55.44	03.789	38.93	36.668	12.64
11	21.308	56.09	32.056	80.53	34.318	58.43	04.072	38.35	36.914	14.82
21	21.560	56.47	32.303	80.76	34.510	61.43	04.307	38.09	37.116	16.86
31	21.753	57.15	32.495	81.29	34.651	64.34	04.490	38.10	37.271	18.73
2月 10	21.886	58.10	32.627	82.09	34.739	67.11	04.618	38.38	37.377	20.39
20	21.953	59.25	32.696	83.11	34.771	69.65	04.687	38.90	37.431	21.81
3月 1	21.962	60.53	32.708	84.26	34.755	71.93	04.704	39.59	37.438	22.97
11	21.916	61.88	32.666	85.49	34.695	73.93	04.672	40.41	37.404	23.90
21	21.823	63.21	32.578	86.74	34.597	75.59	04.597	41.30	37.332	24.57
31	21.694	64.46	32.456	87.92	34.471	76.91	04.491	42.19	37.234	25.02
4月 10	21.539	65.58	32.308	89.00	34.324	77.89	04.361	43.05	37.116	25.25
20	21.368	66.51	32.145	89.91	34.165	78.50	04.217	43.83	36.987	25.26
30	21.196	67.21	31.979	90.62	34.003	78.76	04.071	44.49	36.856	25.10
5月 10	21.026	67.68	31.817	91.12	33.843	78.67	03.927	45.01	36.727	24.75
20	20.872	67.89	31.668	91.37	33.692	78.23	03.795	45.38	36.608	24.25
30	20.739	67.84	31.540	91.39	33.558	77.47	03.682	45.58	36.505	23.61
6月 9	20.630	67.54	31.435	91.19	33.440	76.41	03.590	45.63	36.418	22.84
19	20.552	66.99	31.360	90.75	33.346	75.06	03.524	45.50	36.353	21.96
29	20.507	66.23	31.315	90.10	33.276	73.50	03.485	45.22	36.312	21.01
7月 9	20.494	65.27	31.302	89.27	33.232	71.72	03.475	44.80	36.294	19.99
19	20.518	64.11	31.324	88.25	33.219	69.82	03.496	44.21	36.303	18.97
29	20.575	62.80	31.378	87.08	33.235	67.85	03.546	43.50	36.337	17.97
8月 8	20.667	61.33	31.465	85.74	33.283	65.85	03.625	42.66	36.398	17.02
18	20.795	59.72	31.587	84.26	33.365	63.94	03.735	41.63	36.488	16.19
28	20.956	58.01	31.741	82.67	33.479	62.17	03.875	40.48	36.606	15.50
9月 7	21.153	56.19	31.931	80.97	33.629	60.61	04.048	39.19	36.754	15.01
17	21.386	54.30	32.154	79.19	33.815	59.37	04.253	37.77	36.933	14.80
27	21.650	52.38	32.409	77.34	34.034	58.48	04.488	36.25	37.140	14.86
10月 7	21.949	50.43	32.699	75.45	34.288	58.02	04.754	34.61	37.379	15.24
17	22.279	48.50	33.018	73.56	34.572	58.05	05.050	32.90	37.645	15.97
27	22.635	46.63	33.363	71.71	34.881	58.54	05.371	31.14	37.935	17.02
11月 6	23.016	44.86	33.734	69.93	35.213	59.55	05.715	29.37	38.247	18.40
16	23.411	43.26	34.119	68.29	35.556	61.04	06.075	27.66	38.572	20.07
26	23.815	41.86	34.513	66.83	35.904	62.95	06.443	26.03	38.904	21.98
12月 6	24.218	40.72	34.906	65.60	36.247	65.27	06.813	24.55	39.236	24.09
16	24.606	39.88	35.285	64.66	36.573	67.89	07.169	23.28	39.553	26.30
26	24.969	39.36	35.642	64.01	36.873	70.73	07.504	22.25	39.851	28.56
36	25.297	39.20	35.963	63.71	37.137	73.72	07.807	21.50	40.117	30.80
平位置 (J2024.5)	21.659	50.74	32.441	75.03	34.748	74.71	04.570	31.78	37.512	27.04
年自行	−0.0027	−0.124	−0.0178	0.017	−0.0009	−0.009	−0.0023	−0.048	−0.0007	−0.006
视差 (角秒)	0.027		0.015		0.006		0.015		0.005	

恒 星 视 位 置

以世界时 0^h 为准

2024 年

日期	354 α Hya $1^{m}.99$ K3		356 ε Ant $4^{m}.51$ K3		2756 λ Leo $4^{m}.32$ K5		1246 ξ Leo $4^{m}.99$ K0		355 23 UMa $3^{m}.65$ F0	
	h m	° ′	h m	° ′	h m	° ′	h m	° ′	h m	° ′
	9 28	− 8 45	9 30	−36 03	9 33	+22 51	9 33	+11 11	9 33	+62 56
日	s	″	s	″	s	″	s	″	s	″
1月 −9	46.351	39.68	14.632	09.02	05.696	39.83	14.659	36.42	25.630	70.95
1	46.632	42.03	14.930	12.10	06.013	38.77	14.957	34.84	26.185	71.69
11	46.879	44.37	15.186	15.37	06.295	37.98	15.222	33.43	26.677	72.90
21	47.081	46.60	15.388	18.72	06.531	37.49	15.442	32.27	27.083	74.56
31	47.236	48.66	15.535	22.01	06.717	37.28	15.616	31.34	27.396	76.56
2月 10	47.342	50.53	15.626	25.23	06.850	37.34	15.739	30.67	27.610	78.83
20	47.395	52.16	15.656	28.25	06.925	37.65	15.808	30.25	27.714	81.29
3月 1	47.402	53.54	15.635	31.01	06.950	38.15	15.830	30.05	27.718	83.78
11	47.367	54.66	15.565	33.50	06.926	38.80	15.807	30.04	27.626	86.24
21	47.295	55.52	15.453	35.63	06.859	39.55	15.745	30.21	27.445	88.54
31	47.197	56.12	15.311	37.39	06.762	40.34	15.654	30.49	27.199	90.57
4月 10	47.078	56.49	15.143	38.78	06.641	41.13	15.542	30.87	26.896	92.30
20	46.947	56.61	14.960	39.74	06.505	41.87	15.416	31.32	26.557	93.60
30	46.814	56.52	14.772	40.29	06.366	42.52	15.287	31.79	26.204	94.47
5月 10	46.683	56.22	14.583	40.44	06.228	43.07	15.160	32.28	25.846	94.89
20	46.561	55.73	14.402	40.15	06.101	43.50	15.043	32.76	25.505	94.82
30	46.454	55.07	14.235	39.49	05.990	43.79	14.942	33.22	25.194	94.29
6月 9	46.364	54.24	14.084	38.43	05.898	43.95	14.857	33.66	24.918	93.31
19	46.295	53.28	13.957	37.02	05.831	43.96	14.796	34.05	24.694	91.91
29	46.249	52.22	13.856	35.33	05.790	43.83	14.757	34.39	24.526	90.15
7月 9	46.226	51.07	13.781	33.35	05.775	43.56	14.743	34.67	24.415	88.05
19	46.231	49.89	13.741	31.19	05.789	43.15	14.756	34.86	24.371	85.66
29	46.261	48.72	13.732	28.90	05.832	42.62	14.794	34.97	24.389	83.07
8月 8	46.317	47.58	13.759	26.54	05.902	41.97	14.861	34.93	24.474	80.28
18	46.404	46.56	13.826	24.22	06.001	41.12	14.946	34.81	24.627	77.37
28	46.517	45.68	13.930	22.03	06.130	40.12	15.070	34.55	24.842	74.41
9月 7	46.663	45.00	14.075	20.02	06.292	38.98	15.221	34.08	25.124	71.42
17	46.839	44.60	14.262	18.34	06.485	37.70	15.402	33.40	25.470	68.48
27	47.045	44.49	14.487	17.01	06.708	36.28	15.612	32.53	25.873	65.64
10月 7	47.282	44.72	14.753	16.14	06.963	34.72	15.852	31.44	26.337	62.94
17	47.548	45.32	15.053	15.79	07.247	33.05	16.121	30.14	26.853	60.48
27	47.838	46.28	15.382	15.95	07.557	31.31	16.415	28.66	27.414	58.28
11月 6	48.150	47.59	15.736	16.69	07.892	29.52	16.732	27.01	28.016	56.42
16	48.476	49.24	16.103	17.99	08.243	27.75	17.064	25.24	28.643	54.96
26	48.809	51.15	16.476	19.79	08.604	26.03	17.406	23.40	29.284	53.91
12月 6	49.141	53.31	16.843	22.08	08.967	24.42	17.749	21.55	29.926	53.36
16	49.459	55.60	17.191	24.77	09.318	22.99	18.081	19.76	30.544	53.31
26	49.757	57.97	17.511	27.75	09.650	21.78	18.394	18.07	31.126	53.76
36	50.024	60.36	17.792	30.97	09.952	20.82	18.678	16.55	31.651	54.71
平位置 (J2024.5)	47.473	57.31	15.509	33.90	06.837	31.09	15.831	24.42	25.998	70.61
年自行 (J2024.5)	−0.0010	0.033	−0.0020	0.005	−0.0015	−0.038	−0.0061	−0.084	0.0158	0.027
视差 (角秒)	0.018		0.005		0.010		0.014		0.043	

恒 星 视 位 置

2024 年 以世界时 0^{h} 为准

日期		1247 160 G. Hya $5^{m}.02$ K0		358 θ UMa $3^{m}.17$ F6		360 10 LMi $4^{m}.54$ G8		2762 GC 13221 $4^{m}.81$ K0		357 24 UMa $4^{m}.54$ G4	
		h m 9 34	° ′ −21 13	h m 9 34	° ′ +51 33	h m 9 35	° ′ +36 16	h m 9 36	° ′ +39 30	h m 9 36	° ′ +69 42
	日	s	″	s	″	s	″	s	″	s	″
1月	−9	19.133	09.38	28.179	53.31	41.927	80.00	34.007	45.37	36.405	73.87
	1	19.419	12.12	28.609	53.54	42.282	79.54	34.375	45.05	37.102	74.82
	11	19.670	14.95	28.992	54.20	42.599	79.44	34.704	45.11	37.721	76.28
	21	19.875	17.76	29.311	55.30	42.865	79.70	34.980	45.55	38.231	78.20
	31	20.030	20.45	29.559	56.72	43.076	80.29	35.199	46.32	38.622	80.46
2月	10	20.134	23.01	29.732	58.44	43.226	81.16	35.355	47.38	38.886	83.00
	20	20.185	25.34	29.823	60.37	43.312	82.28	35.444	48.68	39.009	85.70
3月	1	20.187	27.42	29.839	62.39	43.339	83.55	35.471	50.12	39.002	88.43
	11	20.146	29.23	29.783	64.42	43.311	84.91	35.441	51.64	38.870	91.10
	21	20.067	30.72	29.664	66.38	43.233	86.29	35.359	53.16	38.622	93.57
	31	19.959	31.90	29.496	68.14	43.119	87.60	35.238	54.60	38.285	95.74
4月	10	19.830	32.77	29.289	69.69	42.975	88.81	35.087	55.90	37.873	97.56
	20	19.687	33.30	29.056	70.91	42.814	89.85	34.916	56.99	37.409	98.92
	30	19.540	33.52	28.815	71.78	42.647	90.66	34.738	57.84	36.922	99.80
5月	10	19.393	33.44	28.573	72.28	42.480	91.25	34.561	58.44	36.425	100.19
	20	19.254	33.03	28.344	72.38	42.324	91.58	34.394	58.74	35.946	100.04
	30	19.129	32.37	28.138	72.10	42.187	91.64	34.247	58.75	35.502	99.39
6月	9	19.019	31.42	27.960	71.45	42.071	91.45	34.121	58.48	35.103	98.26
	19	18.930	30.23	27.819	70.42	41.983	91.00	34.025	57.92	34.770	96.67
	29	18.863	28.85	27.718	69.09	41.925	90.32	33.960	57.11	34.509	94.70
7月	9	18.820	27.29	27.657	67.46	41.897	89.42	33.927	56.06	34.323	92.36
	19	18.805	25.62	27.644	65.57	41.905	88.31	33.930	54.79	34.226	89.72
	29	18.817	23.89	27.675	63.48	41.944	87.03	33.967	53.33	34.213	86.87
8月	8	18.858	22.15	27.752	61.19	42.016	85.57	34.039	51.69	34.288	83.82
	18	18.931	20.49	27.878	58.76	42.124	83.95	34.149	49.90	34.455	80.66
	28	19.035	18.97	28.047	56.25	42.265	82.21	34.294	47.98	34.706	77.45
9月	7	19.173	17.64	28.263	53.66	42.443	80.34	34.476	45.95	35.046	74.24
	17	19.346	16.61	28.526	51.07	42.656	78.39	34.696	43.85	35.471	71.10
	27	19.551	15.90	28.832	48.51	42.903	76.38	34.951	41.71	35.972	68.10
10月	7	19.791	15.60	29.183	46.02	43.186	74.32	35.243	39.54	36.553	65.28
	17	20.062	15.74	29.574	43.67	43.502	72.28	35.570	37.42	37.202	62.73
	27	20.359	16.32	29.999	41.50	43.847	70.28	35.926	35.37	37.907	60.49
11月	6	20.680	17.37	30.458	39.56	44.219	68.37	36.312	33.43	38.667	58.62
	16	21.016	18.86	30.937	37.94	44.609	66.61	36.715	31.69	39.457	57.22
	26	21.359	20.74	31.428	36.64	45.011	65.05	37.131	30.17	40.265	56.27
12月	6	21.700	22.99	31.922	35.75	45.415	63.75	37.549	28.94	41.073	55.85
	16	22.027	25.50	32.399	35.29	45.807	62.75	37.956	28.04	41.851	55.98
	26	22.332	28.20	32.849	35.26	46.179	62.08	38.341	27.50	42.583	56.63
	36	22.604	31.02	33.258	35.69	46.517	61.77	38.691	27.34	43.244	57.83
平位置	(J2024.5)	20.214	30.62	28.910	50.92	42.976	74.73	35.019	40.89	36.266	74.48
年自行		−0.0014	0.016	−0.1017	−0.534	0.0005	−0.023	−0.0026	0.021	−0.0121	0.078
视 差 (角秒)		0.010		0.074		0.019		0.014		0.031	

恒　星　视　位　置

以世界时 0^{h} 为准

2024 年

日　　期		1249 Br　1352		1250 ι　Hya		364 κ　Hya		365 o　Leo		363 Grb　1564	
		$4^{m}.68$	K3	$3^{m}.90$	K3	$5^{m}.07$	B4	$3^{m}.52$	A5	$5^{m}.72$	G9
		h　m 9 39	°　′ + 4 31	h　m 9 41	°　′ − 1 15	h　m 9 41	°　′ −14 26	h　m 9 42	°　′ + 9 46	h　m 9 44	°　′ +69 07
	日	s	″	s	″	s	″	s	″	s	″
1月	−9	42.671	89.04	05.176	02.80	27.695	20.50	26.142	59.33	18.275	26.43
	1	42.965	87.17	05.468	04.91	27.985	23.05	26.444	57.65	18.967	27.26
	11	43.228	85.42	05.728	06.93	28.241	25.62	26.714	56.14	19.585	28.60
	21	43.449	83.85	05.946	08.81	28.453	28.14	26.941	54.86	20.101	30.42
	31	43.622	82.52	06.117	10.48	28.618	30.52	27.121	53.83	20.502	32.60
2月	10	43.747	81.41	06.240	11.94	28.734	32.74	27.252	53.04	20.781	35.08
	20	43.819	80.56	06.311	13.15	28.797	34.72	27.330	52.51	20.924	37.75
3月	1	43.845	79.95	06.335	14.12	28.814	36.46	27.360	52.22	20.939	40.46
	11	43.827	79.55	06.317	14.85	28.787	37.93	27.346	52.13	20.833	43.14
	21	43.770	79.37	06.260	15.34	28.722	39.11	27.292	52.23	20.611	45.65
	31	43.685	79.36	06.175	15.63	28.629	40.02	27.208	52.46	20.300	47.87
4月	10	43.577	79.49	06.068	15.73	28.514	40.65	27.102	52.79	19.913	49.76
	20	43.456	79.76	05.948	15.64	28.384	41.00	26.981	53.22	19.473	51.21
	30	43.332	80.11	05.824	15.42	28.250	41.09	26.856	53.68	19.006	52.19
5月	10	43.208	80.54	05.699	15.06	28.116	40.93	26.732	54.17	18.527	52.67
	20	43.092	81.04	05.583	14.57	27.989	40.52	26.615	54.67	18.060	52.62
	30	42.990	81.57	05.480	14.00	27.874	39.89	26.512	55.16	17.625	52.08
6月	9	42.904	82.15	05.392	13.32	27.773	39.05	26.425	55.64	17.230	51.05
	19	42.838	82.73	05.324	12.59	27.693	38.02	26.359	56.07	16.895	49.55
	29	42.795	83.31	05.277	11.81	27.633	36.85	26.315	56.46	16.628	47.66
7月	9	42.774	83.89	05.252	11.00	27.595	35.55	26.293	56.81	16.431	45.39
	19	42.778	84.41	05.253	10.20	27.583	34.17	26.298	57.06	16.319	42.81
	29	42.808	84.87	05.278	09.44	27.597	32.77	26.328	57.23	16.286	39.99
8月	8	42.863	85.22	05.328	08.75	27.637	31.38	26.384	57.28	16.338	36.96
	18	42.944	85.45	05.407	08.19	27.708	30.08	26.461	57.15	16.480	33.80
	28	43.053	85.57	05.512	07.75	27.807	28.91	26.573	57.01	16.702	30.59
9月	7	43.193	85.48	05.648	07.51	27.938	27.94	26.715	56.60	17.011	27.34
	17	43.364	85.15	05.816	07.52	28.103	27.24	26.887	55.98	17.404	24.16
	27	43.564	84.60	06.012	07.79	28.299	26.85	27.087	55.15	17.872	21.09
10月	7	43.795	83.78	06.241	08.35	28.529	26.82	27.319	54.09	18.420	18.18
	17	44.055	82.69	06.499	09.22	28.790	27.20	27.581	52.81	19.036	15.54
	27	44.341	81.37	06.782	10.39	29.077	27.96	27.869	51.34	19.711	13.19
11月	6	44.651	79.80	07.090	11.85	29.389	29.13	28.182	49.68	20.442	11.20
	16	44.977	78.05	07.414	13.56	29.717	30.69	28.511	47.88	21.206	09.67
	26	45.312	76.16	07.748	15.46	30.054	32.58	28.851	46.01	21.991	08.58
12月	6	45.650	74.17	08.084	17.53	30.392	34.77	29.194	44.09	22.781	08.03
	16	45.978	72.17	08.409	19.67	30.717	37.16	29.527	42.22	23.545	08.02
	26	46.288	70.22	08.716	21.82	31.023	39.69	29.843	40.45	24.269	08.54
	36	46.569	68.37	08.995	23.92	31.300	42.29	30.132	38.82	24.926	09.62
平位置	(J2024.5)	43.871	75.14	06.387	18.44	28.866	40.01	27.352	46.99	18.214	27.26
年自行		−0.0111	−0.050	0.0032	−0.062	−0.0019	−0.019	−0.0097	−0.037	−0.0126	−0.069
视　差　(角秒)		0.012		0.012		0.006		0.024		0.007	

恒 星 视 位 置

2024 年 以世界时 0^h 为准

日 期	1251		1252		2772		366		367	
	15 Leo		ψ Leo		27 UMa		θ Ant		ε Leo	
	$5^{m}.64$	A2	$5^{m}.36$	M2	$5^{m}.15$	K0	$4^{m}.78$	A7	$2^{m}.97$	G0
	h m	° ′	h m	° ′	h m	° ′	h m	° ′	h m	° ′
	9 44	+29 51	9 45	+13 54	9 45	+72 08	9 45	−27 52	9 47	+23 39
日	s	″	s	″	s	″	s	″	s	″
1月 −9	57.945	44.88	02.573	41.52	09.742	20.47	16.619	33.84	13.053	45.28
1	58.285	44.06	02.881	40.00	10.529	21.40	16.919	36.72	13.380	44.17
11	58.592	43.55	03.159	38.68	11.232	22.85	17.183	39.74	13.674	43.33
21	58.852	43.39	03.393	37.62	11.817	24.78	17.399	42.79	13.924	42.81
31	59.060	43.55	03.581	36.83	12.271	27.07	17.565	45.79	14.125	42.59
2月 10	59.213	44.00	03.718	36.29	12.585	29.66	17.678	48.68	14.274	42.66
20	59.305	44.72	03.801	36.02	12.741	32.43	17.736	51.37	14.365	43.00
3月 1	59.343	45.63	03.836	35.97	12.752	35.23	17.745	53.82	14.404	43.54
11	59.329	46.67	03.825	36.12	12.621	37.99	17.707	56.01	14.394	44.25
21	59.268	47.79	03.773	36.44	12.356	40.56	17.629	57.86	14.340	45.07
31	59.172	48.90	03.691	36.86	11.987	42.84	17.520	59.39	14.253	45.93
4月 10	59.049	49.96	03.585	37.36	11.529	44.76	17.387	60.58	14.141	46.80
20	58.907	50.92	03.464	37.91	11.006	46.22	17.238	61.39	14.011	47.62
30	58.760	51.72	03.338	38.46	10.452	47.19	17.082	61.86	13.875	48.35
5月 10	58.611	52.37	03.211	39.00	09.881	47.66	16.924	61.97	13.738	48.97
20	58.471	52.81	03.093	39.50	09.323	47.56	16.771	61.71	13.609	49.46
30	58.347	53.04	02.989	39.95	08.801	46.96	16.630	61.14	13.495	49.79
6月 9	58.240	53.07	02.899	40.35	08.324	45.87	16.502	60.23	13.396	49.99
19	58.158	52.88	02.831	40.67	07.916	44.28	16.394	59.02	13.321	50.01
29	58.102	52.49	02.786	40.91	07.586	42.30	16.308	57.58	13.269	49.88
7月 9	58.072	51.92	02.762	41.07	07.339	39.93	16.244	55.89	13.242	49.60
19	58.074	51.15	02.766	41.12	07.190	37.24	16.209	54.05	13.243	49.15
29	58.104	50.22	02.795	41.06	07.135	34.32	16.201	52.12	13.272	48.57
8月 8	58.163	49.13	02.852	40.88	07.179	31.19	16.224	50.12	13.328	47.84
18	58.255	47.85	02.919	40.66	07.328	27.93	16.282	48.18	13.412	46.94
28	58.377	46.43	03.039	40.10	07.573	24.62	16.372	46.34	13.526	45.86
9月 7	58.534	44.86	03.181	39.44	07.919	21.29	16.499	44.69	13.673	44.63
17	58.725	43.17	03.354	38.58	08.363	18.04	16.664	43.33	13.853	43.24
27	58.947	41.37	03.555	37.55	08.895	14.91	16.864	42.29	14.063	41.72
10月 7	59.205	39.48	03.789	36.30	09.519	11.96	17.103	41.67	14.307	40.06
17	59.495	37.54	04.053	34.87	10.222	09.29	17.376	41.52	14.582	38.29
27	59.814	35.57	04.343	33.28	10.992	06.94	17.679	41.84	14.886	36.45
11月 6	60.160	33.63	04.660	31.54	11.826	04.97	18.009	42.67	15.217	34.56
16	60.526	31.77	04.993	29.72	12.698	03.46	18.354	44.00	15.566	32.69
26	60.904	30.04	05.338	27.85	13.594	02.43	18.709	45.78	15.928	30.88
12月 6	61.287	28.49	05.687	26.00	14.494	01.94	19.064	47.99	16.294	29.19
16	61.660	27.19	06.027	24.23	15.364	02.01	19.405	50.53	16.652	27.69
26	62.015	26.18	06.350	22.59	16.188	02.63	19.723	53.33	16.993	26.41
36	62.341	25.48	06.645	21.14	16.936	03.80	20.009	56.32	17.306	25.41
平位置 (J2024.5)	59.081	38.19	03.791	30.43	09.356	21.66	17.725	57.15	14.238	37.01
年自行	−0.0013	−0.103	0.0003	−0.006	−0.0058	−0.026	−0.0039	0.036	−0.0033	−0.010
视 差 (角秒)	0.020		0.005		0.007		0.008		0.013	

恒 星 视 位 置

以世界时 0^h 为准

2024 年

日期		1255		370		368		GC		371	
		Br 1369		6 Sex		υ UMa		φ UMa m		μ Leo	
		$5^{m}.08$	G2	$6^{m}.01$	A8	$3^{m}.78$	F0	$4^{m}.55$	A3	$3^{m}.88$	K0
		h m	° ′	h m	° ′	h m	° ′	h m	° ′	h m	° ′
		9 50	+45 54	9 52	− 4 21	9 52	+58 55	9 53	+53 56	9 54	+25 53
	日	s	″	s	″	s	″	s	″	s	″
1月	−9	08.538	22.67	26.824	16.34	42.063	19.74	44.635	55.56	07.929	33.20
	1	08.946	22.50	27.122	18.57	42.579	20.08	45.102	55.69	08.264	32.14
	11	09.315	22.76	27.389	20.75	43.046	20.91	45.526	56.29	08.568	31.37
	21	09.629	23.45	27.615	22.80	43.442	22.21	45.886	57.35	08.828	30.93
	31	09.880	24.50	27.795	24.67	43.758	23.90	46.176	58.79	09.038	30.82
2月	10	10.066	25.87	27.927	26.34	43.988	25.91	46.389	60.56	09.195	31.00
	20	10.178	27.49	28.008	27.76	44.121	28.16	46.517	62.59	09.295	31.46
3月	1	10.222	29.26	28.042	28.93	44.165	30.51	46.566	64.74	09.341	32.13
	11	10.202	31.11	28.033	29.87	44.123	32.90	46.538	66.94	09.338	32.96
	21	10.122	32.94	27.985	30.54	44.000	35.19	46.439	69.09	09.289	33.91
	31	09.997	34.66	27.908	30.99	43.814	37.28	46.286	71.07	09.205	34.89
4月	10	09.834	36.21	27.808	31.23	43.575	39.12	46.087	72.83	09.094	35.86
	20	09.646	37.52	27.693	31.27	43.299	40.60	45.855	74.28	08.964	36.77
	30	09.448	38.52	27.572	31.13	43.004	41.69	45.607	75.37	08.827	37.57
5月	10	09.245	39.22	27.449	30.83	42.701	42.36	45.353	76.09	08.687	38.24
	20	09.051	39.56	27.333	30.38	42.405	42.56	45.106	76.37	08.555	38.75
	30	08.874	39.55	27.227	29.81	42.131	42.32	44.878	76.25	08.435	39.09
6月	9	08.718	39.20	27.134	29.12	41.883	41.65	44.672	75.73	08.331	39.26
	19	08.592	38.50	27.060	28.34	41.675	40.55	44.502	74.80	08.249	39.24
	29	08.499	37.50	27.005	27.49	41.510	39.08	44.369	73.53	08.191	39.04
7月	9	08.439	36.21	26.970	26.59	41.391	37.25	44.276	71.92	08.156	38.67
	19	08.419	34.65	26.960	25.68	41.328	35.11	44.230	70.00	08.151	38.11
	29	08.435	32.87	26.973	24.79	41.316	32.72	44.228	67.86	08.171	37.40
8月	8	08.490	30.88	27.011	23.95	41.359	30.11	44.274	65.48	08.220	36.53
	18	08.588	28.72	27.077	23.24	41.461	27.34	44.370	62.93	08.298	35.49
	28	08.724	26.44	27.170	22.65	41.617	24.46	44.513	60.26	08.406	34.27
9月	7	08.902	24.04	27.293	22.24	41.831	21.50	44.706	57.50	08.547	32.88
	17	09.123	21.58	27.450	22.09	42.104	18.55	44.951	54.71	08.722	31.36
	27	09.384	19.11	27.636	22.20	42.429	15.64	45.242	51.94	08.928	29.70
10月	7	09.687	16.64	27.856	22.63	42.812	12.82	45.584	49.23	09.170	27.91
	17	10.030	14.25	28.106	23.38	43.245	10.18	45.971	46.66	09.443	26.03
	27	10.407	11.98	28.384	24.45	43.723	07.75	46.399	44.26	09.747	24.09
11月	6	10.818	09.88	28.688	25.84	44.244	05.60	46.867	42.10	10.078	22.13
	16	11.252	08.02	29.010	27.52	44.794	03.82	47.361	40.26	10.430	20.20
	26	11.701	06.45	29.344	29.43	45.364	02.42	47.873	38.76	10.796	18.36
12月	6	12.157	05.23	29.681	31.53	45.941	01.48	48.393	37.69	11.168	16.66
	16	12.602	04.40	30.010	33.74	46.504	01.04	48.901	37.08	11.533	15.18
	26	13.027	03.98	30.322	36.00	47.042	01.09	49.388	36.93	11.882	13.94
	36	13.418	04.00	30.607	38.24	47.536	01.65	49.836	37.27	12.204	12.99
平位置	(J2024.5)	09.497	19.96	28.090	32.94	42.637	19.52	45.406	54.63	09.117	25.66
年自行		0.0212	−0.094	0.0010	−0.027	−0.0381	−0.151	−0.0005	0.019	−0.0160	−0.054
视差（角秒）		0.054		0.016		0.028		0.007		0.025	

恒 星 视 位 置

2024 年 以世界时 0^h 为准

日期		373		374		372		378		1258	
		183 G. Hya		19 LMi		Grb 1586		π Leo		20 LMi	
		$4^m.94$	K5	$5^m.11$	F6	$5^m.86$	K3	$4^m.68$	M2	$5^m.37$	G1
		h m	° ′	h m	° ′	h m	° ′	h m	° ′	h m	° ′
		9 56	−19 07	9 59	+40 55	10 00	+72 45	10 01	+ 7 55	10 02	+31 47
	日	s	″	s	″	s	″	s	″	s	″
1月	−9	00.372	13.72	09.481	79.62	31.249	38.83	29.074	45.30	23.865	73.58
	1	00.673	16.38	09.868	79.15	32.080	39.58	29.384	43.48	24.219	72.69
	11	00.942	19.11	10.221	79.08	32.832	40.87	29.666	41.81	24.542	72.15
	21	01.168	21.84	10.524	79.44	33.470	42.68	29.908	40.36	24.821	71.98
	31	01.346	24.46	10.771	80.16	33.979	44.88	30.105	39.16	25.048	72.16
2月	10	01.475	26.94	10.957	81.22	34.346	47.41	30.254	38.20	25.221	72.66
	20	01.552	29.22	11.075	82.56	34.553	50.17	30.351	37.52	25.333	73.46
3月	1	01.580	31.25	11.130	84.07	34.609	53.00	30.400	37.08	25.389	74.46
	11	01.565	33.02	11.125	85.71	34.517	55.83	30.404	36.87	25.391	75.61
	21	01.509	34.49	11.065	87.37	34.283	58.50	30.367	36.87	25.344	76.86
	31	01.424	35.67	10.962	88.97	33.936	60.90	30.300	37.02	25.260	78.11
4月	10	01.314	36.56	10.824	90.46	33.490	62.98	30.208	37.30	25.145	79.31
	20	01.188	37.13	10.661	91.75	32.968	64.61	30.098	37.69	25.008	80.41
	30	01.054	37.42	10.487	92.79	32.405	65.76	29.982	38.13	24.861	81.34
5月	10	00.918	37.42	10.308	93.57	31.816	66.41	29.863	38.63	24.711	82.09
	20	00.786	37.13	10.134	94.03	31.231	66.50	29.748	39.15	24.565	82.62
	30	00.664	36.59	09.976	94.19	30.673	66.08	29.644	39.67	24.432	82.92
6月	9	00.553	35.79	09.834	94.04	30.153	65.14	29.552	40.19	24.314	82.99
	19	00.459	34.76	09.718	93.57	29.698	63.69	29.478	40.68	24.218	82.80
	29	00.385	33.56	09.631	92.82	29.316	61.82	29.424	41.13	24.146	82.40
7月	9	00.331	32.17	09.572	91.79	29.014	59.54	29.389	41.54	24.099	81.77
	19	00.303	30.68	09.548	90.50	28.809	56.91	29.378	41.87	24.081	80.93
	29	00.298	29.14	09.556	89.00	28.698	54.02	29.390	42.12	24.091	79.89
8月	8	00.321	27.57	09.599	87.28	28.686	50.88	29.427	42.25	24.131	78.66
	18	00.374	26.06	09.679	85.37	28.783	47.59	29.491	42.19	24.203	77.25
	28	00.457	24.67	09.795	83.32	28.977	44.22	29.575	42.10	24.305	75.67
9月	7	00.573	23.46	09.949	81.12	29.278	40.80	29.698	41.78	24.443	73.92
	17	00.725	22.52	10.143	78.83	29.682	37.42	29.850	41.22	24.616	72.05
	27	00.910	21.88	10.375	76.49	30.180	34.16	30.033	40.44	24.823	70.07
10月	7	01.131	21.61	10.648	74.11	30.777	31.04	30.249	39.43	25.067	67.99
	17	01.386	21.76	10.958	71.76	31.461	28.19	30.496	38.17	25.346	65.86
	27	01.671	22.32	11.302	69.48	32.221	25.64	30.772	36.70	25.656	63.73
11月	6	01.983	23.33	11.680	67.32	33.053	23.46	31.076	35.02	25.998	61.61
	16	02.314	24.77	12.082	65.35	33.932	21.73	31.400	33.19	26.363	59.60
	26	02.656	26.57	12.500	63.61	34.844	20.48	31.738	31.25	26.743	57.73
12月	6	03.001	28.74	12.927	62.17	35.769	19.78	32.082	29.24	27.131	56.07
	16	03.336	31.16	13.346	61.09	36.673	19.65	32.419	27.26	27.514	54.68
	26	03.653	33.77	13.749	60.38	37.537	20.07	32.743	25.35	27.882	53.59
	36	03.942	36.50	14.122	60.09	38.332	21.08	33.042	23.57	28.223	52.84
平位置 (J2024.5)		01.617	34.84	10.532	76.12	30.820	40.77	30.377	32.53	25.018	67.65
年自行		−0.0033	−0.036	−0.0103	−0.026	−0.0181	−0.034	−0.0020	−0.022	−0.0415	−0.429
视 差 （角秒）		0.005		0.035		0.009		0.006		0.067	

恒 星 视 位 置

以世界时 0^h 为准

2024 年

日 期	2807 GC 13796 5ᵐ.68 B2		1260 193 G. Hya 5ᵐ.70 F0		1259 Pi 9ʰ229 5ᵐ.71 F5		1261 υ^2 Hya 4ᵐ.60 B8		379 η Leo 3ᵐ.48 A0	
	h m 10 04	° ′ +21 49	h m 10 05	° ′ −24 23	h m 10 06	° ′ +53 46	h m 10 06	° ′ −13 10	h m 10 08	° ′ +16 38
日	s	″	s	″	s	″	s	″	s	″
1月 −9	09.405	56.78	27.654	54.94	12.255	19.70	17.762	43.97	38.592	42.02
1	09.737	55.47	27.965	57.69	12.729	19.68	18.067	46.46	38.917	40.49
11	10.040	54.44	28.244	60.56	13.163	20.14	18.343	48.99	39.214	39.19
21	10.302	53.73	28.480	63.48	13.537	21.08	18.578	51.46	39.472	38.18
31	10.516	53.33	28.667	66.33	13.842	22.43	18.768	53.81	39.684	37.45
2月 10	10.680	53.22	28.805	69.08	14.073	24.14	18.911	56.00	39.847	37.02
20	10.788	53.41	28.889	71.64	14.220	26.12	19.001	57.96	39.957	36.87
3月 1	10.845	53.83	28.925	73.97	14.288	28.26	19.045	59.68	40.016	36.96
11	10.853	54.44	28.914	76.06	14.280	30.49	19.045	61.15	40.029	37.27
21	10.817	55.19	28.862	77.83	14.200	32.68	19.005	62.33	39.999	37.75
31	10.746	56.01	28.779	79.30	14.063	34.73	18.934	63.25	39.935	38.33
4月 10	10.648	56.87	28.669	80.46	13.877	36.59	18.839	63.92	39.844	39.00
20	10.530	57.71	28.541	81.27	13.657	38.15	18.726	64.30	39.734	39.69
30	10.403	58.49	28.404	81.76	13.417	39.37	18.606	64.46	39.616	40.36
5月 10	10.273	59.18	28.261	81.93	13.167	40.21	18.481	64.37	39.493	41.01
20	10.148	59.74	28.121	81.77	12.921	40.63	18.359	64.05	39.374	41.58
30	10.033	60.17	27.989	81.32	12.690	40.64	18.245	63.53	39.265	42.07
6月 9	09.932	60.47	27.866	80.57	12.478	40.24	18.142	62.81	39.167	42.47
19	09.850	60.60	27.760	79.54	12.298	39.42	18.054	61.92	39.087	42.75
29	09.789	60.58	27.672	78.29	12.153	38.24	17.984	60.89	39.027	42.92
7月 9	09.749	60.41	27.602	76.82	12.044	36.71	17.932	59.73	38.987	42.98
19	09.736	60.07	27.558	75.20	11.980	34.86	17.903	58.50	38.971	42.89
29	09.748	59.59	27.538	73.49	11.959	32.75	17.897	57.25	38.979	42.68
8月 8	09.786	58.95	27.546	71.71	11.984	30.39	17.916	55.99	39.012	42.32
18	09.852	58.15	27.586	69.98	12.058	27.84	17.964	54.82	39.074	41.85
28	09.945	57.14	27.656	68.34	12.178	25.16	18.039	53.76	39.155	41.15
9月 7	10.072	55.96	27.763	66.86	12.349	22.35	18.146	52.88	39.274	40.25
17	10.232	54.61	27.906	65.64	12.571	19.50	18.288	52.24	39.425	39.17
27	10.423	53.12	28.085	64.73	12.841	16.65	18.462	51.89	39.607	37.92
10月 7	10.649	51.45	28.304	64.18	13.163	13.83	18.672	51.88	39.823	36.48
17	10.908	49.66	28.558	64.08	13.532	11.14	18.916	52.25	40.072	34.86
27	11.197	47.77	28.844	64.42	13.945	08.61	19.190	53.00	40.352	33.10
11月 6	11.517	45.81	29.160	65.23	14.399	06.30	19.492	54.13	40.661	31.21
16	11.857	43.84	29.497	66.52	14.883	04.31	19.815	55.65	40.991	29.26
26	12.213	41.90	29.846	68.22	15.389	02.65	20.152	57.48	41.338	27.29
12月 6	12.577	40.06	30.200	70.34	15.906	01.41	20.494	59.60	41.693	25.35
16	12.935	38.40	30.545	72.77	16.416	00.64	20.829	61.94	42.043	23.53
26	13.280	36.94	30.872	75.44	16.907	00.33	21.148	64.41	42.381	21.87
36	13.601	35.74	31.171	78.29	17.364	00.53	21.442	66.95	42.695	20.43
平位置 (J2024.5)	10.665	48.29	28.941	77.70	13.064	19.20	19.095	63.37	39.898	32.06
年自行	−0.0010	−0.005	−0.0086	0.024	−0.0026	−0.004	−0.0026	0.020	−0.0001	0.000
视 差 （角秒）	0.002		0.013		0.021		0.012		0.002	

恒 星 视 位 置

2024 年 以世界时 0^h 为准

日期		2812 21 LMi $4^m.49$ A7		2814 α Sex $4^m.48$ A0		380 α Leo $1^m.36$ B7		381 λ Hya+ $3^m.61$ K0		384 ζ Leo $3^m.43$ F0	
		h m	° ′	h m	° ′	h m	° ′	h m	° ′	h m	° ′
		10 08	+35 07	10 09	−0 29	10 09	+11 50	10 11	−12 28	10 18	+23 17
	日	s	″	s	″	s	″	s	″	s	″
1月	−9	50.857	31.90	10.123	16.83	39.126	58.96	45.616	14.25	01.604	47.32
	1	51.227	31.10	10.431	18.96	39.445	57.25	45.924	16.73	01.946	45.98
	11	51.566	30.68	10.712	21.01	39.736	55.73	46.204	19.23	02.260	44.94
	21	51.860	30.65	10.954	22.91	39.987	54.45	46.443	21.68	02.536	44.23
	31	52.103	31.00	11.152	24.60	40.195	53.45	46.638	24.00	02.765	43.85
2月	10	52.289	31.68	11.303	26.08	40.354	52.72	46.786	26.16	02.945	43.78
	20	52.413	32.66	11.403	27.30	40.460	52.27	46.883	28.09	03.069	44.03
3月	1	52.479	33.86	11.456	28.27	40.518	52.07	46.932	29.78	03.141	44.52
	11	52.490	35.21	11.465	29.00	40.531	52.09	46.938	31.22	03.163	45.22
	21	52.448	36.64	11.434	29.48	40.501	52.31	46.903	32.38	03.139	46.07
	31	52.366	38.06	11.373	29.76	40.439	52.66	46.838	33.28	03.080	46.99
4月	10	52.251	39.42	11.286	29.85	40.351	53.12	46.747	33.93	02.991	47.95
	20	52.112	40.65	11.182	29.76	40.244	53.66	46.638	34.31	02.880	48.90
	30	51.962	41.69	11.070	29.54	40.129	54.22	46.521	34.46	02.758	49.76
5月	10	51.805	42.52	10.954	29.19	40.009	54.79	46.398	34.38	02.629	50.53
	20	51.652	43.10	10.841	28.73	39.894	55.35	46.278	34.07	02.503	51.17
	30	51.511	43.41	10.736	28.19	39.788	55.86	46.165	33.57	02.386	51.65
6月	9	51.384	43.46	10.642	27.57	39.692	56.33	46.062	32.88	02.279	51.97
	19	51.279	43.23	10.564	26.90	39.614	56.74	45.973	32.02	02.190	52.12
	29	51.197	42.75	10.503	26.20	39.555	57.06	45.901	31.04	02.120	52.08
7月	9	51.141	42.02	10.461	25.48	39.515	57.31	45.847	29.92	02.069	51.88
	19	51.114	41.04	10.441	24.78	39.498	57.46	45.815	28.75	02.044	51.49
	29	51.116	39.85	10.442	24.12	39.504	57.49	45.805	27.54	02.042	50.93
8月	8	51.149	38.45	10.468	23.53	39.535	57.39	45.820	26.34	02.066	50.20
	18	51.215	36.86	10.520	23.07	39.598	57.13	45.862	25.22	02.119	49.29
	28	51.313	35.10	10.597	22.74	39.669	56.79	45.933	24.22	02.198	48.19
9月	7	51.447	33.17	10.705	22.57	39.787	56.17	46.034	23.38	02.309	46.90
	17	51.618	31.12	10.847	22.65	39.934	55.36	46.171	22.79	02.456	45.43
	27	51.824	28.97	11.019	22.98	40.111	54.36	46.340	22.48	02.634	43.80
10月	7	52.070	26.73	11.226	23.60	40.322	53.14	46.545	22.50	02.849	42.02
	17	52.353	24.47	11.465	24.52	40.566	51.71	46.785	22.90	03.099	40.11
	27	52.669	22.23	11.734	25.71	40.840	50.09	47.055	23.65	03.381	38.10
11月	6	53.018	20.03	12.031	27.20	41.143	48.30	47.355	24.80	03.695	36.03
	16	53.392	17.97	12.350	28.93	41.467	46.40	47.675	26.32	04.034	33.97
	26	53.783	16.08	12.683	30.86	41.807	44.42	48.011	28.15	04.390	31.95
12月	6	54.185	14.43	13.023	32.95	42.155	42.43	48.353	30.27	04.757	30.04
	16	54.581	13.08	13.358	35.11	42.498	40.50	48.689	32.59	05.121	28.32
	26	54.965	12.06	13.679	37.28	42.829	38.68	49.011	35.04	05.475	26.81
	36	55.322	11.43	13.977	39.40	43.137	37.04	49.308	37.56	05.806	25.59
平位置 (J2024.5)		52.023	27.26	11.478	32.22	40.446	47.53	46.980	33.50	02.910	39.56
年自行 (J2024.5)		0.0042	0.001	−0.0010	−0.010	−0.0170	0.005	−0.0140	−0.086	0.0014	−0.007
视差（角秒）		0.036		0.011		0.042		0.028		0.013	

恒 星 视 位 置

以世界时 0^{h} 为准

2024 年

日期		383		1263		1265		1262		(C2)	
		λ UMa		ε Sex		59 G. Ant		32 UMa		γ^{1} Leo	
		$3^{m}.45$	A2	$5^{m}.25$	F2	$5^{m}.52$	B9	$5^{m}.74$	A8	$2^{m}.01$	K0
		h m	° ′	h m	° ′	h m	° ′	h m	° ′	h m	° ′
		10 18	+42 47	10 18	− 8 11	10 19	−29 06	10 19	+64 58	10 21	+19 42
	日	s	″	s	″	s	″	s	″	s	″
1月	−9	32.760	30.10	49.458	13.56	13.738	30.41	46.687	63.95	17.822	68.89
	1	33.167	29.51	49.769	15.91	14.065	33.18	47.319	64.17	18.159	67.40
	11	33.543	29.35	50.054	18.27	14.360	36.14	47.901	64.95	18.470	66.17
	21	33.871	29.65	50.300	20.53	14.612	39.18	48.408	66.26	18.742	65.25
	31	34.145	30.35	50.503	22.65	14.817	42.21	48.826	68.00	18.969	64.65
2月	10	34.358	31.42	50.660	24.58	14.970	45.17	49.147	70.14	19.149	64.35
	20	34.503	32.81	50.766	26.28	15.069	47.98	49.356	72.56	19.274	64.37
3月	1	34.584	34.41	50.825	27.73	15.118	50.58	49.456	75.14	19.348	64.63
	11	34.602	36.16	50.841	28.93	15.119	52.95	49.452	77.80	19.374	65.11
	21	34.562	37.96	50.815	29.86	15.077	55.01	49.344	80.39	19.356	65.77
	31	34.475	39.72	50.759	30.56	15.001	56.76	49.154	82.80	19.302	66.53
4月	10	34.349	41.38	50.677	31.02	14.896	58.20	48.890	84.97	19.219	67.35
	20	34.193	42.85	50.576	31.24	14.770	59.28	48.569	86.77	19.115	68.18
	30	34.021	44.07	50.466	31.27	14.632	60.01	48.213	88.16	18.999	68.97
5月	10	33.839	45.03	50.350	31.11	14.486	60.40	47.835	89.12	18.878	69.70
	20	33.659	45.65	50.235	30.75	14.339	60.42	47.453	89.56	18.757	70.33
	30	33.489	45.94	50.126	30.26	14.197	60.12	47.085	89.52	18.645	70.84
6月	9	33.333	45.90	50.026	29.61	14.063	59.48	46.737	88.99	18.543	71.23
	19	33.198	45.51	49.940	28.83	13.941	58.52	46.427	87.97	18.457	71.46
	29	33.090	44.81	49.870	27.96	13.837	57.30	46.163	86.53	18.388	71.55
7月	9	33.007	43.80	49.816	27.01	13.749	55.82	45.947	84.67	18.339	71.50
	19	32.958	42.50	49.783	26.02	13.686	54.15	45.793	82.43	18.313	71.27
	29	32.940	40.95	49.772	25.02	13.647	52.35	45.699	79.91	18.310	70.90
8月	8	32.956	39.15	49.783	24.05	13.635	50.44	45.670	77.10	18.332	70.36
	18	33.009	37.14	49.822	23.17	13.657	48.54	45.711	74.08	18.381	69.66
	28	33.099	34.96	49.887	22.42	13.710	46.71	45.819	70.93	18.454	68.77
9月	7	33.228	32.61	49.983	21.83	13.801	45.00	45.999	67.66	18.561	67.66
	17	33.399	30.15	50.113	21.48	13.932	43.54	46.253	64.37	18.702	66.37
	27	33.610	27.63	50.275	21.39	14.101	42.36	46.574	61.12	18.874	64.92
10月	7	33.865	25.05	50.474	21.62	14.313	41.55	46.969	57.94	19.083	63.28
	17	34.161	22.50	50.706	22.19	14.564	41.19	47.431	54.95	19.326	61.49
	27	34.495	20.02	50.970	23.10	14.850	41.28	47.953	52.18	19.601	59.58
11月	6	34.867	17.65	51.264	24.36	15.170	41.87	48.534	49.70	19.908	57.56
	16	35.268	15.48	51.581	25.94	15.513	42.97	49.159	47.62	20.239	55.51
	26	35.689	13.56	51.914	27.80	15.871	44.52	49.816	45.95	20.589	53.47
12月	6	36.124	11.94	52.255	29.91	16.237	46.52	50.492	44.78	20.949	51.49
	16	36.556	10.71	52.591	32.17	16.596	48.89	51.163	44.16	21.307	49.67
	26	36.976	09.87	52.916	34.53	16.938	51.56	51.814	44.06	21.655	48.03
	36	37.370	09.47	53.217	36.92	17.253	54.46	52.423	44.54	21.982	46.64
平位置	(J2024.5)	33.843	27.67	50.869	31.40	15.123	54.73	47.049	65.84	19.176	60.04
年自行		−0.0155	−0.042	−0.0107	0.003	−0.0011	0.011	−0.0141	−0.009	0.0220	−0.153
视差（角秒）		0.024		0.018		0.002		0.013		0.026	

恒 星 视 位 置

2024 年 以世界时 0^h 为准

日 期	2828 GC 14180 $5^m.88$ A7		386 μ UMa $3^m.06$ M0		1267 27 LMi $5^m.89$ A6		387 30 H. UMa $4^m.94$ A0		389 μ Hya $3^m.83$ K4	
	h m 10 22	° ′ +68 37	h m 10 23	° ′ +41 22	h m 10 24	° ′ +33 46	h m 10 25	° ′ +65 26	h m 10 27	° ′ −16 57
日	s	″	s	″	s	″	s	″	s	″
1月 −9	53.125	21.48	45.637	33.95	29.347	65.38	51.715	26.98	15.139	22.74
1	53.843	21.79	46.039	33.25	29.720	64.39	52.360	27.14	15.458	25.29
11	54.506	22.65	46.413	32.98	30.066	63.77	52.958	27.85	15.749	27.92
21	55.083	24.07	46.741	33.17	30.369	63.57	53.481	29.12	16.003	30.55
31	55.561	25.94	47.015	33.76	30.624	63.74	53.917	30.83	16.212	33.08
2月 10	55.928	28.19	47.232	34.73	30.826	64.28	54.254	32.95	16.375	35.48
20	56.166	30.74	47.381	36.02	30.967	65.14	54.479	35.37	16.487	37.69
3月 1	56.281	33.44	47.468	37.54	31.051	66.24	54.595	37.96	16.552	39.66
11	56.274	36.21	47.495	39.23	31.079	67.53	54.603	40.63	16.571	41.40
21	56.148	38.90	47.463	40.99	31.056	68.93	54.505	43.26	16.550	42.85
31	55.924	41.40	47.385	42.72	30.992	70.35	54.322	45.72	16.496	44.02
4月 10	55.613	43.64	47.268	44.37	30.893	71.75	54.063	47.94	16.415	44.93
20	55.233	45.50	47.121	45.85	30.768	73.03	53.743	49.81	16.313	45.55
30	54.812	46.92	46.958	47.10	30.629	74.15	53.386	51.27	16.200	45.90
5月 10	54.360	47.89	46.785	48.09	30.481	75.09	53.003	52.29	16.079	46.00
20	53.902	48.32	46.611	48.76	30.333	75.78	52.614	52.80	15.958	45.83
30	53.457	48.25	46.447	49.12	30.194	76.22	52.236	52.82	15.841	45.44
6月 9	53.034	47.67	46.294	49.16	30.065	76.40	51.876	52.36	15.731	44.81
19	52.653	46.58	46.162	48.85	29.955	76.30	51.553	51.39	15.632	43.97
29	52.324	45.05	46.054	48.23	29.866	75.95	51.274	49.98	15.549	42.98
7月 9	52.051	43.09	45.971	47.31	29.798	75.34	51.042	48.16	15.480	41.81
19	51.850	40.74	45.919	46.10	29.758	74.47	50.872	45.95	15.432	40.54
29	51.718	38.10	45.897	44.63	29.744	73.39	50.761	43.43	15.405	39.21
8月 8	51.662	35.16	45.907	42.92	29.758	72.08	50.715	40.62	15.402	37.85
18	51.689	32.01	45.953	40.99	29.804	70.56	50.741	37.59	15.427	36.54
28	51.794	28.73	46.035	38.88	29.881	68.85	50.834	34.42	15.480	35.32
9月 7	51.984	25.34	46.155	36.59	29.993	66.96	51.000	31.12	15.565	34.25
17	52.259	21.94	46.316	34.18	30.142	64.91	51.242	27.79	15.686	33.42
27	52.614	18.59	46.517	31.69	30.327	62.76	51.553	24.49	15.841	32.85
10月 7	53.053	15.32	46.761	29.14	30.553	60.49	51.940	21.25	16.035	32.62
17	53.571	12.26	47.046	26.59	30.816	58.17	52.396	18.19	16.266	32.78
27	54.157	09.44	47.370	24.09	31.115	55.84	52.915	15.35	16.530	33.32
11月 6	54.812	06.94	47.731	21.69	31.449	53.54	53.495	12.80	16.827	34.28
16	55.518	04.85	48.122	19.48	31.810	51.35	54.122	10.65	17.148	35.64
26	56.260	03.19	48.535	17.48	32.192	49.31	54.784	08.90	17.486	37.36
12月 6	57.026	02.06	48.962	15.79	32.588	47.49	55.468	07.65	17.834	39.42
16	57.786	01.49	49.387	14.46	32.982	45.96	56.149	06.95	18.177	41.73
26	58.525	01.47	49.802	13.52	33.366	44.75	56.813	06.79	18.509	44.23
36	59.217	02.04	50.192	13.01	33.727	43.92	57.437	07.21	18.818	46.86
平位置 (J2024.5)	53.233	23.96	46.766	31.38	30.583	60.83	52.076	29.18	16.607	43.46
年自行	−0.0099	−0.034	−0.0071	0.034	−0.0011	−0.005	−0.0016	−0.022	−0.0090	−0.080
视 差 (角秒)	0.008		0.013		0.014		0.011		0.013	

恒 星 视 位 置

以世界时 0^h 为准

2024 年

日 期	392 α Ant $4^m.28$ K4		390 β LMi $4^m.20$ G8		1270 δ Sex $5^m.19$ B9		2841 30 Sex $5^m.08$ B6		394 36 UMa $4^m.82$ F8	
	h m 10 28	° ′ −31 11	h m 10 29	° ′ +36 34	h m 10 30	° ′ − 2 51	h m 10 31	° ′ − 0 45	h m 10 32	° ′ +55 50
日	s	″	s	″	s	″	s	″	s	″
1月 −9	15.085	10.46	16.320	54.53	41.869	38.64	31.125	32.93	09.828	73.48
1	15.421	13.22	16.705	53.60	42.187	40.87	31.444	35.10	10.336	73.23
11	15.726	16.19	17.062	53.07	42.481	43.04	31.739	37.20	10.809	73.50
21	15.989	19.27	17.378	52.97	42.739	45.09	31.998	39.16	11.227	74.30
31	16.204	22.36	17.644	53.26	42.954	46.95	32.216	40.91	11.579	75.55
2月 10	16.369	25.40	17.856	53.93	43.125	48.60	32.388	42.45	11.856	77.22
20	16.478	28.31	18.005	54.93	43.246	50.01	32.511	43.73	12.049	79.22
3月 1	16.537	31.03	18.096	56.18	43.321	51.15	32.587	44.75	12.159	81.42
11	16.547	33.52	18.130	57.62	43.351	52.06	32.619	45.52	12.189	83.77
21	16.512	35.72	18.109	59.17	43.340	52.70	32.610	46.05	12.140	86.13
31	16.443	37.61	18.046	60.72	43.297	53.12	32.568	46.36	12.028	88.39
4月 10	16.343	39.19	17.945	62.24	43.227	53.34	32.499	46.47	11.859	90.48
20	16.220	40.40	17.816	63.63	43.136	53.37	32.410	46.41	11.646	92.30
30	16.084	41.27	17.672	64.83	43.035	53.24	32.309	46.21	11.407	93.77
5月 10	15.937	41.78	17.517	65.82	42.926	52.96	32.201	45.88	11.148	94.88
20	15.788	41.91	17.362	66.55	42.817	52.55	32.092	45.44	10.885	95.55
30	15.642	41.70	17.214	66.99	42.713	52.05	31.989	44.92	10.631	95.79
6月 9	15.501	41.15	17.076	67.16	42.615	51.44	31.892	44.33	10.388	95.60
19	15.372	40.26	16.956	67.01	42.530	50.77	31.808	43.69	10.172	94.96
29	15.258	39.09	16.857	66.59	42.459	50.05	31.737	43.02	09.986	93.91
7月 9	15.161	37.64	16.780	65.89	42.403	49.29	31.682	42.33	09.833	92.47
19	15.086	35.97	16.731	64.90	42.366	48.54	31.646	41.66	09.723	90.67
29	15.036	34.15	16.709	63.69	42.349	47.82	31.630	41.03	09.654	88.56
8月 8	15.012	32.22	16.716	62.23	42.354	47.15	31.635	40.47	09.630	86.16
18	15.022	30.26	16.756	60.55	42.386	46.59	31.667	40.03	09.657	83.53
28	15.064	28.35	16.828	58.68	42.442	46.17	31.723	39.75	09.731	80.72
9月 7	15.145	26.55	16.936	56.63	42.527	45.90	31.807	39.60	09.858	77.75
17	15.266	24.98	17.082	54.43	42.646	45.86	31.927	39.67	10.041	74.70
27	15.428	23.69	17.266	52.12	42.798	46.07	32.079	40.00	10.276	71.63
10月 7	15.634	22.75	17.491	49.71	42.987	46.57	32.266	40.62	10.568	68.56
17	15.881	22.26	17.757	47.27	43.210	47.38	32.489	41.53	10.914	65.60
27	16.166	22.21	18.059	44.83	43.465	48.49	32.743	42.72	11.310	62.79
11月 6	16.486	22.68	18.398	42.45	43.752	49.90	33.030	44.20	11.755	60.18
16	16.831	23.66	18.766	40.20	44.064	51.59	33.341	45.94	12.238	57.89
26	17.194	25.11	19.156	38.12	44.394	53.50	33.671	47.87	12.751	55.95
12月 6	17.566	27.03	19.560	36.29	44.735	55.61	34.012	49.98	13.283	54.42
16	17.932	29.35	19.965	34.79	45.074	57.81	34.352	52.17	13.816	53.39
26	18.284	31.98	20.360	33.63	45.404	60.06	34.682	54.37	14.337	52.84
36	18.609	34.88	20.734	32.87	45.713	62.30	34.993	56.54	14.830	52.83
平位置 (J2024.5)	16.539	35.47	17.534	50.83	43.348	54.67	32.604	48.26	10.641	74.36
年自行	−0.0063	0.010	−0.0106	−0.109	−0.0033	−0.012	−0.0026	−0.025	−0.0210	−0.033
视 差 (角秒)	0.009		0.022		0.011		0.009		0.078	

恒 星 视 位 置

2024 年 以世界时 0^h 为准

日 期		1272 46 Leo 5ᵐ.43 M2		396 ρ Leo 3ᵐ.84 B1		2844 GC 14491 4ᵐ.72 A7		399 44 Hya 5ᵐ.08 K5		398 37 UMa 5ᵐ.16 F1	
		h m 10 33	° ′ +14 00	h m 10 34	° ′ + 9 10	h m 10 34	° ′ +40 17	h m 10 35	° ′ −23 51	h m 10 36	° ′ +56 56
	日	s	″	s	″	s	″	s	″	s	″
1月	−9	28.659	49.22	04.507	59.17	37.946	57.88	09.416	56.50	42.505	78.76
	1	28.992	47.47	04.834	57.28	38.348	57.04	09.746	59.14	43.028	78.49
	11	29.301	45.94	05.138	55.54	38.723	56.62	10.048	61.93	43.517	78.75
	21	29.574	44.68	05.407	54.05	39.056	56.67	10.312	64.78	43.951	79.55
	31	29.805	43.71	05.633	52.81	39.338	57.13	10.531	67.59	44.318	80.82
2月	10	29.989	43.03	05.815	51.84	39.564	57.98	10.702	70.32	44.610	82.50
	20	30.122	42.66	05.945	51.17	39.725	59.18	10.821	72.89	44.815	84.53
3月	1	30.207	42.56	06.028	50.77	39.825	60.63	10.892	75.24	44.936	86.78
	11	30.244	42.69	06.066	50.60	39.864	62.26	10.917	77.38	44.975	89.17
	21	30.238	43.04	06.060	50.67	39.847	64.00	10.898	79.22	44.932	91.58
	31	30.198	43.53	06.021	50.89	39.782	65.73	10.846	80.78	44.823	93.90
4月	10	30.128	44.12	05.954	51.26	39.678	67.41	10.765	82.05	44.655	96.05
	20	30.036	44.79	05.865	51.74	39.543	68.93	10.662	82.99	44.440	97.93
	30	29.932	45.47	05.764	52.27	39.390	70.24	10.545	83.63	44.195	99.46
5月	10	29.819	46.14	05.655	52.84	39.225	71.32	10.418	83.96	43.930	100.63
	20	29.707	46.77	05.546	53.42	39.057	72.08	10.288	83.98	43.658	101.34
	30	29.600	47.34	05.442	53.98	38.896	72.54	10.162	83.71	43.393	101.63
6月	9	29.500	47.84	05.344	54.52	38.744	72.68	10.039	83.15	43.140	101.47
	19	29.413	48.23	05.260	55.00	38.610	72.48	09.928	82.33	42.911	100.84
	29	29.342	48.53	05.190	55.42	38.498	71.97	09.830	81.28	42.713	99.81
7月	9	29.286	48.71	05.135	55.78	38.408	71.15	09.746	80.00	42.547	98.37
	19	29.252	48.76	05.100	56.04	38.346	70.03	09.682	78.56	42.424	96.56
	29	29.237	48.68	05.085	56.19	38.313	68.65	09.640	77.02	42.343	94.43
8月	8	29.246	48.46	05.092	56.23	38.311	67.01	09.621	75.39	42.308	92.01
	18	29.282	48.07	05.126	56.10	38.343	65.14	09.633	73.77	42.325	89.33
	28	29.341	47.59	05.208	55.73	38.409	63.08	09.673	72.21	42.391	86.48
9月	7	29.428	46.76	05.266	55.38	38.513	60.82	09.749	70.78	42.511	83.47
	17	29.551	45.78	05.388	54.68	38.657	58.42	09.862	69.57	42.689	80.36
	27	29.707	44.61	05.541	53.78	38.841	55.93	10.012	68.63	42.920	77.23
10月	7	29.898	43.22	05.729	52.64	39.068	53.35	10.204	68.03	43.210	74.11
	17	30.125	41.63	05.952	51.27	39.338	50.76	10.436	67.84	43.558	71.09
	27	30.384	39.87	06.208	49.68	39.646	48.20	10.703	68.05	43.956	68.21
11月	6	30.676	37.95	06.496	47.90	39.995	45.72	11.005	68.73	44.407	65.55
	16	30.994	35.93	06.810	45.96	40.374	43.41	11.333	69.88	44.897	63.21
	26	31.332	33.86	07.143	43.92	40.777	41.30	11.680	71.43	45.419	61.22
12月	6	31.683	31.78	07.489	41.82	41.196	39.48	12.038	73.39	45.964	59.65
	16	32.034	29.79	07.835	39.75	41.617	38.01	12.393	75.68	46.510	58.58
	26	32.376	27.93	08.172	37.77	42.030	36.92	12.735	78.23	47.045	58.01
	36	32.700	26.26	08.491	35.92	42.421	36.27	13.055	80.98	47.554	57.99
平位置 (J2024.5)		30.089	38.87	05.965	47.23	39.126	55.39	10.947	79.36	43.315	80.06
年自行		−0.0028	0.025	−0.0004	−0.004	−0.0123	0.006	−0.0007	0.021	0.0080	0.037
视 差 (角秒)		0.003		0.001		0.029		0.005		0.038	

恒　星　视　位　置

以世界时 0^h 为准

2024 年

日期	395 9 H. Dra 4.ᵐ86 K0		1274 236 G. Hya 5.ᵐ71 F7		1275 37 LMi 4.ᵐ68 G0		405 41 LMi 5.ᵐ08 A3		403 35 H. UMa 5.ᵐ01 K3	
	h m 10 37	° ′ +75 34	h m 10 37	° ′ −12 21	h m 10 40	° ′ +31 50	h m 10 44	° ′ +23 03	h m 10 44	° ′ +68 56
	s	″	s	″	s	″	s	″	s	″
1月 日 −9	07.029	63.97	44.095	24.67	04.254	58.34	43.218	41.35	46.998	46.39
1	08.041	64.31	44.418	27.13	04.627	57.14	43.569	39.83	47.740	46.41
11	08.984	65.24	44.716	29.63	04.976	56.31	43.899	38.60	48.436	47.02
21	09.816	66.75	44.978	32.10	05.287	55.90	44.193	37.73	49.057	48.21
31	10.513	68.73	45.198	34.44	05.552	55.87	44.445	37.20	49.583	49.89
2月 10	11.058	71.13	45.373	36.63	05.766	56.22	44.650	37.02	50.004	52.00
20	11.423	73.84	45.498	38.61	05.923	56.92	44.802	37.18	50.300	54.47
3月 1	11.612	76.72	45.576	40.35	06.023	57.88	44.902	37.61	50.472	57.14
11	11.625	79.68	45.610	41.85	06.070	59.07	44.952	38.29	50.521	59.94
21	11.461	82.56	45.602	43.08	06.065	60.40	44.956	39.15	50.445	62.72
31	11.149	85.25	45.562	44.05	06.019	61.78	44.921	40.13	50.266	65.35
4月 10	10.702	87.67	45.495	44.77	05.938	63.18	44.854	41.16	49.993	67.77
20	10.143	89.69	45.405	45.23	05.828	64.49	44.762	42.20	49.642	69.84
30	09.510	91.25	45.304	45.47	05.703	65.67	44.654	43.18	49.238	71.51
5月 10	08.820	92.33	45.194	45.48	05.565	66.69	44.536	44.08	48.795	72.73
20	08.106	92.84	45.081	45.28	05.426	67.49	44.415	44.85	48.333	73.43
30	07.400	92.82	44.972	44.89	05.291	68.05	44.298	45.46	47.875	73.62
6月 9	06.713	92.25	44.868	44.32	05.164	68.36	44.186	45.91	47.429	73.30
19	06.079	91.14	44.775	43.58	05.052	68.41	44.088	46.16	47.015	72.45
29	05.512	89.54	44.694	42.72	04.957	68.20	44.004	46.23	46.646	71.13
7月 9	05.022	87.49	44.627	41.73	04.881	67.74	43.936	46.11	46.324	69.36
19	04.631	85.01	44.579	40.68	04.829	67.01	43.889	45.78	46.068	67.16
29	04.342	82.21	44.550	39.59	04.801	66.06	43.863	45.27	45.877	64.62
8月 8	04.162	79.10	44.543	38.48	04.798	64.88	43.860	44.56	45.758	61.76
18	04.106	75.75	44.563	37.45	04.826	63.47	43.884	43.65	45.721	58.64
28	04.164	72.27	44.609	36.52	04.883	61.86	43.934	42.55	45.760	55.35
9月 7	04.349	68.66	44.686	35.74	04.974	60.05	44.014	41.23	45.885	51.91
17	04.661	65.05	44.797	35.18	05.102	58.06	44.130	39.71	46.097	48.41
27	05.091	61.48	44.943	34.87	05.266	55.93	44.279	38.01	46.392	44.92
10月 7	05.648	58.02	45.127	34.89	05.470	53.67	44.467	36.14	46.776	41.48
17	06.321	54.77	45.348	35.26	05.713	51.34	44.692	34.13	47.244	38.22
27	07.098	51.79	45.603	35.98	05.993	48.96	44.953	32.01	47.789	35.16
11月 6	07.977	49.15	45.892	37.08	06.311	46.58	45.249	29.80	48.410	32.39
16	08.934	46.95	46.206	38.55	06.658	44.28	45.574	27.59	49.091	30.02
26	09.950	45.21	46.539	40.33	07.028	42.11	45.921	25.40	49.819	28.06
12月 6	11.007	44.02	46.884	42.41	07.415	40.13	46.285	23.32	50.582	26.62
16	12.065	43.43	47.227	44.69	07.804	38.42	46.651	21.41	51.350	25.75
26	13.101	43.43	47.561	47.12	08.186	37.02	47.012	19.73	52.106	25.43
36	14.081	44.05	47.875	49.63	08.549	35.98	47.355	18.33	52.828	25.73
平位置 (J2024.5)	06.314	67.79	45.647	44.17	05.573	53.69	44.633	34.17	47.176	49.85
年自行	−0.0122	−0.015	0.0183	−0.673	0.0000	0.007	−0.0085	0.008	−0.0002	−0.013
视差（角秒）	0.013		0.041		0.007		0.016		0.008	

恒 星 视 位 置

2024 年 以世界时 0^h 为准

日 期		1276		407		1279		409		410	
		Pi 10^h135		42 LMi		51 Leo		53 Leo		ν Hya	
		$5^m.18$	F5	$5^m.36$	A1	$5^m.50$	K3	$5^m.32$	A2	$3^m.11$	K0
		h m	° ′	h m	° ′	h m	° ′	h m	° ′	h m	° ′
		10 44	+46 04	10 47	+30 32	10 47	+18 45	10 50	+10 24	10 50	−16 19
	日	s	″	s	″	s	″	s	″	s	″
1月	−9	57.532	28.62	11.925	74.29	42.070	50.69	31.050	65.16	48.478	00.40
	1	57.968	27.87	12.296	72.99	42.415	49.02	31.385	63.24	48.808	02.87
	11	58.378	27.59	12.645	72.05	42.739	47.60	31.699	61.49	49.116	05.44
	21	58.745	27.82	12.958	71.52	43.029	46.50	31.980	59.99	49.389	08.01
	31	59.058	28.50	13.226	71.38	43.277	45.73	32.221	58.77	49.620	10.50
2月	10	59.312	29.60	13.445	71.62	43.480	45.28	32.419	57.83	49.808	12.87
	20	59.497	31.06	13.608	72.21	43.631	45.17	32.566	57.20	49.946	15.06
3月	1	59.615	32.79	13.715	73.09	43.733	45.34	32.666	56.84	50.037	17.02
	11	59.668	34.71	13.770	74.20	43.786	45.75	32.721	56.74	50.083	18.75
	21	59.656	36.72	13.774	75.47	43.794	46.38	32.732	56.87	50.088	20.20
	31	59.592	38.72	13.736	76.82	43.765	47.13	32.708	57.18	50.058	21.39
4月	10	59.482	40.64	13.663	78.18	43.704	47.98	32.653	57.63	49.999	22.33
	20	59.335	42.37	13.562	79.49	43.619	48.86	32.576	58.18	49.917	22.98
	30	59.166	43.85	13.443	80.68	43.519	49.73	32.484	58.78	49.821	23.39
5月	10	58.979	45.06	13.312	81.73	43.408	50.55	32.382	59.41	49.714	23.55
	20	58.787	45.91	13.177	82.56	43.294	51.29	32.276	60.04	49.601	23.45
	30	58.600	46.40	13.046	83.17	43.184	51.90	32.173	60.64	49.490	23.15
6月	9	58.419	46.53	12.920	83.55	43.078	52.40	32.074	61.19	49.382	22.62
	19	58.257	46.27	12.808	83.67	42.984	52.75	31.985	61.68	49.281	21.90
	29	58.116	45.65	12.712	83.53	42.904	52.94	31.908	62.09	49.191	21.02
7月	9	57.998	44.67	12.633	83.15	42.838	52.98	31.844	62.41	49.113	19.97
	19	57.910	43.35	12.577	82.50	42.792	52.84	31.798	62.62	49.052	18.82
	29	57.853	41.74	12.543	81.63	42.765	52.54	31.771	62.71	49.009	17.60
8月	8	57.829	39.84	12.534	80.53	42.761	52.06	31.763	62.67	48.987	16.34
	18	57.843	37.68	12.554	79.19	42.783	51.38	31.782	62.46	48.991	15.12
	28	57.894	35.32	12.602	77.66	42.829	50.55	31.827	62.11	49.022	13.98
9月	7	57.987	32.77	12.683	75.91	42.904	49.47	31.890	61.58	49.084	12.97
	17	58.124	30.07	12.801	73.97	43.015	48.18	31.995	60.75	49.182	12.17
	27	58.305	27.29	12.955	71.88	43.159	46.72	32.132	59.75	49.315	11.61
10月	7	58.534	24.44	13.149	69.65	43.340	45.05	32.305	58.51	49.488	11.37
	17	58.810	21.61	13.382	67.33	43.558	43.21	32.515	57.05	49.700	11.49
	27	59.129	18.84	13.653	64.95	43.811	41.23	32.759	55.39	49.949	11.98
11月	6	59.493	16.19	13.962	62.55	44.100	39.12	33.039	53.52	50.233	12.87
	16	59.892	13.75	14.301	60.21	44.418	36.96	33.346	51.52	50.546	14.16
	26	60.319	11.57	14.665	57.98	44.757	34.79	33.676	49.42	50.879	15.79
12月	6	60.767	09.72	15.046	55.93	45.113	32.66	34.021	47.27	51.227	17.77
	16	61.218	08.28	15.431	54.14	45.473	30.67	34.370	45.17	51.576	20.00
	26	61.664	07.26	15.811	52.64	45.826	28.86	34.713	43.15	51.917	22.42
	36	62.089	06.72	16.174	51.49	46.163	27.29	35.040	41.28	52.240	24.97
平位置	(J2024.5)	58.644	27.88	13.285	69.45	43.540	42.18	32.584	53.93	50.123	20.67
年自行		−0.0260	−0.068	−0.0020	−0.036	0.0067	−0.039	−0.0003	−0.024	0.0064	0.199
视 差 (角秒)		0.028		0.009		0.018		0.010		0.024	

恒 星 视 位 置

以世界时 0^h 为准

2024 年

日 期	1281 41 Sex $5^m.80$ A3		412 46 LMi $3^m.79$ K0		2870 ω UMa $4^m.66$ A1		N30 54 Leo $4^m.30$ A1		414 ι Ant $4^m.60$ K0	
	h m 10 51	° ′ −9 01	h m 10 54	° ′ +34 04	h m 10 55	° ′ +43 03	h m 10 56	° ′ +24 36	h m 10 57	° ′ −37 15
日	s	″	s	″	s	″	s	″	s	″
1月 −9	30.226	23.23	39.178	59.46	21.571	33.20	54.667	72.86	50.083	44.88
1	30.553	25.60	39.563	58.21	21.994	32.24	55.026	71.31	50.452	47.50
11	30.859	27.98	39.926	57.35	22.395	31.73	55.365	70.06	50.795	50.41
21	31.131	30.29	40.254	56.93	22.756	31.73	55.671	69.19	51.097	53.52
31	31.363	32.47	40.537	56.92	23.068	32.18	55.936	68.68	51.352	56.71
2月 10	31.552	34.49	40.770	57.32	23.326	33.05	56.154	68.53	51.557	59.94
20	31.692	36.28	40.945	58.08	23.518	34.32	56.320	68.75	51.705	63.10
3月 1	31.786	37.82	41.064	59.14	23.647	35.86	56.434	69.25	51.801	66.12
11	31.836	39.13	41.128	60.44	23.714	37.64	56.498	70.01	51.846	68.97
21	31.844	40.16	41.139	61.90	23.720	39.54	56.514	70.97	51.842	71.56
31	31.819	40.96	41.106	63.42	23.676	41.46	56.491	72.05	51.799	73.86
4月 10	31.765	41.52	41.034	64.95	23.587	43.33	56.433	73.19	51.721	75.88
20	31.688	41.84	40.931	66.41	23.461	45.07	56.348	74.34	51.613	77.52
30	31.597	41.96	40.810	67.72	23.313	46.58	56.246	75.41	51.486	78.81
5月 10	31.496	41.90	40.673	68.86	23.146	47.85	56.131	76.40	51.342	79.74
20	31.390	41.64	40.531	69.76	22.972	48.80	56.011	77.25	51.189	80.27
30	31.286	41.24	40.392	70.41	22.801	49.42	55.892	77.92	51.033	80.42
6月 9	31.185	40.68	40.257	70.79	22.633	49.70	55.778	78.42	50.876	80.19
19	31.092	40.00	40.134	70.87	22.480	49.59	55.673	78.70	50.724	79.57
29	31.009	39.23	40.027	70.66	22.346	49.15	55.582	78.77	50.583	78.63
7月 9	30.938	38.35	39.937	70.18	22.230	48.36	55.505	78.64	50.453	77.35
19	30.885	37.43	39.869	69.41	22.142	47.22	55.448	78.28	50.343	75.78
29	30.848	36.50	39.825	68.38	22.080	45.80	55.410	77.71	50.254	74.01
8月 8	30.832	35.58	39.805	67.10	22.048	44.08	55.395	76.93	50.191	72.04
18	30.840	34.73	39.816	65.57	22.051	42.09	55.406	75.94	50.161	69.98
28	30.874	33.99	39.856	63.83	22.087	39.89	55.442	74.74	50.165	67.90
9月 7	30.937	33.40	39.930	61.87	22.163	37.47	55.510	73.32	50.210	65.87
17	31.035	33.02	40.041	59.73	22.282	34.89	55.612	71.69	50.300	64.00
27	31.166	32.88	40.190	57.44	22.442	32.20	55.749	69.89	50.435	62.37
10月 7	31.336	33.03	40.381	55.01	22.648	29.41	55.925	67.90	50.620	61.04
17	31.544	33.53	40.614	52.51	22.901	26.60	56.140	65.78	50.853	60.13
27	31.787	34.35	40.885	49.97	23.197	23.82	56.392	63.55	51.130	59.66
11月 6	32.065	35.53	41.197	47.44	23.537	21.12	56.682	61.24	51.450	59.70
16	32.371	37.03	41.541	45.00	23.914	18.60	57.003	58.93	51.804	60.28
26	32.699	38.82	41.912	42.71	24.320	16.30	57.349	56.67	52.181	61.36
12月 6	33.041	40.87	42.303	40.61	24.748	14.30	57.714	54.51	52.574	62.96
16	33.385	43.10	42.699	38.82	25.182	12.68	58.084	52.55	52.967	65.03
26	33.722	45.45	43.092	37.35	25.613	11.46	58.450	50.82	53.350	67.48
36	34.042	47.85	43.468	36.27	26.027	10.70	58.801	49.39	53.711	70.27
平位置 (J2024.5)	31.852	41.15	40.531	55.76	22.796	32.10	56.125	66.50	51.829	71.77
年自行 (J2024.5)	−0.0004	−0.014	0.0074	−0.286	0.0039	−0.023	−0.0057	−0.015	0.0063	−0.126
视 差 （角秒）	0.009		0.033		0.012		0.011		0.016	

恒 星 视 位 置

2024 年 以世界时 0^h 为准

日 期	1282 47 UMa $5^m.03$ G0		1283 α Crt $4^m.08$ K1		1284 58 Leo $4^m.84$ K1		2879 61 Leo $4^m.73$ K5		416 β UMa $2^m.34$ A1	
	h m	° ′	h m	° ′	h m	° ′	h m	° ′	h m	° ′
	11 00	+40 17	11 00	−18 25	11 01	+ 3 28	11 03	− 2 36	11 03	+56 14
日	s	″	s	″	s	″	s	″	s	″
1月 −9	48.548	57.52	56.508	26.01	47.894	81.06	02.995	45.49	17.292	59.71
1	48.958	56.42	56.843	28.49	48.227	78.94	03.326	47.73	17.817	59.08
11	49.347	55.76	57.157	31.09	48.541	76.92	03.639	49.94	18.317	59.00
21	49.699	55.59	57.438	33.71	48.824	75.09	03.920	52.01	18.771	59.50
31	50.005	55.87	57.678	36.28	49.069	73.49	04.163	53.91	19.165	60.49
2月 10	50.258	56.57	57.875	38.75	49.272	72.13	04.364	55.60	19.491	61.96
20	50.450	57.67	58.023	41.05	49.427	71.05	04.518	57.04	19.736	63.83
3月 1	50.581	59.07	58.123	43.13	49.536	70.25	04.626	58.21	19.900	65.99
11	50.652	60.70	58.180	45.00	49.600	69.71	04.690	59.14	19.984	68.35
21	50.665	62.49	58.193	46.59	49.622	69.42	04.712	59.80	19.986	70.80
31	50.630	64.31	58.171	47.93	49.609	69.34	04.700	60.24	19.921	73.21
4月 10	50.551	66.12	58.120	49.00	49.566	69.44	04.658	60.47	19.793	75.52
20	50.438	67.81	58.044	49.78	49.499	69.69	04.592	60.50	19.613	77.61
30	50.301	69.32	57.952	50.31	49.417	70.05	04.511	60.38	19.399	79.38
5月 10	50.147	70.60	57.847	50.58	49.323	70.51	04.418	60.12	19.156	80.82
20	49.985	71.59	57.736	50.59	49.224	71.03	04.319	59.74	18.898	81.84
30	49.825	72.26	57.624	50.37	49.125	71.58	04.221	59.27	18.640	82.42
6月 9	49.667	72.62	57.512	49.91	49.028	72.15	04.123	58.71	18.384	82.56
19	49.522	72.62	57.406	49.23	48.939	72.73	04.033	58.09	18.145	82.23
29	49.394	72.29	57.310	48.38	48.859	73.28	03.951	57.44	17.929	81.47
7月 9	49.282	71.63	57.223	47.35	48.790	73.81	03.880	56.75	17.738	80.28
19	49.196	70.63	57.152	46.19	48.737	74.28	03.824	56.07	17.582	78.68
29	49.134	69.35	57.099	44.94	48.700	74.68	03.784	55.43	17.463	76.74
8月 8	49.099	67.78	57.065	43.64	48.682	74.98	03.762	54.83	17.384	74.45
18	49.097	65.94	57.057	42.35	48.688	75.14	03.764	54.34	17.353	71.87
28	49.127	63.88	57.076	41.12	48.718	75.15	03.790	53.99	17.367	69.07
9月 7	49.194	61.60	57.126	40.01	48.769	74.85	03.843	53.81	17.434	66.05
17	49.302	59.14	57.212	39.10	48.861	74.64	03.929	53.79	17.557	62.90
27	49.450	56.55	57.334	38.42	48.985	74.04	04.050	54.02	17.734	59.68
10月 7	49.643	53.84	57.498	38.05	49.146	73.17	04.209	54.53	17.972	56.41
17	49.882	51.10	57.702	38.04	49.344	72.04	04.406	55.35	18.269	53.21
27	50.162	48.36	57.944	38.40	49.578	70.66	04.639	56.45	18.620	50.11
11月 6	50.486	45.67	58.223	39.17	49.847	69.02	04.908	57.86	19.029	47.18
16	50.846	43.13	58.533	40.35	50.146	67.17	05.206	59.54	19.484	44.54
26	51.236	40.78	58.866	41.90	50.469	65.15	05.528	61.44	19.978	42.22
12月 6	51.648	38.70	59.215	43.80	50.809	63.01	05.867	63.54	20.501	40.30
16	52.067	36.98	59.567	46.00	51.154	60.82	06.211	65.75	21.035	38.87
26	52.484	35.63	59.912	48.40	51.494	58.64	06.551	68.01	21.568	37.94
36	52.886	34.73	60.241	50.97	51.821	56.54	06.876	70.26	22.082	37.57
平位置 (J2024.5)	49.818	55.94	58.214	46.92	49.529	67.67	04.668	61.01	18.232	61.91
年自行	−0.0276	0.055	−0.0324	0.129	0.0010	−0.016	0.0007	−0.037	0.0098	0.034
视 差 (角秒)	0.071		0.019		0.010		0.006		0.041	

恒 星 视 位 置

以世界时 0^{h} 为准

2024 年

日期		2880 60 Leo $4^{m}.42$ A1		417 α UMa $1^{m}.81$ F7		418 χ Leo $4^{m}.62$ F2		419 χ^{1} Hya $4^{m}.92$ F3		1287 65 Leo $5^{m}.52$ G9	
		h m	° ′	h m	° ′	h m	° ′	h m	° ′	h m	° ′
		11 03	+20 02	11 05	+61 36	11 06	+ 7 11	11 06	−27 25	11 08	+ 1 49
	日	s	″	s	″	s	″	s	″	s	″
1月	−9	36.522	60.13	12.387	62.99	15.159	83.24	29.142	10.73	07.499	33.50
	1	36.873	58.40	12.982	62.51	15.495	81.18	29.492	13.26	07.833	31.33
	11	37.207	56.95	13.549	62.60	15.813	79.28	29.821	16.00	08.148	29.25
	21	37.509	55.83	14.063	63.28	16.101	77.58	30.114	18.86	08.434	27.33
	31	37.771	55.05	14.511	64.48	16.351	76.15	30.365	21.73	08.682	25.63
2月	10	37.990	54.62	14.882	66.16	16.559	74.99	30.572	24.58	08.889	24.17
	20	38.158	54.54	15.159	68.24	16.719	74.13	30.727	27.32	09.048	22.99
3月	1	38.276	54.76	15.343	70.60	16.833	73.55	30.834	29.88	09.162	22.07
	11	38.346	55.25	15.434	73.16	16.902	73.24	30.894	32.25	09.232	21.42
	21	38.370	55.95	15.430	75.79	16.928	73.17	30.909	34.36	09.259	21.02
	31	38.355	56.80	15.346	78.36	16.918	73.31	30.887	36.20	09.251	20.84
4月	10	38.308	57.75	15.188	80.80	16.878	73.60	30.834	37.76	09.213	20.85
	20	38.233	58.74	14.967	82.98	16.813	74.04	30.753	39.00	09.151	21.03
	30	38.141	59.70	14.703	84.82	16.731	74.55	30.654	39.93	09.072	21.33
5月	10	38.036	60.62	14.404	86.29	16.638	75.12	30.540	40.56	08.981	21.73
	20	37.925	61.45	14.086	87.30	16.538	75.72	30.417	40.85	08.884	22.22
	30	37.815	62.14	13.765	87.84	16.439	76.32	30.292	40.85	08.786	22.75
6月	9	37.707	62.69	13.447	87.91	16.340	76.90	30.165	40.53	08.689	23.32
	19	37.607	63.08	13.147	87.47	16.249	77.45	30.043	39.92	08.598	23.90
	29	37.519	63.29	12.873	86.58	16.168	77.93	29.928	39.05	08.516	24.48
7月	9	37.444	63.33	12.628	85.23	16.096	78.36	29.823	37.93	08.443	25.05
	19	37.385	63.18	12.426	83.45	16.040	78.69	29.734	36.59	08.385	25.57
	29	37.345	62.83	12.267	81.31	16.000	78.92	29.663	35.11	08.343	26.03
8月	8	37.325	62.30	12.155	78.82	15.979	79.03	29.612	33.49	08.318	26.40
	18	37.331	61.56	12.101	76.03	15.981	78.99	29.590	31.84	08.317	26.64
	28	37.361	60.63	12.102	73.02	16.008	78.78	29.596	30.20	08.340	26.74
9月	7	37.419	59.48	12.163	69.80	16.062	78.74	29.637	28.63	08.389	26.58
	17	37.512	58.10	12.292	66.46	16.143	77.82	29.717	27.24	08.467	26.40
	27	37.639	56.53	12.482	63.06	16.263	76.97	29.837	26.08	08.585	25.90
10月	7	37.805	54.76	12.744	59.64	16.420	75.89	30.001	25.21	08.739	25.12
	17	38.009	52.82	13.073	56.31	16.614	74.56	30.209	24.73	08.931	24.07
	27	38.250	50.73	13.466	53.12	16.844	73.01	30.459	24.66	09.158	22.76
11月	6	38.529	48.53	13.924	50.14	17.111	71.23	30.749	25.03	09.423	21.18
	16	38.839	46.27	14.436	47.48	17.409	69.27	31.072	25.88	09.718	19.37
	26	39.175	44.02	14.991	45.17	17.731	67.18	31.419	27.17	10.038	17.38
12月	6	39.530	41.81	15.582	43.32	18.071	65.00	31.784	28.90	10.375	15.24
	16	39.891	39.75	16.185	41.98	18.417	62.83	32.151	31.00	10.719	13.04
	26	40.250	37.88	16.787	41.17	18.760	60.70	32.512	33.41	11.060	10.83
	36	40.595	36.27	17.370	40.96	19.090	58.69	32.856	36.07	11.387	08.67
平位置 (J2024.5)		38.051	52.50	13.111	66.21	16.782	71.24	30.935	34.56	09.165	19.62
年自行		−0.0006	0.038	−0.0191	−0.035	−0.0230	−0.047	−0.0144	−0.007	−0.0255	−0.085
视 差 (角秒)		0.026		0.026		0.035		0.023		0.016	

恒 星 视 位 置

2024 年 以世界时 0^{h} 为准

日期		420 ψ UMa $3^{\rm m}.00$ K1		421 β Crt $4^{\rm m}.46$ A1		422 δ Leo $2^{\rm m}.56$ A4		423 θ Leo $3^{\rm m}.33$ A2		2897 72 Leo $4^{\rm m}.56$ M3	
		h m	° ′	h m	° ′	h m	° ′	h m	° ′	h m	° ′
		11 11	+44 21	11 12	−22 57	11 15	+20 23	11 15	+15 17	11 16	+22 57
	日	s	″	s	″	s	″	s	″	s	″
1月	−9	00.642	54.57	50.141	13.48	22.897	28.00	29.779	51.97	28.622	48.11
	1	01.075	53.48	50.488	15.96	23.252	26.21	30.126	50.06	28.983	46.38
	11	01.490	52.87	50.814	18.60	23.592	24.70	30.457	48.37	29.327	44.94
	21	01.868	52.78	51.109	21.33	23.901	23.53	30.759	46.98	29.642	43.87
	31	02.200	53.17	51.363	24.05	24.173	22.71	31.025	45.91	29.919	43.18
2月	10	02.478	54.01	51.574	26.71	24.403	22.24	31.248	45.17	30.153	42.85
	20	02.692	55.27	51.736	29.24	24.582	22.14	31.424	44.77	30.337	42.90
3月	1	02.843	56.84	51.851	31.58	24.713	22.36	31.551	44.67	30.471	43.26
	11	02.931	58.67	51.920	33.71	24.796	22.85	31.633	44.84	30.556	43.90
	21	02.956	60.65	51.946	35.59	24.832	23.57	31.669	45.27	30.593	44.78
	31	02.928	62.67	51.936	37.21	24.829	24.45	31.668	45.86	30.590	45.80
4月	10	02.853	64.67	51.894	38.56	24.792	25.44	31.634	46.60	30.553	46.92
	20	02.737	66.53	51.825	39.61	24.726	26.48	31.572	47.41	30.486	48.07
	30	02.595	68.19	51.738	40.38	24.642	27.50	31.493	48.25	30.399	49.18
5月	10	02.432	69.61	51.636	40.87	24.543	28.47	31.399	49.08	30.297	50.23
	20	02.257	70.71	51.525	41.07	24.435	29.35	31.298	49.87	30.186	51.16
	30	02.080	71.46	51.411	41.01	24.327	30.09	31.195	50.57	30.074	51.93
6月	9	01.905	71.86	51.295	40.67	24.219	30.69	31.093	51.18	29.961	52.53
	19	01.740	71.86	51.182	40.08	24.117	31.11	30.996	51.66	29.856	52.94
	29	01.590	71.50	51.077	39.27	24.025	31.35	30.908	52.01	29.760	53.13
7月	9	01.458	70.78	50.979	38.24	23.943	31.41	30.830	52.22	29.674	53.13
	19	01.349	69.69	50.896	37.04	23.878	31.27	30.767	52.27	29.605	52.90
	29	01.267	68.28	50.829	35.72	23.829	30.93	30.720	52.15	29.552	52.45
8月	8	01.212	66.55	50.780	34.30	23.799	30.38	30.691	51.87	29.519	51.79
	18	01.192	64.54	50.758	32.85	23.793	29.62	30.685	51.38	29.510	50.90
	28	01.205	62.29	50.762	31.44	23.811	28.66	30.704	50.73	29.526	49.81
9月	7	01.257	59.80	50.799	30.11	23.858	27.49	30.748	49.87	29.571	48.48
	17	01.353	57.13	50.873	28.97	23.938	26.07	30.825	48.75	29.650	46.92
	27	01.492	54.34	50.985	28.04	24.053	24.45	30.937	47.42	29.763	45.17
10月	7	01.679	51.43	51.141	27.40	24.207	22.63	31.088	45.88	29.917	43.22
	17	01.915	48.49	51.339	27.13	24.400	20.64	31.277	44.13	30.110	41.11
	27	02.196	45.58	51.577	27.23	24.632	18.50	31.504	42.21	30.343	38.86
11月	6	02.525	42.73	51.856	27.77	24.902	16.23	31.769	40.12	30.615	36.52
	16	02.894	40.06	52.168	28.74	25.206	13.92	32.067	37.93	30.921	34.14
	26	03.296	37.61	52.505	30.12	25.538	11.60	32.392	35.68	31.255	31.78
12月	6	03.724	35.46	52.861	31.89	25.890	09.33	32.737	33.43	31.611	29.50
	16	04.163	33.70	53.222	34.01	26.251	07.21	33.091	31.27	31.976	27.40
	26	04.602	32.35	53.578	36.38	26.612	05.27	33.444	29.24	32.342	25.51
	36	05.029	31.48	53.918	38.97	26.962	03.59	33.786	27.42	32.697	23.90
平位置 (J2024.5)		01.900	54.35	51.978	35.85	24.483	20.73	31.403	42.99	30.188	41.78
年自行 (J2024.5)		−0.0058	−0.028	0.0003	−0.099	0.0102	−0.130	−0.0041	−0.080	−0.0018	−0.005
视 差 (角秒)		0.022		0.012		0.057		0.018		0.000	

恒 星 视 位 置

以世界时 0^h 为准

2024 年

日 期	1292 φ Leo $4^m.45$ A7		424 Grb 1757 $5^m.88$ K0		N30 ξ UMa * $3^m.79$ G0		425 ν UMa $3^m.49$ K3		1293 55 UMa+ $4^m.76$ A2	
	h m	° ′	h m	° ′	h m	° ′	h m	° ′	h m	° ′
	11 17	−3 46	11 18	+49 20	11 19	+31 23	11 19	+32 57	11 20	+38 02
日	s	″	s	″	s	″	s	″	s	″
1月 −9	52.701	53.51	02.851	30.46	27.651	31.31	46.326	40.02	26.199	64.48
1	53.037	55.78	03.317	29.44	28.032	29.77	46.713	38.53	26.604	63.12
11	53.356	58.02	03.766	28.93	28.397	28.60	47.084	37.42	26.993	62.18
21	53.646	60.15	04.177	28.98	28.731	27.87	47.424	36.76	27.351	61.73
31	53.900	62.11	04.540	29.53	29.025	27.57	47.725	36.53	27.667	61.74
2月 10	54.114	63.88	04.846	30.56	29.275	27.68	47.980	36.73	27.935	62.20
20	54.282	65.40	05.085	32.03	29.470	28.19	48.180	37.34	28.145	63.08
3月 1	54.404	66.66	05.254	33.83	29.612	29.03	48.326	38.27	28.298	64.29
11	54.483	67.67	05.356	35.88	29.702	30.16	48.419	39.49	28.394	65.78
21	54.520	68.42	05.388	38.08	29.739	31.49	48.459	40.92	28.434	67.47
31	54.522	68.93	05.361	40.31	29.733	32.94	48.454	42.46	28.425	69.24
4月 10	54.493	69.23	05.280	42.51	29.688	34.45	48.409	44.05	28.373	71.05
20	54.439	69.33	05.154	44.55	29.610	35.93	48.330	45.60	28.284	72.78
30	54.368	69.26	04.996	46.36	29.509	37.30	48.229	47.04	28.171	74.36
5月 10	54.283	69.05	04.812	47.90	29.391	38.55	48.109	48.34	28.036	75.76
20	54.190	68.70	04.613	49.07	29.263	39.59	47.978	49.43	27.891	76.89
30	54.094	68.27	04.410	49.87	29.133	40.39	47.845	50.26	27.742	77.74
6月 9	53.998	67.73	04.206	50.28	29.003	40.96	47.712	50.84	27.592	78.29
19	53.905	67.13	04.012	50.25	28.880	41.24	47.585	51.13	27.450	78.49
29	53.820	66.48	03.833	49.82	28.767	41.24	47.469	51.12	27.319	78.36
7月 9	53.742	65.80	03.672	48.99	28.666	40.97	47.365	50.83	27.202	77.91
19	53.677	65.11	03.537	47.76	28.584	40.40	47.279	50.23	27.104	77.12
29	53.627	64.45	03.429	46.19	28.520	39.57	47.212	49.36	27.027	76.03
8月 8	53.593	63.82	03.351	44.28	28.477	38.47	47.166	48.21	26.973	74.64
18	53.581	63.30	03.312	42.05	28.461	37.11	47.148	46.80	26.949	72.96
28	53.593	62.89	03.309	39.58	28.472	35.52	47.157	45.15	26.954	71.05
9月 7	53.632	62.66	03.349	36.87	28.514	33.69	47.198	43.26	26.994	68.88
17	53.701	62.62	03.436	33.97	28.593	31.64	47.276	41.15	27.073	66.50
27	53.807	62.76	03.571	30.95	28.708	29.42	47.392	38.87	27.191	63.97
10月 7	53.953	63.21	03.758	27.84	28.866	27.02	47.550	36.42	27.354	61.28
17	54.137	63.96	03.998	24.71	29.066	24.51	47.751	33.86	27.563	58.52
27	54.358	64.99	04.289	21.63	29.307	21.92	47.994	31.23	27.816	55.73
11月 6	54.617	66.34	04.632	18.65	29.590	19.30	48.280	28.58	28.114	52.94
16	54.908	67.97	05.019	15.88	29.910	16.73	48.603	25.99	28.450	50.27
26	55.225	69.83	05.444	13.36	30.259	14.26	48.957	23.51	28.819	47.75
12月 6	55.562	71.91	05.899	11.18	30.633	11.95	49.335	21.22	29.214	45.46
16	55.906	74.11	06.367	09.43	31.017	09.91	49.725	19.20	29.622	43.50
26	56.249	76.38	06.838	08.13	31.403	08.16	50.116	17.49	30.031	41.90
36	56.579	78.67	07.298	07.34	31.778	06.79	50.497	16.16	30.431	40.73
平位置 (J2024.5)	54.468	69.14	04.037	31.71	29.050	28.44	47.797	36.97	27.603	62.88
年自行	−0.0073	−0.036	−0.0087	−0.011	−0.0336	−0.580	−0.0021	0.027	−0.0048	−0.068
视 差 (角秒)	0.017		0.008		0.127		0.008		0.018	

* 双星，表给视位置为亮星位置，平位置为质心位置。

恒 星 视 位 置

2024 年 以世界时 0^{h} 为准

日 期		426 δ Crt $3^{m}.56$ K0		427 σ Leo $4^{m}.05$ B9		429 Grb 1771 $6^{m}.02$ A3		(430) ι Leo $4^{m}.00$ F2		431 γ Crt $4^{m}.06$ A9	
		h m	° ′	h m	° ′	h m	° ′	h m	° ′	h m	° ′
		11 20	−14 54	11 22	+ 5 53	11 24	+64 11	11 25	+10 23	11 26	−17 48
	日	s	″	s	″	s	″	s	″	s	″
1月	−9	32.220	21.84	22.217	53.13	16.616	41.51	10.236	49.60	04.618	47.44
	1	32.560	24.22	22.557	51.01	17.259	40.85	10.580	47.55	04.963	49.83
	11	32.883	26.70	22.882	49.01	17.880	40.78	10.910	45.68	05.291	52.35
	21	33.177	29.18	23.179	47.23	18.453	41.34	11.213	44.05	05.590	54.91
	31	33.433	31.58	23.440	45.69	18.960	42.44	11.480	42.71	05.852	57.42
2月	10	33.649	33.88	23.662	44.42	19.390	44.06	11.708	41.67	06.073	59.84
	20	33.818	36.00	23.838	43.45	19.723	46.13	11.889	40.96	06.248	62.11
3月	1	33.941	37.89	23.968	42.77	19.959	48.51	12.023	40.55	06.377	64.17
	11	34.021	39.57	24.054	42.35	20.094	51.13	12.114	40.41	06.462	66.02
	21	34.058	40.99	24.096	42.21	20.125	53.87	12.160	40.54	06.504	67.62
	31	34.060	42.15	24.103	42.26	20.065	56.57	12.169	40.86	06.511	68.96
4月	10	34.030	43.07	24.078	42.50	19.922	59.17	12.146	41.35	06.486	70.05
	20	33.975	43.72	24.027	42.89	19.705	61.54	12.095	41.96	06.433	70.87
	30	33.902	44.15	23.958	43.37	19.434	63.58	12.027	42.63	06.362	71.45
5月	10	33.813	44.36	23.874	43.93	19.118	65.26	11.943	43.34	06.275	71.79
	20	33.716	44.33	23.782	44.53	18.773	66.47	11.849	44.05	06.177	71.88
	30	33.615	44.11	23.688	45.13	18.416	67.21	11.754	44.72	06.075	71.75
6月	9	33.511	43.70	23.592	45.73	18.055	67.47	11.656	45.35	05.969	71.40
	19	33.410	43.10	23.500	46.30	17.705	67.20	11.562	45.90	05.865	70.85
	29	33.315	42.36	23.415	46.82	17.378	66.45	11.476	46.35	05.766	70.13
7月	9	33.227	41.48	23.337	47.29	17.076	65.21	11.397	46.71	05.672	69.23
	19	33.152	40.49	23.272	47.67	16.815	63.52	11.330	46.94	05.591	68.20
	29	33.090	39.44	23.222	47.95	16.598	61.43	11.278	47.04	05.523	67.09
8月	8	33.046	38.34	23.187	48.12	16.428	58.95	11.242	46.99	05.471	65.91
	18	33.025	37.27	23.175	48.14	16.318	56.15	11.228	46.77	05.443	64.73
	28	33.028	36.27	23.186	48.00	16.266	53.10	11.238	46.38	05.439	63.61
9月	7	33.060	35.38	23.228	47.69	16.279	49.80	11.275	45.83	05.466	62.57
	17	33.128	34.68	23.287	47.19	16.364	46.36	11.338	45.01	05.527	61.72
	27	33.230	34.19	23.391	46.40	16.519	42.84	11.440	43.94	05.624	61.07
10月	7	33.374	33.98	23.533	45.38	16.751	39.28	11.579	42.66	05.764	60.69
	17	33.560	34.11	23.713	44.11	17.060	35.78	11.758	41.14	05.947	60.66
	27	33.784	34.58	23.930	42.60	17.441	32.41	11.975	39.42	06.169	60.97
11月	6	34.048	35.43	24.185	40.86	17.897	29.23	12.230	37.49	06.433	61.68
	16	34.345	36.66	24.474	38.92	18.416	26.36	12.520	35.41	06.730	62.79
	26	34.669	38.22	24.789	36.83	18.989	23.85	12.836	33.22	07.055	64.24
12月	6	35.012	40.10	25.126	34.64	19.606	21.79	13.175	30.98	07.401	66.06
	16	35.362	42.24	25.471	32.42	20.246	20.26	13.524	28.76	07.755	68.15
	26	35.710	44.56	25.817	30.24	20.892	19.26	13.873	26.63	08.107	70.47
	36	36.046	47.02	26.152	28.16	21.526	18.88	14.213	24.64	08.448	72.95
平位置	(J2024.5)	34.068	41.20	23.947	41.08	17.316	45.92	11.955	39.20	06.525	67.78
年自行		−0.0086	0.207	−0.0062	−0.013	−0.0005	0.035	0.0095	−0.078	−0.0068	0.003
视 差 (角秒)		0.017		0.015		0.012		0.041		0.039	

恒 星 视 位 置

以世界时 0^{h} 为准

2024 年

日期		GC		1297		432		433		434	
		Pi 59		τ Leo		58 UMa		λ Dra		ξ Hya	
		$5^{m}.73$	K0	$4^{m}.95$	G8	$5^{m}.94$	F4	$3^{m}.82$	M0	$3^{m}.54$	G8
		h m	° ′	h m	° ′	h m	° ′	h m	° ′	h m	° ′
		11 27	+55 42	11 29	+ 2 42	11 31	+43 01	11 32	+69 11	11 34	−31 59
	日	s	″	s	″	s	″	s	″	s	″
1月	−9	18.165	54.03	10.029	88.94	48.829	78.37	49.441	38.64	10.635	11.39
	1	18.688	53.09	10.369	86.75	49.258	77.02	50.202	38.00	11.007	13.76
	11	19.194	52.70	10.694	84.66	49.673	76.15	50.942	37.98	11.361	16.40
	21	19.662	52.90	10.994	82.75	50.059	75.81	51.630	38.60	11.684	19.23
	31	20.077	53.64	11.258	81.05	50.402	75.97	52.243	39.79	11.968	22.14
2月	10	20.432	54.89	11.485	79.60	50.697	76.60	52.767	41.50	12.208	25.08
	20	20.710	56.60	11.665	78.44	50.932	77.68	53.178	43.69	12.399	27.97
3月	1	20.911	58.64	11.801	77.55	51.107	79.12	53.471	46.19	12.540	30.74
	11	21.035	60.95	11.894	76.93	51.222	80.85	53.644	48.95	12.635	33.35
	21	21.078	63.41	11.943	76.59	51.274	82.79	53.690	51.82	12.682	35.74
	31	21.051	65.88	11.957	76.46	51.274	84.81	53.624	54.65	12.690	37.88
4月	10	20.961	68.31	11.940	76.52	51.226	86.85	53.452	57.38	12.663	39.76
	20	20.814	70.56	11.895	76.76	51.136	88.81	53.186	59.86	12.605	41.33
	30	20.628	72.54	11.832	77.11	51.016	90.59	52.848	62.00	12.524	42.60
5月	10	20.407	74.22	11.754	77.56	50.872	92.16	52.450	63.77	12.423	43.56
	20	20.166	75.50	11.666	78.08	50.712	93.44	52.010	65.05	12.308	44.17
	30	19.916	76.35	11.575	78.64	50.545	94.39	51.552	65.83	12.184	44.46
6月	9	19.662	76.78	11.480	79.23	50.376	95.00	51.082	66.10	12.053	44.42
	19	19.416	76.72	11.389	79.81	50.211	95.22	50.622	65.82	11.921	44.05
	29	19.186	76.22	11.303	80.37	50.057	95.07	50.186	65.04	11.792	43.39
7月	9	18.975	75.28	11.223	80.91	49.915	94.55	49.778	63.76	11.667	42.43
	19	18.792	73.90	11.155	81.39	49.793	93.65	49.418	61.98	11.553	41.21
	29	18.640	72.14	11.099	81.80	49.692	92.43	49.111	59.80	11.454	39.80
8月	8	18.524	70.01	11.059	82.11	49.615	90.86	48.861	57.21	11.373	38.19
	18	18.450	67.55	11.041	82.29	49.569	88.98	48.684	54.28	11.318	36.49
	28	18.420	64.83	11.044	82.33	49.554	86.84	48.579	51.10	11.291	34.75
9月	7	18.438	61.85	11.077	82.17	49.576	84.44	48.553	47.66	11.299	33.02
	17	18.512	58.70	11.125	81.88	49.640	81.82	48.616	44.08	11.348	31.42
	27	18.640	55.43	11.228	81.28	49.746	79.04	48.764	40.42	11.439	30.00
10月	7	18.828	52.07	11.363	80.45	49.900	76.11	49.007	36.72	11.578	28.84
	17	19.078	48.73	11.536	79.34	50.104	73.13	49.344	33.10	11.766	28.03
	27	19.386	45.45	11.747	77.99	50.355	70.13	49.768	29.61	12.000	27.60
11月	6	19.754	42.31	11.998	76.38	50.655	67.16	50.285	26.34	12.280	27.61
	16	20.175	39.42	12.282	74.54	50.999	64.34	50.880	23.40	12.599	28.11
	26	20.639	36.83	12.594	72.52	51.379	61.70	51.542	20.83	12.948	29.06
12月	6	21.140	34.61	12.929	70.36	51.790	59.34	52.261	18.74	13.321	30.49
	16	21.660	32.87	13.273	68.14	52.217	57.34	53.011	17.20	13.702	32.35
	26	22.186	31.62	13.618	65.92	52.649	55.74	53.773	16.21	14.083	34.55
	36	22.703	30.93	13.954	63.75	53.074	54.61	54.526	15.86	14.450	37.08
平位置 (J2024.5)		19.222	57.04	11.825	75.93	50.202	78.60	49.858	44.06	12.709	36.21
年自行		−0.0085	0.048	0.0011	−0.010	−0.0045	0.083	−0.0078	−0.019	−0.0164	−0.042
视差（角秒）		0.009		0.005		0.018		0.010		0.025	

恒 星 视 位 置

2024 年 以世界时 0^{h} 为准

日 期		1299 θ Crt		437 υ Leo		GC 59 UMa		439 ο Hya		1300 61 UMa	
		$4^{m}.70$	B9	$4^{m}.30$	G9	$5^{m}.56$	F2	$4^{m}.70$	B9	$5^{m}.31$	G8
		h m	° ′	h m	° ′	h m	° ′	h m	° ′	h m	° ′
		11 37	−9 55	11 38	−0 57	11 39	+43 28	11 41	−34 52	11 42	+34 03
	日	s	″	s	″	s	″	s	″	s	″
1月	−9	53.650	59.29	10.347	19.03	37.033	81.20	23.959	24.60	18.544	49.31
	1	53.992	61.61	10.688	21.26	37.464	79.78	24.342	26.90	18.936	47.64
	11	54.321	63.96	11.015	23.45	37.884	78.85	24.708	29.50	19.317	46.38
	21	54.624	66.29	11.318	25.50	38.276	78.44	25.043	32.33	19.673	45.59
	31	54.893	68.50	11.588	27.36	38.627	78.55	25.339	35.27	19.992	45.25
2月	10	55.124	70.57	11.820	29.00	38.931	79.14	25.592	38.27	20.268	45.36
	20	55.310	72.43	12.008	30.38	39.176	80.20	25.795	41.26	20.493	45.92
3月	1	55.452	74.06	12.151	31.49	39.361	81.63	25.948	44.14	20.664	46.84
	11	55.551	75.45	12.252	32.34	39.486	83.36	26.053	46.88	20.783	48.08
	21	55.608	76.59	12.310	32.92	39.548	85.32	26.110	49.43	20.847	49.57
	31	55.629	77.48	12.333	33.27	39.557	87.37	26.126	51.73	20.865	51.19
4月	10	55.619	78.14	12.324	33.41	39.517	89.45	26.105	53.78	20.842	52.89
	20	55.582	78.57	12.287	33.36	39.434	91.46	26.052	55.52	20.781	54.58
	30	55.525	78.80	12.232	33.17	39.319	93.31	25.974	56.96	20.694	56.17
5月	10	55.451	78.85	12.160	32.85	39.178	94.95	25.874	58.07	20.585	57.62
	20	55.366	78.71	12.077	32.42	39.020	96.29	25.757	58.83	20.460	58.86
	30	55.275	78.43	11.989	31.93	38.853	97.30	25.630	59.26	20.329	59.85
6月	9	55.179	78.00	11.896	31.38	38.681	97.98	25.494	59.34	20.194	60.58
	19	55.084	77.45	11.804	30.79	38.513	98.26	25.355	59.07	20.060	60.99
	29	54.992	76.80	11.717	30.20	38.354	98.17	25.217	58.48	19.934	61.10
7月	9	54.904	76.05	11.633	29.59	38.205	97.70	25.082	57.57	19.816	60.89
	19	54.826	75.25	11.560	29.02	38.074	96.84	24.958	56.38	19.712	60.35
	29	54.759	74.42	11.498	28.49	37.964	95.63	24.847	54.96	19.624	59.52
8月	8	54.706	73.58	11.451	28.02	37.877	94.09	24.753	53.32	19.556	58.39
	18	54.675	72.80	11.423	27.66	37.820	92.21	24.686	51.56	19.512	56.96
	28	54.665	72.09	11.418	27.43	37.793	90.07	24.648	49.74	19.495	55.27
9月	7	54.683	71.51	11.439	27.37	37.803	87.65	24.646	47.90	19.509	53.32
	17	54.734	71.13	11.488	27.63	37.855	85.01	24.686	46.17	19.559	51.13
	27	54.818	70.93	11.573	27.83	37.950	82.20	24.769	44.59	19.647	48.75
10月	7	54.944	70.99	11.699	28.44	38.093	79.23	24.902	43.26	19.779	46.18
	17	55.111	71.37	11.865	29.34	38.286	76.19	25.087	42.28	19.956	43.49
	27	55.319	72.07	12.069	30.50	38.527	73.13	25.320	41.66	20.176	40.72
11月	6	55.567	73.10	12.313	31.95	38.820	70.10	25.601	41.50	20.443	37.91
	16	55.850	74.47	12.593	33.66	39.158	67.21	25.924	41.83	20.751	35.15
	26	56.163	76.12	12.901	35.57	39.533	64.50	26.279	42.62	21.093	32.50
12月	6	56.498	78.05	13.233	37.68	39.941	62.07	26.659	43.91	21.465	30.02
	16	56.844	80.19	13.576	39.88	40.367	60.00	27.050	45.65	21.853	27.83
	26	57.192	82.46	13.921	42.13	40.801	58.32	27.441	47.77	22.247	25.95
	36	57.531	84.82	14.258	44.37	41.229	57.12	27.821	50.24	22.636	24.46
平位置 (J2024.5)		55.591	76.60	12.223	33.07	38.428	81.76	26.138	50.10	20.096	47.15
年自行		−0.0040	0.003	0.0001	0.043	−0.0134	−0.035	−0.0036	−0.002	−0.0011	−0.381
视 差 (角秒)		0.011		0.018		0.022		0.007		0.105	

恒 星 视 位 置

以世界时 0^h 为准

2024 年

日期		440		1301		1302		441		1304	
		3 Dra		ζ Crt		ν Vir		χ UMa		93 Leo	
		5ᵐ.32	K3	4ᵐ.71	G8	4ᵐ.04	M0	3ᵐ.69	K0	4ᵐ.50	A
		h m	° ′	h m	° ′	h m	° ′	h m	° ′	h m	° ′
		11 43	+66 36	11 45	−18 28	11 47	+ 6 23	11 47	+47 38	11 49	+20 04
	日	s	″	s	″	s	″	s	″	s	″
1月	−9	48.426	27.46	58.400	53.02	05.216	42.46	18.752	34.48	13.070	63.93
	1	49.119	26.60	58.751	55.34	05.560	40.29	19.209	33.09	13.430	61.94
	11	49.797	26.35	59.090	57.80	05.894	38.24	19.655	32.20	13.779	60.23
	21	50.433	26.74	59.403	60.32	06.205	36.41	20.073	31.88	14.106	58.86
	31	51.006	27.72	59.681	62.81	06.484	34.83	20.451	32.09	14.400	57.86
2月	10	51.502	29.24	59.922	65.23	06.726	33.52	20.780	32.82	14.657	57.24
	20	51.899	31.26	60.118	67.51	06.925	32.53	21.048	34.03	14.867	57.00
3月	1	52.193	33.63	60.269	69.60	07.079	31.83	21.252	35.63	15.032	57.12
	11	52.380	36.28	60.377	71.50	07.191	31.42	21.393	37.54	15.150	57.54
	21	52.453	39.08	60.442	73.15	07.259	31.29	21.466	39.68	15.222	58.25
	31	52.426	41.90	60.471	74.55	07.291	31.38	21.481	41.92	15.253	59.15
4月	10	52.303	44.64	60.467	75.72	07.289	31.66	21.443	44.18	15.249	60.19
	20	52.093	47.18	60.433	76.62	07.259	32.10	21.356	46.36	15.212	61.32
	30	51.817	49.41	60.379	77.28	07.209	32.63	21.233	48.35	15.153	62.45
5月	10	51.485	51.29	60.307	77.71	07.141	33.24	21.080	50.12	15.075	63.56
	20	51.112	52.72	60.221	77.89	07.060	33.89	20.905	51.57	14.982	64.59
	30	50.717	53.67	60.127	77.86	06.973	34.53	20.720	52.66	14.883	65.49
6月	9	50.309	54.13	60.026	77.61	06.881	35.17	20.527	53.38	14.778	66.25
	19	49.905	54.04	59.922	77.15	06.788	35.77	20.335	53.68	14.674	66.83
	29	49.517	53.46	59.821	76.53	06.699	36.30	20.152	53.57	14.573	67.23
7月	9	49.150	52.37	59.722	75.72	06.613	36.77	19.978	53.05	14.477	67.43
	19	48.822	50.79	59.631	74.78	06.536	37.13	19.824	52.11	14.391	67.40
	29	48.535	48.79	59.551	73.73	06.470	37.40	19.690	50.80	14.317	67.16
8月	8	48.297	46.38	59.484	72.61	06.418	37.54	19.580	49.13	14.257	66.70
	18	48.120	43.60	59.439	71.47	06.384	37.52	19.503	47.10	14.218	66.01
	28	48.004	40.54	59.417	70.36	06.372	37.34	19.458	44.79	14.201	65.10
9月	7	47.958	37.21	59.423	69.33	06.386	36.98	19.451	42.20	14.210	63.95
	17	47.990	33.70	59.464	68.46	06.430	36.48	19.490	39.37	14.252	62.56
	27	48.098	30.08	59.541	67.77	06.503	35.61	19.574	36.38	14.327	60.94
10月	7	48.291	26.40	59.661	67.33	06.619	34.54	19.711	33.24	14.442	59.09
	17	48.571	22.75	59.825	67.21	06.776	33.22	19.901	30.03	14.600	57.05
	27	48.932	19.22	60.031	67.43	06.972	31.67	20.143	26.82	14.798	54.84
11月	6	49.378	15.85	60.281	68.03	07.209	29.89	20.441	23.66	15.039	52.48
	16	49.900	12.79	60.568	69.01	07.483	27.91	20.787	20.65	15.318	50.05
	26	50.485	10.07	60.886	70.36	07.787	25.78	21.175	17.86	15.630	47.60
12月	6	51.128	07.80	61.229	72.06	08.116	23.55	21.600	15.37	15.969	45.17
	16	51.803	06.06	61.584	74.06	08.459	21.29	22.046	13.27	16.324	42.88
	26	52.493	04.86	61.941	76.29	08.807	19.06	22.502	11.60	16.685	40.75
	36	53.181	04.28	62.289	78.70	09.149	16.93	22.956	10.44	17.042	38.88
平位置 (J2024.5)		49.094	32.97	60.471	73.11	07.084	31.22	20.103	36.40	14.818	57.67
年自行		−0.0074	0.039	0.0021	−0.028	−0.0013	−0.180	−0.0137	0.028	−0.0103	−0.004
视 差 （角秒）		0.005		0.009		0.010		0.017		0.014	

恒星视位置

2024年　　　　以世界时 0^h 为准

日期		1305 298 G. Hya $5^{m}.10$ M4		444 β Leo $2^{m}.14$ A3		445 β Vir $3^{m}.59$ F8		1306 12 G. Vir $5^{m}.62$ K0		447 γ UMa $2^{m}.41$ A0	
		h m 11 49	° ′ −26 52	h m 11 50	° ′ +14 25	h m 11 51	° ′ + 1 37	h m 11 52	° ′ − 5 27	h m 11 55	° ′ +53 33
	日	s	″	s	″	s	″	s	″	s	″
1月	−9	57.411	47.11	16.665	74.35	56.345	48.51	15.459	55.37	05.292	27.03
	1	57.777	49.40	17.016	72.28	56.689	46.29	15.803	57.64	05.794	25.69
	11	58.129	51.91	17.357	70.42	57.023	44.14	16.135	59.91	06.287	24.90
	21	58.455	54.57	17.675	68.85	57.335	42.14	16.445	62.10	06.753	24.71
	31	58.745	57.29	17.961	67.60	57.615	40.36	16.724	64.14	07.176	25.08
2月	10	58.996	60.01	18.211	66.69	57.860	38.82	16.966	66.01	07.548	26.00
	20	59.201	62.65	18.416	66.15	58.061	37.56	17.166	67.64	07.853	27.43
3月	1	59.359	65.16	18.576	65.93	58.220	36.59	17.323	69.02	08.088	29.25
	11	59.473	67.51	18.691	66.02	58.336	35.88	17.438	70.15	08.251	31.40
	21	59.542	69.63	18.762	66.39	58.409	35.46	17.510	71.02	08.339	33.78
	31	59.573	71.52	18.794	66.96	58.446	35.26	17.547	71.64	08.359	36.24
4月	10	59.569	73.16	18.792	67.70	58.451	35.27	17.552	72.05	08.317	38.73
	20	59.534	74.52	18.759	68.56	58.427	35.46	17.528	72.24	08.218	41.10
	30	59.476	75.61	18.705	69.46	58.382	35.78	17.484	72.27	08.076	43.27
5月	10	59.398	76.42	18.632	70.38	58.320	36.21	17.422	72.14	07.897	45.18
	20	59.304	76.93	18.545	71.27	58.245	36.71	17.346	71.86	07.689	46.73
	30	59.200	77.17	18.452	72.07	58.163	37.26	17.263	71.49	07.468	47.89
6月	9	59.087	77.12	18.354	72.80	58.074	37.84	17.173	71.01	07.234	48.64
	19	58.970	76.79	18.255	73.40	57.984	38.43	17.081	70.46	07.001	48.92
	29	58.854	76.21	18.160	73.85	57.897	38.99	16.991	69.86	06.775	48.76
7月	9	58.738	75.38	18.068	74.17	57.812	39.54	16.902	69.20	06.559	48.15
	19	58.631	74.34	17.986	74.31	57.735	40.03	16.821	68.54	06.364	47.09
	29	58.535	73.12	17.916	74.28	57.667	40.44	16.750	67.88	06.191	45.62
8月	8	58.453	71.75	17.858	74.07	57.613	40.78	16.690	67.25	06.046	43.76
	18	58.394	70.31	17.821	73.64	57.577	40.98	16.650	66.70	05.937	41.52
	28	58.359	68.83	17.805	73.03	57.561	41.05	16.630	66.25	05.865	38.99
9月	7	58.355	67.38	17.814	72.21	57.572	40.95	16.636	65.94	05.836	36.16
	17	58.390	66.06	17.854	71.15	57.623	40.62	16.674	65.85	05.859	33.10
	27	58.463	64.90	17.928	69.84	57.682	40.15	16.741	65.91	05.932	29.87
10月	7	58.582	63.98	18.041	68.30	57.797	39.35	16.853	66.22	06.064	26.50
	17	58.748	63.39	18.195	66.54	57.952	38.30	17.007	66.84	06.257	23.09
	27	58.960	63.14	18.390	64.59	58.145	36.99	17.200	67.76	06.508	19.70
11月	6	59.218	63.31	18.626	62.46	58.381	35.42	17.435	68.98	06.821	16.38
	16	59.516	63.92	18.900	60.20	58.653	33.61	17.707	70.49	07.190	13.25
	26	59.847	64.94	19.206	57.86	58.956	31.62	18.010	72.25	07.607	10.37
12月	6	60.203	66.40	19.538	55.50	59.285	29.46	18.339	74.25	08.066	07.83
	16	60.573	68.23	19.885	53.20	59.627	27.22	18.682	76.41	08.552	05.73
	26	60.944	70.37	20.238	51.03	59.975	24.97	19.029	78.66	09.052	04.10
	36	61.308	72.79	20.587	49.04	60.317	22.75	19.370	80.95	09.552	03.02
平位置 (J2024.5)		59.591	69.89	18.456	66.15	58.304	35.69	17.460	70.65	06.553	30.57
年自行		−0.0026	−0.010	−0.0343	−0.114	0.0494	−0.272	0.0001	0.000	0.0121	0.011
视差（角秒）		0.007		0.090		0.092		0.013		0.039	

恒 星 视 位 置

以世界时 0^{h} 为准

2024 年

日期		1308 95 Leo $5^{m}.53$ A3		1309 η Crt $5^{m}.17$ A0		1311 π Vir $4^{m}.65$ A5		2965 67 UMa $5^{m}.22$ A7		450 o Vir $4^{m}.12$ G8	
		h m	° ′	h m	° ′	h m	° ′	h m	° ′	h m	° ′
		11 56	+15 30	11 57	−17 16	12 02	+ 6 28	12 03	+42 54	12 06	+ 8 35
	日	s	″	s	″	s	″	s	″	s	″
1月	−9	54.199	45.27	13.918	54.80	05.751	50.48	19.526	33.67	25.439	58.99
	1	54.552	43.19	14.271	57.08	06.097	48.29	19.954	32.01	25.786	56.81
	11	54.897	41.32	14.612	59.48	06.435	46.22	20.375	30.81	26.126	54.77
	21	55.221	39.76	14.930	61.94	06.752	44.35	20.775	30.16	26.447	52.96
	31	55.514	38.53	15.216	64.37	07.040	42.75	21.139	30.03	26.738	51.42
2月	10	55.771	37.64	15.466	66.72	07.294	41.41	21.462	30.42	26.996	50.18
	20	55.985	37.13	15.672	68.93	07.506	40.40	21.730	31.31	27.212	49.28
3月	1	56.154	36.96	15.835	70.95	07.675	39.70	21.941	32.60	27.385	48.69
	11	56.278	37.10	15.955	72.78	07.802	39.28	22.095	34.25	27.516	48.40
	21	56.358	37.53	16.033	74.36	07.885	39.16	22.188	36.17	27.604	48.41
	31	56.398	38.17	16.074	75.70	07.932	39.26	22.226	38.23	27.655	48.64
4月	10	56.404	38.98	16.082	76.81	07.945	39.56	22.216	40.37	27.671	49.07
	20	56.378	39.90	16.061	77.66	07.929	40.02	22.159	42.49	27.657	49.66
	30	56.330	40.87	16.017	78.28	07.890	40.59	22.069	44.47	27.621	50.34
5月	10	56.262	41.85	15.954	78.68	07.832	41.23	21.948	46.28	27.564	51.08
	20	56.179	42.79	15.876	78.85	07.760	41.92	21.805	47.82	27.493	51.84
	30	56.089	43.65	15.789	78.82	07.679	42.59	21.649	49.05	27.412	52.59
6月	9	55.992	44.42	15.692	78.59	07.590	43.26	21.483	49.96	27.323	53.30
	19	55.893	45.04	15.592	78.17	07.499	43.89	21.314	50.47	27.230	53.94
	29	55.797	45.52	15.492	77.58	07.408	44.44	21.149	50.60	27.138	54.49
7月	9	55.703	45.84	15.392	76.84	07.318	44.93	20.989	50.35	27.046	54.96
	19	55.618	45.97	15.299	75.96	07.235	45.31	20.843	49.69	26.960	55.29
	29	55.543	45.92	15.214	75.00	07.161	45.58	20.712	48.68	26.882	55.50
8月	8	55.481	45.69	15.142	73.96	07.097	45.72	20.600	47.29	26.815	55.56
	18	55.437	45.23	15.089	72.91	07.052	45.70	20.514	45.56	26.766	55.45
	28	55.415	44.57	15.057	71.89	07.026	45.53	20.457	43.53	26.735	55.16
9月	7	55.417	43.69	15.053	70.94	07.025	45.16	20.433	41.19	26.730	54.68
	17	55.451	42.58	15.084	70.14	07.055	44.61	20.449	38.60	26.755	53.99
	27	55.517	41.23	15.149	69.53	07.112	43.80	20.507	35.81	26.808	53.06
10月	7	55.623	39.63	15.256	69.15	07.212	42.71	20.614	32.82	26.904	51.85
	17	55.771	37.81	15.409	69.07	07.355	41.39	20.772	29.74	27.041	50.41
	27	55.960	35.81	15.604	69.32	07.537	39.84	20.980	26.59	27.219	48.75
11月	6	56.191	33.62	15.844	69.94	07.762	38.05	21.241	23.44	27.440	46.86
	16	56.462	31.31	16.123	70.93	08.025	36.07	21.550	20.40	27.700	44.80
	26	56.765	28.94	16.433	72.27	08.321	33.93	21.902	17.51	27.993	42.59
12月	6	57.096	26.54	16.771	73.95	08.645	31.68	22.291	14.86	28.316	40.30
	16	57.443	24.22	17.123	75.92	08.985	29.40	22.704	12.56	28.655	38.00
	26	57.798	22.02	17.479	78.10	09.332	27.15	23.130	10.64	29.003	35.74
	36	58.150	20.02	17.830	80.47	09.677	24.99	23.556	09.19	29.349	33.61
平位置 (J2024.5)		56.037	37.70	16.061	74.12	07.703	39.86	21.033	34.97	27.387	49.33
年自行 (J2024.5)		0.0007	0.003	−0.0034	−0.008	0.0000	−0.030	−0.0297	0.072	−0.0149	0.057
视差(角秒)		0.006		0.011		0.009		0.029		0.019	

恒　星　视　位　置

2024 年　　　　以世界时 0^h 为准

日　期	451 Grb 1852 $5^{m}.78$ G9		453 ε Crv $3^{m}.02$ K2		454 Br 1634 $5^{m}.14$ A5		456 δ UMa $3^{m}.32$ A3		457 γ Crv $2^{m}.58$ B8	
	h m	° ′	h m	° ′	h m	° ′	h m	° ′	h m	° ′
	12 06	+76 45	12 11	−22 45	12 13	+77 28	12 16	+56 53	12 17	−17 40
日	s	″	s	″	s	″	s	″	s	″
1月 −9	28.097	60.17	21.023	00.68	19.355	41.02	36.410	42.85	01.889	21.43
1	29.200	59.25	21.386	02.87	20.506	40.03	36.941	41.33	02.244	23.62
11	30.301	58.97	21.739	05.24	21.661	39.68	37.470	40.38	02.592	25.95
21	31.353	59.38	22.071	07.74	22.771	40.02	37.978	40.05	02.921	28.35
31	32.319	60.39	22.373	10.27	23.795	40.97	38.447	40.32	03.220	30.74
2月 10	33.175	61.99	22.639	12.78	24.710	42.52	38.866	41.16	03.486	33.06
20	33.881	64.12	22.862	15.20	25.470	44.61	39.220	42.56	03.711	35.25
3月 1	34.421	66.63	23.042	17.47	26.059	47.09	39.502	44.39	03.894	37.27
11	34.786	69.45	23.180	19.58	26.466	49.90	39.709	46.59	04.036	39.10
21	34.957	72.45	23.274	21.47	26.670	52.90	39.835	49.07	04.135	40.69
31	34.951	75.46	23.330	23.14	26.686	55.93	39.888	51.66	04.198	42.06
4月 10	34.771	78.42	23.353	24.57	26.518	58.92	39.871	54.31	04.228	43.20
20	34.427	81.17	23.343	25.75	26.174	61.72	39.788	56.87	04.226	44.09
30	33.952	83.62	23.310	26.68	25.687	64.22	39.653	59.25	04.200	44.76
5月 10	33.359	85.70	23.255	27.37	25.071	66.36	39.472	61.38	04.153	45.22
20	32.673	87.30	23.181	27.80	24.354	68.03	39.254	63.16	04.088	45.45
30	31.931	88.40	23.096	28.00	23.570	69.21	39.014	64.54	04.011	45.50
6月 9	31.144	88.97	22.998	27.96	22.735	69.86	38.755	65.51	03.922	45.34
19	30.346	88.96	22.894	27.68	21.882	69.93	38.489	65.98	03.825	45.00
29	29.562	88.42	22.786	27.20	21.039	69.46	38.224	65.99	03.725	44.50
7月 9	28.800	87.34	22.676	26.51	20.216	68.45	37.965	65.53	03.622	43.83
19	28.094	85.72	22.570	25.63	19.446	66.89	37.722	64.57	03.522	43.04
29	27.455	83.64	22.471	24.62	18.743	64.87	37.500	63.19	03.428	42.15
8月 8	26.893	81.12	22.383	23.48	18.119	62.40	37.303	61.37	03.343	41.18
18	26.435	78.20	22.313	22.27	17.600	59.52	37.142	59.15	03.274	40.18
28	26.080	74.98	22.264	21.05	17.190	56.32	37.019	56.60	03.226	39.20
9月 7	25.843	71.46	22.243	19.86	16.902	52.83	36.941	53.72	03.203	38.27
17	25.742	67.76	22.257	18.78	16.756	49.13	36.916	50.57	03.213	37.47
27	25.770	63.93	22.308	17.85	16.746	45.31	36.946	47.24	03.259	36.84
10月 7	25.945	60.04	22.402	17.14	16.890	41.40	37.039	43.74	03.345	36.42
17	26.269	56.19	22.543	16.73	17.193	37.53	37.199	40.17	03.478	36.29
27	26.733	52.45	22.730	16.63	17.645	33.76	37.424	36.61	03.656	36.46
11月 6	27.347	48.90	22.965	16.91	18.255	30.17	37.718	33.10	03.879	36.99
16	28.094	45.68	23.242	17.59	19.010	26.89	38.076	29.78	04.145	37.88
26	28.959	42.81	23.554	18.64	19.892	23.96	38.491	26.70	04.446	39.11
12月 6	29.931	40.41	23.895	20.08	20.891	21.49	38.957	23.95	04.777	40.69
16	30.974	38.57	24.254	21.87	21.970	19.58	39.459	21.66	05.126	42.56
26	32.062	37.30	24.619	23.92	23.102	18.24	39.983	19.83	05.483	44.65
36	33.166	36.68	24.981	26.22	24.257	17.56	40.514	18.58	05.839	46.93
平位置 (J2024.5)	27.927	67.56	23.335	21.34	19.107	48.76	37.690	47.83	04.180	40.12
年自行 (J2024.5)	0.0427	−0.092	−0.0052	0.011	0.0032	0.021	0.0126	0.008	−0.0112	0.022
视　差 （角秒）	0.010		0.011		0.030		0.040		0.020	

恒　星　视　位　置

以世界时 0^{h} 为准

2024 年

日期		458 2 CVn $5^{\mathrm{m}}.69$ M1		2983 Pi 29 $4^{\mathrm{m}}.99$ K1		1316 3 CVn $5^{\mathrm{m}}.28$ M0		460 η Vir $3^{\mathrm{m}}.89$ A2		1317 16 Vir $4^{\mathrm{m}}.97$ K1	
		h m 12 17	° ′ +40 31	h m 12 17	° ′ +32 55	h m 12 20	° ′ +48 50	h m 12 21	° ′ − 0 47	h m 12 21	° ′ + 3 10
	日	s	″	s	″	s	″	s	″	s	″
1月	−9	19.246	25.13	42.042	30.30	59.175	50.70	07.494	57.42	33.582	45.91
	1	19.661	23.28	42.430	28.32	59.634	48.96	07.839	59.66	33.927	43.68
	11	20.074	21.88	42.814	26.73	60.093	47.73	08.179	61.86	34.267	41.52
	21	20.469	21.01	43.181	25.61	60.534	47.09	08.501	63.94	34.590	39.54
	31	20.832	20.65	43.518	24.96	60.942	47.02	08.797	65.83	34.887	37.77
2月	10	21.158	20.81	43.821	24.78	61.308	47.50	09.062	67.51	35.152	36.26
	20	21.434	21.49	44.077	25.09	61.619	48.53	09.287	68.91	35.378	35.05
3月	1	21.656	22.60	44.285	25.81	61.870	50.00	09.471	70.04	35.563	34.13
	11	21.824	24.08	44.443	26.90	62.059	51.85	09.616	70.91	35.708	33.50
	21	21.935	25.86	44.549	28.30	62.182	54.01	09.718	71.49	35.811	33.17
	31	21.993	27.83	44.609	29.90	62.243	56.32	09.785	71.82	35.877	33.07
4月	10	22.004	29.91	44.626	31.64	62.248	58.73	09.818	71.95	35.910	33.19
	20	21.969	31.99	44.604	33.43	62.200	61.11	09.821	71.87	35.912	33.49
	30	21.900	33.99	44.551	35.17	62.109	63.35	09.800	71.65	35.890	33.92
5月	10	21.800	35.84	44.471	36.82	61.980	65.41	09.759	71.30	35.848	34.45
	20	21.677	37.46	44.371	38.30	61.822	67.17	09.701	70.84	35.788	35.06
	30	21.538	38.80	44.257	39.55	61.645	68.59	09.631	70.34	35.717	35.68
6月	9	21.386	39.83	44.131	40.56	61.452	69.65	09.550	69.78	35.635	36.32
	19	21.229	40.49	44.001	41.27	61.251	70.27	09.463	69.20	35.547	36.95
	29	21.073	40.79	43.870	41.66	61.051	70.48	09.374	68.62	35.456	37.53
7月	9	20.918	40.72	43.740	41.75	60.852	70.26	09.281	68.04	35.363	38.07
	19	20.772	40.24	43.617	41.49	60.665	69.58	09.192	67.51	35.273	38.54
	29	20.639	39.41	43.505	40.91	60.493	68.50	09.108	67.02	35.189	38.91
8月	8	20.520	38.21	43.405	40.02	60.339	67.02	09.032	66.61	35.113	39.18
	18	20.425	36.66	43.326	38.79	60.213	65.14	08.971	66.30	35.052	39.32
	28	20.356	34.79	43.268	37.29	60.116	62.93	08.928	66.11	35.008	39.31
9月	7	20.316	32.61	43.238	35.48	60.054	60.39	08.908	66.08	34.988	39.12
	17	20.316	30.16	43.243	33.40	60.038	57.57	08.920	66.25	34.999	38.73
	27	20.354	27.48	43.284	31.09	60.066	54.54	08.974	66.38	35.039	38.21
10月	7	20.440	24.59	43.368	28.55	60.147	51.31	09.038	67.19	35.115	37.29
	17	20.576	21.56	43.498	25.84	60.285	47.97	09.163	68.09	35.238	36.15
	27	20.761	18.45	43.675	23.01	60.478	44.59	09.328	69.23	35.401	34.79
11月	6	20.999	15.29	43.901	20.10	60.732	41.20	09.538	70.65	35.609	33.16
	16	21.287	12.21	44.172	17.19	61.042	37.94	09.788	72.32	35.858	31.31
	26	21.618	09.24	44.483	14.34	61.401	34.86	10.073	74.20	36.142	29.28
12月	6	21.988	06.48	44.831	11.63	61.805	32.05	10.389	76.28	36.456	27.10
	16	22.384	04.03	45.202	09.16	62.240	29.62	10.724	78.47	36.790	24.85
	26	22.796	01.94	45.587	06.98	62.694	27.61	11.069	80.71	37.134	22.58
	36	23.212	00.29	45.975	05.17	63.155	26.10	11.414	82.95	37.480	20.36
平位置 (J2024.5)		20.878	26.21	43.783	29.14	60.672	54.06	09.629	69.97	35.669	34.80
年自行 (J2024.5)		0.0015	−0.031	−0.0044	−0.112	−0.0015	0.007	−0.0043	−0.019	−0.0196	−0.063
视　差　(角秒)		0.004		0.011		0.006		0.013		0.011	

恒 星 视 位 置

2024 年 以世界时 0^h 为准

日期		2987 11 Com 4ᵐ72 G8		1318 12 Com 4ᵐ78 F8		461 6 CVn 5ᵐ01 G8		2999 γ Com 4ᵐ35 K2		466 20 Com 5ᵐ68 A3	
		h m 12 21	° ′ +17 39	h m 12 23	° ′ +25 42	h m 12 27	° ′ +38 52	h m 12 28	° ′ +28 07	h m 12 30	° ′ +20 45
	日	s	″	s	″	s	″	s	″	s	″
1月	−9	55.264	33.57	42.175	40.61	01.364	57.53	07.500	59.15	55.020	43.07
	1	55.619	31.40	42.544	38.50	01.770	55.56	07.873	57.04	55.379	40.88
	11	55.971	29.47	42.910	36.71	02.176	54.02	08.245	55.27	55.737	38.95
	21	56.307	27.86	43.261	35.33	02.567	53.01	08.602	53.92	56.080	37.38
	31	56.616	26.61	43.584	34.36	02.929	52.51	08.932	53.02	56.398	36.20
2月	10	56.893	25.73	43.875	33.83	03.255	52.53	09.231	52.56	56.686	35.41
	20	57.129	25.26	44.123	33.75	03.535	53.07	09.486	52.58	56.933	35.05
3月	1	57.323	25.15	44.326	34.07	03.763	54.04	09.696	53.01	57.137	35.08
	11	57.473	25.38	44.484	34.75	03.940	55.41	09.861	53.81	57.299	35.47
	21	57.579	25.92	44.594	35.76	04.060	57.10	09.976	54.94	57.414	36.18
	31	57.644	26.70	44.661	36.98	04.131	58.99	10.048	56.30	57.490	37.13
4月	10	57.674	27.66	44.690	38.38	04.154	61.02	10.079	57.82	57.528	38.28
	20	57.670	28.75	44.681	39.87	04.133	63.08	10.073	59.44	57.530	39.54
	30	57.640	29.89	44.645	41.36	04.077	65.08	10.037	61.04	57.506	40.85
5月	10	57.588	31.04	44.583	42.82	03.990	66.96	09.975	62.60	57.457	42.15
	20	57.517	32.15	44.502	44.16	03.878	68.62	09.892	64.03	57.389	43.39
	30	57.435	33.16	44.408	45.34	03.750	70.02	09.794	65.28	57.306	44.51
6月	9	57.342	34.05	44.302	46.34	03.608	71.13	09.684	66.33	57.212	45.49
	19	57.242	34.79	44.189	47.10	03.458	71.89	09.567	67.12	57.110	46.27
	29	57.141	35.34	44.076	47.61	03.306	72.29	09.448	67.64	57.004	46.86
7月	9	57.039	35.72	43.961	47.87	03.154	72.34	09.326	67.88	56.896	47.23
	19	56.941	35.88	43.851	47.84	03.009	71.98	09.210	67.81	56.791	47.35
	29	56.850	35.83	43.749	47.54	02.873	71.28	09.101	67.45	56.693	47.23
8月	8	56.768	35.57	43.657	46.96	02.751	70.21	09.002	66.80	56.602	46.87
	18	56.702	35.05	43.582	46.09	02.650	68.77	08.920	65.83	56.527	46.24
	28	56.655	34.32	43.527	44.95	02.572	67.03	08.858	64.59	56.470	45.37
9月	7	56.632	33.35	43.497	43.54	02.522	64.96	08.821	63.06	56.436	44.24
	17	56.639	32.12	43.499	41.86	02.510	62.60	08.817	61.26	56.432	42.84
	27	56.677	30.66	43.535	39.94	02.535	60.02	08.846	59.21	56.461	41.21
10月	7	56.756	28.94	43.611	37.78	02.607	57.19	08.917	56.91	56.529	39.32
	17	56.877	26.99	43.732	35.41	02.728	54.22	09.033	54.42	56.641	37.20
	27	57.041	24.86	43.897	32.88	02.898	51.14	09.194	51.78	56.796	34.90
11月	6	57.250	22.54	44.109	30.22	03.121	47.99	09.403	49.01	56.998	32.43
	16	57.501	20.11	44.365	27.50	03.394	44.89	09.658	46.20	57.244	29.87
	26	57.789	17.62	44.660	24.79	03.711	41.89	09.952	43.40	57.528	27.25
12月	6	58.110	15.11	44.989	22.13	04.068	39.07	10.283	40.69	57.847	24.65
	16	58.452	12.69	45.342	19.64	04.452	36.54	10.638	38.16	58.189	22.17
	26	58.806	10.40	45.708	17.37	04.854	34.34	11.008	35.88	58.545	19.84
	36	59.162	08.33	46.078	15.40	05.262	32.57	11.382	33.91	58.906	17.76
平位置 (J2024.5)		57.205	27.69	44.038	37.45	03.064	58.48	09.351	56.90	56.978	38.52
年自行		−0.0076	0.090	−0.0008	−0.010	−0.0068	−0.034	−0.0063	−0.081	0.0018	−0.032
视 差 (角秒)		0.009		0.012		0.014		0.019		0.013	

恒　星　视　位　置

以世界时 0^h 为准

2024 年

日　期		467		465		472		1321		1322	
		74 UMa		δ Crv		κ Dra		35 G. Crv		Pi 12^h122	
		$5^m.37$	A5	$2^m.94$	B9	$3^m.85$	B6	$5^m.58$	G8	$5^m.42$	K0
		h m	° ′	h m	° ′	h m	° ′	h m	° ′	h m	° ′
		12 31	+58 15	12 31	−16 38	12 34	+69 38	12 34	−12 57	12 34	+33 06
	日	s	″	s	″	s	″	s	″	s	″
1月	−9	04.109	70.48	05.750	47.80	30.087	64.75	48.318	36.73	49.287	45.48
	1	04.649	68.81	06.105	49.94	30.836	63.27	48.670	38.89	49.672	43.37
	11	05.193	67.71	06.455	52.22	31.598	62.41	49.017	41.14	50.057	41.64
	21	05.721	67.25	06.789	54.56	32.341	62.24	49.349	43.42	50.430	40.39
	31	06.214	67.39	07.096	56.88	33.038	62.69	49.656	45.63	50.777	39.62
2月	10	06.660	68.14	07.372	59.14	33.673	63.77	49.932	47.75	51.091	39.34
	20	07.043	69.46	07.608	61.26	34.217	65.44	50.170	49.71	51.363	39.56
3月	1	07.354	71.25	07.804	63.20	34.659	67.56	50.369	51.47	51.587	40.21
	11	07.591	73.43	07.961	64.97	34.990	70.08	50.528	53.02	51.765	41.26
	21	07.744	75.92	08.075	66.49	35.197	72.88	50.646	54.32	51.890	42.64
	31	07.822	78.56	08.153	67.80	35.288	75.80	50.728	55.40	51.970	44.25
4月	10	07.826	81.29	08.198	68.88	35.265	78.76	50.777	56.25	52.006	46.04
	20	07.759	83.95	08.210	69.72	35.130	81.62	50.795	56.88	52.002	47.89
	30	07.636	86.45	08.199	70.36	34.905	84.27	50.787	57.31	51.965	49.72
5月	10	07.461	88.72	08.164	70.79	34.595	86.63	50.758	57.55	51.899	51.48
	20	07.244	90.65	08.110	71.01	34.217	88.60	50.708	57.61	51.810	53.08
	30	07.000	92.19	08.041	71.06	33.791	90.12	50.645	57.52	51.704	54.45
6月	9	06.731	93.31	07.959	70.92	33.324	91.17	50.567	57.28	51.584	55.60
	19	06.449	93.94	07.868	70.61	32.837	91.67	50.480	56.90	51.454	56.44
	29	06.166	94.10	07.770	70.16	32.345	91.66	50.387	56.42	51.322	56.96
7月	9	05.883	93.78	07.667	69.55	31.855	91.11	50.288	55.82	51.187	57.18
	19	05.613	92.95	07.565	68.84	31.386	90.02	50.189	55.14	51.056	57.03
	29	05.361	91.68	07.467	68.03	30.947	88.46	50.093	54.41	50.932	56.56
8月	8	05.132	89.95	07.375	67.14	30.546	86.41	50.004	53.63	50.819	55.76
	18	04.937	87.79	07.298	66.23	30.201	83.93	49.928	52.86	50.723	54.61
	28	04.780	85.29	07.239	65.34	29.914	81.09	49.869	52.13	50.647	53.16
9月	7	04.666	82.43	07.205	64.50	29.696	77.90	49.833	51.47	50.597	51.40
	17	04.608	79.29	07.202	63.78	29.563	74.44	49.829	50.96	50.580	49.35
	27	04.604	75.94	07.233	63.22	29.512	70.79	49.857	50.62	50.599	47.06
10月	7	04.666	72.39	07.305	62.87	29.557	66.98	49.923	50.49	50.661	44.51
	17	04.797	68.77	07.423	62.77	29.705	63.13	50.037	50.58	50.770	41.78
	27	04.997	65.12	07.586	62.97	29.951	59.30	50.195	50.98	50.926	38.92
11月	6	05.270	61.52	07.797	63.51	30.303	55.57	50.400	51.71	51.132	35.94
	16	05.612	58.09	08.052	64.41	30.756	52.07	50.648	52.77	51.387	32.96
	26	06.015	54.88	08.343	65.63	31.298	48.86	50.933	54.13	51.684	30.02
12月	6	06.476	51.99	08.667	67.18	31.925	46.03	51.251	55.78	52.020	27.20
	16	06.978	49.55	09.011	69.01	32.614	43.70	51.590	57.68	52.383	24.62
	26	07.508	47.58	09.366	71.05	33.346	41.89	51.940	59.77	52.763	22.32
	36	08.052	46.17	09.723	73.28	34.103	40.71	52.293	61.99	53.151	20.38
平位置 (J2024.5)		05.422	76.23	08.129	65.61	30.913	72.35	50.684	53.00	51.111	45.02
年自行		−0.0078	0.089	−0.0146	−0.139	−0.0112	0.011	−0.0012	0.051	0.0017	−0.031
视　差　(角秒)		0.012		0.037		0.007		0.021		0.012	

恒 星 视 位 置

2024 年 以世界时 0^h 为准

日 期		470 β CVn $4^m.24$ G0		471 β Crv $2^m.65$ G5		1323 23 Com $4^m.80$ A0		473 24 Com sq $5^m.03$ K2		1324 25 Vir $5^m.88$ A3	
		h m 12 34	° ′ +41 13	h m 12 35	° ′ −23 31	h m 12 36	° ′ +22 29	h m 12 36	° ′ +18 14	h m 12 38	° ′ − 5 57
	日	s	″	s	″	s	″	s	″	s	″
1月	−9	52.397	26.52	38.218	35.07	02.254	44.50	19.394	38.13	00.899	46.07
	1	52.810	24.54	38.584	37.11	02.614	42.29	19.749	35.90	01.245	48.27
	11	53.224	23.01	38.947	39.36	02.975	40.37	20.103	33.91	01.589	50.50
	21	53.625	22.01	39.292	41.75	03.323	38.82	20.444	32.25	01.918	52.67
	31	53.998	21.55	39.610	44.19	03.646	37.67	20.761	30.95	02.223	54.70
2月	10	54.336	21.62	39.897	46.64	03.939	36.93	21.048	30.03	02.499	56.58
	20	54.627	22.24	40.144	49.02	04.192	36.64	21.296	29.53	02.738	58.23
3月	1	54.867	23.30	40.350	51.27	04.403	36.74	21.503	29.41	02.937	59.63
	11	55.054	24.77	40.516	53.38	04.570	37.21	21.668	29.64	03.099	60.79
	21	55.183	26.58	40.638	55.29	04.692	38.02	21.789	30.21	03.219	61.68
	31	55.260	28.59	40.723	56.99	04.772	39.07	21.870	31.01	03.303	62.33
4月	10	55.288	30.74	40.774	58.48	04.815	40.32	21.914	32.02	03.355	62.76
	20	55.269	32.93	40.791	59.73	04.821	41.68	21.924	33.18	03.375	62.97
	30	55.213	35.05	40.782	60.74	04.800	43.08	21.907	34.38	03.371	63.01
5月	10	55.124	37.04	40.748	61.53	04.753	44.48	21.866	35.61	03.344	62.90
	20	55.007	38.81	40.693	62.07	04.684	45.79	21.804	36.79	03.297	62.66
	30	54.872	40.30	40.623	62.39	04.602	46.98	21.728	37.88	03.238	62.32
6月	9	54.721	41.49	40.536	62.48	04.506	48.01	21.639	38.85	03.164	61.89
	19	54.560	42.31	40.438	62.33	04.402	48.84	21.541	39.65	03.081	61.39
	29	54.397	42.75	40.333	61.99	04.293	49.44	21.440	40.27	02.991	60.85
7月	9	54.231	42.82	40.221	61.42	04.182	49.82	21.334	40.70	02.896	60.26
	19	54.071	42.46	40.108	60.68	04.072	49.93	21.231	40.90	02.801	59.66
	29	53.922	41.74	39.999	59.78	03.968	49.78	21.132	40.88	02.709	59.08
8月	8	53.784	40.63	39.896	58.74	03.872	49.38	21.040	40.63	02.622	58.51
	18	53.668	39.14	39.808	57.62	03.791	48.69	20.963	40.13	02.548	58.02
	28	53.574	37.33	39.738	56.46	03.727	47.76	20.903	39.40	02.491	57.60
9月	7	53.511	35.18	39.694	55.30	03.687	46.54	20.865	38.41	02.455	57.31
	17	53.484	32.74	39.684	54.22	03.676	45.06	20.857	37.17	02.449	57.18
	27	53.497	30.06	39.710	53.27	03.698	43.34	20.880	35.69	02.477	57.27
10月	7	53.556	27.14	39.779	52.51	03.760	41.35	20.942	33.94	02.529	57.52
	17	53.668	24.07	39.896	52.01	03.866	39.14	21.048	31.96	02.643	58.06
	27	53.829	20.89	40.060	51.79	04.016	36.76	21.197	29.78	02.795	58.88
11月	6	54.046	17.66	40.275	51.93	04.214	34.21	21.392	27.42	02.993	60.00
	16	54.315	14.48	40.535	52.45	04.456	31.57	21.632	24.94	03.233	61.39
	26	54.629	11.41	40.834	53.34	04.737	28.89	21.909	22.39	03.510	63.04
12月	6	54.986	08.53	41.168	54.61	05.054	26.24	22.222	19.83	03.820	64.93
	16	55.374	05.96	41.523	56.23	05.396	23.72	22.559	17.35	04.152	66.99
	26	55.781	03.74	41.889	58.13	05.754	21.37	22.911	15.00	04.497	69.16
	36	56.196	01.96	42.257	60.29	06.117	19.29	23.268	12.87	04.845	71.40
平位置 (J2024.5)		54.062	28.60	40.739	54.96	04.214	40.75	21.408	32.96	03.199	59.75
年自行		−0.0625	0.292	0.0001	−0.056	−0.0045	0.022	−0.0003	0.023	−0.0018	−0.019
视 差 (角秒)		0.119		0.023		0.009		0.005		0.015	

恒 星 视 位 置

以世界时 0^{h} 为准

2024 年

日期		475 χ Vir $4^{\mathrm{m}}.66$ K2		478 76 UMa $6^{\mathrm{m}}.02$ A2		(477) γ Vir* $2^{\mathrm{m}}.74$ F0		1326 ρ Vir $4^{\mathrm{m}}.88$ A0		479 330 G. Hya $5^{\mathrm{m}}.46$ K3	
		h m	° ′	h m	° ′	h m	° ′	h m	° ′	h m	° ′
		12 40	−8 07	12 42	+62 34	12 42	−1 34	12 43	+10 05	12 45	−28 27
	日	s	″	s	″	s	″	s	″	s	″
1月	−9	28.441	33.85	36.342	36.98	51.863	45.40	05.304	71.27	16.558	07.93
	1	28.788	36.03	36.934	35.25	52.206	47.62	05.650	69.01	16.936	09.83
	11	29.132	38.26	37.537	34.10	52.548	49.82	05.997	66.89	17.310	11.99
	21	29.463	40.45	38.127	33.62	52.877	51.91	06.331	65.02	17.670	14.35
	31	29.770	42.54	38.683	33.76	53.182	53.82	06.642	63.43	18.003	16.82
2月	10	30.048	44.49	39.192	34.52	53.459	55.53	06.926	62.16	18.305	19.34
	20	30.289	46.24	39.634	35.89	53.700	56.97	07.172	61.24	18.568	21.86
3月	1	30.492	47.75	39.998	37.73	53.902	58.14	07.379	60.67	18.789	24.29
	11	30.655	49.03	40.280	40.00	54.066	59.05	07.547	60.43	18.969	26.61
	21	30.779	50.05	40.469	42.59	54.189	59.66	07.673	60.51	19.106	28.77
	31	30.866	50.83	40.570	45.34	54.276	60.03	07.761	60.84	19.205	30.74
4月	10	30.920	51.39	40.587	48.19	54.330	60.18	07.814	61.38	19.267	32.51
	20	30.943	51.73	40.521	50.98	54.352	60.12	07.835	62.11	19.294	34.05
	30	30.941	51.89	40.386	53.61	54.349	59.92	07.829	62.93	19.294	35.35
5月	10	30.916	51.89	40.189	56.01	54.324	59.58	07.800	63.82	19.266	36.41
	20	30.872	51.74	39.939	58.07	54.279	59.13	07.751	64.73	19.215	37.21
	30	30.813	51.48	39.653	59.72	54.220	58.63	07.688	65.61	19.145	37.76
6月	9	30.740	51.11	39.335	60.94	54.146	58.07	07.611	66.45	19.057	38.06
	19	30.657	50.65	38.998	61.65	54.063	57.49	07.524	67.20	18.954	38.08
	29	30.567	50.14	38.655	61.88	53.974	56.91	07.431	67.83	18.843	37.87
7月	9	30.471	49.55	38.308	61.59	53.879	56.34	07.333	68.36	18.721	37.40
	19	30.374	48.94	37.974	60.78	53.783	55.80	07.235	68.72	18.597	36.70
	29	30.280	48.31	37.658	59.50	53.689	55.31	07.141	68.94	18.475	35.81
8月	8	30.191	47.69	37.366	57.75	53.600	54.88	07.051	68.99	18.358	34.72
	18	30.114	47.11	37.111	55.55	53.524	54.55	06.974	68.84	18.256	33.50
	28	30.054	46.61	36.897	52.98	53.463	54.34	06.913	68.50	18.171	32.21
9月	7	30.015	46.20	36.733	50.05	53.423	54.28	06.873	67.95	18.113	30.86
	17	30.006	45.96	36.629	46.81	53.413	54.41	06.861	67.17	18.089	29.56
	27	30.030	45.91	36.588	43.36	53.436	54.71	06.880	66.18	18.103	28.35
10月	7	30.084	46.10	36.620	39.71	53.487	55.19	06.936	64.91	18.162	27.30
	17	30.193	46.44	36.731	35.97	53.590	56.07	07.035	63.38	18.272	26.50
	27	30.344	47.13	36.918	32.21	53.735	57.15	07.177	61.63	18.431	25.97
11月	6	30.540	48.12	37.190	28.49	53.925	58.50	07.366	59.66	18.643	25.79
	16	30.780	49.40	37.542	24.94	54.159	60.11	07.598	57.51	18.904	26.01
	26	31.057	50.95	37.965	21.63	54.429	61.93	07.868	55.22	19.206	26.61
12月	6	31.367	52.76	38.456	18.65	54.734	63.95	08.172	52.84	19.546	27.63
	16	31.700	54.76	38.998	16.13	55.062	66.10	08.501	50.46	19.909	29.03
	26	32.045	56.90	39.575	14.09	55.403	68.32	08.845	48.13	20.286	30.76
	36	32.395	59.12	40.174	12.63	55.748	70.54	09.194	45.92	20.666	32.80
平位置	(J2024.5)	30.781	48.19	37.582	43.78	54.132	58.92	07.449	63.50	19.241	28.91
年自行		−0.0052	−0.024	−0.0044	−0.018	−0.0411	0.060	0.0055	−0.089	−0.0022	−0.040
视 差	(角秒)	0.010		0.006		0.085		0.027		0.008	

* 双星，表给视位置为亮星位置，平位置为质心位置。

恒 星 视 位 置

2024 年 以世界时 0^{h} 为准

日期		1327 Y CVn $5^{m}.42$ C7		1328 32 d^{2} Vir $5^{m}.22$ A8		3020 7 Dra $5^{m}.43$ K5		1331 143 G. Cen $4^{m}.90$ B9		1332 31 Com $4^{m}.93$ G0	
		h m 12 46	° ′ +45 17	h m 12 46	° ′ + 7 32	h m 12 48	° ′ +66 38	h m 12 51	° ′ −34 07	h m 12 52	° ′ +27 24
	日	s	″	s	″	s	″	s	″	s	″
1月	−9	14.895	80.66	49.153	31.53	32.733	77.17	58.509	34.31	51.405	29.63
	1	15.325	78.60	49.497	29.26	33.396	75.44	58.902	36.05	51.772	27.36
	11	15.761	77.02	49.842	27.12	34.075	74.32	59.295	38.10	52.142	25.41
	21	16.186	76.01	50.175	25.18	34.745	73.87	59.672	40.42	52.503	23.87
	31	16.586	75.56	50.486	23.52	35.378	74.06	60.023	42.91	52.843	22.78
2月	10	16.953	75.67	50.770	22.14	35.963	74.88	60.343	45.52	53.154	22.15
	20	17.273	76.35	51.017	21.10	36.472	76.32	60.623	48.17	53.428	22.00
3月	1	17.540	77.51	51.226	20.39	36.894	78.24	60.861	50.78	53.660	22.29
	11	17.752	79.10	51.397	20.00	37.223	80.60	61.056	53.34	53.848	22.98
	21	17.904	81.04	51.525	19.92	37.445	83.28	61.207	55.77	53.990	24.04
	31	18.000	83.21	51.617	20.10	37.565	86.12	61.316	58.03	54.089	25.35
4月	10	18.043	85.53	51.675	20.50	37.587	89.06	61.388	60.12	54.148	26.87
	20	18.034	87.89	51.700	21.09	37.509	91.94	61.423	61.97	54.168	28.51
	30	17.984	90.18	51.699	21.78	37.350	94.65	61.426	63.59	54.156	30.19
5月	10	17.895	92.34	51.675	22.57	37.115	97.13	61.401	64.96	54.117	31.84
	20	17.774	94.27	51.630	23.39	36.815	99.24	61.349	66.05	54.052	33.39
	30	17.631	95.90	51.570	24.20	36.470	100.94	61.275	66.87	53.970	34.78
6月	9	17.467	97.21	51.496	25.00	36.084	102.20	61.181	67.40	53.871	35.99
	19	17.291	98.12	51.412	25.72	35.674	102.93	61.069	67.62	53.760	36.95
	29	17.108	98.64	51.321	26.36	35.254	103.15	60.946	67.56	53.643	37.64
7月	9	16.921	98.74	51.224	26.91	34.830	102.86	60.811	67.20	53.519	38.06
	19	16.739	98.40	51.126	27.33	34.417	102.02	60.672	66.55	53.395	38.16
	29	16.564	97.66	51.031	27.61	34.026	100.70	60.534	65.66	53.275	37.97
8月	8	16.401	96.50	50.940	27.76	33.660	98.89	60.400	64.53	53.160	37.47
	18	16.259	94.94	50.861	27.72	33.339	96.62	60.281	63.21	53.059	36.65
	28	16.141	93.02	50.797	27.51	33.064	93.98	60.181	61.76	52.974	35.54
9月	7	16.052	90.75	50.754	27.11	32.847	90.96	60.107	60.21	52.911	34.12
	17	16.003	88.17	50.739	26.47	32.700	87.64	60.071	58.67	52.879	32.41
	27	15.994	85.33	50.754	25.64	32.624	84.10	60.075	57.18	52.880	30.45
10月	7	16.035	82.25	50.806	24.54	32.633	80.36	60.127	55.82	52.920	28.21
	17	16.130	79.01	50.901	23.16	32.732	76.55	60.232	54.69	53.007	25.76
	27	16.279	75.67	51.039	21.56	32.919	72.71	60.391	53.83	53.138	23.13
11月	6	16.487	72.27	51.224	19.72	33.204	68.93	60.606	53.30	53.320	20.34
	16	16.752	68.94	51.452	17.69	33.580	65.33	60.873	53.19	53.550	17.48
	26	17.067	65.72	51.719	15.50	34.040	61.98	61.185	53.48	53.822	14.62
12月	6	17.430	62.71	52.020	13.20	34.580	58.97	61.536	54.21	54.134	11.80
	16	17.828	60.03	52.347	10.86	35.180	56.43	61.914	55.37	54.475	09.15
	26	18.249	57.72	52.688	08.54	35.824	54.39	62.307	56.91	54.835	06.71
	36	18.684	55.88	53.035	06.32	36.497	52.95	62.705	58.82	55.206	04.58
平位置 (J2024.5)		16.590	83.99	51.342	23.06	33.845	84.77	61.367	56.62	53.393	28.09
年自行		−0.0002	0.013	−0.0073	0.005	0.0002	−0.004	−0.0023	−0.017	−0.0007	−0.009
视 差 (角秒)		0.005		0.013		0.004		0.008		0.011	

恒 星 视 位 置

以世界时 0^h 为准

2024 年

日 期	482 150 G. Cen $4^{m}.25$ A4		483 ε UMa $1^{m}.76$ A0		1335 ψ Vir $4^{m}.77$ M3		486 8 Dra $5^{m}.23$ A5		484 δ Vir $3^{m}.39$ M3	
	h m	° ′	h m	° ′	h m	° ′	h m	° ′	h m	° ′
	12 54	−40 18	12 55	+55 49	12 55	− 9 40	12 56	+65 17	12 56	+ 3 15
日	s	″	s	″	s	″	s	″	s	″
1月 −9	45.120	17.92	04.484	32.04	35.320	03.59	25.381	73.71	48.031	62.88
1	45.538	19.51	04.986	30.05	35.667	05.71	26.010	71.86	48.372	60.63
11	45.955	21.46	05.499	28.60	36.015	07.90	26.657	70.60	48.715	58.45
21	46.357	23.74	06.005	27.78	36.351	10.09	27.298	70.02	49.048	56.42
31	46.731	26.26	06.485	27.57	36.666	12.19	27.909	70.08	49.361	54.62
2月 10	47.072	28.95	06.929	27.98	36.955	14.16	28.475	70.77	49.648	53.07
20	47.372	31.74	07.319	28.99	37.208	15.95	28.972	72.09	49.900	51.83
3月 1	47.626	34.55	07.646	30.51	37.424	17.52	29.389	73.91	50.115	50.89
11	47.836	37.35	07.908	32.48	37.603	18.87	29.719	76.18	50.293	50.25
21	47.998	40.06	08.095	34.81	37.742	19.97	29.949	78.79	50.431	49.91
31	48.116	42.62	08.210	37.36	37.846	20.83	30.083	81.60	50.533	49.83
4月 10	48.193	45.03	08.258	40.05	37.917	21.48	30.123	84.52	50.601	49.98
20	48.230	47.21	08.238	42.74	37.955	21.90	30.069	87.41	50.636	50.33
30	48.233	49.16	08.163	45.33	37.968	22.14	29.937	90.15	50.646	50.82
5月 10	48.203	50.86	08.035	47.75	37.956	22.22	29.732	92.68	50.631	51.41
20	48.143	52.24	07.864	49.88	37.923	22.15	29.464	94.86	50.595	52.08
30	48.059	53.33	07.660	51.66	37.874	21.95	29.150	96.65	50.544	52.76
6月 9	47.951	54.11	07.428	53.06	37.808	21.64	28.795	98.01	50.476	53.47
19	47.823	54.52	07.177	53.99	37.730	21.23	28.414	98.85	50.396	54.14
29	47.682	54.62	06.917	54.46	37.642	20.76	28.022	99.20	50.308	54.77
7月 9	47.527	54.37	06.650	54.47	37.546	20.21	27.621	99.03	50.212	55.34
19	47.367	53.77	06.388	53.96	37.446	19.61	27.229	98.31	50.114	55.83
29	47.207	52.89	06.137	53.00	37.346	18.99	26.853	97.11	50.015	56.21
8月 8	47.052	51.70	05.900	51.58	37.249	18.36	26.500	95.42	49.920	56.50
18	46.913	50.27	05.690	49.71	37.162	17.76	26.185	93.27	49.834	56.63
28	46.795	48.66	05.510	47.46	37.089	17.21	25.912	90.73	49.763	56.62
9月 7	46.707	46.91	05.366	44.82	37.037	16.75	25.692	87.80	49.711	56.44
17	46.659	45.12	05.272	41.87	37.014	16.43	25.537	84.56	49.687	56.05
27	46.655	43.34	05.227	38.66	37.023	16.28	25.449	81.08	49.693	55.47
10月 7	46.704	41.67	05.243	35.21	37.070	16.42	25.440	77.38	49.734	54.66
17	46.812	40.20	05.324	31.63	37.156	16.62	25.517	73.58	49.819	53.53
27	46.976	39.00	05.471	27.97	37.294	17.18	25.680	69.75	49.948	52.18
11月 6	47.202	38.13	05.690	24.30	37.477	18.05	25.935	65.94	50.123	50.58
16	47.483	37.68	05.978	20.75	37.706	19.21	26.280	62.30	50.343	48.75
26	47.813	37.66	06.328	17.37	37.974	20.65	26.706	58.89	50.602	46.74
12月 6	48.185	38.12	06.738	14.26	38.278	22.35	27.210	55.80	50.898	44.57
16	48.586	39.04	07.194	11.55	38.607	24.27	27.775	53.16	51.219	42.32
26	49.003	40.40	07.683	09.27	38.951	26.33	28.385	51.00	51.556	40.04
36	49.426	42.17	08.192	07.53	39.302	28.51	29.024	49.44	51.901	37.81
平位置 (J2024.5)	48.164	41.81	06.013	38.01	37.782	17.74	26.606	81.34	50.315	53.32
年自行	0.0059	−0.021	0.0133	−0.009	−0.0015	−0.018	−0.0007	−0.030	−0.0314	−0.053
视 差 (角秒)	0.021		0.040		0.008		0.035		0.016	

恒 星 视 位 置

2024 年 以世界时 0^{h} 为准

日期		485		3036		1336		488		1337	
		α CVn sq		36 Com		44 Vir		ε Vir		14 CVn	
		$2^{m}.89$	A0	$4^{m}.76$	M0	$5^{m}.79$	A3	$2^{m}.85$	G8	$5^{m}.20$	B9
		h m	° ′	h m	° ′	h m	° ′	h m	° ′	h m	° ′
		12 57	+38 10	13 00	+17 16	13 00	− 3 56	13 03	+10 49	13 06	+35 39
	日	s	″	s	″	s	″	s	″	s	″
1月	−9	08.359	69.59	05.943	44.88	52.957	24.93	21.541	47.34	51.034	64.50
	1	08.754	67.36	06.292	42.55	53.299	27.11	21.884	45.03	51.417	62.17
	11	09.155	65.54	06.645	40.45	53.644	29.30	22.230	42.88	51.808	60.23
	21	09.548	64.24	06.989	38.66	53.979	31.41	22.568	40.97	52.194	58.78
	31	09.919	63.46	07.314	37.23	54.294	33.38	22.887	39.35	52.560	57.84
2月	10	10.262	63.21	07.613	36.18	54.584	35.17	23.182	38.05	52.900	57.42
	20	10.565	63.52	07.878	35.55	54.839	36.72	23.442	37.13	53.203	57.55
3月	1	10.820	64.30	08.104	35.30	55.058	38.02	23.666	36.56	53.462	58.15
	11	11.029	65.51	08.290	35.44	55.241	39.05	23.852	36.34	53.676	59.21
	21	11.184	67.11	08.435	35.92	55.384	39.81	23.997	36.45	53.840	60.65
	31	11.289	68.96	08.540	36.67	55.492	40.32	24.104	36.83	53.957	62.37
4月	10	11.349	71.00	08.609	37.65	55.567	40.60	24.178	37.44	54.029	64.30
	20	11.362	73.13	08.643	38.80	55.609	40.68	24.217	38.23	54.057	66.35
	30	11.339	75.24	08.648	40.02	55.626	40.59	24.229	39.14	54.049	68.41
5月	10	11.281	77.28	08.627	41.30	55.618	40.36	24.216	40.12	54.007	70.42
	20	11.193	79.15	08.583	42.54	55.589	40.01	24.180	41.13	53.935	72.29
	30	11.085	80.78	08.521	43.70	55.543	39.59	24.127	42.10	53.841	73.95
6月	9	10.956	82.15	08.443	44.77	55.480	39.10	24.057	43.02	53.726	75.37
	19	10.814	83.17	08.353	45.67	55.404	38.56	23.974	43.85	53.596	76.47
	29	10.663	83.85	08.255	46.40	55.319	38.01	23.883	44.55	53.456	77.25
7月	9	10.506	84.17	08.148	46.95	55.225	37.44	23.783	45.13	53.307	77.69
	19	10.350	84.09	08.039	47.26	55.126	36.89	23.680	45.54	53.157	77.73
	29	10.198	83.63	07.931	47.36	55.027	36.37	23.576	45.79	53.008	77.43
8月	8	10.052	82.80	07.827	47.23	54.930	35.89	23.475	45.86	52.865	76.75
	18	09.923	81.58	07.733	46.84	54.843	35.50	23.384	45.72	52.735	75.69
	28	09.813	80.03	07.653	46.21	54.769	35.19	23.306	45.38	52.621	74.30
9月	7	09.728	78.12	07.593	45.32	54.714	35.02	23.246	44.83	52.531	72.56
	17	09.677	75.90	07.561	44.17	54.687	35.01	23.214	44.03	52.472	70.49
	27	09.662	73.41	07.560	42.78	54.691	35.18	23.212	43.01	52.447	68.15
10月	7	09.691	70.65	07.596	41.11	54.738	35.46	23.246	41.72	52.465	65.52
	17	09.770	67.69	07.675	39.20	54.811	36.20	23.323	40.18	52.532	62.68
	27	09.899	64.59	07.798	37.07	54.940	37.12	23.443	38.40	52.647	59.68
11月	6	10.082	61.39	07.970	34.74	55.116	38.31	23.611	36.40	52.816	56.54
	16	10.319	58.18	08.187	32.27	55.336	39.76	23.825	34.22	53.038	53.38
	26	10.603	55.03	08.445	29.71	55.596	41.45	24.079	31.90	53.308	50.25
12月	6	10.932	52.02	08.742	27.11	55.893	43.35	24.371	29.48	53.623	47.22
	16	11.295	49.27	09.067	24.57	56.215	45.41	24.690	27.06	53.972	44.41
	26	11.681	46.83	09.411	22.15	56.554	47.57	25.028	24.69	54.346	41.89
	36	12.081	44.79	09.764	19.92	56.901	49.77	25.375	22.44	54.735	39.74
平位置 (J2024.5)		10.211	71.43	08.090	40.34	55.373	36.80	23.774	40.76	52.981	65.94
年自行		−0.0198	0.055	−0.0027	0.035	−0.0025	0.009	−0.0187	0.020	−0.0030	0.019
视差 (角秒)		0.030		0.011		0.011		0.032		0.012	

恒 星 视 位 置

以世界时 0^{h} 为准

2024 年

日 期		1338 Grb 1956 $5^{m}.64$ K1		3045 41 Com $4^{m}.80$ K5		490 θ Vir $4^{m}.38$ A1		492 β Com $4^{m}.23$ G0		GC Pi 27 $4^{m}.94$ K0	
		h m 13 06	° ′ +45 07	h m 13 08	° ′ +27 29	h m 13 11	° ′ − 5 39	h m 13 12	° ′ +27 44	h m 13 14	° ′ +40 00
	日	s	″	s	″	s	″	s	″	s	″
1月	−9	56.345	72.95	19.086	38.70	10.743	57.15	58.838	76.58	47.472	82.46
	1	56.765	70.68	19.448	36.33	11.085	59.29	59.197	74.21	47.866	80.09
	11	57.196	68.89	19.818	34.28	11.431	61.46	59.564	72.17	48.271	78.14
	21	57.623	67.66	20.181	32.64	11.769	63.58	59.927	70.55	48.673	76.72
	31	58.030	67.00	20.526	31.45	12.088	65.57	60.271	69.37	49.058	75.84
2月	10	58.408	66.91	20.846	30.72	12.383	67.41	60.592	68.66	49.418	75.50
	20	58.744	67.42	21.131	30.50	12.647	69.02	60.878	68.46	49.740	75.74
3月	1	59.032	68.43	21.375	30.72	12.875	70.39	61.125	68.70	50.017	76.49
	11	59.268	69.91	21.579	31.36	13.067	71.51	61.330	69.38	50.249	77.70
	21	59.446	71.78	21.737	32.38	13.221	72.36	61.490	70.44	50.427	79.33
	31	59.569	73.92	21.853	33.69	13.339	72.96	61.608	71.79	50.556	81.23
4月	10	59.639	76.25	21.928	35.22	13.425	73.35	61.686	73.37	50.637	83.36
	20	59.657	78.67	21.964	36.91	13.479	73.52	61.724	75.11	50.670	85.61
	30	59.631	81.05	21.968	38.63	13.506	73.52	61.729	76.89	50.663	87.85
5月	10	59.565	83.34	21.942	40.36	13.508	73.38	61.704	78.67	50.620	90.04
	20	59.463	85.42	21.889	41.99	13.487	73.10	61.652	80.36	50.542	92.07
	30	59.334	87.23	21.816	43.48	13.448	72.75	61.579	81.90	50.440	93.87
6月	9	59.182	88.74	21.724	44.79	13.391	72.31	61.486	83.27	50.314	95.41
	19	59.011	89.85	21.618	45.85	13.319	71.81	61.378	84.38	50.170	96.59
	29	58.830	90.58	21.502	46.64	13.236	71.29	61.261	85.23	50.015	97.43
7月	9	58.640	90.90	21.377	47.16	13.142	70.74	61.132	85.80	49.848	97.89
	19	58.449	90.76	21.248	47.36	13.042	70.19	61.001	86.04	49.679	97.92
	29	58.262	90.22	21.121	47.26	12.940	69.66	60.870	85.98	49.511	97.58
8月	8	58.082	89.24	20.997	46.85	12.838	69.15	60.741	85.60	49.347	96.83
	18	57.919	87.85	20.884	46.10	12.744	68.70	60.623	84.88	49.197	95.67
	28	57.777	86.08	20.785	45.05	12.662	68.34	60.519	83.86	49.064	94.16
9月	7	57.661	83.93	20.707	43.69	12.599	68.09	60.435	82.53	48.953	92.27
	17	57.582	81.45	20.658	42.02	12.562	67.99	60.380	80.88	48.876	90.04
	27	57.542	78.69	20.640	40.09	12.556	68.07	60.356	78.96	48.835	87.53
10月	7	57.551	75.65	20.663	37.87	12.592	68.35	60.372	76.76	48.837	84.72
	17	57.613	72.42	20.730	35.42	12.655	68.84	60.433	74.32	48.891	81.70
	27	57.730	69.06	20.844	32.78	12.776	69.66	60.541	71.69	48.996	78.53
11月	6	57.908	65.61	21.008	29.97	12.943	70.73	60.699	68.89	49.157	75.22
	16	58.144	62.19	21.221	27.08	13.156	72.07	60.907	66.01	49.374	71.91
	26	58.433	58.86	21.479	24.16	13.409	73.65	61.160	63.10	49.643	68.64
12月	6	58.774	55.71	21.780	21.28	13.701	75.47	61.456	60.22	49.960	65.50
	16	59.155	52.86	22.112	18.55	14.020	77.45	61.784	57.50	50.315	62.62
	26	59.563	50.37	22.466	16.03	14.357	79.55	62.135	54.99	50.698	60.04
	36	59.991	48.32	22.834	13.80	14.704	81.72	62.501	52.77	51.099	57.86
平位置 (J2024.5)		58.150	76.90	21.152	37.73	13.246	69.11	60.883	76.41	49.396	85.35
年自行		−0.0014	0.025	0.0025	−0.068	−0.0023	−0.033	−0.0604	0.881	−0.0045	0.016
视 差 (角秒)		0.007		0.011		0.008		0.109		0.006	

恒 星 视 位 置

2024 年 以世界时 0^{h} 为准

日期		1342		494		1344		1345		495	
		195 G. Cen		20 CVn		σ Vir		61 Vir		γ Hya	
		$5^{\mathrm{m}}.10$	K0	$4^{\mathrm{m}}.72$	F3	$4^{\mathrm{m}}.78$	M2	$4^{\mathrm{m}}.74$	G5	$2^{\mathrm{m}}.99$	G8
		h m	° ′	h m	° ′	h m	° ′	h m	° ′	h m	° ′
		13 18	−31 37	13 18	+40 26	13 18	+ 5 20	13 19	−18 26	13 20	−23 17
	日	s	″	s	″	s	″	s	″	s	″
1月	−9	12.184	46.70	36.330	35.96	48.176	36.92	38.772	32.17	12.677	42.84
	1	12.568	48.27	36.724	33.56	48.514	34.64	39.125	34.07	13.040	44.60
	11	12.956	50.14	37.130	31.59	48.858	32.44	39.482	36.14	13.408	46.57
	21	13.336	52.26	37.533	30.14	49.196	30.43	39.831	38.32	13.768	48.71
	31	13.695	54.54	37.921	29.23	49.517	28.65	40.162	40.50	14.109	50.91
2月	10	14.029	56.92	38.284	28.88	49.817	27.14	40.469	42.66	14.427	53.14
	20	14.328	59.35	38.610	29.11	50.086	25.96	40.745	44.73	14.711	55.33
3月	1	14.588	61.75	38.892	29.85	50.319	25.11	40.984	46.66	14.960	57.42
	11	14.810	64.09	39.128	31.06	50.518	24.57	41.188	48.43	15.172	59.39
	21	14.990	66.32	39.311	32.69	50.678	24.35	41.354	50.00	15.345	61.19
	31	15.131	68.39	39.444	34.61	50.802	24.41	41.483	51.37	15.482	62.81
4月	10	15.236	70.31	39.530	36.76	50.893	24.71	41.579	52.55	15.584	64.25
	20	15.303	72.02	39.567	39.03	50.951	25.21	41.642	53.50	15.652	65.47
	30	15.340	73.53	39.563	41.30	50.981	25.84	41.677	54.27	15.691	66.50
5月	10	15.346	74.82	39.522	43.53	50.985	26.59	41.685	54.85	15.702	67.34
	20	15.324	75.87	39.447	45.59	50.966	27.39	41.668	55.25	15.687	67.96
	30	15.278	76.68	39.346	47.42	50.928	28.21	41.630	55.48	15.650	68.39
6月	9	15.208	77.25	39.220	48.99	50.871	29.02	41.572	55.54	15.592	68.62
	19	15.117	77.54	39.075	50.22	50.799	29.78	41.497	55.44	15.515	68.66
	29	15.010	77.60	38.919	51.08	50.715	30.47	41.407	55.20	15.423	68.51
7月	9	14.886	77.38	38.750	51.58	50.620	31.09	41.304	54.82	15.316	68.17
	19	14.754	76.91	38.578	51.64	50.519	31.59	41.193	54.31	15.201	67.66
	29	14.618	76.22	38.406	51.32	50.414	31.97	41.078	53.70	15.081	67.00
8月	8	14.480	75.30	38.238	50.59	50.309	32.22	40.962	52.99	14.959	66.19
	18	14.351	74.20	38.083	49.45	50.211	32.30	40.853	52.22	14.846	65.28
	28	14.238	72.97	37.944	47.94	50.125	32.22	40.757	51.44	14.745	64.31
9月	7	14.145	71.64	37.828	46.06	50.055	31.95	40.679	50.66	14.663	63.30
	17	14.086	70.29	37.745	43.83	50.010	31.46	40.629	49.96	14.611	62.34
	27	14.064	68.98	37.698	41.31	49.995	30.78	40.612	49.36	14.592	61.45
10月	7	14.087	67.76	37.694	38.50	50.016	29.85	40.635	48.93	14.615	60.70
	17	14.162	66.74	37.742	35.47	50.077	28.65	40.701	48.73	14.685	60.17
	27	14.289	65.94	37.841	32.28	50.184	27.21	40.816	48.72	14.803	59.85
11月	6	14.473	65.44	37.997	28.95	50.338	25.51	40.983	49.02	14.975	59.82
	16	14.711	65.31	38.210	25.62	50.539	23.61	41.199	49.66	15.197	60.15
	26	14.996	65.55	38.475	22.33	50.781	21.53	41.458	50.60	15.465	60.81
12月	6	15.324	66.19	38.789	19.16	51.063	19.30	41.757	51.88	15.773	61.82
	16	15.684	67.23	39.142	16.25	51.374	17.00	42.086	53.43	16.112	63.16
	26	16.064	68.61	39.524	13.64	51.706	14.70	42.433	55.23	16.470	64.78
	36	16.455	70.34	39.926	11.43	52.049	12.45	42.792	57.22	16.839	66.65
平位置	(J2024.5)	15.218	66.65	38.264	39.09	50.573	29.15	41.490	48.45	15.540	60.12
年自行		0.0027	−0.050	−0.0110	0.018	−0.0005	0.011	−0.0751	−1.065	0.0050	−0.041
视差 (角秒)		0.013		0.011		0.006		0.117		0.025	

恒 星 视 位 置

以世界时 0^h 为准

2024 年

日期		1346		497		498		1348		500	
		23 CVn		ζ UMa pr		α Vir		68 Vir		69 H. UMa	
		$5^m.60$	K1	$2^m.23$	A2	$0^m.98$	B1	$5^m.27$	K5	$5^m.40$	A1
		h m	° ′	h m	° ′	h m	° ′	h m	° ′	h m	° ′
		13 21	+40 00	13 24	+54 47	13 26	−11 17	13 27	−12 49	13 29	+59 48
	日	s	″	s	″	s	″	s	″	s	″
1月	−9	22.688	78.05	52.750	46.12	26.541	05.48	58.336	50.41	19.196	63.53
	1	23.078	75.63	53.222	43.79	26.884	07.47	58.680	52.37	19.713	61.21
	11	23.482	73.62	53.715	41.97	27.234	09.56	59.031	54.43	20.256	59.43
	21	23.884	72.14	54.210	40.78	27.578	11.67	59.377	56.54	20.806	58.29
	31	24.270	71.19	54.690	40.20	27.906	13.71	59.706	58.60	21.341	57.78
2月	10	24.633	70.80	55.143	40.24	28.212	15.66	60.015	60.58	21.849	57.92
	20	24.959	70.99	55.553	40.93	28.488	17.45	60.293	62.41	22.309	58.73
3月	1	25.243	71.69	55.908	42.17	28.731	19.04	60.537	64.06	22.711	60.08
	11	25.481	72.87	56.205	43.92	28.939	20.42	60.748	65.52	23.047	61.96
	21	25.667	74.47	56.433	46.09	29.110	21.57	60.921	66.74	23.306	64.26
	31	25.803	76.36	56.595	48.54	29.246	22.49	61.059	67.75	23.488	66.85
4月	10	25.892	78.49	56.691	51.20	29.349	23.20	61.165	68.55	23.594	69.65
	20	25.934	80.75	56.720	53.95	29.420	23.69	61.238	69.14	23.622	72.53
	30	25.934	83.02	56.692	56.66	29.464	24.01	61.283	69.55	23.582	75.35
5月	10	25.897	85.25	56.610	59.26	29.481	24.16	61.302	69.79	23.479	78.05
	20	25.826	87.32	56.478	61.62	29.473	24.17	61.296	69.87	23.317	80.50
	30	25.729	89.16	56.309	63.68	29.446	24.05	61.269	69.83	23.109	82.63
6月	9	25.606	90.76	56.105	65.39	29.397	23.82	61.221	69.66	22.859	84.40
	19	25.465	92.00	55.874	66.67	29.331	23.49	61.155	69.38	22.578	85.70
	29	25.310	92.90	55.626	67.50	29.252	23.09	61.075	69.01	22.275	86.54
7月	9	25.144	93.42	55.364	67.87	29.157	22.61	60.980	68.55	21.955	86.89
	19	24.972	93.52	55.097	67.74	29.055	22.08	60.876	68.03	21.629	86.72
	29	24.801	93.23	54.833	67.14	28.947	21.51	60.767	67.46	21.306	86.06
8月	8	24.633	92.54	54.575	66.06	28.836	20.92	60.655	66.84	20.991	84.90
	18	24.477	91.43	54.335	64.50	28.732	20.33	60.548	66.22	20.696	83.25
	28	24.337	89.96	54.119	62.54	28.638	19.79	60.452	65.62	20.429	81.19
9月	7	24.220	88.11	53.934	60.16	28.561	19.30	60.373	65.06	20.197	78.69
	17	24.134	85.92	53.792	57.41	28.509	18.92	60.319	64.62	20.013	75.81
	27	24.084	83.43	53.695	54.36	28.488	18.69	60.297	64.29	19.882	72.64
10月	7	24.077	80.64	53.655	51.03	28.506	18.65	60.312	64.16	19.813	69.19
	17	24.121	77.63	53.679	47.50	28.558	19.00	60.368	64.34	19.817	65.54
	27	24.216	74.46	53.767	43.85	28.667	19.20	60.471	64.53	19.894	61.78
11月	6	24.369	71.14	53.928	40.13	28.823	19.90	60.627	65.12	20.051	57.96
	16	24.578	67.81	54.160	36.46	29.027	20.89	60.831	66.01	20.290	54.20
	26	24.838	64.52	54.457	32.91	29.274	22.14	61.077	67.18	20.603	50.59
12月	6	25.149	61.34	54.820	29.57	29.561	23.67	61.365	68.63	20.990	47.20
	16	25.498	58.41	55.234	26.57	29.878	25.42	61.683	70.32	21.438	44.19
	26	25.877	55.78	55.689	23.98	30.215	27.34	62.021	72.19	21.933	41.60
	36	26.276	53.55	56.173	21.89	30.565	29.39	62.372	74.21	22.465	39.53
平位置 (J2024.5)		24.645	81.14	54.479	52.72	29.224	18.48	61.051	63.83	20.827	71.17
年自行		−0.0051	−0.004	0.0140	−0.022	−0.0029	−0.032	−0.0088	−0.021	−0.0103	0.034
视 差 （角秒）		0.005		0.042		0.012		0.006		0.014	

恒 星 视 位 置

2024 年 以世界时 0^h 为准

日 期	1349 70 Vir $4^m.97$ G5		3079 74 Vir $4^m.68$ M3		1351 78 Vir $4^m.92$ A1		3083 24 CVn $4^m.68$ A5		502 17 H. CVn $4^m.91$ F2	
	h m 13 29	° ′ +13 38	h m 13 33	° ′ − 6 22	h m 13 35	° ′ + 3 31	h m 13 35	° ′ +48 52	h m 13 35	° ′ +37 03
日	s	″	s	″	s	″	s	″	s	″
1月 −9	35.393	59.88	11.834	42.47	20.002	69.63	25.258	83.10	51.231	24.57
1	35.730	57.47	12.171	44.55	20.335	67.37	25.680	80.61	51.604	22.03
11	36.076	55.24	12.516	46.66	20.677	65.18	26.123	78.59	51.993	19.87
21	36.419	53.28	12.857	48.74	21.016	63.14	26.570	77.14	52.383	18.21
31	36.748	51.64	13.184	50.71	21.342	61.31	27.005	76.29	52.761	17.06
2月 10	37.057	50.34	13.490	52.53	21.648	59.74	27.418	76.05	53.119	16.46
20	37.336	49.45	13.768	54.14	21.926	58.47	27.794	76.44	53.445	16.43
3月 1	37.581	48.94	14.013	55.52	22.172	57.52	28.125	77.38	53.732	16.92
11	37.790	48.81	14.225	56.65	22.384	56.89	28.406	78.83	53.977	17.89
21	37.961	49.04	14.400	57.51	22.559	56.57	28.628	80.74	54.175	19.30
31	38.095	49.57	14.541	58.14	22.700	56.53	28.793	82.96	54.326	21.04
4月 10	38.194	50.35	14.649	58.54	22.808	56.73	28.902	85.43	54.432	23.04
20	38.258	51.33	14.725	58.73	22.882	57.15	28.953	88.03	54.492	25.20
30	38.293	52.43	14.774	58.75	22.929	57.71	28.954	90.62	54.514	27.41
5月 10	38.300	53.60	14.796	58.62	22.949	58.39	28.909	93.16	54.498	29.61
20	38.282	54.80	14.793	58.36	22.944	59.15	28.819	95.52	54.449	31.69
30	38.243	55.94	14.770	58.02	22.919	59.93	28.696	97.61	54.372	33.58
6月 9	38.184	57.03	14.726	57.60	22.873	60.72	28.540	99.41	54.269	35.25
19	38.108	57.98	14.664	57.13	22.809	61.48	28.358	100.82	54.145	36.61
29	38.019	58.80	14.588	56.63	22.731	62.17	28.159	101.82	54.005	37.63
7月 9	37.917	59.45	14.496	56.10	22.638	62.81	27.943	102.39	53.851	38.31
19	37.808	59.91	14.395	55.57	22.537	63.34	27.720	102.49	53.689	38.59
29	37.695	60.17	14.289	55.05	22.430	63.76	27.496	102.14	53.524	38.49
8月 8	37.580	60.22	14.178	54.55	22.319	64.07	27.273	101.34	53.359	38.00
18	37.471	60.03	14.073	54.12	22.214	64.22	27.063	100.07	53.202	37.10
28	37.372	59.62	13.977	53.75	22.117	64.23	26.871	98.40	53.059	35.84
9月 7	37.289	58.96	13.896	53.48	22.034	64.06	26.703	96.31	52.934	34.20
17	37.231	58.04	13.840	53.36	21.976	63.68	26.570	93.84	52.838	32.21
27	37.202	56.88	13.813	53.40	21.946	63.11	26.478	91.07	52.775	29.91
10月 7	37.208	55.45	13.824	53.63	21.951	62.30	26.433	87.98	52.754	27.30
17	37.256	53.76	13.876	53.95	21.997	61.25	26.446	84.66	52.781	24.45
27	37.349	51.84	13.967	54.77	22.087	59.93	26.517	81.18	52.857	21.40
11月 6	37.490	49.69	14.113	55.76	22.226	58.36	26.653	77.59	52.990	18.18
16	37.679	47.36	14.307	57.01	22.412	56.57	26.854	73.99	53.178	14.91
26	37.911	44.90	14.544	58.50	22.642	54.59	27.114	70.47	53.418	11.64
12月 6	38.185	42.36	14.822	60.23	22.913	52.44	27.435	67.10	53.707	08.45
16	38.492	39.82	15.130	62.13	23.215	50.21	27.803	64.03	54.038	05.46
26	38.821	37.35	15.461	64.15	23.541	47.94	28.209	61.31	54.399	02.74
36	39.165	35.02	15.805	66.26	23.881	45.71	28.644	59.03	54.781	00.37
平位置 (J2024.5)	37.728	55.11	14.477	53.45	22.515	62.08	27.146	88.76	53.309	27.35
年自行	−0.0161	−0.576	−0.0070	−0.044	0.0029	−0.024	−0.0129	0.029	0.0071	−0.009
视 差 (角秒)	0.055		0.008		0.018		0.017		0.022	

恒 星 视 位 置

以世界时 0^h 为准

2024 年

日期		501		1352		505		3087		3088	
		ζ Vir		80 Vir		Grb 2029		83 UMa		GC 18527	
		$3^m.38$	A3	$5^m.70$	G6	$5^m.50$	K2	$4^m.63$	M2	$5^m.85$	A2
		h m	° ′	h m	° ′	h m	° ′	h m	° ′	h m	° ′
		13 35	−0 43	13 36	−5 31	13 37	+71 06	13 41	+54 32	13 42	+64 41
	日	s	″	s	″	s	″	s	″	s	″
1月	−9	54.063	04.00	45.280	02.23	45.208	55.38	38.028	82.76	13.979	48.49
	1	54.396	06.18	45.615	04.31	45.925	53.13	38.484	80.25	14.550	46.09
	11	54.738	08.34	45.960	06.42	46.692	51.45	38.965	78.24	15.157	44.24
	21	55.077	10.40	46.301	08.49	47.478	50.46	39.455	76.84	15.780	43.04
	31	55.402	12.28	46.628	10.44	48.252	50.12	39.935	76.05	16.392	42.50
2月	10	55.707	13.96	46.936	12.23	48.995	50.46	40.393	75.90	16.981	42.61
	20	55.985	15.38	47.216	13.80	49.676	51.47	40.814	76.41	17.521	43.41
3月	1	56.230	16.50	47.463	15.13	50.272	53.05	41.185	77.49	17.998	44.78
	11	56.442	17.35	47.678	16.21	50.774	55.15	41.501	79.09	18.403	46.69
	21	56.618	17.89	47.856	17.02	51.159	57.68	41.753	81.17	18.720	49.05
	31	56.759	18.18	48.001	17.59	51.425	60.49	41.940	83.56	18.948	51.71
4月	10	56.867	18.23	48.113	17.93	51.571	63.49	42.062	86.20	19.087	54.61
	20	56.943	18.06	48.192	18.06	51.591	66.55	42.118	88.97	19.132	57.59
	30	56.992	17.74	48.244	18.02	51.500	69.53	42.116	91.73	19.095	60.53
5月	10	57.014	17.29	48.270	17.83	51.302	72.37	42.058	94.42	18.979	63.36
	20	57.010	16.74	48.270	17.52	51.005	74.92	41.948	96.91	18.789	65.94
	30	56.987	16.14	48.250	17.14	50.631	77.11	41.798	99.11	18.541	68.19
6月	9	56.942	15.50	48.208	16.68	50.185	78.91	41.608	101.00	18.239	70.08
	19	56.880	14.85	48.148	16.18	49.685	80.20	41.388	102.47	17.894	71.50
	29	56.803	14.24	48.073	15.66	49.149	80.99	41.147	103.50	17.521	72.44
7月	9	56.712	13.64	47.982	15.11	48.583	81.27	40.885	104.08	17.122	72.88
	19	56.611	13.10	47.882	14.58	48.008	80.97	40.615	104.16	16.713	72.78
	29	56.504	12.63	47.775	14.07	47.438	80.17	40.343	103.76	16.305	72.17
8月	8	56.394	12.24	47.664	13.59	46.881	78.84	40.072	102.88	15.902	71.05
	18	56.288	11.96	47.558	13.17	46.358	77.00	39.816	101.51	15.522	69.42
	28	56.191	11.80	47.460	12.84	45.879	74.73	39.580	99.72	15.171	67.35
9月	7	56.108	11.78	47.377	12.61	45.454	72.01	39.370	97.49	14.859	64.83
	17	56.050	11.94	47.318	12.53	45.105	68.92	39.201	94.88	14.602	61.92
	27	56.020	12.28	47.288	12.60	44.834	65.54	39.075	91.94	14.405	58.71
10月	7	56.026	12.84	47.295	12.88	44.658	61.88	39.002	88.69	14.278	55.19
	17	56.072	13.61	47.344	13.29	44.591	58.06	38.994	85.21	14.236	51.48
	27	56.162	14.68	47.432	14.11	44.630	54.14	39.049	81.58	14.276	47.64
11月	6	56.302	16.01	47.574	15.15	44.791	50.19	39.177	77.84	14.411	43.73
	16	56.490	17.57	47.764	16.43	45.072	46.34	39.377	74.12	14.640	39.89
	26	56.721	19.34	47.998	17.95	45.466	42.67	39.645	70.49	14.958	36.19
12月	6	56.993	21.30	48.273	19.70	45.973	39.26	39.980	67.04	15.364	32.72
	16	57.296	23.39	48.579	21.62	46.577	36.27	40.372	63.91	15.846	29.62
	26	57.622	25.55	48.908	23.66	47.257	33.73	40.807	61.15	16.387	26.95
	36	57.962	27.73	49.251	25.76	48.000	31.76	41.277	58.87	16.977	24.80
平位置 (J2024.5)		56.627	12.89	47.934	12.65	46.513	64.73	39.857	89.71	15.578	57.14
年自行		−0.0186	0.048	0.0010	0.083	−0.0075	−0.006	−0.0022	−0.012	0.0085	−0.011
视 差 （角秒）		0.045		0.009		0.008		0.006		0.015	

恒 星 视 位 置

2024 年 以世界时 0^{h} 为准

日 期	1355 82 Vir $5^{m}.03$ M2		1357 83 Vir $5^{m}.55$ G1		506 1 Cen $4^{m}.23$ F3		1358 3 Boo $5^{m}.97$ F6		3094 Grb 2047 $5^{m}.51$ K0	
	h m 13 42	° ′ − 8 49	h m 13 45	° ′ −16 17	h m 13 47	° ′ −33 09	h m 13 47	° ′ +25 34	h m 13 48	° ′ +38 24
日	s	″	s	″	s	″	s	″	s	″
1月 −9	51.401	21.49	46.512	51.64	01.950	41.70	49.256	48.47	00.957	71.73
1	51.738	23.48	46.857	53.42	02.332	42.99	49.598	45.90	01.327	69.11
11	52.083	25.54	47.211	55.36	02.725	44.59	49.954	43.61	01.715	66.86
21	52.427	27.59	47.563	57.37	03.115	46.46	50.313	41.70	02.108	65.12
31	52.758	29.57	47.902	59.39	03.490	48.51	50.662	40.22	02.492	63.90
2月 10	53.070	31.42	48.223	61.37	03.845	50.70	50.994	39.20	02.858	63.23
20	53.355	33.09	48.516	63.25	04.169	52.97	51.299	38.68	03.195	63.15
3月 1	53.608	34.54	48.777	64.98	04.459	55.24	51.570	38.63	03.495	63.61
11	53.829	35.77	49.007	66.55	04.714	57.50	51.806	39.03	03.754	64.57
21	54.014	36.75	49.200	67.91	04.928	59.67	52.001	39.86	03.966	65.99
31	54.166	37.50	49.359	69.08	05.105	61.73	52.156	41.03	04.132	67.76
4月 10	54.285	38.04	49.485	70.06	05.246	63.66	52.274	42.47	04.253	69.81
20	54.372	38.35	49.579	70.83	05.350	65.43	52.353	44.12	04.326	72.04
30	54.431	38.50	49.644	71.43	05.420	67.01	52.399	45.87	04.360	74.33
5月 10	54.464	38.50	49.681	71.86	05.458	68.42	52.412	47.67	04.354	76.63
20	54.470	38.36	49.692	72.12	05.464	69.60	52.395	49.44	04.312	78.82
30	54.455	38.13	49.679	72.25	05.443	70.57	52.354	51.09	04.241	80.83
6月 9	54.417	37.80	49.643	72.24	05.393	71.32	52.288	52.61	04.141	82.62
19	54.360	37.40	49.585	72.10	05.317	71.81	52.201	53.91	04.017	84.09
29	54.286	36.96	49.511	71.86	05.220	72.07	52.098	54.96	03.875	85.23
7月 9	54.196	36.47	49.418	71.50	05.101	72.07	51.979	55.76	03.716	86.01
19	54.095	35.95	49.312	71.04	04.967	71.81	51.849	56.25	03.547	86.39
29	53.987	35.43	49.198	70.51	04.823	71.32	51.713	56.44	03.372	86.37
8月 8	53.873	34.91	49.079	69.89	04.673	70.58	51.574	56.32	03.195	85.95
18	53.762	34.42	48.962	69.24	04.526	69.65	51.439	55.86	03.024	85.11
28	53.659	33.98	48.853	68.58	04.390	68.56	51.312	55.09	02.865	83.90
9月 7	53.571	33.62	48.758	67.93	04.271	67.32	51.201	54.00	02.723	82.29
17	53.506	33.38	48.689	67.34	04.182	66.02	51.113	52.57	02.610	80.31
27	53.470	33.28	48.649	66.85	04.128	64.72	51.054	50.87	02.529	78.02
10月 7	53.471	33.36	48.646	66.51	04.119	63.46	51.032	48.85	02.488	75.39
17	53.522	33.64	48.689	66.39	04.161	62.34	51.053	46.56	02.496	72.51
27	53.597	34.16	48.772	66.45	04.256	61.41	51.120	44.05	02.555	69.42
11月 6	53.736	34.99	48.913	66.75	04.410	60.72	51.239	41.33	02.670	66.16
16	53.923	36.07	49.105	67.38	04.622	60.36	51.409	38.48	02.843	62.82
26	54.154	37.40	49.341	68.29	04.885	60.34	51.626	35.55	03.069	59.48
12月 6	54.427	38.98	49.621	69.50	05.197	60.70	51.890	32.60	03.348	56.21
16	54.733	40.76	49.934	70.97	05.546	61.45	52.192	29.75	03.670	53.14
26	55.061	42.68	50.271	72.65	05.920	62.55	52.523	27.06	04.025	50.33
36	55.406	44.71	50.624	74.51	06.312	63.99	52.874	24.62	04.406	47.88
平位置 (J2024.5)	54.142	32.65	49.410	65.01	05.240	60.02	51.539	48.44	03.068	75.25
年自行	−0.0062	0.041	0.0009	−0.006	−0.0367	−0.147	−0.0013	−0.060	−0.0114	−0.022
视 差 （角秒）	0.007		0.004		0.052		0.012		0.011	

恒 星 视 位 置

以世界时 0^h 为准

2024 年

日期		507 τ Boo $4^m.50$ F7		509 η UMa $1^m.85$ B3		510 89 Vir $4^m.96$ K0		511 10 Dra $4^m.58$ M3		3102 PGC 3584 $4^m.76$ K5	
		h m	° ′	h m	° ′	h m	° ′	h m	° ′	h m	° ′
		13 48	+17 19	13 48	+49 11	13 51	−18 15	13 52	+64 35	13 52	+34 18
	日	s	″	s	″	s	″	s	″	s	″
1月	−9	23.238	70.97	28.267	23.87	09.475	05.25	07.210	61.12	50.033	82.71
	1	23.570	68.49	28.682	21.26	09.821	06.96	07.766	58.61	50.389	80.05
	11	23.914	66.22	29.120	19.11	10.177	08.83	08.363	56.63	50.763	77.75
	21	24.261	64.24	29.566	17.53	10.532	10.81	08.979	55.31	51.142	75.91
	31	24.596	62.62	30.004	16.55	10.875	12.81	09.590	54.63	51.512	74.57
2月	10	24.915	61.38	30.424	16.18	11.201	14.79	10.181	54.62	51.867	73.75
	20	25.207	60.58	30.811	16.46	11.499	16.70	10.728	55.30	52.194	73.49
3月	1	25.467	60.20	31.154	17.30	11.766	18.48	11.216	56.57	52.486	73.76
	11	25.694	60.22	31.450	18.68	12.002	20.11	11.635	58.39	52.741	74.53
	21	25.883	60.65	31.689	20.53	12.202	21.56	11.969	60.68	52.951	75.75
	31	26.034	61.38	31.872	22.72	12.367	22.82	12.216	63.30	53.118	77.32
4月	10	26.152	62.40	31.999	25.18	12.501	23.90	12.376	66.18	53.243	79.18
	20	26.233	63.62	32.068	27.81	12.601	24.79	12.442	69.17	53.324	81.25
	30	26.283	64.97	32.086	30.45	12.672	25.49	12.425	72.14	53.368	83.39
5月	10	26.304	66.40	32.056	33.06	12.715	26.03	12.329	75.02	53.375	85.57
	20	26.297	67.84	31.980	35.51	12.730	26.41	12.156	77.67	53.347	87.66
	30	26.266	69.21	31.867	37.71	12.722	26.64	11.924	80.02	53.291	89.60
6月	9	26.213	70.51	31.719	39.63	12.689	26.72	11.634	82.01	53.208	91.35
	19	26.140	71.65	31.542	41.17	12.633	26.66	11.298	83.55	53.100	92.82
	29	26.051	72.61	31.344	42.31	12.559	26.49	10.930	84.62	52.975	93.98
7月	9	25.946	73.39	31.127	43.02	12.466	26.18	10.534	85.20	52.832	94.82
	19	25.831	73.92	30.899	43.26	12.359	25.76	10.123	85.23	52.678	95.28
	29	25.709	74.23	30.667	43.04	12.243	25.24	09.710	84.75	52.518	95.38
8月	8	25.582	74.29	30.433	42.37	12.120	24.63	09.298	83.76	52.353	95.10
	18	25.459	74.07	30.210	41.22	11.998	23.96	08.906	82.25	52.193	94.42
	28	25.344	73.60	30.002	39.65	11.885	23.26	08.540	80.30	52.043	93.38
9月	7	25.242	72.85	29.816	37.66	11.785	22.55	08.210	77.88	51.909	91.96
	17	25.164	71.81	29.665	35.27	11.709	21.88	07.933	75.06	51.800	90.18
	27	25.113	70.52	29.551	32.55	11.663	21.30	07.712	71.92	51.722	88.09
10月	7	25.097	68.94	29.485	29.51	11.655	20.85	07.562	68.46	51.682	85.67
	17	25.123	67.09	29.476	26.22	11.693	20.60	07.494	64.78	51.689	82.98
	27	25.193	65.02	29.525	22.75	11.772	20.56	07.508	60.97	51.744	80.07
11月	6	25.313	62.70	29.639	19.13	11.909	20.72	07.617	57.05	51.854	76.97
	16	25.482	60.22	29.820	15.51	12.097	21.21	07.821	53.19	52.020	73.77
	26	25.697	57.62	30.063	11.93	12.331	21.99	08.114	49.44	52.236	70.54
12月	6	25.957	54.95	30.367	08.49	12.610	23.08	08.499	45.90	52.504	67.34
	16	26.252	52.31	30.723	05.32	12.923	24.44	08.961	42.72	52.814	64.31
	26	26.573	49.76	31.119	02.49	13.260	26.03	09.486	39.94	53.156	61.49
	36	26.914	47.37	31.547	00.09	13.615	27.82	10.063	37.68	53.523	59.00
平位置 (J2024.5)		25.610	68.57	30.222	29.92	12.442	18.87	08.884	69.95	52.228	85.31
年自行		−0.0335	0.054	−0.0124	−0.016	−0.0070	−0.037	0.0002	−0.005	−0.0017	−0.032
视差（角秒）		0.064		0.032		0.013		0.008		0.005	

恒 星 视 位 置

2024 年 以世界时 0^h 为准

日期		513 η Boo+ 2ᵐ68 G0		512 ζ Cen 2ᵐ55 B2		515 47 Hya 5ᵐ20 B8		1361 48 Hya 5ᵐ77 F6		516 τ Vir 4ᵐ23 A3	
		h m 13 55	° ′ +18 16	h m 13 57	° ′ −47 24	h m 13 59	° ′ −25 05	h m 14 01	° ′ −25 07	h m 14 02	° ′ + 1 25
	日	s	″	s	″	s	″	s	″	s	″
1月	−9	48.673	34.80	00.891	07.44	50.809	11.86	19.616	29.22	51.040	43.76
	1	49.003	32.28	01.338	08.15	51.166	13.30	19.972	30.66	51.363	41.57
	11	49.348	29.97	01.800	09.29	51.534	14.98	20.340	32.32	51.699	39.40
	21	49.695	27.97	02.262	10.83	51.904	16.83	20.710	34.16	52.039	37.36
	31	50.033	26.32	02.710	12.70	52.262	18.79	21.068	36.11	52.369	35.51
2月	10	50.356	25.07	03.136	14.85	52.603	20.81	21.409	38.12	52.685	33.88
	20	50.654	24.26	03.529	17.24	52.918	22.82	21.725	40.13	52.977	32.54
3月	1	50.920	23.89	03.884	19.76	53.202	24.78	22.010	42.08	53.240	31.50
	11	51.154	23.93	04.199	22.39	53.455	26.65	22.264	43.95	53.474	30.76
	21	51.350	24.38	04.467	25.06	53.672	28.40	22.482	45.70	53.674	30.34
	31	51.510	25.15	04.691	27.71	53.854	29.99	22.665	47.29	53.841	30.20
4月	10	51.635	26.21	04.872	30.31	54.003	31.44	22.815	48.74	53.977	30.31
	20	51.724	27.48	05.006	32.80	54.117	32.71	22.931	50.01	54.080	30.64
	30	51.782	28.89	05.098	35.14	54.201	33.82	23.016	51.11	54.154	31.13
5月	10	51.809	30.38	05.148	37.31	54.255	34.76	23.071	52.06	54.201	31.75
	20	51.808	31.87	05.155	39.26	54.278	35.51	23.096	52.81	54.221	32.46
	30	51.783	33.30	05.126	40.96	54.276	36.09	23.094	53.40	54.217	33.21
6月	9	51.734	34.65	05.058	42.39	54.246	36.51	23.066	53.82	54.190	33.98
	19	51.663	35.84	04.954	43.49	54.191	36.73	23.012	54.05	54.141	34.73
	29	51.576	36.84	04.821	44.28	54.115	36.79	22.936	54.12	54.074	35.44
7月	9	51.472	37.65	04.659	44.71	54.017	36.66	22.838	54.00	53.988	36.09
	19	51.356	38.21	04.475	44.77	53.903	36.36	22.724	53.71	53.889	36.66
	29	51.232	38.53	04.277	44.49	53.778	35.91	22.598	53.26	53.779	37.14
8月	8	51.102	38.59	04.069	43.84	53.643	35.29	22.463	52.65	53.662	37.51
	18	50.975	38.36	03.865	42.85	53.510	34.54	22.329	51.92	53.545	37.75
	28	50.855	37.88	03.674	41.58	53.383	33.70	22.201	51.08	53.433	37.85
9月	7	50.748	37.10	03.503	40.03	53.269	32.78	22.086	50.17	53.331	37.79
	17	50.663	36.04	03.370	38.30	53.181	31.85	21.996	49.25	53.251	37.54
	27	50.605	34.71	03.279	36.45	53.123	30.95	21.937	48.35	53.196	37.11
10月	7	50.581	33.08	03.243	34.55	53.105	30.13	21.917	47.53	53.176	36.45
	17	50.600	31.19	03.271	32.70	53.133	29.47	21.944	46.86	53.196	35.57
	27	50.662	29.06	03.364	30.98	53.210	28.99	22.019	46.39	53.258	34.44
11月	6	50.775	26.70	03.529	29.46	53.341	28.74	22.148	46.13	53.369	33.04
	16	50.937	24.17	03.764	28.27	53.529	28.78	22.334	46.16	53.531	31.41
	26	51.147	21.52	04.062	27.42	53.765	29.13	22.569	46.51	53.737	29.58
12月	6	51.401	18.80	04.419	26.98	54.049	29.81	22.851	47.19	53.988	27.57
	16	51.692	16.11	04.823	27.00	54.370	30.82	23.171	48.18	54.275	25.45
	26	52.011	13.51	05.260	27.46	54.717	32.11	23.518	49.46	54.588	23.27
	36	52.351	11.08	05.720	28.37	55.084	33.66	23.884	51.00	54.920	21.09
平位置 (J2024.5)		51.084	32.83	04.856	28.34	53.992	26.86	22.804	44.15	53.728	37.05
年自行		−0.0042	−0.358	−0.0056	−0.045	−0.0037	−0.029	−0.0144	−0.092	0.0012	−0.021
视差（角秒）		0.088		0.008		0.010		0.017		0.015	

恒 星 视 位 置

以世界时 0^{h} 为准

2024 年

日期		521		519		524		1368		522	
		α Dra		π Hya		4 UMi		9 H. Boo		12 d Boo	
		$3^{m}.67$	A0	$3^{m}.25$	K2	$4^{m}.80$	K3	$5^{m}.13$	M4	$4^{m}.82$	F9
		h m	° ′	h m	° ′	h m	° ′	h m	° ′	h m	° ′
		14 05	+64 15	14 07	−26 47	14 08	+77 25	14 08	+43 43	14 11	+24 58
	日	s	″	s	″	s	″	s	″	s	″
1月	−9	01.457	24.40	43.114	42.46	46.113	46.00	52.287	74.03	28.560	34.86
	1	01.990	21.75	43.472	43.79	47.035	43.51	52.660	71.24	28.889	32.20
	11	02.568	19.62	43.844	45.37	48.055	41.57	53.059	68.85	29.236	29.79
	21	03.171	18.13	44.218	47.15	49.136	40.30	53.470	66.99	29.590	27.75
	31	03.774	17.29	44.582	49.05	50.231	39.68	53.877	65.69	29.939	26.13
2月	10	04.363	17.10	44.931	51.03	51.312	39.75	54.272	64.97	30.276	24.96
	20	04.915	17.62	45.254	53.03	52.333	40.51	54.641	64.88	30.591	24.30
3月	1	05.412	18.75	45.548	54.99	53.255	41.87	54.975	65.37	30.876	24.11
	11	05.845	20.44	45.811	56.89	54.059	43.80	55.270	66.40	31.129	24.40
	21	06.198	22.64	46.037	58.68	54.707	46.21	55.516	67.94	31.345	25.13
	31	06.468	25.19	46.230	60.34	55.187	48.95	55.714	69.85	31.523	26.22
4月	10	06.653	28.03	46.390	61.86	55.495	51.94	55.864	72.09	31.665	27.63
	20	06.746	31.02	46.514	63.21	55.612	55.06	55.962	74.53	31.769	29.27
	30	06.756	34.02	46.608	64.41	55.555	58.14	56.015	77.06	31.839	31.04
5月	10	06.686	36.96	46.671	65.44	55.328	61.14	56.024	79.61	31.877	32.89
	20	06.539	39.70	46.703	66.29	54.937	63.90	55.990	82.06	31.881	34.74
	30	06.330	42.16	46.707	66.98	54.411	66.33	55.920	84.33	31.860	36.50
6月	9	06.061	44.29	46.683	67.49	53.759	68.40	55.816	86.36	31.811	38.14
	19	05.741	45.98	46.632	67.80	53.002	69.99	55.682	88.07	31.737	39.58
	29	05.386	47.22	46.559	67.95	52.172	71.09	55.524	89.42	31.644	40.78
7月	9	04.998	47.97	46.462	67.91	51.276	71.68	55.344	90.40	31.530	41.74
	19	04.591	48.18	46.347	67.67	50.347	71.71	55.148	90.92	31.402	42.40
	29	04.177	47.88	46.219	67.27	49.408	71.21	54.944	91.03	31.264	42.75
8月	8	03.760	47.07	46.080	66.69	48.470	70.17	54.733	90.70	31.117	42.80
	18	03.357	45.73	45.941	65.97	47.568	68.60	54.525	89.90	30.972	42.49
	28	02.977	43.93	45.808	65.13	46.716	66.58	54.328	88.70	30.831	41.88
9月	7	02.628	41.66	45.687	64.19	45.932	64.08	54.146	87.07	30.701	40.93
	17	02.328	38.97	45.591	63.23	45.247	61.18	53.991	85.03	30.593	39.65
	27	02.082	35.94	45.525	62.27	44.668	57.96	53.869	82.64	30.512	38.06
10月	7	01.903	32.56	45.498	61.37	44.219	54.41	53.789	79.90	30.464	36.16
	17	01.804	28.95	45.519	60.61	43.924	50.66	53.759	76.88	30.459	33.97
	27	01.786	25.17	45.589	60.03	43.782	46.78	53.782	73.64	30.499	31.54
11月	6	01.862	21.26	45.714	59.66	43.814	42.81	53.866	70.20	30.590	28.87
	16	02.033	17.38	45.896	59.57	44.028	38.91	54.012	66.69	30.734	26.05
	26	02.294	13.58	46.128	59.79	44.411	35.13	54.217	63.17	30.927	23.13
12月	6	02.647	09.96	46.410	60.34	44.973	31.58	54.481	59.71	31.168	20.16
	16	03.081	06.68	46.730	61.22	45.692	28.40	54.796	56.47	31.451	17.27
	26	03.581	03.77	47.078	62.39	46.544	25.64	55.150	53.49	31.766	14.50
	36	04.138	01.37	47.447	63.84	47.516	23.42	55.538	50.89	32.106	11.96
平位置	(J2024.5)	03.234	33.43	46.397	57.37	47.411	56.42	54.440	79.40	30.964	35.59
年自行		−0.0087	0.017	0.0032	−0.141	−0.0093	0.033	0.0011	−0.030	−0.0017	−0.060
视　差（角秒）		0.011		0.032		0.007		0.007		0.027	

恒 星 视 位 置

2024 年 以世界时 0^{h} 为准

日期		3127 Pi 12 $4^{m}.99$ B9		523 κ Vir $4^{m}.18$ K3		526 α Boo $-0^{m}.05$ K2		528 ι Boo $4^{m}.75$ A9		525 ι Vir $4^{m}.07$ F7	
		h m 14 13	° ′ + 2 17	h m 14 14	° ′ −10 23	h m 14 16	° ′ +19 02	h m 14 16	° ′ +51 14	h m 14 17	° ′ − 6 06
	日	s	″	s	″	s	″	s	″	s	″
1月	−9	27.609	48.40	09.429	02.28	44.307	82.61	59.848	70.71	15.233	50.17
	1	27.927	46.19	09.756	04.11	44.625	79.98	60.248	67.86	15.554	52.14
	11	28.260	44.03	10.097	06.03	44.961	77.55	60.681	65.46	15.891	54.15
	21	28.598	41.99	10.442	07.97	45.305	75.42	61.132	63.62	16.232	56.13
	31	28.929	40.15	10.780	09.84	45.643	73.65	61.583	62.38	16.567	58.01
2月	10	29.248	38.53	11.105	11.63	45.970	72.29	62.024	61.76	16.889	59.75
	20	29.545	37.21	11.407	13.25	46.275	71.38	62.439	61.82	17.189	61.28
3月	1	29.814	36.21	11.682	14.69	46.553	70.91	62.817	62.47	17.463	62.58
	11	30.056	35.51	11.930	15.91	46.801	70.88	63.152	63.70	17.710	63.64
	21	30.265	35.14	12.144	16.90	47.014	71.28	63.434	65.45	17.924	64.43
	31	30.441	35.05	12.326	17.67	47.191	72.02	63.659	67.60	18.106	64.97
4月	10	30.587	35.22	12.479	18.23	47.335	73.07	63.829	70.08	18.259	65.29
	20	30.699	35.62	12.599	18.58	47.443	74.37	63.939	72.77	18.379	65.39
	30	30.784	36.18	12.690	18.77	47.519	75.81	63.993	75.54	18.471	65.33
5月	10	30.840	36.87	12.754	18.81	47.564	77.35	63.995	78.33	18.536	65.13
	20	30.869	37.66	12.790	18.72	47.578	78.91	63.945	80.99	18.572	64.81
	30	30.873	38.47	12.800	18.54	47.567	80.42	63.851	83.44	18.583	64.41
6月	9	30.853	39.30	12.786	18.26	47.529	81.85	63.716	85.64	18.570	63.96
	19	30.809	40.11	12.747	17.92	47.466	83.12	63.543	87.48	18.532	63.46
	29	30.746	40.85	12.687	17.54	47.384	84.21	63.343	88.92	18.473	62.96
7月	9	30.663	41.54	12.606	17.10	47.281	85.09	63.115	89.95	18.394	62.44
	19	30.564	42.13	12.508	16.64	47.163	85.72	62.869	90.49	18.297	61.94
	29	30.454	42.62	12.398	16.16	47.033	86.09	62.613	90.57	18.188	61.47
8月	8	30.334	43.00	12.277	15.67	46.895	86.21	62.348	90.18	18.068	61.03
	18	30.213	43.22	12.155	15.20	46.755	86.02	62.088	89.29	17.946	60.66
	28	30.095	43.31	12.036	14.76	46.620	85.55	61.838	87.95	17.827	60.35
9月	7	29.986	43.23	11.926	14.38	46.495	84.79	61.606	86.16	17.718	60.14
	17	29.898	42.95	11.837	14.10	46.389	83.72	61.404	83.94	17.627	60.06
	27	29.834	42.49	11.774	13.93	46.308	82.38	61.239	81.35	17.562	60.11
10月	7	29.802	41.80	11.745	13.91	46.261	80.74	61.119	78.40	17.530	60.35
	17	29.811	40.87	11.759	14.09	46.254	78.81	61.057	75.16	17.540	60.79
	27	29.862	39.72	11.820	14.35	46.291	76.64	61.054	71.71	17.592	61.40
11月	6	29.962	38.29	11.919	15.08	46.378	74.23	61.118	68.07	17.691	62.34
	16	30.113	36.63	12.078	15.99	46.517	71.63	61.253	64.37	17.844	63.51
	26	30.309	34.78	12.284	17.13	46.703	68.91	61.455	60.68	18.043	64.91
12月	6	30.551	32.75	12.535	18.52	46.937	66.10	61.725	57.08	18.288	66.52
	16	30.830	30.62	12.824	20.11	47.211	63.31	62.053	53.73	18.571	68.31
	26	31.137	28.42	13.140	21.86	47.515	60.61	62.431	50.67	18.881	70.22
	36	31.465	26.23	13.477	23.74	47.845	58.06	62.849	48.03	19.213	72.21
平位置 (J2024.5)		30.336	42.56	12.379	11.82	46.768	80.90	61.930	77.90	18.118	58.50
年自行		−0.0029	−0.027	0.0004	0.141	−0.0769	−2.001	−0.0160	0.089	−0.0017	−0.420
视 差 (角秒)		0.012		0.015		0.089		0.034		0.047	

恒　星　视　位　置

以世界时 0^h 为准

2024 年

日　期	527 λ Boo 4ᵐ.18 A0		1370 A Boo 4ᵐ.80 K1		1369 236 G. Vir 5ᵐ.86 Ap		1371 λ Vir 4ᵐ.52 A1		1372 18 Boo 5ᵐ.41 F5	
	h m	° ′	h m	° ′	h m	° ′	h m	° ′	h m	° ′
	14 17	+45 58	14 18	+35 23	14 19	−18 49	14 20	−13 28	14 20	+12 53
日	s	″	s	″	s	″	s	″	s	″
1月 −9	16.681	29.59	59.609	46.78	56.678	29.71	23.334	47.60	24.874	34.64
1	17.056	26.74	59.950	43.97	57.014	31.24	23.661	49.30	25.189	32.18
11	17.459	24.30	60.315	41.50	57.366	32.93	24.005	51.12	25.521	29.85
21	17.878	22.40	60.691	39.47	57.722	34.74	24.353	53.00	25.861	27.77
31	18.295	21.07	61.065	37.95	58.072	36.58	24.695	54.85	26.196	25.99
2月 10	18.703	20.32	61.429	36.95	58.408	38.42	25.025	56.65	26.520	24.54
20	19.086	20.23	61.771	36.54	58.724	40.21	25.333	58.33	26.823	23.50
3月 1	19.435	20.73	62.082	36.67	59.012	41.87	25.615	59.83	27.100	22.86
11	19.744	21.78	62.360	37.34	59.272	43.41	25.869	61.17	27.349	22.61
21	20.006	23.36	62.597	38.50	59.499	44.79	26.091	62.29	27.564	22.76
31	20.217	25.33	62.793	40.04	59.694	45.99	26.282	63.21	27.747	23.23
4月 10	20.380	27.64	62.948	41.92	59.859	47.02	26.443	63.93	27.897	24.00
20	20.488	30.17	63.059	44.05	59.991	47.87	26.571	64.46	28.013	25.02
30	20.549	32.79	63.130	46.29	60.093	48.56	26.671	64.83	28.099	26.19
5月 10	20.562	35.44	63.164	48.60	60.167	49.11	26.742	65.05	28.155	27.48
20	20.530	38.00	63.159	50.86	60.210	49.50	26.784	65.13	28.181	28.82
30	20.460	40.37	63.124	52.99	60.227	49.76	26.801	65.11	28.183	30.14
6月 9	20.352	42.51	63.056	54.95	60.217	49.90	26.792	64.98	28.158	31.42
19	20.211	44.32	62.960	56.64	60.180	49.91	26.756	64.77	28.109	32.60
29	20.045	45.76	62.842	58.04	60.121	49.81	26.699	64.49	28.040	33.63
7月 9	19.853	46.82	62.700	59.11	60.037	49.60	26.620	64.13	27.949	34.51
19	19.645	47.42	62.542	59.80	59.935	49.28	26.522	63.73	27.843	35.19
29	19.425	47.59	62.373	60.11	59.819	48.87	26.410	63.28	27.725	35.67
8月 8	19.197	47.30	62.195	60.04	59.691	48.36	26.287	62.79	27.596	35.94
18	18.972	46.54	62.017	59.54	59.560	47.79	26.161	62.29	27.465	35.97
28	18.756	45.35	61.845	58.67	59.432	47.18	26.037	61.79	27.338	35.76
9月 7	18.554	43.72	61.685	57.40	59.313	46.53	25.922	61.32	27.219	35.30
17	18.380	41.67	61.547	55.74	59.216	45.92	25.828	60.92	27.119	34.57
27	18.239	39.27	61.438	53.75	59.144	45.35	25.758	60.60	27.043	33.59
10月 7	18.139	36.50	61.364	51.40	59.109	44.88	25.724	60.42	26.999	32.34
17	18.092	33.44	61.337	48.76	59.117	44.58	25.732	60.42	26.995	30.82
27	18.099	30.15	61.357	45.87	59.173	44.49	25.792	60.63	27.034	29.05
11月 6	18.168	26.66	61.432	42.76	59.273	44.56	25.881	61.01	27.122	27.03
16	18.302	23.09	61.565	39.52	59.435	44.89	26.038	61.72	27.261	24.81
26	18.497	19.50	61.751	36.22	59.645	45.52	26.242	62.66	27.447	22.43
12月 6	18.754	15.98	61.992	32.92	59.902	46.43	26.491	63.86	27.680	19.92
16	19.064	12.68	62.279	29.77	60.198	47.61	26.779	65.28	27.952	17.39
26	19.419	09.64	62.604	26.81	60.523	49.01	27.096	66.89	28.254	14.89
36	19.809	06.98	62.958	24.15	60.870	50.61	27.435	68.66	28.580	12.49
平位置 (J2024.5)	18.836	35.77	61.919	50.53	59.836	41.37	26.379	57.65	27.483	32.34
年自行	−0.0180	0.159	0.0002	0.013	−0.0046	−0.035	−0.0011	0.030	0.0072	−0.032
视　差（角秒）	0.034		0.015		0.011		0.017		0.038	

恒 星 视 位 置

2024 年　　以世界时 0^h 为准

日期		3135 20 Boo $4^m.84$ K3		1373 ψ Cen $4^m.05$ A0		1375 244 G. Vir $5^m.10$ A5		531 θ Boo $4^m.04$ F7		1376 3 G. Lib $5^m.34$ K0	
		h m	° ′	h m	° ′	h m	° ′	h m	° ′	h m	° ′
		14 20	+16 11	14 21	−37 59	14 25	+ 5 42	14 25	+51 43	14 26	−24 54
	日	s	″	s	″	s	″	s	″	s	″
1月	−9	52.291	46.04	59.642	31.44	21.873	40.54	59.711	70.50	09.515	45.65
	1	52.606	43.51	60.030	32.23	22.185	38.26	60.105	67.58	09.861	46.91
	11	52.940	41.14	60.436	33.36	22.514	36.04	60.534	65.08	10.224	48.40
	21	53.281	39.05	60.849	34.81	22.850	33.99	60.984	63.15	10.592	50.06
	31	53.618	37.30	61.253	36.50	23.182	32.16	61.437	61.82	10.955	51.83
2月	10	53.944	35.91	61.643	38.39	23.503	30.59	61.882	61.10	11.305	53.67
	20	54.251	34.95	62.010	40.44	23.805	29.36	62.305	61.07	11.635	55.51
3月	1	54.530	34.43	62.346	42.55	24.081	28.47	62.692	61.64	11.937	57.31
	11	54.781	34.31	62.650	44.72	24.331	27.91	63.037	62.80	12.212	59.03
	21	54.998	34.62	62.917	46.88	24.549	27.71	63.331	64.50	12.454	60.64
	31	55.181	35.26	63.147	48.98	24.735	27.82	63.569	66.61	12.663	62.12
4月	10	55.331	36.21	63.342	51.02	24.891	28.19	63.752	69.07	12.841	63.47
	20	55.446	37.41	63.497	52.95	25.014	28.81	63.874	71.76	12.985	64.66
	30	55.531	38.76	63.617	54.75	25.108	29.59	63.940	74.54	13.098	65.70
5月	10	55.585	40.23	63.701	56.42	25.173	30.51	63.952	77.35	13.182	66.60
	20	55.608	41.73	63.748	57.90	25.210	31.50	63.911	80.06	13.233	67.34
	30	55.606	43.19	63.762	59.19	25.222	32.51	63.824	82.57	13.256	67.93
6月	9	55.577	44.60	63.741	60.28	25.207	33.52	63.694	84.84	13.249	68.38
	19	55.524	45.87	63.686	61.12	25.168	34.47	63.524	86.75	13.214	68.66
	29	55.450	46.98	63.603	61.73	25.108	35.35	63.325	88.27	13.154	68.80
7月	9	55.355	47.92	63.490	62.08	25.026	36.13	63.095	89.38	13.067	68.78
	19	55.244	48.62	63.353	62.15	24.927	36.78	62.845	90.01	12.960	68.59
	29	55.121	49.10	63.199	61.96	24.815	37.29	62.583	90.17	12.837	68.26
8月	8	54.988	49.33	63.031	61.48	24.692	37.65	62.310	89.86	12.700	67.78
	18	54.852	49.29	62.860	60.76	24.565	37.83	62.039	89.04	12.559	67.17
	28	54.720	48.99	62.693	59.81	24.440	37.84	61.778	87.77	12.421	66.46
9月	7	54.597	48.42	62.538	58.66	24.323	37.66	61.532	86.04	12.291	65.66
	17	54.493	47.55	62.410	57.36	24.224	37.25	61.316	83.86	12.183	64.83
	27	54.413	46.42	62.315	55.98	24.148	36.63	61.135	81.32	12.102	64.00
10月	7	54.365	45.00	62.263	54.55	24.104	35.78	61.000	78.40	12.058	63.22
	17	54.357	43.31	62.265	53.19	24.100	34.67	60.921	75.18	12.060	62.57
	27	54.393	41.36	62.322	51.95	24.138	33.34	60.901	71.73	12.109	62.08
11月	6	54.478	39.16	62.442	50.88	24.224	31.74	60.950	68.07	12.211	61.80
	16	54.614	36.77	62.624	50.08	24.361	29.92	61.070	64.35	12.371	61.74
	26	54.798	34.24	62.865	49.58	24.544	27.91	61.257	60.62	12.583	61.97
12月	6	55.029	31.60	63.161	49.42	24.774	25.74	61.515	56.98	12.845	62.51
	16	55.300	28.96	63.503	49.65	25.043	23.48	61.834	53.56	13.148	63.35
	26	55.602	26.37	63.879	50.23	25.342	21.20	62.203	50.43	13.482	64.46
	36	55.929	23.91	64.281	51.18	25.665	18.94	62.615	47.71	13.840	65.83
平位置 (J2024.5)		54.849	44.75	63.394	47.89	24.604	36.43	61.831	77.73	12.864	58.46
年自行		−0.0098	0.062	−0.0054	−0.011	−0.0052	0.006	−0.0253	−0.400	−0.0039	−0.018
视　差　(角秒)		0.017		0.013		0.022		0.069		0.008	

恒 星 视 位 置

以世界时 0^h 为准

2024 年

日期	1379 5 UMi 4ᵐ25 K4		1378 22 Boo 5ᵐ40 F0		533 φ Vir 4ᵐ81 G2		534 ρ Boo 3ᵐ57 K3		535 γ Boo 3ᵐ04 A7	
	h m 14 27	° ′ +75 34	h m 14 27	° ′ +19 06	h m 14 29	° ′ −2 20	h m 14 32	° ′ +30 15	h m 14 33	° ′ +38 11
日	s	″	s	″	s	″	s	″	s	″
1月 −9	28.532	62.90	33.218	64.33	25.158	05.50	50.696	50.69	01.493	62.39
1	29.305	60.18	33.531	61.73	25.471	07.53	51.018	47.88	01.830	59.48
11	30.174	57.98	33.864	59.31	25.801	09.59	51.363	45.34	02.194	56.91
21	31.111	56.42	34.207	57.19	26.138	11.57	51.722	43.21	02.574	54.80
31	32.071	55.51	34.547	55.44	26.471	13.41	52.081	41.52	02.955	53.21
2月 10	33.033	55.28	34.878	54.07	26.794	15.07	52.432	40.33	03.330	52.16
20	33.955	55.76	35.190	53.17	27.097	16.49	52.764	39.69	03.685	51.73
3月 1	34.803	56.87	35.475	52.72	27.377	17.64	53.070	39.57	04.013	51.86
11	35.558	58.57	35.734	52.70	27.630	18.51	53.347	39.97	04.308	52.54
21	36.186	60.80	35.958	53.13	27.852	19.09	53.588	40.86	04.564	53.74
31	36.675	63.40	36.148	53.91	28.044	19.40	53.790	42.15	04.777	55.36
4月 10	37.018	66.32	36.305	55.00	28.206	19.47	53.956	43.78	04.949	57.33
20	37.198	69.40	36.427	56.36	28.336	19.32	54.082	45.68	05.076	59.57
30	37.226	72.52	36.516	57.87	28.439	19.00	54.172	47.74	05.161	61.95
5月 10	37.105	75.60	36.575	59.50	28.513	18.54	54.226	49.89	05.207	64.41
20	36.834	78.49	36.602	61.16	28.558	17.97	54.243	52.03	05.211	66.83
30	36.441	81.09	36.602	62.77	28.578	17.35	54.231	54.09	05.181	69.12
6月 9	35.929	83.38	36.574	64.31	28.572	16.69	54.187	56.01	05.116	71.24
19	35.315	85.22	36.520	65.70	28.540	16.02	54.114	57.71	05.019	73.10
29	34.627	86.60	36.445	66.91	28.487	15.38	54.017	59.16	04.897	74.64
7月 9	33.870	87.48	36.348	67.92	28.411	14.75	53.896	60.32	04.749	75.85
19	33.071	87.81	36.233	68.67	28.316	14.19	53.756	61.14	04.581	76.66
29	32.251	87.62	36.105	69.17	28.208	13.70	53.603	61.62	04.399	77.09
8月 8	31.419	86.89	35.966	69.40	28.087	13.27	53.438	61.75	04.206	77.10
18	30.606	85.62	35.825	69.33	27.961	12.95	53.270	61.48	04.010	76.67
28	29.827	83.88	35.685	68.98	27.837	12.73	53.104	60.87	03.819	75.84
9月 7	29.096	81.64	35.554	68.33	27.720	12.63	52.948	59.87	03.638	74.59
17	28.443	78.97	35.441	67.37	27.621	12.70	52.810	58.51	03.478	72.94
27	27.877	75.95	35.352	66.13	27.545	12.92	52.698	56.81	03.345	70.93
10月 7	27.417	72.57	35.294	64.58	27.500	13.34	52.619	54.76	03.248	68.55
17	27.089	68.93	35.277	62.75	27.496	13.97	52.582	52.40	03.198	65.85
27	26.893	65.13	35.304	60.67	27.534	14.81	52.592	49.79	03.195	62.90
11月 6	26.850	61.19	35.380	58.33	27.619	15.91	52.653	46.93	03.250	59.71
16	26.969	57.26	35.507	55.80	27.757	17.27	52.770	43.90	03.363	56.39
26	27.240	53.41	35.684	53.14	27.942	18.83	52.939	40.78	03.533	52.99
12月 6	27.674	49.74	35.909	50.38	28.173	20.59	53.161	37.62	03.759	49.60
16	28.254	46.39	36.175	47.63	28.444	22.50	53.429	34.54	04.036	46.34
26	28.960	43.42	36.474	44.96	28.744	24.50	53.734	31.61	04.354	43.29
36	29.781	40.94	36.800	42.44	29.068	26.55	54.069	28.92	04.706	40.54
平位置 (J2024.5)	30.195	73.39	35.770	64.15	28.036	11.71	53.130	53.69	03.829	67.29
年自行	0.0021	0.023	−0.0050	0.027	−0.0094	−0.001	−0.0078	0.120	−0.0098	0.152
视差 (角秒)	0.009		0.011		0.024		0.022		0.038	

恒 星 视 位 置

2024 年 以世界时 0^h 为准

日期		1380 σ Boo $4^m.47$ F3		3161 GC 19742 $5^m.83$ A1		540 33 Boo $5^m.39$ A1		GC π^1 Boo $4^m.49$ B9		(543) ζ Boo m $3^m.78$ A3	
		h m	° ′	h m	° ′	h m	° ′	h m	° ′	h m	° ′
		14 35	+29 37	14 38	+53 54	14 39	+44 17	14 41	+16 18	14 42	+13 37
	日	s	″	s	″	s	″	s	″	s	″
1月	−9	42.350	80.11	59.697	57.57	42.614	52.41	50.045	52.36	16.515	28.87
	1	42.670	77.29	60.089	54.55	42.962	49.41	50.348	49.80	16.817	26.37
	11	43.014	74.75	60.522	51.95	43.342	46.77	50.673	47.38	17.141	24.00
	21	43.371	72.60	60.981	49.92	43.743	44.64	51.010	45.23	17.476	21.87
	31	43.728	70.90	61.448	48.47	44.148	43.06	51.346	43.41	17.810	20.04
2月	10	44.079	69.68	61.913	47.66	44.549	42.06	51.676	41.95	18.138	18.55
	20	44.411	69.01	62.358	47.54	44.933	41.71	51.989	40.93	18.449	17.47
3月	1	44.718	68.86	62.771	48.04	45.287	41.95	52.279	40.34	18.737	16.79
	11	44.996	69.23	63.144	49.15	45.609	42.77	52.544	40.18	19.000	16.53
	21	45.237	70.09	63.465	50.82	45.888	44.15	52.777	40.44	19.233	16.68
	31	45.443	71.34	63.730	52.93	46.121	45.95	52.979	41.07	19.434	17.18
4月	10	45.611	72.95	63.939	55.41	46.310	48.13	53.150	42.02	19.605	17.99
	20	45.740	74.83	64.084	58.15	46.447	50.58	53.286	43.24	19.742	19.06
	30	45.833	76.86	64.170	61.00	46.538	53.17	53.391	44.63	19.849	20.31
5月	10	45.891	78.99	64.198	63.91	46.584	55.84	53.466	46.15	19.927	21.69
	20	45.912	81.13	64.168	66.74	46.583	58.46	53.509	47.73	19.972	23.14
	30	45.903	83.17	64.088	69.38	46.542	60.94	53.525	49.28	19.991	24.57
6月	9	45.863	85.10	63.960	71.79	46.463	63.23	53.512	50.78	19.982	25.97
	19	45.794	86.80	63.787	73.86	46.347	65.22	53.472	52.16	19.946	27.26
	29	45.700	88.26	63.579	75.54	46.202	66.88	53.408	53.38	19.886	28.41
7月	9	45.583	89.44	63.338	76.81	46.027	68.17	53.321	54.42	19.802	29.41
	19	45.446	90.27	63.071	77.59	45.831	69.02	53.213	55.23	19.699	30.19
	29	45.295	90.78	62.788	77.91	45.619	69.46	53.090	55.81	19.580	30.77
8月	8	45.131	90.93	62.491	77.74	45.394	69.44	52.954	56.15	19.447	31.13
	18	44.965	90.70	62.194	77.05	45.166	68.95	52.812	56.21	19.309	31.23
	28	44.800	90.11	61.903	75.90	44.942	68.04	52.670	56.00	19.171	31.09
9月	7	44.644	89.16	61.626	74.26	44.729	66.67	52.534	55.51	19.038	30.69
	17	44.506	87.82	61.378	72.17	44.538	64.86	52.414	54.72	18.921	30.01
	27	44.394	86.17	61.164	69.70	44.376	62.69	52.316	53.67	18.825	29.07
10月	7	44.314	84.15	60.996	66.82	44.251	60.12	52.248	52.31	18.760	27.85
	17	44.276	81.84	60.886	63.63	44.176	57.23	52.220	50.67	18.734	26.35
	27	44.284	79.26	60.836	60.19	44.153	54.08	52.234	48.78	18.749	24.60
11月	6	44.344	76.43	60.856	56.53	44.190	50.69	52.296	46.62	18.813	22.59
	16	44.459	73.44	60.952	52.78	44.290	47.17	52.410	44.26	18.929	20.37
	26	44.626	70.34	61.119	49.01	44.452	43.60	52.573	41.75	19.092	17.99
12月	6	44.845	67.19	61.361	45.30	44.676	40.04	52.785	39.11	19.304	15.47
	16	45.111	64.13	61.669	41.81	44.956	36.65	53.039	36.45	19.559	12.91
	26	45.414	61.20	62.033	38.59	45.282	33.48	53.327	33.84	19.846	10.38
	36	45.747	58.51	62.446	35.76	45.648	30.65	53.643	31.34	20.161	07.94
平位置 (J2024.5)		44.814	83.08	61.883	65.57	44.914	58.67	52.702	52.06	19.213	27.86
年自行		0.0145	0.132	0.0019	−0.020	−0.0064	−0.019	0.0007	0.016	0.0036	−0.013
视 差 (角秒)		0.065		0.008		0.017		0.010		0.018	

恒 星 视 位 置

以世界时 0^h 为准

2024 年

日 期	1382 32 Boo $5^m.55$ G8		545 μ Vir $3^m.87$ F2		1383 34 Boo $4^m.80$ M3		(C3) ε Boo $2^m.35$ A0		547 109 Vir $3^m.73$ A0	
	h m 14 42	° ′ +11 33	h m 14 44	° ′ − 5 45	h m 14 44	° ′ +26 25	h m 14 46	° ′ +26 57	h m 14 47	° ′ + 1 47
日	s	″	s	″	s	″	s	″	s	″
1月 −9	51.498	24.32	18.259	41.99	27.444	26.90	00.891	76.69	26.478	31.27
1	51.799	21.87	18.567	43.88	27.752	24.11	01.199	73.88	26.779	29.13
11	52.121	19.54	18.895	45.81	28.085	21.55	01.532	71.31	27.100	27.02
21	52.454	17.42	19.232	47.72	28.433	19.34	01.880	69.10	27.432	25.01
31	52.787	15.58	19.567	49.53	28.782	17.55	02.230	67.31	27.763	23.18
2月 10	53.113	14.06	19.895	51.20	29.126	16.21	02.575	65.97	28.087	21.57
20	53.422	12.93	20.206	52.66	29.454	15.41	02.904	65.17	28.396	20.25
3月 1	53.709	12.19	20.494	53.89	29.758	15.10	03.210	64.88	28.683	19.24
11	53.972	11.85	20.759	54.87	30.036	15.29	03.490	65.08	28.947	18.53
21	54.203	11.90	20.994	55.59	30.281	15.98	03.736	65.78	29.181	18.16
31	54.405	12.29	21.201	56.05	30.491	17.06	03.948	66.89	29.387	18.08
4月 10	54.576	12.99	21.379	56.29	30.667	18.50	04.126	68.35	29.564	18.27
20	54.714	13.95	21.526	56.31	30.805	20.22	04.265	70.10	29.710	18.69
30	54.822	15.09	21.645	56.17	30.909	22.11	04.370	72.01	29.827	19.29
5月 10	54.901	16.36	21.736	55.89	30.979	24.12	04.441	74.06	29.917	20.03
20	54.949	17.70	21.797	55.49	31.014	26.15	04.476	76.12	29.976	20.87
30	54.970	19.04	21.832	55.03	31.018	28.12	04.481	78.12	30.009	21.75
6月 9	54.963	20.35	21.839	54.51	30.992	30.00	04.455	80.02	30.014	22.64
19	54.929	21.57	21.819	53.97	30.935	31.69	04.398	81.73	29.992	23.51
29	54.872	22.66	21.776	53.43	30.855	33.14	04.317	83.21	29.947	24.32
7月 9	54.791	23.62	21.707	52.89	30.748	34.36	04.210	84.44	29.876	25.08
19	54.690	24.39	21.617	52.39	30.621	35.25	04.081	85.35	29.784	25.72
29	54.573	24.96	21.510	51.92	30.479	35.84	03.938	85.95	29.676	26.27
8月 8	54.442	25.33	21.389	51.49	30.322	36.10	03.779	86.22	29.553	26.69
18	54.306	25.47	21.260	51.13	30.160	36.00	03.616	86.12	29.422	26.97
28	54.169	25.38	21.131	50.85	29.999	35.56	03.452	85.68	29.290	27.11
9月 7	54.037	25.04	21.006	50.66	29.843	34.77	03.294	84.88	29.163	27.09
17	53.922	24.44	20.898	50.60	29.705	33.62	03.154	83.72	29.051	26.88
27	53.827	23.59	20.812	50.66	29.590	32.14	03.036	82.23	28.959	26.48
10月 7	53.763	22.47	20.756	50.90	29.505	30.32	02.949	80.39	28.898	25.87
17	53.737	21.09	20.740	51.33	29.462	28.19	02.903	78.24	28.875	25.03
27	53.753	19.45	20.766	51.95	29.462	25.80	02.901	75.83	28.893	23.98
11月 6	53.818	17.56	20.839	52.80	29.513	23.13	02.950	73.14	28.959	22.67
16	53.933	15.45	20.964	53.93	29.618	20.29	03.053	70.28	29.075	21.12
26	54.096	13.17	21.139	55.26	29.775	17.32	03.208	67.29	29.240	19.37
12月 6	54.308	10.74	21.361	56.81	29.984	14.28	03.415	64.23	29.453	17.44
16	54.562	08.26	21.624	58.52	30.238	11.28	03.668	61.21	29.708	15.39
26	54.849	05.79	21.919	60.35	30.529	08.39	03.958	58.31	29.994	13.27
36	55.162	03.40	22.239	62.26	30.852	05.70	04.281	55.60	30.307	11.14
平位置 (J2024.5)	54.220	22.73	21.277	48.33	29.981	29.29	03.427	79.29	29.372	27.34
年自行	−0.0108	−0.112	0.0070	−0.320	−0.0011	−0.015	−0.0038	0.020	−0.0078	−0.023
视 差 (角秒)	0.008		0.054		0.004		0.016		0.025	

恒 星 视 位 置

2024 年 以世界时 0^h 为准

日期		1385		1386		550		1387		549	
		56 Hya		Grb 2152		β UMi		α^1 Lib		Grb 2164	
		5ᵐ.23	G8	6ᵐ.15	F2	2ᵐ.07	K4	5ᵐ.15	F3	5ᵐ.48	K4
		h m	° ′	h m	° ′	h m	° ′	h m	° ′	h m	° ′
		14 49	−26 11	14 50	+37 42	14 50	+74 02	14 51	−16 05	14 52	+59 11
	日	s	″	s	″	s	″	s	″	s	″
1月	−9	07.462	08.29	02.044	35.13	37.573	68.56	59.427	43.14	01.719	33.22
	1	07.799	09.34	02.365	32.14	38.224	65.60	59.743	44.59	02.130	30.12
	11	08.157	10.61	02.716	29.46	38.974	63.11	60.079	46.18	02.591	27.44
	21	08.527	12.07	03.087	27.22	39.800	61.24	60.427	47.85	03.090	25.33
	31	08.894	13.65	03.463	25.48	40.662	60.00	60.773	49.54	03.603	23.82
2月	10	09.253	15.32	03.836	24.28	41.540	59.43	61.112	51.20	04.121	22.96
	20	09.596	17.02	04.194	23.69	42.398	59.57	61.436	52.77	04.623	22.80
3月	1	09.915	18.68	04.528	23.67	43.201	60.37	61.738	54.22	05.092	23.30
	11	10.210	20.31	04.833	24.22	43.935	61.79	62.017	55.52	05.522	24.42
	21	10.475	21.84	05.102	25.31	44.565	63.79	62.267	56.64	05.896	26.12
	31	10.709	23.27	05.331	26.83	45.077	66.21	62.489	57.58	06.208	28.29
4月	10	10.914	24.58	05.521	28.74	45.465	69.01	62.682	58.36	06.455	30.85
	20	11.085	25.76	05.667	30.95	45.709	72.04	62.845	58.95	06.630	33.69
	30	11.226	26.81	05.773	33.32	45.816	75.16	62.978	59.40	06.735	36.66
5月	10	11.335	27.74	05.838	35.80	45.788	78.30	63.083	59.71	06.773	39.70
	20	11.412	28.53	05.861	38.28	45.621	81.32	63.157	59.90	06.740	42.67
	30	11.458	29.20	05.849	40.65	45.336	84.12	63.203	59.99	06.647	45.45
6月	9	11.473	29.73	05.800	42.88	44.936	86.63	63.220	59.99	06.495	48.02
	19	11.456	30.11	05.717	44.86	44.434	88.75	63.207	59.90	06.288	50.23
	29	11.410	30.36	05.606	46.55	43.853	90.44	63.168	59.74	06.039	52.05
7月	9	11.335	30.46	05.466	47.92	43.197	91.66	63.101	59.51	05.747	53.46
	19	11.234	30.40	05.303	48.89	42.489	92.35	63.011	59.22	05.424	54.36
	29	11.114	30.20	05.123	49.49	41.749	92.52	62.902	58.87	05.080	54.78
8月	8	10.975	29.84	04.928	49.67	40.985	92.16	62.775	58.47	04.717	54.70
	18	10.828	29.34	04.728	49.42	40.224	91.25	62.640	58.03	04.352	54.08
	28	10.679	28.72	04.528	48.76	39.483	89.85	62.503	57.57	03.992	52.98
9月	7	10.536	27.99	04.335	47.68	38.772	87.95	62.370	57.09	03.645	51.38
	17	10.411	27.21	04.161	46.18	38.122	85.57	62.253	56.66	03.329	49.31
	27	10.310	26.40	04.012	44.31	37.543	82.81	62.158	56.27	03.050	46.83
10月	7	10.244	25.60	03.896	42.06	37.053	79.65	62.094	55.97	02.819	43.94
	17	10.223	24.90	03.824	39.47	36.677	76.20	62.072	55.82	02.653	40.71
	27	10.249	24.31	03.800	36.61	36.418	72.52	62.095	55.83	02.554	37.22
11月	6	10.329	23.92	03.831	33.49	36.295	68.65	62.188	56.04	02.533	33.51
	16	10.464	23.72	03.922	30.20	36.322	64.73	62.287	56.44	02.596	29.69
	26	10.656	23.76	04.069	26.83	36.490	60.83	62.465	57.12	02.741	25.84
12月	6	10.900	24.10	04.274	23.42	36.810	57.05	62.691	58.04	02.971	22.05
	16	11.189	24.73	04.531	20.12	37.272	53.54	62.960	59.19	03.280	18.47
	26	11.512	25.62	04.832	16.99	37.857	50.35	63.262	60.54	03.656	15.17
	36	11.863	26.76	05.169	14.14	38.557	47.62	63.591	62.05	04.093	12.26
平位置	(J2024.5)	10.986	19.41	04.462	40.36	39.559	79.11	62.691	51.51	03.915	42.27
年自行		0.0029	−0.009	−0.0213	0.109	−0.0078	0.012	−0.0094	−0.060	−0.0159	0.137
视 差 (角秒)		0.010		0.024		0.026		0.042		0.007	

恒 星 视 位 置

以世界时 0^h 为准

2024 年

日 期		548 α² Lib 2ᵐ.75 A3		N30 ξ Boo * 4ᵐ.54 G8		1389 381 G. Cen 5ᵐ.32 A0		551 Pi 14ʰ221 5ᵐ.90 A0		554 2 H. UMi 4ᵐ.63 M5	
		h m 14 52	° ′ −16 08	h m 14 52	° ′ +18 59	h m 14 57	° ′ −33 57	h m 14 57	° ′ +14 20	h m 14 57	° ′ +65 49
	日	s	″	s	″	s	″	s	″	s	″
1月	−9	11.033	23.43	28.426	60.83	11.565	01.17	19.939	54.65	56.659	57.31
	1	11.348	24.87	28.725	58.19	11.920	01.82	20.231	52.12	57.126	54.19
	11	11.685	26.46	29.047	55.71	12.298	02.74	20.547	49.72	57.661	51.51
	21	12.032	28.13	29.384	53.52	12.690	03.94	20.878	47.55	58.246	49.42
	31	12.378	29.82	29.721	51.68	13.082	05.33	21.210	45.69	58.856	47.94
2月	10	12.718	31.48	30.055	50.22	13.467	06.89	21.539	44.16	59.477	47.12
	20	13.042	33.05	30.374	49.23	13.836	08.58	21.855	43.05	60.084	47.02
3月	1	13.344	34.50	30.671	48.69	14.182	10.31	22.150	42.36	60.655	47.58
	11	13.623	35.80	30.944	48.60	14.504	12.08	22.422	42.09	61.180	48.77
	21	13.874	36.92	31.186	48.97	14.795	13.84	22.666	42.25	61.637	50.56
	31	14.096	37.87	31.397	49.71	15.054	15.55	22.879	42.76	62.019	52.82
4月	10	14.289	38.64	31.577	50.79	15.282	17.21	23.064	43.61	62.320	55.47
	20	14.452	39.24	31.722	52.16	15.474	18.77	23.216	44.73	62.528	58.40
	30	14.586	39.69	31.835	53.71	15.634	20.24	23.337	46.04	62.648	61.46
5月	10	14.691	40.00	31.918	55.39	15.760	21.61	23.428	47.50	62.679	64.59
	20	14.765	40.19	31.967	57.13	15.849	22.84	23.488	49.03	62.620	67.64
	30	14.812	40.29	31.988	58.83	15.905	23.94	23.519	50.55	62.483	70.50
6月	9	14.829	40.28	31.978	60.48	15.926	24.89	23.521	52.04	62.269	73.12
	19	14.816	40.20	31.940	61.99	15.910	25.66	23.493	53.42	61.985	75.38
	29	14.777	40.04	31.878	63.32	15.862	26.26	23.441	54.66	61.646	77.24
7月	9	14.710	39.81	31.789	64.46	15.781	26.67	23.363	55.75	61.253	78.66
	19	14.620	39.52	31.679	65.34	15.670	26.85	23.262	56.62	60.819	79.57
	29	14.511	39.18	31.553	65.97	15.537	26.84	23.144	57.27	60.360	79.98
8月	8	14.385	38.77	31.412	66.32	15.382	26.59	23.009	57.70	59.878	79.87
	18	14.250	38.34	31.263	66.37	15.218	26.13	22.866	57.85	59.392	79.21
	28	14.112	37.87	31.114	66.14	15.050	25.48	22.721	57.76	58.914	78.06
9月	7	13.979	37.40	30.969	65.60	14.887	24.64	22.579	57.40	58.452	76.40
	17	13.862	36.96	30.839	64.74	14.743	23.66	22.451	56.75	58.027	74.26
	27	13.767	36.58	30.731	63.60	14.625	22.59	22.342	55.84	57.647	71.70
10月	7	13.703	36.28	30.651	62.14	14.543	21.46	22.263	54.64	57.326	68.73
	17	13.681	36.12	30.611	60.39	14.509	20.36	22.221	53.15	57.082	65.43
	27	13.704	36.13	30.613	58.37	14.526	19.34	22.220	51.41	56.919	61.87
11月	6	13.796	36.34	30.664	56.09	14.601	18.46	22.267	49.41	56.851	58.08
	16	13.896	36.74	30.767	53.61	14.738	17.78	22.366	47.18	56.885	54.19
	26	14.074	37.41	30.919	50.97	14.932	17.32	22.514	44.79	57.018	50.29
12月	6	14.300	38.33	31.122	48.22	15.184	17.16	22.711	42.25	57.258	46.46
	16	14.569	39.48	31.369	45.46	15.485	17.32	22.953	39.68	57.595	42.85
	26	14.871	40.82	31.651	42.76	15.824	17.78	23.229	37.12	58.017	39.52
	36	15.200	42.33	31.964	40.19	16.194	18.54	23.535	34.65	58.519	36.61
平位置 (J2024.5)		14.299	31.80	31.275	60.78	15.400	13.30	22.689	54.57	58.826	67.16
年自行		−0.0073	−0.069	0.0108	−0.071	0.0015	−0.001	−0.0009	0.000	−0.0130	0.033
视 差 (角秒)		0.042		0.149		0.013		0.006		0.008	

* 双星，表给视位置为亮星位置，平位置为质心位置。

恒 星 视 位 置

2024 年 以世界时 0^h 为准

日期		1390 ξ² Lib $5^m.48$ K4		3177 16 Lib $4^m.47$ F0		1393 Br 1908 $5^m.51$ K1		1391 33 G. Lib $5^m.72$ K4		552 β Lup $2^m.68$ B2	
		h m	° ′	h m	° ′	h m	° ′	h m	° ′	h m	° ′
		14 58	−11 30	14 58	− 4 26	14 58	− 0 15	14 58	−21 31	15 00	−43 13
	日	s	″	s	″	s	″	s	″	s	″
1月	−9	02.907	19.01	24.889	36.57	45.789	50.19	50.716	18.09	04.569	37.66
	1	03.213	20.61	25.187	38.46	46.084	52.23	51.041	19.32	04.959	37.86
	11	03.540	22.32	25.507	40.39	46.401	54.27	51.388	20.73	05.377	38.42
	21	03.880	24.06	25.840	42.27	46.731	56.23	51.746	22.29	05.812	39.32
	31	04.219	25.76	26.173	44.05	47.062	58.04	52.105	23.91	06.247	40.52
2月	10	04.553	27.39	26.500	45.67	47.388	59.65	52.457	25.57	06.676	41.97
	20	04.873	28.88	26.814	47.08	47.701	60.99	52.795	27.21	07.089	43.65
3月	1	05.173	30.20	27.108	48.24	47.993	62.05	53.111	28.77	07.477	45.47
	11	05.451	31.33	27.380	49.15	48.264	62.82	53.404	30.25	07.838	47.42
	21	05.701	32.24	27.625	49.77	48.508	63.27	53.669	31.59	08.166	49.45
	31	05.923	32.95	27.842	50.14	48.724	63.43	53.905	32.80	08.458	51.49
4月	10	06.119	33.45	28.032	50.27	48.912	63.34	54.112	33.87	08.716	53.55
	20	06.284	33.76	28.192	50.18	49.070	63.01	54.288	34.79	08.934	55.57
	30	06.421	33.92	28.323	49.93	49.200	62.51	54.435	35.58	09.114	57.53
5月	10	06.529	33.94	28.427	49.53	49.302	61.86	54.552	36.24	09.255	59.41
	20	06.607	33.85	28.501	49.02	49.374	61.11	54.637	36.78	09.353	61.16
	30	06.658	33.67	28.547	48.45	49.419	60.32	54.692	37.21	09.413	62.76
6月	9	06.679	33.42	28.565	47.84	49.435	59.49	54.717	37.53	09.430	64.21
	19	06.671	33.11	28.555	47.21	49.423	58.68	54.710	37.75	09.406	65.44
	29	06.637	32.77	28.519	46.61	49.386	57.91	54.675	37.86	09.344	66.45
7月	9	06.575	32.40	28.456	46.01	49.322	57.19	54.610	37.87	09.242	67.21
	19	06.489	32.00	28.370	45.47	49.235	56.56	54.520	37.77	09.108	67.69
	29	06.384	31.60	28.265	44.98	49.130	56.02	54.410	37.57	08.946	67.88
8月	8	06.261	31.19	28.143	44.54	49.007	55.57	54.280	37.26	08.761	67.77
	18	06.128	30.79	28.012	44.20	48.876	55.25	54.141	36.87	08.564	67.36
	28	05.992	30.41	27.878	43.94	48.741	55.06	53.999	36.40	08.364	66.67
9月	7	05.860	30.06	27.746	43.78	48.609	55.01	53.861	35.87	08.170	65.70
	17	05.741	29.79	27.629	43.76	48.491	55.13	53.738	35.32	07.997	64.51
	27	05.643	29.60	27.531	43.87	48.392	55.42	53.638	34.77	07.854	63.15
10月	7	05.575	29.53	27.463	44.16	48.322	55.91	53.569	34.27	07.752	61.66
	17	05.547	29.62	27.433	44.65	48.290	56.62	53.544	33.88	07.704	60.12
	27	05.563	29.88	27.444	45.32	48.299	57.53	53.564	33.61	07.714	58.61
11月	6	05.627	30.29	27.503	46.22	48.355	58.68	53.637	33.57	07.790	57.20
	16	05.738	31.03	27.612	47.37	48.461	60.08	53.757	33.66	07.935	55.97
	26	05.904	31.98	27.771	48.74	48.617	61.68	53.938	34.00	08.145	54.96
12月	6	06.120	33.14	27.980	50.31	48.821	63.47	54.170	34.62	08.419	54.26
	16	06.378	34.50	28.230	52.03	49.068	65.40	54.446	35.50	08.748	53.90
	26	06.669	36.02	28.514	53.87	49.349	67.41	54.756	36.60	09.121	53.89
	36	06.988	37.67	28.825	55.77	49.657	69.45	55.095	37.91	09.529	54.25
平位置 (J2024.5)		06.103	25.70	27.941	41.50	48.774	53.95	54.190	28.09	08.847	51.37
年自行		0.0006	0.010	−0.0065	−0.155	0.0040	−0.026	0.0744	−1.733	−0.0032	−0.039
视 差 (角秒)		0.006		0.036		0.011		0.169		0.006	

恒 星 视 位 置

以世界时 0^h 为准

2024 年

日期		1394 δ Lib $4^m.9$～$5^m.9$ B9		555 β Boo $3^m.49$ G8		3185 ω Boo $4^m.80$ K4		3190 110 Vir $4^m.39$ K0		557 ψ Boo $4^m.52$ K2	
		h m	° ′	h m	° ′	h m	° ′	h m	° ′	h m	° ′
		15 02	− 8 36	15 02	+40 17	15 03	+24 54	15 04	+ 1 59	15 05	+26 50
	日	s	″	s	″	s	″	s	″	s	″
1月	−9	13.938	47.33	49.690	35.86	08.302	42.27	05.484	50.04	27.146	68.61
	1	14.238	49.04	50.005	32.76	08.595	39.45	05.774	47.92	27.439	65.75
	11	14.560	50.82	50.355	29.98	08.915	36.84	06.087	45.83	27.760	63.10
	21	14.895	52.60	50.728	27.65	09.253	34.55	06.415	43.84	28.099	60.79
	31	15.231	54.32	51.109	25.83	09.596	32.66	06.744	42.02	28.444	58.89
2月	10	15.562	55.94	51.492	24.55	09.937	31.21	07.069	40.43	28.789	57.45
	20	15.880	57.38	51.863	23.90	10.267	30.27	07.382	39.12	29.122	56.53
3月	1	16.179	58.62	52.211	23.84	10.576	29.82	07.676	38.12	29.435	56.12
	11	16.456	59.65	52.534	24.37	10.862	29.88	07.949	37.43	29.725	56.23
	21	16.706	60.43	52.820	25.46	11.119	30.43	08.196	37.08	29.985	56.85
	31	16.930	60.98	53.068	27.01	11.343	31.40	08.415	37.03	30.213	57.89
4月	10	17.126	61.33	53.276	28.97	11.536	32.74	08.607	37.25	30.409	59.31
	20	17.293	61.46	53.439	31.25	11.693	34.38	08.768	37.72	30.568	61.04
	30	17.431	61.44	53.559	33.72	11.817	36.22	08.902	38.36	30.693	62.97
5月	10	17.542	61.27	53.638	36.31	11.907	38.20	09.007	39.16	30.784	65.05
	20	17.622	61.00	53.672	38.92	11.962	40.24	09.082	40.05	30.839	67.17
	30	17.675	60.65	53.667	41.43	11.986	42.23	09.130	40.98	30.862	69.26
6月	9	17.698	60.24	53.624	43.80	11.977	44.16	09.149	41.93	30.852	71.26
	19	17.692	59.79	53.542	45.92	11.937	45.91	09.138	42.86	30.809	73.09
	29	17.660	59.34	53.430	47.75	11.870	47.46	09.103	43.72	30.739	74.70
7月	9	17.600	58.87	53.285	49.26	11.775	48.79	09.040	44.52	30.640	76.07
	19	17.516	58.41	53.115	50.36	11.657	49.81	08.953	45.21	30.517	77.13
	29	17.412	57.97	52.925	51.07	11.520	50.53	08.847	45.78	30.375	77.88
8月	8	17.290	57.55	52.717	51.35	11.365	50.94	08.724	46.24	30.215	78.29
	18	17.158	57.17	52.501	51.18	11.202	51.00	08.591	46.55	30.046	78.34
	28	17.023	56.84	52.284	50.59	11.036	50.73	08.454	46.71	29.875	78.05
9月	7	16.889	56.57	52.072	49.56	10.873	50.10	08.318	46.71	29.706	77.39
	17	16.769	56.41	51.878	48.09	10.725	49.12	08.196	46.51	29.551	76.35
	27	16.668	56.34	51.707	46.23	10.596	47.81	08.093	46.14	29.416	74.99
10月	7	16.597	56.41	51.568	43.97	10.496	46.15	08.017	45.55	29.310	73.26
	17	16.564	56.66	51.475	41.36	10.435	44.18	07.978	44.73	29.244	71.21
	27	16.574	57.08	51.429	38.47	10.417	41.92	07.981	43.70	29.220	68.88
11月	6	16.632	57.69	51.439	35.29	10.448	39.39	08.030	42.42	29.246	66.27
	16	16.739	58.58	51.510	31.94	10.533	36.66	08.130	40.90	29.326	63.45
	26	16.898	59.69	51.640	28.49	10.669	33.77	08.279	39.19	29.458	60.49
12月	6	17.106	61.00	51.830	24.99	10.858	30.79	08.476	37.29	29.644	57.43
	16	17.357	62.49	52.076	21.60	11.094	27.82	08.717	35.27	29.878	54.40
	26	17.643	64.13	52.368	18.37	11.369	24.93	08.992	33.18	30.152	51.45
	36	17.956	65.87	52.702	15.42	11.678	22.20	09.296	31.07	30.460	48.68
平位置 (J2024.5)		17.090	52.98	52.150	41.85	10.939	44.97	08.448	47.22	29.763	71.87
年自行		−0.0045	−0.004	−0.0035	−0.028	−0.0004	−0.049	−0.0036	0.013	−0.0132	−0.005
视差（角秒）		0.011		0.015		0.009		0.018		0.013	

恒 星 视 位 置

2024 年 以世界时 0^h 为准

日 期	556		1395		1397		1396		559	
	σ Lib		47 Boo		+55°1730 Boo		45 Boo		ι Lib	
	3.ᵐ25	M3	5.ᵐ59	A1	5.ᵐ24	G8	4.ᵐ93	F5	4.ᵐ54	As
	h m	° ′	h m	° ′	h m	° ′	h m	° ′	h m	° ′
	15 05	−25 22	15 06	+48 02	15 06	+54 27	15 08	+24 46	15 13	−19 52
日	s	″	s	″	s	″	s	″	s	″
1月 −9	27.023	26.55	12.168	78.50	56.455	37.59	20.005	27.17	33.907	50.56
1	27.348	27.51	12.501	75.31	56.814	34.37	20.295	24.35	34.217	51.72
11	27.697	28.69	12.875	72.48	57.222	31.54	20.613	21.72	34.550	53.05
21	28.061	30.04	13.279	70.14	57.666	29.23	20.949	19.42	34.899	54.50
31	28.425	31.51	13.695	68.35	58.126	27.49	21.291	17.50	35.250	56.00
2月 10	28.785	33.06	14.115	67.15	58.593	26.38	21.632	16.02	35.598	57.52
20	29.131	34.63	14.524	66.62	59.049	25.96	21.962	15.05	35.935	59.00
3月 1	29.457	36.17	14.910	66.71	59.481	26.18	22.273	14.58	36.253	60.40
11	29.761	37.66	15.268	67.42	59.881	27.04	22.563	14.61	36.551	61.70
21	30.037	39.06	15.586	68.73	60.236	28.51	22.823	15.14	36.823	62.86
31	30.284	40.36	15.860	70.51	60.539	30.45	23.051	16.09	37.068	63.88
4月 10	30.504	41.55	16.088	72.71	60.789	32.83	23.249	17.41	37.287	64.76
20	30.691	42.62	16.263	75.24	60.976	35.52	23.411	19.05	37.476	65.49
30	30.849	43.57	16.388	77.95	61.105	38.39	23.539	20.88	37.636	66.09
5月 10	30.976	44.41	16.464	80.78	61.175	41.37	23.635	22.87	37.767	66.58
20	31.070	45.13	16.487	83.61	61.184	44.33	23.695	24.91	37.866	66.95
30	31.133	45.73	16.465	86.32	61.139	47.15	23.724	26.92	37.935	67.23
6月 9	31.163	46.23	16.397	88.87	61.040	49.79	23.720	28.86	37.972	67.41
19	31.160	46.59	16.285	91.13	60.890	52.12	23.684	30.64	37.977	67.51
29	31.127	46.85	16.138	93.07	60.700	54.10	23.621	32.22	37.953	67.53
7月 9	31.062	46.97	15.954	94.66	60.468	55.70	23.529	33.57	37.897	67.47
19	30.970	46.95	15.741	95.79	60.203	56.82	23.412	34.62	37.813	67.32
29	30.855	46.81	15.506	96.50	59.915	57.48	23.276	35.38	37.707	67.10
8月 8	30.719	46.52	15.252	96.74	59.606	57.66	23.122	35.82	37.579	66.78
18	30.571	46.11	14.989	96.49	59.289	57.31	22.959	35.90	37.439	66.40
28	30.419	45.59	14.726	95.78	58.973	56.49	22.792	35.66	37.293	65.97
9月 7	30.270	44.95	14.469	94.60	58.664	55.17	22.627	35.07	37.148	65.47
17	30.135	44.26	14.231	92.95	58.378	53.37	22.476	34.11	37.015	64.97
27	30.023	43.54	14.020	90.89	58.121	51.16	22.344	32.83	36.902	64.48
10月 7	29.943	42.82	13.845	88.41	57.906	48.51	22.240	31.20	36.819	64.03
17	29.906	42.18	13.719	85.57	57.746	45.50	22.175	29.25	36.776	63.68
27	29.915	41.64	13.645	82.44	57.645	42.20	22.152	27.02	36.778	63.45
11月 6	29.978	41.27	13.633	79.03	57.613	38.64	22.179	24.51	36.832	63.40
16	30.094	41.10	13.690	75.46	57.657	34.92	22.259	21.79	36.925	63.56
26	30.267	41.11	13.811	71.81	57.774	31.14	22.390	18.92	37.091	63.86
12月 6	30.495	41.41	14.001	68.13	57.969	27.36	22.574	15.94	37.303	64.46
16	30.768	41.98	14.253	64.59	58.235	23.75	22.806	12.97	37.560	65.29
26	31.078	42.80	14.559	61.25	58.563	20.36	23.077	10.07	37.854	66.33
36	31.419	43.85	14.914	58.23	58.948	17.32	23.383	07.34	38.178	67.57
平位置 (J2024.5)	30.606	35.99	14.565	85.99	58.802	46.08	22.672	30.01	37.374	58.01
年自行	−0.0053	−0.044	−0.0065	0.029	0.0054	0.013	0.0136	−0.163	−0.0025	−0.033
视 差 （角秒）	0.011		0.013		0.013		0.051		0.009	

恒 星 视 位 置

以世界时 0^{h} 为准

2024 年

日 期	565		562		563		564		1400	
	1 H. UMi		3 Ser		δ Boo		β Lib		Pi $15^{\mathrm{h}}36$	
	$5^{\mathrm{m}}.15$	F9	$5^{\mathrm{m}}.32$	K0	$3^{\mathrm{m}}.46$	G8	$2^{\mathrm{m}}.61$	B8	$5^{\mathrm{m}}.68$	G5
	h m	° ′	h m	° ′	h m	° ′	h m	° ′	h m	° ′
	15 14	+67 14	15 16	+ 4 50	15 16	+33 13	15 18	− 9 28	15 19	+20 28
日	s	″	s	″	s	″	s	″	s	″
1月 −9	53.510	64.67	21.571	60.74	26.857	23.67	16.484	13.77	27.710	61.84
1	53.964	61.42	21.852	58.54	27.148	20.63	16.775	15.37	27.988	59.11
11	54.495	58.59	22.158	56.38	27.471	17.84	17.090	17.06	28.294	56.54
21	55.088	56.32	22.480	54.35	27.818	15.44	17.421	18.76	28.620	54.24
31	55.715	54.66	22.806	52.52	28.173	13.48	17.756	20.41	28.953	52.29
2月 10	56.362	53.64	23.132	50.93	28.531	12.02	18.088	21.96	29.287	50.73
20	57.003	53.34	23.447	49.66	28.881	11.14	18.411	23.36	29.612	49.65
3月 1	57.615	53.71	23.745	48.72	29.212	10.82	18.716	24.56	29.920	49.03
11	58.186	54.74	24.024	48.12	29.522	11.05	19.003	25.56	30.209	48.88
21	58.692	56.38	24.278	47.89	29.801	11.83	19.265	26.32	30.471	49.22
31	59.122	58.51	24.506	47.98	30.047	13.07	19.501	26.87	30.705	49.97
4月 10	59.472	61.08	24.707	48.35	30.259	14.72	19.712	27.20	30.911	51.08
20	59.725	63.96	24.879	49.00	30.432	16.71	19.894	27.34	31.083	52.51
30	59.885	67.01	25.023	49.83	30.569	18.91	20.049	27.32	31.223	54.16
5月 10	59.952	70.17	25.139	50.81	30.668	21.27	20.176	27.17	31.333	55.97
20	59.920	73.27	25.223	51.89	30.727	23.68	20.272	26.90	31.408	57.85
30	59.803	76.23	25.280	53.01	30.751	26.04	20.340	26.57	31.453	59.73
6月 9	59.601	78.97	25.307	54.13	30.738	28.30	20.378	26.18	31.465	61.57
19	59.319	81.38	25.303	55.22	30.690	30.37	20.384	25.75	31.445	63.28
29	58.973	83.41	25.273	56.22	30.611	32.19	20.363	25.32	31.397	64.81
7月 9	58.565	85.02	25.214	57.14	30.500	33.74	20.312	24.88	31.319	66.15
19	58.109	86.12	25.130	57.92	30.362	34.94	20.234	24.44	31.215	67.23
29	57.619	86.74	25.025	58.56	30.203	35.79	20.134	24.02	31.090	68.05
8月 8	57.099	86.83	24.901	59.06	30.024	36.26	20.013	23.62	30.945	68.59
18	56.570	86.38	24.765	59.37	29.835	36.31	19.880	23.26	30.789	68.80
28	56.043	85.43	24.623	59.51	29.641	35.99	19.740	22.93	30.627	68.72
9月 7	55.527	83.95	24.481	59.46	29.448	35.25	19.600	22.66	30.465	68.31
17	55.045	81.98	24.351	59.20	29.269	34.10	19.471	22.48	30.314	67.57
27	54.607	79.58	24.237	58.73	29.110	32.58	19.359	22.39	30.181	66.52
10月 7	54.227	76.75	24.150	58.03	28.980	30.67	19.275	22.42	30.075	65.14
17	53.924	73.56	24.099	57.09	28.889	28.41	19.229	22.62	30.004	63.44
27	53.703	70.08	24.087	55.93	28.842	25.86	19.223	22.97	29.975	61.47
11月 6	53.580	66.34	24.122	54.51	28.847	23.00	19.267	23.51	29.993	59.22
16	53.565	62.48	24.208	52.87	28.909	19.95	19.358	24.27	30.063	56.74
26	53.655	58.57	24.343	51.03	29.026	16.75	19.502	25.29	30.184	54.09
12月 6	53.857	54.69	24.527	49.00	29.199	13.46	19.696	26.50	30.357	51.30
16	54.166	51.00	24.756	46.87	29.424	10.22	19.935	27.88	30.577	48.49
26	54.570	47.57	25.020	44.69	29.694	07.08	20.210	29.41	30.837	45.72
36	55.063	44.52	25.316	42.51	30.002	04.16	20.516	31.05	31.130	43.06
平位置 (J2024.5)	55.832	74.54	24.540	59.37	29.458	28.58	19.722	18.41	30.468	64.20
年自行	0.0384	−0.391	−0.0015	0.004	0.0068	−0.111	−0.0065	−0.021	−0.0009	−0.020
视 差 (角秒)	0.040		0.007		0.028		0.020		0.011	

恒星视位置

2024年 以世界时 0^h 为准

日期		569 γ UMi		566 φ^1 Lup		N30 η CrB		568 μ Boo pr		571 ι Dra	
		3ᵐ.00	A3	3ᵐ.57	K5	4ᵐ.99	G2	4ᵐ.31	F0	3ᵐ.29	K2
		h m	° ′	h m	° ′	h m	° ′	h m	° ′	h m	° ′
		15 20	+71 44	15 23	−36 20	15 24	+30 11	15 25	+37 17	15 25	+58 52
	日	s	″	s	″	s	″	s	″	s	″
1月	−9	40.191	38.04	18.043	44.45	10.405	57.82	22.409	26.49	26.278	42.03
	1	40.701	34.80	18.388	44.76	10.685	54.83	22.696	23.35	26.635	38.69
	11	41.311	31.98	18.762	45.35	10.998	52.06	23.020	20.47	27.052	35.72
	21	42.002	29.71	19.156	46.22	11.335	49.64	23.370	18.00	27.516	33.26
	31	42.741	28.05	19.555	47.31	11.681	47.64	23.733	16.00	28.006	31.39
2月	10	43.511	27.03	19.953	48.58	12.031	46.10	24.101	14.51	28.512	30.13
	20	44.280	26.74	20.340	50.01	12.374	45.12	24.463	13.62	29.015	29.57
3月	1	45.018	27.12	20.709	51.53	12.700	44.69	24.808	13.33	29.497	29.68
	11	45.711	28.15	21.057	53.12	13.006	44.79	25.133	13.61	29.950	30.44
	21	46.327	29.81	21.378	54.74	13.285	45.44	25.427	14.47	30.358	31.84
	31	46.853	31.96	21.669	56.35	13.532	46.54	25.688	15.81	30.713	33.75
4月	10	47.279	34.54	21.932	57.95	13.748	48.05	25.914	17.59	31.010	36.12
	20	47.587	37.45	22.160	59.50	13.927	49.90	26.099	19.72	31.240	38.85
	30	47.778	40.53	22.355	60.99	14.071	51.98	26.245	22.08	31.402	41.79
5月	10	47.851	43.72	22.517	62.41	14.180	54.23	26.351	24.61	31.498	44.87
	20	47.801	46.86	22.640	63.73	14.251	56.55	26.415	27.19	31.522	47.95
	30	47.641	49.86	22.727	64.95	14.287	58.83	26.440	29.72	31.483	50.92
6月	9	47.375	52.65	22.775	66.05	14.288	61.04	26.426	32.16	31.380	53.74
	19	47.007	55.10	22.784	67.00	14.252	63.08	26.374	34.39	31.217	56.26
	29	46.558	57.17	22.756	67.80	14.187	64.89	26.288	36.37	31.003	58.44
7月	9	46.031	58.82	22.689	68.41	14.089	66.45	26.167	38.05	30.739	60.23
	19	45.443	59.96	22.588	68.81	13.964	67.68	26.018	39.37	30.433	61.56
	29	44.812	60.62	22.459	69.01	13.816	68.58	25.844	40.31	30.098	62.42
8月	8	44.144	60.75	22.303	68.98	13.647	69.13	25.649	40.85	29.735	62.79
	18	43.462	60.33	22.131	68.71	13.466	69.28	25.442	40.96	29.358	62.62
	28	42.784	59.41	21.951	68.23	13.280	69.07	25.229	40.65	28.979	61.96
9月	7	42.118	57.96	21.771	67.54	13.093	68.46	25.016	39.91	28.603	60.79
	17	41.492	56.02	21.605	66.66	12.918	67.45	24.816	38.73	28.249	59.12
	27	40.918	53.64	21.461	65.65	12.762	66.09	24.635	37.16	27.925	57.01
10月	7	40.413	50.83	21.351	64.53	12.632	64.34	24.483	35.19	27.643	54.44
	17	40.000	47.66	21.288	63.38	12.541	62.25	24.372	32.84	27.419	51.49
	27	39.685	44.20	21.275	62.26	12.492	59.85	24.305	30.18	27.257	48.23
11月	6	39.487	40.48	21.321	61.22	12.492	57.16	24.290	27.21	27.169	44.67
	16	39.420	36.64	21.429	60.34	12.549	54.24	24.335	24.04	27.166	40.94
	26	39.479	32.74	21.597	59.64	12.658	51.17	24.437	20.71	27.243	37.11
12月	6	39.676	28.87	21.827	59.19	12.824	47.99	24.598	17.30	27.407	33.27
	16	40.005	25.19	22.110	59.03	13.040	44.84	24.815	13.94	27.654	29.56
	26	40.452	21.77	22.437	59.15	13.300	41.76	25.078	10.70	27.973	26.07
	36	41.012	18.73	22.800	59.58	13.598	38.87	25.385	07.69	28.361	22.90
平位置 (J2024.5)		42.536	48.48	22.120	54.38	13.071	62.34	24.996	32.50	28.700	51.27
年自行		−0.0038	0.018	−0.0075	−0.086	0.0097	−0.176	−0.0123	0.085	−0.0010	0.016
视差（角秒）		0.007		0.010		0.054		0.027		0.032	

恒 星 视 位 置

以世界时 0^h 为准

2024 年

日 期	570 τ^1 Ser $5^m.16$ M1		3218 GC 20761 $5^m.46$ K4		572 β CrB+ $3^m.66$ F0		573 ν^1 Boo $5^m.04$ K5		576 θ CrB $4^m.14$ B6	
	h m 15 26	° ′ +15 20	h m 15 27	° ′ +34 14	h m 15 28	° ′ +29 00	h m 15 31	° ′ +40 44	h m 15 33	° ′ +31 16
日	s	″	s	″	s	″	s	″	s	″
1月 −9	52.800	34.14	12.351	61.23	47.695	76.32	46.017	55.53	52.414	34.56
1	53.071	31.57	12.633	58.15	47.970	73.35	46.303	52.30	52.686	31.52
11	53.370	29.11	12.949	55.30	48.277	70.58	46.629	49.35	52.993	28.69
21	53.689	26.88	13.290	52.83	48.608	68.16	46.985	46.81	53.325	26.21
31	54.016	24.94	13.644	50.81	48.950	66.14	47.356	44.76	53.669	24.16
2月 10	54.344	23.34	14.003	49.28	49.296	64.57	47.735	43.24	54.019	22.57
20	54.664	22.17	14.355	48.34	49.636	63.55	48.111	42.35	54.364	21.54
3月 1	54.969	21.42	14.692	47.96	49.960	63.07	48.470	42.06	54.695	21.06
11	55.257	21.11	15.009	48.15	50.265	63.12	48.810	42.37	55.008	21.13
21	55.520	21.25	15.297	48.91	50.544	63.71	49.120	43.28	55.294	21.76
31	55.757	21.77	15.554	50.14	50.793	64.75	49.395	44.69	55.551	22.85
4月 10	55.967	22.65	15.777	51.79	51.012	66.21	49.634	46.55	55.777	24.38
20	56.146	23.84	15.962	53.81	51.195	68.02	49.830	48.78	55.967	26.26
30	56.295	25.23	16.110	56.05	51.343	70.05	49.985	51.25	56.121	28.39
5月 10	56.415	26.80	16.220	58.47	51.457	72.27	50.098	53.90	56.240	30.69
20	56.501	28.47	16.290	60.95	51.533	74.55	50.166	56.60	56.320	33.08
30	56.558	30.14	16.323	63.39	51.576	76.82	50.193	59.26	56.365	35.45
6月 9	56.583	31.79	16.318	65.76	51.582	79.02	50.177	61.83	56.373	37.75
19	56.577	33.35	16.276	67.93	51.553	81.06	50.120	64.18	56.344	39.88
29	56.541	34.76	16.201	69.86	51.493	82.88	50.027	66.26	56.282	41.79
7月 9	56.476	36.02	16.093	71.52	51.401	84.47	49.897	68.05	56.187	43.46
19	56.384	37.06	15.955	72.83	51.280	85.73	49.736	69.45	56.062	44.79
29	56.270	37.87	15.794	73.78	51.137	86.67	49.549	70.46	55.914	45.79
8月 8	56.135	38.45	15.612	74.36	50.971	87.28	49.339	71.05	55.742	46.43
18	55.986	38.74	15.416	74.51	50.793	87.49	49.114	71.19	55.556	46.67
28	55.831	38.78	15.215	74.28	50.608	87.34	48.884	70.90	55.363	46.54
9月 7	55.675	38.53	15.013	73.62	50.422	86.81	48.652	70.15	55.169	46.00
17	55.528	37.98	14.822	72.54	50.246	85.88	48.433	68.95	54.984	45.05
27	55.397	37.15	14.650	71.08	50.089	84.60	48.233	67.34	54.816	43.74
10月 7	55.292	36.03	14.506	69.22	49.957	82.94	48.062	65.30	54.674	42.03
17	55.221	34.60	14.401	67.00	49.862	80.93	47.932	62.88	54.570	39.96
27	55.190	32.92	14.339	64.47	49.809	78.62	47.848	60.14	54.507	37.58
11月 6	55.206	30.95	14.328	61.63	49.806	76.00	47.818	57.08	54.494	34.89
16	55.273	28.76	14.374	58.57	49.857	73.16	47.848	53.81	54.537	31.98
26	55.390	26.38	14.476	55.36	49.961	70.16	47.938	50.39	54.633	28.89
12月 6	55.557	23.85	14.636	52.04	50.121	67.03	48.090	46.88	54.786	25.69
16	55.772	21.25	14.849	48.77	50.331	63.92	48.301	43.42	54.991	22.49
26	56.025	18.66	15.107	45.59	50.585	60.87	48.562	40.09	55.241	19.38
36	56.312	16.14	15.407	42.61	50.877	58.00	48.869	36.99	55.532	16.43
平位置 (J2024.5)	55.654	35.71	14.979	66.71	50.379	80.95	48.608	62.21	55.104	39.63
年自行	−0.0010	−0.008	−0.0092	0.060	−0.0138	0.086	0.0009	−0.008	−0.0015	−0.009
视 差 (角秒)	0.004		0.007		0.029		0.004		0.010	

恒 星 视 位 置

2024 年 以世界时 0^{h} 为准

日 期	1409 37 Lib $4^{\mathrm{m}}.61$ K1		578 α CrB $2^{\mathrm{m}}.22$ A0		577 γ Lib $3^{\mathrm{m}}.91$ K0		579 υ Lib $3^{\mathrm{m}}.60$ K3		580 φ Boo $5^{\mathrm{m}}.25$ G8	
	h m	° ′	h m	° ′	h m	° ′	h m	° ′	h m	° ′
	15 35	−10 08	15 35	+26 37	15 36	−14 52	15 38	−28 12	15 38	+40 16
日	s	″	s	″	s	″	s	″	s	″
1月 −9	27.918	45.06	40.805	56.52	50.605	06.07	27.198	45.06	39.808	22.40
1	28.198	46.57	41.073	53.59	50.891	07.33	27.508	45.66	40.086	19.16
11	28.506	48.16	41.373	50.85	51.204	08.72	27.847	46.46	40.405	16.18
21	28.832	49.78	41.698	48.42	51.535	10.17	28.207	47.46	40.755	13.60
31	29.164	51.34	42.033	46.37	51.873	11.63	28.575	48.60	41.121	11.50
2月 10	29.498	52.83	42.374	44.76	52.213	13.06	28.943	49.84	41.497	09.93
20	29.824	54.17	42.710	43.67	52.545	14.39	29.305	51.14	41.870	08.97
3月 1	30.136	55.32	43.031	43.10	52.863	15.59	29.652	52.46	42.230	08.62
11	30.432	56.28	43.336	43.05	53.165	16.64	29.982	53.76	42.571	08.87
21	30.706	57.01	43.616	43.53	53.445	17.51	30.289	55.03	42.883	09.72
31	30.956	57.53	43.867	44.46	53.701	18.21	30.570	56.22	43.163	11.08
4月 10	31.183	57.85	44.090	45.80	53.934	18.74	30.827	57.36	43.408	12.90
20	31.382	57.97	44.279	47.50	54.139	19.10	31.054	58.40	43.611	15.10
30	31.554	57.94	44.435	49.43	54.316	19.33	31.251	59.37	43.774	17.54
5月 10	31.699	57.78	44.558	51.54	54.467	19.44	31.418	60.26	43.895	20.19
20	31.813	57.52	44.644	53.75	54.586	19.44	31.551	61.07	43.971	22.90
30	31.899	57.19	44.696	55.94	54.675	19.38	31.651	61.79	44.007	25.57
6月 9	31.953	56.81	44.714	58.09	54.733	19.26	31.715	62.43	44.000	28.17
19	31.974	56.39	44.695	60.09	54.757	19.08	31.742	62.96	43.950	30.56
29	31.966	55.98	44.646	61.89	54.750	18.88	31.734	63.40	43.865	32.69
7月 9	31.926	55.56	44.564	63.47	54.711	18.64	31.690	63.72	43.741	34.54
19	31.856	55.15	44.453	64.75	54.641	18.37	31.612	63.91	43.585	36.00
29	31.763	54.76	44.319	65.73	54.546	18.09	31.506	63.97	43.403	37.08
8月 8	31.645	54.38	44.161	66.38	54.427	17.77	31.372	63.89	43.195	37.75
18	31.512	54.04	43.990	66.66	54.291	17.45	31.221	63.65	42.973	37.97
28	31.370	53.74	43.810	66.60	54.146	17.11	31.059	63.28	42.743	37.76
9月 7	31.225	53.48	43.628	66.16	53.998	16.78	30.893	62.78	42.510	37.09
17	31.088	53.31	43.456	65.34	53.858	16.47	30.738	62.16	42.289	35.97
27	30.967	53.21	43.300	64.18	53.734	16.20	30.600	61.47	42.086	34.44
10月 7	30.871	53.22	43.168	62.65	53.635	16.01	30.490	60.73	41.910	32.48
17	30.811	53.38	43.073	60.77	53.573	15.92	30.420	60.00	41.774	30.13
27	30.790	53.68	43.017	58.59	53.553	15.96	30.396	59.32	41.683	27.45
11月 6	30.818	54.17	43.011	56.10	53.581	16.16	30.425	58.74	41.645	24.45
16	30.896	54.83	43.058	53.39	53.662	16.48	30.511	58.34	41.668	21.22
26	31.022	55.75	43.156	50.50	53.786	17.13	30.650	58.08	41.749	17.83
12月 6	31.202	56.88	43.310	47.47	53.970	17.95	30.849	58.03	41.893	14.34
16	31.428	58.16	43.514	44.43	54.201	18.96	31.099	58.24	42.095	10.89
26	31.692	59.59	43.761	41.45	54.469	20.13	31.391	58.68	42.347	07.55
36	31.989	61.13	44.046	38.61	54.770	21.44	31.718	59.36	42.647	04.43
平位置 (J2024.5)	31.251	48.62	43.556	60.75	54.045	10.37	31.029	51.85	42.435	29.18
年自行	0.0208	−0.234	0.0090	−0.089	0.0045	0.007	−0.0009	−0.002	0.0053	0.060
视 差 (角秒)	0.035		0.044		0.021		0.017		0.020	

恒 星 视 位 置

以世界时 0^h 为准

2024 年

日期		1412 Pi 15^h153 $5^m.76$ F2		N30 ζ^2 CrB $4^m.64$ B7		N30 ι Ser m $4^m.51$ A1		590 ζ UMi $4^m.29$ A3		1413 κ Lib $4^m.75$ K5	
		h m	° ′	h m	° ′	h m	° ′	h m	° ′	h m	° ′
		15 39	+46 42	15 40	+36 33	15 42	+19 35	15 43	+77 42	15 43	−19 45
	日	s	″	s	″	s	″	s	″	s	″
1月	−9	00.804	57.22	15.415	20.71	35.812	31.38	11.368	54.24	18.172	18.47
	1	01.095	53.88	15.686	17.53	36.070	28.66	11.965	50.92	18.460	19.46
	11	01.432	50.83	15.996	14.59	36.360	26.07	12.723	47.98	18.777	20.60
	21	01.804	48.22	16.335	12.03	36.674	23.73	13.621	45.56	19.115	21.86
	31	02.197	46.12	16.689	09.92	36.998	21.72	14.612	43.72	19.460	23.17
2月	10	02.601	44.59	17.051	08.31	37.327	20.07	15.672	42.50	19.807	24.50
	20	03.005	43.70	17.411	07.29	37.652	18.88	16.757	42.00	20.148	25.79
3月	1	03.394	43.45	17.758	06.86	37.965	18.16	17.821	42.16	20.476	27.00
	11	03.764	43.83	18.087	07.01	38.262	17.91	18.839	42.99	20.789	28.12
	21	04.102	44.84	18.389	07.75	38.537	18.15	19.765	44.46	21.080	29.11
	31	04.403	46.37	18.661	08.99	38.787	18.80	20.570	46.45	21.348	29.96
4月	10	04.664	48.37	18.900	10.67	39.011	19.85	21.239	48.90	21.593	30.69
	20	04.879	50.76	19.101	12.74	39.204	21.23	21.739	51.72	21.810	31.28
	30	05.046	53.39	19.264	15.06	39.367	22.84	22.068	54.75	22.000	31.76
5月	10	05.167	56.22	19.388	17.57	39.499	24.65	22.222	57.93	22.162	32.15
	20	05.235	59.11	19.470	20.17	39.598	26.56	22.188	61.11	22.291	32.43
	30	05.258	61.94	19.513	22.73	39.665	28.48	21.984	64.17	22.391	32.65
6月	9	05.232	64.68	19.517	25.23	39.699	30.38	21.613	67.08	22.457	32.79
	19	05.159	67.19	19.480	27.55	39.698	32.17	21.082	69.68	22.488	32.88
	29	05.046	69.41	19.408	29.62	39.667	33.81	20.419	71.92	22.486	32.91
7月	9	04.892	71.32	19.300	31.43	39.603	35.27	19.631	73.78	22.450	32.88
	19	04.701	72.82	19.160	32.88	39.511	36.48	18.739	75.15	22.382	32.79
	29	04.483	73.90	18.994	33.96	39.394	37.43	17.774	76.04	22.287	32.64
8月	8	04.239	74.54	18.804	34.66	39.253	38.11	16.742	76.43	22.166	32.43
	18	03.979	74.69	18.598	34.92	39.097	38.48	15.680	76.27	22.026	32.15
	28	03.711	74.39	18.384	34.78	38.931	38.55	14.611	75.61	21.876	31.82
9月	7	03.442	73.61	18.167	34.20	38.762	38.31	13.548	74.42	21.722	31.44
	17	03.185	72.34	17.961	33.18	38.600	37.72	12.534	72.73	21.575	31.04
	27	02.948	70.64	17.771	31.76	38.453	36.83	11.583	70.59	21.444	30.63
10月	7	02.742	68.50	17.607	29.93	38.329	35.61	10.719	68.01	21.338	30.24
	17	02.579	65.95	17.482	27.71	38.239	34.07	09.980	65.03	21.269	29.93
	27	02.464	63.07	17.399	25.17	38.188	32.24	09.373	61.75	21.242	29.70
11月	6	02.407	59.87	17.368	22.31	38.183	30.12	08.927	58.18	21.265	29.62
	16	02.416	56.44	17.395	19.21	38.229	27.76	08.665	54.45	21.347	29.72
	26	02.488	52.87	17.478	15.95	38.326	25.21	08.583	50.63	21.462	29.94
12月	6	02.629	49.21	17.621	12.57	38.475	22.51	08.703	46.79	21.647	30.43
	16	02.835	45.61	17.819	09.22	38.673	19.75	09.020	43.10	21.878	31.12
	26	03.096	42.16	18.066	05.95	38.912	17.00	09.517	39.63	22.149	32.00
	36	03.411	38.95	18.358	02.88	39.188	14.34	10.193	36.49	22.454	33.05
平位置 (J2024.5)		03.384	64.90	18.079	26.87	38.666	34.52	14.092	64.94	21.759	23.24
年自行 (J2024.5)		0.0087	−0.125	−0.0013	−0.007	−0.0042	−0.041	0.0063	−0.002	−0.0026	−0.103
视差（角秒）		0.028		0.007		0.017		0.009		0.008	

恒 星 视 位 置

2024 年 以世界时 0^h 为准

日 期	3247 GC 21154 5ᵐ.48 B9		(581) γ CrB 3ᵐ.81 A1		582 α Ser 2ᵐ.63 K2		587 12 H. Dra 5ᵐ.19 A2		583 β Ser 3ᵐ.65 A3	
	h m 15 43	° ′ +52 16	h m 15 43	° ′ +26 12	h m 15 45	° ′ + 6 20	h m 15 47	° ′ +62 31	h m 15 47	° ′ +15 20
日	s	″	s	″	s	″	s	″	s	″
1月 −9	28.308	55.42	43.563	65.19	25.533	59.64	00.224	17.97	16.252	45.34
1	28.607	52.01	43.823	62.26	25.793	57.43	00.566	14.50	16.507	42.78
11	28.960	48.91	44.116	59.51	26.081	55.26	00.981	11.38	16.793	40.31
21	29.356	46.27	44.435	57.06	26.391	53.21	01.458	08.74	17.102	38.04
31	29.776	44.15	44.766	54.98	26.710	51.38	01.973	06.66	17.422	36.07
2月 10	30.214	42.62	45.104	53.33	27.033	49.79	02.515	05.19	17.747	34.42
20	30.652	41.77	45.438	52.19	27.351	48.52	03.064	04.42	18.068	33.19
3月 1	31.078	41.56	45.760	51.57	27.656	47.61	03.600	04.33	18.378	32.39
11	31.483	42.01	46.067	51.47	27.948	47.05	04.114	04.91	18.673	32.03
21	31.855	43.10	46.350	51.90	28.219	46.88	04.584	06.15	18.948	32.13
31	32.186	44.73	46.607	52.79	28.466	47.05	05.001	07.94	19.198	32.62
4月 10	32.473	46.84	46.836	54.10	28.691	47.52	05.359	10.23	19.424	33.49
20	32.707	49.36	47.032	55.77	28.887	48.29	05.643	12.91	19.621	34.67
30	32.887	52.13	47.195	57.68	29.057	49.25	05.854	15.85	19.790	36.09
5月 10	33.013	55.09	47.326	59.79	29.199	50.39	05.990	18.97	19.929	37.70
20	33.080	58.12	47.420	62.00	29.310	51.63	06.044	22.15	20.035	39.41
30	33.093	61.08	47.481	64.21	29.392	52.92	06.024	25.25	20.111	41.15
6月 9	33.052	63.95	47.506	66.39	29.442	54.22	05.930	28.22	20.154	42.89
19	32.957	66.57	47.496	68.42	29.460	55.47	05.762	30.94	20.164	44.53
29	32.816	68.89	47.453	70.27	29.448	56.63	05.533	33.33	20.142	46.04
7月 9	32.628	70.89	47.377	71.90	29.404	57.69	05.243	35.37	20.089	47.41
19	32.401	72.45	47.270	73.24	29.331	58.60	04.901	36.95	20.006	48.55
29	32.142	73.59	47.138	74.28	29.234	59.36	04.520	38.07	19.898	49.47
8月 8	31.854	74.26	46.983	75.01	29.112	59.95	04.102	38.70	19.765	50.16
18	31.548	74.41	46.811	75.36	28.975	60.35	03.664	38.79	19.617	50.56
28	31.234	74.10	46.631	75.37	28.827	60.55	03.216	38.38	19.458	50.70
9月 7	30.918	73.28	46.446	75.01	28.675	60.55	02.767	37.45	19.295	50.55
17	30.616	71.96	46.270	74.27	28.529	60.31	02.336	36.00	19.138	50.10
27	30.335	70.20	46.109	73.18	28.397	59.87	01.933	34.09	18.995	49.37
10月 7	30.086	67.97	45.971	71.72	28.288	59.18	01.570	31.71	18.875	48.33
17	29.885	65.33	45.868	69.92	28.212	58.24	01.267	28.91	18.787	46.99
27	29.736	62.34	45.805	67.81	28.173	57.08	01.030	25.76	18.737	45.39
11月 6	29.649	59.03	45.789	65.38	28.179	55.66	00.871	22.29	18.732	43.50
16	29.635	55.49	45.827	62.72	28.236	54.02	00.803	18.61	18.779	41.37
26	29.690	51.81	45.916	59.87	28.341	52.18	00.824	14.79	18.874	39.05
12月 6	29.820	48.05	46.060	56.88	28.497	50.15	00.942	10.92	19.022	36.56
16	30.023	44.37	46.255	53.86	28.699	48.02	01.155	07.14	19.217	33.99
26	30.290	40.84	46.493	50.89	28.941	45.82	01.452	03.54	19.453	31.41
36	30.617	37.57	46.771	48.04	29.216	43.63	01.831	00.24	19.725	28.89
平位置 (J2024.5)	30.868	63.97	46.341	69.67	28.589	60.35	02.785	27.59	19.182	47.87
年自行	−0.0072	0.029	−0.0084	0.050	0.0090	0.044	0.0059	−0.056	0.0046	−0.044
视 差 (角秒)	0.010		0.022		0.045		0.012		0.021	

恒 星 视 位 置

以世界时 0^h 为准

2024 年

日期		584 κ Ser		3252 δ CrB		585 μ Ser		588 ε Ser		1414 κ CrB	
		$4^m.09$	M1	$4^m.59$	G5	$3^m.54$	A0	$3^m.71$	A2	$4^m.79$	K0
		h m	° ′	h m	° ′	h m	° ′	h m	° ′	h m	° ′
		15 49	+18 03	15 50	+25 59	15 50	− 3 30	15 51	+ 4 24	15 52	+35 34
	日	s	″	s	″	s	″	s	″	s	″
1月	−9	47.720	59.26	34.549	36.44	50.823	11.81	59.254	19.42	06.664	51.24
	1	47.973	56.59	34.802	33.51	51.085	13.56	59.509	17.31	06.922	48.04
	11	48.257	54.04	35.090	30.74	51.375	15.36	59.794	15.21	07.219	45.06
	21	48.565	51.71	35.404	28.26	51.686	17.11	60.101	13.23	07.548	42.44
	31	48.885	49.69	35.732	26.16	52.007	18.76	60.418	11.43	07.893	40.25
2月	10	49.212	48.03	36.068	24.47	52.332	20.25	60.740	09.86	08.249	38.55
	20	49.535	46.80	36.402	23.29	52.653	21.53	61.058	08.59	08.606	37.43
3月	1	49.847	46.03	36.725	22.63	52.962	22.55	61.365	07.66	08.951	36.88
	11	50.146	45.72	37.033	22.48	53.257	23.32	61.658	07.06	09.282	36.92
	21	50.423	45.89	37.320	22.88	53.533	23.79	61.932	06.83	09.588	37.55
	31	50.676	46.47	37.581	23.73	53.788	24.00	62.184	06.93	09.866	38.69
4月	10	50.905	47.44	37.815	25.01	54.020	23.95	62.414	07.32	10.115	40.29
	20	51.105	48.75	38.017	26.65	54.226	23.68	62.617	08.00	10.326	42.28
	30	51.275	50.30	38.188	28.55	54.407	23.23	62.794	08.88	10.501	44.55
5月	10	51.415	52.04	38.326	30.66	54.561	22.63	62.943	09.92	10.638	47.02
	20	51.522	53.89	38.427	32.87	54.684	21.93	63.062	11.08	10.734	49.60
	30	51.597	55.76	38.495	35.09	54.778	21.17	63.151	12.28	10.791	52.17
6月	9	51.640	57.63	38.528	37.28	54.841	20.38	63.209	13.50	10.808	54.69
	19	51.647	59.39	38.523	39.35	54.871	19.59	63.234	14.68	10.785	57.05
	29	51.624	61.01	38.486	41.23	54.871	18.84	63.228	15.79	10.725	59.18
7月	9	51.567	62.47	38.415	42.90	54.837	18.13	63.191	16.80	10.629	61.06
	19	51.481	63.69	38.312	44.28	54.774	17.50	63.123	17.69	10.498	62.59
	29	51.369	64.67	38.183	45.37	54.684	16.94	63.029	18.43	10.340	63.77
8月	8	51.232	65.39	38.029	46.14	54.569	16.46	62.910	19.02	10.155	64.58
	18	51.079	65.80	37.859	46.55	54.436	16.09	62.775	19.42	09.953	64.95
	28	50.916	65.93	37.678	46.62	54.293	15.82	62.628	19.66	09.741	64.93
9月	7	50.747	65.75	37.492	46.31	54.143	15.67	62.475	19.71	09.523	64.47
	17	50.585	65.25	37.312	45.62	54.000	15.65	62.328	19.54	09.313	63.57
	27	50.436	64.45	37.147	44.59	53.869	15.76	62.194	19.17	09.119	62.28
10月	7	50.309	63.32	37.004	43.18	53.761	16.04	62.082	18.58	08.948	60.56
	17	50.215	61.88	36.896	41.42	53.685	16.50	62.002	17.76	08.814	58.46
	27	50.159	60.16	36.826	39.36	53.648	17.14	61.959	16.71	08.721	56.02
11月	6	50.148	58.14	36.804	36.97	53.656	17.99	61.961	15.42	08.678	53.25
	16	50.188	55.88	36.834	34.34	53.714	19.03	62.013	13.91	08.692	50.23
	26	50.279	53.43	36.916	31.52	53.820	20.28	62.113	12.20	08.762	47.02
12月	6	50.421	50.81	37.052	28.55	53.978	21.74	62.263	10.30	08.890	43.68
	16	50.612	48.12	37.240	25.54	54.183	23.34	62.461	08.28	09.075	40.34
	26	50.845	45.44	37.472	22.57	54.426	25.04	62.698	06.19	09.309	37.08
	36	51.115	42.82	37.744	19.71	54.704	26.81	62.970	04.09	09.588	33.98
平位置	(J2024.5)	50.619	62.38	37.356	41.04	54.060	12.75	62.362	20.15	09.384	57.34
年自行		−0.0036	−0.089	−0.0058	−0.064	−0.0065	−0.028	0.0086	0.062	−0.0006	−0.347
视差（角秒）		0.009		0.020		0.021		0.046		0.032	

恒星视位置

2024 年 以世界时 0^h 为准

日期		586 χ Lup $3^m.97$ B9		1416 χ Her $4^m.60$ F9		1415 λ Lib $5^m.04$ B3		591 γ Ser $3^m.85$ F6		595 Grb 2296 $4^m.96$ F0	
		h m 15 52	° ′ −33 41	h m 15 53	° ′ +42 22	h m 15 54	° ′ −20 14	h m 15 57	° ′ +15 34	h m 15 58	° ′ +54 40
	日	s	″	s	″	s	″	s	″	s	″
1月	−9	27.239	52.86	28.722	55.06	42.021	14.49	32.218	57.00	19.866	43.80
	1	27.552	53.07	28.988	51.76	42.301	15.39	32.465	54.40	20.152	40.31
	11	27.899	53.51	29.298	48.70	42.612	16.44	32.745	51.88	20.497	37.11
	21	28.271	54.19	29.644	46.03	42.945	17.60	33.049	49.58	20.891	34.35
	31	28.652	55.05	30.011	43.84	43.288	18.81	33.366	47.55	21.317	32.12
2月	10	29.039	56.07	30.391	42.18	43.635	20.05	33.689	45.85	21.765	30.46
	20	29.421	57.21	30.773	41.14	43.979	21.27	34.011	44.57	22.221	29.47
3月	1	29.790	58.43	31.144	40.71	44.310	22.40	34.323	43.72	22.667	29.15
	11	30.145	59.69	31.500	40.91	44.628	23.46	34.622	43.31	23.098	29.49
	21	30.477	60.98	31.830	41.72	44.927	24.39	34.902	43.37	23.497	30.49
	31	30.786	62.26	32.128	43.07	45.204	25.19	35.159	43.83	23.857	32.05
4月	10	31.070	63.53	32.393	44.89	45.459	25.88	35.393	44.66	24.173	34.12
	20	31.323	64.76	32.616	47.13	45.687	26.43	35.598	45.83	24.434	36.63
	30	31.546	65.94	32.797	49.64	45.889	26.89	35.775	47.24	24.639	39.41
5月	10	31.738	67.09	32.937	52.37	46.063	27.25	35.924	48.84	24.788	42.42
	20	31.893	68.17	33.029	55.20	46.204	27.52	36.040	50.56	24.873	45.51
	30	32.013	69.18	33.077	58.00	46.316	27.74	36.125	52.31	24.900	48.58
6月	9	32.095	70.12	33.082	60.74	46.393	27.89	36.177	54.06	24.869	51.56
	19	32.135	70.96	33.040	63.29	46.435	27.99	36.194	55.73	24.778	54.32
	29	32.138	71.69	32.960	65.60	46.443	28.04	36.180	57.27	24.636	56.80
7月	9	32.100	72.29	32.838	67.62	46.415	28.04	36.132	58.65	24.442	58.96
	19	32.024	72.73	32.680	69.25	46.354	27.99	36.054	59.82	24.202	60.70
	29	31.915	73.02	32.493	70.51	46.263	27.88	35.949	60.76	23.928	62.01
8月	8	31.776	73.12	32.278	71.35	46.145	27.70	35.819	61.46	23.618	62.85
	18	31.615	73.02	32.044	71.72	46.007	27.47	35.671	61.88	23.288	63.19
	28	31.440	72.74	31.801	71.66	45.856	27.17	35.511	62.04	22.945	63.04
9月	7	31.259	72.27	31.552	71.13	45.698	26.82	35.345	61.90	22.597	62.38
	17	31.086	71.63	31.311	70.13	45.546	26.45	35.185	61.45	22.260	61.20
	27	30.930	70.86	31.088	68.70	45.409	26.05	35.036	60.73	21.943	59.57
10月	7	30.801	69.97	30.890	66.83	45.295	25.67	34.909	59.69	21.656	57.45
	17	30.713	69.03	30.731	64.55	45.216	25.35	34.814	58.35	21.417	54.91
	27	30.671	68.09	30.616	61.92	45.179	25.10	34.755	56.74	21.229	52.00
11月	6	30.684	67.20	30.555	58.95	45.190	24.97	34.741	54.84	21.106	48.74
	16	30.758	66.43	30.554	55.73	45.258	25.01	34.778	52.70	21.057	45.23
	26	30.889	65.81	30.614	52.34	45.360	25.16	34.864	50.36	21.080	41.56
12月	6	31.081	65.37	30.738	48.82	45.539	25.59	35.002	47.85	21.183	37.78
	16	31.329	65.17	30.923	45.33	45.761	26.20	35.189	45.26	21.364	34.05
	26	31.622	65.21	31.162	41.93	46.023	26.98	35.416	42.64	21.613	30.45
	36	31.956	65.51	31.451	38.74	46.321	27.94	35.681	40.08	21.929	27.10
平位置	(J2024.5)	31.337	59.14	31.413	62.75	45.663	18.25	35.185	59.43	22.490	52.75
年自行		−0.0006	−0.028	0.0396	0.632	−0.0002	−0.019	0.0217	−1.281	−0.0173	0.108
视差 (角秒)		0.016		0.063		0.009		0.090		0.030	

恒 星 视 位 置

以世界时 0^h 为准

2024 年

日 期		593 ε CrB 4ᵐ.14 K3		1417 48 Lib 4ᵐ.95 B8		592 π Sco 2ᵐ.89 B1		1419 49 Lib 5ᵐ.47 F7		594 δ Sco 2ᵐ.29 B0	
		h m 15 58	° ′ +26 48	h m 15 59	° ′ −14 20	h m 16 00	° ′ −26 10	h m 16 01	° ′ −16 36	h m 16 01	° ′ −22 41
	日	s	″	s	″	s	″	s	″	s	″
1月	−9	33.343	24.82	30.398	51.38	16.489	53.41	38.771	10.67	43.456	19.06
	1	33.589	21.86	30.666	52.56	16.777	53.96	39.039	11.74	43.736	19.78
	11	33.871	19.05	30.964	53.85	17.097	54.69	39.338	12.92	44.047	20.67
	21	34.181	16.53	31.284	55.20	17.441	55.59	39.660	14.18	44.382	21.69
	31	34.506	14.39	31.614	56.54	17.796	56.59	39.992	15.47	44.727	22.79
2月	10	34.841	12.65	31.950	57.85	18.156	57.68	40.330	16.73	45.079	23.94
	20	35.176	11.44	32.282	59.06	18.514	58.81	40.665	17.93	45.428	25.08
3月	1	35.501	10.74	32.605	60.14	18.861	59.94	40.990	19.02	45.766	26.18
	11	35.814	10.57	32.914	61.07	19.195	61.04	41.303	19.98	46.092	27.22
	21	36.106	10.95	33.206	61.82	19.510	62.08	41.598	20.79	46.400	28.17
	31	36.373	11.80	33.477	62.39	19.803	63.05	41.872	21.43	46.686	29.02
4月	10	36.614	13.08	33.727	62.79	20.074	63.95	42.125	21.94	46.951	29.77
	20	36.824	14.75	33.951	63.03	20.318	64.77	42.353	22.29	47.189	30.41
	30	37.003	16.67	34.149	63.15	20.534	65.52	42.554	22.52	47.401	30.96
5月	10	37.149	18.82	34.321	63.15	20.722	66.20	42.730	22.66	47.586	31.43
	20	37.258	21.08	34.462	63.05	20.876	66.81	42.873	22.70	47.737	31.83
	30	37.333	23.36	34.574	62.90	20.998	67.36	42.987	22.69	47.858	32.17
6月	9	37.372	25.62	34.652	62.70	21.085	67.85	43.068	22.62	47.944	32.46
	19	37.373	27.76	34.696	62.47	21.133	68.28	43.113	22.52	47.993	32.68
	29	37.340	29.71	34.707	62.23	21.146	68.63	43.125	22.40	48.007	32.86
7月	9	37.272	31.46	34.683	61.97	21.120	68.91	43.102	22.25	47.984	32.98
	19	37.171	32.92	34.627	61.70	21.059	69.09	43.044	22.08	47.925	33.03
	29	37.044	34.08	34.541	61.43	20.966	69.18	42.958	21.88	47.837	33.01
8月	8	36.889	34.92	34.428	61.14	20.843	69.15	42.843	21.66	47.718	32.91
	18	36.717	35.39	34.295	60.86	20.698	69.00	42.708	21.41	47.578	32.73
	28	36.533	35.51	34.149	60.58	20.539	68.74	42.559	21.15	47.425	32.47
9月	7	36.342	35.26	33.995	60.30	20.372	68.37	42.402	20.87	47.263	32.13
	17	36.157	34.62	33.846	60.05	20.211	67.91	42.250	20.59	47.106	31.73
	27	35.985	33.62	33.710	59.84	20.063	67.37	42.111	20.33	46.962	31.29
10月	7	35.834	32.24	33.596	59.69	19.940	66.78	41.993	20.11	46.841	30.83
	17	35.717	30.50	33.515	59.64	19.853	66.20	41.909	19.97	46.756	30.41
	27	35.638	28.45	33.474	59.70	19.809	65.65	41.865	19.92	46.711	30.04
11月	6	35.605	26.07	33.479	59.91	19.815	65.18	41.868	20.01	46.716	29.77
	16	35.625	23.44	33.537	60.27	19.878	64.86	41.925	20.25	46.777	29.65
	26	35.697	20.61	33.640	60.78	19.990	64.72	42.025	20.59	46.876	29.82
12月	6	35.824	17.62	33.800	61.58	20.162	64.66	42.185	21.28	47.049	29.88
	16	36.003	14.59	34.009	62.52	20.388	64.87	42.394	22.09	47.269	30.30
	26	36.227	11.59	34.257	63.61	20.656	65.28	42.643	23.05	47.529	30.91
	36	36.492	08.70	34.542	64.83	20.963	65.90	42.929	24.16	47.827	31.69
平位置 (J2024.5)		36.170	29.82	33.901	53.66	20.333	57.64	42.313	13.36	47.193	22.58
年自行		−0.0059	−0.063	−0.0008	−0.017	−0.0009	−0.026	−0.0437	−0.397	−0.0006	−0.037
视 差 (角秒)		0.014		0.006		0.007		0.030		0.008	

恒 星 视 位 置

2024 年 以世界时 0^{h} 为准

日期		1420		598		3264		3268		3271	
		50 Lib		θ Dra		ι CrB		π Ser		ν Her	
		$5^{m}.53$	A0	$4^{m}.01$	F8	$4^{m}.98$	A0	$4^{m}.82$	A3	$4^{m}.72$	B9
		h m	° ′	h m	° ′	h m	° ′	h m	° ′	h m	° ′
		16 02	−8 28	16 02	+58 29	16 02	+29 46	16 03	+22 43	16 03	+45 57
	日	s	″	s	″	s	″	s	″	s	″
1月	−9	03.794	42.92	18.490	52.12	22.695	56.15	18.165	71.86	31.077	63.17
	1	04.052	44.39	18.783	48.60	22.939	53.10	18.406	69.03	31.335	59.75
	11	04.340	45.93	19.142	45.38	23.220	50.21	18.682	66.32	31.642	56.58
	21	04.651	47.48	19.559	42.60	23.531	47.63	18.985	63.87	31.990	53.80
	31	04.972	48.97	20.012	40.36	23.859	45.44	19.304	61.76	32.362	51.50
2月	10	05.300	50.36	20.493	38.69	24.198	43.68	19.631	60.03	32.753	49.74
	20	05.625	51.59	20.985	37.71	24.538	42.46	19.959	58.78	33.149	48.61
3月	1	05.940	52.62	21.469	37.40	24.869	41.77	20.279	58.01	33.537	48.11
	11	06.243	53.44	21.938	37.76	25.189	41.64	20.587	57.75	33.912	48.25
	21	06.529	54.02	22.373	38.80	25.488	42.07	20.875	58.00	34.263	49.03
	31	06.795	54.38	22.765	40.40	25.762	43.00	21.141	58.71	34.581	50.37
4月	10	07.040	54.52	23.110	42.52	26.010	44.37	21.383	59.84	34.866	52.21
	20	07.260	54.46	23.393	45.08	26.226	46.14	21.595	61.34	35.107	54.48
	30	07.454	54.24	23.614	47.93	26.409	48.18	21.777	63.10	35.304	57.05
5月	10	07.623	53.90	23.772	51.00	26.558	50.45	21.929	65.07	35.456	59.85
	20	07.761	53.45	23.858	54.16	26.670	52.85	22.046	67.17	35.558	62.76
	30	07.870	52.95	23.880	57.29	26.745	55.26	22.130	69.30	35.613	65.67
6月	9	07.947	52.40	23.835	60.34	26.784	57.64	22.179	71.42	35.619	68.53
	19	07.990	51.85	23.723	63.17	26.783	59.90	22.191	73.44	35.576	71.20
	29	08.001	51.31	23.554	65.71	26.747	61.97	22.170	75.29	35.489	73.63
7月	9	07.978	50.79	23.328	67.93	26.674	63.82	22.114	76.97	35.358	75.77
	19	07.922	50.31	23.051	69.72	26.568	65.36	22.025	78.38	35.187	77.53
	29	07.839	49.87	22.735	71.07	26.433	66.59	21.909	79.52	34.983	78.89
8月	8	07.728	49.47	22.381	71.95	26.271	67.48	21.766	80.37	34.748	79.83
	18	07.597	49.13	22.003	72.30	26.090	67.98	21.604	80.88	34.492	80.29
	28	07.453	48.85	21.613	72.17	25.897	68.12	21.430	81.07	34.224	80.30
9月	7	07.301	48.64	21.215	71.52	25.697	67.86	21.249	80.91	33.948	79.82
	17	07.153	48.51	20.830	70.34	25.502	67.19	21.072	80.39	33.680	78.85
	27	07.018	48.47	20.466	68.69	25.319	66.14	20.906	79.54	33.427	77.45
10月	7	06.902	48.55	20.134	66.56	25.158	64.70	20.761	78.33	33.199	75.57
	17	06.820	48.77	19.852	63.99	25.030	62.88	20.649	76.77	33.010	73.27
	27	06.775	49.13	19.627	61.06	24.941	60.74	20.573	74.92	32.867	70.61
11月	6	06.775	49.66	19.471	57.77	24.899	58.26	20.542	72.75	32.778	67.59
	16	06.826	50.38	19.395	54.23	24.910	55.52	20.563	70.32	32.752	64.30
	26	06.925	51.28	19.399	50.52	24.974	52.59	20.635	67.69	32.789	60.83
12月	6	07.076	52.41	19.489	46.70	25.094	49.49	20.759	64.89	32.893	57.22
	16	07.275	53.68	19.664	42.95	25.268	46.35	20.935	62.03	33.063	53.63
	26	07.514	55.08	19.916	39.32	25.488	43.25	21.155	59.17	33.291	50.12
	36	07.790	56.58	20.242	35.93	25.752	40.27	21.414	56.40	33.574	46.82
平位置 (J2024.5)		07.169	43.95	21.120	61.59	25.507	61.77	21.055	76.39	33.773	71.04
年自行		−0.0011	−0.012	−0.0409	0.335	−0.0029	−0.007	0.0003	0.024	0.0052	−0.063
视差（角秒）		0.007		0.048		0.009		0.018		0.009	

恒 星 视 位 置

以世界时 0^h 为准

2024 年

日期		597		1421		601		1423		606	
		β Sco pr		κ Her pr		φ Her		τ CrB		19 UMi	
		$2^m.56$ B0		$5^m.00$ G8		$4^m.23$ B9		$4^m.73$ K0		$5^m.48$ B8	
		h m	° ′	h m	° ′	h m	° ′	h m	° ′	h m	° ′
		16 06	−19 52	16 09	+16 58	16 09	+44 51	16 09	+36 25	16 10	+75 48
	日	s	″	s	″	s	″	s	″	s	″
1月	−9	48.270	11.66	07.974	55.89	29.848	70.48	49.350	41.06	06.586	43.40
	1	48.540	12.50	08.210	53.27	30.096	67.06	49.590	37.83	07.021	39.91
	11	48.842	13.49	08.479	50.74	30.393	63.88	49.871	34.79	07.607	36.73
	21	49.168	14.59	08.775	48.41	30.731	61.08	50.188	32.09	08.328	34.01
	31	49.506	15.73	09.087	46.37	31.095	58.74	50.525	29.80	09.146	31.84
2月	10	49.850	16.90	09.407	44.66	31.478	56.92	50.877	28.00	10.042	30.25
	20	50.193	18.03	09.728	43.38	31.867	55.74	51.233	26.77	10.980	29.36
3月	1	50.526	19.08	10.041	42.54	32.249	55.17	51.582	26.12	11.918	29.14
	11	50.848	20.05	10.344	42.15	32.621	55.24	51.921	26.06	12.836	29.60
	21	51.152	20.90	10.630	42.24	32.969	55.96	52.239	26.62	13.693	30.73
	31	51.436	21.62	10.894	42.75	33.287	57.22	52.531	27.69	14.461	32.43
4月	10	51.700	22.22	11.137	43.65	33.573	59.00	52.796	29.26	15.126	34.64
	20	51.938	22.69	11.352	44.90	33.818	61.23	53.025	31.24	15.657	37.29
	30	52.150	23.07	11.540	46.41	34.021	63.75	53.219	33.52	16.046	40.22
5月	10	52.336	23.36	11.699	48.13	34.180	66.52	53.376	36.05	16.290	43.36
	20	52.490	23.57	11.826	49.97	34.290	69.42	53.491	38.71	16.372	46.59
	30	52.613	23.73	11.920	51.86	34.354	72.33	53.567	41.38	16.305	49.77
6月	9	52.702	23.84	11.982	53.75	34.370	75.19	53.601	44.03	16.088	52.85
	19	52.755	23.90	12.007	55.57	34.337	77.88	53.592	46.54	15.724	55.70
	29	52.774	23.93	12.000	57.25	34.260	80.34	53.545	48.84	15.235	58.25
7月	9	52.755	23.92	11.958	58.78	34.140	82.53	53.458	50.89	14.625	60.45
	19	52.701	23.87	11.884	60.09	33.978	84.34	53.335	52.62	13.909	62.21
	29	52.617	23.78	11.781	61.16	33.784	85.77	53.181	53.99	13.114	63.52
8月	8	52.503	23.63	11.651	61.99	33.557	86.78	52.997	55.00	12.246	64.34
	18	52.367	23.42	11.501	62.52	33.308	87.32	52.792	55.57	11.332	64.63
	28	52.217	23.17	11.338	62.78	33.046	87.41	52.573	55.73	10.396	64.42
9月	7	52.058	22.87	11.166	62.73	32.775	87.02	52.347	55.46	09.450	63.68
	17	51.902	22.54	10.998	62.36	32.510	86.14	52.125	54.74	08.528	62.41
	27	51.759	22.19	10.841	61.70	32.259	84.83	51.915	53.61	07.649	60.68
10月	7	51.637	21.85	10.702	60.72	32.032	83.04	51.727	52.05	06.832	58.46
	17	51.549	21.56	10.594	59.42	31.843	80.83	51.573	50.08	06.111	55.81
	27	51.501	21.34	10.522	57.84	31.697	78.25	51.458	47.76	05.498	52.81
11月	6	51.500	21.23	10.494	55.97	31.604	75.31	51.392	45.09	05.017	49.45
	16	51.554	21.26	10.516	53.84	31.573	72.09	51.383	42.14	04.691	45.87
	26	51.647	21.04	10.587	51.51	31.603	68.67	51.429	38.99	04.521	42.13
12月	6	51.811	21.81	10.710	48.99	31.700	65.10	51.534	35.68	04.526	38.31
	16	52.021	22.39	10.882	46.39	31.861	61.53	51.697	32.34	04.707	34.55
	26	52.272	23.13	11.097	43.77	32.080	58.04	51.911	29.05	05.051	30.94
	36	52.561	24.03	11.351	41.19	32.354	54.73	52.173	25.91	05.561	27.60
平位置 (J2024.5)		51.940	14.22	10.950	59.69	32.571	78.33	52.129	48.01	09.589	53.78
年自行 (J2024.5)		−0.0005	−0.025	−0.0024	−0.006	−0.0026	0.040	−0.0034	0.343	−0.0005	0.013
视差（角秒）		0.006		0.008		0.014		0.029		0.005	

恒 星 视 位 置

2024 年 以世界时 0^{h} 为准

日期	3280		603		612		605		608	
	ψ Sco		δ Oph		η UMi		ε Oph		τ Her	
	$4^{\mathrm{m}}.93$	A3	$2^{\mathrm{m}}.73$	M1	$4^{\mathrm{m}}.95$	F5	$3^{\mathrm{m}}.23$	G8	$3^{\mathrm{m}}.91$	B5
	h m	° ′	h m	° ′	h m	° ′	h m	° ′	h m	° ′
	16 13	−10 07	16 15	− 3 45	16 16	+75 41	16 19	− 4 45	16 20	+46 14
日	s	″	s	″	s	″	s	″	s	″
1月 −9	17.068	32.86	34.597	20.95	46.036	42.02	33.856	02.49	25.947	73.74
1	17.319	34.20	34.840	22.61	46.444	38.51	34.097	04.09	26.183	70.27
11	17.602	35.62	35.113	24.32	47.004	35.29	34.369	05.72	26.471	67.02
21	17.909	37.05	35.412	25.99	47.701	32.52	34.667	07.34	26.803	64.14
31	18.228	38.45	35.724	27.55	48.499	30.28	34.978	08.86	27.164	61.72
2月 10	18.555	39.76	36.043	28.98	49.377	28.63	35.297	10.25	27.547	59.81
20	18.881	40.93	36.364	30.20	50.302	27.66	35.618	11.44	27.940	58.53
3月 1	19.200	41.93	36.676	31.17	51.231	27.36	35.932	12.40	28.330	57.88
11	19.508	42.73	36.979	31.88	52.146	27.74	36.237	13.11	28.711	57.86
21	19.801	43.31	37.267	32.30	53.004	28.80	36.527	13.53	29.071	58.51
31	20.074	43.67	37.536	32.46	53.779	30.44	36.799	13.71	29.403	59.72
4月 10	20.329	43.84	37.786	32.36	54.455	32.60	37.053	13.63	29.704	61.46
20	20.559	43.82	38.013	32.04	55.000	35.21	37.283	13.34	29.964	63.67
30	20.765	43.65	38.215	31.53	55.408	38.11	37.490	12.87	30.182	66.20
5月 10	20.946	43.36	38.392	30.88	55.672	41.25	37.671	12.25	30.356	68.99
20	21.096	42.97	38.538	30.12	55.776	44.49	37.823	11.53	30.479	71.94
30	21.217	42.53	38.656	29.31	55.732	47.69	37.945	10.76	30.554	74.90
6月 9	21.306	42.05	38.742	28.46	55.539	50.82	38.036	09.95	30.581	77.85
19	21.359	41.56	38.793	27.63	55.197	53.72	38.091	09.15	30.555	80.64
29	21.380	41.09	38.812	26.83	54.730	56.34	38.114	08.39	30.485	83.20
7月 9	21.365	40.62	38.796	26.09	54.139	58.62	38.102	07.68	30.367	85.50
19	21.317	40.19	38.747	25.42	53.441	60.47	38.055	07.03	30.205	87.44
29	21.238	39.80	38.668	24.84	52.661	61.88	37.979	06.47	30.009	88.99
8月 8	21.131	39.44	38.560	24.34	51.804	62.81	37.873	05.99	29.777	90.14
18	21.001	39.13	38.431	23.96	50.899	63.20	37.745	05.61	29.520	90.80
28	20.857	38.86	38.287	23.67	49.968	63.10	37.602	05.32	29.248	91.02
9月 7	20.703	38.64	38.133	23.50	49.023	62.47	37.448	05.14	28.965	90.75
17	20.552	38.49	37.981	23.47	48.099	61.31	37.295	05.08	28.686	89.98
27	20.411	38.41	37.839	23.56	47.214	59.68	37.152	05.14	28.419	88.76
10月 7	20.289	38.43	37.715	23.81	46.387	57.56	37.026	05.34	28.174	87.07
17	20.198	38.57	37.622	24.22	45.653	55.00	36.930	05.71	27.965	84.93
27	20.145	38.84	37.564	24.81	45.023	52.07	36.870	06.23	27.800	82.41
11月 6	20.135	39.27	37.549	25.59	44.522	48.78	36.853	06.95	27.687	79.51
16	20.177	39.87	37.584	26.56	44.174	45.25	36.885	07.85	27.636	76.32
26	20.266	40.62	37.667	27.72	43.979	41.55	36.965	08.93	27.647	72.91
12月 6	20.407	41.61	37.800	29.08	43.957	37.74	37.095	10.21	27.726	69.34
16	20.598	42.75	37.982	30.58	44.111	33.99	37.275	11.63	27.872	65.75
26	20.830	44.01	38.205	32.19	44.428	30.37	37.496	13.17	28.077	62.22
36	21.099	45.38	38.465	33.86	44.911	26.99	37.754	14.78	28.339	58.85
平位置 (J2024.5)	20.512	33.27	37.914	20.23	49.101	52.47	37.207	01.54	28.712	81.83
年自行	−0.0006	−0.014	−0.0030	−0.143	−0.0246	0.255	0.0055	0.040	−0.0012	0.040
视 差 （角秒）	0.020		0.019		0.034		0.030		0.010	

恒 星 视 位 置

以世界时 0^h 为准

2024 年

日　期		607 σ Sco 2ᵐ.90 B1		609 γ Her 3ᵐ.74 A9		3294 ξ CrB 4ᵐ.86 K0		1427 σ Ser 4ᵐ.82 F0		(615) η Dra 2ᵐ.73 G8	
		h m	° ′	h m	° ′	h m	° ′	h m	° ′	h m	° ′
		16 22	−25 38	16 22	+19 05	16 23	+30 49	16 23	+ 0 58	16 24	+61 27
	日	s	″	s	″	s	″	s	″	s	″
1月	−9	37.027	56.44	57.143	44.94	00.284	64.98	15.664	21.40	16.909	23.70
	1	37.295	56.87	57.366	42.25	00.507	61.88	15.896	19.53	17.173	20.09
	11	37.598	57.47	57.624	39.64	00.770	58.93	16.161	17.64	17.516	16.73
	21	37.928	58.21	57.912	37.25	01.067	56.25	16.451	15.83	17.927	13.77
	31	38.273	59.05	58.217	35.14	01.385	53.95	16.756	14.16	18.387	11.32
2月	10	38.627	59.97	58.534	33.38	01.717	52.08	17.070	12.67	18.886	09.44
	20	38.983	60.92	58.855	32.05	02.056	50.74	17.387	11.44	19.407	08.22
3月	1	39.331	61.85	59.171	31.18	02.391	49.95	17.697	10.51	19.928	07.68
	11	39.671	62.76	59.479	30.79	02.717	49.71	17.999	09.88	20.442	07.81
	21	39.996	63.62	59.772	30.89	03.027	50.05	18.287	09.58	20.928	08.64
	31	40.302	64.41	60.045	31.43	03.315	50.91	18.557	09.60	21.373	10.07
4月	10	40.589	65.14	60.298	32.39	03.580	52.24	18.809	09.90	21.772	12.05
	20	40.851	65.79	60.525	33.72	03.815	54.00	19.038	10.47	22.109	14.50
	30	41.088	66.38	60.724	35.32	04.018	56.06	19.243	11.24	22.380	17.29
5月	10	41.298	66.92	60.896	37.15	04.188	58.37	19.423	12.17	22.583	20.35
	20	41.476	67.41	61.034	39.13	04.320	60.84	19.572	13.23	22.708	23.55
	30	41.621	67.87	61.140	41.15	04.416	63.35	19.693	14.33	22.760	26.77
6月	9	41.730	68.28	61.212	43.19	04.473	65.87	19.782	15.47	22.738	29.94
	19	41.801	68.65	61.247	45.16	04.490	68.27	19.836	16.58	22.640	32.93
	29	41.834	68.98	61.248	46.99	04.469	70.50	19.857	17.63	22.475	35.67
7月	9	41.828	69.26	61.212	48.67	04.408	72.53	19.842	18.61	22.243	38.11
	19	41.782	69.47	61.141	50.11	04.311	74.26	19.794	19.47	21.951	40.15
	29	41.703	69.60	61.041	51.32	04.182	75.68	19.716	20.21	21.611	41.76
8月	8	41.589	69.65	60.912	52.26	04.023	76.76	19.609	20.83	21.224	42.92
	18	41.451	69.59	60.760	52.89	03.841	77.45	19.479	21.28	20.805	43.56
	28	41.294	69.44	60.593	53.23	03.643	77.77	19.333	21.60	20.366	43.71
9月	7	41.125	69.18	60.415	53.24	03.434	77.69	19.177	21.75	19.914	43.33
	17	40.958	68.83	60.238	52.92	03.228	77.18	19.021	21.72	19.469	42.42
	27	40.801	68.40	60.070	52.29	03.031	76.29	18.874	21.52	19.041	41.02
10月	7	40.663	67.91	59.919	51.32	02.851	74.99	18.744	21.13	18.643	39.12
	17	40.560	67.41	59.798	50.02	02.703	73.30	18.642	20.53	18.293	36.76
	27	40.495	66.92	59.711	48.43	02.592	71.26	18.576	19.74	18.000	34.00
11月	6	40.479	66.48	59.667	46.52	02.525	68.86	18.551	18.72	17.777	30.84
	16	40.518	66.16	59.672	44.35	02.512	66.19	18.575	17.50	17.639	27.40
	26	40.612	66.00	59.726	41.96	02.550	63.29	18.646	16.09	17.583	23.75
12月	6	40.753	65.92	59.833	39.39	02.645	60.21	18.768	14.49	17.622	19.96
	16	40.957	66.03	59.991	36.72	02.795	57.07	18.939	12.75	17.754	16.17
	26	41.204	66.35	60.192	34.03	02.993	53.93	19.151	10.92	17.972	12.46
	36	41.492	66.84	60.434	31.38	03.237	50.90	19.401	09.05	18.275	08.96
平位置 (J2024.5)		40.919	58.31	60.132	49.67	03.153	71.34	18.910	23.49	19.706	33.18
年自行 (J2024.5)		−0.0007	−0.021	−0.0033	0.044	−0.0077	0.107	−0.0104	0.048	−0.0024	0.057
视　差（角秒）		0.004		0.017		0.018		0.037		0.037	

恒星视位置

2024 年　　以世界时 0^{h} 为准

日期	614 Grb 2343		1429 21 Her		613 ω Her		619 A Dra		3299 ν Oph	
	$5^{m}.75$	A2	$5^{m}.83$	A2	$4^{m}.57$	B9	$4^{m}.94$	A0	$4^{m}.62$	A3
	h m	° ′	h m	° ′	h m	° ′	h m	° ′	h m	° ′
	16 24	+55 08	16 25	+ 6 53	16 26	+13 58	16 27	+68 42	16 29	− 8 25
日	s	″	s	″	s	″	s	″	s	″
1月 −9	54.890	51.58	19.379	32.68	29.809	38.45	53.869	44.37	04.405	29.97
1	55.134	47.99	19.605	30.53	30.030	35.97	54.161	40.75	04.641	31.34
11	55.443	44.64	19.864	28.39	30.287	33.55	54.558	37.38	04.910	32.76
21	55.809	41.68	20.150	26.37	30.571	31.30	55.050	34.44	05.205	34.20
31	56.213	39.20	20.452	24.54	30.872	29.29	55.611	31.99	05.515	35.57
2月 10	56.648	37.27	20.764	22.94	31.185	27.58	56.229	30.12	05.835	36.85
20	57.100	36.00	21.079	21.67	31.502	26.27	56.880	28.92	06.158	37.97
3月 1	57.551	35.38	21.389	20.75	31.814	25.36	57.538	28.40	06.475	38.90
11	57.994	35.43	21.691	20.19	32.119	24.89	58.189	28.55	06.785	39.62
21	58.415	36.17	21.979	20.02	32.409	24.87	58.808	29.41	07.082	40.09
31	58.802	37.50	22.249	20.21	32.681	25.26	59.373	30.87	07.362	40.35
4月 10	59.151	39.37	22.501	20.73	32.935	26.03	59.879	32.88	07.625	40.39
20	59.450	41.73	22.730	21.56	33.163	27.15	60.300	35.37	07.866	40.22
30	59.695	44.43	22.934	22.62	33.366	28.53	60.634	38.20	08.083	39.91
5月 10	59.886	47.40	23.112	23.86	33.543	30.12	60.876	41.30	08.276	39.46
20	60.013	50.52	23.260	25.24	33.688	31.86	61.011	44.54	08.439	38.92
30	60.081	53.66	23.379	26.67	33.801	33.65	61.049	47.79	08.574	38.33
6月 9	60.088	56.78	23.465	28.13	33.882	35.47	60.986	50.99	08.676	37.71
19	60.031	59.73	23.516	29.54	33.926	37.22	60.821	54.02	08.742	37.09
29	59.918	62.44	23.534	30.88	33.937	38.86	60.568	56.78	08.775	36.49
7月 9	59.749	64.87	23.516	32.11	33.912	40.38	60.227	59.24	08.771	35.93
19	59.528	66.91	23.464	33.19	33.852	41.69	59.807	61.29	08.732	35.42
29	59.265	68.54	23.383	34.10	33.763	42.79	59.326	62.92	08.661	34.96
8月 8	58.961	69.73	23.272	34.85	33.643	43.67	58.784	64.08	08.559	34.56
18	58.628	70.42	23.138	35.38	33.501	44.28	58.202	64.72	08.433	34.23
28	58.278	70.63	22.988	35.72	33.343	44.63	57.596	64.86	08.290	33.96
9月 7	57.914	70.33	22.828	35.84	33.174	44.71	56.973	64.47	08.135	33.76
17	57.555	69.50	22.667	35.72	33.005	44.49	56.358	63.55	07.980	33.65
27	57.210	68.20	22.515	35.39	32.844	43.99	55.766	62.13	07.833	33.62
10月 7	56.890	66.40	22.380	34.81	32.699	43.19	55.209	60.21	07.702	33.70
17	56.612	64.14	22.273	33.98	32.583	42.10	54.714	57.83	07.600	33.91
27	56.382	61.48	22.199	32.92	32.501	40.73	54.289	55.04	07.533	34.25
11月 6	56.213	58.42	22.168	31.61	32.461	39.07	53.952	51.87	07.509	34.75
16	56.116	55.07	22.185	30.07	32.469	37.17	53.721	48.41	07.534	35.41
26	56.091	51.50	22.249	28.33	32.526	35.05	53.597	44.74	07.608	36.24
12月 6	56.146	47.78	22.364	26.39	32.634	32.73	53.592	40.93	07.731	37.26
16	56.280	44.04	22.528	24.34	32.791	30.32	53.709	37.13	07.905	38.44
26	56.486	40.37	22.733	22.21	32.991	27.85	53.939	33.42	08.121	39.74
36	56.763	36.89	22.978	20.07	33.231	25.40	54.283	29.92	08.375	41.12
平位置 (J2024.5)	57.665	60.52	22.540	35.74	32.875	42.54	56.799	54.22	07.848	28.86
年自行 (J2024.5)	0.0014	0.021	0.0003	0.015	0.0029	−0.058	−0.0045	0.034	−0.0053	0.011
视差（角秒）	0.009		0.010		0.014		0.007		0.027	

恒 星 视 位 置

以世界时 0^h 为准

2024 年

日 期		3303 30 Her $4^m.83$ M6		616 α Sco* $0^m.9\sim1^m.1$ M1		1430 22 G. Oph $5^m.66$ G5		618 β Her+ $2^m.78$ G8		(617) λ Oph m $3^m.82$ A2	
		h m 16 29	° ′ +41 49	h m 16 30	° ′ −26 29	h m 16 31	° ′ −14 36	h m 16 31	° ′ +21 25	h m 16 32	° ′ + 1 55
	日	s	″	s	″	s	″	s	″	s	″
1月	−9	24.086	36.47	50.918	02.24	06.598	10.28	13.476	70.54	05.834	52.42
	1	24.307	33.07	51.181	02.58	06.840	11.30	13.691	67.76	06.058	50.52
	11	24.576	29.86	51.479	03.07	07.116	12.41	13.942	65.08	06.315	48.61
	21	24.886	26.98	51.806	03.72	07.418	13.57	14.225	62.60	06.599	46.78
	31	25.225	24.52	52.149	04.47	07.736	14.73	14.527	60.43	06.899	45.09
2月	10	25.584	22.54	52.503	05.29	08.064	15.86	14.843	58.61	07.210	43.59
	20	25.954	21.17	52.860	06.16	08.395	16.89	15.165	57.25	07.525	42.37
3月	1	26.323	20.39	53.212	07.02	08.721	17.80	15.483	56.36	07.835	41.44
	11	26.685	20.24	53.556	07.87	09.040	18.56	15.795	55.96	08.139	40.83
	21	27.030	20.74	53.886	08.67	09.345	19.15	16.092	56.08	08.430	40.56
	31	27.350	21.79	54.199	09.42	09.634	19.57	16.372	56.66	08.704	40.61
4月	10	27.644	23.38	54.494	10.12	09.907	19.83	16.632	57.67	08.962	40.96
	20	27.903	25.43	54.765	10.75	10.156	19.93	16.866	59.08	09.197	41.58
	30	28.123	27.81	55.011	11.34	10.383	19.92	17.072	60.77	09.409	42.41
5月	10	28.305	30.48	55.231	11.88	10.585	19.81	17.251	62.71	09.596	43.41
	20	28.441	33.31	55.418	12.38	10.757	19.62	17.396	64.80	09.754	44.54
	30	28.533	36.19	55.573	12.86	10.899	19.38	17.508	66.95	09.882	45.72
6月	9	28.580	39.06	55.692	13.30	11.009	19.12	17.585	69.13	09.979	46.94
	19	28.578	41.81	55.771	13.71	11.081	18.84	17.624	71.22	10.040	48.12
	29	28.534	44.35	55.812	14.08	11.119	18.57	17.628	73.18	10.068	49.24
7月	9	28.444	46.67	55.813	14.41	11.120	18.30	17.594	74.98	10.060	50.28
	19	28.312	48.64	55.773	14.67	11.083	18.04	17.524	76.54	10.017	51.20
	29	28.144	50.25	55.698	14.86	11.014	17.80	17.423	77.85	09.943	51.99
8月	8	27.942	51.48	55.587	14.95	10.913	17.56	17.292	78.88	09.839	52.65
	18	27.714	52.25	55.450	14.95	10.786	17.34	17.137	79.58	09.710	53.14
	28	27.469	52.60	55.293	14.84	10.642	17.12	16.965	79.97	09.565	53.47
9月	7	27.212	52.48	55.123	14.62	10.485	16.90	16.781	80.03	09.408	53.63
	17	26.956	51.88	54.952	14.30	10.327	16.72	16.597	79.73	09.249	53.60
	27	26.710	50.84	54.790	13.89	10.177	16.55	16.421	79.10	09.098	53.40
10月	7	26.482	49.33	54.647	13.41	10.044	16.44	16.261	78.11	08.963	52.99
	17	26.289	47.39	54.536	12.89	09.940	16.39	16.129	76.77	08.855	52.38
	27	26.134	45.06	54.464	12.38	09.873	16.44	16.031	75.13	08.781	51.56
11月	6	26.028	42.35	54.440	11.91	09.849	16.60	15.975	73.16	08.748	50.52
	16	25.980	39.34	54.471	11.53	09.876	16.91	15.969	70.92	08.763	49.27
	26	25.990	36.09	54.557	11.29	09.953	17.33	16.011	68.46	08.825	47.83
12月	6	26.063	32.66	54.690	11.17	10.077	17.96	16.107	65.80	08.938	46.19
	16	26.198	29.18	54.886	11.17	10.256	18.77	16.254	63.04	09.099	44.42
	26	26.389	25.73	55.127	11.38	10.478	19.70	16.446	60.26	09.302	42.57
	36	26.635	22.42	55.410	11.78	10.739	20.74	16.681	57.53	09.544	40.67
平位置 (J2024.5)		26.908	44.15	54.836	03.34	10.192	09.85	16.460	75.85	09.090	55.13
年自行		0.0027	−0.005	−0.0007	−0.023	0.0024	0.010	−0.0070	−0.015	−0.0014	−0.088
视 差 (角秒)		0.009		0.005		0.012		0.022		0.020	

* 双星，表给视位置为亮星位置，平位置为质心位置。

恒 星 视 位 置

2024 年 以世界时 0^{h} 为准

日 期	1432		1431		3310		621		620	
	Pi $16^{h}140$		N Sco		29 Her		σ Her		τ Sco	
	$5^{m}.92$	A2	$4^{m}.24$	B2	$4^{m}.84$	K4	$4^{m}.20$	B9	$2^{m}.82$	B0
	h m 16 32	° ′ +60 45	h m 16 32	° ′ −34 45	h m 16 33	° ′ +11 25	h m 16 34	° ′ +42 22	h m 16 37	° ′ −28 15
日	s	″	s	″	s	″	s	″	s	″
1月 −9	43.885	71.70	55.026	17.88	42.057	69.36	50.814	67.91	20.689	52.17
1	44.130	68.05	55.306	17.72	42.272	67.01	51.028	64.49	20.949	52.36
11	44.453	64.64	55.625	17.77	42.523	64.69	51.291	61.25	21.247	52.71
21	44.845	61.62	55.976	18.03	42.802	62.52	51.598	58.33	21.574	53.23
31	45.287	59.09	56.345	18.46	43.099	60.57	51.934	55.84	21.919	53.85
2月 10	45.770	57.10	56.727	19.04	43.408	58.90	52.292	53.82	22.276	54.58
20	46.277	55.78	57.112	19.75	43.722	57.59	52.662	52.40	22.638	55.35
3月 1	46.788	55.12	57.492	20.55	44.032	56.66	53.033	51.59	22.995	56.15
11	47.294	55.14	57.866	21.42	44.336	56.14	53.398	51.40	23.346	56.95
21	47.777	55.86	58.224	22.34	44.627	56.06	53.747	51.86	23.684	57.73
31	48.222	57.19	58.564	23.28	44.902	56.37	54.072	52.89	24.005	58.47
4月 10	48.625	59.08	58.886	24.25	45.159	57.05	54.372	54.45	24.309	59.18
20	48.970	61.47	59.181	25.22	45.392	58.07	54.637	56.49	24.589	59.85
30	49.252	64.20	59.449	26.19	45.601	59.34	54.864	58.88	24.845	60.48
5月 10	49.469	67.23	59.689	27.16	45.785	60.82	55.052	61.55	25.075	61.08
20	49.610	70.42	59.893	28.13	45.937	62.45	55.195	64.40	25.271	61.65
30	49.680	73.65	60.061	29.08	46.060	64.13	55.293	67.31	25.435	62.21
6月 9	49.677	76.85	60.190	30.01	46.149	65.85	55.345	70.22	25.563	62.74
19	49.599	79.89	60.276	30.88	46.202	67.51	55.348	73.01	25.650	63.24
29	49.454	82.69	60.319	31.71	46.222	69.08	55.307	75.61	25.698	63.71
7月 9	49.242	85.22	60.318	32.45	46.205	70.52	55.219	77.98	25.703	64.13
19	48.968	87.36	60.273	33.08	46.152	71.79	55.089	80.01	25.667	64.48
29	48.645	89.08	60.189	33.59	46.070	72.86	54.922	81.68	25.595	64.75
8月 8	48.274	90.36	60.066	33.93	45.956	73.73	54.719	82.97	25.486	64.93
18	47.869	91.12	59.914	34.11	45.818	74.35	54.489	83.81	25.348	64.99
28	47.442	91.40	59.741	34.10	45.664	74.73	54.241	84.22	25.189	64.93
9月 7	46.999	91.16	59.552	33.90	45.497	74.86	53.979	84.16	25.015	64.74
17	46.560	90.38	59.364	33.51	45.330	74.71	53.718	83.62	24.840	64.44
27	46.136	89.12	59.185	32.96	45.169	74.30	53.466	82.63	24.673	64.02
10月 7	45.737	87.34	59.026	32.25	45.023	73.62	53.232	81.17	24.524	63.52
17	45.385	85.09	58.902	31.43	44.905	72.65	53.030	79.27	24.406	62.96
27	45.087	82.43	58.820	30.55	44.820	71.42	52.867	76.98	24.328	62.38
11月 6	44.856	79.36	58.789	29.65	44.776	69.91	52.753	74.30	24.296	61.82
16	44.705	75.99	58.818	28.79	44.780	68.16	52.696	71.31	24.321	61.33
26	44.637	72.39	58.904	28.03	44.832	66.20	52.697	68.07	24.400	60.96
12月 6	44.659	68.63	59.051	27.38	44.934	64.05	52.762	64.65	24.531	60.73
16	44.774	64.84	59.256	26.89	45.086	61.78	52.889	61.16	24.721	60.59
26	44.973	61.13	59.512	26.59	45.280	59.44	53.074	57.70	24.960	60.66
36	45.257	57.59	59.814	26.51	45.515	57.11	53.313	54.37	25.241	60.90
平位置 (J2024.5)	46.731	81.01	59.296	19.76	45.167	73.44	53.652	75.73	24.706	52.83
年自行	0.0028	−0.010	−0.0009	−0.020	−0.0121	−0.079	−0.0010	0.054	−0.0007	−0.022
视 差 (角秒)	0.010		0.004		0.010		0.011		0.008	

恒 星 视 位 置

以世界时 0^h 为准

2024 年

日　期		1433 12 Oph $5^m.77$ K2		622 ζ Oph $2^m.54$ O9		1434 42 Her $4^m.86$ M2		3326 18 Dra $4^m.84$ K1		(C4) ζ Her* $2^m.81$ F9	
		h m 16 37	° ′ −2 22	h m 16 38	° ′ −10 36	h m 16 39	° ′ +48 52	h m 16 41	° ′ +64 32	h m 16 42	° ′ +31 33
	日	s	″	s	″	s	″	s	″	s	″
1月	−9	35.429	32.37	27.114	54.73	22.015	44.55	02.733	24.84	09.781	26.84
	1	35.653	34.04	27.345	55.94	22.228	41.01	02.972	21.17	09.983	23.72
	11	35.911	35.73	27.609	57.22	22.497	37.65	03.302	17.71	10.228	20.73
	21	36.197	37.39	27.901	58.51	22.817	34.64	03.714	14.64	10.509	17.99
	31	36.498	38.93	28.210	59.77	23.173	32.06	04.188	12.05	10.815	15.62
2月	10	36.811	40.32	28.529	60.96	23.556	29.99	04.712	09.99	11.140	13.65
	20	37.128	41.49	28.853	62.01	23.957	28.54	05.268	08.60	11.475	12.22
3月	1	37.441	42.41	29.173	62.89	24.359	27.73	05.834	07.87	11.809	11.32
	11	37.749	43.05	29.488	63.59	24.758	27.56	06.399	07.83	12.138	10.99
	21	38.044	43.39	29.790	64.07	25.141	28.07	06.941	08.49	12.456	11.25
	31	38.324	43.45	30.077	64.34	25.498	29.17	07.444	09.77	12.754	12.04
4月	10	38.587	43.25	30.349	64.42	25.826	30.83	07.902	11.62	13.032	13.32
	20	38.829	42.80	30.599	64.32	26.114	32.99	08.293	13.98	13.282	15.05
	30	39.048	42.16	30.827	64.08	26.360	35.50	08.615	16.71	13.501	17.12
5月	10	39.244	41.37	31.031	63.72	26.561	38.33	08.862	19.75	13.690	19.46
	20	39.410	40.46	31.205	63.27	26.709	41.33	09.023	22.96	13.840	21.99
	30	39.547	39.51	31.351	62.77	26.806	44.40	09.102	26.22	13.954	24.58
6月	9	39.652	38.52	31.464	62.25	26.851	47.47	09.096	29.47	14.028	27.20
	19	39.721	37.55	31.541	61.73	26.839	50.42	09.004	32.58	14.060	29.73
	29	39.757	36.64	31.583	61.23	26.778	53.16	08.834	35.46	14.053	32.10
7月	9	39.757	35.78	31.588	60.75	26.665	55.67	08.587	38.07	14.005	34.28
	19	39.720	35.02	31.556	60.32	26.503	57.82	08.270	40.29	13.917	36.18
	29	39.653	34.36	31.491	59.94	26.302	59.60	07.895	42.11	13.795	37.77
8月	8	39.553	33.81	31.393	59.59	26.060	60.97	07.464	43.48	13.639	39.04
	18	39.429	33.38	31.270	59.30	25.789	61.86	06.992	44.35	13.458	39.91
	28	39.288	33.08	31.128	59.06	25.497	62.30	06.495	44.72	13.258	40.40
9月	7	39.132	32.91	30.972	58.86	25.190	62.25	05.978	44.57	13.043	40.49
	17	38.976	32.88	30.815	58.73	24.884	61.68	05.463	43.88	12.828	40.15
	27	38.826	33.00	30.664	58.66	24.586	60.66	04.962	42.70	12.619	39.42
10月	7	38.691	33.27	30.528	58.67	24.308	59.13	04.488	41.00	12.425	38.26
	17	38.584	33.72	30.420	58.79	24.064	57.14	04.063	38.81	12.260	36.70
	27	38.510	34.34	30.347	59.02	23.862	54.75	03.696	36.21	12.129	34.78
11月	6	38.477	35.16	30.315	59.39	23.711	51.94	03.402	33.19	12.042	32.49
	16	38.492	36.17	30.333	59.91	23.623	48.82	03.196	29.86	12.006	29.91
	26	38.554	37.34	30.399	60.57	23.599	45.45	03.081	26.28	12.021	27.07
12月	6	38.667	38.71	30.515	61.42	23.644	41.88	03.067	22.52	12.093	24.03
	16	38.829	40.22	30.682	62.44	23.759	38.26	03.157	18.73	12.221	20.91
	26	39.032	41.84	30.892	63.57	23.938	34.66	03.344	14.99	12.398	17.77
	36	39.275	43.51	31.141	64.79	24.180	31.21	03.628	11.42	12.622	14.71
平位置 (J2024.5)		38.788	29.96	30.629	53.16	24.851	52.96	05.678	34.28	12.650	33.86
年自行		0.0304	−0.307	0.0009	0.025	−0.0048	0.028	0.0001	−0.016	−0.0363	0.344
视　差 (角秒)		0.102		0.007		0.009		0.005		0.093	

* 双星，表给视位置为亮星位置，平位置为质心位置。

恒 星 视 位 置

2024 年 以世界时 0^{h} 为准

日期	624 Br 2114 $4^{m}.91$ G8		626 η Her $3^{m}.48$ G8		627 Grb 2377+ $4^{m}.84$ F2		GC 52 Her $4^{m}.82$ A2		1438 20 Oph $4^{m}.64$ F7	
	h m	° ′	h m	° ′	h m	° ′	h m	° ′	h m	° ′
	16 42	−17 47	16 43	+38 52	16 45	+56 43	16 49	+45 56	16 51	−10 49
日	s	″	s	″	s	″	s	″	s	″
1月 −9	55.875	16.22	41.345	29.30	42.991	70.52	54.459	22.08	07.940	30.20
1	56.112	17.00	41.547	25.96	43.205	66.88	54.655	18.58	08.160	31.35
11	56.383	17.88	41.796	22.76	43.487	63.43	54.906	15.23	08.415	32.56
21	56.683	18.83	42.087	19.86	43.834	60.33	55.205	12.19	08.699	33.79
31	57.001	19.81	42.407	17.35	44.227	57.69	55.540	09.57	09.001	34.98
2月 10	57.331	20.78	42.748	15.29	44.658	55.57	55.902	07.42	09.317	36.11
20	57.665	21.69	43.103	13.80	45.114	54.09	56.282	05.87	09.639	37.10
3月 1	57.996	22.51	43.459	12.90	45.576	53.26	56.667	04.94	09.959	37.92
11	58.322	23.23	43.811	12.59	46.038	53.10	57.050	04.64	10.275	38.56
21	58.637	23.80	44.150	12.93	46.482	53.64	57.420	05.02	10.581	38.99
31	58.937	24.24	44.469	13.83	46.898	54.79	57.769	05.98	10.874	39.22
4月 10	59.221	24.55	44.765	15.26	47.279	56.53	58.093	07.51	11.153	39.25
20	59.485	24.73	45.030	17.17	47.612	58.78	58.382	09.55	11.412	39.11
30	59.725	24.82	45.261	19.43	47.893	61.40	58.632	11.96	11.650	38.82
5月 10	59.942	24.83	45.456	21.99	48.119	64.35	58.842	14.69	11.866	38.42
20	60.129	24.77	45.609	24.74	48.279	67.49	59.003	17.62	12.052	37.94
30	60.286	24.68	45.721	27.56	48.377	70.69	59.117	20.64	12.209	37.42
6月 9	60.410	24.57	45.789	30.40	48.411	73.91	59.181	23.69	12.335	36.87
19	60.496	24.45	45.810	33.15	48.376	77.00	59.192	26.63	12.423	36.33
29	60.546	24.34	45.788	35.72	48.281	79.88	59.155	29.40	12.477	35.82
7月 9	60.556	24.22	45.722	38.08	48.123	82.51	59.067	31.94	12.492	35.34
19	60.528	24.10	45.613	40.13	47.907	84.78	58.932	34.16	12.469	34.91
29	60.465	23.98	45.467	41.85	47.644	86.66	58.756	36.02	12.412	34.53
8月 8	60.368	23.85	45.285	43.20	47.334	88.12	58.540	37.50	12.320	34.19
18	60.243	23.71	45.076	44.12	46.989	89.08	58.293	38.52	12.201	33.92
28	60.099	23.55	44.847	44.63	46.621	89.57	58.024	39.09	12.061	33.69
9月 7	59.939	23.37	44.603	44.69	46.234	89.54	57.739	39.19	11.906	33.51
17	59.776	23.18	44.358	44.28	45.846	88.99	57.451	38.79	11.746	33.39
27	59.620	22.98	44.120	43.44	45.469	87.94	57.169	37.92	11.591	33.33
10月 7	59.479	22.79	43.897	42.14	45.112	86.39	56.904	36.57	11.450	33.35
17	59.367	22.64	43.705	40.40	44.794	84.34	56.670	34.75	11.334	33.47
27	59.289	22.54	43.548	38.28	44.522	81.88	56.474	32.52	11.252	33.69
11月 6	59.255	22.53	43.437	35.76	44.308	78.99	56.326	29.87	11.210	34.04
16	59.272	22.64	43.381	32.93	44.167	75.78	56.237	26.89	11.216	34.53
26	59.340	22.85	43.380	29.84	44.098	72.30	56.208	23.65	11.271	35.16
12月 6	59.454	23.18	43.439	26.54	44.111	68.63	56.244	20.18	11.375	35.94
16	59.625	23.79	43.559	23.17	44.207	64.90	56.348	16.64	11.530	36.90
26	59.840	24.47	43.732	19.80	44.378	61.20	56.512	13.10	11.729	37.97
36	60.096	25.28	43.958	16.52	44.626	57.65	56.736	09.66	11.968	39.14
平位置 (J2024.5)	59.574	15.14	44.231	36.82	45.880	79.56	57.344	30.25	11.486	27.69
年自行	−0.0015	−0.001	0.0031	−0.085	0.0022	0.065	0.0022	−0.051	0.0064	−0.094
视差（角秒）	0.008		0.029		0.037		0.019		0.027	

恒 星 视 位 置

以世界时 0^h 为准

2024 年

日 期		628		1440		1441		1442		633	
		ε Sco		51 Her		53 Her		ι Oph		κ Oph	
		$2^{m}.29$	K2	$5^{m}.03$	K2	$5^{m}.34$	F0	$4^{m}.39$	B8	$3^{m}.19$	K2
		h m	° ′	h m	° ′	h m	° ′	h m	° ′	h m	° ′
		16 51	−34 20	16 52	+24 36	16 53	+31 39	16 55	+10 07	16 58	+ 9 20
	日	s	″	s	″	s	″	s	″	s	″
1月	−9	41.016	07.74	43.245	53.93	50.913	37.98	06.922	31.21	46.564	14.05
	1	41.276	07.49	43.438	51.05	51.103	34.84	07.119	28.97	46.758	11.85
	11	41.576	07.42	43.670	48.25	51.336	31.81	07.352	26.74	46.988	09.66
	21	41.911	07.54	43.938	45.65	51.607	29.03	07.616	24.63	47.250	07.59
	31	42.267	07.81	44.229	43.36	51.905	26.59	07.901	22.73	47.532	05.72
2月	10	42.638	08.22	44.538	41.42	52.224	24.54	08.201	21.07	47.830	04.08
	20	43.017	08.75	44.857	39.95	52.555	23.02	08.509	19.76	48.137	02.78
3月	1	43.395	09.37	45.178	38.97	52.888	22.03	08.818	18.81	48.444	01.84
	11	43.768	10.05	45.496	38.50	53.220	21.61	09.123	18.26	48.749	01.28
	21	44.131	10.78	45.805	38.58	53.542	21.78	09.420	18.14	49.046	01.15
	31	44.478	11.54	46.098	39.16	53.846	22.48	09.704	18.40	49.330	01.40
4月	10	44.809	12.32	46.374	40.20	54.133	23.70	09.973	19.03	49.601	02.01
	20	45.117	13.13	46.626	41.67	54.394	25.37	10.221	20.00	49.851	02.95
	30	45.401	13.94	46.853	43.46	54.625	27.39	10.448	21.23	50.080	04.16
5月	10	45.657	14.78	47.051	45.52	54.827	29.71	10.651	22.69	50.285	05.58
	20	45.879	15.62	47.216	47.77	54.991	32.23	10.823	24.30	50.461	07.16
	30	46.066	16.48	47.348	50.11	55.118	34.84	10.967	25.97	50.608	08.81
6月	9	46.214	17.33	47.443	52.49	55.206	37.49	11.077	27.69	50.722	10.50
	19	46.318	18.16	47.498	54.80	55.252	40.07	11.151	29.38	50.799	12.16
	29	46.381	18.96	47.516	56.99	55.257	42.50	11.190	30.97	50.842	13.73
7月	9	46.396	19.71	47.494	59.03	55.220	44.76	11.192	32.46	50.846	15.20
	19	46.366	20.38	47.432	60.82	55.142	46.74	11.156	33.78	50.813	16.51
	29	46.295	20.94	47.337	62.35	55.028	48.43	11.086	34.91	50.746	17.63
8月	8	46.183	21.38	47.208	63.59	54.879	49.79	10.984	35.85	50.645	18.56
	18	46.038	21.66	47.051	64.48	54.701	50.77	10.854	36.55	50.518	19.26
	28	45.869	21.77	46.874	65.05	54.503	51.37	10.705	37.02	50.369	19.74
9月	7	45.681	21.70	46.682	65.26	54.289	51.57	10.539	37.25	50.204	19.99
	17	45.489	21.44	46.486	65.08	54.071	51.33	10.369	37.21	50.034	19.97
	27	45.303	21.02	46.294	64.56	53.858	50.71	10.204	36.93	49.868	19.71
10月	7	45.133	20.44	46.115	63.65	53.658	49.65	10.049	36.37	49.713	19.19
	17	44.995	19.73	45.962	62.36	53.485	48.19	09.920	35.54	49.582	18.39
	27	44.897	18.94	45.840	60.75	53.344	46.35	09.821	34.46	49.481	17.36
11月	6	44.846	18.10	45.759	58.78	53.245	44.14	09.761	33.10	49.419	16.05
	16	44.854	17.28	45.726	56.52	53.196	41.61	09.746	31.51	49.402	14.51
	26	44.919	16.52	45.742	54.01	53.198	38.83	09.779	29.70	49.431	12.76
12月	6	45.042	15.87	45.811	51.29	53.257	35.82	09.861	27.69	49.511	10.80
	16	45.224	15.33	45.932	48.45	53.370	32.71	09.993	25.55	49.640	08.72
	26	45.459	14.95	46.101	45.57	53.534	29.57	10.168	23.34	49.812	06.56
	36	45.741	14.76	46.314	42.73	53.746	26.49	10.385	21.11	50.025	04.37
平位置 (J2024.5)		45.275	07.57	46.258	60.29	53.867	45.02	10.101	36.21	49.752	19.17
年自行		−0.0494	−0.257	0.0007	0.005	−0.0071	−0.017	−0.0036	−0.035	−0.0198	−0.011
视 差 （角秒）		0.050		0.004		0.033		0.014		0.038	

恒 星 视 位 置

2024 年 以世界时 0^h 为准

日 期		631 ζ Ara $3^m.12$ K5		634 ε Her $3^m.92$ A0		1445 30 Oph $4^m.82$ K4		1446 59 Her $5^m.27$ A3		635 60 Her $4^m.89$ A4	
		h m 17 00	° ′ −56 01	h m 17 01	° ′ +30 53	h m 17 02	° ′ − 4 15	h m 17 02	° ′ +33 31	h m 17 06	° ′ +12 42
	日	s	″	s	″	s	″	s	″	s	″
1月	−9	33.517	33.06	10.694	23.09	17.801	30.95	27.717	55.64	27.756	26.20
	1	33.852	31.54	10.876	19.99	18.003	32.42	27.896	52.45	27.941	23.85
	11	34.249	30.26	11.101	16.98	18.241	33.93	28.121	49.36	28.163	21.53
	21	34.702	29.27	11.366	14.20	18.509	35.42	28.386	46.50	28.419	19.33
	31	35.190	28.59	11.657	11.74	18.797	36.81	28.680	43.99	28.696	17.35
2月	10	35.706	28.21	11.970	09.67	19.100	38.08	28.997	41.88	28.991	15.63
	20	36.240	28.16	12.297	08.11	19.411	39.15	29.329	40.29	29.297	14.27
3月	1	36.775	28.39	12.627	07.08	19.723	39.98	29.665	39.24	29.604	13.30
	11	37.311	28.91	12.957	06.60	20.033	40.57	30.002	38.76	29.911	12.74
	21	37.834	29.70	13.278	06.72	20.335	40.87	30.330	38.90	30.211	12.64
	31	38.337	30.72	13.585	07.37	20.625	40.91	30.643	39.58	30.500	12.94
4月	10	38.818	31.97	13.875	08.53	20.903	40.70	30.939	40.79	30.775	13.64
	20	39.266	33.42	14.140	10.16	21.163	40.25	31.209	42.48	31.031	14.70
	30	39.677	35.03	14.377	12.14	21.402	39.63	31.451	44.53	31.266	16.05
5月	10	40.047	36.80	14.586	14.42	21.620	38.85	31.662	46.90	31.477	17.63
	20	40.365	38.69	14.757	16.92	21.810	37.97	31.835	49.48	31.659	19.38
	30	40.629	40.64	14.893	19.51	21.971	37.03	31.971	52.17	31.811	21.22
6月	9	40.835	42.65	14.991	22.15	22.101	36.07	32.067	54.90	31.930	23.10
	19	40.975	44.65	15.045	24.74	22.194	35.12	32.119	57.58	32.012	24.95
	29	41.050	46.58	15.059	27.19	22.253	34.22	32.129	60.12	32.058	26.71
7月	9	41.057	48.43	15.030	29.47	22.273	33.39	32.096	62.49	32.065	28.36
	19	40.995	50.09	14.960	31.49	22.255	32.64	32.019	64.59	32.034	29.82
	29	40.873	51.55	14.854	33.23	22.203	32.00	31.906	66.39	31.969	31.10
8月	8	40.690	52.75	14.711	34.64	22.115	31.45	31.755	67.86	31.868	32.16
	18	40.459	53.63	14.539	35.68	21.999	31.02	31.574	68.93	31.739	32.96
	28	40.192	54.18	14.345	36.35	21.862	30.70	31.371	69.63	31.589	33.51
9月	7	39.896	54.34	14.134	36.63	21.707	30.49	31.151	69.92	31.421	33.80
	17	39.593	54.12	13.917	36.47	21.546	30.42	30.924	69.76	31.246	33.80
	27	39.297	53.53	13.704	35.93	21.388	30.46	30.702	69.19	31.074	33.53
10月	7	39.023	52.56	13.503	34.96	21.241	30.65	30.491	68.19	30.912	32.97
	17	38.792	51.27	13.327	33.58	21.119	30.99	30.305	66.76	30.773	32.11
	27	38.616	49.71	13.183	31.83	21.026	31.47	30.152	64.95	30.664	30.98
11月	6	38.506	47.93	13.079	29.70	20.972	32.13	30.039	62.74	30.591	29.57
	16	38.478	46.02	13.025	27.25	20.965	32.96	29.977	60.21	30.564	27.90
	26	38.531	44.06	13.020	24.54	21.003	33.95	29.965	57.41	30.583	26.01
12月	6	38.669	42.12	13.071	21.59	21.092	35.11	30.010	54.37	30.652	23.90
	16	38.893	40.29	13.177	18.53	21.229	36.42	30.112	51.22	30.770	21.67
	26	39.191	38.62	13.333	15.43	21.409	37.83	30.264	48.03	30.933	19.36
	36	39.561	37.18	13.537	12.37	21.631	39.30	30.467	44.88	31.138	17.03
平位置 (J2024.5)		39.369	33.19	13.676	30.22	21.223	26.94	30.687	62.98	30.926	31.98
年自行		−0.0021	−0.035	−0.0037	0.027	−0.0027	−0.077	0.0002	0.000	0.0035	−0.012
视 差 (角秒)		0.006		0.020		0.008		0.011		0.023	

恒 星 视 位 置

以世界时 0^{h} 为准

2024 年

日 期	639 ζ Dra $3^{m}.17$ B6		1450 88 G. Oph $5^{m}.43$ F5		(637) η Oph m $2^{m}.43$ A2		(640) α Her pr $2^{m}.78$ M5		643 π Her $3^{m}.16$ K3	
	h m 17 08	° ′ +65 40	h m 17 11	° ′ −10 33	h m 17 11	° ′ −15 45	h m 17 15	° ′ +14 21	h m 17 15	° ′ +36 46
日	s	″	s	″	s	″	s	″	s	″
1月 −9	48.609	55.51	05.762	15.92	43.423	15.17	42.773	44.69	51.103	50.56
1	48.787	51.79	05.963	17.00	43.630	15.93	42.948	42.29	51.266	47.28
11	49.063	48.23	06.201	18.13	43.875	16.77	43.161	39.91	51.477	44.09
21	49.433	44.98	06.470	19.28	44.152	17.65	43.408	37.66	51.732	41.12
31	49.875	42.16	06.760	20.39	44.449	18.53	43.679	35.62	52.020	38.50
2月 10	50.380	39.83	07.066	21.43	44.763	19.39	43.969	33.85	52.334	36.27
20	50.932	38.13	07.382	22.33	45.086	20.16	44.272	32.45	52.668	34.56
3月 1	51.506	37.08	07.699	23.06	45.411	20.81	44.578	31.46	53.009	33.42
11	52.092	36.70	08.016	23.61	45.736	21.34	44.885	30.88	53.354	32.86
21	52.667	37.04	08.326	23.94	46.054	21.71	45.188	30.78	53.694	32.93
31	53.212	38.02	08.626	24.08	46.361	21.93	45.479	31.10	54.020	33.57
4月 10	53.719	39.61	08.915	24.01	46.658	22.00	45.760	31.82	54.331	34.76
20	54.167	41.75	09.186	23.77	46.937	21.94	46.022	32.94	54.617	36.46
30	54.548	44.32	09.438	23.39	47.196	21.78	46.263	34.34	54.875	38.55
5月 10	54.857	47.24	09.670	22.89	47.435	21.53	46.481	36.00	55.102	40.99
20	55.078	50.42	09.874	22.32	47.646	21.23	46.671	37.84	55.290	43.66
30	55.215	53.70	10.049	21.70	47.827	20.91	46.830	39.78	55.439	46.46
6月 9	55.263	57.03	10.193	21.07	47.977	20.58	46.957	41.77	55.546	49.34
19	55.217	60.29	10.300	20.46	48.088	20.26	47.045	43.73	55.607	52.17
29	55.087	63.37	10.371	19.88	48.163	19.97	47.098	45.61	55.624	54.88
7月 9	54.871	66.23	10.402	19.35	48.198	19.71	47.111	47.37	55.595	57.42
19	54.575	68.76	10.394	18.88	48.191	19.48	47.084	48.95	55.520	59.70
29	54.212	70.92	10.350	18.48	48.148	19.30	47.022	50.32	55.405	61.68
8月 8	53.782	72.67	10.269	18.13	48.067	19.13	46.924	51.48	55.250	63.33
18	53.302	73.92	10.157	17.86	47.955	18.99	46.796	52.36	55.062	64.57
28	52.787	74.71	10.022	17.64	47.818	18.85	46.646	52.99	54.849	65.42
9月 7	52.241	74.98	09.868	17.47	47.662	18.73	46.476	53.34	54.615	65.85
17	51.688	74.71	09.707	17.38	47.498	18.62	46.298	53.38	54.374	65.81
27	51.141	73.94	09.547	17.34	47.336	18.52	46.122	53.15	54.134	65.35
10月 7	50.612	72.63	09.397	17.38	47.184	18.44	45.953	52.60	53.903	64.43
17	50.126	70.82	09.271	17.52	47.056	18.40	45.807	51.75	53.697	63.06
27	49.692	68.55	09.174	17.74	46.959	18.42	45.688	50.62	53.521	61.30
11月 6	49.325	65.83	09.116	18.09	46.900	18.51	45.606	49.19	53.385	59.11
16	49.046	62.74	09.105	18.57	46.890	18.70	45.569	47.49	53.299	56.57
26	48.856	59.36	09.140	19.17	46.929	18.99	45.577	45.56	53.265	53.75
12月 6	48.768	55.72	09.226	19.91	47.019	19.39	45.634	43.41	53.287	50.67
16	48.788	52.00	09.360	20.80	47.155	19.95	45.741	41.12	53.369	47.45
26	48.909	48.25	09.539	21.81	47.340	20.65	45.893	38.76	53.503	44.18
36	49.136	44.61	09.760	22.90	47.568	21.43	46.088	36.37	53.690	40.93
平位置 (J2024.5)	51.759	64.61	09.327	11.80	47.110	11.28	45.937	51.01	54.092	58.28
年自行	−0.0034	0.019	0.0037	−0.108	0.0028	0.098	−0.0012	0.047	−0.0024	0.003
视 差 (角秒)	0.010		0.025		0.039		0.009		0.009	

恒 星 视 位 置

2024 年 以世界时 0^h 为准

日期	641 δ Her $3^m.12$ A3		N30 69 Her $4^m.64$ A2		1454 Pi 17^h68 Her $5^m.01$ M2		1456 72 Her $5^m.38$ G0		644 θ Oph $3^m.27$ B2	
	h m 17 15	° ′ +24 48	h m 17 18	° ′ +37 15	h m 17 21	° ′ +18 01	h m 17 21	° ′ +32 25	h m 17 23	° ′ −25 01
日	s	″	s	″	s	″	s	″	s	″
1月 −9	59.294	35.68	28.010	53.81	20.582	53.98	31.627	68.47	27.011	22.71
1	59.463	32.82	28.170	50.52	20.748	51.41	31.786	65.31	27.222	22.83
11	59.673	30.01	28.378	47.32	20.955	48.88	31.991	62.22	27.471	23.07
21	59.920	27.38	28.631	44.33	21.197	46.49	32.237	59.33	27.756	23.40
31	60.195	25.02	28.917	41.69	21.464	44.32	32.515	56.75	28.064	23.80
2月 10	60.491	23.00	29.231	39.44	21.752	42.45	32.818	54.54	28.390	24.24
20	60.802	21.44	29.565	37.72	22.054	40.98	33.139	52.83	28.730	24.69
3月 1	61.118	20.35	29.907	36.56	22.361	39.93	33.468	51.65	29.073	25.13
11	61.436	19.78	30.253	35.98	22.671	39.33	33.801	51.02	29.417	25.53
21	61.749	19.75	30.594	36.04	22.977	39.24	34.130	51.00	29.757	25.88
31	62.051	20.23	30.923	36.67	23.273	39.60	34.447	51.53	30.088	26.17
4月 10	62.339	21.19	31.237	37.85	23.558	40.39	34.751	52.59	30.410	26.42
20	62.607	22.60	31.525	39.55	23.824	41.60	35.032	54.15	30.715	26.61
30	62.852	24.36	31.786	41.65	24.070	43.13	35.288	56.09	31.000	26.78
5月 10	63.071	26.42	32.016	44.09	24.293	44.94	35.516	58.36	31.265	26.93
20	63.257	28.69	32.207	46.78	24.486	46.94	35.709	60.88	31.501	27.07
30	63.411	31.07	32.359	49.60	24.649	49.05	35.865	63.52	31.707	27.23
6月 9	63.529	33.52	32.468	52.50	24.778	51.22	35.982	66.24	31.879	27.41
19	63.606	35.93	32.531	55.36	24.868	53.37	36.055	68.93	32.011	27.61
29	63.644	38.23	32.550	58.09	24.921	55.43	36.086	71.51	32.104	27.83
7月 9	63.641	40.40	32.522	60.67	24.934	57.37	36.073	73.93	32.153	28.07
19	63.597	42.34	32.447	62.98	24.906	59.11	36.015	76.11	32.157	28.31
29	63.516	44.03	32.332	64.99	24.842	60.64	35.918	78.01	32.121	28.55
8月 8	63.397	45.44	32.177	66.67	24.742	61.92	35.782	79.60	32.043	28.75
18	63.248	46.51	31.987	67.94	24.610	62.91	35.613	80.80	31.930	28.90
28	63.076	47.26	31.773	68.83	24.454	63.62	35.419	81.64	31.789	29.00
9月 7	62.884	47.65	31.538	69.28	24.279	64.02	35.205	82.08	31.626	29.01
17	62.685	47.65	31.294	69.27	24.095	64.09	34.981	82.08	31.452	28.94
27	62.487	47.30	31.051	68.84	23.911	63.85	34.758	81.68	31.278	28.79
10月 7	62.297	46.56	30.818	67.94	23.734	63.27	34.543	80.84	31.113	28.57
17	62.130	45.43	30.607	66.59	23.579	62.35	34.351	79.58	30.971	28.28
27	61.991	43.97	30.427	64.84	23.451	61.13	34.187	77.93	30.861	27.96
11月 6	61.890	42.14	30.287	62.66	23.358	59.59	34.062	75.88	30.790	27.63
16	61.835	40.00	30.197	60.13	23.310	57.75	33.984	73.48	30.769	27.33
26	61.827	37.61	30.159	57.31	23.308	55.68	33.956	70.80	30.799	27.08
12月 6	61.871	34.97	30.177	54.23	23.355	53.37	33.982	67.87	30.885	26.93
16	61.968	32.19	30.255	51.01	23.453	50.93	34.064	64.79	31.009	26.93
26	62.111	29.35	30.385	47.73	23.596	48.40	34.196	61.64	31.200	26.89
36	62.302	26.51	30.570	44.47	23.784	45.85	34.379	58.51	31.431	27.04
平位置 (J2024.5)	62.356	42.62	31.003	61.62	23.716	60.68	34.655	75.52	30.970	18.35
年自行 (J2024.5)	−0.0014	−0.158	−0.0036	0.061	0.0006	−0.056	0.0109	−1.040	−0.0006	−0.024
视 差 （角秒）	0.042		0.018		0.007		0.069		0.006	

恒 星 视 位 置

以世界时 0^h 为准

2024 年

日 期		N30 ρ Her 4ᵐ.15 B9		650 77 Her 5ᵐ.83 A4		1459 σ Oph 4ᵐ.34 K3		1457 44 Oph 4ᵐ.16 A3		647 27 H. Oph 4ᵐ.53 F3	
		h m 17 24	° ′ +37 07	h m 17 27	° ′ +48 13	h m 17 27	° ′ +4 06	h m 17 27	° ′ −24 11	h m 17 27	° ′ −5 06
	日	s	″	s	″	s	″	s	″	s	″
1月	−9	28.712	21.25	20.267	77.58	40.567	69.04	48.167	48.95	52.495	28.39
	1	28.864	17.98	20.410	74.03	40.738	67.20	48.374	49.11	52.675	29.72
	11	29.065	14.77	20.612	70.57	40.946	65.33	48.618	49.37	52.891	31.09
	21	29.312	11.77	20.872	67.34	41.188	63.54	48.897	49.72	53.141	32.43
	31	29.592	09.10	21.175	64.48	41.453	61.89	49.201	50.13	53.414	33.70
2月	10	29.901	06.82	21.515	62.04	41.738	60.42	49.523	50.57	53.704	34.85
	20	30.231	05.06	21.884	60.17	42.035	59.23	49.859	51.01	54.007	35.81
3月	1	30.570	03.85	22.268	58.89	42.337	58.35	50.198	51.43	54.315	36.55
	11	30.915	03.23	22.661	58.25	42.642	57.80	50.540	51.80	54.624	37.05
	21	31.257	03.24	23.051	58.29	42.944	57.61	50.879	52.12	54.931	37.28
	31	31.587	03.82	23.428	58.95	43.237	57.77	51.209	52.36	55.229	37.26
4月	10	31.903	04.96	23.788	60.21	43.522	58.25	51.530	52.56	55.519	36.98
	20	32.196	06.62	24.119	62.04	43.791	59.05	51.835	52.69	55.794	36.48
	30	32.462	08.69	24.415	64.30	44.043	60.08	52.122	52.80	56.051	35.81
5月	10	32.697	11.11	24.674	66.95	44.274	61.32	52.388	52.88	56.289	34.98
	20	32.895	13.79	24.884	69.89	44.479	62.71	52.626	52.96	56.501	34.05
	30	33.054	16.60	25.046	72.97	44.657	64.17	52.835	53.05	56.686	33.07
6月	9	33.170	19.51	25.157	76.15	44.803	65.68	53.010	53.16	56.840	32.07
	19	33.240	22.38	25.211	79.31	44.912	67.17	53.145	53.30	56.957	31.08
	29	33.266	25.14	25.211	82.34	44.986	68.59	53.241	53.47	57.039	30.16
7月	9	33.244	27.75	25.156	85.21	45.020	69.93	53.293	53.66	57.081	29.30
	19	33.176	30.10	25.045	87.80	45.015	71.13	53.301	53.86	57.082	28.53
	29	33.066	32.16	24.887	90.07	44.973	72.18	53.268	54.07	57.047	27.87
8月	8	32.915	33.90	24.682	91.99	44.894	73.07	53.194	54.25	56.974	27.31
	18	32.730	35.23	24.437	93.46	44.784	73.76	53.084	54.39	56.869	26.87
	28	32.518	36.18	24.162	94.51	44.649	74.28	52.946	54.48	56.739	26.55
9月	7	32.284	36.70	23.862	95.08	44.493	74.60	52.784	54.51	56.587	26.33
	17	32.041	36.76	23.552	95.15	44.328	74.70	52.612	54.46	56.426	26.24
	27	31.798	36.39	23.240	94.75	44.161	74.61	52.438	54.34	56.263	26.26
10月	7	31.562	35.56	22.937	93.83	44.001	74.30	52.273	54.15	56.108	26.41
	17	31.349	34.27	22.659	92.41	43.861	73.77	52.130	53.91	55.972	26.70
	27	31.165	32.58	22.413	90.56	43.747	73.04	52.018	53.63	55.864	27.11
11月	6	31.020	30.46	22.211	88.23	43.668	72.07	51.944	53.35	55.791	27.69
	16	30.924	27.98	22.064	85.52	43.633	70.89	51.920	53.10	55.763	28.42
	26	30.879	25.21	21.975	82.49	43.641	69.52	51.946	52.89	55.779	29.29
12月	6	30.890	22.16	21.951	79.16	43.698	67.96	52.027	52.78	55.844	30.32
	16	30.961	18.96	21.995	75.69	43.803	66.27	52.139	52.87	55.957	31.48
	26	31.084	15.70	22.103	72.15	43.952	64.47	52.332	52.82	56.114	32.74
	36	31.261	12.45	22.276	68.64	44.142	62.63	52.558	53.01	56.313	34.08
平位置 (J2024.5)		31.721	29.06	23.284	85.83	43.881	75.29	52.102	44.17	55.959	22.63
年自行		−0.0032	0.009	0.0000	−0.004	0.0001	0.007	−0.0001	−0.117	−0.0061	−0.043
视 差 (角秒)		0.008		0.009		0.003		0.039		0.033	

恒 星 视 位 置

2024 年 以世界时 0^h 为准

日期		653 β Dra 2ᵐ.79 G2		1460 λ Her 4ᵐ.41 K3		659 27 Dra 5ᵐ.07 K0		649 υ Sco 2ᵐ.70 B2		655 ν¹ Dra 4ᵐ.89 Am	
		h m 17 30	° ′ +52 16	h m 17 31	° ′ +26 05	h m 17 31	° ′ +68 06	h m 17 32	° ′ −37 18	h m 17 32	° ′ +55 09
	日	s	″	s	″	s	″	s	″	s	″
1月	−9	56.214	54.35	40.688	29.86	48.836	60.57	21.469	51.12	36.527	57.21
	1	56.349	50.74	40.839	26.97	48.958	56.86	21.691	50.44	36.658	53.57
	11	56.550	47.21	41.032	24.13	49.189	53.25	21.960	49.90	36.859	50.00
	21	56.813	43.92	41.266	21.44	49.531	49.89	22.270	49.51	37.130	46.68
	31	57.126	40.99	41.528	19.03	49.960	46.91	22.609	49.27	37.454	43.72
2月	10	57.482	38.49	41.815	16.93	50.468	44.37	22.971	49.16	37.825	41.19
	20	57.871	36.57	42.120	15.29	51.039	42.44	23.350	49.17	38.233	39.25
3月	1	58.278	35.25	42.433	14.13	51.646	41.13	23.735	49.30	38.662	37.91
	11	58.696	34.57	42.752	13.47	52.278	40.48	24.124	49.51	39.104	37.23
	21	59.114	34.60	43.068	13.38	52.910	40.54	24.510	49.82	39.545	37.25
	31	59.517	35.25	43.376	13.81	53.520	41.27	24.887	50.19	39.972	37.91
4月	10	59.903	36.52	43.674	14.73	54.097	42.62	25.255	50.64	40.380	39.19
	20	60.257	38.37	43.953	16.12	54.618	44.56	25.605	51.15	40.754	41.06
	30	60.573	40.67	44.210	17.88	55.070	46.96	25.934	51.74	41.087	43.38
5月	10	60.848	43.37	44.444	19.97	55.448	49.78	26.241	52.40	41.374	46.11
	20	61.069	46.36	44.645	22.29	55.732	52.88	26.515	53.13	41.605	49.14
	30	61.238	49.51	44.814	24.74	55.924	56.15	26.756	53.93	41.778	52.33
6月	9	61.350	52.77	44.947	27.28	56.018	59.53	26.958	54.78	41.890	55.63
	19	61.399	56.00	45.039	29.80	56.007	62.88	27.114	55.68	41.934	58.91
	29	61.391	59.12	45.091	32.23	55.901	66.10	27.225	56.59	41.917	62.08
7月	9	61.321	62.08	45.101	34.54	55.697	69.15	27.286	57.51	41.834	65.08
	19	61.192	64.75	45.067	36.63	55.398	71.91	27.295	58.39	41.688	67.80
	29	61.011	67.10	44.994	38.47	55.021	74.33	27.257	59.21	41.487	70.19
8月	8	60.779	69.10	44.883	40.03	54.565	76.37	27.171	59.93	41.231	72.22
	18	60.504	70.64	44.738	41.26	54.046	77.95	27.044	60.50	40.930	73.80
	28	60.198	71.75	44.567	42.15	53.480	79.07	26.885	60.93	40.596	74.93
9月	7	59.863	72.38	44.374	42.69	52.874	79.70	26.698	61.16	40.232	75.58
	17	59.517	72.48	44.171	42.83	52.251	79.78	26.497	61.18	39.855	75.70
	27	59.169	72.11	43.967	42.60	51.627	79.36	26.295	61.01	39.476	75.34
10月	7	58.829	71.21	43.768	41.98	51.014	78.40	26.101	60.62	39.106	74.44
	17	58.515	69.79	43.590	40.96	50.439	76.91	25.932	60.05	38.762	73.02
	27	58.235	67.93	43.438	39.59	49.913	74.95	25.796	59.33	38.453	71.14
11月	6	57.999	65.58	43.321	37.84	49.454	72.51	25.704	58.48	38.191	68.78
	16	57.823	62.84	43.249	35.77	49.083	69.65	25.667	57.56	37.992	66.01
	26	57.707	59.76	43.222	33.42	48.804	66.46	25.687	56.62	37.856	62.91
12月	6	57.661	56.39	43.248	30.80	48.634	62.98	25.767	55.70	37.794	59.50
	16	57.689	52.86	43.325	28.04	48.580	59.34	25.906	54.85	37.811	55.94
	26	57.786	49.26	43.451	25.19	48.637	55.63	26.100	54.08	37.901	52.30
	36	57.954	45.68	43.624	22.32	48.813	51.96	26.347	53.43	38.068	48.69
平位置 (J2024.5)		59.264	62.71	43.771	37.29	52.222	69.34	25.912	46.33	39.619	65.67
年自行		−0.0017	0.012	0.0014	0.017	−0.0026	0.133	−0.0004	−0.030	0.0173	0.055
视差（角秒）		0.009		0.009		0.015		0.006		0.033	

恒 星 视 位 置

以世界时 0^h 为准

2024 年

日期		657		1462		656		1461		664	
		ν^2 Dra		Grb 2444		α Oph		−11°4411 Ser		ω Dra	
		$4^m.86$	Am	$5^m.72$	K1	$2^m.08$	A5	$5^m.54$	B8	$4^m.77$	F5
		h m	° ′	h m	° ′	h m	° ′	h m	° ′	h m	° ′
		17 32	+55 08	17 33	+41 13	17 36	+12 32	17 36	−11 15	17 36	+68 44
	日	s	″	s	″	s	″	s	″	s	″
1月	−9	41.986	76.99	50.927	30.31	01.131	31.37	04.573	29.70	45.233	38.34
	1	42.117	73.34	51.065	26.92	01.288	29.11	04.750	30.64	45.341	34.64
	11	42.319	69.77	51.255	23.60	01.484	26.84	04.967	31.62	45.563	31.02
	21	42.589	66.45	51.495	20.49	01.716	24.68	05.217	32.62	45.899	27.65
	31	42.912	63.49	51.773	17.70	01.973	22.71	05.491	33.57	46.327	24.64
2月	10	43.284	60.97	52.085	15.30	02.251	20.98	05.784	34.46	46.838	22.08
	20	43.692	59.02	52.421	13.43	02.545	19.60	06.091	35.22	47.416	20.10
3月	1	44.120	57.69	52.770	12.13	02.845	18.59	06.403	35.82	48.033	18.74
	11	44.562	57.00	53.128	11.43	03.150	17.99	06.719	36.24	48.678	18.04
	21	45.003	57.02	53.485	11.38	03.454	17.83	07.033	36.45	49.326	18.06
	31	45.430	57.68	53.831	11.93	03.750	18.09	07.340	36.48	49.953	18.73
4月	10	45.838	58.96	54.165	13.06	04.038	18.76	07.640	36.31	50.549	20.04
	20	46.212	60.83	54.475	14.74	04.311	19.80	07.926	35.98	51.089	21.95
	30	46.545	63.15	54.756	16.84	04.565	21.14	08.196	35.51	51.560	24.32
5月	10	46.832	65.88	55.007	19.33	04.800	22.73	08.448	34.93	51.955	27.11
	20	47.063	68.91	55.217	22.10	05.007	24.52	08.674	34.28	52.255	30.20
	30	47.236	72.10	55.386	25.02	05.185	26.41	08.872	33.61	52.459	33.47
6月	9	47.348	75.40	55.511	28.06	05.332	28.36	09.040	32.93	52.564	36.86
	19	47.393	78.68	55.585	31.08	05.440	30.30	09.171	32.27	52.560	40.23
	29	47.375	81.85	55.612	33.99	05.513	32.16	09.265	31.66	52.458	43.48
7月	9	47.293	84.85	55.589	36.76	05.545	33.92	09.319	31.11	52.254	46.57
	19	47.147	87.57	55.515	39.27	05.536	35.52	09.331	30.63	51.953	49.38
	29	46.946	89.96	55.398	41.49	05.491	36.92	09.305	30.23	51.570	51.85
8月	8	46.690	91.99	55.236	43.38	05.407	38.11	09.239	29.90	51.105	53.96
	18	46.390	93.57	55.036	44.86	05.291	39.05	09.139	29.64	50.574	55.61
	28	46.055	94.71	54.808	45.94	05.149	39.74	09.013	29.45	49.994	56.80
9月	7	45.691	95.36	54.556	46.58	04.985	40.17	08.863	29.31	49.370	57.50
	17	45.315	95.48	54.292	46.73	04.811	40.31	08.701	29.24	48.728	57.66
	27	44.936	95.12	54.026	46.45	04.634	40.19	08.538	29.22	48.082	57.32
10月	7	44.566	94.22	53.766	45.67	04.463	39.77	08.380	29.26	47.447	56.43
	17	44.222	92.80	53.528	44.42	04.310	39.05	08.241	29.38	46.848	55.02
	27	43.913	90.93	53.318	42.75	04.183	38.07	08.129	29.58	46.298	53.13
11月	6	43.652	88.57	53.148	40.62	04.089	36.80	08.052	29.88	45.815	50.75
	16	43.452	85.80	53.027	38.11	04.038	35.27	08.020	30.28	45.420	47.95
	26	43.316	82.70	52.958	35.29	04.031	33.51	08.032	30.79	45.119	44.81
12月	6	43.254	79.29	52.948	32.17	04.071	31.52	08.094	31.43	44.928	41.37
	16	43.271	75.73	52.999	28.89	04.161	29.40	08.205	32.17	44.857	37.76
	26	43.361	72.09	53.106	25.53	04.295	27.18	08.359	33.04	44.900	34.07
	36	43.527	68.48	53.270	22.17	04.472	24.92	08.557	33.98	45.064	30.40
平位置 (J2024.5)		45.078	85.45	53.950	38.28	04.348	38.31	08.168	23.61	48.681	47.13
年自行		0.0167	0.063	−0.0060	−0.063	0.0075	−0.222	0.0002	0.003	−0.0001	0.321
视差（角秒）		0.033		0.009		0.070		0.009		0.043	

恒 星 视 位 置

2024 年 以世界时 0^h 为准

日 期		658 ξ Ser 3ᵐ.54 F0		654 θ Sco 1ᵐ.86 F1		3399 μ Oph 4ᵐ.58 B8		663 ι Her 3ᵐ.82 B3		670 ψ Dra pr 4ᵐ.57 F5	
		h m 17 38	° ′ −15 24	h m 17 39	° ′ −43 00	h m 17 39	° ′ − 8 07	h m 17 40	° ′ +45 59	h m 17 41	° ′ +72 07
	日	s	″	s	″	s	″	s	″	s	″
1月	−9	55.761	48.86	00.125	44.23	07.155	60.45	06.391	31.57	26.869	61.78
	1	55.942	49.55	00.353	43.18	07.326	61.56	06.517	28.08	26.956	58.09
	11	56.161	50.28	00.632	42.26	07.536	62.71	06.700	24.65	27.179	54.46
	21	56.415	51.04	00.958	41.52	07.779	63.86	06.939	21.43	27.539	51.07
	31	56.693	51.78	01.316	40.95	08.047	64.95	07.221	18.53	28.011	48.03
2月	10	56.991	52.49	01.701	40.54	08.335	65.94	07.541	16.04	28.585	45.43
	20	57.303	53.11	02.105	40.32	08.636	66.77	07.890	14.08	29.242	43.39
3月	1	57.621	53.61	02.518	40.25	08.943	67.42	08.257	12.70	29.951	41.98
	11	57.943	53.98	02.937	40.33	09.255	67.86	08.634	11.93	30.696	41.21
	21	58.263	54.19	03.355	40.56	09.565	68.05	09.013	11.84	31.448	41.16
	31	58.577	54.25	03.764	40.92	09.869	68.03	09.382	12.37	32.178	41.77
4月	10	58.884	54.16	04.165	41.41	10.166	67.78	09.738	13.51	32.873	43.01
	20	59.178	53.94	04.547	42.03	10.450	67.34	10.069	15.21	33.503	44.85
	30	59.455	53.62	04.907	42.76	10.718	66.74	10.370	17.37	34.051	47.16
5月	10	59.714	53.22	05.243	43.61	10.968	66.01	10.637	19.92	34.510	49.90
	20	59.948	52.78	05.545	44.57	11.193	65.19	10.860	22.78	34.856	52.95
	30	60.154	52.32	05.809	45.63	11.391	64.33	11.038	25.82	35.088	56.18
6月	9	60.328	51.87	06.032	46.77	11.558	63.46	11.167	28.97	35.202	59.55
	19	60.466	51.45	06.205	47.96	11.689	62.61	11.242	32.12	35.187	62.90
	29	60.566	51.08	06.329	49.19	11.784	61.82	11.265	35.18	35.055	66.14
7月	9	60.624	50.75	06.398	50.41	11.838	61.09	11.234	38.09	34.803	69.24
	19	60.640	50.49	06.411	51.59	11.851	60.45	11.148	40.75	34.435	72.06
	29	60.617	50.28	06.373	52.69	11.826	59.90	11.014	43.11	33.971	74.55
8月	8	60.553	50.12	06.281	53.66	11.761	59.44	10.833	45.13	33.410	76.69
	18	60.454	50.00	06.144	54.46	11.663	59.08	10.611	46.74	32.771	78.37
	28	60.327	49.91	05.970	55.06	11.537	58.81	10.358	47.93	32.074	79.61
9月	7	60.176	49.84	05.766	55.43	11.388	58.63	10.078	48.66	31.325	80.35
	17	60.012	49.80	05.546	55.53	11.228	58.55	09.784	48.89	30.552	80.56
	27	59.847	49.76	05.322	55.38	11.064	58.54	09.487	48.67	29.774	80.28
10月	7	59.686	49.75	05.106	54.97	10.906	58.64	09.196	47.93	29.005	79.45
	17	59.545	49.77	04.915	54.30	10.766	58.84	08.926	46.70	28.277	78.09
	27	59.431	49.82	04.759	53.43	10.653	59.14	08.685	45.02	27.603	76.25
11月	6	59.352	49.94	04.649	52.37	10.573	59.57	08.484	42.87	27.003	73.92
	16	59.318	50.14	04.598	51.20	10.537	60.13	08.334	40.32	26.505	71.17
	26	59.330	50.42	04.606	49.95	10.545	60.81	08.239	37.43	26.115	68.07
12月	6	59.393	50.80	04.679	48.69	10.601	61.62	08.206	34.24	25.850	64.65
	16	59.504	51.25	04.818	47.48	10.706	62.55	08.237	30.87	25.726	61.06
	26	59.659	51.87	05.015	46.34	10.855	63.59	08.330	27.41	25.736	57.38
	36	59.861	52.55	05.271	45.32	11.046	64.71	08.485	23.95	25.890	53.71
平位置 (J2024.5)		59.451	42.73	04.873	38.81	10.685	54.02	09.439	39.69	30.561	70.18
年自行		−0.0028	−0.061	0.0005	−0.001	−0.0008	−0.020	−0.0009	0.003	0.0060	−0.268
视 差 (角秒)		0.031		0.012		0.006		0.007		0.045	

恒　星　视　位　置

以世界时 0^h 为准　　　　2024 年

日期		660 κ Sco $2^m.39$ B1		665 β Oph $2^m.76$ K2		1463 58 Oph $4^m.86$ F6		667 μ Her $3^m.42$ G5		675 35 Dra $5^m.02$ F6	
		h m	° ′	h m	° ′	h m	° ′	h m	° ′	h m	° ′
		17 44	−39 02	17 44	+4 33	17 44	−21 41	17 47	+27 42	17 48	+76 56
	日	s	″	s	″	s	″	s	″	s	″
1月	−9	06.549	30.33	37.698	24.82	50.088	40.94	22.043	20.63	17.176	80.21
	1	06.761	29.49	37.853	23.01	50.277	41.24	22.176	17.70	17.214	76.58
	11	07.022	28.76	38.046	21.18	50.501	41.56	22.354	14.79	17.439	73.00
	21	07.326	28.18	38.273	19.41	50.761	41.94	22.573	12.03	17.855	69.63
	31	07.662	27.75	38.526	17.78	51.046	42.35	22.823	09.52	18.429	66.60
2月	10	08.024	27.45	38.801	16.33	51.353	42.76	23.100	07.33	19.150	63.97
	20	08.404	27.29	39.090	15.16	51.674	43.15	23.399	05.59	19.993	61.91
3月	1	08.793	27.25	39.387	14.29	52.003	43.48	23.709	04.33	20.914	60.44
	11	09.189	27.31	39.690	13.75	52.337	43.74	24.027	03.58	21.892	59.62
	21	09.584	27.48	39.992	13.59	52.670	43.91	24.346	03.40	22.887	59.50
	31	09.973	27.74	40.289	13.77	52.997	44.00	24.659	03.76	23.857	60.03
4月	10	10.354	28.09	40.579	14.29	53.318	44.00	24.964	04.63	24.784	61.19
	20	10.719	28.54	40.857	15.13	53.627	43.93	25.252	05.99	25.625	62.96
	30	11.065	29.08	41.118	16.21	53.919	43.82	25.520	07.74	26.356	65.20
5月	10	11.388	29.71	41.361	17.50	54.193	43.67	25.766	09.83	26.965	67.88
	20	11.680	30.44	41.579	18.96	54.441	43.52	25.980	12.19	27.420	70.88
	30	11.938	31.25	41.770	20.50	54.661	43.38	26.162	14.70	27.719	74.08
6月	9	12.157	32.15	41.931	22.09	54.849	43.27	26.308	17.31	27.857	77.42
	19	12.329	33.10	42.055	23.66	54.998	43.20	26.412	19.92	27.817	80.76
	29	12.455	34.09	42.143	25.17	55.108	43.18	26.475	22.46	27.618	84.02
7月	9	12.530	35.10	42.191	26.59	55.175	43.20	26.495	24.88	27.255	87.13
	19	12.551	36.08	42.199	27.87	55.198	43.26	26.469	27.09	26.735	89.99
	29	12.523	37.01	42.168	29.00	55.179	43.35	26.403	29.05	26.083	92.54
8月	8	12.444	37.84	42.099	29.97	55.117	43.46	26.297	30.75	25.300	94.75
	18	12.321	38.54	41.996	30.73	55.018	43.56	26.154	32.10	24.411	96.52
	28	12.163	39.08	41.867	31.31	54.890	43.64	25.984	33.11	23.442	97.85
9月	7	11.975	39.42	41.714	31.69	54.735	43.69	25.789	33.76	22.401	98.70
	17	11.770	39.54	41.549	31.85	54.567	43.70	25.582	34.00	21.326	99.03
	27	11.561	39.45	41.380	31.81	54.395	43.66	25.370	33.88	20.239	98.86
10月	7	11.358	39.12	41.215	31.55	54.228	43.57	25.162	33.34	19.160	98.16
	17	11.177	38.59	41.068	31.06	54.080	43.45	24.972	32.39	18.130	96.94
	27	11.029	37.87	40.945	30.37	53.959	43.30	24.807	31.07	17.166	95.23
11月	6	10.924	37.00	40.854	29.44	53.874	43.16	24.674	29.37	16.296	93.04
	16	10.873	36.03	40.805	28.31	53.835	43.04	24.585	27.32	15.557	90.41
	26	10.878	35.01	40.799	26.98	53.844	42.97	24.541	24.98	14.957	87.43
12月	6	10.944	33.98	40.839	25.46	53.905	42.96	24.548	22.36	14.523	84.12
	16	11.072	32.99	40.928	23.81	54.024	42.95	24.607	19.57	14.275	80.62
	26	11.254	32.07	41.060	22.05	54.169	43.20	24.715	16.68	14.208	77.01
	36	11.492	31.25	41.235	20.24	54.375	43.46	24.871	13.76	14.338	73.40
平位置 (J2024.5)		11.069	24.22	41.018	32.08	53.946	34.48	25.128	28.08	21.458	88.70
年自行		−0.0005	−0.026	−0.0028	0.158	−0.0070	−0.045	−0.0232	−0.751	0.0100	0.248
视差（角秒）		0.007		0.040		0.057		0.119		0.031	

恒 星 视 位 置

2024 年 以世界时 0^h 为准

日　期	1464 χ Sgr $4^m.53$ F7		668 γ Oph $3^m.75$ A0		1465 +20°3570 Her $5^m.69$ G5		669 G Sco $3^m.19$ K0		671 ξ Dra $3^m.73$ K2	
	h m 17 49	° ′ −27 50	h m 17 49	° ′ + 2 41	h m 17 49	° ′ +20 33	h m 17 51	° ′ −37 02	h m 17 53	° ′ +56 51
日	s	″	s	″	s	″	s	″	s	″
1月 −9	02.171	23.00	03.970	52.42	24.734	24.36	27.185	62.10	54.016	61.88
1	02.358	22.76	04.121	50.73	24.871	21.75	27.384	61.34	54.107	58.25
11	02.589	22.67	04.312	49.00	25.048	19.15	27.631	60.68	54.273	54.65
21	02.857	22.68	04.537	47.33	25.265	16.67	27.922	60.15	54.514	51.24
31	03.152	22.75	04.788	45.78	25.511	14.41	28.244	59.75	54.815	48.15
2月 10	03.471	22.87	05.060	44.41	25.781	12.43	28.592	59.46	55.170	45.46
20	03.806	23.02	05.348	43.29	26.071	10.84	28.959	59.28	55.571	43.31
3月 1	04.149	23.18	05.644	42.45	26.372	09.68	29.336	59.20	56.000	41.76
11	04.499	23.33	05.947	41.93	26.680	08.99	29.721	59.20	56.450	40.84
21	04.849	23.46	06.249	41.76	26.989	08.81	30.107	59.29	56.907	40.63
31	05.194	23.56	06.547	41.93	27.293	09.11	30.487	59.45	57.356	41.07
4月 10	05.533	23.65	06.840	42.41	27.591	09.88	30.861	59.68	57.791	42.15
20	05.860	23.73	07.120	43.19	27.874	11.10	31.221	60.00	58.196	43.84
30	06.170	23.81	07.385	44.21	28.139	12.67	31.564	60.39	58.563	46.03
5月 10	06.461	23.91	07.632	45.44	28.385	14.55	31.886	60.88	58.887	48.65
20	06.726	24.05	07.855	46.81	28.602	16.67	32.178	61.45	59.153	51.62
30	06.962	24.22	08.051	48.26	28.789	18.93	32.438	62.10	59.362	54.80
6月 9	07.164	24.45	08.217	49.76	28.943	21.28	32.660	62.84	59.507	58.14
19	07.325	24.73	08.347	51.24	29.058	23.63	32.838	63.65	59.582	61.50
29	07.446	25.05	08.441	52.66	29.134	25.91	32.970	64.51	59.591	64.78
7月 9	07.522	25.42	08.495	54.00	29.169	28.09	33.052	65.40	59.530	67.94
19	07.550	25.81	08.508	55.20	29.160	30.08	33.082	66.28	59.400	70.86
29	07.534	26.21	08.482	56.26	29.112	31.85	33.063	67.13	59.211	73.48
8月 8	07.473	26.58	08.418	57.17	29.024	33.39	32.993	67.90	58.960	75.76
18	07.372	26.91	08.319	57.88	28.901	34.62	32.880	68.57	58.659	77.62
28	07.239	27.17	08.193	58.43	28.751	35.56	32.731	69.09	58.318	79.05
9月 7	07.078	27.35	08.043	58.78	28.576	36.17	32.551	69.45	57.941	80.00
17	06.902	27.42	07.880	58.94	28.388	36.44	32.354	69.61	57.545	80.43
27	06.721	27.38	07.712	58.91	28.196	36.38	32.152	69.57	57.143	80.36
10月 7	06.544	27.23	07.548	58.68	28.006	35.96	31.953	69.32	56.743	79.77
17	06.386	26.98	07.401	58.24	27.834	35.18	31.775	68.88	56.365	78.63
27	06.256	26.64	07.277	57.61	27.685	34.07	31.627	68.26	56.018	77.02
11月 6	06.163	26.25	07.185	56.76	27.567	32.62	31.519	67.50	55.715	74.90
16	06.118	25.83	07.134	55.72	27.492	30.85	31.464	66.65	55.471	72.34
26	06.122	25.42	07.126	54.49	27.460	28.82	31.463	65.74	55.290	69.41
12月 6	06.181	25.05	07.164	53.08	27.476	26.53	31.521	64.82	55.183	66.14
16	06.295	24.79	07.250	51.55	27.543	24.08	31.638	63.94	55.156	62.67
26	06.449	24.51	07.380	49.90	27.655	21.52	31.808	63.11	55.204	59.07
36	06.660	24.34	07.551	48.20	27.812	18.92	32.033	62.37	55.333	55.44
平位置 (J2024.5)	06.218	16.08	07.318	59.75	27.885	32.05	31.600	55.08	57.209	70.04
年自行	−0.0002	−0.011	−0.0015	−0.075	0.0017	0.006	0.0038	0.030	0.0114	0.079
视　差　(角秒)	0.003		0.034		0.013		0.026		0.029	

恒 星 视 位 置

以世界时 0^{h} 为准

2024 年

日期	1468 89 Her $5^{\mathrm{m}}.47$ F2		672 θ Her $3^{\mathrm{m}}.86$ K1		676 γ Dra $2^{\mathrm{m}}.24$ K5		674 ξ Her $3^{\mathrm{m}}.70$ K0		673 ν Oph $3^{\mathrm{m}}.32$ K0	
	h m 17 56	° ′ +26 02	h m 17 57	° ′ +37 14	h m 17 57	° ′ +51 28	h m 17 58	° ′ +29 14	h m 18 00	° ′ − 9 46
日	s	″	s	″	s	″	s	″	s	″
1月 −9	21.421	43.45	02.557	47.03	07.428	64.79	39.944	40.18	18.992	36.41
1	21.545	40.63	02.669	43.81	07.522	61.23	40.063	37.24	19.144	37.34
11	21.712	37.81	02.832	40.60	07.681	57.69	40.227	34.30	19.336	38.32
21	21.921	35.12	03.042	37.55	07.906	54.34	40.434	31.50	19.563	39.29
31	22.162	32.67	03.291	34.77	08.182	51.29	40.675	28.94	19.817	40.21
2月 10	22.431	30.51	03.573	32.34	08.505	48.62	40.945	26.69	20.093	41.04
20	22.722	28.77	03.882	30.38	08.867	46.48	41.239	24.88	20.386	41.73
3月 1	23.026	27.50	04.208	28.95	09.253	44.92	41.546	23.55	20.688	42.25
11	23.339	26.73	04.547	28.08	09.657	43.98	41.865	22.74	20.998	42.58
21	23.655	26.51	04.889	27.84	10.068	43.73	42.187	22.51	21.310	42.68
31	23.968	26.82	05.227	28.19	10.473	44.12	42.505	22.82	21.619	42.58
4月 10	24.274	27.63	05.557	29.12	10.868	45.14	42.818	23.66	21.924	42.28
20	24.566	28.93	05.871	30.59	11.238	46.77	43.116	25.00	22.219	41.79
30	24.840	30.62	06.162	32.51	11.576	48.88	43.395	26.76	22.501	41.16
5月 10	25.093	32.66	06.428	34.83	11.879	51.43	43.652	28.88	22.768	40.41
20	25.317	34.97	06.659	37.45	12.133	54.33	43.879	31.29	23.011	39.59
30	25.510	37.43	06.853	40.27	12.338	57.43	44.074	33.86	23.228	38.74
6月 9	25.668	40.02	07.007	43.22	12.488	60.70	44.233	36.57	23.416	37.88
19	25.785	42.61	07.114	46.20	12.577	63.99	44.349	39.29	23.568	37.05
29	25.861	45.14	07.175	49.11	12.608	67.22	44.424	41.94	23.683	36.29
7月 9	25.894	47.57	07.188	51.91	12.578	70.33	44.453	44.50	23.758	35.60
19	25.882	49.80	07.151	54.50	12.485	73.21	44.437	46.85	23.789	35.00
29	25.829	51.80	07.069	56.82	12.339	75.80	44.379	48.96	23.781	34.50
8月 8	25.735	53.55	06.942	58.86	12.138	78.07	44.278	50.81	23.731	34.09
18	25.603	54.97	06.775	60.51	11.889	79.92	44.139	52.32	23.645	33.78
28	25.443	56.06	06.577	61.80	11.605	81.36	43.971	53.49	23.528	33.55
9月 7	25.257	56.80	06.351	62.67	11.287	82.33	43.776	54.29	23.385	33.41
17	25.056	57.15	06.110	63.09	10.951	82.79	43.566	54.67	23.227	33.35
27	24.850	57.14	05.862	63.08	10.608	82.78	43.350	54.68	23.063	33.36
10月 7	24.645	56.73	05.617	62.60	10.266	82.24	43.136	54.26	22.900	33.44
17	24.457	55.92	05.387	61.66	09.944	81.18	42.937	53.43	22.753	33.61
27	24.291	54.75	05.182	60.29	09.650	79.64	42.761	52.21	22.628	33.86
11月 6	24.156	53.19	05.010	58.48	09.395	77.61	42.617	50.59	22.535	34.21
16	24.063	51.29	04.883	56.28	09.193	75.14	42.514	48.60	22.483	34.67
26	24.014	49.09	04.803	53.73	09.047	72.30	42.456	46.31	22.474	35.22
12月 6	24.014	46.62	04.777	50.88	08.967	69.13	42.448	43.72	22.512	35.89
16	24.065	43.96	04.808	47.83	08.957	65.74	42.492	40.95	22.599	36.65
26	24.164	41.19	04.891	44.65	09.014	62.22	42.585	38.06	22.728	37.51
36	24.310	38.37	05.029	41.43	09.141	58.67	42.727	35.12	22.901	38.45
平位置 (J2024.5)	24.540	51.35	05.638	55.00	10.558	72.81	43.053	48.14	22.553	28.53
年自行 (J2024.5)	0.0004	0.005	0.0002	0.007	−0.0009	−0.023	0.0064	−0.019	−0.0006	−0.115
视差（角秒）	0.001		0.005		0.022		0.024		0.021	

恒 星 视 位 置

2024 年 以世界时 0^h 为准

日 期	1469 93 Her $4^m.67$ K0		677 67 Oph $3^m.93$ B5		N30 70 Oph* $4^m.03$ K0		GC Grb 2517 $5^m.00$ G8		681 o Her $3^m.84$ B9	
	h m 18 01	° ′ +16 44	h m 18 01	° ′ + 2 55	h m 18 06	° ′ + 2 29	h m 18 08	° ′ +43 27	h m 18 08	° ′ +28 45
日	s	″	s	″	s	″	s	″	s	″
1月 −9	05.698	56.37	49.029	48.10	38.435	37.62	09.952	50.36	26.812	54.26
1	05.826	53.98	49.168	46.44	38.573	35.97	10.042	46.99	26.920	51.36
11	05.994	51.57	49.346	44.74	38.749	34.29	10.188	43.62	27.073	48.46
21	06.200	49.26	49.559	43.09	38.961	32.66	10.389	40.40	27.270	45.67
31	06.436	47.14	49.800	41.57	39.201	31.15	10.633	37.44	27.501	43.12
2月 10	06.697	45.27	50.063	40.21	39.463	29.80	10.918	34.83	27.762	40.85
20	06.978	43.75	50.344	39.10	39.744	28.70	11.236	32.71	28.049	39.01
3月 1	07.270	42.63	50.636	38.28	40.035	27.88	11.575	31.12	28.351	37.64
11	07.572	41.93	50.935	37.77	40.334	27.37	11.932	30.12	28.665	36.78
21	07.877	41.73	51.237	37.62	40.637	27.21	12.297	29.78	28.985	36.49
31	08.180	41.97	51.536	37.80	40.937	27.38	12.659	30.05	29.303	36.75
4月 10	08.477	42.66	51.832	38.30	41.234	27.86	13.015	30.93	29.618	37.53
20	08.764	43.77	52.118	39.11	41.522	28.65	13.354	32.40	29.919	38.83
30	09.034	45.22	52.390	40.16	41.796	29.68	13.670	34.35	30.204	40.54
5月 10	09.287	46.97	52.646	41.42	42.055	30.92	13.958	36.73	30.468	42.62
20	09.514	48.95	52.879	42.84	42.290	32.31	14.209	39.45	30.703	45.00
30	09.713	51.06	53.086	44.34	42.500	33.78	14.419	42.40	30.907	47.55
6月 9	09.881	53.27	53.264	45.89	42.681	35.30	14.584	45.51	31.076	50.25
19	10.010	55.49	53.406	47.43	42.825	36.80	14.698	48.68	31.203	52.98
29	10.101	57.64	53.511	48.90	42.934	38.24	14.762	51.79	31.288	55.65
7月 9	10.152	59.71	53.577	50.30	43.003	39.60	14.772	54.81	31.329	58.24
19	10.159	61.61	53.600	51.56	43.029	40.82	14.728	57.62	31.323	60.63
29	10.126	63.30	53.585	52.67	43.016	41.89	14.634	60.17	31.274	62.80
8月 8	10.053	64.78	53.529	53.63	42.963	42.81	14.491	62.43	31.182	64.71
18	09.944	65.98	53.437	54.40	42.874	43.54	14.303	64.30	31.051	66.29
28	09.806	66.92	53.317	54.99	42.755	44.09	14.081	65.78	30.889	67.53
9月 7	09.642	67.56	53.170	55.39	42.611	44.45	13.828	66.84	30.699	68.41
17	09.463	67.87	53.009	55.58	42.450	44.61	13.555	67.41	30.492	68.89
27	09.278	67.90	52.841	55.59	42.284	44.59	13.275	67.54	30.278	68.99
10月 7	09.095	67.59	52.675	55.40	42.118	44.36	12.993	67.17	30.064	68.67
17	08.925	66.95	52.523	54.99	41.966	43.94	12.727	66.30	29.863	67.93
27	08.778	66.01	52.392	54.40	41.836	43.33	12.484	64.97	29.684	66.81
11月 6	08.660	64.74	52.292	53.58	41.735	42.50	12.274	63.17	29.534	65.28
16	08.583	63.19	52.231	52.57	41.673	41.49	12.110	60.94	29.425	63.39
26	08.547	61.38	52.212	51.39	41.653	40.30	11.994	58.34	29.359	61.18
12月 6	08.557	59.32	52.238	50.01	41.678	38.94	11.935	55.40	29.341	58.68
16	08.617	57.09	52.312	48.51	41.750	37.44	11.937	52.24	29.375	55.97
26	08.720	54.75	52.428	46.90	41.865	35.85	11.995	48.93	29.457	53.14
36	08.869	52.36	52.587	45.23	42.022	34.20	12.113	45.55	29.588	50.24
平位置 (J2024.5)	08.890	64.35	52.378	56.13	41.651	46.64	13.060	58.26	29.932	62.34
年自行	−0.0005	−0.011	0.0000	−0.009	0.0186	−1.091	−0.0005	−0.056	0.0000	0.007
视 差 (角秒)	0.005		0.002		0.197		0.009		0.009	

* 双星,表给视位置为亮星位置,平位置为质心位置。

恒 星 视 位 置

以世界时 0^{h} 为准

2024 年

日期	680 72 Oph $3^{\mathrm{m}}.71$ A4		3443 102 Her $4^{\mathrm{m}}.37$ B2		3448 104 A Her $4^{\mathrm{m}}.96$ M3		685 36 Dra $4^{\mathrm{m}}.99$ F5		682 μ Sgr $3^{\mathrm{m}}.84$ B2	
	h m	° ′	h m	° ′	h m	° ′	h m	° ′	h m	° ′
	18 08	+9 33	18 09	+20 48	18 12	+31 24	18 13	+64 23	18 15	−21 02
日	s	″	s	″	s	″	s	″	s	″
1月 −9	27.442	60.44	45.225	63.94	46.395	38.29	58.807	73.39	09.924	70.02
1	27.569	58.44	45.340	61.39	46.496	35.31	58.838	69.75	10.063	70.20
11	27.735	56.41	45.496	58.81	46.642	32.31	58.965	66.10	10.257	70.43
21	27.939	54.45	45.693	56.34	46.834	29.44	59.191	62.60	10.488	70.67
31	28.170	52.64	45.921	54.06	47.062	26.79	59.499	59.37	10.747	70.92
2月 10	28.427	51.04	46.177	52.04	47.322	24.44	59.885	56.50	11.030	71.15
20	28.702	49.73	46.455	50.40	47.609	22.52	60.337	54.15	11.334	71.34
3月 1	28.990	48.76	46.746	49.17	47.913	21.08	60.835	52.37	11.649	71.47
11	29.287	48.17	47.049	48.40	48.231	20.17	61.370	51.22	11.974	71.51
21	29.588	47.99	47.357	48.15	48.556	19.84	61.923	50.76	12.304	71.45
31	29.887	48.20	47.664	48.38	48.880	20.08	62.474	50.98	12.633	71.31
4月 10	30.184	48.79	47.967	49.09	49.201	20.85	63.014	51.85	12.961	71.08
20	30.471	49.76	48.260	50.25	49.509	22.16	63.523	53.36	13.281	70.77
30	30.744	51.01	48.537	51.79	49.800	23.90	63.986	55.40	13.589	70.42
5月 10	31.002	52.53	48.797	53.65	50.070	26.04	64.398	57.92	13.883	70.05
20	31.236	54.24	49.031	55.78	50.311	28.48	64.739	60.83	14.155	69.68
30	31.444	56.06	49.237	58.06	50.519	31.12	65.007	63.99	14.401	69.34
6月 9	31.622	57.97	49.410	60.46	50.692	33.91	65.196	67.36	14.617	69.05
19	31.763	59.87	49.544	62.88	50.821	36.74	65.295	70.79	14.796	68.82
29	31.868	61.71	49.640	65.24	50.908	39.52	65.310	74.20	14.936	68.67
7月 9	31.933	63.47	49.694	67.52	50.949	42.22	65.237	77.52	15.033	68.59
19	31.955	65.08	49.702	69.62	50.941	44.73	65.075	80.64	15.084	68.58
29	31.937	66.51	49.671	71.52	50.891	47.01	64.835	83.49	15.091	68.64
8月 8	31.879	67.76	49.597	73.19	50.795	49.03	64.518	86.04	15.054	68.74
18	31.784	68.78	49.485	74.57	50.659	50.70	64.134	88.17	14.975	68.87
28	31.660	69.57	49.344	75.65	50.491	52.04	63.697	89.89	14.863	69.00
9月 7	31.509	70.12	49.175	76.42	50.295	53.00	63.212	91.15	14.720	69.13
17	31.342	70.41	48.990	76.83	50.080	53.54	62.697	91.88	14.559	69.24
27	31.168	70.45	48.797	76.92	49.857	53.69	62.168	92.13	14.388	69.30
10月 7	30.994	70.23	48.604	76.64	49.633	53.40	61.635	91.82	14.216	69.33
17	30.834	69.74	48.424	76.01	49.422	52.68	61.122	90.97	14.058	69.32
27	30.694	69.01	48.264	75.04	49.232	51.56	60.639	89.62	13.922	69.27
11月 6	30.583	68.00	48.134	73.72	49.071	50.01	60.203	87.73	13.817	69.21
16	30.511	66.75	48.042	72.08	48.951	48.09	59.833	85.38	13.754	69.15
26	30.479	65.28	47.992	70.16	48.874	45.83	59.534	82.61	13.734	69.10
12月 6	30.492	63.60	47.988	67.96	48.846	43.26	59.321	79.46	13.764	69.10
16	30.553	61.76	48.034	65.59	48.871	40.49	59.205	76.06	13.846	69.14
26	30.657	59.82	48.124	63.09	48.944	37.57	59.182	72.49	13.964	69.07
36	30.804	57.81	48.260	60.53	49.068	34.58	59.260	68.84	14.137	69.40
平位置 (J2024.5)	30.707	68.80	48.390	72.13	49.510	46.38	62.301	81.06	13.727	60.79
年自行	−0.0042	0.080	−0.0002	−0.007	−0.0011	0.026	0.0541	0.038	0.0001	−0.001
视差（角秒）	0.039		0.002		0.005		0.043		0.000	

恒 星 视 位 置

2024 年　　　　以世界时 0^h 为准

日　期		684 Grb 2533		683 η Sgr		(693) φ Dra m		695 χ Dra+		1477 κ Lyr	
		$5^m.56$	B7	$3^m.10$	M2	$4^m.22$	A0	$3^m.55$	F7	$4^m.33$	K2
		h m	° ′	h m	° ′	h m	° ′	h m	° ′	h m	° ′
		18 16	+42 09	18 19	−36 45	18 20	+71 20	18 20	+72 44	18 20	+36 04
	日	s	″	s	″	s	″	s	″	s	″
1月	−9	21.419	60.09	12.738	16.65	20.284	53.59	32.659	27.01	40.149	28.77
	1	21.501	56.79	12.902	15.81	20.253	49.99	32.621	23.41	40.234	25.66
	11	21.636	53.46	13.115	15.02	20.352	46.35	32.725	19.77	40.369	22.52
	21	21.826	50.26	13.375	14.31	20.588	42.83	32.977	16.25	40.552	19.49
	31	22.059	47.31	13.669	13.69	20.942	39.57	33.355	13.00	40.775	16.69
2月	10	22.332	44.69	13.993	13.16	21.405	36.65	33.852	10.09	41.033	14.19
	20	22.639	42.54	14.340	12.72	21.966	34.23	34.455	07.67	41.322	12.14
3月	1	22.969	40.91	14.702	12.36	22.595	32.38	35.132	05.82	41.632	10.58
	11	23.317	39.86	15.077	12.07	23.280	31.13	35.868	04.58	41.958	09.56
	21	23.675	39.45	15.458	11.85	23.994	30.58	36.637	04.04	42.294	09.16
	31	24.032	39.65	15.839	11.70	24.709	30.70	37.405	04.16	42.630	09.34
4月	10	24.385	40.46	16.219	11.64	25.413	31.47	38.160	04.93	42.964	10.09
	20	24.724	41.86	16.590	11.66	26.074	32.89	38.868	06.36	43.286	11.41
	30	25.041	43.74	16.947	11.77	26.674	34.85	39.510	08.31	43.590	13.18
5月	10	25.334	46.06	17.289	11.99	27.204	37.30	40.074	10.75	43.873	15.38
	20	25.591	48.74	17.604	12.33	27.638	40.15	40.533	13.60	44.125	17.92
	30	25.809	51.64	17.890	12.77	27.971	43.27	40.883	16.71	44.343	20.68
6月	9	25.984	54.73	18.141	13.34	28.196	46.62	41.115	20.04	44.523	23.62
	19	26.110	57.87	18.349	14.01	28.299	50.05	41.216	23.46	44.658	26.61
	29	26.186	60.98	18.512	14.77	28.287	53.46	41.193	26.86	44.747	29.57
7月	9	26.209	64.01	18.625	15.61	28.157	56.82	41.042	30.19	44.788	32.45
	19	26.178	66.85	18.684	16.48	27.908	59.98	40.764	33.33	44.779	35.15
	29	26.099	69.44	18.694	17.36	27.557	62.89	40.376	36.22	44.723	37.62
8月	8	25.969	71.75	18.650	18.21	27.102	65.51	39.878	38.82	44.620	39.83
	18	25.794	73.68	18.558	18.99	26.557	67.73	39.284	41.02	44.474	41.68
	28	25.585	75.24	18.427	19.66	25.942	69.55	38.615	42.81	44.294	43.17
9月	7	25.342	76.38	18.261	20.20	25.262	70.91	37.877	44.15	44.083	44.28
	17	25.080	77.04	18.071	20.55	24.541	71.76	37.097	44.97	43.853	44.94
	27	24.808	77.27	17.870	20.72	23.799	72.12	36.295	45.31	43.612	45.19
10月	7	24.533	77.00	17.667	20.68	23.048	71.94	35.483	45.11	43.369	44.98
	17	24.272	76.24	17.478	20.43	22.318	71.21	34.694	44.35	43.137	44.30
	27	24.033	75.03	17.314	20.00	21.625	69.97	33.945	43.10	42.926	43.20
11月	6	23.824	73.33	17.185	19.39	20.986	68.20	33.254	41.31	42.743	41.64
	16	23.659	71.21	17.104	18.65	20.430	65.94	32.653	39.04	42.601	39.68
	26	23.541	68.72	17.073	17.82	19.965	63.27	32.148	36.36	42.503	37.36
12月	6	23.477	65.87	17.099	16.92	19.610	60.19	31.762	33.27	42.454	34.70
	16	23.472	62.78	17.183	16.02	19.382	56.85	31.513	29.93	42.460	31.81
	26	23.522	59.54	17.319	15.15	19.278	53.32	31.397	26.39	42.517	28.77
	36	23.631	56.22	17.508	14.29	19.311	49.69	31.429	22.76	42.627	25.64
平位置 (J2024.5)		24.539	67.98	17.076	06.68	24.182	60.97	36.751	34.26	43.266	36.81
年自行		−0.0003	0.001	−0.0109	−0.168	−0.0012	0.033	0.1199	−0.347	−0.0013	0.041
视　差　(角秒)		0.006		0.022		0.011		0.124		0.014	

恒 星 视 位 置

以世界时 0^{h} 为准

2024 年

日期		1476		688		(694)		690		3463	
		74 Oph		η Ser		39 Dra		109 Her		μ Lyr	
		$4^{\mathrm{m}}.85$	G8	$3^{\mathrm{m}}.23$	K0	$4^{\mathrm{m}}.98$	A3	$3^{\mathrm{m}}.85$	K2	$5^{\mathrm{m}}.11$	A3
		h m	° ′	h m	° ′	h m	° ′	h m	° ′	h m	° ′
		18 22	+ 3 23	18 22	− 2 53	18 24	+58 48	18 24	+21 46	18 24	+39 30
	日	s	″	s	″	s	″	s	″	s	″
1月	−9	02.138	14.91	31.284	34.93	12.730	48.22	41.395	48.60	59.110	70.73
	1	02.257	13.29	31.408	36.20	12.760	44.65	41.494	46.04	59.185	67.52
	11	02.415	11.64	31.570	37.51	12.869	41.04	41.635	43.46	59.311	64.28
	21	02.610	10.02	31.770	38.80	13.060	37.55	41.818	40.95	59.489	61.15
	31	02.834	08.53	31.997	39.99	13.320	34.31	42.033	38.63	59.710	58.25
2月	10	03.082	07.20	32.250	41.06	13.643	31.40	42.277	36.56	59.969	55.65
	20	03.351	06.11	32.522	41.93	14.024	28.99	42.546	34.85	60.262	53.50
3月	1	03.633	05.31	32.807	42.57	14.443	27.13	42.831	33.56	60.578	51.85
	11	03.927	04.81	33.102	42.95	14.895	25.88	43.131	32.72	60.912	50.76
	21	04.226	04.68	33.404	43.04	15.366	25.32	43.438	32.40	61.258	50.30
	31	04.527	04.88	33.706	42.85	15.838	25.42	43.746	32.58	61.605	50.44
4月	10	04.827	05.41	34.008	42.40	16.306	26.18	44.054	33.23	61.951	51.17
	20	05.119	06.26	34.303	41.68	16.752	27.58	44.354	34.36	62.285	52.48
	30	05.401	07.36	34.588	40.77	17.165	29.52	44.640	35.88	62.600	54.28
5月	10	05.670	08.67	34.860	39.69	17.539	31.94	44.911	37.74	62.894	56.52
	20	05.917	10.16	35.110	38.48	17.858	34.78	45.157	39.88	63.154	59.11
	30	06.140	11.73	35.337	37.22	18.119	37.88	45.375	42.20	63.379	61.94
6月	9	06.334	13.37	35.536	35.92	18.317	41.21	45.562	44.65	63.565	64.96
	19	06.494	15.00	35.700	34.64	18.441	44.63	45.710	47.14	63.702	68.06
	29	06.617	16.56	35.828	33.43	18.495	48.04	45.820	49.58	63.792	71.12
7月	9	06.700	18.05	35.916	32.30	18.474	51.39	45.887	51.96	63.832	74.13
	19	06.740	19.41	35.960	31.29	18.377	54.55	45.908	54.17	63.818	76.95
	29	06.741	20.61	35.965	30.42	18.214	57.46	45.887	56.18	63.756	79.54
8月	8	06.699	21.66	35.927	29.68	17.982	60.09	45.823	57.96	63.645	81.86
	18	06.619	22.50	35.850	29.10	17.690	62.33	45.720	59.45	63.490	83.83
	28	06.508	23.16	35.742	28.65	17.350	64.16	45.585	60.65	63.298	85.43
9月	7	06.369	23.63	35.606	28.36	16.966	65.54	45.420	61.54	63.074	86.63
	17	06.211	23.89	35.450	28.22	16.554	66.42	45.237	62.06	62.829	87.37
	27	06.045	23.95	35.286	28.22	16.127	66.81	45.044	62.25	62.572	87.68
10月	7	05.876	23.81	35.120	28.36	15.694	66.66	44.848	62.08	62.312	87.52
	17	05.718	23.46	34.965	28.66	15.275	65.96	44.662	61.54	62.063	86.87
	27	05.580	22.91	34.829	29.08	14.881	64.77	44.496	60.65	61.834	85.78
11月	6	05.468	22.15	34.720	29.67	14.524	63.03	44.355	59.40	61.633	84.22
	16	05.393	21.19	34.649	30.41	14.221	60.82	44.252	57.82	61.473	82.23
	26	05.357	20.05	34.617	31.28	13.978	58.19	44.188	55.95	61.358	79.87
12月	6	05.365	18.72	34.630	32.29	13.806	55.16	44.170	53.80	61.294	77.15
	16	05.420	17.27	34.689	33.41	13.714	51.86	44.200	51.45	61.286	74.19
	26	05.516	15.71	34.790	34.62	13.700	48.37	44.274	48.96	61.331	71.06
	36	05.655	14.09	34.934	35.90	13.769	44.77	44.395	46.40	61.432	67.83
平位置 (J2024.5)		05.477	23.96	34.693	26.00	16.060	55.69	44.570	56.97	62.236	78.63
年自行		0.0001	0.008	−0.0364	−0.702	−0.0049	0.062	0.0141	−0.242	−0.0020	−0.005
视 差 （角秒）		0.012		0.053		0.017		0.025		0.007	

恒 星 视 位 置

2024 年 以世界时 0^h 为准

日期		689		1478		1479		700		692	
		ε Sgr		+7°3682 Oph		+29°3259 Her		Grb 2655		λ Sgr	
		$1^m.79$	B9	$5^m.64$	G8	$5^m.81$	A2	$5^m.65$	K4	$2^m.82$	K1
		h m	° ′	h m	° ′	h m	° ′	h m	° ′	h m	° ′
		18 25	−34 22	18 26	+ 8 02	18 26	+29 50	18 28	+77 33	18 29	−25 24
	日	s	″	s	″	s	″	s	″	s	″
1月	−9	43.616	24.85	46.255	42.06	52.387	31.90	28.406	44.70	25.028	31.91
	1	43.769	24.14	46.365	40.21	52.473	29.02	28.256	41.18	25.157	31.81
	11	43.970	23.45	46.514	38.31	52.605	26.11	28.302	37.60	25.345	31.61
	21	44.216	22.84	46.702	36.47	52.782	23.30	28.555	34.11	25.570	31.51
	31	44.497	22.30	46.918	34.75	52.995	20.68	28.989	30.85	25.825	31.44
2月	10	44.806	21.82	47.161	33.23	53.242	18.34	29.596	27.90	26.107	31.37
	20	45.140	21.40	47.425	31.98	53.516	16.41	30.357	25.43	26.411	31.29
3月	1	45.489	21.04	47.704	31.04	53.809	14.93	31.230	23.49	26.729	31.18
	11	45.851	20.73	47.995	30.46	54.119	13.96	32.195	22.15	27.060	31.02
	21	46.221	20.46	48.293	30.28	54.438	13.56	33.213	21.49	27.398	30.82
	31	46.591	20.24	48.593	30.48	54.759	13.71	34.239	21.48	27.738	30.56
4月	10	46.962	20.08	48.893	31.05	55.080	14.40	35.252	22.12	28.079	30.27
	20	47.326	19.98	49.186	31.98	55.391	15.62	36.206	23.42	28.414	29.96
	30	47.677	19.95	49.469	33.19	55.687	17.27	37.071	25.25	28.739	29.64
5月	10	48.014	20.02	49.739	34.67	55.966	19.32	37.832	27.58	29.051	29.34
	20	48.327	20.19	49.987	36.34	56.218	21.69	38.450	30.33	29.342	29.08
	30	48.612	20.47	50.211	38.13	56.439	24.27	38.917	33.36	29.607	28.89
6月	9	48.864	20.86	50.406	40.00	56.626	27.02	39.223	36.63	29.843	28.77
	19	49.074	21.36	50.566	41.88	56.771	29.82	39.348	40.01	30.041	28.73
	29	49.241	21.96	50.690	43.70	56.875	32.59	39.302	43.40	30.199	28.79
7月	9	49.359	22.64	50.773	45.45	56.933	35.29	39.081	46.74	30.313	28.94
	19	49.425	23.38	50.813	47.06	56.943	37.83	38.684	49.92	30.379	29.16
	29	49.442	24.14	50.813	48.50	56.909	40.14	38.136	52.87	30.400	29.45
8月	8	49.407	24.89	50.770	49.76	56.829	42.22	37.435	55.54	30.373	29.77
	18	49.325	25.60	50.689	50.80	56.708	43.97	36.602	57.85	30.302	30.12
	28	49.203	26.22	50.576	51.62	56.553	45.39	35.666	59.76	30.194	30.44
9月	7	49.045	26.73	50.434	52.22	56.368	46.45	34.631	61.24	30.053	30.74
	17	48.864	27.10	50.274	52.56	56.163	47.10	33.534	62.22	29.890	30.97
	27	48.671	27.29	50.103	52.68	55.947	47.38	32.400	62.73	29.715	31.13
10月	7	48.474	27.31	49.930	52.54	55.728	47.23	31.247	62.70	29.537	31.20
	17	48.291	27.14	49.767	52.15	55.519	46.65	30.118	62.13	29.370	31.18
	27	48.129	26.81	49.622	51.53	55.329	45.68	29.034	61.06	29.223	31.08
11月	6	48.001	26.32	49.503	50.65	55.165	44.29	28.020	59.45	29.106	30.91
	16	47.918	25.70	49.420	49.53	55.040	42.52	27.120	57.35	29.030	30.68
	26	47.883	25.00	49.376	48.21	54.955	40.42	26.344	54.82	28.998	30.43
12月	6	47.903	24.24	49.375	46.68	54.917	38.00	25.724	51.89	29.015	30.18
	16	47.979	23.47	49.420	44.99	54.930	35.35	25.285	48.66	29.084	29.94
	26	48.105	22.73	49.507	43.20	54.990	32.55	25.028	45.22	29.205	29.83
	36	48.282	21.99	49.637	41.33	55.100	29.66	24.974	41.66	29.355	29.58
平位置 (J2024.5)		47.839	14.23	49.538	51.14	55.521	40.12	33.189	51.72	28.928	21.30
年自行		−0.0032	−0.124	−0.0003	−0.007	0.0018	−0.024	0.0005	−0.001	−0.0033	−0.187
视 差 (角秒)		0.023		0.004		0.008		0.007		0.042	

恒 星 视 位 置

以世界时 0^h 为准

2024 年

日期		696		1480		1481		GC		701	
		γ Sct		60 Ser		+16°3529 Her		PGC 4702		Grb 2640	
		$4^m.67$	A1	$5^m.38$	K0	$5^m.76$	A2	$5^m.47$	B8	$6^m.07$	F0
		h m	° ′	h m	° ′	h m	° ′	h m	° ′	h m	° ′
		18 30	−14 32	18 30	− 1 58	18 32	+16 56	18 33	+30 33	18 36	+65 30
	日	s	″	s	″	s	″	s	″	s	″
1月	−9	31.996	63.41	54.078	12.86	06.659	41.01	43.055	78.26	14.155	31.79
	1	32.121	63.90	54.193	14.13	06.755	38.71	43.133	75.39	14.127	28.23
	11	32.288	64.49	54.348	15.45	06.892	36.38	43.256	72.47	14.199	24.61
	21	32.494	65.05	54.539	16.74	07.068	34.11	43.426	69.63	14.375	21.06
	31	32.729	65.57	54.760	17.94	07.277	32.00	43.632	66.99	14.642	17.74
2月	10	32.990	66.03	55.005	19.01	07.513	30.11	43.873	64.61	14.994	14.72
	20	33.272	66.38	55.272	19.87	07.774	28.54	44.143	62.63	15.423	12.17
3月	1	33.567	66.60	55.553	20.50	08.052	27.36	44.433	61.11	15.908	10.16
	11	33.874	66.68	55.846	20.86	08.344	26.60	44.741	60.09	16.441	08.75
	21	34.189	66.59	56.146	20.93	08.644	26.31	45.060	59.65	17.003	08.03
	31	34.505	66.34	56.449	20.70	08.947	26.47	45.382	59.75	17.572	07.96
4月	10	34.823	65.94	56.752	20.20	09.251	27.09	45.705	60.41	18.140	08.57
	20	35.135	65.40	57.051	19.43	09.549	28.14	46.020	61.60	18.683	09.83
	30	35.438	64.76	57.339	18.46	09.836	29.55	46.322	63.23	19.188	11.65
5月	10	35.730	64.05	57.616	17.30	10.109	31.28	46.606	65.27	19.645	13.98
	20	36.001	63.30	57.873	16.01	10.359	33.27	46.864	67.65	20.035	16.75
	30	36.249	62.54	58.107	14.65	10.584	35.42	47.092	70.24	20.352	19.83
6月	9	36.469	61.82	58.314	13.26	10.779	37.69	47.285	73.01	20.590	23.15
	19	36.653	61.14	58.486	11.89	10.937	40.00	47.437	75.85	20.736	26.60
	29	36.801	60.55	58.622	10.58	11.058	42.26	47.547	78.67	20.794	30.07
7月	9	36.908	60.05	58.718	09.36	11.137	44.46	47.611	81.43	20.760	33.51
	19	36.969	59.65	58.771	08.25	11.172	46.51	47.627	84.02	20.631	36.79
	29	36.988	59.34	58.783	07.29	11.165	48.36	47.598	86.41	20.418	39.84
8月	8	36.963	59.12	58.752	06.46	11.115	50.02	47.522	88.55	20.121	42.63
	18	36.896	59.00	58.682	05.81	11.025	51.40	47.404	90.37	19.749	45.04
	28	36.795	58.93	58.580	05.30	10.903	52.52	47.252	91.87	19.316	47.07
9月	7	36.663	58.92	58.447	04.95	10.751	53.36	47.068	93.01	18.826	48.66
	17	36.511	58.96	58.295	04.76	10.579	53.87	46.862	93.74	18.299	49.74
	27	36.347	59.03	58.133	04.72	10.397	54.08	46.645	94.08	17.751	50.34
10月	7	36.180	59.12	57.967	04.84	10.210	53.97	46.423	94.00	17.189	50.40
	17	36.023	59.25	57.811	05.11	10.033	53.53	46.211	93.48	16.640	49.90
	27	35.885	59.39	57.672	05.52	09.873	52.78	46.016	92.57	16.116	48.89
11月	6	35.774	59.58	57.559	06.10	09.738	51.70	45.846	91.23	15.630	47.33
	16	35.701	59.81	57.483	06.84	09.639	50.32	45.714	89.50	15.206	45.26
	26	35.669	60.09	57.445	07.71	09.578	48.67	45.621	87.43	14.850	42.76
12月	6	35.682	60.43	57.450	08.73	09.561	46.76	45.575	85.03	14.577	39.83
	16	35.744	60.83	57.502	09.86	09.590	44.67	45.579	82.40	14.400	36.59
	26	35.848	61.26	57.595	11.07	09.662	42.44	45.631	79.61	14.317	33.13
	36	35.993	61.78	57.730	12.36	09.779	40.13	45.732	76.71	14.339	29.53
平位置 (J2024.5)		35.625	53.14	57.486	03.15	09.859	49.86	46.192	86.51	17.765	38.79
年自行		0.0002	−0.003	0.0020	−0.034	−0.0022	−0.020	0.0009	0.011	0.0032	0.084
视差（角秒）		0.011		0.014		0.008		0.009		0.014	

恒 星 视 位 置

2024 年 以世界时 0^h 为准

日期		1482		1484		699		1485		1486	
		α Sct		+9°3783 Oph		α Lyr		83 G. Sgr		δ Sct	
		$3^m_.85$	K2	$5^m_.38$	F5	$0^m_.03$	A0	$5^m_.93$	A5	$4^m_.70$	F2
		h m	° ′	h m	° ′	h m	° ′	h m	° ′	h m	° ′
		18 36	− 8 13	18 37	+ 9 08	18 37	+38 47	18 39	−21 22	18 43	− 9 01
	日	s	″	s	″	s	″	s	″	s	″
1月	−9	28.914	40.00	34.708	27.40	42.979	79.90	18.629	42.33	33.391	48.53
	1	29.030	40.89	34.807	25.52	43.041	76.77	18.745	42.15	33.500	49.33
	11	29.184	41.82	34.945	23.60	43.155	73.59	18.915	42.48	33.648	50.18
	21	29.377	42.74	35.121	21.72	43.320	70.50	19.123	42.58	33.835	51.01
	31	29.599	43.59	35.328	19.98	43.527	67.61	19.361	42.67	34.052	51.78
2月	10	29.846	44.35	35.562	18.42	43.774	65.00	19.626	42.74	34.294	52.46
	20	30.115	44.94	35.819	17.13	44.056	62.83	19.914	42.75	34.560	52.98
3月	1	30.399	45.36	36.092	16.17	44.363	61.14	20.217	42.69	34.840	53.33
	11	30.695	45.56	36.379	15.56	44.690	59.99	20.534	42.56	35.135	53.48
	21	31.000	45.53	36.675	15.36	45.031	59.46	20.860	42.32	35.439	53.40
	31	31.307	45.28	36.975	15.55	45.376	59.53	21.189	42.00	35.746	53.10
4月	10	31.617	44.81	37.276	16.12	45.722	60.19	21.521	41.59	36.057	52.60
	20	31.922	44.14	37.573	17.06	46.059	61.44	21.848	41.12	36.365	51.90
	30	32.219	43.31	37.860	18.30	46.379	63.17	22.168	40.61	36.666	51.05
5月	10	32.505	42.35	38.135	19.82	46.680	65.35	22.477	40.09	36.956	50.08
	20	32.771	41.31	38.390	21.54	46.951	67.91	22.765	39.58	37.228	49.03
	30	33.016	40.23	38.622	23.39	47.187	70.72	23.031	39.12	37.479	47.96
6月	9	33.233	39.15	38.826	25.34	47.386	73.73	23.269	38.72	37.703	46.88
	19	33.416	38.11	38.994	27.29	47.537	76.83	23.471	38.40	37.893	45.84
	29	33.563	37.14	39.126	29.20	47.642	79.92	23.634	38.18	38.047	44.89
7月	9	33.669	36.25	39.218	31.04	47.696	82.96	23.755	38.06	38.161	44.02
	19	33.732	35.49	39.267	32.74	47.698	85.84	23.829	38.03	38.230	43.27
	29	33.752	34.84	39.274	34.27	47.651	88.50	23.858	38.09	38.258	42.65
8月	8	33.729	34.32	39.238	35.62	47.553	90.90	23.841	38.21	38.241	42.14
	18	33.666	33.92	39.163	36.74	47.411	92.96	23.779	38.39	38.183	41.76
	28	33.569	33.64	39.055	37.64	47.231	94.67	23.682	38.59	38.090	41.49
9月	7	33.440	33.46	38.917	38.30	47.017	95.99	23.550	38.79	37.965	41.33
	17	33.291	33.40	38.758	38.70	46.780	96.85	23.395	38.99	37.818	41.28
	27	33.130	33.42	38.588	38.87	46.530	97.30	23.227	39.14	37.659	41.30
10月	7	32.965	33.54	38.414	38.77	46.274	97.27	23.054	39.26	37.493	41.41
	17	32.809	33.75	38.248	38.41	46.027	96.76	22.890	39.33	37.336	41.61
	27	32.670	34.04	38.098	37.81	45.798	95.81	22.744	39.35	37.195	41.88
11月	6	32.556	34.43	37.973	36.94	45.595	94.38	22.625	39.33	37.078	42.24
	16	32.479	34.92	37.882	35.83	45.431	92.53	22.545	39.29	36.997	42.68
	26	32.441	35.50	37.829	34.50	45.309	90.29	22.505	39.25	36.953	43.21
12月	6	32.445	36.19	37.817	32.96	45.236	87.69	22.512	39.21	36.953	43.83
	16	32.497	36.95	37.852	31.26	45.218	84.83	22.569	39.19	36.998	44.52
	26	32.590	37.78	37.928	29.45	45.251	81.79	22.674	39.18	37.085	45.27
	36	32.725	38.67	38.047	27.55	45.340	78.64	22.809	39.24	37.214	46.07
平位置 (J2024.5)		32.414	29.80	37.975	36.78	46.130	88.02	22.398	31.03	36.895	37.65
年自行		−0.0012	−0.314	−0.0001	−0.132	0.0171	0.288	−0.0001	−0.066	0.0005	0.002
视 差 (角秒)		0.019		0.026		0.129		0.010		0.017	

恒 星 视 位 置

以世界时 0^{h} 为准

2024 年

日 期	702 ε Sct $4^{m}.88$ G8		1494 50 Dra $5^{m}.37$ A1		703 110 Her $4^{m}.19$ F6		1488 +26°3349 Lyr $4^{m}.83$ K3		1487 φ Sgr $3^{m}.17$ B8	
	h m 18 44	° ′ − 8 14	h m 18 45	° ′ +75 27	h m 18 46	° ′ +20 33	h m 18 47	° ′ +26 40	h m 18 47	° ′ −26 57
日	s	″	s	″	s	″	s	″	s	″
1月 −9	47.800	67.39	29.385	35.34	39.844	67.97	00.592	74.81	07.233	60.38
1	47.908	68.23	29.212	31.87	39.921	65.56	00.661	72.15	07.355	60.16
11	48.053	69.12	29.204	28.30	40.040	63.08	00.774	69.41	07.515	59.77
21	48.238	70.00	29.374	24.77	40.201	60.67	00.930	66.74	07.725	59.46
31	48.453	70.81	29.701	21.43	40.395	58.41	01.123	64.24	07.966	59.19
2月 10	48.693	71.52	30.181	18.37	40.620	56.36	01.349	61.97	08.236	58.91
20	48.957	72.07	30.799	15.73	40.872	54.66	01.604	60.07	08.531	58.62
3月 1	49.236	72.44	31.522	13.62	41.144	53.34	01.881	58.59	08.843	58.31
11	49.529	72.61	32.333	12.07	41.432	52.46	02.176	57.58	09.171	57.96
21	49.831	72.53	33.201	11.20	41.733	52.07	02.484	57.11	09.509	57.58
31	50.138	72.24	34.089	10.98	42.038	52.17	02.798	57.17	09.852	57.17
4月 10	50.449	71.73	34.978	11.42	42.347	52.75	03.115	57.75	10.199	56.73
20	50.756	71.01	35.829	12.52	42.651	53.79	03.428	58.84	10.543	56.29
30	51.056	70.14	36.616	14.19	42.946	55.23	03.729	60.37	10.879	55.86
5月 10	51.346	69.14	37.324	16.38	43.229	57.03	04.018	62.29	11.205	55.47
20	51.618	68.05	37.919	19.03	43.490	59.11	04.282	64.55	11.512	55.15
30	51.869	66.94	38.390	22.00	43.726	61.38	04.520	67.02	11.795	54.90
6月 9	52.093	65.81	38.730	25.24	43.932	63.81	04.727	69.66	12.051	54.75
19	52.283	64.73	38.917	28.64	44.102	66.29	04.894	72.38	12.268	54.72
29	52.438	63.72	38.959	32.08	44.233	68.74	05.021	75.09	12.447	54.79
7月 9	52.552	62.81	38.849	35.52	44.322	71.14	05.104	77.76	12.581	54.97
19	52.623	62.01	38.586	38.83	44.365	73.40	05.140	80.27	12.666	55.25
29	52.651	61.34	38.188	41.95	44.365	75.47	05.131	82.60	12.704	55.61
8月 8	52.635	60.79	37.653	44.82	44.321	77.33	05.076	84.70	12.693	56.02
18	52.577	60.38	36.997	47.34	44.236	78.91	04.979	86.51	12.636	56.46
28	52.485	60.08	36.244	49.50	44.116	80.22	04.846	88.01	12.539	56.89
9月 7	52.361	59.89	35.398	51.24	43.964	81.22	04.680	89.18	12.406	57.29
17	52.215	59.82	34.489	52.50	43.790	81.88	04.492	89.96	12.247	57.63
27	52.056	59.83	33.540	53.28	43.603	82.21	04.290	90.39	12.074	57.88
10月 7	51.891	59.95	32.565	53.53	43.410	82.20	04.081	90.41	11.893	58.03
17	51.733	60.15	31.600	53.23	43.224	81.81	03.879	90.03	11.720	58.07
27	51.592	60.43	30.666	52.42	43.052	81.10	03.692	89.28	11.565	58.00
11月 6	51.475	60.81	29.785	51.05	42.904	80.03	03.528	88.12	11.436	57.84
16	51.392	61.28	28.992	49.18	42.789	78.63	03.399	86.59	11.346	57.60
26	51.347	61.84	28.300	46.85	42.712	76.94	03.307	84.73	11.298	57.30
12月 6	51.345	62.50	27.734	44.07	42.676	74.96	03.258	82.55	11.297	56.96
16	51.389	63.23	27.319	40.96	42.687	72.77	03.257	80.14	11.348	56.60
26	51.474	64.03	27.055	37.60	42.741	70.43	03.301	77.55	11.448	56.28
36	51.601	64.87	26.963	34.08	42.839	67.99	03.392	74.85	11.584	55.97
平位置 (J2024.5)	51.289	56.49	33.923	41.81	43.020	76.79	03.744	83.39	11.139	48.01
年自行	0.0013	0.008	−0.0037	0.069	−0.0006	−0.336	0.0013	0.025	0.0038	0.001
视 差 (角秒)	0.006		0.011		0.052		0.013		0.014	

恒 星 视 位 置

2024 年 以世界时 0^h 为准

日期		1492 Grb 2671 $5^m.91$ B2		1491 111 Her $4^m.34$ A5		1489 β Sct $4^m.22$ G5		705 β Lyr $3^m.52$ A8		707 o Dra $4^m.63$ K0	
		h m	° ′	h m	° ′	h m	° ′	h m	° ′	h m	° ′
		18 47	+53 00	18 48	+18 12	18 48	− 4 43	18 50	+33 23	18 51	+59 24
	日	s	″	s	″	s	″	s	″	s	″
1月	−9	12.648	49.47	03.015	28.30	25.026	21.85	55.950	24.76	30.284	61.13
	1	12.659	46.06	03.094	26.01	25.127	22.90	56.004	21.86	30.261	57.67
	11	12.737	42.57	03.214	23.66	25.266	23.99	56.105	18.88	30.318	54.11
	21	12.885	39.13	03.375	21.37	25.443	25.07	56.254	15.96	30.458	50.59
	31	13.093	35.90	03.568	19.22	25.650	26.06	56.443	13.21	30.672	47.27
2月	10	13.357	32.94	03.792	17.28	25.884	26.93	56.668	10.71	30.955	44.21
	20	13.673	30.42	04.042	15.67	26.142	27.63	56.928	08.59	31.303	41.58
3月	1	14.027	28.41	04.311	14.43	26.415	28.11	57.211	06.92	31.698	39.48
	11	14.413	26.97	04.598	13.61	26.703	28.36	57.516	05.76	32.135	37.94
	21	14.822	26.20	04.895	13.27	27.001	28.33	57.837	05.17	32.601	37.07
	31	15.239	26.08	05.199	13.39	27.304	28.04	58.164	05.16	33.078	36.86
4月	10	15.659	26.59	05.505	13.97	27.611	27.51	58.495	05.70	33.559	37.30
	20	16.069	27.76	05.808	15.00	27.916	26.73	58.821	06.81	34.028	38.42
	30	16.457	29.48	06.102	16.41	28.213	25.77	59.136	08.39	34.471	40.10
5月	10	16.818	31.71	06.385	18.16	28.502	24.64	59.436	10.41	34.882	42.31
	20	17.139	34.37	06.646	20.19	28.772	23.40	59.710	12.79	35.244	44.97
	30	17.414	37.34	06.884	22.39	29.021	22.11	59.956	15.43	35.551	47.96
6月	9	17.639	40.57	07.093	24.74	29.245	20.80	60.167	18.28	35.797	51.23
	19	17.802	43.94	07.265	27.14	29.435	19.51	60.336	21.22	35.970	54.65
	29	17.905	47.33	07.400	29.51	29.589	18.30	60.462	24.17	36.072	58.12
7月	9	17.943	50.71	07.493	31.82	29.704	17.16	60.541	27.09	36.098	61.59
	19	17.914	53.94	07.540	33.99	29.774	16.16	60.570	29.87	36.046	64.92
	29	17.824	56.97	07.546	35.98	29.803	15.29	60.552	32.45	35.922	68.06
8月	8	17.671	59.75	07.507	37.77	29.788	14.56	60.485	34.80	35.725	70.95
	18	17.462	62.17	07.427	39.29	29.732	13.98	60.373	36.83	35.463	73.50
	28	17.206	64.23	07.312	40.55	29.642	13.54	60.224	38.55	35.147	75.67
9月	7	16.906	65.87	07.166	41.51	29.518	13.25	60.040	39.90	34.779	77.43
	17	16.575	67.02	06.997	42.15	29.373	13.10	59.831	40.83	34.376	78.70
	27	16.227	67.70	06.816	42.48	29.214	13.07	59.608	41.37	33.951	79.49
10月	7	15.868	67.87	06.628	42.47	29.049	13.17	59.377	41.47	33.511	79.76
	17	15.516	67.50	06.447	42.12	28.891	13.40	59.152	41.12	33.078	79.47
	27	15.181	66.63	06.280	41.46	28.749	13.74	58.942	40.36	32.662	78.67
11月	6	14.874	65.22	06.136	40.46	28.629	14.21	58.754	39.14	32.276	77.32
	16	14.610	63.32	06.025	39.14	28.543	14.81	58.601	37.51	31.938	75.45
	26	14.395	60.99	05.951	37.55	28.494	15.52	58.487	35.52	31.653	73.13
12月	6	14.238	58.23	05.918	35.68	28.487	16.35	58.417	33.16	31.435	70.37
	16	14.147	55.15	05.932	33.62	28.524	17.27	58.397	30.54	31.293	67.27
	26	14.121	51.85	05.987	31.40	28.603	18.27	58.424	27.73	31.226	63.93
	36	14.166	48.40	06.087	29.09	28.723	19.32	58.502	24.79	31.242	60.41
平位置 (J2024.5)		15.924	56.54	06.208	37.53	28.452	11.01	59.093	32.88	33.718	67.84
年自行		0.0011	−0.004	0.0051	0.118	−0.0005	−0.017	0.0001	−0.004	0.0104	0.025
视差 (角秒)		0.002		0.035		0.005		0.004		0.010	

恒 星 视 位 置

以世界时 0^h 为准

2024 年

日 期		714		3508		711		706		1495	
		υ Dra		113 Her		R Lyr		σ Sgr		114 G. Sgr	
		$4^m.82$	K0	$4^m.57$	G4	$3^m.8\sim4^m.1$	M5	$2^m.05$	B2	$5^m.56$	F5
		h m	° ′	h m	° ′	h m	° ′	h m	° ′	h m	° ′
		18 54	+71 19	18 55	+22 40	18 56	+43 58	18 56	−26 15	18 56	−16 20
	日	s	″	s	″	s	″	s	″	s	″
1月	−9	01.277	39.81	43.799	30.62	01.658	38.65	43.117	63.77	52.006	53.38
	1	01.146	36.36	43.864	28.16	01.684	35.47	43.231	63.54	52.109	53.66
	11	01.143	32.78	43.971	25.62	01.765	32.18	43.376	63.21	52.248	54.02
	21	01.279	29.22	44.121	23.14	01.903	28.94	43.575	62.89	52.431	54.38
	31	01.537	25.84	44.305	20.80	02.089	25.88	43.805	62.60	52.645	54.68
2月	10	01.914	22.71	44.522	18.67	02.322	23.07	44.065	62.30	52.887	54.91
	20	02.400	20.01	44.768	16.89	02.596	20.67	44.350	61.97	53.153	55.04
3月	1	02.969	17.81	45.034	15.49	02.902	18.75	44.654	61.61	53.436	55.06
	11	03.611	16.17	45.320	14.54	03.235	17.36	44.975	61.20	53.734	54.94
	21	04.301	15.21	45.620	14.09	03.589	16.61	45.308	60.75	54.045	54.68
	31	05.011	14.90	45.927	14.14	03.951	16.47	45.647	60.26	54.361	54.27
4月	10	05.728	15.25	46.238	14.68	04.319	16.94	45.992	59.74	54.684	53.72
	20	06.421	16.27	46.548	15.72	04.681	18.03	46.335	59.20	55.005	53.06
	30	07.070	17.87	46.848	17.16	05.029	19.66	46.673	58.68	55.320	52.32
5月	10	07.663	20.02	47.138	18.98	05.358	21.77	47.002	58.20	55.627	51.51
	20	08.173	22.63	47.406	21.12	05.657	24.31	47.313	57.77	55.918	50.69
	30	08.590	25.59	47.650	23.46	05.921	27.14	47.602	57.43	56.187	49.90
6月	9	08.908	28.83	47.865	25.97	06.144	30.22	47.863	57.18	56.431	49.14
	19	09.108	32.26	48.042	28.56	06.318	33.44	48.089	57.06	56.641	48.46
	29	09.194	35.74	48.181	31.13	06.442	36.68	48.276	57.05	56.815	47.88
7月	9	09.162	39.23	48.278	33.66	06.511	39.92	48.419	57.16	56.948	47.40
	19	09.007	42.61	48.327	36.05	06.523	43.03	48.513	57.38	57.035	47.05
	29	08.743	45.81	48.334	38.26	06.483	45.94	48.560	57.69	57.078	46.80
8月	8	08.369	48.78	48.294	40.27	06.387	48.62	48.558	58.08	57.075	46.66
	18	07.895	51.41	48.212	42.00	06.240	50.97	48.509	58.50	57.027	46.62
	28	07.341	53.68	48.095	43.44	06.052	52.97	48.419	58.93	56.943	46.65
9月	7	06.709	55.55	47.944	44.57	05.824	54.58	48.293	59.34	56.824	46.74
	17	06.023	56.92	47.769	45.35	05.568	55.73	48.139	59.70	56.679	46.87
	27	05.303	57.82	47.580	45.79	05.295	56.45	47.969	59.99	56.520	47.02
10月	7	04.557	58.19	47.383	45.87	05.011	56.68	47.790	60.19	56.352	47.18
	17	03.818	58.01	47.191	45.57	04.733	56.40	47.617	60.29	56.191	47.35
	27	03.101	57.31	47.013	44.92	04.468	55.66	47.459	60.28	56.043	47.51
11月	6	02.422	56.04	46.855	43.89	04.227	54.41	47.327	60.18	55.919	47.68
	16	01.812	54.25	46.731	42.52	04.022	52.68	47.231	59.99	55.830	47.86
	26	01.280	51.99	46.642	40.84	03.859	50.54	47.175	59.74	55.778	48.06
12月	6	00.845	49.27	46.594	38.85	03.745	48.00	47.166	59.45	55.768	48.29
	16	00.528	46.20	46.593	36.64	03.686	45.14	47.207	59.13	55.806	48.54
	26	00.327	42.87	46.634	34.26	03.682	42.06	47.295	58.81	55.887	48.81
	36	00.260	39.35	46.720	31.76	03.735	38.83	47.421	58.59	56.007	49.07
平位置 (J2024.5)		05.365	46.04	46.964	39.56	04.844	46.10	46.972	50.65	55.619	41.15
年自行 (J2024.5)		0.0102	0.042	0.0005	0.001	0.0018	0.081	0.0010	−0.053	−0.0019	−0.184
视 差 (角秒)		0.009		0.007		0.009		0.015		0.031	

恒 星 视 位 置

2024 年 以世界时 0^h 为准

日 期	709		710		713		712		716	
	θ Ser pr		ξ^2 Sgr		γ Lyr		ε Aql+		ζ Aql	
	$4^m.62$	A5	$3^m.52$	G8	$3^m.25$	B9	$4^m.02$	K2	$2^m.99$	A0
	h m	° ′	h m	° ′	h m	° ′	h m	° ′	h m	° ′
	18 57	+4 13	18 59	−21 04	18 59	+32 43	19 00	+15 05	19 06	+13 53
日	s	″	s	″	s	″	s	″	s	″
1月 −9	22.939	63.54	07.701	33.26	48.493	20.14	40.888	61.87	28.972	55.69
1	23.024	62.01	07.810	33.24	48.539	17.30	40.957	59.77	29.038	53.68
11	23.146	60.42	07.944	33.30	48.630	14.38	41.067	57.62	29.143	51.60
21	23.307	58.87	08.134	33.33	48.769	11.49	41.216	55.50	29.288	49.56
31	23.499	57.43	08.353	33.33	48.948	08.76	41.399	53.51	29.465	47.64
2月 10	23.719	56.13	08.600	33.29	49.164	06.26	41.611	51.70	29.673	45.89
20	23.964	55.07	08.872	33.19	49.415	04.14	41.851	50.19	29.909	44.43
3月 1	24.227	54.29	09.163	33.01	49.691	02.45	42.110	49.03	30.164	43.31
11	24.506	53.82	09.469	32.73	49.990	01.25	42.388	48.25	30.439	42.56
21	24.797	53.71	09.789	32.36	50.305	00.62	42.680	47.92	30.728	42.25
31	25.094	53.93	10.114	31.89	50.629	00.55	42.978	48.04	31.025	42.36
4月 10	25.396	54.50	10.446	31.33	50.959	01.04	43.283	48.58	31.329	42.90
20	25.698	55.40	10.777	30.71	51.286	02.09	43.587	49.56	31.633	43.86
30	25.993	56.56	11.102	30.05	51.604	03.62	43.883	50.89	31.931	45.17
5月 10	26.280	57.97	11.420	29.38	51.908	05.59	44.171	52.55	32.221	46.80
20	26.549	59.56	11.721	28.73	52.188	07.93	44.440	54.47	32.494	48.69
30	26.798	61.25	12.001	28.13	52.441	10.53	44.687	56.57	32.745	50.75
6月 9	27.021	63.02	12.255	27.60	52.661	13.35	44.907	58.80	32.970	52.94
19	27.210	64.80	12.474	27.17	52.839	16.28	45.093	61.08	33.161	55.18
29	27.365	66.53	12.656	26.85	52.975	19.23	45.242	63.34	33.317	57.40
7月 9	27.480	68.18	12.796	26.64	53.065	22.16	45.350	65.55	33.431	59.57
19	27.551	69.70	12.889	26.55	53.104	24.95	45.413	67.62	33.501	61.61
29	27.580	71.07	12.936	26.56	53.097	27.56	45.434	69.53	33.528	63.48
8月 8	27.566	72.27	12.936	26.67	53.040	29.95	45.410	71.24	33.511	65.16
18	27.510	73.26	12.891	26.84	52.938	32.03	45.344	72.71	33.452	66.60
28	27.419	74.06	12.807	27.07	52.798	33.80	45.243	73.92	33.356	67.80
9月 7	27.296	74.66	12.686	27.31	52.622	35.22	45.109	74.87	33.227	68.74
17	27.149	75.04	12.540	27.56	52.420	36.22	44.951	75.51	33.073	69.38
27	26.989	75.21	12.377	27.78	52.203	36.84	44.778	75.87	32.904	69.75
10月 7	26.820	75.17	12.205	27.97	51.975	37.03	44.596	75.92	32.726	69.82
17	26.657	74.91	12.039	28.11	51.753	36.77	44.420	75.65	32.551	69.58
27	26.508	74.46	11.888	28.19	51.543	36.10	44.256	75.10	32.388	69.07
11月 6	26.379	73.79	11.759	28.24	51.354	34.98	44.112	74.22	32.244	68.25
16	26.283	72.92	11.666	28.25	51.198	33.44	44.000	73.06	32.131	67.15
26	26.221	71.87	11.611	28.23	51.079	31.54	43.922	71.64	32.052	65.80
12月 6	26.199	70.64	11.601	28.21	51.003	29.27	43.884	69.96	32.011	64.19
16	26.222	69.27	11.638	28.19	50.976	26.73	43.890	68.08	32.014	62.40
26	26.284	67.80	11.720	28.17	50.996	23.99	43.937	66.07	32.058	60.46
36	26.388	66.25	11.833	27.94	51.064	21.11	44.027	63.95	32.143	58.42
平位置 (J2024.5)	26.240	74.12	11.415	20.36	51.639	28.31	44.088	71.51	32.178	65.59
年自行	0.0025	0.027	0.0025	−0.012	−0.0002	0.002	−0.0035	−0.074	−0.0005	−0.095
视 差 (角秒)	0.025		0.009		0.005		0.021		0.039	

恒　星　视　位　置

以世界时 0^h 为准

2024 年

日　　期		717		1498		719		1496		720	
		λ Aql		Pi 18^h318		ι Lyr		τ Sgr		π Sgr	
		$3^m.43$	B9	$5^m.53$	F0	$5^m.25$	B6	$3^m.32$	K1	$2^m.88$	F2
		h m	° ′	h m	° ′	h m	° ′	h m	° ′	h m	° ′
		19 07	−4 50	19 07	+28 39	19 08	+36 07	19 08	−27 37	19 11	−20 58
	日	s	″	s	″	s	″	s	″	s	″
1月	−9	29.518	49.97	32.943	58.18	07.463	75.65	24.201	70.87	09.472	71.06
	1	29.601	50.94	32.988	55.53	07.492	72.74	24.302	70.49	09.567	71.03
	11	29.721	51.96	33.076	52.79	07.569	69.72	24.438	70.10	09.686	71.01
	21	29.880	52.95	33.209	50.07	07.696	66.73	24.625	69.63	09.866	71.02
	31	30.071	53.87	33.381	47.50	07.866	63.88	24.846	69.19	10.074	70.97
2月	10	30.289	54.68	33.588	45.14	08.076	61.26	25.098	68.75	10.309	70.87
	20	30.532	55.30	33.828	43.13	08.323	59.00	25.377	68.27	10.572	70.69
3月	1	30.794	55.72	34.092	41.53	08.599	57.19	25.676	67.77	10.854	70.43
	11	31.073	55.90	34.380	40.38	08.900	55.87	25.994	67.24	11.154	70.08
	21	31.365	55.81	34.684	39.79	09.221	55.13	26.326	66.67	11.468	69.62
	31	31.665	55.47	34.998	39.72	09.552	54.97	26.666	66.07	11.791	69.07
4月	10	31.972	54.88	35.320	40.19	09.891	55.38	27.014	65.45	12.121	68.42
	20	32.279	54.04	35.640	41.19	10.229	56.38	27.363	64.84	12.453	67.71
	30	32.583	53.02	35.953	42.65	10.557	57.88	27.708	64.26	12.782	66.97
5月	10	32.880	51.83	36.255	44.54	10.873	59.85	28.046	63.72	13.104	66.21
	20	33.161	50.53	36.536	46.78	11.165	62.22	28.367	63.26	13.412	65.47
	30	33.423	49.18	36.792	49.28	11.428	64.87	28.667	62.90	13.699	64.80
6月	9	33.662	47.80	37.018	51.98	11.658	67.77	28.941	62.66	13.963	64.19
	19	33.868	46.45	37.205	54.79	11.845	70.79	29.179	62.55	14.192	63.70
	29	34.039	45.18	37.352	57.62	11.989	73.86	29.379	62.58	14.385	63.32
7月	9	34.171	43.99	37.454	60.42	12.084	76.92	29.536	62.74	14.536	63.06
	19	34.259	42.94	37.508	63.10	12.127	79.86	29.642	63.02	14.641	62.94
	29	34.304	42.03	37.516	65.61	12.121	82.62	29.702	63.40	14.700	62.93
8月	8	34.305	41.26	37.476	67.91	12.064	85.17	29.710	63.86	14.711	63.02
	18	34.263	40.66	37.391	69.92	11.960	87.42	29.670	64.37	14.675	63.20
	28	34.185	40.21	37.269	71.63	11.815	89.35	29.588	64.89	14.600	63.44
9月	7	34.072	39.90	37.110	73.02	11.633	90.92	29.467	65.39	14.487	63.71
	17	33.934	39.74	36.925	74.01	11.422	92.08	29.316	65.84	14.346	63.99
	27	33.781	39.70	36.724	74.64	11.194	92.83	29.148	66.21	14.187	64.25
10月	7	33.618	39.79	36.513	74.87	10.955	93.13	28.967	66.49	14.017	64.48
	17	33.458	40.01	36.304	74.67	10.718	92.97	28.791	66.64	13.850	64.67
	27	33.311	40.34	36.107	74.09	10.493	92.37	28.628	66.67	13.696	64.80
11月	6	33.184	40.80	35.930	73.08	10.287	91.31	28.488	66.59	13.562	64.88
	16	33.088	41.36	35.783	71.68	10.114	89.80	28.383	66.39	13.462	64.92
	26	33.027	42.03	35.672	69.94	09.977	87.91	28.318	66.12	13.399	64.92
12月	6	33.004	42.82	35.601	67.84	09.883	85.62	28.297	65.77	13.377	64.91
	16	33.025	43.69	35.577	65.49	09.838	83.05	28.326	65.37	13.403	64.88
	26	33.087	44.62	35.597	62.93	09.841	80.24	28.402	64.96	13.472	64.85
	36	33.189	45.59	35.663	60.24	09.894	77.28	28.522	64.60	13.592	64.70
平位置 (J2024.5)		32.912	38.11	36.094	66.76	10.616	83.49	28.053	56.74	13.147	57.25
年自行		−0.0013	−0.090	0.0057	0.084	0.0000	−0.004	−0.0041	−0.252	−0.0001	−0.037
视　差　(角秒)		0.026		0.025		0.004		0.027		0.007	

恒 星 视 位 置

2024 年 以世界时 0^{h} 为准

日期	723 δ Dra $3^{m}.07$	G9	1500 20 Aql $5^{m}.35$	B3	N30 η Lyr $4^{m}.43$	B2	729 τ Dra $4^{m}.45$	K3	724 θ Lyr $4^{m}.35$	K0
	h m	° ′	h m	° ′	h m	° ′	h m	° ′	h m	° ′
	19 12	+67 41	19 13	−7 53	19 14	+39 10	19 14	+73 23	19 17	+38 10
日	s	″	s	″	s	″	s	″	s	″
1月 −9	29.386	70.95	56.966	60.53	32.376	74.11	59.422	55.33	09.980	35.35
1	29.255	67.59	57.046	61.30	32.391	71.15	59.191	52.01	09.994	32.42
11	29.229	64.06	57.162	62.10	32.455	68.06	59.101	48.52	10.058	29.38
21	29.318	60.51	57.317	62.89	32.572	64.98	59.166	44.98	10.172	26.33
31	29.510	57.10	57.504	63.61	32.734	62.04	59.372	41.56	10.331	23.42
2月 10	29.804	53.89	57.720	64.23	32.939	59.31	59.716	38.34	10.532	20.72
20	30.193	51.07	57.961	64.68	33.185	56.94	60.192	35.49	10.774	18.37
3月 1	30.657	48.72	58.222	64.95	33.461	55.02	60.771	33.09	11.045	16.46
11	31.187	46.91	58.500	65.01	33.766	53.59	61.443	31.22	11.346	15.04
21	31.766	45.75	58.792	64.83	34.093	52.76	62.182	30.00	11.668	14.21
31	32.370	45.24	59.094	64.42	34.432	52.51	62.956	29.42	12.003	13.96
4月 10	32.989	45.39	59.403	63.80	34.781	52.86	63.750	29.49	12.349	14.29
20	33.598	46.22	59.714	62.96	35.129	53.81	64.531	30.25	12.694	15.22
30	34.179	47.65	60.022	61.96	35.469	55.28	65.272	31.60	13.032	16.67
5月 10	34.721	49.64	60.325	60.83	35.796	57.23	65.961	33.52	13.358	18.60
20	35.201	52.14	60.614	59.61	36.099	59.61	66.565	35.94	13.660	20.96
30	35.610	55.00	60.883	58.35	36.372	62.30	67.072	38.75	13.934	23.62
6月 9	35.939	58.20	61.130	57.09	36.611	65.25	67.473	41.89	14.175	26.54
19	36.172	61.60	61.344	55.88	36.806	68.35	67.745	45.26	14.372	29.62
29	36.311	65.11	61.525	54.75	36.955	71.50	67.893	48.74	14.525	32.74
7月 9	36.350	68.67	61.666	53.71	37.055	74.67	67.908	52.28	14.629	35.89
19	36.284	72.15	61.762	52.81	37.100	77.72	67.786	55.76	14.679	38.93
29	36.123	75.48	61.816	52.05	37.094	80.62	67.540	59.10	14.679	41.80
8月 8	35.866	78.61	61.825	51.43	37.036	83.30	67.168	62.26	14.626	44.48
18	35.518	81.43	61.789	50.96	36.928	85.69	66.679	65.12	14.524	46.85
28	35.097	83.92	61.717	50.62	36.778	87.75	66.095	67.66	14.380	48.91
9月 7	34.605	86.02	61.609	50.42	36.587	89.46	65.417	69.81	14.196	50.62
17	34.059	87.64	61.475	50.33	36.368	90.73	64.670	71.51	13.983	51.90
27	33.479	88.81	61.323	50.35	36.129	91.60	63.876	72.75	13.750	52.78
10月 7	32.871	89.45	61.161	50.47	35.876	92.00	63.044	73.48	13.503	53.20
17	32.262	89.54	61.002	50.68	35.626	91.93	62.207	73.65	13.258	53.15
27	31.665	89.10	60.854	50.97	35.385	91.40	61.383	73.30	13.022	52.66
11月 6	31.096	88.09	60.725	51.35	35.163	90.39	60.591	72.38	12.804	51.68
16	30.579	86.54	60.627	51.82	34.973	88.92	59.863	70.92	12.617	50.24
26	30.123	84.50	60.562	52.36	34.819	87.03	59.211	68.96	12.466	48.40
12月 6	29.745	81.97	60.536	52.98	34.708	84.74	58.658	66.51	12.356	46.15
16	29.462	79.06	60.554	53.67	34.647	82.14	58.228	63.66	12.296	43.59
26	29.274	75.85	60.611	54.40	34.634	79.29	57.922	60.49	12.284	40.79
36	29.194	72.40	60.709	55.17	34.674	76.26	57.760	57.08	12.323	37.80
平位置 (J2024.5)	33.264	76.68	60.391	47.96	35.543	81.64	63.819	60.74	13.143	42.93
年自行	0.0165	0.093	0.0008	−0.007	−0.0001	−0.001	−0.0327	0.106	−0.0002	0.001
视差（角秒）	0.033		0.003		0.003		0.022		0.004	

恒 星 视 位 置

以世界时 0^h 为准

2024 年

日 期	3540 1 Vul 4ᵐ.76 B4		726 κ Cyg 3ᵐ.80 K0		725 ω Aql 5ᵐ.28 F0		722 43 Sgr 4ᵐ.88 K0		727 υ Sgr 4ᵐ.52 F2	
	h m 19 17	° ′ +21 25	h m 19 17	° ′ +53 24	h m 19 18	° ′ +11 38	h m 19 19	° ′ −18 54	h m 19 23	° ′ −15 54
日	s	″	s	″	s	″	s	″	s	″
1月 −9	13.099	57.45	36.765	45.73	54.792	18.04	00.371	40.28	04.179	39.46
1	13.144	55.13	36.728	42.49	54.848	16.20	00.455	40.37	04.256	39.72
11	13.230	52.73	36.757	39.09	54.942	14.28	00.571	40.36	04.369	39.94
21	13.358	50.35	36.857	35.68	55.076	12.39	00.735	40.55	04.522	40.25
31	13.521	48.09	37.019	32.40	55.243	10.61	00.931	40.59	04.710	40.46
2月 10	13.717	46.01	37.240	29.33	55.439	08.99	01.156	40.56	04.927	40.58
20	13.945	44.24	37.520	26.63	55.665	07.63	01.409	40.44	05.171	40.59
3月 1	14.195	42.84	37.843	24.40	55.912	06.58	01.681	40.22	05.435	40.48
11	14.468	41.85	38.208	22.69	56.179	05.89	01.972	39.89	05.719	40.22
21	14.758	41.35	38.603	21.62	56.462	05.61	02.279	39.42	06.018	39.80
31	15.059	41.33	39.016	21.19	56.755	05.74	02.595	38.84	06.328	39.24
4月 10	15.369	41.80	39.440	21.40	57.058	06.27	02.920	38.14	06.647	38.53
20	15.680	42.75	39.863	22.27	57.362	07.20	03.248	37.36	06.970	37.70
30	15.987	44.11	40.272	23.71	57.663	08.47	03.574	36.52	07.291	36.79
5月 10	16.286	45.85	40.662	25.70	57.959	10.05	03.896	35.65	07.609	35.81
20	16.568	47.92	41.018	28.18	58.238	11.88	04.203	34.79	07.913	34.82
30	16.827	50.21	41.332	31.01	58.499	13.87	04.492	33.97	08.199	33.85
6月 9	17.061	52.68	41.600	34.16	58.735	16.00	04.757	33.22	08.463	32.93
19	17.259	55.24	41.808	37.50	58.938	18.17	04.990	32.57	08.694	32.10
29	17.419	57.81	41.958	40.93	59.106	20.31	05.187	32.04	08.892	31.38
7月 9	17.538	60.35	42.043	44.41	59.235	22.41	05.344	31.63	09.049	30.78
19	17.611	62.77	42.059	47.80	59.319	24.39	05.454	31.36	09.161	30.32
29	17.640	65.03	42.012	51.03	59.361	26.20	05.520	31.21	09.228	30.00
8月 8	17.622	67.10	41.899	54.07	59.358	27.84	05.537	31.19	09.248	29.80
18	17.560	68.91	41.724	56.79	59.311	29.24	05.508	31.26	09.223	29.72
28	17.461	70.44	41.498	59.18	59.228	30.42	05.440	31.42	09.158	29.74
9月 7	17.326	71.69	41.223	61.20	59.110	31.35	05.333	31.62	09.055	29.84
17	17.164	72.59	40.911	62.74	58.965	31.99	05.197	31.87	08.923	30.00
27	16.985	73.17	40.574	63.85	58.804	32.39	05.043	32.11	08.772	30.19
10月 7	16.795	73.39	40.219	64.44	58.631	32.50	04.876	32.35	08.609	30.41
17	16.606	73.25	39.864	64.50	58.460	32.33	04.712	32.56	08.447	30.63
27	16.427	72.77	39.519	64.05	58.298	31.91	04.558	32.74	08.295	30.85
11月 6	16.266	71.92	39.193	63.06	58.154	31.19	04.423	32.90	08.161	31.08
16	16.133	70.73	38.905	61.54	58.039	30.21	04.320	33.02	08.057	31.30
26	16.033	69.23	38.658	59.56	57.955	29.00	04.252	33.12	07.987	31.53
12月 6	15.971	67.43	38.463	57.11	57.908	27.55	04.224	33.21	07.956	31.76
16	15.952	65.39	38.330	54.29	57.903	25.92	04.242	33.29	07.970	32.00
26	15.975	63.17	38.258	51.19	57.937	24.15	04.302	33.37	08.024	32.25
36	16.041	60.81	38.254	47.87	58.013	22.28	04.407	33.39	08.121	32.47
平位置 (J2024.5)	16.257	66.76	40.102	52.12	57.998	28.53	03.974	26.12	07.710	25.39
年自行	0.0001	−0.006	0.0068	0.123	0.0000	0.013	−0.0008	−0.011	0.0001	−0.006
视 差 (角秒)	0.004		0.026		0.008		0.006		0.002	

恒 星 视 位 置

2024 年 以世界时 0^{h} 为准

日 期	3550 2 Cyg $4^{m}.99$ B3		1503 31 Aql $5^{m}.17$ G8		730 δ Aql+ $3^{m}.36$ F0		1508 α Vul $4^{m}.44$ M0		733 ι Cyg $3^{m}.76$ A5	
	h m 19 25	° ′ +29 39	h m 19 26	° ′ +11 59	h m 19 26	° ′ + 3 09	h m 19 29	° ′ +24 42	h m 19 30	° ′ +51 46
日	s	″	s	″	s	″	s	″	s	″
1月 −9	02.422	65.84	05.058	43.76	40.707	43.53	40.382	48.44	16.067	52.12
1	02.446	63.24	05.109	41.95	40.766	42.16	40.410	46.04	16.020	48.98
11	02.513	60.52	05.198	40.06	40.862	40.75	40.479	43.54	16.035	45.67
21	02.626	57.80	05.326	38.19	40.996	39.35	40.590	41.04	16.116	42.31
31	02.778	55.20	05.488	36.43	41.162	38.04	40.739	38.65	16.258	39.05
2月 10	02.967	52.79	05.680	34.82	41.358	36.87	40.923	36.43	16.458	35.98
20	03.191	50.70	05.901	33.47	41.581	35.92	41.140	34.52	16.714	33.25
3月 1	03.443	49.00	06.145	32.43	41.825	35.23	41.383	32.97	17.015	30.97
11	03.721	47.75	06.409	31.74	42.090	34.82	41.651	31.85	17.358	29.18
21	04.019	47.04	06.691	31.47	42.370	34.76	41.940	31.23	17.733	28.02
31	04.331	46.86	06.984	31.61	42.662	35.03	42.241	31.10	18.129	27.48
4月 10	04.653	47.21	07.287	32.15	42.964	35.63	42.554	31.48	18.540	27.57
20	04.978	48.12	07.594	33.10	43.269	36.55	42.870	32.38	18.953	28.32
30	05.298	49.50	07.898	34.39	43.572	37.73	43.184	33.71	19.357	29.66
5月 10	05.610	51.31	08.197	35.99	43.872	39.15	43.491	35.45	19.746	31.54
20	05.904	53.52	08.482	37.85	44.158	40.76	43.782	37.55	20.105	33.92
30	06.174	55.99	08.747	39.87	44.426	42.48	44.052	39.91	20.427	36.67
6月 9	06.417	58.70	08.990	42.04	44.672	44.28	44.295	42.47	20.707	39.76
19	06.621	61.54	09.200	44.26	44.887	46.08	44.504	45.15	20.931	43.06
29	06.785	64.42	09.375	46.45	45.069	47.84	44.675	47.86	21.099	46.47
7月 9	06.906	67.31	09.511	48.61	45.211	49.53	44.803	50.57	21.206	49.94
19	06.977	70.09	09.602	50.64	45.310	51.09	44.885	53.17	21.247	53.35
29	07.002	72.72	09.651	52.51	45.367	52.49	44.921	55.62	21.225	56.62
8月 8	06.977	75.16	09.654	54.21	45.378	53.73	44.910	57.88	21.139	59.72
18	06.906	77.31	09.614	55.67	45.347	54.77	44.853	59.88	20.992	62.53
28	06.795	79.19	09.537	56.91	45.278	55.61	44.757	61.61	20.793	65.02
9月 7	06.646	80.73	09.423	57.89	45.173	56.25	44.623	63.04	20.544	67.15
17	06.468	81.90	09.283	58.60	45.041	56.67	44.461	64.11	20.258	68.83
27	06.271	82.70	09.125	59.05	44.891	56.91	44.279	64.84	19.945	70.08
10月 7	06.060	83.10	08.955	59.21	44.729	56.93	44.084	65.20	19.611	70.83
17	05.850	83.07	08.785	59.09	44.567	56.75	43.888	65.17	19.275	71.04
27	05.647	82.65	08.624	58.71	44.414	56.39	43.700	64.78	18.945	70.77
11月 6	05.461	81.80	08.479	58.04	44.278	55.82	43.527	64.00	18.632	69.94
16	05.304	80.54	08.361	57.10	44.169	55.07	43.381	62.84	18.351	68.59
26	05.178	78.92	08.275	55.93	44.092	54.16	43.266	61.36	18.108	66.77
12月 6	05.090	76.93	08.224	54.51	44.050	53.07	43.188	59.53	17.913	64.46
16	05.048	74.66	08.215	52.92	44.049	51.86	43.152	57.45	17.775	61.78
26	05.047	72.17	08.244	51.18	44.087	50.55	43.157	55.16	17.695	58.80
36	05.093	69.51	08.314	49.34	44.165	49.17	43.206	52.72	17.678	55.57
平位置 (J2024.5)	05.563	74.27	08.279	54.74	43.982	55.36	43.517	57.41	19.384	58.31
年自行	0.0008	0.011	0.0490	0.645	0.0169	0.081	−0.0093	−0.106	0.0022	0.130
视 差 (角秒)	0.004		0.066		0.065		0.011		0.027	

恒 星 视 位 置

以世界时 0^h 为准

2024 年

日期		732 β Cyg pr 3ᵐ.05 K3		1509 36 Aql 5ᵐ.03 M1		1510 8 Cyg 4ᵐ.74 B3		1511 μ Aql 4ᵐ.45 K3		738 θ Cyg 4ᵐ.49 F4	
		h m 19 31	° ′ +28 00	h m 19 31	° ′ −2 44	h m 19 32	° ′ +34 29	h m 19 35	° ′ +7 25	h m 19 37	° ′ +50 16
	日	s	″	s	″	s	″	s	″	s	″
1月	−9	39.436	36.40	53.355	22.55	37.833	75.06	13.928	46.14	02.653	37.35
	1	39.457	33.90	53.414	23.58	37.839	72.34	13.974	44.57	02.604	34.28
	11	39.519	31.27	53.509	24.63	37.890	69.47	14.058	42.94	02.614	31.03
	21	39.626	28.64	53.641	25.66	37.990	66.59	14.179	41.33	02.688	27.72
	31	39.771	26.11	53.806	26.62	38.131	63.81	14.333	39.80	02.820	24.50
2月	10	39.953	23.76	54.000	27.46	38.313	61.22	14.518	38.42	03.008	21.45
	20	40.171	21.72	54.222	28.11	38.534	58.94	14.732	37.27	03.251	18.73
3月	1	40.415	20.06	54.465	28.54	38.786	57.07	14.968	36.40	03.539	16.44
	11	40.686	18.83	54.728	28.72	39.067	55.65	15.225	35.84	03.867	14.64
	21	40.978	18.12	55.009	28.62	39.372	54.79	15.501	35.66	04.229	13.45
	31	41.285	17.93	55.301	28.24	39.691	54.48	15.790	35.85	04.612	12.87
4月	10	41.603	18.27	55.604	27.59	40.024	54.73	16.089	36.40	05.012	12.92
	20	41.925	19.14	55.911	26.67	40.361	55.57	16.394	37.32	05.416	13.63
	30	42.244	20.48	56.219	25.54	40.693	56.91	16.699	38.54	05.813	14.91
5月	10	42.557	22.25	56.523	24.23	41.018	58.73	17.000	40.04	06.197	16.75
	20	42.853	24.41	56.815	22.78	41.325	60.97	17.289	41.77	06.555	19.08
	30	43.126	26.83	57.091	21.27	41.606	63.51	17.561	43.64	06.878	21.79
6月	9	43.373	29.48	57.345	19.70	41.858	66.32	17.811	45.62	07.161	24.84
	19	43.584	32.27	57.569	18.16	42.071	69.30	18.030	47.63	07.391	28.11
	29	43.756	35.11	57.760	16.69	42.242	72.33	18.216	49.62	07.568	31.50
7月	9	43.884	37.95	57.912	15.31	42.367	75.40	18.363	51.55	07.686	34.97
	19	43.964	40.69	58.021	14.06	42.441	78.38	18.467	53.36	07.740	38.38
	29	43.998	43.28	58.087	12.96	42.466	81.21	18.528	55.01	07.733	41.66
8月	8	43.984	45.69	58.108	12.01	42.439	83.86	18.543	56.50	07.663	44.77
	18	43.922	47.83	58.085	11.25	42.364	86.23	18.515	57.76	07.532	47.61
	28	43.821	49.69	58.024	10.66	42.246	88.31	18.449	58.82	07.351	50.14
9月	7	43.681	51.24	57.926	10.23	42.088	90.06	18.347	59.65	07.121	52.31
	17	43.512	52.41	57.800	09.98	41.900	91.41	18.216	60.23	06.852	54.04
	27	43.323	53.24	57.654	09.88	41.690	92.38	18.066	60.59	06.556	55.35
10月	7	43.120	53.67	57.496	09.92	41.464	92.92	17.902	60.71	06.239	56.17
	17	42.915	53.69	57.337	10.12	41.237	93.01	17.738	60.58	05.918	56.46
	27	42.718	53.32	57.186	10.44	41.016	92.67	17.580	60.23	05.602	56.27
11月	6	42.535	52.54	57.051	10.90	40.811	91.87	17.438	59.64	05.301	55.52
	16	42.380	51.36	56.943	11.49	40.633	90.63	17.321	58.82	05.030	54.26
	26	42.255	49.82	56.865	12.19	40.486	88.99	17.234	57.80	04.795	52.53
12月	6	42.167	47.93	56.824	13.01	40.378	86.95	17.182	56.58	04.605	50.31
	16	42.123	45.75	56.823	13.92	40.315	84.60	17.170	55.20	04.470	47.71
	26	42.120	43.36	56.860	14.90	40.296	82.00	17.195	53.70	04.389	44.80
	36	42.161	40.80	56.937	15.92	40.325	79.21	17.260	52.11	04.369	41.64
平位置 (J2024.5)		42.572	45.02	56.668	09.76	40.980	82.88	17.145	57.53	05.947	43.59
年自行 (J2024.5)		−0.0005	−0.006	0.0015	−0.010	0.0001	−0.004	0.0143	−0.155	−0.0012	0.261
视差（角秒）		0.008		0.006		0.005		0.030		0.054	

恒 星 视 位 置

2024年 以世界时 0^{h} 为准

日 期	GC Grb 2893 $5^{m}.17$	K0	736 52 Sgr $4^{m}.59$	B8	737 κ Aql $4^{m}.93$	B0	3570 φ Cyg $4^{m}.68$	G8	1512 54 Sgr $5^{m}.30$	K1
	h m	° ′	h m	° ′	h m	° ′	h m	° ′	h m	° ′
	19 37	+44 44	19 38	−24 49	19 38	− 6 58	19 40	+30 12	19 42	−16 13
日	s	″	s	″	s	″	s	″	s	″
1月 −9	20.331	54.35	08.045	55.32	09.103	29.94	17.558	31.75	03.996	82.00
1	20.303	51.38	08.113	55.03	09.159	30.70	17.566	29.21	04.055	82.22
11	20.327	48.23	08.224	54.78	09.251	31.48	17.616	26.54	04.153	82.37
21	20.408	45.04	08.363	54.35	09.381	32.23	17.711	23.84	04.282	82.55
31	20.541	41.95	08.549	53.91	09.543	32.92	17.846	21.24	04.453	82.68
2月 10	20.722	39.02	08.766	53.44	09.735	33.50	18.019	18.80	04.652	82.70
20	20.952	36.42	09.012	52.90	09.956	33.91	18.229	16.66	04.881	82.60
3月 1	21.221	34.24	09.281	52.30	10.198	34.13	18.469	14.90	05.131	82.37
11	21.526	32.54	09.573	51.62	10.461	34.13	18.737	13.57	05.403	82.00
21	21.860	31.43	09.883	50.87	10.742	33.89	19.028	12.77	05.694	81.46
31	22.213	30.92	10.206	50.06	11.035	33.41	19.336	12.50	05.998	80.79
4月 10	22.582	31.02	10.542	49.19	11.340	32.70	19.657	12.76	06.314	79.97
20	22.955	31.75	10.883	48.30	11.651	31.77	19.984	13.58	06.638	79.03
30	23.323	33.04	11.226	47.41	11.962	30.67	20.309	14.88	06.962	78.01
5月 10	23.682	34.86	11.567	46.55	12.272	29.42	20.629	16.63	07.286	76.93
20	24.017	37.16	11.896	45.76	12.571	28.07	20.932	18.78	07.599	75.84
30	24.322	39.82	12.208	45.06	12.854	26.68	21.214	21.22	07.897	74.78
6月 9	24.593	42.79	12.499	44.47	13.117	25.28	21.470	23.92	08.174	73.77
19	24.817	45.98	12.758	44.03	13.350	23.93	21.689	26.78	08.421	72.87
29	24.993	49.26	12.981	43.74	13.550	22.66	21.869	29.69	08.636	72.08
7月 9	25.116	52.60	13.163	43.61	13.712	21.48	22.005	32.63	08.811	71.43
19	25.180	55.89	13.298	43.63	13.830	20.46	22.092	35.48	08.941	70.93
29	25.189	59.04	13.386	43.80	13.906	19.58	22.132	38.19	09.026	70.58
8月 8	25.140	62.02	13.423	44.08	13.935	18.85	22.123	40.73	09.064	70.38
18	25.036	64.72	13.411	44.47	13.919	18.30	22.065	43.00	09.055	70.31
28	24.884	67.12	13.355	44.92	13.865	17.89	21.966	45.00	09.005	70.35
9月 7	24.687	69.17	13.258	45.40	13.772	17.63	21.827	46.68	08.915	70.48
17	24.455	70.80	13.128	45.88	13.650	17.51	21.658	47.99	08.794	70.68
27	24.198	72.00	12.975	46.32	13.508	17.51	21.466	48.93	08.651	70.92
10月 7	23.922	72.74	12.806	46.70	13.352	17.62	21.259	49.48	08.492	71.19
17	23.643	72.98	12.635	47.00	13.194	17.84	21.049	49.60	08.331	71.47
27	23.369	72.74	12.472	47.20	13.043	18.14	20.845	49.32	08.177	71.73
11月 6	23.109	71.98	12.325	47.30	12.908	18.53	20.654	48.60	08.038	72.00
16	22.878	70.73	12.208	47.30	12.798	19.01	20.488	47.48	07.926	72.24
26	22.680	69.02	12.124	47.20	12.719	19.55	20.352	45.98	07.844	72.47
12月 6	22.524	66.86	12.079	47.03	12.675	20.18	20.252	44.10	07.800	72.69
16	22.418	64.33	12.080	46.79	12.672	20.87	20.195	41.92	07.797	72.90
26	22.361	61.50	12.123	46.50	12.706	21.60	20.179	39.51	07.833	73.10
36	22.359	58.45	12.212	46.18	12.781	22.35	20.208	36.90	07.912	73.28
平位置 (J2024.5)	23.543	60.92	11.708	39.06	12.449	16.25	20.690	40.09	07.470	66.73
年自行	−0.0088	−0.104	0.0050	−0.023	0.0001	−0.003	0.0001	0.036	0.0048	−0.051
视 差 (角秒)	0.025		0.017		0.002		0.013		0.013	

恒 星 视 位 置

以世界时 0^{h} 为准

2024 年

日期		1513		1514		1515		740		(742)	
		β Sge		55 Sgr		10 Vul		15 Cyg		δ Cyg	
		$4^{\mathrm{m}}.39$	G8	$5^{\mathrm{m}}.06$	F3	$5^{\mathrm{m}}.50$	G8	$4^{\mathrm{m}}.89$	G8	$2^{\mathrm{m}}.86$	B9
		h m	° ′	h m	° ′	h m	° ′	h m	° ′	h m	° ′
		19 42	+17 31	19 43	−16 03	19 44	+25 49	19 45	+37 24	19 45	+45 10
	日	s	″	s	″	s	″	s	″	s	″
1月	−9	05.824	53.44	51.625	68.22	40.944	46.26	06.489	45.86	41.193	83.53
	1	05.852	51.42	51.682	68.44	40.955	43.91	06.474	43.13	41.153	80.62
	11	05.917	49.30	51.778	68.61	41.007	41.43	06.506	40.23	41.166	77.51
	21	06.022	47.17	51.905	68.78	41.102	38.92	06.587	37.29	41.235	74.33
	31	06.162	45.14	52.074	68.91	41.234	36.51	06.713	34.42	41.356	71.24
2月	10	06.335	43.26	52.272	68.93	41.403	34.25	06.882	31.72	41.528	68.29
	20	06.540	41.64	52.498	68.83	41.607	32.28	07.093	29.31	41.749	65.65
3月	1	06.770	40.35	52.747	68.60	41.839	30.67	07.338	27.31	42.010	63.43
	11	07.025	39.43	53.018	68.22	42.098	29.46	07.616	25.74	42.309	61.66
	21	07.300	38.96	53.307	67.68	42.380	28.75	07.921	24.74	42.640	60.49
	31	07.590	38.93	53.610	67.00	42.678	28.54	08.244	24.30	42.992	59.90
4月	10	07.893	39.35	53.926	66.17	42.991	28.84	08.584	24.43	43.362	59.92
	20	08.202	40.23	54.249	65.22	43.310	29.66	08.930	25.16	43.738	60.58
	30	08.511	41.49	54.573	64.18	43.628	30.93	09.273	26.42	44.111	61.80
5月	10	08.817	43.13	54.897	63.09	43.943	32.63	09.611	28.17	44.476	63.56
	20	09.110	45.07	55.210	61.98	44.244	34.71	09.932	30.38	44.819	65.81
	30	09.385	47.23	55.509	60.90	44.525	37.06	10.228	32.92	45.134	68.43
6月	9	09.638	49.57	55.787	59.88	44.782	39.64	10.495	35.75	45.414	71.37
	19	09.858	52.01	56.036	58.95	45.004	42.36	10.722	38.78	45.649	74.55
	29	10.044	54.46	56.251	58.15	45.189	45.13	10.907	41.90	45.837	77.84
7月	9	10.191	56.89	56.427	57.48	45.333	47.91	11.044	45.08	45.971	81.21
	19	10.292	59.22	56.559	56.97	45.429	50.61	11.129	48.19	46.046	84.53
	29	10.349	61.40	56.646	56.60	45.480	53.17	11.163	51.17	46.065	87.74
8月	8	10.361	63.41	56.685	56.38	45.482	55.55	11.145	53.99	46.026	90.78
	18	10.327	65.18	56.678	56.30	45.437	57.69	11.074	56.54	45.931	93.56
	28	10.254	66.71	56.629	56.33	45.352	59.55	10.960	58.80	45.788	96.05
9月	7	10.143	67.96	56.541	56.46	45.228	61.12	10.803	60.74	45.597	98.20
	17	10.003	68.90	56.420	56.66	45.073	62.34	10.612	62.28	45.370	99.93
	27	09.842	69.55	56.278	56.90	44.896	63.22	10.398	63.43	45.116	101.24
10月	7	09.667	69.89	56.120	57.17	44.703	63.72	10.165	64.15	44.842	102.09
	17	09.489	69.88	55.960	57.45	44.507	63.83	09.928	64.39	44.562	102.44
	27	09.317	69.58	55.806	57.72	44.316	63.57	09.696	64.21	44.286	102.32
11月	6	09.158	68.93	55.666	57.98	44.138	62.91	09.476	63.53	44.023	101.67
	16	09.024	67.97	55.553	58.23	43.984	61.86	09.281	62.40	43.786	100.52
	26	08.918	66.73	55.471	58.47	43.859	60.47	09.116	60.85	43.580	98.91
12月	6	08.846	65.21	55.425	58.70	43.768	58.73	08.989	58.87	43.415	96.83
	16	08.814	63.45	55.420	58.91	43.717	56.72	08.905	56.56	43.299	94.38
	26	08.819	61.53	55.455	59.12	43.707	54.48	08.866	53.96	43.231	91.61
	36	08.866	59.46	55.532	59.30	43.738	52.07	08.875	51.15	43.217	88.60
平位置	(J2024.5)	08.967	63.53	55.089	52.85	44.068	55.18	09.647	53.22	44.417	89.95
年自行		0.0006	−0.034	0.0047	−0.008	0.0008	0.023	0.0061	0.037	0.0041	0.049
视差（角秒）		0.007		0.019		0.009		0.012		0.019	

恒 星 视 位 置

2024 年 以世界时 0^h 为准

日 期	741 γ Aql 2ᵐ.72	K3	1517 56 Sgr 4ᵐ.87	K0	(747) ε Dra 3ᵐ.84	G8	743 δ Sge 3ᵐ.68	M2	745 α Aql 0ᵐ.76	F0
	h m 19 47	° ′ +10 40	h m 19 47	° ′ −19 41	h m 19 47	° ′ +70 19	h m 19 48	° ′ +18 35	h m 19 51	° ′ + 8 55
日	s	″	s	″	s	″	s	″	s	″
1月 −9	22.284	17.12	43.833	77.19	60.451	44.50	25.667	36.47	55.503	52.83
1	22.315	15.45	43.888	77.19	60.194	41.41	25.687	34.43	55.535	51.26
11	22.383	13.69	43.985	77.13	60.049	38.05	25.745	32.29	55.604	49.63
21	22.489	11.94	44.105	77.08	60.031	34.58	25.843	30.13	55.710	48.01
31	22.629	10.28	44.276	76.95	60.133	31.13	25.975	28.06	55.849	46.47
2月 10	22.799	08.75	44.475	76.73	60.353	27.80	26.142	26.14	56.019	45.06
20	23.001	07.46	44.703	76.42	60.691	24.76	26.341	24.47	56.220	43.88
3月 1	23.226	06.46	44.954	76.00	61.127	22.11	26.566	23.14	56.445	42.99
11	23.475	05.78	45.228	75.46	61.652	19.93	26.817	22.17	56.693	42.41
21	23.745	05.51	45.521	74.78	62.250	18.35	27.090	21.65	56.962	42.21
31	24.029	05.62	45.828	74.00	62.894	17.38	27.378	21.58	57.246	42.39
4月 10	24.327	06.12	46.149	73.11	63.573	17.07	27.680	21.97	57.544	42.94
20	24.632	07.03	46.478	72.14	64.260	17.44	27.990	22.83	57.849	43.88
30	24.939	08.26	46.810	71.13	64.931	18.43	28.301	24.08	58.156	45.13
5月 10	25.243	09.81	47.141	70.08	65.575	20.02	28.610	25.71	58.463	46.68
20	25.537	11.62	47.462	69.06	66.163	22.16	28.906	27.66	58.759	48.47
30	25.816	13.59	47.769	68.10	66.681	24.74	29.186	29.84	59.039	50.42
6月 9	26.073	15.71	48.055	67.22	67.121	27.73	29.443	32.22	59.300	52.50
19	26.300	17.89	48.312	66.46	67.460	31.00	29.669	34.70	59.530	54.63
29	26.494	20.06	48.535	65.84	67.697	34.46	29.860	37.20	59.728	56.74
7月 9	26.650	22.19	48.719	65.37	67.825	38.05	30.012	39.70	59.888	58.81
19	26.762	24.20	48.858	65.06	67.836	41.65	30.118	42.10	60.005	60.76
29	26.831	26.07	48.951	64.90	67.739	45.18	30.181	44.35	60.079	62.55
8月 8	26.855	27.77	48.995	64.89	67.529	48.59	30.197	46.44	60.108	64.18
18	26.834	29.24	48.991	65.00	67.213	51.76	30.167	48.28	60.092	65.58
28	26.774	30.49	48.945	65.21	66.808	54.66	30.098	49.88	60.036	66.77
9月 7	26.676	31.50	48.858	65.50	66.313	57.22	29.990	51.21	59.943	67.72
17	26.549	32.25	48.738	65.84	65.747	59.36	29.852	52.22	59.820	68.42
27	26.401	32.74	48.594	66.19	65.129	61.07	29.693	52.94	59.676	68.88
10月 7	26.237	32.97	48.434	66.53	64.467	62.29	29.518	53.34	59.517	69.09
17	26.071	32.93	48.270	66.84	63.786	62.97	29.339	53.39	59.354	69.03
27	25.909	32.63	48.113	67.11	63.104	63.12	29.165	53.12	59.196	68.75
11月 6	25.760	32.07	47.969	67.34	62.435	62.70	29.003	52.52	59.050	68.21
16	25.635	31.25	47.852	67.50	61.807	61.70	28.865	51.59	58.927	67.44
26	25.538	30.20	47.765	67.62	61.231	60.18	28.754	50.37	58.832	66.46
12月 6	25.473	28.92	47.715	67.70	60.725	58.12	28.676	48.85	58.769	65.26
16	25.447	27.47	47.708	67.73	60.313	55.59	28.637	47.09	58.744	63.90
26	25.457	25.87	47.740	67.73	59.998	52.69	28.636	45.15	58.756	62.41
36	25.507	24.16	47.814	67.69	59.795	49.47	28.674	43.07	58.806	60.82
平位置 (J2024.5)	25.449	28.38	47.339	61.06	64.645	48.67	28.796	46.49	58.691	64.76
年自行 (J2024.5)	0.0011	−0.003	−0.0090	−0.090	0.0155	0.040	−0.0003	0.011	0.0362	0.387
视 差 (角秒)	0.007		0.016		0.022		0.007		0.194	

恒 星 视 位 置

以世界时 0^h 为准

2024 年

日　期	3585 12 Vul $4^m.90$	B2	744 51 Aql $5^m.38$	A7	746 η Aql $3^m.6$～$4^m.5$	F6	1519 90 G. Aql $5^m.63$	A5	3591 Pi 371 $4^m.98$	K5
	h m 19 52	° ′ +22 39	h m 19 52	° ′ −10 41	h m 19 53	° ′ + 1 03	h m 19 54	° ′ − 3 02	h m 19 56	° ′ +58 54
日	s	″	s	″	s	″	s	″	s	″
1月 −9	04.305	76.13	04.205	73.39	39.982	59.75	32.407	71.30	19.767	38.66
1	04.315	73.94	04.251	73.90	40.017	58.58	32.445	72.23	19.637	35.64
11	04.364	71.62	04.333	74.40	40.088	57.38	32.519	73.19	19.577	32.37
21	04.454	69.29	04.451	74.86	40.196	56.20	32.629	74.12	19.597	28.97
31	04.580	67.03	04.604	75.29	40.336	55.09	32.772	74.99	19.691	25.61
2月 10	04.742	64.92	04.787	75.60	40.506	54.10	32.945	75.74	19.859	22.36
20	04.938	63.07	04.999	75.75	40.707	53.30	33.148	76.31	20.100	19.38
3月 1	05.162	61.56	05.235	75.74	40.931	52.75	33.374	76.66	20.403	16.81
11	05.413	60.43	05.492	75.54	41.178	52.47	33.622	76.77	20.763	14.69
21	05.687	59.79	05.770	75.12	41.445	52.50	33.892	76.60	21.172	13.16
31	05.978	59.61	06.062	74.51	41.727	52.84	34.176	76.16	21.614	12.24
4月 10	06.284	59.92	06.368	73.70	42.024	53.48	34.474	75.45	22.082	11.96
20	06.598	60.73	06.682	72.70	42.329	54.43	34.781	74.48	22.560	12.36
30	06.914	61.98	06.999	71.58	42.636	55.64	35.091	73.29	23.034	13.37
5月 10	07.227	63.63	07.317	70.34	42.944	57.06	35.402	71.92	23.497	14.97
20	07.529	65.63	07.625	69.03	43.243	58.66	35.704	70.41	23.929	17.12
30	07.813	67.90	07.920	67.72	43.528	60.37	35.992	68.84	24.321	19.70
6月 9	08.074	70.39	08.196	66.42	43.794	62.14	36.261	67.21	24.666	22.67
19	08.302	73.00	08.443	65.19	44.032	63.93	36.503	65.61	24.949	25.93
29	08.496	75.66	08.658	64.06	44.237	65.66	36.713	64.08	25.167	29.37
7月 9	08.649	78.34	08.836	63.05	44.406	67.32	36.886	62.64	25.314	32.94
19	08.755	80.92	08.969	62.19	44.532	68.85	37.015	61.33	25.383	36.51
29	08.818	83.37	09.060	61.49	44.615	70.23	37.103	60.18	25.379	40.01
8月 8	08.832	85.66	09.104	60.95	44.653	71.44	37.144	59.20	25.298	43.39
18	08.800	87.70	09.101	60.57	44.646	72.45	37.141	58.40	25.144	46.52
28	08.727	89.48	09.058	60.33	44.600	73.27	37.097	57.78	24.926	49.38
9月 7	08.615	90.99	08.976	60.23	44.515	73.90	37.015	57.33	24.646	51.92
17	08.472	92.15	08.862	60.24	44.399	74.32	36.902	57.06	24.316	54.02
27	08.307	93.01	08.726	60.34	44.262	74.56	36.767	56.94	23.949	55.71
10月 7	08.125	93.50	08.573	60.53	44.109	74.62	36.615	56.97	23.551	56.91
17	07.938	93.63	08.416	60.79	43.952	74.48	36.460	57.15	23.141	57.58
27	07.756	93.41	08.264	61.08	43.799	74.19	36.308	57.45	22.729	57.74
11月 6	07.585	92.82	08.125	61.44	43.658	73.72	36.169	57.88	22.328	57.32
16	07.436	91.86	08.011	61.82	43.540	73.09	36.053	58.43	21.954	56.35
26	07.315	90.59	07.925	62.24	43.449	72.32	35.964	59.08	21.616	54.86
12月 6	07.227	88.98	07.873	62.70	43.390	71.41	35.908	59.84	21.326	52.85
16	07.178	87.11	07.860	63.18	43.369	70.38	35.889	60.68	21.096	50.38
26	07.166	85.03	07.885	63.67	43.384	69.27	35.907	61.57	20.928	47.55
36	07.196	82.78	07.949	64.16	43.437	68.10	35.963	62.51	20.833	44.40
平位置 (J2024.5)	07.422	85.51	07.554	58.41	43.198	72.76	35.660	57.52	23.287	43.30
年自行	0.0017	−0.017	−0.0022	0.031	0.0006	−0.008	0.0015	0.014	−0.0012	−0.022
视　差（角秒）	0.005		0.038		0.003		0.012		0.004	

恒 星 视 位 置

2024 年 以世界时 0^{h} 为准

日 期	749 β Aql $3^{m}.71$	G8	1521 η Cyg $3^{m}.89$	K0	3593 Grb 2984 $5^{m}.46$	B5	1522 61 Sgr $5^{m}.01$	A2	752 γ Sge $3^{m}.51$	K5
	h m 19 56	° ′ +6 27	h m 19 57	° ′ +35 08	h m 19 58	° ′ +40 25	h m 19 59	° ′ −15 25	h m 19 59	° ′ +19 33
日	s	″	s	″	s	″	s	″	s	″
1月 −9	27.805	58.51	10.415	51.66	01.784	58.66	16.873	44.92	47.697	26.54
1	27.834	57.06	10.394	49.06	01.746	55.93	16.914	45.15	47.705	24.52
11	27.898	55.55	10.416	46.30	01.756	53.01	16.994	45.35	47.750	22.38
21	28.000	54.05	10.486	43.46	01.817	50.01	17.106	45.45	47.836	20.21
31	28.134	52.63	10.599	40.70	01.924	47.06	17.256	45.61	47.957	18.12
2月 10	28.299	51.34	10.754	38.07	02.078	44.25	17.438	45.61	48.111	16.17
20	28.494	50.26	10.950	35.72	02.277	41.72	17.649	45.47	48.300	14.46
3月 1	28.714	49.45	11.180	33.74	02.515	39.56	17.884	45.20	48.516	13.07
11	28.958	48.94	11.443	32.18	02.788	37.85	18.143	44.77	48.760	12.04
21	29.223	48.79	11.734	31.16	03.093	36.68	18.422	44.17	49.027	11.47
31	29.503	48.99	12.046	30.68	03.420	36.08	18.717	43.41	49.312	11.35
4月 10	29.799	49.54	12.375	30.76	03.766	36.07	19.028	42.51	49.612	11.68
20	30.103	50.46	12.714	31.43	04.122	36.67	19.348	41.47	49.923	12.49
30	30.409	51.67	13.054	32.61	04.479	37.81	19.672	40.35	50.236	13.71
5月 10	30.716	53.16	13.390	34.29	04.831	39.48	19.998	39.15	50.549	15.32
20	31.014	54.87	13.712	36.41	05.167	41.62	20.316	37.94	50.851	17.27
30	31.298	56.73	14.013	38.87	05.479	44.13	20.621	36.76	51.138	19.46
6月 9	31.562	58.70	14.288	41.62	05.763	46.97	20.909	35.63	51.404	21.85
19	31.798	60.71	14.525	44.58	06.006	50.03	21.168	34.59	51.639	24.37
29	32.001	62.69	14.722	47.64	06.207	53.21	21.395	33.69	51.840	26.92
7月 9	32.168	64.63	14.875	50.75	06.359	56.48	21.584	32.92	52.002	29.48
19	32.291	66.44	14.975	53.82	06.456	59.71	21.730	32.32	52.119	31.95
29	32.372	68.10	15.027	56.77	06.501	62.83	21.831	31.88	52.192	34.29
8月 8	32.408	69.59	15.027	59.57	06.491	65.81	21.885	31.60	52.218	36.47
18	32.398	70.87	14.975	62.12	06.427	68.54	21.891	31.47	52.198	38.41
28	32.349	71.95	14.880	64.40	06.316	70.99	21.855	31.47	52.138	40.11
9月 7	32.262	72.80	14.741	66.37	06.160	73.13	21.778	31.58	52.037	41.53
17	32.144	73.41	14.568	67.95	05.967	74.87	21.668	31.78	51.905	42.64
27	32.004	73.80	14.370	69.16	05.748	76.22	21.533	32.04	51.750	43.46
10月 7	31.848	73.96	14.152	69.96	05.507	77.13	21.381	32.33	51.578	43.94
17	31.687	73.88	13.928	70.30	05.259	77.56	21.223	32.65	51.400	44.08
27	31.531	73.59	13.707	70.21	05.013	77.54	21.069	32.96	51.225	43.90
11月 6	31.386	73.07	13.495	69.67	04.777	77.02	20.927	33.27	51.060	43.36
16	31.263	72.34	13.306	68.67	04.563	76.02	20.808	33.56	50.917	42.50
26	31.167	71.42	13.145	67.26	04.378	74.58	20.718	33.84	50.799	41.33
12月 6	31.102	70.31	13.017	65.43	04.228	72.69	20.661	34.11	50.713	39.86
16	31.075	69.05	12.932	63.26	04.122	70.42	20.644	34.35	50.664	38.14
26	31.083	67.67	12.887	60.81	04.059	67.85	20.664	34.58	50.652	36.23
36	31.129	66.20	12.888	58.13	04.045	65.03	20.724	34.78	50.678	34.15
平位置 (J2024.5)	30.977	70.44	13.548	59.13	04.953	65.38	20.263	28.84	50.807	36.49
年自行 (J2024.5)	0.0032	−0.481	−0.0028	−0.028	0.0006	0.003	0.0011	−0.100	0.0045	0.023
视 差 (角秒)	0.073		0.023		0.002		0.011		0.012	

恒 星 视 位 置

以世界时 0^h 为准

2024 年

日期		751 θ^1 Sgr $4^m.37$ B2		GC 26 e Cyg $5^m.06$ K1		1523 15 Vul $4^m.66$ A4		753 62 Sgr $4^m.43$ M4		1524 τ Aql $5^m.51$ K0	
		h m 20 01	° ′ −35 12	h m 20 01	° ′ +50 09	h m 20 02	° ′ +27 48	h m 20 04	° ′ −27 38	h m 20 05	° ′ + 7 20
	日	s	″	s	″	s	″	s	″	s	″
1月	−9	15.718	48.31	59.844	80.31	03.510	72.86	06.019	41.81	16.942	43.03
	1	15.761	47.41	59.762	77.42	03.502	70.54	06.060	41.34	16.962	41.59
	11	15.848	46.41	59.736	74.30	03.533	68.06	06.141	40.80	17.016	40.08
	21	15.980	45.31	59.773	71.07	03.607	65.53	06.260	40.20	17.107	38.57
	31	16.153	44.15	59.867	67.87	03.719	63.06	06.418	39.46	17.231	37.14
2月	10	16.363	42.94	60.018	64.78	03.869	60.73	06.611	38.68	17.386	35.83
	20	16.609	41.70	60.227	61.96	04.057	58.65	06.837	37.83	17.572	34.73
3月	1	16.884	40.46	60.483	59.53	04.275	56.93	07.089	36.92	17.784	33.89
	11	17.185	39.20	60.785	57.54	04.524	55.59	07.367	35.95	18.021	33.36
	21	17.512	37.96	61.127	56.12	04.799	54.76	07.668	34.91	18.280	33.18
	31	17.856	36.75	61.496	55.30	05.093	54.42	07.987	33.84	18.557	33.37
4月	10	18.218	35.59	61.889	55.09	05.404	54.59	08.322	32.73	18.849	33.92
	20	18.591	34.50	62.293	55.53	05.726	55.31	08.668	31.63	19.152	34.83
	30	18.968	33.53	62.696	56.57	06.051	56.50	09.019	30.56	19.460	36.05
5月	10	19.348	32.68	63.094	58.17	06.374	58.13	09.373	29.54	19.769	37.56
	20	19.718	32.01	63.471	60.30	06.686	60.17	09.719	28.62	20.070	39.30
	30	20.074	31.51	63.818	62.85	06.980	62.50	10.053	27.83	20.358	41.20
6月	9	20.409	31.22	64.131	65.76	07.252	65.10	10.367	27.19	20.628	43.23
	19	20.711	31.15	64.395	68.95	07.490	67.87	10.652	26.72	20.871	45.30
	29	20.977	31.29	64.608	72.30	07.692	70.71	10.903	26.44	21.082	47.36
7月	9	21.200	31.65	64.764	75.76	07.853	73.59	11.114	26.35	21.256	49.37
	19	21.371	32.20	64.855	79.23	07.966	76.41	11.278	26.45	21.388	51.27
	29	21.492	32.91	64.887	82.60	08.032	79.11	11.394	26.72	21.477	53.02
8月	8	21.556	33.77	64.855	85.86	08.050	81.66	11.459	27.14	21.521	54.61
	18	21.565	34.71	64.760	88.88	08.019	83.96	11.471	27.68	21.519	55.98
	28	21.524	35.69	64.613	91.62	07.946	86.01	11.438	28.29	21.477	57.14
9月	7	21.434	36.68	64.412	94.04	07.832	87.76	11.359	28.96	21.396	58.08
	17	21.304	37.60	64.169	96.05	07.684	89.16	11.242	29.62	21.284	58.76
	27	21.144	38.41	63.895	97.66	07.512	90.23	11.099	30.24	21.148	59.23
10月	7	20.962	39.08	63.594	98.79	07.322	90.91	10.934	30.80	20.995	59.46
	17	20.772	39.57	63.283	99.41	07.125	91.19	10.762	31.24	20.835	59.44
	27	20.586	39.85	62.972	99.55	06.930	91.09	10.594	31.56	20.679	59.20
11月	6	20.412	39.91	62.669	99.14	06.744	90.58	10.436	31.74	20.532	58.73
	16	20.265	39.74	62.390	98.20	06.580	89.66	10.303	31.77	20.405	58.04
	26	20.151	39.37	62.141	96.77	06.441	88.38	10.201	31.66	20.304	57.15
12月	6	20.076	38.81	61.930	94.84	06.334	86.73	10.134	31.43	20.232	56.06
	16	20.048	38.07	61.769	92.48	06.266	84.78	10.110	31.07	20.197	54.81
	26	20.065	37.20	61.658	89.78	06.235	82.58	10.126	30.62	20.197	53.44
	36	20.130	36.22	61.604	86.77	06.246	80.18	10.187	30.09	20.233	51.97
平位置 (J2024.5)		19.531	28.83	63.141	85.70	06.616	81.43	09.615	23.30	20.083	55.24
年自行		0.0005	−0.025	0.0017	0.006	0.0044	0.004	0.0024	0.014	0.0009	0.013
视差（角秒）		0.005		0.008		0.015		0.007		0.006	

恒 星 视 位 置

2024 年 以世界时 0^h 为准

日 期		759 κ Cep $4^m.38$ B9		1525 28 Cyg $4^m.93$ B2		756 θ Aql $3^m.24$ B9		758 33 Cyg $4^m.28$ A3		757 31 o^2 Cyg + $3^m.80$ K2	
		h m	° ′	h m	° ′	h m	° ′	h m	° ′	h m	° ′
		20 07	+77 46	20 10	+36 54	20 12	−0 44	20 13	+56 38	20 14	+46 48
	日	s	″	s	″	s	″	s	″	s	″
1月	−9	55.653	59.81	17.116	39.54	30.883	63.75	54.491	31.93	20.978	54.38
	1	55.088	56.96	17.077	36.99	30.904	64.76	54.353	29.07	20.898	51.64
	11	54.694	53.80	17.081	34.24	30.958	65.80	54.279	25.94	20.868	48.66
	21	54.502	50.44	17.133	31.39	31.049	66.81	54.277	22.64	20.895	45.55
	31	54.505	47.03	17.229	28.59	31.172	67.75	54.343	19.34	20.975	42.45
2月	10	54.703	43.67	17.367	25.90	31.326	68.59	54.479	16.11	21.108	39.44
	20	55.102	40.53	17.550	23.46	31.510	69.23	54.684	13.13	21.294	36.68
3月	1	55.670	37.71	17.769	21.38	31.720	69.66	54.949	10.50	21.526	34.28
	11	56.395	35.31	18.024	19.71	31.954	69.83	55.272	08.29	21.803	32.29
	21	57.253	33.45	18.310	18.56	32.212	69.70	55.644	06.65	22.118	30.86
	31	58.200	32.19	18.620	17.96	32.486	69.28	56.051	05.60	22.462	29.99
4月	10	59.216	31.53	18.951	17.91	32.778	68.57	56.489	05.17	22.830	29.72
	20	60.259	31.56	19.294	18.46	33.082	67.58	56.943	05.41	23.213	30.10
	30	61.288	32.21	19.640	19.54	33.391	66.35	57.399	06.26	23.600	31.05
5月	10	62.284	33.47	19.986	21.12	33.704	64.91	57.850	07.70	23.985	32.56
	20	63.200	35.31	20.319	23.18	34.010	63.31	58.278	09.71	24.353	34.60
	30	64.014	37.62	20.633	25.59	34.306	61.61	58.673	12.16	24.698	37.05
6月	9	64.709	40.37	20.921	28.33	34.584	59.85	59.029	15.03	25.013	39.87
	19	65.251	43.47	21.173	31.30	34.837	58.09	59.329	18.22	25.284	42.98
	29	65.637	46.80	21.386	34.39	35.059	56.39	59.571	21.60	25.509	46.26
7月	9	65.856	50.32	21.553	37.57	35.246	54.77	59.748	25.14	25.682	49.66
	19	65.892	53.92	21.668	40.72	35.390	53.28	59.853	28.72	25.795	53.08
	29	65.761	57.49	21.733	43.77	35.492	51.95	59.888	32.25	25.852	56.42
8月	8	65.455	61.01	21.746	46.70	35.549	50.79	59.850	35.70	25.848	59.66
	18	64.980	64.35	21.705	49.39	35.560	49.83	59.741	38.92	25.784	62.67
	28	64.362	67.45	21.619	51.82	35.531	49.05	59.571	41.90	25.669	65.43
9月	7	63.600	70.29	21.487	53.94	35.461	48.47	59.339	44.57	25.502	67.89
	17	62.718	72.74	21.319	55.70	35.359	48.08	59.056	46.85	25.293	69.95
	27	61.745	74.80	21.124	57.08	35.232	47.86	58.736	48.72	25.053	71.62
10月	7	60.688	76.40	20.906	58.04	35.087	47.82	58.382	50.12	24.786	72.84
	17	59.586	77.47	20.680	58.55	34.935	47.95	58.012	51.00	24.506	73.56
	27	58.463	78.05	20.453	58.63	34.784	48.22	57.638	51.38	24.225	73.82
11月	6	57.340	78.04	20.233	58.23	34.642	48.65	57.268	51.20	23.949	73.54
	16	56.261	77.46	20.034	57.36	34.520	49.21	56.920	50.46	23.693	72.74
	26	55.245	76.33	19.860	56.08	34.422	49.89	56.602	49.20	23.463	71.47
12月	6	54.320	74.63	19.717	54.35	34.354	50.69	56.323	47.40	23.267	69.69
	16	53.527	72.44	19.615	52.26	34.321	51.58	56.098	45.14	23.116	67.50
	26	52.874	69.82	19.552	49.87	34.322	52.55	55.927	42.49	23.009	64.95
	36	52.392	66.81	19.535	47.21	34.359	53.56	55.821	39.49	22.954	62.09
平位置	(J2024.5)	61.115	62.73	20.248	46.56	34.057	49.80	57.948	36.25	24.211	59.86
年自行		0.0038	0.024	0.0003	0.013	0.0024	0.006	0.0075	0.082	0.0004	0.002
视 差 (角秒)		0.010		0.004		0.011		0.021		0.002	

恒 星 视 位 置

以世界时 0^h 为准

2024 年

日期		1526 ρ Aql		760 24 Vul		1527 α^1 Cap		761 α^2 Cap		1529 4 Cap	
		$4^m.94$	A2	$5^m.30$	G8	$4^m.30$	G3	$3^m.58$	G6	$5^m.86$	G8
		h m	° ′	h m	° ′	h m	° ′	h m	° ′	h m	° ′
		20 15	+15 16	20 17	+24 44	20 18	−12 25	20 19	−12 27	20 19	−21 43
	日	s	″	s	″	s	″	s	″	s	″
1月	−9	21.550	14.47	46.940	43.40	56.940	67.43	21.401	78.55	24.151	75.44
	1	21.551	12.71	46.923	41.28	56.962	67.80	21.424	78.92	24.175	75.30
	11	21.587	10.84	46.943	39.00	57.020	68.14	21.481	79.25	24.238	75.08
	21	21.661	08.94	47.004	36.66	57.113	68.38	21.575	79.50	24.346	74.86
	31	21.769	07.11	47.102	34.37	57.236	68.61	21.697	79.72	24.468	74.42
2月	10	21.910	05.39	47.236	32.18	57.395	68.73	21.856	79.84	24.637	73.93
	20	22.084	03.90	47.407	30.24	57.584	68.69	22.045	79.79	24.837	73.33
3月	1	22.287	02.70	47.609	28.61	57.798	68.48	22.259	79.58	25.064	72.63
	11	22.517	01.82	47.841	27.34	58.037	68.09	22.499	79.18	25.316	71.82
	21	22.772	01.37	48.102	26.54	58.300	67.51	22.762	78.59	25.594	70.88
	31	23.046	01.32	48.384	26.21	58.582	66.73	23.043	77.81	25.889	69.84
4月	10	23.339	01.70	48.686	26.37	58.881	65.77	23.343	76.85	26.204	68.71
	20	23.644	02.51	49.000	27.04	59.194	64.65	23.655	75.73	26.532	67.51
	30	23.954	03.70	49.321	28.17	59.513	63.41	23.974	74.48	26.868	66.29
5月	10	24.267	05.25	49.644	29.72	59.837	62.07	24.299	73.14	27.208	65.06
	20	24.574	07.12	49.958	31.67	60.157	60.68	24.619	71.75	27.545	63.88
	30	24.867	09.20	50.259	33.91	60.467	59.30	24.928	70.37	27.870	62.78
6月	9	25.142	11.47	50.539	36.41	60.761	57.94	25.223	69.01	28.180	61.78
	19	25.390	13.85	50.790	39.07	61.029	56.67	25.492	67.74	28.464	60.94
	29	25.606	16.25	51.007	41.81	61.268	55.52	25.731	66.59	28.717	60.26
7月	9	25.785	18.65	51.184	44.60	61.472	54.50	25.934	65.57	28.932	59.76
	19	25.920	20.97	51.316	47.33	61.632	53.65	26.095	64.73	29.103	59.45
	29	26.012	23.15	51.403	49.95	61.750	52.98	26.213	64.05	29.229	59.33
8月	8	26.058	25.18	51.441	52.43	61.821	52.48	26.284	63.55	29.306	59.38
	18	26.058	26.99	51.431	54.68	61.844	52.16	26.307	63.23	29.333	59.59
	28	26.017	28.56	51.379	56.69	61.824	51.98	26.288	63.07	29.315	59.91
9月	7	25.935	29.89	51.285	58.43	61.763	51.96	26.227	63.04	29.252	60.33
	17	25.821	30.92	51.156	59.83	61.667	52.05	26.131	63.14	29.152	60.82
	27	25.682	31.69	51.002	60.92	61.545	52.23	26.009	63.32	29.025	61.31
10月	7	25.524	32.16	50.827	61.65	61.402	52.50	25.866	63.59	28.875	61.81
	17	25.358	32.32	50.644	62.00	61.250	52.81	25.715	63.90	28.716	62.26
	27	25.192	32.19	50.460	62.00	61.100	53.15	25.564	64.25	28.557	62.64
11月	6	25.035	31.76	50.282	61.61	60.957	53.52	25.421	64.62	28.406	62.96
	16	24.896	31.03	50.123	60.84	60.834	53.90	25.298	65.00	28.277	63.18
	26	24.780	30.03	49.986	59.73	60.735	54.28	25.200	65.38	28.173	63.30
12月	6	24.693	28.76	49.879	58.26	60.666	54.67	25.131	65.76	28.100	63.35
	16	24.640	27.28	49.806	56.50	60.634	55.05	25.098	66.14	28.066	63.30
	26	24.622	25.61	49.769	54.51	60.636	55.41	25.100	66.50	28.069	63.17
	36	24.640	23.81	49.771	52.31	60.675	55.75	25.140	66.83	28.112	62.97
平位置 (J2024.5)		24.635	25.34	50.014	52.42	60.205	50.91	24.667	62.00	27.547	57.07
年自行		0.0038	0.059	0.0011	−0.018	0.0015	−0.001	0.0042	0.003	0.0025	−0.026
视 差 (角秒)		0.021		0.007		0.005		0.030		0.010	

恒 星 视 位 置

2024 年 以世界时 0^{h} 为准

日期		762		765		1531		3633		767	
		β Cap+		γ Cyg		132 G. Aql		39 Cyg		θ Cep+	
		$3^{m}.05$	A5	$2^{m}.23$	F8	$5^{m}.30$	G8	$4^{m}.43$	K3	$4^{m}.21$	A7
		h m	° ′	h m	° ′	h m	° ′	h m	° ′	h m	° ′
		20 22	−14 41	20 23	+40 19	20 24	+ 5 25	20 24	+32 15	20 29	+63 04
	日	s	″	s	″	s	″	s	″	s	″
1月	−9	19.827	85.49	03.351	64.10	20.398	09.10	47.276	66.21	55.587	34.01
	1	19.848	85.73	03.287	61.56	20.403	07.82	47.236	63.89	55.361	31.27
	11	19.903	85.93	03.268	58.78	20.441	06.48	47.235	61.37	55.210	28.21
	21	19.997	86.02	03.298	55.88	20.516	05.15	47.278	58.75	55.145	24.93
	31	20.115	86.10	03.375	53.00	20.622	03.88	47.362	56.16	55.165	21.58
2月	10	20.274	86.07	03.497	50.19	20.759	02.72	47.485	53.65	55.271	18.26
	20	20.462	85.88	03.667	47.62	20.929	01.76	47.650	51.38	55.466	15.12
3月	1	20.676	85.54	03.877	45.38	21.125	01.04	47.849	49.43	55.738	12.30
	11	20.916	85.03	04.127	43.54	21.348	00.60	48.084	47.86	56.084	09.86
	21	21.179	84.34	04.412	42.21	21.596	00.51	48.350	46.78	56.498	07.96
	31	21.462	83.48	04.725	41.44	21.863	00.75	48.641	46.21	56.960	06.63
4月	10	21.763	82.46	05.063	41.22	22.149	01.33	48.955	46.16	57.464	05.91
	20	22.078	81.31	05.415	41.62	22.449	02.26	49.283	46.68	57.992	05.87
	30	22.400	80.05	05.774	42.57	22.756	03.49	49.618	47.70	58.527	06.46
5月	10	22.728	78.72	06.134	44.05	23.068	04.98	49.956	49.21	59.060	07.66
	20	23.052	77.36	06.484	46.03	23.376	06.71	50.285	51.17	59.568	09.45
	30	23.366	76.02	06.814	48.39	23.673	08.58	50.599	53.47	60.040	11.73
6月	9	23.665	74.74	07.120	51.12	23.955	10.56	50.892	56.09	60.467	14.46
	19	23.939	73.55	07.389	54.11	24.212	12.59	51.153	58.92	60.829	17.56
	29	24.184	72.50	07.617	57.25	24.439	14.60	51.378	61.88	61.123	20.90
7月	9	24.393	71.59	07.799	60.52	24.631	16.57	51.562	64.93	61.341	24.45
	19	24.558	70.87	07.928	63.79	24.782	18.42	51.697	67.95	61.473	28.09
	29	24.681	70.32	08.005	66.98	24.890	20.12	51.784	70.88	61.523	31.73
8月	8	24.756	69.94	08.027	70.07	24.953	21.66	51.821	73.70	61.487	35.32
	18	24.784	69.75	07.994	72.95	24.971	22.98	51.806	76.29	61.365	38.74
	28	24.768	69.69	07.912	75.57	24.947	24.10	51.747	78.64	61.169	41.95
9月	7	24.709	69.78	07.783	77.91	24.883	25.01	51.643	80.71	60.898	44.88
	17	24.615	69.97	07.614	79.87	24.785	25.68	51.502	82.43	60.564	47.44
	27	24.494	70.24	07.414	81.47	24.662	26.13	51.334	83.80	60.180	49.62
10月	7	24.351	70.56	07.190	82.64	24.519	26.36	51.142	84.79	59.752	51.35
	17	24.200	70.92	06.953	83.34	24.366	26.37	50.940	85.35	59.299	52.55
	27	24.048	71.28	06.713	83.61	24.214	26.17	50.735	85.51	58.834	53.25
11月	6	23.904	71.65	06.478	83.38	24.068	25.77	50.535	85.22	58.366	53.39
	16	23.779	72.00	06.260	82.66	23.939	25.16	50.352	84.50	57.917	52.94
	26	23.678	72.32	06.065	81.49	23.832	24.38	50.191	83.39	57.495	51.95
12月	6	23.607	72.63	05.900	79.86	23.753	23.41	50.057	81.85	57.114	50.39
	16	23.572	72.90	05.775	77.83	23.707	22.31	49.961	79.98	56.790	48.32
	26	23.572	73.15	05.688	75.46	23.693	21.10	49.900	77.81	56.527	45.82
	36	23.609	73.35	05.647	72.81	23.714	19.80	49.879	75.39	56.338	42.92
平位置 (J2024.5)		23.106	68.36	06.497	70.32	23.492	22.04	50.362	73.79	59.306	36.99
年自行		0.0030	−0.002	0.0002	−0.001	−0.0018	−0.038	0.0032	−0.002	0.0066	−0.013
视 差 (角秒)		0.009		0.002		0.013		0.013		0.024	

恒 星 视 位 置

以世界时 0^{h} 为准

2024 年

日期		1535		1534		3641		1533		770	
		42 Cyg		41 Cyg		ω Cyg		69 Aql		73 Dra	
		$5^{\mathrm{m}}.90$	A1	$4^{\mathrm{m}}.01$	F5	$4^{\mathrm{m}}.94$	B2	$4^{\mathrm{m}}.91$	K2	$5^{\mathrm{m}}.18$	A0
		h m	° ′	h m	° ′	h m	° ′	h m	° ′	h m	° ′
		20 30	+36 31	20 30	+30 26	20 30	+49 01	20 30	− 2 47	20 31	+75 01
	日	s	″	s	″	s	″	s	″	s	″
1月	−9	13.406	68.84	20.775	57.67	45.822	60.80	52.620	83.97	04.454	75.40
	1	13.349	66.45	20.734	55.44	45.712	58.17	52.626	84.83	03.949	72.75
	11	13.332	63.82	20.732	53.01	45.653	55.26	52.666	85.70	03.575	69.73
	21	13.361	61.08	20.771	50.49	45.651	52.17	52.741	86.53	03.359	66.46
	31	13.433	58.34	20.850	47.99	45.705	49.06	52.847	87.28	03.298	63.09
2月	10	13.548	55.68	20.968	45.57	45.813	46.00	52.984	87.95	03.395	59.71
	20	13.708	53.23	21.126	43.37	45.980	43.15	53.153	88.43	03.657	56.48
3月	1	13.906	51.11	21.318	41.48	46.197	40.62	53.348	88.70	04.064	53.54
	11	14.141	49.36	21.546	39.95	46.462	38.48	53.569	88.74	04.607	50.95
	21	14.412	48.11	21.805	38.91	46.772	36.87	53.816	88.49	05.271	48.88
	31	14.709	47.39	22.089	38.36	47.116	35.82	54.082	87.98	06.022	47.37
4月	10	15.031	47.20	22.396	38.32	47.489	35.35	54.369	87.19	06.844	46.46
	20	15.370	47.61	22.719	38.83	47.882	35.54	54.669	86.14	07.707	46.23
	30	15.716	48.55	23.049	39.84	48.282	36.31	54.979	84.87	08.575	46.62
5月	10	16.066	50.00	23.384	41.32	48.684	37.65	55.295	83.41	09.432	47.63
	20	16.407	51.93	23.713	43.24	49.073	39.55	55.608	81.80	10.241	49.25
	30	16.733	54.24	24.027	45.51	49.440	41.89	55.912	80.10	10.980	51.38
6月	9	17.037	56.89	24.322	48.07	49.778	44.63	56.203	78.36	11.635	53.98
	19	17.307	59.79	24.586	50.86	50.074	47.69	56.469	76.64	12.175	56.97
	29	17.540	62.84	24.815	53.76	50.324	50.95	56.707	74.98	12.593	60.23
7月	9	17.730	66.01	25.005	56.75	50.521	54.38	56.911	73.40	12.881	63.74
	19	17.870	69.17	25.147	59.72	50.657	57.85	57.073	71.98	13.021	67.36
	29	17.959	72.27	25.242	62.60	50.734	61.29	57.194	70.71	13.023	71.01
8月	8	17.996	75.26	25.287	65.36	50.748	64.65	57.270	69.62	12.881	74.65
	18	17.980	78.04	25.282	67.91	50.700	67.82	57.299	68.73	12.596	78.16
	28	17.917	80.58	25.233	70.22	50.598	70.75	57.286	68.02	12.187	81.47
9月	7	17.808	82.84	25.139	72.26	50.441	73.40	57.233	67.51	11.653	84.54
	17	17.659	84.75	25.008	73.95	50.237	75.68	57.144	67.18	11.011	87.26
	27	17.481	86.30	24.849	75.31	49.999	77.58	57.029	67.02	10.285	89.61
10月	7	17.278	87.45	24.666	76.30	49.730	79.04	56.893	67.02	09.480	91.52
	17	17.062	88.15	24.472	76.87	49.444	80.00	56.747	67.17	08.627	92.93
	27	16.842	88.43	24.275	77.05	49.152	80.49	56.600	67.44	07.746	93.83
11月	6	16.626	88.24	24.081	76.80	48.861	80.45	56.458	67.84	06.852	94.16
	16	16.425	87.58	23.904	76.14	48.587	79.88	56.333	68.35	05.982	93.91
	26	16.246	86.50	23.747	75.08	48.335	78.81	56.229	68.95	05.150	93.09
12月	6	16.094	84.98	23.617	73.63	48.114	77.21	56.152	69.66	04.381	91.69
	16	15.979	83.07	23.522	71.83	47.935	75.17	56.109	70.43	03.707	89.75
	26	15.900	80.84	23.461	69.75	47.800	72.75	56.097	71.25	03.137	87.35
	36	15.862	78.33	23.439	67.43	47.715	69.98	56.120	72.10	02.696	84.52
平位置 (J2024.5)		16.509	75.56	23.841	65.51	49.083	65.48	55.745	69.08	09.354	77.38
年自行		0.0002	−0.001	0.0005	−0.001	0.0010	0.008	0.0048	−0.023	0.0024	−0.017
视 差 （角秒）		0.002		0.004		0.004		0.017		0.008	

恒星视位置

2024年 以世界时 0^h 为准

日期		1536 29 G. Cap $5^m.66$ G3		768 ε Del $4^m.03$ B6		GC 47 Cyg $4^m.61$ K2		N30 ζ Del $4^m.64$ A3		(771) β Del m $3^m.64$ F5	
		h m 20 33	° ′ −9 45	h m 20 34	° ′ +11 22	h m 20 34	° ′ +35 19	h m 20 36	° ′ +14 45	h m 20 38	° ′ +14 40
	日	s	″	s	″	s	″	s	″	s	″
1月	−9	40.806	82.15	19.942	64.58	48.326	62.39	24.234	25.18	38.843	42.83
	1	40.815	82.64	19.932	63.07	48.268	60.06	24.218	23.54	38.826	41.20
	11	40.858	83.10	19.955	61.47	48.250	57.50	24.236	21.78	38.841	39.46
	21	40.936	83.49	20.015	59.84	48.276	54.81	24.290	19.99	38.893	37.68
	31	41.043	83.79	20.106	58.27	48.344	52.13	24.377	18.25	38.979	35.94
2月	10	41.184	84.04	20.230	56.80	48.454	49.52	24.496	16.60	39.097	34.30
	20	41.357	84.10	20.387	55.52	48.608	47.12	24.650	15.15	39.249	32.86
3月	1	41.556	83.97	20.573	54.51	48.800	45.03	24.834	13.97	39.430	31.69
	11	41.781	83.65	20.787	53.80	49.029	43.31	25.046	13.11	39.641	30.83
	21	42.032	83.11	21.028	53.47	49.294	42.08	25.287	12.63	39.881	30.35
	31	42.303	82.35	21.291	53.51	49.585	41.36	25.550	12.56	40.143	30.28
4月	10	42.594	81.39	21.574	53.94	49.902	41.17	25.835	12.90	40.426	30.62
	20	42.900	80.23	21.873	54.77	50.236	41.57	26.135	13.67	40.726	31.38
	30	43.216	78.92	22.181	55.95	50.579	42.49	26.444	14.82	41.036	32.53
5月	10	43.538	77.49	22.495	57.46	50.926	43.91	26.760	16.32	41.352	34.03
	20	43.858	75.98	22.806	59.25	51.266	45.82	27.073	18.14	41.665	35.84
	30	44.171	74.45	23.107	61.24	51.592	48.09	27.376	20.19	41.969	37.89
6月	9	44.469	72.93	23.394	63.40	51.897	50.71	27.664	22.43	42.258	40.13
	19	44.745	71.47	23.655	65.66	52.170	53.58	27.927	24.80	42.523	42.49
	29	44.992	70.13	23.888	67.93	52.407	56.59	28.160	27.20	42.757	44.89
7月	9	45.205	68.91	24.085	70.19	52.602	59.72	28.358	29.61	42.958	47.30
	19	45.376	67.85	24.241	72.36	52.747	62.86	28.514	31.95	43.115	49.63
	29	45.505	66.98	24.355	74.40	52.843	65.92	28.627	34.16	43.231	51.84
8月	8	45.588	66.28	24.423	76.29	52.887	68.89	28.695	36.23	43.301	53.91
	18	45.624	65.78	24.445	77.96	52.879	71.64	28.715	38.08	43.324	55.77
	28	45.617	65.45	24.425	79.42	52.824	74.17	28.694	39.71	43.305	57.40
9月	7	45.568	65.28	24.364	80.64	52.723	76.42	28.632	41.11	43.244	58.80
	17	45.483	65.27	24.269	81.60	52.582	78.32	28.534	42.21	43.148	59.91
	27	45.371	65.36	24.147	82.31	52.412	79.87	28.410	43.06	43.025	60.76
10月	7	45.236	65.57	24.003	82.75	52.216	81.02	28.263	43.62	42.880	61.32
	17	45.091	65.85	23.849	82.91	52.007	81.74	28.105	43.87	42.724	61.58
	27	44.944	66.19	23.693	82.83	51.794	82.05	27.945	43.85	42.564	61.57
11月	6	44.802	66.59	23.541	82.48	51.583	81.90	27.789	43.53	42.409	61.25
	16	44.677	67.02	23.405	81.87	51.388	81.28	27.648	42.92	42.267	60.65
	26	44.574	67.47	23.288	81.04	51.212	80.25	27.526	42.05	42.146	59.79
12月	6	44.498	67.95	23.197	79.96	51.063	78.78	27.430	40.91	42.048	58.66
	16	44.456	68.43	23.138	78.69	50.949	76.94	27.365	39.55	41.982	57.32
	26	44.446	68.91	23.110	77.27	50.870	74.77	27.331	38.01	41.947	55.79
	36	44.471	69.37	23.117	75.72	50.832	72.33	27.331	36.32	41.946	54.11
平位置 (J2024.5)		43.987	65.55	22.984	76.37	51.413	69.24	27.265	36.26	41.871	53.92
年自行		0.0208	0.104	0.0007	−0.028	−0.0002	−0.005	0.0031	0.012	0.0076	−0.037
视差（角秒）		0.041		0.009		0.004		0.014		0.033	

恒 星 视 位 置

以世界时 0^h 为准

2024 年

日 期		1539 29 Vul $4^{m}.81$ A0		772 κ Del $5^{m}.07$ G5		774 α Del $3^{m}.77$ B9		773 υ Cap $5^{m}.15$ M1		1540 13 G. Mic $5^{m}.47$ K1	
		h m	° ′	h m	° ′	h m	° ′	h m	° ′	h m	° ′
		20 39	+21 16	20 40	+10 10	20 40	+15 59	20 41	−18 02	20 41	−33 20
	日	s	″	s	″	s	″	s	″	s	″
1月	−9	33.996	68.73	16.136	13.86	43.536	48.79	23.194	81.57	48.188	58.32
	1	33.968	66.86	16.124	12.43	43.515	47.12	23.198	81.62	48.188	57.55
	11	33.973	64.84	16.144	10.91	43.527	45.33	23.236	81.60	48.227	56.63
	21	34.016	62.74	16.199	09.37	43.575	43.49	23.313	81.47	48.309	55.58
	31	34.094	60.68	16.287	07.88	43.657	41.70	23.402	81.31	48.428	54.41
2月	10	34.207	58.70	16.406	06.50	43.771	39.99	23.554	80.95	48.585	53.12
	20	34.356	56.92	16.559	05.30	43.920	38.48	23.727	80.48	48.779	51.74
3月	1	34.537	55.43	16.740	04.36	44.100	37.24	23.927	79.87	49.005	50.31
	11	34.749	54.26	16.950	03.71	44.309	36.32	24.154	79.11	49.262	48.82
	21	34.991	53.52	17.188	03.42	44.547	35.79	24.409	78.20	49.549	47.29
	31	35.257	53.22	17.447	03.50	44.808	35.66	24.684	77.14	49.860	45.76
4月	10	35.546	53.38	17.729	03.96	45.092	35.96	24.982	75.95	50.194	44.24
	20	35.852	54.01	18.026	04.81	45.392	36.70	25.296	74.65	50.547	42.77
	30	36.167	55.08	18.334	06.00	45.702	37.82	25.622	73.28	50.912	41.39
5月	10	36.489	56.56	18.648	07.50	46.019	39.31	25.956	71.87	51.286	40.11
	20	36.808	58.41	18.961	09.28	46.334	41.13	26.289	70.47	51.659	39.00
	30	37.116	60.54	19.265	11.25	46.639	43.19	26.615	69.12	52.024	38.07
6月	9	37.408	62.93	19.555	13.39	46.930	45.46	26.929	67.85	52.376	37.35
	19	37.674	65.47	19.821	15.61	47.196	47.86	27.221	66.71	52.702	36.87
	29	37.910	68.10	20.059	17.84	47.432	50.31	27.484	65.73	52.997	36.64
7月	9	38.109	70.78	20.263	20.06	47.634	52.78	27.713	64.92	53.255	36.66
	19	38.265	73.40	20.425	22.18	47.793	55.18	27.900	64.32	53.465	36.92
	29	38.377	75.93	20.546	24.18	47.910	57.46	28.043	63.91	53.626	37.40
8月	8	38.442	78.32	20.621	26.02	47.980	59.60	28.139	63.69	53.734	38.08
	18	38.459	80.50	20.650	27.65	48.004	61.53	28.186	63.66	53.786	38.93
	28	38.433	82.46	20.637	29.06	47.986	63.24	28.188	63.78	53.788	39.87
9月	7	38.365	84.17	20.583	30.25	47.926	64.71	28.145	64.04	53.738	40.89
	17	38.261	85.56	20.494	31.17	47.830	65.89	28.064	64.40	53.644	41.92
	27	38.129	86.67	20.377	31.85	47.707	66.80	27.953	64.82	53.516	42.89
10月	7	37.974	87.45	20.239	32.28	47.561	67.42	27.818	65.29	53.358	43.78
	17	37.806	87.87	20.089	32.44	47.404	67.73	27.670	65.76	53.185	44.51
	27	37.636	87.98	19.936	32.37	47.243	67.75	27.518	66.20	53.008	45.07
11月	6	37.468	87.72	19.787	32.03	47.085	67.46	27.371	66.61	52.834	45.43
	16	37.315	87.12	19.652	31.45	46.942	66.87	27.240	66.96	52.678	45.56
	26	37.180	86.21	19.536	30.66	46.817	66.01	27.129	67.24	52.546	45.47
12月	6	37.070	84.96	19.445	29.64	46.716	64.87	27.046	67.46	52.445	45.17
	16	36.992	83.44	19.384	28.44	46.647	63.50	26.997	67.60	52.383	44.65
	26	36.945	81.70	19.355	27.09	46.608	61.94	26.981	67.67	52.359	43.95
	36	36.933	79.75	19.358	25.62	46.603	60.21	27.002	67.67	52.377	43.09
平位置 (J2024.5)		37.020	78.38	19.175	26.01	46.554	59.60	26.415	62.90	51.669	36.37
年自行 (J2024.5)		0.0050	0.003	0.0219	0.022	0.0038	0.008	−0.0016	−0.023	0.0017	0.035
视 差 (角秒)		0.015		0.033		0.014		0.004		0.014	

恒 星 视 位 置

2024 年 以世界时 0^h 为准

日 期	777		778		783		782		780	
	α Cyg		δ Del		η Cep		6 H. Cep		ε Cyg	
	$1^m.25$	A2	$4^m.43$	A7	$3^m.41$	K0	$4^m.52$	F8	$2^m.48$	K0
	h m	° ′	h m	° ′	h m	° ′	h m	° ′	h m	° ′
	20 42	+45 21	20 44	+15 09	20 45	+61 55	20 45	+57 39	20 47	+34 03
日	s	″	s	″	s	″	s	″	s	″
1月 −9	12.884	62.98	33.162	38.63	43.379	61.30	54.087	63.15	09.151	40.38
1	12.781	60.50	33.139	37.02	43.146	58.75	53.898	60.58	09.088	38.18
11	12.723	57.74	33.149	35.28	42.980	55.83	53.768	57.67	09.062	35.75
21	12.717	54.80	33.194	33.50	42.894	52.67	53.708	54.52	09.078	33.17
31	12.762	51.82	33.272	31.76	42.888	49.41	53.717	51.28	09.135	30.59
2月 10	12.856	48.87	33.383	30.10	42.964	46.14	53.796	48.04	09.232	28.06
20	13.004	46.11	33.529	28.64	43.125	43.01	53.949	44.96	09.373	25.72
3月 1	13.200	43.65	33.705	27.44	43.363	40.16	54.168	42.16	09.552	23.66
11	13.441	41.56	33.910	26.55	43.675	37.67	54.451	39.72	09.769	21.96
21	13.726	39.97	34.145	26.05	44.055	35.69	54.794	37.79	10.022	20.73
31	14.044	38.92	34.404	25.95	44.486	34.25	55.182	36.41	10.303	19.99
4月 10	14.392	38.43	34.685	26.26	44.963	33.41	55.611	35.62	10.612	19.77
20	14.762	38.58	34.983	27.00	45.470	33.24	56.066	35.49	10.940	20.12
30	15.142	39.29	35.292	28.12	45.989	33.69	56.534	35.97	11.280	20.99
5月 10	15.528	40.57	35.609	29.60	46.512	34.75	57.006	37.06	11.627	22.36
20	15.905	42.39	35.924	31.41	47.018	36.42	57.465	38.74	11.969	24.20
30	16.264	44.65	36.230	33.45	47.493	38.59	57.898	40.91	12.299	26.42
6月 9	16.600	47.31	36.523	35.70	47.930	41.24	58.298	43.54	12.611	28.98
19	16.898	50.28	36.791	38.07	48.308	44.27	58.649	46.55	12.893	31.80
29	17.155	53.46	37.030	40.49	48.624	47.57	58.944	49.81	13.141	34.77
7月 9	17.364	56.81	37.235	42.93	48.870	51.10	59.177	53.30	13.349	37.87
19	17.517	60.21	37.398	45.29	49.034	54.75	59.338	56.89	13.509	40.98
29	17.614	63.58	37.519	47.54	49.119	58.43	59.429	60.49	13.621	44.03
8月 8	17.653	66.89	37.594	49.65	49.122	62.09	59.446	64.06	13.682	47.00
18	17.633	70.01	37.623	51.55	49.041	65.60	59.389	67.49	13.691	49.77
28	17.560	72.92	37.609	53.24	48.887	68.93	59.265	70.71	13.653	52.31
9月 7	17.434	75.56	37.553	54.68	48.659	72.01	59.076	73.68	13.569	54.60
17	17.264	77.84	37.461	55.84	48.367	74.73	58.829	76.30	13.445	56.55
27	17.058	79.75	37.342	56.73	48.024	77.09	58.537	78.55	13.289	58.16
10月 7	16.823	81.25	37.199	57.34	47.636	79.02	58.205	80.37	13.108	59.39
17	16.569	82.27	37.044	57.64	47.218	80.44	57.848	81.69	12.911	60.20
27	16.308	82.84	36.886	57.67	46.785	81.37	57.478	82.52	12.708	60.61
11月 6	16.047	82.90	36.730	57.39	46.345	81.73	57.102	82.79	12.505	60.56
16	15.799	82.43	36.587	56.82	45.918	81.52	56.739	82.50	12.315	60.07
26	15.570	81.49	36.463	55.99	45.512	80.76	56.397	81.68	12.142	59.17
12月 6	15.368	80.04	36.362	54.89	45.140	79.42	56.085	80.28	11.994	57.83
16	15.203	78.15	36.291	53.56	44.819	77.56	55.818	78.39	11.878	56.12
26	15.077	75.87	36.251	52.05	44.552	75.25	55.600	76.05	11.795	54.09
36	14.997	73.26	36.244	50.37	44.352	72.52	55.440	73.31	11.749	51.78
平位置 (J2024.5)	16.070	67.89	36.167	49.62	47.043	64.25	57.560	66.03	12.223	47.45
年自行	0.0001	0.002	−0.0013	−0.043	0.0119	0.818	−0.0078	−0.236	0.0286	0.329
视 差 (角秒)	0.001		0.016		0.070		0.037		0.045	

恒 星 视 位 置

以世界时 0^{h} 为准

2024 年

日 期		779 ψ Cap $4^{\mathrm{m}}.13$ F5		1541 γ Del sq $4^{\mathrm{m}}.27$ K1		(784) λ Cyg m $4^{\mathrm{m}}.53$ B6		781 ε Aqr $3^{\mathrm{m}}.78$ A1		1543 3 Aqr $4^{\mathrm{m}}.43$ M3	
		h m	° ′	h m	° ′	h m	° ′	h m	° ′	h m	° ′
		20 47	−25 10	20 47	+16 12	20 48	+36 34	20 48	− 9 24	20 48	− 4 55
	日	s	″	s	″	s	″	s	″	s	″
1月	−9	29.205	72.87	44.727	39.29	18.803	48.39	56.891	33.52	58.625	87.40
	1	29.203	72.55	44.700	37.65	18.729	46.14	56.887	34.00	58.618	88.11
	11	29.237	72.11	44.706	35.87	18.694	43.63	56.914	34.46	58.643	88.82
	21	29.311	71.56	44.747	34.05	18.702	40.97	56.977	34.85	58.702	89.47
	31	29.415	70.92	44.822	32.26	18.753	38.29	57.069	35.12	58.791	90.04
2月	10	29.555	70.08	44.929	30.55	18.846	35.65	57.191	35.35	58.910	90.52
	20	29.730	69.15	45.071	29.04	18.985	33.19	57.347	35.39	59.063	90.84
3月	1	29.935	68.12	45.244	27.78	19.163	31.03	57.531	35.25	59.242	90.95
	11	30.169	66.99	45.447	26.84	19.381	29.21	57.743	34.90	59.450	90.83
	21	30.431	65.74	45.680	26.28	19.636	27.87	57.981	34.32	59.685	90.45
	31	30.716	64.42	45.937	26.14	19.922	27.03	58.242	33.53	59.942	89.82
4月	10	31.024	63.03	46.218	26.40	20.236	26.72	58.524	32.53	60.221	88.94
	20	31.351	61.60	46.516	27.11	20.570	27.00	58.825	31.32	60.518	87.81
	30	31.690	60.18	46.825	28.21	20.916	27.80	59.137	29.96	60.826	86.49
5月	10	32.039	58.79	47.143	29.68	21.269	29.12	59.459	28.47	61.144	84.99
	20	32.388	57.48	47.459	31.48	21.617	30.94	59.781	26.90	61.462	83.36
	30	32.730	56.28	47.767	33.53	21.953	33.14	60.097	25.30	61.774	81.67
6月	9	33.061	55.23	48.061	35.79	22.270	35.71	60.403	23.71	62.075	79.94
	19	33.369	54.36	48.332	38.19	22.557	38.55	60.686	22.18	62.354	78.24
	29	33.649	53.70	48.573	40.64	22.808	41.56	60.944	20.75	62.607	76.61
7月	9	33.893	53.25	48.781	43.12	23.018	44.71	61.168	19.46	62.827	75.09
	19	34.094	53.03	48.946	45.54	23.178	47.89	61.353	18.34	63.008	73.73
	29	34.250	53.03	49.069	47.84	23.290	51.02	61.495	17.40	63.147	72.53
8月	8	34.357	53.23	49.147	50.01	23.350	54.07	61.593	16.65	63.241	71.51
	18	34.411	53.61	49.177	51.96	23.355	56.94	61.642	16.10	63.288	70.70
	28	34.419	54.13	49.165	53.70	23.314	59.58	61.649	15.73	63.293	70.08
9月	7	34.379	54.76	49.111	55.20	23.224	61.96	61.613	15.53	63.255	69.65
	17	34.298	55.46	49.020	56.42	23.093	64.00	61.539	15.50	63.181	69.41
	27	34.185	56.17	48.902	57.36	22.931	65.71	61.436	15.59	63.079	69.32
10月	7	34.045	56.87	48.760	58.01	22.740	67.02	61.310	15.80	62.952	69.38
	17	33.890	57.51	48.605	58.35	22.534	67.90	61.170	16.10	62.813	69.57
	27	33.731	58.05	48.445	58.41	22.321	68.36	61.026	16.46	62.670	69.86
11月	6	33.574	58.47	48.288	58.15	22.108	68.36	60.884	16.88	62.529	70.26
	16	33.433	58.76	48.144	57.59	21.907	67.90	60.757	17.33	62.402	70.74
	26	33.314	58.90	48.017	56.77	21.723	67.00	60.648	17.80	62.293	71.29
12月	6	33.222	58.90	47.913	55.65	21.563	65.65	60.564	18.29	62.208	71.91
	16	33.165	58.75	47.839	54.31	21.436	63.91	60.511	18.78	62.154	72.57
	26	33.142	58.48	47.795	52.78	21.343	61.83	60.489	19.26	62.130	73.25
	36	33.157	58.08	47.784	51.07	21.288	59.45	60.499	19.72	62.138	73.95
平位置	(J2024.5)	32.492	52.41	47.723	49.97	21.876	54.74	59.988	16.58	61.686	71.55
年自行		−0.0038	−0.157	−0.0018	−0.196	0.0012	−0.008	0.0022	−0.036	−0.0002	−0.040
视 差 （角秒）		0.068		0.032		0.004		0.014		0.007	

恒 星 视 位 置

2024 年 以世界时 0^h 为准

日期		1546		1547		786		788		1548	
		ω Cap		μ Aqr		32 Vul		ν Cyg		64 G. Cap	
		4ᵐ.12	K4	4ᵐ.73	A3	5ᵐ.03	K4	3ᵐ.94	A1	5ᵐ.89	A2
		h m	° ′	h m	° ′	h m	° ′	h m	° ′	h m	° ′
		20 53	−26 49	20 53	− 8 53	20 55	+28 08	20 58	+41 15	20 58	−15 55
	日	s	″	s	″	s	″	s	″	s	″
1月	−9	13.444	54.40	55.326	40.79	33.352	59.02	02.196	39.72	59.645	87.67
	1	13.436	53.99	55.317	41.29	33.296	57.03	02.097	37.45	59.634	87.82
	11	13.464	53.46	55.340	41.77	33.274	54.83	02.037	34.89	59.655	87.90
	21	13.531	52.79	55.397	42.18	33.291	52.52	02.024	32.14	59.711	87.87
	31	13.630	52.03	55.484	42.47	33.345	50.19	02.055	29.34	59.806	87.64
2月	10	13.763	51.08	55.600	42.71	33.436	47.92	02.133	26.55	59.912	87.52
	20	13.934	50.03	55.752	42.77	33.566	45.82	02.259	23.92	60.066	87.11
3月	1	14.134	48.88	55.930	42.64	33.732	44.00	02.430	21.56	60.246	86.55
	11	14.365	47.62	56.137	42.30	33.934	42.50	02.645	19.54	60.455	85.82
	21	14.625	46.27	56.371	41.73	34.170	41.44	02.903	17.99	60.693	84.91
	31	14.909	44.86	56.628	40.94	34.434	40.85	03.194	16.94	60.954	83.84
4月	10	15.218	43.38	56.908	39.93	34.725	40.73	03.517	16.44	61.239	82.61
	20	15.546	41.89	57.206	38.72	35.037	41.15	03.864	16.53	61.544	81.25
	30	15.888	40.41	57.517	37.35	35.361	42.04	04.225	17.18	61.862	79.79
5月	10	16.240	38.98	57.838	35.84	35.695	43.40	04.595	18.37	62.192	78.27
	20	16.595	37.64	58.161	34.24	36.027	45.19	04.962	20.10	62.524	76.74
	30	16.943	36.44	58.478	32.61	36.349	47.33	05.316	22.24	62.851	75.24
6月	9	17.281	35.40	58.785	30.98	36.657	49.77	05.651	24.79	63.170	73.80
	19	17.597	34.55	59.071	29.41	36.939	52.44	05.955	27.65	63.468	72.48
	29	17.884	33.93	59.331	27.95	37.191	55.25	06.222	30.71	63.740	71.31
7月	9	18.138	33.53	59.559	26.61	37.405	58.16	06.447	33.95	63.980	70.30
	19	18.347	33.37	59.747	25.44	37.575	61.07	06.619	37.26	64.180	69.51
	29	18.512	33.43	59.894	24.45	37.700	63.91	06.741	40.54	64.338	68.91
8月	8	18.626	33.70	59.995	23.66	37.776	66.65	06.807	43.77	64.449	68.53
	18	18.688	34.17	60.049	23.07	37.802	69.20	06.817	46.83	64.512	68.34
	28	18.702	34.77	60.060	22.67	37.783	71.54	06.777	49.69	64.530	68.33
9月	7	18.668	35.49	60.028	22.44	37.720	73.63	06.685	52.31	64.503	68.48
	17	18.591	36.27	59.958	22.38	37.617	75.40	06.550	54.58	64.437	68.77
	27	18.481	37.06	59.859	22.46	37.484	76.85	06.380	56.52	64.340	69.14
10月	7	18.343	37.83	59.735	22.65	37.325	77.96	06.178	58.06	64.216	69.58
	17	18.188	38.52	59.598	22.94	37.150	78.68	05.958	59.15	64.077	70.05
	27	18.027	39.10	59.455	23.30	36.969	79.04	05.729	59.81	63.932	70.52
11月	6	17.868	39.55	59.314	23.72	36.787	78.98	05.496	59.99	63.788	70.98
	16	17.723	39.84	59.186	24.18	36.616	78.53	05.273	59.67	63.656	71.40
	26	17.599	39.97	59.077	24.66	36.461	77.71	05.065	58.89	63.542	71.77
12月	6	17.502	39.94	58.990	25.17	36.327	76.49	04.880	57.62	63.452	72.08
	16	17.438	39.74	58.934	25.67	36.223	74.94	04.727	55.92	63.392	72.32
	26	17.410	39.39	58.908	26.18	36.150	73.11	04.608	53.85	63.363	72.50
	36	17.418	38.90	58.914	26.66	36.111	71.02	04.528	51.44	63.367	72.60
平位置 (J2024.5)		16.718	33.22	58.394	23.83	36.353	67.00	05.301	44.93	62.748	68.81
年自行		−0.0006	−0.003	0.0032	−0.033	0.0000	−0.004	0.0010	−0.014	0.0036	0.002
视差（角秒）		0.005		0.021		0.004		0.009		0.018	

恒 星 视 位 置

以世界时 0^h 为准

2024 年

日 期		1549 33 Vul $5^m.30$ K4		1551 59 Cyg $4^m.74$ B1		790 ζ Mic $5^m.32$ F3		795 Br 2777 $5^m.91$ B8		792 ξ Cyg $3^m.72$ K5	
		h m 20 59	° ′ +22 24	h m 21 00	° ′ +47 36	h m 21 04	° ′ −38 31	h m 21 04	° ′ +78 13	h m 21 05	° ′ +44 01
	日	s	″	s	″	s	″	s	″	s	″
1月	−9	19.139	69.31	36.413	59.00	27.983	87.26	51.080	30.47	46.290	31.04
	1	19.093	67.52	36.281	56.66	27.954	86.28	50.301	28.24	46.172	28.80
	11	19.078	65.55	36.192	54.00	27.964	85.09	49.668	25.57	46.094	26.24
	21	19.100	63.49	36.156	51.11	28.019	83.72	49.219	22.55	46.063	23.47
	31	19.157	61.44	36.170	48.14	28.114	82.19	48.961	19.33	46.079	20.62
2月	10	19.248	59.44	36.237	45.16	28.248	80.53	48.901	16.00	46.143	17.75
	20	19.376	57.63	36.361	42.32	28.423	78.76	49.056	12.71	46.260	15.03
3月	1	19.537	56.07	36.536	39.74	28.634	76.93	49.405	09.61	46.424	12.56
	11	19.731	54.82	36.761	37.50	28.880	75.05	49.941	06.78	46.635	10.41
	21	19.959	53.99	37.035	35.73	29.161	73.16	50.652	04.38	46.892	08.72
	31	20.214	53.58	37.348	34.48	29.470	71.29	51.496	02.48	47.186	07.54
4月	10	20.494	53.63	37.696	33.78	29.808	69.46	52.456	01.12	47.515	06.90
	20	20.796	54.16	38.071	33.71	30.170	67.73	53.494	00.41	47.871	06.87
	30	21.110	55.13	38.461	34.22	30.548	66.13	54.565	00.32	48.242	07.40
5月	10	21.435	56.52	38.861	35.30	30.940	64.68	55.650	00.86	48.624	08.48
	20	21.759	58.30	39.256	36.95	31.335	63.45	56.700	02.02	49.004	10.12
	30	22.076	60.39	39.637	39.05	31.726	62.45	57.684	03.74	49.372	12.20
6月	9	22.380	62.74	39.996	41.59	32.107	61.71	58.583	05.97	49.722	14.71
	19	22.661	65.29	40.320	44.49	32.465	61.26	59.356	08.65	50.040	17.55
	29	22.912	67.94	40.603	47.63	32.793	61.10	59.992	11.69	50.320	20.63
7月	9	23.130	70.66	40.839	50.97	33.084	61.24	60.476	15.03	50.557	23.90
	19	23.304	73.35	41.017	54.41	33.328	61.68	60.784	18.58	50.741	27.26
	29	23.436	75.96	41.140	57.85	33.522	62.36	60.924	22.24	50.872	30.62
8月	8	23.521	78.46	41.202	61.27	33.660	63.29	60.887	25.97	50.946	33.95
	18	23.557	80.77	41.203	64.54	33.740	64.40	60.668	29.64	50.961	37.13
	28	23.550	82.86	41.149	67.61	33.764	65.63	60.290	33.20	50.924	40.13
9月	7	23.500	84.71	41.039	70.45	33.733	66.96	59.747	36.59	50.835	42.88
	17	23.411	86.25	40.881	72.95	33.652	68.28	59.057	39.70	50.698	45.31
	27	23.292	87.51	40.684	75.10	33.531	69.55	58.247	42.49	50.525	47.40
10月	7	23.148	88.45	40.452	76.86	33.375	70.71	57.318	44.91	50.318	49.10
	17	22.988	89.03	40.198	78.14	33.198	71.70	56.306	46.86	50.090	50.34
	27	22.822	89.29	39.933	78.97	33.011	72.46	55.234	48.34	49.850	51.15
11月	6	22.655	89.19	39.661	79.28	32.821	72.98	54.119	49.26	49.604	51.46
	16	22.499	88.73	39.399	79.07	32.645	73.20	53.003	49.60	49.366	51.27
	26	22.358	87.95	39.152	78.36	32.490	73.15	51.907	49.37	49.142	50.60
12月	6	22.237	86.82	38.927	77.13	32.362	72.80	50.858	48.53	48.939	49.41
	16	22.146	85.41	38.737	75.42	32.271	72.17	49.902	47.11	48.768	47.78
	26	22.082	83.76	38.583	73.30	32.218	71.30	49.053	45.16	48.630	45.75
	36	22.052	81.88	38.473	70.80	32.207	70.20	48.344	42.72	48.531	43.35
平位置 (J2024.5)		22.109	78.57	39.610	62.98	31.396	63.06	56.748	30.72	49.418	35.51
年自行 (J2024.5)		−0.0002	−0.004	0.0003	0.000	−0.0023	−0.109	0.0062	0.029	0.0008	0.000
视 差 (角秒)		0.008		0.003		0.028		0.008		0.003	

恒 星 视 位 置

2024 年 以世界时 0^h 为准

日期		1552		3688		793		791		794	
		θ Cap		63 Cyg		61 Cyg*		A Cap		ν Aqr	
		4ᵐ.08	A1	4ᵐ.56	K4	4ᵐ.49	K5	5ᵐ.21	K5	4ᵐ.50	G8
		h m	° ′	h m	° ′	h m	° ′	h m	° ′	h m	° ′
		21 07	−17 07	21 07	+47 44	21 07	+38 51	21 08	−24 54	21 10	−11 16
	日	s	″	s	″	s	″	s	″	s	″
1月	−9	16.182	82.12	23.615	48.14	56.737	68.87	30.215	44.65	52.562	34.11
	1	16.164	82.21	23.476	45.87	56.652	66.80	30.193	44.36	52.541	34.49
	11	16.178	82.22	23.379	43.26	56.603	64.45	30.206	43.94	52.549	34.81
	21	16.226	82.12	23.333	40.41	56.598	61.91	30.255	43.37	52.592	35.05
	31	16.312	81.89	23.338	37.47	56.636	59.31	30.338	42.70	52.665	35.15
2月	10	16.410	81.59	23.396	34.50	56.717	56.73	30.449	41.85	52.761	35.16
	20	16.557	81.06	23.510	31.65	56.846	54.29	30.600	40.85	52.898	35.06
3月	1	16.731	80.40	23.676	29.06	57.016	52.12	30.781	39.73	53.063	34.73
	11	16.934	79.58	23.893	26.78	57.230	50.27	30.993	38.49	53.256	34.21
	21	17.166	78.58	24.160	24.97	57.485	48.87	31.235	37.13	53.479	33.47
	31	17.423	77.43	24.467	23.66	57.774	47.97	31.504	35.69	53.727	32.54
4月	10	17.705	76.13	24.812	22.91	58.095	47.59	31.798	34.16	53.999	31.40
	20	18.008	74.70	25.185	22.77	58.441	47.79	32.115	32.58	54.293	30.08
	30	18.325	73.19	25.574	23.21	58.801	48.54	32.447	31.00	54.603	28.62
5月	10	18.656	71.63	25.975	24.23	59.173	49.82	32.793	29.44	54.925	27.04
	20	18.991	70.07	26.374	25.81	59.543	51.61	33.143	27.97	55.251	25.40
	30	19.322	68.55	26.759	27.86	59.903	53.81	33.490	26.60	55.575	23.74
6月	9	19.646	67.10	27.124	30.36	60.247	56.41	33.829	25.38	55.892	22.11
	19	19.950	65.78	27.455	33.21	60.561	59.31	34.148	24.36	56.190	20.56
	29	20.229	64.63	27.746	36.32	60.841	62.42	34.442	23.54	56.463	19.13
7月	9	20.477	63.65	27.991	39.65	61.081	65.69	34.704	22.95	56.707	17.84
	19	20.686	62.89	28.179	43.08	61.271	69.03	34.924	22.62	56.912	16.74
	29	20.852	62.34	28.312	46.53	61.412	72.34	35.101	22.51	57.076	15.84
8月	8	20.973	62.00	28.384	49.96	61.500	75.60	35.229	22.63	57.196	15.14
	18	21.044	61.87	28.395	53.26	61.532	78.69	35.306	22.96	57.268	14.66
	28	21.071	61.93	28.350	56.37	61.516	81.59	35.335	23.46	57.296	14.37
9月	7	21.052	62.14	28.250	59.26	61.449	84.24	35.316	24.09	57.279	14.26
	17	20.992	62.50	28.100	61.82	61.340	86.56	35.254	24.82	57.223	14.32
	27	20.900	62.93	27.910	64.04	61.195	88.55	35.158	25.58	57.137	14.50
10月	7	20.781	63.43	27.685	65.86	61.021	90.16	35.031	26.36	57.022	14.80
	17	20.645	63.96	27.436	67.22	60.826	91.33	34.887	27.08	56.892	15.17
	27	20.501	64.48	27.174	68.13	60.622	92.09	34.734	27.72	56.753	15.59
11月	6	20.357	64.97	26.904	68.53	60.414	92.38	34.579	28.25	56.614	16.05
	16	20.224	65.41	26.642	68.40	60.214	92.19	34.436	28.64	56.485	16.52
	26	20.107	65.77	26.394	67.78	60.028	91.57	34.310	28.88	56.370	16.98
12月	6	20.012	66.08	26.166	66.63	59.863	90.47	34.207	28.97	56.277	17.44
	16	19.947	66.29	25.971	65.00	59.728	88.95	34.136	28.89	56.211	17.86
	26	19.912	66.41	25.811	62.95	59.624	87.07	34.095	28.67	56.174	18.25
	36	19.908	66.45	25.693	60.51	59.557	84.86	34.089	28.29	56.167	18.58
平位置 (J2024.5)		19.250	62.72	26.803	51.88	60.600	61.88	33.355	23.27	55.562	16.10
年自行		0.0056	−0.061	0.0005	−0.001	0.3540	3.213	−0.0019	−0.043	0.0063	−0.016
视差（角秒）		0.021		0.003		0.292		0.006		0.020	

* 双星，表给视位置为亮星位置，平位置为质心位置。

恒 星 视 位 置

以世界时 0^{h} 为准

2024 年

日 期	1555 γ Equ $4^{m}.70$ F0		797 ζ Cyg $3^{m}.21$ G8		1556 58 G. Mic $5^{m}.41$ K3		(799) τ Cyg $3^{m}.74$ F1		800 α Equ $3^{m}.92$ G0	
	h m 21 11	° ′ +10 13	h m 21 13	° ′ +30 19	h m 21 14	° ′ −27 30	h m 21 15	° ′ +38 08	h m 21 16	° ′ +5 20
日	s	″	s	″	s	″	s	″	s	″
1月 −9	29.050	41.09	55.859	35.29	41.035	86.95	43.298	57.10	59.967	47.73
1	29.014	39.79	55.784	33.38	41.007	86.55	43.197	55.05	59.932	46.64
11	29.007	38.39	55.741	31.23	41.012	85.99	43.131	52.71	59.925	45.49
21	29.032	36.96	55.735	28.92	41.055	85.26	43.107	50.17	59.950	44.33
31	29.089	35.56	55.767	26.57	41.132	84.41	43.125	47.55	60.005	43.22
2月 10	29.176	34.24	55.836	24.24	41.241	83.39	43.184	44.92	60.090	42.20
20	29.296	33.10	55.946	22.06	41.387	82.21	43.290	42.43	60.207	41.35
3月 1	29.447	32.17	56.093	20.13	41.565	80.93	43.439	40.18	60.355	40.71
11	29.630	31.52	56.278	18.50	41.775	79.52	43.631	38.23	60.533	40.32
21	29.843	31.22	56.501	17.29	42.017	78.02	43.865	36.72	60.742	40.26
31	30.082	31.27	56.756	16.53	42.285	76.44	44.134	35.69	60.977	40.51
4月 10	30.348	31.68	57.041	16.25	42.582	74.80	44.437	35.16	61.238	41.09
20	30.635	32.48	57.350	16.51	42.902	73.13	44.767	35.21	61.522	42.02
30	30.937	33.62	57.676	17.26	43.238	71.49	45.114	35.80	61.821	43.24
5月 10	31.251	35.08	58.014	18.48	43.590	69.90	45.474	36.91	62.134	44.74
20	31.568	36.83	58.354	20.17	43.947	68.40	45.835	38.54	62.451	46.47
30	31.882	38.78	58.687	22.22	44.302	67.05	46.188	40.59	62.766	48.38
6月 9	32.187	40.91	59.009	24.61	44.650	65.87	46.527	43.03	63.073	50.41
19	32.472	43.14	59.306	27.27	44.978	64.90	46.839	45.79	63.362	52.51
29	32.731	45.40	59.574	30.09	45.282	64.17	47.119	48.76	63.627	54.61
7月 9	32.961	47.66	59.807	33.04	45.554	63.68	47.359	51.91	63.862	56.68
19	33.150	49.84	59.996	36.02	45.784	63.46	47.552	55.13	64.059	58.65
29	33.300	51.90	60.140	38.96	45.971	63.47	47.697	58.35	64.217	60.47
8月 8	33.406	53.82	60.235	41.83	46.108	63.73	47.789	61.52	64.331	62.14
18	33.465	55.53	60.280	44.54	46.193	64.21	47.827	64.55	64.399	63.60
28	33.481	57.04	60.278	47.04	46.229	64.85	47.816	67.39	64.424	64.86
9月 7	33.455	58.32	60.230	49.31	46.215	65.63	47.755	70.00	64.407	65.89
17	33.391	59.34	60.141	51.27	46.157	66.50	47.649	72.30	64.351	66.69
27	33.297	60.13	60.020	52.93	46.064	67.39	47.509	74.27	64.265	67.27
10月 7	33.178	60.66	59.869	54.24	45.938	68.28	47.336	75.88	64.153	67.63
17	33.042	60.93	59.700	55.16	45.793	69.09	47.143	77.06	64.024	67.76
27	32.899	60.97	59.521	55.71	45.637	69.80	46.938	77.83	63.887	67.70
11月 6	32.754	60.75	59.338	55.84	45.479	70.38	46.726	78.15	63.747	67.43
16	32.618	60.30	59.161	55.56	45.331	70.79	46.521	77.99	63.616	66.97
26	32.495	59.63	58.998	54.90	45.200	71.01	46.329	77.39	63.497	66.35
12月 6	32.392	58.74	58.852	53.82	45.090	71.06	46.154	76.32	63.397	65.56
16	32.314	57.67	58.733	52.39	45.012	70.91	46.007	74.83	63.322	64.64
26	32.263	56.45	58.642	50.64	44.965	70.58	45.888	72.98	63.272	63.62
36	32.241	55.11	58.582	48.61	44.952	70.08	45.805	70.78	63.251	62.50
平位置 (J2024.5)	31.970	53.31	58.826	42.47	44.170	64.74	46.339	62.74	62.870	61.31
年自行 (J2024.5)	0.0035	−0.152	−0.0001	−0.057	0.0072	−0.118	0.0165	0.410	0.0035	−0.086
视 差 (角秒)	0.028		0.022		0.008		0.048		0.018	

恒 星 视 位 置

2024 年 以世界时 0^{h} 为准

日期		1558 σ Cyg $4^{\mathrm{m}}.22$ B9		1559 υ Cyg $4^{\mathrm{m}}.41$ B2		803 α Cep $2^{\mathrm{m}}.45$ A7		GC Grb 3441 $5^{\mathrm{m}}.68$ K0		804 1 Peg $4^{\mathrm{m}}.08$ K1	
		h m 21 18	° ′ +39 29	h m 21 18	° ′ +34 59	h m 21 19	° ′ +62 40	h m 21 22	° ′ +49 29	h m 21 23	° ′ +19 54
	日	s	″	s	″	s	″	s	″	s	″
1月	−9	19.753	48.93	52.623	56.93	06.075	82.75	48.380	37.84	10.336	27.81
	1	19.645	46.87	52.531	54.96	05.789	80.54	48.217	35.71	10.278	26.25
	11	19.571	44.51	52.471	52.71	05.562	77.91	48.094	33.21	10.248	24.51
	21	19.539	41.93	52.450	50.27	05.410	74.95	48.022	30.43	10.251	22.67
	31	19.550	39.27	52.468	47.76	05.335	71.81	48.001	27.52	10.287	20.82
2月	10	19.603	36.59	52.527	45.26	05.341	68.57	48.034	24.55	10.355	19.02
	20	19.705	34.04	52.629	42.88	05.436	65.39	48.126	21.66	10.459	17.37
3月	1	19.850	31.71	52.772	40.74	05.613	62.40	48.272	18.99	10.597	15.94
	11	20.039	29.69	52.956	38.89	05.871	59.69	48.474	16.60	10.768	14.79
	21	20.273	28.10	53.181	37.48	06.207	57.42	48.729	14.64	10.975	14.02
	31	20.543	26.99	53.440	36.52	06.606	55.64	49.030	13.18	11.210	13.65
4月	10	20.847	26.38	53.731	36.06	07.062	54.42	49.372	12.25	11.475	13.70
	20	21.179	26.36	54.050	36.16	07.562	53.83	49.747	11.92	11.765	14.21
	30	21.530	26.88	54.386	36.77	08.086	53.86	50.144	12.19	12.071	15.13
5月	10	21.894	27.93	54.736	37.89	08.626	54.51	50.556	13.03	12.392	16.46
	20	22.260	29.51	55.088	39.51	09.161	55.78	50.968	14.45	12.718	18.17
	30	22.618	31.52	55.433	41.53	09.677	57.59	51.371	16.36	13.040	20.16
6月	9	22.962	33.93	55.766	43.93	10.163	59.90	51.756	18.73	13.354	22.43
	19	23.279	36.68	56.075	46.63	10.599	62.66	52.109	21.50	13.648	24.88
	29	23.563	39.64	56.352	49.52	10.978	65.75	52.423	24.54	13.917	27.43
7月	9	23.808	42.80	56.593	52.58	11.292	69.14	52.691	27.84	14.155	30.06
	19	24.005	46.04	56.789	55.70	11.527	72.71	52.903	31.28	14.352	32.67
	29	24.153	49.28	56.938	58.81	11.685	76.37	53.059	34.76	14.509	35.21
8月	8	24.248	52.50	57.036	61.87	11.760	80.09	53.154	38.26	14.621	37.64
	18	24.288	55.57	57.082	64.78	11.750	83.73	53.185	41.65	14.685	39.90
	28	24.277	58.46	57.080	67.50	11.662	87.24	53.159	44.89	14.706	41.95
9月	7	24.216	61.13	57.029	69.99	11.496	90.57	53.075	47.93	14.682	43.77
	17	24.110	63.49	56.936	72.18	11.260	93.60	52.938	50.66	14.619	45.31
	27	23.968	65.52	56.808	74.05	10.966	96.31	52.759	53.06	14.525	46.58
10月	7	23.793	67.19	56.649	75.57	10.617	98.64	52.540	55.09	14.402	47.55
	17	23.596	68.43	56.469	76.68	10.229	100.49	52.294	56.67	14.261	48.20
	27	23.387	69.26	56.277	77.40	09.815	101.87	52.031	57.80	14.111	48.54
11月	6	23.170	69.62	56.080	77.67	09.383	102.71	51.757	58.42	13.955	48.55
	16	22.959	69.50	55.888	77.50	08.952	102.97	51.485	58.51	13.806	48.23
	26	22.759	68.94	55.708	76.91	08.531	102.69	51.223	58.10	13.669	47.61
12月	6	22.577	67.89	55.545	75.86	08.131	101.80	50.979	57.14	13.547	46.68
	16	22.421	66.42	55.408	74.43	07.771	100.36	50.764	55.69	13.450	45.47
	26	22.295	64.56	55.299	72.64	07.456	98.42	50.581	53.80	13.377	44.04
	36	22.204	62.35	55.222	70.53	07.198	96.01	50.438	51.48	13.332	42.39
平位置 (J2024.5)		22.793	53.96	55.614	62.94	09.749	83.81	51.577	40.79	13.229	37.52
年自行		0.0000	−0.004	0.0010	0.007	0.0217	0.049	0.0037	0.061	0.0075	0.063
视差（角秒）		0.001		0.004		0.067		0.010		0.021	

恒 星 视 位 置

以世界时 0^h 为准

2024 年

日 期		1561 ι Cap 4ᵐ.28 G8		1562 18 Aqr 5ᵐ.48 F0		806 ζ Cap 3ᵐ.77 G4		809 β Cep 3ᵐ.23 B2		807 71 Cyg 5ᵐ.22 K0	
		h m 21 23	° ′ −16 43	h m 21 25	° ′ −12 46	h m 21 28	° ′ −22 17	h m 21 28	° ′ +70 39	h m 21 30	° ′ +46 38
	日	s	″	s	″	s	″	s	″	s	″
1月	−9	33.470	63.89	28.725	37.00	00.700	95.68	53.736	67.09	18.189	54.81
	1	33.440	64.02	28.693	37.31	00.664	95.55	53.267	65.06	18.037	52.78
	11	33.438	64.04	28.689	37.54	00.658	95.28	52.877	62.56	17.922	50.39
	21	33.470	63.94	28.718	37.66	00.686	94.85	52.591	59.67	17.853	47.72
	31	33.535	63.71	28.778	37.66	00.747	94.30	52.412	56.56	17.831	44.92
2月	10	33.615	63.49	28.856	37.40	00.835	93.61	52.348	53.29	17.859	42.05
	20	33.747	62.84	28.982	37.28	00.959	92.69	52.411	50.02	17.942	39.25
3月	1	33.903	62.14	29.133	36.82	01.116	91.64	52.592	46.89	18.076	36.66
	11	34.090	61.28	29.314	36.17	01.304	90.45	52.891	44.00	18.262	34.35
	21	34.307	60.23	29.526	35.31	01.524	89.11	53.303	41.50	18.500	32.45
	31	34.551	59.02	29.764	34.26	01.771	87.65	53.806	39.48	18.781	31.02
4月	10	34.821	57.65	30.029	33.02	02.048	86.07	54.392	37.98	19.104	30.12
	20	35.116	56.15	30.318	31.61	02.348	84.42	55.041	37.10	19.460	29.80
	30	35.428	54.56	30.624	30.07	02.668	82.74	55.726	36.85	19.838	30.06
5月	10	35.755	52.91	30.946	28.42	03.004	81.05	56.436	37.21	20.233	30.89
	20	36.089	51.25	31.274	26.73	03.348	79.40	57.140	38.22	20.631	32.28
	30	36.423	49.63	31.602	25.03	03.692	77.85	57.819	39.78	21.023	34.15
6月	9	36.751	48.08	31.925	23.37	04.032	76.41	58.459	41.89	21.400	36.48
	19	37.062	46.66	32.232	21.81	04.355	75.16	59.033	44.47	21.748	39.19
	29	37.351	45.40	32.517	20.38	04.655	74.11	59.531	47.43	22.061	42.18
7月	9	37.610	44.32	32.773	19.10	04.927	73.28	59.942	50.72	22.332	45.42
	19	37.832	43.47	32.991	18.03	05.160	72.70	60.248	54.26	22.550	48.79
	29	38.013	42.83	33.170	17.16	05.351	72.37	60.451	57.92	22.715	52.21
8月	8	38.148	42.42	33.304	16.51	05.496	72.27	60.544	61.69	22.823	55.65
	18	38.236	42.24	33.391	16.09	05.591	72.41	60.523	65.44	22.870	58.99
	28	38.278	42.25	33.433	15.86	05.640	72.74	60.398	69.09	22.863	62.17
9月	7	38.274	42.44	33.431	15.83	05.640	73.24	60.167	72.60	22.799	65.16
	17	38.228	42.78	33.388	15.97	05.597	73.87	59.838	75.86	22.684	67.85
	27	38.150	43.22	33.312	16.23	05.519	74.58	59.428	78.82	22.529	70.23
10月	7	38.041	43.75	33.207	16.60	05.409	75.32	58.940	81.42	22.335	72.24
	17	37.913	44.31	33.083	17.05	05.278	76.06	58.392	83.57	22.114	73.81
	27	37.776	44.86	32.949	17.53	05.136	76.74	57.802	85.26	21.876	74.95
11月	6	37.635	45.41	32.812	18.03	04.989	77.35	57.178	86.41	21.626	75.60
	16	37.501	45.89	32.682	18.52	04.849	77.85	56.545	86.98	21.377	75.73
	26	37.382	46.31	32.564	18.99	04.723	78.21	55.917	86.99	21.137	75.38
12月	6	37.281	46.66	32.465	19.43	04.615	78.44	55.309	86.37	20.912	74.49
	16	37.207	46.91	32.392	19.81	04.534	78.52	54.748	85.17	20.713	73.13
	26	37.160	47.06	32.344	20.13	04.481	78.45	54.243	83.43	20.543	71.33
	36	37.142	47.12	32.325	20.39	04.458	78.23	53.813	81.17	20.410	69.11
平位置 (J2024.5)		36.433	44.10	31.652	18.24	03.678	74.27	57.988	66.77	21.312	58.07
年自行		0.0021	0.005	0.0063	0.009	−0.0002	0.019	0.0025	0.009	0.0042	0.105
视 差 (角秒)		0.015		0.021		0.008		0.005		0.015	

恒 星 视 位 置

2024 年　　　　以世界时 0^{h} 为准

日　期	1565 2 Peg $4^{m}.52$ M1		808 β Aqr $2^{m}.90$ G0		1568 ρ Cyg $3^{m}.98$ G8		3722 72 Cyg $4^{m}.87$ K1		811 74 Cyg $5^{m}.04$ A5	
	h m 21 31	° ′ +23 44	h m 21 32	° ′ − 5 27	h m 21 34	° ′ +45 41	h m 21 35	° ′ +38 38	h m 21 37	° ′ +40 31
日	s	″	s	″	s	″	s	″	s	″
1月 −9	00.680	41.55	47.959	60.80	51.178	60.33	43.738	36.39	53.035	23.74
1	00.609	39.92	47.920	61.41	51.028	58.35	43.620	34.50	52.908	21.84
11	00.565	38.09	47.908	62.01	50.913	56.00	43.534	32.30	52.812	19.62
21	00.555	36.13	47.926	62.54	50.843	53.38	43.487	29.86	52.757	17.14
31	00.578	34.13	47.974	62.97	50.818	50.62	43.480	27.32	52.743	14.54
2月 10	00.634	32.16	48.048	63.26	50.841	47.79	43.514	24.72	52.771	11.89
20	00.728	30.31	48.154	63.44	50.919	45.03	43.594	22.22	52.848	09.32
3月 1	00.857	28.69	48.292	63.43	51.046	42.46	43.719	19.92	52.969	06.94
11	01.021	27.35	48.460	63.18	51.225	40.16	43.888	17.89	53.138	04.83
21	01.223	26.38	48.660	62.67	51.455	38.27	44.102	16.27	53.353	03.12
31	01.456	25.82	48.886	61.93	51.728	36.84	44.355	15.09	53.608	01.86
4月 10	01.720	25.69	49.140	60.93	52.043	35.92	44.645	14.41	53.902	01.09
20	02.010	26.05	49.419	59.69	52.392	35.60	44.966	14.28	54.228	00.89
30	02.320	26.85	49.717	58.25	52.763	35.83	45.309	14.69	54.576	01.23
5月 10	02.644	28.09	50.030	56.64	53.153	36.63	45.669	15.62	54.943	02.11
20	02.975	29.73	50.351	54.89	53.547	37.99	46.035	17.08	55.316	03.52
30	03.304	31.70	50.673	53.08	53.936	39.83	46.397	18.97	55.684	05.39
6月 9	03.624	33.97	50.991	51.23	54.311	42.12	46.749	21.28	56.042	07.67
19	03.926	36.47	51.293	49.41	54.660	44.80	47.077	23.92	56.377	10.31
29	04.202	39.11	51.574	47.66	54.974	47.75	47.376	26.81	56.681	13.21
7月 9	04.448	41.85	51.828	46.02	55.248	50.95	47.638	29.90	56.948	16.32
19	04.653	44.60	52.045	44.55	55.471	54.29	47.855	33.10	57.169	19.55
29	04.816	47.30	52.224	43.25	55.642	57.68	48.024	36.31	57.341	22.82
8月 8	04.935	49.93	52.360	42.16	55.756	61.09	48.142	39.52	57.461	26.08
18	05.004	52.38	52.450	41.28	55.811	64.40	48.206	42.61	57.526	29.24
28	05.030	54.64	52.496	40.61	55.811	67.57	48.220	45.53	57.540	32.24
9月 7	05.010	56.68	52.499	40.16	55.757	70.54	48.183	48.26	57.502	35.04
17	04.950	58.44	52.461	39.90	55.651	73.22	48.101	50.69	57.417	37.56
27	04.857	59.92	52.392	39.81	55.505	75.60	47.981	52.82	57.293	39.77
10月 7	04.735	61.08	52.294	39.89	55.321	77.61	47.826	54.60	57.134	41.63
17	04.592	61.90	52.176	40.10	55.110	79.19	47.647	55.96	56.949	43.08
27	04.438	62.40	52.048	40.42	54.880	80.35	47.453	56.94	56.749	44.13
11月 6	04.278	62.54	51.915	40.83	54.639	81.02	47.249	57.46	56.537	44.71
16	04.122	62.32	51.788	41.32	54.398	81.18	47.046	57.51	56.326	44.81
26	03.976	61.77	51.672	41.85	54.165	80.86	46.852	57.12	56.122	44.47
12月 6	03.845	60.86	51.572	42.43	53.945	80.02	46.670	56.26	55.931	43.63
16	03.736	59.65	51.495	43.03	53.750	78.69	46.512	54.96	55.764	42.35
26	03.651	58.17	51.442	43.63	53.583	76.94	46.379	53.28	55.621	40.67
36	03.593	56.45	51.415	44.23	53.450	74.78	46.277	51.24	55.510	38.61
平位置 (J2024.5)	03.558	50.09	50.810	44.00	54.270	63.53	46.728	41.19	56.039	28.01
年自行 (J2024.5)	0.0018	0.004	0.0015	−0.007	−0.0024	−0.095	0.0100	0.094	−0.0002	0.012
视　差（角秒）	0.007		0.005		0.026		0.013		0.016	

恒　星　视　位　置

以世界时 0^h 为准　　**2024 年**

日　期	3725 9 Cep $4^m.76$ B2		1570 5 Peg $5^m.46$ F1		1569 ξ Aqr $4^m.68$ A7		813 13 H. Cep $5^m.74$ O6		812 γ Cap+ $3^m.69$ A7	
	h m 21 38	° ′ +62 11	h m 21 38	° ′ +19 25	h m 21 39	° ′ − 7 44	h m 21 39	° ′ +57 35	h m 21 41	° ′ −16 32
日	s	″	s	″	s	″	s	″	s	″
1月 −9	31.063	34.70	51.435	37.84	00.406	53.03	39.915	60.98	23.831	81.85
1	30.760	32.72	51.368	36.38	00.364	53.55	39.669	59.00	23.788	81.99
11	30.510	30.29	51.326	34.74	00.348	54.02	39.468	56.59	23.771	82.03
21	30.328	27.50	51.316	32.99	00.362	54.41	39.326	53.84	23.786	81.92
31	30.219	24.48	51.336	31.23	00.405	54.69	39.245	50.87	23.831	81.68
2月 10	30.186	21.31	51.389	29.49	00.476	54.82	39.230	47.78	23.911	81.39
20	30.240	18.14	51.476	27.89	00.575	54.86	39.288	44.70	24.006	80.77
3月 1	30.375	15.13	51.598	26.50	00.709	54.69	39.416	41.78	24.144	80.01
11	30.592	12.34	51.754	25.36	00.873	54.30	39.613	39.10	24.313	79.10
21	30.890	09.95	51.946	24.59	01.069	53.66	39.881	36.81	24.513	77.99
31	31.254	08.01	52.169	24.20	01.292	52.79	40.207	34.99	24.743	76.71
4月 10	31.681	06.60	52.424	24.21	01.544	51.69	40.587	33.68	25.001	75.27
20	32.158	05.80	52.706	24.68	01.821	50.37	41.012	32.99	25.286	73.70
30	32.666	05.61	53.007	25.55	02.118	48.87	41.466	32.89	25.591	72.03
5月 10	33.198	06.02	53.325	26.82	02.432	47.22	41.942	33.39	25.914	70.29
20	33.732	07.07	53.651	28.47	02.755	45.46	42.422	34.50	26.247	68.53
30	34.255	08.66	53.976	30.42	03.079	43.66	42.893	36.15	26.582	66.81
6月 9	34.755	10.78	54.296	32.63	03.401	41.83	43.346	38.32	26.915	65.16
19	35.213	13.37	54.599	35.04	03.708	40.05	43.763	40.93	27.233	63.64
29	35.619	16.32	54.878	37.56	03.994	38.38	44.136	43.89	27.532	62.29
7月 9	35.967	19.60	55.129	40.16	04.254	36.82	44.458	47.15	27.804	61.12
19	36.240	23.10	55.341	42.76	04.479	35.44	44.715	50.63	28.040	60.18
29	36.439	26.73	55.513	45.28	04.665	34.25	44.906	54.21	28.236	59.46
8月 8	36.559	30.45	55.642	47.72	04.808	33.27	45.028	57.87	28.389	58.99
18	36.595	34.13	55.723	49.98	04.905	32.52	45.075	61.49	28.494	58.76
28	36.555	37.72	55.761	52.05	04.958	31.98	45.054	64.99	28.553	58.74
9月 7	36.436	41.16	55.754	53.90	04.968	31.64	44.965	68.34	28.567	58.91
17	36.246	44.34	55.707	55.48	04.936	31.51	44.811	71.41	28.538	59.26
27	35.995	47.22	55.627	56.80	04.872	31.54	44.605	74.20	28.474	59.72
10月 7	35.687	49.75	55.518	57.82	04.778	31.71	44.349	76.62	28.379	60.27
17	35.336	51.84	55.388	58.52	04.664	32.01	44.055	78.60	28.262	60.88
27	34.954	53.47	55.247	58.94	04.538	32.39	43.734	80.13	28.132	61.49
11月 6	34.547	54.58	55.098	59.03	04.407	32.85	43.394	81.15	27.996	62.08
16	34.135	55.12	54.952	58.80	04.280	33.35	43.049	81.61	27.864	62.63
26	33.725	55.11	54.815	58.28	04.163	33.87	42.708	81.54	27.743	63.10
12月 6	33.330	54.50	54.692	57.44	04.062	34.42	42.380	80.89	27.637	63.50
16	32.966	53.33	54.589	56.34	03.983	34.95	42.081	79.68	27.554	63.79
26	32.639	51.63	54.508	55.01	03.927	35.47	41.814	77.98	27.495	63.98
36	32.362	49.43	54.454	53.47	03.897	35.96	41.590	75.78	27.464	64.05
平位置 (J2024.5)	34.656	34.95	54.270	47.46	03.235	35.50	43.306	61.86	26.686	61.71
年自行	−0.0003	−0.003	0.0070	0.014	0.0078	−0.024	−0.0004	−0.002	0.0130	−0.022
视　差　(角秒)	0.001		0.010		0.018		0.003		0.023	

恒 星 视 位 置

2024 年 以世界时 0^h 为准

日 期		817 11 Cep $4^m.55$ K0		815 ε Peg $2^m.5$～$2^m.6$ K2		(816) κ Peg m $4^m.14$ F5		1572 ν Cep $4^m.25$ A2		814 ι PsA $4^m.35$ B9	
		h m 21 42	° ′ +71 24	h m 21 45	° ′ + 9 58	h m 21 45	° ′ +25 45	h m 21 46	° ′ +61 13	h m 21 46	° ′ −32 54
	日	s	″	s	″	s	″	s	″	s	″
1月	−9	11.961	89.14	20.577	65.79	42.553	23.12	05.852	63.98	21.012	70.73
	1	11.450	87.29	20.519	64.64	42.469	21.55	05.556	62.09	20.951	70.17
	11	11.015	84.94	20.486	63.39	42.411	19.75	05.308	59.75	20.921	69.38
	21	10.682	82.18	20.481	62.10	42.384	17.79	05.124	57.02	20.927	68.36
	31	10.457	79.15	20.505	60.83	42.390	15.77	05.009	54.06	20.968	67.15
2月	10	10.349	75.93	20.558	59.62	42.429	13.74	04.966	50.93	21.042	65.75
	20	10.374	72.67	20.644	58.56	42.506	11.83	05.007	47.79	21.154	64.17
3月	1	10.521	69.52	20.761	57.69	42.619	10.11	05.126	44.79	21.301	62.45
	11	10.793	66.57	20.911	57.07	42.769	08.65	05.325	42.00	21.484	60.61
	21	11.187	63.98	21.095	56.77	42.959	07.56	05.603	39.58	21.704	58.68
	31	11.680	61.83	21.309	56.80	43.182	06.87	05.948	37.62	21.955	56.70
4月	10	12.264	60.18	21.554	57.19	43.439	06.61	06.355	36.15	22.240	54.67
	20	12.921	59.15	21.825	57.95	43.725	06.84	06.814	35.30	22.553	52.67
	30	13.622	58.72	22.117	59.05	44.033	07.52	07.305	35.04	22.890	50.72
5月	10	14.355	58.90	22.426	60.46	44.359	08.64	07.822	35.39	23.248	48.86
	20	15.090	59.74	22.745	62.17	44.694	10.20	08.346	36.37	23.617	47.16
	30	15.804	61.14	23.065	64.09	45.028	12.10	08.860	37.90	23.990	45.65
6月	9	16.484	63.09	23.382	66.20	45.358	14.33	09.356	39.95	24.362	44.35
	19	17.102	65.55	23.684	68.42	45.669	16.81	09.813	42.48	24.720	43.33
	29	17.645	68.39	23.966	70.69	45.957	19.46	10.223	45.38	25.056	42.59
7月	9	18.103	71.60	24.221	72.98	46.216	22.23	10.576	48.61	25.364	42.15
	19	18.456	75.08	24.440	75.20	46.435	25.05	10.859	52.08	25.632	42.03
	29	18.704	78.72	24.621	77.31	46.613	27.83	11.072	55.69	25.857	42.20
8月	8	18.840	82.49	24.759	79.28	46.746	30.56	11.208	59.39	26.033	42.66
	18	18.858	86.27	24.853	81.07	46.831	33.13	11.262	63.07	26.155	43.38
	28	18.769	89.98	24.903	82.65	46.871	35.53	11.243	66.67	26.226	44.30
9月	7	18.569	93.58	24.910	84.01	46.865	37.72	11.147	70.13	26.244	45.39
	17	18.266	96.95	24.878	85.12	46.817	39.63	10.980	73.34	26.213	46.58
	27	17.876	100.05	24.813	85.99	46.735	41.27	10.755	76.27	26.140	47.81
10月	7	17.401	102.82	24.718	86.62	46.621	42.59	10.472	78.85	26.030	49.03
	17	16.859	105.15	24.603	86.99	46.486	43.57	10.145	81.00	25.893	50.16
	27	16.268	107.04	24.476	87.14	46.336	44.23	09.787	82.70	25.739	51.15
11月	6	15.635	108.40	24.341	87.04	46.178	44.51	09.404	83.89	25.576	51.96
	16	14.987	109.18	24.209	86.71	46.021	44.42	09.012	84.51	25.415	52.55
	26	14.336	109.40	24.086	86.18	45.871	43.99	08.621	84.60	25.266	52.89
12月	6	13.698	109.00	23.975	85.44	45.732	43.19	08.241	84.08	25.133	52.97
	16	13.102	108.00	23.884	84.52	45.614	42.06	07.889	83.00	25.026	52.78
	26	12.556	106.45	23.813	83.46	45.516	40.64	07.571	81.39	24.947	52.34
	36	12.082	104.35	23.767	82.26	45.445	38.96	07.298	79.27	24.899	51.65
平位置	(J2024.5)	16.286	88.21	23.358	78.07	45.395	30.89	09.381	64.05	23.955	46.07
年自行		0.0247	0.096	0.0020	0.001	0.0026	0.011	−0.0004	−0.002	0.0026	−0.094
视 差 (角秒)		0.019		0.005		0.028		0.001		0.016	

恒星视位置

以世界时 0h 为准

2024 年

日期		821 π² Cyg 4ᵐ23 B3		818 λ Cap 5ᵐ57 A1		819 δ Cap 2ᵐ85 A5		1574 11 Peg 5ᵐ63 A1		1575 14 Peg 5ᵐ07 A1	
		h m 21 47	° ′ +49 24	h m 21 47	° ′ −11 14	h m 21 48	° ′ −16 00	h m 21 48	° ′ + 2 47	h m 21 50	° ′ +30 16
	日	s	″	s	″	s	″	s	″	s	″
1月	−9	38.942	83.26	48.286	85.51	20.564	74.00	25.697	47.16	52.992	74.66
	1	38.760	81.39	48.239	85.88	20.516	74.18	25.644	46.26	52.893	73.04
	11	38.613	79.12	48.216	86.18	20.495	74.24	25.615	45.32	52.820	71.14
	21	38.511	76.53	48.223	86.36	20.504	74.17	25.614	44.39	52.779	69.05
	31	38.457	73.76	48.259	86.42	20.542	73.96	25.641	43.52	52.772	66.87
2月	10	38.454	70.87	48.326	86.32	20.614	73.63	25.695	42.74	52.800	64.66
	20	38.510	68.01	48.411	86.13	20.703	73.11	25.782	42.11	52.868	62.54
3月	1	38.620	65.32	48.541	85.71	20.834	72.36	25.898	41.67	52.975	60.60
	11	38.787	62.85	48.698	85.08	20.996	71.45	26.047	41.46	53.121	58.92
	21	39.012	60.77	48.888	84.24	21.190	70.35	26.229	41.54	53.309	57.60
	31	39.285	59.14	49.106	83.18	21.414	69.08	26.441	41.92	53.533	56.69
4月	10	39.606	58.01	49.354	81.92	21.667	67.64	26.682	42.61	53.793	56.22
	20	39.966	57.46	49.629	80.47	21.947	66.06	26.951	43.61	54.085	56.27
	30	40.353	57.48	49.925	78.88	22.249	64.37	27.240	44.88	54.399	56.79
5月	10	40.762	58.08	50.240	77.16	22.569	62.61	27.547	46.41	54.733	57.78
	20	41.178	59.26	50.565	75.37	22.901	60.83	27.864	48.16	55.077	59.25
	30	41.591	60.94	50.893	73.57	23.236	59.08	28.184	50.06	55.421	61.10
6月	9	41.993	63.10	51.220	71.78	23.569	57.39	28.502	52.08	55.759	63.31
	19	42.368	65.69	51.534	70.07	23.889	55.83	28.806	54.15	56.080	65.81
	29	42.708	68.58	51.829	68.48	24.191	54.42	29.091	56.21	56.377	68.51
7月	9	43.008	71.77	52.098	67.05	24.466	53.21	29.350	58.23	56.643	71.39
	19	43.254	75.13	52.333	65.81	24.706	52.22	29.574	60.14	56.870	74.33
	29	43.447	78.58	52.529	64.78	24.907	51.46	29.761	61.91	57.054	77.27
8月	8	43.581	82.08	52.683	63.98	25.065	50.95	29.906	63.51	57.192	80.19
	18	43.652	85.52	52.791	63.42	25.176	50.68	30.006	64.89	57.280	82.97
	28	43.666	88.85	52.854	63.07	25.242	50.63	30.064	66.07	57.322	85.59
9月	7	43.621	92.01	52.873	62.93	25.262	50.78	30.078	67.03	57.317	88.01
	17	43.521	94.90	52.850	62.99	25.239	51.11	30.052	67.76	57.269	90.16
	27	43.377	97.50	52.792	63.19	25.180	51.56	29.993	68.27	57.185	92.02
10月	7	43.189	99.75	52.704	63.53	25.090	52.12	29.905	68.58	57.067	93.57
	17	42.971	101.58	52.594	63.96	24.978	52.73	29.796	68.67	56.926	94.76
	27	42.730	102.98	52.471	64.45	24.852	53.36	29.674	68.60	56.770	95.59
11月	6	42.472	103.89	52.340	64.98	24.718	53.98	29.545	68.35	56.602	96.03
	16	42.211	104.29	52.213	65.52	24.588	54.55	29.419	67.94	56.435	96.07
	26	41.954	104.18	52.095	66.04	24.466	55.05	29.301	67.40	56.273	95.73
12月	6	41.706	103.53	51.990	66.54	24.359	55.49	29.195	66.73	56.121	94.97
	16	41.482	102.37	51.906	66.98	24.274	55.81	29.109	65.96	55.988	93.85
	26	41.283	100.75	51.845	67.37	24.212	56.03	29.043	65.11	55.877	92.41
	36	41.118	98.68	51.809	67.70	24.176	56.15	29.001	64.19	55.790	90.65
平位置 (J2024.5)		42.077	85.30	51.071	66.83	23.377	54.03	28.456	61.59	55.848	81.07
年自行		0.0004	−0.002	0.0021	−0.009	0.0183	−0.296	0.0004	−0.003	0.0015	−0.026
视差（角秒）		0.003		0.011		0.085		0.007		0.011	

恒 星 视 位 置

2024 年　　　　以世界时 0^h 为准

日 期		823		1577		822		826		GC	
		16 Peg		μ Cap		γ Gru		20 Peg		Grb 3655	
		5ᵐ.09	B3	5ᵐ.08	F3	3ᵐ.00	B8	5ᵐ.61	F4	5ᵐ.57	A0
		h m	° ′	h m	° ′	h m	° ′	h m	° ′	h m	° ′
		21 54	+26 02	21 54	−13 25	21 55	−37 14	22 02	+13 13	22 03	+44 45
	日	s	″	s	″	s	″	s	″	s	″
1月	−9	07.955	21.22	34.979	86.87	21.330	80.63	14.285	65.86	53.174	65.01
	1	07.865	19.70	34.928	87.16	21.253	79.92	14.214	64.70	53.010	63.34
	11	07.799	17.94	34.901	87.34	21.208	78.94	14.164	63.39	52.874	61.27
	21	07.765	16.02	34.903	87.40	21.201	77.69	14.142	62.01	52.777	58.90
	31	07.761	14.02	34.934	87.33	21.230	76.23	14.148	60.64	52.720	56.33
2月	10	07.791	12.01	34.996	87.10	21.294	74.56	14.182	59.29	52.707	53.65
	20	07.858	10.10	35.075	86.78	21.398	72.71	14.249	58.08	52.745	50.97
3月	1	07.962	08.38	35.200	86.16	21.540	70.72	14.347	57.05	52.834	48.43
	11	08.103	06.90	35.353	85.38	21.719	68.62	14.480	56.25	52.973	46.10
	21	08.284	05.77	35.538	84.39	21.937	66.44	14.649	55.77	53.166	44.12
	31	08.501	05.04	35.754	83.22	22.190	64.23	14.851	55.63	53.407	42.56
4月	10	08.752	04.73	35.999	81.85	22.478	62.01	15.085	55.85	53.693	41.47
	20	09.034	04.90	36.273	80.31	22.799	59.83	15.349	56.47	54.019	40.93
	30	09.339	05.53	36.568	78.64	23.145	57.76	15.635	57.44	54.374	40.93
5月	10	09.663	06.60	36.884	76.87	23.514	55.81	15.943	58.75	54.754	41.48
	20	09.998	08.10	37.211	75.05	23.897	54.05	16.262	60.40	55.146	42.60
	30	10.335	09.96	37.543	73.24	24.286	52.52	16.586	62.29	55.539	44.19
6月	9	10.668	12.15	37.874	71.46	24.675	51.25	16.909	64.40	55.926	46.26
	19	10.984	14.60	38.193	69.78	25.051	50.29	17.219	66.67	56.293	48.73
	29	11.278	17.23	38.494	68.25	25.406	49.64	17.510	69.01	56.632	51.50
7月	9	11.544	19.99	38.771	66.88	25.733	49.33	17.777	71.40	56.936	54.56
	19	11.771	22.81	39.013	65.72	26.021	49.37	18.009	73.76	57.193	57.79
	29	11.958	25.60	39.218	64.79	26.264	49.72	18.204	76.04	57.403	61.12
8月	8	12.101	28.34	39.380	64.10	26.457	50.38	18.358	78.20	57.559	64.50
	18	12.195	30.94	39.496	63.65	26.594	51.31	18.466	80.19	57.658	67.82
	28	12.244	33.38	39.567	63.42	26.677	52.46	18.532	81.98	57.703	71.04
9月	7	12.248	35.61	39.593	63.41	26.705	53.78	18.554	83.56	57.693	74.10
	17	12.209	37.57	39.576	63.59	26.680	55.19	18.536	84.88	57.632	76.92
	27	12.135	39.26	39.525	63.90	26.610	56.63	18.484	85.96	57.528	79.46
10月	7	12.029	40.64	39.441	64.35	26.499	58.05	18.401	86.79	57.383	81.68
	17	11.899	41.68	39.335	64.87	26.358	59.35	18.295	87.34	57.207	83.49
	27	11.755	42.40	39.214	65.44	26.197	60.48	18.174	87.65	57.009	84.91
11月	6	11.599	42.75	39.085	66.02	26.024	61.40	18.044	87.68	56.792	85.88
	16	11.444	42.73	38.958	66.59	25.851	62.04	17.913	87.47	56.570	86.35
	26	11.294	42.37	38.838	67.11	25.688	62.40	17.787	87.02	56.349	86.35
12月	6	11.154	41.63	38.732	67.59	25.539	62.45	17.670	86.33	56.133	85.84
	16	11.032	40.57	38.645	67.99	25.417	62.18	17.570	85.44	55.936	84.85
	26	10.930	39.21	38.580	68.31	25.322	61.61	17.488	84.37	55.758	83.41
	36	10.852	37.57	38.540	68.53	25.259	60.75	17.427	83.13	55.608	81.54
平位置	(J2024.5)	10.767	28.72	37.741	67.44	24.241	54.57	17.002	76.98	56.169	67.47
年自行		0.0007	0.000	0.0214	0.014	0.0085	−0.020	0.0039	−0.057	−0.0021	−0.036
视 差 （角秒）		0.006		0.036		0.016		0.014		0.006	

恒 星 视 位 置

以世界时 0^h 为准

2024 年

日期		3765 o Aqr 4ᵐ.74 B7		830 20 Cep 5ᵐ.27 K4		827 α Aqr 2ᵐ.95 G2		828 ι Aqr 4ᵐ.29 B8		831 ι Peg 3ᵐ.77 F5	
		h m 22 04	° ′ −2 01	h m 22 05	° ′ +62 53	h m 22 06	° ′ −0 11	h m 22 07	° ′ −13 44	h m 22 08	° ′ +25 27
	日	s	″	s	″	s	″	s	″	s	″
1月	−9	32.128	86.13	41.724	81.67	59.812	75.10	42.774	79.25	06.446	48.74
	1	32.069	86.83	41.386	80.03	59.750	75.86	42.714	79.53	06.351	47.33
	11	32.031	87.53	41.092	77.90	59.710	76.63	42.676	79.71	06.278	45.67
	21	32.020	88.18	40.860	75.35	59.695	77.36	42.666	79.75	06.234	43.85
	31	32.035	88.74	40.697	72.51	59.707	78.03	42.683	79.65	06.220	41.95
2月	10	32.077	89.20	40.608	69.46	59.746	78.59	42.729	79.40	06.237	40.02
	20	32.149	89.47	40.605	66.34	59.814	78.98	42.799	79.15	06.291	38.17
3月	1	32.250	89.61	40.686	63.30	59.912	79.22	42.905	78.37	06.381	36.49
	11	32.386	89.52	40.853	60.42	60.044	79.23	43.044	77.53	06.509	35.04
	21	32.555	89.15	41.107	57.87	60.210	78.96	43.217	76.49	06.678	33.92
	31	32.754	88.51	41.436	55.72	60.407	78.42	43.420	75.27	06.882	33.18
4月	10	32.985	87.61	41.837	54.04	60.636	77.60	43.655	73.84	07.124	32.85
	20	33.245	86.43	42.297	52.95	60.893	76.48	43.920	72.25	07.397	32.99
	30	33.528	85.02	42.799	52.44	61.175	75.12	44.208	70.53	07.697	33.57
5月	10	33.831	83.40	43.335	52.53	61.477	73.53	44.519	68.71	08.018	34.59
	20	34.148	81.61	43.885	53.25	61.793	71.75	44.844	66.84	08.352	36.04
	30	34.470	79.71	44.431	54.53	62.114	69.85	45.175	64.97	08.690	37.84
6月	9	34.793	77.73	44.964	56.36	62.437	67.84	45.508	63.14	09.026	39.98
	19	35.105	75.74	45.463	58.69	62.749	65.81	45.832	61.41	09.349	42.38
	29	35.400	73.79	45.917	61.42	63.044	63.81	46.139	59.83	09.652	44.95
7月	9	35.672	71.93	46.318	64.52	63.317	61.87	46.423	58.42	09.928	47.67
	19	35.911	70.20	46.648	67.90	63.557	60.06	46.675	57.23	10.167	50.45
	29	36.115	68.65	46.907	71.46	63.761	58.41	46.890	56.27	10.368	53.21
8月	8	36.277	67.28	47.088	75.15	63.925	56.93	47.065	55.55	10.525	55.94
	18	36.395	66.14	47.186	78.88	64.044	55.68	47.193	55.09	10.635	58.53
	28	36.471	65.21	47.206	82.55	64.122	54.64	47.277	54.86	10.700	60.96
9月	7	36.503	64.51	47.145	86.14	64.155	53.83	47.315	54.86	10.719	63.20
	17	36.494	64.04	47.008	89.51	64.148	53.25	47.311	55.05	10.696	65.17
	27	36.451	63.76	46.807	92.63	64.107	52.86	47.271	55.40	10.637	66.89
10月	7	36.377	63.67	46.543	95.44	64.034	52.69	47.197	55.88	10.545	68.31
	17	36.279	63.76	46.227	97.84	63.938	52.69	47.099	56.44	10.428	69.39
	27	36.167	63.98	45.873	99.83	63.828	52.85	46.985	57.05	10.295	70.17
11月	6	36.045	64.33	45.486	101.31	63.707	53.16	46.859	57.68	10.149	70.58
	16	35.924	64.79	45.082	102.24	63.586	53.59	46.734	58.29	10.000	70.64
	26	35.807	65.32	44.672	102.63	63.469	54.11	46.614	58.85	09.854	70.37
12月	6	35.701	65.94	44.265	102.42	63.362	54.73	46.504	59.35	09.716	69.73
	16	35.612	66.59	43.879	101.62	63.272	55.41	46.412	59.77	09.593	68.76
	26	35.541	67.27	43.522	100.28	63.199	56.14	46.340	60.10	09.487	67.51
	36	35.491	67.96	43.205	98.40	63.147	56.90	46.289	60.32	09.403	65.98
平位置 (J2024.5)		34.804	70.21	45.287	80.71	62.475	59.77	45.440	59.64	09.218	56.16
年自行 (J2024.5)		0.0017	−0.011	0.0021	0.058	0.0012	−0.009	0.0027	−0.058	0.0219	0.027
视差（角秒）		0.009		0.010		0.004		0.019		0.085	

恒 星 视 位 置

2024 年 以世界时 0^h 为准

日 期	837 24 Cep $4^m.79$ G8		833 27 Peg $5^m.58$ G6		835 π Peg $4^m.28$ F5		834 θ Peg $3^m.52$ A2		836 ζ Cep $3^m.39$ K1	
	h m 22 10	° ′ +72 27	h m 22 10	° ′ +33 17	h m 22 11	° ′ +33 17	h m 22 11	° ′ + 6 18	h m 22 11	° ′ +58 18
日	s	″	s	″	s	″	s	″	s	″
1月 −9	11.962	46.30	16.122	29.01	01.884	52.12	23.478	56.15	39.150	81.93
1	11.376	44.83	16.003	27.50	01.765	50.61	23.410	55.21	38.871	80.34
11	10.857	42.82	15.907	25.68	01.669	48.80	23.363	54.20	38.629	78.27
21	10.432	40.33	15.842	23.62	01.604	46.75	23.341	53.16	38.437	75.79
31	10.113	37.51	15.810	21.44	01.571	44.57	23.345	52.17	38.303	73.04
2月 10	09.910	34.43	15.812	19.18	01.572	42.31	23.376	51.24	38.230	70.09
20	09.843	31.22	15.856	16.96	01.615	40.10	23.438	50.46	38.231	67.07
3月 1	09.908	28.05	15.939	14.90	01.697	38.04	23.530	49.85	38.302	64.12
11	10.107	24.99	16.065	13.05	01.822	36.19	23.656	49.46	38.447	61.34
21	10.442	22.22	16.235	11.54	01.992	34.68	23.817	49.36	38.668	58.87
31	10.891	19.83	16.446	10.43	02.202	33.57	24.010	49.57	38.954	56.81
4月 10	11.449	17.89	16.696	09.74	02.452	32.88	24.236	50.10	39.304	55.21
20	12.097	16.52	16.982	09.57	02.737	32.70	24.492	50.97	39.708	54.18
30	12.806	15.73	17.295	09.87	03.050	33.00	24.772	52.13	40.152	53.73
5月 10	13.564	15.54	17.631	10.67	03.386	33.79	25.074	53.59	40.627	53.86
20	14.341	16.00	17.982	11.95	03.737	35.07	25.390	55.31	41.119	54.61
30	15.111	17.04	18.335	13.65	04.091	36.77	25.711	57.21	41.610	55.90
6月 9	15.860	18.65	18.687	15.74	04.443	38.85	26.034	59.27	42.093	57.73
19	16.558	20.80	19.024	18.16	04.780	41.27	26.347	61.43	42.549	60.06
29	17.188	23.38	19.339	20.82	05.096	43.93	26.643	63.61	42.967	62.77
7月 9	17.739	26.37	19.625	23.69	05.383	46.79	26.916	65.78	43.341	65.84
19	18.189	29.69	19.873	26.67	05.631	49.78	27.156	67.88	43.654	69.17
29	18.535	33.22	20.079	29.69	05.838	52.79	27.361	69.85	43.906	72.67
8月 8	18.770	36.95	20.239	32.71	06.000	55.81	27.527	71.68	44.090	76.31
18	18.882	40.75	20.349	35.63	06.111	58.74	27.647	73.30	44.200	79.96
28	18.883	44.53	20.413	38.42	06.175	61.53	27.726	74.73	44.242	83.56
9月 7	18.766	48.28	20.427	41.04	06.191	64.15	27.761	75.93	44.213	87.06
17	18.537	51.84	20.397	43.40	06.161	66.52	27.756	76.89	44.117	90.35
27	18.211	55.19	20.329	45.50	06.094	68.62	27.717	77.63	43.964	93.40
10月 7	17.788	58.26	20.224	47.29	05.991	70.42	27.646	78.13	43.755	96.13
17	17.285	60.93	20.093	48.71	05.860	71.85	27.552	78.41	43.501	98.46
27	16.719	63.20	19.943	49.79	05.710	72.94	27.442	78.49	43.213	100.38
11月 6	16.095	64.97	19.778	50.47	05.546	73.62	27.322	78.36	42.896	101.82
16	15.439	66.18	19.608	50.73	05.377	73.89	27.200	78.05	42.564	102.72
26	14.765	66.85	19.440	50.60	05.209	73.76	27.081	77.58	42.227	103.09
12月 6	14.089	66.89	19.278	50.03	05.047	73.21	26.971	76.93	41.892	102.88
16	13.438	66.31	19.131	49.07	04.900	72.26	26.876	76.16	41.574	102.10
26	12.825	65.16	19.002	47.76	04.770	70.95	26.798	75.28	41.279	100.80
36	12.272	63.42	18.894	46.09	04.662	69.29	26.740	74.31	41.018	98.97
平位置 (J2024.5)	16.318	43.95	18.937	34.10	04.699	57.21	26.141	69.40	42.484	81.42
年自行	0.0074	0.002	−0.0047	−0.065	−0.0010	−0.018	0.0189	0.032	0.0016	0.004
视 差 (角秒)	0.009		0.012		0.013		0.034		0.004	

恒 星 视 位 置

以世界时 0^h 为准

2024 年

日期		1583 1 H. Lac $4^m.50$ K3		838 λ PsA $5^m.45$ B7		GC ε Cep $4^m.18$ F0		840 θ Aqr $4^m.17$ G8		843 31 Peg $4^m.82$ B2	
		h m 22 14	° ′ +39 49	h m 22 15	° ′ −27 38	h m 22 15	° ′ +57 09	h m 22 18	° ′ − 7 39	h m 22 22	° ′ +12 19
	日	s	″	s	″	s	″	s	″	s	″
1月	−9	53.151	70.62	39.085	64.35	53.366	59.40	04.891	55.41	40.857	34.56
	1	53.005	69.09	39.009	64.12	53.099	57.85	04.826	55.90	40.777	33.51
	11	52.883	67.20	38.957	63.67	52.867	55.83	04.781	56.35	40.716	32.33
	21	52.794	65.01	38.935	62.99	52.683	53.40	04.761	56.70	40.678	31.07
	31	52.741	62.65	38.944	62.09	52.553	50.69	04.766	56.93	40.666	29.81
2月	10	52.726	60.17	38.982	61.00	52.481	47.78	04.799	57.03	40.681	28.58
	20	52.757	57.70	39.054	59.69	52.480	44.80	04.863	56.87	40.728	27.46
3月	1	52.833	55.36	39.159	58.19	52.547	41.89	04.947	56.71	40.805	26.52
	11	52.956	53.22	39.299	56.53	52.685	39.13	05.073	56.24	40.917	25.79
	21	53.128	51.41	39.476	54.72	52.897	36.69	05.232	55.52	41.066	25.35
	31	53.345	49.99	39.687	52.79	53.173	34.64	05.422	54.58	41.250	25.23
4月	10	53.606	49.02	39.933	50.78	53.511	33.05	05.645	53.40	41.468	25.46
	20	53.907	48.57	40.212	48.70	53.903	32.02	05.898	51.99	41.718	26.07
	30	54.237	48.64	40.517	46.63	54.334	31.56	06.176	50.41	41.995	27.02
5月	10	54.593	49.22	40.847	44.58	54.798	31.68	06.478	48.65	42.295	28.31
	20	54.964	50.34	41.194	42.63	55.279	32.41	06.795	46.79	42.611	29.92
	30	55.338	51.92	41.549	40.81	55.761	33.69	07.121	44.86	42.935	31.77
6月	9	55.711	53.94	41.909	39.16	56.237	35.50	07.449	42.91	43.261	33.84
	19	56.068	56.34	42.260	37.74	56.687	37.80	07.769	41.01	43.578	36.07
	29	56.401	59.03	42.596	36.58	57.103	40.49	08.074	39.20	43.880	38.38
7月	9	56.703	61.97	42.909	35.70	57.476	43.53	08.358	37.51	44.159	40.73
	19	56.964	65.08	43.187	35.14	57.791	46.84	08.611	36.00	44.407	43.06
	29	57.182	68.27	43.428	34.87	58.047	50.32	08.830	34.69	44.620	45.31
8月	8	57.350	71.50	43.626	34.91	58.238	53.93	09.008	33.60	44.794	47.45
	18	57.466	74.67	43.773	35.24	58.357	57.57	09.142	32.76	44.923	49.42
	28	57.531	77.73	43.873	35.81	58.410	61.15	09.234	32.14	45.010	51.20
9月	7	57.544	80.64	43.923	36.61	58.394	64.63	09.281	31.76	45.054	52.76
	17	57.509	83.31	43.924	37.57	58.312	67.91	09.286	31.60	45.057	54.08
	27	57.434	85.72	43.885	38.63	58.175	70.95	09.256	31.62	45.025	55.17
10月	7	57.319	87.82	43.808	39.76	57.983	73.68	09.193	31.82	44.961	56.01
	17	57.174	89.54	43.701	40.87	57.747	76.02	09.105	32.15	44.871	56.58
	27	57.007	90.89	43.575	41.91	57.478	77.94	09.000	32.57	44.765	56.92
11月	6	56.822	91.82	43.434	42.84	57.180	79.39	08.883	33.08	44.645	57.00
	16	56.631	92.28	43.291	43.60	56.867	80.31	08.764	33.62	44.522	56.85
	26	56.438	92.31	43.152	44.18	56.548	80.71	08.648	34.19	44.400	56.48
12月	6	56.250	91.86	43.023	44.54	56.229	80.53	08.540	34.77	44.284	55.87
	16	56.077	90.97	42.913	44.65	55.927	79.79	08.447	35.32	44.180	55.08
	26	55.920	89.66	42.823	44.55	55.646	78.53	08.371	35.83	44.091	54.12
	36	55.786	87.95	42.757	44.20	55.396	76.74	08.315	36.30	44.020	53.01
平位置 (J2024.5)		56.034	73.91	41.732	40.45	56.677	58.97	07.490	37.69	43.476	45.69
年自行		0.0033	0.016	0.0017	0.002	0.0586	0.051	0.0080	−0.021	0.0004	0.006
视 差 （角秒）		0.006		0.006		0.039		0.017		0.003	

恒　星　视　位　置

2024 年　　　　以世界时 0^{h} 为准

日　期	842 γ Aqr $3^{m}.86$	A0	1584 47 Aqr $5^{m}.12$	K0	844 β Lac $4^{m}.42$	G9	1585 π Aqr $4^{m}.80$	B1	3796 35 Peg $4^{m}.78$	K0
	h m	° ′	h m	° ′	h m	° ′	h m	° ′	h m	° ′
	22 22	−1 15	22 22	−21 28	22 24	+52 20	22 26	+1 29	22 29	+4 48
	s	″	s	″	s	″	s	″	s	″
1月 日 −9	52.658	62.74	53.660	50.77	28.617	68.59	29.102	54.26	03.368	55.85
1	52.589	63.44	53.587	50.80	28.390	67.12	29.030	53.49	03.293	55.00
11	52.539	64.13	53.534	50.66	28.191	65.20	28.976	52.69	03.235	54.08
21	52.513	64.79	53.509	50.30	28.032	62.88	28.945	51.92	03.201	53.16
31	52.511	65.36	53.512	49.76	27.918	60.31	28.938	51.21	03.190	52.27
2月 10	52.536	65.82	53.542	49.04	27.854	57.53	28.957	50.59	03.204	51.46
20	52.590	66.11	53.603	48.12	27.849	54.68	29.006	50.13	03.249	50.80
3月 1	52.671	66.24	53.695	46.98	27.904	51.91	29.083	49.84	03.323	50.30
11	52.787	66.19	53.821	45.65	28.021	49.28	29.193	49.74	03.430	50.00
21	52.939	65.84	53.984	44.14	28.204	46.95	29.341	49.92	03.574	49.99
31	53.123	65.22	54.180	42.48	28.444	45.00	29.520	50.39	03.752	50.27
4月 10	53.340	64.34	54.410	40.68	28.741	43.49	29.733	51.14	03.963	50.85
20	53.588	63.17	54.672	38.77	29.089	42.53	29.978	52.19	04.207	51.75
30	53.861	61.77	54.962	36.80	29.475	42.11	30.249	53.50	04.477	52.95
5月 10	54.159	60.15	55.276	34.79	29.893	42.26	30.545	55.06	04.772	54.41
20	54.472	58.34	55.608	32.81	30.329	43.01	30.857	56.83	05.084	56.13
30	54.794	56.42	55.950	30.90	30.771	44.28	31.177	58.75	05.405	58.02
6月 9	55.119	54.40	56.296	29.11	31.210	46.06	31.502	60.79	05.729	60.06
19	55.436	52.36	56.635	27.49	31.630	48.32	31.820	62.87	06.047	62.18
29	55.739	50.36	56.960	26.08	32.021	50.94	32.123	64.95	06.351	64.32
7月 9	56.022	48.43	57.264	24.91	32.376	53.92	32.406	66.98	06.634	66.45
19	56.273	46.63	57.537	24.01	32.681	57.14	32.659	68.90	06.888	68.50
29	56.491	44.99	57.774	23.39	32.934	60.53	32.878	70.67	07.107	70.42
8月 8	56.670	43.55	57.969	23.06	33.129	64.03	33.058	72.27	07.289	72.18
18	56.805	42.32	58.118	23.02	33.261	67.56	33.195	73.66	07.427	73.75
28	56.898	41.32	58.221	23.22	33.332	71.02	33.291	74.83	07.524	75.10
9月 7	56.948	40.55	58.277	23.66	33.342	74.40	33.343	75.77	07.577	76.24
17	56.956	40.01	58.287	24.29	33.292	77.56	33.354	76.47	07.590	77.13
27	56.930	39.68	58.258	25.06	33.192	80.49	33.331	76.97	07.567	77.80
10月 7	56.871	39.55	58.193	25.93	33.043	83.13	33.274	77.25	07.512	78.25
17	56.787	39.59	58.099	26.84	32.853	85.38	33.193	77.33	07.432	78.47
27	56.686	39.79	57.986	27.74	32.633	87.24	33.094	77.24	07.334	78.52
11月 6	56.573	40.12	57.859	28.59	32.385	88.64	32.982	77.00	07.222	78.36
16	56.456	40.56	57.728	29.34	32.125	89.53	32.866	76.61	07.107	78.04
26	56.342	41.08	57.601	29.96	31.857	89.93	32.752	76.12	06.992	77.58
12月 6	56.234	41.69	57.481	30.44	31.589	89.77	32.643	75.51	06.882	76.97
16	56.140	42.34	57.377	30.73	31.333	89.07	32.547	74.83	06.784	76.25
26	56.061	43.02	57.291	30.86	31.095	87.88	32.465	74.09	06.700	75.45
36	56.001	43.71	57.226	30.79	30.882	86.19	32.401	73.31	06.632	74.56
平位置 (J2024.5)	55.238	47.13	56.231	28.70	31.716	68.60	31.663	68.90	05.929	69.21
年自行 (J2024.5)	0.0086	0.009	−0.0007	−0.085	−0.0014	−0.186	0.0012	0.003	0.0052	−0.308
视　差　(角秒)	0.021		0.018		0.019		0.003		0.020	

恒 星 视 位 置

以世界时 0^h 为准

2024 年

日期		1593 ρ Cep 5ᵐ.45 A3		847 δ Cep 4ᵐ.07 G2		GC ζ² Aqr 3ᵐ.65 F3		1589 Pi 22ʰ120 5ᵐ.79 K2		1588 36 Peg 5ᵐ.60 K5	
		h m	° ′	h m	° ′	h m	° ′	h m	° ′	h m	° ′
		22 29	+78 56	22 30	+58 32	22 30	+ 0 06	22 30	+26 52	22 30	+ 9 14
	日	s	″	s	″	s	″	s	″	s	″
1月	−9	58.981	64.23	01.868	29.42	03.008	07.08	16.582	74.40	18.804	65.43
	1	57.956	63.14	01.575	28.06	02.935	06.36	16.472	73.14	18.724	64.48
	11	57.019	61.47	01.313	26.20	02.880	05.63	16.381	71.60	18.661	63.42
	21	56.217	59.27	01.098	23.90	02.848	04.93	16.315	69.87	18.622	62.32
	31	55.575	56.66	00.935	21.30	02.840	04.30	16.277	68.02	18.606	61.23
2月	10	55.112	53.72	00.831	18.44	02.856	03.76	16.268	66.11	18.616	60.19
	20	54.862	50.58	00.799	15.48	02.903	03.40	16.295	64.25	18.657	59.27
3月	1	54.822	47.38	00.837	12.55	02.977	03.22	16.359	62.52	18.728	58.52
	11	54.998	44.23	00.950	09.74	03.085	03.19	16.462	60.99	18.833	57.97
	21	55.395	41.29	01.141	07.20	03.230	03.47	16.607	59.76	18.975	57.70
	31	55.983	38.67	01.401	05.02	03.407	04.02	16.791	58.88	19.151	57.75
4月	10	56.750	36.44	01.728	03.27	03.618	04.84	17.015	58.39	19.362	58.11
	20	57.670	34.73	02.116	02.07	03.861	05.95	17.275	58.36	19.606	58.84
	30	58.699	33.57	02.548	01.42	04.131	07.32	17.565	58.77	19.877	59.88
5月	10	59.816	32.99	03.018	01.34	04.425	08.91	17.880	59.62	20.173	61.24
	20	60.976	33.05	03.510	01.88	04.737	10.71	18.214	60.91	20.486	62.88
	30	62.137	33.70	04.008	02.97	05.058	12.63	18.555	62.57	20.808	64.74
6月	9	63.280	34.94	04.504	04.60	05.383	14.67	18.899	64.58	21.133	66.80
	19	64.355	36.74	04.978	06.74	05.702	16.74	19.233	66.88	21.452	68.98
	29	65.338	39.02	05.419	09.29	06.008	18.78	19.550	69.38	21.756	71.22
7月	9	66.212	41.75	05.819	12.22	06.293	20.78	19.843	72.07	22.040	73.49
	19	66.940	44.86	06.164	15.45	06.549	22.64	20.103	74.83	22.294	75.71
	29	67.518	48.24	06.449	18.87	06.772	24.36	20.326	77.62	22.513	77.83
8月	8	67.933	51.88	06.668	22.46	06.956	25.89	20.507	80.39	22.695	79.83
	18	68.165	55.65	06.816	26.10	07.097	27.21	20.642	83.06	22.833	81.64
	28	68.229	59.48	06.895	29.72	07.197	28.30	20.732	85.59	22.929	83.26
9月	7	68.114	63.32	06.904	33.28	07.253	29.16	20.777	87.95	22.982	84.66
	17	67.823	67.05	06.844	36.66	07.268	29.79	20.777	90.07	22.994	85.82
	27	67.377	70.63	06.726	39.83	07.248	30.21	20.741	91.94	22.971	86.75
10月	7	66.772	73.97	06.549	42.71	07.195	30.41	20.670	93.54	22.916	87.44
	17	66.029	76.97	06.323	45.22	07.117	30.43	20.570	94.80	22.834	87.89
	27	65.172	79.61	06.060	47.34	07.021	30.29	20.451	95.77	22.735	88.12
11月	6	64.206	81.79	05.762	49.00	06.911	30.00	20.315	96.38	22.622	88.12
	16	63.168	83.43	05.445	50.13	06.797	29.59	20.173	96.62	22.505	87.92
	26	62.081	84.53	05.116	50.75	06.684	29.08	20.029	96.54	22.387	87.53
12月	6	60.964	85.01	04.783	50.79	06.576	28.48	19.888	96.08	22.274	86.94
	16	59.867	84.86	04.461	50.25	06.480	27.82	19.757	95.28	22.173	86.20
	26	58.809	84.11	04.156	49.19	06.398	27.12	19.639	94.18	22.084	85.32
	36	57.825	82.73	03.879	47.58	06.333	26.39	19.539	92.78	22.012	84.32
平位置 (J2024.5)		64.571	60.46	05.150	28.14	05.553	22.19	19.262	80.81	21.374	77.44
年自行 (J2024.5)		0.0014	−0.023	0.0019	0.005	0.0127	0.038	0.0019	−0.004	0.0035	−0.020
视差（角秒）		0.014		0.003		0.032		0.003		0.006	

恒 星 视 位 置

2024 年 以世界时 0^h 为准

日期		3799 5 Lac 4ᵐ.34 M0 α	δ	1590 38 Peg 5ᵐ.64 B9 α	δ	3800 6 Lac 4ᵐ.52 B2 α	δ	1591 σ Aqr 4ᵐ.82 A0 α	δ	848 α Lac 3ᵐ.76 A1 α	δ
		h m 22 30	° ′ +47 49	h m 22 31	° ′ +32 41	h m 22 31	° ′ +43 14	h m 22 31	° ′ −10 32	h m 22 32	° ′ +50 24
	日	s	″	s	″	s	″	s	″	s	″
1月	−9	30.398	57.51	06.506	50.56	30.086	56.57	53.965	85.32	15.334	32.23
	1	30.202	56.12	06.380	49.24	29.916	55.19	53.893	85.73	15.120	30.85
	11	30.029	54.29	06.273	47.60	29.768	53.41	53.838	86.05	14.930	29.03
	21	29.891	52.09	06.192	45.71	29.651	51.29	53.807	86.25	14.776	26.81
	31	29.792	49.65	06.141	43.66	29.570	48.95	53.801	86.31	14.664	24.33
2月	10	29.736	47.01	06.123	41.52	29.527	46.45	53.820	86.23	14.597	21.65
	20	29.734	44.32	06.143	39.39	29.532	43.91	53.872	85.95	14.587	18.89
3月	1	29.783	41.70	06.203	37.39	29.584	41.45	53.940	85.55	14.633	16.19
	11	29.889	39.23	06.305	35.56	29.686	39.16	54.053	84.84	14.737	13.62
	21	30.054	37.05	06.453	34.04	29.843	37.16	54.200	83.92	14.905	11.34
	31	30.272	35.24	06.642	32.88	30.049	35.53	54.378	82.80	15.130	09.43
4月	10	30.542	33.85	06.873	32.12	30.304	34.32	54.591	81.46	15.409	07.95
	20	30.861	33.00	07.144	31.84	30.603	33.62	54.836	79.91	15.740	06.99
	30	31.216	32.68	07.444	32.04	30.936	33.44	55.108	78.21	16.108	06.58
5月	10	31.603	32.90	07.773	32.71	31.300	33.79	55.405	76.36	16.510	06.71
	20	32.009	33.69	08.119	33.86	31.683	34.69	55.721	74.43	16.933	07.43
	30	32.422	34.99	08.473	35.43	32.073	36.07	56.047	72.47	17.362	08.67
6月	9	32.835	36.79	08.829	37.39	32.464	37.91	56.378	70.50	17.792	10.41
	19	33.233	39.03	09.175	39.69	32.841	40.18	56.704	68.61	18.205	12.62
	29	33.606	41.63	09.502	42.24	33.197	42.77	57.017	66.83	18.592	15.20
7月	9	33.948	44.55	09.804	45.01	33.524	45.65	57.311	65.19	18.947	18.12
	19	34.245	47.70	10.071	47.92	33.810	48.75	57.576	63.77	19.255	21.29
	29	34.495	51.00	10.299	50.88	34.052	51.96	57.807	62.56	19.514	24.62
8月	8	34.693	54.41	10.483	53.86	34.245	55.26	58.000	61.59	19.719	28.08
	18	34.832	57.82	10.619	56.77	34.383	58.53	58.148	60.88	19.862	31.56
	28	34.916	61.17	10.708	59.56	34.470	61.73	58.254	60.42	19.948	34.98
9月	7	34.943	64.41	10.750	62.20	34.504	64.82	58.316	60.20	19.975	38.32
	17	34.915	67.45	10.746	64.60	34.486	67.69	58.335	60.20	19.944	41.45
	27	34.840	70.26	10.703	66.76	34.424	70.32	58.317	60.38	19.864	44.36
10月	7	34.719	72.78	10.623	68.64	34.321	72.66	58.265	60.73	19.735	46.98
	17	34.562	74.92	10.514	70.17	34.182	74.63	58.186	61.20	19.567	49.23
	27	34.376	76.69	10.383	71.37	34.019	76.24	58.089	61.75	19.370	51.10
11月	6	34.165	78.02	10.235	72.18	33.833	77.43	57.977	62.36	19.145	52.53
	16	33.942	78.86	10.078	72.60	33.635	78.15	57.860	62.98	18.905	53.46
	26	33.712	79.23	09.918	72.64	33.433	78.42	57.744	63.59	18.658	53.90
12月	6	33.481	79.07	09.760	72.25	33.230	78.20	57.634	64.18	18.409	53.81
	16	33.260	78.40	09.613	71.48	33.038	77.50	57.537	64.70	18.170	53.19
	26	33.054	77.27	09.478	70.35	32.859	76.36	57.454	65.14	17.945	52.08
	36	32.869	75.65	09.361	68.86	32.699	74.78	57.389	65.51	17.743	50.48
平位置 (J2024.5)		33.367	58.36	09.241	55.26	32.964	58.45	56.471	66.70	18.366	32.47
年自行		0.0000	−0.003	0.0024	−0.014	−0.0002	−0.006	0.0000	−0.031	0.0143	0.017
视差（角秒）		0.003		0.008		0.002		0.012		0.032	

恒 星 视 位 置

以世界时 0^h 为准

2024 年

日 期		1594		849		851		850		1595	
		Grb 3834		υ Aqr		31 Cep		η Aqr		κ Aqr	
		$5^m.70$	A2	$5^m.21$	F7	$5^m.08$	F3	$4^m.04$	B9	$5^m.04$	K2
		h m	° ′	h m	° ′	h m	° ′	h m	° ′	h m	° ′
		22 32	+76 20	22 35	−20 34	22 36	+73 45	22 36	+0 00	22 38	−4 05
	日	s	″	s	″	s	″	s	″	s	″
1月	−9	36.546	74.25	59.333	77.06	17.943	78.14	34.371	18.99	58.964	80.11
	1	35.734	73.15	59.253	77.16	17.276	77.05	34.295	18.28	58.888	80.72
	11	34.991	71.48	59.193	77.08	16.665	75.38	34.236	17.56	58.829	81.29
	21	34.355	69.27	59.157	76.79	16.141	73.19	34.198	16.87	58.791	81.79
	31	33.846	66.67	59.147	76.31	15.721	70.61	34.184	16.25	58.777	82.19
2月	10	33.479	63.73	59.164	75.63	15.418	67.69	34.195	15.73	58.786	82.47
	20	33.282	60.60	59.212	74.76	15.256	64.58	34.235	15.38	58.826	82.57
3月	1	33.254	57.42	59.289	73.67	15.235	61.42	34.302	15.22	58.888	82.44
	11	33.400	54.28	59.400	72.36	15.359	58.31	34.402	15.20	58.990	82.25
	21	33.725	51.36	59.548	70.86	15.635	55.41	34.541	15.48	59.127	81.72
	31	34.206	48.76	59.731	69.21	16.042	52.83	34.712	16.04	59.296	80.94
4月	10	34.834	46.55	59.948	67.39	16.576	50.64	34.917	16.87	59.499	79.90
	20	35.590	44.86	60.200	65.46	17.220	48.97	35.155	17.98	59.736	78.61
	30	36.437	43.72	60.480	63.45	17.945	47.86	35.421	19.34	60.001	77.11
5月	10	37.359	43.17	60.787	61.39	18.736	47.32	35.712	20.94	60.292	75.40
	20	38.320	43.25	61.114	59.35	19.564	47.42	36.022	22.74	60.602	73.54
	30	39.285	43.92	61.452	57.37	20.399	48.10	36.342	24.67	60.922	71.59
6月	9	40.238	45.18	61.797	55.49	21.226	49.37	36.668	26.70	61.249	69.57
	19	41.139	47.00	62.138	53.78	22.013	51.20	36.988	28.77	61.572	67.55
	29	41.967	49.30	62.466	52.27	22.740	53.50	37.296	30.82	61.882	65.59
7月	9	42.708	52.04	62.776	50.99	23.395	56.26	37.585	32.82	62.174	63.72
	19	43.331	55.17	63.055	49.99	23.951	59.38	37.845	34.70	62.438	62.00
	29	43.831	58.56	63.301	49.26	24.403	62.78	38.073	36.41	62.669	60.47
8月	8	44.199	62.20	63.507	48.84	24.743	66.42	38.263	37.96	62.863	59.14
	18	44.417	65.98	63.668	48.70	24.957	70.18	38.410	39.27	63.014	58.05
	28	44.497	69.80	63.784	48.83	25.053	74.00	38.516	40.37	63.124	57.19
9月	7	44.431	73.64	63.853	49.21	25.024	77.83	38.579	41.23	63.191	56.57
	17	44.220	77.36	63.876	49.80	24.872	81.54	38.600	41.86	63.215	56.19
	27	43.882	80.92	63.860	50.54	24.613	85.08	38.587	42.27	63.204	56.01
10月	7	43.415	84.25	63.807	51.40	24.244	88.39	38.539	42.48	63.159	56.03
	17	42.836	87.23	63.725	52.32	23.779	91.36	38.466	42.49	63.087	56.22
	27	42.164	89.85	63.622	53.24	23.237	93.96	38.374	42.35	62.996	56.53
11月	6	41.404	92.00	63.503	54.13	22.619	96.10	38.267	42.05	62.890	56.96
	16	40.585	93.62	63.378	54.93	21.952	97.70	38.155	41.64	62.778	57.46
	26	39.727	94.70	63.253	55.62	21.251	98.78	38.044	41.13	62.667	58.02
12月	6	38.845	95.17	63.134	56.16	20.530	99.23	37.935	40.53	62.558	58.63
	16	37.977	95.00	63.028	56.53	19.818	99.06	37.838	39.88	62.461	59.24
	26	37.140	94.24	62.937	56.72	19.131	98.31	37.754	39.18	62.376	59.85
	36	36.361	92.85	62.865	56.72	18.491	96.93	37.685	38.47	62.308	60.43
平位置 (J2024.5)		41.435	70.56	61.813	55.26	22.384	74.54	36.875	34.00	61.437	63.77
年自行 (J2024.5)		−0.0054	−0.010	0.0158	−0.145	0.0412	0.026	0.0059	−0.056	−0.0046	−0.121
视 差 (角秒)		0.004		0.044		0.018		0.018		0.014	

恒　星　视　位　置

2024 年　　　　以世界时 0^h 为准

日　期		853 30 Cep $5^m.19$　A3		852 10 Lac $4^m.89$　O9		GC 11 Lac $4^m.50$　K3		854 ε PsA $4^m.18$　B8		855 ζ Peg $3^m.41$　B8	
		h m 22 39	° ′ +63 42	h m 22 40	° ′ +39 10	h m 22 41	° ′ +44 23	h m 22 41	° ′ −26 54	h m 22 42	° ′ +10 57
	日	s	″	s	″	s	″	s	″	s	″
1月	−9	28.054	46.84	19.114	39.44	32.743	75.85	57.913	78.56	38.568	24.29
	1	27.679	45.64	18.960	38.16	32.564	74.57	57.822	78.47	38.482	23.35
	11	27.338	43.92	18.824	36.51	32.403	72.88	57.750	78.14	38.411	22.29
	21	27.048	41.71	18.716	34.54	32.273	70.83	57.704	77.55	38.361	21.17
	31	26.820	39.15	18.640	32.36	32.177	68.54	57.685	76.73	38.333	20.04
2月	10	26.660	36.29	18.597	30.04	32.120	66.06	57.693	75.68	38.331	18.94
	20	26.585	33.28	18.598	27.68	32.110	63.52	57.734	74.40	38.358	17.95
3月	1	26.595	30.26	18.643	25.40	32.148	61.04	57.806	72.92	38.417	17.12
	11	26.694	27.31	18.734	23.27	32.238	58.70	57.914	71.23	38.508	16.49
	21	26.887	24.60	18.876	21.43	32.384	56.63	58.060	69.37	38.638	16.12
	31	27.164	22.23	19.064	19.94	32.581	54.91	58.241	67.38	38.803	16.06
4月	10	27.522	20.25	19.299	18.85	32.829	53.60	58.460	65.26	39.005	16.33
	20	27.952	18.81	19.578	18.26	33.124	52.79	58.715	63.08	39.241	16.96
	30	28.436	17.91	19.891	18.16	33.456	52.49	59.000	60.87	39.506	17.92
5月	10	28.968	17.59	20.236	18.56	33.821	52.72	59.314	58.66	39.798	19.20
	20	29.527	17.89	20.600	19.48	34.207	53.50	59.649	56.53	40.109	20.79
	30	30.095	18.76	20.974	20.86	34.603	54.76	59.998	54.52	40.431	22.61
6月	9	30.662	20.19	21.352	22.68	35.003	56.51	60.356	52.67	40.759	24.64
	19	31.207	22.16	21.719	24.91	35.391	58.69	60.710	51.05	41.081	26.83
	29	31.715	24.57	22.067	27.43	35.758	61.20	61.052	49.68	41.391	29.09
7月	9	32.179	27.40	22.390	30.23	36.098	64.03	61.377	48.59	41.682	31.40
	19	32.579	30.56	22.676	33.22	36.397	67.09	61.672	47.83	41.944	33.68
	29	32.913	33.96	22.922	36.32	36.654	70.29	61.933	47.38	42.173	35.87
8月	8	33.173	37.56	23.121	39.48	36.862	73.59	62.153	47.26	42.365	37.96
	18	33.351	41.26	23.270	42.62	37.015	76.89	62.325	47.47	42.515	39.87
	28	33.451	44.97	23.370	45.68	37.117	80.13	62.452	47.94	42.623	41.60
9月	7	33.470	48.66	23.420	48.62	37.165	83.28	62.529	48.67	42.688	43.12
	17	33.408	52.21	23.420	51.34	37.160	86.23	62.559	49.61	42.712	44.39
	27	33.278	55.56	23.379	53.84	37.110	88.95	62.546	50.69	42.700	45.44
10月	7	33.078	58.66	23.297	56.05	37.017	91.39	62.494	51.86	42.655	46.24
	17	32.818	61.41	23.182	57.92	36.887	93.48	62.409	53.05	42.583	46.80
	27	32.510	63.78	23.042	59.44	36.730	95.21	62.301	54.21	42.492	47.13
11月	6	32.158	65.69	22.880	60.56	36.548	96.53	62.175	55.28	42.385	47.22
	16	31.778	67.08	22.707	61.24	36.352	97.38	62.041	56.19	42.271	47.09
	26	31.378	67.94	22.527	61.51	36.149	97.79	61.906	56.93	42.156	46.76
12月	6	30.968	68.22	22.346	61.31	35.942	97.69	61.775	57.45	42.042	46.22
	16	30.566	67.90	22.174	60.66	35.744	97.11	61.657	57.73	41.937	45.51
	26	30.180	67.02	22.012	59.61	35.556	96.08	61.555	57.77	41.844	44.66
	36	29.821	65.56	21.867	58.14	35.386	94.60	61.471	57.56	41.764	43.66
平位置 (J2024.5)		31.542	44.31	21.895	42.07	35.610	77.12	60.335	54.71	41.087	35.52
年自行		−0.0002	−0.020	0.0000	−0.006	0.0087	0.011	0.0020	−0.001	0.0053	−0.011
视　差　(角秒)		0.010		0.003		0.011		0.004		0.016	

恒 星 视 位 置

以世界时 0^h 为准

2024 年

日期		856 β Gru $2^{m}.07$	M5	857 η Peg+ $2^{m}.93$	G2	858 13 Lac $5^{m}.11$	K0	859 λ Peg $3^{m}.97$	G8	1597 68 Aqr $5^{m}.24$	G8
		h m 22 44	° ′ −46 45	h m 22 44	° ′ +30 20	h m 22 45	° ′ +41 56	h m 22 47	° ′ +23 41	h m 22 48	° ′ −19 28
	日	s	″	s	″	s	″	s	″	s	″
1月	−9	04.709	50.07	06.586	54.79	08.515	52.22	40.260	35.53	49.499	87.49
	1	04.561	49.31	06.462	53.59	08.347	50.98	40.152	34.42	49.412	87.67
	11	04.440	48.17	06.354	52.09	08.197	49.35	40.058	33.08	49.343	87.67
	21	04.355	46.63	06.270	50.35	08.074	47.37	39.986	31.54	49.296	87.46
	31	04.307	44.78	06.213	48.46	07.983	45.16	39.939	29.91	49.274	87.05
2月	10	04.298	42.63	06.185	46.47	07.929	42.77	39.917	28.21	49.276	86.44
	20	04.333	40.23	06.194	44.49	07.919	40.33	39.930	26.56	49.309	85.62
3月	1	04.412	37.65	06.241	42.62	07.955	37.95	39.977	25.03	49.370	84.60
	11	04.535	34.91	06.328	40.91	08.040	35.71	40.061	23.67	49.464	83.34
	21	04.707	32.08	06.460	39.49	08.179	33.73	40.187	22.59	49.597	81.88
	31	04.924	29.23	06.634	38.40	08.366	32.11	40.352	21.83	49.764	80.24
4月	10	05.187	26.38	06.850	37.70	08.604	30.88	40.557	21.44	49.967	78.44
	20	05.495	23.61	07.106	37.45	08.887	30.14	40.801	21.48	50.206	76.50
	30	05.840	20.98	07.394	37.66	09.207	29.90	41.075	21.92	50.475	74.48
5月	10	06.220	18.52	07.711	38.32	09.559	30.18	41.379	22.78	50.773	72.38
	20	06.627	16.33	08.049	39.44	09.933	30.99	41.702	24.05	51.092	70.29
	30	07.051	14.42	08.397	40.96	10.318	32.27	42.037	25.67	51.425	68.24
6月	9	07.486	12.85	08.750	42.86	10.707	34.02	42.378	27.61	51.767	66.28
	19	07.918	11.67	09.096	45.09	11.086	36.19	42.714	29.83	52.107	64.48
	29	08.337	10.89	09.425	47.56	11.447	38.68	43.035	32.23	52.437	62.86
7月	9	08.735	10.53	09.733	50.24	11.781	41.48	43.337	34.80	52.750	61.47
	19	09.097	10.62	10.008	53.05	12.078	44.48	43.608	37.44	53.036	60.36
	29	09.418	11.10	10.247	55.91	12.334	47.62	43.845	40.09	53.289	59.53
8月	8	09.688	11.99	10.444	58.79	12.543	50.85	44.043	42.72	53.505	58.99
	18	09.900	13.23	10.594	61.60	12.699	54.07	44.196	45.25	53.676	58.75
	28	10.052	14.76	10.700	64.30	12.806	57.23	44.307	47.64	53.803	58.79
9月	7	10.142	16.54	10.759	66.85	12.860	60.29	44.373	49.86	53.885	59.08
	17	10.168	18.47	10.773	69.17	12.864	63.14	44.396	51.86	53.921	59.61
	27	10.139	20.46	10.748	71.26	12.824	65.78	44.382	53.61	53.918	60.30
10月	7	10.056	22.46	10.687	73.08	12.742	68.14	44.333	55.11	53.877	61.14
	17	09.927	24.33	10.595	74.57	12.624	70.15	44.254	56.30	53.806	62.05
	27	09.766	26.02	10.481	75.75	12.480	71.81	44.155	57.21	53.712	62.98
11月	6	09.577	27.46	10.348	76.57	12.312	73.07	44.037	57.80	53.601	63.90
	16	09.374	28.55	10.205	77.01	12.130	73.88	43.910	58.06	53.481	64.74
	26	09.169	29.27	10.057	77.10	11.941	74.26	43.779	58.02	53.360	65.48
12月	6	08.967	29.59	09.908	76.79	11.748	74.16	43.647	57.64	53.241	66.09
	16	08.781	29.46	09.767	76.11	11.562	73.58	43.523	56.96	53.133	66.53
	26	08.616	28.92	09.637	75.10	11.387	72.58	43.408	56.00	53.037	66.80
	36	08.478	27.96	09.521	73.75	11.227	71.15	43.307	54.78	52.958	66.89
平位置 (J2024.5)		07.153	20.80	09.244	59.78	11.321	53.98	42.842	42.47	51.867	66.12
年自行		0.0131	−0.005	0.0010	−0.026	−0.0008	0.002	0.0041	−0.010	−0.0072	−0.207
视 差 (角秒)		0.019		0.015		0.012		0.008		0.012	

恒 星 视 位 置

2024 年 以世界时 0^{h} 为准

日期		863 ι Cep $3^{m}.50$ K0		861 τ Aqr $4^{m}.05$ K5		862 μ Peg $3^{m}.51$ M2		864 λ Aqr $3^{m}.73$ M2		866 δ Aqr $3^{m}.27$ A3	
		h m	° ′	h m	° ′	h m	° ′	h m	° ′	h m	° ′
		22 50	+66 19	22 50	−13 27	22 51	+24 43	22 53	− 7 26	22 55	−15 41
	日	s	″	s	″	s	″	s	″	s	″
1月	−9	29.943	50.17	50.808	65.45	08.728	46.77	51.114	72.84	54.521	44.16
	1	29.511	49.15	50.726	65.80	08.616	45.67	51.033	73.35	54.435	44.46
	11	29.110	47.58	50.658	66.03	08.519	44.32	50.965	73.80	54.364	44.61
	21	28.762	45.49	50.612	66.10	08.443	42.78	50.917	74.13	54.313	44.58
	31	28.480	43.02	50.589	66.00	08.391	41.12	50.891	74.34	54.285	44.37
2月	10	28.271	40.23	50.590	65.73	08.366	39.40	50.887	74.42	54.281	43.98
	20	28.155	37.23	50.621	65.27	08.374	37.70	50.914	74.30	54.306	43.38
3月	1	28.132	34.19	50.677	64.67	08.417	36.12	50.988	73.98	54.359	42.61
	11	28.208	31.18	50.766	63.74	08.498	34.71	51.048	73.52	54.443	41.55
	21	28.389	28.37	50.894	62.61	08.621	33.58	51.171	72.75	54.566	40.29
	31	28.664	25.87	51.055	61.29	08.783	32.76	51.327	71.76	54.724	38.83
4月	10	29.031	23.75	51.252	59.77	08.987	32.31	51.519	70.53	54.917	37.19
	20	29.481	22.13	51.485	58.06	09.229	32.28	51.746	69.08	55.147	35.38
	30	29.995	21.04	51.747	56.22	09.503	32.67	52.003	67.43	55.407	33.44
5月	10	30.563	20.52	52.037	54.25	09.807	33.48	52.287	65.61	55.697	31.40
	20	31.165	20.63	52.349	52.22	10.132	34.70	52.594	63.67	56.009	29.32
	30	31.781	21.30	52.674	50.18	10.469	36.28	52.914	61.66	56.335	27.25
6月	9	32.400	22.55	53.008	48.17	10.812	38.20	53.243	59.61	56.671	25.23
	19	32.998	24.35	53.340	46.25	11.150	40.40	53.570	57.60	57.007	23.32
	29	33.560	26.61	53.662	44.47	11.474	42.80	53.887	55.68	57.333	21.58
7月	9	34.076	29.32	53.968	42.87	11.779	45.37	54.189	53.87	57.644	20.02
	19	34.527	32.39	54.247	41.49	12.054	48.03	54.464	52.24	57.928	18.71
	29	34.907	35.72	54.495	40.36	12.294	50.71	54.708	50.82	58.182	17.67
8月	8	35.209	39.29	54.706	39.49	12.496	53.38	54.917	49.62	58.399	16.89
	18	35.423	42.98	54.874	38.90	12.653	55.95	55.084	48.69	58.573	16.42
	28	35.553	46.72	55.000	38.57	12.768	58.39	55.210	48.00	58.705	16.21
9月	7	35.595	50.47	55.082	38.50	12.837	60.66	55.292	47.56	58.792	16.27
	17	35.549	54.10	55.120	38.67	12.864	62.71	55.332	47.36	58.835	16.57
	27	35.426	57.57	55.120	39.02	12.853	64.53	55.336	47.37	58.840	17.05
10月	7	35.225	60.81	55.084	39.54	12.806	66.09	55.304	47.57	58.808	17.69
	17	34.956	63.72	55.018	40.18	12.730	67.34	55.244	47.92	58.745	18.45
	27	34.632	66.26	54.932	40.88	12.632	68.31	55.162	48.38	58.660	19.25
11月	6	34.254	68.37	54.828	41.63	12.515	68.95	55.064	48.93	58.557	20.08
	16	33.839	69.96	54.716	42.36	12.388	69.26	54.957	49.53	58.445	20.87
	26	33.399	71.04	54.602	43.04	12.257	69.26	54.848	50.15	58.330	21.60
12月	6	32.941	71.52	54.490	43.67	12.124	68.92	54.740	50.77	58.216	22.24
	16	32.486	71.40	54.387	44.19	11.997	68.26	54.640	51.36	58.110	22.75
	26	32.043	70.70	54.296	44.60	11.880	67.32	54.551	51.89	58.016	23.12
	36	31.626	69.41	54.220	44.89	11.775	66.10	54.474	52.37	57.936	23.35
平位置 (J2024.5)		33.543	46.76	53.180	46.00	11.308	53.27	53.486	55.45	56.849	24.01
年自行		−0.0109	−0.125	−0.0009	−0.039	0.0106	−0.043	0.0013	0.033	−0.0030	−0.025
视差（角秒）		0.028		0.009		0.028		0.008		0.020	

恒 星 视 位 置

以世界时 0^{h} 为准

2024 年

日期		1600		3833		867		869		870	
		+36°4956 Lac		Grb 3933		α PsA		o And		β Peg	
		$5^{m}.91$	F5	$5^{m}.34$	B4	$1^{m}.17$	A3	$3^{m}.62$	B6	$2^{m}.44$	M2
		$22^{h}\ 56^{m}$	+37° 12′	$22^{h}\ 58^{m}$	+48° 48′	$22^{h}\ 58^{m}$	−29° 29′	$23^{h}\ 02^{m}$	+42° 27′	$23^{h}\ 04^{m}$	+28° 12′
	日	s	″	s	″	s	″	s	″	s	″
1月	−9	08.594	25.89	06.944	55.78	57.649	55.28	60.488	28.14	55.380	52.86
	1	08.444	24.76	06.731	54.70	57.545	55.18	60.312	27.09	55.256	51.85
	11	08.308	23.27	06.535	53.16	57.459	54.82	60.150	25.62	55.144	50.54
	21	08.195	21.47	06.367	51.21	57.396	54.15	60.011	23.79	55.051	49.00
	31	08.110	19.46	06.234	48.97	57.359	53.22	59.902	21.71	54.982	47.31
2月	10	08.056	17.28	06.141	46.48	57.349	52.04	59.827	19.42	54.938	45.51
	20	08.043	15.06	06.098	43.88	57.372	50.61	59.794	17.03	54.928	43.71
3月	1	08.070	12.90	06.108	41.29	57.427	48.96	59.807	14.68	54.954	41.99
	11	08.143	10.87	06.174	38.77	57.516	47.10	59.869	12.42	55.018	40.40
	21	08.265	09.10	06.302	36.49	57.646	45.05	59.985	10.39	55.127	39.08
	31	08.434	07.65	06.488	34.53	57.813	42.88	60.153	08.68	55.278	38.06
4月	10	08.650	06.57	06.731	32.95	58.020	40.59	60.372	07.34	55.473	37.39
	20	08.910	05.97	07.028	31.85	58.265	38.23	60.641	06.47	55.709	37.15
	30	09.208	05.83	07.368	31.26	58.542	35.87	60.950	06.08	55.980	37.33
5月	10	09.538	06.18	07.746	31.19	58.852	33.52	61.295	06.18	56.284	37.94
	20	09.892	07.03	08.152	31.69	59.187	31.27	61.667	06.82	56.611	38.99
	30	10.259	08.33	08.571	32.70	59.537	29.16	62.053	07.94	56.953	40.43
6月	9	10.633	10.06	08.998	34.21	59.900	27.22	62.447	09.52	57.304	42.23
	19	11.000	12.18	09.415	36.19	60.262	25.54	62.836	11.54	57.652	44.35
	29	11.352	14.60	09.814	38.56	60.615	24.14	63.209	13.89	57.987	46.71
7月	9	11.682	17.29	10.187	41.28	60.953	23.04	63.560	16.57	58.306	49.27
	19	11.979	20.18	10.519	44.28	61.263	22.30	63.875	19.48	58.595	51.97
	29	12.238	23.17	10.808	47.46	61.541	21.89	64.152	22.55	58.850	54.71
8月	8	12.454	26.25	11.047	50.80	61.779	21.84	64.385	25.73	59.068	57.49
	18	12.622	29.30	11.230	54.19	61.971	22.13	64.566	28.94	59.241	60.20
	28	12.743	32.28	11.358	57.56	62.117	22.72	64.698	32.11	59.371	62.80
9月	7	12.815	35.15	11.429	60.88	62.212	23.59	64.778	35.20	59.457	65.27
	17	12.839	37.82	11.444	64.03	62.259	24.69	64.808	38.11	59.498	67.53
	27	12.821	40.28	11.411	66.99	62.262	25.93	64.793	40.83	59.500	69.57
10月	7	12.763	42.48	11.329	69.71	62.223	27.28	64.734	43.29	59.466	71.35
	17	12.671	44.34	11.205	72.08	62.149	28.65	64.638	45.43	59.399	72.84
	27	12.554	45.89	11.048	74.11	62.049	29.97	64.512	47.24	59.309	74.03
11月	6	12.412	47.05	10.862	75.73	61.927	31.20	64.360	48.67	59.197	74.89
	16	12.257	47.80	10.655	76.89	61.794	32.26	64.190	49.65	59.072	75.40
	26	12.094	48.16	10.435	77.59	61.657	33.12	64.008	50.22	58.939	75.59
12月	6	11.925	48.07	10.206	77.77	61.520	33.73	63.819	50.31	58.801	75.40
	16	11.761	47.56	09.981	77.43	61.394	34.06	63.633	49.93	58.667	74.88
	26	11.605	46.65	09.762	76.62	61.280	34.12	63.452	49.12	58.539	74.03
	36	11.462	45.34	09.557	75.31	61.183	33.89	63.282	47.86	58.421	72.87
平位置	(J2024.5)	11.290	28.55	09.832	55.40	59.938	30.75	63.233	29.14	57.934	57.97
年自行		0.0072	0.009	0.0010	−0.006	0.0252	−0.164	0.0020	0.000	0.0142	0.136
视 差 （角秒）		0.024		0.003		0.130		0.005		0.016	

恒 星 视 位 置

2024 年 以世界时 0^h 为准

日 期	1602		871		GC		1603		3848	
	β Psc		α Peg		1 Cas		55 Peg		56 Peg	
	$4^{m}.48$	B6	$2^{m}.49$	B9	$4^{m}.84$	B0	$4^{m}.54$	M2	$4^{m}.76$	K0
	h m	° ′	h m	° ′	h m	° ′	h m	° ′	h m	° ′
	23 05	+3 56	23 05	+15 19	23 07	+59 32	23 08	+9 32	23 08	+25 35
日	s	″	s	″	s	″	s	″	s	″
1月 −9	05.082	55.39	56.554	65.81	36.311	72.03	11.997	20.93	16.038	57.48
1	04.994	54.64	56.455	64.91	35.991	71.15	11.904	20.10	15.919	56.50
11	04.917	53.85	56.367	63.84	35.690	69.75	11.821	19.18	15.812	55.26
21	04.857	53.07	56.297	62.65	35.423	67.85	11.756	18.19	15.722	53.80
31	04.818	52.32	56.246	61.43	35.202	65.58	11.709	17.21	15.655	52.21
2月 10	04.799	51.64	56.219	60.18	35.033	62.98	11.685	16.26	15.612	50.52
20	04.809	51.10	56.221	59.01	34.931	60.18	11.688	15.40	15.601	48.84
3月 1	04.848	50.73	56.253	57.97	34.900	57.32	11.722	14.70	15.625	47.25
11	04.916	50.55	56.320	57.10	34.944	54.48	11.787	14.18	15.686	45.81
21	05.024	50.59	56.426	56.48	35.072	51.81	11.890	13.90	15.790	44.62
31	05.167	50.92	56.570	56.16	35.275	49.43	12.031	13.90	15.936	43.72
4月 10	05.348	51.54	56.753	56.16	35.555	47.40	12.209	14.22	16.124	43.17
20	05.565	52.47	56.975	56.53	35.905	45.84	12.426	14.87	16.353	43.03
30	05.813	53.67	57.229	57.25	36.312	44.79	12.674	15.83	16.617	43.30
5月 10	06.091	55.14	57.513	58.32	36.769	44.28	12.952	17.10	16.914	43.98
20	06.392	56.85	57.820	59.73	37.262	44.37	13.254	18.67	17.234	45.09
30	06.707	58.74	58.142	61.42	37.773	45.01	13.571	20.46	17.570	46.56
6月 9	07.033	60.77	58.474	63.37	38.293	46.20	13.899	22.45	17.916	48.37
19	07.358	62.90	58.804	65.52	38.804	47.93	14.225	24.59	18.259	50.48
29	07.674	65.04	59.124	67.79	39.292	50.10	14.543	26.80	18.591	52.81
7月 9	07.975	67.17	59.429	70.16	39.748	52.70	14.846	29.06	18.907	55.33
19	08.252	69.22	59.707	72.55	40.157	55.66	15.125	31.28	19.195	57.95
29	08.499	71.15	59.955	74.89	40.511	58.87	15.373	33.42	19.451	60.61
8月 8	08.711	72.93	60.168	77.17	40.806	62.31	15.587	35.45	19.670	63.28
18	08.883	74.50	60.339	79.31	41.031	65.88	15.761	37.31	19.845	65.88
28	09.015	75.86	60.470	81.29	41.190	69.49	15.895	38.98	19.979	68.36
9月 7	09.106	76.99	60.558	83.07	41.278	73.11	15.987	40.44	20.068	70.69
17	09.154	77.88	60.605	84.63	41.295	76.62	16.038	41.66	20.114	72.82
27	09.168	78.55	60.616	85.96	41.250	79.99	16.053	42.66	20.122	74.72
10月 7	09.146	78.99	60.591	87.04	41.142	83.14	16.033	43.43	20.093	76.38
17	09.096	79.21	60.537	87.87	40.978	85.97	15.984	43.95	20.033	77.74
27	09.024	79.26	60.462	88.45	40.767	88.47	15.913	44.26	19.949	78.82
11月 6	08.935	79.12	60.367	88.77	40.513	90.55	15.824	44.35	19.844	79.58
16	08.834	78.82	60.261	88.84	40.227	92.15	15.723	44.24	19.726	80.02
26	08.730	78.41	60.149	88.69	39.918	93.26	15.617	43.95	19.600	80.15
12月 6	08.623	77.86	60.034	88.29	39.591	93.81	15.508	43.47	19.469	79.93
16	08.522	77.22	59.924	87.67	39.262	93.79	15.403	42.85	19.341	79.40
26	08.428	76.51	59.820	86.87	38.937	93.23	15.305	42.09	19.218	78.58
36	08.345	75.74	59.726	85.87	38.626	92.09	15.217	41.22	19.105	77.47
平位置 (J2024.5)	07.440	68.57	58.986	75.01	39.482	69.07	14.374	32.08	18.543	63.22
年自行	0.0009	−0.010	0.0042	−0.043	0.0009	−0.002	0.0005	−0.013	0.0001	−0.032
视 差 (角秒)	0.007		0.023		0.003		0.010		0.006	

恒 星 视 位 置

以世界时 0^{h} 为准

2024 年

日期		(874) π Cep $4^{\mathrm{m}}.41$ G2		1604 5 And $5^{\mathrm{m}}.68$ F5		873 88 Aqr $3^{\mathrm{m}}.68$ K1		1606 59 Peg $5^{\mathrm{m}}.15$ A5		GC 7 And $4^{\mathrm{m}}.53$ F0	
		h m	° ′	h m	° ′	h m	° ′	h m	° ′	h m	° ′
		23 08	+75 30	23 08	+49 25	23 10	−21 02	23 12	+ 8 50	23 13	+49 32
	日	s	″	s	″	s	″	s	″	s	″
1月	−9	36.511	77.94	49.707	47.41	42.763	42.29	56.125	61.41	37.945	26.48
	1	35.728	77.33	49.488	46.45	42.666	42.50	56.031	60.62	37.724	25.58
	11	34.985	76.13	49.283	45.03	42.582	42.49	55.947	59.72	37.516	24.21
	21	34.318	74.34	49.104	43.18	42.517	42.25	55.878	58.78	37.332	22.41
	31	33.751	72.09	48.958	41.03	42.474	41.79	55.829	57.84	37.181	20.29
2月	10	33.299	69.43	48.850	38.61	42.454	41.10	55.801	56.93	37.067	17.90
	20	32.994	66.49	48.791	36.04	42.463	40.17	55.801	56.13	37.002	15.36
3月	1	32.843	63.41	48.786	33.46	42.501	39.04	55.829	55.48	36.989	12.79
	11	32.853	60.28	48.837	30.94	42.571	37.66	55.890	55.01	37.034	10.27
	21	33.036	57.26	48.951	28.63	42.680	36.06	55.988	54.77	37.141	07.95
	31	33.375	54.49	49.125	26.61	42.825	34.29	56.124	54.81	37.308	05.91
4月	10	33.866	52.02	49.358	24.95	43.008	32.35	56.298	55.15	37.535	04.22
	20	34.497	50.01	49.647	23.76	43.229	30.27	56.511	55.83	37.820	02.99
	30	35.234	48.50	49.982	23.06	43.484	28.10	56.755	56.82	38.151	02.26
5月	10	36.065	47.53	50.358	22.88	43.770	25.87	57.031	58.10	38.525	02.03
	20	36.958	47.18	50.764	23.27	44.082	23.65	57.331	59.68	38.930	02.36
	30	37.881	47.40	51.187	24.16	44.411	21.48	57.646	61.47	39.353	03.20
6月	9	38.816	48.22	51.619	25.56	44.753	19.41	57.973	63.46	39.786	04.55
	19	39.727	49.62	52.046	27.44	45.097	17.50	58.300	65.59	40.215	06.39
	29	40.590	51.53	52.455	29.71	45.435	15.80	58.619	67.79	40.627	08.61
7月	9	41.391	53.93	52.840	32.36	45.760	14.33	58.924	70.03	41.017	11.22
	19	42.099	56.76	53.187	35.29	46.060	13.17	59.205	72.23	41.370	14.12
	29	42.706	59.91	53.492	38.43	46.331	12.29	59.457	74.34	41.680	17.23
8月	8	43.199	63.38	53.748	41.74	46.566	11.74	59.675	76.34	41.943	20.52
	18	43.561	67.04	53.948	45.12	46.759	11.51	59.853	78.17	42.150	23.88
	28	43.797	70.82	54.094	48.50	46.909	11.58	59.991	79.81	42.304	27.25
9月	7	43.899	74.68	54.183	51.84	47.014	11.93	60.088	81.23	42.401	30.60
	17	43.863	78.50	54.215	55.04	47.073	12.53	60.144	82.42	42.441	33.80
	27	43.705	82.22	54.198	58.06	47.091	13.32	60.164	83.38	42.431	36.84
10月	7	43.418	85.79	54.131	60.85	47.071	14.27	60.149	84.11	42.371	39.65
	17	43.015	89.06	54.021	63.31	47.017	15.30	60.104	84.60	42.268	42.15
	27	42.511	92.02	53.876	65.45	46.939	16.37	60.038	84.89	42.129	44.32
11月	6	41.909	94.59	53.699	67.18	46.839	17.42	59.952	84.96	41.956	46.10
	16	41.232	96.65	53.499	68.46	46.727	18.39	59.854	84.83	41.760	47.42
	26	40.497	98.21	53.283	69.29	46.609	19.24	59.750	84.53	41.548	48.30
12月	6	39.714	99.18	53.056	69.61	46.489	19.95	59.643	84.06	41.322	48.67
	16	38.919	99.53	52.828	69.41	46.376	20.45	59.539	83.45	41.094	48.53
	26	38.128	99.27	52.605	68.72	46.271	20.77	59.440	82.71	40.869	47.90
	36	37.364	98.37	52.392	67.54	46.179	20.87	59.351	81.86	40.655	46.76
平位置 (J2024.5)		41.011	72.78	52.576	46.57	44.962	20.51	58.471	72.70	40.794	25.43
年自行 (J2024.5)		0.0016	−0.031	0.0155	0.132	0.0040	0.031	−0.0006	−0.006	0.0094	0.095
视差（角秒）		0.015		0.029		0.014		0.013		0.041	

恒 星 视 位 置

2024 年　　　　以世界时 0^h 为准

日期	875		1607		1608		878		879	
	Br 3077		φ Aqr		ψ^1 Aqr		γ Psc		γ Scl	
	$5^m.57$	K3	$4^m.22$	M2	$4^m.24$	K0	$3^m.70$	G7	$4^m.41$	K1
	h m	° ′	h m	° ′	h m	° ′	h m	° ′	h m	° ′
	23 14	+57 17	23 15	− 5 54	23 17	− 8 56	23 18	+ 3 24	23 20	−32 23
日	s	″	s	″	s	″	s	″	s	″
1月 −9	25.201	76.99	33.189	76.02	08.199	91.58	23.863	46.28	06.417	79.02
1	24.916	76.17	33.100	76.58	08.109	92.08	23.772	45.57	06.295	78.99
11	24.646	74.82	33.021	77.08	08.030	92.48	23.691	44.83	06.188	78.63
21	24.407	72.99	32.958	77.49	07.966	92.76	23.625	44.09	06.101	77.94
31	24.208	70.80	32.914	77.76	07.922	92.89	23.577	43.40	06.038	76.94
2月 10	24.056	68.28	32.890	77.91	07.898	92.87	23.549	42.77	06.000	75.65
20	23.966	65.56	32.894	77.88	07.902	92.65	23.548	42.28	05.993	74.08
3月 1	23.941	62.79	32.928	77.64	07.935	92.25	23.576	41.96	06.020	72.27
11	23.985	60.03	32.979	77.32	07.991	91.69	23.632	41.86	06.081	70.24
21	24.107	57.44	33.083	76.56	08.090	90.76	23.726	41.92	06.184	68.00
31	24.302	55.12	33.218	75.64	08.224	89.65	23.859	42.28	06.327	65.63
4月 10	24.568	53.15	33.389	74.48	08.396	88.31	24.029	42.93	06.511	63.13
20	24.902	51.65	33.598	73.08	08.605	86.76	24.237	43.88	06.737	60.58
30	25.291	50.64	33.839	71.47	08.846	85.03	24.478	45.10	07.000	58.02
5月 10	25.729	50.16	34.111	69.68	09.119	83.13	24.749	46.57	07.298	55.48
20	26.202	50.27	34.408	67.74	09.417	81.11	25.046	48.29	07.626	53.05
30	26.695	50.92	34.722	65.71	09.732	79.04	25.360	50.17	07.975	50.78
6月 9	27.199	52.12	35.049	63.63	10.061	76.94	25.686	52.20	08.340	48.70
19	27.696	53.84	35.376	61.56	10.391	74.88	26.013	54.32	08.709	46.90
29	28.173	56.00	35.698	59.56	10.716	72.92	26.334	56.46	09.074	45.39
7月 9	28.622	58.58	36.007	57.66	11.028	71.08	26.642	58.59	09.427	44.22
19	29.027	61.50	36.293	55.92	11.318	69.45	26.927	60.63	09.756	43.43
29	29.382	64.68	36.551	54.39	11.580	68.03	27.185	62.54	10.055	43.01
8月 8	29.682	68.08	36.776	53.07	11.808	66.85	27.409	64.31	10.317	42.97
18	29.916	71.60	36.961	52.01	11.997	65.95	27.594	65.86	10.534	43.32
28	30.088	75.17	37.106	51.20	12.146	65.31	27.740	67.21	10.705	43.98
9月 7	30.194	78.74	37.210	50.65	12.252	64.93	27.845	68.32	10.826	44.97
17	30.233	82.20	37.271	50.36	12.316	64.81	27.909	69.19	10.897	46.20
27	30.213	85.51	37.296	50.28	12.343	64.91	27.937	69.83	10.922	47.61
10月 7	30.133	88.62	37.285	50.41	12.334	65.21	27.930	70.25	10.903	49.15
17	30.001	91.41	37.243	50.71	12.293	65.66	27.893	70.45	10.845	50.72
27	29.825	93.87	37.179	51.13	12.230	66.23	27.833	70.47	10.757	52.25
11月 6	29.607	95.93	37.095	51.67	12.146	66.88	27.753	70.32	10.643	53.69
16	29.359	97.51	36.999	52.27	12.049	67.57	27.662	70.01	10.512	54.94
26	29.089	98.62	36.897	52.90	11.947	68.26	27.563	69.59	10.373	55.97
12月 6	28.801	99.19	36.792	53.56	11.841	68.93	27.461	69.05	10.230	56.73
16	28.509	99.19	36.691	54.18	11.740	69.54	27.361	68.43	10.092	57.17
26	28.220	98.67	36.597	54.77	11.645	70.09	27.267	67.75	09.962	57.31
36	27.942	97.59	36.511	55.30	11.559	70.54	27.180	67.02	09.845	57.12
平位置 (J2024.5)	28.409	74.41	35.430	59.66	10.424	74.08	26.170	59.37	08.475	53.83
年自行	0.2560	0.296	0.0025	−0.195	0.0249	−0.017	0.0508	0.018	0.0014	−0.076
视　差　(角秒)	0.153		0.015		0.022		0.025		0.018	

恒 星 视 位 置

以世界时 0^h 为准

2024 年

日　期	1609		880		1610		1611		GC	
	ψ^3 Aqr		τ Peg		12 And		11 G. Scl		64 Peg	
	$4^m.99$	A0	$4^m.58$	A5	$5^m.77$	F5	$5^m.65$	G5	$5^m.35$	B6
	h m 23 20	° ′ − 9 28	h m 23 21	° ′ +23 52	h m 23 22	° ′ +38 18	h m 23 22	° ′ −26 50	h m 23 23	° ′ +31 56
日	s	″	s	″	s	″	s	″	s	″
1月 −9	11.863	53.14	48.779	23.09	01.951	57.50	31.484	91.88	04.469	45.84
1	11.771	53.63	48.662	22.21	01.790	56.61	31.373	92.00	04.330	44.95
11	11.690	54.02	48.553	21.08	01.639	55.35	31.274	91.85	04.200	43.75
21	11.624	54.28	48.459	19.75	01.505	53.75	31.194	91.40	04.087	42.25
31	11.576	54.39	48.384	18.29	01.395	51.90	31.136	90.68	03.994	40.57
2月 10	11.549	54.34	48.332	16.74	01.313	49.85	31.100	89.69	03.926	38.73
20	11.549	54.09	48.310	15.19	01.268	47.70	31.094	88.44	03.892	36.83
3月 1	11.578	53.65	48.321	13.73	01.264	45.56	31.118	86.95	03.894	34.98
11	11.631	53.05	48.369	12.39	01.305	43.50	31.175	85.23	03.936	33.22
21	11.725	52.09	48.459	11.29	01.396	41.65	31.272	83.29	04.025	31.69
31	11.856	50.95	48.589	10.47	01.537	40.08	31.407	81.19	04.158	30.43
4月 10	12.024	49.58	48.763	09.98	01.728	38.85	31.582	78.94	04.339	29.51
20	12.230	48.00	48.979	09.87	01.968	38.05	31.798	76.58	04.565	29.00
30	12.469	46.24	49.232	10.16	02.249	37.69	32.050	74.18	04.830	28.92
5月 10	12.739	44.32	49.518	10.84	02.569	37.80	32.336	71.75	05.131	29.27
20	13.035	42.29	49.831	11.93	02.918	38.41	32.650	69.38	05.460	30.08
30	13.350	40.20	50.161	13.36	03.285	39.47	32.985	67.12	05.807	31.30
6月 9	13.677	38.09	50.503	15.13	03.664	40.97	33.335	64.99	06.166	32.92
19	14.007	36.03	50.846	17.19	04.043	42.88	33.690	63.09	06.526	34.89
29	14.332	34.07	51.181	19.45	04.411	45.11	34.041	61.44	06.876	37.14
7月 9	14.646	32.24	51.501	21.89	04.762	47.64	34.380	60.08	07.211	39.64
19	14.937	30.61	51.797	24.43	05.083	50.40	34.697	59.07	07.519	42.31
29	15.200	29.20	52.062	27.01	05.370	53.29	34.985	58.39	07.795	45.08
8月 8	15.431	28.04	52.292	29.59	05.617	56.31	35.238	58.06	08.034	47.92
18	15.622	27.16	52.480	32.10	05.818	59.34	35.449	58.11	08.230	50.73
28	15.774	26.54	52.628	34.49	05.973	62.33	35.615	58.46	08.382	53.48
9月 7	15.883	26.19	52.733	36.74	06.080	65.25	35.735	59.13	08.489	56.12
17	15.950	26.10	52.795	38.79	06.139	68.00	35.808	60.06	08.551	58.58
27	15.979	26.23	52.820	40.62	06.155	70.57	35.837	61.17	08.573	60.84
10月 7	15.972	26.56	52.807	42.21	06.130	72.91	35.825	62.45	08.556	62.87
17	15.933	27.04	52.763	43.52	06.067	74.95	35.776	63.78	08.504	64.60
27	15.871	27.64	52.694	44.57	05.975	76.69	35.700	65.12	08.426	66.05
11月 6	15.788	28.31	52.603	45.32	05.856	78.08	35.599	66.41	08.323	67.17
16	15.693	29.02	52.496	45.76	05.717	79.06	35.482	67.57	08.202	67.93
26	15.591	29.73	52.380	45.91	05.566	79.67	35.358	68.56	08.070	68.34
12月 6	15.485	30.41	52.257	45.75	05.403	79.84	35.228	69.34	07.928	68.37
16	15.382	31.03	52.134	45.29	05.239	79.58	35.103	69.86	07.786	68.02
26	15.286	31.57	52.014	44.55	05.076	78.92	34.985	70.13	07.646	67.33
36	15.198	32.02	51.900	43.54	04.920	77.85	34.879	70.11	07.511	66.28
平位置 (J2024.5)	14.053	35.51	51.207	28.99	04.556	58.94	33.551	68.42	06.977	49.14
年自行	0.0029	−0.008	0.0023	−0.008	0.0109	−0.061	−0.0014	−0.011	0.0008	−0.007
视　差　(角秒)	0.013		0.020		0.024		0.010		0.004	

恒 星 视 位 置

2024 年 以世界时 0^{h} 为准

日 期	1612 98 Aqr $3^{m}.96$ K0		882 4 Cas $4^{m}.96$ M1		1613 67 Peg $5^{m}.56$ B9		881 υ Peg $4^{m}.42$ F8		884 κ Psc $4^{m}.95$ A0	
	h m	° ′	h m	° ′	h m	° ′	h m	° ′	h m	° ′
	23 24	−19 57	23 25	+62 24	23 25	+32 30	23 26	+23 32	23 28	+ 1 23
日	s	″	s	″	s	″	s	″	s	″
1月 −9	13.151	80.77	53.037	67.33	60.574	68.02	33.956	15.34	09.114	10.45
1	13.050	81.06	52.671	66.74	60.434	67.16	33.840	14.50	09.021	09.78
11	12.959	81.14	52.319	65.59	60.301	65.98	33.730	13.40	08.936	09.10
21	12.885	80.98	51.998	63.91	60.184	64.50	33.634	12.11	08.864	08.44
31	12.831	80.60	51.722	61.80	60.088	62.82	33.557	10.69	08.809	07.85
2月 10	12.798	79.99	51.498	59.33	60.016	60.97	33.502	09.17	08.772	07.34
20	12.792	79.14	51.345	56.60	59.978	59.06	33.476	07.66	08.761	06.97
3月 1	12.815	78.07	51.268	53.75	59.976	57.19	33.483	06.22	08.779	06.78
11	12.869	76.76	51.272	50.86	60.015	55.42	33.526	04.92	08.826	06.84
21	12.961	75.21	51.369	48.09	60.100	53.85	33.611	03.84	08.906	07.00
31	13.091	73.47	51.551	45.56	60.231	52.56	33.737	03.03	09.029	07.48
4月 10	13.259	71.55	51.818	43.33	60.409	51.60	33.906	02.54	09.189	08.24
20	13.466	69.48	52.167	41.54	60.634	51.05	34.118	02.44	09.387	09.28
30	13.708	67.32	52.583	40.23	60.897	50.93	34.367	02.72	09.619	10.58
5月 10	13.983	65.07	53.058	39.44	61.198	51.24	34.650	03.40	09.883	12.12
20	14.286	62.81	53.578	39.24	61.528	52.01	34.961	04.47	10.174	13.88
30	14.609	60.59	54.123	39.59	61.875	53.20	35.290	05.89	10.483	15.79
6月 9	14.946	58.45	54.685	40.50	62.236	54.78	35.631	07.64	10.806	17.83
19	15.288	56.46	55.242	41.96	62.598	56.73	35.975	09.67	11.133	19.94
29	15.626	54.67	55.780	43.90	62.951	58.95	36.311	11.91	11.454	22.06
7月 9	15.952	53.10	56.290	46.29	63.289	61.44	36.633	14.33	11.765	24.14
19	16.257	51.83	56.753	49.08	63.600	64.11	36.931	16.85	12.055	26.13
29	16.535	50.85	57.163	52.15	63.879	66.87	37.200	19.41	12.317	27.97
8月 8	16.778	50.19	57.512	55.51	64.122	69.72	37.435	21.97	12.549	29.65
18	16.981	49.86	57.788	59.03	64.321	72.55	37.628	24.46	12.741	31.11
28	17.143	49.83	57.995	62.65	64.477	75.31	37.782	26.83	12.896	32.35
9月 7	17.260	50.10	58.128	66.32	64.588	77.98	37.892	29.07	13.010	33.35
17	17.333	50.64	58.184	69.92	64.653	80.47	37.960	31.10	13.083	34.10
27	17.365	51.38	58.171	73.42	64.679	82.77	37.991	32.92	13.119	34.62
10月 7	17.358	52.29	58.089	76.74	64.665	84.83	37.984	34.50	13.121	34.92
17	17.317	53.32	57.942	79.78	64.616	86.60	37.945	35.81	13.091	35.01
27	17.250	54.39	57.742	82.52	64.540	88.09	37.882	36.86	13.039	34.93
11月 6	17.160	55.47	57.489	84.87	64.438	89.25	37.795	37.61	12.965	34.69
16	17.056	56.48	57.194	86.76	64.318	90.05	37.693	38.06	12.878	34.31
26	16.944	57.38	56.868	88.17	64.187	90.50	37.580	38.23	12.782	33.84
12月 6	16.827	58.16	56.515	89.03	64.045	90.56	37.459	38.09	12.681	33.28
16	16.714	58.74	56.151	89.31	63.901	90.25	37.338	37.65	12.581	32.66
26	16.607	59.14	55.784	89.03	63.759	89.59	37.219	36.95	12.484	32.00
36	16.509	59.33	55.425	88.17	63.622	88.56	37.105	35.97	12.394	31.32
平位置 (J2024.5)	15.243	59.65	56.246	63.17	63.077	71.06	36.365	21.23	11.327	23.95
年自行	−0.0085	−0.097	0.0018	−0.013	0.0013	0.003	0.0140	0.036	0.0057	−0.094
视 差 (角秒)	0.020		0.004		0.006		0.019		0.020	

恒 星 视 位 置

以世界时 0^{h} 为准

2024 年

日期		1614 θ Psc $4^{\mathrm{m}}.27$ K1		885 70 Peg $4^{\mathrm{m}}.54$ G8		N30 Pi 101 $4^{\mathrm{m}}.8 \sim 5^{\mathrm{m}}.0$ B3		(887) 72 Peg m $4^{\mathrm{m}}.97$ K4		1616 15 And $5^{\mathrm{m}}.55$ A1	
		h m	° ′	h m	° ′	h m	° ′	h m	° ′	h m	° ′
		23 29	+ 6 30	23 30	+12 53	23 31	+58 40	23 35	+31 27	23 35	+40 21
	日	s	″	s	″	s	″	s	″	s	″
1月	−9	10.488	38.02	21.471	35.93	07.445	66.85	07.958	35.50	47.276	77.78
	1	10.392	37.29	21.370	35.15	07.134	66.27	07.820	34.71	47.105	77.05
	11	10.303	36.50	21.275	34.24	06.832	65.15	07.688	33.61	46.940	75.91
	21	10.227	35.68	21.193	33.24	06.556	63.52	07.569	32.21	46.790	74.41
	31	10.168	34.88	21.128	32.20	06.317	61.48	07.469	30.62	46.662	72.63
2月	10	10.128	34.12	21.082	31.15	06.122	59.09	07.391	28.87	46.560	70.61
	20	10.113	33.48	21.063	30.17	05.988	56.45	07.346	27.04	46.495	68.46
3月	1	10.127	32.98	21.072	29.32	05.919	53.70	07.335	25.25	46.471	66.29
	11	10.172	32.69	21.115	28.62	05.922	50.92	07.364	23.54	46.492	64.17
	21	10.252	32.59	21.195	28.16	06.007	48.26	07.439	22.03	46.567	62.22
	31	10.372	32.75	21.314	27.95	06.167	45.83	07.560	20.78	46.692	60.52
4月	10	10.531	33.22	21.473	28.05	06.405	43.70	07.727	19.84	46.871	59.14
	20	10.729	34.00	21.674	28.49	06.717	42.00	07.942	19.31	47.102	58.17
	30	10.961	35.06	21.909	29.26	07.090	40.77	08.196	19.18	47.377	57.64
5月	10	11.226	36.40	22.177	30.35	07.518	40.05	08.489	19.47	47.694	57.56
	20	11.518	38.01	22.473	31.75	07.989	39.91	08.812	20.22	48.044	57.99
	30	11.828	39.82	22.787	33.42	08.485	40.30	09.155	21.37	48.415	58.87
6月	9	12.152	41.81	23.115	35.32	08.998	41.24	09.512	22.91	48.802	60.21
	19	12.479	43.92	23.446	37.41	09.510	42.72	09.872	24.80	49.191	61.97
	29	12.800	46.08	23.771	39.61	10.007	44.66	10.226	26.98	49.571	64.08
7月	9	13.111	48.26	24.085	41.89	10.480	47.03	10.566	29.40	49.936	66.51
	19	13.400	50.39	24.377	44.18	10.912	49.79	10.882	32.01	50.274	69.20
	29	13.663	52.42	24.642	46.42	11.297	52.83	11.167	34.71	50.579	72.05
8月	8	13.894	54.32	24.874	48.58	11.629	56.12	11.417	37.50	50.845	75.05
	18	14.086	56.04	25.068	50.60	11.896	59.58	11.625	40.26	51.066	78.10
	28	14.240	57.55	25.223	52.46	12.100	63.11	11.792	42.97	51.240	81.13
9月	7	14.354	58.86	25.338	54.12	12.238	66.69	11.914	45.58	51.367	84.12
	17	14.426	59.91	25.411	55.56	12.307	70.20	11.991	48.02	51.445	86.98
	27	14.463	60.75	25.448	56.77	12.315	73.60	12.028	50.27	51.479	89.66
10月	7	14.465	61.35	25.450	57.75	12.260	76.82	12.027	52.30	51.469	92.14
	17	14.435	61.72	25.421	58.49	12.147	79.77	11.990	54.05	51.421	94.34
	27	14.383	61.91	25.368	59.00	11.987	82.41	11.925	55.53	51.341	96.24
11月	6	14.309	61.89	25.293	59.28	11.779	84.68	11.834	56.68	51.230	97.80
	16	14.222	61.70	25.204	59.33	11.535	86.49	11.725	57.49	51.097	98.97
	26	14.125	61.37	25.105	59.19	11.262	87.85	11.601	57.97	50.947	99.76
12月	6	14.023	60.89	24.999	58.83	10.964	88.67	11.466	58.07	50.783	100.11
	16	13.921	60.30	24.893	58.29	10.656	88.93	11.328	57.81	50.614	100.02
	26	13.822	59.61	24.789	57.60	10.344	88.65	11.189	57.21	50.442	99.52
	36	13.728	58.85	24.691	56.75	10.038	87.81	11.054	56.27	50.274	98.58
平位置 (J2024.5)		12.725	49.68	23.759	45.33	10.474	63.17	10.408	38.54	49.845	78.19
年自行		−0.0083	−0.044	0.0043	0.025	0.0024	0.004	0.0038	−0.017	−0.0015	−0.046
视 差 (角秒)		0.021		0.018		0.006		0.006		0.014	

恒 星 视 位 置

2024 年　　　　以世界时 0^h 为准

日 期		890 λ And $3^m.81$ G8		891 ι And $4^m.29$ B8		893 γ Cep $3^m.21$ K1		892 ι Psc $4^m.13$ F7		1619 κ And $4^m.15$ B9	
		h m	° ′	h m	° ′	h m	° ′	h m	° ′	h m	° ′
		23 38	+46 35	23 39	+43 23	23 40	+77 45	23 41	+ 5 45	23 41	+44 27
	日	s	″	s	″	s	″	s	″	s	″
1月	−9	43.598	29.30	18.137	74.42	17.822	75.27	10.537	21.77	34.759	71.90
	1	43.395	28.64	17.951	73.75	16.873	75.16	10.440	21.07	34.568	71.26
	11	43.197	27.53	17.770	72.65	15.943	74.44	10.349	20.31	34.381	70.18
	21	43.015	25.99	17.604	71.15	15.077	73.08	10.268	19.53	34.209	68.70
	31	42.858	24.12	17.461	69.35	14.307	71.21	10.203	18.78	34.059	66.90
2月	10	42.730	21.97	17.345	67.29	13.655	68.87	10.154	18.08	33.937	64.83
	20	42.644	19.64	17.268	65.06	13.162	66.15	10.131	17.48	33.855	62.59
3月	1	42.605	17.25	17.234	62.80	12.841	63.21	10.135	17.04	33.816	60.29
	11	42.617	14.87	17.248	60.55	12.705	60.13	10.169	16.80	33.826	58.01
	21	42.688	12.64	17.318	58.47	12.775	57.06	10.237	16.77	33.893	55.88
	31	42.817	10.64	17.442	56.63	13.036	54.14	10.347	16.95	34.016	53.98
4月	10	43.005	08.95	17.622	55.09	13.484	51.46	10.496	17.44	34.195	52.39
	20	43.251	07.68	17.857	53.96	14.112	49.15	10.685	18.23	34.431	51.20
	30	43.546	06.85	18.139	53.27	14.884	47.29	10.909	19.31	34.715	50.45
5月	10	43.887	06.50	18.465	53.05	15.785	45.91	11.168	20.66	35.044	50.17
	20	44.263	06.68	18.825	53.34	16.783	45.12	11.455	22.26	35.408	50.40
	30	44.663	07.34	19.209	54.10	17.838	44.90	11.761	24.06	35.796	51.11
6月	9	45.080	08.49	19.608	55.33	18.931	45.26	12.084	26.03	36.201	52.30
	19	45.498	10.11	20.011	57.01	20.022	46.22	12.412	28.12	36.609	53.94
	29	45.908	12.12	20.405	59.06	21.078	47.71	12.737	30.25	37.009	55.96
7月	9	46.302	14.51	20.784	61.46	22.083	49.72	13.052	32.40	37.394	58.33
	19	46.665	17.20	21.135	64.14	23.001	52.20	13.348	34.50	37.751	61.00
	29	46.993	20.10	21.453	67.01	23.815	55.07	13.618	36.49	38.074	63.87
8月	8	47.280	23.19	21.731	70.06	24.514	58.30	13.858	38.35	38.358	66.92
	18	47.517	26.38	21.961	73.17	25.072	61.80	14.062	40.02	38.594	70.06
	28	47.705	29.59	22.145	76.30	25.491	65.48	14.227	41.49	38.782	73.21
9月	7	47.841	32.79	22.279	79.40	25.761	69.31	14.354	42.74	38.921	76.34
	17	47.923	35.89	22.362	82.38	25.871	73.17	14.439	43.74	39.007	79.37
	27	47.958	38.84	22.400	85.21	25.837	77.01	14.489	44.53	39.048	82.24
10月	7	47.945	41.60	22.392	87.84	25.648	80.75	14.503	45.07	39.042	84.93
	17	47.888	44.08	22.343	90.19	25.312	84.28	14.485	45.39	38.994	87.34
	27	47.796	46.27	22.260	92.26	24.846	87.56	14.444	45.53	38.912	89.46
11月	6	47.669	48.10	22.145	93.98	24.249	90.49	14.380	45.47	38.796	91.24
	16	47.515	49.52	22.005	95.29	23.541	92.98	14.300	45.25	38.654	92.61
	26	47.341	50.54	21.846	96.22	22.743	95.00	14.211	44.89	38.492	93.59
12月	6	47.149	51.08	21.670	96.69	21.864	96.47	14.113	44.40	38.313	94.11
	16	46.949	51.14	21.488	96.70	20.942	97.32	14.013	43.81	38.126	94.16
	26	46.746	50.74	21.303	96.27	19.998	97.56	13.915	43.14	37.936	93.77
	36	46.545	49.85	21.119	95.39	19.058	97.16	13.820	42.40	37.746	92.92
平位置 (J2024.5)		46.276	27.78	20.742	73.91	22.496	68.77	12.721	33.17	37.377	71.02
年自行		0.0154	−0.422	0.0025	−0.001	−0.0214	0.143	0.0252	−0.437	0.0074	−0.018
视 差 (角秒)		0.039		0.006		0.073		0.073		0.019	

恒 星 视 位 置

以世界时 0^h 为准

2024 年

日 期	1620 λ Psc 4ᵐ.49 A7		894 ω^2 Aqr 4ᵐ.49 B9		1621 106 Aqr 5ᵐ.24 B9		1622 ψ And 4ᵐ.97 G5	
	h m 23 43	° ′ +1 54	h m 23 43	° ′ −14 24	h m 23 45	° ′ −18 08	h m 23 47	° ′ +46 33
日	s	″	s	″	s	″	s	″
1月 −9	15.733	41.09	57.471	52.33	26.231	47.18	12.776	24.53
1	15.636	40.42	57.370	52.79	26.126	47.59	12.572	23.98
11	15.545	39.74	57.275	53.09	26.027	47.79	12.372	22.97
21	15.464	39.09	57.193	53.20	25.941	47.77	12.185	21.53
31	15.398	38.50	57.127	53.10	25.871	47.51	12.021	19.76
2月 10	15.348	37.99	57.078	52.81	25.819	47.03	11.884	17.69
20	15.323	37.61	57.054	52.28	25.792	46.29	11.787	15.42
3月 1	15.325	37.40	57.057	51.55	25.793	45.34	11.736	13.08
11	15.359	37.41	57.090	50.59	25.823	44.15	11.736	10.73
21	15.419	37.60	57.158	49.36	25.891	42.69	11.795	08.51
31	15.528	38.02	57.264	47.91	25.996	41.03	11.911	06.52
4月 10	15.673	38.74	57.410	46.25	26.141	39.17	12.087	04.80
20	15.858	39.75	57.596	44.40	26.327	37.13	12.323	03.49
30	16.079	41.01	57.818	42.40	26.549	34.98	12.609	02.61
5月 10	16.333	42.52	58.075	40.27	26.808	32.71	12.942	02.20
20	16.616	44.25	58.362	38.07	27.097	30.41	13.313	02.31
30	16.920	46.14	58.670	35.85	27.408	28.13	13.709	02.89
6月 9	17.240	48.18	58.997	33.65	27.738	25.90	14.124	03.97
19	17.567	50.28	59.330	31.54	28.075	23.79	14.544	05.52
29	17.890	52.40	59.663	29.57	28.412	21.86	14.956	07.45
7月 9	18.205	54.50	59.988	27.78	28.742	20.14	15.355	09.77
19	18.501	56.51	60.294	26.23	29.053	18.70	15.726	12.40
29	18.772	58.38	60.576	24.94	29.341	17.55	16.062	15.25
8月 8	19.014	60.09	60.828	23.94	29.598	16.71	16.359	18.30
18	19.219	61.59	61.042	23.26	29.816	16.21	16.608	21.46
28	19.387	62.87	61.218	22.87	29.996	16.02	16.808	24.65
9月 7	19.515	63.91	61.353	22.78	30.134	16.14	16.957	27.85
17	19.602	64.69	61.444	22.97	30.228	16.55	17.053	30.95
27	19.654	65.25	61.497	23.39	30.283	17.18	17.102	33.92
10月 7	19.670	65.58	61.512	24.02	30.298	18.03	17.103	36.72
17	19.654	65.69	61.493	24.81	30.278	19.01	17.059	39.24
27	19.614	65.63	61.448	25.68	30.231	20.06	16.979	41.49
11月 6	19.551	65.41	61.379	26.62	30.159	21.15	16.863	43.39
16	19.472	65.05	61.293	27.55	30.070	22.20	16.718	44.90
26	19.383	64.59	61.196	28.44	29.969	23.17	16.552	46.00
12月 6	19.286	64.03	61.091	29.25	29.860	24.03	16.366	46.64
16	19.187	63.42	60.985	29.93	29.749	24.72	16.169	46.80
26	19.088	62.77	60.881	30.48	29.641	25.23	15.967	46.51
36	18.993	62.09	60.782	30.87	29.538	25.54	15.765	45.73
平位置 (J2024.5)	17.853	53.94	59.462	33.60	28.176	27.16	15.403	22.92
年自行 (J2024.5)	−0.0086	−0.155	0.0068	−0.066	0.0019	−0.004	0.0010	−0.009
视 差 (角秒)	0.032		0.021		0.010		0.002	

恒 星 视 位 置

2024 年 以世界时 0^h 为准

日 期		895 41 H. Cep 5ᵐ.05 A1		1623 20 Psc 5ᵐ.49 G8		896 δ Scl 4ᵐ.59 A0		898 φ Peg 5ᵐ.06 M2	
		h m 23 49	° ′ +67 56	h m 23 49	° ′ − 2 37	h m 23 50	° ′ −27 59	h m 23 53	° ′ +19 15
	日	s	″	s	″	s	″	s	″
1月	−9	02.746	40.68	10.062	45.63	10.045	64.15	42.050	16.55
	1	02.267	40.50	09.966	46.25	09.923	64.41	41.938	15.86
	11	01.794	39.73	09.873	46.83	09.808	64.37	41.827	14.97
	21	01.349	38.37	09.791	47.33	09.706	64.00	41.725	13.92
	31	00.950	36.53	09.723	47.73	09.622	63.33	41.637	12.77
2月	10	00.610	34.25	09.670	48.02	09.558	62.37	41.566	11.54
	20	00.351	31.63	09.641	48.14	09.521	61.10	41.519	10.32
3月	1	00.184	28.81	09.639	48.08	09.512	59.58	41.502	09.17
	11	00.117	25.87	09.669	47.82	09.537	57.80	41.518	08.14
	21	00.163	22.96	09.722	47.41	09.600	55.78	41.573	07.31
	31	00.317	20.22	09.825	46.62	09.703	53.59	41.669	06.72
4月	10	00.579	17.71	09.965	45.62	09.848	51.22	41.808	06.41
	20	00.947	15.58	10.144	44.37	10.036	48.73	41.992	06.45
	30	01.402	13.90	10.359	42.89	10.263	46.18	42.215	06.83
5月	10	01.938	12.69	10.609	41.20	10.528	43.61	42.474	07.57
	20	02.535	12.06	10.889	39.32	10.827	41.07	42.766	08.66
	30	03.173	11.98	11.191	37.33	11.150	38.64	43.079	10.06
6月	9	03.839	12.47	11.510	35.23	11.494	36.35	43.410	11.76
	19	04.510	13.53	11.836	33.10	11.848	34.28	43.748	13.70
	29	05.166	15.10	12.161	31.01	12.203	32.48	44.084	15.82
7月	9	05.797	17.16	12.479	28.97	12.552	30.96	44.412	18.09
	19	06.381	19.67	12.779	27.07	12.883	29.81	44.720	20.45
	29	06.906	22.53	13.056	25.34	13.189	29.02	45.004	22.81
8月	8	07.367	25.72	13.303	23.81	13.465	28.60	45.258	25.17
	18	07.745	29.16	13.515	22.52	13.700	28.58	45.474	27.44
	28	08.044	32.74	13.690	21.48	13.895	28.91	45.654	29.58
9月	7	08.257	36.46	13.825	20.69	14.044	29.58	45.793	31.58
	17	08.378	40.17	13.920	20.17	14.146	30.55	45.892	33.38
	27	08.416	43.84	13.978	19.88	14.206	31.74	45.954	34.98
10月	7	08.367	47.40	14.000	19.82	14.222	33.12	45.979	36.35
	17	08.235	50.73	13.990	19.96	14.199	34.60	45.971	37.47
	27	08.032	53.81	13.955	20.25	14.145	36.10	45.937	38.36
11月	6	07.755	56.55	13.896	20.69	14.063	37.58	45.878	38.99
	16	07.418	58.84	13.821	21.22	13.960	38.93	45.800	39.36
	26	07.031	60.69	13.735	21.81	13.844	40.12	45.708	39.50
12月	6	06.599	62.00	13.639	22.45	13.718	41.09	45.605	39.38
	16	06.140	62.72	13.541	23.09	13.590	41.79	45.496	39.02
	26	05.666	62.87	13.443	23.72	13.464	42.21	45.384	38.45
	36	05.190	62.40	13.347	24.33	13.343	42.33	45.272	37.65
平位置	(J2024.5)	06.138	34.83	12.116	31.24	11.863	41.04	44.274	22.95
年自行		0.0026	−0.002	0.0064	0.005	0.0075	−0.104	−0.0005	−0.034
视 差 (角秒)		0.011		0.011		0.023		0.007	

恒 星 视 位 置

以世界时 0^h 为准

2024 年

日期		1625 82 Peg $5\overset{m}{.}30$ A4		899 ρ Cas $4\overset{m}{.}6$～$4\overset{m}{.}8$ F8		1629 ψ Peg $4\overset{m}{.}63$ M3		900 27 Psc $4\overset{m}{.}88$ G9	
		h m	° ′	h m	° ′	h m	° ′	h m	° ′
		23 53	+11 04	23 55	+57 37	23 58	+25 16	23 59	− 3 24
	日	s	″	s	″	s	″	s	″
1月	−9	50.065	51.80	34.363	72.94	58.431	35.02	53.659	86.61
	1	49.963	51.11	34.066	72.66	58.307	34.38	53.561	87.22
	11	49.862	50.31	33.769	71.84	58.185	33.48	53.465	87.79
	21	49.770	49.44	33.489	70.49	58.069	32.36	53.377	88.27
	31	49.692	48.54	33.237	68.72	57.968	31.07	53.302	88.64
2月	10	49.629	47.65	33.021	66.56	57.883	29.66	53.241	88.88
	20	49.589	46.82	32.858	64.11	57.825	28.19	53.202	88.96
3月	1	49.577	46.10	32.755	61.51	57.796	26.76	53.189	88.85
	11	49.596	45.55	32.718	58.82	57.803	25.41	53.207	88.55
	21	49.652	45.22	32.759	56.20	57.853	24.24	53.254	88.13
	31	49.746	45.10	32.876	53.75	57.944	23.31	53.342	87.24
4月	10	49.883	45.26	33.069	51.55	58.081	22.65	53.470	86.20
	20	50.061	45.75	33.339	49.73	58.266	22.34	53.640	84.90
	30	50.277	46.55	33.674	48.35	58.491	22.40	53.846	83.39
5月	10	50.529	47.65	34.068	47.43	58.755	22.84	54.088	81.67
	20	50.812	49.05	34.512	47.06	59.053	23.67	54.362	79.77
	30	51.117	50.69	34.988	47.22	59.374	24.85	54.658	77.76
6月	9	51.439	52.56	35.488	47.90	59.714	26.38	54.974	75.65
	19	51.768	54.59	35.995	49.12	60.062	28.21	55.300	73.51
	29	52.097	56.73	36.495	50.80	60.408	30.27	55.625	71.41
7月	9	52.417	58.94	36.978	52.93	60.746	32.55	55.946	69.38
	19	52.720	61.15	37.430	55.46	61.065	34.96	56.250	67.49
	29	52.998	63.31	37.840	58.29	61.358	37.44	56.532	65.77
8月	8	53.248	65.39	38.204	61.41	61.622	39.96	56.787	64.25
	18	53.462	67.31	38.510	64.71	61.848	42.44	57.006	62.99
	28	53.639	69.07	38.757	68.12	62.036	44.84	57.190	61.98
9月	7	53.778	70.63	38.943	71.62	62.183	47.14	57.336	61.23
	17	53.876	71.97	39.063	75.09	62.288	49.26	57.441	60.76
	27	53.938	73.08	39.123	78.47	62.356	51.19	57.510	60.52
10月	7	53.964	73.97	39.122	81.73	62.385	52.92	57.542	60.51
	17	53.959	74.62	39.064	84.74	62.381	54.38	57.542	60.71
	27	53.927	75.06	38.956	87.50	62.348	55.61	57.516	61.06
11月	6	53.872	75.29	38.798	89.92	62.289	56.56	57.465	61.54
	16	53.800	75.31	38.600	91.92	62.209	57.22	57.396	62.12
	26	53.714	75.16	38.368	93.50	62.113	57.60	57.315	62.75
12月	6	53.618	74.82	38.105	94.57	62.003	57.68	57.222	63.42
	16	53.517	74.33	37.823	95.10	61.885	57.46	57.125	64.09
	26	53.414	73.71	37.530	95.12	61.764	56.97	57.027	64.72
	36	53.312	72.96	37.234	94.56	61.640	56.20	56.928	65.32
平位置	(J2024.5)	52.209	61.08	37.229	68.57	60.691	39.22	55.633	72.32
年自行		−0.0019	−0.002	−0.0008	−0.003	−0.0027	−0.032	−0.0036	−0.072
视差（角秒）		0.017		0.000		0.008		0.015	

北 极 星 视 位 置

2024 年 以世界时 0^h 为准

907 α UMi 星等 1.98 光谱 F8V

日期	1 月 α	1 月 δ	2 月 α	2 月 δ	3 月 α	3 月 δ	4 月 α	4 月 δ	5 月 α	5 月 δ	6 月 α	6 月 δ
	h m 3 02	° ′ +89 22	h m 3 01	° ′ +89 22	h m 3 00	° ′ +89 22	h m 3 00	° ′ +89 21	h m 3 00	° ′ +89 21	h m 3 01	° ′ +89 21
日	s	″	s	″	s	″	s	″	s	″	s	″
1	87.25	10.46	94.20	15.49	99.12	14.65	55.94	68.48	42.70	59.87	01.65	51.23
2	85.60	10.70	92.29	15.51	97.54	14.50	55.17	68.25	42.62	59.61	02.62	50.95
3	83.96	10.92	90.49	15.53	96.06	14.35	54.30	68.04	42.46	59.34	03.79	50.66
4	82.36	11.13	88.79	15.55	94.62	14.22	53.30	67.83	42.31	59.05	05.17	50.37
5	80.84	11.32	87.15	15.58	93.17	14.11	52.19	67.61	42.25	58.72	06.71	50.10
6	79.42	11.50	85.53	15.64	91.65	14.01	51.02	67.36	42.38	58.37	08.35	49.86
7	78.10	11.69	83.85	15.71	89.99	13.92	49.89	67.07	42.73	58.02	09.99	49.64
8	76.86	11.88	82.04	15.79	88.18	13.83	48.89	66.76	43.30	57.67	11.56	49.46
9	75.64	12.09	80.05	15.88	86.24	13.71	48.10	66.42	44.02	57.34	13.02	49.28
10	74.39	12.33	77.88	15.95	84.26	13.56	47.55	66.08	44.80	57.04	14.37	49.12
11	73.02	12.58	75.59	15.99	82.35	13.37	47.19	65.75	45.55	56.77	15.62	48.95
12	71.46	12.84	73.30	15.98	80.62	13.15	46.94	65.45	46.23	56.51	16.81	48.77
13	69.70	13.09	71.10	15.95	79.10	12.91	46.70	65.16	46.79	56.27	17.99	48.57
14	67.76	13.32	69.06	15.88	77.78	12.67	46.42	64.90	47.26	56.02	19.20	48.36
15	65.74	13.52	67.22	15.81	76.60	12.44	46.04	64.64	47.65	55.77	20.48	48.14
16	63.72	13.68	65.51	15.73	75.47	12.24	45.57	64.39	48.00	55.50	21.87	47.92
17	61.80	13.81	63.90	15.67	74.32	12.05	45.00	64.13	48.37	55.22	23.39	47.68
18	60.03	13.92	62.29	15.63	73.11	11.87	44.38	63.86	48.79	54.92	25.05	47.46
19	58.39	14.02	60.64	15.60	71.79	11.70	43.75	63.58	49.31	54.60	26.83	47.24
20	56.86	14.13	58.90	15.57	70.38	11.53	43.14	63.27	49.95	54.28	28.72	47.05
21	55.38	14.25	57.05	15.55	68.88	11.34	42.60	62.95	50.75	53.96	30.67	46.88
22	53.88	14.39	55.08	15.53	67.34	11.14	42.16	62.61	51.68	53.64	32.60	46.75
23	52.31	14.54	53.03	15.49	65.77	10.92	41.87	62.27	52.76	53.34	34.45	46.63
24	50.63	14.70	50.90	15.43	64.24	10.68	41.73	61.92	53.92	53.06	36.18	46.54
25	48.81	14.86	48.76	15.35	62.78	10.42	41.74	61.57	55.13	52.80	37.77	46.44
26	46.86	15.01	46.64	15.24	61.44	10.14	41.87	61.24	56.31	52.57	39.25	46.34
27	44.79	15.14	44.59	15.12	60.22	09.85	42.09	60.93	57.41	52.35	40.68	46.21
28	42.65	15.26	42.64	14.97	59.16	09.55	42.34	60.64	58.40	52.15	42.15	46.07
29	40.48	15.35	40.82	14.82	58.24	09.26	42.55	60.37	59.27	51.95	43.73	45.90
30	38.32	15.42	39.12	14.65	57.42	08.98	42.68	60.11	60.05	51.73	45.49	45.72
31	36.22	15.47	00.00	00.00	56.67	08.72	42.70	59.87	60.82	51.50	47.43	45.54
32	34.20	15.49	00.00	00.00	55.94	08.48	00.00	00.00	61.65	51.23	00.00	00.00

$\alpha_{2024.5} = 3^h03^m41\overset{s}{.}17$ $\delta_{2024.5} = +89°21'56\overset{''}{.}46$

北极星视位置

以世界时 0^h 为准

2024 年

907　　α　UMi　　星等 1.98　　光谱 F8V

日期	7 月		8 月		9 月		10 月		11 月		12 月	
	α	δ	α	δ	α	δ	α	δ	α	δ	α	δ
	h m 3 01	° ′ +89 21	h m 3 02	° ′ +89 21	h m 3 03	° ′ +89 21	h m 3 04	° ′ +89 21	h m 3 05	° ′ +89 22	h m 3 05	° ′ +89 22
日	s	″	s	″	s	″	s	″	s	″	s	″
1	47.43	45.54	51.55	44.20	57.24	47.86	50.74	55.31	25.64	05.69	31.75	16.65
2	49.53	45.38	53.88	44.27	59.00	48.08	52.02	55.59	26.44	06.02	31.66	17.01
3	51.73	45.25	56.08	44.36	60.72	48.27	53.36	55.85	27.29	06.36	31.48	17.39
4	53.95	45.14	58.14	44.45	62.44	48.46	54.77	56.12	28.15	06.71	31.19	17.78
5	56.12	45.07	60.10	44.54	64.20	48.63	56.27	56.38	28.98	07.09	30.72	18.17
6	58.19	45.01	61.98	44.62	66.03	48.80	57.85	56.66	29.73	07.49	30.09	18.57
7	60.13	44.96	63.85	44.69	67.96	48.96	59.48	56.95	30.34	07.90	29.30	18.95
8	61.96	44.92	65.74	44.74	69.98	49.13	61.12	57.26	30.80	08.32	28.40	19.31
9	63.69	44.87	67.69	44.78	72.08	49.31	62.72	57.59	31.08	08.74	27.47	19.64
10	65.39	44.80	69.74	44.82	74.24	49.51	64.25	57.95	31.22	09.15	26.58	19.95
11	67.09	44.73	71.89	44.85	76.41	49.74	65.64	58.33	31.26	09.54	25.82	20.23
12	68.84	44.64	74.15	44.90	78.55	49.99	66.86	58.71	31.28	09.90	25.20	20.50
13	70.67	44.54	76.49	44.96	80.60	50.26	67.92	59.10	31.39	10.23	24.73	20.78
14	72.61	44.43	78.90	45.05	82.51	50.56	68.85	59.47	31.65	10.55	24.33	21.08
15	74.68	44.34	81.33	45.16	84.25	50.86	69.70	59.81	32.07	10.86	23.91	21.41
16	76.87	44.25	83.71	45.30	85.83	51.16	70.59	60.13	32.62	11.20	23.37	21.76
17	79.16	44.18	85.98	45.46	87.30	51.43	71.61	60.42	33.20	11.56	22.66	22.12
18	81.50	44.13	88.11	45.64	88.76	51.68	72.81	60.71	33.71	11.94	21.75	22.48
19	83.86	44.12	90.06	45.82	90.32	51.90	74.18	61.00	34.06	12.36	20.66	22.84
20	86.15	44.13	91.88	45.99	92.04	52.11	75.62	61.32	34.23	12.78	19.43	23.17
21	88.32	44.16	93.64	46.13	93.95	52.32	77.06	61.68	34.19	13.20	18.13	23.48
22	90.33	44.21	95.46	46.25	95.98	52.54	78.38	62.05	34.00	13.60	16.80	23.77
23	92.20	44.24	97.41	46.35	98.06	52.80	79.54	62.45	33.70	13.99	15.49	24.03
24	93.98	44.26	99.54	46.44	100.10	53.09	80.52	62.86	33.33	14.36	14.24	24.28
25	95.76	44.26	101.83	46.54	102.01	53.40	81.33	63.26	32.95	14.71	13.06	24.52
26	97.62	44.23	104.23	46.66	103.78	53.73	82.00	63.65	32.60	15.04	11.95	24.75
27	99.65	44.19	106.64	46.82	105.38	54.06	82.59	64.02	32.30	15.36	10.92	24.99
28	101.85	44.15	109.01	47.00	106.85	54.39	83.13	64.38	32.07	15.68	09.93	25.23
29	104.20	44.12	111.27	47.20	108.20	54.71	83.68	64.73	31.92	15.99	08.94	25.50
30	106.66	44.12	113.40	47.42	109.48	55.02	84.26	65.05	31.82	16.32	07.91	25.78
31	109.13	44.14	115.38	47.64	110.74	55.31	84.91	65.37	31.75	16.65	06.76	26.07
32	111.55	44.20	117.24	47.86	00.00	00.00	85.64	65.69	00.00	00.00	05.47	26.37

$\alpha_{2025.5} = 3^h05^m11^s.74$　　　　$\delta_{2025.5} = +89°22'10''.34$

从北极星高度求纬度

2024 年

(一)关于观测时间的改正值

恒星时	0^h	1^h	2^h	3^h	4^h	5^h	6^h	恒星时
m	° ′ ″	° ′ ″	° ′ ″	° ′ ″	° ′ ″	° ′ ″	° ′ ″	m
0	− 0 26 24	− 0 32 34	− 0 36 32	− 0 38 00	− 0 36 52	− 0 33 14	− 0 27 20	0
1	− 0 26 31	− 0 32 39	− 0 36 34	− 0 38 00	− 0 36 50	− 0 33 09	− 0 27 13	1
2	− 0 26 38	− 0 32 45	− 0 36 37	− 0 38 00	− 0 36 47	− 0 33 04	− 0 27 06	2
3	− 0 26 45	− 0 32 50	− 0 36 40	− 0 38 00	− 0 36 45	− 0 32 59	− 0 26 59	3
4	− 0 26 52	− 0 32 55	− 0 36 42	− 0 38 00	− 0 36 42	− 0 32 55	− 0 26 52	4
5	− 0 26 59	− 0 32 59	− 0 36 45	− 0 38 00	− 0 36 40	− 0 32 50	− 0 26 45	5
6	− 0 27 06	− 0 33 04	− 0 36 47	− 0 38 00	− 0 36 37	− 0 32 45	− 0 26 38	6
7	− 0 27 13	− 0 33 09	− 0 36 50	− 0 38 00	− 0 36 34	− 0 32 39	− 0 26 31	7
8	− 0 27 20	− 0 33 14	− 0 36 52	− 0 38 00	− 0 36 32	− 0 32 34	− 0 26 24	8
9	− 0 27 27	− 0 33 19	− 0 36 55	− 0 37 59	− 0 36 29	− 0 32 29	− 0 26 17	9
10	− 0 27 34	− 0 33 24	− 0 36 57	− 0 37 59	− 0 36 26	− 0 32 24	− 0 26 09	10
11	− 0 27 41	− 0 33 28	− 0 36 59	− 0 37 59	− 0 36 23	− 0 32 19	− 0 26 02	11
12	− 0 27 47	− 0 33 33	− 0 37 02	− 0 37 59	− 0 36 20	− 0 32 14	− 0 25 55	12
13	− 0 27 54	− 0 33 38	− 0 37 04	− 0 37 58	− 0 36 17	− 0 32 08	− 0 25 48	13
14	− 0 28 01	− 0 33 42	− 0 37 06	− 0 37 58	− 0 36 14	− 0 32 03	− 0 25 40	14
15	− 0 28 08	− 0 33 47	− 0 37 08	− 0 37 57	− 0 36 11	− 0 31 58	− 0 25 33	15
16	− 0 28 14	− 0 33 51	− 0 37 10	− 0 37 57	− 0 36 08	− 0 31 52	− 0 25 26	16
17	− 0 28 21	− 0 33 56	− 0 37 12	− 0 37 56	− 0 36 05	− 0 31 47	− 0 25 18	17
18	− 0 28 28	− 0 34 00	− 0 37 14	− 0 37 56	− 0 36 02	− 0 31 41	− 0 25 11	18
19	− 0 28 34	− 0 34 05	− 0 37 16	− 0 37 55	− 0 35 59	− 0 31 36	− 0 25 03	19
20	− 0 28 41	− 0 34 09	− 0 37 18	− 0 37 54	− 0 35 56	− 0 31 30	− 0 24 56	20
21	− 0 28 47	− 0 34 14	− 0 37 20	− 0 37 54	− 0 35 53	− 0 31 25	− 0 24 48	21
22	− 0 28 54	− 0 34 18	− 0 37 22	− 0 37 53	− 0 35 49	− 0 31 19	− 0 24 41	22
23	− 0 29 00	− 0 34 22	− 0 37 24	− 0 37 52	− 0 35 46	− 0 31 13	− 0 24 33	23
24	− 0 29 07	− 0 34 26	− 0 37 25	− 0 37 51	− 0 35 42	− 0 31 08	− 0 24 26	24
25	− 0 29 13	− 0 34 31	− 0 37 27	− 0 37 50	− 0 35 39	− 0 31 02	− 0 24 18	25
26	− 0 29 19	− 0 34 35	− 0 37 29	− 0 37 50	− 0 35 36	− 0 30 56	− 0 24 10	26
27	− 0 29 26	− 0 34 39	− 0 37 30	− 0 37 49	− 0 35 32	− 0 30 50	− 0 24 03	27
28	− 0 29 32	− 0 34 43	− 0 37 32	− 0 37 48	− 0 35 29	− 0 30 45	− 0 23 55	28
29	− 0 29 38	− 0 34 47	− 0 37 33	− 0 37 46	− 0 35 25	− 0 30 39	− 0 23 47	29
30	− 0 29 44	− 0 34 51	− 0 37 35	− 0 37 45	− 0 35 21	− 0 30 33	− 0 23 39	30
31	− 0 29 51	− 0 34 55	− 0 37 36	− 0 37 44	− 0 35 18	− 0 30 27	− 0 23 32	31
32	− 0 29 57	− 0 34 59	− 0 37 38	− 0 37 43	− 0 35 14	− 0 30 21	− 0 23 24	32
33	− 0 30 03	− 0 35 03	− 0 37 39	− 0 37 42	− 0 35 10	− 0 30 15	− 0 23 16	33
34	− 0 30 09	− 0 35 06	− 0 37 40	− 0 37 40	− 0 35 06	− 0 30 09	− 0 23 08	34
35	− 0 30 15	− 0 35 10	− 0 37 42	− 0 37 39	− 0 35 03	− 0 30 03	− 0 23 00	35
36	− 0 30 21	− 0 35 14	− 0 37 43	− 0 37 38	− 0 34 59	− 0 29 57	− 0 22 52	36
37	− 0 30 27	− 0 35 18	− 0 37 44	− 0 37 36	− 0 34 55	− 0 29 51	− 0 22 44	37
38	− 0 30 33	− 0 35 21	− 0 37 45	− 0 37 35	− 0 34 51	− 0 29 44	− 0 22 36	38
39	− 0 30 39	− 0 35 25	− 0 37 46	− 0 37 33	− 0 34 47	− 0 29 38	− 0 22 28	39
40	− 0 30 45	− 0 35 29	− 0 37 48	− 0 37 32	− 0 34 43	− 0 29 32	− 0 22 20	40
41	− 0 30 50	− 0 35 32	− 0 37 49	− 0 37 30	− 0 34 39	− 0 29 26	− 0 22 12	41
42	− 0 30 56	− 0 35 36	− 0 37 50	− 0 37 29	− 0 34 35	− 0 29 19	− 0 22 04	42
43	− 0 31 02	− 0 35 39	− 0 37 50	− 0 37 27	− 0 34 31	− 0 29 13	− 0 21 56	43
44	− 0 31 08	− 0 35 42	− 0 37 51	− 0 37 25	− 0 34 26	− 0 29 07	− 0 21 48	44
45	− 0 31 13	− 0 35 46	− 0 37 52	− 0 37 24	− 0 34 22	− 0 29 00	− 0 21 40	45
46	− 0 31 19	− 0 35 49	− 0 37 53	− 0 37 22	− 0 34 18	− 0 28 54	− 0 21 31	46
47	− 0 31 25	− 0 35 53	− 0 37 54	− 0 37 20	− 0 34 14	− 0 28 47	− 0 21 23	47
48	− 0 31 30	− 0 35 56	− 0 37 54	− 0 37 18	− 0 34 09	− 0 28 41	− 0 21 15	48
49	− 0 31 36	− 0 35 59	− 0 37 55	− 0 37 16	− 0 34 05	− 0 28 34	− 0 21 07	49
50	− 0 31 41	− 0 36 02	− 0 37 56	− 0 37 14	− 0 34 00	− 0 28 28	− 0 20 58	50
51	− 0 31 47	− 0 36 05	− 0 37 56	− 0 37 12	− 0 33 56	− 0 28 21	− 0 20 50	51
52	− 0 31 52	− 0 36 08	− 0 37 57	− 0 37 10	− 0 33 51	− 0 28 14	− 0 20 42	52
53	− 0 31 58	− 0 36 11	− 0 37 57	− 0 37 08	− 0 33 47	− 0 28 08	− 0 20 33	53
54	− 0 32 03	− 0 36 14	− 0 37 58	− 0 37 06	− 0 33 42	− 0 28 01	− 0 20 25	54
55	− 0 32 08	− 0 36 17	− 0 37 58	− 0 37 04	− 0 33 38	− 0 27 54	− 0 20 17	55
56	− 0 32 14	− 0 36 20	− 0 37 59	− 0 37 02	− 0 33 33	− 0 27 47	− 0 20 08	56
57	− 0 32 19	− 0 36 23	− 0 37 59	− 0 36 59	− 0 33 28	− 0 27 41	− 0 20 00	57
58	− 0 32 24	− 0 36 26	− 0 37 59	− 0 36 57	− 0 33 24	− 0 27 34	− 0 19 51	58
59	− 0 32 29	− 0 36 29	− 0 37 59	− 0 36 55	− 0 33 19	− 0 27 27	− 0 19 43	59
60	− 0 32 34	− 0 36 32	− 0 38 00	− 0 36 52	− 0 33 14	− 0 27 20	− 0 19 34	60
恒星时	12^h	13^h	14^h	15^h	16^h	17^h	18^h	恒星时

恒星时用表的下端时，改正值的符号应与表列符号相反。

从北极星高度求纬度

(一)关于观测时间的改正值　　　　2024 年

恒星时	6^h	7^h	8^h	9^h	10^h	11^h	12^h	恒星时
m	° ′ ″	° ′ ″	° ′ ″	° ′ ″	° ′ ″	° ′ ″	° ′ ″	m
0	−0 27 20	−0 19 34	−0 10 28	−0 00 40	+0 09 12	+0 18 25	+0 26 24	0
1	−0 27 13	−0 19 26	−0 10 19	−0 00 30	+0 09 21	+0 18 34	+0 26 31	1
2	−0 27 06	−0 19 17	−0 10 09	−0 00 20	+0 09 31	+0 18 43	+0 26 38	2
3	−0 26 59	−0 19 09	−0 10 00	−0 00 10	+0 09 40	+0 18 51	+0 26 45	3
4	−0 26 52	−0 19 00	−0 09 50	+0 00 00	+0 09 50	+0 19 00	+0 26 52	4
5	−0 26 45	−0 18 51	−0 09 40	+0 00 10	+0 10 00	+0 19 09	+0 26 59	5
6	−0 26 38	−0 18 43	−0 09 31	+0 00 20	+0 10 09	+0 19 17	+0 27 06	6
7	−0 26 31	−0 18 34	−0 09 21	+0 00 30	+0 10 19	+0 19 26	+0 27 13	7
8	−0 26 24	−0 18 25	−0 09 12	+0 00 40	+0 10 28	+0 19 34	+0 27 20	8
9	−0 26 17	−0 18 17	−0 09 02	+0 00 50	+0 10 38	+0 19 43	+0 27 27	9
10	−0 26 09	−0 18 08	−0 08 52	+0 01 00	+0 10 48	+0 19 51	+0 27 34	10
11	−0 26 02	−0 17 59	−0 08 43	+0 01 10	+0 10 57	+0 20 00	+0 27 41	11
12	−0 25 55	−0 17 50	−0 08 33	+0 01 20	+0 11 07	+0 20 08	+0 27 47	12
13	−0 25 48	−0 17 42	−0 08 23	+0 01 30	+0 11 16	+0 20 17	+0 27 54	13
14	−0 25 40	−0 17 33	−0 08 13	+0 01 39	+0 11 26	+0 20 25	+0 28 01	14
15	−0 25 33	−0 17 24	−0 08 04	+0 01 49	+0 11 35	+0 20 33	+0 28 08	15
16	−0 25 26	−0 17 15	−0 07 54	+0 01 59	+0 11 45	+0 20 42	+0 28 14	16
17	−0 25 18	−0 17 06	−0 07 44	+0 02 09	+0 11 54	+0 20 50	+0 28 21	17
18	−0 25 11	−0 16 57	−0 07 35	+0 02 19	+0 12 03	+0 20 58	+0 28 28	18
19	−0 25 03	−0 16 48	−0 07 25	+0 02 29	+0 12 13	+0 21 07	+0 28 34	19
20	−0 24 56	−0 16 39	−0 07 15	+0 02 39	+0 12 22	+0 21 15	+0 28 41	20
21	−0 24 48	−0 16 31	−0 07 05	+0 02 49	+0 12 32	+0 21 23	+0 28 47	21
22	−0 24 41	−0 16 22	−0 06 55	+0 02 59	+0 12 41	+0 21 31	+0 28 54	22
23	−0 24 33	−0 16 13	−0 06 46	+0 03 09	+0 12 50	+0 21 40	+0 29 00	23
24	−0 24 26	−0 16 04	−0 06 36	+0 03 19	+0 13 00	+0 21 48	+0 29 07	24
25	−0 24 18	−0 15 55	−0 06 26	+0 03 29	+0 13 09	+0 21 56	+0 29 13	25
26	−0 24 10	−0 15 46	−0 06 16	+0 03 39	+0 13 18	+0 22 04	+0 29 19	26
27	−0 24 03	−0 15 36	−0 06 06	+0 03 48	+0 13 28	+0 22 12	+0 29 26	27
28	−0 23 55	−0 15 27	−0 05 57	+0 03 58	+0 13 37	+0 22 20	+0 29 32	28
29	−0 23 47	−0 15 18	−0 05 47	+0 04 08	+0 13 46	+0 22 28	+0 29 38	29
30	−0 23 39	−0 15 09	−0 05 37	+0 04 18	+0 13 56	+0 22 36	+0 29 44	30
31	−0 23 32	−0 15 00	−0 05 27	+0 04 28	+0 14 05	+0 22 44	+0 29 51	31
32	−0 23 24	−0 14 51	−0 05 17	+0 04 38	+0 14 14	+0 22 52	+0 29 57	32
33	−0 23 16	−0 14 42	−0 05 07	+0 04 48	+0 14 23	+0 23 00	+0 30 03	33
34	−0 23 08	−0 14 33	−0 04 58	+0 04 58	+0 14 33	+0 23 08	+0 30 09	34
35	−0 23 00	−0 14 23	−0 04 48	+0 05 07	+0 14 42	+0 23 16	+0 30 15	35
36	−0 22 52	−0 14 14	−0 04 38	+0 05 17	+0 14 51	+0 23 24	+0 30 21	36
37	−0 22 44	−0 14 05	−0 04 28	+0 05 27	+0 15 00	+0 23 32	+0 30 27	37
38	−0 22 36	−0 13 56	−0 04 18	+0 05 37	+0 15 09	+0 23 39	+0 30 33	38
39	−0 22 28	−0 13 46	−0 04 08	+0 05 47	+0 15 18	+0 23 47	+0 30 39	39
40	−0 22 20	−0 13 37	−0 03 58	+0 05 57	+0 15 27	+0 23 55	+0 30 45	40
41	−0 22 12	−0 13 28	−0 03 48	+0 06 06	+0 15 36	+0 24 03	+0 30 50	41
42	−0 22 04	−0 13 18	−0 03 39	+0 06 16	+0 15 46	+0 24 10	+0 30 56	42
43	−0 21 56	−0 13 09	−0 03 29	+0 06 26	+0 15 55	+0 24 18	+0 31 02	43
44	−0 21 48	−0 13 00	−0 03 19	+0 06 36	+0 16 04	+0 24 26	+0 31 08	44
45	−0 21 40	−0 12 50	−0 03 09	+0 06 46	+0 16 13	+0 24 33	+0 31 13	45
46	−0 21 31	−0 12 41	−0 02 59	+0 06 55	+0 16 22	+0 24 41	+0 31 19	46
47	−0 21 23	−0 12 32	−0 02 49	+0 07 05	+0 16 31	+0 24 48	+0 31 25	47
48	−0 21 15	−0 12 22	−0 02 39	+0 07 15	+0 16 39	+0 24 56	+0 31 30	48
49	−0 21 07	−0 12 13	−0 02 29	+0 07 25	+0 16 48	+0 25 03	+0 31 36	49
50	−0 20 58	−0 12 03	−0 02 19	+0 07 35	+0 16 57	+0 25 11	+0 31 41	50
51	−0 20 50	−0 11 54	−0 02 09	+0 07 44	+0 17 06	+0 25 18	+0 31 47	51
52	−0 20 42	−0 11 45	−0 01 59	+0 07 54	+0 17 15	+0 25 26	+0 31 52	52
53	−0 20 33	−0 11 35	−0 01 49	+0 08 04	+0 17 24	+0 25 33	+0 31 58	53
54	−0 20 25	−0 11 26	−0 01 39	+0 08 13	+0 17 33	+0 25 40	+0 32 03	54
55	−0 20 17	−0 11 16	−0 01 30	+0 08 23	+0 17 42	+0 25 48	+0 32 08	55
56	−0 20 08	−0 11 07	−0 01 20	+0 08 33	+0 17 50	+0 25 55	+0 32 14	56
57	−0 20 00	−0 10 57	−0 01 10	+0 08 43	+0 17 59	+0 26 02	+0 32 19	57
58	−0 19 51	−0 10 48	−0 01 00	+0 08 52	+0 18 08	+0 26 09	+0 32 24	58
59	−0 19 43	−0 10 38	−0 00 50	+0 09 02	+0 18 17	+0 26 17	+0 32 29	59
60	−0 19 34	−0 10 28	−0 00 40	+0 09 12	+0 18 25	+0 26 24	+0 32 34	60
恒星时	18^h	19^h	20^h	21^h	22^h	23^h	24^h	恒星时

恒星时用表的下端时，改正值的符号应与表列符号相反。

从北极星高度求纬度

(二)关于高度的改正值

2024 年

(恒为正值)

高度 / 恒星时	0°	5°	10°	15°	20°	25°	30°	35°	40°	45°	50°	55°	60°	高度 / 恒星时
h m	′ ″	′ ″	′ ″	′ ″	′ ″	′ ″	′ ″	′ ″	′ ″	′ ″	′ ″	′ ″	′ ″	h m
0 00	0 00	0 01	0 01	0 02	0 02	0 03	0 04	0 05	0 05	0 07	0 08	0 09	0 11	12 00
0 20	0 00	0 00	0 01	0 01	0 02	0 03	0 03	0 04	0 05	0 05	0 06	0 08	0 09	12 20
0 40	0 00	0 00	0 01	0 01	0 02	0 02	0 03	0 03	0 04	0 04	0 05	0 06	0 08	12 40
1 00	0 00	0 00	0 01	0 01	0 01	0 02	0 02	0 02	0 03	0 03	0 04	0 05	0 06	13 00
1 20	0 00	0 00	0 00	0 01	0 01	0 01	0 01	0 02	0 02	0 02	0 03	0 03	0 04	13 20
1 40	0 00	0 00	0 00	0 00	0 01	0 01	0 01	0 01	0 01	0 02	0 02	0 02	0 03	13 40
2 00	0 00	0 00	0 00	0 00	0 00	0 00	0 01	0 01	0 01	0 01	0 01	0 01	0 02	14 00
2 20	0 00	0 00	0 00	0 00	0 00	0 00	0 00	0 00	0 00	0 00	0 01	0 01	0 01	14 20
2 40	0 00	0 00	0 00	0 00	0 00	0 00	0 00	0 00	0 00	0 00	0 00	0 00	0 00	14 40
3 00	0 00	0 00	0 00	0 00	0 00	0 00	0 00	0 00	0 00	0 00	0 00	0 00	0 00	15 00
3 20	0 00	0 00	0 00	0 00	0 00	0 00	0 00	0 00	0 00	0 00	0 00	0 00	0 00	15 20
3 40	0 00	0 00	0 00	0 00	0 00	0 00	0 00	0 00	0 00	0 00	0 00	0 00	0 01	15 40
4 00	0 00	0 00	0 00	0 00	0 00	0 00	0 00	0 01	0 01	0 01	0 01	0 01	0 01	16 00
4 20	0 00	0 00	0 00	0 00	0 00	0 01	0 01	0 01	0 01	0 01	0 02	0 02	0 02	16 20
4 40	0 00	0 00	0 00	0 01	0 01	0 01	0 01	0 01	0 02	0 02	0 02	0 03	0 04	16 40
5 00	0 00	0 00	0 01	0 01	0 01	0 01	0 02	0 02	0 02	0 03	0 04	0 04	0 05	17 00
5 20	0 00	0 00	0 01	0 01	0 01	0 02	0 02	0 03	0 03	0 04	0 05	0 06	0 07	17 20
5 40	0 00	0 00	0 01	0 01	0 02	0 02	0 03	0 03	0 04	0 05	0 06	0 07	0 09	17 40
6 00	0 00	0 01	0 01	0 02	0 02	0 03	0 04	0 04	0 05	0 06	0 07	0 09	0 11	18 00
6 20	0 00	0 01	0 01	0 02	0 03	0 03	0 04	0 05	0 06	0 07	0 09	0 10	0 12	18 20
6 40	0 00	0 01	0 01	0 02	0 03	0 04	0 05	0 06	0 07	0 08	0 10	0 12	0 14	18 40
7 00	0 00	0 01	0 02	0 02	0 03	0 04	0 05	0 06	0 08	0 09	0 11	0 13	0 16	19 00
7 20	0 00	0 01	0 02	0 03	0 04	0 05	0 06	0 07	0 09	0 10	0 12	0 15	0 18	19 20
7 40	0 00	0 01	0 02	0 03	0 04	0 05	0 06	0 08	0 09	0 11	0 13	0 16	0 19	19 40
8 00	0 00	0 01	0 02	0 03	0 04	0 05	0 07	0 08	0 10	0 12	0 14	0 17	0 20	20 00
8 20	0 00	0 01	0 02	0 03	0 04	0 06	0 07	0 09	0 10	0 12	0 14	0 17	0 21	20 20
8 40	0 00	0 01	0 02	0 03	0 05	0 06	0 07	0 09	0 10	0 12	0 15	0 18	0 22	20 40
9 00	0 00	0 01	0 02	0 03	0 05	0 06	0 07	0 09	0 11	0 13	0 15	0 18	0 22	21 00
9 20	0 00	0 01	0 02	0 03	0 05	0 06	0 07	0 09	0 11	0 13	0 15	0 18	0 22	21 20
9 40	0 00	0 01	0 02	0 03	0 04	0 06	0 07	0 09	0 10	0 12	0 15	0 18	0 21	21 40
10 00	0 00	0 01	0 02	0 03	0 04	0 06	0 07	0 08	0 10	0 12	0 14	0 17	0 21	22 00
10 20	0 00	0 01	0 02	0 03	0 04	0 05	0 07	0 08	0 09	0 11	0 13	0 16	0 20	22 20
10 40	0 00	0 01	0 02	0 03	0 04	0 05	0 06	0 07	0 09	0 11	0 13	0 15	0 18	22 40
11 00	0 00	0 01	0 02	0 03	0 04	0 04	0 06	0 07	0 08	0 10	0 11	0 14	0 17	23 00
11 20	0 00	0 01	0 02	0 02	0 03	0 04	0 05	0 06	0 07	0 09	0 10	0 12	0 15	23 20
11 40	0 00	0 01	0 01	0 02	0 03	0 04	0 04	0 05	0 06	0 08	0 09	0 11	0 13	23 40
12 00	0 00	0 01	0 01	0 02	0 02	0 03	0 04	0 05	0 05	0 07	0 08	0 09	0 11	24 00

从北极星高度求纬度

(三)关于日期的改正值

2024 年

恒星时	1月1日	2月1日	3月1日	4月1日	5月1日	6月1日	7月1日	恒星时
0^h	+3″	0″	−6″	−16″	−23″	−27″	−25″	0^h
1	+6	+5	0	−8	−16	−22	−23	1
2	+8	+10	+7	0	−9	−16	−19	2
3	+10	+15	+14	+7	0	−9	−14	3
4	+11	+18	+19	+15	+7	−1	−8	4
5	+11	+20	+24	+22	+15	+6	−1	5
6	+11	+21	+26	+27	+22	+14	+4	6
7	+10	+20	+27	+30	+27	+20	+11	7
8	+8	+17	+26	+31	+31	+26	+17	8
9	+5	+14	+23	+30	+32	+29	+21	9
10	+2	+10	+19	+27	+31	+30	+24	10
11	0	+4	+13	+22	+28	+30	+26	11
12	−3	0	+6	+16	+23	+27	+25	12
13	−6	−5	0	+8	+16	+22	+23	13
14	−8	−10	−7	0	+9	+16	+19	14
15	−10	−15	−14	−7	0	+9	+14	15
16	−11	−18	−19	−15	−7	+1	+8	16
17	−11	−20	−24	−22	−15	−6	+1	17
18	−11	−21	−26	−27	−22	−14	−4	18
19	−10	−20	−27	−30	−27	−20	−11	19
20	−8	−17	−26	−31	−31	−26	−17	20
21	−5	−14	−23	−30	−32	−29	−21	21
22	−2	−10	−19	−27	−31	−30	−24	22
23	0	−4	−13	−22	−28	−30	−26	23
24	+3	0	−6	−16	−23	−27	−25	24

恒星时	7月1日	8月1日	9月1日	10月1日	11月1日	12月1日	12月32日	恒星时
0^h	−25″	−19″	−8″	+2″	+14″	+22″	+26″	0^h
1	−23	−19	−10	0	+12	+22	+28	1
2	−19	−18	−11	−2	+9	+20	+28	2
3	−14	−15	−12	−4	+5	+16	+26	3
4	−8	−12	−11	−6	+2	+12	+22	4
5	−1	−8	−10	−8	−1	+7	+17	5
6	+4	−3	−8	−9	−5	+1	+11	6
7	+11	+1	−5	−9	−9	−4	+4	7
8	+17	+6	−2	−9	−12	−10	−3	8
9	+21	+11	0	−8	−14	−14	−10	9
10	+24	+14	+3	−7	−15	−18	−16	10
11	+26	+17	+6	−5	−15	−21	−22	11
12	+25	+19	+8	−2	−14	−22	−26	12
13	+23	+19	+10	0	−12	−22	−28	13
14	+19	+18	+11	+2	−9	−20	−28	14
15	+14	+15	+12	+4	−5	−16	−26	15
16	+8	+12	+11	+6	−2	−12	−22	16
17	+1	+8	+10	+8	+1	−7	−17	17
18	−4	+3	+8	+9	+5	−1	−11	18
19	−11	−1	+5	+9	+9	+4	−4	19
20	−17	−6	+2	+9	+12	+10	+3	20
21	−21	−11	0	+8	+14	+14	+10	21
22	−24	−14	−3	+7	+15	+18	+16	22
23	−26	−17	−6	+5	+15	+21	+22	23
24	−25	−19	−8	+2	+14	+22	+26	24

北极星高度和方位角

2024 年

恒星时＼纬度	f	0°	5°	10°	15°	20°	22°	24°	26°	28°	30°	32°	34°	纬度／恒星时
h m	° ′	′	′	′	′	′	′	′	′	′	′	′	′	h m
3 04	+0 38	0.0	0.0	0.0	0.0	0.0	0.0	0.0	0.0	0.0	0.0	0.0	0.0	3 04
3 14	+0 38	1.7	1.7	1.7	1.7	1.8	1.8	1.8	1.9	1.9	1.9	2.0	2.0	2 54
3 24	+0 38	3.3	3.3	3.4	3.4	3.5	3.6	3.7	3.7	3.8	3.9	3.9	4.0	2 44
3 34	+0 38	5.0	5.0	5.1	5.2	5.3	5.4	5.5	5.6	5.7	5.8	5.9	6.0	2 34
3 44	+0 37	6.6	6.6	6.7	6.9	7.1	7.2	7.3	7.4	7.5	7.7	7.9	8.0	2 24
3 54	+0 37	8.2	8.3	8.4	8.6	8.8	8.9	9.1	9.2	9.4	9.6	9.8	10.0	2 14
4 04	+0 37	9.9	9.9	10.0	10.2	10.5	10.7	10.8	11.0	11.2	11.5	11.7	12.0	2 04
4 14	+0 36	11.5	11.5	11.7	11.9	12.2	12.4	12.6	12.8	13.0	13.3	13.6	13.9	1 54
4 24	+0 36	13.0	13.1	13.3	13.5	13.9	14.1	14.3	14.6	14.8	15.1	15.5	15.8	1 44
4 34	+0 35	14.6	14.6	14.8	15.1	15.6	15.8	16.0	16.3	16.6	16.9	17.3	17.7	1 34
4 44	+0 34	16.1	16.2	16.4	16.7	17.2	17.4	17.7	18.0	18.3	18.7	19.1	19.5	1 24
4 54	+0 34	17.6	17.7	17.9	18.3	18.8	19.0	19.3	19.7	20.0	20.4	20.9	21.4	1 14
5 04	+0 33	19.0	19.1	19.4	19.8	20.3	20.6	20.9	21.3	21.7	22.1	22.6	23.1	1 04
5 14	+0 32	20.5	20.6	20.8	21.2	21.9	22.2	22.5	22.9	23.3	23.8	24.3	24.8	0 54
5 24	+0 31	21.8	21.9	22.2	22.7	23.3	23.6	24.0	24.4	24.9	25.4	25.9	26.5	0 44
5 34	+0 30	23.2	23.3	23.6	24.1	24.8	25.1	25.5	25.9	26.4	26.9	27.5	28.1	0 34
5 44	+0 29	24.5	24.6	24.9	25.4	26.1	26.5	26.9	27.4	27.9	28.4	29.0	29.7	0 24
5 54	+0 28	25.7	25.8	26.2	26.7	27.5	27.8	28.3	28.7	29.3	29.9	30.5	31.2	0 14
6 04	+0 27	26.9	27.1	27.4	27.9	28.7	29.1	29.6	30.1	30.6	31.2	31.9	32.7	0 04
6 14	+0 26	28.1	28.2	28.6	29.1	30.0	30.4	30.8	31.4	31.9	32.6	33.3	34.0	23 54
6 24	+0 24	29.2	29.3	29.7	30.3	31.1	31.6	32.0	32.6	33.2	33.8	34.6	35.4	23 44
6 34	+0 23	30.2	30.3	30.7	31.3	32.2	32.7	33.2	33.7	34.3	35.0	35.8	36.6	23 34
6 44	+0 22	31.2	31.3	31.7	32.4	33.3	33.7	34.2	34.8	35.5	36.2	36.9	37.8	23 24
6 54	+0 20	32.1	32.3	32.7	33.3	34.3	34.7	35.3	35.8	36.5	37.2	38.0	38.9	23 14
7 04	+0 19	33.0	33.1	33.5	34.2	35.2	35.7	36.2	36.8	37.5	38.2	39.0	39.9	23 04
7 14	+0 18	33.8	33.9	34.3	35.0	36.0	36.5	37.1	37.7	38.4	39.1	40.0	40.9	22 54
7 24	+0 16	34.5	34.7	35.1	35.8	36.8	37.3	37.9	38.5	39.2	40.0	40.8	41.8	22 44
7 34	+0 15	35.2	35.3	35.8	36.5	37.5	38.0	38.6	39.2	39.9	40.7	41.6	42.6	22 34
7 44	+0 13	35.8	35.9	36.4	37.1	38.1	38.7	39.2	39.9	40.6	41.4	42.3	43.3	22 24
7 54	+0 11	36.3	36.5	36.9	37.6	38.7	39.2	39.8	40.5	41.2	42.0	42.9	43.9	22 14
8 04	+0 10	36.8	36.9	37.4	38.1	39.2	39.7	40.3	41.0	41.7	42.5	43.5	44.5	22 04
8 14	+0 08	37.2	37.3	37.8	38.5	39.6	40.1	40.7	41.4	42.2	43.0	43.9	44.9	21 54
8 24	+0 07	37.5	37.7	38.1	38.8	39.9	40.5	41.1	41.8	42.5	43.4	44.3	45.3	21 44
8 34	+0 05	37.8	37.9	38.4	39.1	40.2	40.7	41.4	42.0	42.8	43.6	44.6	45.6	21 34
8 44	+0 03	37.9	38.1	38.5	39.3	40.4	40.9	41.5	42.2	43.0	43.8	44.8	45.8	21 24
8 54	+0 02	38.0	38.2	38.6	39.4	40.5	41.0	41.7	42.3	43.1	43.9	44.9	45.9	21 14
9 04	0 00	38.1	38.2	38.7	39.4	40.5	41.1	41.7	42.4	43.1	44.0	44.9	45.9	21 04

恒星时取左边一列数值时，方位角自北向西计算；

恒星时取右边一列数值时，方位角自北向东计算。

北极星高度和方位角

2024 年

纬度 / 恒星时	f	0°	5°	10°	15°	20°	22°	24°	26°	28°	30°	32°	34°	纬度 / 恒星时
9h 04m	0°00′	38.1′	38.2′	38.7′	39.4′	40.5′	41.1′	41.7′	42.4′	43.1′	44.0′	44.9′	45.9′	21h 04m
9 14	−0 02	38.0	38.2	38.6	39.4	40.5	41.0	41.6	42.3	43.1	43.9	44.9	45.9	20 54
9 24	−0 03	37.9	38.1	38.5	39.3	40.4	40.9	41.5	42.2	42.9	43.8	44.7	45.7	20 44
9 34	−0 05	37.8	37.9	38.3	39.1	40.2	40.7	41.3	42.0	42.7	43.6	44.5	45.5	20 34
9 44	−0 07	37.5	37.6	38.1	38.8	39.9	40.4	41.0	41.7	42.4	43.3	44.2	45.2	20 24
9 54	−0 08	37.2	37.3	37.7	38.5	39.5	40.1	40.7	41.3	42.1	42.9	43.8	44.8	20 14
10 04	−0 10	36.8	36.9	37.3	38.1	39.1	39.6	40.2	40.9	41.6	42.4	43.3	44.3	20 04
10 14	−0 11	36.3	36.5	36.9	37.6	38.6	39.1	39.7	40.3	41.1	41.9	42.7	43.7	19 54
10 24	−0 13	35.8	35.9	36.3	37.0	38.0	38.5	39.1	39.7	40.5	41.2	42.1	43.1	19 44
10 34	−0 15	35.2	35.3	35.7	36.4	37.4	37.9	38.4	39.1	39.8	40.5	41.4	42.3	19 34
10 44	−0 16	34.5	34.6	35.0	35.7	36.7	37.2	37.7	38.3	39.0	39.7	40.6	41.5	19 24
10 54	−0 18	33.8	33.9	34.3	34.9	35.9	36.4	36.9	37.5	38.2	38.9	39.7	40.6	19 14
11 04	−0 19	33.0	33.1	33.5	34.1	35.0	35.5	36.0	36.6	37.2	38.0	38.8	39.6	19 04
11 14	−0 20	32.1	32.2	32.6	33.2	34.1	34.6	35.1	35.6	36.3	37.0	37.7	38.6	18 54
11 24	−0 22	31.2	31.3	31.6	32.2	33.1	33.6	34.1	34.6	35.2	35.9	36.6	37.5	18 44
11 34	−0 23	30.2	30.3	30.6	31.2	32.1	32.5	33.0	33.5	34.1	34.8	35.5	36.3	18 34
11 44	−0 24	29.2	29.3	29.6	30.1	31.0	31.4	31.8	32.3	32.9	33.6	34.2	35.0	18 24
11 54	−0 26	28.1	28.2	28.5	29.0	29.8	30.2	30.6	31.1	31.7	32.3	33.0	33.7	18 14
12 04	−0 27	26.9	27.0	27.3	27.8	28.6	29.0	29.4	29.8	30.4	31.0	31.6	32.3	18 04
12 14	−0 28	25.7	25.8	26.1	26.6	27.3	27.7	28.1	28.5	29.0	29.6	30.2	30.9	17 54
12 24	−0 29	24.5	24.6	24.8	25.3	26.0	26.3	26.7	27.1	27.6	28.1	28.7	29.4	17 44
12 34	−0 30	23.2	23.3	23.5	23.9	24.6	24.9	25.3	25.7	26.1	26.6	27.2	27.8	17 34
12 44	−0 31	21.8	21.9	22.1	22.6	23.2	23.5	23.8	24.2	24.6	25.1	25.6	26.2	17 24
12 54	−0 32	20.5	20.5	20.7	21.1	21.7	22.0	22.3	22.7	23.1	23.5	24.0	24.5	17 14
13 04	−0 33	19.0	19.1	19.3	19.7	20.2	20.5	20.8	21.1	21.5	21.9	22.3	22.8	17 04
13 14	−0 34	17.6	17.6	17.8	18.2	18.6	18.9	19.2	19.5	19.8	20.2	20.6	21.1	16 54
13 24	−0 34	16.1	16.1	16.3	16.6	17.1	17.3	17.5	17.8	18.1	18.5	18.9	19.3	16 44
13 34	−0 35	14.6	14.6	14.8	15.0	15.5	15.7	15.9	16.1	16.4	16.7	17.1	17.5	16 34
13 44	−0 36	13.0	13.1	13.2	13.4	13.8	14.0	14.2	14.4	14.7	15.0	15.3	15.6	16 24
13 54	−0 36	11.5	11.5	11.6	11.8	12.1	12.3	12.5	12.7	12.9	13.1	13.4	13.7	16 14
14 04	−0 37	9.9	9.9	10.0	10.2	10.5	10.6	10.7	10.9	11.1	11.3	11.5	11.8	16 04
14 14	−0 37	8.2	8.3	8.4	8.5	8.7	8.9	9.0	9.1	9.3	9.5	9.7	9.9	15 54
14 24	−0 37	6.6	6.6	6.7	6.8	7.0	7.1	7.2	7.3	7.4	7.6	7.7	7.9	15 44
14 34	−0 38	5.0	5.0	5.0	5.1	5.3	5.3	5.4	5.5	5.6	5.7	5.8	6.0	15 34
14 44	−0 38	3.3	3.3	3.4	3.4	3.5	3.6	3.6	3.7	3.7	3.8	3.9	4.0	15 24
14 54	−0 38	1.7	1.7	1.7	1.7	1.8	1.8	1.8	1.8	1.9	1.9	1.9	2.0	15 14
15 04	−0 38	0.0	0.0	0.0	0.0	0.0	0.0	0.0	0.0	0.0	0.0	0.0	0.0	15 04

恒星时取左边一列数值时，方位角自北向西计算；

恒星时取右边一列数值时，方位角自北向东计算。

北极星高度和方位角

2024 年

恒星时 \ 纬度	f	34°	36°	38°	40°	42°	44°	46°	48°	50°	52°	54°	56°	纬度 \ 恒星时
3h 04m	+0°38′	0.0′	0.0′	0.0′	0.0′	0.0′	0.0′	0.0′	0.0′	0.0′	0.0′	0.0′	0.0′	3h 04m
3 14	+0 38	2.0	2.1	2.1	2.2	2.3	2.3	2.4	2.5	2.6	2.7	2.9	3.0	2 54
3 24	+0 38	4.0	4.1	4.2	4.4	4.5	4.7	4.8	5.0	5.2	5.5	5.7	6.0	2 44
3 34	+0 38	6.0	6.2	6.4	6.6	6.8	7.0	7.2	7.5	7.8	8.2	8.6	9.0	2 34
3 44	+0 37	8.0	8.2	8.5	8.7	9.0	9.3	9.6	10.0	10.4	10.9	11.4	12.0	2 24
3 54	+0 37	10.0	10.3	10.6	10.9	11.2	11.6	12.0	12.5	13.0	13.6	14.2	15.0	2 14
4 04	+0 37	12.0	12.3	12.6	13.0	13.4	13.8	14.3	14.9	15.5	16.2	17.0	17.9	2 04
4 14	+0 36	13.9	14.3	14.7	15.1	15.6	16.1	16.7	17.3	18.0	18.9	19.8	20.8	1 54
4 24	+0 36	15.8	16.2	16.7	17.2	17.7	18.3	19.0	19.7	20.5	21.4	22.5	23.7	1 44
4 34	+0 35	17.7	18.2	18.6	19.2	19.8	20.5	21.2	22.0	23.0	24.0	25.2	26.5	1 34
4 44	+0 34	19.5	20.0	20.6	21.2	21.9	22.6	23.4	24.3	25.3	26.5	27.8	29.2	1 24
4 54	+0 34	21.4	21.9	22.5	23.1	23.9	24.7	25.6	26.6	27.7	28.9	30.3	31.9	1 14
5 04	+0 33	23.1	23.7	24.3	25.1	25.8	26.7	27.7	28.8	30.0	31.3	32.8	34.5	1 04
5 14	+0 32	24.8	25.5	26.2	26.9	27.8	28.7	29.7	30.9	32.2	33.6	35.3	37.1	0 54
5 24	+0 31	26.5	27.2	27.9	28.7	29.6	30.6	31.7	33.0	34.4	35.9	37.6	39.6	0 44
5 34	+0 30	28.1	28.8	29.6	30.5	31.4	32.5	33.7	35.0	36.5	38.1	39.9	42.0	0 34
5 44	+0 29	29.7	30.4	31.3	32.2	33.2	34.3	35.6	36.9	38.5	40.2	42.1	44.3	0 24
5 54	+0 28	31.2	32.0	32.9	33.8	34.9	36.1	37.4	38.8	40.4	42.2	44.3	46.6	0 14
6 04	+0 27	32.7	33.5	34.4	35.4	36.5	37.7	39.1	40.6	42.3	44.2	46.3	48.7	0 04
6 14	+0 26	34.0	34.9	35.8	36.9	38.0	39.3	40.7	42.3	44.1	46.0	48.3	50.8	23 54
6 24	+0 24	35.4	36.2	37.2	38.3	39.5	40.8	42.3	43.9	45.8	47.8	50.1	52.7	23 44
6 34	+0 23	36.6	37.5	38.5	39.7	40.9	42.3	43.8	45.5	47.4	49.5	51.9	54.6	23 34
6 44	+0 22	37.8	38.7	39.8	40.9	42.2	43.6	45.2	47.0	48.9	51.1	53.5	56.3	23 24
6 54	+0 20	38.9	39.9	41.0	42.1	43.5	44.9	46.5	48.3	50.3	52.6	55.1	57.9	23 14
7 04	+0 19	39.9	40.9	42.0	43.3	44.6	46.1	47.8	49.6	51.7	54.0	56.5	59.5	23 04
7 14	+0 18	40.9	41.9	43.0	44.3	45.7	47.2	48.9	50.8	52.9	55.2	57.9	60.9	22 54
7 24	+0 16	41.8	42.8	44.0	45.2	46.6	48.2	49.9	51.9	54.0	56.4	59.1	62.2	22 44
7 34	+0 15	42.6	43.6	44.8	46.1	47.5	49.1	50.9	52.8	55.0	57.5	60.2	63.3	22 34
7 44	+0 13	43.3	44.4	45.5	46.9	48.3	49.9	51.7	53.7	55.9	58.4	61.2	64.4	22 24
7 54	+0 11	43.9	45.0	46.2	47.5	49.0	50.7	52.5	54.5	56.7	59.2	62.1	65.3	22 14
8 04	+0 10	44.5	45.6	46.8	48.1	49.6	51.3	53.1	55.1	57.4	60.0	62.8	66.1	22 04
8 14	+0 08	44.9	46.0	47.3	48.6	50.1	51.8	53.7	55.7	58.0	60.6	63.5	66.7	21 54
8 24	+0 07	45.3	46.4	47.7	49.0	50.6	52.2	54.1	56.2	58.5	61.1	64.0	67.3	21 44
8 34	+0 05	45.6	46.7	48.0	49.3	50.9	52.6	54.4	56.5	58.8	61.4	64.4	67.7	21 34
8 44	+0 03	45.8	46.9	48.2	49.6	51.1	52.8	54.7	56.8	59.1	61.7	64.6	67.9	21 24
8 54	+0 02	45.9	47.0	48.3	49.7	51.2	52.9	54.8	56.9	59.2	61.8	64.8	68.1	21 14
9 04	0 00	45.9	47.1	48.3	49.7	51.2	52.9	54.8	56.9	59.2	61.9	64.8	68.1	21 04
9 14	−0 02	45.9	47.0	48.3	49.6	51.2	52.9	54.7	56.8	59.2	61.8	64.7	68.0	20 54
9 24	−0 03	45.7	46.9	48.1	49.5	51.0	52.7	54.6	56.6	59.0	61.5	64.5	67.7	20 44
9 34	−0 05	45.5	46.6	47.9	49.2	50.7	52.4	54.3	56.3	58.6	61.2	64.1	67.4	20 34
9 44	−0 07	45.2	46.3	47.5	48.9	50.4	52.0	53.9	55.9	58.2	60.8	63.6	66.9	20 24
9 54	−0 08	44.8	45.9	47.1	48.4	49.9	51.6	53.4	55.4	57.7	60.2	63.0	66.3	20 14
10 04	−0 10	44.3	45.4	46.6	47.9	49.4	51.0	52.8	54.8	57.0	59.5	62.3	65.5	20 04
10 14	−0 11	43.7	44.8	46.0	47.3	48.7	50.3	52.1	54.1	56.3	58.7	61.5	64.6	19 54
10 24	−0 13	43.1	44.1	45.3	46.6	48.0	49.6	51.3	53.3	55.4	57.8	60.6	63.6	19 44
10 34	−0 15	42.3	43.4	44.5	45.8	47.2	48.7	50.4	52.3	54.5	56.8	59.5	62.5	19 34
10 44	−0 16	41.5	42.5	43.6	44.9	46.3	47.8	49.4	51.3	53.4	55.7	58.3	61.3	19 24
10 54	−0 18	40.6	41.6	42.7	43.9	45.2	46.7	48.4	50.2	52.2	54.5	57.1	60.0	19 14
11 04	−0 19	39.6	40.6	41.7	42.9	44.2	45.6	47.2	49.0	51.0	53.2	55.7	58.5	19 04

恒星时取左边一列数值时，方位角自北向西计算；

恒星时取右边一列数值时，方位角自北向东计算。

北极星高度和方位角

2024 年

恒星时＼纬度	f	34°	36°	38°	40°	42°	44°	46°	48°	50°	52°	54°	56°	纬度＼恒星时
h m	° ′	′	′	′	′	′	′	′	′	′	′	′	′	h m
11 04	−0 19	39.6	40.6	41.7	42.9	44.2	45.6	47.2	49.0	51.0	53.2	55.7	58.5	19 04
11 14	−0 20	38.6	39.5	40.6	41.7	43.0	44.4	46.0	47.7	49.6	51.8	54.2	56.9	18 54
11 24	−0 22	37.5	38.4	39.4	40.5	41.7	43.1	44.6	46.3	48.2	50.3	52.6	55.3	18 44
11 34	−0 23	36.3	37.2	38.1	39.2	40.4	41.7	43.2	44.8	46.6	48.7	50.9	53.5	18 34
11 44	−0 24	35.0	35.9	36.8	37.9	39.0	40.3	41.7	43.3	45.0	47.0	49.2	51.6	18 24
11 54	−0 26	33.7	34.5	35.4	36.4	37.5	38.8	40.1	41.6	43.3	45.2	47.3	49.7	18 14
12 04	−0 27	32.3	33.1	34.0	34.9	36.0	37.2	38.5	39.9	41.5	43.3	45.3	47.6	18 04
12 14	−0 28	30.9	31.6	32.4	33.4	34.4	35.5	36.7	38.1	39.6	41.4	43.3	45.5	17 54
12 24	−0 29	29.4	30.1	30.9	31.7	32.7	33.8	34.9	36.2	37.7	39.3	41.2	43.2	17 44
12 34	−0 30	27.8	28.5	29.2	30.0	31.0	32.0	33.1	34.3	35.7	37.2	39.0	40.9	17 34
12 44	−0 31	26.2	26.8	27.5	28.3	29.2	30.1	31.2	32.3	33.6	35.1	36.7	38.5	17 24
12 54	−0 32	24.5	25.1	25.8	26.5	27.3	28.2	29.2	30.3	31.5	32.8	34.4	36.1	17 14
13 04	−0 33	22.8	23.4	24.0	24.7	25.4	26.2	27.1	28.2	29.3	30.6	32.0	33.6	17 04
13 14	−0 34	21.1	21.6	22.1	22.8	23.5	24.2	25.1	26.0	27.0	28.2	29.5	31.0	16 54
13 24	−0 34	19.3	19.8	20.3	20.8	21.5	22.2	22.9	23.8	24.7	25.8	27.0	28.4	16 44
13 34	−0 35	17.5	17.9	18.3	18.9	19.4	20.1	20.8	21.5	22.4	23.4	24.5	25.7	16 34
13 44	−0 36	15.6	16.0	16.4	16.9	17.4	17.9	18.6	19.2	20.0	20.9	21.8	22.9	16 24
13 54	−0 36	13.7	14.0	14.4	14.8	15.3	15.8	16.3	16.9	17.6	18.4	19.2	20.2	16 14
14 04	−0 37	11.8	12.1	12.4	12.8	13.1	13.6	14.0	14.6	15.1	15.8	16.5	17.4	16 04
14 14	−0 37	9.9	10.1	10.4	10.7	11.0	11.3	11.7	12.2	12.7	13.2	13.8	14.5	15 54
14 24	−0 37	7.9	8.1	8.3	8.6	8.8	9.1	9.4	9.8	10.2	10.6	11.1	11.6	15 44
14 34	−0 38	6.0	6.1	6.3	6.4	6.6	6.8	7.1	7.3	7.6	8.0	8.3	8.7	15 34
14 44	−0 38	4.0	4.1	4.2	4.3	4.4	4.6	4.7	4.9	5.1	5.3	5.6	5.8	15 24
14 54	−0 38	2.0	2.0	2.1	2.1	2.2	2.3	2.4	2.5	2.6	2.7	2.8	2.9	15 14
15 04	−0 38	0.0	0.0	0.0	0.0	0.0	0.0	0.0	0.0	0.0	0.0	0.0	0.0	15 04

恒星时取左边一列数值时，方位角自北向西计算；

恒星时取右边一列数值时，方位角自北向东计算。

方 位 角 订 正

赤纬＼方位角	0′	10′	20′	30′	40′	50′	60′	70′	80′	90′	100′	110′	120′
° ′ ″	′	′	′	′	′	′	′	′	′	′	′	′	′
89 21 30	0.0	+0.1	+0.2	+0.3	+0.4	+0.5	+0.7	+0.8	+0.9	+1.0	+1.1	+1.2	+1.3
89 21 35	0.0	0.1	0.2	0.3	0.4	0.4	0.5	0.6	0.7	0.8	0.9	1.0	1.1
89 21 40	0.0	0.1	0.1	0.2	0.3	0.3	0.4	0.5	0.5	0.6	0.7	0.7	0.8
89 21 45	0.0	+0.0	+0.1	+0.1	+0.2	+0.2	+0.3	+0.3	+0.4	+0.4	+0.4	+0.5	+0.5
89 21 50	0.0	+0.0	+0.0	+0.1	+0.1	+0.1	+0.1	+0.2	+0.2	+0.2	+0.2	+0.2	+0.3
89 21 55	0.0	0.0	0.0	0.0	0.0	0.0	0.0	0.0	0.0	0.0	0.0	0.0	0.0
89 22 00	0.0	−0.0	−0.0	−0.1	−0.1	−0.1	−0.1	−0.2	−0.2	−0.2	−0.2	−0.2	−0.3
89 22 05	0.0	−0.0	−0.1	−0.1	−0.2	−0.2	−0.3	−0.3	−0.4	−0.4	−0.4	−0.5	−0.5
89 22 10	0.0	−0.1	−0.1	−0.2	−0.3	−0.3	−0.4	−0.5	−0.5	−0.6	−0.7	−0.7	−0.8
89 22 15	0.0	0.1	0.2	0.3	0.4	0.4	0.5	0.6	0.7	0.8	0.9	1.0	1.1
89 22 20	0.0	−0.1	−0.2	−0.3	−0.4	−0.5	−0.7	−0.8	−0.9	−1.0	−1.1	−1.2	−1.3

天　　象

2024 年　　东经 120°标准时

月	日	时	天象		°
1月	1	23	月亮过远地点		
	2	12	水星留		
	3	9	地球过近日点		
	4	12	下弦		
	6	16	金星合心宿二	金星	6
	8	23	月掩心宿二	心宿二	−0.8
	9	4	金星合月	金星	6
	10	3	水星合月	水星	7
	10	17	火星合月	火星	4
	11	20	朔		
	12	22	水星西大距		24
	13	19	月亮过近地点		
	14	18	土星合月	土星	2
	16	4	月掩海王星	海王星	0.9
	18	12	上弦		
	19	5	木星合月	木星	−3
	20	4	天王星合月	天王星	−3
	26	2	望		
	27	19	天王星留		
	28	0	水星合火星	水星	0.2
	29	16	月亮过远地点		
2月	3	7	下弦		
	5	9	月掩心宿二	心宿二	−0.6
	8	3	金星合月	金星	5
	8	15	火星合月	火星	4
	9	6	水星合月	水星	3
	10	7	朔		
	11	3	月亮过近地点		
	11	9	土星合月	土星	2
	12	15	月掩海王星	海王星	0.7
	15	16	木星合月	木星	−3
	16	10	天王星合月	天王星	−3
	16	23	上弦		
	22	24	金星合火星	金星	0.6
	24	21	望		
	25	23	月亮过远地点		
	28	17	水星上合日		
	29	5	土星合日		
3月	3	17	月掩心宿二	心宿二	−0.3
	3	23	下弦		
	8	13	火星合月	火星	4
	9	1	金星合月	金星	3
	10	15	月亮过近地点		
	10	17	朔		
	14	9	木星合月	木星	−4
	14	20	天王星合月	天王星	−3
	17	12	上弦		
	17	19	海王星合日		
	20	11	春分		
	22	10	金星合土星	金星	0.3
	23	24	月亮过远地点		
	25	6	水星东大距		19
	25	15	望，半影月食		
	30	23	月掩心宿二	心宿二	−0.3
4月	2	4	水星留		
	2	11	下弦		
	3	19	金星合海王星	金星	−0.3
	6	12	火星合月	火星	2
	6	17	月掩土星	土星	1.2
	7	16	月掩海王星	海王星	0.4
	8	1	月掩金星	金星	−0.4
4月	8	2	月亮过近地点		
	9	2	朔，日全食		
	11	5	木星合月	木星	−4
	11	8	天王星合月	天王星	−4
	11	11	火星合土星	火星	0.5
	12	7	水星下合日		
	16	3	上弦		
	19	7	水星合金星	水星	2
	20	10	月亮过远地点		
	20	16	木星合天王星	木星	−0.5
	24	8	望		
	24	16	水星留		
	27	5	月掩心宿二	心宿二	−0.3
	29	12	火星合海王星	火星	0.0
5月	1	19	下弦		
	4	7	月掩土星	土星	0.8
	5	3	月掩海王星	海王星	0.3
	5	10	月掩火星	火星	−0.2
	6	6	月亮过近地点		
	6	16	水星合月	水星	−4
	8	11	朔		
	10	5	水星西大距		26
	13	17	天王星合日		
	15	20	上弦		
	18	3	月亮过远地点		
	19	3	木星合日		
	23	22	望		
	24	11	月掩心宿二	心宿二	−0.4
	31	1	下弦		
	31	9	水星合天王星	水星	−1
	31	16	月掩土星	土星	0.4
6月	1	11	月掩海王星	海王星	0.0
	2	15	月亮过近地点		
	3	8	火星合月	火星	−2
	4	18	水星合木星	水星	−0.1
	4	24	金星上合日		
	5	9	天王星合月	天王星	−4
	6	21	朔		
	14	13	上弦		
	14	22	月亮过远地点		
	15	1	水星上合日		
	20	19	月掩心宿二	心宿二	−0.3
	21	5	夏至		
	22	9	望		
	27	20	月亮过近地点		
	27	23	月掩土星	土星	−0.1
	28	17	月掩海王星	海王星	−0.3
	29	6	下弦		
	29	18	水星合北河三	水星	−5
7月	1	5	土星留		
	2	2	火星合月	火星	−4
	2	18	天王星合月	天王星	−4
	3	11	海王星留		
	3	16	木星合月	木星	−5
	5	13	地球过远日点		
	6	7	朔		
	8	3	水星合月	水星	−3
	12	16	月亮过远地点		
	13	15	木星合毕宿五	木星	5
	14	7	上弦		
	14	11	月掩角宿一	角宿一	−0.9

天　　象

东经 120°标准时

2024 年

日期	日	时	天象		°
7月	15	17	火星合天王星	火星	−0.6
	18	4	月掩心宿二	心宿二	−0.2
	21	18	望		
	22	14	水星东大距		27
	24	14	月亮过近地点		
	25	5	月掩土星	土星	−0.4
	25	23	月掩海王星	海王星	−0.6
	27	20	水星合轩辕十四	水星	−3
	28	11	下弦		
	30	2	天王星合月	天王星	−4
	30	19	火星合月	火星	−5
	31	8	木星合月	木星	−5
8月	4	16	水星留		
	4	19	朔		
	5	6	金星合轩辕十四	金星	1
	6	3	火星合毕宿五	火星	5
	6	6	金星合月	金星	−2
	6	8	水星合月	水星	−7
	6	23	水星合金星	水星	−6
	9	10	月亮过远地点		
	10	18	月掩角宿一	角宿一	−0.7
	12	6	水星合轩辕十四	水星	−6
	12	23	上弦		
	14	13	月掩心宿二	心宿二	0.0
	15	1	火星合木星	火星	0.3
	19	10	水星下合日		
	20	2	望		
	21	11	月掩土星	土星	−0.5
	21	13	月亮过近地点		
	22	6	月掩海王星	海王星	−0.7
	26	8	天王星合月	天王星	−4
	26	17	下弦		
	27	21	木星合月	木星	−6
	28	8	火星合月	火星	−5
	28	11	水星留		
9月	1	17	水星合月	水星	−5
	1	24	天王星留		
	3	10	朔		
	5	10	水星西大距		18
	5	18	金星合月	金星	1
	5	23	月亮过远地点		
	7	1	月掩角宿一	角宿一	−0.5
	8	13	土星冲日		
	9	15	水星合轩辕十四	水星	0.5
	10	21	月掩心宿二	心宿二	0.1
	11	14	上弦		
	17	18	月掩土星	土星	−0.3
	17	21	金星合角宿一	金星	3
	18	11	望,月偏食		
	18	16	月掩海王星	海王星	−0.7
	18	21	月亮过近地点		
	21	8	海王星冲日		
	22	15	天王星合月	天王星	−5
	22	21	秋分		
	24	7	木星合月	木星	−6
	25	3	下弦		
	25	20	火星合月	火星	−5
10月	1	5	水星上合日		
	3	3	朔,日环食		
	3	4	月亮过远地点		
10月	4	7	月掩角宿一	角宿一	−0.5
	6	4	金星合月	金星	3
	8	3	月掩心宿二	心宿二	0.2
	9	15	木星留		
	11	3	上弦		
	15	2	月掩土星	土星	−0.1
	16	2	月掩海王星	海王星	−0.6
	17	9	月亮过近地点		
	17	19	望		
	19	24	天王星合月	天王星	−4
	21	14	火星合北河三	火星	−6
	21	16	木星合月	木星	−6
	24	4	火星合月	火星	−4
	24	16	下弦		
	26	3	金星合心宿二	金星	3
	30	7	月亮过远地点		
	31	13	月掩角宿一	角宿一	−0.5
11月	1	21	朔		
	3	16	水星合月	水星	2
	4	9	月掩心宿二	心宿二	0.1
	5	8	金星合月	金星	3
	9	14	上弦		
	10	12	水星合心宿二	水星	2
	11	10	月掩土星	土星	−0.1
	12	10	月掩海王星	海王星	−0.6
	14	19	月亮过近地点		
	16	5	望		
	16	9	天王星合月	天王星	−4
	16	14	土星留		
	16	16	水星东大距		23
	17	11	天王星冲日		
	17	23	木星合月	木星	−6
	21	5	火星合月	火星	−2
	23	9	下弦		
	26	12	水星留		
	26	20	月亮过远地点		
	27	20	月掩角宿一	角宿一	−0.4
12月	1	14	朔		
	5	7	金星合月	金星	2
	6	10	水星下合日		
	8	5	木星冲日		
	8	5	火星留		
	8	17	月掩土星	土星	−0.3
	8	19	海王星留		
	8	23	上弦		
	9	17	月掩海王星	海王星	−0.8
	12	21	月亮过近地点		
	13	18	天王星合月	天王星	−4
	15	4	木星合月	木星	−5
	15	17	望		
	16	5	水星留		
	18	17	月掩火星	火星	−0.9
	21	17	冬至		
	22	8	水星合心宿二	水星	7
	23	6	下弦		
	24	15	月亮过远地点		
	25	4	月掩角宿一	角宿一	−0.2
	25	10	水星西大距		22
	28	23	月掩心宿二	心宿二	0.1
	29	12	水星合月	水星	6
	31	6	朔		

天　　象

2024 年　　东经 120° 标准时

地　心　天　象

水　星

	月	日	时	月	日	时	月	日	时	月	日	时
留	1	2	12	4	24	16	8	28	11	12	16	5
西大距	1	12	22 (24°)	5	10	5 (26°)	9	5	10 (18°)	12	25	10 (22°)
上合	2	28	17	6	15	1	10	1	5			
东大距	3	25	6 (19°)	7	22	14 (27°)	11	16	16 (23°)			
留	4	2	4	8	4	16	11	26	12			
下合	4	12	7	8	19	10	12	6	10			

金　星

	月	日	时
上合	6	4	24

地　球

	月	日		月	日	时	分		月	日	时	分
近日点	1	3	春　分	3	20	11	6	秋　分	9	22	20	44
远日点	7	5	夏　至	6	21	4	51	冬　至	12	21	17	21

外 行 星

	合			留			冲			留		
	月	日	时	月	日	时	月	日	时	月	日	时
火星	—	—	—	12	8	5	—	—	—	—	—	—
木星	5	19	3	10	9	15	12	8	5	—	—	—
土星	2	29	5	7	1	5	9	8	13	11	16	14
天王星	5	13	17	9	1	24	11	17	11	1	27	19
海王星	3	17	19	7	3	11	9	21	8	12	8	19

日　心　天　象

	远日点		近日点		降交点		纬度最南		升交点		纬度最北	
	月	日	月	日	月	日	月	日	月	日	月	日
水星	2	3	3	18	1	23	2	23	3	13	3	28
	5	1	6	13	4	20	5	21	6	9	6	24
	7	27	9	9	7	17	8	17	9	5	9	20
	10	23	12	6	10	13	11	13	12	2	12	17
金星	3	20	7	10	2	14	4	11	6	6	7	31
	10	30	—	—	9	26	11	21	—	—	—	—
火星	—	—	5	8	—	—	4	12	9	6	—	—

木星，土星，天王星，海王星：无

行星的星等和离太阳的距角

以世界时 0^h 为准

2024 年

日期	水星		金星		火星		木星		土星		天王星		海王星	
	星等	距角	星等	距角	星等	距角	星等	距角	星等	距角	星等	距角	星等	距角
日		°		°		°		°		°		°		°
1月 −9	+5.4	东 3	−4.1	西 39	+1.4	西 10	−2.7	东126	+0.9	东 63	+5.6	东140	+7.9	东 85
1	+0.5	西 18	4.0	37	1.4	13	2.6	116	0.9	53	5.7	129	7.9	75
11	−0.3	23	4.0	35	1.4	15	2.5	106	0.9	44	5.7	119	7.9	65
21	0.2	22	4.0	33	1.4	18	2.5	96	1.0	35	5.7	109	7.9	55
31	0.3	18	3.9	31	1.3	21	2.4	87	1.0	26	5.7	99	7.9	45
2月 10	−0.5	西 13	−3.9	西 29	+1.3	西 23	−2.3	东 78	+1.0	东 17	+5.7	东 88	+7.9	东 35
20	1.0	西 7	3.9	27	1.3	26	2.2	69	1.0	东 8	5.8	79	8.0	26
3月 1	1.8	东 2	3.9	24	1.3	28	2.2	60	0.9	西 2	5.8	69	8.0	16
11	1.3	11	3.8	22	1.2	30	2.1	52	1.0	10	5.8	59	8.0	东 6
21	−0.7	18	3.8	20	1.2	32	2.1	44	1.0	19	5.8	49	8.0	西 4
31	+1.1	东 17	−3.8	西 17	+1.2	西 35	−2.1	东 36	+1.1	西 27	+5.8	东 40	+8.0	西 13
4月 10	5.5	东 4	3.8	15	1.2	37	2.0	29	1.1	36	5.8	31	8.0	22
20	3.2	西 13	3.8	12	1.1	39	2.0	21	1.1	45	5.8	21	7.9	32
30	1.1	23	3.9	10	1.1	41	2.0	14	1.2	54	5.8	12	7.9	41
5月 10	+0.4	26	3.9	7	1.1	43	2.0	东 6	1.2	62	5.8	东 3	7.9	51
20	−0.1	西 24	−3.9	西 4	+1.1	西 45	−2.0	西 1	+1.2	西 71	+5.8	西 6	+7.9	西 60
30	0.7	17	4.0	西 2	1.1	47	2.0	8	1.1	80	5.8	15	7.9	69
6月 9	1.6	西 7	4.0	东 1	1.0	49	2.0	15	1.1	90	5.8	24	7.9	79
19	1.8	东 6	3.9	4	1.0	51	2.0	23	1.1	99	5.8	33	7.9	88
29	0.7	16	3.9	7	1.0	53	2.0	30	1.0	108	5.8	42	7.9	98
7月 9	−0.2	东 23	−3.9	东 9	+1.0	西 56	−2.0	西 37	+1.0	西118	+5.8	西 51	+7.9	西107
19	+0.2	27	3.9	12	0.9	58	2.1	45	0.9	128	5.8	60	7.9	117
29	0.7	26	3.9	15	0.9	61	2.1	53	0.9	138	5.8	70	7.8	127
8月 8	2.0	18	3.8	18	0.9	64	2.2	60	0.8	148	5.7	79	7.8	136
18	5.2	东 5	3.8	20	0.8	67	2.2	68	0.7	158	5.7	88	7.8	146
28	+1.8	西 14	−3.8	东 23	+0.8	西 70	−2.3	西 77	+0.6	西168	+5.7	西 98	+7.8	西156
9月 7	−0.6	18	3.8	25	0.7	74	2.3	85	0.6	西177	5.7	108	7.8	166
17	1.2	12	3.9	28	0.6	77	2.4	94	0.6	东170	5.7	117	7.8	西176
27	1.6	西 4	3.9	30	0.5	82	2.5	103	0.6	160	5.7	127	7.8	东174
10月 7	1.2	东 5	3.9	33	0.4	86	2.5	113	0.7	150	5.6	137	7.8	164
17	−0.6	东 11	−3.9	东 35	+0.3	西 91	−2.6	西123	+0.7	东139	+5.6	西148	+7.8	东154
27	0.3	16	4.0	37	0.2	97	2.7	133	0.8	129	5.6	158	7.8	144
11月 6	0.3	20	4.0	39	+0.0	103	2.7	144	0.8	119	5.6	168	7.8	133
16	−0.3	23	4.1	41	−0.2	111	2.8	155	0.9	109	5.6	西179	7.8	123
26	+0.3	19	4.2	43	0.4	119	2.8	166	0.9	99	5.6	东171	7.9	113
12月 6	+6.0	东 1	−4.2	东 44	−0.6	西128	−2.8	西178	+1.0	东 89	+5.6	东160	+7.9	东103
16	+0.2	西 18	4.3	46	0.8	139	2.8	东171	1.0	79	5.6	150	7.9	93
26	−0.4	22	4.4	47	1.1	151	2.8	159	1.0	69	5.6	139	7.9	83
36	−0.3	西 20	−4.5	东 47	−1.3	西164	−2.7	东148	+1.1	东 60	+5.7	东129	+7.9	东 72

天 然 卫 星

2024 年 火卫一(Phobos)的大距和星等

世界时			较差坐标			星等
月	日	时		$\Delta\alpha\cos\delta$	$\Delta\delta$	
				″	″	
1	1	0.1	西	−4.74	2.50	14.7
	1	3.9	东	4.71	−2.46	14.7
	1	7.8	西	−4.74	2.49	14.7
	1	11.6	东	4.71	−2.46	14.7
	1	15.4	西	−4.75	2.48	14.7
	1	19.2	东	4.72	−2.45	14.7
	1	23.1	西	−4.76	2.47	14.7
	2	2.9	东	4.73	−2.44	14.7
	2	6.8	西	−4.76	2.46	14.7
	2	10.5	东	4.73	−2.43	14.7
	2	14.4	西	−4.77	2.45	14.7
	2	18.2	东	4.74	−2.42	14.7
	2	22.1	西	−4.78	2.44	14.7
	3	1.9	东	4.75	−2.41	14.7
	3	5.7	西	−4.78	2.43	14.7
	3	9.5	东	4.76	−2.40	14.7
	3	13.4	西	−4.79	2.42	14.7
	3	17.2	东	4.76	−2.39	14.7
	3	21.0	西	−4.80	2.42	14.7
	4	0.8	东	4.77	−2.38	14.7
	4	4.7	西	−4.80	2.41	14.7
	4	8.5	东	4.78	−2.37	14.7
	4	12.4	西	−4.81	2.40	14.7
	4	16.2	东	4.78	−2.37	14.7
	4	20.0	西	−4.82	2.39	14.7
	4	23.8	东	4.79	−2.36	14.7
	5	3.7	西	−4.83	2.38	14.7
	5	7.5	东	4.80	−2.35	14.7
	5	11.3	西	−4.83	2.37	14.7
	5	15.1	东	4.80	−2.34	14.7
	5	19.0	西	−4.84	2.36	14.7
	5	22.8	东	4.81	−2.33	14.7
	6	2.7	西	−4.85	2.35	14.7
	6	6.4	东	4.82	−2.32	14.7
	6	10.3	西	−4.85	2.34	14.7
	6	14.1	东	4.83	−2.31	14.6
	6	18.0	西	−4.86	2.33	14.6
	6	21.8	东	4.83	−2.30	14.6
	7	1.6	西	−4.87	2.32	14.6
	7	5.4	东	4.84	−2.29	14.6
	7	9.3	西	−4.88	2.31	14.6
	7	13.1	东	4.85	−2.28	14.6
	7	16.9	西	−4.88	2.30	14.6
	7	20.7	东	4.86	−2.27	14.6
	8	0.6	西	−4.89	2.29	14.6
	8	4.4	东	4.86	−2.26	14.6
	8	8.3	西	−4.89	2.29	14.6
	8	12.1	东	4.87	−2.25	14.6
	8	15.9	西	−4.90	2.27	14.6
	8	19.7	东	4.88	−2.24	14.6
	8	23.6	西	−4.91	2.26	14.6
	9	3.4	东	4.88	−2.23	14.6
	9	7.2	西	−4.92	2.26	14.6
	9	11.0	东	4.89	−2.22	14.6
	9	14.9	西	−4.92	2.24	14.6
	9	18.7	东	4.90	−2.21	14.6
	9	22.6	西	−4.93	2.23	14.6
	10	2.3	东	4.91	−2.20	14.6
	10	6.2	西	−4.94	2.23	14.6
	10	10.0	东	4.92	−2.19	14.6
1	10	13.9	西	−4.95	2.21	14.6
	10	17.7	东	4.92	−2.18	14.6
	10	21.5	西	−4.95	2.20	14.6
	11	1.3	东	4.93	−2.17	14.6
	11	5.2	西	−4.96	2.19	14.6
	11	9.0	东	4.94	−2.16	14.6
	11	12.8	西	−4.97	2.18	14.6
	11	16.6	东	4.94	−2.15	14.6
	11	20.5	西	−4.97	2.17	14.6
	12	0.3	东	4.95	−2.14	14.6
	12	4.2	西	−4.98	2.16	14.6
	12	8.0	东	4.96	−2.13	14.6
	12	11.8	西	−4.99	2.15	14.6
	12	15.6	东	4.96	−2.12	14.6
	12	19.5	西	−5.00	2.14	14.6
	12	23.3	东	4.97	−2.11	14.6
	13	3.1	西	−5.00	2.13	14.6
	13	6.9	东	4.98	−2.10	14.6
	13	10.8	西	−5.01	2.12	14.6
	13	14.6	东	4.99	−2.08	14.6
	13	18.5	西	−5.01	2.11	14.6
	13	22.2	东	4.99	−2.08	14.6
	14	2.1	西	−5.02	2.10	14.6
	14	5.9	东	5.00	−2.06	14.6
	14	9.8	西	−5.03	2.09	14.6
	14	13.6	东	5.01	−2.05	14.6
	14	17.4	西	−5.04	2.08	14.6
	14	21.2	东	5.01	−2.04	14.6
	15	1.1	西	−5.04	2.07	14.6
	15	4.9	东	5.02	−2.03	14.6
	15	8.7	西	−5.05	2.06	14.6
	15	12.5	东	5.03	−2.02	14.6
	15	16.4	西	−5.06	2.05	14.6
	15	20.2	东	5.04	−2.01	14.6
	16	0.1	西	−5.07	2.03	14.6
	16	3.9	东	5.04	−2.00	14.6
	16	7.7	西	−5.07	2.02	14.6
	16	11.5	东	5.05	−1.99	14.6
	16	15.4	西	−5.08	2.01	14.6
	16	19.2	东	5.06	−1.98	14.6
	16	23.0	西	−5.09	2.00	14.6
	17	2.8	东	5.07	−1.97	14.6
	17	6.7	西	−5.09	1.99	14.6
	17	10.5	东	5.07	−1.95	14.6
	17	14.4	西	−5.10	1.98	14.6
	17	18.1	东	5.08	−1.94	14.6
	17	22.0	西	−5.11	1.97	14.6
	18	1.8	东	5.09	−1.93	14.6
	18	5.7	西	−5.11	1.96	14.6
	18	9.5	东	5.09	−1.92	14.6
	18	13.3	西	−5.12	1.95	14.6
	18	17.1	东	5.10	−1.91	14.6
	18	21.0	西	−5.13	1.93	14.6
	19	0.8	东	5.11	−1.90	14.6
	19	4.6	西	−5.13	1.92	14.6
	19	8.4	东	5.12	−1.88	14.6
	19	12.3	西	−5.14	1.91	14.6
	19	16.1	东	5.12	−1.87	14.6
	19	20.0	西	−5.15	1.90	14.6
	19	23.8	东	5.13	−1.86	14.6
1	20	3.6	西	−5.15	1.89	14.6
	20	7.4	东	5.14	−1.85	14.6
	20	11.3	西	−5.16	1.88	14.6
	20	15.1	东	5.14	−1.83	14.6
	20	18.9	西	−5.17	1.86	14.6
	20	22.7	东	5.15	−1.82	14.6
	21	2.6	西	−5.17	1.85	14.6
	21	6.4	东	5.16	−1.81	14.6
	21	10.3	西	−5.18	1.84	14.6
	21	14.1	东	5.17	−1.80	14.6
	21	17.9	西	−5.19	1.83	14.6
	21	21.7	东	5.17	−1.79	14.6
	22	1.6	西	−5.20	1.81	14.6
	22	5.4	东	5.18	−1.78	14.6
	22	9.2	西	−5.20	1.81	14.6
	22	13.0	东	5.19	−1.76	14.6
	22	16.9	西	−5.21	1.79	14.6
	22	20.7	东	5.19	−1.75	14.6
	23	0.6	西	−5.22	1.78	14.6
	23	4.3	东	5.20	−1.74	14.6
	23	8.2	西	−5.22	1.77	14.6
	23	12.0	东	5.21	−1.73	14.6
	23	15.9	西	−5.23	1.76	14.6
	23	19.7	东	5.21	−1.72	14.6
	23	23.5	西	−5.24	1.74	14.6
	24	3.3	东	5.22	−1.70	14.6
	24	7.2	西	−5.24	1.73	14.6
	24	11.0	东	5.23	−1.69	14.6
	24	14.8	西	−5.25	1.72	14.6
	24	18.6	东	5.24	−1.68	14.6
	24	22.5	西	−5.26	1.71	14.6
	25	2.3	东	5.24	−1.67	14.6
	25	6.2	西	−5.26	1.70	14.6
	25	10.0	东	5.25	−1.65	14.6
	25	13.8	西	−5.27	1.68	14.6
	25	17.6	东	5.26	−1.64	14.6
	25	21.5	西	−5.28	1.67	14.6
	26	1.3	东	5.26	−1.63	14.6
	26	5.1	西	−5.28	1.66	14.6
	26	8.9	东	5.27	−1.61	14.6
	26	12.8	西	−5.29	1.65	14.6
	26	16.6	东	5.28	−1.60	14.6
	26	20.5	西	−5.30	1.63	14.5
	27	0.2	东	5.28	−1.59	14.5
	27	4.1	西	−5.30	1.62	14.5
	27	7.9	东	5.29	−1.58	14.5
	27	11.8	西	−5.31	1.61	14.5
	27	15.6	东	5.30	−1.56	14.5
	27	19.4	西	−5.32	1.59	14.5
	27	23.2	东	5.30	−1.55	14.5
	28	3.1	西	−5.32	1.58	14.5
	28	6.9	东	5.31	−1.54	14.5
	28	10.7	西	−5.33	1.57	14.5
	28	14.5	东	5.32	−1.52	14.5
	28	18.4	西	−5.33	1.56	14.5
	28	22.2	东	5.32	−1.51	14.5
	29	2.1	西	−5.34	1.54	14.5
	29	5.9	东	5.33	−1.50	14.5
	29	9.7	西	−5.35	1.53	14.5
	29	13.5	东	5.34	−1.48	14.5

天 然 卫 星

火卫一(Phobos)的大距和星等 **2024 年**

世界时 月 日 时		较差坐标 Δαcosδ ″	Δδ ″	星等
1 29 17.4	西	−5.35	1.52	14.5
29 21.2	东	5.34	−1.47	14.5
30 1.0	西	−5.36	1.50	14.5
30 4.8	东	5.35	−1.46	14.5
30 8.7	西	−5.37	1.49	14.5
30 12.5	东	5.36	−1.44	14.5
30 16.4	西	−5.37	1.48	14.5
30 20.1	东	5.36	−1.43	14.5
31 0.0	西	−5.38	1.46	14.5
31 3.8	东	5.37	−1.42	14.5
31 7.7	西	−5.39	1.45	14.5
31 11.5	东	5.38	−1.40	14.5
31 15.3	西	−5.39	1.44	14.5
31 19.1	东	5.38	−1.39	14.5
31 23.0	西	−5.40	1.42	14.5
2 1 2.8	东	5.39	−1.38	14.5
1 6.6	西	−5.41	1.41	14.5
1 10.4	东	5.40	−1.36	14.5
1 14.3	西	−5.41	1.40	14.5
1 18.1	东	5.40	−1.35	14.5
1 22.0	西	−5.42	1.38	14.5
2 1.8	东	5.41	−1.34	14.5
2 5.6	西	−5.42	1.37	14.5
2 9.4	东	5.42	−1.32	14.5
2 13.3	西	−5.43	1.36	14.5
2 17.1	东	5.42	−1.30	14.5
2 20.9	西	−5.44	1.34	14.5
3 0.7	东	5.43	−1.29	14.5
3 4.6	西	−5.44	1.33	14.5
3 8.4	东	5.43	−1.28	14.5
3 12.3	西	−5.45	1.32	14.5
3 16.1	东	5.44	−1.26	14.5
3 19.9	西	−5.45	1.30	14.5
3 23.7	东	5.45	−1.25	14.5
4 3.6	西	−5.46	1.28	14.5
4 7.4	东	5.45	−1.24	14.5
4 11.2	西	−5.47	1.28	14.5
4 15.0	东	5.46	−1.22	14.5
4 18.9	西	−5.47	1.26	14.5
4 22.7	东	5.47	−1.21	14.5
5 2.6	西	−5.48	1.24	14.5
5 6.3	东	5.47	−1.20	14.5
5 10.2	西	−5.48	1.23	14.5
5 14.0	东	5.48	−1.18	14.5
5 17.9	西	−5.49	1.22	14.5
5 21.7	东	5.49	−1.17	14.5
6 1.5	西	−5.50	1.20	14.5
6 5.3	东	5.49	−1.16	14.5
6 9.2	西	−5.50	1.19	14.5
6 13.0	东	5.50	−1.14	14.5
6 16.8	西	−5.51	1.18	14.5
6 20.6	东	5.50	−1.12	14.5
7 0.5	西	−5.51	1.16	14.5
7 4.3	东	5.51	−1.11	14.5
7 8.2	西	−5.52	1.15	14.5
7 12.0	东	5.51	−1.10	14.5
7 15.8	西	−5.53	1.14	14.5
7 19.6	东	5.52	−1.08	14.5
7 23.5	西	−5.53	1.12	14.5
8 3.3	东	5.53	−1.07	14.5
2 8 7.1	西	−5.54	1.10	14.5
8 10.9	东	5.53	−1.05	14.5
8 14.8	西	−5.54	1.09	14.5
8 18.6	东	5.54	−1.03	14.5
8 22.5	西	−5.55	1.08	14.5
9 2.2	东	5.54	−1.02	14.5
9 6.1	西	−5.55	1.06	14.5
9 9.9	东	5.55	−1.01	14.5
9 13.8	西	−5.56	1.05	14.5
9 17.6	东	5.56	−0.99	14.5
9 21.4	西	−5.57	1.03	14.5
10 1.2	东	5.56	−0.98	14.5
10 5.1	西	−5.57	1.02	14.5
10 8.9	东	5.57	−0.96	14.5
10 12.7	西	−5.58	1.01	14.5
10 16.5	东	5.57	−0.95	14.5
10 20.4	西	−5.58	0.99	14.5
11 0.2	东	5.58	−0.93	14.5
11 4.1	西	−5.59	0.97	14.5
11 7.9	东	5.58	−0.92	14.5
11 11.7	西	−5.59	0.96	14.5
11 15.5	东	5.59	−0.90	14.5
11 19.4	西	−5.60	0.95	14.5
11 23.2	东	5.60	−0.89	14.5
12 3.0	西	−5.60	0.93	14.5
12 6.8	东	5.60	−0.88	14.5
12 10.7	西	−5.61	0.92	14.5
12 14.5	东	5.61	−0.86	14.5
12 18.4	西	−5.61	0.90	14.5
12 22.2	东	5.61	−0.84	14.5
13 2.0	西	−5.62	0.88	14.5
13 5.8	东	5.62	−0.83	14.5
13 9.7	西	−5.62	0.87	14.5
13 13.5	东	5.62	−0.81	14.5
13 17.3	西	−5.63	0.86	14.5
13 21.1	东	5.63	−0.80	14.5
14 1.0	西	−5.63	0.84	14.5
14 4.8	东	5.63	−0.79	14.5
14 8.7	西	−5.64	0.82	14.5
14 12.4	东	5.64	−0.77	14.5
14 16.3	西	−5.64	0.81	14.5
14 20.1	东	5.64	−0.75	14.5
14 24.0	西	−5.65	0.80	14.5
15 3.8	东	5.65	−0.74	14.4
15 7.6	西	−5.66	0.78	14.4
15 11.4	东	5.66	−0.72	14.4
15 15.3	西	−5.66	0.77	14.4
15 19.1	东	5.66	−0.70	14.4
15 22.9	西	−5.66	0.75	14.4
16 2.7	东	5.67	−0.69	14.4
16 6.6	西	−5.67	0.73	14.4
16 10.4	东	5.67	−0.68	14.4
16 14.3	西	−5.67	0.72	14.4
16 18.1	东	5.68	−0.66	14.4
16 21.9	西	−5.68	0.71	14.4
17 1.7	东	5.68	−0.65	14.4
17 5.6	西	−5.68	0.69	14.4
17 9.4	东	5.68	−0.63	14.4
17 13.2	西	−5.69	0.68	14.4
17 17.0	东	5.69	−0.61	14.4
2 17 20.9	西	−5.69	0.66	14.4
18 0.7	东	5.70	−0.60	14.4
18 4.6	西	−5.70	0.64	14.4
18 8.4	东	5.70	−0.58	14.4
18 12.2	西	−5.70	0.63	14.4
18 16.0	东	5.71	−0.56	14.4
18 19.9	西	−5.71	0.62	14.4
18 23.7	东	5.71	−0.55	14.4
19 3.5	西	−5.71	0.60	14.4
19 7.3	东	5.71	−0.54	14.4
19 11.2	西	−5.72	0.58	14.4
19 15.0	东	5.72	−0.52	14.4
19 18.9	西	−5.72	0.57	14.4
19 22.6	东	5.72	−0.50	14.4
20 2.5	西	−5.73	0.55	14.4
20 6.3	东	5.73	−0.49	14.4
20 10.2	西	−5.73	0.54	14.4
20 14.0	东	5.73	−0.47	14.4
20 17.8	西	−5.73	0.52	14.4
20 21.6	东	5.74	−0.45	14.4
21 1.5	西	−5.74	0.51	14.4
21 5.3	东	5.74	−0.44	14.4
21 9.1	西	−5.74	0.49	14.4
21 12.9	东	5.75	−0.42	14.4
21 16.8	西	−5.75	0.48	14.4
21 20.6	东	5.75	−0.41	14.4
22 0.5	西	−5.75	0.46	14.4
22 4.3	东	5.76	−0.39	14.4
22 8.1	西	−5.76	0.44	14.4
22 11.9	东	5.76	−0.38	14.4
22 15.8	西	−5.76	0.43	14.4
22 19.6	东	5.76	−0.36	14.4
22 23.4	西	−5.76	0.41	14.4
23 3.2	东	5.77	−0.34	14.4
23 7.1	西	−5.77	0.39	14.4
23 10.9	东	5.77	−0.33	14.4
23 14.8	西	−5.77	0.38	14.4
23 18.6	东	5.78	−0.31	14.4
23 22.4	西	−5.78	0.36	14.4
24 2.2	东	5.78	−0.30	14.4
24 6.1	西	−5.78	0.34	14.4
24 9.9	东	5.79	−0.28	14.4
24 13.7	西	−5.78	0.33	14.4
24 17.5	东	5.79	−0.26	14.4
24 21.4	西	−5.79	0.32	14.4
25 1.2	东	5.79	−0.25	14.4
25 5.1	西	−5.79	0.30	14.4
25 8.8	东	5.80	−0.23	14.4
25 12.7	西	−5.80	0.28	14.4
25 16.5	东	5.80	−0.21	14.4
25 20.4	西	−5.80	0.27	14.4
26 0.2	东	5.81	−0.20	14.4
26 4.0	西	−5.80	0.25	14.4
26 7.8	东	5.81	−0.18	14.4
26 11.7	西	−5.81	0.23	14.4
26 15.5	东	5.81	−0.17	14.4
26 19.3	西	−5.81	0.22	14.4
26 23.1	东	5.82	−0.15	14.4
27 3.0	西	−5.81	0.20	14.4
27 6.8	东	5.82	−0.13	14.4

天　然　卫　星

2024 年　　火卫一(Phobos)的大距和星等

世界时			较差坐标			星等
月	日	时		$\Delta\alpha\cos\delta$ ″	$\Delta\delta$ ″	
2	27	10.7	西	−5.82	0.19	14.4
	27	14.5	东	5.83	−0.12	14.4
	27	18.3	西	−5.82	0.17	14.4
	27	22.1	东	5.83	−0.10	14.4
	28	2.0	西	−5.83	0.15	14.4
	28	5.8	东	5.83	−0.09	14.4
	28	9.6	西	−5.83	0.14	14.4
	28	13.4	东	5.84	−0.07	14.4
	28	17.3	西	−5.83	0.12	14.4
	28	21.1	东	5.84	−0.05	14.4
	29	1.0	西	−5.83	0.11	14.4
	29	4.8	东	5.84	−0.04	14.4
	29	8.6	西	−5.84	0.09	14.4
	29	12.4	东	5.85	−0.02	14.4
	29	16.3	西	−5.84	0.08	14.4
	29	20.1	东	5.85	0.00	14.4
	29	23.9	西	−5.84	0.06	14.4
3	1	3.7	东	5.85	0.02	14.4
	1	7.6	西	−5.85	0.04	14.4
	1	11.4	东	5.86	0.03	14.4
	1	15.3	西	−5.85	0.03	14.4
	1	19.1	东	5.86	0.05	14.4
	1	22.9	西	−5.86	0.01	14.4
	2	2.7	东	5.86	0.07	14.4
	2	6.6	西	−5.86	−0.01	14.4
	2	10.4	东	5.87	0.08	14.4
	2	14.2	西	−5.86	−0.02	14.4
	2	18.0	东	5.87	0.10	14.4
	2	21.9	西	−5.86	−0.04	14.4
	3	1.7	东	5.87	0.12	14.4
	3	5.6	西	−5.87	−0.06	14.4
	3	9.3	东	5.88	0.13	14.4
	3	13.2	西	−5.87	−0.07	14.4
	3	17.0	东	5.88	0.15	14.4
	3	20.9	西	−5.87	−0.09	14.4
	4	0.7	东	5.88	0.17	14.4
	4	4.5	西	−5.88	−0.11	14.4
	4	8.3	东	5.88	0.18	14.4
	4	12.2	西	−5.88	−0.12	14.4
	4	16.0	东	5.89	0.20	14.4
	4	19.8	西	−5.88	−0.14	14.4
	4	23.6	东	5.89	0.22	14.4
	5	3.5	西	−5.88	−0.16	14.4
	5	7.3	东	5.89	0.23	14.4
	5	11.2	西	−5.89	−0.17	14.4
	5	15.0	东	5.90	0.25	14.3
	5	18.8	西	−5.89	−0.19	14.3
	5	22.6	东	5.90	0.27	14.3
	6	2.5	西	−5.89	−0.20	14.3
	6	6.3	东	5.90	0.28	14.3
	6	10.1	西	−5.89	−0.22	14.3
	6	13.9	东	5.91	0.30	14.3
	6	17.8	西	−5.90	−0.24	14.3
	6	21.6	东	5.91	0.32	14.3
	7	1.5	西	−5.90	−0.25	14.3
	7	5.3	东	5.91	0.33	14.3
	7	9.1	西	−5.90	−0.27	14.3
	7	12.9	东	5.91	0.35	14.3
	7	16.8	西	−5.90	−0.29	14.3
	7	20.6	东	5.92	0.37	14.3
3	8	0.4	西	−5.91	−0.30	14.3
	8	4.2	东	5.92	0.39	14.3
	8	8.1	西	−5.91	−0.32	14.3
	8	11.9	东	5.92	0.40	14.3
	8	15.8	西	−5.91	−0.34	14.3
	8	19.6	东	5.92	0.42	14.3
	8	23.4	西	−5.91	−0.35	14.3
	9	3.2	东	5.92	0.44	14.3
	9	7.1	西	−5.92	−0.37	14.3
	9	10.9	东	5.93	0.45	14.3
	9	14.7	西	−5.92	−0.39	14.3
	9	18.5	东	5.93	0.47	14.3
	9	22.4	西	−5.92	−0.40	14.3
	10	2.2	东	5.93	0.49	14.3
	10	6.1	西	−5.92	−0.42	14.3
	10	9.8	东	5.93	0.50	14.3
	10	13.7	西	−5.92	−0.44	14.3
	10	17.5	东	5.93	0.52	14.3
	10	21.4	西	−5.92	−0.45	14.3
	11	1.2	东	5.94	0.54	14.3
	11	5.0	西	−5.93	−0.47	14.3
	11	8.8	东	5.94	0.55	14.3
	11	12.7	西	−5.93	−0.49	14.3
	11	16.5	东	5.94	0.57	14.3
	11	20.3	西	−5.93	−0.50	14.3
	12	0.1	东	5.94	0.59	14.3
	12	4.0	西	−5.93	−0.52	14.3
	12	7.8	东	5.95	0.60	14.3
	12	11.7	西	−5.93	−0.54	14.3
	12	15.5	东	5.95	0.62	14.3
	12	19.3	西	−5.94	−0.55	14.3
	12	23.1	东	5.95	0.64	14.3
	13	3.0	西	−5.94	−0.57	14.3
	13	6.8	东	5.95	0.66	14.3
	13	10.6	西	−5.94	−0.59	14.3
	13	14.4	东	5.95	0.67	14.3
	13	18.3	西	−5.94	−0.60	14.3
	13	22.1	东	5.95	0.69	14.3
	14	2.0	西	−5.94	−0.62	14.3
	14	5.8	东	5.96	0.71	14.3
	14	9.6	西	−5.94	−0.64	14.3
	14	13.4	东	5.96	0.72	14.3
	14	17.3	西	−5.95	−0.65	14.3
	14	21.1	东	5.96	0.75	14.3
	15	0.9	西	−5.95	−0.67	14.3
	15	4.7	东	5.96	0.76	14.3
	15	8.6	西	−5.95	−0.69	14.3
	15	12.4	东	5.96	0.78	14.3
	15	16.3	西	−5.95	−0.70	14.3
	15	20.1	东	5.96	0.80	14.3
	15	23.9	西	−5.95	−0.72	14.3
	16	3.7	东	5.96	0.81	14.3
	16	7.6	西	−5.95	−0.74	14.3
	16	11.4	东	5.97	0.83	14.3
	16	15.2	西	−5.95	−0.76	14.3
	16	19.0	东	5.97	0.85	14.3
	16	22.9	西	−5.95	−0.77	14.3
	17	2.7	东	5.97	0.86	14.3
	17	6.6	西	−5.95	−0.79	14.3
	17	10.4	东	5.97	0.88	14.3
3	17	14.2	西	−5.96	−0.81	14.3
	17	18.0	东	5.97	0.90	14.3
	17	21.9	西	−5.96	−0.82	14.3
	18	1.7	东	5.97	0.92	14.3
	18	5.5	西	−5.96	−0.84	14.3
	18	9.3	东	5.97	0.93	14.3
	18	13.2	西	−5.96	−0.86	14.3
	18	17.0	东	5.97	0.95	14.3
	18	20.8	西	−5.96	−0.87	14.3
	19	0.6	东	5.97	0.97	14.3
	19	4.5	西	−5.96	−0.89	14.3
	19	8.3	东	5.98	0.98	14.3
	19	12.2	西	−5.96	−0.91	14.3
	19	16.0	东	5.98	1.00	14.3
	19	19.8	西	−5.96	−0.92	14.3
	19	23.6	东	5.98	1.02	14.3
	20	3.5	西	−5.96	−0.94	14.3
	20	7.3	东	5.98	1.03	14.3
	20	11.1	西	−5.96	−0.96	14.3
	20	14.9	东	5.98	1.05	14.3
	20	18.8	西	−5.96	−0.97	14.3
	20	22.6	东	5.98	1.07	14.3
	21	2.5	西	−5.96	−0.99	14.3
	21	6.3	东	5.98	1.08	14.3
	21	10.1	西	−5.96	−1.01	14.3
	21	13.9	东	5.98	1.10	14.3
	21	17.8	西	−5.97	−1.02	14.3
	21	21.6	东	5.98	1.12	14.3
	22	1.4	西	−5.97	−1.04	14.3
	22	5.2	东	5.98	1.14	14.3
	22	9.1	西	−5.97	−1.06	14.3
	22	12.9	东	5.98	1.15	14.3
	22	16.8	西	−5.97	−1.07	14.3
	22	20.6	东	5.98	1.17	14.3
	23	0.4	西	−5.97	−1.09	14.3
	23	4.2	东	5.98	1.19	14.3
	23	8.1	西	−5.97	−1.11	14.3
	23	11.9	东	5.99	1.20	14.3
	23	15.7	西	−5.97	−1.12	14.3
	23	19.5	东	5.98	1.22	14.3
	23	23.4	西	−5.97	−1.14	14.3
	24	3.2	东	5.99	1.24	14.3
	24	7.1	西	−5.97	−1.16	14.3
	24	10.9	东	5.99	1.25	14.3
	24	14.7	西	−5.97	−1.18	14.3
	24	18.5	东	5.99	1.27	14.3
	24	22.4	西	−5.97	−1.19	14.3
	25	2.2	东	5.99	1.29	14.3
	25	6.0	西	−5.97	−1.21	14.3
	25	9.8	东	5.99	1.30	14.2
	25	13.7	西	−5.97	−1.23	14.2
	25	17.5	东	5.99	1.32	14.2
	25	21.4	西	−5.97	−1.24	14.2
	26	1.2	东	5.99	1.34	14.2
	26	5.0	西	−5.97	−1.26	14.2
	26	8.8	东	5.99	1.36	14.2
	26	12.7	西	−5.97	−1.28	14.2
	26	16.5	东	5.99	1.37	14.2
	26	20.3	西	−5.97	−1.29	14.2
	27	0.1	东	5.99	1.39	14.2

天　然　卫　星

火卫一(Phobos)的大距和星等　　2024 年

世界时		较差坐标		星等
月 日 时		Δαcosδ	Δδ	
		″	″	
3 27 4.0	西	−5.97	−1.31	14.2
27 7.8	东	5.99	1.41	14.2
27 11.7	西	−5.97	−1.33	14.2
27 15.5	东	5.99	1.42	14.2
27 19.3	西	−5.97	−1.34	14.2
27 23.1	东	5.99	1.44	14.2
28 3.0	西	−5.97	−1.36	14.2
28 6.8	东	5.99	1.46	14.2
28 10.6	西	−5.97	−1.38	14.2
28 14.4	东	5.99	1.48	14.2
28 18.3	西	−5.97	−1.39	14.2
28 22.1	东	5.99	1.50	14.2
29 1.9	西	−5.97	−1.41	14.2
29 5.7	东	5.99	1.51	14.2
29 9.6	西	−5.96	−1.43	14.2
29 13.4	东	5.99	1.52	14.2
29 17.3	西	−5.96	−1.44	14.2
29 21.1	东	5.98	1.54	14.2
30 0.9	西	−5.96	−1.46	14.2
30 4.7	东	5.98	1.56	14.2
30 8.6	西	−5.96	−1.48	14.2
30 12.4	东	5.98	1.57	14.2
30 16.2	西	−5.96	−1.49	14.2
30 20.0	东	5.98	1.59	14.2
30 23.9	西	−5.96	−1.50	14.2
31 3.7	东	5.98	1.61	14.2
31 7.6	西	−5.96	−1.52	14.2
31 11.4	东	5.98	1.62	14.2
31 15.2	西	−5.96	−1.54	14.2
31 19.0	东	5.98	1.65	14.2
31 22.9	西	−5.96	−1.55	14.2
4 1 2.7	东	5.98	1.66	14.2
1 6.5	西	−5.96	−1.57	14.2
1 10.3	东	5.98	1.68	14.2
1 14.2	西	−5.96	−1.59	14.2
1 18.0	东	5.98	1.69	14.2
1 21.9	西	−5.96	−1.60	14.2
2 1.7	东	5.98	1.71	14.2
2 5.5	西	−5.96	−1.62	14.2
2 9.3	东	5.98	1.73	14.2
2 13.2	西	−5.96	−1.64	14.2
2 17.0	东	5.98	1.74	14.2
2 20.8	西	−5.96	−1.65	14.2
3 0.6	东	5.97	1.76	14.2
3 4.5	西	−5.95	−1.67	14.2
3 8.3	东	5.97	1.77	14.2
3 12.2	西	−5.95	−1.69	14.2
3 16.0	东	5.97	1.79	14.2
3 19.8	西	−5.95	−1.70	14.2
3 23.6	东	5.97	1.81	14.2
4 3.5	西	−5.95	−1.72	14.2
4 7.3	东	5.97	1.82	14.2
4 11.1	西	−5.95	−1.74	14.2
4 14.9	东	5.97	1.84	14.2
4 18.8	西	−5.95	−1.75	14.2
4 22.6	东	5.97	1.86	14.2
5 2.5	西	−5.95	−1.76	14.2
5 6.3	东	5.97	1.88	14.2
5 10.1	西	−5.95	−1.79	14.2
5 13.9	东	5.97	1.89	14.2
4 5 17.8	西	−5.95	−1.80	14.2
5 21.6	东	5.97	1.91	14.2
6 1.4	西	−5.94	−1.81	14.2
6 5.2	东	5.97	1.92	14.2
6 9.1	西	−5.94	−1.83	14.2
6 12.9	东	5.96	1.94	14.2
6 16.8	西	−5.94	−1.85	14.2
6 20.6	东	5.96	1.96	14.2
7 0.4	西	−5.94	−1.86	14.2
7 4.2	东	5.96	1.97	14.2
7 8.1	西	−5.94	−1.88	14.2
7 11.9	东	5.96	1.99	14.2
7 15.7	西	−5.94	−1.90	14.2
7 19.5	东	5.96	2.01	14.2
7 23.4	西	−5.94	−1.91	14.2
8 3.2	东	5.96	2.02	14.2
8 7.0	西	−5.93	−1.93	14.2
8 10.8	东	5.96	2.04	14.2
8 14.7	西	−5.93	−1.94	14.2
8 18.5	东	5.96	2.05	14.2
8 22.4	西	−5.93	−1.96	14.2
9 2.2	东	5.95	2.07	14.2
9 6.0	西	−5.93	−1.98	14.2
9 9.8	东	5.95	2.08	14.2
9 13.7	西	−5.93	−1.99	14.2
9 17.5	东	5.95	2.10	14.2
9 21.3	西	−5.93	−2.00	14.2
10 1.1	东	5.95	2.12	14.2
10 5.0	西	−5.92	−2.02	14.2
10 8.8	东	5.95	2.13	14.2
10 12.7	西	−5.92	−2.04	14.2
10 16.5	东	5.95	2.15	14.2
10 20.3	西	−5.92	−2.05	14.2
11 0.1	东	5.94	2.17	14.2
11 4.0	西	−5.92	−2.07	14.2
11 7.8	东	5.94	2.18	14.2
11 11.6	西	−5.92	−2.09	14.2
11 15.4	东	5.94	2.20	14.2
11 19.3	西	−5.92	−2.10	14.2
11 23.1	东	5.94	2.21	14.2
12 3.0	西	−5.91	−2.11	14.2
12 6.8	东	5.94	2.23	14.2
12 10.6	西	−5.91	−2.13	14.2
12 14.4	东	5.94	2.24	14.2
12 18.3	西	−5.91	−2.15	14.2
12 22.1	东	5.93	2.26	14.2
13 1.9	西	−5.91	−2.16	14.2
13 5.7	东	5.93	2.28	14.2
13 9.6	西	−5.91	−2.18	14.2
13 13.4	东	5.93	2.29	14.2
13 17.3	西	−5.90	−2.19	14.2
13 21.1	东	5.93	2.31	14.2
14 0.9	西	−5.90	−2.21	14.2
14 4.7	东	5.93	2.32	14.2
14 8.6	西	−5.90	−2.23	14.2
14 12.4	东	5.93	2.34	14.2
14 16.2	西	−5.90	−2.24	14.2
14 20.0	东	5.92	2.35	14.2
14 23.9	西	−5.90	−2.25	14.2
15 3.7	东	5.92	2.37	14.2
4 15 7.6	西	−5.89	−2.27	14.2
15 11.4	东	5.92	2.38	14.2
15 15.2	西	−5.89	−2.29	14.2
15 19.0	东	5.92	2.40	14.1
15 22.9	西	−5.89	−2.30	14.1
16 2.7	东	5.92	2.42	14.1
16 6.5	西	−5.89	−2.31	14.1
16 10.3	东	5.92	2.43	14.1
16 14.2	西	−5.88	−2.33	14.1
16 18.0	东	5.91	2.45	14.1
16 21.9	西	−5.88	−2.34	14.1
17 1.7	东	5.91	2.46	14.1
17 5.5	西	−5.88	−2.36	14.1
17 9.3	东	5.91	2.48	14.1
17 13.2	西	−5.88	−2.38	14.1
17 17.0	东	5.91	2.49	14.1
17 20.8	西	−5.88	−2.39	14.1
18 0.6	东	5.91	2.51	14.1
18 4.5	西	−5.88	−2.40	14.1
18 8.3	东	5.90	2.52	14.1
18 12.2	西	−5.87	−2.42	14.1
18 16.0	东	5.90	2.54	14.1
18 19.8	西	−5.87	−2.43	14.1
18 23.6	东	5.90	2.55	14.1
19 3.5	西	−5.87	−2.45	14.1
19 7.3	东	5.90	2.57	14.1
19 11.1	西	−5.87	−2.47	14.1
19 14.9	东	5.90	2.58	14.1
19 18.8	西	−5.86	−2.48	14.1
19 22.6	东	5.89	2.60	14.1
20 2.4	西	−5.86	−2.49	14.1
20 6.2	东	5.89	2.61	14.1
20 10.1	西	−5.86	−2.51	14.1
20 13.9	东	5.89	2.62	14.1
20 17.8	西	−5.86	−2.52	14.1
20 21.6	东	5.89	2.64	14.1
21 1.4	西	−5.86	−2.53	14.1
21 5.2	东	5.88	2.66	14.1
21 9.1	西	−5.85	−2.55	14.1
21 12.9	东	5.88	2.67	14.1
21 16.7	西	−5.85	−2.56	14.1
21 20.5	东	5.88	2.69	14.1
22 0.4	西	−5.85	−2.58	14.1
22 4.2	东	5.88	2.70	14.1
22 8.1	西	−5.84	−2.60	14.1
22 11.9	东	5.88	2.71	14.1
22 15.7	西	−5.84	−2.61	14.1
22 19.5	东	5.87	2.73	14.1
22 23.4	西	−5.84	−2.62	14.1
23 3.2	东	5.87	2.74	14.1
23 7.0	西	−5.84	−2.64	14.1
23 10.8	东	5.87	2.76	14.1
23 14.7	西	−5.83	−2.65	14.1
23 18.5	东	5.87	2.77	14.1
23 22.4	西	−5.83	−2.66	14.1
24 2.2	东	5.86	2.79	14.1
24 6.0	西	−5.83	−2.68	14.1
24 9.8	东	5.86	2.80	14.1
24 13.7	西	−5.83	−2.69	14.1
24 17.5	东	5.86	2.81	14.1

天　然　卫　星

2024 年　　火卫一(Phobos)的大距和星等

世界时	较差坐标			星等
月 日 时		$\Delta\alpha\cos\delta$ ″	$\Delta\delta$ ″	
4 24 21.3	西	−5.83	−2.71	14.1
25 1.1	东	5.86	2.83	14.1
25 5.0	西	−5.82	−2.72	14.1
25 8.8	东	5.86	2.84	14.1
25 12.7	西	−5.82	−2.74	14.1
25 16.5	东	5.85	2.86	14.1
25 20.3	西	−5.82	−2.75	14.1
26 0.1	东	5.85	2.87	14.1
26 4.0	西	−5.82	−2.76	14.1
26 7.8	东	5.85	2.88	14.1
26 11.6	西	−5.81	−2.78	14.1
26 15.4	东	5.85	2.90	14.1
26 19.3	西	−5.81	−2.79	14.1
26 23.1	东	5.84	2.92	14.1
27 3.0	西	−5.81	−2.80	14.1
27 6.8	东	5.84	2.93	14.1
27 10.6	西	−5.80	−2.82	14.1
27 14.4	东	5.84	2.94	14.1
27 18.3	西	−5.80	−2.83	14.1
27 22.1	东	5.84	2.96	14.1
28 1.9	西	−5.80	−2.84	14.1
28 5.7	东	5.83	2.97	14.1
28 9.6	西	−5.80	−2.86	14.1
28 13.4	东	5.83	2.98	14.1
28 17.3	西	−5.80	−2.87	14.1
28 21.1	东	5.83	3.00	14.1
29 0.9	西	−5.79	−2.88	14.1
29 4.7	东	5.83	3.01	14.1
29 8.6	西	−5.79	−2.90	14.1
29 12.4	东	5.83	3.02	14.1
29 16.2	西	−5.79	−2.91	14.1
29 20.0	东	5.82	3.04	14.1
29 23.9	西	−5.79	−2.92	14.1
30 3.7	东	5.82	3.05	14.1
30 7.5	西	−5.78	−2.94	14.1
30 11.4	东	5.82	3.06	14.1
30 15.2	西	−5.78	−2.95	14.1
30 19.0	东	5.82	3.08	14.1
30 22.9	西	−5.78	−2.96	14.1
5 1 2.7	东	5.81	3.09	14.1
1 6.5	西	−5.78	−2.98	14.1
1 10.3	东	5.81	3.10	14.1
1 14.2	西	−5.77	−2.99	14.1
1 18.0	东	5.81	3.12	14.1
1 21.8	西	−5.77	−3.00	14.1
2 1.6	东	5.81	3.13	14.1
2 5.5	西	−5.77	−3.02	14.1
2 9.3	东	5.81	3.14	14.1
2 13.2	西	−5.76	−3.03	14.1
2 17.0	东	5.80	3.15	14.1
2 20.8	西	−5.76	−3.04	14.1
3 0.6	东	5.80	3.17	14.1
3 4.5	西	−5.76	−3.05	14.1
3 8.3	东	5.80	3.18	14.1
3 12.1	西	−5.76	−3.07	14.1
3 15.9	东	5.80	3.19	14.1
3 19.8	西	−5.76	−3.08	14.1
3 23.6	东	5.79	3.21	14.1
4 3.5	西	−5.75	−3.09	14.1
4 7.3	东	5.79	3.22	14.1
5 4 11.1	西	−5.75	−3.11	14.1
4 14.9	东	5.79	3.23	14.1
4 18.8	西	−5.75	−3.12	14.1
4 22.6	东	5.79	3.25	14.1
5 2.4	西	−5.75	−3.13	14.1
5 6.2	东	5.79	3.26	14.1
5 10.1	西	−5.74	−3.15	14.1
5 13.9	东	5.78	3.27	14.1
5 17.8	西	−5.74	−3.16	14.1
5 21.6	东	5.78	3.28	14.1
6 1.4	西	−5.74	−3.17	14.1
6 5.2	东	5.78	3.29	14.1
6 9.1	西	−5.73	−3.18	14.1
6 12.9	东	5.78	3.31	14.1
6 16.7	西	−5.73	−3.19	14.1
6 20.5	东	5.77	3.32	14.1
7 0.4	西	−5.73	−3.20	14.1
7 4.2	东	5.77	3.33	14.1
7 8.1	西	−5.73	−3.22	14.1
7 11.9	东	5.77	3.34	14.1
7 15.7	西	−5.73	−3.23	14.1
7 19.5	东	5.77	3.36	14.1
7 23.4	西	−5.72	−3.24	14.1
8 3.2	东	5.76	3.37	14.1
8 7.0	西	−5.72	−3.25	14.1
8 10.8	东	5.76	3.38	14.1
8 14.7	西	−5.72	−3.27	14.1
8 18.5	东	5.76	3.39	14.0
8 22.3	西	−5.72	−3.27	14.0
9 2.2	东	5.76	3.41	14.0
9 6.0	西	−5.71	−3.29	14.0
9 9.8	东	5.76	3.42	14.0
9 13.7	西	−5.71	−3.30	14.0
9 17.5	东	5.76	3.43	14.0
9 21.3	西	−5.71	−3.31	14.0
10 1.1	东	5.75	3.44	14.0
10 5.0	西	−5.71	−3.32	14.0
10 8.8	东	5.75	3.45	14.0
10 12.6	西	−5.70	−3.34	14.0
10 16.4	东	5.75	3.46	14.0
10 20.3	西	−5.70	−3.35	14.0
11 0.1	东	5.75	3.48	14.0
11 4.0	西	−5.70	−3.36	14.0
11 7.8	东	5.75	3.49	14.0
11 11.6	西	−5.70	−3.37	14.0
11 15.4	东	5.74	3.50	14.0
11 19.3	西	−5.70	−3.38	14.0
11 23.1	东	5.74	3.51	14.0
12 2.9	西	−5.70	−3.39	14.0
12 6.7	东	5.74	3.52	14.0
12 10.6	西	−5.69	−3.41	14.0
12 14.4	东	5.74	3.53	14.0
12 18.3	西	−5.69	−3.42	14.0
12 22.1	东	5.74	3.55	14.0
13 1.9	西	−5.69	−3.42	14.0
13 5.7	东	5.73	3.56	14.0
13 9.6	西	−5.68	−3.44	14.0
13 13.4	东	5.73	3.56	14.0
13 17.2	西	−5.68	−3.45	14.0
13 21.0	东	5.73	3.58	14.0
5 14 0.9	西	−5.68	−3.46	14.0
14 4.7	东	5.73	3.59	14.0
14 8.6	西	−5.68	−3.47	14.0
14 12.4	东	5.73	3.60	14.0
14 16.2	西	−5.68	−3.48	14.0
14 20.0	东	5.72	3.61	14.0
14 23.9	西	−5.68	−3.49	14.0
15 3.7	东	5.72	3.62	14.0
15 7.5	西	−5.67	−3.50	14.0
15 11.3	东	5.72	3.63	14.0
15 15.2	西	−5.67	−3.52	14.0
15 19.0	东	5.72	3.64	14.0
15 22.9	西	−5.67	−3.52	14.0
16 2.7	东	5.72	3.66	14.0
16 6.5	西	−5.67	−3.54	14.0
16 10.3	东	5.72	3.66	14.0
16 14.2	西	−5.67	−3.55	14.0
16 18.0	东	5.72	3.68	14.0
16 21.8	西	−5.67	−3.56	14.0
17 1.6	东	5.71	3.69	14.0
17 5.5	西	−5.66	−3.57	14.0
17 9.3	东	5.71	3.70	14.0
17 13.2	西	−5.66	−3.58	14.0
17 17.0	东	5.71	3.71	14.0
17 20.8	西	−5.66	−3.59	14.0
18 0.6	东	5.71	3.72	14.0
18 4.5	西	−5.66	−3.60	14.0
18 8.3	东	5.71	3.73	14.0
18 12.1	西	−5.65	−3.61	14.0
18 15.9	东	5.71	3.74	14.0
18 19.8	西	−5.66	−3.62	14.0
18 23.6	东	5.71	3.75	14.0
19 3.4	西	−5.65	−3.63	14.0
19 7.2	东	5.71	3.76	14.0
19 11.1	西	−5.65	−3.64	14.0
19 14.9	东	5.70	3.77	14.0
19 18.8	西	−5.65	−3.65	14.0
19 22.6	东	5.70	3.78	14.0
20 2.4	西	−5.65	−3.66	14.0
20 6.2	东	5.70	3.79	14.0
20 10.1	西	−5.64	−3.67	14.0
20 13.9	东	5.70	3.80	14.0
20 17.7	西	−5.64	−3.68	14.0
20 21.5	东	5.70	3.81	14.0
21 1.4	西	−5.64	−3.69	14.0
21 5.2	东	5.70	3.82	14.0
21 9.1	西	−5.64	−3.70	14.0
21 12.9	东	5.70	3.83	14.0
21 16.7	西	−5.64	−3.71	14.0
21 20.5	东	5.69	3.84	14.0
22 0.4	西	−5.64	−3.71	14.0
22 4.2	东	5.69	3.85	14.0
22 8.0	西	−5.64	−3.73	14.0
22 11.8	东	5.69	3.86	14.0
22 15.7	西	−5.63	−3.74	14.0
22 19.5	东	5.69	3.87	14.0
22 23.4	西	−5.64	−3.74	14.0
23 3.2	东	5.69	3.88	14.0
23 7.0	西	−5.63	−3.76	14.0
23 10.8	东	5.69	3.88	14.0

天 然 卫 星

火卫一(Phobos)的大距和星等 2024 年

世界时	较差坐标			星等	世界时	较差坐标			星等	世界时	较差坐标			星等
月 日 时		$\Delta\alpha\cos\delta$	$\Delta\delta$		月 日 时		$\Delta\alpha\cos\delta$	$\Delta\delta$		月 日 时		$\Delta\alpha\cos\delta$	$\Delta\delta$	
		″	″				″	″				″	″	
5 23 14.7	西	−5.63	−3.77	14.0	6 2 4.4	西	−5.62	−4.02	13.9	6 11 18.2	西	−5.64	−4.22	13.9
23 18.5	东	5.69	3.90	14.0	2 8.2	东	5.68	4.15	13.9	11 22.0	东	5.72	4.36	13.9
23 22.3	西	−5.63	−3.77	14.0	2 12.1	西	−5.61	−4.03	13.9	12 1.9	西	−5.64	−4.22	13.9
24 2.1	东	5.69	3.91	14.0	2 15.9	东	5.68	4.16	13.9	12 5.7	东	5.72	4.36	13.9
24 6.0	西	−5.63	−3.78	14.0	2 19.8	西	−5.61	−4.03	13.9	12 9.5	西	−5.64	−4.24	13.9
24 9.8	东	5.69	3.91	14.0	2 23.6	东	5.68	4.17	13.9	12 13.3	东	5.72	4.36	13.9
24 13.7	西	−5.63	−3.79	14.0	3 3.4	西	−5.62	−4.04	13.9	12 17.2	西	−5.64	−4.24	13.9
24 17.5	东	5.69	3.92	14.0	3 7.2	东	5.68	4.17	13.9	12 21.0	东	5.72	4.37	13.9
24 21.3	西	−5.63	−3.80	14.0	3 11.1	西	−5.61	−4.05	13.9	13 0.8	西	−5.64	−4.24	13.9
25 1.1	东	5.68	3.94	14.0	3 14.9	东	5.68	4.18	13.9	13 4.6	东	5.72	4.38	13.9
25 5.0	西	−5.63	−3.81	14.0	3 18.7	西	−5.61	−4.06	13.9	13 8.5	西	−5.64	−4.25	13.9
25 8.8	东	5.69	3.94	14.0	3 22.5	东	5.68	4.19	13.9	13 12.3	东	5.73	4.38	13.9
25 12.6	西	−5.62	−3.82	14.0	4 2.4	西	−5.62	−4.06	13.9	13 16.2	西	−5.64	−4.26	13.9
25 16.4	东	5.69	3.95	14.0	4 6.2	东	5.68	4.20	13.9	13 20.0	东	5.73	4.39	13.9
25 20.3	西	−5.63	−3.83	14.0	4 10.1	西	−5.61	−4.07	13.9	13 23.8	西	−5.65	−4.26	13.9
26 0.1	东	5.68	3.96	14.0	4 13.9	东	5.69	4.20	13.9	14 3.6	东	5.73	4.40	13.9
26 3.9	西	−5.62	−3.84	14.0	4 17.7	西	−5.62	−4.08	13.9	14 7.5	西	−5.65	−4.26	13.9
26 7.7	东	5.68	3.97	14.0	4 21.5	东	5.69	4.21	13.9	14 11.3	东	5.74	4.40	13.9
26 11.6	西	−5.62	−3.85	14.0	5 1.4	西	−5.62	−4.08	13.9	14 15.1	西	−5.65	−4.27	13.9
26 15.4	东	5.68	3.98	14.0	5 5.2	东	5.69	4.22	13.9	14 18.9	东	5.74	4.40	13.9
26 19.3	西	−5.62	−3.85	14.0	5 9.0	西	−5.62	−4.09	13.9	14 22.8	西	−5.66	−4.28	13.9
26 23.1	东	5.68	3.99	14.0	5 12.8	东	5.69	4.22	13.9	15 2.6	东	5.74	4.41	13.9
27 2.9	西	−5.62	−3.86	14.0	5 16.7	西	−5.62	−4.10	13.9	15 6.5	西	−5.66	−4.28	13.9
27 6.7	东	5.68	4.00	14.0	5 20.5	东	5.69	4.23	13.9	15 10.3	东	5.74	4.41	13.9
27 10.6	西	−5.62	−3.88	14.0	6 0.3	西	−5.62	−4.10	13.9	15 14.1	西	−5.66	−4.29	13.9
27 14.4	东	5.68	4.00	14.0	6 4.2	东	5.69	4.24	13.9	15 17.9	东	5.75	4.42	13.9
27 18.2	西	−5.62	−3.88	14.0	6 8.0	西	−5.62	−4.11	13.9	15 21.8	西	−5.66	−4.29	13.9
27 22.0	东	5.68	4.01	14.0	6 11.8	东	5.69	4.24	13.9	16 1.6	东	5.75	4.43	13.9
28 1.9	西	−5.62	−3.89	14.0	6 15.7	西	−5.62	−4.12	13.9	16 5.4	西	−5.66	−4.30	13.9
28 5.7	东	5.68	4.02	14.0	6 19.5	东	5.69	4.25	13.9	16 9.2	东	5.75	4.43	13.9
28 9.6	西	−5.62	−3.90	14.0	6 23.3	西	−5.62	−4.12	13.9	16 13.1	西	−5.66	−4.31	13.9
28 13.4	东	5.68	4.03	14.0	7 3.1	东	5.69	4.26	13.9	16 16.9	东	5.75	4.43	13.9
28 17.2	西	−5.62	−3.91	14.0	7 7.0	西	−5.62	−4.13	13.9	16 20.7	西	−5.67	−4.31	13.9
28 21.0	东	5.68	4.04	14.0	7 10.8	东	5.70	4.26	13.9	17 0.6	东	5.75	4.44	13.9
29 0.9	西	−5.62	−3.91	14.0	7 14.6	西	−5.62	−4.14	13.9	17 4.4	西	−5.67	−4.31	13.9
29 4.7	东	5.68	4.05	14.0	7 18.4	东	5.70	4.27	13.9	17 8.2	东	5.76	4.45	13.9
29 8.5	西	−5.62	−3.92	14.0	7 22.3	西	−5.62	−4.14	13.9	17 12.1	西	−5.67	−4.32	13.9
29 12.3	东	5.68	4.05	14.0	8 2.1	东	5.70	4.28	13.9	17 15.9	东	5.76	4.45	13.9
29 16.2	西	−5.62	−3.93	14.0	8 6.0	西	−5.62	−4.15	13.9	17 19.7	西	−5.67	−4.32	13.9
29 20.0	东	5.68	4.06	14.0	8 9.8	东	5.70	4.28	13.9	17 23.5	东	5.76	4.46	13.9
29 23.9	西	−5.62	−3.94	14.0	8 13.6	西	−5.62	−4.16	13.9	18 3.4	西	−5.68	−4.33	13.9
30 3.7	东	5.68	4.07	14.0	8 17.4	东	5.70	4.29	13.9	18 7.2	东	5.77	4.46	13.9
30 7.5	西	−5.62	−3.95	14.0	8 21.3	西	−5.63	−4.16	13.9	18 11.0	西	−5.68	−4.33	13.9
30 11.3	东	5.68	4.08	14.0	9 1.1	东	5.70	4.30	13.9	18 14.8	东	5.77	4.46	13.9
30 15.2	西	−5.61	−3.96	14.0	9 4.9	西	−5.63	−4.17	13.9	18 18.7	西	−5.68	−4.34	13.9
30 19.0	东	5.68	4.09	14.0	9 8.7	东	5.70	4.30	13.9	18 22.5	东	5.77	4.47	13.9
30 22.8	西	−5.62	−3.96	14.0	9 12.6	西	−5.62	−4.18	13.9	19 2.4	西	−5.69	−4.34	13.9
31 2.6	东	5.68	4.10	14.0	9 16.4	东	5.71	4.31	13.9	19 6.2	东	5.78	4.48	13.9
31 6.5	西	−5.62	−3.97	14.0	9 20.3	西	−5.63	−4.18	13.9	19 10.0	西	−5.69	−4.35	13.9
31 10.3	东	5.68	4.10	14.0	10 0.1	东	5.71	4.32	13.9	19 13.8	东	5.78	4.48	13.9
31 14.1	西	−5.61	−3.98	14.0	10 3.9	西	−5.63	−4.19	13.9	19 17.7	西	−5.69	−4.35	13.9
31 18.0	东	5.68	4.11	14.0	10 7.7	东	5.71	4.32	13.9	19 21.5	东	5.78	4.48	13.9
31 21.8	西	−5.62	−3.99	14.0	10 11.6	西	−5.63	−4.20	13.9	20 1.3	西	−5.70	−4.35	13.9
6 1 1.6	东	5.68	4.12	14.0	10 15.4	东	5.71	4.33	13.9	20 5.1	东	5.79	4.49	13.9
1 5.5	西	−5.62	−3.99	14.0	10 19.2	西	−5.63	−4.20	13.9	20 9.0	西	−5.70	−4.36	13.9
1 9.3	东	5.68	4.13	14.0	10 23.0	东	5.71	4.34	13.9	20 12.8	东	5.79	4.49	13.9
1 13.1	西	−5.61	−4.01	14.0	11 2.9	西	−5.63	−4.21	13.9	20 16.6	西	−5.70	−4.37	13.9
1 16.9	东	5.68	4.13	14.0	11 6.7	东	5.71	4.34	13.9	20 20.5	东	5.79	4.50	13.9
1 20.8	西	−5.62	−4.01	14.0	11 10.5	西	−5.63	−4.22	13.9	21 0.3	西	−5.71	−4.37	13.9
2 0.6	东	5.68	4.14	13.9	11 14.4	东	5.72	4.35	13.9	21 4.1	东	5.80	4.50	13.9

天　然　卫　星

2024 年　　火卫一(Phobos)的大距和星等

世界时 月 日 时	较差坐标	$\Delta\alpha\cos\delta$ ″	$\Delta\delta$ ″	星等
6 21 8.0	西	−5.71	−4.37	13.9
21 11.8	东	5.80	4.50	13.9
21 15.6	西	−5.71	−4.38	13.9
21 19.4	东	5.81	4.51	13.9
21 23.3	西	−5.71	−4.38	13.9
22 3.1	东	5.81	4.52	13.9
22 6.9	西	−5.72	−4.38	13.9
22 10.7	东	5.81	4.52	13.9
22 14.6	西	−5.72	−4.39	13.9
22 18.4	东	5.82	4.52	13.9
22 22.3	西	−5.72	−4.39	13.9
23 2.1	东	5.82	4.53	13.9
23 5.9	西	−5.73	−4.39	13.9
23 9.7	东	5.83	4.53	13.9
23 13.6	西	−5.73	−4.40	13.9
23 17.4	东	5.83	4.53	13.9
23 21.2	西	−5.74	−4.40	13.9
24 1.0	东	5.83	4.54	13.9
24 4.9	西	−5.74	−4.41	13.9
24 8.7	东	5.84	4.54	13.9
24 12.6	西	−5.74	−4.42	13.9
24 16.4	东	5.84	4.54	13.9
24 20.2	西	−5.75	−4.42	13.9
25 0.0	东	5.84	4.55	13.9
25 3.9	西	−5.75	−4.42	13.9
25 7.7	东	5.85	4.55	13.9
25 11.5	西	−5.75	−4.42	13.9
25 15.3	东	5.86	4.55	13.9
25 19.2	西	−5.76	−4.43	13.9
25 23.0	东	5.86	4.56	13.9
26 2.8	西	−5.76	−4.43	13.9
26 6.6	东	5.86	4.56	13.9
26 10.5	西	−5.76	−4.43	13.9
26 14.3	东	5.87	4.56	13.9
26 18.2	西	−5.77	−4.44	13.9
26 22.0	东	5.87	4.57	13.9
27 1.8	西	−5.78	−4.44	13.9
27 5.6	东	5.88	4.57	13.8
27 9.5	西	−5.78	−4.44	13.8
27 13.3	东	5.88	4.57	13.8
27 17.1	西	−5.78	−4.45	13.8
27 20.9	东	5.89	4.58	13.8
28 0.8	西	−5.79	−4.45	13.8
28 4.6	东	5.89	4.58	13.8
28 8.5	西	−5.79	−4.45	13.8
28 12.3	东	5.90	4.58	13.8
28 16.1	西	−5.79	−4.46	13.8
28 19.9	东	5.90	4.59	13.8
28 23.8	西	−5.80	−4.46	13.8
29 3.6	东	5.91	4.59	13.8
29 7.4	西	−5.81	−4.46	13.8
29 11.2	东	5.91	4.59	13.8
29 15.1	西	−5.81	−4.47	13.8
29 18.9	东	5.92	4.59	13.8
29 22.7	西	−5.82	−4.46	13.8
30 2.5	东	5.92	4.60	13.8
30 6.4	西	−5.82	−4.47	13.8
30 10.2	东	5.93	4.60	13.8
30 14.1	西	−5.82	−4.47	13.8
30 17.9	东	5.93	4.60	13.8

世界时 月 日 时	较差坐标	$\Delta\alpha\cos\delta$ ″	$\Delta\delta$ ″	星等
6 30 21.7	西	−5.83	−4.47	13.8
7 1 1.5	东	5.94	4.61	13.8
1 5.4	西	−5.84	−4.47	13.8
1 9.2	东	5.95	4.61	13.8
1 13.0	西	−5.84	−4.48	13.8
1 16.8	东	5.95	4.61	13.8
1 20.7	西	−5.85	−4.48	13.8
2 0.5	东	5.96	4.62	13.8
2 4.3	西	−5.85	−4.48	13.8
2 8.2	东	5.96	4.62	13.8
2 12.0	西	−5.86	−4.49	13.8
2 15.8	东	5.97	4.62	13.8
2 19.7	西	−5.86	−4.49	13.8
2 23.5	东	5.97	4.62	13.8
3 3.3	西	−5.87	−4.49	13.8
3 7.1	东	5.98	4.62	13.8
3 11.0	西	−5.87	−4.49	13.8
3 14.8	东	5.99	4.62	13.8
3 18.6	西	−5.88	−4.50	13.8
3 22.4	东	5.99	4.63	13.8
4 2.3	西	−5.89	−4.49	13.8
4 6.1	东	6.00	4.63	13.8
4 10.0	西	−5.89	−4.50	13.8
4 13.8	东	6.01	4.63	13.8
4 17.6	西	−5.89	−4.50	13.8
4 21.4	东	6.01	4.63	13.8
5 1.3	西	−5.90	−4.50	13.8
5 5.1	东	6.02	4.64	13.8
5 8.9	西	−5.91	−4.50	13.8
5 12.7	东	6.02	4.63	13.8
5 16.6	西	−5.91	−4.51	13.8
5 20.4	东	6.03	4.64	13.8
6 0.2	西	−5.92	−4.51	13.8
6 4.1	东	6.04	4.64	13.8
6 7.9	西	−5.93	−4.51	13.8
6 11.7	东	6.04	4.64	13.8
6 15.6	西	−5.93	−4.51	13.8
6 19.4	东	6.05	4.64	13.8
6 23.2	西	−5.94	−4.51	13.8
7 3.0	东	6.05	4.65	13.8
7 6.9	西	−5.95	−4.51	13.8
7 10.7	东	6.06	4.64	13.8
7 14.5	西	−5.95	−4.52	13.8
7 18.3	东	6.07	4.64	13.8
7 22.2	西	−5.96	−4.52	13.8
8 2.0	东	6.08	4.65	13.8
8 5.9	西	−5.97	−4.52	13.8
8 9.7	东	6.08	4.65	13.8
8 13.5	西	−5.97	−4.52	13.8
8 17.3	东	6.09	4.65	13.8
8 21.2	西	−5.98	−4.52	13.8
9 1.0	东	6.10	4.65	13.8
9 4.8	西	−5.99	−4.52	13.8
9 8.6	东	6.11	4.65	13.8
9 12.5	西	−5.99	−4.53	13.8
9 16.3	东	6.11	4.65	13.8
9 20.2	西	−6.00	−4.53	13.8
9 24.0	东	6.12	4.66	13.8
10 3.8	西	−6.01	−4.52	13.8
10 7.6	东	6.13	4.66	13.8

世界时 月 日 时	较差坐标	$\Delta\alpha\cos\delta$ ″	$\Delta\delta$ ″	星等
7 10 11.5	西	−6.01	−4.53	13.8
10 15.3	东	6.14	4.66	13.8
10 19.1	西	−6.02	−4.53	13.8
10 22.9	东	6.14	4.66	13.8
11 2.8	西	−6.03	−4.53	13.8
11 6.6	东	6.15	4.66	13.8
11 10.4	西	−6.03	−4.53	13.8
11 14.2	东	6.16	4.66	13.8
11 18.1	西	−6.04	−4.53	13.8
11 21.9	东	6.17	4.66	13.8
12 1.8	西	−6.05	−4.53	13.8
12 5.6	东	6.17	4.66	13.8
12 9.4	西	−6.05	−4.53	13.8
12 13.2	东	6.18	4.66	13.8
12 17.1	西	−6.06	−4.54	13.8
12 20.9	东	6.19	4.66	13.8
13 0.7	西	−6.07	−4.53	13.8
13 4.5	东	6.20	4.66	13.8
13 8.4	西	−6.08	−4.53	13.8
13 12.2	东	6.21	4.66	13.8
13 16.1	西	−6.08	−4.54	13.8
13 19.9	东	6.21	4.66	13.8
13 23.7	西	−6.09	−4.53	13.8
14 3.5	东	6.22	4.67	13.8
14 7.4	西	−6.10	−4.53	13.8
14 11.2	东	6.23	4.66	13.8
14 15.0	西	−6.11	−4.54	13.8
14 18.8	东	6.24	4.66	13.8
14 22.7	西	−6.12	−4.54	13.8
15 2.5	东	6.24	4.67	13.8
15 6.3	西	−6.12	−4.53	13.8
15 10.1	东	6.25	4.66	13.8
15 14.0	西	−6.13	−4.54	13.8
15 17.8	东	6.26	4.66	13.8
15 21.7	西	−6.14	−4.54	13.8
16 1.5	东	6.27	4.67	13.8
16 5.3	西	−6.15	−4.53	13.8
16 9.1	东	6.28	4.67	13.8
16 13.0	西	−6.15	−4.54	13.8
16 16.8	东	6.29	4.66	13.8
16 20.6	西	−6.16	−4.54	13.8
17 0.4	东	6.30	4.66	13.8
17 4.3	西	−6.17	−4.53	13.8
17 8.1	东	6.30	4.67	13.8
17 11.9	西	−6.18	−4.53	13.8
17 15.7	东	6.32	4.66	13.8
17 19.6	西	−6.19	−4.54	13.8
17 23.4	东	6.32	4.66	13.8
18 3.3	西	−6.20	−4.53	13.8
18 7.1	东	6.33	4.66	13.8
18 10.9	西	−6.21	−4.53	13.8
18 14.7	东	6.34	4.66	13.8
18 18.6	西	−6.21	−4.54	13.8
18 22.4	东	6.35	4.66	13.8
19 2.2	西	−6.22	−4.53	13.8
19 6.0	东	6.36	4.66	13.8
19 9.9	西	−6.23	−4.53	13.8
19 13.7	东	6.37	4.66	13.8
19 17.6	西	−6.24	−4.54	13.8
19 21.4	东	6.38	4.66	13.8

天　然　卫　星

火卫一(Phobos)的大距和星等　　2024 年

世界时		较差坐标		星等
月 日 时		Δαcosδ ″	Δδ ″	
7 20 1.2	西	−6.25	−4.53	13.8
20 5.0	东	6.39	4.66	13.8
20 8.9	西	−6.26	−4.53	13.8
20 12.7	东	6.40	4.66	13.7
20 16.5	西	−6.26	−4.53	13.7
20 20.3	东	6.41	4.66	13.7
21 0.2	西	−6.28	−4.53	13.7
21 4.0	东	6.41	4.66	13.7
21 7.8	西	−6.29	−4.53	13.7
21 11.6	东	6.43	4.66	13.7
21 15.5	西	−6.29	−4.53	13.7
21 19.3	东	6.44	4.65	13.7
21 23.2	西	−6.30	−4.53	13.7
22 3.0	东	6.44	4.66	13.7
22 6.8	西	−6.31	−4.52	13.7
22 10.6	东	6.45	4.65	13.7
22 14.5	西	−6.32	−4.53	13.7
22 18.3	东	6.46	4.65	13.7
22 22.1	西	−6.33	−4.53	13.7
23 1.9	东	6.47	4.65	13.7
23 5.8	西	−6.34	−4.52	13.7
23 9.6	东	6.48	4.65	13.7
23 13.4	西	−6.35	−4.52	13.7
23 17.2	东	6.50	4.65	13.7
23 21.1	西	−6.36	−4.52	13.7
24 0.9	东	6.50	4.65	13.7
24 4.8	西	−6.37	−4.52	13.7
24 8.6	东	6.51	4.65	13.7
24 12.4	西	−6.38	−4.52	13.7
24 16.2	东	6.53	4.64	13.7
24 20.1	西	−6.38	−4.52	13.7
24 23.9	东	6.54	4.64	13.7
25 3.7	西	−6.40	−4.51	13.7
25 7.5	东	6.54	4.64	13.7
25 11.4	西	−6.41	−4.51	13.7
25 15.2	东	6.56	4.64	13.7
25 19.1	西	−6.41	−4.51	13.7
25 22.9	东	6.57	4.64	13.7
26 2.7	西	−6.43	−4.51	13.7
26 6.5	东	6.58	4.64	13.7
26 10.4	西	−6.44	−4.51	13.7
26 14.2	东	6.59	4.63	13.7
26 18.0	西	−6.44	−4.51	13.7
26 21.8	东	6.60	4.63	13.7
27 1.7	西	−6.46	−4.50	13.7
27 5.5	东	6.61	4.63	13.7
27 9.3	西	−6.47	−4.50	13.7
27 13.1	东	6.62	4.63	13.7
27 17.0	西	−6.48	−4.50	13.7
27 20.8	东	6.63	4.62	13.7
28 0.7	西	−6.49	−4.50	13.7
28 4.5	东	6.64	4.62	13.7
28 8.3	西	−6.50	−4.50	13.7
28 12.1	东	6.65	4.62	13.7
28 16.0	西	−6.51	−4.50	13.7
28 19.8	东	6.66	4.62	13.7
28 23.6	西	−6.52	−4.49	13.7
29 3.4	东	6.67	4.62	13.7
29 7.3	西	−6.53	−4.49	13.7
29 11.1	东	6.68	4.62	13.7
7 29 14.9	西	−6.54	−4.49	13.7
29 18.7	东	6.70	4.61	13.7
29 22.6	西	−6.55	−4.49	13.7
30 2.4	东	6.71	4.61	13.7
30 6.3	西	−6.56	−4.48	13.7
30 10.1	东	6.72	4.61	13.7
30 13.9	西	−6.57	−4.48	13.7
30 17.7	东	6.73	4.60	13.7
30 21.6	西	−6.58	−4.48	13.7
31 1.4	东	6.74	4.60	13.7
31 5.2	西	−6.59	−4.48	13.7
31 9.0	东	6.75	4.60	13.7
31 12.9	西	−6.61	−4.47	13.7
31 16.7	东	6.76	4.60	13.7
31 20.6	西	−6.61	−4.47	13.7
8 1 0.4	东	6.78	4.59	13.7
1 4.2	西	−6.63	−4.47	13.7
1 8.0	东	6.79	4.59	13.7
1 11.9	西	−6.64	−4.47	13.7
1 15.7	东	6.80	4.59	13.7
1 19.5	西	−6.65	−4.47	13.7
1 23.3	东	6.81	4.59	13.7
2 3.2	西	−6.66	−4.46	13.7
2 7.0	东	6.82	4.59	13.7
2 10.8	西	−6.67	−4.46	13.7
2 14.6	东	6.83	4.58	13.7
2 18.5	西	−6.68	−4.46	13.7
2 22.3	东	6.85	4.58	13.7
3 2.2	西	−6.70	−4.45	13.7
3 6.0	东	6.86	4.58	13.7
3 9.8	西	−6.71	−4.45	13.7
3 13.6	东	6.87	4.57	13.7
3 17.5	西	−6.72	−4.45	13.7
3 21.3	东	6.88	4.57	13.7
4 1.1	西	−6.73	−4.45	13.7
4 4.9	东	6.89	4.57	13.7
4 8.8	西	−6.74	−4.44	13.7
4 12.6	东	6.91	4.56	13.7
4 16.4	西	−6.75	−4.44	13.7
4 20.2	东	6.92	4.56	13.7
5 0.1	西	−6.76	−4.44	13.7
5 3.9	东	6.93	4.56	13.7
5 7.8	西	−6.78	−4.43	13.7
5 11.6	东	6.94	4.55	13.7
5 15.4	西	−6.79	−4.43	13.7
5 19.2	东	6.96	4.55	13.7
5 23.1	西	−6.80	−4.43	13.7
6 2.9	东	6.97	4.55	13.7
6 6.7	西	−6.81	−4.42	13.7
6 10.5	东	6.98	4.54	13.7
6 14.4	西	−6.83	−4.42	13.7
6 18.2	东	7.00	4.54	13.7
6 22.1	西	−6.84	−4.42	13.7
7 1.9	东	7.01	4.54	13.7
7 5.7	西	−6.85	−4.41	13.7
7 9.5	东	7.02	4.53	13.7
7 13.4	西	−6.86	−4.41	13.7
7 17.2	东	7.03	4.53	13.7
7 21.0	西	−6.87	−4.41	13.7
8 0.8	东	7.05	4.52	13.7
8 8 4.7	西	−6.89	−4.40	13.7
8 8.5	东	7.06	4.52	13.7
8 12.3	西	−6.90	−4.40	13.7
8 16.1	东	7.07	4.51	13.7
8 20.0	西	−6.91	−4.40	13.7
8 23.8	东	7.09	4.51	13.7
9 3.6	西	−6.92	−4.39	13.7
9 7.5	东	7.10	4.51	13.6
9 11.3	西	−6.94	−4.39	13.6
9 15.1	东	7.11	4.50	13.6
9 19.0	西	−6.95	−4.38	13.6
9 22.8	东	7.12	4.50	13.6
10 2.6	西	−6.96	−4.38	13.6
10 6.4	东	7.14	4.50	13.6
10 10.3	西	−6.97	−4.37	13.6
10 14.1	东	7.15	4.49	13.6
10 17.9	西	−6.99	−4.37	13.6
10 21.7	东	7.17	4.49	13.6
11 1.6	西	−7.00	−4.37	13.6
11 5.4	东	7.18	4.48	13.6
11 9.3	西	−7.01	−4.36	13.6
11 13.1	东	7.19	4.48	13.6
11 16.9	西	−7.03	−4.36	13.6
11 20.7	东	7.21	4.47	13.6
12 0.6	西	−7.04	−4.36	13.6
12 4.4	东	7.22	4.47	13.6
12 8.2	西	−7.05	−4.35	13.6
12 12.0	东	7.23	4.47	13.6
12 15.9	西	−7.07	−4.35	13.6
12 19.7	东	7.25	4.46	13.6
12 23.5	西	−7.08	−4.34	13.6
13 3.4	东	7.26	4.46	13.6
13 7.2	西	−7.09	−4.34	13.6
13 11.0	东	7.27	4.45	13.6
13 14.9	西	−7.11	−4.33	13.6
13 18.7	东	7.29	4.45	13.6
13 22.5	西	−7.12	−4.33	13.6
14 2.3	东	7.30	4.44	13.6
14 6.2	西	−7.13	−4.32	13.6
14 10.0	东	7.32	4.44	13.6
14 13.8	西	−7.15	−4.32	13.6
14 17.6	东	7.33	4.43	13.6
14 21.5	西	−7.16	−4.32	13.6
15 1.3	东	7.34	4.43	13.6
15 5.1	西	−7.17	−4.31	13.6
15 9.0	东	7.36	4.42	13.6
15 12.8	西	−7.19	−4.30	13.6
15 16.6	东	7.37	4.42	13.6
15 20.5	西	−7.20	−4.30	13.6
16 0.3	东	7.39	4.41	13.6
16 4.1	西	−7.21	−4.30	13.6
16 7.9	东	7.40	4.41	13.6
16 11.8	西	−7.23	−4.29	13.6
16 15.6	东	7.42	4.40	13.6
16 19.4	西	−7.24	−4.29	13.6
16 23.2	东	7.43	4.40	13.6
17 3.1	西	−7.26	−4.28	13.6
17 6.9	东	7.45	4.39	13.6
17 10.7	西	−7.27	−4.28	13.6
17 14.6	东	7.46	4.39	13.6

天 然 卫 星

2024 年　　火卫一(Phobos)的大距和星等

世界时				较差坐标		星等
月	日	时		$\Delta\alpha\cos\delta$ ″	$\Delta\delta$ ″	
8	17	18.4	西	−7.28	−4.27	13.6
	17	22.2	东	7.47	4.38	13.6
	18	2.1	西	−7.30	−4.27	13.6
	18	5.9	东	7.49	4.38	13.6
	18	9.7	西	−7.31	−4.26	13.6
	18	13.5	东	7.50	4.37	13.6
	18	17.4	西	−7.33	−4.26	13.6
	18	21.2	东	7.52	4.37	13.6
	19	1.0	西	−7.34	−4.25	13.6
	19	4.8	东	7.53	4.36	13.6
	19	8.7	西	−7.36	−4.25	13.6
	19	12.5	东	7.55	4.36	13.6
	19	16.4	西	−7.37	−4.24	13.6
	19	20.2	东	7.56	4.35	13.6
	20	0.0	西	−7.38	−4.24	13.6
	20	3.8	东	7.58	4.34	13.6
	20	7.7	西	−7.40	−4.23	13.6
	20	11.5	东	7.59	4.34	13.6
	20	15.3	西	−7.41	−4.22	13.6
	20	19.1	东	7.61	4.33	13.6
	20	23.0	西	−7.43	−4.22	13.6
	21	2.8	东	7.62	4.33	13.6
	21	6.6	西	−7.44	−4.21	13.6
	21	10.5	东	7.64	4.32	13.6
	21	14.3	西	−7.46	−4.21	13.6
	21	18.1	东	7.66	4.31	13.6
	21	22.0	西	−7.47	−4.20	13.6
	22	1.8	东	7.67	4.31	13.6
	22	5.6	西	−7.49	−4.20	13.6
	22	9.4	东	7.69	4.30	13.6
	22	13.3	西	−7.50	−4.19	13.6
	22	17.1	东	7.70	4.30	13.6
	22	20.9	西	−7.52	−4.18	13.6
	23	0.7	东	7.72	4.29	13.6
	23	4.6	西	−7.53	−4.18	13.6
	23	8.4	东	7.73	4.28	13.6
	23	12.2	西	−7.55	−4.17	13.6
	23	16.1	东	7.75	4.28	13.6
	23	19.9	西	−7.56	−4.17	13.6
	23	23.7	东	7.76	4.27	13.6
	24	3.6	西	−7.58	−4.16	13.6
	24	7.4	东	7.78	4.27	13.6
	24	11.2	西	−7.59	−4.16	13.6
	24	15.0	东	7.80	4.26	13.6
	24	18.9	西	−7.61	−4.15	13.6
	24	22.7	东	7.81	4.25	13.6
	25	2.5	西	−7.62	−4.14	13.6
	25	6.3	东	7.83	4.25	13.6
	25	10.2	西	−7.64	−4.14	13.6
	25	14.0	东	7.84	4.24	13.6
	25	17.8	西	−7.65	−4.13	13.6
	25	21.7	东	7.86	4.23	13.5
	26	1.5	西	−7.67	−4.12	13.5
	26	5.3	东	7.88	4.23	13.5
	26	9.2	西	−7.68	−4.12	13.5
	26	13.0	东	7.89	4.22	13.5
	26	16.8	西	−7.70	−4.11	13.5
	26	20.6	东	7.91	4.21	13.5
	27	0.5	西	−7.71	−4.11	13.5
	27	4.3	东	7.92	4.21	13.5
8	27	8.1	西	−7.73	−4.10	13.5
	27	11.9	东	7.94	4.20	13.5
	27	15.8	西	−7.75	−4.09	13.5
	27	19.6	东	7.96	4.19	13.5
	27	23.4	西	−7.76	−4.09	13.5
	28	3.3	东	7.97	4.19	13.5
	28	7.1	西	−7.78	−4.08	13.5
	28	10.9	东	7.99	4.18	13.5
	28	14.8	西	−7.79	−4.07	13.5
	28	18.6	东	8.01	4.17	13.5
	28	22.4	西	−7.81	−4.07	13.5
	29	2.2	东	8.02	4.17	13.5
	29	6.1	西	−7.83	−4.06	13.5
	29	9.9	东	8.04	4.16	13.5
	29	13.7	西	−7.84	−4.05	13.5
	29	17.5	东	8.06	4.15	13.5
	29	21.4	西	−7.86	−4.05	13.5
	30	1.2	东	8.07	4.15	13.5
	30	5.1	西	−7.88	−4.04	13.5
	30	8.9	东	8.09	4.14	13.5
	30	12.7	西	−7.89	−4.03	13.5
	30	16.5	东	8.11	4.13	13.5
	30	20.4	西	−7.91	−4.03	13.5
	31	0.2	东	8.12	4.12	13.5
	31	4.0	西	−7.92	−4.02	13.5
	31	7.8	东	8.14	4.12	13.5
	31	11.7	西	−7.94	−4.01	13.5
	31	15.5	东	8.16	4.11	13.5
	31	19.3	西	−7.96	−4.00	13.5
	31	23.1	东	8.18	4.10	13.5
9	1	3.0	西	−7.97	−4.00	13.5
	1	6.8	东	8.19	4.09	13.5
	1	10.6	西	−7.99	−3.99	13.5
	1	14.5	东	8.21	4.09	13.5
	1	18.3	西	−8.01	−3.98	13.5
	1	22.1	东	8.23	4.08	13.5
	2	2.0	西	−8.02	−3.98	13.5
	2	5.8	东	8.24	4.07	13.5
	2	9.6	西	−8.04	−3.97	13.5
	2	13.4	东	8.26	4.06	13.5
	2	17.3	西	−8.06	−3.96	13.5
	2	21.1	东	8.28	4.06	13.5
	3	0.9	西	−8.07	−3.96	13.5
	3	4.7	东	8.30	4.05	13.5
	3	8.6	西	−8.09	−3.95	13.5
	3	12.4	东	8.31	4.04	13.5
	3	16.2	西	−8.11	−3.94	13.5
	3	20.1	东	8.33	4.03	13.5
	3	23.9	西	−8.12	−3.93	13.5
	4	3.7	东	8.35	4.03	13.5
	4	7.6	西	−8.14	−3.92	13.5
	4	11.4	东	8.37	4.02	13.5
	4	15.2	西	−8.16	−3.92	13.5
	4	19.0	东	8.38	4.01	13.5
	4	22.9	西	−8.18	−3.91	13.5
	5	2.7	东	8.40	4.00	13.5
	5	6.5	西	−8.19	−3.90	13.5
	5	10.3	东	8.42	4.00	13.5
	5	14.2	西	−8.21	−3.90	13.5
	5	18.0	东	8.44	3.99	13.5
9	5	21.9	西	−8.23	−3.89	13.5
	6	1.7	东	8.46	3.98	13.5
	6	5.5	西	−8.25	−3.88	13.5
	6	9.3	东	8.47	3.97	13.5
	6	13.2	西	−8.26	−3.87	13.5
	6	17.0	东	8.49	3.96	13.5
	6	20.8	西	−8.28	−3.87	13.5
	7	0.6	东	8.51	3.96	13.5
	7	4.5	西	−8.30	−3.86	13.5
	7	8.3	东	8.53	3.95	13.5
	7	12.1	西	−8.31	−3.85	13.5
	7	16.0	东	8.55	3.94	13.5
	7	19.8	西	−8.33	−3.84	13.5
	7	23.6	东	8.56	3.93	13.5
	8	3.5	西	−8.35	−3.83	13.5
	8	7.3	东	8.58	3.92	13.5
	8	11.1	西	−8.37	−3.83	13.5
	8	14.9	东	8.60	3.91	13.4
	8	18.8	西	−8.39	−3.82	13.4
	8	22.6	东	8.62	3.91	13.4
	9	2.4	西	−8.40	−3.81	13.4
	9	6.2	东	8.64	3.90	13.4
	9	10.1	西	−8.42	−3.80	13.4
	9	13.9	东	8.66	3.89	13.4
	9	17.7	西	−8.44	−3.79	13.4
	9	21.6	东	8.68	3.88	13.4
	10	1.4	西	−8.46	−3.79	13.4
	10	5.2	东	8.70	3.87	13.4
	10	9.1	西	−8.48	−3.77	13.4
	10	12.9	东	8.71	3.86	13.4
	10	16.7	西	−8.49	−3.77	13.4
	10	20.5	东	8.73	3.85	13.4
	11	0.4	西	−8.51	−3.76	13.4
	11	4.2	东	8.75	3.85	13.4
	11	8.0	西	−8.53	−3.75	13.4
	11	11.8	东	8.77	3.84	13.4
	11	15.7	西	−8.55	−3.75	13.4
	11	19.5	东	8.79	3.83	13.4
	11	23.3	西	−8.57	−3.74	13.4
	12	3.2	东	8.81	3.82	13.4
	12	7.0	西	−8.59	−3.73	13.4
	12	10.8	东	8.83	3.81	13.4
	12	14.7	西	−8.61	−3.72	13.4
	12	18.5	东	8.85	3.80	13.4
	12	22.3	西	−8.62	−3.71	13.4
	13	2.1	东	8.87	3.79	13.4
	13	6.0	西	−8.64	−3.70	13.4
	13	9.8	东	8.89	3.79	13.4
	13	13.6	西	−8.66	−3.69	13.4
	13	17.4	东	8.91	3.77	13.4
	13	21.3	西	−8.68	−3.69	13.4
	14	1.1	东	8.93	3.77	13.4
	14	4.9	西	−8.70	−3.68	13.4
	14	8.8	东	8.94	3.76	13.4
	14	12.6	西	−8.72	−3.67	13.4
	14	16.4	东	8.96	3.75	13.4
	14	20.3	西	−8.73	−3.66	13.4
	15	0.1	东	8.98	3.74	13.4
	15	3.9	西	−8.76	−3.65	13.4
	15	7.7	东	9.00	3.73	13.4

天　然　卫　星

火卫一(Phobos)的大距和星等　　2024 年

世界时		较差坐标		星等
月 日 时		$\Delta\alpha\cos\delta$	$\Delta\delta$	
		″	″	
9 15 11.6	西	−8.78	−3.64	13.4
15 15.4	东	9.02	3.72	13.4
15 19.2	西	−8.79	−3.63	13.4
15 23.0	东	9.04	3.71	13.4
16 2.9	西	−8.81	−3.62	13.4
16 6.7	东	9.06	3.71	13.4
16 10.5	西	−8.83	−3.61	13.4
16 14.4	东	9.08	3.69	13.4
16 18.2	西	−8.85	−3.61	13.4
16 22.0	东	9.10	3.68	13.4
17 1.9	西	−8.87	−3.60	13.4
17 5.7	东	9.12	3.68	13.4
17 9.5	西	−8.89	−3.59	13.4
17 13.3	东	9.14	3.67	13.4
17 17.2	西	−8.91	−3.58	13.4
17 21.0	东	9.16	3.65	13.4
18 0.8	西	−8.93	−3.57	13.4
18 4.6	东	9.18	3.65	13.4
18 8.5	西	−8.95	−3.56	13.4
18 12.3	东	9.20	3.64	13.4
18 16.1	西	−8.97	−3.55	13.4
18 20.0	东	9.22	3.63	13.4
18 23.8	西	−8.99	−3.55	13.4
19 3.6	东	9.24	3.62	13.4
19 7.5	西	−9.01	−3.53	13.4
19 11.3	东	9.26	3.61	13.4
19 15.1	西	−9.03	−3.52	13.4
19 18.9	东	9.29	3.60	13.4
19 22.8	西	−9.05	−3.52	13.4
20 2.6	东	9.30	3.59	13.4
20 6.4	西	−9.07	−3.51	13.4
20 10.2	东	9.32	3.58	13.4
20 14.1	西	−9.09	−3.50	13.4
20 17.9	东	9.35	3.57	13.3
20 21.7	西	−9.11	−3.49	13.3
21 1.6	东	9.37	3.56	13.3
21 5.4	西	−9.13	−3.48	13.3
21 9.2	东	9.39	3.55	13.3
21 13.1	西	−9.15	−3.47	13.3
21 16.9	东	9.41	3.54	13.3
21 20.7	西	−9.17	−3.46	13.3
22 0.5	东	9.43	3.53	13.3
22 4.4	西	−9.19	−3.45	13.3
22 8.2	东	9.45	3.52	13.3
22 12.0	西	−9.21	−3.44	13.3
22 15.8	东	9.47	3.51	13.3
22 19.7	西	−9.23	−3.43	13.3
22 23.5	东	9.49	3.50	13.3
23 3.3	西	−9.25	−3.42	13.3
23 7.2	东	9.51	3.49	13.3
23 11.0	西	−9.27	−3.41	13.3
23 14.8	东	9.54	3.48	13.3
23 18.7	西	−9.29	−3.40	13.3
23 22.5	东	9.56	3.47	13.3
24 2.3	西	−9.31	−3.40	13.3
24 6.1	东	9.58	3.46	13.3
24 10.0	西	−9.33	−3.38	13.3
24 13.8	东	9.60	3.46	13.3
24 17.6	西	−9.35	−3.37	13.3
24 21.4	东	9.62	3.44	13.3
9 25 1.3	西	−9.37	−3.37	13.3
25 5.1	东	9.64	3.43	13.3
25 8.9	西	−9.39	−3.36	13.3
25 12.8	东	9.66	3.42	13.3
25 16.6	西	−9.42	−3.34	13.3
25 20.4	东	9.69	3.41	13.3
26 0.3	西	−9.44	−3.34	13.3
26 4.1	东	9.71	3.40	13.3
26 7.9	西	−9.46	−3.33	13.3
26 11.7	东	9.73	3.40	13.3
26 15.6	西	−9.48	−3.31	13.3
26 19.4	东	9.75	3.38	13.3
26 23.2	西	−9.50	−3.31	13.3
27 3.0	东	9.77	3.37	13.3
27 6.9	西	−9.52	−3.30	13.3
27 10.7	东	9.79	3.36	13.3
27 14.5	西	−9.54	−3.28	13.3
27 18.4	东	9.82	3.35	13.3
27 22.2	西	−9.56	−3.28	13.3
28 2.0	东	9.84	3.34	13.3
28 5.9	西	−9.59	−3.27	13.3
28 9.7	东	9.86	3.33	13.3
28 13.5	西	−9.61	−3.25	13.3
28 17.3	东	9.88	3.32	13.3
28 21.2	西	−9.63	−3.25	13.3
29 1.0	东	9.91	3.31	13.3
29 4.8	西	−9.65	−3.24	13.3
29 8.6	东	9.93	3.30	13.3
29 12.5	西	−9.67	−3.23	13.3
29 16.3	东	9.95	3.29	13.3
29 20.1	西	−9.70	−3.22	13.3
29 24.0	东	9.97	3.28	13.3
30 3.8	西	−9.72	−3.21	13.3
30 7.6	东	10.00	3.27	13.3
30 11.5	西	−9.74	−3.20	13.3
30 15.3	东	10.02	3.26	13.3
30 19.1	西	−9.76	−3.19	13.3
30 22.9	东	10.04	3.25	13.3
10 1 2.8	西	−9.78	−3.18	13.3
1 6.6	东	10.07	3.24	13.2
1 10.4	西	−9.81	−3.17	13.2
1 14.2	东	10.09	3.23	13.2
1 18.1	西	−9.83	−3.15	13.2
1 21.9	东	10.11	3.22	13.2
2 1.7	西	−9.85	−3.15	13.2
2 5.6	东	10.14	3.20	13.2
2 9.4	西	−9.87	−3.14	13.2
2 13.2	东	10.16	3.20	13.2
2 17.1	西	−9.90	−3.12	13.2
2 20.9	东	10.18	3.19	13.2
3 0.7	西	−9.92	−3.12	13.2
3 4.5	东	10.21	3.17	13.2
3 8.4	西	−9.94	−3.11	13.2
3 12.2	东	10.23	3.16	13.2
3 16.0	西	−9.97	−3.09	13.2
3 19.8	东	10.25	3.15	13.2
3 23.7	西	−9.99	−3.09	13.2
4 3.5	东	10.28	3.14	13.2
4 7.3	西	−10.01	−3.08	13.2
4 11.1	东	10.30	3.13	13.2
10 4 15.0	西	−10.03	−3.06	13.2
4 18.8	东	10.32	3.12	13.2
4 22.7	西	−10.06	−3.06	13.2
5 2.5	东	10.35	3.11	13.2
5 6.3	西	−10.08	−3.05	13.2
5 10.1	东	10.37	3.10	13.2
5 14.0	西	−10.10	−3.04	13.2
5 17.8	东	10.39	3.09	13.2
5 21.6	西	−10.13	−3.02	13.2
6 1.4	东	10.42	3.08	13.2
6 5.3	西	−10.15	−3.02	13.2
6 9.1	东	10.44	3.06	13.2
6 12.9	西	−10.17	−3.00	13.2
6 16.7	东	10.47	3.06	13.2
6 20.6	西	−10.20	−2.99	13.2
7 0.4	东	10.49	3.04	13.2
7 4.2	西	−10.22	−2.99	13.2
7 8.1	东	10.52	3.03	13.2
7 11.9	西	−10.24	−2.98	13.2
7 15.7	东	10.54	3.02	13.2
7 19.6	西	−10.27	−2.96	13.2
7 23.4	东	10.56	3.01	13.2
8 3.2	西	−10.29	−2.96	13.2
8 7.0	东	10.59	3.00	13.2
8 10.9	西	−10.31	−2.94	13.2
8 14.7	东	10.61	2.99	13.2
8 18.5	西	−10.34	−2.93	13.2
8 22.3	东	10.64	2.98	13.2
9 2.2	西	−10.36	−2.92	13.2
9 6.0	东	10.66	2.96	13.2
9 9.8	西	−10.39	−2.92	13.2
9 13.7	东	10.69	2.96	13.2
9 17.5	西	−10.41	−2.90	13.2
9 21.3	东	10.71	2.95	13.2
10 1.2	西	−10.44	−2.89	13.2
10 5.0	东	10.74	2.93	13.2
10 8.8	西	−10.46	−2.88	13.2
10 12.6	东	10.76	2.92	13.2
10 16.5	西	−10.48	−2.87	13.2
10 20.3	东	10.79	2.92	13.1
11 0.1	西	−10.51	−2.85	13.1
11 3.9	东	10.81	2.90	13.1
11 7.8	西	−10.53	−2.85	13.1
11 11.6	东	10.84	2.89	13.1
11 15.4	西	−10.56	−2.84	13.1
11 19.2	东	10.86	2.88	13.1
11 23.1	西	−10.58	−2.82	13.1
12 2.9	东	10.89	2.87	13.1
12 6.8	西	−10.61	−2.82	13.1
12 10.6	东	10.92	2.85	13.1
12 14.4	西	−10.63	−2.81	13.1
12 18.2	东	10.94	2.85	13.1
12 22.1	西	−10.66	−2.79	13.1
13 1.9	东	10.97	2.84	13.1
13 5.7	西	−10.68	−2.79	13.1
13 9.5	东	10.99	2.82	13.1
13 13.4	西	−10.71	−2.78	13.1
13 17.2	东	11.02	2.82	13.1
13 21.0	西	−10.73	−2.76	13.1
14 0.8	东	11.04	2.81	13.1

天　然　卫　星

2024 年　　火卫一(Phobos)的大距和星等

世界时	较差坐标			星等
月 日 时		$\Delta\alpha\cos\delta$ ″	$\Delta\delta$ ″	
10 14 4.7	西	−10.76	−2.75	13.1
14 8.5	东	11.07	2.79	13.1
14 12.3	西	−10.78	−2.75	13.1
14 16.2	东	11.10	2.78	13.1
14 20.0	西	−10.81	−2.73	13.1
14 23.8	东	11.12	2.77	13.1
15 3.7	西	−10.84	−2.72	13.1
15 7.5	东	11.15	2.76	13.1
15 11.3	西	−10.86	−2.71	13.1
15 15.1	东	11.18	2.75	13.1
15 19.0	西	−10.89	−2.70	13.1
15 22.8	东	11.20	2.74	13.1
16 2.6	西	−10.91	−2.69	13.1
16 6.4	东	11.23	2.72	13.1
16 10.3	西	−10.94	−2.68	13.1
16 14.1	东	11.26	2.71	13.1
16 17.9	西	−10.96	−2.67	13.1
16 21.8	东	11.28	2.71	13.1
17 1.6	西	−10.99	−2.65	13.1
17 5.4	东	11.31	2.69	13.1
17 9.3	西	−11.02	−2.65	13.1
17 13.1	东	11.34	2.68	13.1
17 16.9	西	−11.04	−2.64	13.1
17 20.7	东	11.36	2.67	13.1
18 0.6	西	−11.07	−2.62	13.1
18 4.4	东	11.39	2.66	13.1
18 8.2	西	−11.10	−2.62	13.1
18 12.0	东	11.42	2.64	13.1
18 15.9	西	−11.12	−2.61	13.1
18 19.7	东	11.45	2.64	13.1
18 23.5	西	−11.15	−2.59	13.1
19 3.4	东	11.47	2.63	13.1
19 7.2	西	−11.18	−2.58	13.0
19 11.0	东	11.50	2.61	13.0
19 14.9	西	−11.20	−2.58	13.0
19 18.7	东	11.53	2.60	13.0
19 22.5	西	−11.23	−2.56	13.0
20 2.3	东	11.55	2.60	13.0
20 6.2	西	−11.26	−2.55	13.0
20 10.0	东	11.58	2.58	13.0
20 13.8	西	−11.28	−2.55	13.0
20 17.6	东	11.61	2.57	13.0
20 21.5	西	−11.31	−2.53	13.0
21 1.3	东	11.64	2.56	13.0
21 5.1	西	−11.34	−2.52	13.0
21 8.9	东	11.67	2.55	13.0
21 12.8	西	−11.37	−2.51	13.0
21 16.6	东	11.70	2.53	13.0
21 20.4	西	−11.39	−2.50	13.0
22 0.3	东	11.72	2.53	13.0
22 4.1	西	−11.42	−2.48	13.0
22 7.9	东	11.75	2.52	13.0
22 11.8	西	−11.45	−2.48	13.0
22 15.6	东	11.78	2.50	13.0
22 19.4	西	−11.48	−2.47	13.0
22 23.2	东	11.81	2.50	13.0
23 3.1	西	−11.51	−2.45	13.0
23 6.9	东	11.84	2.48	13.0
23 10.7	西	−11.53	−2.45	13.0
23 14.5	东	11.87	2.47	13.0

世界时	较差坐标			星等
月 日 时		$\Delta\alpha\cos\delta$ ″	$\Delta\delta$ ″	
10 23 18.4	西	−11.56	−2.44	13.0
23 22.2	东	11.90	2.46	13.0
24 2.0	西	−11.59	−2.42	13.0
24 5.9	东	11.93	2.45	13.0
24 9.7	西	−11.62	−2.42	13.0
24 13.5	东	11.96	2.43	13.0
24 17.4	西	−11.65	−2.41	13.0
24 21.2	东	11.98	2.43	13.0
25 1.0	西	−11.68	−2.39	13.0
25 4.8	东	12.01	2.42	13.0
25 8.7	西	−11.71	−2.38	13.0
25 12.5	东	12.04	2.40	13.0
25 16.3	西	−11.73	−2.38	13.0
25 20.1	东	12.07	2.39	13.0
25 24.0	西	−11.76	−2.36	13.0
26 3.8	东	12.10	2.39	13.0
26 7.6	西	−11.79	−2.35	13.0
26 11.4	东	12.13	2.37	13.0
26 15.3	西	−11.82	−2.35	13.0
26 19.1	东	12.16	2.36	13.0
26 22.9	西	−11.85	−2.33	13.0
27 2.8	东	12.19	2.35	12.9
27 6.6	西	−11.88	−2.31	12.9
27 10.4	东	12.22	2.34	12.9
27 14.3	西	−11.91	−2.31	12.9
27 18.1	东	12.25	2.33	12.9
27 21.9	西	−11.94	−2.30	12.9
28 1.7	东	12.28	2.32	12.9
28 5.6	西	−11.97	−2.28	12.9
28 9.4	东	12.31	2.31	12.9
28 13.2	西	−12.00	−2.28	12.9
28 17.0	东	12.35	2.29	12.9
28 20.9	西	−12.03	−2.27	12.9
29 0.7	东	12.37	2.29	12.9
29 4.5	西	−12.06	−2.25	12.9
29 8.4	东	12.40	2.28	12.9
29 12.2	西	−12.09	−2.25	12.9
29 16.0	东	12.44	2.26	12.9
29 19.9	西	−12.12	−2.25	12.9
29 23.7	东	12.47	2.25	12.9
30 3.5	西	−12.15	−2.23	12.9
30 7.3	东	12.50	2.25	12.9
30 11.2	西	−12.18	−2.22	12.9
30 15.0	东	12.53	2.23	12.9
30 18.8	西	−12.21	−2.21	12.9
30 22.6	东	12.56	2.22	12.9
31 2.5	西	−12.24	−2.20	12.9
31 6.3	东	12.59	2.21	12.9
31 10.1	西	−12.27	−2.19	12.9
31 13.9	东	12.62	2.20	12.9
31 17.8	西	−12.30	−2.19	12.9
31 21.6	东	12.66	2.19	12.9
11 1 1.4	西	−12.33	−2.17	12.9
1 5.3	东	12.69	2.18	12.9
1 9.1	西	−12.36	−2.15	12.9
1 12.9	东	12.72	2.17	12.9
1 16.8	西	−12.39	−2.15	12.9
1 20.6	东	12.75	2.16	12.9
2 0.4	西	−12.43	−2.15	12.9
2 4.2	东	12.78	2.15	12.9

世界时	较差坐标			星等
月 日 时		$\Delta\alpha\cos\delta$ ″	$\Delta\delta$ ″	
11 2 8.1	西	−12.46	−2.12	12.9
2 11.9	东	12.81	2.14	12.9
2 15.7	西	−12.49	−2.12	12.9
2 19.5	东	12.85	2.12	12.9
2 23.4	西	−12.52	−2.12	12.9
3 3.2	东	12.88	2.12	12.9
3 7.0	西	−12.55	−2.10	12.9
3 10.8	东	12.91	2.11	12.8
3 14.7	西	−12.58	−2.09	12.8
3 18.5	东	12.95	2.10	12.8
3 22.3	西	−12.62	−2.09	12.8
4 2.2	东	12.98	2.09	12.8
4 6.0	西	−12.65	−2.07	12.8
4 9.8	东	13.01	2.08	12.8
4 13.7	西	−12.68	−2.06	12.8
4 17.5	东	13.04	2.07	12.8
4 21.3	西	−12.71	−2.06	12.8
5 1.1	东	13.08	2.06	12.8
5 5.0	西	−12.74	−2.05	12.8
5 8.8	东	13.11	2.05	12.8
5 12.6	西	−12.78	−2.03	12.8
5 16.4	东	13.14	2.04	12.8
5 20.3	西	−12.81	−2.03	12.8
6 0.1	东	13.18	2.03	12.8
6 3.9	西	−12.84	−2.02	12.8
6 7.7	东	13.21	2.02	12.8
6 11.6	西	−12.88	−2.00	12.8
6 15.4	东	13.24	2.01	12.8
6 19.2	西	−12.91	−2.00	12.8
6 23.1	东	13.28	2.00	12.8
7 2.9	西	−12.94	−2.00	12.8
7 6.7	东	13.31	1.99	12.8
7 10.6	西	−12.98	−1.97	12.8
7 14.4	东	13.35	1.99	12.8
7 18.2	西	−13.01	−1.98	12.8
7 22.0	东	13.38	1.97	12.8
8 1.9	西	−13.04	−1.97	12.8
8 5.7	东	13.42	1.97	12.8
8 9.5	西	−13.08	−1.95	12.8
8 13.3	东	13.45	1.96	12.8
8 17.2	西	−13.11	−1.95	12.8
8 21.0	东	13.48	1.94	12.8
9 0.8	西	−13.14	−1.95	12.8
9 4.6	东	13.52	1.94	12.8
9 8.5	西	−13.18	−1.93	12.8
9 12.3	东	13.55	1.93	12.8
9 16.2	西	−13.21	−1.92	12.8
9 20.0	东	13.59	1.92	12.8
9 23.8	西	−13.24	−1.92	12.8
10 3.6	东	13.62	1.91	12.8
10 7.5	西	−13.28	−1.91	12.7
10 11.3	东	13.66	1.90	12.7
10 15.1	西	−13.32	−1.89	12.7
10 18.9	东	13.70	1.89	12.7
10 22.8	西	−13.35	−1.89	12.7
11 2.6	东	13.73	1.88	12.7
11 6.4	西	−13.38	−1.88	12.7
11 10.2	东	13.77	1.88	12.7
11 14.1	西	−13.42	−1.86	12.7
11 17.9	东	13.80	1.87	12.7

天　然　卫　星

火卫一(Phobos)的大距和星等　　2024 年

世界时 月 日 时		较差坐标 Δαcosδ	较差坐标 Δδ	星等
		″	″	
11 11 21.7	西	−13.45	−1.87	12.7
12 1.6	东	13.84	1.85	12.7
12 5.4	西	−13.49	−1.86	12.7
12 9.2	东	13.87	1.85	12.7
12 13.1	西	−13.53	−1.84	12.7
12 16.9	东	13.91	1.84	12.7
12 20.7	西	−13.56	−1.84	12.7
13 0.5	东	13.95	1.83	12.7
13 4.4	西	−13.59	−1.84	12.7
13 8.2	东	13.98	1.82	12.7
13 12.0	西	−13.63	−1.82	12.7
13 15.8	东	14.02	1.82	12.7
13 19.7	西	−13.67	−1.81	12.7
13 23.5	东	14.05	1.81	12.7
14 3.3	西	−13.70	−1.82	12.7
14 7.1	东	14.09	1.80	12.7
14 11.0	西	−13.74	−1.80	12.7
14 14.8	东	14.13	1.80	12.7
14 18.6	西	−13.78	−1.79	12.7
14 22.4	东	14.16	1.78	12.7
15 2.3	西	−13.81	−1.79	12.7
15 6.1	东	14.20	1.77	12.7
15 9.9	西	−13.85	−1.78	12.7
15 13.8	东	14.24	1.77	12.7
15 17.6	西	−13.88	−1.77	12.7
15 21.4	东	14.28	1.76	12.7
16 1.3	西	−13.92	−1.77	12.7
16 5.1	东	14.31	1.75	12.7
16 8.9	西	−13.96	−1.77	12.7
16 12.7	东	14.35	1.75	12.7
16 16.6	西	−13.99	−1.75	12.7
16 20.4	东	14.39	1.74	12.6
17 0.2	西	−14.03	−1.75	12.6
17 4.0	东	14.43	1.73	12.6
17 7.9	西	−14.07	−1.75	12.6
17 11.7	东	14.46	1.73	12.6
17 15.5	西	−14.11	−1.73	12.6
17 19.3	东	14.50	1.72	12.6
17 23.2	西	−14.14	−1.73	12.6
18 3.0	东	14.54	1.71	12.6
18 6.8	西	−14.18	−1.73	12.6
18 10.7	东	14.58	1.71	12.6
18 14.5	西	−14.22	−1.71	12.6
18 18.3	东	14.62	1.70	12.6
18 22.2	西	−14.25	−1.71	12.6
19 2.0	东	14.65	1.69	12.6
19 5.8	西	−14.29	−1.71	12.6
19 9.6	东	14.69	1.68	12.6
19 13.5	西	−14.33	−1.70	12.6
19 17.3	东	14.73	1.69	12.6
19 21.1	西	−14.37	−1.69	12.6
20 0.9	东	14.77	1.68	12.6
20 4.8	西	−14.40	−1.69	12.6
20 8.6	东	14.81	1.66	12.6
20 12.4	西	−14.44	−1.69	12.6
20 16.2	东	14.85	1.67	12.6
20 20.1	西	−14.48	−1.67	12.6
20 23.9	东	14.89	1.66	12.6
21 3.7	西	−14.52	−1.68	12.6
21 7.5	东	14.93	1.65	12.6
11 21 11.4	西	−14.56	−1.67	12.6
21 15.2	东	14.96	1.65	12.6
21 19.1	西	−14.60	−1.66	12.6
21 22.9	东	15.00	1.65	12.6
22 2.7	西	−14.64	−1.66	12.6
22 6.5	东	15.04	1.63	12.6
22 10.4	西	−14.67	−1.66	12.6
22 14.2	东	15.08	1.63	12.6
22 18.0	西	−14.71	−1.64	12.6
22 21.8	东	15.12	1.63	12.6
23 1.7	西	−14.75	−1.64	12.6
23 5.5	东	15.16	1.62	12.5
23 9.3	西	−14.79	−1.65	12.5
23 13.1	东	15.20	1.61	12.5
23 17.0	西	−14.83	−1.64	12.5
23 20.8	东	15.24	1.62	12.5
24 0.6	西	−14.87	−1.63	12.5
24 4.4	东	15.28	1.61	12.5
24 8.3	西	−14.91	−1.64	12.5
24 12.1	东	15.32	1.60	12.5
24 15.9	西	−14.95	−1.63	12.5
24 19.7	东	15.36	1.60	12.5
24 23.6	西	−14.99	−1.61	12.5
25 3.4	东	15.40	1.60	12.5
25 7.2	西	−15.03	−1.62	12.5
25 11.1	东	15.44	1.59	12.5
25 14.9	西	−15.07	−1.62	12.5
25 18.7	东	15.48	1.59	12.5
25 22.6	西	−15.11	−1.60	12.5
26 2.4	东	15.53	1.59	12.5
26 6.2	西	−15.15	−1.61	12.5
26 10.0	东	15.57	1.58	12.5
26 13.9	西	−15.19	−1.61	12.5
26 17.7	东	15.61	1.58	12.5
26 21.5	西	−15.23	−1.60	12.5
27 1.3	东	15.65	1.58	12.5
27 5.2	西	−15.27	−1.60	12.5
27 9.0	东	15.69	1.57	12.5
27 12.8	西	−15.31	−1.61	12.5
27 16.6	东	15.73	1.57	12.5
27 20.5	西	−15.35	−1.60	12.5
28 0.3	东	15.77	1.57	12.5
28 4.1	西	−15.39	−1.59	12.5
28 7.9	东	15.81	1.57	12.5
28 11.8	西	−15.43	−1.60	12.5
28 15.6	东	15.85	1.56	12.5
28 19.4	西	−15.47	−1.60	12.5
28 23.3	东	15.89	1.57	12.5
29 3.1	西	−15.51	−1.58	12.5
29 6.9	东	15.94	1.56	12.5
29 10.8	西	−15.55	−1.60	12.4
29 14.6	东	15.98	1.56	12.4
29 18.4	西	−15.60	−1.60	12.4
29 22.2	东	16.02	1.56	12.4
30 2.1	西	−15.64	−1.58	12.4
30 5.9	东	16.06	1.56	12.4
30 9.7	西	−15.68	−1.59	12.4
30 13.5	东	16.10	1.55	12.4
30 17.4	西	−15.72	−1.60	12.4
30 21.2	东	16.14	1.56	12.4
12 1 1.0	西	−15.76	−1.58	12.4
1 4.8	东	16.18	1.56	12.4
1 8.7	西	−15.80	−1.59	12.4
1 12.5	东	16.23	1.55	12.4
1 16.3	西	−15.84	−1.60	12.4
1 20.1	东	16.27	1.56	12.4
1 24.0	西	−15.88	−1.59	12.4
2 3.8	东	16.31	1.56	12.4
2 7.6	西	−15.93	−1.59	12.4
2 11.5	东	16.35	1.56	12.4
2 15.3	西	−15.97	−1.60	12.4
2 19.1	东	16.40	1.55	12.4
2 23.0	西	−16.01	−1.60	12.4
3 2.8	东	16.44	1.56	12.4
3 6.6	西	−16.05	−1.59	12.4
3 10.4	东	16.48	1.56	12.4
3 14.3	西	−16.09	−1.60	12.4
3 18.1	东	16.52	1.56	12.4
3 21.9	西	−16.13	−1.60	12.4
4 1.7	东	16.56	1.57	12.4
4 5.6	西	−16.18	−1.59	12.4
4 9.4	东	16.61	1.57	12.4
4 13.2	西	−16.22	−1.61	12.4
4 17.0	东	16.65	1.56	12.4
4 20.9	西	−16.26	−1.61	12.4
5 0.7	东	16.69	1.57	12.4
5 4.5	西	−16.30	−1.60	12.4
5 8.3	东	16.73	1.58	12.4
5 12.2	西	−16.34	−1.61	12.4
5 16.0	东	16.77	1.57	12.4
5 19.8	西	−16.38	−1.62	12.3
5 23.6	东	16.82	1.58	12.3
6 3.5	西	−16.43	−1.62	12.3
6 7.3	东	16.86	1.59	12.3
6 11.1	西	−16.47	−1.62	12.3
6 15.0	东	16.90	1.58	12.3
6 18.8	西	−16.51	−1.63	12.3
6 22.6	东	16.94	1.58	12.3
7 2.5	西	−16.55	−1.63	12.3
7 6.3	东	16.98	1.60	12.3
7 10.1	西	−16.59	−1.63	12.3
7 13.9	东	17.03	1.60	12.3
7 17.8	西	−16.63	−1.65	12.3
7 21.6	东	17.07	1.60	12.3
8 1.4	西	−16.68	−1.65	12.3
8 5.2	东	17.11	1.61	12.3
8 9.1	西	−16.72	−1.64	12.3
8 12.9	东	17.15	1.62	12.3
8 16.7	西	−16.76	−1.66	12.3
8 20.5	东	17.20	1.61	12.3
9 0.4	西	−16.80	−1.67	12.3
9 4.2	东	17.24	1.62	12.3
9 8.0	西	−16.84	−1.66	12.3
9 11.8	东	17.28	1.63	12.3
9 15.7	西	−16.88	−1.67	12.3
9 19.5	东	17.32	1.63	12.3
9 23.3	西	−16.92	−1.69	12.3
10 3.1	东	17.36	1.64	12.3
10 7.0	西	−16.97	−1.68	12.3
10 10.8	东	17.40	1.65	12.3

天　然　卫　星

2024 年　　火卫一(Phobos)的大距和星等

世界时 月 日 时	较差坐标	Δαcosδ ″	Δδ ″	星等
12 10 14.6	西	−17.01	−1.69	12.3
10 18.4	东	17.44	1.65	12.3
10 22.3	西	−17.05	−1.71	12.3
11 2.1	东	17.49	1.66	12.3
11 5.9	西	−17.09	−1.71	12.3
11 9.8	东	17.53	1.67	12.3
11 13.6	西	−17.13	−1.71	12.3
11 17.4	东	17.57	1.68	12.3
11 21.3	西	−17.17	−1.73	12.3
12 1.1	东	17.61	1.68	12.3
12 4.9	西	−17.21	−1.74	12.3
12 8.7	东	17.65	1.69	12.2
12 12.6	西	−17.25	−1.73	12.2
12 16.4	东	17.69	1.71	12.2
12 20.2	西	−17.30	−1.75	12.2
13 0.0	东	17.73	1.70	12.2
13 3.9	西	−17.33	−1.77	12.2
13 7.7	东	17.77	1.72	12.2
13 11.5	西	−17.38	−1.76	12.2
13 15.3	东	17.81	1.73	12.2
13 19.2	西	−17.42	−1.77	12.2
13 23.0	东	17.85	1.73	12.2
14 2.8	西	−17.46	−1.80	12.2
14 6.6	东	17.89	1.74	12.2
14 10.5	西	−17.50	−1.80	12.2
14 14.3	东	17.93	1.76	12.2
14 18.1	西	−17.54	−1.80	12.2
14 21.9	东	17.97	1.77	12.2
15 1.8	西	−17.58	−1.83	12.2
15 5.6	东	18.01	1.77	12.2
15 9.4	西	−17.62	−1.83	12.2
15 13.2	东	18.05	1.79	12.2
15 17.1	西	−17.66	−1.83	12.2
15 20.9	东	18.09	1.80	12.2
16 0.7	西	−17.70	−1.86	12.2
16 4.6	东	18.13	1.81	12.2
16 8.4	西	−17.73	−1.87	12.2
16 12.2	东	18.17	1.83	12.2
16 16.1	西	−17.77	−1.87	12.2
16 19.9	东	18.21	1.84	12.2
16 23.7	西	−17.81	−1.89	12.2
17 3.5	东	18.25	1.84	12.2
17 7.4	西	−17.85	−1.91	12.2
17 11.2	东	18.29	1.86	12.2
17 15.0	西	−17.89	−1.91	12.2
12 17 18.8	东	18.32	1.88	12.2
17 22.7	西	−17.93	−1.93	12.2
18 2.5	东	18.36	1.89	12.2
18 6.3	西	−17.97	−1.95	12.2
18 10.1	东	18.40	1.90	12.2
18 14.0	西	−18.00	−1.96	12.2
18 17.8	东	18.44	1.92	12.2
18 21.6	西	−18.04	−1.96	12.2
19 1.4	东	18.48	1.93	12.2
19 5.3	西	−18.08	−1.99	12.2
19 9.1	东	18.51	1.94	12.2
19 12.9	西	−18.12	−2.01	12.2
19 16.7	东	18.55	1.97	12.1
19 20.6	西	−18.16	−2.01	12.1
20 0.4	东	18.59	1.98	12.1
20 4.2	西	−18.19	−2.04	12.1
20 8.0	东	18.62	1.99	12.1
20 11.9	西	−18.23	−2.06	12.1
20 15.7	东	18.66	2.01	12.1
20 19.5	西	−18.27	−2.05	12.1
20 23.3	东	18.69	2.03	12.1
21 3.2	西	−18.30	−2.08	12.1
21 7.0	东	18.73	2.04	12.1
21 10.8	西	−18.34	−2.11	12.1
21 14.6	东	18.77	2.06	12.1
21 18.5	西	−18.37	−2.11	12.1
21 22.3	东	18.80	2.08	12.1
22 2.2	西	−18.41	−2.13	12.1
22 5.9	东	18.83	2.09	12.1
22 9.8	西	−18.44	−2.16	12.1
22 13.6	东	18.87	2.10	12.1
22 17.5	西	−18.48	−2.17	12.1
22 21.3	东	18.90	2.13	12.1
23 1.1	西	−18.51	−2.18	12.1
23 4.9	东	18.93	2.15	12.1
23 8.8	西	−18.54	−2.21	12.1
23 12.6	东	18.97	2.16	12.1
23 16.4	西	−18.57	−2.23	12.1
23 20.2	东	19.00	2.19	12.1
24 0.1	西	−18.61	−2.23	12.1
24 3.9	东	19.03	2.21	12.1
24 7.7	西	−18.64	−2.26	12.1
24 11.5	东	19.06	2.22	12.1
24 15.4	西	−18.67	−2.29	12.1
24 19.2	东	19.09	2.24	12.1
12 24 23.0	西	−18.71	−2.29	12.1
25 2.8	东	19.12	2.27	12.1
25 6.7	西	−18.74	−2.32	12.1
25 10.5	东	19.16	2.28	12.1
25 14.3	西	−18.77	−2.35	12.1
25 18.1	东	19.19	2.30	12.1
25 22.0	西	−18.80	−2.36	12.1
26 1.8	东	19.21	2.33	12.1
26 5.6	西	−18.83	−2.38	12.1
26 9.4	东	19.25	2.35	12.1
26 13.3	西	−18.86	−2.41	12.1
26 17.1	东	19.27	2.36	12.1
26 20.9	西	−18.89	−2.43	12.1
27 0.7	东	19.30	2.39	12.1
27 4.6	西	−18.92	−2.44	12.1
27 8.4	东	19.33	2.41	12.1
27 12.2	西	−18.95	−2.47	12.1
27 16.0	东	19.36	2.43	12.1
27 19.9	西	−18.97	−2.50	12.1
27 23.7	东	19.38	2.46	12.1
28 3.5	西	−19.00	−2.50	12.1
28 7.3	东	19.41	2.48	12.1
28 11.2	西	−19.03	−2.54	12.1
28 15.0	东	19.44	2.50	12.1
28 18.8	西	−19.05	−2.57	12.1
28 22.6	东	19.46	2.52	12.0
29 2.5	西	−19.08	−2.58	12.0
29 6.3	东	19.48	2.55	12.0
29 10.1	西	−19.11	−2.60	12.0
29 13.9	东	19.51	2.57	12.0
29 17.8	西	−19.13	−2.64	12.0
29 21.6	东	19.53	2.59	12.0
30 1.5	西	−19.16	−2.66	12.0
30 5.2	东	19.55	2.62	12.0
30 9.1	西	−19.18	−2.67	12.0
30 12.9	东	19.58	2.65	12.0
30 16.8	西	−19.20	−2.71	12.0
30 20.6	东	19.60	2.66	12.0
31 0.4	西	−19.23	−2.73	12.0
31 4.2	东	19.62	2.70	12.0
31 8.1	西	−19.25	−2.74	12.0
31 11.9	东	19.64	2.72	12.0
31 15.7	西	−19.27	−2.78	12.0
31 19.5	东	19.66	2.74	12.0
31 23.4	西	−19.29	−2.81	12.0

火卫二(Deimos)的大距和星等

世界时 月 日 时	较差坐标	Δαcosδ ″	Δδ ″	星等
1 1 11.2	西	−12.08	5.69	15.8
2 2.4	东	12.11	−5.65	15.8
2 17.6	西	−12.14	5.60	15.8
3 8.8	东	12.18	−5.56	15.8
3 24.0	西	−12.21	5.51	15.8
4 15.2	东	12.24	−5.47	15.8
5 6.4	西	−12.27	5.42	15.8
5 21.5	东	12.30	−5.38	15.8
6 12.7	西	−12.34	5.33	15.7
7 3.9	东	12.37	−5.28	15.7
7 19.1	西	−12.40	5.24	15.7
8 10.3	东	12.44	−5.19	15.7
9 1.5	西	−12.47	5.14	15.7
1 9 16.7	东	12.50	−5.09	15.7
10 7.8	西	−12.53	5.04	15.7
10 23.0	东	12.57	−4.99	15.7
11 14.2	西	−12.60	4.94	15.7
12 5.4	东	12.63	−4.88	15.7
12 20.6	西	−12.66	4.83	15.7
13 11.8	东	12.70	−4.78	15.7
14 3.0	西	−12.73	4.73	15.7
14 18.1	东	12.76	−4.68	15.7
15 9.3	西	−12.79	4.62	15.7
16 0.5	东	12.83	−4.57	15.7
16 15.7	西	−12.86	4.51	15.7
1 17 6.9	东	12.89	−4.46	15.7
17 22.1	西	−12.92	4.40	15.7
18 13.3	东	12.96	−4.35	15.7
19 4.4	西	−12.99	4.29	15.7
19 19.6	东	13.02	−4.23	15.7
20 10.8	西	−13.05	4.17	15.7
21 2.0	东	13.08	−4.12	15.7
21 17.2	西	−13.12	4.06	15.7
22 8.4	东	13.15	−4.00	15.7
22 23.6	西	−13.18	3.94	15.7
23 14.8	东	13.21	−3.88	15.7
24 5.9	西	−13.24	3.82	15.7
24 21.1	东	13.27	−3.76	15.7

天 然 卫 星

火卫二(Deimos)的大距和星等 2024 年

世界时			较差坐标			星等
月	日	时		Δαcosδ	Δδ	
				″	″	
1	25	12.3	西	−13.30	3.70	15.7
	26	3.5	东	13.33	−3.64	15.7
	26	18.7	西	−13.36	3.58	15.7
	27	9.9	东	13.39	−3.52	15.6
	28	1.1	西	−13.42	3.45	15.6
	28	16.3	东	13.45	−3.39	15.6
	29	7.4	西	−13.48	3.33	15.6
	29	22.6	东	13.51	−3.26	15.6
	30	13.8	西	−13.54	3.20	15.6
	31	5.0	东	13.57	−3.13	15.6
	31	20.2	西	−13.60	3.07	15.6
2	1	11.4	东	13.63	−3.00	15.6
	2	2.6	西	−13.66	2.94	15.6
	2	17.8	东	13.69	−2.87	15.6
	3	8.9	西	−13.71	2.80	15.6
	4	0.1	东	13.74	−2.74	15.6
	4	15.3	西	−13.77	2.67	15.6
	5	6.5	东	13.80	−2.60	15.6
	5	21.7	西	−13.82	2.53	15.6
	6	12.9	东	13.85	−2.46	15.6
	7	4.1	西	−13.88	2.40	15.6
	7	19.3	东	13.90	−2.33	15.6
	8	10.4	西	−13.93	2.26	15.6
	9	1.6	东	13.96	−2.19	15.6
	9	16.8	西	−13.98	2.12	15.6
	10	8.0	东	14.01	−2.05	15.6
	10	23.2	西	−14.03	1.98	15.6
	11	14.4	东	14.05	−1.91	15.6
	12	5.6	西	−14.08	1.83	15.6
	12	20.8	东	14.11	−1.76	15.6
	13	12.0	西	−14.13	1.69	15.6
	14	3.1	东	14.15	−1.62	15.6
	14	18.3	西	−14.18	1.54	15.6
	15	9.5	东	14.20	−1.47	15.5
	16	0.7	西	−14.22	1.40	15.5
	16	15.9	东	14.24	−1.32	15.5
	17	7.1	西	−14.27	1.25	15.5
	17	22.3	东	14.29	−1.18	15.5
	18	13.5	西	−14.31	1.10	15.5
	19	4.7	东	14.33	−1.03	15.5
	19	19.8	西	−14.35	0.95	15.5
	20	11.0	东	14.37	−0.88	15.5
	21	2.2	西	−14.39	0.80	15.5
	21	17.4	东	14.41	−0.72	15.5
	22	8.6	西	−14.43	0.65	15.5
	22	23.8	东	14.45	−0.57	15.5
	23	15.0	西	−14.47	0.49	15.5
	24	6.2	东	14.48	−0.42	15.5
	24	21.4	西	−14.50	0.34	15.5
	25	12.6	东	14.52	−0.27	15.5
	26	3.7	西	−14.54	0.19	15.5
	26	18.9	东	14.55	−0.11	15.5
	27	10.1	西	−14.57	0.03	15.5
	28	1.3	东	14.58	0.04	15.5
	28	16.5	西	−14.60	−0.12	15.5
	29	7.7	东	14.62	0.20	15.5
	29	22.9	西	−14.63	−0.28	15.5
3	1	14.1	东	14.64	0.36	15.5
	2	5.3	西	−14.66	−0.44	15.5
	2	20.5	东	14.67	0.52	15.5
3	3	11.7	西	−14.69	−0.60	15.5
	4	2.9	东	14.70	0.67	15.5
	4	18.0	西	−14.71	−0.76	15.5
	5	9.2	东	14.72	0.83	15.5
	6	0.4	西	−14.74	−0.91	15.4
	6	15.6	东	14.74	0.99	15.4
	7	6.8	西	−14.76	−1.07	15.4
	7	22.0	东	14.77	1.15	15.4
	8	13.2	西	−14.78	−1.23	15.4
	9	4.4	东	14.79	1.31	15.4
	9	19.6	西	−14.80	−1.39	15.4
	10	10.8	东	14.80	1.47	15.4
	11	2.0	西	−14.82	−1.55	15.4
	11	17.2	东	14.82	1.63	15.4
	12	8.3	西	−14.83	−1.72	15.4
	12	23.5	东	14.84	1.79	15.4
	13	14.7	西	−14.85	−1.88	15.4
	14	5.9	东	14.85	1.96	15.4
	14	21.1	西	−14.86	−2.04	15.4
	15	12.3	东	14.86	2.12	15.4
	16	3.5	西	−14.87	−2.20	15.4
	16	18.7	东	14.88	2.28	15.4
	17	9.9	西	−14.88	−2.36	15.4
	18	1.1	东	14.88	2.44	15.4
	18	16.3	西	−14.89	−2.52	15.4
	19	7.5	东	14.89	2.60	15.4
	19	22.7	西	−14.90	−2.68	15.4
	20	13.8	东	14.90	2.76	15.4
	21	5.0	西	−14.90	−2.84	15.4
	21	20.2	东	14.90	2.92	15.4
	22	11.4	西	−14.91	−3.00	15.4
	23	2.6	东	14.90	3.08	15.4
	23	17.8	西	−14.91	−3.16	15.4
	24	9.0	东	14.91	3.24	15.4
	25	0.2	西	−14.91	−3.33	15.4
	25	15.4	东	14.91	3.40	15.3
	26	6.6	西	−14.91	−3.48	15.3
	26	21.8	东	14.90	3.56	15.3
	27	13.0	西	−14.91	−3.64	15.3
	28	4.2	东	14.90	3.72	15.3
	28	19.4	西	−14.91	−3.80	15.3
	29	10.5	东	14.90	3.88	15.3
	30	1.7	西	−14.90	−3.96	15.3
	30	16.9	东	14.89	4.04	15.3
	31	8.1	西	−14.90	−4.12	15.3
	31	23.3	东	14.89	4.19	15.3
4	1	14.5	西	−14.89	−4.28	15.3
	2	5.7	东	14.88	4.35	15.3
	2	20.9	西	−14.88	−4.43	15.3
	3	12.1	东	14.87	4.51	15.3
	4	3.3	西	−14.87	−4.59	15.3
	4	18.5	东	14.86	4.66	15.3
	5	9.7	西	−14.86	−4.74	15.3
	6	0.9	东	14.85	4.81	15.3
	6	16.1	西	−14.85	−4.89	15.3
	7	7.3	东	14.84	4.97	15.3
	7	22.5	西	−14.84	−5.05	15.3
	8	13.6	东	14.82	5.12	15.3
	9	4.8	西	−14.82	−5.20	15.3
	9	20.0	东	14.81	5.27	15.3
4	10	11.2	西	−14.81	−5.35	15.3
	11	2.4	东	14.80	5.42	15.3
	11	17.6	西	−14.79	−5.50	15.3
	12	8.8	东	14.78	5.57	15.3
	13	0.0	西	−14.78	−5.65	15.3
	13	15.2	东	14.77	5.72	15.3
	14	6.4	西	−14.76	−5.79	15.3
	14	21.6	东	14.75	5.86	15.3
	15	12.8	西	−14.75	−5.94	15.3
	16	4.0	东	14.73	6.01	15.2
	16	19.2	西	−14.73	−6.08	15.2
	17	10.4	东	14.71	6.15	15.2
	18	1.6	西	−14.71	−6.23	15.2
	18	16.7	东	14.69	6.29	15.2
	19	7.9	西	−14.69	−6.37	15.2
	19	23.1	东	14.67	6.43	15.2
	20	14.3	西	−14.67	−6.51	15.2
	21	5.5	东	14.65	6.58	15.2
	21	20.7	西	−14.65	−6.65	15.2
	22	11.9	东	14.63	6.71	15.2
	23	3.1	西	−14.63	−6.78	15.2
	23	18.3	东	14.61	6.85	15.2
	24	9.5	西	−14.61	−6.92	15.2
	25	0.7	东	14.59	6.98	15.2
	25	15.9	西	−14.59	−7.05	15.2
	26	7.1	东	14.57	7.12	15.2
	26	22.3	西	−14.57	−7.18	15.2
	27	13.5	东	14.55	7.25	15.2
	28	4.7	西	−14.54	−7.31	15.2
	28	19.8	东	14.53	7.38	15.2
	29	11.0	西	−14.52	−7.44	15.2
	30	2.2	东	14.50	7.50	15.2
	30	17.4	西	−14.50	−7.57	15.2
5	1	8.6	东	14.48	7.63	15.2
	1	23.8	西	−14.48	−7.70	15.2
	2	15.0	东	14.46	7.75	15.2
	3	6.2	西	−14.46	−7.82	15.2
	3	21.4	东	14.44	7.87	15.2
	4	12.6	西	−14.44	−7.94	15.2
	5	3.8	东	14.42	8.00	15.2
	5	19.0	西	−14.42	−8.06	15.2
	6	10.2	东	14.40	8.11	15.2
	7	1.4	西	−14.40	−8.18	15.2
	7	16.6	东	14.38	8.23	15.2
	8	7.7	西	−14.38	−8.29	15.2
	8	22.9	东	14.36	8.34	15.1
	9	14.1	西	−14.36	−8.40	15.1
	10	5.3	东	14.34	8.46	15.1
	10	20.5	西	−14.34	−8.52	15.1
	11	11.7	东	14.33	8.56	15.1
	12	2.9	西	−14.32	−8.62	15.1
	12	18.1	东	14.31	8.67	15.1
	13	9.3	西	−14.31	−8.73	15.1
	14	0.5	东	14.29	8.78	15.1
	14	15.7	西	−14.29	−8.84	15.1
	15	6.9	东	14.28	8.88	15.1
	15	22.1	西	−14.28	−8.94	15.1
	16	13.2	东	14.26	8.98	15.1
	17	4.4	西	−14.27	−9.04	15.1
	17	19.6	东	14.25	9.09	15.1

天 然 卫 星

2024 年 火卫二(Deimos)的大距和星等

世界时 月 日 时		较差坐标 Δαcosδ ″	较差坐标 Δδ ″	星等
5 18 10.8	西	−14.25	−9.14	15.1
19 2.0	东	14.24	9.18	15.1
19 17.2	西	−14.24	−9.23	15.1
20 8.4	东	14.23	9.28	15.1
20 23.6	西	−14.23	−9.33	15.1
21 14.8	东	14.22	9.37	15.1
22 6.0	西	−14.22	−9.42	15.1
22 21.2	东	14.21	9.46	15.1
23 12.4	西	−14.21	−9.51	15.1
24 3.5	东	14.20	9.55	15.1
24 18.7	西	−14.21	−9.60	15.1
25 9.9	东	14.20	9.64	15.1
26 1.1	西	−14.20	−9.68	15.1
26 16.3	东	14.19	9.72	15.1
27 7.5	西	−14.20	−9.77	15.1
27 22.7	东	14.19	9.80	15.1
28 13.9	西	−14.20	−9.85	15.1
29 5.1	东	14.19	9.88	15.1
29 20.3	西	−14.20	−9.93	15.1
30 11.5	东	14.19	9.96	15.1
31 2.6	西	−14.20	−10.00	15.1
31 17.8	东	14.19	10.04	15.1
6 1 9.0	西	−14.20	−10.08	15.1
2 0.2	东	14.20	10.11	15.1
2 15.4	西	−14.21	−10.15	15.0
3 6.6	东	14.20	10.18	15.0
3 21.8	西	−14.21	−10.22	15.0
4 13.0	东	14.21	10.25	15.0
5 4.2	西	−14.22	−10.29	15.0
5 19.4	东	14.22	10.32	15.0
6 10.5	西	−14.23	−10.35	15.0
7 1.7	东	14.23	10.38	15.0
7 16.9	西	−14.24	−10.42	15.0
8 8.1	东	14.24	10.44	15.0
8 23.3	西	−14.26	−10.48	15.0
9 14.5	东	14.26	10.50	15.0
10 5.7	西	−14.28	−10.54	15.0
10 20.9	东	14.28	10.56	15.0
11 12.1	西	−14.29	−10.59	15.0
12 3.2	东	14.30	10.62	15.0
12 18.4	西	−14.32	−10.65	15.0
13 9.6	东	14.32	10.67	15.0
14 0.8	西	−14.34	−10.70	15.0
14 16.0	东	14.34	10.72	15.0
15 7.2	西	−14.37	−10.75	15.0
15 22.4	东	14.37	10.77	15.0
16 13.6	西	−14.39	−10.79	15.0
17 4.7	东	14.40	10.82	15.0
17 19.9	西	−14.42	−10.84	15.0
18 11.1	东	14.43	10.86	15.0
19 2.3	西	−14.45	−10.88	15.0
19 17.5	东	14.46	10.90	15.0
20 8.7	西	−14.49	−10.93	15.0
20 23.9	东	14.50	10.94	15.0
21 15.1	西	−14.52	−10.96	15.0
22 6.2	东	14.54	10.98	15.0
22 21.4	西	−14.56	−11.00	15.0
23 12.6	东	14.58	11.02	15.0
24 3.8	西	−14.60	−11.03	15.0
24 19.0	东	14.62	11.05	15.0
6 25 10.2	西	−14.65	−11.07	15.0
26 1.4	东	14.66	11.08	15.0
26 16.6	西	−14.69	−11.10	15.0
27 7.7	东	14.71	11.11	14.9
27 22.9	西	−14.74	−11.12	14.9
28 14.1	东	14.76	11.13	14.9
29 5.3	西	−14.79	−11.15	14.9
29 20.5	东	14.81	11.16	14.9
30 11.7	西	−14.85	−11.17	14.9
7 1 2.9	东	14.87	11.18	14.9
1 18.0	西	−14.90	−11.19	14.9
2 9.2	东	14.92	11.20	14.9
3 0.4	西	−14.96	−11.21	14.9
3 15.6	东	14.98	11.22	14.9
4 6.8	西	−15.02	−11.23	14.9
4 22.0	东	15.04	11.23	14.9
5 13.2	西	−15.08	−11.24	14.9
6 4.3	东	15.11	11.24	14.9
6 19.5	西	−15.15	−11.26	14.9
7 10.7	东	15.18	11.26	14.9
8 1.9	西	−15.22	−11.26	14.9
8 17.1	东	15.25	11.27	14.9
9 8.3	西	−15.29	−11.27	14.9
9 23.5	东	15.32	11.27	14.9
10 14.6	西	−15.36	−11.28	14.9
11 5.8	东	15.39	11.28	14.9
11 21.0	西	−15.44	−11.28	14.9
12 12.2	东	15.47	11.28	14.9
13 3.4	西	−15.52	−11.28	14.9
13 18.6	东	15.55	11.28	14.9
14 9.7	西	−15.60	−11.28	14.9
15 0.9	东	15.63	11.28	14.9
15 16.1	西	−15.68	−11.28	14.9
16 7.3	东	15.71	11.27	14.9
16 22.5	西	−15.76	−11.27	14.9
17 13.7	东	15.80	11.27	14.9
18 4.8	西	−15.85	−11.26	14.9
18 20.0	东	15.89	11.26	14.9
19 11.2	西	−15.94	−11.25	14.9
20 2.4	东	15.98	11.24	14.9
20 17.6	西	−16.04	−11.24	14.8
21 8.8	东	16.08	11.23	14.8
21 24.0	西	−16.13	−11.23	14.8
22 15.1	东	16.17	11.22	14.8
23 6.3	西	−16.23	−11.21	14.8
23 21.5	东	16.27	11.20	14.8
24 12.7	西	−16.33	−11.19	14.8
25 3.9	东	16.37	11.18	14.8
25 19.0	西	−16.43	−11.17	14.8
26 10.2	东	16.48	11.16	14.8
27 1.4	西	−16.54	−11.15	14.8
27 16.6	东	16.58	11.13	14.8
28 7.8	西	−16.64	−11.12	14.8
28 23.0	东	16.69	11.11	14.8
29 14.1	西	−16.75	−11.09	14.8
30 5.3	东	16.80	11.08	14.8
30 20.5	西	−16.86	−11.06	14.8
31 11.7	东	16.92	11.05	14.8
8 1 2.9	西	−16.98	−11.03	14.8
1 18.1	东	17.03	11.01	14.8
8 2 9.2	西	−17.09	−11.00	14.8
3 0.4	东	17.15	10.98	14.8
3 15.6	西	−17.22	−10.96	14.8
4 6.8	东	17.27	10.94	14.8
4 22.0	西	−17.34	−10.92	14.8
5 13.1	东	17.39	10.90	14.8
6 4.3	西	−17.46	−10.88	14.8
6 19.5	东	17.52	10.86	14.8
7 10.7	西	−17.59	−10.84	14.8
8 1.9	东	17.64	10.82	14.8
8 17.1	西	−17.71	−10.80	14.8
9 8.2	东	17.78	10.77	14.7
9 23.4	西	−17.84	−10.75	14.7
10 14.6	东	17.91	10.72	14.7
11 5.8	西	−17.98	−10.70	14.7
11 21.0	东	18.04	10.67	14.7
12 12.1	西	−18.11	−10.65	14.7
13 3.3	东	18.18	10.62	14.7
13 18.5	西	−18.25	−10.60	14.7
14 9.7	东	18.32	10.57	14.7
15 0.9	西	−18.39	−10.54	14.7
15 16.0	东	18.45	10.51	14.7
16 7.2	西	−18.53	−10.48	14.7
16 22.4	东	18.60	10.45	14.7
17 13.6	西	−18.67	−10.43	14.7
18 4.8	东	18.74	10.39	14.7
18 20.0	西	−18.82	−10.36	14.7
19 11.1	东	18.89	10.33	14.7
20 2.3	西	−18.97	−10.30	14.7
20 17.5	东	19.04	10.27	14.7
21 8.7	西	−19.11	−10.23	14.7
21 23.8	东	19.19	10.20	14.7
22 15.0	西	−19.27	−10.17	14.7
23 6.2	东	19.34	10.13	14.7
23 21.4	西	−19.42	−10.10	14.7
24 12.6	东	19.50	10.06	14.7
25 3.8	西	−19.58	−10.03	14.7
25 18.9	东	19.65	9.99	14.6
26 10.1	西	−19.73	−9.95	14.6
27 1.3	东	19.81	9.91	14.6
27 16.5	西	−19.89	−9.88	14.6
28 7.6	东	19.97	9.84	14.6
28 22.8	西	−20.06	−9.80	14.6
29 14.0	东	20.14	9.76	14.6
30 5.2	西	−20.22	−9.72	14.6
30 20.4	东	20.30	9.68	14.6
31 11.5	西	−20.39	−9.64	14.6
9 1 2.7	东	20.47	9.60	14.6
1 17.9	西	−20.56	−9.56	14.6
2 9.1	东	20.64	9.51	14.6
3 0.3	西	−20.73	−9.47	14.6
3 15.4	东	20.81	9.43	14.6
4 6.6	西	−20.90	−9.39	14.6
4 21.8	东	20.99	9.34	14.6
5 13.0	西	−21.07	−9.30	14.6
6 4.2	东	21.16	9.25	14.6
6 19.3	西	−21.25	−9.21	14.6
7 10.5	东	21.34	9.16	14.6
8 1.7	西	−21.43	−9.12	14.6
8 16.9	东	21.52	9.07	14.6

天　然　卫　星

火卫二(Deimos)的大距和星等　　2024 年

世界时			较差坐标			星等
月	日	时		$\Delta\alpha\cos\delta$ ″	$\Delta\delta$ ″	
9	9	8.0	西	−21.61	−9.02	14.5
	9	23.2	东	21.70	8.97	14.5
	10	14.4	西	−21.80	−8.93	14.5
	11	5.6	东	21.89	8.88	14.5
	11	20.8	西	−21.98	−8.83	14.5
	12	11.9	东	22.07	8.78	14.5
	13	3.1	西	−22.17	−8.74	14.5
	13	18.3	东	22.26	8.68	14.5
	14	9.5	西	−22.36	−8.63	14.5
	15	0.6	东	22.45	8.58	14.5
	15	15.8	西	−22.55	−8.53	14.5
	16	7.0	东	22.65	8.48	14.5
	16	22.2	西	−22.74	−8.43	14.5
	17	13.4	东	22.84	8.38	14.5
	18	4.5	西	−22.94	−8.33	14.5
	18	19.7	东	23.04	8.27	14.5
	19	10.9	西	−23.14	−8.22	14.5
	20	2.1	东	23.24	8.16	14.5
	20	17.2	西	−23.34	−8.11	14.4
	21	8.4	东	23.44	8.06	14.4
	21	23.6	西	−23.54	−8.01	14.4
	22	14.8	东	23.64	7.95	14.4
	23	5.9	西	−23.74	−7.89	14.4
	23	21.1	东	23.85	7.84	14.4
	24	12.3	西	−23.95	−7.79	14.4
	25	3.5	东	24.06	7.72	14.4
	25	18.7	西	−24.16	−7.67	14.4
	26	9.8	东	24.27	7.61	14.4
	27	1.0	西	−24.38	−7.56	14.4
	27	16.2	东	24.48	7.50	14.4
	28	7.4	西	−24.59	−7.44	14.4
	28	22.5	东	24.70	7.38	14.4
	29	13.7	西	−24.81	−7.33	14.4
	30	4.9	东	24.92	7.26	14.4
	30	20.1	西	−25.03	−7.21	14.4
10	1	11.2	东	25.14	7.15	14.3
	2	2.4	西	−25.25	−7.09	14.3
	2	17.6	东	25.37	7.03	14.3
	3	8.8	西	−25.48	−6.97	14.3
	3	23.9	东	25.59	6.91	14.3
	4	15.1	西	−25.71	−6.85	14.3
	5	6.3	东	25.83	6.79	14.3
	5	21.5	西	−25.94	−6.73	14.3
	6	12.6	东	26.06	6.67	14.3
	7	3.8	西	−26.17	−6.61	14.3
	7	19.0	东	26.30	6.54	14.3
	8	10.2	西	−26.41	−6.49	14.3
	9	1.3	东	26.53	6.42	14.3
	9	16.5	西	−26.65	−6.37	14.3
	10	7.7	东	26.78	6.30	14.3
	10	22.9	西	−26.90	−6.24	14.2
	11	14.0	东	27.02	6.17	14.2
	12	5.2	西	−27.14	−6.12	14.2
	12	20.4	东	27.27	6.05	14.2
	13	11.5	西	−27.39	−5.99	14.2
	14	2.7	东	27.52	5.93	14.2
	14	17.9	西	−27.64	−5.87	14.2
	15	9.1	东	27.77	5.80	14.2
	16	0.2	西	−27.90	−5.74	14.2
	16	15.4	东	28.03	5.67	14.2
10	17	6.6	西	−28.16	−5.62	14.2
	17	21.8	东	28.29	5.55	14.2
	18	12.9	西	−28.42	−5.49	14.2
	19	4.1	东	28.56	5.42	14.2
	19	19.3	西	−28.69	−5.37	14.1
	20	10.4	东	28.82	5.29	14.1
	21	1.6	西	−28.96	−5.24	14.1
	21	16.8	东	29.10	5.17	14.1
	22	8.0	西	−29.23	−5.11	14.1
	22	23.1	东	29.37	5.04	14.1
	23	14.3	西	−29.51	−4.99	14.1
	24	5.5	东	29.66	4.92	14.1
	24	20.6	西	−29.79	−4.86	14.1
	25	11.8	东	29.94	4.79	14.1
	26	3.0	西	−30.08	−4.74	14.1
	26	18.1	东	30.23	4.67	14.1
	27	9.3	西	−30.37	−4.61	14.0
	28	0.5	东	30.52	4.54	14.0
	28	15.7	西	−30.66	−4.49	14.0
	29	6.8	东	30.82	4.42	14.0
	29	22.0	西	−30.96	−4.36	14.0
	30	13.2	东	31.12	4.30	14.0
	31	4.3	西	−31.26	−4.24	14.0
	31	19.5	东	31.42	4.17	14.0
11	1	10.7	西	−31.57	−4.12	14.0
	2	1.8	东	31.73	4.05	14.0
	2	17.0	西	−31.88	−4.00	14.0
	3	8.2	东	32.04	3.93	13.9
	3	23.3	西	−32.20	−3.88	13.9
	4	14.5	东	32.37	3.82	13.9
	5	5.7	西	−32.52	−3.77	13.9
	5	20.8	东	32.69	3.70	13.9
	6	12.0	西	−32.84	−3.65	13.9
	7	3.2	东	33.02	3.59	13.9
	7	18.3	西	−33.18	−3.54	13.9
	8	9.5	东	33.35	3.47	13.9
	9	0.7	西	−33.51	−3.43	13.9
	9	15.8	东	33.69	3.36	13.9
	10	7.0	西	−33.85	−3.32	13.8
	10	22.2	东	34.02	3.26	13.8
	11	13.3	西	−34.19	−3.21	13.8
	12	4.5	东	34.37	3.15	13.8
	12	19.7	西	−34.54	−3.11	13.8
	13	10.8	东	34.72	3.05	13.8
	14	2.0	西	−34.89	−3.01	13.8
	14	17.1	东	35.08	2.95	13.8
	15	8.3	西	−35.26	−2.91	13.8
	15	23.5	东	35.44	2.85	13.8
	16	14.6	西	−35.61	−2.82	13.8
	17	5.8	东	35.80	2.76	13.7
	17	20.9	西	−35.98	−2.73	13.7
	18	12.1	东	36.18	2.67	13.7
	19	3.3	西	−36.35	−2.64	13.7
	19	18.4	东	36.55	2.59	13.7
	20	9.6	西	−36.73	−2.56	13.7
	21	0.7	东	36.93	2.51	13.7
	21	15.9	西	−37.12	−2.48	13.7
	22	7.1	东	37.31	2.43	13.7
	22	22.2	西	−37.50	−2.41	13.7
	23	13.4	东	37.71	2.36	13.6
11	24	4.5	西	−37.89	−2.34	13.6
	24	19.7	东	38.09	2.30	13.6
	25	10.9	西	−38.29	−2.28	13.6
	26	2.0	东	38.49	2.24	13.6
	26	17.2	西	−38.69	−2.23	13.6
	27	8.3	东	38.89	2.19	13.6
	27	23.5	西	−39.09	−2.18	13.6
	28	14.6	东	39.30	2.14	13.6
	29	5.8	西	−39.50	−2.13	13.6
	29	20.9	东	39.71	2.10	13.5
	30	12.1	西	−39.90	−2.10	13.5
12	1	3.3	东	40.12	2.07	13.5
	1	18.4	西	−40.32	−2.07	13.5
	2	9.6	东	40.53	2.05	13.5
	3	0.7	西	−40.73	−2.05	13.5
	3	15.9	东	40.94	2.04	13.5
	4	7.0	西	−41.15	−2.04	13.5
	4	22.2	东	41.36	2.03	13.5
	5	13.3	西	−41.56	−2.04	13.5
	6	4.5	东	41.77	2.03	13.4
	6	19.6	西	−41.98	−2.05	13.4
	7	10.8	东	42.20	2.04	13.4
	8	1.9	西	−42.39	−2.07	13.4
	8	17.1	东	42.61	2.06	13.4
	9	8.2	西	−42.81	−2.09	13.4
	9	23.4	东	43.03	2.10	13.4
	10	14.5	西	−43.22	−2.13	13.4
	11	5.7	东	43.44	2.14	13.4
	11	20.8	西	−43.63	−2.18	13.4
	12	11.9	东	43.85	2.19	13.3
	13	3.1	西	−44.05	−2.24	13.3
	13	18.2	东	44.25	2.26	13.3
	14	9.4	西	−44.44	−2.31	13.3
	15	0.5	东	44.66	2.33	13.3
	15	15.7	西	−44.85	−2.39	13.3
	16	6.8	东	45.05	2.42	13.3
	16	22.0	西	−45.24	−2.48	13.3
	17	13.1	东	45.44	2.52	13.3
	18	4.2	西	−45.63	−2.58	13.3
	18	19.4	东	45.83	2.63	13.3
	19	10.5	西	−46.00	−2.70	13.3
	20	1.7	东	46.20	2.75	13.2
	20	16.8	西	−46.38	−2.83	13.2
	21	7.9	东	46.57	2.89	13.2
	21	23.1	西	−46.73	−2.98	13.2
	22	14.2	东	46.91	3.04	13.2
	23	5.4	西	−47.08	−3.13	13.2
	23	20.5	东	47.26	3.20	13.2
	24	11.6	西	−47.41	−3.30	13.2
	25	2.8	东	47.58	3.37	13.2
	25	17.9	西	−47.73	−3.47	13.2
	26	9.0	东	47.90	3.55	13.2
	27	0.2	西	−48.03	−3.66	13.2
	27	15.3	东	48.18	3.75	13.2
	28	6.4	西	−48.31	−3.87	13.2
	28	21.6	东	48.46	3.96	13.1
	29	12.7	西	−48.58	−4.08	13.1
	30	3.8	东	48.71	4.17	13.1
	30	19.0	西	−48.82	−4.30	13.1
	31	10.1	东	48.95	4.40	13.1

天　然　卫　星

2024 年　　木卫一～木卫四天象

1 月　世界时

日	时 分	天象
1	14 05	木卫二 掩始
1	15 22	木卫一 掩始
1	18 49	木卫一 偏食终
1	19 05	木卫二 偏食终
2	12 34	木卫一 凌始
2	13 49	木卫一 影凌始
2	14 50	木卫一 凌终
2	16 04	木卫一 影凌终
3	6 44	木卫三 掩始
3	8 48	木卫二 凌始
3	9 08	木卫三 掩终
3	9 50	木卫一 掩始
3	11 14	木卫二 影凌始
3	11 17	木卫二 凌终
3	11 47	木卫三 偏食始
3	13 18	木卫一 偏食终
3	13 43	木卫二 影凌终
3	14 03	木卫三 偏食终
4	7 02	木卫一 凌始
4	8 18	木卫一 影凌始
4	9 18	木卫一 凌终
4	10 33	木卫一 影凌终
5	3 20	木卫二 掩始
5	4 18	木卫一 掩始
5	5 51	木卫二 掩终
5	5 54	木卫二 偏食始
5	7 46	木卫一 偏食终
5	8 25	木卫二 偏食终
6	1 30	木卫一 凌始
6	2 47	木卫一 影凌始
6	3 46	木卫一 凌终
6	5 02	木卫一 影凌终
6	20 49	木卫三 凌始
6	22 02	木卫二 凌始
6	22 46	木卫一 掩始
6	23 12	木卫三 凌终
7	0 31	木卫二 凌终
7	0 32	木卫二 影凌始
7	2 02	木卫三 影凌始
7	2 15	木卫一 偏食终
7	3 01	木卫二 影凌终
7	4 17	木卫三 影凌终
7	19 59	木卫一 凌始
7	21 16	木卫一 影凌始
7	22 14	木卫一 凌终
7	23 31	木卫一 影凌终
8	16 36	木卫二 掩始
8	17 14	木卫一 掩始
8	19 08	木卫二 掩终
8	19 14	木卫二 偏食始
8	20 44	木卫一 偏食终
8	21 45	木卫二 偏食终

日	时 分	天象
9	14 27	木卫一 凌始
9	15 45	木卫一 影凌始
9	16 42	木卫一 凌终
9	18 00	木卫一 影凌终
10	10 31	木卫三 掩始
10	11 17	木卫二 凌始
10	11 42	木卫一 掩始
10	12 57	木卫三 掩终
10	13 46	木卫二 凌终
10	13 50	木卫二 影凌始
10	15 13	木卫一 偏食终
10	15 48	木卫三 偏食始
10	16 19	木卫二 影凌终
10	18 05	木卫三 偏食终
11	8 55	木卫一 凌始
11	10 14	木卫一 影凌始
11	11 11	木卫一 凌终
11	12 29	木卫一 影凌终
12	5 53	木卫二 掩始
12	6 10	木卫一 掩始
12	8 24	木卫二 掩终
12	8 33	木卫二 偏食始
12	9 42	木卫一 偏食终
12	11 04	木卫二 偏食终
13	3 23	木卫一 凌始
13	4 43	木卫一 影凌始
13	5 39	木卫一 凌终
13	6 58	木卫一 影凌终
14	0 32	木卫二 凌始
14	0 38	木卫一 掩始
14	0 40	木卫三 凌始
14	3 02	木卫二 凌终
14	3 05	木卫三 凌终
14	3 08	木卫二 影凌始
14	4 11	木卫一 偏食终
14	5 37	木卫二 影凌终
14	6 04	木卫三 影凌始
14	8 19	木卫三 影凌终
14	21 52	木卫一 凌始
14	23 12	木卫一 影凌始
15	0 08	木卫一 凌终
15	1 27	木卫一 影凌终
15	19 06	木卫一 掩始
15	19 10	木卫二 掩始
15	21 42	木卫二 掩终
15	21 53	木卫二 偏食始
15	22 39	木卫一 偏食终
16	0 23	木卫二 偏食终
16	16 20	木卫一 凌始
16	17 41	木卫一 影凌始
16	18 36	木卫一 凌终
16	19 56	木卫一 影凌终

日	时 分	天象
17	13 35	木卫一 掩始
17	13 48	木卫二 凌始
17	14 23	木卫三 掩始
17	16 18	木卫二 凌终
17	16 26	木卫二 影凌始
17	16 51	木卫三 掩终
17	17 08	木卫一 偏食终
17	18 55	木卫二 影凌终
17	19 50	木卫三 偏食始
17	22 06	木卫三 偏食终
18	10 49	木卫一 凌始
18	12 10	木卫一 影凌始
18	13 05	木卫一 凌终
18	14 25	木卫一 影凌终
19	8 03	木卫一 掩始
19	8 27	木卫二 掩始
19	11 00	木卫二 掩终
19	11 12	木卫二 偏食始
19	11 37	木卫一 偏食终
19	13 43	木卫二 偏食终
20	5 18	木卫一 凌始
20	6 39	木卫一 影凌始
20	7 33	木卫一 凌终
20	8 54	木卫一 影凌终
21	2 32	木卫一 掩始
21	3 05	木卫二 凌始
21	4 34	木卫三 凌始
21	5 35	木卫二 凌终
21	5 44	木卫二 影凌始
21	6 06	木卫一 偏食终
21	7 02	木卫三 凌终
21	8 13	木卫二 影凌终
21	10 06	木卫三 影凌始
21	12 21	木卫三 影凌终
21	23 46	木卫一 凌始
22	1 08	木卫一 影凌始
22	2 02	木卫一 凌终
22	3 23	木卫一 影凌终
22	21 00	木卫一 掩始
22	21 46	木卫二 掩始
23	0 19	木卫二 掩终
23	0 32	木卫二 偏食始
23	0 35	木卫一 偏食终
23	3 02	木卫二 偏食终
23	18 15	木卫一 凌始
23	19 37	木卫一 影凌始
23	20 31	木卫一 凌终
23	21 52	木卫一 影凌终
24	15 29	木卫一 掩始
24	16 22	木卫二 凌始
24	18 21	木卫三 掩始

日	时 分	天象
24	18 53	木卫二 凌终
24	19 02	木卫二 影凌始
24	19 04	木卫一 偏食终
24	20 50	木卫三 掩终
24	21 31	木卫二 影凌终
24	23 53	木卫三 偏食始
25	2 09	木卫三 偏食终
25	12 44	木卫一 凌始
25	14 06	木卫一 影凌始
25	15 00	木卫一 凌终
25	16 21	木卫一 影凌终
26	9 58	木卫一 掩始
26	11 05	木卫二 掩始
26	13 33	木卫一 偏食终
26	13 37	木卫二 掩终
26	13 51	木卫二 偏食始
26	16 21	木卫二 偏食终
27	7 13	木卫一 凌始
27	8 35	木卫一 影凌始
27	9 29	木卫一 凌终
27	10 50	木卫一 影凌终
28	4 27	木卫一 掩始
28	5 40	木卫二 凌始
28	8 01	木卫一 偏食终
28	8 10	木卫二 凌终
28	8 20	木卫二 影凌始
28	8 34	木卫三 凌始
28	10 49	木卫二 影凌终
28	11 03	木卫三 凌终
28	14 08	木卫三 影凌始
28	16 23	木卫三 影凌终
29	1 42	木卫一 凌始
29	3 04	木卫一 影凌始
29	3 58	木卫一 凌终
29	5 19	木卫一 影凌终
29	22 56	木卫一 掩始
30	0 25	木卫二 掩始
30	2 30	木卫一 偏食终
30	2 58	木卫二 掩终
30	3 10	木卫二 偏食始
30	5 41	木卫二 偏食终
30	20 11	木卫一 凌始
30	21 33	木卫一 影凌始
30	22 27	木卫一 凌终
30	23 48	木卫一 影凌终
31	17 25	木卫一 掩始
31	18 58	木卫二 凌始
31	20 59	木卫一 偏食终
31	21 29	木卫二 凌终
31	21 38	木卫二 影凌始
31	22 22	木卫三 掩始

天　然　卫　星

木卫一～木卫四动态图　　**2024 年**

1　月　　世界时

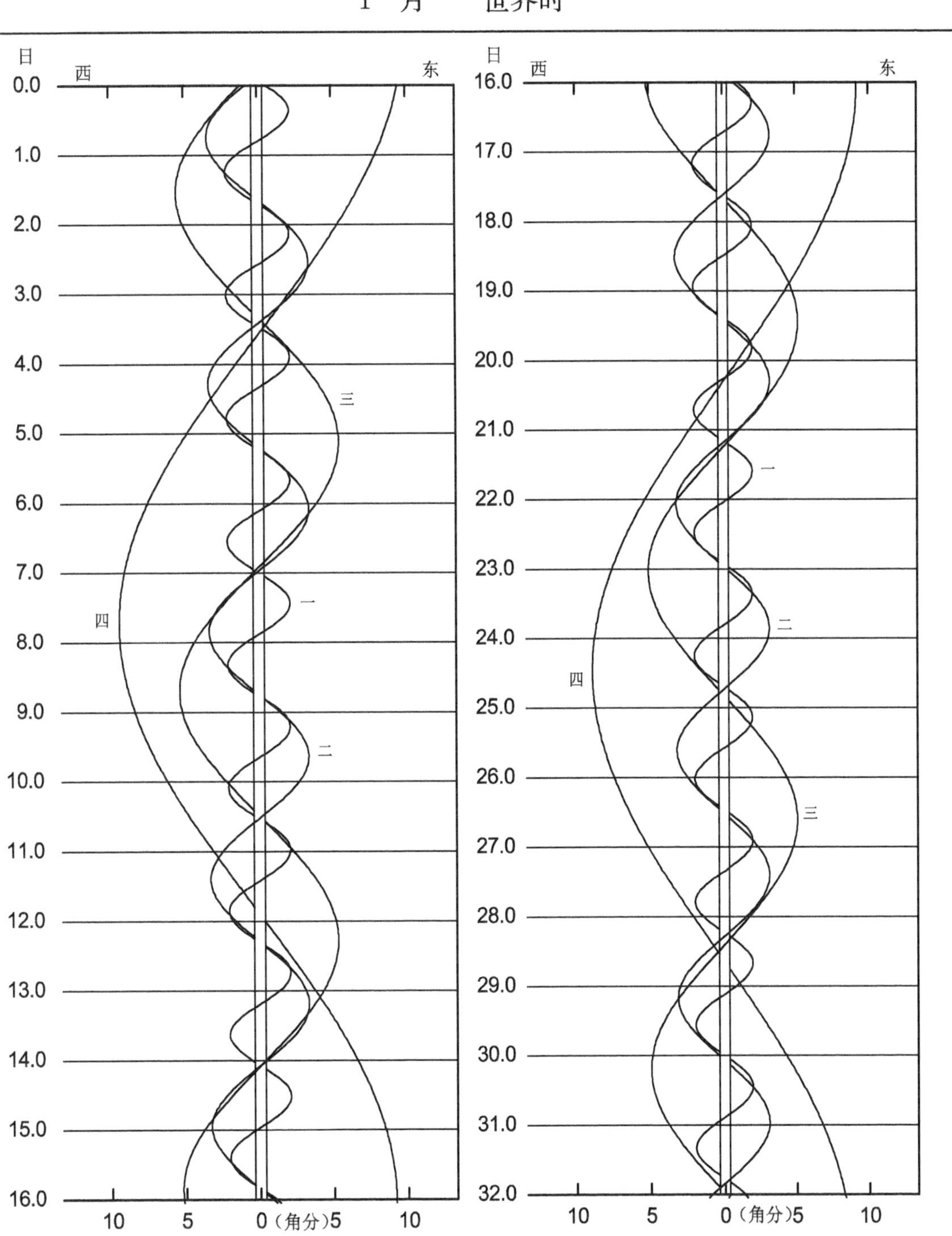

2024年1月木卫一～木卫四动态图

天　然　卫　星

2024 年　　木卫一～木卫四天象

2　月　　世界时

日	时	分	
1	0	07	木卫二 影凌终
1	0	53	木卫三 掩终
1	3	55	木卫三 偏食始
1	6	11	木卫三 偏食终
1	14	40	木卫一 凌始
1	16	02	木卫一 影凌始
1	16	56	木卫一 凌终
1	18	17	木卫一 影凌终
2	11	54	木卫一 掩始
2	13	44	木卫二 掩始
2	15	28	木卫一 偏食终
2	16	17	木卫二 掩终
2	16	29	木卫二 偏食始
2	19	00	木卫二 偏食终
3	9	10	木卫一 凌始
3	10	31	木卫一 影凌始
3	11	26	木卫一 凌终
3	12	46	木卫一 影凌终
4	6	23	木卫一 掩始
4	8	17	木卫二 凌始
4	9	57	木卫一 偏食终
4	10	48	木卫二 凌终
4	10	56	木卫二 影凌始
4	12	38	木卫三 凌始
4	13	25	木卫二 影凌终
4	15	08	木卫三 凌终
4	18	10	木卫三 影凌始
4	20	25	木卫三 影凌终
5	3	39	木卫一 凌始
5	5	00	木卫一 影凌始
5	5	55	木卫一 凌终
5	7	15	木卫一 影凌终
6	0	52	木卫一 掩始
6	3	05	木卫二 掩始
6	4	26	木卫一 偏食终
6	5	39	木卫二 掩终
6	5	49	木卫二 偏食始
6	8	20	木卫二 偏食终
6	22	08	木卫一 凌始
6	23	29	木卫一 影凌始
7	0	24	木卫一 凌终
7	1	44	木卫一 影凌终
7	19	21	木卫一 掩始
7	21	36	木卫二 凌始
7	22	55	木卫一 偏食终
8	0	07	木卫二 凌终
8	0	14	木卫二 影凌始
8	2	29	木卫三 掩始
8	2	43	木卫二 影凌终
8	5	00	木卫三 掩终
8	7	57	木卫三 偏食始
8	10	13	木卫三 偏食终
8	16	38	木卫一 凌始
8	17	58	木卫一 影凌始
8	18	54	木卫一 凌终
8	20	13	木卫一 影凌终
9	13	50	木卫一 掩始
9	16	26	木卫二 掩始
9	17	23	木卫一 偏食终
9	18	59	木卫二 掩终
9	19	08	木卫二 偏食始
9	21	39	木卫二 偏食终
10	11	07	木卫一 凌始
10	12	27	木卫一 影凌始
10	13	23	木卫一 凌终
10	14	42	木卫一 影凌终
11	8	20	木卫一 掩始
11	10	55	木卫二 凌始
11	11	52	木卫一 偏食终
11	13	27	木卫二 凌终
11	13	32	木卫二 影凌始
11	16	01	木卫二 影凌终
11	16	46	木卫三 凌始
11	19	17	木卫三 凌终
11	22	13	木卫三 影凌始
12	0	27	木卫三 影凌终
12	5	37	木卫一 凌始
12	6	56	木卫一 影凌始
12	7	53	木卫一 凌终
12	9	11	木卫一 影凌终
13	2	49	木卫一 掩始
13	5	48	木卫二 掩始
13	6	21	木卫一 偏食终
13	8	21	木卫二 掩终
13	8	28	木卫二 偏食始
13	10	59	木卫二 偏食终
14	0	06	木卫一 凌始
14	1	25	木卫一 影凌始
14	2	22	木卫一 凌终
14	3	40	木卫一 影凌终
14	21	18	木卫一 掩始
15	0	16	木卫二 凌始
15	0	50	木卫一 偏食终
15	2	47	木卫二 凌终
15	2	50	木卫二 影凌始
15	5	19	木卫二 影凌终
15	6	39	木卫三 掩始
15	9	11	木卫三 掩终
15	11	59	木卫三 偏食始
15	14	14	木卫三 偏食终
15	18	36	木卫一 凌始
15	19	54	木卫一 影凌始
15	20	52	木卫一 凌终
15	22	09	木卫一 影凌终
16	15	48	木卫一 掩始
16	19	09	木卫二 掩始
16	19	19	木卫一 偏食终
16	21	43	木卫二 掩终
16	21	47	木卫二 偏食始
17	0	18	木卫二 偏食终
17	13	05	木卫一 凌始
17	14	23	木卫一 影凌始
17	15	21	木卫一 凌终
17	16	38	木卫一 影凌终
18	10	17	木卫一 掩始
18	13	36	木卫二 凌始
18	13	48	木卫一 偏食终
18	16	08	木卫二 影凌始
18	16	08	木卫二 凌终
18	18	37	木卫二 影凌终
18	20	59	木卫三 凌始
18	23	31	木卫三 凌终
19	2	16	木卫三 影凌始
19	4	30	木卫三 影凌终
19	7	35	木卫一 凌始
19	8	52	木卫一 影凌始
19	9	51	木卫一 凌终
19	11	07	木卫一 影凌终
20	4	47	木卫一 掩始
20	8	16	木卫一 偏食终
20	8	32	木卫二 掩始
20	11	06	木卫二 掩终
20	11	06	木卫二 偏食始
20	13	37	木卫二 偏食终
21	2	05	木卫一 凌始
21	3	21	木卫一 影凌始
21	4	21	木卫一 凌终
21	5	36	木卫一 影凌终
21	23	16	木卫一 掩始
22	2	45	木卫一 偏食终
22	2	57	木卫二 凌始
22	5	26	木卫二 影凌始
22	5	29	木卫二 凌终
22	7	55	木卫二 影凌终
22	10	52	木卫三 掩始
22	13	24	木卫三 掩终
22	16	00	木卫三 偏食始
22	18	16	木卫三 偏食终
22	20	35	木卫一 凌始
22	21	50	木卫一 影凌始
22	22	51	木卫一 凌终
23	0	05	木卫一 影凌终
23	17	46	木卫一 掩始
23	21	14	木卫一 偏食终
23	21	54	木卫二 掩始
24	2	56	木卫二 偏食终
24	15	05	木卫一 凌始
24	16	19	木卫一 影凌始
24	17	21	木卫一 凌终
24	18	34	木卫一 影凌终
25	12	16	木卫一 掩始
25	15	43	木卫一 偏食终
25	16	19	木卫二 凌始
25	18	44	木卫二 影凌始
25	18	51	木卫二 凌终
25	21	14	木卫二 影凌终
26	1	15	木卫三 凌始
26	3	47	木卫三 凌终
26	6	18	木卫三 影凌始
26	8	32	木卫三 影凌终
26	9	34	木卫一 凌始
26	10	48	木卫一 影凌始
26	11	50	木卫一 凌终
26	13	03	木卫一 影凌终
27	6	46	木卫一 掩始
27	10	12	木卫一 偏食终
27	11	17	木卫二 掩始
27	16	16	木卫二 偏食终
28	4	04	木卫一 凌始
28	5	17	木卫一 影凌始
28	6	20	木卫一 凌终
28	7	32	木卫一 影凌终
29	1	15	木卫一 掩始
29	4	41	木卫一 偏食终
29	5	40	木卫二 凌始
29	8	02	木卫二 影凌始
29	8	13	木卫二 凌终
29	10	32	木卫二 影凌终
29	15	08	木卫三 掩始
29	17	41	木卫三 掩终
29	20	01	木卫三 偏食始
29	22	18	木卫三 偏食终
29	22	34	木卫一 凌始
29	23	46	木卫一 影凌始

天　然　卫　星

木卫一～木卫四动态图　　2024 年

2　月　　世界时

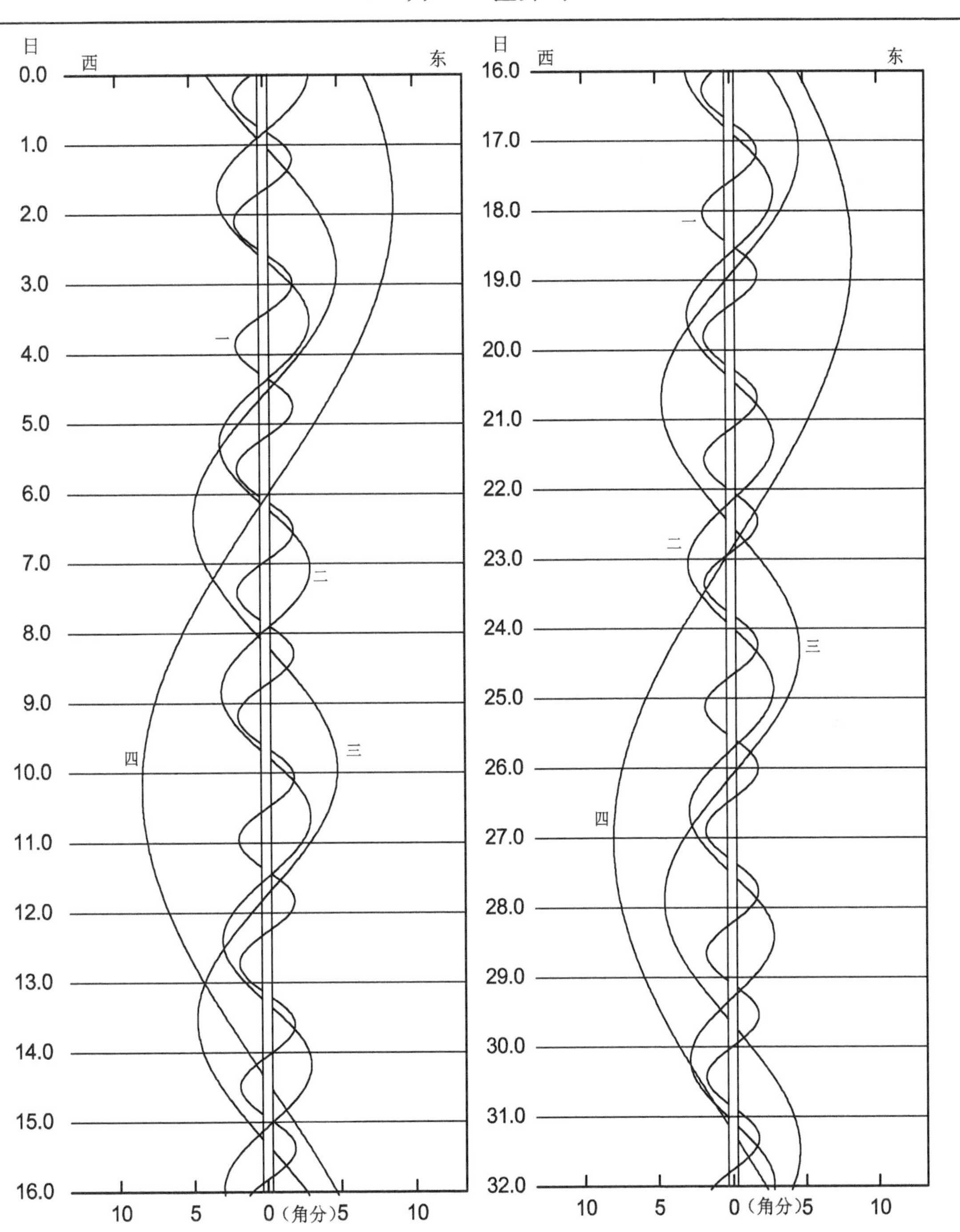

2024年2月木卫一～木卫四动态图

天　然　卫　星

2024 年　　木卫一～木卫四天象

3 月　世界时

日	时	分	
1	0	50	木卫一 凌终
1	2	01	木卫一 影凌终
1	19	45	木卫一 掩始
1	23	10	木卫一 偏食终
2	0	40	木卫二 掩始
2	5	35	木卫二 偏食终
2	17	04	木卫一 凌始
2	18	15	木卫一 影凌始
2	19	20	木卫一 凌终
2	20	30	木卫一 影凌终
3	14	15	木卫一 掩始
3	17	38	木卫一 偏食终
3	19	02	木卫二 凌始
3	21	20	木卫二 影凌始
3	21	35	木卫二 凌终
3	23	50	木卫二 影凌终
4	5	34	木卫三 凌始
4	8	06	木卫三 凌终
4	10	20	木卫三 影凌始
4	11	34	木卫一 凌始
4	12	35	木卫三 影凌终
4	12	43	木卫一 影凌始
4	13	50	木卫一 凌终
4	14	58	木卫一 影凌终
5	8	45	木卫一 掩始
5	12	07	木卫一 偏食终
5	14	04	木卫二 掩始
5	18	54	木卫二 偏食终
6	6	04	木卫一 凌始
6	7	12	木卫一 影凌始
6	8	20	木卫一 凌终
6	9	27	木卫一 影凌终
7	3	15	木卫一 掩始
7	6	36	木卫一 偏食终
7	8	25	木卫二 凌始
7	10	38	木卫二 影凌始
7	10	58	木卫二 凌终
7	13	08	木卫二 影凌终
7	19	27	木卫三 掩始
7	22	00	木卫三 掩终
8	0	03	木卫三 偏食始
8	0	34	木卫一 凌始
8	1	41	木卫一 影凌始
8	2	19	木卫三 偏食终
8	2	50	木卫一 凌终
8	3	56	木卫一 影凌终
8	21	45	木卫一 掩始
9	1	05	木卫一 偏食终
9	3	27	木卫二 掩始
9	8	13	木卫二 偏食终
9	19	05	木卫一 凌始
9	20	10	木卫一 影凌始
9	21	21	木卫一 凌终
9	22	25	木卫一 影凌终
10	16	15	木卫一 掩始
10	19	34	木卫一 偏食终
10	21	48	木卫二 凌始
10	23	56	木卫二 影凌始
11	0	20	木卫二 凌终
11	2	26	木卫二 影凌终
11	9	55	木卫三 凌始
11	12	27	木卫三 凌终
11	13	35	木卫一 凌始
11	14	22	木卫三 影凌始
11	14	39	木卫一 影凌始
11	15	51	木卫一 凌终
11	16	36	木卫三 影凌终
11	16	54	木卫一 影凌终
12	10	45	木卫一 掩始
12	14	03	木卫一 偏食终
12	16	52	木卫二 掩始
12	21	32	木卫二 偏食终
13	8	05	木卫一 凌始
13	9	08	木卫一 影凌始
13	10	21	木卫一 凌终
13	11	23	木卫一 影凌终
14	5	15	木卫一 掩始
14	8	31	木卫一 偏食终
14	11	11	木卫二 凌始
14	13	14	木卫二 影凌始
14	13	44	木卫二 凌终
14	15	45	木卫二 影凌终
14	23	50	木卫三 掩始
15	2	23	木卫三 掩终
15	2	35	木卫一 凌始
15	3	37	木卫一 影凌始
15	4	06	木卫三 偏食始
15	4	51	木卫一 凌终
15	5	52	木卫一 影凌终
15	6	22	木卫三 偏食终
15	23	45	木卫一 掩始
16	3	00	木卫一 偏食终
16	6	16	木卫二 掩始
16	10	51	木卫二 偏食终
16	21	05	木卫一 凌始
16	22	06	木卫一 影凌始
16	23	21	木卫一 凌终
17	0	21	木卫一 影凌终
17	18	15	木卫一 掩始
17	21	29	木卫一 偏食终
18	0	34	木卫二 凌始
18	2	32	木卫二 影凌始
18	3	07	木卫二 凌终
18	5	03	木卫二 影凌终
18	14	18	木卫三 凌始
18	15	36	木卫一 凌始
18	16	35	木卫一 影凌始
18	16	49	木卫三 凌终
18	17	52	木卫一 凌终
18	18	23	木卫三 影凌始
18	18	50	木卫一 影凌终
18	20	38	木卫三 影凌终
19	12	45	木卫一 掩始
19	15	58	木卫一 偏食终
19	19	41	木卫二 掩始
20	0	10	木卫二 偏食终
20	10	06	木卫一 凌始
20	11	04	木卫一 影凌始
20	12	22	木卫一 凌终
20	13	19	木卫一 影凌终
21	7	16	木卫一 掩始
21	10	27	木卫一 偏食终
21	13	58	木卫二 凌始
21	15	51	木卫二 影凌始
21	16	31	木卫二 凌终
21	18	21	木卫二 影凌终
22	4	14	木卫三 掩始
22	4	36	木卫一 凌始
22	5	33	木卫一 影凌始
22	6	47	木卫三 掩终
22	6	52	木卫一 凌终
22	7	48	木卫一 影凌终
22	8	07	木卫三 偏食始
22	10	24	木卫三 偏食终
23	1	46	木卫一 掩始
23	4	56	木卫一 偏食终
23	9	05	木卫二 掩始
23	13	29	木卫二 偏食终
23	23	07	木卫一 凌始
24	0	02	木卫一 影凌始
24	1	23	木卫一 凌终
24	2	16	木卫一 影凌终
24	20	16	木卫一 掩始
24	23	24	木卫一 偏食终
25	3	21	木卫二 凌始
25	5	09	木卫二 影凌始
25	5	55	木卫二 凌终
25	7	40	木卫二 影凌终
25	17	37	木卫一 凌始
25	18	30	木卫一 影凌始
25	18	43	木卫三 凌始
25	19	53	木卫一 凌终
25	20	45	木卫一 影凌终
25	21	14	木卫三 凌终
25	22	24	木卫三 影凌始
26	0	40	木卫三 影凌终
26	14	46	木卫一 掩始
26	17	53	木卫一 偏食终
26	22	30	木卫二 掩始
27	2	48	木卫二 偏食终
27	12	07	木卫一 凌始
27	12	59	木卫一 影凌始
27	14	23	木卫一 凌终
27	15	14	木卫一 影凌终
28	9	17	木卫一 掩始
28	12	22	木卫一 偏食终
28	16	45	木卫二 凌始
28	18	27	木卫二 影凌始
28	19	19	木卫二 凌终
28	20	58	木卫二 影凌终
29	6	38	木卫一 凌始
29	7	28	木卫一 影凌始
29	8	41	木卫三 掩始
29	8	54	木卫一 凌终
29	9	43	木卫一 影凌终
29	11	13	木卫三 掩终
29	12	09	木卫三 偏食始
29	14	26	木卫三 偏食终
30	3	47	木卫一 掩始
30	6	51	木卫一 偏食终
30	11	55	木卫二 掩始
30	16	06	木卫二 偏食终
31	1	08	木卫一 凌始
31	1	57	木卫一 影凌始
31	3	24	木卫一 凌终
31	4	12	木卫一 影凌终
31	22	17	木卫一 掩始

天　然　卫　星

木卫一～木卫四动态图　　2024 年

3　月　　世界时

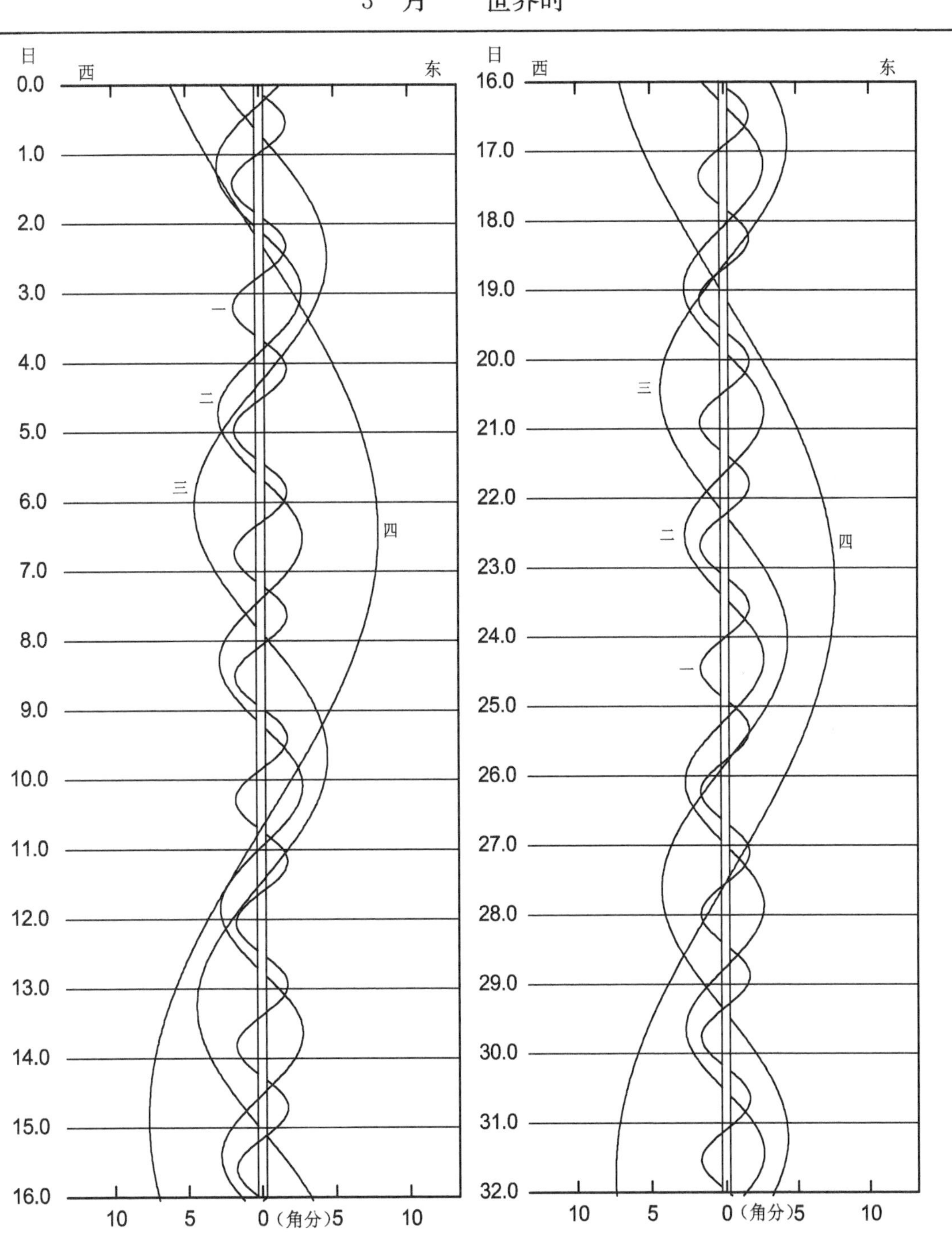

2024年3月木卫一～木卫四动态图

天 然 卫 星

2024 年 木卫一～木卫四天象

4 月 世界时

日	时	分	
1	1	20	木卫一 偏食终
1	6	10	木卫二 凌始
1	7	45	木卫二 影凌始
1	8	44	木卫二 凌终
1	10	16	木卫二 影凌终
1	19	39	木卫一 凌始
1	20	26	木卫一 影凌始
1	21	55	木卫一 凌终
1	22	41	木卫一 影凌终
1	23	10	木卫三 凌始
2	1	41	木卫三 凌终
2	2	26	木卫三 影凌始
2	4	41	木卫三 影凌终
2	16	48	木卫一 掩始
2	19	48	木卫一 偏食终
3	1	20	木卫二 掩始
3	5	25	木卫二 偏食终
3	14	09	木卫一 凌始
3	14	55	木卫一 影凌始
3	16	25	木卫一 凌终
3	17	10	木卫一 影凌终
4	11	18	木卫一 掩始
4	14	17	木卫一 偏食终
4	19	34	木卫二 凌始
4	21	03	木卫二 影凌始
4	22	08	木卫二 凌终
4	23	34	木卫二 影凌终
5	8	40	木卫一 凌始
5	9	23	木卫一 影凌始
5	10	55	木卫一 凌终
5	11	38	木卫一 影凌终
5	13	08	木卫三 掩始
5	15	40	木卫三 掩终
5	16	10	木卫三 偏食始
5	18	27	木卫三 偏食终
6	5	48	木卫一 掩始
6	8	46	木卫一 偏食终
6	14	45	木卫二 掩始
6	18	43	木卫二 偏食终
7	3	10	木卫一 凌始
7	3	52	木卫一 影凌始
7	5	26	木卫一 凌终
7	6	07	木卫一 影凌终
8	0	19	木卫一 掩始
8	3	15	木卫一 偏食终
8	8	59	木卫二 凌始
8	10	22	木卫二 影凌始

日	时	分	
8	11	33	木卫二 凌终
8	12	53	木卫二 影凌终
8	21	41	木卫一 凌始
8	22	21	木卫一 影凌始
8	23	56	木卫一 凌终
9	0	36	木卫一 影凌终
9	3	39	木卫三 凌始
9	6	10	木卫三 凌终
9	6	28	木卫三 影凌始
9	8	44	木卫三 影凌终
9	18	49	木卫一 掩始
9	21	44	木卫一 偏食终
10	4	10	木卫二 掩始
10	8	02	木卫二 偏食终
10	16	11	木卫一 凌始
10	16	50	木卫一 影凌始
10	18	27	木卫一 凌终
10	19	05	木卫一 影凌终
11	13	20	木卫一 掩始
11	16	12	木卫一 偏食终
11	22	24	木卫二 凌始
11	23	40	木卫二 影凌始
12	0	58	木卫二 凌终
12	2	11	木卫二 影凌终
12	10	41	木卫一 凌始
12	11	19	木卫一 影凌始
12	12	57	木卫一 凌终
12	13	34	木卫一 影凌终
12	17	37	木卫三 掩始
12	20	08	木卫三 掩终
12	20	11	木卫三 偏食始
12	22	28	木卫三 偏食终
13	7	50	木卫一 掩始
13	10	41	木卫一 偏食终
13	17	36	木卫二 掩始
13	21	20	木卫二 偏食终
14	5	12	木卫一 凌始
14	5	48	木卫一 影凌始
14	7	28	木卫一 凌终
14	8	02	木卫一 影凌终
15	2	21	木卫一 掩始
15	5	10	木卫一 偏食终
15	11	49	木卫二 凌始
15	12	58	木卫二 影凌始
15	14	23	木卫二 凌终
15	15	30	木卫二 影凌终

日	时	分	
15	23	43	木卫一 凌始
16	0	16	木卫一 影凌始
16	1	58	木卫一 凌终
16	2	31	木卫一 影凌终
16	8	09	木卫三 凌始
16	10	30	木卫三 影凌始
16	10	39	木卫三 凌终
16	12	46	木卫三 影凌终
16	20	51	木卫一 掩始
16	23	39	木卫一 偏食终
17	7	01	木卫二 掩始
17	10	39	木卫二 偏食终
17	18	13	木卫一 凌始
17	18	45	木卫一 影凌始
17	20	29	木卫一 凌终
17	21	00	木卫一 影凌终
18	15	22	木卫一 掩始
18	18	08	木卫一 偏食终
19	1	14	木卫二 凌始
19	2	16	木卫二 影凌始
19	3	48	木卫二 凌终
19	4	48	木卫二 影凌终
19	12	44	木卫一 凌始
19	13	14	木卫一 影凌始
19	14	59	木卫一 凌终
19	15	29	木卫一 影凌终
19	22	06	木卫三 掩始
20	2	29	木卫三 偏食终
20	9	52	木卫一 掩始
20	12	36	木卫一 偏食终
20	20	26	木卫二 掩始
20	23	57	木卫二 偏食终
21	7	14	木卫一 凌始
21	7	43	木卫一 影凌始
21	9	30	木卫一 凌终
21	9	58	木卫一 影凌终
22	4	23	木卫一 掩始
22	7	05	木卫一 偏食终
22	14	40	木卫二 凌始
22	15	35	木卫二 影凌始
22	17	14	木卫二 凌终
22	18	07	木卫二 影凌终
23	1	45	木卫一 凌始
23	2	11	木卫一 影凌始
23	4	00	木卫一 凌终
23	4	26	木卫一 影凌终

日	时	分	
23	12	39	木卫三 凌始
23	14	31	木卫三 影凌始
23	15	09	木卫三 凌终
23	16	47	木卫三 影凌终
23	22	53	木卫一 掩始
24	1	34	木卫一 偏食终
24	9	52	木卫二 掩始
24	13	16	木卫二 偏食终
24	20	15	木卫一 凌始
24	20	40	木卫一 影凌始
24	22	31	木卫一 凌终
24	22	55	木卫一 影凌终
25	17	24	木卫一 掩始
25	20	03	木卫一 偏食终
26	4	05	木卫二 凌始
26	4	53	木卫二 影凌始
26	6	40	木卫二 凌终
26	7	25	木卫二 影凌终
26	14	46	木卫一 凌始
26	15	09	木卫一 影凌始
26	17	01	木卫一 凌终
26	17	24	木卫一 影凌终
27	2	37	木卫三 掩始
27	6	31	木卫三 偏食终
27	11	54	木卫一 掩始
27	14	32	木卫一 偏食终
27	23	17	木卫二 掩始
28	2	34	木卫二 偏食终
28	9	16	木卫一 凌始
28	9	38	木卫一 影凌始
28	11	32	木卫一 凌终
28	11	52	木卫一 影凌终
29	6	25	木卫一 掩始
29	9	00	木卫一 偏食终
29	17	31	木卫二 凌始
29	18	11	木卫二 影凌始
29	20	05	木卫二 凌终
29	20	44	木卫二 影凌终
30	3	47	木卫一 凌始
30	4	06	木卫一 影凌始
30	6	02	木卫一 凌终
30	6	21	木卫一 影凌终
30	17	10	木卫三 凌始
30	18	32	木卫三 影凌始
30	19	39	木卫三 凌终
30	20	48	木卫三 影凌终

天　然　卫　星

木卫一～木卫四动态图　　2024 年

4 月　　世界时

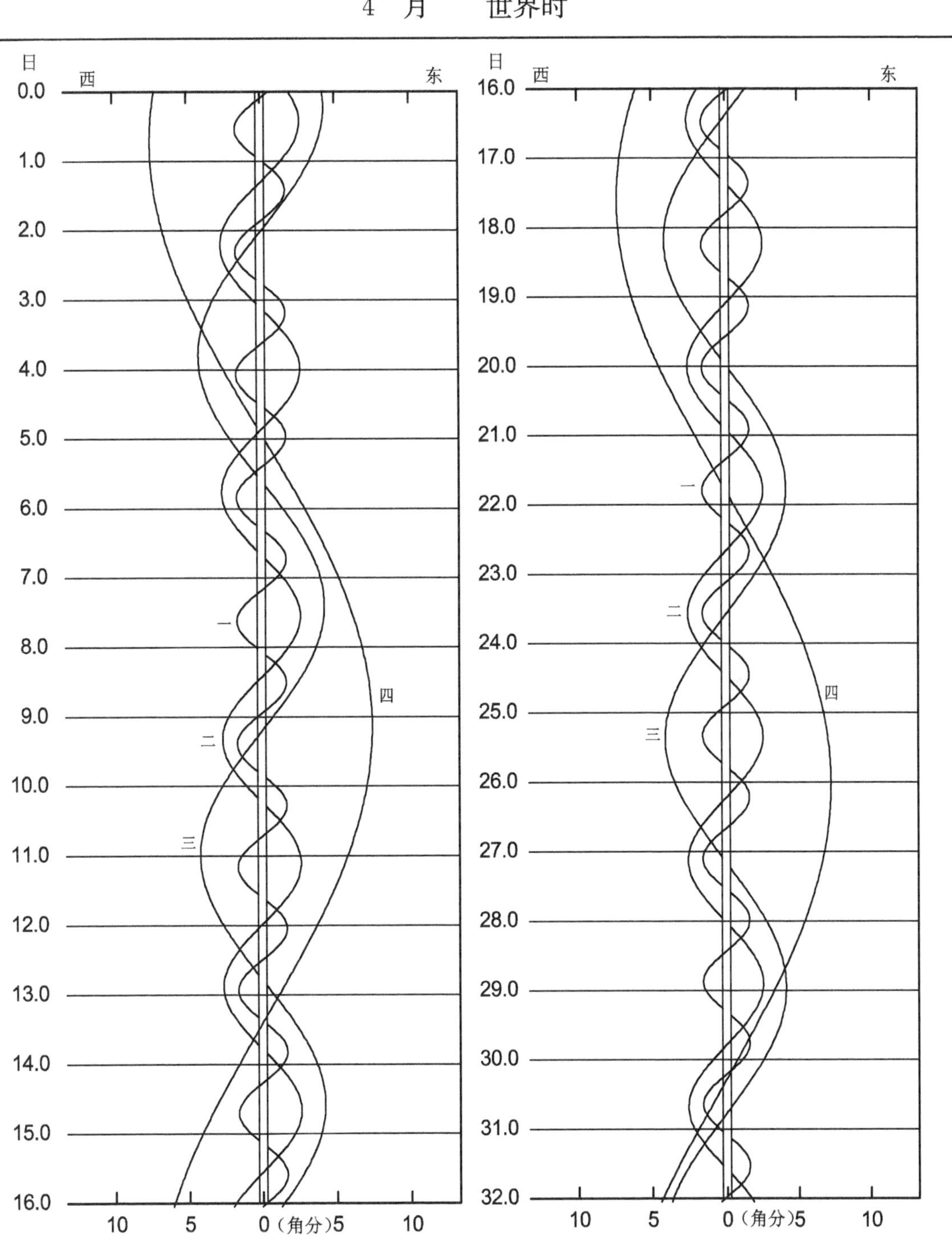

2024年4月木卫一～木卫四动态图

天　然　卫　星

2024 年　　木卫一～木卫四天象

5　月　世界时

日	时	分	天象
1	0	55	木卫一 掩始
1	3	29	木卫一 偏食终
1	12	43	木卫二 掩始
1	15	52	木卫二 偏食终
1	22	17	木卫一 凌始
1	22	35	木卫一 影凌始
2	0	33	木卫一 凌终
2	0	50	木卫一 影凌终
2	19	26	木卫一 掩始
2	21	58	木卫一 偏食终
3	6	56	木卫二 凌始
3	7	30	木卫二 影凌始
3	9	31	木卫二 凌终
3	10	02	木卫二 影凌终
3	16	48	木卫一 凌始
3	17	04	木卫一 影凌始
3	19	03	木卫一 凌终
3	19	19	木卫一 影凌终
4	7	09	木卫三 掩始
4	10	33	木卫三 偏食终
4	13	56	木卫一 掩始
4	16	27	木卫一 偏食终
5	2	08	木卫二 掩始
5	5	10	木卫二 偏食终
5	11	18	木卫一 凌始
5	11	33	木卫一 影凌始
5	13	34	木卫一 凌终
5	13	47	木卫一 影凌终
6	8	27	木卫一 掩始
6	10	55	木卫一 偏食终
6	20	22	木卫二 凌始
6	20	48	木卫二 影凌始
6	22	57	木卫二 凌终
6	23	21	木卫二 影凌终
7	5	49	木卫一 凌始
7	6	01	木卫一 影凌始
7	8	05	木卫一 凌终
7	8	16	木卫一 影凌终
7	21	41	木卫三 凌始
7	22	32	木卫三 影凌始
8	0	10	木卫三 凌终
8	0	49	木卫三 影凌终
8	2	58	木卫一 掩始
8	5	24	木卫一 偏食终
8	15	34	木卫二 掩始
8	18	28	木卫二 偏食终
9	0	20	木卫一 凌始
9	0	30	木卫一 影凌始
9	2	35	木卫一 凌终
9	2	45	木卫一 影凌终
9	21	28	木卫一 掩始
9	23	53	木卫一 偏食终
10	9	48	木卫二 凌始
10	10	06	木卫二 影凌始
10	12	23	木卫二 凌终
10	12	39	木卫二 影凌终
10	18	50	木卫一 凌始
10	18	59	木卫一 影凌始
10	21	06	木卫一 凌终
10	21	13	木卫一 影凌终
11	11	40	木卫三 掩始
11	14	34	木卫三 偏食终
11	15	59	木卫一 掩始
11	18	22	木卫一 偏食终
12	4	59	木卫二 掩始
12	7	46	木卫二 偏食终
12	13	21	木卫一 凌始
12	13	27	木卫一 影凌始
12	15	36	木卫一 凌终
12	15	42	木卫一 影凌终
13	10	29	木卫一 掩始
13	12	50	木卫一 偏食终
13	23	14	木卫二 凌始
13	23	25	木卫二 影凌始
14	1	49	木卫二 凌终
14	1	58	木卫二 影凌终
14	7	51	木卫一 凌始
14	7	56	木卫一 影凌始
14	10	07	木卫一 凌终
14	10	11	木卫一 影凌终
15	2	12	木卫三 凌始
15	2	33	木卫三 影凌始
15	4	41	木卫三 凌终
15	4	50	木卫三 影凌终
15	5	00	木卫一 掩始
15	7	19	木卫一 偏食终
15	18	24	木卫二 掩始
15	21	04	木卫二 偏食终
16	2	22	木卫一 凌始
16	2	25	木卫一 影凌始
16	4	37	木卫一 凌终
16	4	39	木卫一 影凌终
16	23	30	木卫一 掩始
17	1	48	木卫一 偏食终
17	12	39	木卫二 凌始
17	12	43	木卫二 影凌始
17	15	15	木卫二 凌终
17	15	16	木卫二 影凌终
17	20	52	木卫一 凌始
17	20	53	木卫一 影凌始
17	23	07	木卫一 凌终
17	23	08	木卫一 影凌终
18	16	12	木卫三 掩始
18	18	01	木卫一 掩始
18	18	41	木卫三 掩终
18	20	17	木卫一 掩终
19	7	50	木卫二 偏食始
19	10	25	木卫二 掩终
19	15	22	木卫一 影凌始
19	15	23	木卫一 凌始
19	17	37	木卫一 影凌终
19	17	38	木卫一 凌终
20	12	30	木卫一 偏食始
20	14	47	木卫一 掩终
21	2	02	木卫二 影凌始
21	2	05	木卫二 凌始
21	4	35	木卫二 影凌终
21	4	41	木卫二 凌终
21	9	51	木卫一 影凌始
21	9	53	木卫一 凌始
21	12	05	木卫一 影凌终
21	12	08	木卫一 凌终
22	6	34	木卫三 影凌始
22	6	43	木卫三 凌始
22	6	59	木卫一 偏食始
22	8	51	木卫三 影凌终
22	9	12	木卫三 凌终
22	9	18	木卫一 掩终
22	21	07	木卫二 偏食始
22	23	50	木卫二 掩终
23	4	19	木卫一 影凌始
23	4	24	木卫一 凌始
23	6	34	木卫一 影凌终
23	6	39	木卫一 凌终
24	1	27	木卫一 偏食始
24	3	49	木卫一 掩终
24	15	20	木卫二 影凌始
24	15	31	木卫二 凌始
24	17	53	木卫二 影凌终
24	18	07	木卫二 凌终
24	22	48	木卫一 影凌始
24	22	54	木卫一 凌始
25	1	03	木卫一 影凌终
25	1	09	木卫一 凌终
25	19	56	木卫一 偏食始
25	20	18	木卫三 偏食始
25	22	19	木卫一 掩终
25	23	12	木卫三 掩终
26	10	25	木卫二 偏食始
26	13	15	木卫二 掩终
26	17	17	木卫一 影凌始
26	17	24	木卫一 凌始
26	19	31	木卫一 影凌终
26	19	40	木卫一 凌终
27	14	25	木卫一 偏食始
27	16	50	木卫一 掩终
28	4	39	木卫二 影凌始
28	4	57	木卫二 凌始
28	7	12	木卫二 影凌终
28	7	33	木卫二 凌终
28	11	45	木卫一 影凌始
28	11	55	木卫一 凌始
28	14	00	木卫一 影凌终
28	14	10	木卫一 凌终
29	8	53	木卫一 偏食始
29	10	35	木卫三 影凌始
29	11	15	木卫三 凌始
29	11	20	木卫一 掩终
29	12	53	木卫三 影凌终
29	13	43	木卫三 凌终
29	23	43	木卫二 偏食始
30	2	40	木卫二 掩终
30	6	14	木卫一 影凌始
30	6	25	木卫一 凌始
30	8	28	木卫一 影凌终
30	8	41	木卫一 凌终
31	3	22	木卫一 偏食始
31	5	51	木卫一 掩终
31	17	57	木卫二 影凌始
31	18	23	木卫二 凌始
31	20	30	木卫二 影凌终
31	20	59	木卫二 凌终

天　然　卫　星

木卫一～木卫四动态图　　2024 年

5　月　　世界时

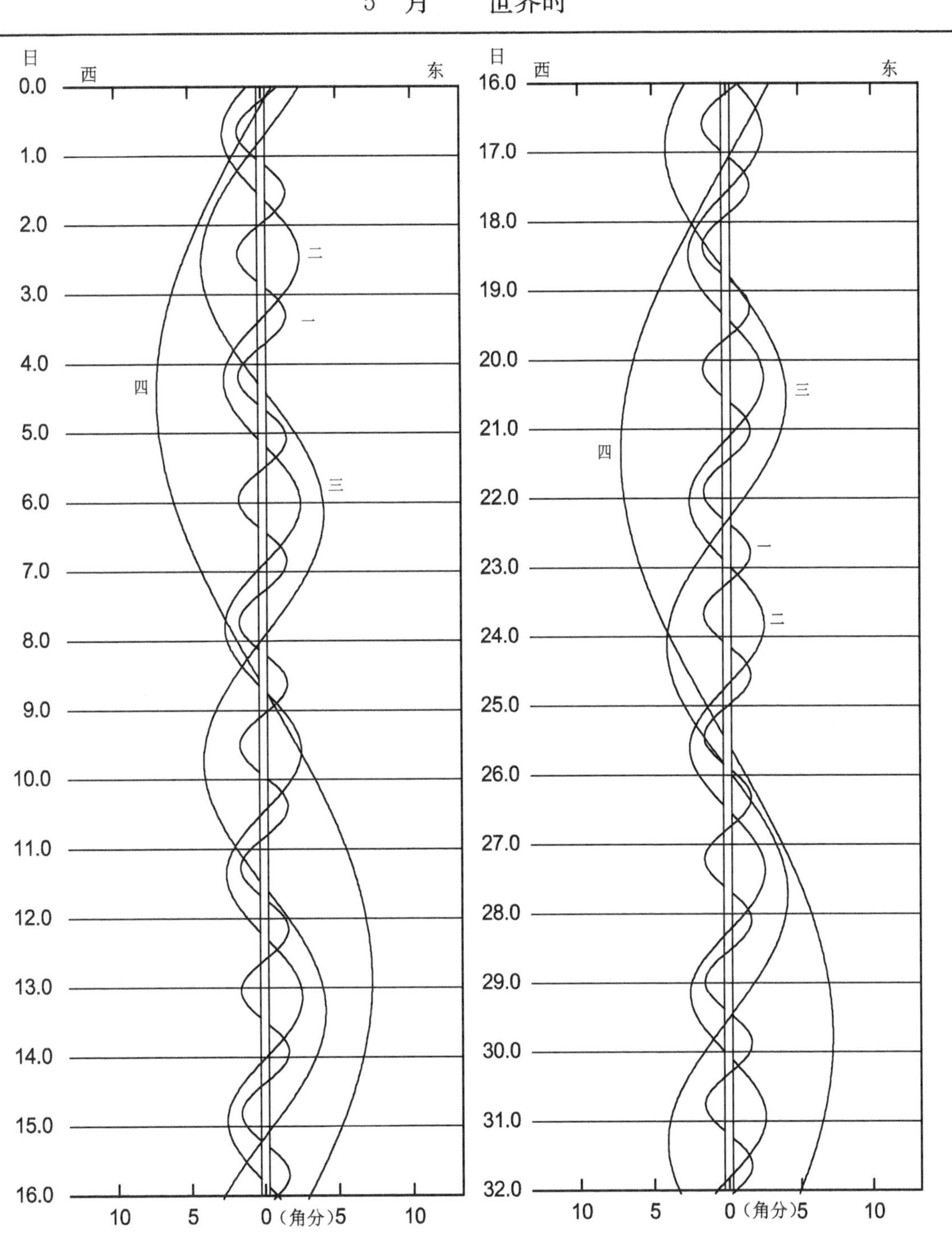

2024年5月木卫一～木卫四动态图

天　然　卫　星

2024 年　　木卫一～木卫四天象

6　月　　世界时

日	时	分	
1	0	42	木卫一 影凌始
1	0	56	木卫一 凌始
1	2	57	木卫一 影凌终
1	3	11	木卫一 凌终
1	21	51	木卫一 偏食始
2	0	18	木卫三 偏食始
2	0	21	木卫一 掩终
2	3	42	木卫三 掩终
2	13	00	木卫二 偏食始
2	16	05	木卫二 掩终
2	19	11	木卫一 影凌始
2	19	26	木卫一 凌始
2	21	26	木卫一 影凌终
2	21	41	木卫一 凌终
3	16	19	木卫一 偏食始
3	18	52	木卫一 掩终
4	7	16	木卫二 影凌始
4	7	49	木卫二 凌始
4	9	49	木卫二 影凌终
4	10	26	木卫二 凌终
4	13	40	木卫一 影凌始
4	13	56	木卫一 凌始
4	15	54	木卫一 影凌终
4	16	12	木卫一 凌终
5	10	48	木卫一 偏食始
5	13	22	木卫一 掩终
5	14	36	木卫三 影凌始
5	15	46	木卫三 凌始
5	16	54	木卫三 影凌终
5	18	14	木卫三 凌终
6	2	18	木卫二 偏食始
6	5	30	木卫二 掩终
6	8	08	木卫一 影凌始
6	8	27	木卫一 凌始
6	10	23	木卫一 影凌终
6	10	42	木卫一 凌终
7	5	17	木卫一 偏食始
7	7	53	木卫一 掩终
7	20	34	木卫二 影凌始
7	21	15	木卫二 凌始
7	23	08	木卫二 影凌终
7	23	51	木卫二 凌终
8	2	37	木卫一 影凌始
8	2	57	木卫一 凌始
8	4	51	木卫一 影凌终
8	5	12	木卫一 凌终
8	23	46	木卫一 偏食始
9	2	23	木卫一 掩终
9	4	19	木卫三 偏食始
9	8	12	木卫三 掩终
9	15	35	木卫二 偏食始
9	18	54	木卫二 掩终
9	21	05	木卫一 影凌始
9	21	28	木卫一 凌始
9	23	20	木卫一 影凌终
9	23	43	木卫一 凌终
10	18	14	木卫一 偏食始
10	20	54	木卫一 掩终
11	9	53	木卫二 影凌始
11	10	41	木卫二 凌始
11	12	27	木卫二 影凌终
11	13	18	木卫二 凌终
11	15	34	木卫一 影凌始
11	15	58	木卫一 凌始
11	17	48	木卫一 影凌终
11	18	13	木卫一 凌终
12	12	43	木卫一 偏食始
12	15	24	木卫一 掩终
12	18	36	木卫三 影凌始
12	20	16	木卫三 凌始
12	20	55	木卫三 影凌终
12	22	43	木卫三 凌终
13	4	53	木卫二 偏食始
13	8	19	木卫二 掩终
13	10	02	木卫一 影凌始
13	10	28	木卫一 凌始
13	12	17	木卫一 影凌终
13	12	43	木卫一 凌终
14	7	12	木卫一 偏食始
14	9	55	木卫一 掩终
14	23	11	木卫二 影凌始
15	0	06	木卫二 凌始
15	1	45	木卫二 影凌终
15	2	43	木卫二 凌终
15	4	31	木卫一 影凌始
15	4	58	木卫一 凌始
15	6	45	木卫一 影凌终
15	7	14	木卫一 凌终
16	1	40	木卫一 偏食始
16	4	25	木卫一 掩终
16	8	19	木卫三 偏食始
16	12	42	木卫三 掩终
16	18	10	木卫二 偏食始
16	21	43	木卫二 掩终
16	22	59	木卫一 影凌始
16	23	29	木卫一 凌始
17	1	14	木卫一 影凌终
17	1	44	木卫一 凌终
17	20	09	木卫一 偏食始
17	22	56	木卫一 掩终
18	12	30	木卫二 影凌始
18	13	32	木卫二 凌始
18	15	04	木卫二 影凌终
18	16	09	木卫二 凌终
18	17	28	木卫一 影凌始
18	17	59	木卫一 凌始
18	19	43	木卫一 影凌终
18	20	14	木卫一 凌终
19	14	38	木卫一 偏食始
19	17	26	木卫一 掩终
19	22	36	木卫三 影凌始
20	0	44	木卫三 凌始
20	0	55	木卫三 影凌终
20	3	12	木卫三 凌终
20	7	28	木卫二 偏食始
20	11	07	木卫二 掩终
20	11	56	木卫一 影凌始
20	12	29	木卫一 凌始
20	14	11	木卫一 影凌终
20	14	44	木卫一 凌终
21	9	06	木卫一 偏食始
21	11	56	木卫一 掩终
22	1	48	木卫二 影凌始
22	2	57	木卫二 凌始
22	4	22	木卫二 影凌终
22	5	35	木卫二 凌终
22	6	25	木卫一 影凌始
22	6	59	木卫一 凌始
22	8	40	木卫一 影凌终
22	9	15	木卫一 凌终
23	3	35	木卫一 偏食始
23	6	27	木卫一 掩终
23	12	20	木卫三 偏食始
23	14	41	木卫三 偏食终
23	14	43	木卫三 掩始
23	17	11	木卫三 掩终
23	20	45	木卫二 偏食始
24	0	31	木卫二 掩终
24	0	53	木卫一 影凌始
24	1	30	木卫一 凌始
24	3	08	木卫一 影凌终
24	3	45	木卫一 凌终
24	22	03	木卫一 偏食始
25	0	57	木卫一 掩终
25	15	07	木卫二 影凌始
25	16	23	木卫二 凌始
25	17	41	木卫二 影凌终
25	19	01	木卫二 凌终
25	19	22	木卫一 影凌始
25	20	00	木卫一 凌始
25	21	37	木卫一 影凌终
25	22	15	木卫一 凌终
26	16	32	木卫一 偏食始
26	19	27	木卫一 掩终
27	2	36	木卫三 影凌始
27	4	56	木卫三 影凌终
27	5	12	木卫三 凌始
27	7	39	木卫三 凌终
27	10	02	木卫二 偏食始
27	13	50	木卫一 影凌始
27	13	55	木卫二 掩终
27	14	30	木卫一 凌始
27	16	05	木卫一 影凌终
27	16	45	木卫一 凌终
28	11	01	木卫一 偏食始
28	13	58	木卫一 掩终
29	4	25	木卫二 影凌始
29	5	48	木卫二 凌始
29	7	00	木卫二 影凌终
29	8	19	木卫一 影凌始
29	8	26	木卫二 凌终
29	9	00	木卫一 凌始
29	10	34	木卫一 影凌终
29	11	15	木卫一 凌终
30	5	29	木卫一 偏食始
30	8	28	木卫一 掩终
30	16	20	木卫三 偏食始
30	18	42	木卫三 偏食终
30	19	11	木卫三 掩始
30	21	39	木卫三 掩终
30	23	19	木卫二 偏食始

天　然　卫　星

木卫一～木卫四动态图　**2024 年**

6　月　世界时

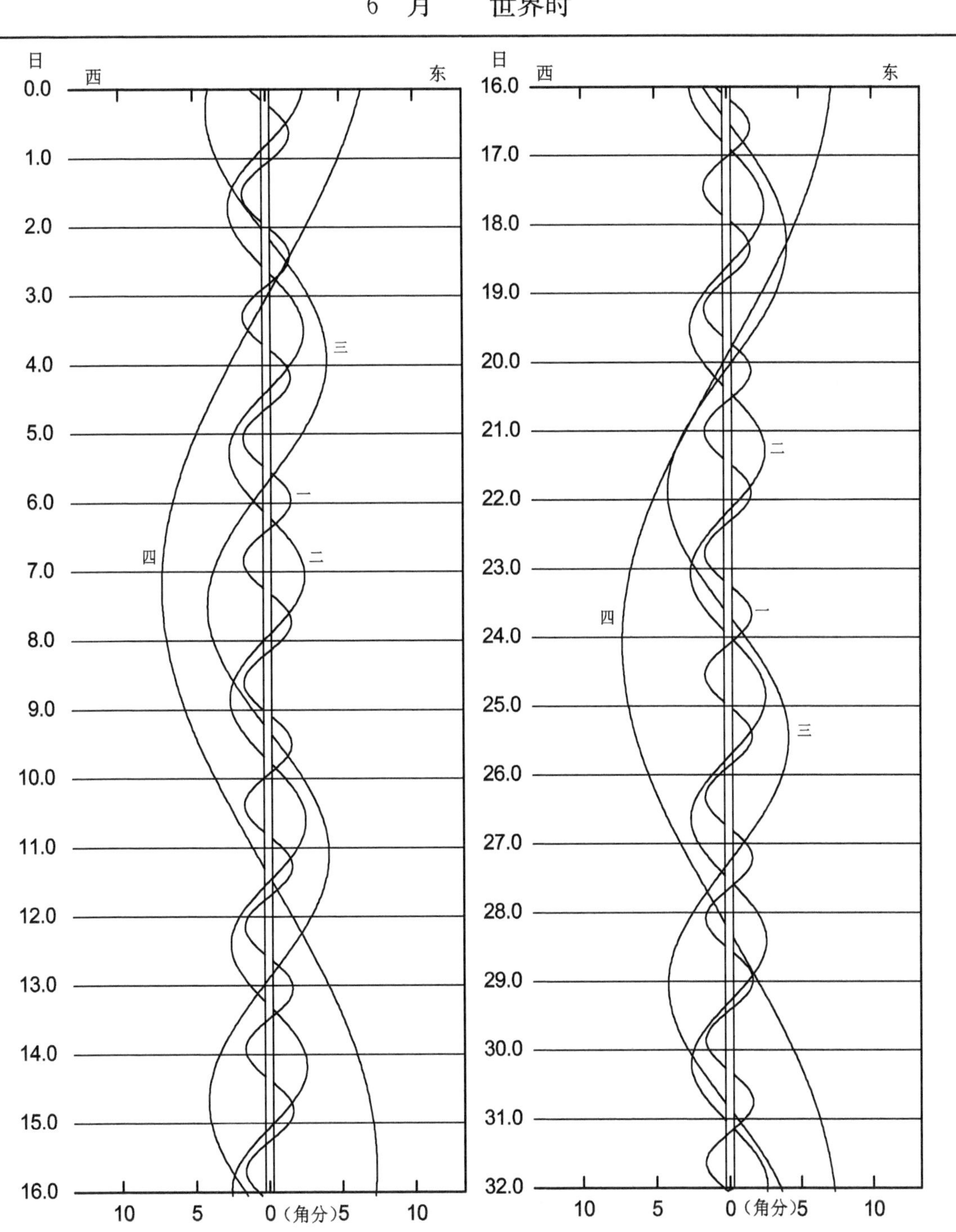

2024年6月木卫一～木卫四动态图

天　然　卫　星

2024 年　　木卫一～木卫四天象

7　月　　世界时

日	时 分	天象
1	2 47	木卫一 影凌始
1	3 19	木卫二 掩终
1	3 30	木卫一 凌始
1	5 02	木卫一 影凌终
1	5 45	木卫一 凌终
1	23 58	木卫一 偏食始
2	2 58	木卫一 掩终
2	17 44	木卫二 影凌始
2	19 14	木卫二 凌始
2	20 19	木卫二 影凌终
2	21 16	木卫一 影凌始
2	21 51	木卫二 凌终
2	22 00	木卫一 凌始
2	23 31	木卫一 影凌终
3	0 15	木卫一 凌终
3	18 27	木卫一 偏食始
3	21 28	木卫一 掩终
4	6 35	木卫三 影凌始
4	8 56	木卫三 影凌终
4	9 38	木卫三 凌始
4	12 06	木卫三 凌终
4	12 37	木卫二 偏食始
4	15 44	木卫一 影凌始
4	16 30	木卫一 凌始
4	16 43	木卫二 掩终
4	17 59	木卫一 影凌终
4	18 45	木卫一 凌终
5	12 55	木卫一 偏食始
5	15 59	木卫一 掩终
6	7 02	木卫二 影凌始
6	8 38	木卫二 凌始
6	9 37	木卫二 影凌终
6	10 13	木卫一 影凌始
6	11 00	木卫一 凌始
6	11 16	木卫二 凌终
6	12 28	木卫一 影凌终
6	13 15	木卫一 凌终
7	7 24	木卫一 偏食始
7	10 29	木卫一 掩终
7	20 21	木卫三 偏食始
7	22 43	木卫三 偏食终
7	23 37	木卫三 掩始
8	1 54	木卫二 偏食始
8	2 05	木卫三 掩终
8	4 41	木卫一 影凌始
8	5 30	木卫一 凌始
8	6 06	木卫二 掩终
8	6 56	木卫一 影凌终
8	7 45	木卫一 凌终
9	1 52	木卫一 偏食始
9	4 59	木卫一 掩终
9	20 21	木卫二 影凌始
9	22 04	木卫二 凌始
9	22 56	木卫二 影凌终
9	23 10	木卫一 影凌始
10	0 00	木卫一 凌始
10	0 41	木卫二 凌终
10	1 24	木卫一 影凌终
10	2 15	木卫一 凌终
10	20 21	木卫一 偏食始
10	23 29	木卫一 掩终
11	10 35	木卫三 影凌始
11	12 56	木卫三 影凌终
11	14 03	木卫三 凌始
11	15 11	木卫二 偏食始
11	16 31	木卫三 凌终
11	17 38	木卫一 影凌始
11	18 30	木卫一 凌始
11	19 29	木卫二 掩终
11	19 53	木卫一 影凌终
11	20 45	木卫一 凌终
12	14 50	木卫一 偏食始
12	17 59	木卫一 掩终
13	9 39	木卫二 影凌始
13	11 28	木卫二 凌始
13	12 07	木卫一 影凌始
13	12 15	木卫二 影凌终
13	13 00	木卫一 凌始
13	14 06	木卫二 凌终
13	14 21	木卫一 影凌终
13	15 15	木卫一 凌终
14	9 18	木卫一 偏食始
14	12 29	木卫一 掩终
15	0 21	木卫三 偏食始
15	2 43	木卫三 偏食终
15	4 01	木卫三 掩始
15	4 28	木卫二 偏食始
15	6 30	木卫三 掩终
15	6 35	木卫一 影凌始
15	7 30	木卫一 凌始
15	8 50	木卫一 影凌终
15	8 52	木卫二 掩终
15	9 45	木卫一 凌终
16	3 47	木卫一 偏食始
16	6 59	木卫一 掩终
16	22 58	木卫二 影凌始
17	0 53	木卫二 凌始
17	1 04	木卫一 影凌始
17	1 34	木卫二 影凌终
17	1 59	木卫一 凌始
17	3 18	木卫一 影凌终
17	3 31	木卫二 凌终
17	4 15	木卫一 凌终
17	22 15	木卫一 偏食始
18	1 29	木卫一 掩终
18	14 36	木卫三 影凌始
18	16 58	木卫三 影凌终
18	17 45	木卫二 偏食始
18	18 27	木卫三 凌始
18	19 32	木卫一 影凌始
18	20 29	木卫一 凌始
18	20 55	木卫三 凌终
18	21 47	木卫一 影凌终
18	22 15	木卫二 掩终
18	22 44	木卫一 凌终
19	16 44	木卫一 偏食始
19	19 59	木卫一 掩终
20	12 16	木卫二 影凌始
20	14 00	木卫一 影凌始
20	14 16	木卫二 凌始
20	14 52	木卫二 影凌终
20	14 59	木卫一 凌始
20	16 15	木卫一 影凌终
20	16 55	木卫二 凌终
20	17 14	木卫一 凌终
21	11 13	木卫一 偏食始
21	14 29	木卫一 掩终
22	4 20	木卫三 偏食始
22	6 43	木卫三 偏食终
22	7 02	木卫二 偏食始
22	8 24	木卫三 掩始
22	8 29	木卫一 影凌始
22	9 29	木卫一 凌始
22	10 44	木卫一 影凌终
22	10 52	木卫三 掩终
22	11 37	木卫二 掩终
22	11 44	木卫一 凌终
23	5 41	木卫一 偏食始
23	8 59	木卫一 掩终
24	1 35	木卫二 影凌始
24	2 57	木卫一 影凌始
24	3 41	木卫二 凌始
24	3 58	木卫一 凌始
24	4 11	木卫二 影凌终
24	5 12	木卫一 影凌终
24	6 14	木卫一 凌终
24	6 19	木卫二 凌终
25	0 10	木卫一 偏食始
25	3 29	木卫一 掩终
25	18 35	木卫三 影凌始
25	20 19	木卫二 偏食始
25	20 58	木卫三 影凌终
25	21 26	木卫一 影凌始
25	22 28	木卫一 凌始
25	22 48	木卫三 凌始
25	23 40	木卫一 影凌终
26	0 43	木卫一 凌终
26	0 59	木卫二 掩终
26	1 16	木卫三 凌终
26	18 38	木卫一 偏食始
26	21 59	木卫一 掩终
27	14 53	木卫二 影凌始
27	15 54	木卫一 影凌始
27	16 58	木卫一 凌始
27	17 04	木卫二 凌始
27	17 29	木卫二 影凌终
27	18 09	木卫一 影凌终
27	19 13	木卫一 凌终
27	19 42	木卫二 凌终
28	13 07	木卫一 偏食始
28	16 29	木卫一 掩终
29	8 20	木卫三 偏食始
29	9 36	木卫二 偏食始
29	10 22	木卫一 影凌始
29	10 44	木卫三 偏食终
29	11 27	木卫一 凌始
29	12 37	木卫一 影凌终
29	12 44	木卫三 掩始
29	13 43	木卫一 凌终
29	14 21	木卫二 掩终
29	15 13	木卫三 掩终
30	7 35	木卫一 偏食始
30	10 58	木卫一 掩终
31	4 12	木卫二 影凌始
31	4 51	木卫一 影凌始
31	5 57	木卫一 凌始
31	6 28	木卫二 凌始
31	6 48	木卫二 影凌终
31	7 06	木卫一 影凌终
31	8 12	木卫一 凌终
31	9 06	木卫二 凌终

天　然　卫　星

木卫一～木卫四动态图　**2024 年**

7　月　世界时

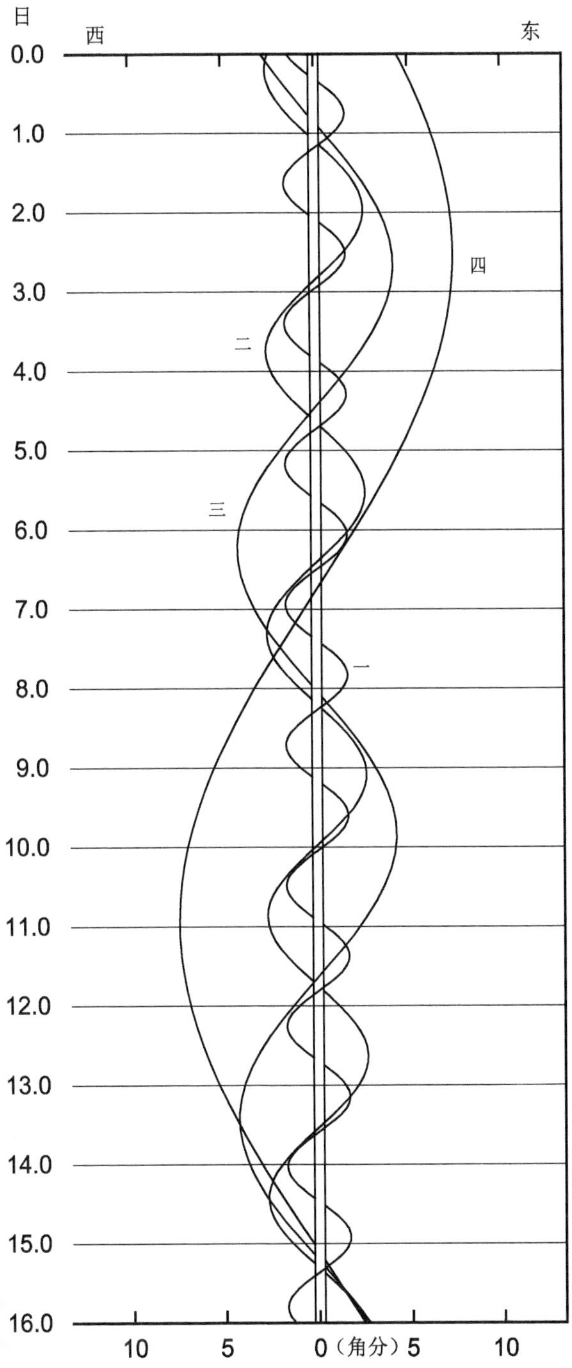

日　西　东
0.0 1.0 2.0 3.0 4.0 5.0 6.0 7.0 8.0 9.0 10.0 11.0 12.0 13.0 14.0 15.0 16.0
四 二 三 一
10 5 0（角分）5 10

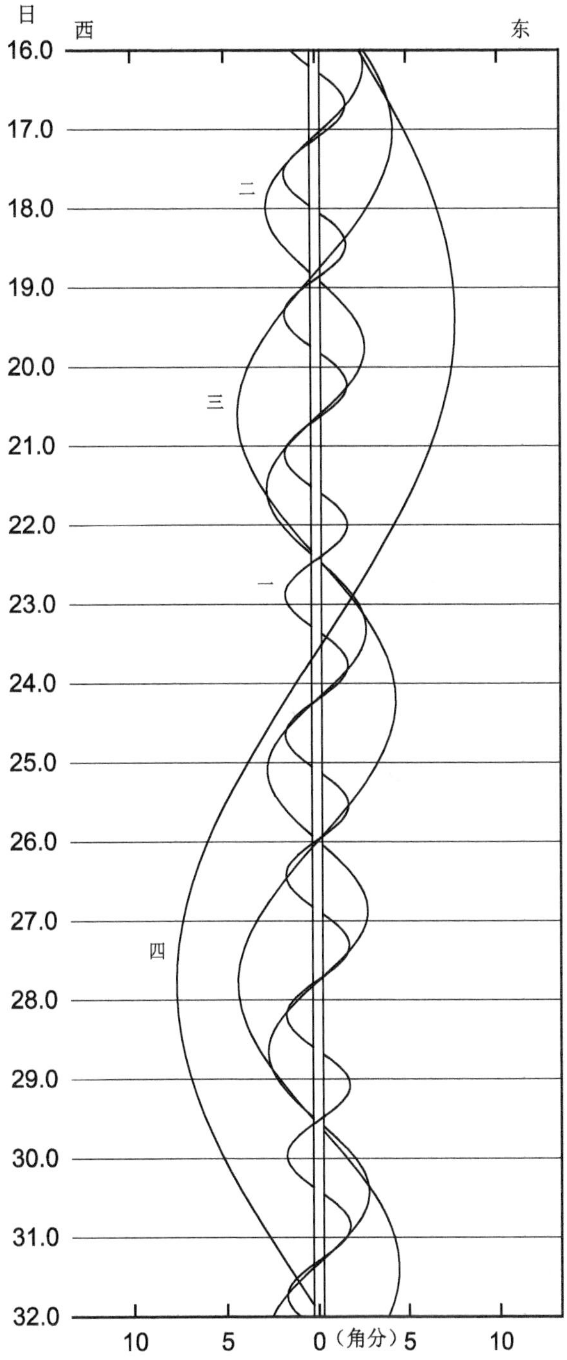

日　西　东
16.0 17.0 18.0 19.0 20.0 21.0 22.0 23.0 24.0 25.0 26.0 27.0 28.0 29.0 30.0 31.0 32.0
二 三 一 四
10 5 0（角分）5 10

2024年7月木卫一～木卫四动态图

天 然 卫 星

2024 年 木卫一～木卫四天象

8 月 世界时

日	时	分	
1	2	04	木卫一 偏食始
1	5	28	木卫一 掩终
1	22	35	木卫三 影凌始
1	22	53	木卫二 偏食始
1	23	19	木卫一 影凌始
2	0	26	木卫一 凌始
2	0	58	木卫三 影凌终
2	1	34	木卫一 影凌终
2	2	42	木卫一 凌终
2	3	07	木卫三 凌始
2	3	43	木卫二 掩终
2	5	35	木卫三 凌终
2	20	33	木卫一 偏食始
2	23	58	木卫一 掩终
3	17	30	木卫二 影凌始
3	17	48	木卫一 影凌始
3	18	56	木卫一 凌始
3	19	50	木卫二 凌始
3	20	02	木卫一 影凌终
3	20	07	木卫二 影凌终
3	21	11	木卫一 凌终
3	22	29	木卫二 凌终
4	15	01	木卫一 偏食始
4	18	28	木卫一 掩终
5	12	10	木卫二 偏食始
5	12	16	木卫一 影凌始
5	12	20	木卫三 偏食始
5	13	25	木卫一 凌始
5	14	31	木卫一 影凌终
5	14	44	木卫三 偏食终
5	15	40	木卫一 凌终
5	17	03	木卫三 掩始
5	17	04	木卫二 掩终
5	19	31	木卫三 掩终
6	9	30	木卫一 偏食始
6	12	57	木卫一 掩终
7	6	44	木卫一 影凌始
7	6	49	木卫二 影凌始
7	7	55	木卫一 凌始
7	8	59	木卫一 影凌终
7	9	14	木卫二 凌始
7	9	26	木卫二 影凌终
7	10	10	木卫一 凌终
7	11	52	木卫二 凌终
8	3	58	木卫一 偏食始
8	7	27	木卫一 掩终
9	1	13	木卫一 影凌始
9	1	27	木卫二 偏食始
9	2	24	木卫一 凌始
9	2	34	木卫三 影凌始
9	3	28	木卫一 影凌终
9	4	39	木卫一 凌终
9	4	58	木卫三 影凌终
9	6	25	木卫二 掩终
9	7	24	木卫三 凌始
9	9	52	木卫三 凌终
9	22	27	木卫一 偏食始
10	1	56	木卫一 掩终
10	19	41	木卫一 影凌始
10	20	07	木卫二 影凌始
10	20	53	木卫一 凌始
10	21	56	木卫一 影凌终
10	22	36	木卫二 凌始
10	22	44	木卫二 影凌终
10	23	09	木卫一 凌终
11	1	15	木卫二 凌终
11	16	55	木卫一 偏食始
11	20	26	木卫一 掩终
12	14	10	木卫一 影凌始
12	14	44	木卫二 偏食始
12	15	23	木卫一 凌始
12	16	21	木卫三 偏食始
12	16	24	木卫一 影凌终
12	17	38	木卫一 凌终
12	18	46	木卫三 偏食终
12	19	46	木卫二 掩终
12	21	19	木卫三 掩始
12	23	48	木卫三 掩终
13	11	24	木卫一 偏食始
13	14	55	木卫一 掩终
14	8	38	木卫一 影凌始
14	9	26	木卫二 影凌始
14	9	52	木卫一 凌始
14	10	53	木卫一 影凌终
14	11	58	木卫二 凌始
14	12	03	木卫二 影凌终
14	12	07	木卫一 凌终
14	14	37	木卫二 凌终
15	5	53	木卫一 偏食始
15	9	24	木卫一 掩终
16	3	06	木卫一 影凌始
16	4	01	木卫二 偏食始
16	4	21	木卫一 凌始
16	5	21	木卫一 影凌终
16	6	33	木卫三 影凌始
16	6	36	木卫一 凌终
16	8	57	木卫三 影凌终
16	9	06	木卫二 掩终
16	11	37	木卫三 凌始
16	14	05	木卫三 凌终
17	0	21	木卫一 偏食始
17	3	54	木卫一 掩终
17	21	35	木卫一 影凌始
17	22	44	木卫二 影凌始
17	22	50	木卫一 凌始
17	23	50	木卫一 影凌终
18	1	05	木卫一 凌终
18	1	19	木卫二 凌始
18	1	21	木卫二 影凌终
18	3	58	木卫二 凌终
18	18	50	木卫一 偏食始
18	22	23	木卫一 掩终
19	16	03	木卫一 影凌始
19	17	18	木卫二 偏食始
19	17	19	木卫一 凌始
19	18	18	木卫一 影凌终
19	19	34	木卫一 凌终
19	20	20	木卫三 偏食始
19	22	26	木卫二 掩终
19	22	46	木卫三 偏食终
20	1	32	木卫三 掩始
20	4	01	木卫三 掩终
20	13	18	木卫一 偏食始
20	16	52	木卫一 掩终
21	10	31	木卫一 影凌始
21	11	48	木卫一 凌始
21	12	03	木卫二 影凌始
21	12	46	木卫一 影凌终
21	14	04	木卫一 凌终
21	14	40	木卫二 影凌终
21	14	41	木卫二 凌始
21	17	20	木卫二 凌终
22	7	47	木卫一 偏食始
22	11	21	木卫一 掩终
23	5	00	木卫一 影凌始
23	6	17	木卫一 凌始
23	6	35	木卫二 偏食始
23	7	15	木卫一 影凌终
23	8	33	木卫一 凌终
23	10	32	木卫三 影凌始
23	11	46	木卫二 掩终
23	12	57	木卫三 影凌终
23	15	48	木卫三 凌始
23	18	16	木卫三 凌终
24	2	15	木卫一 偏食始
24	5	51	木卫一 掩终
24	23	28	木卫一 影凌始
25	0	46	木卫一 凌始
25	1	21	木卫二 影凌始
25	1	43	木卫一 影凌终
25	3	01	木卫一 凌终
25	3	58	木卫二 影凌终
25	4	01	木卫二 凌始
25	6	41	木卫二 凌终
25	20	44	木卫一 偏食始
26	0	20	木卫一 掩终
26	17	56	木卫一 影凌始
26	19	15	木卫一 凌始
26	19	52	木卫二 偏食始
26	20	11	木卫一 影凌终
26	21	30	木卫一 凌终
26	22	27	木卫二 偏食终
26	22	27	木卫二 掩始
27	0	20	木卫三 偏食始
27	1	05	木卫二 掩终
27	2	47	木卫三 偏食终
27	5	41	木卫三 掩始
27	8	11	木卫三 掩终
27	15	12	木卫一 偏食始
27	18	49	木卫一 掩终
28	12	25	木卫一 影凌始
28	13	44	木卫一 凌始
28	14	40	木卫一 影凌终
28	14	40	木卫二 影凌始
28	15	59	木卫一 凌终
28	17	17	木卫二 影凌终
28	17	22	木卫二 凌始
28	20	01	木卫二 凌终
29	9	41	木卫一 偏食始
29	13	18	木卫一 掩终
30	6	53	木卫一 影凌始
30	8	13	木卫一 凌始
30	9	08	木卫一 影凌终
30	9	09	木卫二 偏食始
30	10	28	木卫一 凌终
30	11	44	木卫二 偏食终
30	11	46	木卫二 掩始
30	14	24	木卫二 掩终
30	14	31	木卫三 影凌始
30	16	57	木卫三 影凌终
30	19	55	木卫三 凌始
30	22	24	木卫三 凌终
31	4	09	木卫一 偏食始
31	7	46	木卫一 掩终

天　然　卫　星

木卫一～木卫四动态图　　2024 年

8　月　　世界时

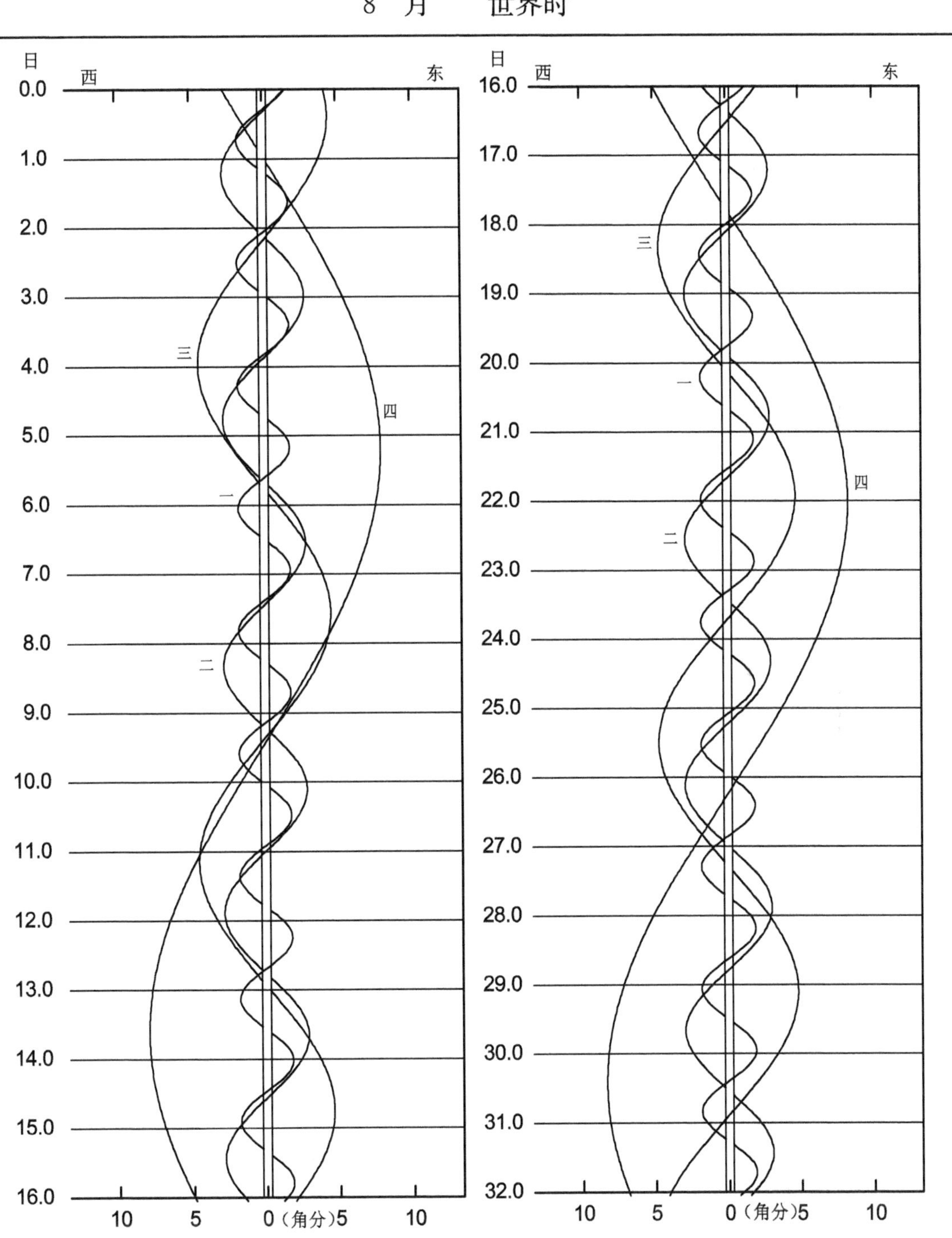

2024年8月木卫一～木卫四动态图

天　然　卫　星

2024 年　　木卫一～木卫四天象

9　月　　世界时

日	时	分	天象
1	1	22	木卫一 影凌始
1	2	41	木卫一 凌始
1	3	37	木卫一 影凌终
1	3	58	木卫二 影凌始
1	4	57	木卫一 凌终
1	6	35	木卫二 影凌终
1	6	42	木卫二 凌始
1	9	21	木卫二 凌终
1	22	38	木卫一 偏食始
2	2	15	木卫一 掩终
2	19	50	木卫一 影凌始
2	21	10	木卫一 凌始
2	22	05	木卫一 影凌终
2	22	26	木卫二 偏食始
2	23	25	木卫一 凌终
3	1	01	木卫二 偏食终
3	1	04	木卫二 掩始
3	3	42	木卫二 掩终
3	4	20	木卫三 偏食始
3	6	47	木卫三 偏食终
3	9	47	木卫三 掩始
3	12	16	木卫三 掩终
3	17	06	木卫一 偏食始
3	20	44	木卫一 掩终
4	14	18	木卫一 影凌始
4	15	39	木卫一 凌始
4	16	33	木卫一 影凌终
4	17	17	木卫二 影凌始
4	17	54	木卫一 凌终
4	19	54	木卫二 影凌终
4	20	02	木卫二 凌始
4	22	41	木卫二 凌终
5	11	35	木卫一 偏食始
5	15	13	木卫一 掩终
6	8	47	木卫一 影凌始
6	10	07	木卫一 凌始
6	11	02	木卫一 影凌终
6	11	43	木卫二 偏食始
6	12	23	木卫一 凌终
6	14	18	木卫二 偏食终
6	14	22	木卫二 掩始
6	17	00	木卫二 掩终
6	18	31	木卫三 影凌始
6	20	58	木卫三 影凌终
7	0	00	木卫三 凌始
7	2	28	木卫三 凌终
7	6	03	木卫一 偏食始
7	9	41	木卫一 掩终
8	3	15	木卫一 影凌始
8	4	36	木卫一 凌始
8	5	30	木卫一 影凌终
8	6	35	木卫二 影凌始
8	6	51	木卫一 凌终
8	9	12	木卫二 影凌终
8	9	20	木卫二 凌始
8	12	00	木卫二 凌终
9	0	32	木卫一 偏食始
9	4	10	木卫一 掩终
9	21	43	木卫一 影凌始
9	23	04	木卫一 凌始
9	23	58	木卫一 影凌终
10	0	59	木卫二 偏食始
10	1	19	木卫一 凌终
10	3	36	木卫二 偏食终
10	3	40	木卫二 掩始
10	6	18	木卫二 掩终
10	8	19	木卫三 偏食始
10	10	46	木卫三 偏食终
10	13	49	木卫三 掩始
10	16	18	木卫三 掩终
10	19	00	木卫一 偏食始
10	22	39	木卫一 掩终
11	16	12	木卫一 影凌始
11	17	33	木卫一 凌始
11	18	27	木卫一 影凌终
11	19	48	木卫一 凌终
11	19	54	木卫二 影凌始
11	22	31	木卫二 影凌终
11	22	39	木卫二 凌始
12	1	18	木卫二 凌终
12	13	29	木卫一 偏食始
12	17	07	木卫一 掩终
13	10	40	木卫一 影凌始
13	12	01	木卫一 凌始
13	12	55	木卫一 影凌终
13	14	16	木卫一 凌终
13	14	16	木卫二 偏食始
13	16	53	木卫二 偏食终
13	16	57	木卫二 掩始
13	19	35	木卫二 掩终
13	22	31	木卫三 影凌始
14	0	58	木卫三 影凌终
14	3	59	木卫三 凌始
14	6	28	木卫三 凌终
14	7	57	木卫一 偏食始
14	11	35	木卫一 掩终
15	5	08	木卫一 影凌始
15	6	29	木卫一 凌始
15	7	24	木卫一 影凌终
15	8	44	木卫一 凌终
15	9	12	木卫二 影凌始
15	11	49	木卫二 影凌终
15	11	56	木卫二 凌始
15	14	36	木卫二 凌终
16	2	26	木卫一 偏食始
16	6	04	木卫一 掩终
16	23	37	木卫一 影凌始
17	0	57	木卫一 凌始
17	1	52	木卫一 影凌终
17	3	13	木卫一 凌终
17	3	33	木卫二 偏食始
17	6	10	木卫二 偏食终
17	6	13	木卫二 掩始
17	8	51	木卫二 掩终
17	12	18	木卫三 偏食始
17	14	47	木卫三 偏食终
17	17	47	木卫三 掩始
17	20	16	木卫三 掩终
17	20	54	木卫一 偏食始
18	0	32	木卫一 掩终
18	18	05	木卫一 影凌始
18	19	25	木卫一 凌始
18	20	20	木卫一 影凌终
18	21	41	木卫一 凌终
18	22	30	木卫二 影凌始
19	1	08	木卫二 影凌终
19	1	14	木卫二 凌始
19	3	54	木卫二 凌终
19	15	23	木卫一 偏食始
19	19	00	木卫一 掩终
20	12	33	木卫一 影凌始
20	13	54	木卫一 凌始
20	14	49	木卫一 影凌终
20	16	09	木卫一 凌终
20	16	51	木卫二 偏食始
20	19	27	木卫二 偏食终
20	19	29	木卫二 掩始
20	22	08	木卫二 掩终
21	2	30	木卫三 影凌始
21	4	58	木卫三 影凌终
21	7	55	木卫三 凌始
21	9	51	木卫一 偏食始
21	10	24	木卫三 凌终
21	13	28	木卫一 掩终
22	7	02	木卫一 影凌始
22	8	22	木卫一 凌始
22	9	17	木卫一 影凌终
22	10	37	木卫一 凌终
22	11	48	木卫二 影凌始
22	14	26	木卫二 影凌终
22	14	31	木卫二 凌始
22	17	10	木卫二 凌终
23	4	20	木卫一 偏食始
23	7	57	木卫一 掩终
24	1	30	木卫一 影凌始
24	2	49	木卫一 凌始
24	3	45	木卫一 影凌终
24	5	05	木卫一 凌终
24	6	08	木卫二 偏食始
24	8	44	木卫二 偏食终
24	8	45	木卫二 掩始
24	11	23	木卫二 掩终
24	16	18	木卫三 偏食始
24	18	47	木卫三 偏食终
24	21	40	木卫三 掩始
24	22	48	木卫一 偏食始
25	0	10	木卫三 掩终
25	2	25	木卫一 掩终
25	19	59	木卫一 影凌始
25	21	17	木卫一 凌始
25	22	14	木卫一 影凌终
25	23	33	木卫一 凌终
26	1	07	木卫二 影凌始
26	3	45	木卫二 影凌终
26	3	47	木卫二 凌始
26	6	26	木卫二 凌终
26	17	17	木卫一 偏食始
26	20	52	木卫一 掩终
27	14	27	木卫一 影凌始
27	15	45	木卫一 凌始
27	16	42	木卫一 影凌终
27	18	01	木卫一 凌终
27	19	25	木卫二 偏食始
28	0	38	木卫二 掩终
28	6	29	木卫三 影凌始
28	8	58	木卫三 影凌终
28	11	45	木卫一 偏食始
28	11	46	木卫三 凌始
28	14	14	木卫三 凌终
28	15	20	木卫一 掩终
29	8	55	木卫一 影凌始
29	10	13	木卫一 凌始
29	11	11	木卫一 影凌终
29	12	28	木卫一 凌终
29	14	25	木卫二 影凌始
29	17	02	木卫二 凌始
29	17	03	木卫二 影凌终
29	19	42	木卫二 凌终
30	6	14	木卫一 偏食始
30	9	48	木卫一 掩终

天　然　卫　星

木卫一～木卫四动态图　　2024 年

9　月　　世界时

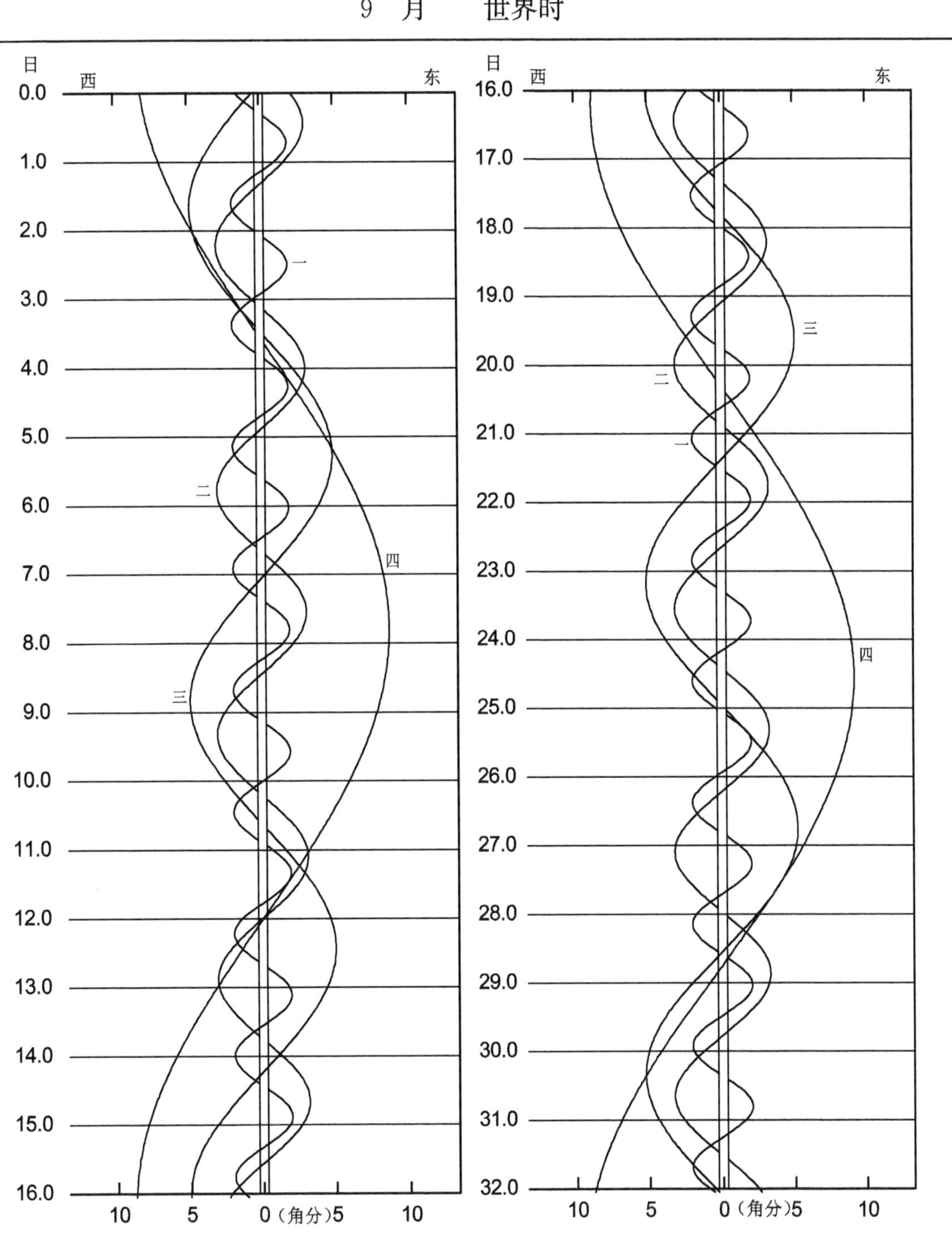

2024年9月木卫一～木卫四动态图

天 然 卫 星

2024 年　　木卫一～木卫四天象

10 月　世界时

日	时	分	
1	3	24	木卫一 影凌始
1	4	41	木卫一 凌始
1	5	39	木卫一 影凌终
1	6	56	木卫一 凌终
1	8	42	木卫二 偏食始
1	13	53	木卫二 掩终
1	20	18	木卫三 偏食始
1	22	48	木卫三 偏食终
2	0	42	木卫一 偏食始
2	1	30	木卫三 掩始
2	4	00	木卫三 掩终
2	4	16	木卫一 掩终
2	21	52	木卫一 影凌始
2	23	08	木卫一 凌始
3	0	07	木卫一 影凌终
3	1	24	木卫一 凌终
3	3	43	木卫二 影凌始
3	6	18	木卫二 凌始
3	6	22	木卫二 影凌终
3	8	57	木卫二 凌终
3	19	11	木卫一 偏食始
3	22	43	木卫一 掩终
4	16	20	木卫一 影凌始
4	17	36	木卫一 凌始
4	18	36	木卫一 影凌终
4	19	51	木卫一 凌终
4	21	59	木卫二 偏食始
5	3	07	木卫二 掩终
5	10	27	木卫三 影凌始
5	12	57	木卫三 影凌终
5	13	39	木卫一 偏食始
5	15	32	木卫三 凌始
5	17	11	木卫一 掩终
5	18	00	木卫三 凌终
6	10	49	木卫一 影凌始
6	12	03	木卫一 凌始
6	13	04	木卫一 影凌终
6	14	19	木卫一 凌终
6	17	01	木卫二 影凌始
6	19	32	木卫二 凌始
6	19	40	木卫二 影凌终
6	22	11	木卫二 凌终
7	8	08	木卫一 偏食始
7	11	39	木卫一 掩终
8	5	17	木卫一 影凌始
8	6	31	木卫一 凌始
8	7	33	木卫一 影凌终
8	8	46	木卫一 凌终
8	11	16	木卫二 偏食始
8	16	20	木卫二 掩终
9	0	17	木卫三 偏食始
9	2	36	木卫一 偏食始
9	2	48	木卫三 偏食终
9	5	15	木卫三 掩始
9	6	06	木卫一 掩终
9	7	44	木卫三 掩终
9	23	46	木卫一 影凌始
10	0	58	木卫一 凌始
10	2	01	木卫一 影凌终
10	3	13	木卫一 凌终
10	6	20	木卫二 影凌始
10	8	46	木卫二 凌始
10	8	58	木卫二 影凌终
10	11	25	木卫二 凌终
10	21	05	木卫一 偏食始
11	0	33	木卫一 掩终
11	18	14	木卫一 影凌始
11	19	25	木卫一 凌始
11	20	30	木卫一 影凌终
11	21	41	木卫一 凌终
12	0	33	木卫二 偏食始
12	5	33	木卫二 掩终
12	14	27	木卫三 影凌始
12	15	33	木卫一 偏食始
12	16	57	木卫三 影凌终
12	19	01	木卫一 掩终
12	19	14	木卫三 凌始
12	21	42	木卫三 凌终
13	12	42	木卫一 影凌始
13	13	52	木卫一 凌始
13	14	58	木卫一 影凌终
13	16	08	木卫一 凌终
13	19	38	木卫二 影凌始
13	21	59	木卫二 凌始
13	22	16	木卫二 影凌终
14	0	38	木卫二 凌终
14	10	02	木卫一 偏食始
14	13	28	木卫一 掩终
15	7	11	木卫一 影凌始
15	8	19	木卫一 凌始
15	9	26	木卫一 影凌终
15	10	35	木卫一 凌终
15	13	51	木卫二 偏食始
15	18	45	木卫二 掩终
16	4	17	木卫三 偏食始
16	4	30	木卫一 偏食始
16	6	49	木卫三 偏食终
16	7	55	木卫一 掩终
16	8	54	木卫三 掩始
16	11	23	木卫三 掩终
17	1	39	木卫一 影凌始
17	2	46	木卫一 凌始
17	3	55	木卫一 影凌终
17	5	02	木卫一 凌终
17	8	56	木卫二 影凌始
17	11	12	木卫二 凌始
17	11	35	木卫二 影凌终
17	13	51	木卫二 凌终
17	22	59	木卫一 偏食始
18	2	22	木卫一 掩终
18	20	08	木卫一 影凌始
18	21	13	木卫一 凌始
18	22	23	木卫一 影凌终
18	23	29	木卫一 凌终
19	3	08	木卫二 偏食始
19	7	57	木卫二 掩终
19	17	27	木卫一 偏食始
19	18	26	木卫三 影凌始
19	20	49	木卫一 掩终
19	20	57	木卫三 影凌终
19	22	51	木卫三 凌始
20	1	18	木卫三 凌终
20	14	36	木卫一 影凌始
20	15	40	木卫一 凌始
20	16	52	木卫一 影凌终
20	17	56	木卫一 凌终
20	22	14	木卫二 影凌始
21	0	23	木卫二 凌始
21	0	53	木卫二 影凌终
21	3	02	木卫二 凌终
21	11	56	木卫一 偏食始
21	15	16	木卫一 掩终
22	9	05	木卫一 影凌始
22	10	07	木卫一 凌始
22	11	20	木卫一 影凌终
22	12	23	木卫一 凌终
22	16	25	木卫二 偏食始
22	21	08	木卫二 掩终
23	6	24	木卫一 偏食始
23	8	16	木卫三 偏食始
23	9	43	木卫一 掩终
23	10	49	木卫三 偏食终
23	12	28	木卫三 掩始
23	14	57	木卫三 掩终
24	3	33	木卫一 影凌始
24	4	34	木卫一 凌始
24	5	49	木卫一 影凌终
24	6	49	木卫一 凌终
24	11	32	木卫二 影凌始
24	13	35	木卫二 凌始
24	14	11	木卫二 影凌终
24	16	14	木卫二 凌终
25	0	53	木卫一 偏食始
25	4	09	木卫一 掩终
25	22	01	木卫一 影凌始
25	23	01	木卫一 凌始
26	0	17	木卫一 影凌终
26	1	16	木卫一 凌终
26	5	43	木卫二 偏食始
26	10	19	木卫二 掩终
26	19	22	木卫一 偏食始
26	22	26	木卫三 影凌始
26	22	36	木卫一 掩终
27	0	58	木卫三 影凌终
27	2	24	木卫三 凌始
27	4	51	木卫三 凌终
27	16	30	木卫一 影凌始
27	17	27	木卫一 凌始
27	18	46	木卫一 影凌终
27	19	43	木卫一 凌终
28	0	50	木卫二 影凌始
28	2	45	木卫二 凌始
28	3	29	木卫二 影凌终
28	5	24	木卫二 凌终
28	13	50	木卫一 偏食始
28	17	03	木卫一 掩终
29	10	58	木卫一 影凌始
29	11	54	木卫一 凌始
29	13	14	木卫一 影凌终
29	14	09	木卫一 凌终
29	19	00	木卫二 偏食始
29	23	29	木卫二 掩终
30	8	19	木卫一 偏食始
30	11	29	木卫一 掩终
30	12	15	木卫三 偏食始
30	14	49	木卫三 偏食终
30	15	58	木卫三 掩始
30	18	26	木卫三 掩终
31	5	27	木卫一 影凌始
31	6	20	木卫一 凌始
31	7	43	木卫一 影凌终
31	8	36	木卫一 凌终
31	14	08	木卫二 影凌始
31	15	56	木卫二 凌始
31	16	47	木卫二 影凌终
31	18	34	木卫二 凌终

天　然　卫　星

木卫一～木卫四动态图　　2024 年

10　月　　世界时

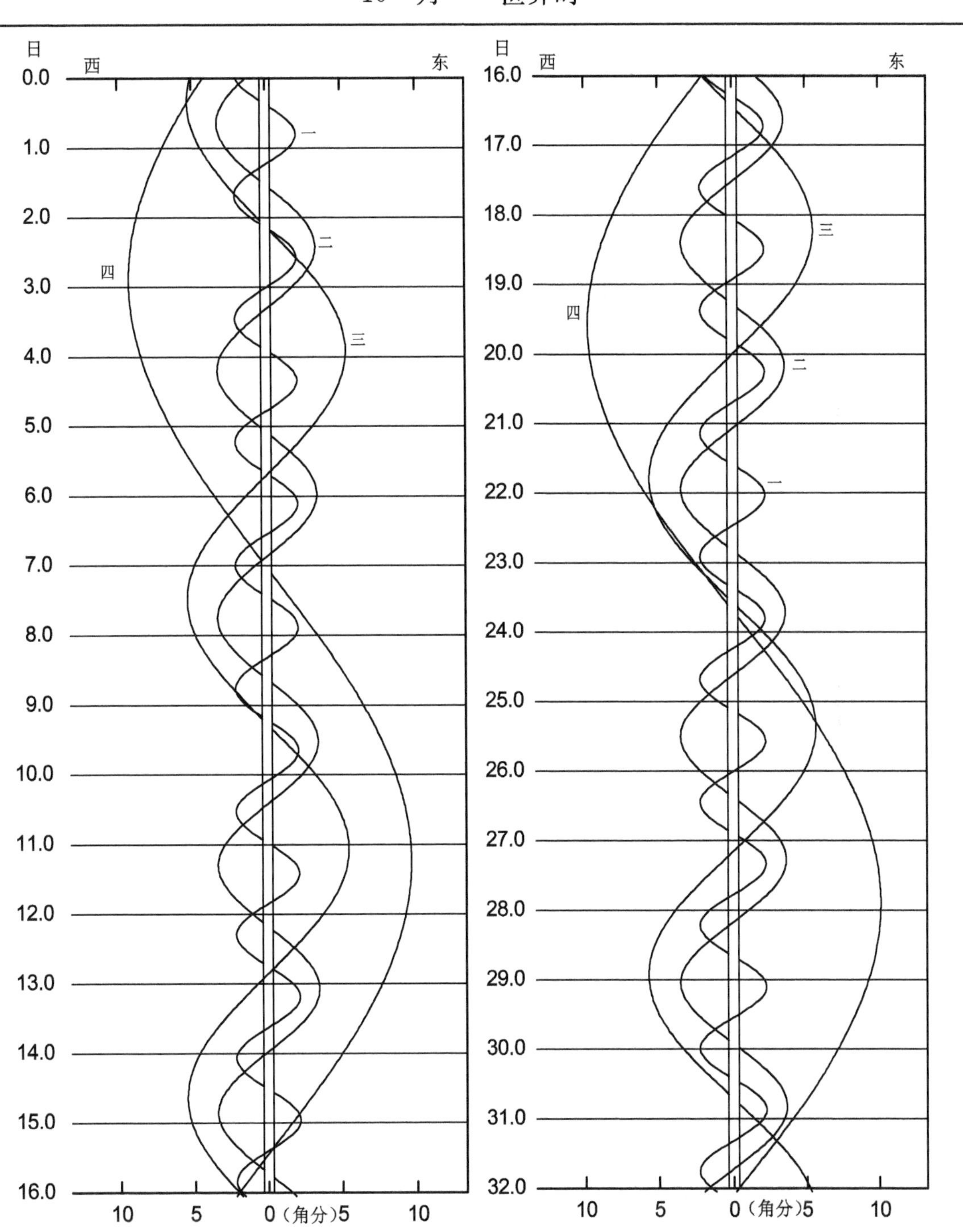

2024年10月木卫一～木卫四动态图

天 然 卫 星

2024 年　　木卫一～木卫四天象

11 月　世界时

日	时 分	天象
1	2 47	木卫一 偏食始
1	5 56	木卫一 掩终
1	23 55	木卫一 影凌始
2	0 47	木卫一 凌始
2	2 11	木卫一 影凌终
2	3 02	木卫一 凌终
2	8 18	木卫二 偏食始
2	12 39	木卫二 掩终
2	21 16	木卫一 偏食始
3	0 22	木卫一 掩终
3	2 25	木卫三 影凌始
3	4 58	木卫三 影凌终
3	5 51	木卫三 凌始
3	8 18	木卫三 凌终
3	18 24	木卫一 影凌始
3	19 13	木卫一 凌始
3	20 40	木卫一 影凌终
3	21 29	木卫一 凌终
4	3 26	木卫二 影凌始
4	5 05	木卫二 凌始
4	6 05	木卫二 影凌终
4	7 44	木卫二 凌终
4	15 44	木卫一 偏食始
4	18 49	木卫一 掩终
5	12 52	木卫一 影凌始
5	13 40	木卫一 凌始
5	15 08	木卫一 影凌终
5	15 55	木卫一 凌终
5	21 35	木卫二 偏食始
6	1 48	木卫二 掩终
6	10 13	木卫一 偏食始
6	13 15	木卫一 掩终
6	16 15	木卫三 偏食始
6	18 49	木卫三 偏食终
6	19 23	木卫三 掩始
6	21 52	木卫三 掩终
7	7 21	木卫一 影凌始
7	8 06	木卫一 凌始
7	9 37	木卫一 影凌终
7	10 21	木卫一 凌终
7	16 44	木卫二 影凌始
7	18 15	木卫二 凌始
7	19 24	木卫二 影凌终
7	20 53	木卫二 凌终
8	4 41	木卫一 偏食始
8	7 41	木卫一 掩终
9	1 49	木卫一 影凌始
9	2 32	木卫一 凌始
9	4 05	木卫一 影凌终
9	4 48	木卫一 凌终
9	10 53	木卫二 偏食始
9	14 57	木卫二 掩终
9	23 10	木卫一 偏食始
10	2 08	木卫一 掩终
10	6 25	木卫三 影凌始
10	8 59	木卫三 影凌终
10	9 15	木卫三 凌始
10	11 42	木卫三 凌终
10	20 18	木卫一 影凌始
10	20 58	木卫一 凌始
10	22 34	木卫一 影凌终
10	23 14	木卫一 凌终
11	6 02	木卫二 影凌始
11	7 23	木卫二 凌始
11	8 42	木卫二 影凌终
11	10 01	木卫二 凌终
11	17 38	木卫一 偏食始
11	20 34	木卫一 掩终
12	14 46	木卫一 影凌始
12	15 25	木卫一 凌始
12	17 02	木卫一 影凌终
12	17 40	木卫一 凌终
13	0 11	木卫二 偏食始
13	4 05	木卫二 掩终
13	12 07	木卫一 偏食始
13	15 00	木卫一 掩终
13	20 14	木卫三 偏食始
14	1 13	木卫三 掩终
14	9 15	木卫一 影凌始
14	9 51	木卫一 凌始
14	11 31	木卫一 影凌终
14	12 06	木卫一 凌终
14	19 20	木卫二 影凌始
14	20 31	木卫二 凌始
14	22 00	木卫二 影凌终
14	23 10	木卫二 凌终
15	6 36	木卫一 偏食始
15	9 26	木卫一 掩终
16	3 43	木卫一 影凌始
16	4 17	木卫一 凌始
16	5 59	木卫一 影凌终
16	6 32	木卫一 凌终
16	13 29	木卫二 偏食始
16	17 13	木卫二 掩终
17	1 04	木卫一 偏食始
17	3 52	木卫一 掩终
17	10 24	木卫三 影凌始
17	12 34	木卫三 凌始
17	12 59	木卫三 影凌终
17	15 01	木卫三 凌终
17	22 12	木卫一 影凌始
17	22 43	木卫一 凌始
18	0 28	木卫一 影凌终
18	0 58	木卫一 凌终
18	8 38	木卫二 影凌始
18	9 39	木卫二 凌始
18	11 18	木卫二 影凌终
18	12 17	木卫二 凌终
18	19 33	木卫一 偏食始
18	22 18	木卫一 掩终
19	16 40	木卫一 影凌始
19	17 09	木卫一 凌始
19	18 56	木卫一 影凌终
19	19 24	木卫一 凌终
20	2 47	木卫二 偏食始
20	6 21	木卫二 掩终
20	14 01	木卫一 偏食始
20	16 44	木卫一 掩终
21	0 15	木卫三 偏食始
21	4 32	木卫三 掩终
21	11 09	木卫一 影凌始
21	11 35	木卫一 凌始
21	13 25	木卫一 影凌终
21	13 50	木卫一 凌终
21	21 56	木卫二 影凌始
21	22 47	木卫二 凌始
22	0 36	木卫二 影凌终
22	1 25	木卫二 凌终
22	8 30	木卫一 偏食始
22	11 10	木卫一 掩终
23	5 38	木卫一 影凌始
23	6 01	木卫一 凌始
23	7 54	木卫一 影凌终
23	8 16	木卫一 凌终
23	16 04	木卫二 偏食始
23	19 28	木卫二 掩终
24	2 58	木卫一 偏食始
24	5 36	木卫一 掩终
24	14 23	木卫三 影凌始
24	15 51	木卫三 凌始
24	16 59	木卫三 影凌终
24	18 18	木卫三 凌终
25	0 06	木卫一 影凌始
25	0 27	木卫一 凌始
25	2 22	木卫一 影凌终
25	2 42	木卫一 凌终
25	11 14	木卫二 影凌始
25	11 54	木卫二 凌始
25	13 54	木卫二 影凌终
25	14 32	木卫二 凌终
25	21 27	木卫一 偏食始
26	0 02	木卫一 掩终
26	18 35	木卫一 影凌始
26	18 52	木卫一 凌始
26	20 51	木卫一 影凌终
26	21 08	木卫一 凌终
27	5 23	木卫二 偏食始
27	8 36	木卫二 掩终
27	15 56	木卫一 偏食始
27	18 28	木卫一 掩终
28	4 14	木卫三 偏食始
28	7 49	木卫三 掩终
28	13 03	木卫一 影凌始
28	13 18	木卫一 凌始
28	15 20	木卫一 影凌终
28	15 34	木卫一 凌终
29	0 32	木卫二 影凌始
29	1 01	木卫二 凌始
29	3 12	木卫二 影凌终
29	3 39	木卫二 凌终
29	10 24	木卫一 偏食始
29	12 53	木卫一 掩终
30	7 32	木卫一 影凌始
30	7 44	木卫一 凌始
30	9 48	木卫一 影凌终
30	10 00	木卫一 凌终
30	18 40	木卫二 偏食始
30	21 43	木卫二 掩终

天　然　卫　星

木卫一～木卫四动态图　　2024 年

11　月　　世界时

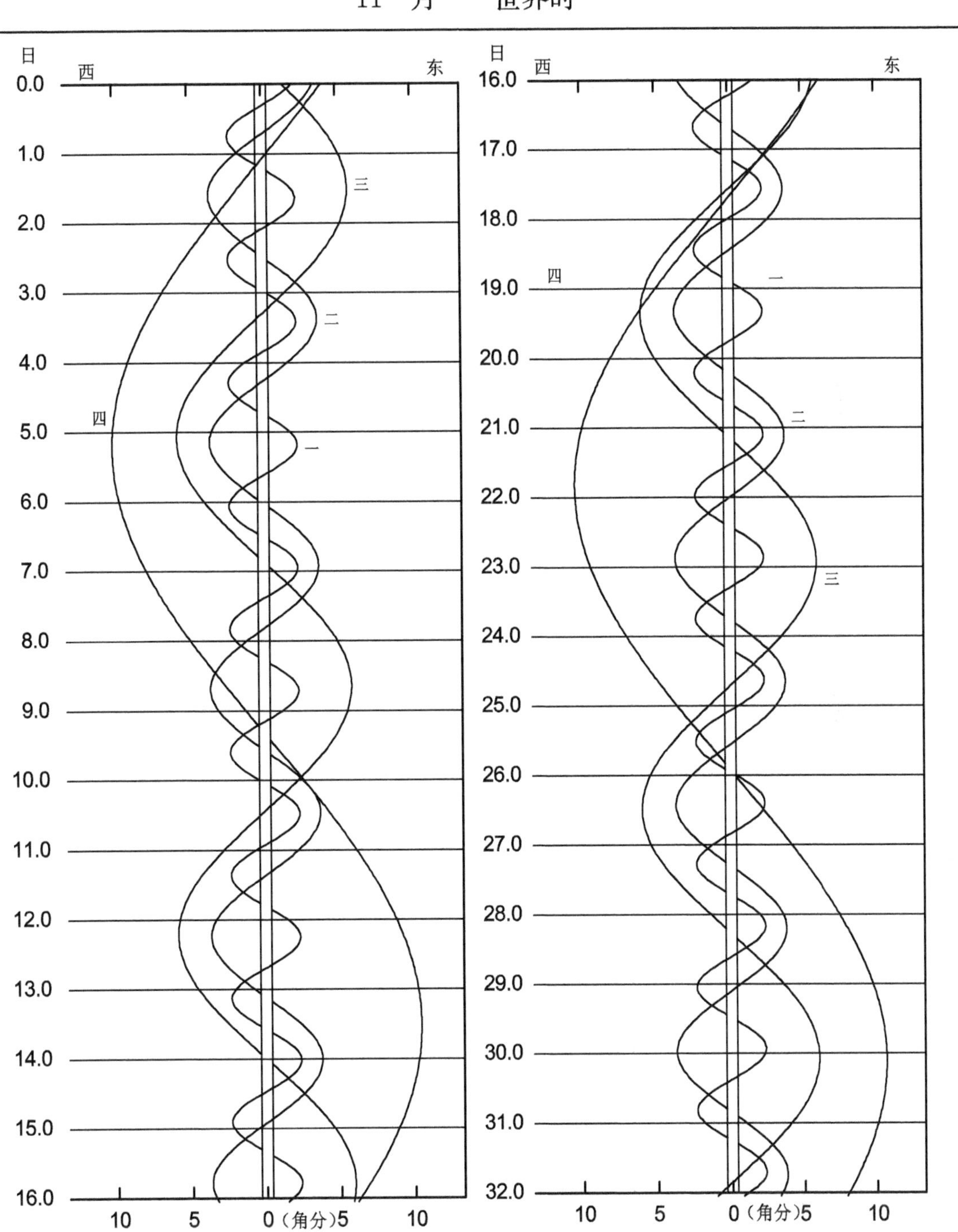

2024年11月木卫一～木卫四动态图

天　然　卫　星

2024 年　　木卫一～木卫四天象

12 月　世界时

日	时	分	天象
1	4	53	木卫一 偏食始
1	7	19	木卫一 掩终
1	18	23	木卫三 影凌始
1	19	06	木卫三 凌始
1	21	00	木卫三 影凌终
1	21	34	木卫三 凌终
2	2	01	木卫一 影凌始
2	2	10	木卫一 凌始
2	4	17	木卫一 影凌终
2	4	26	木卫一 凌终
2	13	50	木卫二 影凌始
2	14	08	木卫二 凌始
2	16	30	木卫二 影凌终
2	16	46	木卫二 凌终
2	23	21	木卫一 偏食始
3	1	45	木卫一 掩终
3	20	29	木卫一 影凌始
3	20	36	木卫一 凌始
3	22	46	木卫一 影凌终
3	22	51	木卫一 凌终
4	7	59	木卫二 偏食始
4	10	50	木卫二 掩终
4	17	50	木卫一 偏食始
4	20	11	木卫一 掩终
5	8	14	木卫三 偏食始
5	11	04	木卫三 掩终
5	14	58	木卫一 影凌始
5	15	02	木卫一 凌始
5	17	14	木卫一 影凌终
5	17	17	木卫一 凌终
6	3	08	木卫二 影凌始
6	3	15	木卫二 凌始
6	5	48	木卫二 影凌终
6	5	53	木卫二 凌终
6	12	19	木卫一 偏食始
6	14	37	木卫一 掩终
7	9	27	木卫一 影凌始
7	9	28	木卫一 凌始
7	11	43	木卫一 影凌终
7	11	43	木卫一 凌终
7	21	17	木卫二 偏食始
7	23	58	木卫二 偏食终
8	6	47	木卫一 掩始
8	9	04	木卫一 偏食终
8	22	20	木卫三 凌始
8	22	23	木卫三 影凌始
9	0	49	木卫三 凌终
9	1	01	木卫三 影凌终
9	3	53	木卫一 凌始
9	3	55	木卫一 影凌始
9	6	09	木卫一 凌终
9	6	12	木卫一 影凌终
9	16	21	木卫二 凌始
9	16	26	木卫二 影凌始
9	18	59	木卫二 凌终
9	19	06	木卫二 影凌终
10	1	13	木卫一 掩始
10	3	32	木卫一 偏食终
10	22	19	木卫一 凌始
10	22	24	木卫一 影凌始
11	0	35	木卫一 凌终
11	0	40	木卫一 影凌终
11	10	25	木卫二 掩始
11	13	17	木卫二 偏食终
11	19	39	木卫一 掩始
11	22	01	木卫一 偏食终
12	11	48	木卫三 掩始
12	14	53	木卫三 偏食终
12	16	45	木卫一 凌始
12	16	53	木卫一 影凌始
12	19	01	木卫一 凌终
12	19	09	木卫一 影凌终
13	5	28	木卫二 凌始
13	5	44	木卫二 影凌始
13	8	06	木卫二 凌终
13	8	24	木卫二 影凌终
13	14	05	木卫一 掩始
13	16	30	木卫一 偏食终
14	11	11	木卫一 凌始
14	11	21	木卫一 影凌始
14	13	27	木卫一 凌终
14	13	38	木卫一 影凌终
14	23	32	木卫二 掩始
15	2	35	木卫二 偏食终
15	8	30	木卫一 掩始
15	10	58	木卫一 偏食终
16	1	36	木卫三 凌始
16	2	24	木卫三 影凌始
16	4	05	木卫三 凌终
16	5	03	木卫三 影凌终
16	5	37	木卫一 凌始
16	5	50	木卫一 影凌始
16	7	53	木卫一 凌终
16	8	07	木卫一 影凌终
16	18	35	木卫二 凌始
16	19	02	木卫二 影凌始
16	21	13	木卫二 凌终
16	21	42	木卫二 影凌终
17	2	56	木卫一 掩始
17	5	27	木卫一 偏食终
18	0	03	木卫一 凌始
18	0	19	木卫一 影凌始
18	2	19	木卫一 凌终
18	2	35	木卫一 影凌终
18	12	39	木卫二 掩始
18	15	54	木卫二 偏食终
18	21	22	木卫一 掩始
18	23	56	木卫一 偏食终
19	15	03	木卫三 掩始
19	18	29	木卫一 凌始
19	18	47	木卫一 影凌始
19	18	53	木卫三 偏食终
19	20	45	木卫一 凌终
19	21	04	木卫一 影凌终
20	7	42	木卫二 凌始
20	8	20	木卫二 影凌始
20	10	20	木卫二 凌终
20	11	00	木卫二 影凌终
20	15	48	木卫一 掩始
20	18	24	木卫一 偏食终
21	12	55	木卫一 凌始
21	13	16	木卫一 影凌始
21	15	11	木卫一 凌终
21	15	33	木卫一 影凌终
22	1	47	木卫二 掩始
22	5	12	木卫二 偏食终
22	10	14	木卫一 掩始
22	12	53	木卫一 偏食终
23	4	52	木卫三 凌始
23	6	24	木卫三 影凌始
23	7	21	木卫一 凌始
23	7	23	木卫三 凌终
23	7	45	木卫一 影凌始
23	9	04	木卫三 影凌终
23	9	37	木卫一 凌终
23	10	02	木卫一 影凌终
23	20	50	木卫二 凌始
23	21	38	木卫二 影凌始
23	23	28	木卫二 凌终
24	0	18	木卫二 影凌终
24	4	40	木卫一 掩始
24	7	22	木卫一 偏食终
25	1	47	木卫一 凌始
25	2	14	木卫一 影凌始
25	4	03	木卫一 凌终
25	4	30	木卫一 影凌终
25	14	55	木卫二 掩始
25	18	31	木卫二 偏食终
25	23	06	木卫一 掩始
26	1	50	木卫一 偏食终
26	18	20	木卫三 掩始
26	20	13	木卫一 凌始
26	20	42	木卫一 影凌始
26	22	29	木卫一 凌终
26	22	54	木卫三 偏食终
26	22	59	木卫一 影凌终
27	9	57	木卫二 凌始
27	10	56	木卫二 影凌始
27	12	35	木卫二 凌终
27	13	36	木卫二 影凌终
27	17	33	木卫一 掩始
27	20	19	木卫一 偏食终
28	14	40	木卫一 凌始
28	15	11	木卫一 影凌始
28	16	56	木卫一 凌终
28	17	28	木卫一 影凌终
29	4	03	木卫二 掩始
29	7	50	木卫二 偏食终
29	11	59	木卫一 掩始
29	14	48	木卫一 偏食终
30	8	10	木卫三 凌始
30	9	06	木卫一 凌始
30	9	40	木卫一 影凌始
30	10	25	木卫三 影凌始
30	10	42	木卫三 凌终
30	11	22	木卫一 凌终
30	11	57	木卫一 影凌终
30	13	05	木卫三 影凌终
30	23	05	木卫二 凌始
31	0	14	木卫二 影凌始
31	1	43	木卫二 凌终
31	2	54	木卫二 影凌终
31	6	25	木卫一 掩始
31	9	16	木卫一 偏食终

天　然　卫　星

木卫一～木卫四动态图　　2024 年

12 月　世界时

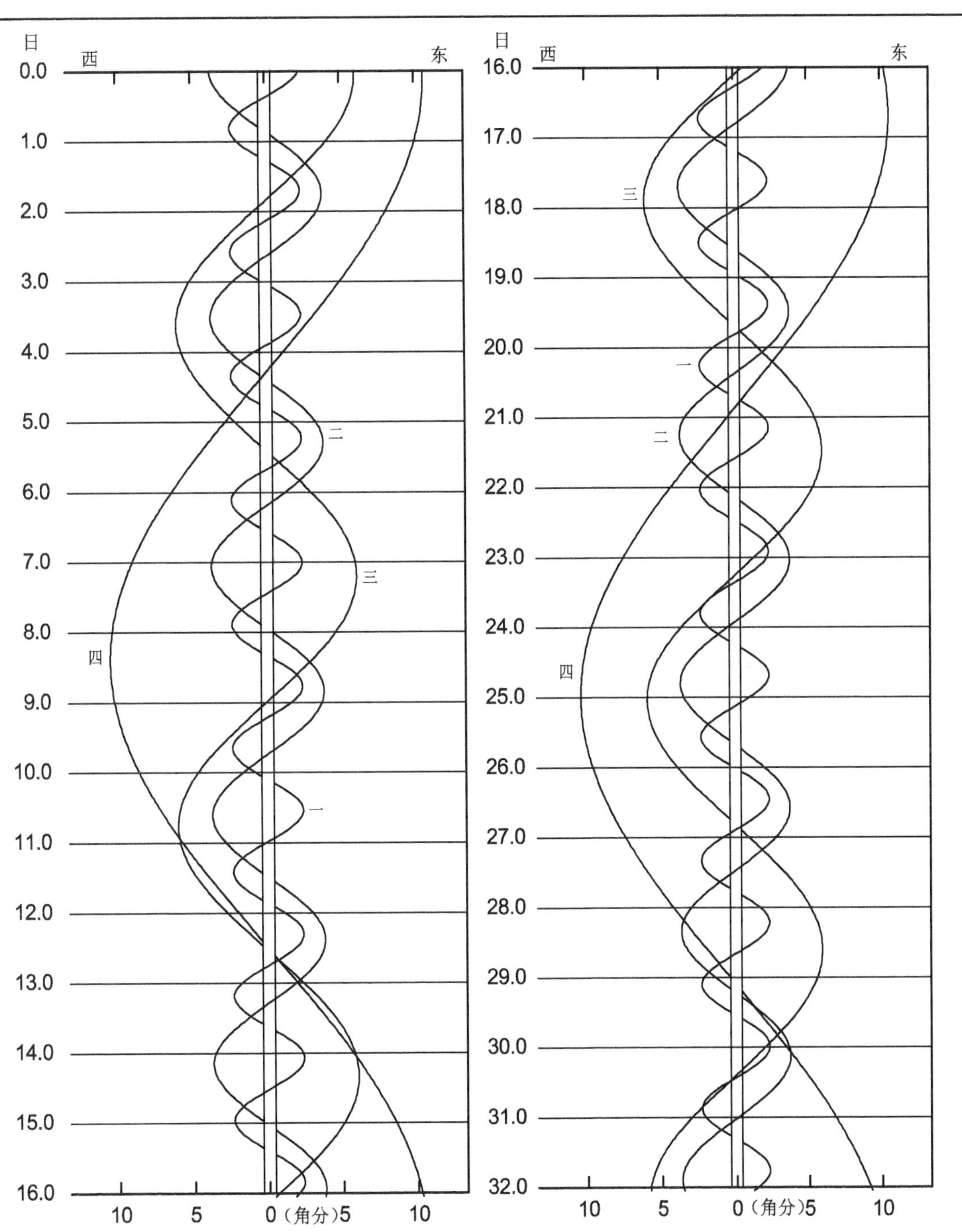

2024年12月木卫一～木卫四动态图

天　然　卫　星

2024 年　　土卫一(Mimas)的大距和星等

世界时	较差坐标			星等
月 日 时		$\Delta\alpha\cos\delta$ ″	$\Delta\delta$ ″	
1 1 0.5	西	−25.11	3.22	13.3
1 11.8	东	24.17	−3.14	13.3
1 23.2	西	−25.07	3.22	13.3
2 10.4	东	24.14	−3.14	13.3
2 21.8	西	−25.05	3.23	13.3
3 9.1	东	24.11	−3.14	13.3
3 20.4	西	−25.02	3.23	13.3
4 7.7	东	24.08	−3.13	13.3
4 19.0	西	−24.99	3.23	13.3
5 6.3	东	24.05	−3.13	13.3
5 17.6	西	−24.96	3.23	13.3
6 4.9	东	24.02	−3.13	13.3
6 16.3	西	−24.93	3.23	13.3
7 3.6	东	24.00	−3.13	13.3
7 14.9	西	−24.91	3.23	13.3
8 2.2	东	23.97	−3.12	13.3
8 13.5	西	−24.88	3.23	13.3
9 0.8	东	23.94	−3.12	13.3
9 12.1	西	−24.85	3.23	13.3
9 23.4	东	23.91	−3.12	13.3
10 10.8	西	−24.83	3.23	13.3
10 22.1	东	23.89	−3.11	13.3
11 9.4	西	−24.80	3.22	13.3
11 20.7	东	23.86	−3.11	13.3
12 8.0	西	−24.78	3.22	13.3
12 19.3	东	23.84	−3.11	13.3
13 6.6	西	−24.75	3.22	13.3
13 17.9	东	23.82	−3.10	13.3
14 5.3	西	−24.73	3.22	13.3
14 16.6	东	23.79	−3.10	13.3
15 3.9	西	−24.70	3.22	13.3
15 15.2	东	23.77	−3.09	13.3
16 2.5	西	−24.68	3.21	13.3
16 13.8	东	23.75	−3.09	13.3
17 1.1	西	−24.66	3.21	13.3
17 12.5	东	23.73	−3.08	13.3
17 23.8	西	−24.63	3.21	13.3
18 11.1	东	23.70	−3.08	13.3
18 22.4	西	−24.61	3.21	13.3
19 9.7	东	23.68	−3.08	13.3
19 21.0	西	−24.59	3.20	13.3
20 8.3	东	23.66	−3.07	13.3
20 19.6	西	−24.57	3.20	13.4
21 7.0	东	23.64	−3.07	13.4
21 18.3	西	−24.55	3.20	13.4
22 5.6	东	23.63	−3.06	13.4
22 16.9	西	−24.53	3.19	13.4
23 4.2	东	23.61	−3.06	13.4
23 15.5	西	−24.50	3.19	13.4
24 2.8	东	23.59	−3.05	13.4
24 14.1	西	−24.48	3.19	13.4
25 1.5	东	23.57	−3.04	13.4
25 12.8	西	−24.47	3.18	13.4
26 0.1	东	23.56	−3.04	13.4
26 11.4	西	−24.45	3.18	13.4
26 22.7	东	23.54	−3.03	13.4
27 10.0	西	−24.43	3.17	13.4
27 21.3	东	23.53	−3.03	13.4
28 8.6	西	−24.41	3.17	13.4
28 20.0	东	23.51	−3.02	13.4

世界时	较差坐标			星等
月 日 时		$\Delta\alpha\cos\delta$ ″	$\Delta\delta$ ″	
1 29 7.2	西	−24.39	3.16	13.4
29 18.6	东	23.50	−3.02	13.4
30 5.9	西	−24.38	3.16	13.4
30 17.2	东	23.48	−3.01	13.4
31 4.5	西	−24.36	3.15	13.4
31 15.8	东	23.47	−3.00	13.4
2 1 3.1	西	−24.34	3.15	13.4
1 14.5	东	23.46	−3.00	13.4
2 1.7	西	−24.33	3.14	13.4
2 13.1	东	23.45	−2.99	13.4
3 0.4	西	−24.31	3.13	13.4
3 11.7	东	23.44	−2.98	13.4
3 23.0	西	−24.30	3.13	13.4
4 10.3	东	23.43	−2.98	13.4
4 21.6	西	−24.28	3.12	13.4
5 9.0	东	23.42	−2.97	13.4
5 20.2	西	−24.27	3.11	13.4
6 7.6	东	23.41	−2.96	13.4
6 18.9	西	−24.25	3.11	13.4
7 6.2	东	23.40	−2.95	13.4
7 17.5	西	−24.24	3.10	13.4
8 4.9	东	23.39	−2.95	13.4
8 16.1	西	−24.23	3.09	13.4
9 3.5	东	23.39	−2.94	13.4
9 14.7	西	−24.21	3.08	13.4
10 2.1	东	23.38	−2.93	13.4
10 13.4	西	−24.20	3.08	13.4
11 0.7	东	23.37	−2.92	13.4
11 12.0	西	−24.19	3.07	13.4
11 23.4	东	23.37	−2.92	13.4
12 10.6	西	−24.18	3.06	13.4
12 22.0	东	23.36	−2.91	13.4
13 9.2	西	−24.17	3.05	13.4
13 20.6	东	23.36	−2.90	13.4
14 7.9	西	−24.16	3.04	13.4
14 19.2	东	23.35	−2.89	13.4
15 6.5	西	−24.15	3.03	13.4
15 17.9	东	23.35	−2.88	13.4
16 5.1	西	−24.14	3.02	13.4
16 16.5	东	23.35	−2.87	13.4
17 3.7	西	−24.13	3.02	13.4
17 15.1	东	23.35	−2.87	13.4
18 2.3	西	−24.12	3.01	13.4
18 13.7	东	23.34	−2.86	13.4
19 1.0	西	−24.11	3.00	13.4
19 12.4	东	23.34	−2.85	13.4
19 23.6	西	−24.11	2.99	13.4
20 11.0	东	23.34	−2.84	13.4
20 22.2	西	−24.10	2.98	13.4
21 9.6	东	23.34	−2.83	13.4
21 20.8	西	−24.09	2.97	13.4
22 8.2	东	23.35	−2.82	13.4
22 19.5	西	−24.09	2.96	13.4
23 6.9	东	23.35	−2.81	13.4
23 18.1	西	−24.08	2.95	13.4
24 5.5	东	23.35	−2.80	13.4
24 16.7	西	−24.07	2.94	13.4
25 4.1	东	23.35	−2.79	13.4
25 15.3	西	−24.07	2.93	13.4
26 2.7	东	23.36	−2.78	13.4

世界时	较差坐标			星等
月 日 时		$\Delta\alpha\cos\delta$ ″	$\Delta\delta$ ″	
2 26 14.0	西	−24.07	2.92	13.4
27 1.4	东	23.36	−2.77	13.4
27 12.6	西	−24.06	2.90	13.4
27 24.0	东	23.36	−2.76	13.4
28 11.2	西	−24.06	2.89	13.4
28 22.6	东	23.37	−2.75	13.4
29 9.8	西	−24.06	2.88	13.4
29 21.2	东	23.38	−2.74	13.4
3 1 8.5	西	−24.05	2.87	13.4
1 19.9	东	23.38	−2.73	13.4
2 7.1	西	−24.05	2.86	13.4
2 18.5	东	23.39	−2.72	13.4
3 5.7	西	−24.05	2.85	13.4
3 17.1	东	23.40	−2.71	13.4
4 4.3	西	−24.05	2.84	13.4
4 15.7	东	23.41	−2.70	13.4
5 2.9	西	−24.05	2.83	13.4
5 14.4	东	23.41	−2.69	13.4
6 1.6	西	−24.05	2.81	13.4
6 13.0	东	23.42	−2.68	13.4
7 0.2	西	−24.05	2.80	13.4
7 11.6	东	23.43	−2.67	13.4
7 22.8	西	−24.05	2.79	13.4
8 10.2	东	23.44	−2.66	13.4
8 21.4	西	−24.05	2.78	13.4
9 8.9	东	23.45	−2.65	13.4
9 20.1	西	−24.05	2.76	13.4
10 7.5	东	23.47	−2.64	13.4
10 18.7	西	−24.05	2.75	13.4
11 6.1	东	23.48	−2.63	13.4
11 17.3	西	−24.06	2.74	13.4
12 4.7	东	23.49	−2.62	13.4
12 15.9	西	−24.06	2.73	13.4
13 3.4	东	23.50	−2.60	13.4
13 14.6	西	−24.06	2.71	13.4
14 2.0	东	23.52	−2.59	13.4
14 13.2	西	−24.07	2.70	13.4
15 0.6	东	23.53	−2.58	13.4
15 11.8	西	−24.07	2.69	13.4
15 23.2	东	23.55	−2.57	13.4
16 10.4	西	−24.07	2.67	13.4
16 21.9	东	23.56	−2.56	13.4
17 9.0	西	−24.08	2.66	13.4
17 20.5	东	23.58	−2.55	13.4
18 7.7	西	−24.09	2.65	13.4
18 19.1	东	23.60	−2.54	13.4
19 6.3	西	−24.09	2.63	13.4
19 17.7	东	23.61	−2.53	13.4
20 4.9	西	−24.10	2.62	13.4
20 16.3	东	23.63	−2.51	13.4
21 3.5	西	−24.11	2.61	13.4
21 15.0	东	23.65	−2.50	13.4
22 2.2	西	−24.11	2.60	13.4
22 13.6	东	23.67	−2.49	13.4
23 0.8	西	−24.12	2.58	13.4
23 12.2	东	23.69	−2.48	13.4
23 23.4	西	−24.13	2.57	13.4
24 10.8	东	23.71	−2.47	13.4
24 22.0	西	−24.14	2.55	13.4
25 9.5	东	23.73	−2.46	13.4

天然卫星

土卫一(Mimas)的大距和星等　　2024 年

世界时 月 日 时	较差坐标	Δαcosδ	Δδ	星等
		″	″	
3 25 20.7	西	−24.15	2.54	13.4
26 8.1	东	23.75	−2.44	13.4
26 19.3	西	−24.16	2.53	13.4
27 6.7	东	23.77	−2.43	13.4
27 17.9	西	−24.17	2.51	13.4
28 5.3	东	23.79	−2.42	13.4
28 16.5	西	−24.18	2.50	13.4
29 4.0	东	23.82	−2.41	13.4
29 15.1	西	−24.19	2.48	13.4
30 2.6	东	23.84	−2.40	13.4
30 13.8	西	−24.20	2.47	13.4
31 1.2	东	23.86	−2.38	13.4
31 12.4	西	−24.21	2.46	13.4
31 23.8	东	23.89	−2.37	13.4
4 1 11.0	西	−24.22	2.44	13.4
1 22.5	东	23.91	−2.36	13.4
2 9.6	西	−24.23	2.43	13.4
2 21.1	东	23.94	−2.35	13.4
3 8.3	西	−24.25	2.42	13.4
3 19.7	东	23.96	−2.34	13.4
4 6.9	西	−24.26	2.40	13.4
4 18.3	东	23.99	−2.33	13.4
5 5.5	西	−24.27	2.39	13.4
5 16.9	东	24.02	−2.31	13.3
6 4.1	西	−24.29	2.37	13.3
6 15.6	东	24.04	−2.30	13.3
7 2.7	西	−24.30	2.36	13.3
7 14.2	东	24.07	−2.29	13.3
8 1.4	西	−24.32	2.35	13.3
8 12.8	东	24.10	−2.28	13.3
8 24.0	西	−24.33	2.33	13.3
9 11.4	东	24.13	−2.27	13.3
9 22.6	西	−24.35	2.32	13.3
10 10.1	东	24.16	−2.25	13.3
10 21.2	西	−24.37	2.30	13.3
11 8.7	东	24.19	−2.24	13.3
11 19.9	西	−24.38	2.29	13.3
12 7.3	东	24.22	−2.23	13.3
12 18.5	西	−24.40	2.27	13.3
13 5.9	东	24.25	−2.22	13.3
13 17.1	西	−24.42	2.26	13.3
14 4.5	东	24.28	−2.21	13.3
14 15.7	西	−24.44	2.25	13.3
15 3.2	东	24.31	−2.19	13.3
15 14.3	西	−24.45	2.23	13.3
16 1.8	东	24.34	−2.18	13.3
16 13.0	西	−24.47	2.22	13.3
17 0.4	东	24.38	−2.17	13.3
17 11.6	西	−24.49	2.21	13.3
17 23.0	东	24.41	−2.16	13.3
18 10.2	西	−24.51	2.19	13.3
18 21.7	东	24.44	−2.15	13.3
19 8.8	西	−24.53	2.18	13.3
19 20.3	东	24.48	−2.13	13.3
20 7.5	西	−24.55	2.17	13.3
20 18.9	东	24.51	−2.12	13.3
21 6.1	西	−24.57	2.15	13.3
21 17.5	东	24.55	−2.11	13.3
22 4.7	西	−24.59	2.14	13.3
22 16.1	东	24.58	−2.10	13.3

世界时 月 日 时	较差坐标	Δαcosδ	Δδ	星等
		″	″	
4 23 3.3	西	−24.62	2.12	13.3
23 14.8	东	24.62	−2.09	13.3
24 1.9	西	−24.64	2.11	13.3
24 13.4	东	24.65	−2.08	13.3
25 0.6	西	−24.66	2.10	13.3
25 12.0	东	24.69	−2.07	13.3
25 23.2	西	−24.68	2.09	13.3
26 10.6	东	24.73	−2.05	13.3
26 21.8	西	−24.71	2.07	13.3
27 9.3	东	24.76	−2.04	13.3
27 20.4	西	−24.73	2.06	13.3
28 7.9	东	24.80	−2.03	13.3
28 19.0	西	−24.75	2.05	13.3
29 6.5	东	24.84	−2.02	13.3
29 17.7	西	−24.78	2.04	13.3
30 5.1	东	24.88	−2.01	13.3
30 16.3	西	−24.80	2.02	13.3
5 1 3.7	东	24.92	−2.00	13.3
1 14.9	西	−24.83	2.01	13.3
2 2.4	东	24.96	−1.99	13.3
2 13.5	西	−24.85	2.00	13.3
3 1.0	东	25.00	−1.98	13.3
3 12.1	西	−24.88	1.99	13.3
3 23.6	东	25.04	−1.97	13.3
4 10.8	西	−24.91	1.97	13.3
4 22.2	东	25.08	−1.96	13.3
5 9.4	西	−24.93	1.96	13.3
5 20.8	东	25.12	−1.95	13.3
6 8.0	西	−24.96	1.95	13.3
6 19.5	东	25.16	−1.94	13.3
7 6.6	西	−24.98	1.94	13.3
7 18.1	东	25.20	−1.93	13.3
8 5.3	西	−25.01	1.93	13.3
8 16.7	东	25.25	−1.91	13.3
9 3.9	西	−25.04	1.91	13.3
9 15.3	东	25.29	−1.90	13.3
10 2.5	西	−25.07	1.90	13.3
10 13.9	东	25.33	−1.89	13.3
11 1.1	西	−25.10	1.89	13.3
11 12.6	东	25.38	−1.89	13.3
11 23.7	西	−25.13	1.88	13.3
12 11.2	东	25.42	−1.88	13.3
12 22.4	西	−25.16	1.87	13.3
13 9.8	东	25.46	−1.86	13.2
13 21.0	西	−25.19	1.86	13.2
14 8.4	东	25.51	−1.86	13.2
14 19.6	西	−25.22	1.85	13.2
15 7.0	东	25.55	−1.85	13.2
15 18.2	西	−25.25	1.84	13.2
16 5.7	东	25.60	−1.84	13.2
16 16.8	西	−25.28	1.83	13.2
17 4.3	东	25.64	−1.83	13.2
17 15.5	西	−25.31	1.82	13.2
18 2.9	东	25.69	−1.82	13.2
18 14.1	西	−25.34	1.81	13.2
19 1.5	东	25.73	−1.81	13.2
19 12.7	西	−25.37	1.80	13.2
20 0.1	东	25.78	−1.80	13.2
20 11.3	西	−25.40	1.79	13.2
20 22.8	东	25.82	−1.79	13.2

世界时 月 日 时	较差坐标	Δαcosδ	Δδ	星等
		″	″	
5 21 9.9	西	−25.43	1.78	13.2
21 21.4	东	25.87	−1.78	13.2
22 8.6	西	−25.47	1.77	13.2
22 20.0	东	25.92	−1.78	13.2
23 7.2	西	−25.50	1.76	13.2
23 18.6	东	25.97	−1.77	13.2
24 5.8	西	−25.53	1.75	13.2
24 17.2	东	26.01	−1.76	13.2
25 4.4	西	−25.57	1.74	13.2
25 15.8	东	26.06	−1.75	13.2
26 3.0	西	−25.60	1.73	13.2
26 14.5	东	26.11	−1.75	13.2
27 1.7	西	−25.63	1.73	13.2
27 13.1	东	26.16	−1.74	13.2
28 0.3	西	−25.67	1.72	13.2
28 11.7	东	26.20	−1.73	13.2
28 22.9	西	−25.70	1.71	13.2
29 10.3	东	26.25	−1.72	13.2
29 21.5	西	−25.74	1.70	13.2
30 8.9	东	26.30	−1.72	13.2
30 20.1	西	−25.77	1.69	13.2
31 7.6	东	26.35	−1.71	13.2
31 18.7	西	−25.81	1.69	13.2
6 1 6.2	东	26.40	−1.71	13.2
1 17.4	西	−25.84	1.68	13.2
2 4.8	东	26.45	−1.70	13.2
2 16.0	西	−25.88	1.67	13.2
3 3.4	东	26.50	−1.69	13.2
3 14.6	西	−25.91	1.67	13.2
4 2.0	东	26.55	−1.69	13.2
4 13.2	西	−25.95	1.66	13.2
5 0.6	东	26.60	−1.68	13.2
5 11.8	西	−25.99	1.65	13.2
5 23.3	东	26.65	−1.68	13.2
6 10.5	西	−26.02	1.65	13.2
6 21.9	东	26.70	−1.67	13.2
7 9.1	西	−26.06	1.64	13.2
7 20.5	东	26.75	−1.67	13.2
8 7.7	西	−26.10	1.64	13.2
8 19.1	东	26.80	−1.66	13.2
9 6.3	西	−26.13	1.63	13.2
9 17.7	东	26.85	−1.66	13.2
10 4.9	西	−26.17	1.63	13.1
10 16.3	东	26.90	−1.65	13.1
11 3.6	西	−26.21	1.62	13.1
11 15.0	东	26.95	−1.65	13.1
12 2.2	西	−26.25	1.62	13.1
12 13.6	东	27.00	−1.64	13.1
13 0.8	西	−26.28	1.61	13.1
13 12.2	东	27.05	−1.64	13.1
13 23.4	西	−26.32	1.61	13.1
14 10.8	东	27.10	−1.64	13.1
14 22.0	西	−26.36	1.60	13.1
15 9.4	东	27.15	−1.63	13.1
15 20.7	西	−26.40	1.60	13.1
16 8.0	东	27.20	−1.63	13.1
16 19.3	西	−26.44	1.60	13.1
17 6.7	东	27.25	−1.63	13.1
17 17.9	西	−26.48	1.59	13.1
18 5.3	东	27.30	−1.62	13.1

天　然　卫　星

2024 年　　土卫一(Mimas)的大距和星等

世界时 月 日 时		较差坐标 $\Delta\alpha\cos\delta$ ″	$\Delta\delta$ ″	星等
6 18 16.5	西	−26.51	1.59	13.1
19 3.9	东	27.35	−1.62	13.1
19 15.1	西	−26.55	1.59	13.1
20 2.5	东	27.40	−1.62	13.1
20 13.7	西	−26.59	1.58	13.1
21 1.1	东	27.45	−1.62	13.1
21 12.4	西	−26.63	1.58	13.1
21 23.7	东	27.50	−1.62	13.1
22 11.0	西	−26.67	1.58	13.1
22 22.4	东	27.55	−1.61	13.1
23 9.6	西	−26.71	1.58	13.1
23 21.0	东	27.60	−1.61	13.1
24 8.2	西	−26.75	1.58	13.1
24 19.6	东	27.65	−1.61	13.1
25 6.8	西	−26.79	1.57	13.1
25 18.2	东	27.70	−1.61	13.1
26 5.4	西	−26.83	1.57	13.1
26 16.8	东	27.75	−1.61	13.1
27 4.1	西	−26.87	1.57	13.1
27 15.4	东	27.80	−1.61	13.1
28 2.7	西	−26.91	1.57	13.1
28 14.1	东	27.84	−1.61	13.1
29 1.3	西	−26.95	1.57	13.1
29 12.7	东	27.89	−1.61	13.1
29 23.9	西	−26.98	1.57	13.1
30 11.3	东	27.94	−1.61	13.1
30 22.5	西	−27.02	1.57	13.1
7 1 9.9	东	27.99	−1.61	13.1
1 21.2	西	−27.06	1.57	13.1
2 8.5	东	28.04	−1.61	13.1
2 19.8	西	−27.10	1.57	13.1
3 7.1	东	28.09	−1.62	13.1
3 18.4	西	−27.14	1.57	13.1
4 5.7	东	28.13	−1.62	13.1
4 17.0	西	−27.18	1.57	13.1
5 4.4	东	28.18	−1.62	13.1
5 15.6	西	−27.22	1.58	13.1
6 3.0	东	28.23	−1.62	13.1
6 14.2	西	−27.26	1.58	13.1
7 1.6	东	28.27	−1.62	13.0
7 12.9	西	−27.30	1.58	13.0
8 0.2	东	28.32	−1.63	13.0
8 11.5	西	−27.34	1.58	13.0
8 22.8	东	28.36	−1.63	13.0
9 10.1	西	−27.38	1.58	13.0
9 21.4	东	28.41	−1.63	13.0
10 8.7	西	−27.41	1.58	13.0
10 20.1	东	28.45	−1.64	13.0
11 7.3	西	−27.45	1.59	13.0
11 18.7	东	28.50	−1.64	13.0
12 5.9	西	−27.49	1.59	13.0
12 17.3	东	28.54	−1.64	13.0
13 4.6	西	−27.53	1.59	13.0
13 15.9	东	28.59	−1.65	13.0
14 3.2	西	−27.57	1.60	13.0
14 14.5	东	28.63	−1.65	13.0
15 1.8	西	−27.61	1.60	13.0
15 13.1	东	28.67	−1.66	13.0
16 0.4	西	−27.64	1.60	13.0
16 11.7	东	28.71	−1.66	13.0

世界时 月 日 时		较差坐标 $\Delta\alpha\cos\delta$ ″	$\Delta\delta$ ″	星等
7 16 23.0	西	−27.68	1.61	13.0
17 10.4	东	28.76	−1.67	13.0
17 21.6	西	−27.72	1.61	13.0
18 9.0	东	28.80	−1.67	13.0
18 20.3	西	−27.76	1.62	13.0
19 7.6	东	28.84	−1.68	13.0
19 18.9	西	−27.79	1.62	13.0
20 6.2	东	28.88	−1.68	13.0
20 17.5	西	−27.83	1.63	13.0
21 4.8	东	28.92	−1.69	13.0
21 16.1	西	−27.87	1.63	13.0
22 3.4	东	28.96	−1.69	13.0
22 14.7	西	−27.90	1.64	13.0
23 2.0	东	29.00	−1.70	13.0
23 13.3	西	−27.94	1.64	13.0
24 0.6	东	29.03	−1.71	13.0
24 12.0	西	−27.97	1.65	13.0
24 23.3	东	29.07	−1.71	13.0
25 10.6	西	−28.01	1.65	13.0
25 21.9	东	29.11	−1.72	13.0
26 9.2	西	−28.04	1.66	13.0
26 20.5	东	29.14	−1.73	13.0
27 7.8	西	−28.08	1.67	13.0
27 19.1	东	29.18	−1.74	13.0
28 6.4	西	−28.11	1.67	13.0
28 17.7	东	29.21	−1.74	13.0
29 5.0	西	−28.15	1.68	13.0
29 16.3	东	29.25	−1.75	13.0
30 3.6	西	−28.18	1.69	13.0
30 14.9	东	29.28	−1.76	13.0
31 2.3	西	−28.21	1.69	13.0
31 13.6	东	29.31	−1.77	13.0
8 1 0.9	西	−28.25	1.70	13.0
1 12.2	东	29.34	−1.78	13.0
1 23.5	西	−28.28	1.71	13.0
2 10.8	东	29.37	−1.79	13.0
2 22.1	西	−28.31	1.72	13.0
3 9.4	东	29.40	−1.80	13.0
3 20.7	西	−28.34	1.72	13.0
4 8.0	东	29.43	−1.80	13.0
4 19.3	西	−28.37	1.73	13.0
5 6.6	东	29.46	−1.81	13.0
5 18.0	西	−28.40	1.74	13.0
6 5.2	东	29.49	−1.82	13.0
6 16.6	西	−28.43	1.75	13.0
7 3.9	东	29.52	−1.83	13.0
7 15.2	西	−28.46	1.76	13.0
8 2.5	东	29.54	−1.84	13.0
8 13.8	西	−28.49	1.77	12.9
9 1.1	东	29.57	−1.85	12.9
9 12.4	西	−28.52	1.77	12.9
9 23.7	东	29.59	−1.86	12.9
10 11.0	西	−28.55	1.78	12.9
10 22.3	东	29.61	−1.88	12.9
11 9.7	西	−28.57	1.79	12.9
11 20.9	东	29.63	−1.89	12.9
12 8.3	西	−28.60	1.80	12.9
12 19.5	东	29.66	−1.90	12.9
13 6.9	西	−28.63	1.81	12.9
13 18.1	东	29.68	−1.91	12.9

世界时 月 日 时		较差坐标 $\Delta\alpha\cos\delta$ ″	$\Delta\delta$ ″	星等
8 14 5.5	西	−28.65	1.82	12.9
14 16.8	东	29.69	−1.92	12.9
15 4.1	西	−28.68	1.83	12.9
15 15.4	东	29.71	−1.93	12.9
16 2.7	西	−28.70	1.84	12.9
16 14.0	东	29.73	−1.94	12.9
17 1.3	西	−28.73	1.85	12.9
17 12.6	东	29.75	−1.96	12.9
17 24.0	西	−28.75	1.86	12.9
18 11.2	东	29.76	−1.97	12.9
18 22.6	西	−28.77	1.87	12.9
19 9.8	东	29.78	−1.98	12.9
19 21.2	西	−28.79	1.88	12.9
20 8.4	东	29.79	−1.99	12.9
20 19.8	西	−28.82	1.89	12.9
21 7.0	东	29.80	−2.00	12.9
21 18.4	西	−28.84	1.91	12.9
22 5.7	东	29.81	−2.02	12.9
22 17.0	西	−28.86	1.92	12.9
23 4.3	东	29.82	−2.03	12.9
23 15.6	西	−28.88	1.93	12.9
24 2.9	东	29.83	−2.04	12.9
24 14.3	西	−28.89	1.94	12.9
25 1.5	东	29.84	−2.05	12.9
25 12.9	西	−28.91	1.95	12.9
26 0.1	东	29.85	−2.07	12.9
26 11.5	西	−28.93	1.96	12.9
26 22.7	东	29.86	−2.08	12.9
27 10.1	西	−28.95	1.97	12.9
27 21.3	东	29.86	−2.09	12.9
28 8.7	西	−28.96	1.98	12.9
28 19.9	东	29.86	−2.10	12.9
29 7.3	西	−28.98	2.00	12.9
29 18.6	东	29.87	−2.12	12.9
30 6.0	西	−28.99	2.01	12.9
30 17.2	东	29.87	−2.13	12.9
31 4.6	西	−29.00	2.02	12.9
31 15.8	东	29.87	−2.15	12.9
9 1 3.2	西	−29.02	2.03	12.9
1 14.4	东	29.87	−2.16	12.9
2 1.8	西	−29.03	2.04	12.9
2 13.0	东	29.87	−2.17	12.9
3 0.4	西	−29.04	2.06	12.9
3 11.6	东	29.87	−2.19	12.9
3 23.0	西	−29.05	2.07	12.9
4 10.2	东	29.86	−2.20	12.9
4 21.6	西	−29.06	2.08	12.9
5 8.9	东	29.86	−2.21	12.9
5 20.3	西	−29.07	2.09	12.9
6 7.5	东	29.85	−2.23	12.9
6 18.9	西	−29.08	2.10	12.9
7 6.1	东	29.85	−2.24	12.9
7 17.5	西	−29.08	2.12	12.9
8 4.7	东	29.84	−2.25	12.9
8 16.1	西	−29.09	2.13	12.9
9 3.3	东	29.83	−2.27	12.9
9 14.7	西	−29.09	2.14	12.9
10 1.9	东	29.82	−2.28	12.9
10 13.3	西	−29.10	2.15	12.9
11 0.5	东	29.81	−2.29	12.9

天 然 卫 星

土卫一(Mimas)的大距和星等 2024 年

世界时 月 日 时		较差坐标 Δαcosδ ″	Δδ ″	星等
9 11 11.9	西	−29.10	2.17	12.9
11 23.1	东	29.80	−2.31	12.9
12 10.6	西	−29.11	2.18	12.9
12 21.8	东	29.78	−2.32	12.9
13 9.2	西	−29.11	2.19	12.9
13 20.4	东	29.77	−2.33	12.9
14 7.8	西	−29.11	2.21	12.9
14 19.0	东	29.75	−2.35	12.9
15 6.4	西	−29.11	2.22	12.9
15 17.6	东	29.74	−2.36	12.9
16 5.0	西	−29.11	2.23	12.9
16 16.2	东	29.72	−2.38	12.9
17 3.6	西	−29.11	2.24	12.9
17 14.8	东	29.70	−2.39	12.9
18 2.3	西	−29.11	2.26	12.9
18 13.4	东	29.68	−2.40	12.9
19 0.9	西	−29.11	2.27	12.9
19 12.1	东	29.66	−2.42	12.9
19 23.5	西	−29.10	2.28	12.9
20 10.7	东	29.64	−2.43	12.9
20 22.1	西	−29.10	2.29	12.9
21 9.3	东	29.62	−2.44	12.9
21 20.7	西	−29.09	2.31	12.9
22 7.9	东	29.60	−2.46	12.9
22 19.3	西	−29.09	2.32	12.9
23 6.5	东	29.57	−2.47	12.9
23 17.9	西	−29.08	2.33	12.9
24 5.1	东	29.55	−2.48	12.9
24 16.6	西	−29.07	2.35	12.9
25 3.7	东	29.52	−2.50	12.9
25 15.2	西	−29.07	2.36	12.9
26 2.4	东	29.50	−2.51	12.9
26 13.8	西	−29.06	2.37	12.9
27 1.0	东	29.47	−2.52	12.9
27 12.4	西	−29.05	2.38	12.9
27 23.6	东	29.44	−2.54	12.9
28 11.0	西	−29.04	2.40	12.9
28 22.2	东	29.41	−2.55	12.9
29 9.6	西	−29.03	2.41	12.9
29 20.8	东	29.38	−2.56	12.9
30 8.3	西	−29.01	2.42	12.9
30 19.4	东	29.35	−2.58	12.9
10 1 6.9	西	−29.00	2.44	12.9
1 18.0	东	29.32	−2.59	12.9
2 5.5	西	−28.99	2.45	12.9
2 16.7	东	29.29	−2.60	12.9
3 4.1	西	−28.97	2.46	12.9
3 15.3	东	29.25	−2.61	12.9
4 2.7	西	−28.96	2.47	12.9
4 13.9	东	29.22	−2.62	12.9
5 1.3	西	−28.94	2.49	12.9
5 12.5	东	29.18	−2.64	12.9
5 24.0	西	−28.93	2.50	12.9
6 11.1	东	29.15	−2.65	12.9
6 22.6	西	−28.91	2.51	12.9
7 9.7	东	29.11	−2.66	12.9
7 21.2	西	−28.89	2.52	12.9
8 8.4	东	29.07	−2.67	12.9
8 19.8	西	−28.87	2.54	12.9
9 7.0	东	29.03	−2.68	12.9
10 9 18.4	西	−28.85	2.55	12.9
10 5.6	东	29.00	−2.69	12.9
10 17.0	西	−28.83	2.56	12.9
11 4.2	东	28.96	−2.71	12.9
11 15.6	西	−28.81	2.57	13.0
12 2.8	东	28.92	−2.72	13.0
12 14.3	西	−28.79	2.59	13.0
13 1.4	东	28.88	−2.73	13.0
13 12.9	西	−28.77	2.60	13.0
14 0.1	东	28.83	−2.74	13.0
14 11.5	西	−28.75	2.61	13.0
14 22.7	东	28.79	−2.75	13.0
15 10.1	西	−28.72	2.62	13.0
15 21.3	东	28.75	−2.76	13.0
16 8.7	西	−28.70	2.63	13.0
16 19.9	东	28.71	−2.77	13.0
17 7.3	西	−28.67	2.65	13.0
17 18.5	东	28.66	−2.78	13.0
18 6.0	西	−28.65	2.66	13.0
18 17.1	东	28.62	−2.79	13.0
19 4.6	西	−28.62	2.67	13.0
19 15.8	东	28.57	−2.80	13.0
20 3.2	西	−28.59	2.68	13.0
20 14.4	东	28.53	−2.81	13.0
21 1.8	西	−28.57	2.69	13.0
21 13.0	东	28.48	−2.82	13.0
22 0.4	西	−28.54	2.71	13.0
22 11.6	东	28.44	−2.83	13.0
22 23.1	西	−28.51	2.72	13.0
23 10.2	东	28.39	−2.84	13.0
23 21.7	西	−28.48	2.73	13.0
24 8.8	东	28.34	−2.85	13.0
24 20.3	西	−28.45	2.74	13.0
25 7.5	东	28.29	−2.86	13.0
25 18.9	西	−28.43	2.75	13.0
26 6.1	东	28.25	−2.87	13.0
26 17.5	西	−28.39	2.76	13.0
27 4.7	东	28.20	−2.88	13.0
27 16.1	西	−28.36	2.77	13.0
28 3.3	东	28.15	−2.88	13.0
28 14.8	西	−28.33	2.78	13.0
29 1.9	东	28.10	−2.89	13.0
29 13.4	西	−28.30	2.79	13.0
30 0.6	东	28.05	−2.90	13.0
30 12.0	西	−28.27	2.80	13.0
30 23.2	东	28.00	−2.91	13.0
31 10.6	西	−28.24	2.81	13.0
31 21.8	东	27.95	−2.92	13.0
11 1 9.2	西	−28.20	2.82	13.0
1 20.4	东	27.90	−2.92	13.0
2 7.8	西	−28.17	2.83	13.0
2 19.0	东	27.85	−2.93	13.0
3 6.5	西	−28.14	2.84	13.0
3 17.6	东	27.80	−2.94	13.0
4 5.1	西	−28.10	2.85	13.0
4 16.3	东	27.75	−2.94	13.0
5 3.7	西	−28.07	2.86	13.0
5 14.9	东	27.70	−2.95	13.0
6 2.3	西	−28.03	2.87	13.0
6 13.5	东	27.65	−2.96	13.0
11 7 0.9	西	−28.00	2.88	13.0
7 12.1	东	27.60	−2.96	13.0
7 23.6	西	−27.96	2.89	13.0
8 10.7	东	27.55	−2.97	13.0
8 22.2	西	−27.93	2.90	13.0
9 9.4	东	27.49	−2.98	13.0
9 20.8	西	−27.89	2.91	13.0
10 8.0	东	27.44	−2.98	13.0
10 19.4	西	−27.86	2.92	13.0
11 6.6	东	27.39	−2.99	13.0
11 18.0	西	−27.82	2.92	13.0
12 5.2	东	27.34	−2.99	13.0
12 16.7	西	−27.78	2.93	13.0
13 3.8	东	27.29	−3.00	13.1
13 15.3	西	−27.74	2.94	13.1
14 2.5	东	27.24	−3.00	13.1
14 13.9	西	−27.71	2.95	13.1
15 1.1	东	27.18	−3.01	13.1
15 12.5	西	−27.67	2.96	13.1
15 23.7	东	27.13	−3.01	13.1
16 11.1	西	−27.63	2.96	13.1
16 22.3	东	27.08	−3.02	13.1
17 9.8	西	−27.59	2.97	13.1
17 20.9	东	27.03	−3.02	13.1
18 8.4	西	−27.55	2.98	13.1
18 19.6	东	26.98	−3.02	13.1
19 7.0	西	−27.52	2.98	13.1
19 18.2	东	26.93	−3.03	13.1
20 5.6	西	−27.48	2.99	13.1
20 16.8	东	26.87	−3.03	13.1
21 4.2	西	−27.44	3.00	13.1
21 15.4	东	26.82	−3.04	13.1
22 2.9	西	−27.40	3.00	13.1
22 14.1	东	26.77	−3.04	13.1
23 1.5	西	−27.36	3.01	13.1
23 12.7	东	26.72	−3.04	13.1
24 0.1	西	−27.32	3.02	13.1
24 11.3	东	26.67	−3.04	13.1
24 22.7	西	−27.29	3.02	13.1
25 9.9	东	26.62	−3.05	13.1
25 21.3	西	−27.25	3.03	13.1
26 8.5	东	26.57	−3.05	13.1
26 20.0	西	−27.21	3.03	13.1
27 7.2	东	26.52	−3.05	13.1
27 18.6	西	−27.17	3.04	13.1
28 5.8	东	26.47	−3.05	13.1
28 17.2	西	−27.13	3.04	13.1
29 4.4	东	26.42	−3.05	13.1
29 15.8	西	−27.09	3.05	13.1
30 3.0	东	26.37	−3.06	13.1
30 14.4	西	−27.05	3.05	13.1
12 1 1.6	东	26.32	−3.06	13.1
1 13.1	西	−27.01	3.06	13.1
2 0.3	东	26.27	−3.06	13.1
2 11.7	西	−26.97	3.06	13.1
2 22.9	东	26.22	−3.06	13.1
3 10.3	西	−26.93	3.07	13.1
3 21.5	东	26.17	−3.06	13.1
4 8.9	西	−26.89	3.07	13.1
4 20.1	东	26.12	−3.06	13.1

天　然　卫　星

2024 年

土卫一(Mimas)的大距和星等

世界时			较差坐标			星等
月	日	时		$\Delta\alpha\cos\delta$	$\Delta\delta$	
				″	″	
12	5	7.5	西	−26.85	3.07	13.1
	5	18.8	东	26.07	−3.06	13.1
	6	6.2	西	−26.81	3.08	13.1
	6	17.4	东	26.02	−3.06	13.1
	7	4.8	西	−26.77	3.08	13.1
	7	16.0	东	25.98	−3.06	13.1
	8	3.4	西	−26.74	3.08	13.1
	8	14.6	东	25.93	−3.06	13.1
	9	2.0	西	−26.70	3.09	13.1
	9	13.3	东	25.88	−3.06	13.1
	10	0.6	西	−26.66	3.09	13.1
	10	11.9	东	25.83	−3.06	13.2
	10	23.3	西	−26.62	3.09	13.2
	11	10.5	东	25.79	−3.06	13.2
	11	21.9	西	−26.58	3.09	13.2
	12	9.1	东	25.74	−3.06	13.2
	12	20.5	西	−26.54	3.09	13.2
	13	7.7	东	25.70	−3.06	13.2
	13	19.1	西	−26.50	3.10	13.2

世界时			较差坐标			星等
月	日	时		$\Delta\alpha\cos\delta$	$\Delta\delta$	
				″	″	
12	14	6.4	东	25.65	−3.05	13.2
	14	17.8	西	−26.47	3.10	13.2
	15	5.0	东	25.61	−3.05	13.2
	15	16.4	西	−26.43	3.10	13.2
	16	3.6	东	25.56	−3.05	13.2
	16	15.0	西	−26.39	3.10	13.2
	17	2.2	东	25.52	−3.05	13.2
	17	13.6	西	−26.35	3.10	13.2
	18	0.9	东	25.47	−3.05	13.2
	18	12.2	西	−26.31	3.10	13.2
	18	23.5	东	25.43	−3.04	13.2
	19	10.9	西	−26.28	3.10	13.2
	19	22.1	东	25.39	−3.04	13.2
	20	9.5	西	−26.24	3.10	13.2
	20	20.7	东	25.34	−3.04	13.2
	21	8.1	西	−26.20	3.10	13.2
	21	19.4	东	25.30	−3.04	13.2
	22	6.7	西	−26.17	3.10	13.2
	22	18.0	东	25.26	−3.03	13.2

世界时			较差坐标			星等
月	日	时		$\Delta\alpha\cos\delta$	$\Delta\delta$	
				″	″	
12	23	5.4	西	−26.13	3.10	13.2
	23	16.6	东	25.22	−3.03	13.2
	24	4.0	西	−26.09	3.10	13.2
	24	15.2	东	25.18	−3.02	13.2
	25	2.6	西	−26.06	3.10	13.2
	25	13.9	东	25.14	−3.02	13.2
	26	1.2	西	−26.02	3.09	13.2
	26	12.5	东	25.10	−3.02	13.2
	26	23.8	西	−25.99	3.09	13.2
	27	11.1	东	25.06	−3.01	13.2
	27	22.5	西	−25.95	3.09	13.2
	28	9.7	东	25.02	−3.01	13.2
	28	21.1	西	−25.91	3.09	13.2
	29	8.4	东	24.98	−3.00	13.2
	29	19.7	西	−25.88	3.08	13.2
	30	7.0	东	24.94	−3.00	13.2
	30	18.3	西	−25.85	3.08	13.2
	31	5.6	东	24.91	−3.00	13.2
	31	17.0	西	−25.81	3.08	13.2

土卫四(Dione)的大距和星等

世界时			较差坐标			星等
月	日	时		$\Delta\alpha\cos\delta$	$\Delta\delta$	
				″	″	
1	1	10.5	西	−50.31	5.14	10.9
	2	19.3	东	50.12	−5.14	10.9
	4	4.2	西	−50.14	5.11	10.9
	5	13.0	东	49.95	−5.12	10.9
	6	21.9	西	−49.98	5.08	10.9
	8	6.8	东	49.79	−5.09	10.9
	9	15.7	西	−49.82	5.05	10.9
	11	0.5	东	49.64	−5.06	10.9
	12	9.4	西	−49.67	5.02	10.9
	13	18.2	东	49.50	−5.03	10.9
	15	3.1	西	−49.53	5.00	10.9
	16	12.0	东	49.36	−5.01	10.9
	17	20.9	西	−49.40	4.97	10.9
	19	5.7	东	49.22	−4.98	10.9
	20	14.6	西	−49.28	4.95	10.9
	21	23.5	东	49.10	−4.95	10.9
	23	8.4	西	−49.16	4.92	10.9
	24	17.2	东	48.99	−4.93	10.9
	26	2.1	西	−49.05	4.90	10.9
	27	10.9	东	48.89	−4.90	10.9
	28	19.8	西	−48.95	4.87	10.9
	30	4.7	东	48.80	−4.88	10.9
	31	13.6	西	−48.86	4.85	10.9
2	1	22.4	东	48.71	−4.86	11.0
	3	7.3	西	−48.77	4.83	11.0
	4	16.1	东	48.63	−4.83	11.0
	6	1.1	西	−48.70	4.80	11.0
	7	9.9	东	48.56	−4.81	11.0
	8	18.8	西	−48.63	4.78	11.0
	10	3.6	东	48.50	−4.79	11.0

世界时			较差坐标			星等
月	日	时		$\Delta\alpha\cos\delta$	$\Delta\delta$	
				″	″	
2	11	12.5	西	−48.57	4.76	11.0
	12	21.4	东	48.44	−4.77	11.0
	14	6.3	西	−48.53	4.74	11.0
	15	15.1	东	48.40	−4.75	11.0
	17	0.0	西	−48.49	4.72	11.0
	18	8.9	东	48.36	−4.73	11.0
	19	17.8	西	−48.45	4.71	11.0
	21	2.6	东	48.34	−4.71	11.0
	22	11.5	西	−48.43	4.69	11.0
	23	20.3	东	48.32	−4.69	11.0
	25	5.2	西	−48.41	4.67	11.0
	26	14.1	东	48.31	−4.67	11.0
	27	23.0	西	−48.41	4.65	11.0
	29	7.8	东	48.31	−4.66	11.0
3	1	16.7	西	−48.41	4.64	11.0
	3	1.6	东	48.32	−4.64	11.0
	4	10.5	西	−48.42	4.62	11.0
	5	19.3	东	48.33	−4.63	11.0
	7	4.2	西	−48.44	4.61	11.0
	8	13.0	东	48.36	−4.61	11.0
	9	21.9	西	−48.47	4.59	11.0
	11	6.8	东	48.39	−4.60	11.0
	12	15.7	西	−48.51	4.58	11.0
	14	0.5	东	48.43	−4.59	11.0
	15	9.4	西	−48.56	4.57	11.0
	16	18.3	东	48.48	−4.57	11.0
	18	3.2	西	−48.62	4.56	11.0
	19	12.0	东	48.54	−4.56	11.0
	20	20.9	西	−48.68	4.55	11.0
	22	5.7	东	48.61	−4.55	11.0

世界时			较差坐标			星等
月	日	时		$\Delta\alpha\cos\delta$	$\Delta\delta$	
				″	″	
3	23	14.6	西	−48.75	4.54	11.0
	24	23.5	东	48.69	−4.54	10.9
	26	8.4	西	−48.83	4.53	10.9
	27	17.2	东	48.77	−4.54	10.9
	29	2.1	西	−48.91	4.52	10.9
	30	10.9	东	48.87	−4.53	10.9
	31	19.8	西	−49.01	4.52	10.9
4	2	4.7	东	48.97	−4.52	10.9
	3	13.6	西	−49.12	4.51	10.9
	4	22.4	东	49.07	−4.51	10.9
	6	7.3	西	−49.23	4.50	10.9
	7	16.1	东	49.19	−4.51	10.9
	9	1.0	西	−49.35	4.50	10.9
	10	9.9	东	49.32	−4.50	10.9
	11	18.8	西	−49.48	4.50	10.9
	13	3.6	东	49.45	−4.50	10.9
	14	12.5	西	−49.62	4.49	10.9
	15	21.3	东	49.59	−4.50	10.9
	17	6.2	西	−49.76	4.49	10.9
	18	15.1	东	49.73	−4.49	10.9
	19	24.0	西	−49.92	4.49	10.9
	21	8.8	东	49.89	−4.49	10.9
	22	17.7	西	−50.07	4.49	10.9
	24	2.5	东	50.06	−4.49	10.9
	25	11.4	西	−50.24	4.49	10.9
	26	20.2	东	50.23	−4.49	10.9
	28	5.1	西	−50.41	4.49	10.9
	29	13.9	东	50.41	−4.50	10.9

天　然　卫　星

土卫四(Dione)的大距和星等　　2024年

世界时	较差坐标			星等
月 日 时		Δαcosδ	Δδ	
		″	″	
4 30 22.8	西	−50.59	4.49	10.9
5 2 7.7	东	50.58	−4.50	10.9
3 16.6	西	−50.78	4.50	10.9
5 1.4	东	50.77	−4.50	10.9
6 10.3	西	−50.98	4.50	10.9
7 19.1	东	50.98	−4.50	10.8
9 4.0	西	−51.17	4.51	10.8
10 12.8	东	51.18	−4.51	10.8
11 21.7	西	−51.38	4.51	10.8
13 6.5	东	51.39	−4.52	10.8
14 15.4	西	−51.60	4.52	10.8
16 0.2	东	51.60	−4.52	10.8
17 9.1	西	−51.82	4.53	10.8
18 18.0	东	51.82	−4.53	10.8
20 2.8	西	−52.04	4.54	10.8
21 11.7	东	52.05	−4.54	10.8
22 20.6	西	−52.27	4.55	10.8
24 5.4	东	52.28	−4.55	10.8
25 14.3	西	−52.50	4.56	10.8
26 23.1	东	52.52	−4.56	10.8
28 8.0	西	−52.74	4.57	10.8
29 16.8	东	52.75	−4.57	10.8
31 1.7	西	−52.99	4.58	10.8
6 1 10.5	东	53.00	−4.59	10.8
2 19.4	西	−53.23	4.59	10.8
4 4.2	东	53.24	−4.60	10.8
5 13.1	西	−53.48	4.61	10.7
6 21.9	东	53.50	−4.62	10.7
8 6.8	西	−53.73	4.62	10.7
9 15.6	东	53.75	−4.63	10.7
11 0.5	西	−53.99	4.64	10.7
12 9.3	东	54.01	−4.65	10.7
13 18.2	西	−54.25	4.66	10.7
15 3.0	东	54.26	−4.66	10.7
16 11.8	西	−54.51	4.68	10.7
17 20.7	东	54.52	−4.68	10.7
19 5.5	西	−54.76	4.69	10.7
20 14.3	东	54.78	−4.70	10.7
21 23.2	西	−55.03	4.71	10.7
23 8.0	东	55.04	−4.72	10.7
24 16.9	西	−55.29	4.73	10.7
26 1.7	东	55.30	−4.74	10.7
27 10.6	西	−55.55	4.75	10.7
28 19.4	东	55.56	−4.76	10.7
30 4.3	西	−55.81	4.78	10.7
7 1 13.1	东	55.81	−4.79	10.6
2 22.0	西	−56.07	4.80	10.6
4 6.8	东	56.07	−4.81	10.6
5 15.6	西	−56.32	4.82	10.6
7 0.4	东	56.32	−4.83	10.6
8 9.3	西	−56.58	4.84	10.6
9 18.1	东	56.57	−4.85	10.6
11 3.0	西	−56.82	4.87	10.6
12 11.8	东	56.82	−4.88	10.6
13 20.7	西	−57.06	4.89	10.6
15 5.5	东	57.06	−4.90	10.6
16 14.3	西	−57.30	4.92	10.6
17 23.1	东	57.29	−4.93	10.6
19 8.0	西	−57.53	4.94	10.6
20 16.8	东	57.51	−4.95	10.6

世界时	较差坐标			星等
月 日 时		Δαcosδ	Δδ	
		″	″	
7 22 1.7	西	−57.76	4.97	10.6
23 10.5	东	57.74	−4.98	10.6
24 19.3	西	−57.98	4.99	10.6
26 4.1	东	57.95	−5.00	10.6
27 13.0	西	−58.18	5.02	10.6
28 21.8	东	58.15	−5.03	10.6
30 6.6	西	−58.39	5.04	10.6
31 15.4	东	58.34	−5.05	10.5
8 2 0.3	西	−58.59	5.07	10.5
3 9.1	东	58.53	−5.08	10.5
4 18.0	西	−58.77	5.10	10.5
6 2.8	东	58.71	−5.11	10.5
7 11.6	西	−58.93	5.12	10.5
8 20.4	东	58.88	−5.13	10.5
10 5.3	西	−59.09	5.14	10.5
11 14.1	东	59.03	−5.16	10.5
12 22.9	西	−59.24	5.17	10.5
14 7.7	东	59.16	−5.18	10.5
15 16.6	西	−59.38	5.19	10.5
17 1.4	东	59.29	−5.20	10.5
18 10.2	西	−59.50	5.21	10.5
19 19.0	东	59.40	−5.22	10.5
21 3.9	西	−59.60	5.24	10.5
22 12.7	东	59.50	−5.25	10.5
23 21.6	西	−59.70	5.26	10.5
25 6.3	东	59.59	−5.27	10.5
26 15.2	西	−59.78	5.28	10.5
27 24.0	东	59.65	−5.29	10.5
29 8.9	西	−59.84	5.30	10.5
30 17.7	东	59.71	−5.30	10.5
9 1 2.5	西	−59.89	5.32	10.5
2 11.3	东	59.75	−5.32	10.5
3 20.2	西	−59.92	5.33	10.5
5 5.0	东	59.77	−5.34	10.5
6 13.8	西	−59.94	5.35	10.5
7 22.6	东	59.78	−5.35	10.5
9 7.5	西	−59.95	5.36	10.5
10 16.3	东	59.78	−5.37	10.5
12 1.1	西	−59.93	5.37	10.5
13 9.9	东	59.75	−5.38	10.5
14 18.8	西	−59.90	5.38	10.5
16 3.6	东	59.72	−5.39	10.5
17 12.4	西	−59.85	5.39	10.5
18 21.2	东	59.66	−5.40	10.5
20 6.1	西	−59.80	5.40	10.5
21 14.9	东	59.59	−5.41	10.5
22 23.7	西	−59.72	5.41	10.5
24 8.5	东	59.50	−5.41	10.5
25 17.4	西	−59.63	5.41	10.5
27 2.2	东	59.41	−5.41	10.5
28 11.0	西	−59.52	5.42	10.5
29 19.8	东	59.29	−5.42	10.5
10 1 4.7	西	−59.41	5.42	10.5
2 13.5	东	59.17	−5.42	10.5
3 22.4	西	−59.27	5.42	10.5
5 7.2	东	59.03	−5.42	10.5
6 16.0	西	−59.13	5.41	10.5
8 0.8	东	58.88	−5.41	10.5
9 9.7	西	−58.97	5.41	10.5
10 18.5	东	58.71	−5.41	10.5

世界时	较差坐标			星等
月 日 时		Δαcosδ	Δδ	
		″	″	
10 12 3.3	西	−58.80	5.40	10.5
13 12.2	东	58.53	−5.40	10.5
14 21.0	西	−58.62	5.39	10.5
16 5.8	东	58.34	−5.39	10.5
17 14.7	西	−58.43	5.38	10.5
18 23.5	东	58.15	−5.38	10.6
20 8.4	西	−58.23	5.38	10.6
21 17.2	东	57.94	−5.37	10.6
23 2.0	西	−58.02	5.36	10.6
24 10.8	东	57.73	−5.36	10.6
25 19.7	西	−57.80	5.35	10.6
27 4.5	东	57.51	−5.34	10.6
28 13.4	西	−57.57	5.33	10.6
29 22.2	东	57.27	−5.33	10.6
31 7.0	西	−57.34	5.32	10.6
11 1 15.9	东	57.04	−5.31	10.6
3 0.7	西	−57.10	5.30	10.6
4 9.5	东	56.80	−5.29	10.6
5 18.4	西	−56.85	5.28	10.6
7 3.2	东	56.55	−5.27	10.6
8 12.1	西	−56.60	5.26	10.6
9 20.9	东	56.30	−5.25	10.6
11 5.8	西	−56.35	5.24	10.6
12 14.6	东	56.04	−5.23	10.6
13 23.5	西	−56.10	5.21	10.6
15 8.3	东	55.78	−5.20	10.6
16 17.2	西	−55.84	5.19	10.6
18 2.0	东	55.53	−5.18	10.6
19 10.9	西	−55.58	5.17	10.7
20 19.7	东	55.27	−5.15	10.7
22 4.5	西	−55.32	5.14	10.7
23 13.4	东	55.01	−5.13	10.7
24 22.2	西	−55.06	5.11	10.7
26 7.1	东	54.74	−5.10	10.7
27 15.9	西	−54.80	5.09	10.7
29 0.8	东	54.49	−5.07	10.7
30 9.6	西	−54.53	5.06	10.7
12 1 18.5	东	54.23	−5.04	10.7
3 3.4	西	−54.27	5.03	10.7
4 12.2	东	53.98	−5.02	10.7
5 21.1	西	−54.02	5.00	10.7
7 5.9	东	53.72	−4.99	10.7
8 14.8	西	−53.77	4.97	10.7
9 23.6	东	53.46	−4.96	10.7
11 8.5	西	−53.52	4.95	10.7
12 17.3	东	53.22	−4.93	10.7
14 2.2	西	−53.28	4.92	10.7
15 11.0	东	52.98	−4.90	10.7
16 19.9	西	−53.03	4.88	10.8
18 4.7	东	52.74	−4.87	10.8
19 13.6	西	−52.79	4.86	10.8
20 22.5	东	52.50	−4.84	10.8
22 7.3	西	−52.56	4.82	10.8
23 16.2	东	52.27	−4.81	10.8
25 1.1	西	−52.33	4.79	10.8
26 9.9	东	52.05	−4.78	10.8
27 18.8	西	−52.11	4.76	10.8
29 3.6	东	51.83	−4.75	10.8
30 12.5	西	−51.90	4.73	10.8
31 21.3	东	51.62	−4.71	10.8

天　然　卫　星

2024 年　　土卫二(Enceladus)的大距和星等

世界时			较差坐标			星等
月	日	时		Δαcosδ ″	Δδ ″	
1	1	6.6	东	31.59	−3.27	12.2
	1	23.1	西	−31.79	3.25	12.2
	2	15.5	东	31.53	−3.26	12.2
	3	8.0	西	−31.74	3.25	12.2
	4	0.4	东	31.48	−3.25	12.2
	4	16.9	西	−31.69	3.24	12.2
	5	9.3	东	31.43	−3.24	12.2
	6	1.8	西	−31.63	3.23	12.2
	6	18.2	东	31.38	−3.23	12.2
	7	10.7	西	−31.58	3.22	12.2
	8	3.1	东	31.32	−3.22	12.2
	8	19.6	西	−31.53	3.21	12.2
	9	12.0	东	31.28	−3.21	12.2
	10	4.5	西	−31.48	3.20	12.2
	10	20.9	东	31.23	−3.20	12.2
	11	13.4	西	−31.44	3.19	12.2
	12	5.8	东	31.18	−3.19	12.2
	12	22.2	西	−31.39	3.18	12.2
	13	14.7	东	31.14	−3.18	12.2
	14	7.1	西	−31.35	3.17	12.2
	14	23.6	东	31.09	−3.17	12.2
	15	16.0	西	−31.31	3.17	12.2
	16	8.5	东	31.05	−3.17	12.2
	17	0.9	西	−31.27	3.16	12.2
	17	17.4	东	31.00	−3.16	12.2
	18	9.8	西	−31.22	3.15	12.2
	19	2.3	东	30.96	−3.15	12.2
	19	18.7	西	−31.18	3.14	12.2
	20	11.2	东	30.92	−3.14	12.3
	21	3.6	西	−31.15	3.13	12.3
	21	20.1	东	30.89	−3.13	12.3
	22	12.5	西	−31.11	3.13	12.3
	23	5.0	东	30.85	−3.12	12.3
	23	21.4	西	−31.07	3.12	12.3
	24	13.9	东	30.82	−3.12	12.3
	25	6.3	西	−31.04	3.11	12.3
	25	22.8	东	30.78	−3.11	12.3
	26	15.2	西	−31.01	3.10	12.3
	27	7.7	东	30.75	−3.10	12.3
	28	0.1	西	−30.98	3.10	12.3
	28	16.6	东	30.72	−3.09	12.3
	29	9.0	西	−30.95	3.09	12.3
	30	1.5	东	30.69	−3.08	12.3
	30	17.9	西	−30.92	3.08	12.3
	31	10.4	东	30.66	−3.08	12.3
2	1	2.8	西	−30.89	3.07	12.3
	1	19.3	东	30.63	−3.07	12.3
	2	11.7	西	−30.86	3.07	12.3
	3	4.2	东	30.61	−3.06	12.3
	3	20.6	西	−30.84	3.06	12.3
	4	13.1	东	30.58	−3.05	12.3
	5	5.5	西	−30.82	3.05	12.3
	5	22.0	东	30.56	−3.05	12.3
	6	14.4	西	−30.79	3.05	12.3
	7	6.9	东	30.54	−3.04	12.3
	7	23.3	西	−30.77	3.04	12.3
	8	15.8	东	30.52	−3.03	12.3
	9	8.2	西	−30.75	3.03	12.3
	10	0.7	东	30.50	−3.02	12.3
	10	17.1	西	−30.74	3.03	12.3

世界时			较差坐标			星等
月	日	时		Δαcosδ ″	Δδ ″	
2	11	9.6	东	30.48	−3.02	12.3
	12	2.0	西	−30.72	3.02	12.3
	12	18.5	东	30.46	−3.01	12.3
	13	10.9	西	−30.70	3.01	12.3
	14	3.4	东	30.45	−3.00	12.3
	14	19.8	西	−30.69	3.01	12.3
	15	12.3	东	30.43	−3.00	12.3
	16	4.7	西	−30.68	3.00	12.3
	16	21.2	东	30.42	−2.99	12.3
	17	13.6	西	−30.67	3.00	12.3
	18	6.1	东	30.41	−2.98	12.3
	18	22.5	西	−30.66	2.99	12.3
	19	15.0	东	30.40	−2.98	12.3
	20	7.4	西	−30.65	2.98	12.3
	20	23.9	东	30.39	−2.97	12.3
	21	16.3	西	−30.64	2.98	12.3
	22	8.8	东	30.39	−2.97	12.3
	23	1.2	西	−30.64	2.97	12.3
	23	17.7	东	30.38	−2.96	12.3
	24	10.1	西	−30.63	2.97	12.3
	25	2.5	东	30.38	−2.95	12.3
	25	19.0	西	−30.63	2.96	12.3
	26	11.4	东	30.37	−2.95	12.3
	27	3.9	西	−30.63	2.96	12.3
	27	20.3	东	30.37	−2.94	12.3
	28	12.8	西	−30.63	2.95	12.3
	29	5.2	东	30.37	−2.94	12.3
	29	21.7	西	−30.63	2.95	12.3
3	1	14.1	东	30.37	−2.93	12.3
	2	6.6	西	−30.63	2.94	12.3
	2	23.0	东	30.37	−2.93	12.3
	3	15.5	西	−30.64	2.94	12.3
	4	7.9	东	30.38	−2.92	12.3
	5	0.4	西	−30.64	2.93	12.3
	5	16.8	东	30.38	−2.92	12.3
	6	9.3	西	−30.65	2.93	12.3
	7	1.7	东	30.39	−2.91	12.3
	7	18.2	西	−30.66	2.92	12.3
	8	10.6	东	30.40	−2.91	12.3
	9	3.1	西	−30.66	2.92	12.3
	9	19.5	东	30.41	−2.90	12.3
	10	12.0	西	−30.68	2.91	12.3
	11	4.4	东	30.42	−2.90	12.3
	11	20.9	西	−30.69	2.91	12.3
	12	13.3	东	30.43	−2.89	12.3
	13	5.8	西	−30.70	2.91	12.3
	13	22.2	东	30.44	−2.89	12.3
	14	14.7	西	−30.72	2.90	12.3
	15	7.1	东	30.46	−2.89	12.3
	15	23.6	西	−30.73	2.90	12.3
	16	16.0	东	30.48	−2.88	12.3
	17	8.5	西	−30.75	2.89	12.3
	18	0.9	东	30.49	−2.88	12.3
	18	17.4	西	−30.77	2.89	12.3
	19	9.8	东	30.51	−2.87	12.3
	20	2.3	西	−30.79	2.89	12.3
	20	18.7	东	30.53	−2.87	12.3
	21	11.2	西	−30.81	2.88	12.3
	22	3.6	东	30.55	−2.87	12.3
	22	20.1	西	−30.84	2.88	12.3

世界时			较差坐标			星等
月	日	时		Δαcosδ ″	Δδ ″	
3	23	12.5	东	30.58	−2.86	12.3
	24	5.0	西	−30.86	2.88	12.3
	24	21.4	东	30.60	−2.86	12.3
	25	13.9	西	−30.89	2.88	12.3
	26	6.3	东	30.63	−2.86	12.3
	26	22.8	西	−30.91	2.87	12.3
	27	15.2	东	30.65	−2.85	12.3
	28	7.7	西	−30.94	2.87	12.3
	29	0.1	东	30.68	−2.85	12.3
	29	16.6	西	−30.97	2.87	12.3
	30	9.0	东	30.71	−2.85	12.3
	31	1.5	西	−31.00	2.87	12.3
	31	17.9	东	30.74	−2.85	12.3
4	1	10.4	西	−31.03	2.86	12.3
	2	2.8	东	30.77	−2.84	12.3
	2	19.3	西	−31.07	2.86	12.3
	3	11.7	东	30.81	−2.84	12.3
	4	4.2	西	−31.10	2.86	12.3
	4	20.6	东	30.84	−2.84	12.3
	5	13.0	西	−31.14	2.86	12.3
	6	5.5	东	30.88	−2.84	12.2
	6	21.9	西	−31.17	2.86	12.2
	7	14.4	东	30.91	−2.84	12.2
	8	6.8	西	−31.21	2.85	12.2
	8	23.3	东	30.95	−2.83	12.2
	9	15.7	西	−31.25	2.85	12.2
	10	8.2	东	30.99	−2.83	12.2
	11	0.6	西	−31.30	2.85	12.2
	11	17.1	东	31.03	−2.83	12.2
	12	9.5	西	−31.34	2.85	12.2
	13	2.0	东	31.07	−2.83	12.2
	13	18.4	西	−31.38	2.85	12.2
	14	10.9	东	31.12	−2.83	12.2
	15	3.3	西	−31.43	2.85	12.2
	15	19.7	东	31.16	−2.83	12.2
	16	12.2	西	−31.47	2.85	12.2
	17	4.6	东	31.21	−2.83	12.2
	17	21.1	西	−31.52	2.85	12.2
	18	13.5	东	31.26	−2.83	12.2
	19	6.0	西	−31.57	2.85	12.2
	19	22.4	东	31.30	−2.83	12.2
	20	14.9	西	−31.61	2.85	12.2
	21	7.3	东	31.35	−2.83	12.2
	21	23.8	西	−31.67	2.85	12.2
	22	16.2	东	31.40	−2.83	12.2
	23	8.7	西	−31.72	2.85	12.2
	24	1.1	东	31.45	−2.83	12.2
	24	17.6	西	−31.77	2.85	12.2
	25	10.0	东	31.51	−2.83	12.2
	26	2.5	西	−31.83	2.85	12.2
	26	18.9	东	31.56	−2.83	12.2
	27	11.4	西	−31.88	2.85	12.2
	28	3.8	东	31.61	−2.83	12.2
	28	20.3	西	−31.94	2.85	12.2
	29	12.7	东	31.67	−2.83	12.2
	30	5.1	西	−31.99	2.85	12.2
	30	21.6	东	31.73	−2.83	12.2
5	1	14.0	西	−32.05	2.85	12.2
	2	6.5	东	31.79	−2.83	12.2
	2	22.9	西	−32.11	2.85	12.2

天　然　卫　星

土卫二(Enceladus)的大距和星等　　2024 年

世界时 月 日 时		较差坐标 Δαcosδ ″	Δδ ″	星等
5 3 15.4	东	31.85	−2.83	12.2
4 7.8	西	−32.17	2.85	12.2
5 0.3	东	31.91	−2.83	12.2
5 16.7	西	−32.23	2.85	12.2
6 9.1	东	31.97	−2.83	12.2
7 1.6	西	−32.30	2.85	12.2
7 18.0	东	32.03	−2.83	12.2
8 10.5	西	−32.36	2.86	12.2
9 2.9	东	32.09	−2.83	12.2
9 19.4	西	−32.43	2.86	12.2
10 11.8	东	32.16	−2.83	12.2
11 4.3	西	−32.49	2.86	12.2
11 20.7	东	32.22	−2.84	12.2
12 13.2	西	−32.56	2.86	12.2
13 5.6	东	32.29	−2.84	12.2
13 22.1	西	−32.63	2.86	12.1
14 14.5	东	32.35	−2.84	12.1
15 6.9	西	−32.69	2.87	12.1
15 23.4	东	32.42	−2.84	12.1
16 15.8	西	−32.76	2.87	12.1
17 8.3	东	32.49	−2.85	12.1
18 0.7	西	−32.83	2.87	12.1
18 17.2	东	32.56	−2.85	12.1
19 9.6	西	−32.90	2.87	12.1
20 2.1	东	32.63	−2.85	12.1
20 18.5	西	−32.98	2.88	12.1
21 10.9	东	32.70	−2.85	12.1
22 3.4	西	−33.05	2.88	12.1
22 19.8	东	32.78	−2.86	12.1
23 12.3	西	−33.12	2.88	12.1
24 4.7	东	32.85	−2.86	12.1
24 21.2	西	−33.20	2.89	12.1
25 13.6	东	32.92	−2.86	12.1
26 6.1	西	−33.27	2.89	12.1
26 22.5	东	33.00	−2.87	12.1
27 14.9	西	−33.35	2.89	12.1
28 7.4	东	33.07	−2.87	12.1
28 23.8	西	−33.42	2.90	12.1
29 16.3	东	33.15	−2.87	12.1
30 8.7	西	−33.50	2.90	12.1
31 1.2	东	33.23	−2.88	12.1
31 17.6	西	−33.58	2.91	12.1
6 1 10.1	东	33.30	−2.88	12.1
2 2.5	西	−33.66	2.91	12.1
2 18.9	东	33.38	−2.89	12.1
3 11.4	西	−33.73	2.92	12.1
4 3.8	东	33.46	−2.89	12.1
4 20.3	西	−33.81	2.92	12.1
5 12.7	东	33.53	−2.89	12.1
6 5.2	西	−33.90	2.92	12.1
6 21.6	东	33.61	−2.90	12.1
7 14.0	西	−33.98	2.93	12.1
8 6.5	东	33.69	−2.90	12.1
8 22.9	西	−34.05	2.93	12.1
9 15.4	东	33.77	−2.91	12.1
10 7.8	西	−34.13	2.94	12.0
11 0.3	东	33.85	−2.91	12.0
11 16.7	西	−34.22	2.94	12.0
12 9.1	东	33.94	−2.92	12.0
13 1.6	西	−34.30	2.95	12.0
6 13 18.0	东	34.02	−2.92	12.0
14 10.5	西	−34.38	2.96	12.0
15 2.9	东	34.10	−2.93	12.0
15 19.4	西	−34.46	2.96	12.0
16 11.8	东	34.18	−2.94	12.0
17 4.2	西	−34.54	2.97	12.0
17 20.7	东	34.26	−2.94	12.0
18 13.1	西	−34.63	2.97	12.0
19 5.6	东	34.34	−2.95	12.0
19 22.0	西	−34.71	2.98	12.0
20 14.5	东	34.42	−2.95	12.0
21 6.9	西	−34.79	2.98	12.0
21 23.3	东	34.51	−2.96	12.0
22 15.8	西	−34.88	2.99	12.0
23 8.2	东	34.59	−2.96	12.0
24 0.7	西	−34.96	3.00	12.0
24 17.1	东	34.67	−2.97	12.0
25 9.5	西	−35.04	3.00	12.0
26 2.0	东	34.75	−2.98	12.0
26 18.4	西	−35.12	3.01	12.0
27 10.9	东	34.83	−2.98	12.0
28 3.3	西	−35.20	3.02	12.0
28 19.8	东	34.91	−2.99	12.0
29 12.2	西	−35.28	3.02	12.0
30 4.6	东	35.00	−3.00	12.0
30 21.1	西	−35.37	3.03	12.0
7 1 13.5	东	35.08	−3.00	12.0
2 6.0	西	−35.45	3.04	12.0
2 22.4	东	35.16	−3.01	12.0
3 14.8	西	−35.53	3.04	12.0
4 7.3	东	35.24	−3.02	12.0
4 23.7	西	−35.61	3.05	12.0
5 16.2	东	35.32	−3.03	12.0
6 8.6	西	−35.69	3.06	11.9
7 1.1	东	35.40	−3.03	11.9
7 17.5	西	−35.77	3.07	11.9
8 9.9	东	35.47	−3.04	11.9
9 2.4	西	−35.85	3.08	11.9
9 18.8	东	35.55	−3.05	11.9
10 11.2	西	−35.92	3.08	11.9
11 3.7	东	35.63	−3.06	11.9
11 20.1	西	−36.00	3.09	11.9
12 12.6	东	35.71	−3.06	11.9
13 5.0	西	−36.08	3.10	11.9
13 21.5	东	35.78	−3.07	11.9
14 13.9	西	−36.16	3.11	11.9
15 6.3	东	35.86	−3.08	11.9
15 22.8	西	−36.23	3.11	11.9
16 15.2	东	35.93	−3.09	11.9
17 7.6	西	−36.31	3.12	11.9
18 0.1	东	36.01	−3.09	11.9
18 16.5	西	−36.38	3.13	11.9
19 9.0	东	36.08	−3.10	11.9
20 1.4	西	−36.45	3.14	11.9
20 17.9	东	36.15	−3.11	11.9
21 10.3	西	−36.52	3.15	11.9
22 2.7	东	36.22	−3.12	11.9
22 19.2	西	−36.59	3.15	11.9
23 11.6	东	36.29	−3.13	11.9
24 4.0	西	−36.66	3.16	11.9
7 24 20.5	东	36.36	−3.13	11.9
25 12.9	西	−36.73	3.17	11.9
26 5.4	东	36.43	−3.14	11.9
26 21.8	西	−36.79	3.18	11.9
27 14.3	东	36.49	−3.15	11.9
28 6.7	西	−36.86	3.19	11.9
28 23.1	东	36.56	−3.16	11.9
29 15.6	西	−36.92	3.19	11.9
30 8.0	东	36.62	−3.17	11.9
31 0.4	西	−36.98	3.20	11.9
31 16.9	东	36.68	−3.17	11.9
8 1 9.3	西	−37.04	3.21	11.9
2 1.8	东	36.74	−3.18	11.9
2 18.2	西	−37.10	3.22	11.9
3 10.6	东	36.80	−3.19	11.9
4 3.1	西	−37.16	3.23	11.9
4 19.5	东	36.85	−3.20	11.9
5 11.9	西	−37.21	3.23	11.9
6 4.4	东	36.91	−3.21	11.9
6 20.8	西	−37.27	3.24	11.9
7 13.3	东	36.96	−3.21	11.9
8 5.7	西	−37.32	3.25	11.9
8 22.2	东	37.02	−3.22	11.8
9 14.6	西	−37.37	3.26	11.8
10 7.0	东	37.06	−3.23	11.8
10 23.4	西	−37.42	3.27	11.8
11 15.9	东	37.11	−3.24	11.8
12 8.3	西	−37.46	3.27	11.8
13 0.8	东	37.16	−3.24	11.8
13 17.2	西	−37.51	3.28	11.8
14 9.7	东	37.20	−3.25	11.8
15 2.1	西	−37.55	3.29	11.8
15 18.5	东	37.24	−3.26	11.8
16 11.0	西	−37.59	3.30	11.8
17 3.4	东	37.28	−3.27	11.8
17 19.8	西	−37.62	3.31	11.8
18 12.3	东	37.32	−3.27	11.8
19 4.7	西	−37.66	3.31	11.8
19 21.2	东	37.35	−3.28	11.8
20 13.6	西	−37.69	3.32	11.8
21 6.0	东	37.39	−3.29	11.8
21 22.5	西	−37.72	3.33	11.8
22 14.9	东	37.42	−3.29	11.8
23 7.3	西	−37.75	3.33	11.8
23 23.8	东	37.45	−3.30	11.8
24 16.2	西	−37.78	3.34	11.8
25 8.7	东	37.47	−3.31	11.8
26 1.1	西	−37.80	3.35	11.8
26 17.6	东	37.50	−3.31	11.8
27 10.0	西	−37.82	3.35	11.8
28 2.4	东	37.52	−3.32	11.8
28 18.8	西	−37.84	3.36	11.8
29 11.3	东	37.54	−3.32	11.8
30 3.7	西	−37.86	3.36	11.8
30 20.2	东	37.55	−3.33	11.8
31 12.6	西	−37.88	3.37	11.8
9 1 5.1	东	37.57	−3.33	11.8
1 21.5	西	−37.89	3.38	11.8
2 13.9	东	37.58	−3.34	11.8
3 6.3	西	−37.89	3.38	11.8

天　然　卫　星

2024 年　　土卫二(Enceladus)的大距和星等

世界时 月	日	时	较差坐标	Δαcosδ ″	Δδ ″	星等
9	3	22.8	东	37.59	−3.35	11.8
	4	15.2	西	−37.90	3.39	11.8
	5	7.7	东	37.60	−3.35	11.8
	6	0.1	西	−37.91	3.39	11.8
	6	16.6	东	37.60	−3.35	11.8
	7	9.0	西	−37.91	3.40	11.8
	8	1.4	东	37.60	−3.36	11.8
	8	17.9	西	−37.91	3.40	11.8
	9	10.3	东	37.60	−3.36	11.8
	10	2.7	西	−37.90	3.40	11.8
	10	19.2	东	37.60	−3.37	11.8
	11	11.6	西	−37.90	3.41	11.8
	12	4.1	东	37.60	−3.37	11.8
	12	20.5	西	−37.89	3.41	11.8
	13	13.0	东	37.59	−3.38	11.8
	14	5.4	西	−37.88	3.42	11.8
	14	21.8	东	37.58	−3.38	11.8
	15	14.2	西	−37.87	3.42	11.8
	16	6.7	东	37.56	−3.38	11.8
	16	23.1	西	−37.85	3.42	11.8
	17	15.6	东	37.55	−3.38	11.8
	18	8.0	西	−37.83	3.43	11.8
	19	0.5	东	37.54	−3.39	11.8
	19	16.9	西	−37.81	3.43	11.8
	20	9.3	东	37.52	−3.39	11.8
	21	1.7	西	−37.79	3.43	11.8
	21	18.2	东	37.49	−3.39	11.8
	22	10.6	西	−37.76	3.43	11.8
	23	3.1	东	37.47	−3.39	11.8
	23	19.5	西	−37.73	3.44	11.8
	24	12.0	东	37.44	−3.39	11.8
	25	4.4	西	−37.70	3.44	11.8
	25	20.9	东	37.41	−3.40	11.8
	26	13.3	西	−37.67	3.44	11.8
	27	5.7	东	37.38	−3.40	11.8
	27	22.1	西	−37.64	3.44	11.8
	28	14.6	东	37.35	−3.40	11.8
	29	7.0	西	−37.60	3.44	11.8
	29	23.5	东	37.31	−3.40	11.8
	30	15.9	西	−37.56	3.44	11.8
10	1	8.4	东	37.27	−3.40	11.8
	2	0.8	西	−37.52	3.44	11.8
	2	17.2	东	37.24	−3.40	11.8
	3	9.7	西	−37.48	3.44	11.8
	4	2.1	东	37.19	−3.40	11.8
	4	18.5	西	−37.43	3.44	11.8
	5	11.0	东	37.15	−3.40	11.8
	6	3.4	西	−37.38	3.44	11.8
	6	19.9	东	37.10	−3.40	11.8
	7	12.3	西	−37.33	3.44	11.8
	8	4.8	东	37.05	−3.39	11.8
	8	21.2	西	−37.28	3.44	11.8
	9	13.6	东	37.01	−3.39	11.8
	10	6.1	西	−37.23	3.44	11.8
	10	22.5	东	36.95	−3.39	11.8
	11	14.9	西	−37.17	3.43	11.9
	12	7.4	东	36.90	−3.39	11.9
	12	23.8	西	−37.12	3.43	11.9
10	13	16.3	东	36.84	−3.39	11.9
	14	8.7	西	−37.06	3.43	11.9
	15	1.2	东	36.79	−3.38	11.9
	15	17.6	西	−37.00	3.43	11.9
	16	10.1	东	36.73	−3.38	11.9
	17	2.5	西	−36.93	3.42	11.9
	17	18.9	东	36.67	−3.38	11.9
	18	11.3	西	−36.87	3.42	11.9
	19	3.8	东	36.61	−3.38	11.9
	19	20.2	西	−36.80	3.42	11.9
	20	12.7	东	36.55	−3.37	11.9
	21	5.1	西	−36.74	3.41	11.9
	21	21.6	东	36.48	−3.37	11.9
	22	14.0	西	−36.67	3.41	11.9
	23	6.5	东	36.41	−3.36	11.9
	23	22.9	西	−36.60	3.41	11.9
	24	15.4	东	36.34	−3.36	11.9
	25	7.8	西	−36.53	3.40	11.9
	26	0.2	东	36.28	−3.35	11.9
	26	16.6	西	−36.46	3.40	11.9
	27	9.1	东	36.21	−3.35	11.9
	28	1.5	西	−36.38	3.39	11.9
	28	18.0	东	36.14	−3.35	11.9
	29	10.4	西	−36.31	3.39	11.9
	30	2.9	东	36.06	−3.34	11.9
	30	19.3	西	−36.23	3.38	11.9
	31	11.8	东	35.99	−3.33	11.9
11	1	4.2	西	−36.16	3.38	11.9
	1	20.7	东	35.92	−3.33	11.9
	2	13.1	西	−36.08	3.37	11.9
	3	5.5	东	35.84	−3.32	11.9
	3	21.9	西	−36.00	3.36	11.9
	4	14.4	东	35.77	−3.32	11.9
	5	6.8	西	−35.92	3.36	11.9
	5	23.3	东	35.69	−3.31	11.9
	6	15.7	西	−35.85	3.35	11.9
	7	8.2	东	35.61	−3.31	11.9
	8	0.6	西	−35.77	3.35	11.9
	8	17.1	东	35.53	−3.30	11.9
	9	9.5	西	−35.69	3.34	11.9
	10	2.0	东	35.46	−3.29	11.9
	10	18.4	西	−35.60	3.33	11.9
	11	10.9	东	35.38	−3.29	11.9
	12	3.3	西	−35.52	3.32	11.9
	12	19.7	东	35.30	−3.28	11.9
	13	12.2	西	−35.44	3.32	12.0
	14	4.6	东	35.22	−3.27	12.0
	14	21.0	西	−35.36	3.31	12.0
	15	13.5	东	35.14	−3.26	12.0
	16	5.9	西	−35.27	3.30	12.0
	16	22.4	东	35.06	−3.26	12.0
	17	14.8	西	−35.19	3.29	12.0
	18	7.3	东	34.98	−3.25	12.0
	18	23.7	西	−35.11	3.29	12.0
	19	16.2	东	34.90	−3.24	12.0
	20	8.6	西	−35.02	3.28	12.0
	21	1.1	东	34.82	−3.23	12.0
	21	17.5	西	−34.94	3.27	12.0
11	22	10.0	东	34.73	−3.23	12.0
	23	2.4	西	−34.86	3.26	12.0
	23	18.9	东	34.66	−3.22	12.0
	24	11.3	西	−34.77	3.25	12.0
	25	3.7	东	34.57	−3.21	12.0
	25	20.1	西	−34.69	3.25	12.0
	26	12.6	东	34.49	−3.20	12.0
	27	5.0	西	−34.61	3.24	12.0
	27	21.5	东	34.41	−3.19	12.0
	28	13.9	西	−34.52	3.23	12.0
	29	6.4	东	34.33	−3.18	12.0
	29	22.8	西	−34.44	3.22	12.0
	30	15.3	东	34.25	−3.17	12.0
12	1	7.7	西	−34.36	3.21	12.0
	2	0.2	东	34.17	−3.17	12.0
	2	16.6	西	−34.27	3.20	12.0
	3	9.1	东	34.09	−3.16	12.0
	4	1.5	西	−34.19	3.19	12.0
	4	18.0	东	34.01	−3.15	12.0
	5	10.4	西	−34.11	3.18	12.0
	6	2.9	东	33.93	−3.14	12.0
	6	19.3	西	−34.03	3.17	12.0
	7	11.8	东	33.85	−3.13	12.0
	8	4.2	西	−33.95	3.16	12.0
	8	20.7	东	33.77	−3.12	12.0
	9	13.1	西	−33.87	3.15	12.0
	10	5.6	东	33.70	−3.11	12.0
	10	22.0	西	−33.79	3.15	12.1
	11	14.5	东	33.62	−3.10	12.1
	12	6.9	西	−33.71	3.13	12.1
	12	23.3	东	33.55	−3.09	12.1
	13	15.7	西	−33.63	3.13	12.1
	14	8.2	东	33.47	−3.08	12.1
	15	0.6	西	−33.55	3.12	12.1
	15	17.1	东	33.39	−3.08	12.1
	16	9.5	西	−33.47	3.11	12.1
	17	2.0	东	33.32	−3.07	12.1
	17	18.4	西	−33.40	3.10	12.1
	18	10.9	东	33.24	−3.06	12.1
	19	3.3	西	−33.32	3.09	12.1
	19	19.8	东	33.17	−3.05	12.1
	20	12.2	西	−33.25	3.08	12.1
	21	4.7	东	33.10	−3.04	12.1
	21	21.1	西	−33.17	3.07	12.1
	22	13.6	东	33.02	−3.03	12.1
	23	6.0	西	−33.10	3.06	12.1
	23	22.5	东	32.95	−3.02	12.1
	24	14.9	西	−33.03	3.05	12.1
	25	7.4	东	32.88	−3.01	12.1
	25	23.8	西	−32.95	3.04	12.1
	26	16.3	东	32.82	−3.00	12.1
	27	8.7	西	−32.88	3.03	12.1
	28	1.2	东	32.75	−2.99	12.1
	28	17.6	西	−32.81	3.02	12.1
	29	10.1	东	32.68	−2.98	12.1
	30	2.5	西	−32.74	3.01	12.1
	30	19.0	东	32.62	−2.97	12.1
	31	11.4	西	−32.68	3.00	12.1

天 然 卫 星

土卫三(Tethys)的大距和星等 2024 年

世界时	较差坐标			星等	世界时	较差坐标			星等	世界时	较差坐标			星等
月 日 时		$\Delta\alpha\cos\delta$	$\Delta\delta$		月 日 时		$\Delta\alpha\cos\delta$	$\Delta\delta$		月 日 时		$\Delta\alpha\cos\delta$	$\Delta\delta$	
		″	″				″	″				″	″	
1 1 4.3	东	39.21	−4.43	10.7	2 26 20.3	东	37.74	−3.83	10.8	4 23 12.2	东	39.09	−3.48	10.7
2 3.0	西	−39.16	4.41	10.7	27 19.0	西	−37.74	3.83	10.8	24 10.8	西	−39.14	3.48	10.7
3 1.6	东	39.12	−4.41	10.7	28 17.6	东	37.74	−3.82	10.8	25 9.5	东	39.18	−3.48	10.7
4 0.3	西	−39.08	4.39	10.7	29 16.3	西	−37.74	3.81	10.8	26 8.2	西	−39.23	3.47	10.7
4 23.0	东	39.03	−4.38	10.7	3 1 15.0	东	37.74	−3.80	10.8	27 6.8	东	39.28	−3.47	10.7
5 21.6	西	−38.99	4.37	10.7	2 13.6	西	−37.75	3.80	10.8	28 5.5	西	−39.33	3.47	10.7
6 20.3	东	38.94	−4.36	10.7	3 12.3	东	37.74	−3.79	10.8	29 4.2	东	39.37	−3.46	10.7
7 19.0	西	−38.90	4.35	10.7	4 11.0	西	−37.76	3.78	10.8	30 2.8	西	−39.43	3.46	10.7
8 17.6	东	38.85	−4.34	10.7	5 9.6	东	37.76	−3.77	10.8	5 1 1.5	东	39.47	−3.46	10.7
9 16.3	西	−38.82	4.33	10.7	6 8.3	西	−37.77	3.77	10.8	2 0.1	西	−39.53	3.46	10.7
10 15.0	东	38.77	−4.32	10.7	7 7.0	东	37.77	−3.76	10.8	2 22.8	东	39.57	−3.45	10.7
11 13.6	西	−38.74	4.30	10.7	8 5.6	西	−37.78	3.75	10.8	3 21.5	西	−39.63	3.45	10.7
12 12.3	东	38.70	−4.29	10.7	9 4.3	东	37.78	−3.74	10.8	4 20.1	东	39.68	−3.45	10.7
13 11.0	西	−38.66	4.28	10.7	10 3.0	西	−37.80	3.74	10.8	5 18.8	西	−39.73	3.45	10.7
14 9.6	东	38.62	−4.27	10.7	11 1.6	东	37.81	−3.73	10.8	6 17.4	东	39.78	−3.44	10.7
15 8.3	西	−38.59	4.26	10.7	12 0.3	西	−37.82	3.72	10.8	7 16.1	西	−39.84	3.44	10.7
16 7.0	东	38.55	−4.25	10.7	12 22.9	东	37.83	−3.71	10.8	8 14.8	东	39.89	−3.44	10.7
17 5.6	西	−38.51	4.24	10.7	13 21.6	西	−37.84	3.71	10.8	9 13.4	西	−39.95	3.44	10.7
18 4.3	东	38.48	−4.23	10.7	14 20.3	东	37.85	−3.70	10.8	10 12.1	东	40.00	−3.44	10.7
19 3.0	西	−38.45	4.22	10.7	15 18.9	西	−37.87	3.69	10.8	11 10.7	西	−40.06	3.43	10.7
20 1.6	东	38.41	−4.21	10.8	16 17.6	东	37.88	−3.69	10.8	12 9.4	东	40.12	−3.43	10.7
21 0.3	西	−38.38	4.20	10.8	17 16.3	西	−37.90	3.68	10.8	13 8.1	西	−40.17	3.43	10.7
21 23.0	东	38.35	−4.19	10.8	18 14.9	东	37.92	−3.67	10.8	14 6.7	东	40.23	−3.43	10.6
22 21.6	西	−38.32	4.18	10.8	19 13.6	西	−37.93	3.67	10.8	15 5.4	西	−40.29	3.43	10.6
23 20.3	东	38.29	−4.17	10.8	20 12.3	东	37.95	−3.66	10.8	16 4.0	东	40.35	−3.43	10.6
24 19.0	西	−38.26	4.16	10.8	21 10.9	西	−37.97	3.65	10.8	17 2.7	西	−40.41	3.42	10.6
25 17.6	东	38.23	−4.15	10.8	22 9.6	东	37.99	−3.65	10.8	18 1.4	东	40.47	−3.42	10.6
26 16.3	西	−38.20	4.13	10.8	23 8.3	西	−38.01	3.64	10.8	19 0.0	西	−40.53	3.42	10.6
27 15.0	东	38.18	−4.13	10.8	24 6.9	东	38.03	−3.64	10.8	19 22.7	东	40.59	−3.42	10.6
28 13.6	西	−38.15	4.12	10.8	25 5.6	西	−38.05	3.63	10.8	20 21.3	西	−40.65	3.42	10.6
29 12.3	东	38.12	−4.11	10.8	26 4.3	东	38.07	−3.62	10.8	21 20.0	东	40.71	−3.42	10.6
30 11.0	西	−38.10	4.09	10.8	27 2.9	西	−38.10	3.62	10.8	22 18.6	西	−40.78	3.42	10.6
31 9.6	东	38.08	−4.09	10.8	28 1.6	东	38.12	−3.61	10.8	23 17.3	东	40.83	−3.42	10.6
2 1 8.3	西	−38.05	4.08	10.8	29 0.3	西	−38.15	3.61	10.8	24 16.0	西	−40.90	3.42	10.6
2 7.0	东	38.03	−4.07	10.8	29 22.9	东	38.17	−3.60	10.8	25 14.6	东	40.96	−3.42	10.6
3 5.6	西	−38.01	4.06	10.8	30 21.6	西	−38.20	3.60	10.8	26 13.3	西	−41.03	3.42	10.6
4 4.3	东	37.99	−4.05	10.8	31 20.3	东	38.22	−3.59	10.8	27 11.9	东	41.09	−3.42	10.6
5 3.0	西	−37.97	4.04	10.8	4 1 18.9	西	−38.25	3.58	10.8	28 10.6	西	−41.16	3.42	10.6
6 1.6	东	37.95	−4.03	10.8	2 17.6	东	38.28	−3.58	10.8	29 9.2	东	41.22	−3.42	10.6
7 0.3	西	−37.94	4.02	10.8	3 16.2	西	−38.31	3.58	10.8	30 7.9	西	−41.29	3.42	10.6
7 23.0	东	37.91	−4.01	10.8	4 14.9	东	38.34	−3.57	10.8	31 6.6	东	41.35	−3.42	10.6
8 21.6	西	−37.90	4.00	10.8	5 13.6	西	−38.37	3.56	10.8	6 1 5.2	西	−41.42	3.42	10.6
9 20.3	东	37.88	−3.99	10.8	6 12.2	东	38.40	−3.56	10.7	2 3.9	东	41.48	−3.42	10.6
10 19.0	西	−37.87	3.98	10.8	7 10.9	西	−38.44	3.55	10.7	3 2.5	西	−41.56	3.42	10.6
11 17.6	东	37.85	−3.97	10.8	8 9.6	东	38.47	−3.55	10.7	4 1.2	东	41.62	−3.42	10.6
12 16.3	西	−37.84	3.96	10.8	9 8.2	西	−38.50	3.54	10.7	4 23.8	西	−41.69	3.42	10.6
13 15.0	东	37.83	−3.96	10.8	10 6.9	东	38.54	−3.54	10.7	5 22.5	东	41.76	−3.42	10.6
14 13.6	西	−37.82	3.94	10.8	11 5.6	西	−38.57	3.54	10.7	6 21.2	西	−41.82	3.42	10.6
15 12.3	东	37.81	−3.94	10.8	12 4.2	东	38.61	−3.53	10.7	7 19.8	东	41.90	−3.42	10.6
16 11.0	西	−37.79	3.93	10.8	13 2.9	西	−38.64	3.53	10.7	8 18.5	西	−41.96	3.42	10.6
17 9.6	东	37.79	−3.92	10.8	14 1.6	东	38.68	−3.52	10.7	9 17.1	东	42.03	−3.42	10.6
18 8.3	西	−37.78	3.91	10.8	15 0.2	西	−38.72	3.52	10.7	10 15.8	西	−42.10	3.42	10.5
19 7.0	东	37.77	−3.90	10.8	15 22.9	东	38.76	−3.51	10.7	11 14.4	东	42.17	−3.42	10.5
20 5.6	西	−37.76	3.89	10.8	16 21.5	西	−38.80	3.51	10.7	12 13.1	西	−42.24	3.43	10.5
21 4.3	东	37.76	−3.88	10.8	17 20.2	东	38.84	−3.51	10.7	13 11.7	东	42.31	−3.43	10.5
22 3.0	西	−37.75	3.88	10.8	18 18.9	西	−38.88	3.50	10.7	14 10.4	西	−42.38	3.43	10.5
23 1.6	东	37.75	−3.87	10.8	19 17.5	东	38.92	−3.50	10.7	15 9.0	东	42.45	−3.43	10.5
24 0.3	西	−37.74	3.86	10.8	20 16.2	西	−38.96	3.49	10.7	16 7.7	西	−42.52	3.43	10.5
24 23.0	东	37.74	−3.85	10.8	21 14.9	东	39.01	−3.49	10.7	17 6.4	东	42.58	−3.43	10.5
25 21.6	西	−37.74	3.84	10.8	22 13.5	西	−39.05	3.49	10.7	18 5.0	西	−42.66	3.44	10.5

天　然　卫　星

2024 年　　土卫三(Tethys)的大距和星等

世界时	较差坐标			星等	世界时	较差坐标			星等	世界时	较差坐标			星等
月 日 时		Δαcosδ ″	Δδ ″		月 日 时		Δαcosδ ″	Δδ ″		月 日 时		Δαcosδ ″	Δδ ″	
6 19 3.7	东	42.73	−3.44	10.5	8 14 18.6	东	46.30	−3.66	10.3	10 10 9.4	东	45.96	−3.74	10.3
20 2.3	西	−42.80	3.44	10.5	15 17.3	西	−46.34	3.67	10.3	11 8.0	西	−45.93	3.73	10.4
21 1.0	东	42.87	−3.44	10.5	16 15.9	东	46.37	−3.67	10.3	12 6.7	东	45.87	−3.73	10.4
21 23.6	西	−42.94	3.44	10.5	17 14.6	西	−46.41	3.67	10.3	13 5.3	西	−45.83	3.73	10.4
22 22.3	东	43.01	−3.45	10.5	18 13.2	东	46.43	−3.68	10.3	14 4.0	东	45.77	−3.73	10.4
23 20.9	西	−43.08	3.45	10.5	19 11.8	西	−46.47	3.68	10.3	15 2.6	西	−45.73	3.72	10.4
24 19.6	东	43.15	−3.45	10.5	20 10.5	东	46.48	−3.69	10.3	16 1.3	东	45.67	−3.72	10.4
25 18.2	西	−43.22	3.46	10.5	21 9.1	西	−46.52	3.69	10.3	16 23.9	西	−45.63	3.71	10.4
26 16.9	东	43.29	−3.46	10.5	22 7.8	东	46.54	−3.69	10.3	17 22.6	东	45.57	−3.71	10.4
27 15.5	西	−43.36	3.46	10.5	23 6.4	西	−46.57	3.70	10.3	18 21.2	西	−45.52	3.71	10.4
28 14.2	东	43.43	−3.46	10.5	24 5.1	东	46.59	−3.70	10.3	19 19.9	东	45.46	−3.70	10.4
29 12.8	西	−43.50	3.46	10.5	25 3.7	西	−46.62	3.70	10.3	20 18.5	西	−45.41	3.70	10.4
30 11.5	东	43.57	−3.47	10.5	26 2.4	东	46.63	−3.71	10.3	21 17.2	东	45.35	−3.69	10.4
7 1 10.1	西	−43.64	3.47	10.5	27 1.0	西	−46.66	3.71	10.3	22 15.8	西	−45.30	3.69	10.4
2 8.8	东	43.71	−3.47	10.5	27 23.7	东	46.67	−3.71	10.3	23 14.5	东	45.23	−3.69	10.4
3 7.4	西	−43.78	3.48	10.5	28 22.3	西	−46.69	3.72	10.3	24 13.1	西	−45.18	3.68	10.4
4 6.1	东	43.85	−3.48	10.5	29 20.9	东	46.70	−3.72	10.3	25 11.8	东	45.12	−3.67	10.4
5 4.7	西	−43.91	3.48	10.5	30 19.6	西	−46.72	3.72	10.3	26 10.4	西	−45.06	3.67	10.4
6 3.4	东	43.98	−3.49	10.5	31 18.2	东	46.73	−3.73	10.3	27 9.1	东	45.00	−3.66	10.4
7 2.1	西	−44.05	3.49	10.4	9 1 16.9	西	−46.74	3.73	10.3	28 7.7	西	−44.94	3.66	10.4
8 0.7	东	44.12	−3.49	10.4	2 15.5	东	46.75	−3.73	10.3	29 6.4	东	44.87	−3.65	10.4
8 23.4	西	−44.19	3.50	10.4	3 14.2	西	−46.76	3.73	10.3	30 5.0	西	−44.82	3.65	10.4
9 22.0	东	44.25	−3.50	10.4	4 12.8	东	46.76	−3.74	10.3	31 3.7	东	44.74	−3.64	10.4
10 20.7	西	−44.32	3.50	10.4	5 11.5	西	−46.77	3.74	10.3	11 1 2.4	西	−44.69	3.64	10.4
11 19.3	东	44.38	−3.51	10.4	6 10.1	东	46.77	−3.74	10.3	2 1.0	东	44.62	−3.63	10.4
12 18.0	西	−44.45	3.51	10.4	7 8.8	西	−46.78	3.75	10.3	2 23.7	西	−44.56	3.62	10.4
13 16.6	东	44.52	−3.52	10.4	8 7.4	东	46.77	−3.75	10.3	3 22.3	东	44.48	−3.62	10.4
14 15.3	西	−44.58	3.52	10.4	9 6.0	西	−46.78	3.75	10.3	4 21.0	西	−44.43	3.61	10.4
15 13.9	东	44.64	−3.52	10.4	10 4.7	东	46.77	−3.75	10.3	5 19.6	东	44.35	−3.60	10.4
16 12.5	西	−44.71	3.53	10.4	11 3.3	西	−46.78	3.75	10.3	6 18.3	西	−44.30	3.60	10.4
17 11.2	东	44.77	−3.53	10.4	12 2.0	东	46.76	−3.75	10.3	7 16.9	东	44.22	−3.59	10.4
18 9.8	西	−44.84	3.54	10.4	13 0.6	西	−46.76	3.76	10.3	8 15.6	西	−44.17	3.58	10.4
19 8.5	东	44.89	−3.54	10.4	13 23.3	东	46.74	−3.76	10.3	9 14.2	东	44.09	−3.58	10.4
20 7.1	西	−44.96	3.54	10.4	14 21.9	西	−46.75	3.76	10.3	10 12.9	西	−44.03	3.57	10.4
21 5.8	东	45.01	−3.55	10.4	15 20.6	东	46.73	−3.76	10.3	11 11.5	东	43.95	−3.56	10.4
22 4.4	西	−45.08	3.55	10.4	16 19.2	西	−46.72	3.76	10.3	12 10.2	西	−43.89	3.56	10.4
23 3.1	东	45.14	−3.56	10.4	17 17.9	东	46.70	−3.76	10.3	13 8.9	东	43.81	−3.55	10.4
24 1.7	西	−45.20	3.56	10.4	18 16.5	西	−46.69	3.76	10.3	14 7.5	西	−43.75	3.54	10.5
25 0.4	东	45.25	−3.56	10.4	19 15.1	东	46.67	−3.76	10.3	15 6.2	东	43.68	−3.53	10.5
25 23.0	西	−45.31	3.57	10.4	20 13.8	西	−46.66	3.76	10.3	16 4.8	西	−43.61	3.52	10.5
26 21.7	东	45.37	−3.57	10.4	21 12.4	东	46.63	−3.76	10.3	17 3.5	东	43.54	−3.52	10.5
27 20.3	西	−45.43	3.58	10.4	22 11.1	西	−46.61	3.76	10.3	18 2.1	西	−43.47	3.51	10.5
28 19.0	东	45.48	−3.58	10.4	23 9.7	东	46.59	−3.76	10.3	19 0.8	东	43.40	−3.50	10.5
29 17.6	西	−45.53	3.59	10.4	24 8.4	西	−46.57	3.76	10.3	19 23.4	西	−43.33	3.49	10.5
30 16.3	东	45.59	−3.59	10.4	25 7.0	东	46.54	−3.76	10.3	20 22.1	东	43.26	−3.49	10.5
31 14.9	西	−45.64	3.60	10.4	26 5.7	西	−46.52	3.76	10.3	21 20.8	西	−43.20	3.48	10.5
8 1 13.6	东	45.69	−3.60	10.4	27 4.3	东	46.49	−3.76	10.3	22 19.4	东	43.12	−3.47	10.5
2 12.2	西	−45.74	3.60	10.4	28 3.0	西	−46.46	3.76	10.3	23 18.1	西	−43.06	3.46	10.5
3 10.9	东	45.79	−3.61	10.4	29 1.6	东	46.42	−3.76	10.3	24 16.7	东	42.98	−3.45	10.5
4 9.5	西	−45.84	3.61	10.4	30 0.3	西	−46.40	3.76	10.3	25 15.4	西	−42.91	3.44	10.5
5 8.2	东	45.88	−3.62	10.4	30 22.9	东	46.36	−3.76	10.3	26 14.0	东	42.84	−3.44	10.5
6 6.8	西	−45.93	3.62	10.4	10 1 21.6	西	−46.33	3.76	10.3	27 12.7	西	−42.78	3.43	10.5
7 5.4	东	45.98	−3.63	10.4	2 20.2	东	46.29	−3.76	10.3	28 11.4	东	42.69	−3.42	10.5
8 4.1	西	−46.02	3.63	10.4	3 18.9	西	−46.26	3.75	10.3	29 10.0	西	−42.64	3.41	10.5
9 2.7	东	46.06	−3.63	10.3	4 17.5	东	46.21	−3.75	10.3	30 8.7	东	42.55	−3.40	10.5
10 1.4	西	−46.11	3.64	10.3	5 16.1	西	−46.19	3.75	10.3	12 1 7.3	西	−42.50	3.39	10.5
11 0.0	东	46.14	−3.64	10.3	6 14.8	东	46.13	−3.75	10.3	2 6.0	东	42.41	−3.38	10.5
11 22.7	西	−46.19	3.65	10.3	7 13.4	西	−46.11	3.75	10.3	3 4.6	西	−42.36	3.38	10.5
12 21.3	东	46.22	−3.65	10.3	8 12.1	东	46.05	−3.74	10.3	4 3.3	东	42.28	−3.37	10.5
13 20.0	西	−46.27	3.66	10.3	9 10.7	西	−46.02	3.74	10.3	5 2.0	西	−42.22	3.36	10.5

天　然　卫　星

土卫三(Tethys)的大距和星等　　2024 年

世界时	较差坐标			星等	世界时	较差坐标			星等	世界时	较差坐标			星等
月 日 时		$\Delta\alpha\cos\delta$ ″	$\Delta\delta$ ″		月 日 时		$\Delta\alpha\cos\delta$ ″	$\Delta\delta$ ″		月 日 时		$\Delta\alpha\cos\delta$ ″	$\Delta\delta$ ″	
12 6 0.6	东	42.14	−3.35	10.5	12 15 11.2	东	41.48	−3.26	10.6	12 24 21.8	东	40.84	−3.16	10.6
6 23.3	西	−42.09	3.34	10.5	16 9.9	西	−41.42	3.25	10.6	25 20.5	西	−40.80	3.15	10.6
7 21.9	东	42.01	−3.33	10.5	17 8.6	东	41.35	−3.24	10.6	26 19.2	东	40.72	−3.14	10.6
8 20.6	西	−41.95	3.32	10.5	18 7.2	西	−41.29	3.23	10.6	27 17.8	西	−40.68	3.13	10.6
9 19.3	东	41.87	−3.31	10.5	19 5.9	东	41.22	−3.22	10.6	28 16.5	东	40.60	−3.12	10.6
10 17.9	西	−41.81	3.30	10.6	20 4.5	西	−41.16	3.21	10.6	29 15.2	西	−40.56	3.12	10.6
11 16.6	东	41.74	−3.29	10.6	21 3.2	东	41.09	−3.20	10.6	30 13.8	东	40.49	−3.10	10.6
12 15.2	西	−41.68	3.28	10.6	22 1.9	西	−41.04	3.19	10.6	31 12.5	西	−40.45	3.10	10.6
13 13.9	东	41.61	−3.27	10.6	23 0.5	东	40.97	−3.18	10.6					
14 12.6	西	−41.55	3.27	10.6	23 23.2	西	−40.92	3.17	10.6					

土卫六(Titan)的大距和星等

世界时	较差坐标			星等	世界时	较差坐标			星等	世界时	较差坐标			星等
月 日 时		$\Delta\alpha\cos\delta$ ″	$\Delta\delta$ ″		月 日 时		$\Delta\alpha\cos\delta$ ″	$\Delta\delta$ ″		月 日 时		$\Delta\alpha\cos\delta$ ″	$\Delta\delta$ ″	
1 2 7.4	东	161.64	−16.48	8.8	5 9 10.6	东	165.74	−13.92	8.8	9 13 22.2	东	193.72	−16.71	8.4
10 10.8	西	−161.85	14.94	8.8	17 13.9	西	−167.46	13.54	8.7	22 0.4	西	−193.23	16.04	8.4
18 7.7	东	158.91	−15.91	8.8	25 10.3	东	170.00	−14.01	8.7	29 19.8	东	192.16	−16.87	8.4
26 11.2	西	−159.30	14.52	8.9	6 2 13.5	西	−171.83	13.73	8.7	10 7 22.0	西	−191.08	16.03	8.4
2 3 8.1	东	157.09	−15.40	8.9	10 9.7	东	174.73	−14.22	8.6	15 17.5	东	189.13	−16.84	8.5
11 11.7	西	−157.67	14.16	8.9	18 12.6	西	−176.60	14.01	8.6	23 19.9	西	−187.58	15.86	8.5
19 8.7	东	156.22	−14.95	8.9	26 8.7	东	179.65	−14.54	8.6	31 15.6	东	185.02	−16.61	8.5
27 12.3	西	−157.00	13.86	8.9	7 4 11.4	西	−181.46	14.37	8.6	11 8 18.1	西	−183.16	15.54	8.5
3 6 9.3	东	156.31	−14.57	8.9	12 7.2	东	184.43	−14.96	8.5	16 14.1	东	180.28	−16.23	8.6
14 13.0	西	−157.29	13.64	8.9	20 9.7	西	−186.04	14.78	8.5	24 16.9	西	−178.29	15.13	8.6
22 9.8	东	157.35	−14.27	8.9	28 5.4	东	188.63	−15.44	8.5	12 2 13.0	东	175.41	−15.72	8.6
30 13.5	西	−158.53	13.49	8.9	8 5 7.7	西	−189.90	15.21	8.5	10 16.0	西	−173.41	14.65	8.7
4 7 10.3	东	159.30	−14.06	8.8	13 3.2	东	191.82	−15.94	8.4	18 12.4	东	170.78	−15.15	8.7
15 13.9	西	−160.68	13.42	8.8	21 5.4	西	−192.58	15.59	8.4	26 15.6	西	−168.87	14.14	8.7
23 10.6	东	162.13	−13.94	8.8	29 0.8	东	193.59	−16.39	8.4					
5 1 14.0	西	−163.69	13.44	8.8	9 6 2.9	西	−193.75	15.89	8.4					

土卫七(Hyperion)的大距和星等

世界时	较差坐标			星等	世界时	较差坐标			星等	世界时	较差坐标			星等
月 日 时		$\Delta\alpha\cos\delta$ ″	$\Delta\delta$ ″		月 日 时		$\Delta\alpha\cos\delta$ ″	$\Delta\delta$ ″		月 日 时		$\Delta\alpha\cos\delta$ ″	$\Delta\delta$ ″	
1 1 19.4	东	211.99	−20.33	14.6	5 8 18.3	东	220.12	−15.96	14.6	9 13 9.8	东	260.24	−19.28	14.2
12 21.6	西	−177.94	12.88	14.6	19 15.6	西	−183.28	12.41	14.5	24 5.8	西	−210.25	14.72	14.2
23 2.6	东	208.34	−19.11	14.7	30 2.2	东	228.95	−16.07	14.5	10 4 16.4	东	257.94	−19.54	14.2
2 3 4.7	西	−173.99	12.55	14.7	6 9 23.3	西	−189.44	12.66	14.4	15 13.5	西	−206.08	14.57	14.3
13 9.9	东	206.16	−18.12	14.7	20 9.3	东	237.45	−16.43	14.4	25 23.6	东	251.36	−19.41	14.3
24 11.8	西	−172.56	12.36	14.7	7 1 5.9	西	−196.82	13.09	14.4	11 5 21.7	西	−200.44	14.26	14.3
3 5 18.1	东	206.38	−17.25	14.7	11 15.8	东	246.30	−17.04	14.3	16 8.4	东	242.97	−18.82	14.4
16 18.2	西	−172.37	12.28	14.7	22 11.3	西	−203.33	13.61	14.3	27 6.1	西	−193.31	13.84	14.4
27 2.4	东	209.47	−16.58	14.7	8 1 22.2	东	254.79	−17.85	14.3	12 7 18.6	东	234.56	−17.93	14.4
4 7 2.1	西	−174.06	12.18	14.6	12 18.1	西	−208.09	14.09	14.2	18 16.7	西	−185.92	13.23	14.5
17 10.3	东	213.68	−16.15	14.6	23 3.9	东	259.23	−18.66	14.2	29 5.6	东	226.64	−16.98	14.5
28 9.4	西	−178.18	12.24	14.6	9 3 0.2	西	−211.03	14.50	14.2					

土卫八(Iapetu)的大距和星等

世界时	较差坐标			星等	世界时	较差坐标			星等	世界时	较差坐标			星等
月 日 时		$\Delta\alpha\cos\delta$ ″	$\Delta\delta$ ″		月 日 时		$\Delta\alpha\cos\delta$ ″	$\Delta\delta$ ″		月 日 时		$\Delta\alpha\cos\delta$ ″	$\Delta\delta$ ″	
1 6 21.6	东	463.53	39.80	11.6	6 17 6.9	东	504.67	77.23	11.4	10 13 5.0	西	−558.62	−68.10	11.3
2 17 4.6	西	−463.65	−47.07	11.7	7 27 9.5	西	−550.39	−79.09	11.3	11 21 0.6	东	513.13	63.04	11.4
3 28 11.9	东	452.90	57.43	11.7	9 3 18.0	东	554.54	77.33	11.2	12 31 15.6	西	−492.33	−61.17	11.5
5 8 18.0	西	−484.74	−66.79	11.6										

天　然　卫　星

2024 年　　土卫五(Rhea)的大距和星等

世界时			较差坐标			星等
月	日	时		$\Delta\alpha\cos\delta$	$\Delta\delta$	
				″	″	
1	2	13.8	东	70.08	−7.24	10.2
	4	20.1	西	−69.89	7.18	10.2
	7	2.3	东	69.70	−7.18	10.2
	9	8.6	西	−69.52	7.12	10.2
	11	14.9	东	69.34	−7.12	10.2
	13	21.1	西	−69.19	7.06	10.2
	16	3.4	东	69.02	−7.06	10.2
	18	9.7	西	−68.86	7.00	10.2
	20	16.0	东	68.73	−7.00	10.2
	22	22.3	西	−68.59	6.95	10.2
	25	4.5	东	68.46	−6.95	10.2
	27	10.8	西	−68.34	6.90	10.2
	29	17.1	东	68.24	−6.89	10.2
	31	23.4	西	−68.12	6.85	10.2
2	3	5.6	东	68.03	−6.85	10.2
	5	12.0	西	−67.94	6.80	10.2
	7	18.2	东	67.87	−6.80	10.2
	10	0.5	西	−67.79	6.76	10.2
	12	6.8	东	67.73	−6.75	10.2
	14	13.1	西	−67.68	6.71	10.2
	16	19.4	东	67.64	−6.71	10.2
	19	1.7	西	−67.58	6.67	10.2
	21	7.9	东	67.57	−6.67	10.2
	23	14.2	西	−67.54	6.64	10.2
	25	20.5	东	67.53	−6.64	10.2
	28	2.8	西	−67.52	6.60	10.2
3	1	9.1	东	67.54	−6.60	10.2
	3	15.4	西	−67.53	6.57	10.2
	5	21.6	东	67.56	−6.57	10.2
	8	3.9	西	−67.58	6.54	10.2
	10	10.2	东	67.63	−6.54	10.2
	12	16.5	西	−67.66	6.51	10.2
	14	22.8	东	67.72	−6.52	10.2
	17	5.1	西	−67.78	6.49	10.2
	19	11.3	东	67.86	−6.50	10.2
	21	17.6	西	−67.91	6.47	10.2
	23	23.9	东	68.02	−6.48	10.2
	26	6.2	西	−68.10	6.45	10.2
	28	12.5	东	68.21	−6.46	10.2
	30	18.8	西	−68.30	6.44	10.2
4	2	1.0	东	68.44	−6.45	10.2
	4	7.3	西	−68.55	6.43	10.2
	6	13.6	东	68.69	−6.44	10.2
	8	19.9	西	−68.81	6.42	10.2
	11	2.1	东	68.99	−6.43	10.2
	13	8.4	西	−69.12	6.42	10.2
	15	14.6	东	69.29	−6.43	10.2
	17	20.9	西	−69.45	6.42	10.2
	20	3.2	东	69.65	−6.43	10.2
	22	9.5	西	−69.80	6.42	10.2
	24	15.7	东	70.02	−6.43	10.2
	26	22.0	西	−70.19	6.42	10.2
	29	4.2	东	70.42	−6.44	10.2
5	1	10.5	西	−70.60	6.43	10.1
5	3	16.8	东	70.85	−6.45	10.1
	5	23.0	西	−71.05	6.45	10.1
	8	5.3	东	71.30	−6.46	10.1
	10	11.5	西	−71.50	6.46	10.1
	12	17.8	东	71.78	−6.48	10.1
	15	0.0	西	−72.00	6.48	10.1
	17	6.3	东	72.27	−6.50	10.1
	19	12.5	西	−72.50	6.50	10.1
	21	18.8	东	72.80	−6.53	10.1
	24	1.0	西	−73.02	6.53	10.1
	26	7.2	东	73.33	−6.55	10.1
	28	13.5	西	−73.58	6.56	10.1
	30	19.7	东	73.89	−6.58	10.0
6	2	2.0	西	−74.14	6.59	10.0
	4	8.2	东	74.45	−6.62	10.0
	6	14.4	西	−74.72	6.63	10.0
	8	20.6	东	75.04	−6.66	10.0
	11	2.9	西	−75.29	6.67	10.0
	13	9.1	东	75.64	−6.70	10.0
	15	15.3	西	−75.90	6.71	10.0
	17	21.5	东	76.22	−6.74	10.0
	20	3.8	西	−76.49	6.76	10.0
	22	10.0	东	76.83	−6.79	10.0
	24	16.2	西	−77.08	6.80	10.0
	26	22.4	东	77.42	−6.84	9.9
	29	4.6	西	−77.69	6.86	9.9
7	1	10.8	东	78.02	−6.89	9.9
	3	17.0	西	−78.28	6.91	9.9
	5	23.2	东	78.60	−6.94	9.9
	8	5.4	西	−78.87	6.97	9.9
	10	11.6	东	79.18	−7.00	9.9
	12	17.8	西	−79.42	7.02	9.9
	14	24.0	东	79.75	−7.06	9.9
	17	6.2	西	−79.98	7.08	9.9
	19	12.4	东	80.27	−7.12	9.9
	21	18.6	西	−80.50	7.14	9.9
	24	0.7	东	80.80	−7.18	9.9
	26	6.9	西	−80.99	7.20	9.8
	28	13.1	东	81.27	−7.24	9.8
	30	19.3	西	−81.46	7.26	9.8
8	2	1.5	东	81.72	−7.30	9.8
	4	7.7	西	−81.89	7.32	9.8
	6	13.8	东	82.12	−7.36	9.8
	8	20.0	西	−82.29	7.38	9.8
	11	2.2	东	82.49	−7.41	9.8
	13	8.3	西	−82.61	7.43	9.8
	15	14.5	东	82.82	−7.47	9.8
	17	20.7	西	−82.92	7.48	9.8
	20	2.8	东	83.07	−7.52	9.8
	22	9.0	西	−83.16	7.53	9.8
	24	15.2	东	83.30	−7.57	9.8
	26	21.3	西	−83.34	7.58	9.8
	29	3.5	东	83.45	−7.61	9.8
	31	9.7	西	−83.48	7.62	9.8
9	2	15.8	东	83.56	−7.65	9.8
	4	22.0	西	−83.55	7.66	9.8
	7	4.1	东	83.59	−7.69	9.8
	9	10.3	西	−83.57	7.69	9.8
	11	16.5	东	83.58	−7.72	9.8
	13	22.7	西	−83.51	7.71	9.8
	16	4.8	东	83.51	−7.74	9.8
	18	11.0	西	−83.42	7.73	9.8
	20	17.1	东	83.36	−7.76	9.8
	22	23.3	西	−83.25	7.75	9.8
	25	5.5	东	83.18	−7.77	9.8
	27	11.6	西	−83.03	7.75	9.8
	29	17.8	东	82.92	−7.77	9.8
10	1	24.0	西	−82.76	7.75	9.8
	4	6.1	东	82.63	−7.77	9.8
	6	12.3	西	−82.44	7.75	9.8
	8	18.5	东	82.27	−7.76	9.8
	11	0.7	西	−82.07	7.74	9.8
	13	6.9	东	81.89	−7.75	9.8
	15	13.1	西	−81.63	7.71	9.8
	17	19.2	东	81.45	−7.72	9.8
	20	1.4	西	−81.19	7.69	9.8
	22	7.6	东	80.97	−7.69	9.8
	24	13.8	西	−80.70	7.66	9.8
	26	20.0	东	80.47	−7.66	9.9
	29	2.2	西	−80.18	7.62	9.9
	31	8.4	东	79.93	−7.62	9.9
11	2	14.6	西	−79.64	7.58	9.9
	4	20.8	东	79.38	−7.58	9.9
	7	3.0	西	−79.08	7.54	9.9
	9	9.2	东	78.79	−7.53	9.9
	11	15.4	西	−78.50	7.48	9.9
	13	21.6	东	78.22	−7.48	9.9
	16	3.8	西	−77.89	7.43	9.9
	18	10.0	东	77.62	−7.42	9.9
	20	16.3	西	−77.31	7.37	9.9
	22	22.5	东	77.02	−7.36	9.9
	25	4.7	西	−76.70	7.31	10.0
	27	10.9	东	76.42	−7.30	10.0
	29	17.1	西	−76.10	7.25	10.0
12	1	23.4	东	75.82	−7.23	10.0
	4	5.6	西	−75.50	7.18	10.0
	6	11.8	东	75.24	−7.17	10.0
	8	18.1	西	−74.93	7.12	10.0
	11	0.3	东	74.65	−7.10	10.0
	13	6.6	西	−74.36	7.05	10.0
	15	12.8	东	74.10	−7.03	10.0
	17	19.1	西	−73.78	6.98	10.0
	20	1.3	东	73.54	−6.96	10.0
	22	7.6	西	−73.26	6.91	10.1
	24	13.8	东	73.01	−6.89	10.1
	26	20.1	西	−72.73	6.84	10.1
	29	2.3	东	72.50	−6.82	10.1
	31	8.6	西	−72.24	6.78	10.1

天　然　卫　星

天卫一(Ariel)的大距和星等　　2024 年

世界时 月 日 时		较差坐标 Δαcosδ ″	Δδ ″	星等
1 1 21.5	南	0.13	−13.86	14.6
3 3.8	北	−0.10	13.86	14.6
4 10.0	南	0.14	−13.84	14.6
5 16.3	北	−0.11	13.83	14.6
6 22.5	南	0.16	−13.81	14.6
8 4.8	北	−0.11	13.80	14.6
9 11.0	南	0.17	−13.78	14.6
10 17.3	北	−0.13	13.78	14.6
11 23.5	南	0.15	−13.75	14.6
13 5.8	北	−0.14	13.75	14.6
14 12.0	南	0.16	−13.73	14.6
15 18.3	北	−0.14	13.72	14.6
17 0.5	南	0.18	−13.70	14.6
18 6.8	北	−0.13	13.69	14.6
19 13.0	南	0.18	−13.67	14.6
20 19.2	北	−0.13	13.67	14.6
22 1.5	南	0.18	−13.64	14.6
23 7.7	北	−0.14	13.64	14.6
24 14.0	南	0.17	−13.61	14.6
25 20.2	北	−0.15	13.61	14.6
27 2.5	南	0.17	−13.58	14.6
28 8.7	北	−0.15	13.58	14.6
29 15.0	南	0.17	−13.56	14.6
30 21.2	北	−0.14	13.55	14.6
2 1 3.5	南	0.18	−13.53	14.6
2 9.7	北	−0.12	13.52	14.6
3 16.0	南	0.18	−13.49	14.6
4 22.2	北	−0.13	13.49	14.6
6 4.5	南	0.16	−13.46	14.6
7 10.7	北	−0.14	13.46	14.6
8 17.0	南	0.15	−13.44	14.6
9 23.2	北	−0.13	13.43	14.6
11 5.5	南	0.15	−13.41	14.6
12 11.7	北	−0.11	13.40	14.6
13 18.0	南	0.16	−13.38	14.6
15 0.2	北	−0.10	13.37	14.6
16 6.4	南	0.14	−13.35	14.6
17 12.7	北	−0.10	13.34	14.6
18 18.9	南	0.13	−13.32	14.6
20 1.2	北	−0.09	13.31	14.6
21 7.4	南	0.12	−13.29	14.6
22 13.7	北	−0.09	13.29	14.6
23 19.9	南	0.10	−13.27	14.7
25 2.1	北	−0.07	13.26	14.7
26 8.4	南	0.10	−13.24	14.7
27 14.6	北	−0.05	13.23	14.7
28 20.9	南	0.09	−13.21	14.7
3 1 3.1	北	−0.04	13.21	14.7
2 9.4	南	0.08	−13.18	14.7
3 15.6	北	−0.03	13.18	14.7
4 21.9	南	0.06	−13.16	14.7
6 4.1	北	−0.02	13.15	14.7
7 10.4	南	0.04	−13.13	14.7
8 16.6	北	0.00	13.13	14.7
9 22.8	南	0.03	−13.11	14.7
11 5.1	北	0.01	13.10	14.7
12 11.3	南	0.01	−13.08	14.7
13 17.6	北	0.03	13.08	14.7
14 23.8	南	0.00	−13.06	14.7
16 6.0	北	0.06	13.05	14.7
3 17 12.3	南	−0.01	−13.04	14.7
18 18.5	北	0.07	13.03	14.7
20 0.8	南	−0.04	−13.02	14.7
21 7.0	北	0.08	13.01	14.7
22 13.3	南	−0.07	−12.99	14.7
23 19.5	北	0.10	12.99	14.7
25 1.7	南	−0.08	−12.97	14.7
26 8.0	北	0.13	12.97	14.7
27 14.2	南	−0.09	−12.96	14.7
28 20.5	北	0.16	12.95	14.7
30 2.7	南	−0.12	−12.94	14.7
31 8.9	北	0.17	12.94	14.7
4 1 15.2	南	−0.14	−12.92	14.7
2 21.4	北	0.19	12.92	14.7
4 3.7	南	−0.17	−12.90	14.7
5 9.9	北	0.20	12.90	14.7
6 16.2	南	−0.20	−12.89	14.7
7 22.4	北	0.23	12.88	14.7
9 4.6	南	−0.21	−12.87	14.7
10 10.9	北	0.27	12.87	14.7
11 17.1	南	−0.22	−12.86	14.7
12 23.3	北	0.30	12.86	14.7
14 5.6	南	−0.25	−12.84	14.7
15 11.8	北	0.31	12.85	14.7
16 18.1	南	−0.30	−12.83	14.7
18 0.3	北	0.32	12.83	14.7
19 6.5	南	−0.32	−12.82	14.7
20 12.8	北	0.36	12.82	14.7
21 19.0	南	−0.34	−12.81	14.7
23 1.2	北	0.40	12.81	14.7
24 7.5	南	−0.36	−12.80	14.7
25 13.7	北	0.42	12.80	14.7
26 20.0	南	−0.39	−12.79	14.7
28 2.2	北	0.44	12.79	14.7
29 8.5	南	−0.42	−12.79	14.7
30 14.7	北	0.47	12.79	14.7
5 1 20.9	南	−0.45	−12.78	14.7
3 3.1	北	0.50	12.78	14.7
4 9.4	南	−0.48	−12.77	14.7
5 15.6	北	0.53	12.78	14.7
6 21.9	南	−0.50	−12.77	14.7
8 4.1	北	0.56	12.77	14.7
9 10.4	南	−0.53	−12.76	14.7
10 16.6	北	0.58	12.77	14.7
11 22.8	南	−0.56	−12.76	14.7
13 4.8	北	0.89	12.75	14.7
14 11.3	南	−0.58	−12.76	14.7
15 17.5	北	0.65	12.76	14.7
16 23.8	南	−0.61	−12.76	14.7
18 6.0	北	0.68	12.77	14.7
19 12.3	南	−0.65	−12.76	14.7
20 18.5	北	0.70	12.77	14.7
22 0.7	南	−0.69	−12.76	14.7
23 6.9	北	0.73	12.77	14.7
24 13.2	南	−0.71	−12.76	14.7
25 19.4	北	0.78	12.77	14.7
27 1.7	南	−0.73	−12.77	14.7
28 7.9	北	0.81	12.77	14.7
29 14.1	南	−0.77	−12.77	14.7
30 20.3	北	0.83	12.78	14.7
6 1 2.6	南	−0.81	−12.78	14.7
2 8.8	北	0.86	12.78	14.7
3 15.1	南	−0.84	−12.78	14.7
4 21.3	北	0.89	12.79	14.7
6 3.5	南	−0.86	−12.79	14.7
7 9.8	北	0.93	12.80	14.7
8 16.0	南	−0.89	−12.80	14.7
9 22.2	北	0.95	12.81	14.7
11 4.5	南	−0.92	−12.81	14.7
12 10.7	北	0.99	12.81	14.7
13 17.0	南	−0.96	−12.82	14.7
14 23.2	北	1.01	12.83	14.7
16 5.4	南	−0.99	−12.83	14.7
17 11.6	北	1.04	12.84	14.7
18 17.9	南	−1.02	−12.84	14.7
20 0.1	北	1.08	12.85	14.7
21 6.4	南	−1.04	−12.85	14.7
22 12.6	北	1.11	12.87	14.7
23 18.8	南	−1.08	−12.86	14.7
25 1.0	北	1.14	12.88	14.7
26 7.3	南	−1.11	−12.88	14.7
27 13.5	北	1.16	12.89	14.7
28 19.8	南	−1.13	−12.90	14.7
30 2.0	北	1.21	12.90	14.7
7 1 8.3	南	−1.16	−12.91	14.7
2 14.5	北	1.23	12.93	14.7
3 20.7	南	−1.20	−12.92	14.7
5 2.9	北	1.25	12.94	14.7
6 9.2	南	−1.23	−12.94	14.7
7 15.4	北	1.28	12.96	14.7
8 21.7	南	−1.24	−12.97	14.7
10 3.9	北	1.31	12.97	14.7
11 10.1	南	−1.26	−12.99	14.7
12 16.3	北	1.35	12.99	14.7
13 22.6	南	−1.29	−13.01	14.7
15 4.8	北	1.36	13.02	14.7
16 11.1	南	−1.33	−13.02	14.7
17 17.3	北	1.38	13.04	14.7
18 23.5	南	−1.36	−13.04	14.7
20 5.8	北	1.40	13.06	14.7
21 12.0	南	−1.38	−13.07	14.7
22 18.2	北	1.44	13.08	14.7
24 0.5	南	−1.38	−13.10	14.7
25 6.7	北	1.48	13.10	14.7
26 13.0	南	−1.40	−13.12	14.7
27 19.2	北	1.48	13.13	14.7
29 1.4	南	−1.45	−13.13	14.7
30 7.7	北	1.49	13.16	14.7
31 13.9	南	−1.48	−13.16	14.7
8 1 20.1	北	1.50	13.18	14.6
3 2.4	南	−1.48	−13.19	14.6
4 8.6	北	1.55	13.20	14.6
5 14.9	南	−1.48	−13.22	14.6
6 21.1	北	1.57	13.23	14.6
8 3.3	南	−1.50	−13.24	14.6
9 9.5	北	1.58	13.26	14.6
10 15.8	南	−1.53	−13.27	14.6
11 22.0	北	1.58	13.29	14.6
13 4.3	南	−1.55	−13.29	14.6
14 10.5	北	1.59	13.31	14.6

天　然　卫　星

2024 年　　天卫一(Ariel)的大距和星等

世界时 月 日 时		较差坐标 Δαcosδ ″	Δδ ″	星等
8 15 16.8	南	−1.57	−13.32	14.6
16 23.0	北	1.61	13.34	14.6
18 5.2	南	−1.57	−13.35	14.6
19 11.4	北	1.64	13.37	14.6
20 17.7	南	−1.57	−13.38	14.6
21 23.9	北	1.65	13.39	14.6
23 6.2	南	−1.58	−13.41	14.6
24 12.4	北	1.64	13.43	14.6
25 18.7	南	−1.61	−13.44	14.6
27 0.9	北	1.64	13.45	14.6
28 7.2	南	−1.62	−13.47	14.6
29 13.4	北	1.66	13.48	14.6
30 19.7	南	−1.61	−13.49	14.6
9 1 1.9	北	1.67	13.51	14.6
2 8.1	南	−1.62	−13.52	14.6
3 14.3	北	1.67	13.54	14.6
4 20.6	南	−1.61	−13.56	14.6
6 2.8	北	1.68	13.57	14.6
7 9.1	南	−1.61	−13.59	14.6
8 15.3	北	1.68	13.60	14.6
9 21.6	南	−1.62	−13.61	14.6
11 3.8	北	1.66	13.63	14.6
12 10.1	南	−1.63	−13.64	14.6
13 16.3	北	1.65	13.66	14.6
14 22.6	南	−1.62	−13.67	14.6
16 4.8	北	1.67	13.68	14.6
17 11.1	南	−1.59	−13.70	14.6
18 17.3	北	1.67	13.71	14.6
19 23.5	南	−1.59	−13.73	14.6
21 5.7	北	1.66	13.74	14.6
22 12.0	南	−1.59	−13.75	14.6
23 18.2	北	1.64	13.77	14.6
25 0.5	南	−1.60	−13.78	14.5
26 6.7	北	1.62	13.80	14.5
27 13.0	南	−1.59	−13.80	14.5
28 19.2	北	1.61	13.82	14.5
30 1.5	南	−1.56	−13.83	14.5
10 1 7.7	北	1.62	13.84	14.5
2 14.0	南	−1.53	−13.86	14.5
3 20.2	北	1.62	13.87	14.5
5 2.5	南	−1.52	−13.88	14.5
6 8.7	北	1.58	13.90	14.5
7 15.0	南	−1.54	−13.90	14.5
8 21.2	北	1.54	13.92	14.5
10 3.5	南	−1.52	−13.93	14.5
11 9.7	北	1.54	13.94	14.5
12 16.0	南	−1.49	−13.95	14.5
13 22.2	北	1.54	13.96	14.5
15 4.5	南	−1.45	−13.97	14.5
16 10.7	北	1.52	13.98	14.5
17 17.0	南	−1.44	−13.99	14.5
18 23.2	北	1.49	14.00	14.5
20 5.5	南	−1.44	−14.01	14.5
21 11.7	北	1.46	14.02	14.5
22 18.0	南	−1.42	−14.03	14.5
24 0.2	北	1.43	14.04	14.5
25 6.4	南	−1.39	−14.04	14.5
26 12.7	北	1.42	14.05	14.5
27 19.0	南	−1.35	−14.06	14.5
29 1.2	北	1.41	14.07	14.5
30 7.5	南	−1.32	−14.07	14.5
31 13.7	北	1.38	14.08	14.5
11 1 20.0	南	−1.32	−14.08	14.5
3 2.2	北	1.34	14.09	14.5
4 8.5	南	−1.30	−14.09	14.5
5 14.7	北	1.32	14.10	14.5
6 21.0	南	−1.26	−14.10	14.5
8 3.2	北	1.30	14.11	14.5
9 9.5	南	−1.23	−14.11	14.5
10 15.7	北	1.27	14.12	14.5
11 22.0	南	−1.22	−14.11	14.5
13 4.2	北	1.24	14.12	14.5
14 10.5	南	−1.18	−14.12	14.5
15 16.7	北	1.23	14.12	14.5
11 16 23.0	南	−1.16	−14.12	14.5
18 5.2	北	1.20	14.13	14.5
19 11.5	南	−1.14	−14.12	14.5
20 17.7	北	1.16	14.13	14.5
21 24.0	南	−1.12	−14.12	14.5
23 6.2	北	1.14	14.13	14.5
24 12.5	南	−1.09	−14.12	14.5
25 18.7	北	1.12	14.13	14.5
27 1.0	南	−1.05	−14.12	14.5
28 7.2	北	1.10	14.12	14.5
29 13.5	南	−1.03	−14.11	14.5
30 19.7	北	1.07	14.12	14.5
12 2 2.0	南	−1.01	−14.11	14.5
3 8.2	北	1.04	14.11	14.5
4 14.5	南	−0.99	−14.10	14.5
5 20.7	北	1.01	14.10	14.5
7 3.0	南	−0.97	−14.09	14.5
8 9.2	北	0.99	14.09	14.5
9 15.5	南	−0.94	−14.08	14.5
10 21.7	北	0.98	14.08	14.5
12 4.0	南	−0.91	−14.07	14.5
13 10.2	北	0.96	14.07	14.5
14 16.5	南	−0.90	−14.05	14.5
15 22.7	北	0.93	14.05	14.5
17 5.0	南	−0.89	−14.04	14.5
18 11.2	北	0.90	14.03	14.5
19 17.5	南	−0.86	−14.02	14.5
20 23.7	北	0.89	14.02	14.5
22 6.0	南	−0.83	−14.00	14.5
23 12.2	北	0.88	14.00	14.5
24 18.5	南	−0.82	−13.98	14.5
26 0.7	北	0.85	13.98	14.5
27 7.0	南	−0.81	−13.96	14.5
28 13.2	北	0.84	13.96	14.5
29 19.5	南	−0.79	−13.95	14.5
31 1.7	北	0.82	13.94	14.5

天　然　卫　星

天卫二(Umbriel)的大距和星等　　2024 年

世界时			较差坐标			星等
月	日	时		$\Delta\alpha\cos\delta$ ″	$\Delta\delta$ ″	
1	2	17.7	北	−0.22	19.23	15.5
	4	19.4	南	0.10	−19.35	15.5
	6	21.2	北	−0.23	19.17	15.5
	8	22.9	南	0.12	−19.29	15.5
	11	0.7	北	−0.26	19.11	15.5
	13	2.3	南	0.12	−19.23	15.5
	15	4.2	北	−0.28	19.04	15.5
	17	5.8	南	0.11	−19.17	15.5
	19	7.6	北	−0.30	18.98	15.5
	21	9.3	南	0.11	−19.10	15.5
	23	11.1	北	−0.31	18.91	15.5
	25	12.7	南	0.11	−19.03	15.5
	27	14.6	北	−0.31	18.85	15.5
	29	16.2	南	0.09	−18.96	15.5
	31	18.1	北	−0.33	18.78	15.5
2	2	19.7	南	0.08	−18.89	15.5
	4	21.5	北	−0.32	18.72	15.5
	6	23.1	南	0.07	−18.82	15.5
	9	1.0	北	−0.30	18.65	15.5
	11	2.6	南	0.06	−18.75	15.5
	13	4.4	北	−0.29	18.58	15.5
	15	6.1	南	0.03	−18.68	15.5
	17	7.9	北	−0.27	18.52	15.5
	19	9.5	南	0.03	−18.61	15.5
	21	11.4	北	−0.23	18.46	15.5
	23	13.0	南	0.01	−18.54	15.5
	25	14.8	北	−0.21	18.40	15.6
	27	16.4	南	0.00	−18.48	15.6
	29	18.3	北	−0.17	18.34	15.6
3	2	19.9	南	−0.02	−18.42	15.6
	4	21.7	北	−0.13	18.28	15.6
	6	23.4	南	−0.05	−18.36	15.6
	9	1.1	北	−0.08	18.22	15.6
	11	2.8	南	−0.06	−18.31	15.6
	13	4.6	北	−0.03	18.16	15.6
	15	6.3	南	−0.11	−18.25	15.6
	17	8.0	北	0.00	18.11	15.6
	19	9.7	南	−0.14	−18.20	15.6
	21	11.5	北	0.06	18.06	15.6
	23	13.1	南	−0.17	−18.16	15.6
	25	14.9	北	0.11	18.00	15.6
	27	16.6	南	−0.23	−18.12	15.6
	29	18.4	北	0.13	17.96	15.6
	31	20.0	南	−0.29	−18.08	15.6
4	2	21.8	北	0.19	17.92	15.6
	4	23.4	南	−0.33	−18.04	15.6
	7	1.2	北	0.23	17.88	15.6
	9	2.9	南	−0.40	−18.01	15.6
	11	4.7	北	0.27	17.85	15.6
	13	6.3	南	−0.47	−17.97	15.6
	15	8.1	北	0.30	17.82	15.6
	17	9.7	南	−0.53	−17.95	15.6
	19	11.5	北	0.36	17.79	15.6
	21	13.1	南	−0.60	−17.92	15.6
	23	15.0	北	0.41	17.77	15.6
	25	16.5	南	−0.68	−17.90	15.6
	27	18.4	北	0.44	17.75	15.6
	29	20.0	南	−0.75	−17.87	15.6
5	1	21.8	北	0.51	17.74	15.6

世界时			较差坐标			星等
月	日	时		$\Delta\alpha\cos\delta$ ″	$\Delta\delta$ ″	
5	3	23.4	南	−0.82	−17.86	15.6
	6	1.3	北	0.58	17.73	15.6
	8	2.8	南	−0.88	−17.85	15.6
	10	4.7	北	0.64	17.73	15.6
	12	6.2	南	−0.95	−17.84	15.6
	14	8.1	北	0.68	17.73	15.6
	16	9.6	南	−1.01	−17.83	15.6
	18	11.5	北	0.80	17.73	15.6
	20	13.1	南	−1.06	−17.83	15.6
	22	14.9	北	0.87	17.73	15.6
	24	16.5	南	−1.14	−17.83	15.6
	26	18.3	北	0.93	17.74	15.6
	28	19.9	南	−1.19	−17.84	15.6
	30	21.7	北	1.03	17.75	15.6
6	1	23.3	南	−1.23	−17.86	15.6
	4	1.1	北	1.12	17.76	15.6
	6	2.8	南	−1.28	−17.87	15.6
	8	4.6	北	1.18	17.78	15.6
	10	6.2	南	−1.37	−17.90	15.6
	12	8.0	北	1.26	17.80	15.6
	14	9.6	南	−1.40	−17.92	15.6
	16	11.4	北	1.35	17.82	15.6
	18	13.0	南	−1.47	−17.95	15.6
	20	14.8	北	1.41	17.84	15.6
	22	16.4	南	−1.56	−17.98	15.6
	24	18.2	北	1.45	17.87	15.6
	26	19.8	南	−1.63	−18.02	15.6
	28	21.6	北	1.54	17.90	15.6
	30	23.2	南	−1.69	−18.05	15.6
7	3	1.0	北	1.58	17.94	15.6
	5	2.6	南	−1.79	−18.09	15.6
	7	4.5	北	1.61	17.98	15.6
	9	6.0	南	−1.87	−18.13	15.6
	11	7.9	北	1.67	18.03	15.6
	13	9.5	南	−1.93	−18.18	15.6
	15	11.3	北	1.71	18.07	15.6
	17	12.9	南	−2.01	−18.22	15.6
	19	14.7	北	1.75	18.13	15.6
	21	16.3	南	−2.09	−18.27	15.6
	23	18.2	北	1.76	18.18	15.6
	25	19.7	南	−2.15	−18.32	15.6
	27	21.6	北	1.84	18.24	15.6
	29	23.1	南	−2.19	−18.37	15.6
8	1	1.0	北	1.87	18.30	15.5
	3	2.5	南	−2.24	−18.43	15.5
	5	4.5	北	1.90	18.36	15.5
	7	5.9	南	−2.29	−18.48	15.5
	9	7.9	北	1.95	18.43	15.5
	11	9.4	南	−2.28	−18.54	15.5
	13	11.3	北	2.01	18.49	15.5
	15	12.8	南	−2.32	−18.61	15.5
	17	14.7	北	2.03	18.55	15.5
	19	16.3	南	−2.34	−18.67	15.5
	21	18.2	北	2.08	18.61	15.5
	23	19.8	南	−2.32	−18.74	15.5
	25	21.6	北	2.14	18.68	15.5
	27	23.2	南	−2.33	−18.81	15.5
	30	1.0	北	2.16	18.74	15.5
9	1	2.7	南	−2.32	−18.88	15.5

世界时			较差坐标			星等
月	日	时		$\Delta\alpha\cos\delta$ ″	$\Delta\delta$ ″	
9	3	4.5	北	2.19	18.80	15.5
	5	6.1	南	−2.33	−18.95	15.5
	7	7.9	北	2.20	18.87	15.5
	9	9.6	南	−2.31	−19.02	15.5
	11	11.4	北	2.21	18.93	15.5
	13	13.0	南	−2.31	−19.09	15.5
	15	14.8	北	2.21	18.99	15.5
	17	16.5	南	−2.31	−19.16	15.5
	19	18.3	北	2.17	19.06	15.5
	21	20.0	南	−2.31	−19.22	15.5
	23	21.8	北	2.17	19.11	15.4
	25	23.4	南	−2.28	−19.29	15.4
	28	1.2	北	2.12	19.17	15.4
	30	2.9	南	−2.29	−19.35	15.4
10	2	4.7	北	2.06	19.23	15.4
	4	6.3	南	−2.28	−19.40	15.4
	6	8.2	北	2.01	19.29	15.4
	8	9.8	南	−2.24	−19.45	15.4
	10	11.7	北	1.96	19.34	15.4
	12	13.3	南	−2.22	−19.50	15.4
	14	15.2	北	1.90	19.40	15.4
	16	16.8	南	−2.21	−19.55	15.4
	18	18.7	北	1.83	19.45	15.4
	20	20.2	南	−2.16	−19.58	15.4
	22	22.2	北	1.80	19.49	15.4
	24	23.7	南	−2.11	−19.62	15.4
	27	1.7	北	1.75	19.52	15.4
	29	3.2	南	−2.06	−19.65	15.4
	31	5.2	北	1.69	19.56	15.4
11	2	6.7	南	−2.02	−19.67	15.4
	4	8.6	北	1.65	19.59	15.4
	6	10.2	南	−1.94	−19.70	15.4
	8	12.1	北	1.62	19.60	15.4
	10	13.7	南	−1.87	−19.72	15.4
	12	15.6	北	1.58	19.62	15.4
	14	17.2	南	−1.80	−19.72	15.4
	16	19.1	北	1.53	19.63	15.4
	18	20.7	南	−1.72	−19.73	15.4
	20	22.6	北	1.51	19.62	15.4
	23	0.2	南	−1.63	−19.74	15.4
	25	2.0	北	1.47	19.62	15.4
	27	3.7	南	−1.57	−19.73	15.4
	29	5.5	北	1.41	19.61	15.4
12	1	7.2	南	−1.52	−19.72	15.4
	3	9.0	北	1.37	19.59	15.4
	5	10.7	南	−1.43	−19.71	15.4
	7	12.5	北	1.34	19.56	15.4
	9	14.2	南	−1.39	−19.69	15.4
	11	16.0	北	1.27	19.53	15.4
	13	17.7	南	−1.36	−19.66	15.4
	15	19.5	北	1.20	19.50	15.4
	17	21.2	南	−1.31	−19.63	15.4
	19	23.0	北	1.19	19.46	15.4
	22	0.7	南	−1.27	−19.59	15.4
	24	2.5	北	1.11	19.42	15.4
	26	4.1	南	−1.26	−19.55	15.4
	28	6.0	北	1.05	19.37	15.4
	30	7.6	南	−1.24	−19.50	15.4

天　然　卫　星

2024 年　天卫三(Titania)的大距和星等

世界时			较差坐标			星等
月	日	时		$\Delta\alpha\cos\delta$	$\Delta\delta$	
				″	″	
1	1	22.4	南	0.04	−31.61	14.2
	6	6.9	北	−0.17	31.65	14.2
	10	15.4	南	0.12	−31.41	14.2
	14	23.9	北	−0.13	31.45	14.2
	19	8.4	南	0.21	−31.17	14.2
	23	16.8	北	−0.14	31.23	14.2
	28	1.4	南	0.20	−30.94	14.2
2	1	9.8	北	−0.13	30.99	14.2
	5	18.4	南	0.24	−30.72	14.2
	10	2.7	北	−0.02	30.74	14.2
	14	11.3	南	0.22	−30.49	14.2
	18	19.6	北	0.04	30.51	14.2
	23	4.2	南	0.14	−30.27	14.2
	27	12.5	北	0.11	30.29	14.3
3	2	21.1	南	0.04	−30.08	14.3
	7	5.4	北	0.21	30.06	14.3
	11	14.0	南	−0.07	−29.89	14.3
	15	22.2	北	0.34	29.87	14.3
	20	6.8	南	−0.20	−29.70	14.3
	24	15.1	北	0.45	29.70	14.3
	28	23.6	南	−0.43	−29.55	14.3
4	2	8.0	北	0.55	29.54	14.3
	6	16.4	南	−0.60	−29.42	14.3
	11	0.8	北	0.74	29.42	14.3
	15	9.2	南	−0.78	−29.30	14.3
	19	17.6	北	0.87	29.34	14.3
	24	2.0	南	−1.05	−29.20	14.3
	28	10.4	北	1.04	29.27	14.3
5	2	18.7	南	−1.26	−29.15	14.3
	7	3.2	北	1.26	29.22	14.3
	11	11.5	南	−1.46	−29.12	14.3
	15	20.0	北	1.48	29.22	14.3
	20	4.3	南	−1.69	−29.09	14.3
	24	12.8	北	1.69	29.24	14.3
	28	21.0	南	−1.94	−29.11	14.3
6	2	5.5	北	1.92	29.27	14.3
	6	13.8	南	−2.14	−29.16	14.3
	10	22.2	北	2.24	29.33	14.3
	15	6.6	南	−2.28	−29.23	14.3
	19	14.9	北	2.46	29.43	14.3
	23	23.4	南	−2.52	−29.32	14.3
	28	7.7	北	2.68	29.53	14.3
7	2	16.2	南	−2.64	−29.47	14.3
	7	0.4	北	3.00	29.64	14.3
	11	9.0	南	−2.79	−29.62	14.3
	15	17.1	北	3.22	29.80	14.3
	20	1.8	南	−2.99	−29.78	14.3
	24	9.9	北	3.39	29.97	14.3
	28	18.6	南	−3.16	−29.99	14.3
8	2	2.8	北	3.53	30.14	14.2
	6	11.5	南	−3.28	−30.20	14.2
	10	19.6	北	3.68	30.35	14.2
	15	4.3	南	−3.41	−30.41	14.2
	19	12.5	北	3.72	30.58	14.2
	23	21.1	南	−3.64	−30.63	14.2
	28	5.5	北	3.67	30.81	14.2
9	1	13.9	南	−3.71	−30.86	14.2
	5	22.4	北	3.72	31.04	14.2
	10	6.8	南	−3.72	−31.08	14.2
	14	15.4	北	3.61	31.29	14.2
	18	23.7	南	−3.82	−31.28	14.2
	23	8.4	北	3.52	31.52	14.2
	27	16.7	南	−3.77	−31.49	14.1
10	2	1.4	北	3.48	31.72	14.1
	6	9.7	南	−3.66	−31.68	14.1
	10	18.4	北	3.41	31.92	14.1
	15	2.8	南	−3.51	−31.84	14.1
	19	11.4	北	3.28	32.08	14.1
	23	19.8	南	−3.38	−31.98	14.1
	28	4.4	北	3.14	32.20	14.1
11	1	12.9	南	−3.16	−32.09	14.1
	5	21.4	北	3.11	32.28	14.1
	10	6.0	南	−2.88	−32.16	14.1
	14	14.5	北	2.93	32.34	14.1
	18	23.1	南	−2.73	−32.19	14.1
	23	7.5	北	2.75	32.34	14.1
	27	16.2	南	−2.48	−32.20	14.1
12	2	0.5	北	2.66	32.28	14.1
	6	9.3	南	−2.28	−32.14	14.1
	10	17.6	北	2.50	32.21	14.1
	15	2.3	南	−2.13	−32.04	14.1
	19	10.6	北	2.34	32.09	14.1
	23	19.4	南	−2.02	−31.93	14.1
	28	3.7	北	2.18	31.92	14.1

天卫四(Oberon)的大距和星等

世界时			较差坐标			星等
月	日	时		$\Delta\alpha\cos\delta$	$\Delta\delta$	
				″	″	
1	3	11.5	北	0.48	42.32	14.4
	10	5.7	南	0.29	−42.11	14.4
	16	22.8	北	0.29	41.87	14.4
	23	16.8	南	0.22	−41.66	14.4
	30	10.0	北	0.25	41.39	14.4
2	6	3.8	南	0.08	−41.17	14.4
	12	21.1	北	0.22	40.93	14.4
	19	14.8	南	−0.05	−40.69	14.4
	26	8.2	北	0.34	40.47	14.5
3	4	1.8	南	−0.23	−40.21	14.5
	10	19.1	北	0.57	40.08	14.5
	17	12.8	南	−0.45	−39.81	14.5
	24	6.0	北	0.87	39.72	14.5
	30	23.7	南	−0.63	−39.46	14.5
4	6	16.7	北	1.31	39.43	14.5
	13	10.6	南	−0.94	−39.21	14.5
	20	3.4	北	1.81	39.19	14.5
	26	21.5	南	−1.19	−39.06	14.5
5	3	14.1	北	2.25	39.05	14.5
5	10	8.4	南	−1.56	−38.99	14.5
	17	0.8	北	2.71	38.97	14.5
	23	19.1	南	−2.01	−39.02	14.5
	30	11.5	北	3.15	38.99	14.5
6	6	5.8	南	−2.46	−39.11	14.5
	12	22.4	北	3.48	39.11	14.5
	19	16.4	南	−3.03	−39.28	14.5
	26	9.1	北	3.89	39.32	14.5
7	3	3.0	南	−3.59	−39.50	14.5
	9	20.0	北	4.15	39.63	14.5
	16	13.8	南	−3.99	−39.81	14.5
	23	6.9	北	4.49	39.99	14.5
	30	0.6	南	−4.32	−40.16	14.5
8	5	17.6	北	4.83	40.42	14.4
	12	11.5	南	−4.53	−40.59	14.4
	19	4.6	北	5.10	40.87	14.4
	25	22.7	南	−4.48	−41.06	14.4
9	1	15.4	北	5.42	41.32	14.4
9	8	9.8	南	−4.50	−41.54	14.4
	15	2.3	北	5.64	41.75	14.4
	21	21.1	南	−4.29	−42.04	14.4
	28	13.5	北	5.58	42.19	14.3
10	5	8.4	南	−4.14	−42.46	14.3
	12	0.7	北	5.38	42.54	14.3
	18	19.6	南	−4.01	−42.82	14.3
	25	12.1	北	5.08	42.84	14.3
11	1	6.9	南	−3.81	−43.06	14.3
	7	23.7	北	4.56	43.03	14.3
	14	18.0	南	−3.68	−43.17	14.3
	21	11.1	北	4.17	43.10	14.3
	28	5.2	南	−3.52	−43.12	14.3
12	4	22.6	北	3.69	43.06	14.3
	11	16.6	南	−3.23	−42.96	14.3
	18	10.0	北	3.37	42.86	14.3
	25	3.9	南	−2.94	−42.66	14.3
	31	21.2	北	3.19	42.57	14.3

天　然　卫　星

天卫五(Miranda)的大距和星等　　2024 年

世界时		较差坐标		星等	世界时		较差坐标		星等	世界时		较差坐标		星等
月 日 时		Δαcosδ ″	Δδ ″		月 日 时		Δαcosδ ″	Δδ ″		月 日 时		Δαcosδ ″	Δδ ″	
1 1 0.3	北	1.34	9.33	16.7	2 12 10.1	北	1.26	9.02	16.7	3 25 19.8	北	1.43	8.70	16.8
1 17.2	南	−1.42	−9.33	16.7	13 3.1	南	−1.33	−9.02	16.7	26 12.8	南	−1.49	−8.70	16.8
2 10.2	北	1.33	9.32	16.7	13 20.0	北	1.26	9.01	16.7	27 5.7	北	1.45	8.69	16.8
3 3.2	南	−1.41	−9.32	16.7	14 13.0	南	−1.34	−9.00	16.7	27 22.7	南	−1.50	−8.69	16.8
3 20.2	北	1.33	9.31	16.7	15 6.0	北	1.26	8.99	16.7	28 15.7	北	1.45	8.68	16.8
4 13.1	南	−1.40	−9.32	16.7	15 22.9	南	−1.34	−8.99	16.7	29 8.6	南	−1.52	−8.68	16.8
5 6.1	北	1.33	9.30	16.7	16 15.9	北	1.26	8.98	16.7	30 1.6	北	1.45	8.68	16.8
5 23.0	南	−1.39	−9.31	16.7	17 8.8	南	−1.34	−8.98	16.7	30 18.5	南	−1.54	−8.67	16.8
6 16.0	北	1.33	9.29	16.7	18 1.8	北	1.27	8.97	16.7	31 11.5	北	1.45	8.67	16.8
7 9.0	南	−1.38	−9.30	16.7	18 18.8	南	−1.34	−8.97	16.7	4 1 4.4	南	−1.55	−8.66	16.8
8 1.9	北	1.32	9.29	16.7	19 11.7	北	1.28	8.96	16.7	1 21.4	北	1.46	8.66	16.8
8 18.9	南	−1.38	−9.28	16.7	20 4.7	南	−1.34	−8.96	16.7	2 14.3	南	−1.56	−8.65	16.8
9 11.9	北	1.31	9.28	16.7	20 21.7	北	1.28	8.95	16.7	3 7.3	北	1.48	8.65	16.8
10 4.8	南	−1.39	−9.27	16.7	21 14.6	南	−1.35	−8.95	16.7	4 0.3	南	−1.56	−8.65	16.8
10 21.8	北	1.30	9.27	16.7	22 7.6	北	1.28	8.94	16.7	4 17.3	北	1.49	8.64	16.8
11 14.7	南	−1.39	−9.26	16.7	23 0.5	南	−1.35	−8.93	16.7	5 10.2	南	−1.57	−8.64	16.8
12 7.7	北	1.28	9.26	16.7	23 17.5	北	1.28	8.93	16.8	6 3.2	北	1.50	8.63	16.8
13 0.7	南	−1.38	−9.26	16.7	24 10.5	南	−1.36	−8.92	16.8	6 20.1	南	−1.58	−8.63	16.8
13 17.7	北	1.28	9.25	16.7	25 3.4	北	1.28	8.91	16.8	7 13.1	北	1.52	8.62	16.8
14 10.6	南	−1.37	−9.25	16.7	25 20.4	南	−1.37	−8.91	16.8	8 6.0	南	−1.59	−8.62	16.8
15 3.6	北	1.29	9.23	16.7	26 13.4	北	1.28	8.90	16.8	8 23.0	北	1.53	8.62	16.8
15 20.5	南	−1.36	−9.24	16.7	27 6.3	南	−1.37	−8.90	16.8	9 15.9	南	−1.60	−8.62	16.8
16 13.5	北	1.29	9.22	16.7	27 23.3	北	1.29	8.89	16.8	10 8.9	北	1.54	8.61	16.8
17 6.5	南	−1.35	−9.23	16.7	28 16.2	南	−1.36	−8.89	16.8	11 1.9	南	−1.62	−8.61	16.8
17 23.4	北	1.29	9.22	16.7	29 9.2	北	1.30	8.88	16.8	11 18.8	北	1.55	8.60	16.8
18 16.4	南	−1.35	−9.22	16.7	3 1 2.2	南	−1.37	−8.88	16.8	12 11.8	南	−1.63	−8.60	16.8
19 9.4	北	1.28	9.21	16.7	1 19.1	北	1.31	8.87	16.8	13 4.8	北	1.56	8.60	16.8
20 2.3	南	−1.35	−9.20	16.7	2 12.1	南	−1.37	−8.87	16.8	13 21.7	南	−1.65	−8.59	16.8
20 19.3	北	1.27	9.20	16.7	3 5.1	北	1.31	8.86	16.8	14 14.7	北	1.56	8.59	16.8
21 12.2	南	−1.35	−9.19	16.7	3 22.0	南	−1.38	−8.86	16.8	15 7.6	南	−1.66	−8.58	16.8
22 5.2	北	1.26	9.19	16.7	4 15.0	北	1.31	8.85	16.8	16 0.6	北	1.57	8.58	16.8
22 22.2	南	−1.35	−9.18	16.7	5 7.9	南	−1.39	−8.85	16.8	16 17.5	南	−1.68	−8.58	16.8
23 15.2	北	1.26	9.18	16.7	6 0.9	北	1.31	8.84	16.8	17 10.5	北	1.59	8.57	16.8
24 8.1	南	−1.34	−9.17	16.7	6 17.8	南	−1.40	−8.83	16.8	18 3.4	南	−1.68	−8.57	16.8
25 1.1	北	1.26	9.16	16.7	7 10.8	北	1.32	8.83	16.8	18 20.4	北	1.61	8.56	16.8
25 18.0	南	−1.34	−9.16	16.7	8 3.8	南	−1.41	−8.82	16.8	19 13.4	南	−1.69	−8.57	16.8
26 11.0	北	1.26	9.15	16.7	8 20.8	北	1.33	8.82	16.8	20 6.4	北	1.63	8.56	16.8
27 3.9	南	−1.34	−9.15	16.7	9 13.7	南	−1.41	−8.82	16.8	20 23.3	南	−1.70	−8.56	16.8
27 20.9	北	1.26	9.14	16.7	10 6.7	北	1.33	8.81	16.8	21 16.3	北	1.64	8.55	16.8
28 13.9	南	−1.34	−9.14	16.7	10 23.6	南	−1.42	−8.80	16.8	22 9.2	南	−1.71	−8.55	16.8
29 6.9	北	1.26	9.13	16.7	11 16.6	北	1.34	8.80	16.8	23 2.2	北	1.65	8.55	16.8
29 23.8	南	−1.34	−9.13	16.7	12 9.5	南	−1.42	−8.79	16.8	23 19.1	南	−1.73	−8.54	16.8
30 16.8	北	1.26	9.12	16.7	13 2.5	北	1.35	8.78	16.8	24 12.1	北	1.66	8.55	16.8
31 9.7	南	−1.33	−9.12	16.7	13 19.5	南	−1.42	−8.79	16.8	25 5.0	南	−1.75	−8.54	16.8
2 1 2.7	北	1.26	9.11	16.7	14 12.4	北	1.36	8.77	16.8	25 22.0	北	1.66	8.54	16.8
1 19.7	南	−1.33	−9.11	16.7	15 5.4	南	−1.43	−8.78	16.8	26 14.9	南	−1.77	−8.53	16.8
2 12.6	北	1.26	9.10	16.7	15 22.4	北	1.37	8.77	16.8	27 7.9	北	1.68	8.53	16.8
3 5.6	南	−1.33	−9.10	16.7	16 15.3	南	−1.44	−8.76	16.8	28 0.9	南	−1.78	−8.53	16.8
3 22.6	北	1.26	9.09	16.7	17 8.3	北	1.38	8.76	16.8	28 17.9	北	1.70	8.53	16.8
4 15.5	南	−1.33	−9.08	16.7	18 1.2	南	−1.45	−8.75	16.8	29 10.8	南	−1.79	−8.53	16.8
5 8.5	北	1.26	9.08	16.7	18 18.2	北	1.38	8.75	16.8	30 3.8	北	1.72	8.52	16.8
6 1.4	南	−1.33	−9.07	16.7	19 11.1	南	−1.47	−8.74	16.8	30 20.7	南	−1.80	−8.52	16.8
6 18.4	北	1.25	9.06	16.7	20 4.1	北	1.38	8.74	16.8	5 1 13.7	北	1.73	8.52	16.8
7 11.4	南	−1.34	−9.06	16.7	20 21.1	南	−1.48	−8.73	16.8	2 6.6	南	−1.81	−8.51	16.8
8 4.4	北	1.25	9.05	16.7	21 14.1	北	1.38	8.73	16.8	2 23.6	北	1.74	8.51	16.8
8 21.3	南	−1.34	−9.05	16.7	22 7.0	南	−1.49	−8.72	16.8	3 16.5	南	−1.83	−8.51	16.8
9 14.3	北	1.26	9.04	16.7	22 24.0	北	1.40	8.72	16.8	4 9.5	北	1.75	8.51	16.8
10 7.2	南	−1.33	−9.04	16.7	23 16.9	南	−1.49	−8.72	16.8	5 2.4	南	−1.85	−8.50	16.8
11 0.2	北	1.26	9.03	16.7	24 9.9	北	1.41	8.71	16.8	5 19.4	北	1.77	8.50	16.8
11 17.1	南	−1.33	−9.03	16.7	25 2.8	南	−1.49	−8.71	16.8	6 12.4	南	−1.86	−8.50	16.8

天　然　卫　星

2024 年　　天卫五(Miranda)的大距和星等

世界时	较差坐标			星等	世界时	较差坐标			星等	世界时	较差坐标			星等
月 日 时		Δαcosδ ″	Δδ ″		月 日 时		Δαcosδ ″	Δδ ″		月 日 时		Δαcosδ ″	Δδ ″	
5 7 5.4	北	1.78	8.50	16.8	6 18 14.8	北	2.27	8.46	16.8	7 31 0.2	北	2.70	8.58	16.8
7 22.3	南	−1.87	−8.50	16.8	19 7.7	南	−2.37	−8.45	16.8	31 17.1	南	−2.82	−8.57	16.7
8 15.3	北	1.80	8.49	16.8	20 0.7	北	2.28	8.46	16.8	8 1 10.1	北	2.72	8.59	16.7
9 8.2	南	−1.89	−8.49	16.8	20 17.6	南	−2.39	−8.45	16.8	2 3.0	南	−2.82	−8.58	16.7
10 1.2	北	1.82	8.49	16.8	21 10.6	北	2.29	8.46	16.8	2 20.0	北	2.73	8.59	16.7
10 18.1	南	−1.90	−8.49	16.8	22 3.5	南	−2.41	−8.45	16.8	3 13.0	南	−2.83	−8.59	16.7
11 11.1	北	1.83	8.49	16.8	22 20.5	北	2.30	8.46	16.8	4 6.0	北	2.74	8.60	16.7
12 4.0	南	−1.92	−8.48	16.8	23 13.4	南	−2.42	−8.45	16.8	4 22.9	南	−2.85	−8.59	16.7
12 21.0	北	1.83	8.49	16.8	24 6.5	北	2.32	8.46	16.8	5 15.9	北	2.75	8.61	16.7
13 14.0	南	−1.86	−8.48	16.8	24 23.4	南	−2.44	−8.45	16.8	6 8.8	南	−2.86	−8.60	16.7
14 7.0	北	1.84	8.48	16.8	25 16.4	北	2.34	8.46	16.8	7 1.8	北	2.76	8.62	16.7
14 23.9	南	−1.95	−8.48	16.8	26 9.3	南	−2.45	−8.46	16.8	7 18.7	南	−2.88	−8.61	16.7
15 16.9	北	1.87	8.48	16.8	27 2.3	北	2.37	8.46	16.8	8 11.7	北	2.76	8.63	16.7
16 9.8	南	−1.97	−8.47	16.8	27 19.2	南	−2.46	−8.46	16.8	9 4.6	南	−2.88	−8.62	16.7
17 2.8	北	1.89	8.47	16.8	28 12.2	北	2.39	8.46	16.8	9 21.6	北	2.78	8.63	16.7
17 19.7	南	−1.98	−8.47	16.8	29 5.1	南	−2.46	−8.47	16.8	10 14.5	南	−2.88	−8.63	16.7
18 12.7	北	1.91	8.47	16.8	29 22.1	北	2.41	8.47	16.8	11 7.5	北	2.80	8.64	16.7
19 5.6	南	−2.00	−8.47	16.8	30 15.0	南	−2.49	−8.46	16.8	12 0.5	南	−2.89	−8.64	16.7
19 22.6	北	1.92	8.47	16.8	7 1 8.0	北	2.42	8.48	16.8	12 17.5	北	2.81	8.65	16.7
20 15.5	南	−2.02	−8.46	16.8	2 0.9	南	−2.52	−8.46	16.8	13 10.4	南	−2.90	−8.64	16.7
21 8.5	北	1.94	8.47	16.8	2 17.9	北	2.42	8.48	16.8	14 3.4	北	2.81	8.66	16.7
22 1.4	南	−2.03	−8.46	16.8	3 10.8	南	−2.54	−8.46	16.8	14 20.3	南	−2.92	−8.65	16.7
22 18.4	北	1.96	8.46	16.8	4 3.9	北	2.42	8.49	16.8	15 13.3	北	2.81	8.67	16.7
23 11.3	南	−2.04	−8.46	16.8	4 20.7	南	−2.57	−8.47	16.8	16 6.2	南	−2.94	−8.65	16.7
24 4.3	北	1.97	8.46	16.8	5 13.8	北	2.44	8.49	16.8	16 23.2	北	2.81	8.68	16.7
24 21.3	南	−2.06	−8.46	16.8	6 6.7	南	−2.57	−8.47	16.8	17 16.1	南	−2.95	−8.66	16.7
25 14.3	北	1.99	8.46	16.8	6 23.7	北	2.47	8.48	16.8	18 9.1	北	2.82	8.69	16.7
26 7.2	南	−2.08	−8.45	16.8	7 16.6	南	−2.58	−8.48	16.8	19 2.0	南	−2.95	−8.68	16.7
27 0.2	北	2.00	8.46	16.8	8 9.6	北	2.50	8.49	16.8	19 19.1	北	2.84	8.69	16.7
27 17.1	南	−2.10	−8.45	16.8	9 2.5	南	−2.58	−8.49	16.8	20 12.0	南	−2.94	−8.69	16.7
28 10.1	北	2.01	8.46	16.8	9 19.5	北	2.52	8.49	16.8	21 5.0	北	2.85	8.70	16.7
29 3.0	南	−2.13	−8.45	16.8	10 12.4	南	−2.60	−8.49	16.8	21 21.9	南	−2.94	−8.70	16.7
29 20.0	北	2.02	8.46	16.8	11 5.4	北	2.53	8.50	16.8	22 14.9	北	2.87	8.71	16.7
30 12.9	南	−2.14	−8.45	16.8	11 22.3	南	−2.62	−8.49	16.8	23 7.8	南	−2.94	−8.71	16.7
31 5.9	北	2.04	8.45	16.8	12 15.3	北	2.54	8.51	16.8	24 0.8	北	2.87	8.72	16.7
31 22.8	南	−2.15	−8.45	16.8	13 8.2	南	−2.65	−8.49	16.8	24 17.7	南	−2.96	−8.72	16.7
6 1 15.8	北	2.07	8.45	16.8	14 1.2	北	2.54	8.51	16.8	25 10.7	北	2.86	8.74	16.7
2 8.8	南	−2.16	−8.45	16.8	14 18.1	南	−2.66	−8.50	16.8	26 3.6	南	−2.97	−8.72	16.7
3 1.7	北	2.10	8.45	16.8	15 11.2	北	2.56	8.51	16.8	26 20.7	北	2.86	8.75	16.7
3 18.7	南	−2.17	−8.45	16.8	16 4.1	南	−2.67	−8.51	16.8	27 13.6	南	−2.98	−8.73	16.7
4 11.6	北	2.12	8.45	16.8	16 21.1	北	2.58	8.52	16.8	28 6.6	北	2.86	8.76	16.7
5 4.6	南	−2.18	−8.45	16.8	17 14.0	南	−2.69	−8.51	16.8	28 23.5	南	−2.98	−8.74	16.7
5 21.6	北	2.12	8.45	16.8	18 7.0	北	2.59	8.53	16.8	29 16.5	北	2.87	8.77	16.7
6 14.5	南	−2.21	−8.44	16.8	18 23.9	南	−2.70	−8.51	16.8	30 9.4	南	−2.99	−8.76	16.7
7 7.5	北	2.12	8.46	16.8	19 16.9	北	2.60	8.53	16.8	31 2.4	北	2.87	8.78	16.7
8 0.4	南	−2.25	−8.44	16.8	20 9.8	南	−2.71	−8.52	16.8	31 19.3	南	−2.99	−8.77	16.7
8 17.4	北	2.13	8.46	16.8	21 2.8	北	2.62	8.54	16.8	9 1 12.3	北	2.88	8.79	16.7
9 10.3	南	−2.26	−8.44	16.8	21 19.7	南	−2.73	−8.53	16.8	2 5.2	南	−2.99	−8.78	16.7
10 3.3	北	2.15	8.45	16.8	22 12.7	北	2.62	8.54	16.8	2 22.2	北	2.89	8.80	16.7
10 20.2	南	−2.28	−8.44	16.8	23 5.6	南	−2.74	−8.53	16.8	3 15.2	南	−2.98	−8.80	16.7
11 13.2	北	2.17	8.45	16.8	23 22.6	北	2.65	8.54	16.8	4 8.2	北	2.90	8.81	16.7
12 6.1	南	−2.28	−8.45	16.8	24 15.6	南	−2.75	−8.54	16.8	5 1.1	南	−2.98	−8.81	16.7
12 23.1	北	2.20	8.45	16.8	25 8.6	北	2.67	8.55	16.8	5 18.1	北	2.90	8.82	16.7
13 16.1	南	−2.29	−8.45	16.8	26 1.5	南	−2.76	−8.54	16.8	6 11.0	南	−2.98	−8.82	16.7
14 9.0	北	2.23	8.45	16.8	26 18.5	北	2.67	8.56	16.8	7 4.0	北	2.91	8.83	16.7
15 2.0	南	−2.31	−8.45	16.8	27 11.4	南	−2.78	−8.55	16.8	7 20.9	南	−2.98	−8.83	16.7
15 19.0	北	2.24	8.45	16.8	28 4.4	北	2.68	8.57	16.8	8 13.9	北	2.89	8.85	16.7
16 11.9	南	−2.33	−8.45	16.8	28 21.3	南	−2.79	−8.55	16.8	9 6.8	南	−3.00	−8.83	16.7
17 4.9	北	2.25	8.45	16.8	29 14.3	北	2.69	8.57	16.8	9 23.9	北	2.88	8.86	16.7
17 21.8	南	−2.35	−8.45	16.8	30 7.2	南	−2.81	−8.56	16.8	10 16.8	南	−3.02	−8.84	16.7

天　然　卫　星

天卫五(Miranda)的大距和星等　　2024 年

世界时			较差坐标			星等
月	日	时		$\Delta\alpha\cos\delta$	$\Delta\delta$	
				″	″	
9	11	9.8	北	2.87	8.88	16.7
	12	2.7	南	−3.01	−8.86	16.7
	12	19.7	北	2.87	8.88	16.7
	13	12.6	南	−3.01	−8.87	16.7
	14	5.6	北	2.88	8.89	16.7
	14	22.5	南	−2.99	−8.89	16.7
	15	15.5	北	2.90	8.89	16.7
	16	8.5	南	−2.97	−8.90	16.7
	17	1.5	北	2.91	8.91	16.7
	17	18.4	南	−2.97	−8.91	16.7
	18	11.4	北	2.90	8.92	16.7
	19	4.3	南	−2.98	−8.92	16.7
	19	21.3	北	2.88	8.94	16.7
	20	14.2	南	−2.98	−8.93	16.7
	21	7.2	北	2.87	8.95	16.7
	22	0.1	南	−2.99	−8.94	16.7
	22	17.2	北	2.85	8.97	16.7
	23	10.1	南	−2.99	−8.95	16.7
	24	3.1	北	2.86	8.97	16.6
	24	20.0	南	−2.97	−8.97	16.6
	25	13.0	北	2.86	8.98	16.6
	26	5.9	南	−2.96	−8.98	16.6
	26	22.9	北	2.86	8.99	16.6
	27	15.9	南	−2.96	−8.99	16.6
	28	8.9	北	2.86	9.01	16.6
	29	1.8	南	−2.94	−9.01	16.6
	29	18.8	北	2.85	9.02	16.6
	30	11.7	南	−2.94	−9.02	16.6
10	1	4.7	北	2.84	9.03	16.6
	1	21.6	南	−2.93	−9.03	16.6
	2	14.6	北	2.84	9.04	16.6
	3	7.6	南	−2.92	−9.04	16.6
	4	0.6	北	2.83	9.05	16.6
	4	17.5	南	−2.92	−9.05	16.6
	5	10.5	北	2.81	9.07	16.6
	6	3.4	南	−2.93	−9.06	16.6
	6	20.4	北	2.79	9.08	16.6
	7	13.3	南	−2.92	−9.07	16.6
	8	6.4	北	2.79	9.09	16.6
	8	23.3	南	−2.91	−9.08	16.6
	9	16.3	北	2.79	9.10	16.6
	10	9.2	南	−2.89	−9.10	16.6
	11	2.2	北	2.79	9.11	16.6
	11	19.1	南	−2.86	−9.11	16.6
	12	12.1	北	2.79	9.12	16.6
	13	5.1	南	−2.85	−9.12	16.6
	13	22.0	北	2.77	9.13	16.6
	14	15.0	南	−2.85	−9.13	16.6
	15	8.0	北	2.75	9.14	16.6
	16	0.9	南	−2.85	−9.13	16.6
	16	17.9	北	2.73	9.16	16.6
	17	10.8	南	−2.84	−9.15	16.6
	18	3.8	北	2.72	9.16	16.6
10	18	20.8	南	−2.83	−9.16	16.6
	19	13.8	北	2.72	9.17	16.6
	20	6.7	南	−2.81	−9.17	16.6
	20	23.7	北	2.71	9.18	16.6
	21	16.6	南	−2.79	−9.18	16.6
	22	9.6	北	2.70	9.19	16.6
	23	2.5	南	−2.78	−9.19	16.6
	23	19.6	北	2.68	9.20	16.6
	24	12.5	南	−2.78	−9.20	16.6
	25	5.5	北	2.66	9.21	16.6
	25	22.4	南	−2.77	−9.21	16.6
	26	15.4	北	2.65	9.22	16.6
	27	8.3	南	−2.75	−9.22	16.6
	28	1.3	北	2.64	9.22	16.6
	28	18.3	南	−2.73	−9.23	16.6
	29	11.3	北	2.64	9.23	16.6
	30	4.2	南	−2.71	−9.24	16.6
	30	21.2	北	2.63	9.24	16.6
	31	14.1	南	−2.70	−9.24	16.6
11	1	7.1	北	2.61	9.25	16.6
	2	0.1	南	−2.69	−9.25	16.6
	2	17.1	北	2.58	9.26	16.6
	3	10.0	南	−2.68	−9.25	16.6
	4	3.0	北	2.57	9.27	16.6
	4	19.9	南	−2.67	−9.26	16.6
	5	12.9	北	2.55	9.27	16.6
	6	5.8	南	−2.65	−9.27	16.6
	6	22.9	北	2.54	9.28	16.6
	7	15.8	南	−2.63	−9.28	16.6
	8	8.8	北	2.53	9.28	16.6
	9	1.7	南	−2.61	−9.29	16.6
	9	18.7	北	2.52	9.29	16.6
	10	11.6	南	−2.60	−9.29	16.6
	11	4.6	北	2.50	9.30	16.6
	11	21.6	南	−2.59	−9.29	16.6
	12	14.6	北	2.49	9.30	16.6
	13	7.5	南	−2.56	−9.30	16.6
	14	0.5	北	2.48	9.30	16.6
	14	17.4	南	−2.55	−9.31	16.6
	15	10.4	北	2.46	9.31	16.6
	16	3.4	南	−2.54	−9.31	16.6
	16	20.4	北	2.44	9.32	16.6
	17	13.3	南	−2.53	−9.31	16.6
	18	6.3	北	2.42	9.32	16.6
	18	23.2	南	−2.53	−9.31	16.6
	19	16.2	北	2.39	9.33	16.6
	20	9.1	南	−2.51	−9.32	16.6
	21	2.2	北	2.38	9.33	16.6
	21	19.1	南	−2.48	−9.33	16.6
	22	12.1	北	2.38	9.32	16.6
	23	5.0	南	−2.46	−9.33	16.6
	23	22.0	北	2.38	9.32	16.6
11	24	15.0	南	−2.43	−9.34	16.6
	25	7.9	北	2.37	9.33	16.6
	26	0.9	南	−2.41	−9.34	16.6
	26	17.9	北	2.35	9.33	16.6
	27	10.8	南	−2.41	−9.33	16.6
	28	3.8	北	2.32	9.34	16.6
	28	20.7	南	−2.41	−9.33	16.6
	29	13.7	北	2.29	9.34	16.6
	30	6.7	南	−2.40	−9.33	16.6
	30	23.7	北	2.27	9.34	16.6
12	1	16.6	南	−2.39	−9.33	16.6
	2	9.6	北	2.26	9.34	16.6
	3	2.5	南	−2.36	−9.34	16.6
	3	19.5	北	2.26	9.33	16.6
	4	12.5	南	−2.33	−9.34	16.6
	5	5.5	北	2.26	9.33	16.6
	5	22.4	南	−2.32	−9.34	16.6
	6	15.4	北	2.24	9.33	16.6
	7	8.3	南	−2.30	−9.34	16.6
	8	1.3	北	2.23	9.33	16.6
	8	18.3	南	−2.29	−9.34	16.6
	9	11.3	北	2.21	9.33	16.6
	10	4.2	南	−2.28	−9.33	16.6
	10	21.2	北	2.19	9.33	16.6
	11	14.1	南	−2.27	−9.33	16.6
	12	7.1	北	2.17	9.33	16.6
	13	0.0	南	−2.26	−9.32	16.6
	13	17.1	北	2.15	9.33	16.6
	14	10.0	南	−2.25	−9.32	16.6
	15	3.0	北	2.13	9.33	16.6
	15	19.9	南	−2.24	−9.32	16.6
	16	12.9	北	2.12	9.32	16.6
	17	5.8	南	−2.22	−9.32	16.6
	17	22.8	北	2.12	9.31	16.6
	18	15.8	南	−2.19	−9.32	16.6
	19	8.8	北	2.12	9.31	16.6
	20	1.7	南	−2.17	−9.32	16.6
	20	18.7	北	2.11	9.30	16.6
	21	11.6	南	−2.16	−9.31	16.6
	22	4.6	北	2.10	9.30	16.6
	22	21.6	南	−2.15	−9.30	16.6
	23	14.6	北	2.07	9.30	16.6
	24	7.5	南	−2.16	−9.29	16.6
	25	0.5	北	2.05	9.30	16.6
	25	17.4	南	−2.15	−9.29	16.6
	26	10.4	北	2.03	9.29	16.6
	27	3.4	南	−2.14	−9.29	16.6
	27	20.4	北	2.03	9.28	16.6
	28	13.3	南	−2.12	−9.28	16.6
	29	6.3	北	2.03	9.27	16.6
	29	23.2	南	−2.10	−9.28	16.6
	30	16.2	北	2.02	9.27	16.6
	31	9.2	南	−2.08	−9.27	16.6

日　　月　　食

2024 年　　（一）　3 月 25 日　半影月食

这次月食，在亚洲东部、大洋洲东部、太平洋、北美洲、南美洲、大西洋、欧洲西部、非洲西部、南极洲部分区域、北冰洋部分区域可以看到。

月　食　根　数

月亮和太阳赤经相冲时候的力学时…………………………………… 3 月 25 日　$6^h03^m57^s.4$

	太阳	月亮
赤经…………………………………………	$0^h18^m39^s.305$	$12^h18^m39^s.305$
每时变量…………………………………………	$+9^s.098$	$+104^s.500$
赤纬…………………………………………	$+2°01'07''.83$	$-0°55'30''.69$
每时变量…………………………………………	$+58''.89$	$-852''.58$
赤道地平视差…………………………………………	$8''.82$	$54'05''.00$
视半径…………………………………………	$16'02''.25$	$14'44''.25$

月　食　概　况

	力学时		东经 120°标准时		方位角	月亮在天顶的地点 纬度	历书经度
半影食始………	3 月 25 日	$4^h52^m.1$	3 月 25 日	$12^h50^m.9$	半影食始　161°	$-0°38'$	$-72°02'$
食甚……………		7　14.0		15　12.8			
半影食终………		9　35.9		17　34.7	半影食终　257	$-1\ 46$	$-141\ 07$

最大食分＝0.982

半　影　月　食　图

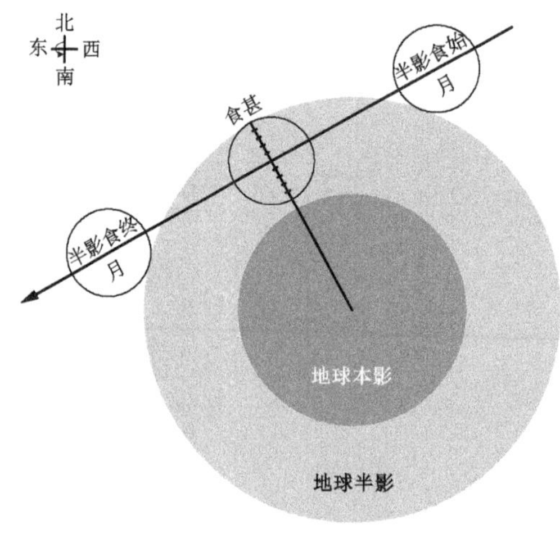

2024 年 3 月 25 日半影月食

日　月　食

（二）　4月8日　日全食　**2024年**

这次日食，全食带从大洋洲东部开始，经过太平洋东部、墨西哥、美国、加拿大极东南部，在大西洋西北部结束。在大洋洲东部、太平洋东部、北美洲（除极西部）、南美洲极西北端、大西洋北部、欧洲极西侧、北冰洋部分区域可以看到偏食。

日　食　根　数

太阳和月亮赤经相合时候的力学时……………………………… 4月8日　$18^h37^m17^s.803$

太阳地心坐标

赤经………………………………………	$1^h11^m43^s.24$	$+\ 9^s.179(T-19^h)$
赤纬………………………………………	$+7°36'08''.0$	$+\ 55''.80(T-19^h)$
赤道地平视差………………………………	$8''.78$	
视半径………………………………………	$15'58''.19$	

月亮地心坐标

赤经……………………………	$1^h12^m30^s.80$	$+134^s.887(T-19^h)$	$+0^s.068(T-19^h)^2$
赤纬……………………………	$+8°05'57''.3$	$+1042''.23(T-19^h)$	$-\ 1''.65(T-19^h)^2$
赤道地平视差…………………	$60'56''.04$	$-\ 0''.812(T-19^h)$	$-0''.016(T-19^h)^2$
视半径…………………………	$16'36''.25$	$-\ 0''.221(T-19^h)$	$-0''.004(T-19^h)^2$

（T——以时为单位的力学时）

日　食　概　况

			见食地点位置	
		力学时	纬度	历书经度
偏食始……………………………	4月8日	$15^h43^m.4$	$-14°58'$	$-143°24'$
全食始……………………………		16 41.1	− 7 50	−158 49
地方视午的全食…………………		18 37.3	+30 37	− 98 55
全食终……………………………		19 55.6	+47 37	− 20 05
偏食终……………………………		20 53.5	+40 33	− 36 24

日　月　食

2024 年　　（二）　4 月 8 日　日全食

贝　塞　尔　根　数

力学时	x	y	$\sin d$	$\cos d$	u_1	u_2	μ
h　m							°　′
15　40	−1.51181	−0.41275	0.13142	0.99133	0.53562	−0.01071	54 34.9
15　50	−1.42657	−0.36756	0.13146	0.99132	0.53564	−0.01069	57 04.9
16　00	−1.34132	−0.32237	0.13150	0.99132	0.53566	−0.01067	59 35.0
16　10	−1.25607	−0.27718	0.13155	0.99131	0.53568	−0.01065	62 05.0
16　20	−1.17082	−0.23199	0.13159	0.99130	0.53570	−0.01063	64 35.1
16　30	−1.08556	−0.18680	0.13163	0.99130	0.53571	−0.01062	67 05.1
16　40	−1.00030	−0.14162	0.13167	0.99129	0.53573	−0.01060	69 35.1
16　50	−0.91504	−0.09644	0.13172	0.99129	0.53575	−0.01059	72 05.2
17　00	−0.82977	−0.05126	0.13176	0.99128	0.53576	−0.01057	74 35.2
17　10	−0.74450	−0.00608	0.13180	0.99128	0.53578	−0.01056	77 05.3
17　20	−0.65922	+0.03909	0.13185	0.99127	0.53579	−0.01054	79 35.3
17　30	−0.57394	+0.08426	0.13189	0.99126	0.53580	−0.01053	82 05.4
17　40	−0.48866	+0.12943	0.13193	0.99126	0.53581	−0.01052	84 35.4
17　50	−0.40338	+0.17459	0.13197	0.99125	0.53583	−0.01051	87 05.4
18　00	−0.31810	+0.21975	0.13202	0.99125	0.53584	−0.01050	89 35.5
18　10	−0.23281	+0.26491	0.13206	0.99124	0.53585	−0.01049	92 05.5
18　20	−0.14752	+0.31007	0.13210	0.99124	0.53586	−0.01048	94 35.6
18　30	−0.06223	+0.35522	0.13215	0.99123	0.53586	−0.01047	97 05.6
18　40	+0.02306	+0.40036	0.13219	0.99122	0.53587	−0.01046	99 35.6
18　50	+0.10835	+0.44551	0.13223	0.99122	0.53588	−0.01045	102 05.7
19　00	+0.19364	+0.49065	0.13227	0.99121	0.53589	−0.01045	104 35.7
19　10	+0.27893	+0.53578	0.13232	0.99121	0.53589	−0.01044	107 05.8
19　20	+0.36422	+0.58092	0.13236	0.99120	0.53590	−0.01044	109 35.8
19　30	+0.44952	+0.62604	0.13240	0.99120	0.53590	−0.01043	112 05.8
19　40	+0.53481	+0.67117	0.13245	0.99119	0.53590	−0.01043	114 35.9
19　50	+0.62010	+0.71628	0.13249	0.99118	0.53591	−0.01043	117 05.9
20　00	+0.70539	+0.76140	0.13253	0.99118	0.53591	−0.01042	119 36.0
20　10	+0.79068	+0.80650	0.13257	0.99117	0.53591	−0.01042	122 06.0
20　20	+0.87597	+0.85161	0.13262	0.99117	0.53591	−0.01042	124 36.0
20　30	+0.96126	+0.89671	0.13266	0.99116	0.53591	−0.01042	127 06.1
20　40	+1.04654	+0.94180	0.13270	0.99116	0.53591	−0.01042	129 36.1
20　50	+1.13182	+0.98689	0.13274	0.99115	0.53591	−0.01042	132 06.2
21　00	+1.21711	+1.03197	0.13279	0.99114	0.53591	−0.01043	134 36.2

力学时	x'	y'
h		
15	0.0085215	0.0045198
16	0.0085247	0.0045190
17	0.0085270	0.0045177
18	0.0085285	0.0045160
19	0.0085292	0.0045138
20	0.0085290	0.0045111
21	0.0085280	0.0045079

$\tan f_1 = 0.0046683$

$\tan f_2 = 0.0046450$

$\mu' = 0.0043645$

日　月　食

（二）　4月8日　日全食　　　　**2024年**

日全食路线

力学时	北界限		中心线		南界限		中心线	
	纬度	历书经度	纬度	历书经度	纬度	历书经度	食延时间	太阳高度
	° ′	° ′	° ′	° ′	° ′	° ′	m s	°
日出	−7 10.9	−159 01.7	−7 49.6	−158 49.5	−8 28.1	−158 37.5	2 09.0	0
h m								
16 41	— —	— —	— —	— —	−7 47.4	−154 09.1	— —	—
16 42	−6 27.4	−154 34.1	−6 38.9	−151 55.2	−6 56.3	−149 53.6	2 22.6	7
16 43	−5 37.3	−150 36.7	−5 56.6	−148 50.7	−6 18.1	−147 16.6	2 29.4	11
16 44	−4 59.2	−148 05.3	−5 21.2	−146 36.7	−5 44.7	−145 14.8	2 34.7	13
16 45	−4 25.6	−146 06.8	−4 49.3	−144 47.5	−5 14.0	−143 32.8	2 39.1	15
16 46	−3 54.7	−144 27.2	−4 19.5	−143 13.9	−4 45.1	−142 04.0	2 43.1	17
16 48	−2 57.9	−141 42.6	−3 24.0	−140 36.5	−3 50.9	−139 32.9	2 50.1	20
16 50	−2 05.3	−139 27.2	−2 32.4	−138 25.5	−3 00.0	−137 25.6	2 56.2	23
16 52	−1 15.5	−137 30.8	−1 43.3	−136 32.0	−2 11.6	−135 34.7	3 01.7	26
16 54	−0 27.7	−135 48.0	−0 56.1	−134 51.3	−1 24.9	−133 55.9	3 06.8	28
16 57	+0 41.0	−133 32.6	+0 12.0	−132 38.1	−0 17.4	−131 44.8	3 13.9	31
17 00	+1 47.0	−131 33.9	+1 17.6	−130 41.0	+0 47.8	−129 49.0	3 20.3	34
17 05	+3 32.8	−128 42.6	+3 02.7	−127 51.5	+2 32.3	−127 01.2	3 29.9	38
17 10	+5 14.6	−126 15.2	+4 44.0	−125 25.3	+4 13.1	−124 36.0	3 38.5	42
17 15	+6 53.3	−124 04.9	+6 22.3	−123 15.8	+5 51.0	−122 27.3	3 46.3	45
17 20	+8 29.7	−122 07.5	+7 58.2	−121 19.1	+7 26.6	−120 31.1	3 53.2	49
17 25	+10 04.2	−120 20.0	+9 32.3	−119 32.0	+9 00.3	−118 44.5	3 59.5	52
17 30	+11 37.1	−118 40.1	+11 04.9	−117 52.6	+10 32.5	−117 05.5	4 05.2	55
17 35	+13 08.8	−117 06.3	+12 36.1	−116 19.1	+12 03.3	−115 32.3	4 10.3	57
17 40	+14 39.3	−115 37.2	+14 06.2	−114 50.3	+13 33.1	−114 03.8	4 14.8	60
17 45	+16 09.0	−114 11.6	+15 35.4	−113 25.1	+15 01.9	−112 38.9	4 18.8	62
17 50	+17 37.8	−112 48.7	+17 03.9	−112 02.5	+16 29.9	−111 16.6	4 22.3	64
17 55	+19 06.1	−111 27.5	+18 31.6	−110 41.7	+17 57.1	−109 56.2	4 25.2	66
18 00	+20 33.7	−110 07.5	+19 58.8	−109 22.0	+19 23.8	−108 36.9	4 27.7	67
18 05	+22 01.0	−108 47.8	+21 25.4	−108 02.7	+20 49.9	−107 18.0	4 29.6	68
18 10	+23 27.8	−107 27.8	+22 51.7	−106 43.1	+22 15.6	−105 58.9	4 31.0	69
18 15	+24 54.4	−106 06.8	+24 17.6	−105 22.7	+23 40.8	−104 38.9	4 31.8	70
18 20	+26 20.7	−104 44.2	+25 43.2	−104 00.7	+25 05.8	−103 17.5	4 32.2	70
18 25	+27 46.7	−103 19.2	+27 08.5	−102 36.4	+26 30.4	−101 53.9	4 32.0	69
18 30	+29 12.6	−101 51.2	+28 33.6	−101 09.2	+27 54.8	−100 27.5	4 31.3	69
18 35	+30 38.4	−100 19.4	+29 58.5	−99 38.3	+29 18.9	−98 57.5	4 30.0	68
18 40	+32 04.0	−98 42.8	+31 23.3	−98 02.9	+30 42.8	−97 23.1	4 28.1	66
18 45	+33 29.4	−97 00.6	+32 47.8	−96 21.9	+32 06.4	−95 43.5	4 25.7	64
18 50	+34 54.7	−95 11.6	+34 12.2	−94 34.5	+33 29.9	−93 57.5	4 22.8	63
18 55	+36 19.8	−93 14.6	+35 36.3	−92 39.3	+34 53.0	−92 04.0	4 19.2	60
19 00	+37 44.6	−91 08.0	+37 00.1	−90 34.8	+36 15.9	−90 01.7	4 14.9	58
19 05	+39 08.9	−88 50.0	+38 23.4	−88 19.4	+37 38.3	−87 48.7	4 10.1	55
19 10	+40 32.7	−86 18.4	+39 46.2	−85 50.9	+39 00.1	−85 23.2	4 04.6	53
19 15	+41 55.7	−83 30.3	+41 08.2	−83 06.6	+40 21.1	−82 42.4	3 58.3	50
19 20	+43 17.4	−80 22.2	+42 29.0	−80 03.0	+41 41.0	−79 43.2	3 51.3	46
19 24	+44 21.5	−77 34.1	+43 32.5	−77 19.3	+42 43.9	−77 03.7	3 45.2	44
19 28	+45 24.1	−74 26.8	+44 34.5	−74 17.3	+43 45.4	−74 06.7	3 38.4	41
19 32	+46 24.6	−70 55.9	+45 34.6	−70 52.9	+44 45.1	−70 48.2	3 31.0	38
19 35	+47 08.1	−67 58.7	+46 18.0	−68 01.3	+45 28.2	−68 02.0	3 25.0	35
19 38	+47 49.4	−64 41.0	+46 59.3	−64 50.5	+46 09.5	−64 57.5	3 18.5	33
19 41	+48 27.8	−60 57.7	+47 37.9	−61 15.5	+46 48.4	−61 30.1	3 11.5	30
19 44	+49 02.0	−56 40.7	+48 12.8	−57 08.9	+47 23.9	−57 33.0	3 03.7	26
19 46	+49 21.5	−53 24.3	+48 33.1	−54 01.2	+47 44.9	−54 33.3	2 58.1	24
19 48	+49 37.4	−49 40.4	+48 50.2	−50 28.3	+48 03.0	−51 10.3	2 51.9	21
19 50	+49 47.8	−45 17.1	+49 02.5	−46 20.0	+48 16.9	−47 15.2	2 44.9	18
19 51	+49 49.9	−42 43.9	+49 06.1	−43 57.0	+48 21.7	−45 01.0	2 41.1	17
19 52	+49 49.1	−39 49.3	+49 07.2	−41 16.0	+48 24.4	−42 31.3	2 36.8	15
19 53	+49 43.6	−36 22.5	+49 04.8	−38 09.1	+48 24.2	−39 40.1	2 32.0	12
19 54	+49 29.7	−31 56.8	+48 56.4	−34 19.6	+48 19.6	−36 16.0	2 26.3	10
19 55	+48 48.3	−24 15.2	+48 35.0	−28 55.5	+48 06.8	−31 50.5	2 18.6	6
19 56	— —	— —	— —	— —	+47 21.8	−23 23.8	— —	—
日没	+48 14.4	−19 46.6	+47 36.9	−20 04.9	+46 59.5	−20 22.6	2 06.8	0

日　月　食

2024 年　　（三）　9 月 18 日　月偏食

这次月食，在太平洋东部、北美洲（除极西部）、南美洲、大西洋、欧洲、非洲、亚洲西部、印度洋西部、南极洲部分区域可以看到。

月　食　根　数

月亮和太阳赤经相冲时候的力学时…………………………………… 9 月 18 日　$1^h49^m37^s.1$

	太 阳	月 亮
赤经……………………………………………………	$11^h44^m01^s.415$	$23^h44^m01^s.415$
每时变量………………………………………………	$+8^s.959$	$+134^s.065$
赤纬……………………………………………………	$+1°43'46''.89$	$-2°52'24''.22$
每时变量………………………………………………	$-58''.06$	$+1093''.39$
赤道地平视差…………………………………………	$8''.75$	$61'20''.01$
视半径…………………………………………………	$15'55''.05$	$16'42''.78$

月　食　概　况

	力学时	东经 120°标准时	方位角		月亮在天顶的地点 纬度	历书经度
半影食始………	9 月 18 日 $0^h40^m.4$	9 月 18 日 $8^h39^m.3$				
初亏……………	2 13.0	10 11.8	初亏	349°	$-2°45'$	$-34°31'$
食甚……………	2 45.4	10 44.3				
复圆……………	3 17.9	11 16.8	复圆	313	$-2\ 26$	$-50\ 11$
半影食终………	4 50.4	12 49.2				

最大食分＝0.091

月　偏　食　图

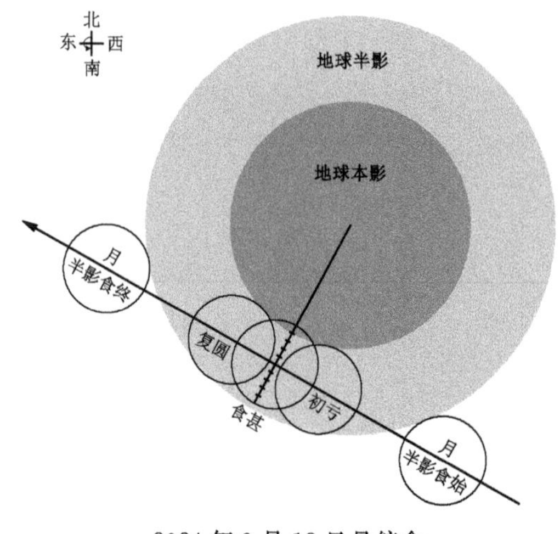

2024 年 9 月 18 日月偏食

日　月　食

（四）10月2日　日环食　　2024年

这次日食，环食带从太平洋东部开始，经过太平洋东南部、智利南部、阿根廷南部，在大西洋西南部结束。在太平洋东部、大洋洲东部、南美洲南部、大西洋西南部、南极洲部分区域可以看到偏食。

日　食　根　数

太阳和月亮赤经相合时候的力学时……10月2日　$19^h09^m13^s.746$

太阳地心坐标

赤经……	$12^h37^m00^s.97$	$+\ 9^s.076(T-19^h)$
赤纬……	$-3°59'17''.2$	$-\ 57''.98(T-19^h)$
赤道地平视差……	$8''.79$	
视半径……	$15'58''.95$	

月亮地心坐标

赤经……	$12^h36^m46^s.31$	$+104^s.365(T-19^h)$	$+0^s.033(T-19^h)^2$
赤纬……	$-4°18'49''.8$	$-844''.16(T-19^h)$	$+0''.46(T-19^h)^2$
赤道地平视差……	$53'56''.38$	$-0''.006(T-19^h)$	$+0''.005(T-19^h)^2$
视半径……	$14'41''.91$	$-0''.002(T-19^h)$	$+0''.001(T-19^h)^2$

（T——以时为单位的力学时）

日　食　概　况

			见食地点位置	
		力学时	纬度	历书经度
偏食始……	10月2日	$15^h44^m.1$	$+16°02'$	$-147°37'$
环食始……		16 54.8	+ 8 23	−165 50
地方视午的环食……		19 09.2	−27 48	−110 02
环食终……		20 37.4	−49 29	− 37 22
偏食终……		21 48.1	−41 51	− 56 10

日　月　食

2024 年　　（四）　10 月 2 日　日环食

贝　塞　尔　根　数

力学时	x	y	$\sin d$	$\cos d$	u_1	u_2	μ
h　m							°　′
15　40	－1.53966	＋0.44885	－0.06863	0.99764	0.57026	0.02376	57 43.0
15　50	－1.46609	＋0.40823	－0.06868	0.99764	0.57027	0.02377	60 13.0
16　00	－1.39253	＋0.36762	－0.06872	0.99764	0.57028	0.02378	62 43.1
16　10	－1.31896	＋0.32700	－0.06877	0.99763	0.57029	0.02379	65 13.1
16　20	－1.24539	＋0.28639	－0.06881	0.99763	0.57030	0.02380	67 43.2
16　30	－1.17181	＋0.24577	－0.06886	0.99763	0.57031	0.02381	70 13.2
16　40	－1.09823	＋0.20516	－0.06890	0.99762	0.57032	0.02381	72 43.3
16　50	－1.02465	＋0.16455	－0.06895	0.99762	0.57033	0.02382	75 13.3
17　00	－0.95107	＋0.12394	－0.06899	0.99762	0.57033	0.02383	77 43.3
17　10	－0.87749	＋0.08333	－0.06904	0.99761	0.57034	0.02383	80 13.4
17　20	－0.80390	＋0.04272	－0.06908	0.99761	0.57035	0.02384	82 43.4
17　30	－0.73031	＋0.00211	－0.06913	0.99761	0.57035	0.02385	85 13.5
17　40	－0.65672	－0.03850	－0.06917	0.99760	0.57036	0.02385	87 43.5
17　50	－0.58312	－0.07910	－0.06922	0.99760	0.57036	0.02385	90 13.6
18　00	－0.50953	－0.11971	－0.06926	0.99760	0.57036	0.02386	92 43.6
18　10	－0.43593	－0.16031	－0.06931	0.99760	0.57037	0.02386	95 13.6
18　20	－0.36233	－0.20091	－0.06935	0.99759	0.57037	0.02386	97 43.7
18　30	－0.28873	－0.24151	－0.06940	0.99759	0.57037	0.02386	100 13.7
18　40	－0.21513	－0.28211	－0.06944	0.99759	0.57037	0.02387	102 43.8
18　50	－0.14153	－0.32271	－0.06949	0.99758	0.57037	0.02387	105 13.8
19　00	－0.06793	－0.36330	－0.06953	0.99758	0.57037	0.02387	107 43.9
19　10	＋0.00567	－0.40389	－0.06958	0.99758	0.57037	0.02387	110 13.9
19　20	＋0.07928	－0.44449	－0.06962	0.99757	0.57037	0.02387	112 44.0
19　30	＋0.15288	－0.48507	－0.06967	0.99757	0.57037	0.02386	115 14.0
19　40	＋0.22649	－0.52566	－0.06971	0.99757	0.57037	0.02386	117 44.0
19　50	＋0.30009	－0.56625	－0.06976	0.99756	0.57037	0.02386	120 14.1
20　00	＋0.37370	－0.60683	－0.06980	0.99756	0.57036	0.02386	122 44.1
20　10	＋0.44730	－0.64741	－0.06985	0.99756	0.57036	0.02385	125 14.2
20　20	＋0.52091	－0.68799	－0.06989	0.99755	0.57035	0.02385	127 44.2
20　30	＋0.59451	－0.72856	－0.06994	0.99755	0.57035	0.02384	130 14.3
20　40	＋0.66811	－0.76913	－0.06998	0.99755	0.57034	0.02384	132 44.3
20　50	＋0.74172	－0.80970	－0.07003	0.99754	0.57034	0.02383	135 14.3
21　00	＋0.81532	－0.85027	－0.07007	0.99754	0.57033	0.02383	137 44.4
21　10	＋0.88892	－0.89083	－0.07012	0.99754	0.57033	0.02382	140 14.4
21　20	＋0.96252	－0.93139	－0.07016	0.99754	0.57032	0.02381	142 44.5
21　30	＋1.03612	－0.97195	－0.07021	0.99753	0.57031	0.02381	145 14.5
21　40	＋1.10972	－1.01251	－0.07025	0.99753	0.57030	0.02380	147 44.6
21　50	＋1.18332	－1.05306	－0.07030	0.99753	0.57029	0.02379	150 14.6

力学时	x'	y'
h		
15	0.0073546	－0.0040616
16	0.0073568	－0.0040615
17	0.0073584	－0.0040611
18	0.0073596	－0.0040604
19	0.0073603	－0.0040594
20	0.0073605	－0.0040581
21	0.0073602	－0.0040566

$\tan f_1 = 0.0046735$

$\tan f_2 = 0.0046502$

$\mu' = 0.0043646$

日　月　食

(四) 10月2日　日环食　　2024年

日环食路线

力学时	北界限		中心线		南界限		中心线	
	纬度	历书经度	纬度	历书经度	纬度	历书经度	食延时间	太阳高度
	° ′	° ′	° ′	° ′	° ′	° ′	m s	°
日　出	+9 49.9	−165 27.3	+8 22.6	−165 50.3	+6 54.4	−166 14.3	5 35.8	0
h　m								
16 54	+9 25.1	−161 08.8	— —	— —	— —	— —	— —	—
16 55	+8 51.3	−157 10.0	+8 06.1	−162 38.0	— —	— —	5 40.5	3
16 56	+8 24.6	−154 42.5	+7 32.5	−158 13.0	+6 51.6	−165 33.6	5 47.5	8
16 57	+8 00.6	−152 48.1	+7 06.8	−155 40.8	+6 13.9	−159 29.3	5 51.8	11
16 58	+7 38.0	−151 12.2	+6 43.6	−153 44.3	+5 49.0	−156 47.8	5 55.3	13
16 59	+7 16.4	−149 48.8	+6 21.9	−152 07.4	+5 26.6	−154 47.3	5 58.3	15
17 00	+6 55.5	−148 34.4	+6 01.0	−150 43.3	+5 05.6	−153 08.2	6 01.0	16
17 02	+6 15.3	−146 25.0	+5 21.2	−148 20.8	+4 25.9	−150 26.9	6 05.8	19
17 04	+5 36.7	−144 34.2	+4 43.1	−146 21.2	+3 48.3	−148 15.8	6 10.0	22
17 06	+4 59.2	−142 56.6	+4 06.2	−144 37.4	+3 11.9	−146 24.0	6 13.8	24
17 08	+4 22.6	−141 29.2	+3 30.2	−143 05.1	+2 36.5	−144 45.9	6 17.3	26
17 10	+3 46.8	−140 09.8	+2 54.9	−141 41.9	+2 01.8	−143 18.1	6 20.5	28
17 13	+2 54.0	−138 22.7	+2 03.1	−139 50.3	+1 10.8	−141 21.2	6 24.9	31
17 16	+2 02.3	−136 47.0	+1 12.2	−138 11.1	+0 20.8	−139 38.0	6 29.0	33
17 20	+0 54.7	−134 53.2	+0 05.7	−136 13.7	−0 44.7	−137 36.5	6 34.0	36
17 25	−0 28.1	−132 48.1	−1 16.0	−134 05.1	−2 05.1	−135 24.1	6 39.6	40
17 30	−1 49.4	−130 57.6	−2 36.2	−132 12.0	−3 24.2	−133 28.0	6 44.6	43
17 35	−3 09.5	−129 18.5	−3 55.4	−130 30.8	−4 42.4	−131 44.4	6 49.2	46
17 40	−4 28.6	−127 48.5	−5 13.6	−128 59.0	−5 59.8	−130 10.7	6 53.3	49
17 45	−5 46.9	−126 25.8	−6 31.2	−127 34.8	−7 16.7	−128 44.8	6 57.0	51
17 50	−7 04.5	−125 09.1	−7 48.2	−126 16.8	−8 33.0	−127 25.4	7 00.4	54
17 55	−8 21.5	−123 57.4	−9 04.7	−125 03.8	−9 49.0	−126 11.3	7 03.4	56
18 00	−9 38.0	−122 49.6	−10 20.8	−123 55.1	−11 04.7	−125 01.5	7 06.2	58
18 05	−10 54.2	−121 45.1	−11 36.6	−122 49.7	−12 20.1	−123 55.2	7 08.7	60
18 10	−12 09.9	−120 43.3	−12 52.2	−121 47.1	−13 35.5	−122 51.8	7 10.9	62
18 15	−13 25.4	−119 43.5	−14 07.6	−120 46.6	−14 50.8	−121 50.6	7 12.9	64
18 20	−14 40.7	−118 45.3	−15 22.9	−119 47.8	−16 06.0	−120 51.0	7 14.6	65
18 25	−15 55.8	−117 48.2	−16 38.1	−118 50.1	−17 21.3	−119 52.8	7 16.1	67
18 30	−17 10.8	−116 51.8	−17 53.3	−117 53.1	−18 36.7	−118 55.2	7 17.3	68
18 35	−18 25.7	−115 55.6	−19 08.5	−116 56.4	−19 52.2	−117 58.0	7 18.4	69
18 40	−19 40.6	−114 59.2	−20 23.8	−115 59.6	−21 07.8	−117 00.7	7 19.1	69
18 45	−20 55.5	−114 02.3	−21 39.2	−115 02.2	−22 23.7	−116 02.8	7 19.7	69
18 50	−22 10.4	−113 04.4	−22 54.8	−114 03.9	−23 39.9	−115 04.0	7 20.0	69
18 55	−23 25.4	−112 05.2	−24 10.5	−113 04.1	−24 56.4	−114 03.8	7 20.1	69
19 00	−24 40.5	−111 04.1	−25 26.5	−112 02.6	−26 13.3	−113 01.7	7 20.0	68
19 05	−25 55.8	−110 00.7	−26 42.8	−110 58.6	−27 30.5	−111 57.2	7 19.5	67
19 10	−27 11.3	−108 54.5	−27 59.4	−109 51.8	−28 48.2	−110 49.8	7 18.9	66
19 15	−28 26.9	−107 45.0	−29 16.3	−108 41.6	−30 06.4	−109 38.8	7 17.9	65
19 20	−29 42.8	−106 31.5	−30 33.6	−107 27.3	−31 25.1	−108 23.7	7 16.6	63
19 25	−30 58.9	−105 13.3	−31 51.2	−106 08.1	−32 44.3	−107 03.5	7 15.0	61
19 30	−32 15.4	−103 49.7	−33 09.3	−104 43.3	−34 04.2	−105 37.5	7 13.1	59
19 35	−33 32.0	−102 19.6	−34 27.9	−103 11.8	−35 24.6	−104 04.5	7 10.8	57
19 40	−34 49.0	−100 42.1	−35 46.9	−101 32.5	−36 45.7	−102 23.4	7 08.1	55
19 45	−36 06.2	−98 55.7	−37 06.4	−99 43.9	−38 07.5	−100 32.4	7 05.1	52
19 50	−37 23.7	−96 58.8	−38 26.3	−97 44.3	−39 29.9	−98 29.9	7 01.6	50
19 55	−38 41.4	−94 49.5	−39 46.5	−95 31.5	−40 52.9	−96 13.3	6 57.6	47
20 00	−39 59.1	−92 25.2	−41 07.1	−93 02.6	−42 16.5	−93 39.6	6 53.1	44
20 05	−41 16.8	−89 42.4	−42 27.9	−90 13.9	−43 40.6	−90 44.5	6 48.0	41
20 10	−42 34.2	−86 36.4	−43 48.6	−87 00.2	−45 04.9	−87 22.1	6 42.2	38
20 15	−43 50.8	−83 00.7	−45 08.9	−83 13.9	−46 29.0	−83 23.8	6 35.7	34
20 20	−45 06.0	−78 44.8	−46 27.9	−78 43.1	−47 52.2	−78 35.6	6 28.3	30
20 25	−46 18.5	−73 31.5	−47 44.4	−73 06.9	−49 13.0	−72 32.1	6 19.6	25
20 30	−47 25.6	−66 45.3	−48 55.2	−65 40.8	−50 27.8	−64 15.1	6 08.9	20
20 32	−47 49.5	−63 19.7	−49 20.2	−61 48.2	−50 53.7	−59 44.6	6 03.7	17
20 34	−48 10.5	−59 12.0	−49 41.4	−56 57.2	−51 14.2	−53 44.0	5 57.6	13
20 35	−48 19.1	−56 43.9	−49 49.4	−53 53.8	−51 19.7	−49 28.9	5 53.9	11
20 36	−48 25.8	−53 50.0	−49 53.9	−50 01.4	−51 12.9	−42 01.1	5 49.4	8
20 37	−48 29.1	−50 12.5	−49 49.3	−44 00.0	— —	— —	5 42.7	4
20 38	−48 24.4	−44 51.5	— —	— —	— —	— —	— —	—
日　没	−48 02.1	−37 53.4	−49 28.9	−37 22.4	50 56.5	−36 49.2	5 35.9	0

表 1　儒　略　日

（甲）闰年 1 月 0 日世界时 12^h 的儒略日

年	1200	1300	1400	1500	1600	1700	1800	1900	2000	2100
0	215 9357	219 5882	223 2407	226 8932	230 5447	* 234 1971	* 237 8495	* 241 5019	245 1544	* 248 8068
4	216 0818	219 7343	223 3868	227 0393	230 6908	234 3432	237 9956	241 6480	245 3005	248 9529
8	216 2279	219 8804	223 5329	227 1854	230 8369	234 4893	238 1417	241 7941	245 4466	249 0990
12	216 3740	220 0265	223 6790	227 3315	230 9830	234 6354	238 2878	241 9402	245 5927	249 2451
16	216 5201	220 1726	223 8251	227 4776	231 1291	234 7815	238 4339	242 0863	245 7388	249 3912
20	216 6662	220 3187	223 9712	227 6237	231 2752	234 9276	238 5800	242 2324	245 8849	249 5373
24	216 8123	220 4648	224 1173	227 7698	231 4213	235 0737	238 7261	242 3785	246 0310	249 6834
28	216 9584	220 6109	224 2634	227 9159	231 5674	235 2198	238 8722	242 5246	246 1771	249 8295
32	217 1045	220 7570	224 4095	228 0620	231 7135	235 3659	239 0183	242 6707	246 3232	249 9756
36	217 2506	220 9031	224 5556	228 2081	231 8596	235 5120	239 1644	242 8168	246 4693	250 1217
40	217 3967	221 0492	224 7017	228 3542	232 0057	235 6581	239 3105	242 9629	246 6154	250 2678
44	217 5428	221 1953	224 8478	228 5003	232 1518	235 8042	239 4566	243 1090	246 7615	250 4139
48	217 6889	221 3414	224 9939	228 6464	232 2979	235 9503	239 6027	243 2551	246 9076	250 5600
52	217 8350	221 4875	225 1400	228 7925	232 4440	236 0964	239 7488	243 4012	247 0537	250 7061
56	217 9811	221 6336	225 2861	228 9386	232 5901	236 2425	239 8949	243 5473	247 1998	250 8522
60	218 1272	221 7797	225 4322	229 0847	232 7362	236 3886	240 0410	243 6934	247 3459	250 9983
64	218 2733	221 9258	225 5783	229 2308	232 8823	236 5347	240 1871	243 8395	247 4920	251 1444
68	218 4194	222 0719	225 7244	229 3769	233 0284	236 6808	240 3332	243 9856	247 6381	251 2905
72	218 5655	222 2180	225 8705	229 5230	233 1745	236 8269	240 4793	244 1317	247 7842	251 4366
76	218 7116	222 3641	226 0166	229 6691	233 3206	236 9730	240 6254	244 2778	247 9303	251 5827
80	218 8577	222 5102	226 1627	229 8152	233 4667	237 1191	240 7715	244 4239	248 0764	251 7288
84	219 0038	222 6563	226 3088	229 9603	233 6128	237 2652	240 9176	244 5700	248 2225	251 8749
88	219 1499	222 8024	226 4549	230 1064	233 7589	237 4113	241 0637	244 7161	248 3686	252 0210
92	219 2960	222 9485	226 6010	230 2525	233 9050	237 5574	241 2098	244 8622	248 5147	252 1671
96	219 4421	223 0946	226 7471	230 3986	234 0511	237 7035	241 3559	245 0083	248 6608	252 3132

* 1700，1800，1900，2100 四年非闰年，表载系 1 月一1 日世界时 12^h 的儒略日。

（乙）每月 0 日世界时 12^h 的儒略日

年	一　月	二　月	三　月	四　月	五　月	六　月	七　月	八　月	九　月	十　月	十一月	十二月
0	0	31	60	91	121	152	182	213	244	274	305	335
1	366	397	425	456	486	517	547	578	609	639	670	700
2	731	762	790	821	851	882	912	943	974	1004	1035	1065
3	1096	1127	1155	1186	1216	1247	1277	1308	1339	1369	1400	1430

表 1　儒　略　日

(丙)每月 0 日世界时 12^h 的儒略日

年	一　月		二　月	三　月	四　月	五　月	六　月	七　月	八　月	九　月	十　月	十一月	十二月
1900	2415	020	051	079	110	140	171	201	232	263	293	324	354
1901		385	416	444	475	505	536	566	597	628	658	689	719
1902		750	781	809	840	870	901	931	962	993	*023	*054	*084
1903	2416	115	146	174	205	235	266	296	327	358	388	419	449
1904		480	511	540	571	601	632	662	693	724	754	785	815
1905		846	877	905	936	966	997	*027	*058	*089	*119	*150	*180
1906	2417	211	242	270	301	331	362	392	423	454	484	515	545
1907		576	607	635	666	696	727	757	788	819	849	880	910
1908		941	972	*001	*032	*062	*093	*123	*154	*185	*215	*246	*276
1909	2418	307	338	366	397	427	458	488	519	550	580	611	641
1910		672	703	731	762	792	823	853	884	915	945	976	*006
1911	2419	037	068	096	127	157	188	218	249	280	310	341	371
1912		402	433	462	493	523	554	584	615	646	676	707	737
1913		768	799	827	858	888	919	949	980	*011	*041	*072	*102
1914	2420	133	164	192	223	253	284	314	345	376	406	437	467
1915		498	529	557	588	618	649	679	710	741	771	802	832
1916		863	894	923	954	984	*015	*045	*076	*107	*137	*168	*198
1917	2421	229	260	288	319	349	380	410	441	472	502	533	563
1918		594	625	653	684	714	745	775	806	837	867	898	928
1919		959	990	*018	*049	*079	*110	*140	*171	*202	*232	*263	*293
1920	2422	324	355	384	415	445	476	506	537	568	598	629	659
1921		690	721	749	780	810	841	871	902	933	963	994	*024
1922	2423	055	086	114	145	175	206	236	267	298	328	359	389
1923		420	451	479	510	540	571	601	632	663	693	724	754
1924		785	816	845	876	906	937	967	998	*029	*059	*090	*120
1925	2424	151	182	210	241	271	302	332	363	394	424	455	485
1926		516	547	575	606	636	667	697	728	759	789	820	850
1927		881	912	940	971	*001	*032	*062	*093	*124	*154	*185	*215
1928	2425	246	277	306	337	367	398	428	459	490	520	551	581
1929		612	643	671	702	732	763	793	824	855	885	916	946
1930		977	*008	*036	*067	*097	*128	*158	*189	*220	*250	*281	*311
1931	2426	342	373	401	432	462	493	523	554	585	615	646	676
1932		707	738	767	798	828	859	889	920	951	981	*012	*042
1933	2427	073	104	132	163	193	224	254	285	316	346	377	407
1934		438	469	497	528	558	589	619	650	681	711	742	772
1935		803	834	862	893	923	954	984	*015	*046	*076	*107	*137
1936	2428	168	199	228	259	289	320	350	381	412	442	473	503
1937		534	565	593	624	654	685	715	746	777	807	838	868
1938		899	930	958	989	*019	*050	*080	*111	*142	*172	*203	*233
1939	2429	264	295	323	354	384	415	445	476	507	537	568	598
1940		629	660	689	720	750	781	811	842	873	903	934	964
1941		995	*026	*054	*085	*115	*146	*176	*207	*238	*268	*299	*329
1942	2430	360	391	419	450	480	511	541	572	603	633	664	694
1943		725	756	784	815	845	876	906	937	968	998	*029	*059
1944	2431	090	121	150	181	211	242	272	303	334	364	395	425
1945		456	487	515	546	576	607	637	668	699	729	760	790
1946		821	852	880	911	941	972	*002	*033	*064	*094	*125	*155
1947	2432	186	217	245	276	306	337	367	398	429	459	490	520
1948		551	582	611	642	672	703	733	764	795	825	856	886
1949		917	948	976	*007	*037	*068	*098	*129	*160	*190	*221	*251
1950	2433	282	313	341	372	402	433	463	494	525	555	586	616

表 1　儒　略　日

(丙)每月 0 日世界时 12^h 的儒略日

年	一　月	二　月	三　月	四　月	五　月	六　月	七　月	八　月	九　月	十　月	十一月	十二月
1950	2433　282	313	341	372	402	433	463	494	525	555	586	616
1951	647	678	706	737	767	798	828	859	890	920	951	981
1952	2434　012	043	072	103	133	164	194	225	256	286	317	347
1953	378	409	437	468	498	529	559	590	621	651	682	712
1954	743	774	802	833	863	894	924	955	986	*016	*047	*077
1955	2435　108	139	167	198	228	259	289	320	351	381	412	442
1956	473	504	533	564	594	625	655	686	717	747	778	808
1957	839	870	898	929	959	990	*020	*051	*082	*112	*143	*173
1958	2436　204	235	263	294	324	355	385	416	447	477	508	538
1959	569	600	628	659	689	720	750	781	812	842	873	903
1960	934	965	994	*025	*055	*086	*116	*147	*178	*208	*239	*269
1961	2437　300	331	359	390	420	451	481	512	543	573	604	634
1962	665	696	724	755	785	816	846	877	908	938	969	999
1963	2438　030	061	089	120	150	181	211	242	273	303	334	364
1964	395	426	455	486	516	547	577	608	639	669	700	730
1965	761	792	820	851	881	912	942	973	*004	*034	*065	*095
1966	2439　126	157	185	216	246	277	307	338	369	399	430	460
1967	491	522	550	581	611	642	672	703	734	764	795	825
1968	856	887	916	947	977	*008	*038	*069	*100	*130	*161	*191
1969	2440　222	253	281	312	342	373	403	434	465	495	526	556
1970	587	618	646	677	707	738	768	799	830	860	891	921
1971	952	983	*011	*042	*072	*103	*133	*164	*195	*225	*256	*286
1972	2441　317	348	377	408	438	469	499	530	561	591	622	652
1973	683	714	742	773	803	834	864	895	926	956	987	*017
1974	2442　048	079	107	138	168	199	229	260	291	321	352	382
1975	413	444	472	503	533	564	594	625	656	686	717	747
1976	778	809	838	869	899	930	960	991	*022	*052	*083	*113
1977	2443　144	175	203	234	264	295	325	356	387	417	448	478
1978	509	540	568	599	629	660	690	721	752	782	813	843
1979	874	905	933	964	994	*025	*055	*086	*117	*147	*178	*208
1980	2444　239	270	299	330	360	391	421	452	483	513	544	574
1981	605	636	664	695	725	756	786	817	848	878	909	939
1982	970	*001	*029	*060	*090	*121	*151	*182	*213	*243	*274	*304
1983	2445　335	366	394	425	455	486	516	547	578	608	639	669
1984	700	731	760	791	821	852	882	913	944	974	*005	*035
1985	2446　066	097	125	156	186	217	247	278	309	339	370	400
1986	431	462	490	521	551	582	612	643	674	704	735	765
1987	796	827	855	886	916	947	977	*008	*039	*069	*100	*130
1988	2447　161	192	221	252	282	313	343	374	405	435	466	496
1989	527	558	586	617	647	678	708	739	770	800	831	861
1990	892	923	951	982	*012	*043	*073	*104	*135	*165	*196	*226
1991	2448　257	288	316	347	377	408	438	469	500	530	561	591
1992	622	653	682	713	743	774	804	835	866	896	927	957
1993	988	*019	*047	*078	*108	*139	*169	*200	*231	*261	*292	*322
1994	2449　353	384	412	443	473	504	534	565	596	626	657	687
1995	718	749	777	808	838	869	899	930	961	991	*022	*052
1996	2450　083	114	143	174	204	235	265	296	327	357	388	418
1997	449	480	508	539	569	600	630	661	692	722	753	783
1998	814	845	873	904	934	965	995	*026	*057	*087	*118	*148
1999	2451　179	210	238	269	299	330	360	391	422	452	483	513
2000	544	575	604	635	665	696	726	757	788	818	849	879

表 1 儒略日

(丙)每月 0 日世界时 12^h 的儒略日

年	一月		二月	三月	四月	五月	六月	七月	八月	九月	十月	十一月	十二月
2000	2451	544	575	604	635	665	696	726	757	788	818	849	879
2001		910	941	969	*000	*030	*061	*091	*122	*153	*183	*214	*244
2002	2452	275	306	334	365	395	426	456	487	518	548	579	609
2003		640	671	699	730	760	791	821	852	883	913	944	974
2004	2453	005	036	065	096	126	157	187	218	249	279	310	340
2005		371	402	430	461	491	522	552	583	614	644	675	705
2006		736	767	795	826	856	887	917	948	979	*009	*040	*070
2007	2454	101	132	160	191	221	252	282	313	344	374	405	435
2008		466	497	526	557	587	618	648	679	710	740	771	801
2009		832	863	891	922	952	983	*013	*044	*075	*105	*136	*166
2010	2455	197	228	256	287	317	348	378	409	440	470	501	531
2011		562	593	621	652	682	713	743	774	805	835	866	896
2012		927	958	987	*018	*048	*079	*109	*140	*171	*201	*232	*262
2013	2456	293	324	352	383	413	444	474	505	536	566	597	627
2014		658	689	717	748	778	809	839	870	901	931	962	992
2015	2457	023	054	082	113	143	174	204	235	266	296	327	357
2016		388	419	448	479	509	540	570	601	632	662	693	723
2017		754	785	813	844	874	905	935	966	997	*027	*058	*088
2018	2458	119	150	178	209	239	270	300	331	362	392	423	453
2019		484	515	543	574	604	635	665	696	727	757	788	818
2020		849	880	909	940	970	*001	*031	*062	*093	*123	*154	*184
2021	2459	215	246	274	305	335	366	396	427	458	488	519	549
2022		580	611	639	670	700	731	761	792	823	853	884	914
2023		945	976	*004	*035	*065	*096	*126	*157	*188	*218	*249	*279
2024	2460	310	341	370	401	431	462	492	523	554	584	615	645
2025		676	707	735	766	796	827	857	888	919	949	980	*010
2026	2461	041	072	100	131	161	192	222	253	284	314	345	375
2027		406	437	465	496	526	557	587	618	649	679	710	740
2028		771	802	831	862	892	923	953	984	*015	*045	*076	*106
2029	2462	137	168	196	227	257	288	318	349	380	410	441	471
2030		502	533	561	592	622	653	683	714	745	775	806	836
2031		867	898	926	957	987	*018	*048	*079	*110	*140	*171	*201
2032	2463	232	263	292	323	353	384	414	445	476	506	537	567
2033		598	629	657	688	718	749	779	810	841	871	902	932
2034		963	994	*022	*053	*083	*114	*144	*175	*206	*236	*267	*297
2035	2464	328	359	387	418	448	479	509	540	571	601	632	662
2036		693	724	753	784	814	845	875	906	937	967	998	*028
2037	2465	059	090	118	149	179	210	240	271	302	332	363	393
2038		424	455	483	514	544	575	605	636	667	697	728	758
2039		789	820	848	879	909	940	970	*001	*032	*062	*093	*123
2040	2466	154	185	214	245	275	306	336	367	398	428	459	489
2041		520	551	579	610	640	671	701	732	763	793	824	854
2042		885	916	944	975	*005	*036	*066	*097	*128	*158	*189	*219
2043	2467	250	281	309	340	370	401	431	462	493	523	554	584
2044		615	646	675	706	736	767	797	828	859	889	920	950
2045		981	*012	*040	*071	*101	*132	*162	*193	*224	*254	*285	*315
2046	2468	346	377	405	436	466	497	527	558	589	619	650	680
2047		711	742	770	801	831	862	892	923	954	984	*015	*045
2048	2469	076	107	136	167	197	228	258	289	320	350	381	411
2049		442	473	501	532	562	593	623	654	685	715	746	776
2050		807	838	866	897	927	958	988	*019	*050	*080	*111	*141

表 2　化恒星时为平太阳时

平时 = 恒星时 − 改正值

恒星时	0^h	1^h	2^h	3^h	4^h	5^h	6^h	7^h	秒	
m	m s	m s	m s	m s	m s	m s	m s	m s	s	s
0	0 00.000	0 09.830	0 19.659	0 29.489	0 39.318	0 49.148	0 58.977	1 08.807	0	0.000
1	0 00.164	0 09.993	0 19.823	0 29.652	0 39.482	0 49.311	0 59.141	1 08.970	1	0.003
2	0 00.328	0 10.157	0 19.987	0 29.816	0 39.646	0 49.475	0 59.305	1 09.134	2	0.005
3	0 00.491	0 10.321	0 20.151	0 29.980	0 39.810	0 49.639	0 59.469	1 09.298	3	0.008
4	0 00.655	0 10.485	0 20.314	0 30.144	0 39.973	0 49.803	0 59.632	1 09.462	4	0.011
5	0 00.819	0 10.649	0 20.478	0 30.308	0 40.137	0 49.967	0 59.796	1 09.626	5	0.014
6	0 00.983	0 10.812	0 20.642	0 30.472	0 40.301	0 50.131	0 59.960	1 09.790	6	0.016
7	0 01.147	0 10.976	0 20.806	0 30.635	0 40.465	0 50.294	1 00.124	1 09.953	7	0.019
8	0 01.311	0 11.140	0 20.970	0 30.799	0 40.629	0 50.458	1 00.288	1 10.117	8	0.022
9	0 01.474	0 11.304	0 21.133	0 30.963	0 40.793	0 50.622	1 00.452	1 10.281	9	0.025
10	0 01.638	0 11.468	0 21.297	0 31.127	0 40.956	0 50.786	1 00.615	1 10.445	10	0.027
11	0 01.802	0 11.632	0 21.461	0 31.291	0 41.120	0 50.950	1 00.779	1 10.609	11	0.030
12	0 01.966	0 11.795	0 21.625	0 31.454	0 41.284	0 51.113	1 00.943	1 10.773	12	0.033
13	0 02.130	0 11.959	0 21.789	0 31.618	0 41.448	0 51.277	1 01.107	1 10.936	13	0.035
14	0 02.294	0 12.123	0 21.953	0 31.782	0 41.612	0 51.441	1 01.271	1 11.100	14	0.038
15	0 02.457	0 12.287	0 22.116	0 31.946	0 41.775	0 51.605	1 01.434	1 11.264	15	0.041
16	0 02.621	0 12.451	0 22.280	0 32.110	0 41.939	0 51.769	1 01.598	1 11.428	16	0.044
17	0 02.785	0 12.615	0 22.444	0 32.274	0 42.103	0 51.933	1 01.762	1 11.592	17	0.046
18	0 02.949	0 12.778	0 22.608	0 32.437	0 42.267	0 52.096	1 01.926	1 11.755	18	0.049
19	0 03.113	0 12.942	0 22.772	0 32.601	0 42.431	0 52.260	1 02.090	1 11.919	19	0.052
20	0 03.277	0 13.106	0 22.936	0 32.765	0 42.595	0 52.424	1 02.254	1 12.083	20	0.055
21	0 03.440	0 13.270	0 23.099	0 32.929	0 42.758	0 52.588	1 02.417	1 12.247	21	0.057
22	0 03.604	0 13.434	0 23.263	0 33.093	0 42.922	0 52.752	1 02.581	1 12.411	22	0.060
23	0 03.768	0 13.598	0 23.427	0 33.257	0 43.086	0 52.916	1 02.745	1 12.575	23	0.063
24	0 03.932	0 13.761	0 23.591	0 33.420	0 43.250	0 53.079	1 02.909	1 12.738	24	0.066
25	0 04.096	0 13.925	0 23.755	0 33.584	0 43.414	0 53.243	1 03.073	1 12.902	25	0.068
26	0 04.259	0 14.089	0 23.918	0 33.748	0 43.578	0 53.407	1 03.237	1 13.066	26	0.071
27	0 04.423	0 14.253	0 24.082	0 33.912	0 43.741	0 53.571	1 03.400	1 13.230	27	0.074
28	0 04.587	0 14.417	0 24.246	0 34.076	0 43.905	0 53.735	1 03.564	1 13.394	28	0.076
29	0 04.751	0 14.580	0 24.410	0 34.239	0 44.069	0 53.899	1 03.728	1 13.558	29	0.079
30	0 04.915	0 14.744	0 24.574	0 34.403	0 44.233	0 54.062	1 03.892	1 13.721	30	0.082
31	0 05.079	0 14.908	0 24.738	0 34.567	0 44.397	0 54.226	1 04.056	1 13.885	31	0.085
32	0 05.242	0 15.072	0 24.901	0 34.731	0 44.560	0 54.390	1 04.220	1 14.049	32	0.087
33	0 05.406	0 15.236	0 25.065	0 34.895	0 44.724	0 54.554	1 04.383	1 14.213	33	0.090
34	0 05.570	0 15.400	0 25.229	0 35.059	0 44.888	0 54.718	1 04.547	1 14.377	34	0.093
35	0 05.734	0 15.563	0 25.393	0 35.222	0 45.052	0 54.881	1 04.711	1 14.541	35	0.096
36	0 05.898	0 15.727	0 25.557	0 35.386	0 45.216	0 55.045	1 04.875	1 14.704	36	0.098
37	0 06.062	0 15.891	0 25.721	0 35.550	0 45.380	0 55.209	1 05.039	1 14.868	37	0.101
38	0 06.225	0 16.055	0 25.884	0 35.714	0 45.543	0 55.373	1 05.202	1 15.032	38	0.104
39	0 06.389	0 16.219	0 26.048	0 35.878	0 45.707	0 55.537	1 05.366	1 15.196	39	0.106
40	0 06.553	0 16.383	0 26.212	0 36.042	0 45.871	0 55.701	1 05.530	1 15.360	40	0.109
41	0 06.717	0 16.546	0 26.376	0 36.205	0 46.035	0 55.864	1 05.694	1 15.523	41	0.112
42	0 06.881	0 16.710	0 26.540	0 36.369	0 46.199	0 56.028	1 05.858	1 15.687	42	0.115
43	0 07.044	0 16.874	0 26.704	0 36.533	0 46.363	0 56.192	1 06.022	1 15.851	43	0.117
44	0 07.208	0 17.038	0 26.867	0 36.697	0 46.526	0 56.356	1 06.185	1 16.015	44	0.120
45	0 07.372	0 17.202	0 27.031	0 36.861	0 46.690	0 56.520	1 06.349	1 16.179	45	0.123
46	0 07.536	0 17.365	0 27.195	0 37.025	0 46.854	0 56.684	1 06.513	1 16.343	46	0.126
47	0 07.700	0 17.529	0 27.359	0 37.188	0 47.018	0 56.847	1 06.677	1 16.506	47	0.128
48	0 07.864	0 17.693	0 27.523	0 37.352	0 47.182	0 57.011	1 06.841	1 16.670	48	0.131
49	0 08.027	0 17.857	0 27.686	0 37.516	0 47.346	0 57.175	1 07.005	1 16.834	49	0.134
50	0 08.191	0 18.021	0 27.850	0 37.680	0 47.509	0 57.339	1 07.168	1 16.998	50	0.137
51	0 08.355	0 18.185	0 28.014	0 37.844	0 47.673	0 57.503	1 07.332	1 17.162	51	0.139
52	0 08.519	0 18.348	0 28.178	0 38.007	0 47.837	0 57.667	1 07.496	1 17.326	52	0.142
53	0 08.683	0 18.512	0 28.342	0 38.171	0 48.001	0 57.830	1 07.660	1 17.489	53	0.145
54	0 08.847	0 18.676	0 28.506	0 38.335	0 48.165	0 57.994	1 07.824	1 17.653	54	0.147
55	0 09.010	0 18.840	0 28.669	0 38.499	0 48.328	0 58.158	1 07.988	1 17.817	55	0.150
56	0 09.174	0 19.004	0 28.833	0 38.663	0 48.492	0 58.322	1 08.151	1 17.981	56	0.153
57	0 09.338	0 19.168	0 28.997	0 38.827	0 48.656	0 58.486	1 08.315	1 18.145	57	0.156
58	0 09.502	0 19.331	0 29.161	0 38.990	0 48.820	0 58.649	1 08.479	1 18.308	58	0.158
59	0 09.666	0 19.495	0 29.325	0 39.154	0 48.984	0 58.813	1 08.643	1 18.472	59	0.161

表 2　化恒星时为平太阳时

平时 = 恒星时 − 改正值

恒星时	8^h	9^h	10^h	11^h	12^h	13^h	14^h	15^h	秒	
m	m s	m s	m s	m s	m s	m s	m s	m s	s	s
0	1 18.636	1 28.466	1 38.295	1 48.125	1 57.954	2 07.784	2 17.613	2 27.443	0	0.000
1	1 18.800	1 28.629	1 38.459	1 48.289	1 58.118	2 07.948	2 17.777	2 27.607	1	0.003
2	1 18.964	1 28.793	1 38.623	1 48.452	1 58.282	2 08.111	2 17.941	2 27.770	2	0.005
3	1 19.128	1 28.957	1 38.787	1 48.616	1 58.446	2 08.275	2 18.105	2 27.934	3	0.008
4	1 19.291	1 29.121	1 38.950	1 48.780	1 58.610	2 08.439	2 18.269	2 28.098	4	0.011
5	1 19.455	1 29.285	1 39.114	1 48.944	1 58.773	2 08.603	2 18.432	2 28.262	5	0.014
6	1 19.619	1 29.449	1 39.278	1 49.108	1 58.937	2 08.767	2 18.596	2 28.426	6	0.016
7	1 19.783	1 29.612	1 39.442	1 49.271	1 59.101	2 08.931	2 18.760	2 28.590	7	0.019
8	1 19.947	1 29.776	1 39.606	1 49.435	1 59.265	2 09.094	2 18.924	2 28.753	8	0.022
9	1 20.111	1 29.940	1 39.770	1 49.599	1 59.429	2 09.258	2 19.088	2 28.917	9	0.025
10	1 20.274	1 30.104	1 39.933	1 49.763	1 59.592	2 09.422	2 19.252	2 29.081	10	0.027
11	1 20.438	1 30.268	1 40.097	1 49.927	1 59.756	2 09.586	2 19.415	2 29.245	11	0.030
12	1 20.602	1 30.432	1 40.261	1 50.091	1 59.920	2 09.750	2 19.579	2 29.409	12	0.033
13	1 20.766	1 30.595	1 40.425	1 50.254	2 00.084	2 09.913	2 19.743	2 29.573	13	0.035
14	1 20.930	1 30.759	1 40.589	1 50.418	2 00.248	2 10.077	2 19.907	2 29.736	14	0.038
15	1 21.094	1 30.923	1 40.753	1 50.582	2 00.412	2 10.241	2 20.071	2 29.900	15	0.041
16	1 21.257	1 31.087	1 40.916	1 50.746	2 00.575	2 10.405	2 20.234	2 30.064	16	0.044
17	1 21.421	1 31.251	1 41.080	1 50.910	2 00.739	2 10.569	2 20.398	2 30.228	17	0.046
18	1 21.585	1 31.415	1 41.244	1 51.074	2 00.903	2 10.733	2 20.562	2 30.392	18	0.049
19	1 21.749	1 31.578	1 41.408	1 51.237	2 01.067	2 10.896	2 20.726	2 30.555	19	0.052
20	1 21.913	1 31.742	1 41.572	1 51.401	2 01.231	2 11.060	2 20.890	2 30.719	20	0.055
21	1 22.076	1 31.906	1 41.736	1 51.565	2 01.395	2 11.224	2 21.054	2 30.883	21	0.057
22	1 22.240	1 32.070	1 41.899	1 51.729	2 01.558	2 11.388	2 21.217	2 31.047	22	0.060
23	1 22.404	1 32.234	1 42.063	1 51.893	2 01.722	2 11.552	2 21.381	2 31.211	23	0.063
24	1 22.568	1 32.397	1 42.227	1 52.057	2 01.886	2 11.716	2 21.545	2 31.375	24	0.066
25	1 22.732	1 32.561	1 42.391	1 52.220	2 02.050	2 11.879	2 21.709	2 31.538	25	0.068
26	1 22.896	1 32.725	1 42.555	1 52.384	2 02.214	2 12.043	2 21.873	2 31.702	26	0.071
27	1 23.059	1 32.889	1 42.718	1 52.548	2 02.378	2 12.207	2 22.037	2 31.866	27	0.074
28	1 23.223	1 33.053	1 42.882	1 52.712	2 02.541	2 12.371	2 22.200	2 32.030	28	0.076
29	1 23.387	1 33.217	1 43.046	1 52.876	2 02.705	2 12.535	2 22.364	2 32.194	29	0.079
30	1 23.551	1 33.380	1 43.210	1 53.039	2 02.869	2 12.699	2 22.528	2 32.358	30	0.082
31	1 23.715	1 33.544	1 43.374	1 53.203	2 03.033	2 12.862	2 22.692	2 32.521	31	0.085
32	1 23.879	1 33.708	1 43.538	1 53.367	2 03.197	2 13.026	2 22.856	2 32.685	32	0.087
33	1 24.042	1 33.872	1 43.701	1 53.531	2 03.360	2 13.190	2 23.019	2 32.849	33	0.090
34	1 24.206	1 34.036	1 43.865	1 53.695	2 03.524	2 13.354	2 23.183	2 33.013	34	0.093
35	1 24.370	1 34.200	1 44.029	1 53.859	2 03.688	2 13.518	2 23.347	2 33.177	35	0.096
36	1 24.538	1 34.363	1 44.193	1 54.022	2 03.852	2 13.681	2 23.511	2 33.340	36	0.098
37	1 24.698	1 34.527	1 44.357	1 54.186	2 04.016	2 13.845	2 23.675	2 33.504	37	0.101
38	1 24.862	1 34.691	1 44.521	1 54.350	2 04.180	2 14.009	2 23.839	2 33.668	38	0.104
39	1 25.025	1 34.855	1 44.684	1 54.514	2 04.343	2 14.173	2 24.002	2 33.832	39	0.106
40	1 25.189	1 35.019	1 44.848	1 54.678	2 04.507	2 14.337	2 24.166	2 33.996	40	0.109
41	1 25.353	1 35.183	1 45.012	1 54.842	2 04.671	2 14.501	2 24.330	2 34.160	41	0.112
42	1 25.517	1 35.346	1 45.176	1 55.005	2 04.835	2 14.664	2 24.494	2 34.323	42	0.115
43	1 25.681	1 35.510	1 45.340	1 55.169	2 04.999	2 14.828	2 24.658	2 34.487	43	0.117
44	1 25.844	1 35.674	1 45.504	1 55.333	2 05.163	2 14.992	2 24.822	2 34.651	44	0.120
45	1 26.008	1 35.838	1 45.667	1 55.497	2 05.326	2 15.156	2 24.985	2 34.815	45	0.123
46	1 26.172	1 36.002	1 45.831	1 55.661	2 05.490	2 15.320	2 25.149	2 34.979	46	0.126
47	1 26.336	1 36.165	1 45.995	1 55.824	2 05.654	2 15.484	2 25.313	2 35.143	47	0.128
48	1 26.500	1 36.329	1 46.159	1 55.988	2 05.818	2 15.647	2 25.477	2 35.306	48	0.131
49	1 26.664	1 36.493	1 46.323	1 56.152	2 05.982	2 15.811	2 25.641	2 35.470	49	0.134
50	1 26.827	1 36.657	1 46.486	1 56.316	2 06.145	2 15.975	2 25.805	2 35.634	50	0.137
51	1 26.991	1 36.821	1 46.650	1 56.480	2 06.309	2 16.139	2 25.968	2 35.798	51	0.139
52	1 27.155	1 36.985	1 46.814	1 56.644	2 06.473	2 16.303	2 26.132	2 35.962	52	0.142
53	1 27.319	1 37.148	1 46.978	1 56.807	2 06.637	2 16.466	2 26.296	2 36.126	53	0.145
54	1 27.483	1 37.312	1 47.142	1 56.971	2 06.801	2 16.630	2 26.460	2 36.289	54	0.147
55	1 27.647	1 37.476	1 47.306	1 57.135	2 06.965	2 16.794	2 26.624	2 36.453	55	0.150
56	1 27.810	1 37.640	1 47.469	1 57.299	2 07.128	2 16.958	2 26.787	2 36.617	56	0.153
57	1 27.974	1 37.804	1 47.633	1 57.463	2 07.292	2 17.122	2 26.951	2 36.781	57	0.156
58	1 28.138	1 37.968	1 47.797	1 57.627	2 07.456	2 17.286	2 27.115	2 36.945	58	0.158
59	1 28.302	1 38.131	1 47.961	1 57.790	2 07.620	2 17.449	2 27.279	2 37.108	59	0.161

表 2 化恒星时为平太阳时

平时 ＝ 恒星时 － 改正值

恒星时	16ʰ	17ʰ	18ʰ	19ʰ	20ʰ	21ʰ	22ʰ	23ʰ	秒	
m	m s	m s	m s	m s	m s	m s	m s	m s	s	s
0	2 37.272	2 47.102	2 56.931	3 06.761	3 16.590	3 26.420	3 36.249	3 46.079	0	0.000
1	2 37.436	2 47.266	2 57.095	3 06.925	3 16.754	3 26.584	3 36.413	3 46.243	1	0.003
2	2 37.600	2 47.429	2 57.259	3 07.089	3 16.918	3 26.748	3 36.577	3 46.407	2	0.005
3	2 37.764	2 47.593	2 57.423	3 07.252	3 17.082	3 26.911	3 36.741	3 46.570	3	0.008
4	2 37.928	2 47.757	2 57.587	3 07.416	3 17.246	3 27.075	3 36.905	3 46.734	4	0.011
5	2 38.091	2 47.921	2 57.750	3 07.580	3 17.410	3 27.239	3 37.069	3 46.898	5	0.014
6	2 38.255	2 48.085	2 57.914	3 07.744	3 17.573	3 27.403	3 37.232	3 47.062	6	0.016
7	2 38.419	2 48.249	2 58.078	3 07.908	3 17.737	3 27.567	3 37.396	3 47.226	7	0.019
8	2 38.583	2 48.412	2 58.242	3 08.071	3 17.901	3 27.730	3 37.560	3 47.390	8	0.022
9	2 38.747	2 48.576	2 58.406	3 08.235	3 18.065	3 27.894	3 37.724	3 47.553	9	0.025
10	2 38.911	2 48.740	2 58.570	3 08.399	3 18.229	3 28.058	3 37.888	3 47.717	10	0.027
11	2 39.074	2 48.904	2 58.733	3 08.563	3 18.392	3 28.222	3 38.051	3 47.881	11	0.030
12	2 39.238	2 49.068	2 58.897	3 08.727	3 18.556	3 28.386	3 38.215	3 48.045	12	0.033
13	2 39.402	2 49.232	2 59.061	3 08.891	3 18.720	3 28.550	3 38.379	3 48.209	13	0.035
14	2 39.566	2 49.395	2 59.225	3 09.054	3 18.884	3 28.713	3 38.543	3 48.372	14	0.038
15	2 39.730	2 49.559	2 59.389	3 09.218	3 19.048	3 28.877	3 38.707	3 48.536	15	0.041
16	2 39.894	2 49.723	2 59.553	3 09.382	3 19.212	3 29.041	3 38.871	3 48.700	16	0.044
17	2 40.057	2 49.887	2 59.716	3 09.546	3 19.375	3 29.205	3 39.034	3 48.864	17	0.046
18	2 40.221	2 50.051	2 59.880	3 09.710	3 19.539	3 29.369	3 39.198	3 49.028	18	0.049
19	2 40.385	2 50.214	3 00.044	3 09.874	3 19.703	3 29.533	3 39.362	3 49.192	19	0.052
20	2 40.549	2 50.378	3 00.208	3 10.037	3 19.867	3 29.696	3 39.526	3 49.355	20	0.055
21	2 40.713	2 50.542	3 00.372	3 10.201	3 20.031	3 29.860	3 39.690	3 49.519	21	0.057
22	2 40.876	2 50.706	3 00.535	3 10.365	3 20.195	3 30.024	3 39.854	3 49.683	22	0.060
23	2 41.040	2 50.870	3 00.699	3 10.529	3 20.358	3 30.188	3 40.017	3 49.847	23	0.063
24	2 41.204	2 51.034	3 00.863	3 10.693	3 20.522	3 30.352	3 40.181	3 50.011	24	0.066
25	2 41.368	2 51.197	3 01.027	3 10.856	3 20.686	3 30.516	3 40.345	3 50.175	25	0.068
26	2 41.532	2 51.361	3 01.191	3 11.020	3 20.850	3 30.679	3 40.509	3 50.338	26	0.071
27	2 41.696	2 51.525	3 01.355	3 11.184	3 21.014	3 30.843	3 40.673	3 50.502	27	0.074
28	2 41.859	2 51.689	3 01.518	3 11.348	3 21.177	3 31.007	3 40.837	3 50.666	28	0.076
29	2 42.023	2 51.853	3 01.682	3 11.512	3 21.341	3 31.171	3 41.000	3 50.830	29	0.079
30	2 42.187	2 52.017	3 01.846	3 11.676	3 21.505	3 31.335	3 41.164	3 50.994	30	0.082
31	2 42.351	2 52.180	3 02.010	3 11.839	3 21.669	3 31.498	3 41.328	3 51.158	31	0.085
32	2 42.515	2 52.344	3 02.174	3 12.003	3 21.833	3 31.662	3 41.492	3 51.321	32	0.087
33	2 42.679	2 52.508	3 02.338	3 12.167	3 21.997	3 31.826	3 41.656	3 51.485	33	0.090
34	2 42.842	2 52.672	3 02.501	3 12.331	3 22.160	3 31.990	3 41.819	3 51.649	34	0.093
35	2 43.006	2 52.836	3 02.665	3 12.495	3 22.324	3 32.154	3 41.983	3 51.813	35	0.096
36	2 43.170	2 53.000	3 02.829	3 12.659	3 22.488	3 32.318	3 42.147	3 51.977	36	0.098
37	2 43.334	2 53.163	3 02.993	3 12.822	3 22.652	3 32.481	3 42.311	3 52.140	37	0.101
38	2 43.498	2 53.327	3 03.157	3 12.986	3 22.816	3 32.645	3 42.475	3 52.304	38	0.104
39	2 43.661	2 53.491	3 03.321	3 13.150	3 22.980	3 32.809	3 42.639	3 52.468	39	0.106
40	2 43.825	2 53.655	3 03.484	3 13.314	3 23.143	3 32.973	3 42.802	3 52.632	40	0.109
41	2 43.989	2 53.819	3 03.648	3 13.478	3 23.307	3 33.137	3 42.966	3 52.796	41	0.112
42	2 44.153	2 53.982	3 03.812	3 13.642	3 23.471	3 33.301	3 43.130	3 52.960	42	0.115
43	2 44.317	2 54.146	3 03.976	3 13.805	3 23.635	3 33.464	3 43.294	3 53.123	43	0.117
44	2 44.481	2 54.310	3 04.140	3 13.969	3 23.799	3 33.628	3 43.458	3 53.287	44	0.120
45	2 44.644	2 54.474	3 04.303	3 14.133	3 23.963	3 33.792	3 43.622	3 53.451	45	0.123
46	2 44.808	2 54.638	3 04.467	3 14.297	3 24.126	3 33.956	3 43.785	3 53.615	46	0.126
47	2 44.972	2 54.802	3 04.631	3 14.461	3 24.290	3 34.120	3 43.949	3 53.779	47	0.128
48	2 45.136	2 54.965	3 04.795	3 14.624	3 24.454	3 34.284	3 44.113	3 53.943	48	0.131
49	2 45.300	2 55.129	3 04.959	3 14.788	3 24.618	3 34.447	3 44.277	3 54.106	49	0.134
50	2 45.464	2 55.293	3 05.123	3 14.952	3 24.782	3 34.611	3 44.441	3 54.270	50	0.137
51	2 45.627	2 55.457	3 05.286	3 15.116	3 24.945	3 34.775	3 44.605	3 54.434	51	0.139
52	2 45.791	2 55.621	3 05.450	3 15.280	3 25.109	3 34.939	3 44.768	3 54.598	52	0.142
53	2 45.955	2 55.785	3 05.614	3 15.444	3 25.273	3 35.103	3 44.932	3 54.762	53	0.145
54	2 46.119	2 55.948	3 05.778	3 15.607	3 25.437	3 35.266	3 45.096	3 54.925	54	0.147
55	2 46.283	2 56.112	3 05.942	3 15.771	3 25.601	3 35.430	3 45.260	3 55.089	55	0.150
56	2 46.447	2 56.276	3 06.106	3 15.935	3 25.765	3 35.594	3 45.424	3 55.253	56	0.153
57	2 46.610	2 56.440	3 06.269	3 16.099	3 25.928	3 35.758	3 45.587	3 55.417	57	0.156
58	2 46.774	2 56.604	3 06.433	3 16.263	3 26.092	3 35.922	3 45.751	3 55.581	58	0.158
59	2 46.938	2 56.768	3 06.597	3 16.427	3 26.256	3 36.086	3 45.915	3 55.745	59	0.161

表 3　化平太阳时为恒星时

恒星时 = 平时 + 改正值

平太阳时	0^h	1^h	2^h	3^h	4^h	5^h	6^h	7^h	秒	
m	m s	m s	m s	m s	m s	m s	m s	m s	s	s
0	0 00.000	0 09.856	0 19.713	0 29.569	0 39.426	0 49.282	0 59.139	1 08.995	0	0.000
1	0 00.164	0 10.021	0 19.877	0 29.734	0 39.590	0 49.446	0 59.303	1 09.159	1	0.003
2	0 00.329	0 10.185	0 20.041	0 29.898	0 39.754	0 49.611	0 59.467	1 09.324	2	0.005
3	0 00.493	0 10.349	0 20.206	0 30.062	0 39.919	0 49.775	0 59.631	1 09.488	3	0.008
4	0 00.657	0 10.514	0 20.370	0 30.226	0 40.083	0 49.939	0 59.796	1 09.652	4	0.011
5	0 00.821	0 10.678	0 20.534	0 30.391	0 40.247	0 50.104	0 59.960	1 09.816	5	0.014
6	0 00.986	0 10.842	0 20.699	0 30.555	0 40.411	0 50.268	1 00.124	1 09.981	6	0.016
7	0 01.150	0 11.006	0 20.863	0 30.719	0 40.576	0 50.432	1 00.289	1 10.145	7	0.019
8	0 01.314	0 11.171	0 21.027	0 30.883	0 40.740	0 50.596	1 00.453	1 10.309	8	0.022
9	0 01.478	0 11.335	0 21.191	0 31.048	0 40.904	0 50.761	1 00.617	1 10.473	9	0.025
10	0 01.643	0 11.499	0 21.356	0 31.212	0 41.068	0 50.925	1 00.781	1 10.638	10	0.027
11	0 01.807	0 11.663	0 21.520	0 31.376	0 41.233	0 51.089	1 00.946	1 10.802	11	0.030
12	0 01.971	0 11.828	0 21.684	0 31.541	0 41.397	0 51.253	1 01.110	1 10.966	12	0.033
13	0 02.136	0 11.992	0 21.848	0 31.705	0 41.561	0 51.418	1 01.274	1 11.131	13	0.036
14	0 02.300	0 12.156	0 22.013	0 31.869	0 41.726	0 51.582	1 01.438	1 11.295	14	0.038
15	0 02.464	0 12.321	0 22.177	0 32.033	0 41.890	0 51.746	1 01.603	1 11.459	15	0.041
16	0 02.628	0 12.485	0 22.341	0 32.198	0 42.054	0 51.911	1 01.767	1 11.623	16	0.044
17	0 02.793	0 12.649	0 22.506	0 32.362	0 42.218	0 52.075	1 01.931	1 11.788	17	0.047
18	0 02.957	0 12.813	0 22.670	0 32.526	0 42.383	0 52.239	1 02.096	1 11.952	18	0.049
19	0 03.121	0 12.978	0 22.834	0 32.690	0 42.547	0 52.403	1 02.260	1 12.116	19	0.052
20	0 03.285	0 13.142	0 22.998	0 32.855	0 42.711	0 52.568	1 02.424	1 12.280	20	0.055
21	0 03.450	0 13.306	0 23.163	0 33.019	0 42.875	0 52.732	1 02.588	1 12.445	21	0.057
22	0 03.614	0 13.470	0 23.327	0 33.183	0 43.040	0 52.896	1 02.753	1 12.609	22	0.060
23	0 03.778	0 13.635	0 23.491	0 33.348	0 43.204	0 53.060	1 02.917	1 12.773	23	0.063
24	0 03.943	0 13.799	0 23.655	0 33.512	0 43.368	0 53.225	1 03.081	1 12.938	24	0.066
25	0 04.107	0 13.963	0 23.820	0 33.676	0 43.533	0 53.389	1 03.245	1 13.102	25	0.068
26	0 04.271	0 14.128	0 23.984	0 33.840	0 43.697	0 53.553	1 03.410	1 13.266	26	0.071
27	0 04.435	0 14.292	0 24.148	0 34.005	0 43.861	0 53.718	1 03.574	1 13.430	27	0.074
28	0 04.600	0 14.456	0 24.313	0 34.169	0 44.025	0 53.882	1 03.738	1 13.595	28	0.077
29	0 04.764	0 14.620	0 24.477	0 34.333	0 44.190	0 54.046	1 03.903	1 13.759	29	0.079
30	0 04.928	0 14.785	0 24.641	0 34.498	0 44.354	0 54.210	1 04.067	1 13.923	30	0.082
31	0 05.092	0 14.949	0 24.805	0 34.662	0 44.518	0 54.375	1 04.231	1 14.088	31	0.085
32	0 05.257	0 15.113	0 24.970	0 34.826	0 44.682	0 54.539	1 04.395	1 14.252	32	0.088
33	0 05.421	0 15.277	0 25.134	0 34.990	0 44.847	0 54.703	1 04.560	1 14.416	33	0.090
34	0 05.585	0 15.442	0 25.298	0 35.155	0 45.011	0 54.867	1 04.724	1 14.580	34	0.093
35	0 05.750	0 15.606	0 25.462	0 35.319	0 45.175	0 55.032	1 04.888	1 14.745	35	0.096
36	0 05.914	0 15.770	0 25.627	0 35.483	0 45.340	0 55.196	1 05.052	1 14.909	36	0.099
37	0 06.078	0 15.935	0 25.791	0 35.647	0 45.504	0 55.360	1 05.217	1 15.073	37	0.101
38	0 06.242	0 16.099	0 25.955	0 35.812	0 45.668	0 55.525	1 05.381	1 15.237	38	0.104
39	0 06.407	0 16.263	0 26.120	0 35.976	0 45.832	0 55.689	1 05.545	1 15.402	39	0.107
40	0 06.571	0 16.427	0 26.284	0 36.140	0 45.997	0 55.853	1 05.710	1 15.566	40	0.110
41	0 06.735	0 16.592	0 26.448	0 36.305	0 46.161	0 56.017	1 05.874	1 15.730	41	0.112
42	0 06.900	0 16.756	0 26.612	0 36.469	0 46.325	0 56.182	1 06.038	1 15.895	42	0.115
43	0 07.064	0 16.920	0 26.777	0 36.633	0 46.489	0 56.346	1 06.202	1 16.059	43	0.118
44	0 07.228	0 17.084	0 26.941	0 36.797	0 46.654	0 56.510	1 06.367	1 16.223	44	0.120
45	0 07.392	0 17.249	0 27.105	0 36.962	0 46.818	0 56.674	1 06.531	1 16.387	45	0.123
46	0 07.557	0 17.413	0 27.269	0 37.126	0 46.982	0 56.839	1 06.695	1 16.552	46	0.126
47	0 07.721	0 17.577	0 27.434	0 37.290	0 47.147	0 57.003	1 06.859	1 16.716	47	0.129
48	0 07.885	0 17.742	0 27.598	0 37.454	0 47.311	0 57.167	1 07.024	1 16.880	48	0.131
49	0 08.049	0 17.906	0 27.762	0 37.619	0 47.475	0 57.332	1 07.188	1 17.044	49	0.134
50	0 08.214	0 18.070	0 27.927	0 37.783	0 47.639	0 57.496	1 07.352	1 17.209	50	0.137
51	0 08.378	0 18.234	0 28.091	0 37.947	0 47.804	0 57.660	1 07.517	1 17.373	51	0.140
52	0 08.542	0 18.399	0 28.255	0 38.112	0 47.968	0 57.824	1 07.681	1 17.537	52	0.142
53	0 08.707	0 18.563	0 28.419	0 38.276	0 48.132	0 57.989	1 07.845	1 17.702	53	0.145
54	0 08.871	0 18.727	0 28.584	0 38.440	0 48.297	0 58.153	1 08.009	1 17.866	54	0.148
55	0 09.035	0 18.891	0 28.748	0 38.604	0 48.461	0 58.317	1 08.174	1 18.030	55	0.151
56	0 09.199	0 19.056	0 28.912	0 38.769	0 48.625	0 58.481	1 08.338	1 18.194	56	0.153
57	0 09.364	0 19.220	0 29.076	0 38.933	0 48.789	0 58.646	1 08.502	1 18.359	57	0.156
58	0 09.528	0 19.384	0 29.241	0 39.097	0 48.954	0 58.810	1 08.666	1 18.523	58	0.159
59	0 09.692	0 19.549	0 29.405	0 39.261	0 49.118	0 58.974	1 08.831	1 18.687	59	0.162

表 3 化平太阳时为恒星时

恒星时 = 平时 + 改正值

平太阳时	8^h	9^h	10^h	11^h	12^h	13^h	14^h	15^h	秒	
m	m s	m s	m s	m s	m s	m s	m s	m s	s	s
0	1 18.851	1 28.708	1 38.564	1 48.421	1 58.277	2 08.134	2 17.990	2 27.846	0	0.000
1	1 19.016	1 28.872	1 38.729	1 48.585	1 58.441	2 08.298	2 18.154	2 28.011	1	0.003
2	1 19.180	1 29.036	1 38.893	1 48.749	1 58.606	2 08.462	2 18.319	2 28.175	2	0.005
3	1 19.344	1 29.201	1 39.057	1 48.914	1 58.770	2 08.626	2 18.483	2 28.339	3	0.008
4	1 19.509	1 29.365	1 39.221	1 49.078	1 58.934	2 08.791	2 18.647	2 28.504	4	0.011
5	1 19.673	1 29.529	1 39.386	1 49.242	1 59.099	2 08.955	2 18.811	2 28.668	5	0.014
6	1 19.837	1 29.694	1 39.550	1 49.406	1 59.263	2 09.119	2 18.976	2 28.832	6	0.016
7	1 20.001	1 29.858	1 39.714	1 49.571	1 59.427	2 09.284	2 19.140	2 28.996	7	0.019
8	1 20.166	1 30.022	1 39.878	1 49.735	1 59.591	2 09.448	2 19.304	2 29.161	8	0.022
9	1 20.330	1 30.186	1 40.043	1 49.899	1 59.756	2 09.612	2 19.468	2 29.325	9	0.025
10	1 20.494	1 30.351	1 40.207	1 50.063	1 59.920	2 09.776	2 19.633	2 29.489	10	0.027
11	1 20.658	1 30.515	1 40.371	1 50.228	2 00.084	2 09.941	2 19.797	2 29.653	11	0.030
12	1 20.823	1 30.679	1 40.536	1 50.392	2 00.248	2 10.105	2 19.961	2 29.818	12	0.033
13	1 20.987	1 30.843	1 40.700	1 50.556	2 00.413	2 10.269	2 20.126	2 29.982	13	0.036
14	1 21.151	1 31.008	1 40.864	1 50.721	2 00.577	2 10.433	2 20.290	2 30.146	14	0.038
15	1 21.316	1 31.172	1 41.028	1 50.885	2 00.741	2 10.598	2 20.454	2 30.311	15	0.041
16	1 21.480	1 31.336	1 41.193	1 51.049	2 00.906	2 10.762	2 20.618	2 30.475	16	0.044
17	1 21.644	1 31.501	1 41.357	1 51.213	2 01.070	2 10.926	2 20.783	2 30.639	17	0.047
18	1 21.808	1 31.665	1 41.521	1 51.378	2 01.234	2 11.091	2 20.947	2 30.803	18	0.049
19	1 21.973	1 31.829	1 41.686	1 51.542	2 01.398	2 11.255	2 21.111	2 30.968	19	0.052
20	1 22.137	1 31.993	1 41.850	1 51.706	2 01.563	2 11.419	2 21.276	2 31.132	20	0.055
21	1 22.301	1 32.158	1 42.014	1 51.870	2 01.727	2 11.583	2 21.440	2 31.296	21	0.057
22	1 22.465	1 32.322	1 42.178	1 52.035	2 01.891	2 11.748	2 21.604	2 31.460	22	0.060
23	1 22.630	1 32.486	1 42.343	1 52.199	2 02.055	2 11.912	2 21.768	2 31.625	23	0.063
24	1 22.794	1 32.650	1 42.507	1 52.363	2 02.220	2 12.076	2 21.933	2 31.789	24	0.066
25	1 22.958	1 32.815	1 42.671	1 52.528	2 02.384	2 12.240	2 22.097	2 31.953	25	0.068
26	1 23.123	1 32.979	1 42.835	1 52.692	2 02.548	2 12.405	2 22.261	2 32.118	26	0.071
27	1 23.287	1 33.143	1 43.000	1 52.856	2 02.713	2 12.569	2 22.425	2 32.282	27	0.074
28	1 23.451	1 33.308	1 43.164	1 53.020	2 02.877	2 12.733	2 22.590	2 32.446	28	0.077
29	1 23.615	1 33.472	1 43.328	1 53.185	2 03.041	2 12.898	2 22.754	2 32.610	29	0.079
30	1 23.780	1 33.636	1 43.493	1 53.349	2 03.205	2 13.062	2 22.918	2 32.775	30	0.082
31	1 23.944	1 33.800	1 43.657	1 53.513	2 03.370	2 13.226	2 23.083	2 32.939	31	0.085
32	1 24.108	1 33.965	1 43.821	1 53.678	2 03.534	2 13.390	2 23.247	2 33.103	32	0.088
33	1 24.272	1 34.129	1 43.985	1 53.842	2 03.698	2 13.555	2 23.411	2 33.267	33	0.090
34	1 24.437	1 34.293	1 44.150	1 54.006	2 03.862	2 13.719	2 23.575	2 33.432	34	0.093
35	1 24.601	1 34.457	1 44.314	1 54.170	2 04.027	2 13.883	2 23.740	2 33.596	35	0.096
36	1 24.765	1 34.622	1 44.478	1 54.335	2 04.191	2 14.047	2 23.904	2 33.760	36	0.099
37	1 24.930	1 34.786	1 44.642	1 54.499	2 04.355	2 14.212	2 24.068	2 33.925	37	0.101
38	1 25.094	1 34.950	1 44.807	1 54.663	2 04.520	2 14.376	2 24.232	2 34.089	38	0.104
39	1 25.258	1 35.115	1 44.971	1 54.827	2 04.684	2 14.540	2 24.397	2 34.253	39	0.107
40	1 25.422	1 35.279	1 45.135	1 54.992	2 04.848	2 14.705	2 24.561	2 34.417	40	0.110
41	1 25.587	1 35.443	1 45.300	1 55.156	2 05.012	2 14.869	2 24.725	2 34.582	41	0.112
42	1 25.751	1 35.607	1 45.464	1 55.320	2 05.177	2 15.033	2 24.890	2 34.746	42	0.115
43	1 25.915	1 35.772	1 45.628	1 55.485	2 05.341	2 15.197	2 25.054	2 34.910	43	0.118
44	1 26.079	1 35.936	1 45.792	1 55.649	2 05.505	2 15.362	2 25.218	2 35.075	44	0.120
45	1 26.244	1 36.100	1 45.957	1 55.813	2 05.669	2 15.526	2 25.382	2 35.239	45	0.123
46	1 26.408	1 36.264	1 46.121	1 55.977	2 05.834	2 15.690	2 25.547	2 35.403	46	0.126
47	1 26.572	1 36.429	1 46.285	1 56.142	2 05.998	2 15.854	2 25.711	2 35.567	47	0.129
48	1 26.737	1 36.593	1 46.449	1 56.306	2 06.162	2 16.019	2 25.875	2 35.732	48	0.131
49	1 26.901	1 36.757	1 46.614	1 56.470	2 06.327	2 16.183	2 26.039	2 35.896	49	0.134
50	1 27.065	1 36.922	1 46.778	1 56.634	2 06.491	2 16.347	2 26.204	2 36.060	50	0.137
51	1 27.229	1 37.086	1 46.942	1 56.799	2 06.655	2 16.512	2 26.368	2 36.224	51	0.140
52	1 27.394	1 37.250	1 47.107	1 56.963	2 06.819	2 16.676	2 26.532	2 36.389	52	0.142
53	1 27.558	1 37.414	1 47.271	1 57.127	2 06.984	2 16.840	2 26.697	2 36.553	53	0.145
54	1 27.722	1 37.579	1 47.435	1 57.292	2 07.148	2 17.004	2 26.861	2 36.717	54	0.148
55	1 27.887	1 37.743	1 47.599	1 57.456	2 07.312	2 17.169	2 27.025	2 36.882	55	0.151
56	1 28.051	1 37.907	1 47.764	1 57.620	2 07.477	2 17.333	2 27.189	2 37.046	56	0.153
57	1 28.215	1 38.071	1 47.928	1 57.784	2 07.641	2 17.497	2 27.354	2 37.210	57	0.156
58	1 28.379	1 38.236	1 48.092	1 57.949	2 07.805	2 17.661	2 27.518	2 37.374	58	0.159
59	1 28.544	1 38.400	1 48.256	1 58.113	2 07.969	2 17.826	2 27.682	2 37.539	59	0.162

表 3　化平太阳时为恒星时

恒星时 = 平时 + 改正值

平太阳时	16^h	17^h	18^h	19^h	20^h	21^h	22^h	23^h	秒	
m	m s	m s	m s	m s	m s	m s	m s	m s	s	s
0	2 37.703	2 47.559	2 57.416	3 07.272	3 17.129	3 26.985	3 36.841	3 46.698	0	0.000
1	2 37.867	2 47.724	2 57.580	3 07.436	3 17.293	3 27.149	3 37.006	3 46.862	1	0.003
2	2 38.031	2 47.888	2 57.744	3 07.601	3 17.457	3 27.314	3 37.170	3 47.026	2	0.005
3	2 38.196	2 48.052	2 57.909	3 07.765	3 17.621	3 27.478	3 37.334	3 47.191	3	0.008
4	2 38.360	2 48.216	2 58.073	3 07.929	3 17.786	3 27.642	3 37.499	3 47.355	4	0.011
5	2 38.524	2 48.381	2 58.237	3 08.094	3 17.950	3 27.806	3 37.663	3 47.519	5	0.014
6	2 38.689	2 48.545	2 58.401	3 08.258	3 18.114	3 27.971	3 37.827	3 47.684	6	0.016
7	2 38.853	2 48.709	2 58.566	3 08.422	3 18.279	3 28.135	3 37.991	3 47.848	7	0.019
8	2 39.017	2 48.874	2 58.730	3 08.586	3 18.443	3 28.299	3 38.156	3 48.012	8	0.022
9	2 39.181	2 49.038	2 58.894	3 08.751	3 18.607	3 28.464	3 38.320	3 48.176	9	0.025
10	2 39.346	2 49.202	2 59.058	3 08.915	3 18.771	3 28.628	3 38.484	3 48.341	10	0.027
11	2 39.510	2 49.366	2 59.223	3 09.079	3 18.936	3 28.792	3 38.648	3 48.505	11	0.030
12	2 39.674	2 49.531	2 59.387	3 09.243	3 19.100	3 28.956	3 38.813	3 48.669	12	0.033
13	2 39.838	2 49.695	2 59.551	3 09.408	3 19.264	3 29.121	3 38.977	3 48.833	13	0.036
14	2 40.003	2 49.859	2 59.716	3 09.572	3 19.428	3 29.285	3 39.141	3 48.998	14	0.038
15	2 40.167	2 50.023	2 59.880	3 09.736	3 19.593	3 29.449	3 39.306	3 49.162	15	0.041
16	2 40.331	2 50.188	3 00.044	3 09.901	3 19.757	3 29.613	3 39.470	3 49.326	16	0.044
17	2 40.496	2 50.352	3 00.208	3 10.065	3 19.921	3 29.778	3 39.634	3 49.491	17	0.047
18	2 40.660	2 50.516	3 00.373	3 10.229	3 20.086	3 29.942	3 39.798	3 49.655	18	0.049
19	2 40.824	2 50.681	3 00.537	3 10.393	3 20.250	3 30.106	3 39.963	3 49.819	19	0.052
20	2 40.988	2 50.845	3 00.701	3 10.558	3 20.414	3 30.271	3 40.127	3 49.983	20	0.055
21	2 41.153	2 51.009	3 00.866	3 10.722	3 20.578	3 30.435	3 40.291	3 50.148	21	0.057
22	2 41.317	2 51.173	3 01.030	3 10.886	3 20.743	3 30.599	3 40.456	3 50.312	22	0.060
23	2 41.481	2 51.338	3 01.194	3 11.050	3 20.907	3 30.763	3 40.620	3 50.476	23	0.063
24	2 41.645	2 51.502	3 01.358	3 11.215	3 21.071	3 30.928	3 40.784	3 50.640	24	0.066
25	2 41.810	2 51.666	3 01.523	3 11.379	3 21.235	3 31.092	3 40.948	3 50.805	25	0.068
26	2 41.974	2 51.830	3 01.687	3 11.543	3 21.400	3 31.256	3 41.113	3 50.969	26	0.071
27	2 42.138	2 51.995	3 01.851	3 11.708	3 21.564	3 31.420	3 41.277	3 51.133	27	0.074
28	2 42.303	2 52.159	3 02.015	3 11.872	3 21.728	3 31.585	3 41.441	3 51.298	28	0.077
29	2 42.467	2 52.323	3 02.180	3 12.036	3 21.893	3 31.749	3 41.605	3 51.462	29	0.079
30	2 42.631	2 52.488	3 02.344	3 12.200	3 22.057	3 31.913	3 41.770	3 51.626	30	0.082
31	2 42.795	2 52.652	3 02.508	3 12.365	3 22.221	3 32.078	3 41.934	3 51.790	31	0.085
32	2 42.960	2 52.816	3 02.673	3 12.529	3 22.385	3 32.242	3 42.098	3 51.955	32	0.088
33	2 43.124	2 52.980	3 02.837	3 12.693	3 22.550	3 32.406	3 42.263	3 52.119	33	0.090
34	2 43.288	2 53.145	3 03.001	3 12.857	3 22.714	3 32.570	3 42.427	3 52.283	34	0.093
35	2 43.452	2 53.309	3 03.165	3 13.022	3 22.878	3 32.735	3 42.591	3 52.447	35	0.096
36	2 43.617	2 53.473	3 03.330	3 13.186	3 23.042	3 32.899	3 42.755	3 52.612	36	0.099
37	2 43.781	2 53.637	3 03.494	3 13.350	3 23.207	3 33.063	3 42.920	3 52.776	37	0.101
38	2 43.945	2 53.802	3 03.658	3 13.515	3 23.371	3 33.227	3 43.084	3 52.940	38	0.104
39	2 44.110	2 53.966	3 03.822	3 13.679	3 23.535	3 33.392	3 43.248	3 53.105	39	0.107
40	2 44.274	2 54.130	3 03.987	3 13.843	3 23.700	3 33.556	3 43.412	3 53.269	40	0.110
41	2 44.438	2 54.295	3 04.151	3 14.007	3 23.864	3 33.720	3 43.577	3 53.433	41	0.112
42	2 44.602	2 54.459	3 04.315	3 14.172	3 24.028	3 33.885	3 43.741	3 53.597	42	0.115
43	2 44.767	2 54.623	3 04.480	3 14.336	3 24.192	3 34.049	3 43.905	3 53.762	43	0.118
44	2 44.931	2 54.787	3 04.644	3 14.500	3 24.357	3 34.213	3 44.070	3 53.926	44	0.120
45	2 45.095	2 54.952	3 04.808	3 14.665	3 24.521	3 34.377	3 44.234	3 54.090	45	0.123
46	2 45.259	2 55.116	3 04.972	3 14.829	3 24.685	3 34.542	3 44.398	3 54.255	46	0.126
47	2 45.424	2 55.280	3 05.137	3 14.993	3 24.849	3 34.706	3 44.562	3 54.419	47	0.129
48	2 45.588	2 55.444	3 05.301	3 15.157	3 25.014	3 34.870	3 44.727	3 54.583	48	0.131
49	2 45.752	2 55.609	3 05.465	3 15.322	3 25.178	3 35.034	3 44.891	3 54.747	49	0.134
50	2 45.917	2 55.773	3 05.629	3 15.486	3 25.342	3 35.199	3 45.055	3 54.912	50	0.137
51	2 46.081	2 55.937	3 05.794	3 15.650	3 25.507	3 35.363	3 45.219	3 55.076	51	0.140
52	2 46.245	2 56.102	3 05.958	3 15.814	3 25.671	3 35.527	3 45.384	3 55.240	52	0.142
53	2 46.409	2 56.266	3 06.122	3 15.979	3 25.835	3 35.692	3 45.548	3 55.404	53	0.145
54	2 46.574	2 56.430	3 06.287	3 16.143	3 25.999	3 35.856	3 45.712	3 55.569	54	0.148
55	2 46.738	2 56.594	3 06.451	3 16.307	3 26.164	3 36.020	3 45.877	3 55.733	55	0.151
56	2 46.902	2 56.759	3 06.615	3 16.472	3 26.328	3 36.184	3 46.041	3 55.897	56	0.153
57	2 47.067	2 56.923	3 06.779	3 16.636	3 26.492	3 36.349	3 46.205	3 56.062	57	0.156
58	2 47.231	2 57.087	3 06.944	3 16.800	3 26.656	3 36.513	3 46.369	3 56.226	58	0.159
59	2 47.395	2 57.251	3 07.108	3 16.964	3 26.821	3 36.677	3 46.534	3 56.390	59	0.162

表 4　贝塞尔内插系数

B_2 恒为负值

n	B_2		n	B_2		n	B_2		n	B_3	
0.000		1.000	0.050		0.950	0.100		0.900	0.000		1.000
	0.0001			0.0120			0.0226			+0.0001−	
.001		0.999	.051		.949	.101		.899	.003		0.997
	.0004			.0122			.0228			.0004	
.002		.998	.052		.948	.102		.898	.006		.994
	.0006			.0124			.0230			.0006	
.003		.997	.053		.947	.103		.897	.009		.991
	.0009			.0127			.0232			.0008	
.004		.996	.054		.946	.104		.896	.012		.988
	.0011			.0129			.0234			.0011	
.005		.995	.055		.945	.105		.895	.015		.985
	.0014			.0131			.0236			.0013	
.006		.994	.056		.944	.106		.894	.018		.982
	.0016			.0133			.0238			.0015	
.007		.993	.057		.943	.107		.893	.021		.979
	.0019			.0135			.0240			.0018	
.008		.992	.058		.942	.108		.892	.024		.976
	.0021			.0138			.0242			.0020	
.009		.991	.059		.941	.109		.891	.027		.973
	.0024			.0140			.0244			.0022	
.010		.990	.060		.940	.110		.890	.030		.970
	.0026			.0142			.0246			.0024	
.011		.989	.061		.939	.111		.889	.033		.967
	.0028			.0144			.0248			.0026	
.012		.988	.062		.938	.112		.888	.036		.964
	.0031			.0146			.0250			.0028	
.013		.987	.063		.937	.113		.887	.039		.961
	.0033			.0149			.0252			.0030	
.014		.986	.064		.936	.114		.886	.042		.958
	.0036			.0151			.0253			.0032	
.015		.985	.065		.935	.115		.885	.045		.955
	.0038			.0153			.0255			.0034	
.016		.984	.066		.934	.116		.884	.048		.952
	.0041			.0155			.0257			.0035	
.017		.983	.067		.933	.117		.883	.051		.949
	.0043			.0157			.0259			.0037	
.018		.982	.068		.932	.118		.882	.054		.946
	.0045			.0160			.0261			.0039	
.019		.981	.069		.931	.119		.881	.057		.943
	.0048			.0162			.0263			.0041	
.020		.980	.070		.930	.120		.880	.060		.940
	.0050			.0164			.0265			.0042	
.021		.979	.071		.929	.121		.879	.063		.937
	.0053			.0166			.0267			.0044	
.022		.978	.072		.928	.122		.878	.066		.934
	.0055			.0168			.0269			.0045	
.023		.977	.073		.927	.123		.877	.069		.931
	.0057			.0170			.0271			.0047	
.024		.976	.074		.926	.124		.876	.072		.928
	.0060			.0172			.0272			.0048	
.025		.975	.075		.925	.125		.875	.075		.925
	.0062			.0174			.0274			.0050	
.026		.974	.076		.924	.126		.874	.078		.922
	.0064			.0177			.0276			.0051	
.027		.973	.077		.923	.127		.873	.081		.919
	.0067			.0179			.0278			.0053	
.028		.972	.078		.922	.128		.872	.084		.916
	.0069			.0181			.0280			.0054	
.029		.971	.079		.921	.129		.871	.087		.913
	.0072			.0183			.0282			.0055	
.030		.970	.080		.920	.130		.870	.090		.910
	.0074			.0185			.0284			.0057	
.031		.969	.081		.919	.131		.869	.093		.907
	.0076			.0187			.0286			.0058	
.032		.968	.082		.918	.132		.868	.096		.904
	.0079			.0189			.0287			.0059	
.033		.967	.083		.917	.133		.867	.099		.901
	.0081			.0191			.0289			.0060	
.034		.966	.084		.916	.134		.866	.102		.898
	.0083			.0193			.0291			.0061	
.035		.965	.085		.915	.135		.865	.105		.895
	.0086			.0195			.0293			.0062	
.036		.964	.086		.914	.136		.864	.108		.892
	.0088			.0198			.0295			.0063	
.037		.963	.087		.913	.137		.863	.111		.889
	.0090			.0200			.0296			.0064	
.038		.962	.088		.912	.138		.862	.114		.886
	.0093			.0202			.0298			.0065	
.039		.961	.089		.911	.139		.861	.117		.883
	.0095			.0204			.0300			.0066	
.040		.960	.090		.910	.140		.860	.120		.880
	.0097			.0206			.0302			.0067	
.041		.959	.091		.909	.141		.859	.123		.877
	.0099			.0208			.0304			.0068	
.042		.958	.092		.908	.142		.858	.126		.874
	.0102			.0210			.0305			.0069	
.043		.957	.093		.907	.143		.857	.129		.871
	.0104			.0212			.0307			.0070	
.044		.956	.094		.906	.144		.856	.132		.868
	.0106			.0214			.0309			.0071	
.045		.955	.095		.905	.145		.855	.135		.865
	.0109			.0216			.0311			.0071	
.046		.954	.096		.904	.146		.854	.138		.862
	.0111			.0218			.0313			.0072	
.047		.953	.097		.903	.147		.853	.141		.859
	.0113			.0220			.0314			.0073	
.048		.952	.098		.902	.148		.852	.144		.856
	.0115			.0222			.0316			.0073	
.049		.951	.099		.901	.149		.851	.147		.853
	0.0118			0.0224			0.0318			+0.0074−	
0.050		0.950	0.100		0.900	0.150		0.850	0.150		0.850
	B_2	n		B_2	n		B_2	n		B_3	n

n左B_3正，n右B_3负

表 4　贝塞尔内插系数

B_2 恒为负值											
n	B_2		n	B_2		n	B_2		n	B_3	
0.150	0.0320	0.850	0.200	0.0401	0.800	0.300	0.0527	0.700	0.150	+0.0075−	0.850
.151	.0321	.849	.202	.0404	.798	.304	.0531	.696	.157	.0076	.843
.152	.0323	.848	.204	.0407	.796	.308	.0535	.692	.164	.0077	.836
.153	.0325	.847	.206	.0410	.794	.312	.0539	.688	.171	.0078	.829
.154	.0327	.846	.208	.0413	.792	.316	.0542	.684	.178	.0079	.822
.155	.0328	.845	.210	.0416	.790	.320	.0546	.680	.185	.0079	.815
.156	.0330	.844	.212	.0419	.788	.324	.0549	.676	.192	.0080	.808
.157	.0332	.843	.214	.0422	.786	.328	.0553	.672	.199	.0080	.801
.158	.0333	.842	.216	.0425	.784	.332	.0556	.668	.206	.0080	.794
.159	.0335	.841	.218	.0428	.782	.336	.0559	.664	.213	.0080	.787
.160	.0337	.840	.220	.0430	.780	.340	.0563	.660	.220	.0080	.780
.161	.0339	.839	.222	.0433	.778	.344	.0566	.656	.227	.0080	.773
.162	.0340	.838	.224	.0436	.776	.348	.0569	.652	.234	.0079	.766
.163	.0342	.837	.226	.0439	.774	.352	.0572	.648	.241	.0079	.759
.164	.0344	.836	.228	.0441	.772	.356	.0575	.644	.248	.0078	.752
.165	.0345	.835	.230	.0444	.770	.360	.0577	.640	.255	.0077	.745
.166	.0347	.834	.232	.0447	.768	.364	.0580	.636	.262	.0076	.738
.167	.0349	.833	.234	.0449	.766	.368	.0583	.632	.269	.0075	.731
.168	.0350	.832	.236	.0452	.764	.372	.0585	.628	.276	.0074	.724
.169	.0352	.831	.238	.0455	.762	.376	.0588	.624	.283	.0073	.717
.170	.0354	.830	.240	.0457	.760	.380	.0590	.620	.290	.0071	.710
.171	.0355	.829	.242	.0460	.758	.384	.0593	.616	.297	.0070	.703
.172	.0357	.828	.244	.0462	.756	.388	.0595	.612	.304	.0068	.696
.173	.0358	.827	.246	.0465	.754	.392	.0597	.608	.311	.0067	.689
.174	.0360	.826	.248	.0467	.752	.396	.0599	.604	.318	.0065	.682
.175	.0362	.825	.250	.0470	.750	.400	.0601	.600	.325	.0063	.675
.176	.0363	.824	.252	.0472	.748	.404	.0603	.596	.332	.0061	.668
.177	.0365	.823	.254	.0475	.746	.408	.0605	.592	.339	.0059	.661
.178	.0367	.822	.256	.0477	.744	.412	.0607	.588	.346	.0057	.654
.179	.0368	.821	.258	.0480	.742	.416	.0608	.584	.353	.0055	.647
.180	.0370	.820	.260	.0482	.740	.420	.0610	.580	.360	.0053	.640
.181	.0371	.819	.262	.0485	.738	.424	.0611	.576	.367	.0050	.633
.182	.0373	.818	.264	.0487	.736	.428	.0613	.572	.374	.0048	.626
.183	.0375	.817	.266	.0489	.734	.432	.0614	.568	.381	.0046	.619
.184	.0376	.816	.268	.0492	.732	.436	.0615	.564	.388	.0043	.612
.185	.0378	.815	.270	.0494	.730	.440	.0617	.560	.395	.0041	.605
.186	.0379	.814	.272	.0496	.728	.444	.0618	.556	.402	.0038	.598
.187	.0381	.813	.274	.0498	.726	.448	.0619	.552	.409	.0035	.591
.188	.0382	.812	.276	.0501	.724	.452	.0620	.548	.416	.0033	.584
.189	.0384	.811	.278	.0503	.722	.456	.0621	.544	.423	.0030	.577
.190	.0386	.810	.280	.0505	.720	.460	.0621	.540	.430	.0027	.570
.191	.0387	.809	.282	.0507	.718	.464	.0622	.536	.437	.0024	.563
.192	.0389	.808	.284	.0509	.716	.468	.0623	.532	.444	.0022	.556
.193	.0390	.807	.286	.0512	.714	.472	.0623	.528	.451	.0019	.549
.194	.0392	.806	.288	.0514	.712	.476	.0624	.524	.458	.0016	.542
.195	.0393	.805	.290	.0516	.710	.480	.0624	.520	.465	.0013	.535
.196	.0395	.804	.292	.0518	.708	.484	.0625	.516	.472	.0010	.528
.197	.0396	.803	.294	.0520	.706	.488	.0625	.512	.479	.0007	.521
.198	.0398	.802	.296	.0522	.704	.492	.0625	.508	.486	.0004	.514
.199	0.0399	.801	.298	0.0524	.702	.496	0.0625	.504	.493	+0.0001−	.507
0.200		0.800	0.300		0.700	0.500		0.500	0.500		0.500
	B_2	n		B_2	n		B_2	n		B_3	n
									n 左 B_3 正，n 右 B_3 负		

表 5　二 次 差 订 正

与 $\Delta_0''+\Delta_1''$ 的符号相反

$\Delta_0''+\Delta_1''$ / n	10	20	30	40	50	60	70	80	90	100	200	300	400	$\Delta_0''+\Delta_1''$ / n
0.01	0.0	0.0	0.1	0.1	0.1	0.1	0.2	0.2	0.2	0.2	0.5	0.7	1.0	0.99
.02	0.0	0.1	0.1	0.2	0.2	0.3	0.3	0.4	0.4	0.5	1.0	1.5	2.0	.98
.03	0.1	0.1	0.2	0.3	0.4	0.4	0.5	0.6	0.7	0.7	1.5	2.2	2.9	.97
.04	0.1	0.2	0.3	0.4	0.5	0.6	0.7	0.8	0.9	1.0	1.9	2.9	3.8	.96
.05	0.1	0.2	0.4	0.5	0.6	0.7	0.8	0.9	1.1	1.2	2.4	3.6	4.8	0.95
0.06	0.1	0.3	0.4	0.6	0.7	0.8	1.0	1.1	1.3	1.4	2.8	4.2	5.6	.94
.07	0.2	0.3	0.5	0.7	0.8	1.0	1.1	1.3	1.5	1.6	3.3	4.9	6.5	.93
.08	0.2	0.4	0.6	0.7	0.9	1.1	1.3	1.5	1.7	1.8	3.7	5.5	7.4	.92
.09	0.2	0.4	0.6	0.8	1.0	1.2	1.4	1.6	1.8	2.0	4.1	6.1	8.2	.91
.10	0.2	0.5	0.7	0.9	1.1	1.4	1.6	1.8	2.0	2.3	4.5	6.8	9.0	0.90
0.11	0.2	0.5	0.7	1.0	1.2	1.5	1.7	2.0	2.2	2.4	4.9	7.3	9.8	.89
.12	0.3	0.5	0.8	1.1	1.3	1.6	1.8	2.1	2.4	2.6	5.3	7.9	10.6	.88
.13	0.3	0.6	0.8	1.1	1.4	1.7	2.0	2.3	2.5	2.8	5.7	8.5	11.3	.87
.14	0.3	0.6	0.9	1.2	1.5	1.8	2.1	2.4	2.7	3.0	6.0	9.0	12.0	.86
.15	0.3	0.6	1.0	1.3	1.6	1.9	2.2	2.6	2.9	3.2	6.4	9.6	12.8	0.85
0.16	0.3	0.7	1.0	1.3	1.7	2.0	2.4	2.7	3.0	3.4	6.7	10.1	13.4	.84
.17	0.4	0.7	1.1	1.4	1.8	2.1	2.5	2.8	3.2	3.5	7.1	10.6	14.1	.83
.18	0.4	0.7	1.1	1.5	1.8	2.2	2.6	3.0	3.3	3.7	7.4	11.1	14.8	.82
.19	0.4	0.8	1.2	1.5	1.9	2.3	2.7	3.1	3.5	3.8	7.7	11.5	15.4	.81
.20	0.4	0.8	1.2	1.6	2.0	2.4	2.8	3.2	3.6	4.0	8.0	12.0	16.0	0.80
0.21	0.4	0.8	1.2	1.7	2.1	2.5	2.9	3.3	3.7	4.1	8.3	12.4	16.6	.79
.22	0.4	0.9	1.3	1.7	2.1	2.6	3.0	3.4	3.9	4.3	8.6	12.9	17.2	.78
.23	0.4	0.9	1.3	1.8	2.2	2.7	3.1	3.5	4.0	4.4	8.9	13.3	17.7	.77
.24	0.5	0.9	1.4	1.8	2.3	2.7	3.2	3.6	4.1	4.6	9.1	13.7	18.2	.76
.25	0.5	0.9	1.4	1.9	2.3	2.8	3.3	3.8	4.2	4.7	9.4	14.1	18.8	0.75
0.26	0.5	1.0	1.4	1.9	2.4	2.9	3.4	3.8	4.3	4.8	9.6	14.4	19.2	.74
.27	0.5	1.0	1.5	2.0	2.5	3.0	3.4	3.9	4.4	4.9	9.9	14.8	19.7	.73
.28	0.5	1.0	1.5	2.0	2.5	3.0	3.5	4.0	4.5	5.0	10.1	15.1	20.2	.72
.29	0.5	1.0	1.5	2.1	2.6	3.1	3.6	4.1	4.6	5.1	10.3	15.4	20.6	.71
.30	0.5	1.1	1.6	2.1	2.6	3.2	3.7	4.2	4.7	5.2	10.5	15.8	21.0	0.70
0.31	0.5	1.1	1.6	2.1	2.7	3.2	3.7	4.3	4.8	5.3	10.7	16.0	21.4	.69
.32	0.5	1.1	1.6	2.2	2.7	3.3	3.8	4.4	4.9	5.4	10.9	16.3	21.8	.68
.33	0.6	1.1	1.7	2.2	2.8	3.3	3.9	4.4	5.0	5.5	11.1	16.6	22.1	.67
.34	0.6	1.1	1.7	2.2	2.8	3.4	3.9	4.5	5.0	5.6	11.2	16.8	22.4	.66
.35	0.6	1.1	1.7	2.3	2.8	3.4	4.0	4.6	5.1	5.7	11.4	17.1	22.8	0.65
0.36	0.6	1.2	1.7	2.3	2.9	3.5	4.0	4.6	5.2	5.8	11.5	17.3	23.0	.64
.37	0.6	1.2	1.7	2.3	2.9	3.5	4.1	4.7	5.2	5.8	11.7	17.5	23.3	.63
.38	0.6	1.2	1.8	2.4	2.9	3.5	4.1	4.7	5.3	5.9	11.8	17.7	23.6	.62
.39	0.6	1.2	1.8	2.4	3.0	3.6	4.2	4.8	5.4	5.9	11.9	17.8	23.8	.61
.40	0.6	1.2	1.8	2.4	3.0	3.6	4.2	4.8	5.4	6.0	12.0	18.0	24.0	0.60
0.41	0.6	1.2	1.8	2.4	3.0	3.6	4.2	4.8	5.4	6.0	12.1	18.1	24.2	.59
.42	0.6	1.2	1.8	2.4	3.0	3.7	4.3	4.9	5.5	6.1	12.2	18.3	24.4	.58
.43	0.6	1.2	1.8	2.5	3.1	3.7	4.3	4.9	5.5	6.1	12.3	18.4	24.5	.57
.44	0.6	1.2	1.8	2.5	3.1	3.7	4.3	4.9	5.5	6.2	12.3	18.5	24.6	.56
.45	0.6	1.2	1.9	2.5	3.1	3.7	4.3	5.0	5.6	6.2	12.4	18.6	24.8	0.55
0.46	0.6	1.2	1.9	2.5	3.1	3.7	4.3	5.0	5.6	6.2	12.4	18.6	24.8	.54
.47	0.6	1.2	1.9	2.5	3.1	3.7	4.4	5.0	5.6	6.2	12.5	18.7	24.9	.53
.48	0.6	1.2	1.9	2.5	3.1	3.7	4.4	5.0	5.6	6.2	12.5	18.7	25.0	.52
.49	0.6	1.2	1.9	2.5	3.1	3.7	4.4	5.0	5.6	6.2	12.5	18.7	25.0	.51
.50	0.6	1.2	1.9	2.5	3.1	3.8	4.4	5.0	5.6	6.2	12.5	18.8	25.0	0.50

表 6 拉格朗日三点内插系数

n	L_{-1}	L_0	L_1	n	L_{-1}	L_0	L_1	n	L_{-1}	L_0	L_1	n	L_{-1}	L_0	L_1
0.000	0.0000	1.0000	0.0000	**0.050**	−0.0238	0.9975	0.0263	**0.100**	−0.0450	0.9900	0.0550	**0.150**	−0.0638	0.9775	0.0862
001	−0.0005	0000	0005	**051**	0242	9974	0268	**101**	0454	9898	0556	**151**	0641	9772	0869
002	0010	0000	0010	**052**	0246	9973	0274	**102**	0458	9896	0562	**152**	0644	9769	0876
003	0015	0000	0015	**053**	0251	9972	0279	**103**	0462	9894	0568	**153**	0648	9766	0882
004	0020	0000	0020	**054**	0255	9971	0285	**104**	0466	9892	0574	**154**	0651	9763	0889
0.005	−0.0025	1.0000	0.0025	**0.055**	−0.0260	0.9970	0.0290	**0.105**	−0.0470	0.9890	0.0580	**0.155**	−0.0655	0.9760	0.0895
006	0030	0000	0030	**056**	0264	9969	0296	**106**	0474	9888	0586	**156**	0658	9757	0902
007	0035	1.0000	0035	**057**	0269	9968	0301	**107**	0478	9886	0592	**157**	0662	9754	0908
008	0040	0.9999	0040	**058**	0273	9966	0307	**108**	0482	9883	0598	**158**	0665	9750	0915
009	0045	9999	0045	**059**	0278	9965	0312	**109**	0486	9881	0604	**159**	0669	9747	0921
0.010	−0.0050	0.9999	0.0051	**0.060**	−0.0282	0.9964	0.0318	**0.110**	−0.0490	0.9879	0.0611	**0.160**	−0.0672	0.9744	0.0928
011	0054	9999	0056	**061**	0286	9963	0324	**111**	0493	9877	0617	**161**	0675	9741	0935
012	0059	9999	0061	**062**	0291	9962	0329	**112**	0497	9875	0623	**162**	0679	9738	0941
013	0064	9998	0066	**063**	0295	9960	0335	**113**	0501	9872	0629	**163**	0682	9734	0948
014	0069	9998	0071	**064**	0300	9959	0340	**114**	0505	9870	0635	**164**	0686	9731	0954
0.015	−0.0074	0.9998	0.0076	**0.065**	−0.0304	0.9958	0.0346	**0.115**	−0.0509	0.9868	0.0641	**0.165**	−0.0689	0.9728	0.0961
016	0079	9997	0081	**066**	0308	9956	0352	**116**	0513	9865	0647	**166**	0692	9724	0968
017	0084	9997	0086	**067**	0313	9955	0357	**117**	0517	9863	0653	**167**	0696	9721	0974
018	0088	9997	0092	**068**	0317	9954	0363	**118**	0520	9861	0660	**168**	0699	9718	0981
019	0093	9996	0097	**069**	0321	9952	0369	**119**	0524	9858	0666	**169**	0702	9714	0988
0.020	−0.0098	0.9996	0.0102	**0.070**	−0.0326	0.9951	0.0375	**0.120**	−0.0528	0.9856	0.0672	**0.170**	−0.0706	0.9711	0.0995
021	0103	9996	0107	**071**	0330	9950	0380	**121**	0532	9854	0678	**171**	0709	9708	1001
022	0108	9995	0112	**072**	0334	9948	0386	**122**	0536	9851	0684	**172**	0712	9704	1008
023	0112	9995	0118	**073**	0338	9947	0392	**123**	0539	9849	0691	**173**	0715	9701	1015
024	0117	9994	0123	**074**	0343	9945	0397	**124**	0543	9846	0697	**174**	0719	9697	1021
0.025	−0.0122	0.9994	0.0128	**0.075**	−0.0347	0.9944	0.0403	**0.125**	−0.0547	0.9844	0.0703	**0.175**	−0.0722	0.9694	0.1028
026	0127	9993	0133	**076**	0351	9942	0409	**126**	0551	9841	0709	**176**	0725	9690	1035
027	0131	9993	0139	**077**	0355	9941	0415	**127**	0554	9839	0716	**177**	0728	9687	1042
028	0136	9992	0144	**078**	0360	9939	0420	**128**	0558	9836	0722	**178**	0732	9683	1048
029	0141	9992	0149	**079**	0364	9938	0426	**129**	0562	9834	0728	**179**	0735	9680	1055
0.030	−0.0146	0.9991	0.0155	**0.080**	−0.0368	0.9936	0.0432	**0.130**	−0.0566	0.9831	0.0735	**0.180**	−0.0738	0.9676	0.1062
031	0150	9990	0160	**081**	0372	9934	0438	**131**	0569	9828	0741	**181**	0741	9672	1069
032	0155	9990	0165	**082**	0376	9933	0444	**132**	0573	9826	0747	**182**	0744	9669	1076
033	0160	9989	0170	**083**	0381	9931	0449	**133**	0577	9823	0753	**183**	0748	9665	1082
034	0164	9988	0176	**084**	0385	9929	0455	**134**	0580	9820	0760	**184**	0751	9661	1089
0.035	−0.0169	0.9988	0.0181	**0.085**	−0.0389	0.9928	0.0461	**0.135**	−0.0584	0.9818	0.0766	**0.185**	−0.0754	0.9658	0.1096
036	0174	9987	0186	**086**	0393	9926	0467	**136**	0588	9815	0772	**186**	0757	9654	1103
037	0178	9986	0192	**087**	0397	9924	0473	**137**	0591	9812	0779	**187**	0760	9650	1110
038	0183	9986	0197	**088**	0401	9923	0479	**138**	0595	9810	0785	**188**	0763	9647	1117
039	0187	9985	0203	**089**	0405	9921	0485	**139**	0598	9807	0792	**189**	0766	9643	1124
0.040	−0.0192	0.9984	0.0208	**0.090**	−0.0410	0.9919	0.0491	**0.140**	−0.0602	0.9804	0.0798	**0.190**	−0.0770	0.9639	0.1131
041	0197	9983	0213	**091**	0414	9917	0496	**141**	0606	9801	0804	**191**	0773	9635	1137
042	0201	9982	0219	**092**	0418	9915	0502	**142**	0609	9798	0811	**192**	0776	9631	1144
043	0206	9982	0224	**093**	0422	9914	0508	**143**	0613	9796	0817	**193**	0779	9628	1151
044	0210	9981	0230	**094**	0426	9912	0514	**144**	0616	9793	0824	**194**	0782	9624	1158
0.045	−0.0215	0.9980	0.0235	**0.095**	−0.0430	0.9910	0.0520	**0.145**	−0.0620	0.9790	0.0830	**0.195**	−0.0785	0.9620	0.1165
046	0219	9979	0241	**096**	0434	9908	0526	**146**	0623	9787	0837	**196**	0788	9616	1172
047	0224	9978	0246	**097**	0438	9906	0532	**147**	0627	9784	0843	**197**	0791	9612	1179
048	0228	9977	0252	**098**	0442	9904	0538	**148**	0630	9781	0850	**198**	0794	9608	1186
049	0233	9976	0257	**099**	0446	9902	0544	**149**	0634	9778	0856	**199**	0797	9604	1193
0.050	−0.0238	0.9975	0.0263	**0.100**	−0.0450	0.9900	0.0550	**0.150**	−0.0638	0.9775	0.0862	**0.200**	−0.0800	0.9600	0.1200
$-n$	L_1	L_0	L_{-1}	$-n$	L_1	L_0	L_{-1}	$-n$	L_1	L_0	L_{-1}	$-n$	L_1	L_0	L_{-1}

表 6　拉格朗日三点内插系数

n	L_{-1}	L_0	L_1	n	L_{-1}	L_0	L_1	n	L_{-1}	L_0	L_1	n	L_{-1}	L_0	L_1
0.200	−0.0800	0.9600	0.1200	**0.250**	−0.0938	0.9375	0.1563	**0.300**	−0.1050	0.9100	0.1950	**0.350**	−0.1138	0.8775	0.2363
201	0803	9596	1207	**251**	0940	9370	1570	**301**	1052	9094	1958	**351**	1139	8768	2371
202	0806	9592	1214	**252**	0942	9365	1578	**302**	1054	9088	1966	**352**	1140	8761	2380
203	0809	9588	1221	**253**	0945	9360	1585	**303**	1056	9082	1974	**353**	1142	8754	2388
204	0812	9584	1228	**254**	0947	9355	1593	**304**	1058	9076	1982	**354**	1143	8747	2397
0.205	−0.0815	0.9580	0.1235	**0.255**	−0.0950	0.9350	0.1600	**0.305**	−0.1060	0.9070	0.1990	**0.355**	−0.1145	0.8740	0.2405
206	0818	9576	1242	**256**	0952	9345	1608	**306**	1062	9064	1998	**356**	1146	8733	2414
207	0821	9572	1249	**257**	0955	9340	1615	**307**	1064	9058	2006	**357**	1148	8726	2422
208	0824	9567	1256	**258**	0957	9334	1623	**308**	1066	9051	2014	**358**	1149	8718	2431
209	0827	9563	1263	**259**	0960	9329	1630	**309**	1068	9045	2022	**359**	1151	8711	2439
0.210	−0.0830	0.9559	0.1271	**0.260**	−0.0962	0.9324	0.1638	**0.310**	−0.1070	0.9039	0.2031	**0.360**	−0.1152	0.8704	0.2448
211	0832	9555	1278	**261**	0964	9319	1646	**311**	1071	9033	2039	**361**	1153	8697	2457
212	0835	9551	1285	**262**	0967	9314	1653	**312**	1073	9027	2047	**362**	1155	8690	2465
213	0838	9546	1292	**263**	0969	9308	1661	**313**	1075	9020	2055	**363**	1156	8682	2474
214	0841	9542	1299	**264**	0972	9303	1668	**314**	1077	9014	2063	**364**	1158	8675	2482
0.215	−0.0844	0.9538	0.1306	**0.265**	−0.0974	0.9298	0.1676	**0.315**	−0.1079	0.9008	0.2071	**0.365**	−0.1159	0.8668	0.2491
216	0847	9533	1313	**266**	0976	9292	1684	**316**	1081	9001	2079	**366**	1160	8660	2500
217	0850	9529	1320	**267**	0979	9287	1691	**317**	1083	8995	2087	**367**	1162	8653	2508
218	0852	9525	1328	**268**	0981	9282	1699	**318**	1084	8989	2096	**368**	1163	8646	2517
219	0855	9520	1335	**269**	0983	9276	1707	**319**	1086	8982	2104	**369**	1164	8638	2526
0.220	−0.0858	0.9516	0.1342	**0.270**	−0.0986	0.9271	0.1715	**0.320**	−0.1088	0.8976	0.2112	**0.370**	−0.1166	0.8631	0.2535
221	0861	9512	1349	**271**	0988	9266	1722	**321**	1090	8970	2120	**371**	1167	8624	2543
222	0864	9507	1356	**272**	0990	9260	1730	**322**	1092	8963	2128	**372**	1168	8616	2552
223	0866	9503	1364	**273**	0992	9255	1738	**323**	1093	8957	2137	**373**	1169	8609	2561
224	0869	9498	1371	**274**	0995	9249	1745	**324**	1095	8950	2145	**374**	1171	8601	2569
0.225	−0.0872	0.9494	0.1378	**0.275**	−0.0997	0.9244	0.1753	**0.325**	−0.1097	0.8944	0.2153	**0.375**	−0.1172	0.8594	0.2578
226	0875	9489	1385	**276**	0999	9238	1761	**326**	1099	8937	2161	**376**	1173	8586	2587
227	0877	9485	1393	**277**	1001	9233	1769	**327**	1100	8931	2170	**377**	1174	8579	2596
228	0880	9480	1400	**278**	1004	9227	1776	**328**	1102	8924	2178	**378**	1176	8571	2604
229	0883	9476	1407	**279**	1006	9222	1784	**329**	1104	8918	2186	**379**	1177	8564	2613
0.230	−0.0886	0.9471	0.1415	**0.280**	−0.1008	0.9216	0.1792	**0.330**	−0.1106	0.8911	0.2195	**0.380**	−0.1178	0.8556	0.2622
231	0888	9466	1422	**281**	1010	9210	1800	**331**	1107	8904	2203	**381**	1179	8548	2631
232	0891	9462	1429	**282**	1012	9205	1808	**332**	1109	8898	2211	**382**	1180	8541	2640
233	0894	9457	1436	**283**	1015	9199	1815	**333**	1111	8891	2219	**383**	1182	8533	2648
234	0896	9452	1444	**284**	1017	9193	1823	**334**	1112	8884	2228	**384**	1183	8525	2657
0.235	−0.0899	0.9448	0.1451	**0.285**	−0.1019	0.9188	0.1831	**0.335**	−0.1114	0.8878	0.2236	**0.385**	−0.1184	0.8518	0.2666
236	0902	9443	1458	**286**	1021	9182	1839	**336**	1116	8871	2244	**386**	1185	8510	2675
237	0904	9438	1466	**287**	1023	9176	1847	**337**	1117	8864	2253	**387**	1186	8502	2684
238	0907	9434	1473	**288**	1025	9171	1855	**338**	1119	8858	2261	**388**	1187	8495	2693
239	0909	9429	1481	**289**	1027	9165	1863	**339**	1120	8851	2270	**389**	1188	8487	2702
0.240	−0.0912	0.9424	0.1488	**0.290**	−0.1029	0.9159	0.1871	**0.340**	−0.1122	0.8844	0.2278	**0.390**	−0.1190	0.8479	0.2711
241	0915	9419	1495	**291**	1032	9153	1878	**341**	1124	8837	2286	**391**	1191	8471	2719
242	0917	9414	1503	**292**	1034	9147	1886	**342**	1125	8830	2295	**392**	1192	8463	2728
243	0920	9410	1510	**293**	1036	9142	1894	**343**	1127	8824	2303	**393**	1193	8456	2737
244	0922	9405	1518	**294**	1038	9136	1902	**344**	1128	8817	2312	**394**	1194	8448	2746
0.245	−0.0925	0.9400	0.1525	**0.295**	−0.1040	0.9130	0.1910	**0.345**	−0.1130	0.8810	0.2320	**0.395**	−0.1195	0.8440	0.2755
246	0927	9395	1533	**296**	1042	9124	1918	**346**	1131	8803	2329	**396**	1196	8432	2764
247	0930	9390	1540	**297**	1044	9118	1926	**347**	1133	8796	2337	**397**	1197	8424	2773
248	0932	9385	1548	**298**	1046	9112	1934	**348**	1134	8789	2346	**398**	1198	8416	2782
249	0935	9380	1555	**299**	1048	9106	1942	**349**	1136	8782	2354	**399**	1199	8408	2791
0.250	−0.0938	0.9375	0.1563	**0.300**	−0.1050	0.9100	0.1950	**0.350**	−0.1138	0.8775	0.2363	**0.400**	−0.1200	0.8400	0.2800
$-n$	L_1	L_0	L_{-1}	$-n$	L_1	L_0	L_{-1}	$-n$	L_1	L_0	L_{-1}	$-n$	L_1	L_0	L_{-1}

表 6　拉格朗日三点内插系数

n	L_{-1}	L_0	L_1	n	L_{-1}	L_0	L_1	n	L_{-1}	L_0	L_1	n	L_{-1}	L_0	L_1
0.400	−0.1200	0.8400	0.2800	**0.450**	−0.1238	0.7975	0.3263	**0.500**	−0.1250	0.7500	0.3750	**0.550**	−0.1238	0.6975	0.4263
401	1201	8392	2809	**451**	1238	7966	3272	**501**	1250	7490	3760	**551**	1237	6964	4273
402	1202	8384	2818	**452**	1238	7957	3282	**502**	1250	7480	3770	**552**	1236	6953	4284
403	1203	8376	2827	**453**	1239	7948	3291	**503**	1250	7470	3780	**553**	1236	6942	4294
404	1204	8368	2836	**454**	1239	7939	3301	**504**	1250	7460	3790	**554**	1235	6931	4305
0.405	−0.1205	0.8360	0.2845	**0.455**	−0.1240	0.7930	0.3310	**0.505**	−0.1250	0.7450	0.3800	**0.555**	−0.1235	0.6920	0.4315
406	1206	8352	2854	**456**	1240	7921	3320	**506**	1250	7440	3810	**556**	1234	6909	4326
407	1207	8344	2863	**457**	1241	7912	3329	**507**	1250	7430	3820	**557**	1234	6898	4336
408	1208	8335	2872	**458**	1241	7902	3339	**508**	1250	7419	3830	**558**	1233	6886	4347
409	1209	8327	2881	**459**	1242	7893	3348	**509**	1250	7409	3840	**559**	1233	6875	4357
0.410	−0.1210	0.8319	0.2890	**0.460**	−0.1242	0.7884	0.3358	**0.510**	−0.1250	0.7399	0.3851	**0.560**	−0.1232	0.6864	0.4368
411	1210	8311	2900	**461**	1242	7875	3368	**511**	1249	7389	3861	**561**	1231	6853	4379
412	1211	8303	2909	**462**	1243	7866	3377	**512**	1249	7379	3871	**562**	1231	6842	4389
413	1212	8294	2918	**463**	1243	7856	3387	**513**	1249	7368	3881	**563**	1230	6830	4400
414	1213	8286	2927	**464**	1244	7847	3396	**514**	1249	7358	3891	**564**	1230	6819	4410
0.415	−0.1214	0.8278	0.2936	**0.465**	−0.1244	0.7838	0.3406	**0.515**	−0.1249	0.7348	0.3901	**0.565**	−0.1229	0.6808	0.4421
416	1215	8269	2945	**466**	1244	7828	3416	**516**	1249	7337	3911	**566**	1228	6796	4432
417	1216	8261	2954	**467**	1245	7819	3425	**517**	1249	7327	3921	**567**	1228	6785	4442
418	1216	8253	2964	**468**	1245	7810	3435	**518**	1248	7317	3932	**568**	1227	6774	4453
419	1217	8244	2973	**469**	1245	7800	3445	**519**	1248	7306	3942	**569**	1226	6762	4464
0.420	−0.1218	0.8236	0.2982	**0.470**	−0.1246	0.7791	0.3455	**0.520**	−0.1248	0.7296	0.3952	**0.570**	−0.1226	0.6751	0.4474
421	1219	8228	2991	**471**	1246	7782	3464	**521**	1248	7286	3962	**571**	1225	6740	4485
422	1220	8219	3000	**472**	1246	7772	3474	**522**	1248	7275	3972	**572**	1224	6728	4496
423	1220	8211	3010	**473**	1246	7763	3484	**523**	1247	7265	3983	**573**	1223	6717	4507
424	1221	8202	3019	**474**	1247	7753	3493	**524**	1247	7254	3993	**574**	1223	6705	4517
0.425	−0.1222	0.8194	0.3028	**0.475**	−0.1247	0.7744	0.3503	**0.525**	−0.1247	0.7244	0.4003	**0.575**	−0.1222	0.6694	0.4528
426	1223	8185	3037	**476**	1247	7734	3513	**526**	1247	7233	4013	**576**	1221	6682	4539
427	1223	8177	3047	**477**	1247	7725	3523	**527**	1246	7223	4024	**577**	1220	6671	4550
428	1224	8168	3056	**478**	1248	7715	3532	**528**	1246	7212	4034	**578**	1220	6659	4560
429	1225	8160	3065	**479**	1248	7706	3542	**529**	1246	7202	4044	**579**	1219	6648	4571
0.430	−0.1226	0.8151	0.3075	**0.480**	−0.1248	0.7696	0.3552	**0.530**	−0.1246	0.7191	0.4055	**0.580**	−0.1218	0.6636	0.4582
431	1226	8142	3084	**481**	1248	7686	3562	**531**	1245	7180	4065	**581**	1217	6624	4593
432	1227	8134	3093	**482**	1248	7677	3572	**532**	1245	7170	4075	**582**	1216	6613	4604
433	1228	8125	3102	**483**	1249	7667	3581	**533**	1245	7159	4085	**583**	1216	6601	4614
434	1228	8116	3112	**484**	1249	7657	3591	**534**	1244	7148	4096	**584**	1215	6589	4625
0.435	−0.1229	0.8108	0.3121	**0.485**	−0.1249	0.7648	0.3601	**0.535**	−0.1244	0.7138	0.4106	**0.585**	−0.1214	0.6578	0.4636
436	1230	8099	3130	**486**	1249	7638	3611	**536**	1244	7127	4116	**586**	1213	6566	4647
437	1230	8090	3140	**487**	1249	7628	3621	**537**	1243	7116	4127	**587**	1212	6554	4658
438	1231	8082	3149	**488**	1249	7619	3631	**538**	1243	7106	4137	**588**	1211	6543	4669
439	1231	8073	3159	**489**	1249	7609	3641	**539**	1242	7095	4148	**589**	1210	6531	4680
0.440	−0.1232	0.8064	0.3168	**0.490**	−0.1250	0.7599	0.3651	**0.540**	−0.1242	0.7084	0.4158	**0.590**	−0.1210	0.6519	0.4690
441	1233	8055	3177	**491**	1250	7589	3660	**541**	1242	7073	4168	**591**	1209	6507	4701
442	1233	8046	3187	**492**	1250	7579	3670	**542**	1241	7062	4179	**592**	1208	6495	4712
443	1234	8038	3196	**493**	1250	7570	3680	**543**	1241	7052	4189	**593**	1207	6484	4723
444	1234	8029	3206	**494**	1250	7560	3690	**544**	1240	7041	4200	**594**	1206	6472	4734
0.445	−0.1235	0.8020	0.3215	**0.495**	−0.1250	0.7550	0.3700	**0.545**	−0.1240	0.7030	0.4210	**0.595**	−0.1205	0.6460	0.4745
446	1235	8011	3225	**496**	1250	7540	3710	**546**	1239	7019	4221	**596**	1204	6448	4756
447	1236	8002	3234	**497**	1250	7530	3720	**547**	1239	7008	4231	**597**	1203	6436	4767
448	1236	7993	3244	**498**	1250	7520	3730	**548**	1238	6997	4242	**598**	1202	6424	4778
449	1237	7984	3253	**499**	1250	7510	3740	**549**	1238	6986	4252	**599**	1201	6412	4789
0.450	−0.1238	0.7975	0.3263	**0.500**	−0.1250	0.7500	0.3750	**0.550**	−0.1238	0.6975	0.4263	**0.600**	−0.1200	0.6400	0.4800
$-n$	L_1	L_0	L_{-1}	$-n$	L_1	L_0	L_{-1}	$-n$	L_1	L_0	L_{-1}	$-n$	L_1	L_0	L_{-1}

表 6 拉格朗日三点内插系数

n	L_{-1}	L_0	L_1	n	L_{-1}	L_0	L_1	n	L_{-1}	L_0	L_1	n	L_{-1}	L_0	L_1
0.600	−0.1200	0.6400	0.4800	**0.650**	−0.1138	0.5775	0.5363	**0.700**	−0.1050	0.5100	0.5950	**0.750**	−0.0938	0.4375	0.6563
601	1199	6388	4811	**651**	1136	5762	5374	**701**	1048	5086	5962	**751**	0935	4360	6575
602	1198	6376	4822	**652**	1134	5749	5386	**702**	1046	5072	5974	**752**	0932	4345	6588
603	1197	6364	4833	**653**	1133	5736	5397	**703**	1044	5058	5986	**753**	0930	4330	6600
604	1196	6352	4844	**654**	1131	5723	5409	**704**	1042	5044	5998	**754**	0927	4315	6613
0.605	−0.1195	0.6340	0.4855	**0.655**	−0.1130	0.5710	0.5420	**0.705**	−0.1040	0.5030	0.6010	**0.755**	−0.0925	0.4300	0.6625
606	1194	6328	4866	**656**	1128	5697	5432	**706**	1038	5016	6022	**756**	0922	4285	6638
607	1193	6316	4877	**657**	1127	5684	5443	**707**	1036	5002	6034	**757**	0920	4270	6650
608	1192	6303	4888	**658**	1125	5670	5455	**708**	1034	4987	6046	**758**	0917	4254	6663
609	1191	6291	4899	**659**	1124	5657	5466	**709**	1032	4973	6058	**759**	0915	4239	6675
0.610	−0.1190	0.6279	0.4910	**0.660**	−0.1122	0.5644	0.5478	**0.710**	−0.1030	0.4959	0.6071	**0.760**	−0.0912	0.4224	0.6688
611	1188	6267	4922	**661**	1120	5631	5490	**711**	1027	4945	6083	**761**	0909	4209	6701
612	1187	6255	4933	**662**	1119	5618	5501	**712**	1025	4931	6095	**762**	0907	4194	6713
613	1186	6242	4944	**663**	1117	5604	5513	**713**	1023	4916	6107	**763**	0904	4178	6726
614	1185	6230	4955	**664**	1116	5591	5524	**714**	1021	4902	6119	**764**	0902	4163	6738
0.615	−0.1184	0.6218	0.4966	**0.665**	−0.1114	0.5578	0.5536	**0.715**	−0.1019	0.4888	0.6131	**0.765**	−0.0899	0.4148	0.6751
616	1183	6205	4977	**666**	1112	5564	5548	**716**	1017	4873	6143	**766**	0896	4132	6764
617	1182	6193	4988	**667**	1111	5551	5559	**717**	1015	4859	6155	**767**	0894	4117	6776
618	1180	6181	5000	**668**	1109	5538	5571	**718**	1012	4845	6168	**768**	0891	4102	6789
619	1179	6168	5011	**669**	1107	5524	5583	**719**	1010	4830	6180	**769**	0888	4086	6802
0.620	−0.1178	0.6156	0.5022	**0.670**	−0.1106	0.5511	0.5595	**0.720**	−0.1008	0.4816	0.6192	**0.770**	−0.0885	0.4071	0.6815
621	1177	6144	5033	**671**	1104	5498	5606	**721**	1006	4802	6204	**771**	0883	4056	6827
622	1176	6131	5044	**672**	1102	5484	5618	**722**	1004	4787	6216	**772**	0880	4040	6840
623	1174	6119	5056	**673**	1100	5471	5630	**723**	1001	4773	6229	**773**	0877	4025	6853
624	1173	6106	5067	**674**	1099	5457	5641	**724**	0999	4758	6241	**774**	0875	4009	6865
0.625	−0.1172	0.6094	0.5078	**0.675**	−0.1097	0.5444	0.5653	**0.725**	−0.0997	0.4744	0.6253	**0.775**	−0.0872	0.3994	0.6878
626	1171	6081	5089	**676**	1095	5430	5665	**726**	0995	4729	6265	**776**	0869	3978	6891
627	1169	6069	5101	**677**	1093	5417	5677	**727**	0992	4715	6278	**777**	0866	3963	6904
628	1168	6056	5112	**678**	1092	5403	5688	**728**	0990	4700	6290	**778**	0864	3947	6916
629	1167	6044	5123	**679**	1090	5390	5700	**729**	0988	4686	6302	**779**	0861	3932	6929
0.630	−0.1166	0.6031	0.5135	**0.680**	−0.1088	0.5376	0.5712	**0.730**	−0.0986	0.4671	0.6315	**0.780**	−0.0858	0.3916	0.6942
631	1164	6018	5146	**681**	1086	5362	5724	**731**	0983	4656	6327	**781**	0855	3900	6955
632	1163	6006	5157	**682**	1084	5349	5736	**732**	0981	4642	6339	**782**	0852	3885	6968
633	1162	5993	5168	**683**	1083	5335	5747	**733**	0979	4627	6351	**783**	0850	3869	6980
634	1160	5980	5180	**684**	1081	5321	5759	**734**	0976	4612	6364	**784**	0847	3853	6993
0.635	−0.1159	0.5968	0.5191	**0.685**	−0.1079	0.5308	0.5771	**0.735**	−0.0974	0.4598	0.6376	**0.785**	−0.0844	0.3838	0.7006
636	1158	5955	5202	**686**	1077	5294	5783	**736**	0972	4583	6388	**786**	0841	3822	7019
637	1156	5942	5214	**687**	1075	5280	5795	**737**	0969	4568	6401	**787**	0838	3806	7032
638	1155	5930	5225	**688**	1073	5267	5807	**738**	0967	4554	6413	**788**	0835	3791	7045
639	1153	5917	5237	**689**	1071	5253	5819	**739**	0964	4539	6426	**789**	0832	3775	7058
0.640	−0.1152	0.5904	0.5248	**0.690**	−0.1070	0.5239	0.5831	**0.740**	−0.0962	0.4524	0.6438	**0.790**	−0.0830	0.3759	0.7071
641	1151	5891	5259	**691**	1068	5225	5842	**741**	0960	4509	6450	**791**	0827	3743	7083
642	1149	5878	5271	**692**	1066	5211	5854	**742**	0957	4494	6463	**792**	0824	3727	7096
643	1148	5866	5282	**693**	1064	5198	5866	**743**	0955	4480	6475	**793**	0821	3712	7109
644	1146	5853	5294	**694**	1062	5184	5878	**744**	0952	4465	6488	**794**	0818	3696	7122
0.645	−0.1145	0.5840	0.5305	**0.695**	−0.1060	0.5170	0.5890	**0.745**	−0.0950	0.4450	0.6500	**0.795**	−0.0815	0.3680	0.7135
646	1143	5827	5317	**696**	1058	5156	5902	**746**	0947	4435	6513	**796**	0812	3664	7148
647	1142	5814	5328	**697**	1056	5142	5914	**747**	0945	4420	6525	**797**	0809	3648	7161
648	1140	5801	5340	**698**	1054	5128	5926	**748**	0942	4405	6538	**798**	0806	3632	7174
649	1139	5788	5351	**699**	1052	5114	5938	**749**	0940	4390	6550	**799**	0803	3616	7187
0.650	−0.1138	0.5775	0.5363	**0.700**	−0.1050	0.5100	0.5950	**0.750**	−0.0938	0.4375	0.6563	**0.800**	−0.0800	0.3600	0.7200
$-n$	L_1	L_0	L_{-1}	$-n$	L_1	L_0	L_{-1}	$-n$	L_1	L_0	L_{-1}	$-n$	L_1	L_0	L_{-1}

表 6 拉格朗日三点内插系数

n	L_{-1}	L_0	L_1	n	L_{-1}	L_0	L_1	n	L_{-1}	L_0	L_1	n	L_{-1}	L_0	L_1
0.800	−0.0800	0.3600	0.7200	**0.850**	−0.0638	0.2775	0.7863	**0.900**	−0.0450	0.1900	0.8550	**0.950**	−0.0238	0.0975	0.9262
801	0797	3584	7213	**851**	0634	2758	7876	**901**	0446	1882	8564	**951**	0233	0956	9277
802	0794	3568	7226	**852**	0630	2741	7890	**902**	0442	1864	8578	**952**	0228	0937	9292
803	0791	3552	7239	**853**	0627	2724	7903	**903**	0438	1846	8592	**953**	0224	0918	9306
804	0788	3536	7252	**854**	0623	2707	7917	**904**	0434	1828	8606	**954**	0219	0899	9321
0.805	−0.0785	0.3520	0.7265	**0.855**	−0.0620	0.2690	0.7930	**0.905**	−0.0430	0.1810	0.8620	**0.955**	−0.0215	0.0880	0.9335
806	0782	3504	7278	**856**	0616	2673	7944	**906**	0426	1792	8634	**956**	0210	0861	9350
807	0779	3488	7291	**857**	0613	2656	7957	**907**	0422	1774	8648	**957**	0206	0842	9364
808	0776	3471	7304	**858**	0609	2638	7971	**908**	0418	1755	8662	**958**	0201	0822	9379
809	0773	3455	7317	**859**	0606	2621	7984	**909**	0414	1737	8676	**959**	0197	0803	9393
0.810	−0.0769	0.3439	0.7331	**0.860**	−0.0602	0.2604	0.7998	**0.910**	−0.0409	0.1719	0.8691	**0.960**	−0.0192	0.0784	0.9408
811	0766	3423	7344	**861**	0598	2587	8012	**911**	0405	1701	8705	**961**	0187	0765	9423
812	0763	3407	7357	**862**	0595	2570	8025	**912**	0401	1683	8719	**962**	0183	0746	9437
813	0760	3390	7370	**863**	0591	2552	8039	**913**	0397	1664	8733	**963**	0178	0726	9452
814	0757	3374	7383	**864**	0588	2535	8052	**914**	0393	1646	8747	**964**	0174	0707	9466
0.815	−0.0754	0.3358	0.7396	**0.865**	−0.0584	0.2518	0.8066	**0.915**	−0.0389	0.1628	0.8761	**0.965**	−0.0169	0.0688	0.9481
816	0751	3341	7409	**866**	0580	2500	8080	**916**	0385	1609	8775	**966**	0164	0668	9496
817	0748	3325	7422	**867**	0577	2483	8093	**917**	0381	1591	8789	**967**	0160	0649	9510
818	0744	3309	7436	**868**	0573	2466	8107	**918**	0376	1573	8804	**968**	0155	0630	9525
819	0741	3292	7449	**869**	0569	2448	8121	**919**	0372	1554	8818	**969**	0150	0610	9540
0.820	−0.0738	0.3276	0.7462	**0.870**	−0.0566	0.2431	0.8135	**0.920**	−0.0368	0.1536	0.8832	**0.970**	−0.0146	0.0591	0.9555
821	0735	3260	7475	**871**	0562	2414	8148	**921**	0364	1518	8846	**971**	0141	0572	9569
822	0732	3243	7488	**872**	0558	2396	8162	**922**	0360	1499	8860	**972**	0136	0552	9584
823	0728	3227	7502	**873**	0554	2379	8176	**923**	0355	1481	8875	**973**	0131	0533	9599
824	0725	3210	7515	**874**	0551	2361	8189	**924**	0351	1462	8889	**974**	0127	0513	9613
0.825	−0.0722	0.3194	0.7528	**0.875**	−0.0547	0.2344	0.8203	**0.925**	−0.0347	0.1444	0.8903	**0.975**	−0.0122	0.0494	0.9628
826	0719	3177	7541	**876**	0543	2326	8217	**926**	0343	1425	8917	**976**	0117	0474	9643
827	0715	3161	7555	**877**	0539	2309	8231	**927**	0338	1407	8932	**977**	0112	0455	9658
828	0712	3144	7568	**878**	0536	2291	8244	**928**	0334	1388	8946	**978**	0108	0435	9672
829	0709	3128	7581	**879**	0532	2274	8258	**929**	0330	1370	8960	**979**	0103	0416	9687
0.830	−0.0706	0.3111	0.7595	**0.880**	−0.0528	0.2256	0.8272	**0.930**	−0.0325	0.1351	0.8975	**0.980**	−0.0098	0.0396	0.9702
831	0702	3094	7608	**881**	0524	2238	8286	**931**	0321	1332	8989	**981**	0093	0376	9717
832	0699	3078	7621	**882**	0520	2221	8300	**932**	0317	1314	9003	**982**	0088	0357	9732
833	0696	3061	7634	**883**	0517	2203	8313	**933**	0313	1295	9017	**983**	0084	0337	9746
834	0692	3044	7648	**884**	0513	2185	8327	**934**	0308	1276	9032	**984**	0079	0317	9761
0.835	−0.0689	0.3028	0.7661	**0.885**	−0.0509	0.2168	0.8341	**0.935**	−0.0304	0.1258	0.9046	**0.985**	−0.0074	0.0298	0.9776
836	0686	3011	7674	**886**	0505	2150	8355	**936**	0300	1239	9060	**986**	0069	0278	9791
837	0682	2994	7688	**887**	0501	2132	8369	**937**	0295	1220	9075	**987**	0064	0258	9806
838	0679	2978	7701	**888**	0497	2115	8383	**938**	0291	1202	9089	**988**	0059	0239	9821
839	0675	2961	7715	**889**	0493	2097	8397	**939**	0286	1183	9104	**989**	0054	0219	9836
0.840	−0.0672	0.2944	0.7728	**0.890**	−0.0489	0.2079	0.8411	**0.940**	−0.0282	0.1164	0.9118	**0.990**	−0.0050	0.0199	0.9851
841	0669	2927	7741	**891**	0486	2061	8424	**941**	0278	1145	9132	**991**	0045	0179	9865
842	0665	2910	7755	**892**	0482	2043	8438	**942**	0273	1126	9147	**992**	0040	0159	9880
843	0662	2894	7768	**893**	0478	2026	8452	**943**	0269	1108	9161	**993**	0035	0140	9895
844	0658	2877	7782	**894**	0474	2008	8466	**944**	0264	1089	9176	**994**	0030	0120	9910
0.845	−0.0655	0.2860	0.7795	**0.895**	−0.0470	0.1990	0.8480	**0.945**	−0.0260	0.1070	0.9190	**0.995**	−0.0025	0.0100	0.9925
846	0651	2843	7809	**896**	0466	1972	8494	**946**	0255	1051	9205	**996**	0020	0080	9940
847	0648	2826	7822	**897**	0462	1954	8508	**947**	0251	1032	9219	**997**	0015	0060	9955
848	0644	2809	7836	**898**	0458	1936	8522	**948**	0246	1013	9234	**998**	0010	0040	9970
849	0641	2792	7849	**899**	0454	1918	8536	**949**	0242	0994	9248	**999**	−0.0005	0020	0.9985
0.850	−0.0638	0.2775	0.7863	**0.900**	−0.0450	0.1900	0.8550	**0.950**	−0.0238	0.0975	0.9262	**1.000**	0.0000	0.0000	1.0000
$-n$	L_1	L_0	L_{-1}	$-n$	L_1	L_0	L_{-1}	$-n$	L_1	L_0	L_{-1}	$-n$	L_1	L_0	L_{-1}

表 7　蒙　气　差

天顶距 z	蒙气差 R_0	天顶距 z	蒙气差 R_0	天顶距 z	蒙气差 R_0	天顶距 z	蒙气差 R_0	天顶距 z	蒙气差 R_0
0°.0	0″.00	27°.0	30″.62	54°.0	82″.55	64°.0	122″.67	71°.0	172″.97
0.5	0.52	27.5	31.28	2	83.16	2	123.75	1	173.94
1.0	1.05	28.0	31.95	4	83.77	4	124.85	2	174.92
1.5	1.57	28.5	32.63	6	84.39	6	125.97	3	175.90
2.0	2.10	29.0	33.31	8	85.01	8	127.10	4	176.90
2.5	2.62	29.5	34.00	55.0	85.64	65.0	128.25	71.5	177.91
3.0	3.15	30.0	34.69	2	86.28	2	129.42	6	178.93
3.5	3.67	30.5	35.39	4	86.92	4	130.60	7	179.96
4.0	4.20	31.0	36.10	6	87.57	6	131.80	8	180.99
4.5	4.72	31.5	36.82	8	88.23	8	133.02	9	182.04
5.0	5.25	32.0	37.54	56.0	88.89	66.0	134.26	72.0	183.10
5.5	5.78	32.5	38.27	2	89.56	2	135.52	1	184.17
6.0	6.31	33.0	39.01	4	90.23	4	136.80	2	185.25
6.5	6.84	33.5	39.76	6	90.92	6	138.09	3	186.35
7.0	7.38	34.0	40.52	8	91.61	8	139.41	4	187.45
7.5	7.91	34.5	41.29	57.0	92.31	67.0	140.75	72.5	188.57
8.0	8.45	35.0	42.07	2	93.02	2	142.11	6	189.70
8.5	8.98	35.5	42.85	4	93.73	4	143.50	7	190.84
9.0	9.52	36.0	43.64	6	94.45	6	144.90	8	192.00
9.5	10.06	36.5	44.45	8	95.18	8	146.33	9	193.16
10.0	10.60	37.0	45.26	58.0	95.92	68.0	147.78	73.0	194.34
10.5	11.14	37.5	46.08	2	96.67	1	148.51	1	195.53
11.0	11.68	38.0	46.92	4	97.42	2	149.25	2	196.74
11.5	12.22	38.5	47.77	6	98.18	3	149.99	3	197.96
12.0	12.77	39.0	48.64	8	98.95	4	150.75	4	199.19
12.5	13.32	39.5	49.51	59.0	99.73	68.5	151.51	73.5	200.44
13.0	13.87	40.0	50.40	2	100.52	6	152.28	6	201.70
13.5	14.42	40.5	51.30	4	101.31	7	153.05	7	202.97
14.0	14.98	41.0	52.21	6	102.12	8	153.84	8	204.26
14.5	15.54	41.5	53.13	8	102.93	9	154.63	9	205.57
15.0	16.10	42.0	54.07	60.0	103.76	69.0	155.43	74.0	206.89
15.5	16.66	42.5	55.02	2	104.60	1	156.23	1	208.23
16.0	17.23	43.0	56.00	4	105.44	2	157.04	2	209.58
16.5	17.80	43.5	56.98	6	106.30	3	157.86	3	210.95
17.0	18.37	44.0	57.98	8	107.16	4	158.69	4	212.33
17.5	18.95	44.5	59.00	61.0	108.04	69.5	159.52	74.5	213.73
18.0	19.53	45.0	60.04	2	108.93	6	160.36	6	215.15
18.5	20.11	45.5	61.09	4	109.83	7	161.20	7	216.58
19.0	20.69	46.0	62.17	6	110.74	8	162.05	8	218.04
19.5	21.28	46.5	63.26	8	111.66	9	162.91	9	219.51
20.0	21.87	47.0	64.37	62.0	112.60	70.0	163.78	75.0	221.00
20.5	22.47	47.5	65.51	2	113.55	1	164.66	1	222.51
21.0	23.07	48.0	66.67	4	114.51	2	165.55	2	224.03
21.5	23.67	48.5	67.84	6	115.49	3	166.45	3	225.58
22.0	24.28	49.0	69.04	8	116.47	4	167.36	4	227.14
22.5	24.89	49.5	70.27	63.0	117.47	70.5	168.27	75.5	228.73
23.0	25.51	50.0	71.51	2	118.48	6	169.19	6	230.33
23.5	26.13	50.5	72.79	4	119.51	7	170.12	7	231.96
24.0	26.75	51.0	74.10	6	120.55	8	171.06	8	233.61
24.5	27.38	51.5	75.43	8	121.60	9	172.01	9	235.28
25.0	28.02	52.0	76.79	64.0	122.67	71.0	172.97	76.0	236.97
25.5	28.66	52.5	78.18						
26.0	29.31	53.0	79.60						
26.5	29.96	53.5	81.06						
27.0	30.62	54.0	82.55						

表 7 蒙气差订正

T	A
℃	
−25	+0.1054
24	1008
23	0962
22	0917
21	0871
−20	+0.0827
19	0782
18	0738
17	0694
16	0651
−15	+0.0608
14	0565
13	0523
12	0481
11	0439
−10	+0.0398
9	0356
8	0316
7	0275
6	0235
− 5	+0.0195
4	0155
3	0116
2	0077
− 1	+0.0038
0	0000
+ 1	−0.0038
2	0076
3	0114
4	0151
+ 5	−0.0188
6	0225
7	0261
8	0298
9	0334
+10	−0.0369
11	0405
12	0440
13	0475
14	0510
+15	−0.0545
16	0579
17	0613
18	0647
19	0680
+20	−0.0714
21	0747
22	0780
23	0812
24	0845
+25	−0.0877
26	0909
27	0941
28	0972
29	1004
+30	−0.1035
31	1066
32	1097
33	1127
34	1158
+35	−0.1188

z	α
°	
45	1.000
46	1.001
47	1.001
48	1.001
49	1.001
50	1.002
51	1.002
52	1.002
53	1.002
54	1.002
55	1.002
56	1.003
57	1.003
58	1.003
59	1.003
60	1.004
61	1.004
62	1.004
63	1.004
64	1.005
65	1.005
66	1.006
67	1.007
68	1.007
69	1.008
70	1.009
71	1.010
72	1.011
73	1.013
74	1.015
75	1.017
76	1.020

H	B
mmHg	
600	−0.2105
605	2039
610	1974
615	1908
620	1842
625	−0.1776
630	1711
635	1645
640	1579
645	1513
650	−0.1447
655	1382
660	1316
665	1250
670	1184
675	−0.1118
680	1053
685	0987
690	0921
695	0855
700	−0.0789

H	B	H
mmHg		mmHg
700	− 0.0789 +	820
701	0776	819
702	0763	818
703	0750	817
704	0737	816
705	− 0.0724 +	815
706	0711	814
707	0697	813
708	0684	812
709	0671	811
710	− 0.0658 +	810
711	0645	809
712	0632	808
713	0618	807
714	0605	806
715	− 0.0592 +	805
716	0579	804
717	0566	803
718	0553	802
719	0539	801
720	− 0.0526 +	800
721	0513	799
722	0500	798
723	0487	797
724	0474	796
725	− 0.0461 +	795
726	0447	794
727	0434	793
728	0421	792
729	0408	791
730	− 0.0395 +	790
731	0382	789
732	0368	788
733	0355	787
734	0342	786
735	− 0.0329 +	785
736	0316	784
737	0303	783
738	0289	782
739	0276	781
740	− 0.0263 +	780
741	0250	779
742	0237	778
743	0224	777
744	0211	776
745	− 0.0197 +	775
746	0184	774
747	0171	773
748	0158	772
749	0145	771
750	− 0.0132 +	770
751	0118	769
752	0105	768
753	0092	767
754	0079	766
755	− 0.0066 +	765
756	0053	764
757	0039	763
758	0026	762
759	0013	761
760	− 0.0000 +	760

表 8 地心坐标计算

φ	S		C	
°				
0	0.993 306	1	1.000 000	1
1	0.993 307	3	1.000 001	3
2	0.993 310	5	1.000 004	5
3	0.993 315	7	1.000 009	7
4	0.993 322	9	1.000 016	9
5	0.993 331	11	1.000 025	12
6	0.993 342	13	1.000 037	13
7	0.993 355	15	1.000 050	15
8	0.993 370	17	1.000 065	17
9	0.993 387	19	1.000 082	19
10	0.993 406	21	1.000 101	21
11	0.993 427	22	1.000 122	23
12	0.993 449	25	1.000 145	24
13	0.993 474	26	1.000 169	27
14	0.993 500	28	1.000 196	28
15	0.993 528	30	1.000 224	30
16	0.993 558	32	1.000 254	32
17	0.993 590	33	1.000 286	34
18	0.993 623	35	1.000 320	35
19	0.993 658	37	1.000 355	37
20	0.993 695	38	1.000 392	38
21	0.993 733	39	1.000 430	40
22	0.993 772	42	1.000 470	41
23	0.993 814	42	1.000 511	43
24	0.993 856	44	1.000 554	44
25	0.993 900	45	1.000 598	46
26	0.993 945	47	1.000 644	47
27	0.993 992	47	1.000 691	48
28	0.994 039	49	1.000 739	49
29	0.994 088	50	1.000 788	50
30	0.994 138	51	1.000 838	51
31	0.994 189	52	1.000 889	52
32	0.994 241	52	1.000 941	53
33	0.994 293	54	1.000 994	54
34	0.994 347	54	1.001 048	55
35	0.994 401	55	1.001 103	55
36	0.994 456	56	1.001 158	57
37	0.994 512	56	1.001 215	56
38	0.994 568	57	1.001 271	57
39	0.994 625	57	1.001 328	58
40	0.994 682	58	1.001 386	58
41	0.994 740	58	1.001 444	58
42	0.994 798	58	1.001 502	59
43	0.994 856	58	1.001 561	58
44	0.994 914	58	1.001 619	59
45	0.994 972	58	1.001 678	59
46	0.995 030	59	1.001 737	58
47	0.995 089	58	1.001 795	59
48	0.995 147	58	1.001 854	58
49	0.995 205	57	1.001 912	58
50	0.995 262	58	1.001 970	58
51	0.995 320	57	1.002 028	57
52	0.995 377	56	1.002 085	57
53	0.995 433	56	1.002 142	56
54	0.995 489	55	1.002 198	56
55	0.995 544	55	1.002 254	55
56	0.995 599	53	1.002 309	54
57	0.995 652	53	1.002 363	53
58	0.995 705	52	1.002 416	52
59	0.995 757	52	1.002 468	52
60	0.995 809		1.002 520	

表 9　中国科学院国家授时中心短波授时程序

（一）发播程序

1. 程序表

1）$59^{m}00^{s}$～$00^{m}00^{s}$	BPM 呼号（1 min）
2）$00^{m}00^{s}$～$10^{m}00^{s}$	UTC 时号（10 min）
3）$10^{m}00^{s}$～$15^{m}00^{s}$	无调制载波（5 min）
4）$15^{m}00^{s}$～$25^{m}00^{s}$	UTC 时号（10 min）
5）$25^{m}00^{s}$～$29^{m}00^{s}$	UT1 时号（4 min）
6）$29^{m}00^{s}$～$30^{m}00^{s}$	BPM 呼号（1 min）
7）$30^{m}00^{s}$～$40^{m}00^{s}$	UTC 时号（10 min）
8）$40^{m}00^{s}$～$45^{m}00^{s}$	无调制载波（5 min）
9）$45^{m}00^{s}$～$55^{m}00^{s}$	UTC 时号（10 min）
10）$55^{m}00^{s}$～$59^{m}00^{s}$	UT1 时号（4 min）

2. 说明

每半个小时为一发播周期，由中国科学院国家授时中心发播。

呼号　前 40s 为 BPM 莫尔斯电码（ — ···　·——·　—— ）；后 20s 为语言呼号（女声：BPM 标准时间标准频率发播台）。

协调时 UTC　信号采用正弦波形，即时刻起点为零相位。

（1）协调时秒信号：以 1000Hz 音频信号中的 10 个周波去调制其发射载频，产生长度为 10ms 的音频信号，其起点为协调时的秒起点。每秒产生一个这样的时号，两个时号起始之间的间隔为协调时的 1s。

（2）协调时整分信号：以 1000Hz 音频信号中的 300 个周波去调制其发射载频，产生长度为 300ms 的音频信号，其起点为整分起点。

世界时 UT1　信号采用正弦波形，即时刻起点为零相位。

（1）世界时秒信号：以 1000Hz 音频信号中的 100 个周波去调制其发射载频，产生长度为 100ms 的音频信号，其起点为世界时的秒起点。每秒产生一个这样的时号，两个时号起始之间的间隔为世界时的 1s。

（2）世界时整分信号：以 1000Hz 音频信号中的 300 个周波去调制其发射载频，产生长度为 300ms 的音频信号，其起点为整分起点。

无调制载波　只发射载频信号，不加音频调制信号。

（二）发播时间及频率安排

使用频率/MHz	发播时间	
	世界时 UT	北京时间
2.5	$07^h30^m \sim 01^h00^m$	$15^h30^m \sim 09^h00^m$
5.0	24 小时连续	24 小时连续
10.0	24 小时连续	24 小时连续
15.0	$01^h00^m \sim 09^h00^m$	$09^h00^m \sim 17^h00^m$

（三）发播精度

载频准确度优于$\pm 5\times 10^{-11}$。

协调时发播时刻准确度优于$\pm 100\mu s$。

世界时与我国综合时号改正数预报值的误差小于± 0.3ms。

注：为避免互相干扰，BPM 的 UTC 时号发播时刻比国际 UTC 时刻超前 20ms。

表 10　电磁波传播时间改正

一、距离 $D < 1000$ km：

时间改正 τ ／ 距离 D ＼ 电离层高度 h	200km	225km	250km	275km	300km	325km	350km
km	ms	ms	ms	ms	ms	ms	ms
100	1.4	1.5	1.7	1.9	2.0	2.2	2.4
200	1.5	1.7	1.8	2.0	2.1	2.3	2.4
300	1.7	1.8	2.0	2.1	2.3	2.4	2.6
400	1.9	2.0	2.2	2.3	2.4	2.6	2.7
500	2.2	2.3	2.4	2.5	2.6	2.8	2.9
600	2.4	2.5	2.6	2.7	2.9	3.0	3.1
700	2.7	2.8	2.9	3.0	3.1	3.2	3.3
800	3.0	3.1	3.2	3.3	3.4	3.5	3.6
900	3.3	3.4	3.5	3.6	3.7	3.8	3.9
1000	3.6	3.7	3.8	3.9	4.1	4.1	4.1

二、距离 $D > 1000$ km：

$$\tau = D/V_d = D/285 \text{ ms}$$

说　　明

根据国际天文学联合会(IAU) 2000 年第 24 届大会的有关决议，自 2005 年起本书的太阳系大天体基本历表采用美国喷气推进实验室(JPL) 编制的数值历表 DE405/LE405，岁差-章动模型采用 IAU 2000B，恒星星表数据取自依巴谷星表和第谷 2 星表。2009 年起岁差模型采用 IAU 2006 年第 26 届大会决议推荐的 P03 模型，下面针对本书的编算及其应用给出较为详细的说明。

时　间　系　统

从 1984 年开始，天文年历中太阳、月亮和大行星各基本历表的时间引数采用力学时，代替以前使用的历书时(ET)，其他一些历表以及计算天象用的引数仍为世界时(或恒星时)。

世界时是根据地球自转测定的时间。地球自转的速度并不是均匀不变的，而是具有下列三种变化。

一、长期变化　由于潮汐摩擦力，地球自转速度逐渐变慢。

二、季节性变化　地球表面上的气团随季节而移动，使地球自转速度产生季节性的变化。在春季自转速度较慢，秋季较快。此外还有其他一些影响较小的周期性变化。

三、不规则变化　这种变化表现为地球自转速度时而加快，时而变慢，其物理机制目前仍不太清楚。

目前所用的世界时指的是根据 IAU 2000 决议重新定义的 UT1，用地球自转角(ERA)的一个约定线性关系式来表述，其中扣除了由于地球自转轴运动引起的假性地球自转分量的影响，因此反映了真实的地球自转运动。但由于上述地球自转速度的各种复杂变化，所以世界时并不是均匀的。天文年历中，根据力学理论计算天体位置所用的时间引数是均匀的时间，世界时不符合这一要求。

1960 年起，各国天文年历引入一种以太阳系天体公转为基准的时间标准，称为历书时。它在当时被认为是均匀的。历书时用纽康太阳表中 1900 年年首的平黄经和平均运动来定义，历书时秒的定义为 1900 年 1 月 0 日 12^{h}ET 时回归年长度的 1/31556925.9747，而把 1900 年初太阳几何平黄经等于 $279°41'48''.04$ 对应的时刻作为起算的基本历元，即 1900 年 1 月 0 日 12^{h}ET。

历书时不论从理论上还是实践上来说都是不完善的，它不能作为真正的均匀时间标准。原则上讲，每一种基本历表都可以有其自身的“历书时”，例如由观测月亮得出的历书时与观测太阳得到的历书时就不一致。实际上，根据广义相对论，月亮绕地球运动和地球绕太阳运动分别属于地心和日心参考系，这两个参考系的时间并不相同。历书时的定义中关联到一些天文常数，天文常数系统的改变也会导致历书时的不连续。此外实际测定历书时的精度不高，而且提供结果比较迟缓，不能及时满足需要高精度时间的部门的要求，这都是比较严重的缺点。

鉴于历书时以上的缺点和原子频标技术的快速发展，1976 年 IAU 决议从 1984 年起采用力学时取代历书时，并以广义相对论作为时间工作的理论基础。

1967 年第 13 届国际度量衡会议引入新的秒长定义，即位于大地水准面上的铯原子 Cs^{133} 基态的两个超精细能级在零磁场中跃迁辐射振荡为 9192631770 周所持续的时间，称为国际制秒(SI 秒)，由这种时间单位确定的时间尺度称为国际原子时(TAI)。TAI 的起算点取为 1958 年 1 月 1 日 0^{h}UT1，此时原子时与世界时极为接近，仅差 $0^{s}.0039$。原子时由原子钟提供，它不但是目前天文上最精确的时间，而且可以迅速得到。国际原子时从 1972 年 1 月 1 日正式启用。

由于世界时有长期变慢的趋势，世界时时刻将越来越落后于原子时。为了避免发播的原子时与世界时有过大的偏离，1972 年起国际上发播时号多用协调世界时(UTC)，其时间单位为 SI 秒，其时刻与世界时 UT1 的偏离不超过 0.9 秒，方法是在年中或年底进行跳秒，即每次调整 1 秒。调整前将预先发布通知。

按照广义相对论，不同的参考系应当采用不同的时间。IAU 2000 决议规范了两套参考系：太阳系质心参考系(BCRS)和地心参考系(GCRS)，关于这两套参考系的说明见“天文常数系统和天文参考系”部分，它们对应的坐标时分别是质心坐标时(TCB)和地心坐标时(TCG)。另一方面，力学时是天体动力学理论及其历表所用的时间。目前太阳系天体历表中采用的力学时有两种：在太阳系质心参考系中建立的行星历表的时间引数是质心力学时(TDB)；地心视位置历表的引数为地球时(TT)。IAU 2000 决议已经给出了上述四种时间尺度彼此之间的关系。下面主要说明天文年历采用的时间尺度。

TT 建立在 TAI 基础之上，规定 1977 年 1 月 1 日 $0^{h}00^{m}00^{s}$TAI 时刻，对应的 TT 为 1977 年 1 月 1.0003725 日(即 1 日 $0^{h}00^{m}32^{s}.184$)。力学时的基本单位为日。

根据广义相对论，TDB 与 TT 之间，可以选取它们的转换公式中的任意常数使得两者之差不存在长期项，而只有微小的周期性变化。周期性变化最大的项是周年项，振幅为 $0^{s}.001657$。2000 年 IAU 的决议 B1.3 给出了两者间转换的公式。在地面附近，如果精确到毫秒量级，则近似地有 TT＝TDB。

由地球时定义可知：

$$\mathrm{TT} = \mathrm{TAI} + 32^{s}.184$$

而力学时与世界时之差 ΔT 则为

$$\Delta T \equiv \mathrm{TT} - \mathrm{UT1} = 32^{s}.184 + \mathrm{TAI} - \mathrm{UT1}$$

力学时与协调世界时之差 ΔTT 为

$$\Delta\mathrm{TT} = \mathrm{TT} - \mathrm{UTC} = 32^{s}.184 + \Delta\mathrm{AT}$$

其中

$$\Delta\mathrm{AT} \equiv \mathrm{TAI} - \mathrm{UTC}$$

世界时换算力学时的改正值 ΔT 和协调世界时换算力学时的改正值 ΔAT 事先无法获得精确的长期推测值，从 IERS (国际地球自转和参考系服务) 网站(网址为 http://www.iers.org/)可以获得它们的精确值和长达 1 年的预推值，本年历今年 ΔT 的采用值为 $69^{s}.0$。

TT 对 TAI 时刻补偿值 $32^{s}.184$ 正好选取原子时试用期间 ET 与 TAI 之差的估算值，同时 SI 秒长是用历书时秒量度铯原子钟频率的结果，所以地球时能与过去使用的历书时相衔接，而且可以把旧历表中引数历书时改为地球时继续使用。

在本书中，除非特别声明，力学时指的就是地球时 TT。

根据 1976 年 IAU 的决议，天文年历从 1984 年起采用儒略历元代替贝塞尔历元。1994 年 IAU 的决议进一步明确新的标准历元为 2000 年 1 月 1.5 日 TT，记作 J2000.0。此时儒略日 JD=2451545.0，这正是纽康基本历元 1900 年 1 月 0.5 日(JD=2415020.0) 之后一个儒略世纪(36525 日)。新标准历元采用地球时 TT 表示，以代替过去的世界时。某年的儒略年首与标准历元的间隔为儒略年 365.25 日的倍数。

贝塞尔年首的概念仍然可以使用。它的定义：加了光行差改正后由平春分点起算的平太阳赤经恰好是 18^h40^m 的瞬时，称为贝塞尔假年岁首或贝塞尔年首，用年份前加符号 B、年份后加.0 表示。贝塞尔年长可以取 B1900.0 (JD=2415020.31352) 的回归年长度 365.242198781日。因此，若求下一年的贝塞尔年首，可在当年的年首加 365.242198781 日得出。

由此可知，已知儒略日 JD，儒略历元可以表示为

$$J2000.0 + (JD - 2451545.0)/365.25$$

而贝塞尔历元为

$$B1900.0 + (JD - 2415020.31352)/365.242198781$$

天文常数系统和天文参考系

1984 年起，天文年历开始采用 IAU (1976) 天文常数系统①。2005 年起，为了与新的天文参考系(见下文) 匹配，天文常数数值也进行了必要的更新，其选取主要依照 IERS 规范(2003)和 DE405/LE405②。自 2013 年起，本书所列的天文常数取自 IAU 2009 天文常数系统，详见第 1 页。有关该常数系统列表的更新由 IAU 基本天文数值标准工作组(NSFA) 通过网站 http://maia.usno.navy.mil/NSFA.html 发布。

IAU 决议从 1998 年起采用国际天球参考系(ICRS) 作为天文应用中的基本参考系，并指定 ICRS 在射电波段的实现是国际天球参考架(ICRF)，该参考架是通过甚长基线干涉(VLBI)测量得到的河外射电源的高精度位置建立起来的。由于河外射电源非常遥远，其视运动大小远小于位置精度，因此 ICRF 可以认为是以太阳系质心为原点的相对于遥远射电源既无动力学转动、也无运动学转动的空固参考架。ICRF 既不依赖于地球的自转，也不依赖于黄道，仅仅受观测影响。随着 VLBI 观测技术的发展，从 2010 年开始，ICRF 被 ICRF2 取代，其中射电源的稳定性、空间分布的密度和均匀性都有显著提高。ICRS 在光学波段则由依巴谷星表构成的依巴谷天球参考架(HCRF)实现。另一个基本参考系是固连在地球上的国际地球参考系(ITRS)，它的实现叫做国际地球参考架(ICTF)，主要是采用分布在地球表面上一组参考点(例如，空间大地测量站及其标志物)的瞬时坐标(和速度)来实现。

此外，IAU2000 决议在广义相对论框架下定义了两个分别应用于太阳系以及地球附近的参考系。前者叫作太阳系质心参考系(BCRS)，后者叫做地心参考系(GCRS)。在两个参考系中分别指定了相应的度规张量(相对论认为物质分布造成了时空弯曲，而这种弯曲程度

---

① 可参见 2004 年以前的中国天文年历，有关天文书籍或参考文献。

② 可参见 2005—2012 年的中国天文年历，有关天文书籍或参考文献。

由度规来衡量)形式以及在四维时空中的坐标变换关系。上文提到的 ICRS 可以看成是 BCRS 的特例,因为它固定了 BCRS 的空间轴的方向。而 GCRS 的空间轴指向可由 BCRS 得到。因此,GCRS 可认为是“地心的 ICRS”。GCRS 中恒星以及行星的坐标可由它们在 ICRS 中的坐标经过自行、视差、光线弯曲以及光行差等改正而得到。

地球的自转复杂多变，地球的定向需要运动的瞬时参考架，它是基于真正的瞬时地球赤道。IAU 决议从 2003 年起采用新的运动的瞬时参考架。它与动力学参考架无关，是由新的岁差-章动模型,天球中间极(CIP) 和天球中间原点(CIO) 所确定。IAU 决议引入了一些与之相关的新概念。

IAU 2000 岁差-章动模型描述了 CIP 在地心天球参考系(GCRS) 中的运动,而 CIP 在国际地球参考系(ITRS)中的运动需要由观测确定。考虑到新旧天文参考系之间的连续性,在 CIP 的赤道(称之为中间赤道)上选定两个无旋转原点(NRO),即相对于 GCRS 无旋转的天球中间原点和相对于 ITRS 无旋转的地球中间原点(TIO)，它们分别与 CIP 组合定义了天球中间参考系(CIS)和地球中间参考系(TIS)。CIO 和 TIO 之间沿中间赤道的夹角变化对应于真实的地球自转运动,因此被称为地球自转角(ERA)并用来定义世界时 UT1。

IAU 2000 决议在采用新的岁差-章动模型和天文常数最佳估计值的前提下,定义了两种不同类型的由天球参考系(CRS)到地球参考系(TRS)的过渡性参考系。一种类似于传统的第二赤道坐标系,其中仍然涉及黄道,平(真)赤道及平(真)春分点,称为基于春分点的系统;另一种则分别以天球中间极和天球中间原点为坐标系的极和原点,称为基于无旋转原点的系统。

天文年历采用基于春分点的系统,从天球参考系到地球参考系的坐标变换由以下五部分组成：

$$[\mathrm{TRS}] = W(t)R(t)N(t)P(t)B[\mathrm{CRS}]$$

其中时间 t 是从 J2000.0 起算的力学时,以儒略世纪为单位。B,$P(t)$,$N(t)$,$R(t)$和 $W(t)$ 分别是参考架偏差矩阵、岁差矩阵、章动矩阵,地球自转引起的矩阵和极移矩阵。参考架偏差矩阵 B 是由于在标准历元 J2000.0 时刻 IAU2000 岁差-章动模型给出的天球中间极和分点分别与 ICRS 的极和经度零点不重合造成的,它是一个常数矩阵。岁差和章动矩阵 $P(t)$，$N(t)$中已经包含了测地岁差和测地章动，但没有包含自由核章动(FCN)。前者是因为目前采用的 GCRS 和 ICRS 的空间指向相同，而后者其缘由是对 FCN 不能准确地预测。极移目前无法从理论上预测，只能由观测确定，因此天文年历中不予考虑。以下主要介绍一下岁差和章动的概念。

岁差 由于太阳、月亮和行星对地球赤道隆起部分的摄动，使得地球自转轴的方向在空间不断地运动,其中赤道平均极(即平天极) 绕黄极的进动,称为赤道岁差。另外,由于行星对地月系的摄动,使得黄道面绕着地球瞬时自转轴也有一个进动,它的长期项称为黄道岁差。赤道岁差和黄道岁差总的影响是使春分点在黄道上有一个后退运动，称为黄经岁差；同时它也使星体在赤经和赤纬方向产生岁差影响，分别称为赤经岁差和赤纬岁差。1896 年以来，天文年历中一直采用纽康的岁差常数，1984 年开始采用 IAU (1976) 天文常数系统中的岁差常数，2005 年开始采用 IAU 2000B 岁差-章动模型，2009 年起本书开始采用 P03

岁差模型，其岁差量的表达式如下①：

$$\psi_A = 5038''.481507t - 1''.0790069t^2 - 0''.00114045t^3 + 0''.000132851t^4 - 0''.0000000951t^5$$

$$\omega_A = \varepsilon_0 - 0''.025754t + 0''.0512623t^2 - 0''.00772503t^3 - 0''.000000467t^4 + 0''.0000003337t^5$$

$$\varepsilon_A = \varepsilon_0 - 46''.836769t - 0''.0001831t^2 + 0''.00200340t^3 - 0''.000000576t^4 - 0''.0000000434t^5$$

$$\chi_A = 10''.556403t - 2''.3814292t^2 - 0''.00121197t^3 + 0''.000170663t^4 - 0''.0000000560t^5$$

赤道岁差参数为

$$\zeta_A = 2''.650545 + 2306''.083227t + 0''.2988499t^2 + 0''.01801828t^3 - 0''.000005971t^4 - 0''.0000003173t^5$$

$$\theta_A = 2004''.191903t - 0''.4294934t^2 - 0''.04182264t^3 - 0''.000007089t^4 - 0''.0000001274t^5$$

$$z_A = -2''.650545 + 2306''.077181t + 1''.0927348t^2 + 0''.01826837t^3 - 0''.000028596t^4 - 0''.0000002904t^5$$

其中 $\varepsilon_0 = 84381''.406$。

章动　章动在本质上是地球自转轴在 CRS 中运动的一部分，是真天极绕着平天极的周期性运动，其主要项与月亮轨道升交点黄经有关，周期为 18.6 年，其他项是太阳和月亮的平黄经，平近点角以及月亮轨道升交点黄经的组合。IAU 2000 岁差-章动模型中还包含了与行星有关的项。章动可以分解为黄经章动($\Delta\psi$) 和交角章动($\Delta\varepsilon$)。实用上把章动分成长周期项和短周期项，周期小于 35 天的称为短周期项。

1984 年起天文年历中章动的计算是根据瓦尔(J. Wahr) 和木下宙(H. Kinoshita) 的“IAU 1980 章动理论”。2005 年起开始采用 IAU 2000 章动模型计算，精度较高的模型 A 包含了 678 日月项和 687 行星项②。

$$\Delta\psi = \sum_{i=1}^{N}(A_i + A_i' t)\sin(\text{ARGUMENT}) + (A_i'' + A_i''' t)\cos(\text{ARGUMENT})$$

$$\Delta\varepsilon = \sum_{i=1}^{N}(B_i + B_i' t)\cos(\text{ARGUMENT}) + (B_i'' + B_i''' t)\sin(\text{ARGUMENT})$$

其中 $A_i, B_i, A_i', B_i', A_i'', B_i''$，$A_i'''$和 B_i'''是常系数，ARGUMENT 是下述基本引数 F_i(i=1，…，14)的整系数线性组合。对于日月章动 ARGUMENT$=\sum_{j=1}^{5} N_j F_j$；对于行星章动 ARGUMENT$=\sum_{j=1}^{14} N_j' F_j$，$N_j$ 和 N'_j 为整数。基本引数为

$F_1 \equiv l$ =月亮平近点角

$$= 134^\circ.96340251 + 1717915923''.2178t + 31''.8792t^2 + 0''.051635t^3 - 0''.00024470t^4$$

$F_2 \equiv l'$ =太阳平近点角

$$= 357^\circ.52910918 + 129596581''.0481t - 0''.5532t^2 + 0''.000136t^3$$

---

① Hilton J L. Report of the international astronomical union Division i Working group on precession and the ecliptic. Celest. Mech. Dyn. Astron., 2006, 94:351.

② McCarthy D D. IERS Conventions, IERS Tech. Note 32. Paris: Obs. de Paris, 2003.

$- 0''.00001149t^4$

$F_3 \equiv F = L - \Omega$

$= 93^\circ.27209062 + 1739527262''.8478t - 12''.7512t^2 - 0''.001037t^3$
$+ 0''.00000417t^4$

$F_4 \equiv D =$ 日月平角距

$= 297^\circ.85019547 + 1602961601''.2090t - 6''.3706t^2 + 0''.006593t^3$
$- 0''.00003169t^4$

$F_5 \equiv \Omega =$ 月亮升交点平黄经

$= 125^\circ.04455501 - 6962890''.5431t + 7''.4722t^2 + 0''.007702t^3$
$- 0''.00005939t^4$

$F_6 \equiv l_{Me} = 4.402608842 + 2608.7903141574 \times t$

$F_7 \equiv l_{Ve} = 3.176146697 + 1021.3285546211 \times t$

$F_8 \equiv l_E = 1.753470314 + 628.3075849991 \times t$

$F_9 \equiv l_{Ma} = 6.203480913 + 334.0612426700 \times t$

$F_{10} \equiv l_{Ju} = 0.599546497 + 52.9690962641 \times t$

$F_{11} \equiv l_{Sa} = 0.874016757 + 21.3299104960 \times t$

$F_{12} \equiv l_{Ur} = 5.481293872 + 7.4781598567 \times t$

$F_{13} \equiv l_{Ne} = 5.311886287 + 3.8133035638 \times t$

$F_{14} \equiv p_a = 0.024381750 \times t + 0.00000538691 \times t^2$

其中 L 是月亮的平黄经，引数 $F_6 \sim F_{13}$ 的单位是弧度，它们分别是水星、金星、地球、火星、木星、土星、天王星和海王星的平黄经，F_{14} 是以弧度为单位的黄经总岁差。

本书所采用的模型 B 是 IAU 2000 决议推荐的一个简化的模型，总共只包含 78 项，精度可达 1 mas。

内　插　法

天文年历所载关于太阳、月亮、行星和恒星的数值，都是按一定表列时刻计算的；求非表列的其他时刻的数值，则需用内插法来计算，现将最常用的贝塞尔内插公式说明如下。

设表列时刻的间隔为 w，现在求某时刻 t 时的数值 $f(t)$，t 不是表中所列时刻，而是在表列时刻 t_0 和 t_0+w 之间. 则有 $t=t_0+nw$，式中 $n=\dfrac{t-t_0}{w}$ 为内插引数，$0<n<1$。下面列出 t_0 前后表列数值的各次差分如下：

$$
\begin{array}{llllll}
\cdots & \cdots & & & & \\
f_{-2}=f(t_0-2w) & & \cdots & & & \\
 & \Delta'_{-3/2} & & \cdots & & \\
f_{-1}=f(t_0-w) & & \Delta''_{-1} & & \cdots & \\
 & \Delta'_{-1/2} & & \Delta'''_{-1/2} & & \cdots \\
f_0=f(t_0) & & \Delta''_0 & & \Delta^{iv}_0 & \\
 & \Delta'_{1/2} & & \Delta'''_{1/2} & & \Delta^{v}_{1/2} \\
f_1=f(t_0+w) & & \Delta''_1 & & \Delta^{iv}_1 & \\
 & \Delta'_{3/2} & & \Delta'''_{3/2} & & \cdots \\
f_2=f(t_0+2w) & & \Delta''_2 & & \cdots & \\
 & \Delta'_{5/2} & & \cdots & & \\
f_3=f(t_0+3w) & & \cdots & & & \\
\cdots & \cdots & & & &
\end{array}
$$

其中，$\Delta'_{-1/2}=f_0-f_{-1}$，$\Delta'_{1/2}=f_1-f_0$，$\Delta'_{3/2}=f_2-f_1$ 等为一次差；$\Delta''_0=\Delta'_{1/2}-\Delta'_{-1/2}$，$\Delta''_1=\Delta'_{3/2}-\Delta'_{1/2}$等为二次差；以及 $\Delta'''_{1/2}=\Delta''_1-\Delta''_0$ 等为三次差等。

求对于 $t=t_0+nw$ 的函数值 $f(t)$，贝塞尔内插公式如下：

$$f(t_0+nw)=f(t_0)+n\Delta'_{1/2}+B_2(\Delta''_0+\Delta''_1)+B_3\Delta'''_{1/2}+B_4(\Delta^{\text{iv}}_0+\Delta^{\text{iv}}_1)+\cdots \tag{1}$$

式中 B_2，B_3，B_4 为贝塞尔内插系数，其值如下：

$$B_2=\frac{n(n-1)}{2\cdot 2!},\quad B_3=\frac{n(n-1)\left(n-\frac{1}{2}\right)}{3!}$$
$$B_4=\frac{(n+1)n(n-1)(n-2)}{2\cdot 4!} \tag{2}$$

它们的最大值分别为$|B_2|_{极大}=0.0625$，$|B_3|_{极大}=0.008$，$B_{4极大}=0.012$。因此，若以表列数值的最后一位为单位，当要求内插值误差不超过 0.5 时，则二次差小于 4 就可以略去，三次差小于 60 可以略去，四次差和五次差分别小于 20 和 500 就可以略去。贝塞尔内插系数 B_2 和 B_3 可以用 n 为引数由附表 4 查得；附表 5 载$(\Delta''_0+\Delta''_1)\leqslant 400$ 的二次差订正 $B_2(\Delta''_0+\Delta''_1)$的值。

可以注意到

$$B_4=\frac{(n+1)(n-2)}{12}B_2 \tag{3}$$

当 n 在 0 与 1 之间变化时，$\dfrac{(n+1)(n-2)}{12}$在-0.184 附近很小范围内变化，因此可令

$$B_4=-0.184B_2 \tag{4}$$

又令

$$M''_0=\Delta''_0-0.184\Delta^{\text{iv}}_0,\quad M''_1=\Delta''_1-0.184\Delta^{\text{iv}}_1 \tag{5}$$

则贝塞尔内插公式可写为

$$f(t_0+nw)=f(t_0)+n\Delta'_{1/2}+B_2(M''_0+M''_1)+B_3\Delta'''_{1/2} \tag{6}$$

当四次差小于1000 时，用 $B_2(M''_0+M''_1)$代替 $B_2(\Delta''_0+\Delta''_1)+B_4(\Delta^{\text{iv}}_0+\Delta^{\text{iv}}_1)$的误差不会超过最后一位的 0.5。

下面分别举例说明天文年历各表使用贝塞尔内插公式的各种不同情况。

(1) 线性内插，$\Delta''<4$ 可以忽略。

这包括太阳球面位置，日月出没时刻和北极星各表。公式如下：

$$f(t_0+nw)=f(t_0)+n\Delta'_{1/2}=(1-n)f_0+nf_1 \tag{7}$$

(2) 用至二次差，此时 $\Delta'''<60$。

这包括天文年历各表的大部分，如太阳表，月亮每二小时一值的视赤经和视赤纬，外行星表以及恒星视位置表等。公式如下：

$$f(t_0+nw)=f(t_0)+n\Delta_{1/2}+B_2(\Delta''_0+\Delta''_1) \tag{8}$$

(3) $\Delta''' > 60, 20 < \Delta^{iv} < 1000, \Delta^{v} < 500$。

这包括月亮半天一值的视黄经、视黄纬和地平视差，水星和金星表等。公式如下：

$$f(t_0 + nw) = f(t_0) + n\Delta'_{1/2} + B_2(M''_0 + M''_1) + B_3\Delta'''_{1/2} \tag{9}$$

例一 求 2024 年 10 月 1 日力学时 $14^h30^m08^s$ 太阳的视赤经。

$$t = 2024\text{ 年 }10\text{ 月 }1.60426\text{ 日}, n = 0.60426$$

从太阳表(第 16 和 18 页)查得

	视赤经	Δ'	Δ''
2024 年 9 月 30.0 日	$12^h26^m54^s.09$		
		$+217^s.12$	
10 月 1.0 日	12 30 31.21		$+0^s.30$
		$+217.42$	
2.0 日	12 34 08.63		$+0.31$
		$+217.73$	
3.0 日	12 37 46.36		

于是有

$$\Delta'_{1/2} = +217^s.42 \quad \Delta''_0 + \Delta''_1 = +0^s.61$$

由附表 4 得

$$B_2 = -0.0598$$

$$\alpha_0 = 12^h30^m31^s.21$$

由此得到

$$n\Delta'_{1/2} = +\ 2\ 11.378$$

$$B_2(\Delta''_0 + \Delta''_1) = -\ 0.036$$

$$\alpha = 12^h32^m42^s.55$$

若以 $n=0.60$ 及 $\Delta''_0 + \Delta''_1 = +0^s.61$ 为引数，可从附表 5 查得 $B_2(\Delta''_0 + \Delta''_1) = -0^s.04$。

例二 求 2024 年 11 月 6 日力学时 $10^h35^m48^s.63$ 月亮的视黄经。

$$t_0 = 2024\text{ 年 }11\text{ 月 }6.0\text{ 日}, t = 2024\text{ 年 }11\text{ 月 }6.4415351\text{ 日},$$

$$w = 0.5\text{ 日}, n = \frac{0.44153507}{0.5} = 0.8830701。$$

从月亮表(第 59 页)查得

	视黄经	Δ'	Δ''	Δ'''	Δ^{iv}
2024 年 11 月 5.0 日	$261°58'10''.75$				
		$+22636''.69$			
5.5 日	268 15 27.44		$+190''.49$		
		$+22827.18$		$+12''.34$	
6.0 日	274 35 54.62		$+202.83$		$+0''.85$
		$+23030.01$		$+13.19$	
6.5 日	280 59 44.63		$+216.02$		$+0.70$
		$+23246.03$		$+13.89$	
7.0 日	287 27 10.66		$+229.91$		
		$+23246.03$			
7.5 日	293 58 26.60				

$$\Delta'_{1/2} = +23030''.01, \quad \Delta''_0 + \Delta''_1 = +418''.85, \quad \Delta'''_{1/2} = +13''.19, \quad \Delta^{iv}_0 + \Delta^{iv}_1 = 1''.5$$

$$20 < |\Delta^{iv}| < 1000, \quad \Delta^{v}_{1/2} < 500$$

所以用公式(9)，

$$M''_0 + M''_1 = (\Delta''_0 + \Delta''_1) - 0.184(\Delta^{iv}_0 + \Delta^{iv}_1) = +418''.85 - 0''.29 = +418''.56$$

由公式(2)直接计算得到

$$B_2 = -0.02581, \quad B_3 = -0.00659$$

由此得到

$$
\begin{aligned}
\lambda_0 &= \quad 274°35'54''.62 \\
n\Delta'_{1/2} &= + \quad 5\ 38\ 57.113 \\
B_2(M''_0+M''_1) &= - \qquad 10.803 \\
B_3\Delta'''_{1/2} &= - \qquad 0.087 \\
\hline
\lambda &= \quad 280°14'40''.84
\end{aligned}
$$

逆内插法 若要由已知的函数值 $f(t_0+nw)$ 反推得到内插引数 n，从而得到相应的时刻 t，则需用逆内插法。由贝塞尔内插公式有

$$n=[f(t_0+nw)-f(t_0)-B_2(M''_0+M''_1)-B_3\Delta'''_{1/2}]/\Delta'_{1/2} \tag{10}$$

在三次差与四次差可以忽略的情况下，可以写成

$$n=[f(t_0+nw)-f(t_0)-B_2(\Delta''_0+\Delta''_1)]/\Delta'_{1/2} \tag{11}$$

以上两式中 B_2 和 B_3 都与 n 有关。先不考虑 B_2 和 B_3 两项，计算出 n 的近似值。需要注意，n 值的有效位数不超过一次差 $\Delta'_{1/2}$ 的有效位数。由此近似值 n 查出 B_2 和 B_3 代入式中，计算更精确的 n 值。这样重复计算几次，直到求得的 n 不再改变，就作为最后的数值。

例三 求 2024 年 11 月 6 日月亮视黄经为 280°14′40″.84 的力学时。

本例为例二的逆问题，从例二得

$f(t_0)=274°35'54''.62$，$\Delta'_{1/2}=+23030''.01$，$M''_0+M''_1=+418''.56$，$\Delta'''_{1/2}=+13''.19$

所以有

$$n=(20326''.22-418''.56B_2-13''.19B_3)/23030''.01$$

第一次近似：$B_2=0$	$B_3=0$	$n_1=0.8825971$
第二次近似：$B_2=-0.02590$	$B_3=-0.00661$	$n_2=0.8830716$
第三次近似：$B_2=-0.02581$	$B_3=-0.00659$	$n_3=0.8830700$
第四次近似：$B_2=-0.02581$	$B_3=-0.00659$	$n_4=0.8830700$

$t_0=$11 月 6.0 日，$w=0.5$ 日，$t_0+nw=$11 月 6 日 $10^h35^m48^s.62$。

日 历 表

（第 3～5 页）

本表载公历日期、农历日期、星期、积日和节气。

公历即格里历，俗称阳历。

农历俗称阴历，实际上，它是一种阴阳历。

星期是一种以七天为周期的纪日法。

积日是由 1 月 0.0 日起算的日数。

节气的时刻由太阳视位置决定，太阳视黄经为 270°时是冬至，以后每隔 15°是一个节气。所载节气时刻，系东经 120°标准时。

太　阳　表

（第 6～21 页）

本表载每天力学时 0^h 太阳的视赤经、视赤纬、视半径、地平视差、黄经、黄纬和地球向径，以及相同时刻的时差、黄经岁差、黄经章动和真黄赤交角，此外还载有每天太阳上中天历书子午圈的力学时。

自 2014 年起，太阳基本历表采用 DE421。

下面列出太阳平均轨道根数的一种近似计算公式①：

对于当天平春分点的几何平黄经，

$$L=280°27'59''.21+129602771''.36T+1''.093T^2$$

对于当天平春分点的近地点平黄经，

$$\Gamma=282°56'14''.45+6190''.32T+1''.655T^2+0''.012T^3$$

平近点角，$L-\Gamma$

$$g=357°31'44''.76+129596581''.04T-0''.562T^2-0''.012T^3$$

偏心率

$$e=0.01670862-0.00004204T-0.000000124T^2$$

轨道半长轴

$$a=1.00000102$$

其中 T 为自 J2000.0 年起算的儒略世纪数。

视赤经和视赤纬　本表所载的视赤经和视赤纬已经包括章动长周期项和短周期项以及光行差的改正。若求其他时刻的值，可以利用贝塞尔内插公式计算。为了便于内插起见，表中载有视赤经和视赤纬的差数。

视半径　太阳半径对于地心的最大张角，表列值包含了 $1''.55$ 的光渗影响。

地平视差　地球赤道半径对于日心的最大张角。

时差　真太阳与平太阳相距的时角，或平太阳赤经减去真太阳赤经。

求世界时某一时刻的太阳格林尼治时角 $T_日$ 可用公式：

$$T_日=(12^h+\mathrm{UT1})+(E-0.002738\Delta T), \tag{1}$$

其中时差 E 可由表列 0^hTT 的值内插到给定世界时的值。而某地地方平时某一时刻 m 的太阳地方时角 $t_日$ 为

$$t_日=(12^h+m)+(E-0.002738\Delta T) \tag{2}$$

例一　求 2024 年 10 月 1 日北京（$\lambda=+7^h45^m25^s.67$）地方时 $9^h55^m23^s.60$ 太阳的地方时角。

$$m=\quad 9^h55^m23^s.60$$
$$-\lambda=\ -7\ 45\ 25.67$$

① Bretagnon P. Planetary Ephemerides VSOP82，1982. 如需更高精度的公式，可查阅 Simon J，Bretagnon P，Chapron J et al. A&A，1994，282，663-683．

$$
\begin{array}{rl}
\text{UT} = & 2\ 09\ \ 57.93 \\
\Delta T = & +\ \ \ \ \ \ \ 69.0 \\
\hline
\text{TDT} = & 2^{h}11^{m}\ 07^{s} \qquad\qquad n=0.09105
\end{array}
$$

从太阳表(第 16 和 18 页)查得

	E	Δ'	Δ''
2024 年 9 月 30.0 日	$+10^{m}02^{s}.02$		
		$+19^{s}.43$	
10 月 1.0 日	$+10\ \ 21.45$		$-0^{s}.30$
		$+19.13$	
2.0 日	$+10\ \ 40.58$		-0.32
		$+18.81$	
3.0 日	$+10\ \ 59.39$		

于是有

$$\Delta'_{1/2}=+19^{s}.13 \quad \Delta''_0+\Delta''_1=-0^{s}.62$$

由附表 4 得

$$B_2=-0.0207$$

由此得到

$$
\begin{array}{rl}
E_0 = & +10^{m}21^{s}.45 \\
n\Delta'_{1/2} = & +\ \ \ \ \ \ \ 1.742 \\
B_2(\Delta''_0+\Delta''_1) = & +\ \ \ \ \ \ \ 0.013 \\
\hline
E = & +10^{m}23^{s}.205
\end{array}
$$

由公式(5)得

$$
\begin{array}{rl}
12^{h}+m = & 21^{h}55^{m}23^{s}.60 \\
E = & +\ 10\ \ 23.205 \\
-0.002738\Delta T = & -\ \ \ \ \ \ \ \ 0.189 \\
\hline
t_{\text{日}} = & 22^{h}05^{m}46^{s}.62
\end{array}
$$

上中天 所载为太阳中心上中天历书子午圈的力学时。为了方便地推算其他子午圈上中天时刻，表中列出上中天时刻的差数。要求经度 λ 地方太阳上中天时刻，可先把经度化为历书经度 $\lambda^{*}=\lambda-1.002738\Delta T$，再把历书经度 λ^{*} 化为日的小数，取它的绝对值作为内插引数。对东经度，应向前内插，即在当天与前一天的上中天时刻之间内插(计算时应注意：一次差的符号应取与表列的符号相反)；对西经度，应向后内插，即在当天与后一天的上中天时刻之间内插。这样，求得的时刻加上 $0.002738\Delta T$，就得到所求日期经度 λ 地方太阳中心上中天地方子午圈的地方平时。

例二 求 2024 年 5 月 4 日上海($\lambda=+8^{h}05^{m}42^{s}.89$)太阳中心上中天地方子午圈的地方时。

$$\lambda=+8^{h}05^{m}42^{s}.89,\ \Delta T=+69^{s}.0$$

$$\lambda^{*}=\lambda-1.002738\Delta T=+8^{h}05^{m}42^{s}.89-69^{s}.19=+8^{h}04^{m}33^{s}.70=+0^{d}.3365$$

$$n=0.3365$$

从太阳表(第 10 页)查得

	上中天	Δ'	Δ''
2024 年 5 月 2 日	$11^h56^m54\overset{s}{.}97$		
		$-5\overset{s}{.}97$	$+0\overset{s}{.}57$
3 日	11 56 49.00		
		−5.40	
4 日	11 56 43.60		
		−4.82	+0.58
5 日	11 56 38.78		

于是有

$$\Delta'_{1/2}=+5\overset{s}{.}40,\qquad \Delta''_0+\Delta''_1=+1\overset{s}{.}15$$

由附表 4 得

$$B_2=-0.0558$$

由此得到

$$\begin{aligned}
f(t_0) &= 11^h56^m43\overset{s}{.}60 \\
n\Delta'_{1/2} &= +\quad 1.817 \\
B_2(\Delta''_0+\Delta''_1) &= -\quad 0.064 \\
\hline
& \quad 11\ 56\ 45.353 \\
0.002738\Delta T &= +\quad 0.189 \\
\hline
m &= 11^h56^m45\overset{s}{.}54
\end{aligned}$$

黄经和黄纬 太阳表中所载黄经系对于年首平春分点的太阳黄经，不含光行差改正。若求对于标准历元 J2000.0 平春分点的黄经，只要加上量 $a=-20'06\overset{''}{.}97$ 。若求视黄经，可由对年首平春分点的黄经加下列改正：年首到当天的黄经岁差 $p\tau$，黄经章动 $\Delta\psi+\mathrm{d}\psi$，以及光行差改正 $-20\overset{''}{.}49552/R$，即

$$\lambda_{视}=\lambda_{2024.0}+p\tau+(\Delta\psi+\mathrm{d}\psi)-20\overset{''}{.}49552/R \tag{3}$$

其中 p 为年首的黄经岁差速率，τ 为年首到当天的时间间隔，以儒略年为单位，R 为地球向径。

表中给出以当天平黄道、年首平黄道和 J2000.0 平黄道为准的三种黄纬，也不含光行差改正。以当天平黄道为准的黄纬可近似地看作是视黄纬。

地球向径 是地球中心到太阳中心的距离，单位为天文单位，所列向径为真向径，不包括光行时间的改正。

岁差 表中黄经岁差是黄道上的天体从年首到当天的岁差改正。以年首平春分点为准的太阳黄经加上黄经岁差，就得到以当天平春分点为准的黄经。

章动 本表分别列出黄经章动的长周期项和短周期项，交角章动没有直接列出，它就等于贝塞尔日数表中的 $-(B+B')$。$-B$ 是交角章动长周期项，$-B'$ 是短周期项。

黄赤交角 亦称黄道倾角，是黄道和赤道的交角。表中所列值为真黄赤交角 ε，即平黄赤交角加交角章动。

世界时和恒星时表

(第 22～29 页)

本表载世界时 0^h 的真恒星时、平恒星时和二均差以及真恒星时和平恒星时 0^h 的世界时. 在日期旁并列出当天世界时 0^h 的儒略日和当天恒星时 0^h 的儒略恒星日。儒略恒星日与儒略日的概念相类似,它是一种长期计数恒星日的方法,由儒略日为 0.0 之前的一次平春分点格林尼治上中天起算。

世界时 根据 IAU2000 决议 B1.8,世界时 UT1 自 2003 年 1 月 1 日起改由地球自转角 ERA 定义。为了使世界时的日长与太阳视运动的平均周期基本一致,采用 UT1 与 ERA 间的下述约定关系式:

$$\mathrm{ERA}(\mathrm{UT1}) = 2\pi(0.7790572732640 + 1.00273781191135448\,\mathrm{UT1}) \tag{1}$$

式中 UT1 为自 J2000.0UT1 起算的世界时儒略日数。上述世界时的新定义并不影响它与地方平时之间的关系,即

$$\text{地方平时}\ m = \text{世界时}\ M + \text{经度}\ \lambda \tag{2}$$

恒星时 是春分点距子午圈的时角。对应于地球上每一个地方子午圈存在一种地方恒星时,它同格林尼治恒星时间存在关系式:

$$\text{地方恒星时}\ s = \text{格林尼治恒星时}\ S + \text{经度}\ \lambda \tag{3}$$

真恒星时 也称为视恒星时,是真春分点的时角。

平恒星时 是平春分点的时角。

二均差 由格林尼治平恒星时(GMST)到格林尼治真恒星时(GAST)的改正量,

$$\mathrm{EE} = \mathrm{GAST} - \mathrm{GMST} = \Delta\psi\cos\varepsilon_A - \sum_K C_k \sin\alpha_k - 0''.00000087 t\sin\Omega \tag{4}$$

其中 t 是自 J2000.0TT 起算的 TT 儒略世纪数, 出现在 EE 表达式中的有关变量含义如下:

α_k	$C_k(10^{-6''})$
Ω	−2640.96
2Ω	−63.52
$2F-2D+3\Omega$	−11.75
$2F-2D+\Omega$	−11.21
$2F-2D+2\Omega$	+4.55
$2F+3\Omega$	−2.02
$2F+\Omega$	−1.98
3Ω	+1.72
$l'+\Omega$	+1.41
$l'-\Omega$	+1.26
$l+\Omega$	+0.63
$l-\Omega$	+0.63

表中基本引数 $\Omega, F, D, \cdots$ 意义同前,需要指出的是 EE 不等于 2005 年以前的天文年历中给出的赤经章动($\Delta\psi\cos\varepsilon_A$)。

ERA 和格林尼治恒星时之间的数值关系如下:

$$\mathrm{GAST} = 0''.014\,506 + \mathrm{ERA} + 4612''.156\,534t + 1''.391\,5817t^2 - 0''.000\,000\,44t^3 - 0''.000\,029\,956t^4 - 3''.68\times10^{-8}t^5 + \mathrm{EE} \tag{5}$$

严格说来,恒星日与平太阳日长度之间的比值是随时间变化的,但其变化很小, 在 2100 年以前可以由上述数值关系近似地求得

$$恒星日 / 平太阳日 = r \equiv 1-\nu = 1-0.00273042185 \qquad (6)$$

$$平太阳日 / 恒星日 = 1/r \equiv 1+\mu = 1+0.00273789747 \qquad (7)$$

等价地有

$$平太阳时间隔 24^{\mathrm{h}} = 恒星时间隔 24^{\mathrm{h}}03^{\mathrm{m}}56\overset{\mathrm{s}}{.}55434 \qquad (8)$$

$$恒星时间隔 24^{\mathrm{h}} = 平太阳时间隔 23^{\mathrm{h}}56^{\mathrm{m}}04\overset{\mathrm{s}}{.}09155 \qquad (9)$$

利用本表所载世界时 0^{h} 的恒星时和附表 3 可以近似地求得格林尼治子午圈上其他平太阳时刻的真恒星时。设世界时 0^{h} 的格林尼治恒星时为 S^0，则世界时 M 时的格林尼治恒星时为

$$S = S^0 + M + \mu M \qquad (10)$$

其中 μM 为平太阳时间隔化为恒星时间隔应加的改正量，可由附表 3 查得。用(2)，(3)两式代入(10)，则得在其他子午圈的关系式：

$$s = S^0 + m + \mu M = S^0 + m + \mu m - \mu\lambda \qquad (11)$$

若求精确的恒星时，必须考虑这段时间内 EE 的变化。

例一 求 2024 年 6 月 1 日北京（$\lambda = +7^{\mathrm{h}}45^{\mathrm{m}}25\overset{\mathrm{s}}{.}67$）地方平时 $5^{\mathrm{h}}39^{\mathrm{m}}58\overset{\mathrm{s}}{.}34$ 的地方恒星时。

$$\begin{array}{lrl}
6月1日 \quad S^0 & = & 16^{\mathrm{h}}39^{\mathrm{m}}52\overset{\mathrm{s}}{.}773 \\
m & = & +\ 5\ 39\ 58.340 \\
\mu m & = & +\qquad 55.849 \quad (查附表 3) \\
-\mu\lambda & = & -\quad 1\ 16.458 \quad (查附表 3) \\
\hline
s & = & 22^{\mathrm{h}}19^{\mathrm{m}}30\overset{\mathrm{s}}{.}504
\end{array}$$

求精确的地方恒星时，算法如下：

$$M = m - \lambda = 5^{\mathrm{h}}40^{\mathrm{m}} - 7^{\mathrm{h}}45^{\mathrm{m}} = 21^{\mathrm{h}}55^{\mathrm{m}} = 0\overset{\mathrm{d}}{.}91（5 月 31 日）$$

$$\begin{array}{rl}
2024 年 5 月 31.0 日 & \Delta\alpha_0 = -0\overset{\mathrm{s}}{.}2665 \\
& \qquad -0\overset{\mathrm{s}}{.}0041 \\
6 月\ 1.0 日 & \Delta\alpha_1 = -0.2706
\end{array}$$

对于时刻 M

$$\Delta\alpha = -0\overset{\mathrm{s}}{.}2665 + (\Delta\alpha_1 - \Delta\alpha_0) \times 0.91 = -0\overset{\mathrm{s}}{.}2702$$

$$\begin{array}{lrl}
6月1日 \quad S^0_{平} & = & 16^{\mathrm{h}}39^{\mathrm{m}}53\overset{\mathrm{s}}{.}0438（世界时 0^{\mathrm{h}} 的平恒星时） \\
m & = & +\ 5\ 39\ 58.340 \\
\mu m & = & +\qquad 55.849 \\
-\mu\lambda & = & -\quad 1\ 16.458 \\
\Delta\alpha & = & -\qquad 0.2702 \\
\hline
s & = & 22^{\mathrm{h}}19^{\mathrm{m}}30\overset{\mathrm{s}}{.}505
\end{array}$$

真恒星时 0^{h} 的世界时是真春分点过格林尼治子午圈时的世界时。

平恒星时 0^{h} 的世界时是平春分点过格林尼治子午圈时的世界时。

因为恒星日的长度比平太阳日短，所以一年内一定有一天春分点通过子午圈两次，且都在秋分附近，该日与恒星时 0^{h} 相应的世界时有两个。

利用本表所载恒星时 0^{h} 的世界时和附表 2 可以近似地求得与其他恒星时 S 相应的世界时 M，所用公式如下：

$$M = M^0 + S - \nu S \qquad (12)$$

若 $M^0+S-{}_\nu S$ 超过 24^h，则 M^0 取前一天的格林尼治恒星时 0^h 的世界时，否则 M^0 取当天的值。而改正值 ${}_\nu S$ 可由附表 2 求得。以(2)和(3)代入(12)，则得

$$m = M^0 + s - {}_\nu S = M^0 + s - {}_\nu s + {}_\nu\lambda \tag{13}$$

同样，当 $M^0+s-{}_\nu S$ 超过 24^h 时，M^0 取前一天的值。为求更精确的地方平时，应考虑 EE 的变化。

例二 求 2024 年 6 月 1 日北京地方恒星时 $22^h19^m30\overset{s}{.}505$ 的地方平时。

算本题时，M^0 应取 5 月 31 日之值，因为 $M^0+s-{}_\nu s+{}_\nu\lambda$ 大于 24^h。

5 月 31 日	M^0	=	$7^h22^m51\overset{s}{.}030$	
	s	=	+22 19 30.504	
	$-{}_\nu s$	=	− 3 39.446	(查附表 2)
	$+{}_\nu\lambda$	=	+ 1 16.249	(查附表 2)
	m	=	$29^h39^m58\overset{s}{.}338$	

即地方平时 m 为 6 月 1 日 $5^h39^m58\overset{s}{.}338$。

求精确的地方平时算法如下：

$$S = s - \lambda = 22^h20^m - 7^h45^m = 14^h35^m, \quad S^0 = 16^h35^m (\text{5 月 31 日})$$

$$M \approx S - S^0 = 22^h\ 0^m = 0\overset{d}{.}92 (\text{5 月 31 日})$$

5 月31.0 日 $\Delta\alpha_0 = -0\overset{s}{.}2665$

6 月 1.0 日 $\Delta\alpha_1 = -0.2706$ $\quad -0\overset{s}{.}0041$

对于时刻 M：

$$\Delta\alpha = -0\overset{s}{.}2665 + (\Delta\alpha_1 - \Delta\alpha_0) \times 0.92 = -0\overset{s}{.}2703$$

5 月 31 日	$M^0_{平}$	=	$7^h22^m50\overset{s}{.}763$	(平恒星时 0^h 的世界时)
	s	=	+22 19 30.505	
	$-{}_\nu s$	=	− 3 39.446	
	$+{}_\nu\lambda$	=	+ 1 16.249	
	$-\Delta\alpha$	=	+ 0.2703	
6 月 1 日	m	=	$5^h39^m58\overset{s}{.}341$	

太阳直角坐标表

（第 30～33 页）

本表载每天力学时 0^h 太阳的地心赤道直角坐标，以标准历元 J2000.0 的平春分点和平赤道为准. 对于儒略日整数部分可以被 10 除尽的那些日期，表列数值用黑体字印出。

太阳球面位置表

（第 34～37 页）

本表刊载确定日面上任一点的日面坐标所需的三项数据：

(1) 日轴方位角(P)，自日面北点量起的太阳自转轴北端的方位角，向东为正；

(2) 日面中心的日面纬度(B_0);

(3) 日面中心的日面经度(L_0)。

日面纬度以太阳赤道面为基准,向北为正(0°～90°),向南为负 (0°～ −90°)。日面经度由太阳的本初子午圈算起,向西计量(0°～360°)。本初子午圈是 1854 年 1 月 1 日格林尼治平午(儒略日 2398220.0)通过太阳赤道对于黄道的升交点的日面子午圈。根据 IAU 星面坐标和自转根数工作组(WGCCRE)2006 年的工作报告①,计算太阳球面位置的根数如下。

J2000.0 标准历元时太阳自转轴在基本天球参考架 ICRF 中的赤经、赤纬

$$\alpha_0 = 286^\circ\!.13, \quad \delta_0 = 63^\circ\!.87$$

太阳本初子午线自太阳赤道对 ICRF 赤道的升交点在太阳赤道上起量的角度

$$W = 84^\circ\!.176 + 14^\circ\!.1844000d$$

式中 d 为自 J2000.0TDB 起算的日数。

太阳自转的恒星周期为 25.38 平太阳日,由于太阳自转方向和地球公转方向一致,因此自转的会合周期(L_0 减少 360°)比恒星周期长,它的平均值为 27.28 平太阳日。当日面中心的日面经度 $L_0=0$ 时作为自转周的开始。自转周编以连续的号数,以 1853 年 11 月 9 日 $L_0=0$ 时为太阳自转周第一周的开始。2024 年太阳自转周各周开始的日期如下。

自转周号数	开始日期	自转周号数	开始日期	自转周号数	开始日期
2281	1 月 18.27 日	2285	5 月 6.49 日	2290	9 月 19.60 日
2282	2 月 14.61 日	2286	6 月 2.71 日	2291	10 月 16.88 日
2283	3 月 12.94 日	2287	6 月 29.90 日	2292	11 月 13.18 日
2284	4 月 9.24 日	2288	7 月 27.11 日	2293	12 月 10.50 日
		2289	8 月 23.34 日		

日 出 日 没 表

(第 38～41 页)

本表载 0°至北纬 56°各地太阳出没的地方平时,每五天载一值.日出日没时刻是太阳上边缘和地平线相切的时刻,也就是太阳中心的真地心天顶距为 90°50′的时刻,这里蒙气差和太阳视半径分别取为 34′和 16′。

严格地说,本表所载的时刻是格林尼治子午圈上日出日没的地方平时,求其他地方子午圈日出日没的地方平时,应加改正值;但这数值很小,对我国来说常在半分钟以内,所以可以略去。

求某地任一天的太阳出没时刻,可以按比例推算.把地方时化为标准时,需要知道观测者所在的经度和时区。经度每差 1°,时间差 4^m,在标准子午圈之西者加,在东者则减。现在我国各地都以东经 120°的时间为标准。

① Seidelmann P K et al, Celestial Mech Dyn Astr, 2007, 98: 155-180.

例 求 2024 年 8 月 11 日沈阳太阳出没时刻。

$$\varphi=+41^{\circ}46'=+41^{\circ}\!.8$$

$$\lambda=+123^{\circ}26'=+8^{h}13^{m}\!.7$$

	日出			日没		
	$+40^{\circ}$	$+45^{\circ}$	$+41^{\circ}\!.8$	$+40^{\circ}$	$+45^{\circ}$	$+41^{\circ}\!.8$
2024 年 8 月 7 日	$5^{h}04^{m}$	$4^{h}53^{m}$	$5^{h}00^{m}\!.0$	$19^{h}06^{m}$	$19^{h}18^{m}$	$19^{h}10^{m}\!.3$
12 日	5 09	4 59	5 05.4	19 00	19 11	19 04.0
			差 $+5^{m}\!.4$			差 $-6^{m}\!.3$

日出地方时：$5^{h}05^{m}\!.4-5^{m}\!.4\times\frac{1}{5}=5^{h}04^{m}\!.3$

日出标准时：$5^{h}04^{m}\!.3-13^{m}\!.7=4^{h}51^{m}$

日没地方时：$19^{h}04^{m}\!.0+6^{m}\!.3\times\frac{1}{5}=19^{h}05^{m}\!.3$

日没标准时：$19^{h}05^{m}\!.3-13^{m}\!.7=18^{h}52^{m}$

晨昏蒙影表

(第 42～45 页)

日出前和日没后由高空大气散射太阳光引起的天空发亮的现象称为晨昏蒙影；在日出前的叫做晨光，在日没后的叫做昏影。太阳中心在地平下 6°时称为民用晨光始或民用昏影终，这时光线暗淡，需要人工照明。太阳中心在地平下 18°时称为天文晨光始或天文昏影终，这时天空完全黑暗，可以看到目视最暗的星。本表载民用晨光始、民用昏影终、天文晨光始及天文昏影终的时刻，每十天载一值。所载时刻是地方平时。

在高纬度的地方，有一段时期整夜呈现晨昏蒙影现象，相应表列晨昏蒙影时刻的位置均标以“--”。

月　亮　表

(第 46～93 页)

月亮表在第 46～61 页载月亮的视黄经、视黄纬、视半径、地平视差以及月亮上中天和下中天历书子午圈的时刻，第 62～92 页载每二小时一值的月亮视赤经和视赤纬，第 93 页月相表载朔望两弦及月亮通过近地点和远地点的时刻，并列出计算月亮平均轨道根数的近似公式作为参考。

自 2014 年起，月亮的基本历表采用 LE421。

视黄经和**视黄纬**都是以真春分点和瞬时黄道为准，章动(包括短周期 项)和光行差改正都已计算在内。

地平视差是地球赤道半径对于月亮中心的最大张角，表列地平视差值由基本历表 LE421 得出的真距离计算。由地平视差 $\pi_{月}$ 的值按下式可近似地计算月心的真地心距离 $R_{月}$：

$$R_{月}=\frac{1.3156\times10^{9}}{\pi''_{月}}\mathrm{km} \tag{1}$$

视半径是月亮半径对地心的最大张角。视半径 $s_{月}$ 与地平视差 $\pi_{月}$ 之间存在关系式：

$$\frac{\sin s_{月}}{\sin \pi_{月}}=0.272493 \tag{2}$$

中天是月亮中心通过历书子午圈的力学时，时刻旁的“上”“下”字样表 示上中天或下中天。时角等于 0^h 时为上中天，时角等于 12^h 时为下中天。表中并列出中天时刻的差数。月亮连续两次上中天或下中天的间隔比一平太阳日长，因此在一朔望月里，一定有一天没有上中天，有一天没有下中天，相应表列中天时刻的位置均标以“--”。要求在经度 λ 地方月亮中天的时刻，可先把经度化为历书经度 $\lambda^* = \lambda - 1.002738\Delta T$，再把历书经度 λ^* 化为日的小数，取它的绝对值的两倍作为内插引数，利用贝塞尔内插公式进行内插。在东经度地方，月亮过地方子午圈的时刻早于过历书子午圈的时刻，应向前内插；在西经度地方，月亮过地方子午圈的时刻迟于过历书子午圈的时刻，应向后内插（计算时应注意：对东经度向前内插时，一次差的符号应取与表列的符号相反）。这样求得的时刻加上 $0.002738\Delta T$，就得到所求日期经度 λ 地方月亮中心中天地方子午圈的地方平时，把地方平时化为标准时只要加上标准子午圈经度与地方经度之差。

例　求 2024 年 6 月 12 日南京($\lambda = +7^h55^m17^s.02$)月亮上中天的时刻。

$$\lambda = +7^h55^m17^s.02,\quad \Delta T = +69^s.0$$

$$\lambda^* = \lambda - 1.002738\Delta T = +7^h55^m17^s.02 - 69^s.19 = +7^h54^m7^s.83 = +0^d.32926$$

$$n = 2\times 0.32926 = 0.65852$$

从月亮表(第 53 页)查得

		中天	Δ'	Δ''
2024 年 6 月 11 日	上	$16^h.43172$		
			$+12^h.36325$	
12 日	下	4.79497		$-0^h.01285$
			+12.35040	
12 日	上	17.14537		−0.01044
			+12.33996	
13 日	下	5.48533		

于是有

$$\Delta'_{1/2} = -0^h.35040,\quad \Delta''_0 + \Delta''_1 = -0^h.02329$$

由附表 4 得

$$B_2 = -0.0562$$

由此得到

$$\begin{aligned} f(t_0) &= 17^h.14537 \\ n\Delta'_{1/2} &= -0.230745 \\ B_2(\Delta''_0 + \Delta''_1) &= 0.001309 \\ \hline &16.915934 \\ 0.002738\Delta T/3600 &= +0.000052 \\ \hline m &= 16^h.91599 \end{aligned}$$

上中天地方时：$16^h54^m58^s$，

上中天标准时：$16^h54^m58^s + 4^m43^s = 16^h59^m41^s$。

视赤经和**视赤纬**系对于当天真春分点和真赤道而言，章动长周期项、短周期项和光行差改正都已包括在内。由于月亮运动较快，所以每两小时列出一值。

月相　朔是月亮和太阳视黄经相合的时刻，上弦、望和下弦分别是月亮视黄经超过太阳视黄经 90°，180°，270°的时刻。月亮过近地点和远地点分别是月亮距离地球最近和最远，也就是月亮的地平视差为最大和最小的时刻。表中所载时刻都是东经 120°标准时。

月　出　月　没　表

(第 94～109 页)

(第 94～109 页)

月出月没表载 0°至北纬 56°格林尼治子午圈上各地方的月亮出没时刻,每天载一值。月出月没时刻是月亮上边缘与地平线相接触的时刻,也就是月亮中心的真地心天顶距为

$$z=90^{\circ}34'+\text{月亮视半径}\ s-\text{月亮地平视差}\ \pi \qquad (1)$$

的时刻,其中 34′是地平线上的蒙气差。

不在格林尼治子午圈的地方,对东经度,月出月没在格林尼治子午圈之前,可以把经度化为小时数以作内插引数,在当天和前一天的月出或月没时刻之间用线性内插得出;对西经度,则在当天和后一天的月出或月没时刻之间内插。这样求得的时刻是地方平时,还要像计算日出日没时刻那样化为标准时。

月出或月没时刻平均每天推迟约 50 分钟,在一朔望月里,一定有一天没有月出(下弦附近),有一天没有月没(上弦附近),相应表列出没时刻的位置均标以“--”。

例　求 2024 年 10 月 25 日青岛月亮出没时刻。

$$\varphi=+36^{\circ}04'.2=+36^{\circ}.1$$

$$\lambda=+120^{\circ}19'.2=+8^{h}01^{m}.3=+8^{h}.022$$

月出	+35°	+40°	+36°.1
2024 年 10 月 24 日	$23^{h}32^{m}$	$23^{h}18^{m}$	$23^{h}28^{m}.9$
25 日	24 34	24 23	24 31.6
			差 $+62^{m}.7$

月出地方时:

$$24^{h}31^{m}.6-62^{m}.7\times\frac{8.022}{24}=24^{h}10^{m}.6$$

月出标准时:

$$24^{h}10^{m}.6-1^{m}.3=24^{h}09^{m}$$

即月出在 10 月 26 日 $0^{h}09^{m}$。

月没	+35°	+40°	+36°.1
2024 年 10 月 24 日	$13^{h}28^{m}$	$13^{h}43^{m}$	$13^{h}31^{m}.3$
25 日	14 02	14 14	14 04.6
			差 $+33^{m}.3$

月没地方时:

$$14^{h}04^{m}.6-33^{m}.3\times\frac{8.022}{24}=13^{h}53^{m}.5$$

月没标准时:

$$13^{h}53^{m}.5-1^{m}.3=13^{h}52^{m}$$

行　星　表

(第 110～165 页)

行星表载每天力学时 0^{h} 水星、金星、火星、木星、土星、天王星和海王星的视赤经、视赤纬、视半径、地平视差、地心距离以及上中天历书子午圈的力学时。第 459 页载这七颗行星的星等及其与太阳的距角,每十天列一值。

自 2014 年起,大行星基本历表采用 DE421。

第 2 页行星轨道根数表载有行星(包括地月质心和冥王星)的日心吻切轨道根数。

行星的密切轨道是一种瞬时轨道，某一时刻吻切轨道上行星的位置和速度与同一时刻行星在摄动轨道上的实际位置和速度完全一致，因此吻切轨道根数包含了其他行星的摄动影响，有周期性的变化。

作为参考，下面列出平均轨道根数的一种近似计算公式①，其中 Ω 是升交点黄经，i 是轨道倾角，ϖ 是近日点黄经，e 是轨道偏心率，a 是轨道半长轴，L 是平黄经，M 是平近点角，n 是每日平均运动。T 是从 J2000.0 算起的儒略世纪数，而 d 是相应的日数。

J2000.0 黄道坐标系

水星平均轨道根数：

$\Omega=48^\circ.330893+1^\circ.1861882T+0^\circ.0001759T^2$

$i=7^\circ.004986+0^\circ.0018215T-0^\circ.0000181T^2$

$\varpi=77^\circ.456119+1^\circ.5564775T+0^\circ.0002959T^2$

$e=0.20563175+0.000020406T-0.000000028T^2$

$a=0.38709831$

$L=252^\circ.250906+4^\circ.09237706363d+0^\circ.0003040T^2$

$M=174^\circ.794787+4^\circ.09233444960d+0^\circ.0000081T^2$

$n=4^\circ.092339$

金星平均轨道根数：

$\Omega=76^\circ.679920+0^\circ.9011204T+0^\circ.0004066T^2$

$i=3^\circ.394662+0^\circ.0010037T-0^\circ.0000009T^2$

$\varpi=131^\circ.563707+1^\circ.4022289T-0^\circ.0010729T^2$

$e=0.00677188-0.000047765T+0.000000097T^2$

$a=0.72332982$

$L=181^\circ.979801+1^\circ.60216873457d+0^\circ.0003106T^2$

$M=50^\circ.416094+1^\circ.60213034364d+0^\circ.0013835T^2$

$n=1^\circ.602130$

火星平均轨道根数：

$\Omega=49^\circ.558093+0^\circ.7720956T+0^\circ.0000161T^2$

$i=1^\circ.849726-0^\circ.0006011T+0^\circ.0000128T^2$

$\varpi=336^\circ.060234+1^\circ.8410446T+0^\circ.0001351T^2$

$e=0.09340062+0.000090484T-0.000000081T^2$

$a=1.52367934$

$L=355^\circ.433275+0^\circ.52407108760d+0^\circ.0003110T^2$

$M=19^\circ.373041+0^\circ.52402068219d+0^\circ.0001759T^2$

$n=0^\circ.524033$

木星平均轨道根数：

---

① Bretagnon P. Planetary Ephemerides VSOP82, 1982. 如需更高精度的公式，可查阅 Simon J, Bretagnon P, Chapron J, et al. A& A, 1994, 282: 663-683.

$\Omega=100.^{\circ}464441+1.^{\circ}0209542T+0.^{\circ}0004011T^2$

$i=1.^{\circ}303270-0.^{\circ}0054966T+0.^{\circ}0000046T^2$

$\tilde{\omega}=14.^{\circ}331309+1.^{\circ}6126383T+0.^{\circ}0010314T^2$

$e=0.04849485+0.000163244T-0.000000472T^2$

$a=5.20260319+0.0000001913T$

$L=34.^{\circ}351484+0.^{\circ}08312943981d+0.^{\circ}0002237T^2$

$M=20.^{\circ}020175+0.^{\circ}08308528818d-0.^{\circ}0008077T^2$

$n=0.^{\circ}0830912$

土星平均轨道根数：

$\Omega=113.^{\circ}665524+0.^{\circ}8770949T-0.^{\circ}0001208T^2$

$i=2.^{\circ}488878-0.^{\circ}0037362T-0.^{\circ}0000152T^2$

$\tilde{\omega}=93.^{\circ}056787+1.^{\circ}9637685T+0.^{\circ}0008375T^2$

$e=0.05550862-0.000346818T-0.000000646T^2$

$a=9.5549096-0.000002139T$

$L=50.^{\circ}077471+0.^{\circ}03349790593d+0.^{\circ}0005195T^2$

$M=317.^{\circ}020684+0.^{\circ}03344414088d-0.^{\circ}0003180T^2$

$n=0.^{\circ}0334597$

天王星平均轨道根数：

$\Omega=74.^{\circ}005947+0.^{\circ}5211258T+0.^{\circ}0013399T^2$

$i=0.^{\circ}773196+0.^{\circ}0007744T+0.^{\circ}0000375T^2$

$\tilde{\omega}=173.^{\circ}005159+1.^{\circ}4863784T+0.^{\circ}0002145T^2$

$e=0.04629590-0.000027337T+0.000000079T^2$

$a=19.2184461-0.00000037T$

$L=314.^{\circ}055005+0.^{\circ}01176903644d+0.^{\circ}0003043T^2$

$M=141.^{\circ}049846+0.^{\circ}01172834162d+0.^{\circ}0000898T^2$

$n=0.^{\circ}0117308$

海王星平均轨道根数：

$\Omega=131.^{\circ}784057+1.^{\circ}1022035T+0.^{\circ}0002600T^2$

$i=1.^{\circ}769952-0.^{\circ}0093082T-0.^{\circ}0000071T^2$

$\tilde{\omega}=48.^{\circ}123691+1.^{\circ}4262678T+0.^{\circ}0003792T^2$

$e=0.00898809+0.000006408\mathrm{T}-0.000000001T^2$

$a=30.1103869-0.000000166T$

$L=304.^{\circ}348665+0.^{\circ}00602007691d+0.^{\circ}0003093T^2$

$M=256.^{\circ}224974+0.^{\circ}00598102783d-0.^{\circ}0000699T^2$

$n=0.^{\circ}0059818$

视赤经和**视赤纬**系以当天真春分点和真赤道为准，章动长周期项和短周期项以及光行差改正都已包括在内。

地心距为行星中心至地心的真距离，不包括光行时的影响。

视半径是行星半径对于地心的最大张角。在1天文单位处视半径的值如下：

水星	金星	火星	木星		土星		天王星	海王星
			赤道	两极	赤道	两极		
3.″36	8.″34	4.″68	98.″44	92.″06	82.″73	73.″82	35.″02	33.″50

表中列出的木星和土星视半径系赤道视半径。

地平视差是地球赤道半径对于行星中心的最大张角。

上中天是行星中心经过历书子午圈的力学时。求经度λ地方行星上中天时刻的方法与求太阳上中天地方子午圈的方法相同。

地球质心位置和速度表、岁差章动旋转矩阵元素表

（第166～181页）

从相对于标准历元J2000.0平赤道坐标系的天体位置归算为当时的视位置时，改正视差、恒星光行差和岁差、章动的精密计算是利用矩阵转换公式来完成的。

地球质心位置和速度表载地球相对于太阳系质心的位置和速度，即地球赤道直角坐标(x_G, y_G, z_G)及其对时间的导数$(\dot{x}_G, \dot{y}_G, \dot{z}_G)$。表载每日$0^h$TDB的值，系对标准历元J2000.0的平春分点和平赤道而言。这是计算视差和恒星光行差时所必需的。

岁差章动旋转矩阵元素表载从标准历元J2000.0平春分点到表列日期0^hTDB时真春分点应作岁差和章动改正的矩阵元素$A_{11}, A_{12}, \cdots, A_{33}$。

岁差矩阵[P]可表示为

$$[P]=\begin{bmatrix} p_{11} & p_{12} & p_{13} \\ p_{21} & p_{22} & p_{23} \\ p_{31} & p_{32} & p_{33} \end{bmatrix}$$

其中，

$$p_{11}=\cos\zeta_A\cos\theta_A\cos z_A-\sin\zeta_A\sin z_A$$
$$p_{12}=-\sin\zeta_A\cos\theta_A\cos z_A-\cos\zeta_A\sin z_A$$
$$p_{13}=-\sin\theta_A\cos z_A$$
$$p_{21}=\cos\zeta_A\cos\theta_A\sin z_A+\sin\zeta_A\cos z_A$$
$$p_{22}=-\sin\zeta_A\cos\theta_A\sin z_A+\cos\zeta_A\cos z_A$$
$$p_{23}=-\sin\theta_A\sin z_A$$
$$p_{31}=\cos\zeta_A\sin\theta_A$$
$$p_{32}=-\sin\zeta_A\sin\theta_A$$
$$p_{33}=\cos\theta_A$$

ζ_A, z_A, θ_A为赤道岁差参数。

章动旋转矩阵[N]为

$$[N]=\begin{bmatrix} n_{11} & n_{12} & n_{13} \\ n_{21} & n_{22} & n_{23} \\ n_{31} & n_{32} & n_{33} \end{bmatrix}$$

其中，

$$n_{11}=\cos\Delta\psi$$
$$n_{12}=-\sin\Delta\psi\cos\varepsilon$$
$$n_{13}=-\sin\Delta\psi\sin\varepsilon$$
$$n_{21}=\sin\Delta\psi\cos(\varepsilon+\Delta\varepsilon)$$
$$n_{22}=\cos\Delta\psi\cos\varepsilon\cos(\varepsilon+\Delta\varepsilon)+\sin\varepsilon\ \sin(\varepsilon+\Delta\varepsilon)$$
$$n_{23}=\cos\Delta\psi\sin\varepsilon\cos(\varepsilon+\Delta\varepsilon)-\cos\varepsilon\sin(\varepsilon+\Delta\varepsilon)$$
$$n_{31}=\sin\Delta\psi\sin(\varepsilon+\Delta\varepsilon)$$
$$n_{32}=\cos\Delta\psi\cos\varepsilon\sin(\varepsilon+\Delta\varepsilon)-\sin\varepsilon\cos(\varepsilon+\Delta\varepsilon)$$
$$n_{33}=\cos\Delta\psi\sin\varepsilon\sin(\varepsilon+\Delta\varepsilon)+\cos\varepsilon\cos(\varepsilon+\Delta\varepsilon)$$

式中 ε 为平黄赤交角；$\Delta\psi$ 和 $\Delta\varepsilon$ 为黄经章动和交角章动。而岁差章动旋转矩阵[A]为

$$[A]=[N][P]=\begin{bmatrix}A_{11} & A_{12} & A_{13}\\ A_{21} & A_{22} & A_{23}\\ A_{31} & A_{32} & A_{33}\end{bmatrix}$$

天体相对于 J2000.0 平春分点和平赤道的平位置(α_0,δ_0)到相对关于当时真春分点和真赤道的位置(α,δ)的岁差和章动改正的矩阵转换公式为

$$\begin{bmatrix}\cos\delta\ \cos\alpha\\ \cos\delta\ \sin\alpha\\ \sin\delta\end{bmatrix}=\begin{bmatrix}A_{11} & A_{12} & A_{13}\\ A_{21} & A_{22} & A_{23}\\ A_{31} & A_{32} & A_{33}\end{bmatrix}\begin{bmatrix}\cos\delta_0\ \cos\alpha_0\\ \cos\delta_0\ \sin\alpha_0\\ \sin\delta_0\end{bmatrix}$$

贝塞尔日数和独立日数表

(第 182～201 页)

恒星平位置是某一时刻恒星相对于平春分点和平赤道的太阳系质心位置。恒星视位置是某一时刻恒星相对于真春分点和真赤道的地心位置。恒星由年首(或年中)平位置归算到某一时刻的视位置要加年首(或年中)到给定时刻的自行、周年视差、光线偏转、恒星光行差以及岁差、章动改正，对双星还要加双星轨道订正。改正岁差、章动、光线偏转和恒星光行差的精密计算可以利用矩阵转换公式来完成，若所需精度较低，则可通过贝塞尔日数或独立日数来进行。本表给出：① 每天世界时 0^h 的贝塞尔日数 $A+A'$,$B+B'$,C,D,E,A',B'和独立日数 f,g,G,h,H,i,f',g',G'；② 修正二阶项影响所需的系数 J_α 和 J_δ。计算本表所用的光行差常数为 20.″49552。

从 1988 年开始，本书提供儒略年年中的恒星平位置，而不是此前的年首平位置，因此贝塞尔日数以及二阶项订正也是对于当年年中的平春分点和平赤道的，相应的岁差改正也应该采用年中至给定时刻的数值。

修正岁差和章动的贝塞尔日数 $A+A'$,$B+B'$,E 和相应的独立日数 f,g,G 用下式计算：

$$\left.\begin{aligned}&A+A'=n\tau+(\Delta\psi+\mathrm{d}\psi)\sin\varepsilon, &&f=\frac{1}{15}[m\tau+(\Delta\psi+\mathrm{d}\psi)\cos\varepsilon]\\&B+B'=-(\Delta\varepsilon+\mathrm{d}\varepsilon), &&g\cos G=A+A'\\&E=\frac{\lambda'}{\psi'}(\Delta\psi+\mathrm{d}\psi), &&g\sin G=B+B'\end{aligned}\right\}\tag{1}$$

A',B'和相应的f',g',G'用下式计算：

$$\left.\begin{aligned}&A'=\mathrm{d}\psi\sin\varepsilon,\quad f'=\frac{1}{15}\mathrm{d}\psi\cos\varepsilon\\&B'=-\mathrm{d}\varepsilon,\quad g'\cos G'=A',\quad g'\sin G'=B'\end{aligned}\right\}\tag{2}$$

其中m为赤经岁差速率，n为赤纬岁差速率；ψ'为日月岁差周年速率，λ'为行星岁差周年速率；τ表示儒略年年中与当天相距的时间间隔，以儒略年为单位，在上半年τ为负值；$\Delta\psi$，$\mathrm{d}\psi$为黄经章动长周期项和短周期项；$\Delta\varepsilon$，$\mathrm{d}\varepsilon$为交角章动长周期项和短周期项。在(1) 式中m，n，ψ'，λ'取对于当年年中的数值；由岁差量的表达式不难得出

$$\frac{\lambda'}{\psi'}=0.00209516-0.00037496T\tag{3}$$

其中T为J2000.0起算的儒略世纪数。

计算光行差改正的C,D和相应的i,h,H由地球相对于太阳系质心的运动速度计算，计算公式如下：

$$\left.\begin{aligned}&C=+1191''.286\dot{Y}\\&D=-1191''.286\dot{X}\\&i=+1191''.286\dot{Z}\\&h\sin H=C,\quad h\cos H=D,\quad i=C\tan\varepsilon\end{aligned}\right\}\tag{4}$$

其中$\dot{X}$,$\dot{Y}$,$\dot{Z}$为地球对于太阳系质心的速度分量，相对于年中的平春分点而言。

修正二阶项影响所需的系数J_α和J_δ由下式计算：

$$J_\alpha=\frac{1}{15}PQ\sin1'',\quad J_\delta=-\frac{1}{2}P^2\sin1''\tag{5}$$

其中，

$$\left.\begin{aligned}&P=(A+A'\pm D)\sin\alpha+(B+B'\pm C)\cos\alpha=g\sin(G+\alpha)\pm h\sin(H+\alpha)\\&Q=(A+A'\pm D)\cos\alpha-(B+B'\pm C)\sin\alpha=g\cos(G+\alpha)\pm h\cos(H+\alpha)\end{aligned}\right\}\tag{6}$$

上式中的±号对北纬恒星($\delta>0$)取正号，南纬恒星($\delta<0$)取负号。

利用贝塞尔日数恒星由年中平位置求某一时刻视位置的公式如下：

$$\left.\begin{aligned}&\alpha=\alpha_0+(A+A')a+(B+B')b+Cc+Dd+E+\mu_\alpha\tau+J_\alpha\tan^2\delta_0\\&\delta=\delta_0+(A+A')a'+(B+B')b'+Cc'+Dd'+\mu_\delta\tau+J_\delta\tan\delta_0\end{aligned}\right\}\tag{7}$$

其中，

α,δ——恒星的视赤经和视赤纬；

α_0,δ_0——恒星在年中的平赤经和平赤纬；

μ_α,μ_δ——恒星赤经年自行和赤纬年自行。

a,b,c,d,a',b',c',d'——恒星常数，其定义如下：

$$\left.\begin{aligned}
&a=\frac{1}{15}\left(\frac{m}{n}+\tan\delta_0\ \sin\alpha_0\right), && a'=\cos\alpha_0\\
&b=\frac{1}{15}\tan\delta_0\ \cos\alpha_0, && b'=-\sin\alpha_0\\
&c=\frac{1}{15}\sec\delta_0\ \cos\alpha_0, && c'=\tan\varepsilon\cos\delta_0-\sin\delta_0\ \sin\alpha_0\\
&d=\frac{1}{15}\sec\delta_0\ \sin\alpha_0, && d'=\sin\delta_0\ \cos\alpha_0
\end{aligned}\right\}\tag{8}$$

当周年视差大于 0.″01,应考虑视差的影响。恒星周年视差是地球轨道半长轴对于恒星的张角,其数值取自依巴谷星表①。视差改正可用下式计算:

$$\left.\begin{aligned}
\Delta\alpha_\pi&=\pi(Yc-Xd)\\
\Delta\delta_\pi&=\pi(Yc'-Xd')
\end{aligned}\right\}\tag{9}$$

其中 π 为周年视差,X,Y 为太阳直角坐标。

在视差不大的情况下,(9) 可简化为

$$\left.\begin{aligned}
\Delta\alpha_\pi&=C\times0.0532\pi d-D\times0.0448\pi c\\
\Delta\delta_\pi&=C\times0.0532\pi d'-D\times0.0448\pi c'
\end{aligned}\right\}\tag{10}$$

视差的影响也就是对 c,d,c',d'分别加以改正:

$$\left.\begin{aligned}
&\Delta c=+0.0532\pi d, && \Delta c'=+0.0532\pi d'\\
&\Delta d=-0.0448\pi c, && \Delta d'=-0.0448\pi c'
\end{aligned}\right\}\tag{11}$$

周年视差 π 以角秒为单位。当周年视差小于 0.″2 时,以上计算的误差可以忽略。

对于一些明亮的,望远镜中可以明显分辨的双星,观测一般是对较亮的主星而言,而恒星视位置表中刊载的是双星质心的平位置(对于这些恒星,星名后标以符号 *),因此在计算较亮主星视位置时要作双星轨道改正,恒星视位置表说明部分列出 12 颗双星对于当年和下一年年首的双星轨道改正值。其他日期可以用线性内插法求得。

由平位置归算到视位置的过程中,还必须考虑太阳引力场引起的光线偏转的影响。天体在太阳边缘时,偏转角达 1.″8;当天体对太阳的距角为 45°时,其影响为 0.″011;距角等于 90°时,影响为 0.″004. 计算光线偏转可用如下公式。

设:D——天体对太阳的地心角距,$0°\leqslant D\leqslant180°$;$\theta$——光线偏转角;$\alpha$,$\delta$——天体赤经和赤纬;$\alpha_{日}$,$\delta_{日}$——太阳赤经和赤纬;$\Delta\alpha$,$\Delta\delta$——由光线偏转引起的赤经和赤纬增量。

则

$$\cos D=\sin\delta\sin\delta_{日}+\cos\delta\cos\delta_{日}\ \cos(\alpha-\alpha_{日})$$

$$\theta=0.''00407\left(\frac{1+\cos D}{\sin D}+\frac{1}{4}\sin 2D\right)$$

设

$$\mu=\frac{\theta}{\sin D}=0.''00407\left(\frac{1}{1-\cos D}+\frac{1}{2}\cos D\right)\tag{12}$$

则

$$\Delta\alpha=\mu\sec\delta\cos\delta_{日}\ \sin(\alpha-\alpha_{日})$$

$$\Delta\delta=\mu[\sin\delta\cos\delta_{日}\ \cos(\alpha-\alpha_{日})-\sin\delta_{日}\ \cos\delta]$$

① Perryman M A C,et al. The Hipparcos Catalogue. A&A,1997,323:L49-L52.

用独立日数计算恒星视位置的公式如下：

$$\left.\begin{aligned}\alpha&=\alpha_0+f+\frac{1}{15}g\ \sin(G+\alpha_0)\tan\delta_0+\frac{1}{15}h\sin(H+\alpha_0)\sec\delta_0+\mu_\alpha\tau+J_\alpha\tan^2\delta_0\\ \delta&=\delta_0+g\cos(G+\alpha_0)+h\cos(H+\alpha_0)\sin\delta_0+\mathrm{i}\cos\delta_0+\mu_\delta\tau+J_\delta\tan\delta_0\end{aligned}\right\}\quad(13)$$

(7)式或(13)式计算的视位置已包括章动短周期项在内。如果单独求章动短周期项对视位置的影响，可以用公式：

$$\left.\begin{aligned}\Delta\alpha&=A'a+B'b=f'+\frac{1}{15}g'\sin(G'+\alpha_0)\tan\delta_0\\ \Delta\delta&=A'a'+B'b'=g'\cos(G'+\alpha_0)\end{aligned}\right\}\quad(14)$$

为此，在贝塞尔日数和独立日数表中单独列出了 A',B'和 f',g',G'。

若求同一颗恒星不同时刻的视位置，以用贝塞尔日数较为简便；计算单个的视位置，以用独立日数较为简便。

例 求 2024 年 7 月 14 日 α Gem 世界时 $0^{\rm h}$ 的视位置。

(1) 利用贝塞尔日数：

2024.5 平位置 $\alpha_0=7^{\rm h}36^{\rm m}9^{\rm s}.410$　　$\mu_\alpha=-0^{\rm s}.0162$

$\pi=0''.063$

$\delta_0=+31°49'55''.67$　　$\mu_\delta=-0''.148$

$m/n=2.30183$　$\sin\alpha_0=+0.913267$　$\cos\alpha_0=-0.407362$

$\sin\delta_0=+0.527432$　$\cos\delta_0=+0.849597$

$\tan\delta_0=+0.620803$　$\sec\delta_0=+1.177029$

$\varepsilon=23°26'10''.17$　$\tan\varepsilon=+0.433488$

恒星常数：

$a=\dfrac{1}{15}\left(\dfrac{m}{n}+\sin\alpha_0\tan\delta_0\right)=+0.19125$　　$a'=\cos\alpha_0=-0.4074$

$b=\dfrac{1}{15}\cos\alpha_0\tan\delta_0=-0.01686$　　$b'=-\sin\alpha_0=-0.9133$

$c=\dfrac{1}{15}\cos\alpha_0\sec\delta_0=-0.03197$　　$c'=\tan\varepsilon\cos\delta_0-\sin\alpha_0\sin\delta_0=-0.1134$

$d=\dfrac{1}{15}\sin\alpha_0\sec\delta_0=+0.07166$　　$d'=\cos\alpha_0\sin\delta_0=-0.2149$

从世界时 $0^{\rm h}$ 为准的贝塞尔日数表(第 190 页)查得

$\tau=+0.0325$，　$A+A'=-0''.311$，　$B+B'=-8''.640$，

$C=+6''.991$，　$D=-18''.666$，　$E=-0^{\rm s}.0003$

视差对于恒星常数的订正为

$\Delta c=+0.0532\pi d=+0.00024$，　$\Delta c'=+0.0532\pi d'=-0.0007$，

$\Delta d=-0.0448\pi c=+0.00009$，　$\Delta d'=-0.0448\pi c'=+0.0003$

对于$|\delta|<60°$的恒星，可以不必考虑 J_α,J_δ 的影响。关于 J_α,J_δ 的算法如下。

从二阶项订正系数表(第 198 页)查得

$7^{\rm h}$　　　　$8^{\rm h}$

7月 9日	$-0^{s}.000047$	$-0^{s}.000063$
7月19日	-0.000026	-0.000045

先以 7 月 14 日纵向内插得

	7^{h}	8^{h}
7月14日	$-0^{s}.000038$	$-0^{s}.000055$

再以 0.603 横向内插得 $J_{\alpha}=-0^{s}.000048$，

同理得 $J_{\delta}=-0''.0007$。

平位置系对双星质量中心而言，要求较亮子星的视位置，计算双星轨道订正：

	2024.0	2025.0
$\Delta\alpha_g$	$+0^{s}.166$	$+0^{s}.167$
$\Delta\delta_g$	$+1''.79$	$+1''.83$

在 $\tau+0.5=+0.5325$ 时，$\Delta\alpha_g=+0^{s}.1665$，$\Delta\delta_g=+1''.811$，

$\alpha_0=$	$7^{h}36^{m}9^{s}.410$	$\delta_0=$	$+31°49'55''.67$
$(A+A')a=-$	0.0595	$(A+A')a'=+$	0.127
$(B+B')b=+$	0.1457	$(B+B')b'=+$	7.891
$C(c+\Delta c)=-$	0.2218	$C(c'+\Delta c')=-$	0.798
$D(d+\Delta d)=-$	1.3393	$D(d'+\Delta d')=+$	4.006
$E=-$	0.0003	$\tau\mu_\delta=-$	0.005
$\tau\mu_\alpha=-$	0.0005	$J_\delta\tan\delta_0=$	0.000
$J_\alpha\tan^2\delta_0=$	0.0000	$\Delta\delta_g=+$	1.811
$\Delta\alpha_g=+$	0.1665	$\delta=$	$+31°50'8''.70$
$\alpha=$	$7^{h}36^{m}8^{s}.101$		

(2) 利用独立日数：

由独立日数表(第 191 页)查得，并计算如下：

$\delta_0=$	$+31°49'.9$	$\tan\delta_0=+$	0.6212	$\sec\delta_0=+$	1.1773
$G=$	$17^{h}51^{m}45^{s}$	$g\tan\delta_0=+$	5.3703	$h=+$	19.932
$\alpha_0=$	$7^{h}36^{m}9^{s}$	$h\sec\delta_0=+$	23.466	$\sin\delta_0=+$	0.5277
$H=$	$10^{h}37^{m}52^{s}$	$\frac{1}{15}g\tan\delta_0=+$	0.3580	$g=+$	8.645
$G+\alpha_0=$	$25^{h}27^{m}54^{s}$	$\sin(G+\alpha_0)=+$	0.3742	$\cos(G+\alpha_0)=+$	0.9273
		$\frac{1}{15}h\sec\delta_0=+$	1.5644	$h\sin\delta_0=+$	10.518
$H+\alpha_0=$	$18^{h}14^{m}1^{s}$	$\sin(H+\alpha_0)=-$	0.9981	$\cos(H+\alpha_0)=+$	0.0611
		$f=-$	0.0481	$i=+$	3.031
				$\cos\delta_0=+$	0.8494

$\alpha_0=$	$7^{h}36^{m}9^{s}.410$	$\delta_0=$	$+31°49'55''.67$
$f=-$	0.0481	$g\cos(G+\alpha_0)=+$	8.01

$$\frac{1}{15}g\sin(G+\alpha_0)\tan\delta_0 = +\quad 0.1340 \qquad h\cos(H+\alpha_0)\sin\delta_0 = +\quad 0.643$$

$$\frac{1}{15}h\sin(H+\alpha_0)\sec\delta_0 = -\quad 1.5614 \qquad i\cos\delta_0 = +\quad 2.575$$

$$\tau\mu_\alpha = -\quad 0.0005 \qquad \tau\mu_\delta = -\quad 0.005$$

$$J_\alpha\tan^2\delta_0 = \quad 0.0000 \qquad J_\delta\tan\delta_0 = \quad 0.000$$

$$\alpha = \quad 7^h 36^m 7^s.9340 \qquad \delta = +31°50'6''.900$$

视差订正：

$$C\Delta c = +0.00168 \qquad C\Delta c' = -\ 0.0049$$

$$D\Delta d = -0.00168 \qquad D\Delta d' = -\ 0.0056$$

$$\Delta\alpha_\pi = \quad 0.00000 \qquad \Delta\delta_\pi = -\ 0.0105$$

加上视差订正和双星轨道订正后得

$$\alpha = 7^h 36^m 8^s.101 \qquad \delta = +31°50'8''.70$$

恒 星 视 位 置 表

（第 202～445 页）

本表载 1217 颗恒星（$|\delta| < 80°$）的视位置，依赤经的次序排列。为方便野外测量工作，本书所列恒星视位置是恒星在世界时 0^h 的位置。所列日期是儒略日的整数部分能被 10 整除的。

根据 IAU 2000 决议，本表从 2005 年起，所采用的恒星星表位置取自依巴谷星表①；参照美历，自行取自第谷 2 星表②，若第谷 2 星表中没有的，则取自依巴谷星表；视向速度取自依巴谷输入星表③。本年历没有专列恒星平位置表，恒星视位置表的下方载有当年的年中平位置。

视位置表每一栏的首行列出了恒星的星号，星号仍沿用 2005 年以前的方式，即对 FK5 星表收录的 1125 颗恒星就采用 FK5 星表中的星号；对 34 颗取自 FK3 星表的恒星，在相应的 FK3 星表的星号上加括号；对属于 GC 和 N30 星表的恒星（分别为 33 颗和 25 颗）则只注明 GC 或 N30 而不列星号。

第二行列出星名，星名用星座名称附以希腊字母、数字或其他符号表示，有些星名用下列星表的略号附以星号表示：B. D.（Bonn Durchmusterung 星表），C. D.（Cordoba Durchmusterung 星表），Br.（Bradley 星表），Pi.（Piazzi 星表），G.（Gould 星表），H.（Hevelius 星表）等。星座的中文名称与拉丁文名称由下面的星座表给出。

---

① Perryman M A C, et al. The hipparcos catalogue. A&A 1997, 323: L49-L52.

② Hog E, Fabricius C, Makarov V V, et al. The tycho-2 catalogue of the 2.5 million brightest stars. A&A 2000, 355: L27.

③ Turon C, Egret D, Gomez A, et al. Hipparcos Input catalogue version 2. Bull. Inf. CDS 43, 1993: 5.

星 座 表

略号	拉丁名	中 名	略号	拉丁名	中 名
And	Andromeda	仙 女	Lac	Lacerta	蝎 虎
Ant	Antlia	唧 筒	Leo	Leo	狮 子
Aqr	Aquarius	宝 瓶	LMi	Leo Minor	小 狮
Aql	Aquila	天 鹰	Lep	Lepus	天 兔
Ara	Ara	天 坛	Lib	Libra	天 秤
Ari	Aries	白 羊	Lup	Lupus	豺 狼
Aur	Auriga	御 夫	Lyn	Lynx	天 猫
Boo	Bootes	牧 夫	Lyr	Lyra	天 琴
Cam	Camelopardalis	鹿 豹	Mon	Monoceros	麒 麟
Cnc	Cancer	巨 蟹	Mus	Musca	苍 蝇
CVn	Canes Venatici	猎 犬	Oph	Ophiuchus	蛇 夫
CMa	Canis Major	大 犬	Ori	Orion	猎 户
CMi	Canis Minor	小 犬	Pav	Pavo	孔 雀
Cap	Capricornus	摩 羯	Peg	Pegasus	飞 马
Car	Carina	船 底	Per	Perseus	英 仙
Cas	Cassiopeia	仙 后	Phe	Phoenix	凤 凰
Cen	Centaurus	半人马	Psc	Pisces	双 鱼
Cep	Cepheus	仙 王	PsA	Piscis Austrinus	南 鱼
Cet	Cetus	鲸 鱼	Pup	Puppis	船 尾
Col	Columba	天 鸽	Pyx	Pyxis	罗 盘
Com	Coma Berenices	后 发	Sge	Sagitta	天 箭
CrB	Corona Borealis	北 冕	Sgr	Sagittarius	人 马
Crv	Corvus	乌 鸦	Sco	Scorpius	天 蝎
Crt	Crater	巨 爵	Scl	Sculptor	玉 夫
Cru	Crux	南十字	Sct	Scutum	盾 牌
Cyg	Cygnus	天 鹅	Ser	Serpens	巨 蛇
Del	Delphinus	海 豚	Sex	Sextans	六分仪
Dra	Draco	天 龙	Tau	Taurus	金 牛
Equ	Equuleus	小 马	Tri	Triangulum	三 角
Eri	Eridanus	波 江	TrA	Triangulum Australe	南三角
For	Fornax	天 炉	Tuc	Tucana	杜 鹃
Gem	Gemini	双 子	UMa	Ursa Major	大 熊
Gru	Grus	天 鹤	UMi	Ursa Minor	小 熊
Her	Hercules	武 仙	Vel	Vela	船 帆
Hya	Hydra	长 蛇	Vir	Virgo	室 女
Hyi	Hydrus	水 蛇	Vul	Vulpecula	狐 狸

第三行列出星等和光谱。自 2005 年开始，本星表所载的恒星星等和光谱型均取自依巴谷星表。恒星星等用来表示星光的强弱，星等每差一等，光度相差 2.512 倍。肉眼所能看到的最暗的星是 6 等星，光度为其 100 倍（2.512^5）的是 1 等星，1 等星光度的 2.512 倍的星是 0 等星，光度再强一等的是−1 等星。本表载恒星的星等精确到小数两位，变星的变光范围只载至小数一位。

恒星光谱按光谱谱线的种类和强度表示，主要分为 O，B，A，F，G，K，M 等型。每一型又细分为几个次型，例如 A 的次型 A0，A1，A2，A3，…，A9。恒星的颜色和表面温度都随光谱型而有所不同。

本表没有列出一次差数，因此求不在表列时刻的视位置可以采用直接利用函数值本身进行内插的拉格朗日内插公式代替常用的贝塞尔内插公式。拉格朗日三点内插公式相当于贝塞尔内插公式用至二次差。其原理如下。

设对应于连续三个表列时刻 t_{-1}, t_0, t_1 的视位置为 f_{-1}, f_0, f_1，表列时间间隔为 w，求在 t_0 与 t_1 之间某时刻 t 时的视位置 f。

内插因子

$$n=\frac{t-t_0}{w}$$

即

$$t=t_0+nw$$

则拉格朗日三点内插公式为

$$f=L_{-1}\times f_{-1}+L_0\times f_0+L_1\times f_1=\sum_i L_i f_i,\qquad i=-1,0,1$$

其中 L_i 为拉格朗日三点内插公式系数，其值如下：

$$L_{-1}=\frac{1}{2}n(n-1),\qquad L_0=1-n^2,\qquad L_1=\frac{1}{2}n(n+1)$$

附表 6 给出了系数 L_{-1}, L_0, L_1 之值。

由于内插系数之间有关系式：$L_{-1}+L_0+L_1=1$，因而实际使用时可将连续三个表值 f_i 的共同部分 f_{00} 抽出，只对不同部分进行插值计算，即令 $f_i=f_{00}+\Delta f_i$，$i=-1,0,1$，则有

$$f=f_{00}+\sum_i L_i\times\Delta f_i,\qquad i=-1,0,1$$

如果在野外作业时只需概略数据，则采用线性内插即可满足要求，此时不用差数的线性内插公式为

$$f=f_{00}+(1-n)\Delta f_0+n\Delta f_1$$

本表的视赤经和视赤纬没有包含章动短周期项，这是因为这些短周期项变化较快，在十天的长间隔里，不可能有效的使用内插法。改正短周期项影响的公式是

$$\mathrm{d}\alpha=A'a+B'b,\qquad \mathrm{d}\delta=A'a'+B'b'$$

从 2005 年起，对于此前未作轨道改正处理的双星，若依巴谷星表载有其轨道根数并且半长径大于 0.01 角秒，则表载位置为经过轨道改正后的质心位置（对这些恒星，星名后标以符号+）。以前星表所载的十二颗双星，半长径较大，周期较长，本表所载视位置仍是较亮子星的视位置，已利用第六目视双星轨道星表①的双星数据对原来的轨道参数进行更新。下面给出十二颗双星由质心到较亮子星的对于 J2024.0 和 J2025.0 的轨道改正值。

FK4	星名		$\Delta\alpha_g$		$\Delta\delta_g$	
			J2024.0	J2025.0	J2024.0	J2025.0
N30	η	Cas	$-0^s.393$	$-0^s.390$	$+4''.95$	$+4''.98$
257	α	CMa	+0.191	+0.187	+1.53	+1.61
287	α	Gem	+0.166	+0.167	+1.79	+1.83
291	α	CMi	−0.088	−0.060	+4.84	+4.98

① Hart kopf W L, Mason B, Worley C E. Sixth catalog of orbits of visual binary stars. Naval Observatory, DC, AJ 122, 2001: 3472.

339	Br	1268	+0.010	+0.006	+0.26	+0.27
N30	ξ	UMa	+0.066	+0.071	−0.97	−0.95
(477)	γ	Vir	−0.017	−0.019	+1.68	+1.73
N30	ξ	Boo	−0.182	−0.180	+0.97	+0.88
(C4)	ζ	Her	+0.036	+0.036	+0.03	+0.07
N30	70	Oph	+0.150	+0.151	−1.22	−1.19
616	α	Sco	+0.023	+0.022	−0.04	−0.04
793	61	Cyg	−0.604	−0.602	+14.32	+14.38

要求年内任何日期的轨道订正值,可用线性内插法计算。

求任何时刻恒星的视位置 设求经度 λ,日期 d(以标准时 0^h 为一日的开始),某一时刻的恒星视位置,其计算步骤如下。

(一) 求相应的世界时 M。

测量中用一般手表记录观测时刻(允许有几分钟的误差)的近似标准时(在我国为东经 120°标准时,即北京时间),减去标准子午圈经度(东经为正),即得近似的世界时,在东经,如标准时小于标准子午圈经度,世界时为负值,应加 24^h,而格林尼治日期为 $d_t=d-1$,否则 $d_t=d$。

如用恒星钟记录观测时刻,则可用第 563 页公式(12)由地方恒星时化为世界时。

(二) 求内插因子 n。

在恒星视位置表中找出 d_t 在表列日期 d_0 与 d_1 之间,则表列日期到观测时刻的整日数 $D=d_t-d_0$,因之内插引数 n 为

$$n=\frac{1}{10}(D+M)。$$

(三) 求内插系数 L_{-1}, L_0, L_1。

以 n 为引数从附表 6 查取。

(四) 用拉格朗日内插公式作内插,得出观测时的恒星视位置。

例 求 2024 年 2 月 15 日拉萨($\lambda=+6^h04^m$)北京时间 1^h57^m 恒星 1492Grb 2671 的视位置。

(一) 求相应的世界时 M。

$$M=1^h57^m-8^h= 2\text{ 月 }14\text{ 日 }17^h57^m= 2\text{ 月 }14.^d75$$

(二) 求内插因子 n。

从恒星视位置表(第 392 页)查得

$$t_0= 2\text{ 月 }10.^d00$$

$$n=\frac{14.75-10.00}{10}=0.475$$

(三) 以 n 为引数,从附表 6 查得

$$L_{-1}=-0.1247,\ L_0=+0.7744,\ L_1=+0.3503$$

(四) 求视位置。

$$\alpha=18^h47^m13^s+0.^s093\times(-0.1247)+0.^s357\times0.7744+0.^s673\times0.3503$$
$$=18^h47^m13.^s501$$

$$\delta=+53°0'30''+5.''90\times(-0.1247)+2.''94\times0.7744+0.''42\times0.3503$$
$$=+53°0'31.''69$$

北极星视位置表

（第446～447页）

本表载北极星（α UMi）每天世界时0^{h}的视赤经和视赤纬，章动短周期项已经包含在内。表的下方载当年年中平位置。

求其他时刻的北极星视位置，可用求任意时刻恒星视位置相同的方法。

从北极星高度求纬度表

（第448～451页）

本表共三个，分别载有三种改正值：①关于观测时间的改正值；②关于高度的改正值；③关于日期的改正值。在第一表中，若采用表下端的恒星时，改正值的符号与表列的符号相反，第二表所列改正恒为正值。

从观测所得北极星的高度求纬度的方法如下。

先把观测所得的北极星高度作蒙气差和仪器误差的改正得出真高度。以恒星时为引数，从第一表中找出第一个改正值；以恒星时和高度为引数，在第二表中找出第二个改正值；以恒星时和日期为引数，在第三表中找出第三个改正值；真高度和这三个改正值的代数和即为该地的纬度。

例 设2024年7月15日地方恒星时$20^{h}05^{m}$的时候，在某地方测得北极星的高度为$37°53'26''$，求该地的纬度。

$$
\begin{array}{rlrl}
\text{改正值 I} = & +0°09'40'' & \text{真高度} = & 37°53'26'' \\
\text{II} = & + \quad\quad 09 & & \\
\text{III} = & \underline{- \quad\quad 12} & \text{改正值的和} = & \underline{+\ 0\ 09\ 37} \\
\text{改正值的和} = & +0°09'37'' & \text{纬度} = & 38°03'03''
\end{array}
$$

北极星高度和方位角表

（第452～455页）

本表载北极星高度和方位角。北极星高度＝地方纬度＋f，f为高度改正值，按地方恒星时从第一直栏中找出。北极星方位角按地方恒星时及地方纬度从其他直栏中找出，由于在造表时假定北极星赤纬为$89°18'02''$，所以当赤纬为其他值时，必须加上方位角订正。

例 求2024年5月2日北纬37°地方恒星时$7^{h}9^{m}$的北极星高度和方位角。

从第446页北极星视位置表查得2024年5月2日北极星α UMi的赤纬$\delta=+89°22'00''$。以地方恒星时$7^{h}9^{m}$和纬度37°为双引数从第454页北极星高度和方位角表查得

恒星时	f	北极星方位角 北纬 36°	北极星方位角 北纬 38°
7^h04^m	＋ 0° 19′	40′.9	42′.0
7 14	＋ 0 18	41.9	43.0

按比例求得 f ＝ ＋ 0° 19′

纬度 ＝ ＋ 37 00

北极星高度 ＝ ＋ 37°19′　北极星方位角 0°42′.0 北偏西。

方位角订正

	方位角 40′	50′
赤纬＋89° 21′ 55″	0′.0	0′.0
赤纬＋89 22 00	−0.1	−0.1

以赤纬＋89°22′00″和方位角 0°42′.0 为双引数查得方位角订正＝−0′.1，则北极星方位角＝0°42′.0− 0′.1＝0°41′.9 北偏西。

天　象　表

（第 456～458 页）

天象表载太阳、月亮和行星的动态以及相关天文现象，包括：

(1) 行星的地心天象（冲日、合日、留、内行星东西大距以及金星最亮、火星最近地球等）和日心天象（过近日点和远日点、纬度最北和最南、过升交点和过降交点等）；

(2) 日月食、凌日等交食现象；

(3) 月相（朔、望、两弦）、月亮过近地点和远地点；

(4) 月掩行星或掩四颗亮恒星（毕宿五即金牛座 α 星、轩辕十四即狮子座 α 星、角宿一即室女座 α 星、心宿二即天蝎座 α 星），行星合月，行星之间相合以及行星与五颗亮恒星（除上列四颗外，另加北河三即双子座 β 星）之间相合，月掩星和合月如果距离合朔 24^h 之内，则不列出，行星之间相合或行星与恒星相合如果距离太阳 10°以内，也不列出。

现把各种天象分别说明如下。

合日和冲日　行星视黄经与太阳视黄经相同的时候称为合日，相差 180°的时候叫做冲日。内行星（水星和金星）的合日有上合和下合之分，上合时太阳在内行星与地球之间，内行星由西向东运动为顺行；下合时行星在太阳与地球之间，行星由东向西移动为逆行。内行星由于其轨道在地球轨道内侧而没有冲日现象。外行星相邻两次合日（或冲日）以及内行星相邻两次上合日（或下合日）的平均间隔称为会合周期，根据行星的平均运动得出行星的会合周期如下：

水星	115.88 日	土　星	378.09 日
金星	583.92 日	天王星	369.66 日
火星	779.94 日	海王星	367.48 日

木星　398.88 日　　冥王星　366.72 日

由于轨道偏心率和摄动的影响，实际间隔与会合周期有一定的差异。

留　由于地球和行星绕日运动时运行速度和相对位置的不同，行星在天空的视运动有时顺行（自西向东），有时逆行。顺行和逆行之间有一个时刻行星看起来是停留不动的，叫做留。顺行而留，留后逆行叫做顺留；逆行而留，留后顺行叫做逆留。

东大距和西大距　外行星对太阳的角距可以为 0°到 180°间的任何值，在 180°时为冲日。而内行星由于轨道是在地球轨道内侧，因此从地球上看，它们对太阳的角距不会超过某种限度。内行星在太阳之东（或西）的最大角距称为东（或西）大距。水星在下合日前后约 20 天达东大距或西大距，由于水星轨道偏心率比较大，最大角距在 18°至 28°之间变化；金星在下合日前后 70 天左右达东西大距，角距为 46°～48°。上述有关内行星的天象循序出现：下合—留—西大距—上合—东大距 —留—下合。

过近日点和过远日点　假使不考虑摄动影响，行星的轨道为一椭圆，而太阳在其焦点上，行星在轨道上离太阳最近的一点，称为近日点，最远的一点称为远日点。表列过近日点和过远日点时刻是行星向径为极小或极大的时刻，也就是已经考虑了摄动的影响，这与由平均轨道根数近日点黄经等于 0°或 180°的时刻稍有不同。

过升交点和过降交点　行星轨道和黄道面有两个交点，行星由南而北通过黄道所经过的交点，称为升交点，相反的一点，叫做降交点。表列过升交点或过降交点的时刻是行星日心黄纬等于 0 的时刻。

行星纬度最北和最南　行星轨道和黄道面斜交，行星有时在黄道之北，有时在南。表载时刻是行星日心纬度极大和极小的时刻。

合月、月掩星、行星间和行星与恒星相合　行星或恒星合月以及行星之间、恒星与行星相合都是指视赤经相合而言。行星在天球上运行的路线以及五颗亮恒星（毕宿五、轩辕十四、角宿一、北河三和心宿二）都很接近黄道，因而月亮在 18.6 年交点运动周期内有机会掩蔽它们。

金星最亮　从地球上看，金星也像月亮一样有盈亏晦明现象。金星约在下合日前后 36 天，或东大距之后西大距之前 35 天为最亮。金星的会合周期约为 584 天，因此它的最亮日期有时全年都没有，但东西大距间隔较短时一年有两次。

火星最近地球　火星在一会合周期里，有一次距离地球最近，发生在冲日附近。

凌日　内行星（水星和金星）经过日面的现象称为凌日。当内行星下合时，且内行星和地球同时在其轨道交点附近会发生这种交食现象。由于内行星视半径远小于太阳视半径，所以凌日表现为日面上出现一个缓缓移动着的小黑点。水星凌日平均每 100 年发生 13 次，金星凌日约 243 年仅发生 4 次。

行星的星等和离太阳的距角表

（第 459 页）

星等　行星的亮度与行星的日心向径 r，行星的地心距 Δ 以及太阳与地球在行星处的

张角 i 等有关。自 2008 年起，水星和金星的星等采用新的公式①计算。计算行星星等的公式如下：

$$m_{水} = -0.60 + 5\ \lg r\Delta + 0.0498i - 0.000488i^2 + 0.00000302i^3$$

$$m_{金} = \begin{cases} -4.47 + 5\ \lg r\Delta + 0.0103i + 0.000057i^2 + 0.00000013i^3, & 2.2 < i < 163.6 \\ 0.98 + 5\ \lg r\Delta - 0.0102i, & 163.6 < i < 170.2 \end{cases}$$

$$m_{火} = -1.52 + 5\ \lg r\Delta + 0.016i$$

$$m_{木} = -9.40 + 5\ \lg r\Delta + 0.005i$$

$$m_{土} = -8.88 + 5\ \lg r\Delta + 0.044|U' + \omega - U| - 2.60|\sin B| + 1.25\sin^2 B$$

其中 i 以度为单位，r 和 Δ 以天文单位为单位，B 相当于土星光环平面与视线方向所成的角度，U'，ω，U 也都是与光环位置有关的量。

对于天王星和海王星而言，i 较小，故可由下列公式计算其星等：

$$m_{天王} = -7.19 + 5\ \lg r\Delta$$

$$m_{海王} = -6.87 + 5\ \lg r\Delta$$

距角　是行星与太阳的地心角距，从太阳向东或向西计算，由 0°至 180°。由于行星轨道与黄道有一定的倾斜，行星合日或冲日时，距角不一定恰好是 0°或 180°。

距角 E 是用下式计算：

$$\cos E = \frac{R^2 + \Delta^2 - r^2}{2R\Delta}$$

其中 R 和 r 分别是地球和行星的日心向径，Δ 是行星的地心距离。

天　然　卫　星　表

（第 460～519 页）

从 2010 年开始，本书增加了火星、木星、土星、天王星的主要天然卫星历表。内容包括卫星的大距和星等表，表中给出了卫星相对行星的地心大距时刻，以及该时刻卫星相对行星的地心视位置较差坐标和视星等，较差坐标采用 $\Delta\alpha\cos\delta$ 和 $\Delta\delta$ 的形式，即以行星为中心，卫星相对行星的地心视圆弧分别在赤纬平行圈（向东为正）和子午圈（向北为正）上的投影；对木星的四颗伽利略卫星，则给出了它们的地心天象表和它们在木星赤道面上相对木星的位置图，图中纵轴所标的数字为日期，平行横线为每日世界时 0^h 的时刻，图中间的两条平行竖直线之间的距离代表木星的赤道直径，正弦曲线代表各卫星相对木星的运动轨迹。

火卫一和火卫二的理论模型采用 V. Lainey 的数值积分历表（*A&A.*，465，2007：1075），伽利略卫星基于 V. Lainey 的数值积分历表（*A&A.*，456，2007：783）计算，土卫一至土卫八的位置根据 A. Vienne 的理论模型（*A&A.*，297，1995：588）计算，天王星的理论模型采用 V. Lainey 的数值积分历表（*P&SS.* 56，2008：1766L）。

① James L. Improving the visual magnitudes of the planets in the astronomical almanac. I. Mercury and Venus，AJ 129，2005：2902.

日 月 食 表

(第 520～527 页)

自 2014 年起,日月食计算中所需的日月视位置根据 DE421/LE421 计算。太阳在单位距离处的视半径值采用 15′59.″64。月亮的视半径根据公式 $\sin s_{月} = k\sin\pi_{月}$ 计算,其中 $\pi_{月}$ 为月亮的地平视差,k 值取 0.2725076,为 IAU1982 推荐数值。太阳和月亮的视半径不包括光渗影响。

月食根数 载月亮和太阳赤经相冲时候的力学时,相冲时候太阳和月亮的视赤经、视赤纬、地平视差、视半径以及赤经和赤纬的每时变量。

月食概况 载半影食始、半影食终及初亏、食既、食甚、生光、复圆时的时刻 。月亮进入地球半影以后,月面光度看不出有显著变化,因此通常将月亮开始进入地球本影的时刻作为偏食的开始,叫做初亏。月亮完全进入本影的时刻是全食的开始,叫做食既。月亮中心和地影中心相距最近的时刻,叫做食甚。月亮开始离开本影的时刻是全食的终了,叫做生光。与初亏定义相一致,通常将月亮完全离开本影的时刻认作为偏食的终了,叫做复圆。月食概况又载初亏、复圆时候本影和月亮切点的方位角(从月面北点向东起算),初亏、复圆时地球上见月亮在天顶的地点的经纬度和月食食分(食甚时月亮边缘深入地影的距离和月亮直径之比)。月食时凡能看到月亮在地平线以上的地方都可以看到月食,各食相的时刻、初亏和复圆的方位、食分,各地所看见的都是一样。

本表上端还载能见月食的大致区域。如要确切地知道某地是否可以看到月食,应先计算该地的月出、月没时刻,再根据初亏、复圆间月亮是否在地平线以上来推定。

日食根数 载太阳和月亮赤经相合的力学时,相合时候太阳和月亮的视赤经、视赤纬、地平视差及视半径。

日食概况 载日食起止时刻和见食地点。

偏食始表示月亮半影锥初次和地面相切的时刻,就是地面最先看到初亏的时刻,并列出切点的历书经纬度。中心食始表示月亮本影锥轴初次和地面相切的时刻,并列出切点的历书经纬度。地方视午(或视子夜)的中心食表示太阳和月亮赤经相合时月影锥轴与地面的交点,并列出了该点的历书经纬度。中心食终表示月亮本影锥轴最后和地面相切的时刻,并列出切点的历书经纬度。偏食终表示月亮半影锥最后和地面相切的时刻,并列出切点的历书经纬度。

日食界限图 描绘了月影经过地面的情况,包括日食可见区域、日食路径、日食开始和结束时刻等。短线组成的虚线是同时复圆线,较长线段组成的虚线是同时初亏线。某地初亏、复圆的时刻可根据上述两曲线通过内插大致估计出来。

贝塞尔根数 描述了月影相对于地球的几何位置,用于精密计算日食时刻。其定义如下。

垂直于月影锥轴的地心(E)平面叫做基本面。基本面和赤道面的交线为 X 轴,向东为正。在基本面上和 X 轴相垂直的直线为 Y 轴,向北为正。Z 轴平行于影轴,向月亮方向为正。直角坐标系$\{E,XYZ\}$称为贝塞尔坐标系。

x,y 是月影锥轴和基本面交点的坐标,以地球赤道半径为长度单位。

d，μ 是影轴在天球上投影点的赤纬及历书时角。

u_1，u_2 是半影锥及本影锥在基本面上的半径，以地球赤道半径为长度单位。u_1 恒为正值，u_2 对环食取正值，全食取负值。

f_1，f_2 是半影锥和本影锥的半顶角。

贝塞尔根数表载 x，y，$\sin d$，$\cos d$，μ，u_1 及 u_2，每 10 分钟各列一值；x 和 y 的每分钟变量 x' 和 y' 每小时各列一数；f_1，f_2 及 μ'（以弧度表示的 μ 的每分钟变量）在整个日食过程中可当做常数。

用贝塞尔根数推算日食所根据的原理是：观测者与影轴的距离在初亏、复圆时等于半影半径，在全食或环食的开始和终了时等于本影半径。具体计算步骤如下。

(1)由观测地的地理纬度 φ 计算该地的地心坐标 $\rho\cos\varphi'$ 和 $\rho\sin\varphi'$，可从附表 8 按下列公式计算，

$$\begin{aligned}\rho\cos\varphi' &= (C+0.1568h\times10^{-6})\cos\varphi \\ \rho\sin\varphi' &= (S+0.1568h\times10^{-6})\sin\varphi\end{aligned} \tag{1}$$

(2)从日食图得到初亏、食甚、复圆的近似时刻 T_0。

(3)对每一近似时刻，计算相应的贝塞尔根数、观测地在基本坐标系中的坐标(ξ，η，ζ)及其每分钟变量(ξ'，η')，

$$\left.\begin{aligned}\xi &= \rho\cos\varphi'\sin(\mu+\lambda^*) \\ \eta &= \rho\sin\varphi'\cos d-\rho\cos\varphi'\sin d\cos(\mu+\lambda^*)=\eta_1-\eta_2 \\ \zeta &= \rho\sin\varphi'\sin d+\rho\cos\varphi'\cos d\cos(\mu+\lambda^*)=\zeta_1+\zeta_2 \\ \xi' &= \mu'\rho\cos\varphi'\cos(\mu+\lambda^*) \\ \eta' &= \mu'\xi\sin d-\zeta d'\end{aligned}\right\} \tag{2}$$

式中 λ^* 为观测地的历书经度，它与地理经度 λ 的关系为 $\lambda^*=\lambda-1.002738\Delta T$。

(4) 求观测地与影轴的相对位置及运动。从观测地作一个平面和基本面相平行，叫做平行面，ζ 是平行面和基本面的距离。(u，v)和 m 分别是影轴相对于观测者的位置坐标和距离。(u'，v')和 n 分别是影轴相对于观测者的运动速度和大小。l_1(l_2)是半(本)影锥在平行面上的半径，

$$\left.\begin{aligned}& u=x-\xi,\ u'=x'-\xi' \\ & v=y-\eta,\ v'=y'-\eta' \\ & m^2=u^2+v^2,\ n^2=u'^2+v'^2 \\ & l_i=u_i-\zeta\tan f_i\end{aligned}\right\} \tag{3}$$

式中 m 和 n 恒取正值，$i=1(2)$对应于偏食(中心食)。

(5) 求真时与设时的差 Δt。

首先为计算方便起见引入三个中间变量 D，Δ 和 ψ。

$$\left.\begin{aligned}& D=uu'+vv' \\ & \Delta=\frac{1}{n}(uv'-u'v) \\ & \sin\psi=\frac{\Delta}{l_i},\quad i=1,2\end{aligned}\right\} \tag{4}$$

若半影或本影的$\left|\frac{\Delta}{l_i}\right|>1$，则该地不能看到相应的日食。

对食甚设时的订正值：

$$\Delta t=-\frac{D}{n^2} \tag{5}$$

对初亏、复圆设时的订正值：

$$\Delta t=\frac{l_1\cos\psi}{n}-\frac{D}{n^2} \tag{6}$$

如果是中心食，则用食甚设时作为中心食起止时刻的设时，对其订正值为

$$\Delta t=\frac{l_2\cos\psi}{n}-\frac{D}{n^2} \tag{7}$$

对(6)和(7)式，初亏、环食始或全食终时，$\cos\psi<0$。复圆、环食终或全食始时，$\cos\psi>0$。以此来确定ψ的象限。

原设时加上订正值就得到比较精确的见食时刻。若求更精确的时刻，以设时加订正值作为新的设时，进行多次迭代即可。

(6) 求食分。食分是日面直径的被遮部分与太阳直径之比。

偏食食甚时的食分为

$$M_1=\frac{l_1-m}{l_1+l_2} \tag{8}$$

上式中m取其食甚时刻的值。

中心食食甚时的食分为

$$M_2=\frac{l_1-l_2}{l_1+l_2} \tag{9}$$

(7) 求方位。

方位角是初亏、复圆或中心食的开始和终了时日、月视圆面切点的方位，从日面北点或顶点向东起算。

设从日面正北点起算的方位角为P，则

$$\tan P=\frac{u}{v} \tag{10}$$

全食时$\sin P$与u反号，其余情况$\sin P$与u同号，以此确定P的象限. 从日面顶点起算的方位角$V=P-C$，其中

$$\tan C=\frac{\xi}{\eta} \tag{11}$$

$\sin C$和ξ同号。

例 求2024年4月8日美国达拉斯(Dallas)($\varphi=+32\overset{\circ}{.}78$，$\lambda=-96\overset{\circ}{.}80$)见食时刻、方位和食分。

观测地的地心坐标：

$$\rho\cos\varphi'=+0.84158$$
$$\rho\sin\varphi'=+0.53832$$

	初亏	食甚	复圆
力学时 T_0	$17^h\ 00^m$	$18^h\ 00^m$	$20^h\ 00^m$
μ	74° 35′ 14″	89° 35′ 28″	119° 35′ 58″
λ	−96 47 60	−96 47 60	−96 47 60
$1.0027\Delta T$	0 17 18	0 17 18	0 17 18
$h=\mu+\lambda-1.0027\Delta T$	−22 30 04	−7 29 50	22 30 40
$\rho\cos\varphi'$	0.84158	0.84158	0.84158
$\sin h$	−0.38270	−0.13048	0.38286
ξ	−0.32208	−0.10981	0.32221
$\cos d$	0.99128	0.99125	0.99118
$\rho\sin\varphi'$	0.53832	0.53832	0.53832
$\sin d$	0.13176	0.13202	0.13253
$\eta_1=\rho\sin\varphi'\cos d$	0.53363	0.53361	0.53357
$\zeta_1=\rho\sin\varphi'\sin d$	0.07093	0.07107	0.07134
$\cos h$	0.92387	0.99145	0.92381
$\eta_2=\rho\cos\varphi'\sin d\cos h$	0.10245	0.11015	0.10304
$\zeta_2=\rho\cos\varphi'\cos d\cos h$	0.77074	0.82708	0.77060
$\eta=\eta_1-\eta_2$	0.43118	0.42346	0.43053
$\zeta=\zeta_1+\zeta_2$	0.84167	0.89815	0.84194
μ'	0.0043645	0.0043645	0.0043645
$\xi'=\mu'\rho\cos\varphi'\cos h$	0.003393	0.003642	0.003393
d'	0.0000043	0.0000043	0.0000043
$\eta'=\mu'\xi\sin d-\zeta d'$	−0.000189	−0.000067	0.000183
x	−0.82977	−0.31810	0.70539
y	−0.05126	0.21975	0.76140
x'	0.008527	0.008529	0.008529
y'	0.004518	0.004516	0.004511
$u=x-\xi$	−0.50769	−0.20829	0.38318
$v=y-\eta$	−0.48244	−0.20371	0.33087
$u'=x'-\xi'$	0.005134	0.004887	0.005136
$v'=y'-\eta'$	0.004707	0.004583	0.004328
m	0.70036	0.29134	0.50626
n	0.006965	0.006700	0.006716
$\tan f_i$	0.0046684	0.0046451	0.0046682
u_i	0.53576	−0.01050	0.53591
$\zeta\tan f_i$	0.00393	0.00417	0.00393
$l_i=u_i-\zeta\tan f_i$	0.53183	−0.01467	0.53198
$D=uu'+vv'$	−0.004877	−0.001951	0.003400
$\Delta=\dfrac{uv'-u'v}{n}$	0.01251	0.00609	−0.00606
$(1)=-\dfrac{D}{n^2}$	100.543902	43.475851	−75.370211
$\sin\psi=\dfrac{\Delta}{l_i}$	0.02353	−0.41539	−0.01139
$\cos\psi$	−0.99972	±0.90964	0.99994
$(2)=\dfrac{l_i}{n}\cos\psi$	−76.341321	∓1.991652	79.199814
$\Delta t=(1)+(2)$	$24^m.202581$	$\begin{cases}41^m.484199\\43^m.475851\\45^m.467503\end{cases}$	$3^m.829603$
T_0	$17^h\ 00^m\ 00^s$	$18^h\ 00^m\ 00^s$	$20^h\ 00^m\ 00^s$
ΔT	$69^s.0$	$69^s.0$	$69^s.0$
世界时 $T=T_0+\Delta t-\Delta T$	$17^h\ 23^m\ 03^s$	$\begin{cases}18^h\ 40^m\ 20^s\\18^h\ 42^m\ 20^s\\18^h\ 44^m\ 19^s\end{cases}$	$20^h\ 02^m\ 41^s$

如果要求更精确的数值，须以上面所得的力学时为新设时，再推算一次，结果如下：

	世界时		
初亏	17^h	23^m	18^s
全食始	18	40	41
食甚	18	42	39
全食终	18	44	35
复圆	20	02	41

求方位：

	初亏	全食始	全食终	复圆
u	−0.38385	−0.00482	0.01418	0.40289
v	−0.36796	−0.01384	0.00370	0.34743
$\tan P=\frac{u}{v}$	1.04316	0.34832	3.83509	1.15966
ξ	−0.23743	0.04352	0.05785	0.33516
η	0.42715	0.42249	0.42259	0.43125
$\tan C=\frac{\xi}{\eta}$	−0.55585	0.10301	0.13689	0.77719
P	226° 13′	199° 12′	75° 23′	49° 14′
C	330° 56′	5° 53′	7° 48′	37° 51′
$V=P-C$	255° 17′	193° 19′	67° 35′	11° 23′

求食分：

l_1	0.53165
l_2	−0.01466
$(1)=l_1-l_2$	0.54631
$(2)=l_1+l_2$	0.51699
$M=(1)\div(2)$	1.057

附　　表

（第528～549页）

表1 儒略日表

本表用来求自1200年至2199年内每天的儒略日。(甲)表载每个闰年1月0日格林尼治平午的儒略日。求每年各月0日格林尼治平午的儒略日要加(乙)表内的数值；求某天的儒略日，再加上日期就可以。1700，1800，1900，2100四年不是闰年，(甲)表载的这四年的儒略日是1月−1日的儒略日，因而(乙)表中1月0日和2月0日不用0和31，而要用1和32来代替。(丙)表载1900～2050年每月0日的儒略日。

(甲)表中，1584年起才用格里历，在这以前用的是儒略历；而改儒略历为格里历是在格里历1582年10月14日，所以求1582年10月15日到1583年12月31日间的儒略日，要从表内所查得的日数中减去10日。

例　求公元2024年8月25日格林尼治平午的儒略日。

方法（1）：	由（甲）表 2024 年 1 月 0 日	2460310
	由（乙）表 0 年 8 月 0 日	213
	25 日	25
	2024 年 8 月 25 日	2460548
方法（2）：	由（丙）表 2024 年 8 月 0 日	2460523
	25 日	25
	2024 年 8 月 25 日	2460548

表 2　化恒星时为平太阳时表

本表根据下列关系式制成，即

$$24^h \text{恒星时间隔}=(24^h-3^m55\overset{s}{.}90845)\text{平太阳时间隔}$$

以恒星时间隔为引数由本表查出改正值，从恒星时间隔减去改正值，即得平太阳时间隔。

例　$12^h24^m35\overset{s}{.}46$ 恒星时间隔 $=12^h24^m35\overset{s}{.}46-(2^m01\overset{s}{.}887+0\overset{s}{.}096+0\overset{s}{.}001)$

$=12^h22^m33\overset{s}{.}48$ 平太阳时间隔

表 3　化平太阳时为恒星时表

本表根据下列关系式制成，即

$$24^h \text{平太阳时间隔}=(24^h+3^m56\overset{s}{.}55434)\text{恒星时间隔}$$

以平太阳时间隔为引数查出改正值，加到平太阳时间隔上去，即得恒星时间隔。

例　$12^h24^m35\overset{s}{.}46$ 平太阳时间隔 $=12^h24^m35\overset{s}{.}46+(2^m02\overset{s}{.}220+0\overset{s}{.}096+0\overset{s}{.}001)$

$=12^h26^m37\overset{s}{.}78$ 恒星时间隔

表 4　贝塞尔内插系数表

本表根据下列关系式制成，即贝塞尔内插公式是

$$f(t_0+nw)=f(t_0)+n\Delta'_{1/2}+B_2(\Delta''_0+\Delta''_1)+B_3\Delta'''_{1/2}+\cdots$$

本表载 B_2 和 B_3 的值。B_2 恒为负值。当 $0<n<0.5$ 时，B_3 为正值；当 $0.5<n<1$ 时，B_3 为负值。本表采用临界表形式，不必用内插法，当引数恰好等于表的临界引数时，取上面的值。

例

n	B_2	B_3
0.1215	−0.0267	+0.0067
0.7560	−0.0460	−0.0079

表 5　二次差订正表

本表载 $0<n<1$，$\Delta''_0+\Delta''_1$ 在 400 以下的 $B_2(\Delta''_0+\Delta''_1)$ 的值。$\Delta''_0+\Delta''_1$ 在表中未载的可取

几项之和。$B_2(\Delta_0''+\Delta_1'')$的符号和$(\Delta_0''+\Delta_1'')$的符号相反。

例 $n=0.35$，　$\Delta_0''+\Delta_1''=90$，　$B_2(\Delta_0''+\Delta_1'')=-5$

$n=0.637$，　$\Delta_0''+\Delta_1''=-275$，　$B_2(\Delta_0''+\Delta_1'')=+11.7+4.1+0.3=+16$

表 6　拉格朗日三点内插系数表

拉格朗日三点内插公式为

$$f(t_0+nw)=L_{-1}\,f(t_{-1})+L_0\,f(t_0)+L_1\,f(t_1)$$

其中拉格朗日三点内插系数 L_{-1},L_0,L_1 的值如下：

$$L_{-1}=\frac{1}{2}n(n-1),\quad L_0=1-n^2,\quad L_1=\frac{1}{2}n(n+1)$$

表 7　蒙气差及其订正表

由于大气折射,观测者看到的星的方向和星的真方向不同,这个方向差叫做蒙气差。观测所得星的高度减去蒙气差,才得星的真高度。星的天顶距愈大,蒙气差愈大;温度气压有改变,蒙气差的大小也就有不同。本表分两部分,一为蒙气差表,一为蒙气差订正表。蒙气差表载纬度 45°处海平面上,气温 0℃(气压表内的水银温度也是 0℃),气压 760mmHg (1mmHg=133.322Pa)时的蒙气差。

蒙气差订正表分 A,B,α 三种。A 是气温的变差乘数,由下式计算：

$$A=\frac{-0.00383T}{1+0.00367T}$$

B 是气压的变差乘数,由下式计算：

$$B=\frac{H}{760}-1$$

T 是空气的摄氏温度,H 是以毫米汞计的实气压(已加纬度及气温诸差的气压),以 T 和 H 为引数,分别查蒙气差订正表,得 A 及 B 两数。实气压用下式计算：

$$H=H'[1-0.00264\cos 2\varphi-0.000163(T'-T)]$$

H'是读得的气压数值,φ 是纬度,T'是气压表内水银的温度。

设 R_0 为常数,就是根据观测得的天顶距在蒙气差表内求得的数值,则加以气温、气压改正后的蒙气差 R 为

$$R=R_0(1+A+B)$$

星体近地平者,蒙气差变化大,此时气温变差乘数应加改正,即用 αA 代 A,取 $R=R_0(1+\alpha A+B)$,结果才较准确。

例一　设观测所得某星的高度为 66°32′22″,这时 $T=12.6$°C, $H=756.2$mmHg,求其蒙气差。

天顶距：　$z=90°-66°32'22''=23°27'38''=23\overset{\circ}{.}46$

查蒙气差表：　$R_0=26\overset{''}{.}08$

查蒙气差订正表：　$A=-0.0461$, $B-\!-0.0050$

$$R=26''.08\times(1-0.0461-0.0050)$$
$$=26''.08\times0.9489=24''.75$$

例二 设某星的高度为14°44′.8，$T=12.5$℃，$H=754.5$mmHg，求其蒙气差。

天顶距： $z=90°-14°44'.8=75°15'.2=75°.25$

查蒙气差表： $R_0=224''.80$

查蒙气差订正表： $A=-0.04575$，$\alpha=1.018$，$B=-0.00725$

$$R=224''.80(1-1.018\times0.04575-0.00725)$$
$$=224''.80\times0.94618=212''.70=3'32''.70$$

表8 地心坐标计算表

本表载求某地地心坐标所用的数据，是根据地球扁率1/298.25642计算的。设某地的地理纬度为φ，海拔为h米，则其地心纬度φ'和地心距ρ（以地球赤道半径为单位）可用下列公式计算：

$$\rho\sin\varphi'=(S+0.1568h\times10^{-6})\sin\varphi$$
$$\rho\cos\varphi'=(C+0.1568h\times10^{-6})\cos\varphi$$
$$\tan\varphi'=(0.993306+0.0011h\times10^{-6})\tan\varphi$$

例 中国科学院紫金山天文台的纬度是北纬32°04′00″，海拔是267m，求$\rho\sin\varphi'$，$\rho\cos\varphi'$，φ'和ρ。

$\sin\varphi=0.530906$	$\cos\varphi=0.847431$	$\tan\varphi=0.626488$
$S=0.994244$	$C=1.000945$	常数$=0.993305$
$0.1568h\times10^{-6}=0.000042$	$0.1568h\times10^{-6}=0.000042$	$0.0011h\times10^{-6}=0.000000$
$\rho\sin\varphi'=0.527872$	$\rho\cos\varphi'=0.848267$	$\tan\varphi'=0.622294$
$\rho^2=0.998206$		$\varphi'=31°53'38''$
$\rho=0.999103$		

表9 中国科学院国家授时中心短波授时程序

本表刊载短波授时的程序。有关世界时的资料如综合时号改正数，可参阅国家授时中心印发的《时间频率公报》。

表10 电磁波传播时间改正表

电磁波传播时间改正值按如下两种情况计算。

(1) 距离D大于1000km，直接由下式计算：

$$时间改正\ \tau=D/V_d=D/285\text{ms} \qquad (1)$$

其中距离D单位为公里，电磁波传播速度V_d取为285000km/s=285km/ms。

(2) 距离D小于1000km，以电离层高度h(km)和距离D(km)为引数，由本表内插得出。

两地间距离 D 可按下式计算：

$$\cos D'=\sin\varphi_1\sin\varphi_2+\cos\varphi_1\cos\varphi_2\cos(\lambda_1-\lambda_2) \tag{2}$$

$$D(\mathrm{km})=1.852\times D' \tag{3}$$

其中 D'以角分为单位，λ_1，φ_1 和 λ_2，φ_2 分别为二地的经度和纬度。国家授时中心的地理坐标为 $\lambda=+109°33'$，$\varphi=+34°57'$。

例一 上海($\lambda=+121°26'$，$\varphi=+31°12'$)接收国家授时中心时号，求电磁波传播时间改正。

$$\varphi_1=+34°57' \quad \lambda_1=+109°33'$$
$$\varphi_2=+31°12' \quad \lambda_2=+121°26' \qquad \lambda_1-\lambda_2=-11°53'$$

$$\sin\varphi_1=+0.57286 \quad \cos\varphi_1=+0.81965$$
$$\sin\varphi_2=+0.51803 \quad \cos\varphi_2=+0.85536 \qquad \cos(\lambda_1-\lambda_2)=+0.97857$$

$$\cos D'=\sin\varphi_1\sin\varphi_2+\cos\varphi_1\cos\varphi_2\cos(\lambda_1-\lambda_2)$$
$$=0.29676+0.68607=+0.98283$$
$$D'=10°38'=638'$$
$$D=1.852\times D'=1.852\times 638=1182\ \mathrm{km}$$

时间改正

$$\tau=D/285\ \mathrm{ms}=4.1\ \mathrm{ms}$$

例二 兰州($\lambda=+103°53'$，$\varphi=+36°01'$)接收国家授时中心时号，求电磁波传播时间改正。

设当时电离层高度为 280 km，

$$\varphi_1=+34°57' \quad \lambda_1=+109°33'$$
$$\varphi_2=+36°01' \quad \lambda_2=+103°53' \qquad \lambda_1-\lambda_2=+5°40'$$

$$\sin\varphi_1=+0.57286 \quad \cos\varphi_1=+0.81965$$
$$\sin\varphi_2=+0.58802 \quad \cos\varphi_2=+0.80885 \qquad \cos(\lambda_1-\lambda_2)=+0.99511$$

$$\cos D'=\sin\varphi_1\sin\varphi_2+\cos\varphi_1\cos\varphi_2\cos(\lambda_1-\lambda_2)$$
$$=0.33685+0.65973=+0.99658$$
$$D'=4°44'=284'$$
$$D=1.852\times D'=526\ \mathrm{km}$$

以 $D=526$ km 及 $h=280$ km 为引数，从表 10 中内插得时间改正：

$$\tau=2.6\ \mathrm{ms}$$

(P-7572.31)
ISBN 978-7-03-077058-5

定价:399.00 元